ENCYCLOPÉDIE THÉORIQUE & PRATIQUE DES CONNAISSANCES CIVILES & MILITAIRES

PARTIE CIVILE

COURS DE CONSTRUCTION

Publié sous la direction de

G. OSLET, INGÉNIEUR DES ARTS ET MANUFACTURES, PROFESSEUR A L'ÉCOLE CENTRALE

SEIZIÈME PARTIE

TRAITÉ PRATIQUE

DE FUMISTERIE

CHAUFFAGE, VENTILATION ET CHAUDRONNERIE

CONCERNANT LE BATIMENT

Avec de nombreux exemples, tables et résultats pratiques

TOME III

MÉTRÉ

Par **PAUL GRANDJEAN,** métreur spécialiste

PARIS

GEORGES FANCHON, ÉDITEUR

25, RUE DE GRENELLE, 25

DIX-HUITIÈME PARTIE DU COURS DE CONSTRUCTION

PUBLIÉ SOUS LA DIRECTION DE GUSTAVE OSLET

MÉTRÉ ET ATTACHEMENTS

DE TERRASSE, MAÇONNERIES, CARRELAGES, CIMENTS & ÉGOUTS

Par E. MOUREL-MAILLARD, Métreur

PROGRAMME SUCCINCT :

CHAPITRE PREMIER
NOTIONS GÉNÉRALES

Du métré. — Mémoires. — Attachements écrits et figurés. — Honoraires.

CHAPITRE II
TERRASSE

De la terrasse en général. — Classification des fouilles. Enumération des différents sols. — Composition des prix de règlement avec exemples. — Avant-métré. — Exemples de métré de fouilles en excavation, accessibles au tombereau par rampe. — Exemple de métré de fouilles en excavation, inaccessibles au tombereau. — Plus-values diverses, applicables aux fouilles en excavation avec exemples de métré à l'appui. — Exemples de métré de fouilles en rigoles dans différentes natures de sols. — Plus-values diverses applicables aux fouilles en rigoles avec exemples de métré à l'appui. — Exemples de métré de fouilles de puits dans différents sols, avec plus-values appliquées (sous-œuvre de construction, vase in ge-

tée, etc.). — Epuisement d'eau. — Pompes brevetées et non brevetées. — Blindages. — Etais. — Etrésillons. — Dressement et nivellement du sol. — Pilonnage. — Régalage. — Transports. — Tranchées. — Exemples de métré de fouilles en supplément et en déduction de forfait

CHAPITRE III

MAÇONNERIES, CARRELAGE, CIMENTS ET ÉGOUTS

Exemples de métré de travaux neufs, avec attachements figurés à l'appui pour travaux importants. — Fondations variant suivant la nature du sol. — Dispositions intérieures suivant le genre de construction. — Façades en briques, moellons, meulière, pierres, moellons et briques, briques et pierres, etc. etc. — Décorations en plâtre ordinaire, plâtre teinté, plâtre fluaté, brique apparente, brique en décoration, brique émaillée, sable-mortier coloré, terre cuite, faïence, pierre moulée, balustres, etc., de : 1° Pavillons; 2° chalets; 3° villas; 4° maisons de rapport, 5° hôtels particuliers;

6° écoles et constructions diverses. Exemples de métré de divers types de façades en pierre pour fourniture, bardage, montage, pose; plus-values diverses, tailles et ravalements de différents styles. Exemples de métré de travaux en réparation :
1° Raccords partiels de façades ravalées en plâtre; 2° nettoyage de façades en pierre (grattage, silicatisation, morceaux rapportés, etc.); 3° reprise en sous-œuvre d'une maison de rapport; 4° surélévation d'une maison de rapport; 5° différents exemples de corvées. Etablissements des devis sur plans avec différents modèles de bâtiments complets et de cahiers des charges à l'appui. Manière de métrer et d'établir les mémoires des travaux exécutés pour les administrations (Ville de Paris, Chemins de fer, etc.), avec exemples à l'appui pour servir de guides. Etablissement de comptes de mitoyenneté avec exemples donnés pour les cas les plus fréquents. De la comptabilité de l'entrepreneur.

Le Traité de Métré et Attachements de Terrasse, Maçonneries, Carrelage, Ciments et Égouts paraît à raison de 2 livraisons à 0 fr. 50 chaque mois avec de nombreuses figures cotées et intercalées dans le texte et des modèles d'attachements en couleurs hors texte.

La 1ʳᵉ partie, « Terrasse », est terminée et comprend 328 pages, 287 figures et 4 grandes planches d'attachements figurés en couleurs. Prix broché. . . . . 12 fr. 50

La 2ᵉ partie, « Maçonnerie », comprendra 2 volumes. Le 1ᵉʳ est paru. Prix broché. . 30 fr. ; le 2ᵉ est en cours.

On peut s'abonner de suite en payant 5 francs par mois pour amortir ce qui est paru, puis 5 francs après chaque envoi de 10 livraisons.

Envoi gratuit sur demande du catalogue comprenant le programme détaillé de chaque partie du Cours de Construction.

TRAITÉ

DE FUMISTERIE

MÉTRÉ

NCYCLOPÉDIE THÉORIQUE & PRATIQUE DES CONNAISSANCES CIVILES & MILITAIRES

(Publiée sous le patronage de la Réunion des officiers)

PARTIE CIVILE

COURS DE CONSTRUCTION

Publié sous la direction de

G. OSLET, INGÉNIEUR DES ARTS ET MANUFACTURES

SEIZIÈME PARTIE

TRAITÉ PRATIQUE

DE FUMISTERIE

CHAUFFAGE, VENTILATION ET CHAUDRONNERIE

CONCERNANT LE BATIMENT

Avec de nombreux exemples, tables et résultats pratiques

PAR

V. MAUBRAS

Ingénieur des Arts et Manufactures

MÉTRÉ

PAR **PAUL GRANDJEAN,** métreur spécialiste

PARIS

GEORGES FANCHON, ÉDITEUR

25, RUE DE GRENELLE, 25

TRAITÉ PRATIQUE

DE

FUMISTERIE

CHAUFFAGE, VENTILATION & CHAUDRONNERIE
Concernant le Bâtiment

LIVRE DEUXIÈME. — DU MÉTRÉ

CHAPITRE PREMIER

DÉFINITIONS GÉNÉRALES

1. Le métré peut être défini d'une formule générale : l'art d'estimer les travaux. Dans la pratique, cependant, cette définition n'est pas rigoureusement exacte, en ce sens que les *séries* indiquent dans la plupart des cas les prix à appliquer, c'est-à-dire les *bases d'estimation*, et que le métreur n'a plus qu'à produire le détail métrique pour donner le prix d'*évaluation*.

Le métré se fait de deux manières différentes :

La première par le relevé sur place;

La deuxième par le relevé sur *attachements* ou *feuilles de journée*.

Dans le relevé sur place, le métreur établit son travail à son gré, en suivant les attachements qui ont été produits en cours d'exécution.

Bien qu'il n'y ait pas de méthode absolue dans l'art de métrer, et que la facture de l'un ne soit pas celle de l'autre, nous recommandons néanmoins, comme étant la meilleure manière, celle qui consiste à présenter le mémoire dans l'ordre d'exécution du travail.

C'est une erreur profonde de croire que l'on peut intervertir les articles.

La première qualité d'un mémoire doit être la clarté, la seconde, la concision.

Il faut absolument que le vérificateur se trouve en présence d'un travail qu'il puisse suivre naturellement sans être obligé à des prodiges d'efforts pour le comprendre.

Il est non moins nécessaire de s'abstenir de produire une phraséologie longue, délayée et qui ne prouve absolument rien.

Feuilles de journées.

2. Les feuilles de journées, dont l'emploi s'est généralisé aujourd'hui chez tous les entrepreneurs, sont ordinairement écrites, par les ouvriers eux-mêmes, au fur et à mesure de l'accomplissement de leur travail et remises telles quelles au bureau de l'entrepreneur.

Nous devons dire que les feuilles de journées ne servent à l'établissement des mémoires qu'autant qu'il s'agit de travaux faciles, que l'ouvrier peut décrire suffisamment et dont le métreur peut parfaire le détail par ses connaissances du métier : c'est-à-dire de *petites corvées*.

Toutefois il ne faut jamais dresser un mémoire sur ces feuilles sans les avoir repassées avec l'ouvrier qui a fait le travail. On comprendra facilement que négliger cette lecture, c'est s'exposer à produire un mémoire incomplet ou erroné.

Les attachements relatant les quantités, les poids, etc., des fournitures faites doivent être annexés pour servir de complément.

Les feuilles de journées doivent toujours être signées, afin de bien établir le principe du travail d'abord, quitte ensuite à n'avoir plus qu'à en discuter les détails.

Si les travaux sont exécutés pour le compte du propriétaire, il faut requérir la signature du concierge, agissant comme mandataire et représentant du propriétaire.

Si les travaux sont exécutés pour le compte du locataire, il faut recevoir la signature de l'occupant.

Les mêmes signatures doivent être requises sur les attachements.

Attachements.

3. On appelle attachement un document présentant les détails de l'exécution d'un travail, ou la nomenclature de fournitures faites, avec indications de poids, mesures, qualités, etc., etc.

L'attachement doit être considéré à bon droit comme la base du mémoire et, partant, la fondation des revendications de l'entrepreneur.

L'utilité de l'attachement n'est plus à être démontrée, puisqu'elle est l'évidence même ; aussi ne saurions-nous trop insister, après beaucoup de nos confrères, et, non les moindres, sur l'absolue utilité qu'il y a pour l'entrepreneur à produire des attachements.

En ce qui concerne les travaux visibles et de peu d'importance et qui ne peuvent être contestés, il n'y a pas péril en la demeure, et on peut s'abstenir. Mais, en ce qui concerne les travaux cachés, la production d'attachements est indispensable.

Les attachements sont encore et sont surtout indispensables en ce qui concerne les fournitures des matériaux, métaux ou appareils tarifés, ou travaux comptés en *régie*.

Nous avons vu, souventes fois, des contestations s'élever au sujet du temps employé à des travaux comptés en régie sans attachement, ou au sujet d'appareils ou de fournitures quelconques, dont le vérificateur contestait le poids, en se basant, en l'absence d'attachements, sur des données problématiques.

Les attachements doivent être dressés en double expédition et échangés contre signatures.

Le client possède l'expédition signée de l'entrepreneur ou de son représentant.

L'entrepreneur possède l'expédition signée du client ou de son architecte.

Les attachements doivent porter un numéro d'ordre de manière à en rendre la vérification facile et la référence au mémoire immédiate ; ils sont ordinairement détachés d'un carnet à souches.

La vérification des attachements doit être faite immédiatement après leur remise, et l'entrepreneur doit faire diligence pour en obtenir la signature.

Quelquefois l'architecte se refuse de signer les attachements ; l'entrepreneur doit néanmoins les lui faire parvenir par la poste, de préférence sous pli recommandé, afin de bien établir ultérieurement qu'il les a envoyés en temps utile.

Les attachements sont établis de deux manières ainsi dénommées :

1° Attachements écrits ;

2° Attachements figurés.

4. Nous venons de dire quels étaient les attachements écrits, disons que les attachements figurés sont ainsi dénommés parce qu'ils consistent en des dessins très importants, d'exécution minutieuse, soigneusement cotés, teintés et établis à l'échelle.

Les teintes conventionnelles employées dans le bâtiment sont les suivantes :

Rouge cerise pour la brique de Bourgogne ;

Rose pour la brique façon bourgogne;
Jaune clair pour la brique réfractaire;
Jaune pour le moellon;
Bleu pour la roche;
Violet pour le liais;
Oranger pour le banc royal;
Vert pour le vergelé;
Bleu clair pour le fer;
Même teinte un peu plus clair pour l'acier;
Bleu violacé un peu foncé pour la fonte;
Carmin pour le cuivre rouge;
Carmin et gomme-gutte pour la teinte cuivre jaune;
Encre de Chine pour les anciennes constructions.

Quoique ces teintes soient couramment employées, il est d'usage de les rapporter avec légende explicative en haut et à gauche de chaque attachement.

En conséquence de leur importance, les attachements figurés doivent donc être dessinés scrupuleusement afin de donner la reproduction exacte du travail exécuté.

Mémoires.

5. On appelle mémoire : la rédaction détaillée par chaque article des travaux exécutés ou fournitures faites avec mesures, poids, quantités et prix en regard.

Le mémoire est établi d'abord en minute sur papier petit format et ensuite expédié sur papier de grand format.

La minute est conservée par l'entrepreneur.

Le mémoire est remis au client ou à son architecte suivant les cas.

L'en-tête du mémoire doit être composé de :

1° La désignation générale de l'entreprise;

2° Le nom du client au compte duquel les travaux ont été exécutés;

3° Le lieu où les travaux ont été exécutés;

4° Le nom de l'architecte qui a dirigé les travaux;

5° Le nom et l'adresse de l'entrepreneur.

Les mémoires sont établis couramment *en demande*, c'est-à-dire majorés d'un *quart;* ils sont donc réductibles avant toute vérification du *cinquième* de leur montant.

Exemple : un mémoire de travaux d'une valeur globale de 100 francs se trouve présenté au client avec augmentation du quart de 100 francs, soit 25 francs; il est donc en demande de $100^f,00 + 25^f,00 = 125$ francs.

La réduction à faire sur le montant du mémoire pour le ramener à sa juste valeur est équivalente au 1/5 de la somme en demande, soit 25 francs.

Il est donc en règlement de $125^f,00 - 25^f,00 = 100$ francs.

Les mémoires établis en dehors de cet usage courant, c'est-à-dire présentés avec les prix justes de la série, sans aucune majoration, sont appelés mémoires **en** *règlement.*

Nos grandes administrations, l'Etat, la Ville de Paris, l'Assistance publique, les Chemins de fer, la Banque de France, etc., demandent leurs mémoires en *règlement* d'après leurs cahiers des charges respectifs.

Dans l'ensemble des affaires particulières, l'usage est donc d'établir les *mémoires en demande*, et nous devons dire, bien que cela puisse paraître bizarre à première vue, que cet usage se doit conserver, pour cette raison qu'il est tellement ancré que les mémoires faits à prix justes sont toujours considérés comme établis en demande et réglés presque comme tels.

Donc chaque fois que l'entrepreneur fait établir un mémoire en règlement, il va au-devant de *réclamations certaines.*

Les tribunaux eux-mêmes considèrent le coefficient de réduction du 1/5 comme toujours acquis au mémoire, sauf règlement, bien entendu.

Les mémoires sont établis de deux façons :

La première : *dite en argent.*

La deuxième : *dite en timbres.*

Dans la première manière : les tirages se font par article, dans les colonnes de francs et centimes placées à droite de la page.

Dans la seconde : chaque article est rappelé dans la marge de droite par le titre sous lequel il est désigné dans la Série; au dessous, est placée la quantité métrique.

Chacun des articles du mémoire reçoit un numéro d'ordre qui sert à établir le *tableau de classement*.

Dans le tableau de classement sont additionnés tous les articles du mémoire de même nature pour former le *résumé*.

Le résumé présente donc le mémoire dans sa forme la plus concise.

Cette manière de faire les mémoires est surtout employée par les administrations et pour les travaux publics.

Devis et cahier des charges.

6. On appelle devis un état qui a pour but d'estimer à l'avance ce que coûteront tels ou tels travaux parfaitement déterminés et, conséquemment, donner aux intéressés le montant de la dépense.

Les devis se font de deux manières:

La première appelée: *devis estimatif*;

La seconde appelée: *devis approximatif*.

Le *devis estimatif* doit être fait d'une façon scrupuleusement exacte, car son chiffre est pris comme base réelle d'évaluation ; il doit donc indiquer très explicitement les mesures, quantités, nature et qualité des matériaux; mais nous devons ajouter aussi qu'il ne peut être dressé que pour des travaux neufs, où toutes choses seront parfaitement prévues et bien définitivement arrêtées.

Le *devis approximatif*, au contraire, n'indique que les grandes lignes des travaux à exécuter et, aussi près que possible de la vérité, le montant de la dépense.

Il est d'usage, en ce cas, de donner un chiffre plutôt un peu fort, afin de parer d'abord aux aléas qui sont toujours très nombreux dans les réparations, et, aussi, pour éviter au client la désagréable surprise de dépenser plus qu'il ne comptait.

Le devis approximatif n'est donc qu'un renseignement; le mémoire établit ensuite la valeur exacte des travaux.

Il y a encore un troisième genre de devis appelé *devis descriptif*.

Le *devis descriptif* n'indique pas de sommes, il se borne à décrire les travaux qui devront être exécutés, et à en donner tous les détails et toutes les mesures; il est, le plus souvent, accompagné des plans nécessaires à la parfaite compréhension du travail.

Le *cahier des charges* est rédigé par le propriétaire ou, mieux, par l'architecte ; il contient, comme l'indique son nom, la nature de toutes les charges qui incombent aux entrepreneurs, pendant la durée et jusqu'au parfait achèvement des travaux. En un mot, le cahier des charges est le corollaire du devis descriptif.

Honoraires.

7. Les honoraires des métreurs sont réglés d'après l'avis du Conseil des Bâtiments civils, en date du 12 pluviôse an VIII.

Il est dû aux métreurs :

« Pour métrés et expéditions des travaux de couverture, peinture, menuiserie, serrurerie, fumisterie, 1^f,50 du cent, ou 15 francs pour mille, selon le montant en demande du mémoire.

« Étant observé que, dans les départements où il se fait journellement de nombreux travaux à façon, il est d'usage de porter les honoraires à 2 francs par 100 francs du montant desdits travaux en demande, et il y a lieu de les estimer en vacations toutes les fois que le montant ne s'élève pas au-dessus de 100 francs.

Nous devons faire remarquer que les prix tarifés ci-dessus ne comprennent pas les timbres, classements et doubles résumés exigés pour les travaux publics, ni non plus les états de situations demandés en cours de travaux pour la délivrance des acomptes.

Ces prix ne comprennent pas non plus les frais de réclamation quand il y a lieu, ou de représentation ; il est d'usage de traiter pour ces honoraires de gré à gré.

8. *Vacations et frais de voyage.* — Avis du Conseil des Bâtiments civils.

« Pour chaque vacation de trois heures de tout architecte, expert ou artiste opérant dans le lieu de leur domicile ou dans la distance de 2 myriamètres, il est dû :

« Dans le département de la Seine, 8^f,00;

« Dans les autres départements, 6^f,00.

« Au-delà de 2 myriamètres, il est alloué pour chaque myriamètre, à titre de frais de voyage et de nourriture, soit pour aller, soit pour venir :

« Aux architectes et artistes de Paris, 6ᶠ,00 ;
« A ceux des départements, 4ᶠ,50.
Pour quatre vacations par jour sans déplacement :

« Aux architectes et artistes de Paris, 32ᶠ,00 ;
« A ceux des départements, 24ᶠ,00.
S'il y a moins de quatre vacations, la réduction est proportionnelle.

CHAPITRE II

MATÉRIAUX

9. Les principaux matériaux de construction employés en fumisterie sont : la brique, le plâtre, la terre à four, les poteries, dites boisseaux Gourlier, les mitres, les mitrons, la tuile, les carreaux de dallage et d'âtre, etc., le ciment, la chaux, le sable, le coulis réfractaire, la faïence, panneaux, carreaux de revêtement et décoratifs, colonnes, etc., la tôle, le fer, la fonte, le cuivre.

Briques.

10. Les briques les plus généralement employées sont :

La brique de Bourgogne, de 0ᵐ,054 × 0ᵐ,11 × 0ᵐ,22 ;

La brique de façon Bourgogne, de 0ᵐ,06 × 0ᵐ,11 × 0ᵐ,22 ;

La brique lisse à sable, dite brique rouge, de même moule ;

La brique réfractaire, de 0ᵐ,06 × 0ᵐ,11 × 0ᵐ,22 ;

La brique réfractaire, à couteau de 0ᵐ,06 à 0ᵐ,05 × 0ᵐ,11 × 0ᵐ,22 ;

La brique réfractaire, à coins, réduite sur sa longueur, de 0ᵐ,06 à 0ᵐ,05 × 0ᵐ,22 × 0ᵐ,11 ;

La briquette, de 0ᵐ,034 × 0ᵐ,11 × 0ᵐ,22.

En dehors de ces mesures commerciales, nous mentionnerons les pièces spéciales, réfractaires : carreaux, dalles, registres, tampons, regards, châssis à cadres à feuillures, etc., employés dans la construction des divers calorifères, fourneaux ou cheminées et faits à la demande des appareils.

Enfin la brique creuse, dont les moules sont très variés depuis 0ᵐ,025 à 0ᵐ,11 d'épaisseur et 0ᵐ,10 à 0ᵐ,21 de hauteur sur 0ᵐ,20, 0ᵐ,22 et 0ᵐ,30 de longueur. Les bardeaux pour planchers de 0ᵐ,50, 0ᵐ,60 et 0ᵐ,72, de longueur sur des épaisseurs variant de 0ᵐ,04 à 0ᵐ,11 et des largeurs de 0ᵐ,15 à 0ᵐ,30.

On emploie la brique de Bourgogne plus spécialement pour la fumisterie industrielle et la brique de façon Bourgogne pour la fumisterie domestique.

La brique lisse est destinée à former parements dans les travaux intérieurs soignés en raison de la finesse de son grain et de la facilité de la frotter pour en obtenir l'uni.

La brique réfractaire est employée dans la construction des foyers ou des intérieurs de cheminées ; elle se recommande tout spécialement dans les travaux exposés à l'action directe du feu ou dans les carneaux conduisant les fumées aux départs des foyers à haute température.

Sans entrer dans les détails de la fabrication des briques que nos lecteurs pourront trouver exposés tout au long dans le *Traité des Matériaux de Construction de M. Gustave Oslet*, disons en passant qu'elles sont composées d'un mélange de terre *argileuse* et de *sable*, et durcies au soleil ou au feu.

Les briques durcies au soleil sont appelées, en raison de ce procédé, *briques crues*.

Les briques durcies au feu sont appelées, par contre, *briques cuites*.

Les briques réfractaires sont cuites et composées à base de quartz.

Les briques de bonne qualité doivent être parfaitement moulées, présenter des arêtes vives et un grain serré, sans boursouflures, n'être pas spongieuses et offrir une résistance déterminée à l'écrasement.

En outre de ces qualités générales, les briques réfractaires doivent être infusibles.

Le poids de 1 mètre cube de briques ordinaires est d'environ 1 600 à 1 700 kilogrammes.

Le poids de 1 mètre cube de briques dures, de 1 700 à 1 900 kilogrammes.

Le poids de 1 mètre cube de briques réfractaires rentre dans ces données.

Le poids de 1 mètre cube de briques hourdées est d'environ de 1 700 à 2 200 kilogrammes.

La quantité de briques pour 1 mètre cube est d'environ 600, en prenant la dimension moyenne d'épaisseur.

Les résultats donnent :

Pour la brique de $0^m,054 \times 0^m,11 \times 0^m,22$, 630 briques.

Pour la brique de $0^m,06 \times 0^m,11 \times 0^m,22$, 600 briques.

Pour la brique de $0^m,065 \times 0^m,11 \times 0^m,22$, 560 briques.

La brique de $0^m,065 \times 0^m,11 \times 0^m,22$:

Posée à plat en $0^m,065$ d'épaisseur, donne, pour 1 mètre superficiel, 38 briques ;

Posée de champ en $0^m,11$ d'épaisseur, donne, pour 1 mètre superficiel, 65 briques ;

Posée de bout en $0^m,22$ d'épaisseur, donne, pour 1 mètre superficiel, 130 briques.

La brique de $0^m,06 \times 0^m,11 \times 0^m,22$:

Posée à plat en $0^m,06$ d'épaisseur, donne, pour 1 mètre superficiel, 38 briques ;

Posée de champ en $0^m,11$ d'épaisseur donne, pour 1 mètre superficiel, 70 briques ;

Posée de bout en $0^m,22$ d'épaisseur donne, pour 1 mètre superficiel, 140 briques.

La brique de $0^m,054 \times 0^m,11 \times 0^m,22$.

Posée à plat en $0^m,054$ d'épaisseur, donne, pour 1 mètre superficiel, 38 briques ;

Posée de champ en $0^m,11$ d'épaisseur, donne, pour 1 mètre superficiel, 75 briques ;

Posée de bout en $0^m,22$ d'épaisseur donne, pour 1 mètre superficiel, 150 briques.

Plâtre.

11. Le plâtre est fourni par une pierre appelée *gypse* ou *pierre à plâtre*.

Il est traité au feu dans de grands fours spéciaux.

Pour que le plâtre soit de bonne qualité, il faut qu'il soit bien cuit et gras au gâchage, sa prise assez rapide.

Les enduits faits en plâtre sont appelés :

1° Enduits au panier ;

2° Enduits au sas.

On appelle *enduits au panier*, ceux exécutés avec le plâtre non tamisé ou simplement criblé dans un panier d'osier.

On appelle *enduits au sas*, ceux exécutés avec le plâtre passé au tamis de crin.

On appelle *crépis* les plâtres étendus sans enduits.

Le plâtre au panier s'emploie généralement dans les enduits de souches, dans les greniers ou tous autres ouvrages où il n'est pas nécessaire d'obtenir des *plâtres fins*.

Le plâtre au sas s'emploie, par contre, dans les intérieurs et partout où on veut obtenir de belles surfaces d'enduits.

Le poids de 1 mètre cube de plâtre au panier est d'environ 1 200 à 1 270 kilogrammes ;

Le poids de 1 mètre cube de plâtre tamisé est d'environ 1 242 à 1 257 kilogrammes ;

Le poids de 1 mètre cube de plâtre gâché humide est d'environ 1 579 à 1 600 kilogrammes ;

Le poids de 1 mètre cube de plâtre gâché sec est d'environ 1 400 à 1 415 kilogrammes.

Terre à four.

12. La terre à four est extraite du sol à l'état naturel.

Pour être de bonne qualité, la terre à four doit être un peu grasse au toucher et se mastiquer légèrement sous la pression des doigts ; sa couleur est jaune.

On emploie la terre à four tamisée et mélangée au plâtre, pour hourder le briquetage des appareils, exposé au feu ou à la chaleur et aussi pour enduire les parois intérieures du briquetage dans ces mêmes appareils.

Le poids de 1 mètre cube de terre à four est d'environ 1 000 kilogrammes.

Poteries.

13. Les poteries fabriquées en terre cuite, comme les briques, sont destinées à canaliser la fumée ou la chaleur et doivent, conséquemment, résister à une température élevée. Elles portent le nom de l'ingénieur *Gourlier*.

Les poteries se font de trois sections différentes, carrées, rectangulaires et rondes.

Les poteries rondes sont plus généralement dénommées *ventouses*.

Les sections des poteries carrées sont les suivantes :

$$0.15 \times 0.15$$
$$0.19 \times 0.19$$
$$0.20 \times 0.20$$
$$0.22 \times 0.22$$
$$0.30 \times 0.30$$

Les sections des poteries rectangulaires :

$$0.13 \times 0.16$$
$$0.13 \times 0.20$$
$$0.15 \times 0.20$$
$$0.17 \times 0.19$$
$$0.19 \times 0.22$$
$$0.16 \times 0.25$$
$$0.18 \times 0.25$$
$$0.22 \times 0.25$$
$$0.25 \times 0.30$$
$$0.30 \times 0.35$$

Les sections des poteries rondes (dites ventouses) :

$$0.11$$
$$0.13$$
$$0.16$$
$$0.19$$
$$0.22$$
$$0.25$$
$$0.28$$
$$0.30$$

Les parois des poteries rectangulaires et carrées ont $0^m,030$ d'épaisseur, à l'exception des poteries de petites sections de $0^m,15 \times 0^m,20$ et au dessous, qui ne portent que $0^m,025$ d'épaisseur. Les poteries rondes dites ventouses ont $0^m,020$ d'épaisseur.

Tous les boisseaux ont $0^m,33$ de hauteur et se mesurent à l'intérieur ; nous ajouterons que les poteries les plus généralement employées en fumisterie sont celles qui portent :

$$0.20 \times 0.20$$
$$0.19 \times 0.22$$
$$0.22 \times 0.25$$
$$0.25 \times 0.30$$
$$0.30 \times 0.30$$

Les poteries rondes de $0^m,19$ et $0^m,22$.

La poterie de $0^m,20 \times 0^m,20$ pèse environ 11 kilogrammes.

La poterie de $0^m,22 \times 0^m,25$ pèse environ 14 kilogrammes.

On se sert aussi, dans la construction des conduits de fumée, des *wagons;* mais leur emploi pour les conduits incorporés dans les murs est essentiellement du ressort du maçon. Les fumistes, par la nature de leurs travaux, ont peu l'occasion de les placer.

Mitres, mitrons, lanternes, tuiles, carreaux.

14. Pour résumer les poteries en terre cuite employées par les fumistes, nous signalerons encore les mitres, les mitrons et les lanternes.

Les mitres, mitrons et lanternes servent à couronner les conduits de fumée au-dessus des souches.

Les mitres sont de sections carrées ou rectangulaires.

Les mitrons sont de sections rondes.

Les sections des mitres carrées sont les suivantes :

$$0.16 \times 0.16$$
$$0.20 \times 0.20$$
$$0.25 \times 0.25$$

Les sections des mitres rectangulaires :

$$0.15 \times 0.24$$
$$0.19 \times 0.22$$
$$0.18 \times 0.26$$
$$0.22 \times 0.25$$
$$0.25 \times 0.30$$

Les sections des mitrons ronds :

0.11
0.13
0.16
0.19
0.22
0.25

Les mitres et mitrons portent $0^m,33$ de hauteur et se mesurent à l'intérieur de la base.

Les lanternes portent couramment les mesures des mitrons ; elles servent d'appareils fumivores et se mesurent également à la base et à l'intérieur.

Les dimensions principales sont les suivantes :

0.11
0.13
0.16
0.19
0.22
0.25

Nous dirons aussi que l'emploi des lanternes en terre cuite est de plus en plus restreint ; on ne s'en sert plus guère actuellement que pour satisfaire aux exigences de la décoration dans de certains cas et pour s'harmoniser avec de certaines constructions, couvertures de combles pour châlets, etc.

L'usage leur a depuis longtemps préféré les lanternes en tôle.

15. *Tuiles et carreaux.* — Les seules tuiles employées par les fumistes sont les tuiles plates de Bourgogne, qui servent à couvrir les conduits de chaleur ou de ventouses, les prises d'air, les calorifères et les poêles.

Les tuiles se définissent grand moule et petit moule.

Les tuiles de grand moule portent $0^m,32 \times 0^m,22 \times 0^m,015$ d'épaisseur.

Les tuiles de petit moule portent $0^m,26 \times 0^m,18 \times 0^m,015$ d'épaisseur.

La tuile grand moule pèse environ $1^k,95$.

La tuile petit moule pèse environ $1^k,320$.

Les carreaux les plus généralement employés sont les suivants :

1° Les carreaux carrés ;

2° Les carreaux hexagones (six côtés).

Les carreaux carrés, toujours employés pour les âtres et aussi pour les dessus des fourneaux de buanderie, laveries, etc., portent $0^m,16$ de côté.

Les mesures commerciales des carreaux carrés sont.

0.10
0.12
0.14
0.16
0.19
0.20

Dans les carrelages des sols, ils ne sont généralement pas employés en continuité et ne servent que pour les seuils ou pour les bandes ; de là leur nom de *carreaux à bandes.*

Les carreaux hexagones sont préférés pour les carrelages de grandes surfaces.

Les mesures commerciales des carreaux hexagones sont les suivantes :

0.105
0.110
0.145
0.152
0.160
0.170
0.195
0.200
0.220

Les carreaux carrés de $0^m,16$ donnent 46 carreaux par mètre superficiel.

Les carreaux carrés de $0^m,19$ donnent 30 carreaux par mètre superficiel.

Les carreaux carrés de $0^m,22$ donnent 21 carreaux par mètre superficiel.

Les carreaux hexagones de $0^m,16$ donnent 46 carreaux par mètre superficiel.

Les carreaux hexagones de $0^m,19$ donnent 35 carreaux par mètre superficiel.

Les carreaux hexagones de $0^m,22$ donnent 25 carreaux par mètre superficiel.

Ciments, chaux et sable.

16. Les ciments sont composés d'argile et de chaux dans les proportions à peu près de 1/3 d'argile et 2/3 de chaux.

On distingue deux sortes de ciment :

Les ciments à prise rapide ;

Les ciments à prise lente.

Les premiers sont appelés ciments romains et de Vassy.

Les seconds sont appelés ciments de Portland.

Le ciment en poudre pèse environ 1 400 kilogrammes le mètre cube.

Le mortier de ciment et chaux *pèse environ* de 1 600 à 1 700 kilogrammes le mètre cube.

Le mortier de ciment et sable *pèse environ* de 1 900 à 2 000 kilogrammes le mètre cube.

17. Les chaux sont obtenues par la calcination de pierres calcaires appelées *pierres à chaux*.

On distingue deux sortes de chaux :

Les chaux grasses ;

Les chaux maigres.

Une troisième catégorie de chaux, connue sous le nom de *chaux hydraulique*, est employée pour les travaux immergés.

La chaux, avant d'être mélangée à l'eau, est appelée chaux vive ; après sa fusion avec l'eau, elle est dite chaux éteinte.

La chaux éteinte largement étendue d'eau est employée dans les badigeons et prend le nom de lait de chaux ; elle doit être mélangée d'alun.

La chaux vive pèse environ 800 kilogrammes le mètre cube.

La chaux éteinte en pâte pèse environ 1 300 à 1 400 kilogrammes le mètre cube.

18. Les sables employés dans la composition des mortiers sont dits :

Sable de rivière ;

Sable de plaine.

Le sable de rivière est recherché en ce sens qu'il est bien lavé, que son grain est parfait, et son adhérence avec les chaux ou ciment absolue.

Pour être de bonne qualité, le sable doit être dégagé des terres étrangères, être en un mot naturel.

Le sable fin sec pèse environ 1 400 kilogrammes le mètre cube.

Le sable fin humide pèse environ 1 900 kilogrammes le mètre cube.

Le sable fossile argileux pèse environ 1 800 kilogrammes le mètre cube.

Le sable de rivière humide pèse environ 1 800 kilogrammes le mètre cube.

Coulis réfractaires.

19. Le coulis réfractaire pulvérisé est employé dans le hourdis du briquetage, destiné à l'action des grands feux, il est mélangé avec la terre à four en petite quantité pour le rendre plus liant et pèse environ 1 100 à 1 150 kilogrammes le mètre cube.

Faïence.

20. Les faïences sont des terres cuites recouvertes d'émail.

La cuisson des émaux se fait dans des fours spéciaux, portés à une haute température et hermétiquement clos.

On peut dire que les fumistes ont la spécialité d'employer les faïences dans la construction ; ils sont même de véritables décorateurs et appelés à poser toutes les pièces céramiques dans les revêtements extérieurs, les ravalements, les grands panneaux décoratifs à carreaux ou panneaux de toutes dimensions ou de toutes formes unis ou décorés.

Les faïences le plus généralement employées sont :

1° Les pièces servant à la construction des poêles ;

2° Les panneaux servant aux cheminées ;

3° Les panneaux servant aux revêtements intérieurs ;

4° Les carreaux de nuances variées avec bordures ;

5° Les pièces décoratives, carreaux, panneaux, colonnes, etc., etc.

La qualité de l'émail doit être prédominante dans les pièces en faïence.

La terre cuite destinée à recevoir l'émail est appelée *biscuit*.

L'émail est une poudre très fine à bases métalliques ; les couleurs diverses sont obtenues par des mélanges d'oxyde également métalliques.

En raison de la perfection des émaux, les pièces sont commercialement classées par choix :

Premier choix ;

Deuxième choix ;

Troisième choix, pour certains émaux.

Les émaux de premier choix doivent présenter des surfaces unies, tenues de ton, et sans boursouflures ou taches quelconques. Dans les pièces à plusieurs tons, chacun d'eux doit être bien limité, sans bavure dans les dessins.

Ces qualités ne peuvent être exigées que pour chaque pièce, en particulier en ce qui concerne la valeur des tons ; car, d'une fournée à une autre, en raison de la cuisson, les couleurs s'accentuent ou pâlissent légèrement.

Tôle, fer, fonte, cuivre.

21. *Tôle.* — La tôle est sans conteste le métal le plus employé dans la fumisterie.

La tôle sert à la confection de la plus grande partie des appareils ; elle se prête d'ailleurs merveilleusement à tous les ouvrages, aussi son usage s'est-il généralisé.

La tôle est tirée du fer et laminée sur une petite épaisseur.

On distingue deux espèces de tôles :

Les tôles au coke ;

Les tôles au bois.

La feuille de tôle doit présenter sur toute sa surface une épaisseur régulière, être unie et parfaitement homogène.

Pour être réputée de bonne qualité, la feuille de tôle doit être exempte d'aucune gerçure, fente, soufflure, paille, etc., etc.

Les tôles sont commercialement dénommées tôle anglaise et tôle douce.

La tôle douce est plus spécialement employée pour les ouvrages apparents qui nécessitent une main-d'œuvre plus soignée et pour tous les appareils qui demandent des agrafages, des bords, des reliefs, etc.

La tôle douce peut se couder sur tous les sens.

Il convient encore de citer la tôle lustrée, dite tôle à rideau.

Les tôles sont divisées en trois catégories principales :

Les tôles minces, dont l'épaisseur varie depuis 1/2 millimètre jusqu'à $0^m,002$;

Les tôles moyennes, dont l'épaisseur varie depuis $0^m,0025$ jusqu'à $0^m,004$;

Les grosses tôles, dont l'épaisseur varie depuis $0^m,0045$ jusqu'à $0^m,020$.

Cette dernière catégorie, appelée, en forges, grosse tôle ou tôle de chaudière, est peu employée dans la fumisterie cou-

rante ou du moins au-delà de $0^m,005$ à $0^m,006$ d'épaisseur ; les tôles moyennes sont donc appelées couramment grosses tôles dans la construction normale des appareils de chauffage.

Les dimensions des tôles sont de

$$0.65 \times 1.65$$
$$0.80 \times 1.65$$
$$0.80 \times 2.00$$
$$1.00 \times 2.00$$

Les plus spécialement employées dans la fumisterie sont les tôles de :

$$0.65 \times 1.65$$
$$1.00 \times 2.00$$

Les tôles à rideau se font d'après les largeurs commerciales des châssis.

Les tôles se vendent d'après le poids de la feuille.

On dira aussi couramment la tôle de 8 kilogrammes pour désigner la feuille de tôle de $0^m,001$ d'épaisseur en $0^m,65 \times 1^m,65$.

La tôle de 12 kilogrammes pour désigner la feuille de $0^m,0015$ d'épaisseur, et ainsi de suite.

Le poids exact de 1 mètre carré de tôle de $0^m,001$ d'épaisseur pris pour l'unité est de $7^k,780$.

La surface exacte d'une feuille de tôle est de $0^m,65 \times 1^m,65 = 1^m,07$.

Considérant la tolérance commerciale tant sur les mesures que sur les poids, il est d'usage de prendre la feuille de tôle de $0^m,65 \times 1^m,65$ comme unité de surface, c'est-à-dire 1 mètre carré et son poids de 8 kilogrammes.

Nous dirons donc et nous poserons pour les calculs approximatifs que l'on peut être appelé à faire, que la feuille de tôle de $0^m,65 \times 1^m,65$ en $0^m,001$ d'épaisseur pèse 8 kilogrammes.

Nous mentionnerons encore les tôles zinguées, les tôles étamées, les tôles galvanisées.

Ensuite viennent les tôles striées et les tôles ondulées.

Les premières servent peu en fumisterie, sauf toutefois les tôles galvanisées employées pour les objets exposés aux intempéries ou à l'humidité.

Les secondes ne servent absolument que pour la couverture.

22. *Fer.* — Le fer se rencontre à l'état natif, il est dit minerai de fer. Le fer est traité en forges dans les hauts fourneaux.

Les fers sont désignés par classes et par espèces.

Comme pour la tôle, les deux espèces de fer sont dénommées :

Fers au coke ;
Fers au bois.

Pour être de bonne qualité, le fer doit présenter à la cassure un grain fin et très serré ; il doit en outre être très malléable.

Les fers marchands sont divisés en quatre classes.

Les feuillards et rubans également divisés en quatre classes.

Viennent ensuite :

Les fers larges plats ;
Les fers à planchers ;
Les fers spéciaux.

Pour nous en tenir seulement en ce qui concerne les fers plus spécialement employés par les fumistes, nous dirons :

Dans les fers marchands, les fentons :

Les fers carrés de 0.020 à 0.040.
Les fers ronds de 0.015 à 0.030.
Les fers plats de 0.020 à 0.100.
Les fers 1/2 ronds de 0.015 à 0.025.

Les feuillards de 0^m,020 à 0^m,030.

Les larges plats s'emploient peu

Les fers à planchers dans les solives de 0^m,080 à 0^m,160.

Les fers spéciaux : cornières, fers à T et petits bois à partir de 0^m,020.

23. *Fonte.* — Avec la tôle, la fonte est la plus employée en fumisterie ; elle sert à la fabrication d'une grande quantité de pièces détachées, pour divers appareils, poêles, fourneaux, calorifères, etc., etc.

Elle sert aussi dans la décoration et pour la fabrication des grilles de toutes sortes.

La fonte est un dérivatif du fer qui en constitue la base ; elle est traitée par la fusion, en forges, dans les hauts-fourneaux.

Les fontes propres à la fumisterie sont celles qui proviennent de la deuxième fusion.

Les fontes sont désignées :

Fonte grise ;
Fonte blanche.

La fonte grise est aussi nommée fonte douce ; elle présente un grain fin et homogène et se prête à la main-d'œuvre, limage, burinage, etc. ; elle est employée dans toutes les pièces des fourneaux, cheminées, etc.

La fonte blanche, beaucoup plus cassante et plus dure, est impropre à la main-d'œuvre.

Le poids de la fonte est de 7 207 kilogrammes le mètre cube.

Nous mentionnerons ensuite la fonte malléable employée surtout dans les petites pièces, où elle remplace le fer.

24. *Cuivre.* — Le cuivre comme le fer se rencontre à l'état natif, appelé minerai de cuivre ; il se traite dans des fours spéciaux à reverbères.

On distingue deux sortes de cuivre :

Le cuivre rouge ;
Le cuivre jaune.

Commercialement, le cuivre se trouve *en barres* et *en feuilles* appelées *planches*.

Le cuivre en planches est presque seul utilisé dans la chaudronnerie dérivative de la fumisterie.

Les nombreuses qualités du cuivre sont : la ductilité, la malléabilité, la résistance à la dilatation, la tension, la rupture, etc., qui en font certainement le plus joli métal de l'industrie ; il est, en outre, susceptible d'un poli très fin, qui le recommande pour les ouvrages de luxe.

Les planches se font de 1 à 20 kilogrammes.

Les dimensions les plus courantes des planches rouges sont les suivantes :

0.70 et 1.15 de largeur × 1.40 de longueur.
1.00 et 1.30 » × 2.00 »
1.20 et 1.30 » × 3.30 »
1.20 et 1.30 » × 4.00 »

Le poids de 1 mètre superficiel de cuivre laminé, de 0.001 millimètre d'épaisseur, est de 8^k,788.

25. Après l'exposé des généralités qui précèdent, nous allons entrer, conformément à l'ordre de notre programme, dans les détails du métier.

Nous prendrons pour base la série en cours d'application de la Société centrale des Architectes (Édition de 1897). Quand nous en aurons l'occasion, nous rappellerons les articles des éditions précédentes qui ont été supprimés dans l'édition en cours.

Nous nous servirons aussi des nouvelles Séries que viennent de faire paraître respectivement chacune des Chambres syndicales de la Fumisterie et de la Chaudronnerie (Editions de l'année 1897).

Les indications des Séries employées seront indiquées dans la colonne des timbres en regard de chaque article :

Les articles de la Société centrale des Architectes : *Série centrale ;*

Les articles de la Chambre syndicale de la Fumisterie : *Chambre syndicale, Fumisterie ;*

Les articles de la Chambre syndicale de la Chaudronnerie : *Chambre syndicale, Chaudronnerie.*

Nous commenterons au fur et à mesure les articles des Séries employées, afin d'en démontrer l'esprit et la lettre, souvent différents, et de présenter, sous la forme la plus concise, un travail aussi clair que possible.

CHAPITRE III

FUMISTERIE DOMESTIQUE

Cheminées d'appartements.

26. D'une manière générale, on entend par *cheminée* l'ensemble de la construction de l'appareil dans lequel est placé le combustible.

Dans la pratique du bâtiment, on désigne par cheminée les ouvrages intérieurs seulement, et qui sont encore subdivisés en plusieurs parties, ayant chacune un nom particulier.

Une cheminée ordinaire d'appartement est composée de deux principaux ouvrages différents :

1° La façade ;

2° L'intérieur.

On entend par *façade, le rétrécissement* du chambranle, et, par *intérieur*, le foyer proprement dit, destiné à recevoir le combustible.

La Série de la Société centrale des Architectes indique trois genres de rétrécissements, appelés *arrangements :*

1° L'arrangement en plâtre ;

2° L'arrangement en faïence ;

3° L'arrangement à façade fonte.

En outre de ces divers ouvrages énoncés dans la Série, il faut ajouter encore d'autres rétrécissements plus luxueux, cependant très usités.

L'arrangement en carreaux céramiques ;

L'arrangement en panneaux artistiques ;

L'arrangement en briques apparentes ;

L'arrangement à façade cuivre ou tôle.

L'*intérieur* proprement dit est construit en briques, ou en fonte unie ou ornée, *avec âtre.*

Pour compléter la cheminée, maintenir et parfaire l'œuvre du fumiste, en même temps que meubler la pièce, et lui donner une note plus ou moins riche ou artistique dans l'ensemble, il y a le *chambranle.*

Les chambranles les plus employés sont en marbre. Depuis quelques années, étant donné le développement de la richesse des décorations intérieures, et surtout le goût de la mode, l'usage des chambranles en bois s'est accentué.

Les cheminées en bois ne sont employées que dans les hôtels particuliers ou les riches immeubles à loyer, et dans certaines pièces seulement, par exemple, salle à manger, bibliothèque ou cabinet de travail.

Il y a en outre, mais moins en usage, des chambranles entièrement en faïence artistique, d'autres en terre cuite, et enfin des chambranles en pierre.

27. Les cheminées d'appartement sont ordinairement pourvues d'un *châssis à rideau*, destiné à fermer la façade quand on ne se sert pas de la cheminée. Le rideau, à côté de cet usage tout décoratif,

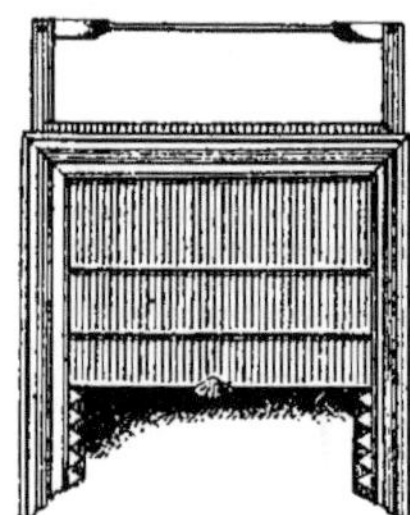

Fig. 1. — Châssis à crémaillère, tôle unie et cadre en cuivre.

a un rôle utilitaire ; c'est celui d'activer le tirage de la cheminée au moment de l'allumage.

Les châssis à rideaux se font ordinairement en *tôle* avec *cadres* en *cuivre*, et l'ouverture des lames par *crémaillères* ou *contrepoids*.

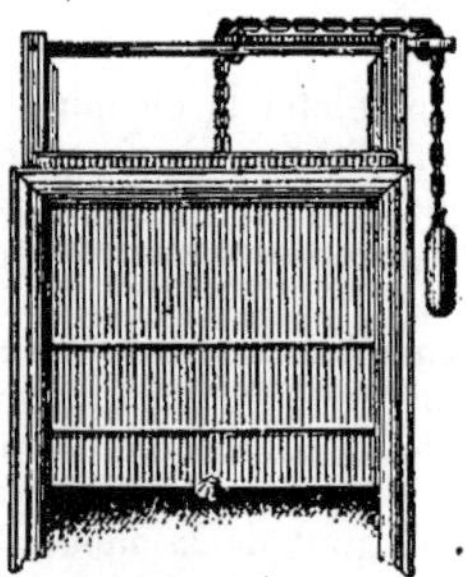

Fig. 2. — Châssis à contrepoids, tôle unie et cadre en cuivre.

Nous donnons (*fig.* 1 et 2) les modèles de ces châssis.

28. La façade d'une cheminée en faïence est complétée par trois panneaux.

Les panneaux latéraux de chaque côté du rideau sont appelés *côtés*.

Le panneau transversal au-dessus du rideau est appelé *soubassement*.

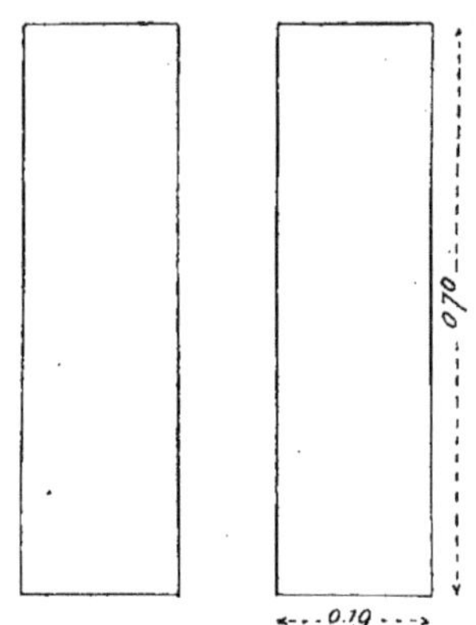

Fig. 3. — Côtés.

Fig. 4. — Soubassement.

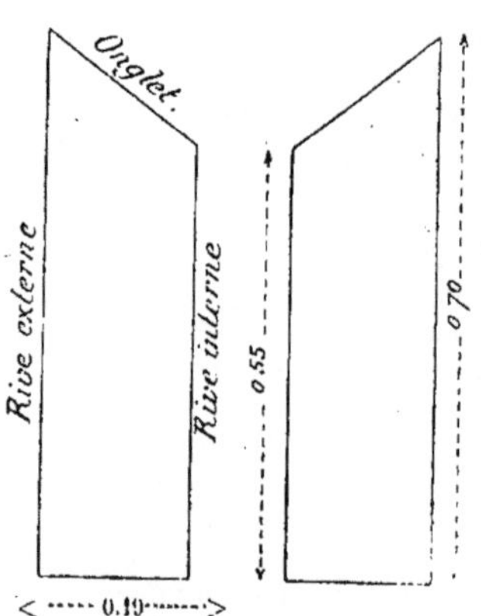

Fig. 5. — Côtés taillés.

Les figures 3 et 4 représentent les panneaux avant la taille.

Les figures 5 et 6 représentent le panneau après la taille.

Les champs des panneaux sont appelés *rives*.

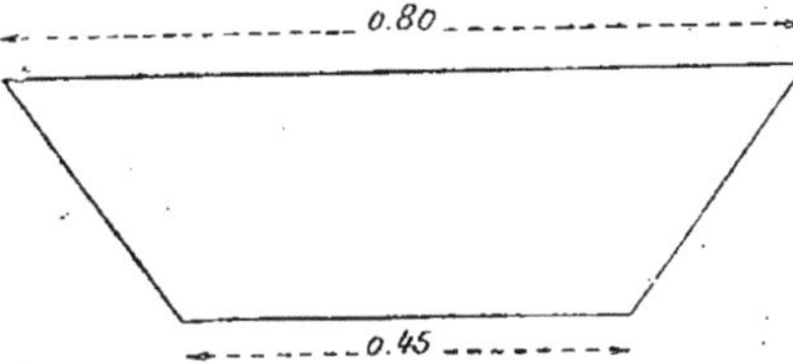

Fig. 6. — Soubassement taillé.

Les rives taillées pour la mise en œuvre sont appelées *onglets*.

Derrière le soubassement en faïence, au-

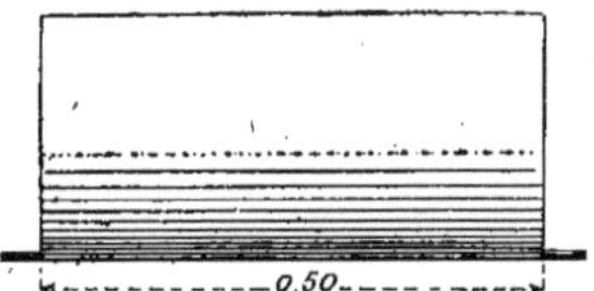

Fig. 7. — Contre-soubassement.

dessus du rideau, tant pour protéger la faïence contre l'action de la chaleur que pour concourir au tirage de la cheminée,

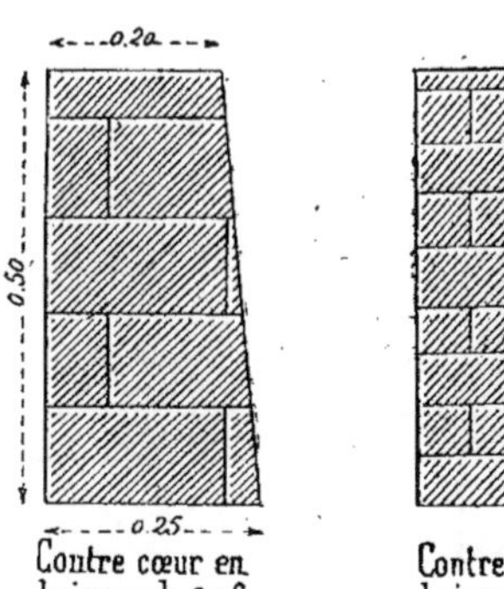

Contre cœur en briques de 0,06.

Contre cœur en briques de 0,11.

Fig. 8 et 9.

on place une *tôle bordée* faite spécialement et nommée *contre-soubassement* (*fig.* 7).

29. L'intérieur d'une cheminée en briques est composé :

1° Des deux côtés appelés *contre-cœurs ;*
2° Du fond appelé *dosseret ;*

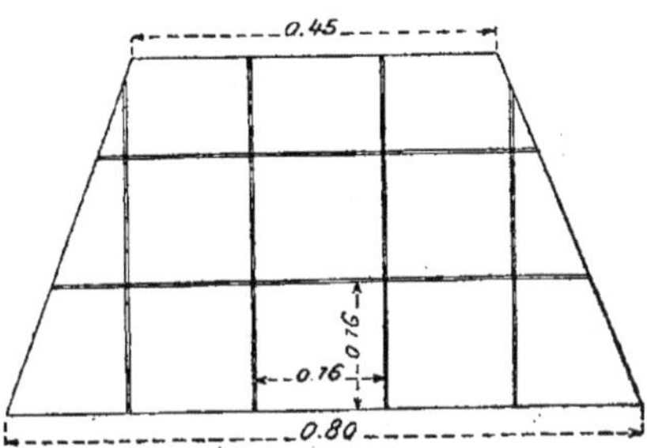

Fig. 10. — Atre.

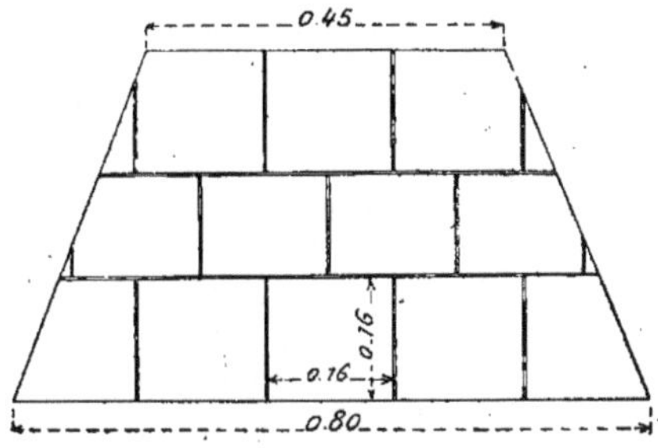

Fig. 11. — Atre.

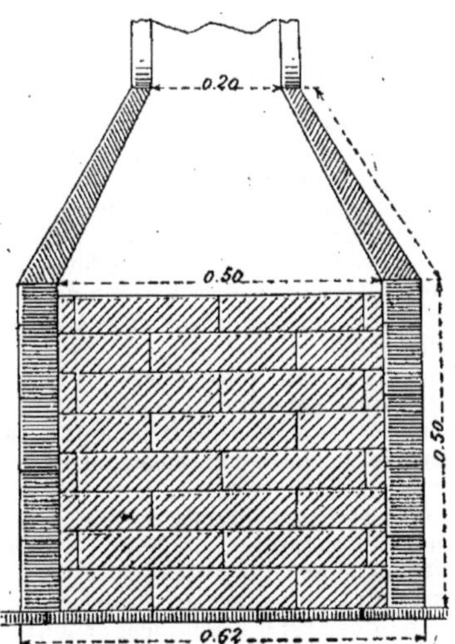

Fig. 12. — Goussets d'aspiration.

3° De l'âtre ordinairement en *carreaux carrés*;

4° Des *goussets* d'aspiration en plâtre.

Les *contre-cœurs* sont en briques, posées sur champs, et sont dits de 0^m,06 d'épaisseur (*fig.* 8), ou bien les briques posées sur plat, et sont dits de 0^m,11 d'épaisseur (*fig.* 9).

Le *dosseret*, quand l'emplacement le permet et dans les travaux bien exécutés, est ordinairement en briques de 0^m,11 d'épaisseur, c'est-à-dire posées sur plat. L'âtre ordinaire est en carreaux carrés rouges de 0^m,16 de côté (*fig.* 10 et 11).

Les goussets d'aspiration en plâtre sont au-dessus des contre-cœurs ; ils servent à canaliser la fumée dans le départ du conduit et faciliter le tirage (*fig.* 12).

Quand le fond de l'intérieur est fait d'une plaque de fonte, il y a, au-dessus, un *glacis*.

La cheminée à rétrécissement en plâtre est construite dans les mêmes conditions que nous venons de décrire pour la cheminée en faïence ; sauf que la façade est faite de panneaux en plâtre.

Pour terminer la cheminée, afin de protéger la tablette du chambranle, d'une part, et d'éviter les passages de fumée au pourtour, d'autre part, on construit une planche en plâtre ou en tuile appelée *gorge*.

Métré d'une cheminée en plâtre.

30. Arrangement d'une cheminée d'appartement rétrécie en plâtre, contre-cœurs en brique neuves à sable de 0^m,06 d'épaisseur, frottées, jointoyées, soubassement, goussets, pose de châssis à rideau du contre-soubassement en tôle, de la plaque de fonte, façon de l'âtre et garnissage intérieur au pourtour du chambranle en bâtiment neuf.

Le prix de l'arrangement de cheminée comprend toutes mains-d'œuvre, la fourniture du plâtre, de la terre à four et des briques, le lessivage des faïences, récurage des cuivres, noircissage à la mine de plomb du châssis à rideau et de l'intérieur.

La cheminée se mesure à l'intérieur du chambranle, et le prix de série est fait pour une ouverture maximum de 1 mètre.

Il faudra toujours tenir compte de cette observation et indiquer la largeur de l'ouverture entre chambranles.

Au-delà de 1 mètre et par chaque 0^m,20 d'ouverture en plus ou fraction de 0^m,20, la Série alloue une plus-value.

Nous supposons une cheminée de 1^m,10 d'ouverture ; nous avons donc la première fraction de 0^m,20 acquise, soit :

Plus-value pour une cheminée de 1^m,10 d'ouverture intérieure entre chambranles, en bâtiment neuf.

Nous supposons dans le second cas une même cheminée de 1^m,25 d'ouverture ; nous avons donc la première largeur de 0^m,20 acquise, plus la fraction de la seconde largeur ; c'est-à-dire que nous avons droit à deux fois la plus-value sous le n° 335.

En outre de cette plus-value, il en est d'autres pour l'intérieur proprement dit.

Nous venons de voir que la Série paye, sous le n° 335, l'intérieur de cheminée en briques rouges de 0^m,06 d'épaisseur, avec plaque de fonte dans le fond.

Quand, au lieu de briques de 0^m,06 d'épaisseur, les contre-cœurs sont en briques de 0^m,11, la Série alloue une plus-value sous le n° 342.

Une autre plus-value est également allouée, lorsque le *fond* ou *dosseret* est en briques de 0^m,11 au lieu de plaque de fonte.

Arrangement de cheminée rétrécie en plâtre, contre-cœurs et âtre en bâtiment neuf.

SÉRIE CENTRALE 334 (col. 1).

Plus-value pour cheminée de 1^m,10 d'ouverture en bâtiment neuf.

SÉRIE CENTRALE 335 (col. 1).

Plus-value pour cheminée de 1^m,25 d'ouverture en bâtiment neuf.

SÉRIE CENTRALE 335.

Plus-value pour contre-cœur en briques de 0^m,11 d'épaisseur.

SÉRIE CENTRALE 342.

Plus-value pour fond en briques de 0^m,11 d'épaisseur.

SÉRIE CENTRALE 343.

Les deux plus-values ci-dessus sont applicables à toutes les cheminées, qu'elles soient construites en bâtiment neuf, ou en réparation.

Quand les intérieurs sont construits en briques réfractaires de première qualité, au lieu de briques rouges, ils sont payés avec plus-value ;

Pour contre-cœurs en briques de 0^m,06 d'épaisseur ;
—   —   de 0^m,11 d'épaisseur.

Le fond en briques réfractaires de 0^m,11 d'épaisseur.

Nous devons faire remarquer que les plus-values, sous les n°s 345 et 346, sont cumulatives avec les n°s 342 et 343.

Si les contre-cœurs sont en briques réfractaires de 0^m,06 d'épaisseur, la plus-value seule de qualité de briques est applicable (n° 344).

Si, au contraire, les contre-cœurs sont en briques réfractaires de 0^m,11 d'épaisseur, nous avons droit à la première plus-value pour surépaisseur de briques (n° 342), et à la seconde, pour première qualité de briques réfractaires (n° 345).

La même observation est à faire pour le mur de fond.

La première plus-value, pour briques de 0^m,11 d'épaisseur, sous le n° 343, et la seconde, pour première qualité de briques réfractaires, sous le n° 346, sont toutes deux acquises et s'additionnent.

Quand, au lieu de briques réfractaires de première qualité, les briques employées sont de deuxième qualité, la Série frappe d'une moins-value de 20 0/0 les articles 344, 345 et 346.

La même cheminée rétrécie en plâtre construite en bâtiment vieux donne lieu à une plus-value de 4^f,75 sur le prix de la cheminée construite en bâtiment neuf. Le prix est indiqué sous le même n° 334 de la série dans la deuxième colonne.

La cheminée en bâtiment vieux est dite : construite en réparation.

La Série considère comme construites en bâtiment neuf :

1° Les cheminées exécutées dans les bâtiments surélevés ;

2° Les cheminées exécutées dans les locaux non habités, mais seulement quand il y aura plus de trois arrangements.

Le paragraphe premier de cette observation n'a pas d'autre interprétation que son texte très précis.

Le paragraphe second forme deux propositions ; d'où il découle que les cheminées exécutées jusqu'au nombre de trois *inclusivement*, dans les locaux non habités, sont considérées *en réparation*, et toutes les cheminées exécutées dans les locaux habités, quel que soit leur nombre, sont également considérées *en réparation*.

Le mode de métré est le même pour les cheminées en bâtiment neuf ou en réparation.

La plus-value de largeur entre chambranles est appliquée aux cheminées en réparation, comme aux cheminées en bâtiment neuf, par 0^m,20 ou fraction de 0^m,20 au-dessus de 1 mètre d'ouverture.

Le prix de cette plus-value est indiqué sous le même n° 335 de la Série, dans la deuxième colonne.

Le débit de la cheminée en réparation est le même que celui de la cheminée en bâtiment neuf, sauf le timbre.

La plus-value d'ouverture au-dessus de 1 mètre.
Plus-value pour une cheminée de 1^m,10 d'ouverture intérieure entre chambranles en réparation.

> Plus-value pour cheminée de 1^m,10 d'ouverture en réparation.
>
> SÉRIE CENTRALE 335 (col. 2).

31. Nous devons faire remarquer que le prix alloué pour les cheminées construites en réparations ne comprend pas la valeur de la démolition ; en conséquence, il faut se reporter pour ce travail à l'article 403, première colonne.

Démolition d'intérieur de cheminée rétrécie en plâtre compris rangement des matériaux, nettoyage de la pièce, sortie et descente des gravois.

> Démolition d'intérieur de cheminée rétrécie en plâtre à la pièce.
>
> SÉRIE CENTRALE 403 (1re col.).

Ce travail de démolition ne comprend pas non plus tous autres travaux accessoires, tels que : dépose de tablette, démolition de gorge, dépose de chambranle, etc., qui doivent être demandés séparément pour leur valeur respective.

Dépose de tablette marbre, décrottage et rangement pour 1/2 valeur de la pose Série centrale N° 606.

> Dépose de tablette marbre, décrottage et rangement.
>
> 1/2 SÉRIE CENTRALE 606.

Démolition de la gorge (en tuiles ou en plâtre) sur fentons et linteaux évaluée aux légers ouvrages d'après les dimensions moyennes de 0.25 à 0.30 centimètres de largeur sur 1.00 à 1.20 de longueur.

Les descellements des fentons et linteaux comptés à part, à moins que les murs de portées de ces fentons et linteaux n'aient été également démolis conformément à l'observation de la Série de Maçonnerie N° 1033.

> Légers ouvrages.
>
> 0.10
>
> Observation.
>
> SÉRIE CENTRALE (Maçonnerie 1033).

Pour tous travaux de descellements, il y a lieu de se reporter aux observations générales de la Maçonnerie du N° 1028 au N° 1033 inclus.

Les descellements sont évalués jusqu'à 0.32 centimètres de côtés, au mètre linéaire.

Les descellements au-dessus de 0.32 centimètres de côtés sont évalués au mètre cube.

Les descellements de linteaux rentrent dans la catégorie des descellements évalués au mètre linéaire.

La base d'évaluation des descellements est l'unité de légers.

Les descellements avec bouchements de trous jusqu'à 0.32 centimètres de côtés sont évalués à 1/2 de légers par centimètre de profondeur.

EXEMPLE : S'il s'agit de deux linteaux scellés de 0.06 centimètres dans les murs en briques nous dirons :

Quatre descellements de linteaux de 0.06 centimètres dans la brique et bouchements de trous à 1/2 de légers $= \dfrac{0.24}{2} = 0^2.12.$

Les descellements sans bouchements de trous jusqu'à 0.32 centimètres de côtés sont évalués au 1/4 de légers par centimètre de profondeur.

Si nous continuons de prendre le premier exemple, nous dirons :

Quatre descellements de linteaux de 0.06 centimètres dans la brique sans bouchements de trous au 1/4 de légers $= \dfrac{0.24}{4} = 0^2.06.$

> Observation.
>
> SÉRIE CENTRALE (Maçonnerie 1028).
>
> Observation.
>
> SÉRIE CENTRALE (Maçonnerie 1031).
>
> Légers ouvrages.
>
> 0.12
>
> Légers ouvrages.
>
> 0.06

Toutes ces évaluations sont comptées pour des pièces scellées au plâtre, et les bouchements semblables ; que ces descellements soient faits dans la meulière, dans la brique, ou dans la pierre dure ou tendre, les évaluations restent les mêmes.

Nous devons ajouter que les raccords apparents au droit d'anciennes pièces descellées doivent toujours être comptés à part et ne sont pas compris dans les évaluations qui précèdent.

Les descellements des pièces scellées au ciment sont payés sur les mêmes bases, comme il est dit à l'article Maçonnerie N° 1030.

Nous devons faire remarquer que la base de cet article est la plus-value de 1/2 allouée pour tous scellements faits au ciment, sur les mêmes scellements faits au plâtre, comme il est dit à l'article Maçonnerie N° 966.

Le trou et scellement au plâtre, dans le moellon ou plâtras, jusqu'à 0.32 centimètres de côtés pris comme unité, est donc de $0^m,01$ par centimètre de profondeur (Série Maçonnerie N° 968), soit pour 1 mètre de longueur l'unité de légers $1^q.00$.

Le scellement seul équivaut à la moitié du trou et scellement (Série Maçonnerie n°s 971-973) ou 0.005 par centimètre de profondeur, soit pour 1 mètre de longueur $0^q.50$.

Le scellement au ciment romain est tarifé d'une plus-value de 1/2 sur le scellement en plâtre ou 0.0025 par centimètre de profondeur, soit pour 1 mètre de longueur $0^q.25$.

Le trou et scellement au ciment romain est donc évalué 0.0125 par centimètre de profondeur, soit pour 1 mètre de longueur $1^q.25$.

En conséquence des observations précédentes :

Les descellements des pièces y compris les bouchements de trous au ciment, évalués à 1/2 valeur des trous et scellements, doivent être comptés au mètre linéaire $\frac{1.25}{2} = 0^q.625$.

Les descellements de ces mêmes pièces scellées au ciment sans bouchements de trous, évalués au 1/4 de valeur des trous et scellements, doivent être comptés au mètre linéaire $\frac{1.25}{4} = 0.3125$.

Si nous continuons de prendre le premier exemple, nous dirons :

Quatre descellements de linteaux de 0.06 centimètres dans la brique et bouchements de trous à 1/2 de légers $= \frac{0.24}{2} = 0.12$.

Plus-value de descellements et bouchements de trous au ciment $= \frac{0.12}{4} = 0.03$.

Pour les mêmes descellements sans bouchements de trous, nous dirons :

Quatre descellements de linteaux de 0.06 centimètres dans la brique sans bouchements de trous au 1/4 de légers $= \frac{0.24}{4} = 0.06$.

Plus-value de descellements au ciment sans bouchements de trous $= \frac{0.06}{4} = 0.015$.

32. Nous avons été amené à prendre cet exemple de linteaux scellés de 0^m,06 pour les gorges de cheminées. Tous autres linteaux dans la construction ont des scellements plus profonds. Le principe du métré reste le même et doit être appliqué suivant chaque travail. Pour compléter le métré d'une cheminée rétrécie en plâtre, nous donnons (*fig.* 12) un chambranle capucine simple sans foyer, avec arrangement intérieur en plâtre ré*t*réci à la *Rumford.*

La façon des cheminées dites à la *Rumford*, quand il s'agit de cheminées ordinaires rétrécies en plâtre, se paye au même prix et dans les mêmes conditions de plus-values que les cheminées à *rideaux* Série centrale Fumisterie 334-335.

Le chambranle-capucine représenté (*fig.* 13) est le plus simple; il se compose de quatre pièces principales:

1° La tablette;

2° La traverse;

3° Les deux pilastres.

La tablette est la traverse sont d'une seule pièce.

Chaque pilastre est composé de trois pièces:

1° Le pilastre proprement dit;

2° Le socle;

3° Le chapiteau.

Le chambranle est monté sur une *doublure* en pierre dite de *faux liais.*

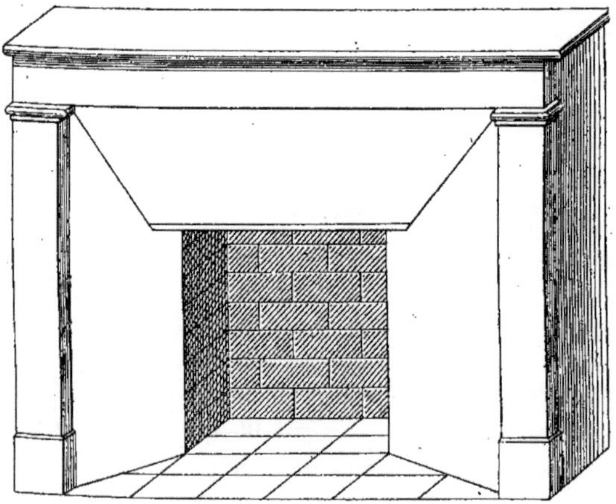

Fig. 13. — Cheminée en plâtre rétrécie à la *Rumford* et capucine simple sans foyer.

Le prix du chambranle, quel qu'il soit, comporte toujours la valeur de la doublure en faux liais.

Les chambranles-capucines sont généralement en marbres ordinaires, tels que:

Le marbre noir français;

Le marbre Sainte-Anne;

Le marbre rouge de Flandre.

Le prix de chacun de ces chambranles est tarifé à la Série centrale Marbrerie sous le N° 485, première, deuxième et troisième colonne, et comporte la fourniture du foyer.

Quand le chambranle est sans foyer (*fig.* 12), il est diminué de 15 0/0 observation de la Série centrale Marbrerie N° 504.

Le foyer compris avec le chambranle ne doit pas excéder 0.32 centimètres de largeur.

Au-dessus de la largeur précitée, le foyer doit être compté à part, diminution faite de 15 0/0 sur la valeur totale du chambranle.

L'observation de la Série centrale Marbrerie N° 503 est formelle.

(Les foyers comportent une largeur de 0.32 centimètres et au dessous.)

Métré d'une cheminée à la Rumford avec chambranle-capucine sans foyer (*fig.* 13) **sur plancher en fer.**

33. *Trémie de plancher en fer* hourdée en plâtras, fournis et plâtre jusqu'à 0.08 centimètres d'épaisseur au mètre superficiel.

Maçonnerie N° 832.

Longueur 110 {
Largeur 0.80 { 110 × 0.80 = 0².88 aux 55/100 le mètre ².

Plus-value pour 0.04 centimètres de surépaisseur de trémie au-dessus de 0.08 centimètres au mètre superficiel.

Maçonnerie N° 833.

0.08 + 0.04 = 0.12 d'épaisseur, soit 0.045 × 4 = 0.18 surface ci 1.10 × 0.80 = 0².88 aux 18/100 le mètre superficiel.

Fentons de plancher en fer, coupés de longueur, montés et posés au kilogramme.

Serrurerie N° 72.

4 kilogrammes en fourniture.

Les deux jambages hourdis plein en plâtras fournis et plâtre de 0.08 centimètres d'épaisseur au mètre superficiel.

Maçonnerie N° 821.

Hauteur vue 0.90 {
Contre-bas en plancher 0.05 { 0.95 × 0.30 = 0².285 × 2 = 0².57 aux 33/100 le mètre².

Plus-value pour 0.02 centimètres de surépaisseur de hourdis au-dessus de 0.08 centimètres au mètre superficiel.

Maçonnerie N° 822.

0.08 + 0.02 = 0.10 d'épaisseur, soit 0.05 × 2 = 0.10 surface ci 0.95 × 0.30 = 0.285 × 2 = 0².57 aux 10/100 le mètre ².

Deux tranchées d'arrachements, scellements et liaisons en moellons ou plâtras jusqu'à 0.05 centimètres de largeur au mètre linéaire.

Maçonnerie N° 883.

Hauteur 0.95 × 2 = 1.90 aux 8/100 le mètre courant.

Plus-value pour 0.05 centimètres de largeur au-dessus de 0.05 = 1/10 en plus par chaque centimètre de largeur au mètre linéaire et pour 0.05 centimètres 5/10.

Maçonnerie N° 884.

Hauteur 0.95 × 2 = 1.90 aux 4/100 le mètre courant.

Les enduits au sas au-dessous de 0.35 centimètre de largeur au mètre superficiel.

Maçonnerie N° 801.

Les deux jambages :

Hauteur vue 0.90 × 0.30 = 0.27 × 2 = 0².54 aux 33/100 le mètre².

Observation.

SÉRIE CENTRALE (Marbrerie 504).

Observation.

SÉRIE CENTRALE (Marbrerie 503).

Légers ouvrages.

0.48

Légers ouvrages.

0.10

Fentons coupés de longueur.

SÉRIE CENTRALE (Serrurerie 72).

Légers ouvrages.

0.19

Légers ouvrages.

0.057

Légers ouvrages.

0.15

Légers ouvrages.

0.075

Légers ouvrages.

0.18

Pose de la cheminée marbre. Chambranle à la capucine sans foyer, avec planche en plâtre et tablette compris agrafes et scellements.

Marbrerie N° 505.

Fourni la planche en plâtre de 0.27 × 100.

Marbrerie N° 511.

Quatre scellements des linteaux de chacun 0.08 centimètres de profondeur = 0,08 × 4 = 0.32 à 1/2 de légers.

Linteaux en fer carré coupés de longueur et dressés, montés et posés au kilogramme.

Serrurerie N° 73.

Deux linteaux de 1.00 = 2.00 en fer carré de 0.015 à raison de 1ᵏ,752 le mètre linéaire = 3ᵏ,500 en fourniture.

L'arrangement de la cheminée d'appartement rétrécie en plâtre, façon *Rumford*, contre-cœurs en briques neuves à sable de 0.06 centimètres d'épaisseur, frottées, jointoyées, soubassement, goussets, pose de la barre de soubassement apparente et du contre-soubassement en tôle, façon de l'âtre et garnissage intérieur au pourtour du chambranle en bâtiment neuf.

Plus-value pour contre-cœurs en briques de 0.11 d'épaisseur.

Plus-value pour mur dosseret en briques de 0.11 d'épaisseur.

Les fournitures.

La cheminée marbre noir français, chambranle à la capucine avec tablette sans foyer, monté sur doublure.

Marbrerie N° 485.

Moins-value de 15 0/0 pour chambranle sans foyer.

La barre de soubassement en fer cornière de 0.025 de largeur coupée de longueur et dressée au mètre linéaire.

Longueur apparente 0.60
Deux abouts rentrés de
Chacun 0,10 ᶜ/ᵐ = 0.20 } 0.80 centimètres.

Serrurerie N° 1033.

Deux chanfreins à la lime sur la longueur de la cornière de 0.80 × 2 = 1.60

Serrurerie N° 136.

Polissage sur cornière au mètre linéaire.

Serrurerie N° 1689.

Longueur 0.80 centimètres.

Le contre-soubassement en tôle bordée jusqu'à 0.55 de largeur.

Plus-value pour contre-soubassement de 0ᵐ,60 de largeur soit 0.05 centimètres en excédant de 0.55.

Quatorze carreaux d'âtre en terre cuite de 0.16, qualité dite de Bourgogne.

Observation. — Si les carreaux d'âtre sont de qualité dite de Pays, ils sont payés sous le même numéro, deuxième colonne.

Porc de capucine marbre sans foyer avec tablette.

SÉRIE CENTRALE (Marbrerie 505).

Planche en plâtre.

SÉRIE CENTRALE (Marbrerie 511).

Légers ouvrages.

0.16

Linteaux coupés de longueur.

SÉRIE CENTRALE (Serrurerie 73).

Arrangement de cheminée rétrécie en plâtre façon *Rumford*, contre-cœurs et âtre en bâtiment neuf.

SÉRIE CENTRALE 334 (1ʳᵉ col.).

Plus-value pour contre-cœurs en briques de 0.11 d'épaisseur.

SÉRIE CENTRALE 342.

Plus-value pour fond en briques de 0.11 d'épaisseur.

SÉRIE CENTRALE 343.

Chambranle capucine noir Français sans foyer.

SÉRIE CENTRALE (Marbrerie 485. — 1ʳᵉ col.).

Observation.

504

Fer cornière de 0.025 bien dressé au mètre linéaire.

SÉRIE CENTRALE (Serrurerie 1033).

Chanfrein à la lime sur fer au mètre linéaire.

SÉRIE CENTRALE (Serrurerie 136).

Polissage sur fer au mètre linéaire.

SÉRIE CENTRALE (Serrurerie 1689).

Contre-soubassement en tôle bordée.

SÉRIE CENTRALE 386.

Plus-value.

SÉRIE CENTRALE 387.

Carreau d'âtre de 0.16 dit de Bourgogne.

SÉRIE CENTRALE 278 (1ʳᵉ col.).

SÉRIE CENTRALE 278 (2ᵐᵉ col.).

34. Nous donnons (*fig.* 14) un chambranle capucine simple, avec foyer et revêtements montés, qui se compose de 7 pièces principales :

1° La tablette ;

2° La traverse ;

3° Les 2 pilastres ;

4° Les 2 revêtements ;

5° Le foyer.

Comme pour le chambranle (*fig.* 13), la tablette et la traverse sont d'une seule pièce.

Le foyer, également d'une seule pièce, est uni ; chaque pilastre est composé de 3 pièces, que nous avons énumérées avec la figure 13.

Les revêtements sont les panneaux placés sur les côtés du chambranle en remplacement des jambages ; ils sont composés chacun de 2 pièces :

1° Le panneau de revêtement ;

2° Le socle retourné sur celui du pilastre et rapporté sur le panneau.

Le chambranle est monté sur une doublure en pierre, dite de faux liais.

Les prix des chambranles à revêtements sont tarifés à la Série centrale Marbrerie, sous le N° 486 dans les colonnes 1, 2 et 3 suivant la nature des marbres : noir français, Sainte-Anne ou rouge de Flandre.

Si le chambranle (*fig.* 14) était placé avec une des cheminées que nous avons donné, nous dirions :

Exemple.

35. Pose de la cheminée marbre, chambranle à la capucine avec foyer et revêtement, planche en plâtre et tablette compris agrafes et scellements.

Marbrerie N° 508.

La planche en plâtre, linteaux et pose suivant les dimensions réelles d'après ce que nous avons dit précédemment.

En fourniture :

La cheminée marbre Sainte-Anne ; chambranle à la capucine et revêtement avec foyer uni et tablette, monté sur doublure.

Marbrerie N° 486.

Pose de capucine marbre à revêtements avec foyer et tablette.

SÉRIE CENTRALE (Marbrerie 508).

Chambranle capucine Sainte-Anne à revêtements avec foyer et tablette.

SÉRIE CENTRALE (Marbrerie 486. — 2ᵐᵉ col.

Fig. 14. — Capucine simple avec foyer et revêtements montés.

36. La figure 15 représente un chambranle capucine à cadre, sans revêtements, avec foyer uni.

Ce chambranle est composé de 8 pièces principales :

1° La tablette ;
2° La traverse ;
3° Les 2 pilastres ;
4° Le cadre en 3 pièces ;
5° Le foyer.

Le chambranle est monté sur une doublure en pierre dite de faux liais ; il est construit sur des jambages en briques ravalées ou apparentes.

Le prix des chambranles à cadres sans revêtements sont tarifés à la Série centrale Marbrerie, sous le n° 487, dans les colonnes 1, 2, 3 et 5, suivant la nature des marbres.

Colonne n° 1 : noir français ;
Colonne n° 2 : Sainte-Anne ;
Colonne n° 3 : rouge de Flandre ;
Colonne n° 5 : Sarancolin de l'ouest ou bois Jourdan.

La pose du chambranle-capucine à cadre et foyer sans revêtements est payée à la Marbrerie N° 506.

Exemple.

37. Pose de la cheminée marbre, chambranle à la capucine à cadre, sans revêtement, avec foyer, planche en plâtre et tablette, compris agrafes et scellements.

En fourniture :

La cheminée marbre rouge de Flandre, chambranle à la capucine à cadre, sans revêtement avec foyer uni et tablette, monté sur doublure.

Marbrerie N° 487.

Pose de capucine marbre sans revêtements à cadre et foyer avec tablette.

SÉRIE CENTRALE (Marbrerie 506).

Chambranle capucine rouge de Flandre à cadre sans revêtements avec foyer et tablette.

SÉRIE CENTRALE (Marbrerie 487. — 3me col.).

Fig. 15. — Capucine à cadre avec foyer sans revêtements.

38. La figure 16 représente un chambranle-capucine, à cadre et revêtements montés avec foyer uni.

Ce chambranle est composé de dix pièces principales :

1° La tablette ;

2° La traverse ;
3° Les 2 pilastres ;
4° Les 2 revêtements ;
5° Le cadre en 3 pièces ;
6° Le foyer.

Les chambranles à revêtements sont

généralement posés avec des contre-murs intérieurs en briques, de 0^m,06 d'épaisseur (plan, *fig.* 17).

Nous donnons (*fig.* 18) un revêtement de chambranle-capucine en élévation avec coupe sur pilastre, et le contre-mur en

Fig. 16. — Capucine à cadre avec foyer et revêtements montés.

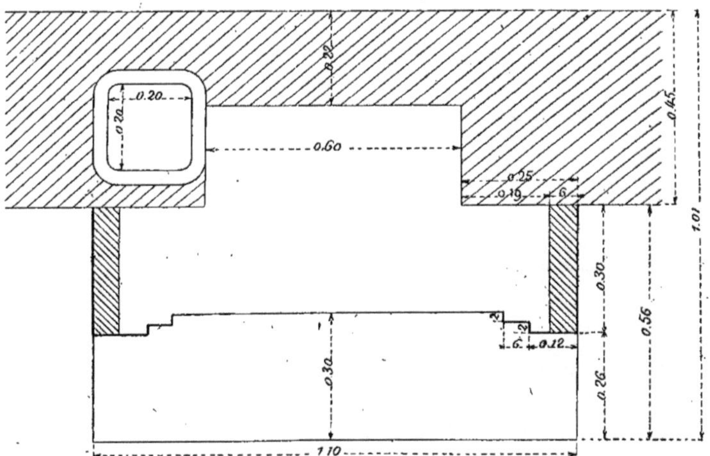

Fig. 17. — Plan de chambranle capucine à cadre avec contre-murs intérieurs en briques de 0^m,06.

briques de 0^m,06 d'épaisseur en pointillé.

Les prix des chambranles à cadres et revêtements sont tarifés à la Série centrale Marbrerie sous le N° 488, dans les colonnes 1, 2, 3 et 5, suivant la nature des marbres : noir français, Sainte-Anne, rouge de Flandre ou Sarancolin.

Exemple de métré du chambranle.
(*Fig.* 16, 17 *et* 18).

39. Pose de la cheminée marbre : chambranle à la capucine à cadre et revêtement avec foyer, planche en plâtre et tablette, compris agrafes et scellements.

Marbrerie N° 508.

Pore de capucine marbre à cadre et revêtements, foyer et tablette.

SÉRIE CENTRALE (Marbrerie 508).

Les deux contre-murs intérieurs de revêtements en briques neuves de façon Bourgogne de 0.06 d'épaisseur hourdées en plâtre au mètre superficiel.

Fumisterie N° 361.

Murs en briques de façon Bourgogne de 0.06 d'épaisseur au mètre 2.

SÉRIE CENTRALE 361 (1re col.).

Largeur 0.28
Hauteur   0.90 {
Contre-bas en plancher 0.05 {0.95 $\times$ 0.28 = 0².266 $\times$ 2 = 0².53
Les enduits intérieurs au panier (mémoire).

Fumisterie N° 369.

Observation.

SÉRIS CENTRALE 369.

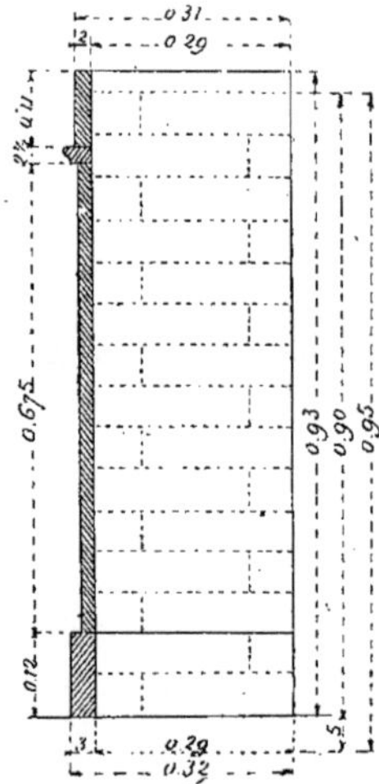

Fig. 18. — Revêtement de chambranle capucine en élévation avec coupe sur pilastre (contre-mur en pointillé).

Deux tranchées d'arrachements, scellements et liaisons en moellons ou plâtras jusqu'à 0.05 de largeur au mètre linéaire.

Maçonnerie N° 883.

Hauteur 0.95 $\times$ 2 = 1.90 aux 8/100 le mètre courant.

Plus-value pour 0ᵐ,01 de largeur au-dessus de 0.05 = 1/10 en plus.

Maçonnerie N° 884.

Légers ouvrages.

0.15

Hauteur 0.95 $\times$ 2 = 1.90 à 0.008 courant = 0².0152.

En fourniture :

La cheminée marbre Sarancolin : chambranle à la capucine à cadre et revêtement, avec foyer uni et tablette, monté sur doublure.

Marbrerie N° 488.

Légers ouvrages.

0.015

Chambranle capucine Sarancolin, à cadre et revêtements avec foyer et tablette.

SÉRIE CENTRALE (Marbrerie 488.—5me col.).

40. Le deuxième mode de rétrécissement des cheminées est l'arrangement en faïence.

Nous ne reviendrons pas sur les observations générales que nous avons présentées, relativement aux diverses plus-values des cheminées à rétrécissements en plâtre et qui s'appliquent également aux cheminées en faïence.

Métré d'une cheminée en faïence à rideau avec chambranle-capucine simple à foyer (*fig.* 19) **sur plancher en bois.**

41. Trémie de plancher en bois, hourdée en plâtras fournis et plâtre, jusqu'à 0.12 centimètres d'épaisseur au mètre superficiel.

Maçonnerie N° 830.

Longueur 1.10

Largeur 0.80 1.10 × 0.80 = 0².88 aux 60/100 le mètre ².

Plus-value pour 0.06 centimètres de surépaisseur de trémie au-dessus de 0.12 centimètres au mètre superficiel.

Maçonnerie N° 831.

0.12 + 0.06 = 0.18 d'épaisseur, soit 0.045 × 6 = 0.27.

Surface-ci 1.10 × 0.80 = 0.88 aux 27/100 le mètre superficiel.

Fentons de plancher, en fer, coupés de longueur, montés et posés au kilogramme.

Serrurerie N° 72.

Quatre kilogrammes en fourniture.

Les deux jambages en briques neuves de façon Bourgogne de 0.11 centimètres d'épaisseur hourdés en plâtre au mètre superficiel.

Fumisterie N° 361.

Largeur 0.30.

Hauteur   0.90)

Contre-bas en plancher 0.05 (0.95 × 0.30 = 0².285 × 2 = 0².57.

Les enduits intérieurs au pánier (mémoire).

Fumisterie N° 369.

Légers ouvrages.	
0.528	
Légers ouvrages.	
0.237	
Fentons coupés de longueur.	
SÉRIE CENTRALE (Serrurerie 72).	
Murs en briques de façon Bourgogne de 0.11 d'épaisseur au mètre superficiel.	
SÉRIE CENTRALE 361 (2ᵐᵉ col.).	
Observation.	
SÉRIE CENTRALE 369.	

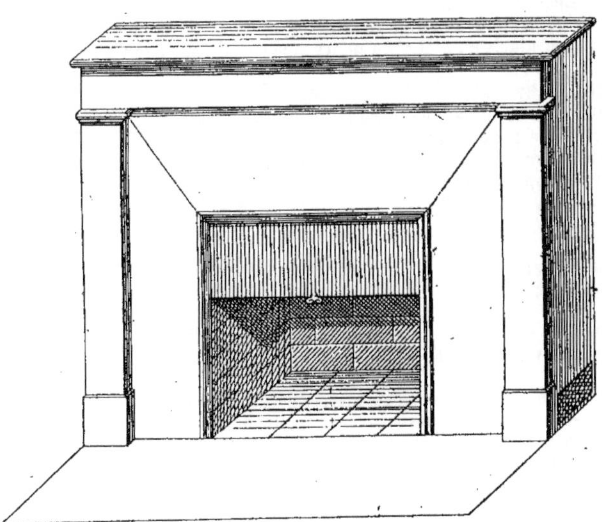

Fig. 19. — Cheminée en faïence et capucine simple avec foyer.

Deux tranchées d'arrachements, scellements et liaisons en moellons ou plâtras jusqu'à 0.05 de largeur au mètre linéaire.

Maçonnerie N° 883.

Hauteur $0.95 \times 2 = 1.90$ aux 8/100 le mètre courant.

Plus-value pour 0.06 de largeur au-dessus de 0.05 1/10 en plus pour chaque centimètre de largeur au mètre linéaire et pour 0.06 centimètres 6/10.

Maçonnerie N° 884.

Hauteur $0.95 \times 2 = 1.90$ à 0.048 courant $0^2.0912$.

Les enduits au sas au-dessus de 0.35 centimètres de largeur au mètre superficiel.

Maçonnerie N° 801.

Les deux jambages.

Hauteur vue $0.90 \times 0.30 = 0.27 \times 2 = 0.54$ aux 33/100 le mètre superficiel.

Les ventouses dans les deux jambages :

Deux percements de grilles dans la brique de façon Bourgogne de $0^2.11$ d'épaisseur à l'unité de taille.

Maçonnerie N° 1436.

$0.11 \times 2 = 0^2.22$.

Les faces intérieures enduites au sas.

2 fois $0.11 = 0.22$ ⎱
2 fois $0.22 = 0.44$ ⎰ $0.66 \times 2 = 1.32$ aux 10/100 le mètre courant.

Pose et scellement des deux grilles de ventouse dans les jambages.

Fumisterie N° 663.

En fourniture :

Deux grilles de ventouses rectangulaires en fonte de 0.11×0.22.

Fumisterie N° 663.

Pose de la cheminée marbre : chambranle à la capucine avec foyer et tablette, compris agrafes et scellements.

Marbrerie N° 506.

Au lieu de planche en plâtre :

La gorge en doubles tuiles neuves de Bourgogne, fournies, posées sur fer avec glacis en plâtre au mètre superficiel.

Fumisterie N° 567.

$0.27 \times 1.00 = 0.27$.

Quatre scellements de linteaux de chacun 0.10 de profondeur.

$0.10 \times 4 = 0.40$ à 1/2 de légers.

L'enduit au panier sous la gorge au-dessous de 0.35 de largeur au mètre superficiel.

Maçonnerie N° 799, 801 et 802.

Surface-ci $0.27 \times 1.00 = 0.27$ aux 25/100 le mètre superficiel.

Linteaux en fer carré coupés de longueur et dressés, montés et posés au kilogramme.

Serrurerie N° 73.

Deux linteaux de $1.00 = 2.00$ en fer carré de 0.015 millimètres à raison de $1^k,700$ le mètre linéaire, $3^k,500$ en fourniture.

L'arrangement de la cheminée d'appartement rétrécie en faïence, contre-cœurs en briques neuves à sable de 0.06 d'épaisseur, frottées, jointoyées, soubassement goussets, pose du châssis à rideau, du contre-soubassement en tôle, et façon de l'âtre avec garnissage au pourtour intérieur du chambranle.

Colonne de référence (prix et séries) :

Légers ouvrages.
0.15

Légers ouvrages.
0.09

Légers ouvrages.
0.18

Taille de briques façon Bourgogne.
SÉRIE CENTRALE (Maçonnerie 1436).

Légers ouvrages.
0.13

Pose et scellement de grille de ventouse.
SÉRIE CENTRALE 663.

Grille de ventouse rectangulaire en fonte de 0.11×0.22
SÉRIE CENTRALE 663 (4me col.).

Pose de capucine marbre avec foyer et tablette.
SÉRIE CENTRALE (Marbrerie 506).

Plancher en double tuiles de Bourgogne au mètre 2.
SÉRIE CENTRALE 567.

Légers ouvrages.
0.20

Légers ouvrages
0.066

Linteaux coupés de longueur.
SÉRIE CENTRALE (Serrurerie 73).

Arrangement de cheminée rétrécie en faïence contre-cœurs et âtre en bâtiment neuf.
SÉRIE CENTRALE 336 (1re col.).

Jusqu'à 1.00 d'ouverture, en bâtiment neuf.

Plus-value pour mur dosseret en briques de 0.11 d'épaisseur.

Les fournitures.

La cheminée marbre rouge de Flandre : chambranle à la capucine avec foyer uni et tablette, monté sur doublure.

Marbrerie N° 485.

Le châssis à rideau en tôle douce planée à contrepoids et chaîne avec cadre en cuivre poli de 0.04 de largeur.

Châssis fort, tôle de 13/10 de millimètre d'épaisseur. Cadre en cuivre de 8/10 de millimètre d'épaisseur.

0.50 × 0.60.

Les panneaux en faïence blanche, premier choix.

Deux côtés de chacun 0.16 × 0.80.

Un soubassement de 0.27 × 0.77.

(Le soubassement de 0.27 × 0.77 mesures réelles 0.27 × 0.80.)

Le contre-soubassement tôle bordée de 0.55 de largeur.

Quatorze carreaux en terre cuite de 0.16 qualité dite de Bourgogne.

Nous donnons (*fig.* 20 et 21) le plan et la coupe de la cheminée (*fig.* 19).

Plus-value pour fond en briques de 0.11 d'épaisseur.

SÉRIE CENTRALE 343.

Chambranle capucine rouge de Flandre avec foyer.

SÉRIE CENTRALE (Marbrerie 485. — 3me col.).

Châssis à rideau fort en tôle planée cadre en cuivre.

SÉRIE CENTRALE 316 (1re col.).

Panneaux faïence blanche 1er choix.

SÉRIE CENTRALE 535 (2me col.).

SÉRIE CENTRALE 535 (6me col.).

Contre-soubassement tôle bordée.

SÉRIE CENTRALE 386.

Carreaux d'âtre de 0.16 dits de Bourgogne.

SÉRIE CENTRALE 278 (1re col.).

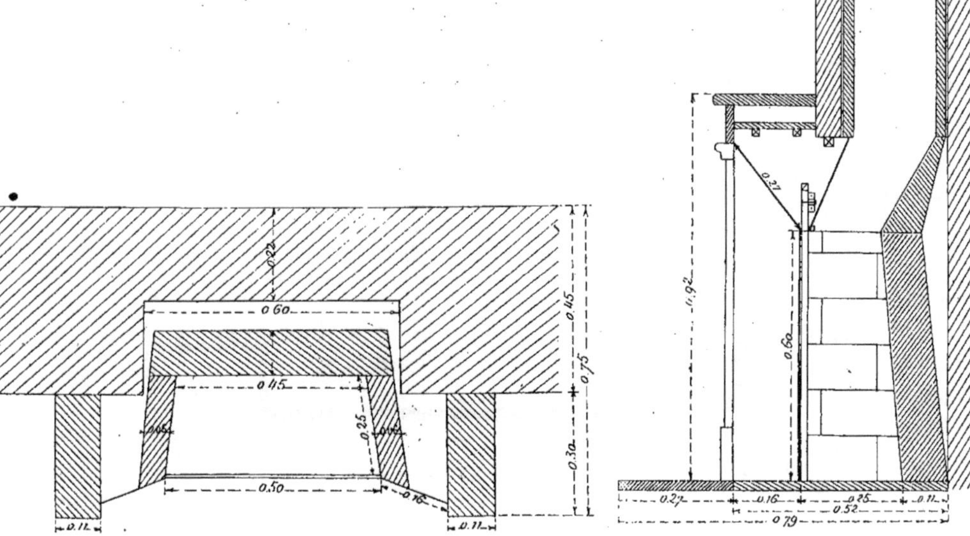

Fig. 20. — Plan de la cheminée (*fig.* 19).   Fig. 21. — Coupe de la cheminée (*fig.* 19).

42. Dans l'exemple de métré de la figure 19, nous avons pris comme base la trémie. Disons ce que l'on entend par trémie.

On appelle trémie le hourdis incombus-tible au droit des cheminées, dans l'épais-seur du plancher, et qui doit être toujours d'au moins 0^m,30 au-devant du foyer pro-prement dit.

Les figures 22 et 23 représentent la tré-mie que nous avons prise pour le métré de la figure 18.

Nous devons ajouter que l'évaluation aux légers ouvrages, dont nous avons donné les deux exemples : en plancher fer et plancher bois, ne comporte pas les ou-

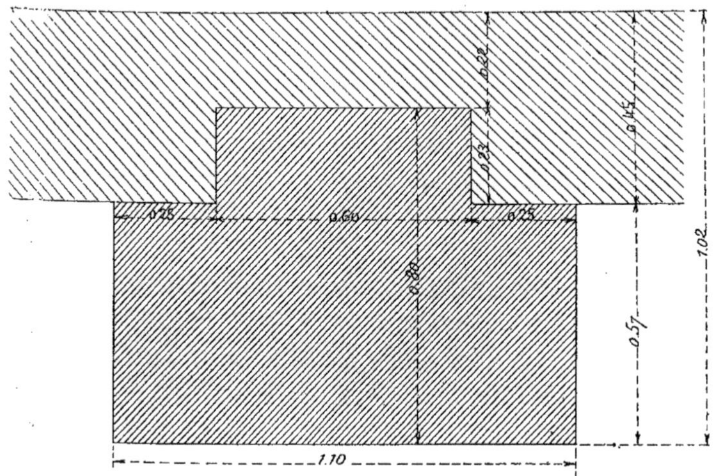

Fig. 22. — Plan de la trémie.

vrages accessoires en reprise, les rac-cords apparents, les carrelages, etc., ni les fournitures des fers et leur mise en œuvre.

Si, au-dessous des trémies, on a fait les raccords de plafonds, il ne faut pas omettre de les compter.

Si, au-dessus des trémies, on a fait des raccords de carrelage en plancher, il faut également les mentionner au mémoire.

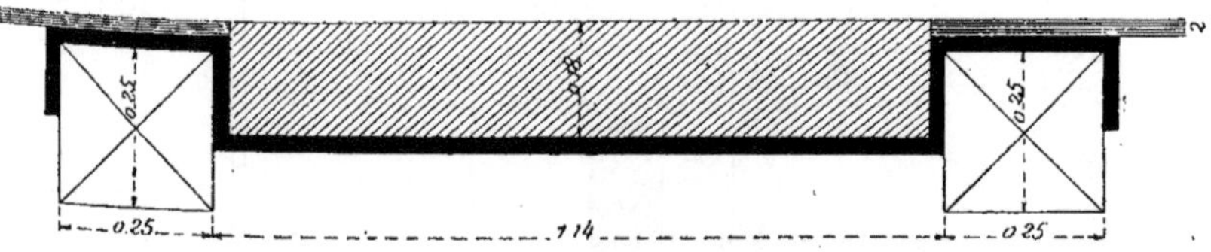

Fig. 23. — Coupe de la trémie.

Les *enchevêtrures*, au droit des trémies, sont en charpente dans les planchers bois et en fer dans les planchers métalliques.

Nous ne dirons rien des ouvrages en charpente qui sortent de notre cadre, nous mentionnerons simplement les *chevêtres*

en fer et les *entretoises* que nous avons souvent l'occasion de métrer en fumisterie.

La figure 24 représente un *chevêtre* à double portée, sur solives en bois.

La figure 25 représente un *chevêtre*, avec une portée à scellement.

La figure 26 représente un *étrier*.

Les *entretoises* (*fig.* 27) sont des fers carrés coupés de longueur, en portée sur les ailes des solives ; elles supportent les *fentons* qui servent d'armature au hourdis.

L'*étrier* s'assemble sur bois, soit à tire-fonds, soit à crochets, et sert à supporter les pièces en *porte-à-faux*.

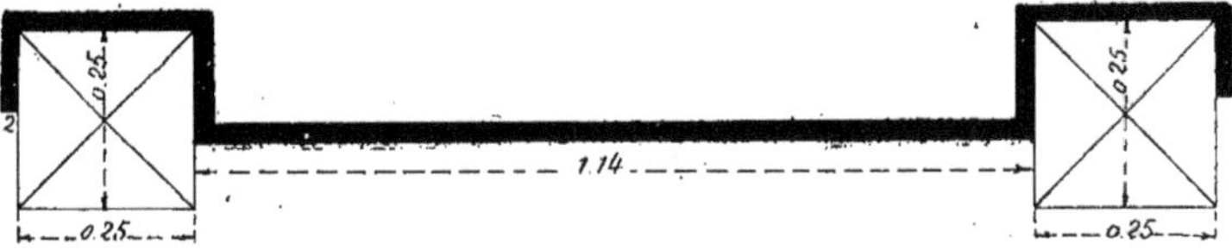

Fig. 24. — Chevêtre à crochets.

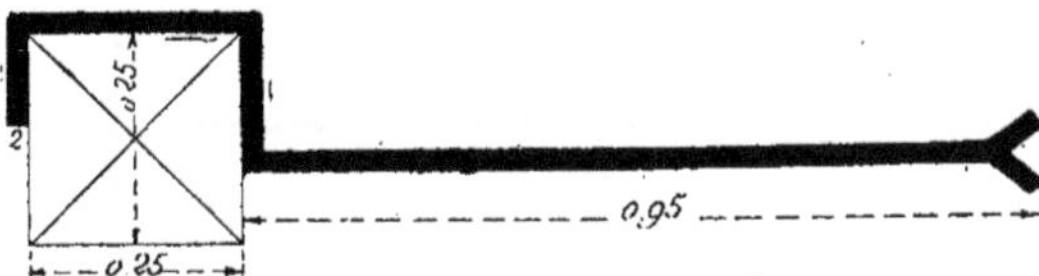

Fig. 25. — Chevêtre à scellement.

Les chevêtres et entretoises, quelle que soit leur façonnage, sont payés en fourniture au poids.
Serrurerie N° 75.

Les étriers sont payés également au poids.
Serrurerie N° 76.

Chevêtre en fer au poids.
SÉRIE CENTRALE (Serrurerie 75).
Étrier en fer au poids.
SÉRIE CENTRALE (Serrurerie 76).

43. Les prix prévus aux N°ˢ 75 et 76 de la Série centrale Serrurerie comprennent le montage et la pose, les entailles des pattes ou talons et la fourniture des clous. Ils ne comprennent pas le double transport pour

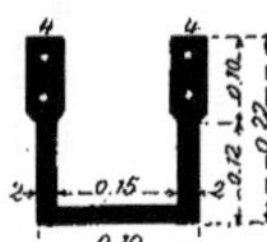

Fig. 26. — Étrier.

travaux en réparation, qui donne lieu à une plus-value de 1 centime par kilogramme.
(Serrurerie n° 8).

Si, au lieu de poser les fers, précités aux articles 75 et 76, avec des clous, on les pose avec des vis ou des tirefonds, la Série alloue en fourniture la valeur de ces vis, ou de ces tirefonds.
(Serrurerie N° 77).

44. En conséquence de cette observation, tous les trous nécessaires pour le

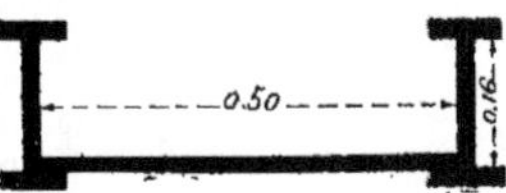

Fig. 27. — Entretoise.

tirefonnage sont dus et payés séparément à leur valeur.

Les trous et scellements dans les maçonneries sont également dus, suivant leur nature.

A défaut de constatation de dimension,

le trou et scellement d'un chevêtre en fer est arbitré par la Série aux légers ouvrages 12/100.

(Maçonnerie 987).

Le trou et scellement d'un chevêtre en bois est arbitré 20/100.

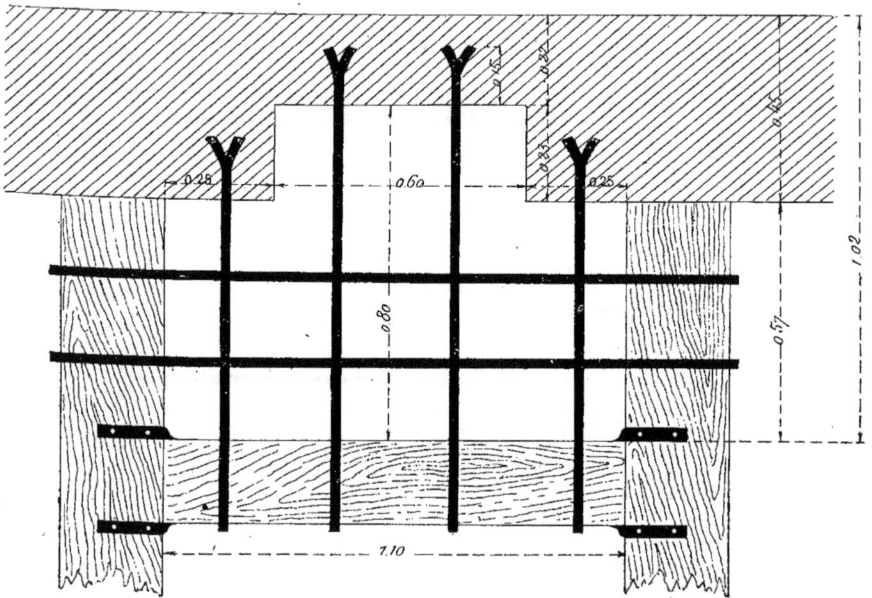

Fig. 28. — Enchevêtrure complète.

Fig. 29. — Capucine à cadre, à pans coupés, avec foyer et revêtements montés.

(Maçonnerie 988).

Le trou et scellement d'entretoise sont arbitrés 8/100.

(Maçonnerie 992).

Le trou et scellement de fenton sont arbitrés 5/100.

(Maçonnerie 994).

Nous donnons, dans la figure 28, la trémie complétée par son enchevêtrure. Les chevêtres à scellements sont perpendiculaires au mur. Les chevêtres à crochets sont parallèles. Les pattes d'étriers reposent sur les solives et soutiennent la pièce d'enchevêtrure.

Afin de compléter la série des chambranles capucines, nous donnons (*fig.* 29) une cheminée capucine à cadre et pans coupés avec foyer uni et revêtements montés.

Ce chambranle est composé de neuf pièces principales :

1° La tablette à pans coupés ;

2° Les deux pilastres en pans coupés ;

3° Les deux revêtements ;

4° Le cadre en trois pièces ;

5° Le foyer.

On remarquera dans ce chambranle l'absence de la traverse.

Le cadre, au lieu d'être placé comme dans les capucines précédentes, au-dessous de la traverse, est placé immédiatement sous la tablette.

Cet arrangement du chambranle donne de la hauteur intérieure à la cheminée et la rend propre à recevoir des rétrécissements à la *Lhomond* ou des intérieurs à *fourneaux mixtes*.

Ces chambranles sont tarifés à la Série centrale Marbrerie, sous le N° 490, dans les colonnes 1, 2, 3 et 5, suivant la nature des marbres : noir français, Sainte-Anne, rouge de Flandre ou Sarancolin.

La pose du chambranle capucine représenté (*fig.* 29) est payée à la Série centrale Marbrerie, suivant que le chambranle est avec ou sans foyer.

Sans foyer, le prix est porté sous le N° 507.

Avec foyer, le prix est porté sous le N° 508.

Les mêmes exemples que nous avons donnés précédemment et les mêmes observations que nous avons présentées concernant la pose des chambranles et les ouvrages accessoires trouvent également leurs applications ici dans les conditions identiques.

45. Nous venons de voir la Série des chambranles capucines et les deux modes d'arrangements des cheminées ordinaires. Nous avons indiqué, pour les jambages et les contre-murs intérieurs de revêtements, le N° 361 de la Série de la Société centrale, le seul qui doive être appliqué dans l'espèce.

Quelques vérificateurs émettent la prétention de rapporter ces ouvrages à la Série de Maçonnerie : c'est une erreur.

Les prix portés à la Maçonnerie pour cloisons sont établis pour de grandes surfaces ; alors que la surface d'un contre-mur ou d'un jambage varie de 25 à 30 décimètres carrés, c'est-à-dire à peu près le quart de l'unité métrique prise pour base.

La taille qui résulte de la mise en œuvre des briques par petites surfaces, proportionnellement au mètre superficiel pris pour unité, constitue également une plus-value, et enfin la main-d'œuvre plus soignée dans les travaux de fumisterie complète l'analogie.

Les ouvrages en briques établis comme nous venons de dire et faisant partie d'un travail de fumisterie dans l'ensemble doivent être assimilés aux évaluations sous le N° 361 ; ils comprennent tous déchets, tailles de briques, enduits ou jointoiement, intérieurs, etc., comme il est dit à l'observation de la Série sous le N° 369.

46. Après les chambranles capucines, viennent les chambranles *modillons*.

Le modillon est le plus simple des chambranles de style. Celui que nous donnons (*fig.* 30), avec cheminée en faïence et appareil *Fondet*, est appelé *modillon ordinaire* ou *modillon simple* ; il est composé de 10 pièces principales :

1° La tablette ;

2° La traverse ;

3° Les deux pilastres ;

4° Les deux revêtements ;

5° Le cadre en trois pièces ;

6° Le foyer.

Les pilastres sont montés en 5 pièces :
1° Le pilastre proprement dit ;
2° Le socle ;
3° Le modillon ou console ;
4° Le chapiteau ;
5° La tête de console.

Le chambranle est assemblé sur doublure et agrafé.

Les modillons se font en marbres de diverses natures :

1° En marbres ordinaires, tels que : noir français, Sainte-Anne, rouge de Flandre, Napoléon-Henriette, Joinville, Sarancolin ;

2° En marbres fins, blanc clair, blanc hermine, noir fin, bleu fleuri, bleu turquin, Languedoc, Levanto, etc.

Le prix de ces chambranles est tarifé à la Série centrale Marbrerie, sous le N° 491, dans chacune des colonnes respectives à la nature du marbre.

La Série est assez complète en ce qui concerne les marbres ordinaires. Quant aux marbres fins, ils sont beaucoup plus nombreux, et leurs variétés, parmi les mêmes natures de marbres, beaucoup plus grandes que celles indiquées.

Il est donc absolument nécessaire de bien tenir compte de la nature du marbre et se garder d'appliquer les prix de série par analogie, à tort ou à raison.

Tel marbre désigné seulement sous le nom de *l'espèce*, varie du *double*, selon la *nature* ou la *provenance*.

On trouve de très grandes différences de valeur, par exemple : dans les brèches, les antiques, les griottes, etc.

Fig. 30. — Cheminée modillon ordinaire rétrécie en faïence avec appareil Fondet.

Métré d'une cheminée en faïence à rideau avec appareil Fondet et chambranle modillon noir fin à foyer (*fig.* 30).

47. *Pose de la cheminée marbre :* chambranle modillon avec foyer et tablette, compris agrafes et scellements.
Marbrerie N° 509.

Pose de modillons marbre avec foyer et tablette.

SÉRIE CENTRALE (Marbrerie 509).

Au lieu de planche en plâtre :

La gorge en double tuiles neuves de Bourgogne fournies, posées sur fer avec glacis en plâtre au mètre superficiel.

  Fumisterie N° 567.

    0.27 × 1.00 = 0²27.

Quatre scellements de linteaux de chacun de 0.10 de profondeur.

    0.10 × 4 = 0.40 à 1/2 de légers.

L'enduit au panier sous la gorge au-dessous de 0.35 de largeur, au mètre superficiel.

  Surface ci 0.27 × 100 = 0.27 aux 25/100 le mètre superficiel.

'Linteaux en fer carré, coupés de longueur et dressés, montés et posés, au kilogramme.

  Serrurerie N° 73.

Deux linteaux de 1.05 = 2.10 en fer carré de 0.020 à raison de 3ᵏ,100 le mètre linéaire = 6ᵏ,510 en fourniture.

L'arrangement de la cheminée d'appartement rétrécie, en faïence, contre-cœurs en briques neuves à .sable de 0.06 d'épaisseur, frottées, jointoyées, soubassement, goussets, pose du châssis à rideau, du contre-soubassement en tôle, de l'appareil Fondet à tubes prismatiques de 0.50 de largeur, des tuyaux, du réservoir d'air et des bouches de chaleur, compris aussi les garnissages au pourtour intérieur du chambranle.

  Fumisterie N° 339.

En plancher : un âtre creux avec murs en briques couvert en fonte et conduit d'air.

  Fumisterie N° 74,

Les fournitures :

La cheminée marbre noir fin : chambranle modillon avec foyer uni et tablette, monté sur doublure.

  Marbrerie N° 491.

Le châssis à rideau en tôle douce, planée à contrepoids et chaîne avec cadre en cuivre poli de 0.04 de largeur.

Châssis fort, tôle de 13/10 de millimètre d'épaisseur, cadre en cuivre de 8/10 de millimètre d'épaisseur.

    0.50 × 0.60.

Plus-value pour un double poids, chaîne, poulie et porte-poulie.

  Fumisterie N° 319.

Les panneaux en faïence blanche, 1ᵉʳ choix.
Deux côtés de chacun 0.14 × 0.70.
Un soubassement de 0.16 × 0.80.

Le contre-soubassement tôle bordée de 0.55 de largeur.

La plaque d'âtre en fonte unie au bois 2ᵉ fusion pesant.

Deux carreaux carrés en terre cuite de 0.16 qualité dite de Bourgogne.

L'appareil Fondet à tubes prismatiques, modèle uni de 0.50 de largeur.

Marge (séries de prix) :

Plancher en doubles tuiles de Bourgogne au mètre².
SÉRIE CENTRALE 567.

Légers ouvrages.
0.20

Légers ouvrages.
0.066

Linteaux coupés de longueur.
SÉRIE CENTRALE (Serrurerie 73).

Arrangement de cheminée en faïence avec appareil Fondet de 0.50 de largeur en bâtiment neuf.
SÉRIE CENTRALE 339 (1ʳᵉ col.).

Atre creux à conduit d'air.
SÉRIE CENTRALE 74.

Chambranle modillon noir fin avec foyer.
SÉRIE CENTRALE (Marbrerie 491. — 6ᵐᵉ col.).

Châssis à rideau fort en tôle planée cadre en cuivre.
SÉRIE CENTRALE 316 (1ʳᵉ col.).

Plus-value
SÉRIE CENTRALE 319.

Panneaux faïence blanche 1ᵉʳ choix.
SÉRIE CENTRALE 533 (1ʳᵉ col.).
SÉRIE CENTRALE 535 (2ᵐᵉ col.).

Contre-soubassement tôle bordée.
SÉRIE CENTRALE 386.

Fonte pour plaque unie au poids.
SÉRIE CENTRALE 438.

Carreaux d'âtre de 0.16 dits de Bourgogne.
SÉRIE CENTRALE 278 (1ʳᵉ col.).

Appareil Fondet uni de 0.50 de largeur.
SÉRIE CENTRALE 69 (3ᵐᵉ col.).

Les conduits de chaleur :
Viroles coniques en tôle pesant.....
Coudes en tôle pesant.....

Deux bouches de chaleur rondes en cuivre de 0.12 de diamètre à charnière avec grillage en laiton.

Deux trous de bouches de chaleur percés sur place dans un chambranle marbre compris déplacement d'un ouvrier marbrier.

Marbrerie en régie.

Tôle pour tuyaux coniques.
SÉRIE CENTRALE 647.
Tôle pour coudes.
SÉRIE CENTRALE 650.
Bouche de chaleur ronde en cuivre de 0.12 de diamètre.
SÉRIE CENTRALE 129 (2me col.).
Marbrerie. — Observation.

Nous donnons (*fig.* 31 et 32) le plan et la coupe de la cheminée (*fig.* 30).

48. Le chambranle modillon que nous venons de présenter peut aussi être monté avec des contre-murs intérieurs, de revê-tements en briques de 0.06 où de 0.11 centimètres d'épaisseur, comme nous avons dit à l'*article* 39.

Dans ce cas, on devra procéder, comme nous l'avons indiqué à l'article précité, en

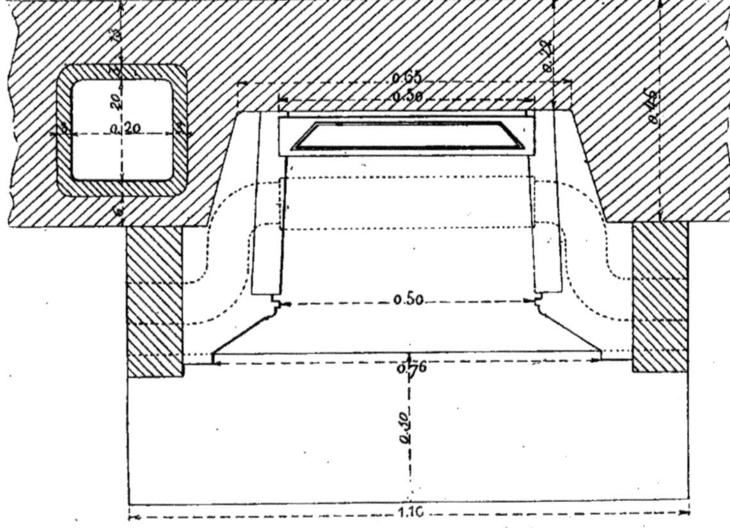

Fig. 31. — Plan de la cheminée avec appareil Fondet.

tenant compte bien entendu, de toutes mesures tant en surfaces qu'en épaisseurs.

COMMENTAIRES

49. La valeur de l'arrangement d'une cheminée avec appareil Fondet est déterminée par deux facteurs combinés :

1° La largeur intérieure du chambranle dite *ouverture ;*

2° La largeur de l'appareil.

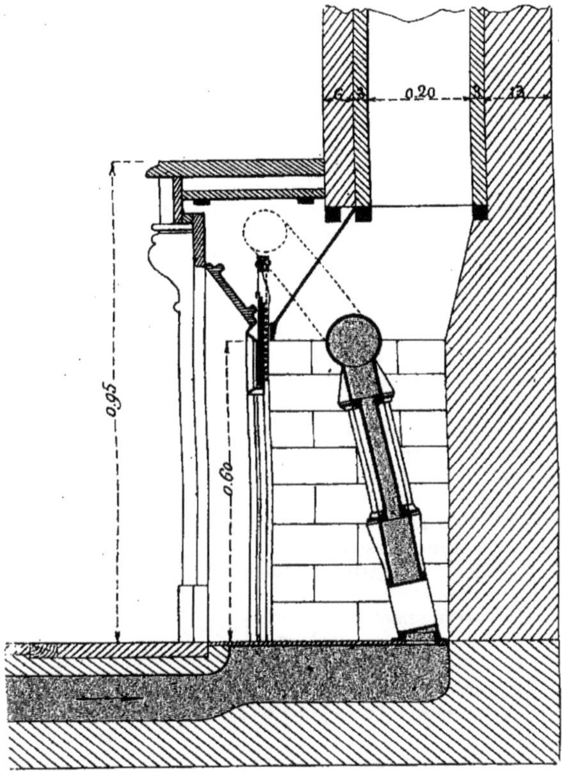

Fig. 32. — Coupe de la cheminée avec appareil Fondet.

La plus-value d'ouverture intérieure du chambranle est applicable au-dessus de 1.00 par chaque 0.20 centimètres ou fraction de 0.20 centimètres.

Fumisterie N° 341.

Il est donc bien nécessaire de toujours savoir la largeur intérieure du chambranle.

Quand la cheminée est construite en *bâtiment vieux*, elle est dité *en réparations*.

Dans ce cas l'évaluation de la plus-value est plus élevée, mais le principe est le même et le mode de métré semblable.

Fumisterie n° 341.

La seconde plus-value à appliquer est celle de la largeur de l'appareil.

Le prix de base de l'arrangement comporte un appareil Fondet de 0.50 centimètres et *au-dessous* (la Série dit jusqu'à 0.50 de largeur).

Fumisterie N° 339.

Plus-value pour cheminée de 1.20 d'ouverture en bâtiment neuf.

SÉRIE CENTRALE 341 (1re col.).

Plus-value pour cheminée de 1.20 d'ouverture en bâtiment vieux.

SÉRIE CENTRALE 341 (2me col.).

La plus-value pour les appareils au-dessus de 0.50 centimètres s'étend jusqu'aux appareils de 0.70 centimètres de largeur (la Série dit avec appareils de 0.55 à 0.70 de largeur).

Fumisterie N° 340.

Bien qu'il y ait commercialement des appareils au-dessus de 0.70 centimètres de largeur, la Série est muette sur la plus-value à appliquer pour la mise en place de ces appareils. Nous pensons que l'on devra, dans ce cas, reprendre autant de fois la plus-value du N° 340 par chaque 0.15 centimètres ou fraction de 0.15 centimètres de largeur au-dessus de 0.70.

Si l'appareil a 0.75 centimètres de largeur on devra prendre la plus-value du N° 340 deux fois.

Plus-value pour cheminée avec appareil Fondet de 0.55 en bâtiment neuf.
SÉRIE CENTRALE 340 (1re col.).
Plus-value pour cheminée avec appareil Fondet de 0.75 en bâtiment neuf.
SÉRIE CENTRALE 340 (1re col).
Observation.

Toutes les autres plus-values relatives aux épaisseurs et qualités de briques employées dans les contre-cœurs, comme il est dit aux numéros 342, 344 et 345, demeurent applicables au même titre, pour les cheminées à appareils que pour les cheminées ordinaires.

L'*âtre creux* (*fig.* 37) construit en plancher est un travail accessoire de la cheminée-appareil, et doit être compté pour son entière valeur.

Le prix de l'arrangement comporte aussi la pose des bouches de chaleur et l'agencement des conduits d'air en raccordement sur l'appareil, y compris, trous, tranchées et scellements, à l'exception de ceux en marbre.

Il est bien évident qu'il ne s'agit d'abord que des bouches placées immédiatement sur les côtés du chambranle. Tous autres travaux donnent lieu à des plus-values et à des évaluations en raison de leur exécution.

Les percements des bouches dans le marbre ne sont pas dus dans le prix de l'arrangement et doivent être comptés séparément.

Nous pensons contrairement à de certaines affirmations que ce travail ne peut et ne doit pas être tarifé uniformément.

Il y a lieu de discerner :

1° Si les trous ont été percés en chantier, chez le marbrier ;

2° Si le travail a été exécuté sur place ;

3° Si le chambranle était posé.

Il faut enfin tenir compte de la nature du marbre, en raison de son coefficient de dureté et en dernier lieu de la figure géométrique du percement. Pour toutes ces raisons, les prix sont essentiellement différents.

Appareils Fondet.

50. Les appareils les plus en usage sont en fonte unie et comptés à la Série sous le n° 69 en raison de leur largeur.

La Série comprend neuf largeurs d'appareils qui vont de 0.05 en 0.05 centimètres, de 0.40 à 0.80 centimètres, en augmentant de trois tubes par chaque 5 centimètres de largeur.

1° L'appareil de 0.40 est composé de 15 tubes, dont 6 sur la face.

2°	»	0.45	»	18	»	7	»
3°	»	0.50	»	21	»	8	»
4°	»	0.55	»	24	»	9	»
5°	»	0.60	»	27	»	10	»
6°	»	0.65	»	30	»	11	»
7°	»	0.70	»	33	»	12	»
8°	»	0.75	»	36	»	13	»
9°	»	0.80	»	39	»	14	»

Nous donnons (*fig.* 33) l'appareil Fondet uni avec coupes (*fig.* 34, 35 et 36).

L'appareil est composé de trois parties principales :

1° Le coffre récepteur d'air froid ;

2° La batterie tubulaire ;

3° Le collecteur d'air chaud.

Le *coffre récepteur* d'air froid est représenté en *b* dans la figure 33 avec le *tampon* de nettoyage *f*.

La *batterie* tubulaire *c* raccordée sur la *galerie e* au *collecteur d*.

Coupe CD.

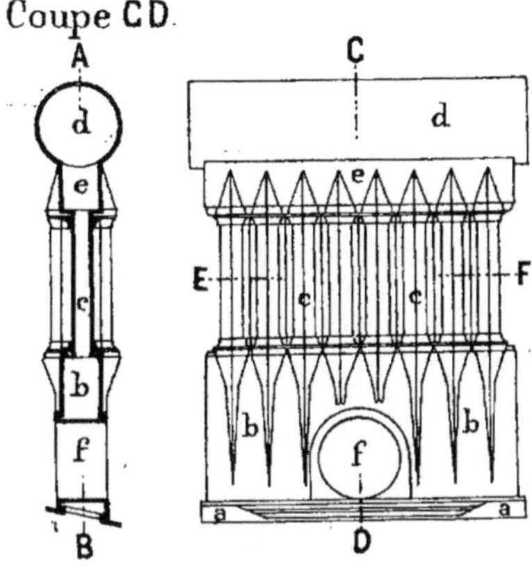

Fig. 33 et 34. — Appareil Fondet
à tubes prismatiques.

La coupe CD (*fig.* 34) montre le profil de l'appareil sur la *plaquette* d'assise *a*.

La coupe AB (*fig.* 35) montre la sec-

Coupe AB.

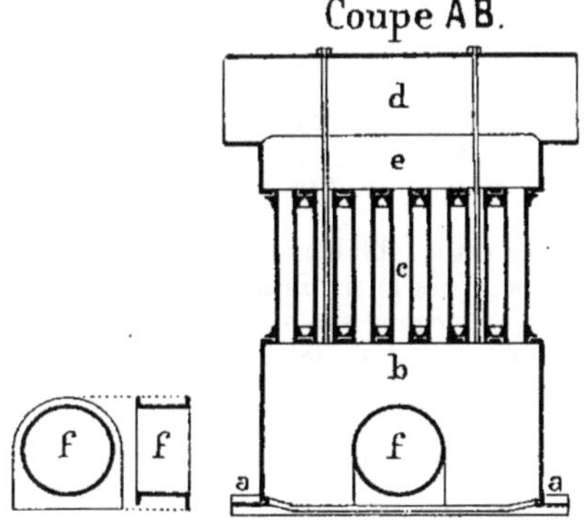

Fig. 35. — Appareil Fondet à tubes prismatiques.

tion de l'appareil sur la face avec détails de la *buse* et du *tampon f*.

La coupe EF (*fig.* 36) montre la sec-

tion horizontale sur la *batterie* tubulaire et l'arrangement des tubes *prismatiques* en *quinconce* avec le détail de la *plaquette a*.

Les figures représentent l'appareil de 0.50 centimètres composé de vingt et un tubes, dont huit sur la face.

51. Pour compléter l'ensemble de la cheminée nous donnons (*fig.* 38) la bouche

Coupe EF

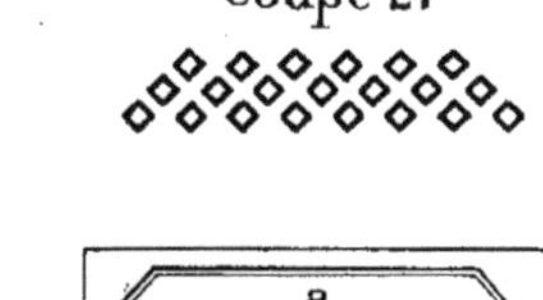

Fig. 36. — Appareil Fondet à tubes prismatiques.

de chaleur ronde en cuivre, à charnière, ciselée avec grillage en laiton.

La dimension de 0.12 centimètres que nous avons prise comme exemple est la plus généralement usitée, elle correspond au diamètre et au débit d'un appareil moyen.

Ces bouches se font dans le même mo-

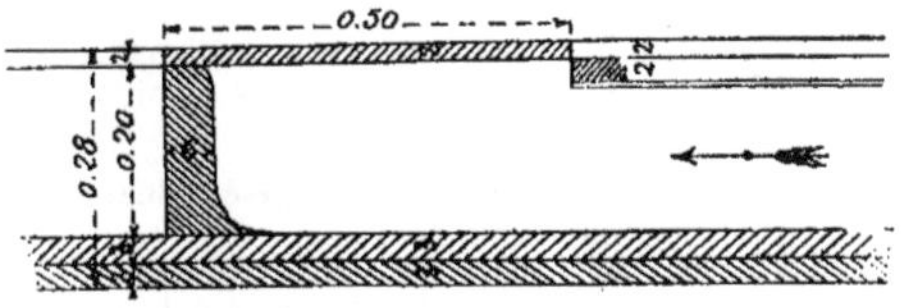

Fig. 37. — Coupe d'âtre creux en plancher
pour cheminée appareil.

dèle depuis 0.055 millimètres jusqu'à 0.250 millimètres de diamètre.

La progression des diamètres n'est pas constante et varie entre deux mesures ; quelquefois de 0.005 millimètres, de 0.010 ou de 0.015 millimètres, voire de 0.020 millimètres.

La bouche se mesure à la douille.

Nous donnons ci-dessous le tableau des mesures des bouches prises aux douilles.

0.055 millimètres
0.060   »
0.068   »
0.075   »
0.080   »
0.095   »
0.110   »
0.120   »
0.135   »
0.150   »
0.160   »
0.175   »
0.190   »
0.220   »
0.240   »
0.250   »

Bien que toutes ces bouches soient tarifées à la Série du n° 121 au n° 137 inclus les dimensions au-dessus de 0.135 millimètres sont considérées en fabrication, hors du commerce, et toujours faites spécialement sur commande.

Les prix portés à la Série sont ceux des bouches *unies*, notre figure 38 représente la bouche *ciselée*.

Les plus-values résultant de la ciselure sont à appliquer en raison de la plus ou moins grande perfection du travail.

Nous donnerons comme base moyenne de 10 à 20 0/0 pour un travail courant non exécuté sur dessin spécialement imposé.

Les appareils en fonte ornée sont payés :
Ceux ornés du haut en bas 1/2 en plus.
     Fumisterie N° 70.

Ceux ornés partiellement 1/4 en plus.
     Fumisterie N° 71.

Nous donnons (*fig.* 39 et 40) l'appareil tout orné avec profil d'appareil coudé.

Les appareils ornés ne se font généralement pas au-dessous de 0.50 centimètres de largeur. La disposition des tubes en

52. Les cheminées exécutées avec des appareils Fondet ornés ne donnent lieu à aucune plus-value de construction.

Le prix des appareils seul est augmenté, en raison de l'ornementation de la fonte.

Fig. 38. — Bouche de chaleur.

Le mode de mesurage des appareils ornés est le même que celui des appareils unis.

Il y a deux genres d'ornementation des appareils :
    1° L'ornementation générale ;
    2° L'ornementation partielle.

Observation.		
SÉRIE CENTRALE 70.		
Observation.		
SÉRIE CENTRALE 71.		

quinconce est semblable à celle des appareils unis ; mais le nombre des tubes est moindre, à largeur égale, dans les appareils ornés, que dans les appareils unis.

1° L'appareil de 0.50 est composé de 18 tubes, dont 7 sur la face.

2°	»	0.55	»	21	»	8	»
3°	»	0.60	»	24	»	9	»
4°	»	0.65	»	24	»	9	»
5°	»	0.70	»	27	»	10	»
6°	»	0.75	»	30	»	11	»
7°	»	0.80	»	33	»	12	»
8°	»	0.85	»	33	»	12	»
9°	»	0.90	»	36	»	13	»

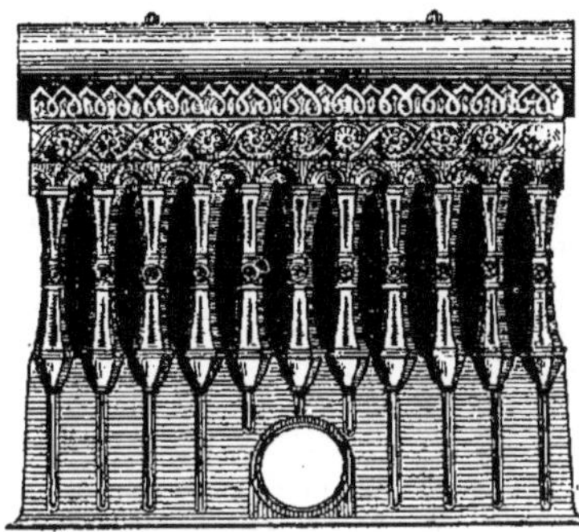

Fig. 39 et 40. — Appareil Fondet orné   coudé.

Tout ce que nous avons dit de l'arrangement de la cheminée avec appareil uni reste entier pour l'arrangement avec appareil orné sauf le détail de l'appareil comme suit :

L'appareil Fondet à tubes prismatiques de 0.50 de largeur.

Plus-value d'appareil Fondet tout orné de 0.50 de largeur, 1/2 en plus.

Observation Fumisterie N° 70.

Appareil Fondet de 0.50 de largeur.

SÉRIE CENTRALE 69 (3me col.).

Plus-value d'appareil Fondet tout orné de 0.50 de largeur.

SÉRIE CENTRALE 70.

Fig. 41. — Cheminée Louis XIV, travers cintré, rétrécie en fonte ornée à la Rumford.

53. Le troisième mode d'arrangement des cheminées d'appartement, prévu à la Série, est à *façade fonte ornée*.
Les cheminées à façade fonte sont construites, soit à la *Rumford*, sans rideau, la façade en *trois pièces;* ou bien, la façade d'une seule pièce, avec rideau.

Métré d'une cheminée à la Rumford en fonte ornée, l'intérieur en trois plaques ornées et chambranle Louis XIV à travers cintré (*fig.* 41).

54. Pose de la cheminée marbre : chambranle Louis XIV uni avec foyer à compartiments et tablette compris agrafes et scellements.
Marbrerie N° 510.

> Pose de chambranle marbre Louis XIV, avec foyer et tablette.
> SÉRIE CENTRALE (Marbrerie 510).

Plus-value pour pose de cheminée au-dessus de 130 centimètres de largeur avec foyer.
Au lieu de planche en plâtre :
La gorge en doubles tuiles neuves de Bourgogne, fournies, posées sur fer avec glacis en plâtre au mètre superficiel.
Fumisterie N° 567.
$0.32 \times 130 = 0^241$.
Quatre scellements de linteaux de chacun 0.10 de profondeur.
$0.10 \times 4 = 0.40$ à 1/2 de légers.

> Plus-value pour pose de chambranle de style au-dessus de 130 centimètres avec foyer.
> Observation.
> Plancher en doubles tuiles de Bourgogne au mètre 2.
> SÉRIE CENTRALE 567.
> Légers ouvrages.
> 0.20

L'enduit au panier sous la gorge au-dessous de 0.35 de largeur, au mètre superficiel.
Surface ci : $0.32 \times 130 = 0.41$ aux 25/100 le mètre superficiel.

> Légers ouvrages.
> 0.10

L'arrangement de la cheminée d'appartement à la Rumford en fonte ornée, l'intérieur rétréci en trois plaques, pose, scellement des fontes et fourniture des pattes à plaques, façon de l'âtre.
Fumisterie N° 338.

> Arrangement de cheminée à façade fonte avec intérieur en trois plaques et âtre en bâtiment neuf.
> SÉRIE CENTRALE 338 (1re col.).

Les fournitures :
La cheminée marbre Griotte des Pyrénées : Chambranle Louis XIV uni à travers cintré avec foyer à compartiments et tablette monté sur doublure.

> Chambranle Louis XIV à travers cintré foyer à compartiments et tablette marbre Griotte des Pyrénées.
> Marbrerie. — Observation.

L'intérieur de cheminée à la Rumford en fonte ornée sur champ de lys, côtés et soubassement fondus en trois pièces, modèle du commerce pesant.

> Cheminée Rumford en fonte ornée modèle du commerce.
> Observation.

Les plaques de fond et contre-cœurs en fonte ornée, assorties à l'intérieur, dessins du modèle du commerce, pesant.

> Plaques de contre-cœurs de cheminée en fonte ornée modèle du commerce.
> Observation.

La plaque d'âtre en fonte unie au bois, 2e fusion, pesant.

> Fonte pour plaque unie au poids.
> SÉRIE CENTRALE 438.

Le contre-soubassement tôle bordée de 0.65 de largeur.
Nous donnons (*fig.* 42) le plan de la cheminée que nous présentons (*fig.* 41).

> Contre-soubassement tôle bordée.
> SÉRIE CENTRALE 386-387.

COMMENTAIRES.

55. Les timbres sortis sous la rubrique *Observation* indiquent des ouvrages ou des fournitures dont les prix ne sont pas portés à la Série.
Les prix de pose de chambranles portés à la Série sont pour des cheminées dont la longueur n'excède pas 130 centimètres.

Au-dessus de cette dimension, il y a lieu d'appliquer une plus-value en raison de l'importance de la cheminée, au triple point de vue du poids des marbres posés, de la nature du style et de la richesse des sculptures.

Il est nécessaire aussi d'établir des assises spéciales pour recevoir les grandes cheminées composées de pièces très lourdes, elles sont construites à la demande des planchers et doivent être comptées suivant l'œuvre.

Quelquefois aussi, au lieu de gorges en tuiles, on établit des gorges en briques qui doivent être comptées suivant leur épaisseur et en surface sous le N° 365.

Fumisterie N° 365.

Conduit de chaleur ou de fumée en briques au m².

SÉRIE CENTRALE 365.

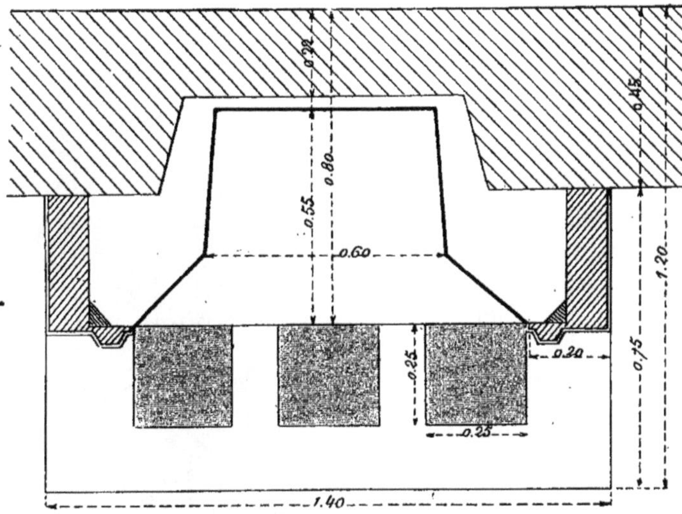

Fig. 42. — Plan de la cheminée Louis XIV.

56. Ce que nous venons de dire relativement aux travaux non prévus à la Série s'applique également aux fournitures.

Le chambranle que représente la figure 41 n'est pas tarifé. Nous l'indiquons simplement sans aucune mention de prix, afin de ne pas créer une référence, pouvant servir de base à un règlement erroné; en ce sens, que la valeur d'un chambranle de style varie suivant la perfection du travail sur le marbre et la nature de celui-ci.

Les cheminées en fonte à la Rumford sont payées au poids, contrairement aux cheminées à façade fonte d'une seule pièce, qui sont payées au centimètre de largeur ou au décimètre de surface, suivant leurs dimensions.

Là encore le prix varie en raison de la qualité et de la finesse de la fonte unies à la pureté du dessin et à la perfection du moulage.

Le prix maximum des fontes bien unies, de grain fin, les ornements très nets et bien venus au moulage est de 150 francs les 100 kilogrammes.

Les frais de modèles pour dessins spéciaux en dehors de ceux couramment mis dans le commerce sont en plus du prix ci-dessus.

Cheminée Rumford en fonte ornée.

150ᶠ 0/0 kilog.

Modèle en pâtisserie sur bois pour fonte ornée.

Observation.

Les plaques de fond et de contre-cœurs, ornées, assorties aux intérieurs, sont également payées au poids.

Le prix maximum de ces fontes traitées comme nous venons de le dire pour les intérieurs est de 95 francs les 100 kilog.

Quand ces plaques sont unies, marquées au bois, elles sont payées sous le N° 438.

Fumisterie N° 438.

Plaques de contre-cœurs en fonte ornée.

95ᶠ 0/0 kilog.

La figure 43 montre le profil de côté de la cheminée Rumford avec plaque de contre-cœur.

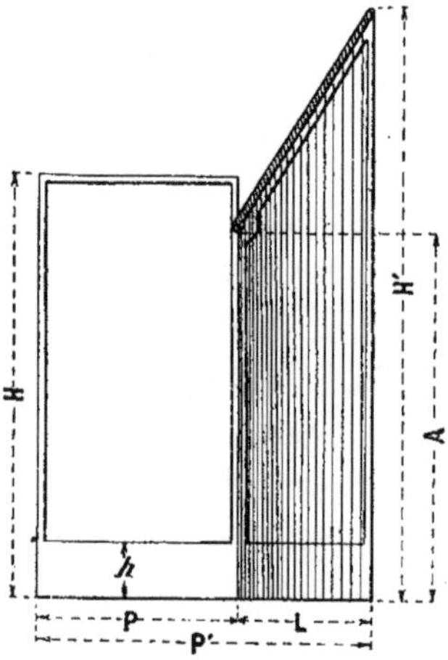

Fig. 43. — Profil de côté et plaque de contre-cœur de cheminée Rumford.

A, hauteur au soubassement; H, hauteur des plaques de contre-cœur; H', hauteur totale sous traverse; h, hauteur de plinthe répétant le socle; L, largeur des côtés; P, profondeur des plaques de contre-cœur; P', profondeur totale.

La figure 44 est l'agrandissement du dessin de la façade de cheminée (*fig. 41*) sur champ de lys.

Nous terminerons nos observations sur la cheminée Rumford, en recommandant de ne pas omettre de compter les ajuste-

Fig. 44.

ments de fontes, intérieurs, et plaques, et fourniture de tous accessoires, non compris dans les évaluations données ci-dessus.

Métré d'une cheminée en fonte ornée à façade d'une seule pièce avec rideau, l'intérieur en trois plaques et chambranle, modillon à feuilles, volutes et pointes de diamant (*fig. 45*).

57. La pose de la cheminée marbre et la gorge ont été précédemment données et nous dispensent d'y revenir.

Nous dirons :

L'arrangement de la cheminée d'appartement rétrécie à façade fonte ornée d'une seule pièce, l'intérieur en trois plaques de fonte et rideau, fourniture des pattes à plaques, façon de l'âtre.

Fumisterie n° 338.

Arrangement de cheminée à façade fonte avec intérieur en trois plaques et âtre en bâtiment neuf.

SÉRIE CENTRALE 338 (1ʳᵉ col.).

Fig. 45. — Cheminée modillon, à feuilles, volutes et pointes de diamant, rétrécie,
à façade fonte ornée.

Les fournitures.

La cheminée marbre noir fin : chambranle modillon à feuilles, volutes, pointes de diamant avec foyer uni et tablette, monté sur doublure.

L'intérieur de cheminée d'une seule pièce en fonte ornée, façade concave, modèle du commerce au-dessous de 1.00 de hauteur, de 0.86 à 0.90 centimètres de largeur.

Les plaques de fond et contre-cœurs en fonte ornée, assorties à l'intérieur, dessins du modèle du commerce pesant.

La plaque d'âtre en fonte unie au bois, deuxième fusion, pesant.

Fumisterie n° 438.

Le rideau sans moulure, en tôle douce planée, à crémaillères, fait à la demande, pesant.

Fumisterie n° 331.

La patte à rideau en cuivre poli sur écrou et pose.

Fumisterie n° 626-627.

Le contre-soubassement, tôle bordée de 0.55 de largeur.

Fumisterie n° 386.

Nous donnons (*fig.* 46) le plan de la cheminée présentée (*fig.* 45).

Chambranle modillon à feuilles, volutes et pointes de diamant, à foyer uni et tablette marbre noir fin.

Marbrerie. — Observation.

Cheminée à façade d'une seule pièce en fonte ornée modèle du commerce de 0.90 de largeur.

Observation.

Plaques de contre-cœurs de cheminée en fonte ornée modèle du commerce.

Observation.

Fonte pour plaque unie au poids.

SÉRIE CENTRALE 438.

Châssis à rideau en tôle sans moulure au poids.

SÉRIE CENTRALE 331.

Patte de rideau en cuivre à palmette fournie et posée.

SÉRIE CENTRALE 626-627 (1re col.).

Contre-soubassement tôle bordée.

SÉRIE CENTRALE 386.

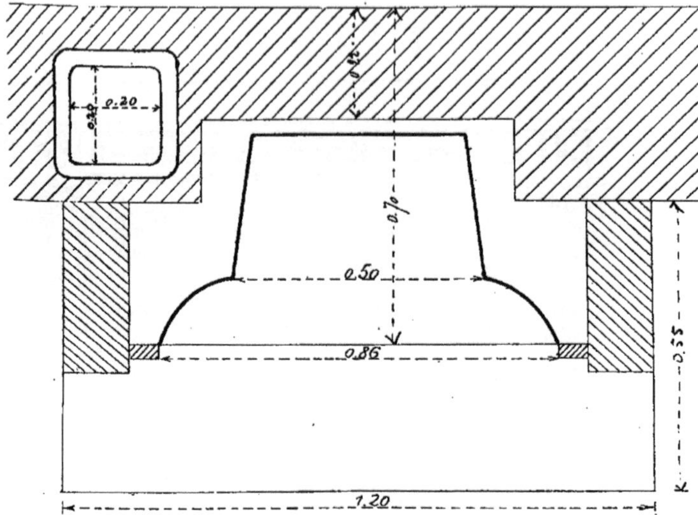

Fig. 46. — Plan de la cheminée (*fig.* 45).

COMMENTAIRES

58. La cheminée que nous venons de décrire diffère de celle que nous avons présentée (*fig.* 41), en ce sens que sa façade de *rétrécissement* est d'une seule pièce et qu'elle est pourvue d'un *châssis à rideau*.

Le prix de l'arrangement est le même sous le n° 318 ; mais, à l'encontre des cheminées *Rumford*, il n'y a pas lieu de demander d'ajustements sur la façade en fonte, qui est faite d'après le *gabarit* du chambranle.

Les façades de cheminées d'une seule pièce sont payées au centimètre de largeur, à condition que la hauteur ne dépasse pas 1 mètre.

Observation.

La largeur est comprise avec le *recouvrement*, c'est-à-dire qu'il faut toujours ajouter 0.04 sur la largeur intérieure et compter le prix de la façade sur la dimension extérieure de fonte.

En raison du recouvrement, la façade que nous donnons au plan (*fig.* 46) et qui mesure 0.86 de largeur intérieure, porte réellement 0.90 de largeur totale.

Il est aussi d'usage d'appliquer, en raison de cela, le prix de la largeur extérieure la plus élevée, à partir de 0.80, de 0.04 en 0.04 centimètres ou fraction de 0.04 centimètres, conformément aux barèmes des fondeurs.

Le prix de la façade est invariable jusqu'à 0.80 de largeur.

De 0.81 à 0.85 appliquer le prix sur 0.85 de largeur.
De 0.86 à 0.90   —   —   0.90   —
De 0.91 à 0.95   —   —   0.95   —
De 0.96 à 1.00   —   —   1.00   —
De 1.01 à 1.05   —   —   1.05   —
De 1.06 à 1.10   —   —   1.10   —
De 1.11 à 1.15   —   —   1.15   —
De 1.16 à 1.20   —   —   1.20   —
De 1.21 à 1.25   —   —   1.25   —

Comme les prix des fontes de cheminées *Rumford*, ils varient suivant la qualité et la finesse de la fonte.

Le prix maximum des façades des cheminées de fonte que nous venons de décrire, et dans les qualités indiquées précédemment pour les fontes de cheminées Rumford, est de 1.20 le centimètre de largeur.

Le prix ci-dessus ne s'applique qu'aux modèles du commerce ou qui sont la propriété du fondeur. Tous autres modèles exécutés sur dessins spéciaux sont tarifés suivant leur valeur respective.

Les plaques de fond et de contre-cœurs, ornées, assorties aux façades, sont payées au poids, et aux mêmes prix que nous avons précédemment indiqués.

Il est fait aussi sur la fonte noire des applications de bronzage au four de toutes couleurs ; notamment :

 Bronze fer ;
 Bronze fantaisie ;
 Argent ;
 Vieil argent ;
 Argent et or.

Ces différentes applications sont d'une valeur essentiellement variable ; nous dirons à titre de renseignement que

le bronze fer	vaut environ	25.00
— fantaisie	—	30.00
— argent	—	35.00
— vieil argent	—	40.00
— argent et or	—	50 00

Cheminée façade fonte ornée d'une seule pièce au centimètre de largeur.

1.20 le centimètre.

Observation.

Plaques de contre-cœurs en fonte ornée.

95 francs pour 100 kilogrammes.

Application de bronzage au four sur façade de cheminée en fonte à la pièce.

Observation.

Fig. 47. — Cheminée à griffes, feuilles, volutes. pointes de diamant, rétrécie, à façade fonte ornée.

59. Nous représentons (*fig.* 47) un chambranle de cheminée à griffes avec intérieur en fonte ornée à façade d'une seule pièce et rideau.

Tout ce que nous avons dit des cheminées à façade de fonte s'applique également à la cheminée représentée par la figure 47, que nous donnons surtout comme modèle de style, tant au point de vue du chambranle qu'à ceux de la façade et de l'intérieur.

Le plan de cette cheminée (*fig.* 48) a pour objet d'indiquer les mesures intérieures de la façade et du châssis à rideau, qui se modifient en raison des différentes mesures de chambranles et des différents styles, que nous donnons avec chaque figure principale en perspective.

Le plan nous montre également les plaques de contre-cœurs doublées en briques. Ce travail, accessoire à l'arrangement de la cheminée, se fait quand les dimensions de la baie le permettent. Enfin l'âtre est fait en carreaux au lieu de plaques de fonte.

Souvent aussi le fumiste établit l'assise recevant les grands chambranles.

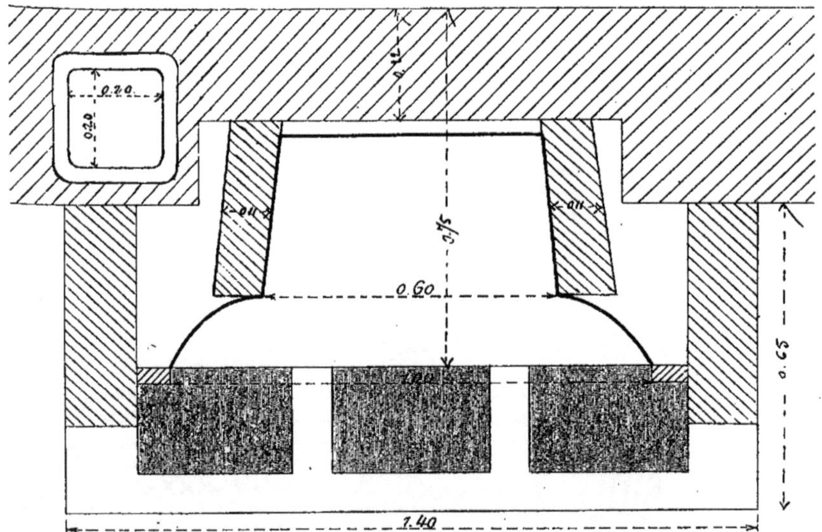

Fig. 48. — Plan de la cheminée (*fig.* 47).

60. L'assise en maçonnerie de briques de Paris (dite façon bourgogne), rive gauche, première qualité, avec marque du fabricant, de 0.11 d'épaisseur, pour plancher, au mètre superficiel.

Maçonnerie n° 526.

$1.40 \times 0.65 = 0^{\mathrm{m}2},91.$

Si, dans le hourdis, il a été fait emploi de mortier de ciment, il faut appliquer les plus-values portées à la Série de maçonnerie, sous les n°s 566, 567, 568, suivant les épaisseurs du briquetage.

Maçonnerie de briques façon Bourgogne de 0.11 d'épaisseur, pour plancher au mètre carré.

Maçonnerie SÉRIE CENTRALE 526 (4° col.).

1° De 0.045 à 0.065;
2° De 0.11   à 0.21;
3° De 0.22   à 0.30.

Tout ce que nous avons dit précédemment des enchevêtrures peut aussi trouver son application dans le cas présent.

On procédera de même pour la pose du chambranle et l'arrangement de la cheminée, en tenant compte de toutes les plus-values applicables.

Chaque doublure en brique derrière les plaques de contre-cœurs en fonte est à reprendre pour la valeur d'un contre-cœur en briques.

Dans l'espèce, nous avons :

En doublure des plaques : 2 contre-cœurs non apparents en briques façon bourgogne de 0.11 d'épaisseur.

> Fumisterie n° 612.

La gorge de ces grandes cheminées est souvent faite en briques sur barres de fer à **T** posées dans le sens de la longueur.

La gorge en briques de façon bourgogne de 0.06 d'épaisseur, posées sur fer et enduites, une face au panier, au mètre superficiel.

> Fumisterie n° 365.

$1.30 \times 0.33 = 0^{m2},43$.

6 scellements des fers à **T** de chacun 0.10 de profondeur.
$0.10 \times 6 = 0.60$ à 1/2 de légers.

L'enduit au panier sous la gorge au-dessous de 0.35 de largeur, au mètre superficiel.

Surface à $1.30 \times 0.33 = 0.43$ aux 25/100 le mètre superficiel.

> En fournitures :

3 barres de fer à **T** de 25/30, coupées de longueur et dressées, de chacune $1.30 = 3.90$.

> Serrurerie n° 1.033.

La cheminée marbre noir fin : chambranle à griffes, feuilles, volutes et pointes de diamant, avec foyer à compartiments et tablette, monté sur doublure.

Observation.
Maçonnerie SÉRIE CENTRALE.
566-567-568.

Contre-cœur de cheminée en briques de 0.11 d'épaisseur.
SÉRIE CENTRALE 612 (1re col.).

Conduit de chaleur ou de fumée en briques de 0.06 d'épaisseur au mètre superficiel.
SÉRIE CENTRALE 365 (1re col.).
Légers ouvrages.
0.30.
Légers ouvrages.
0.11.

Fer à T du commerce de 25/30 bien dressé et posé au mètre linéaire.
Serrurerie. — SÉRIE CENTRALE 1033.
Chambranle à griffes, à feuilles, volutes et pointes de diamant avec foyer à compartiments et tablette en marbre noir fin.
Marbrerie. — Observation.

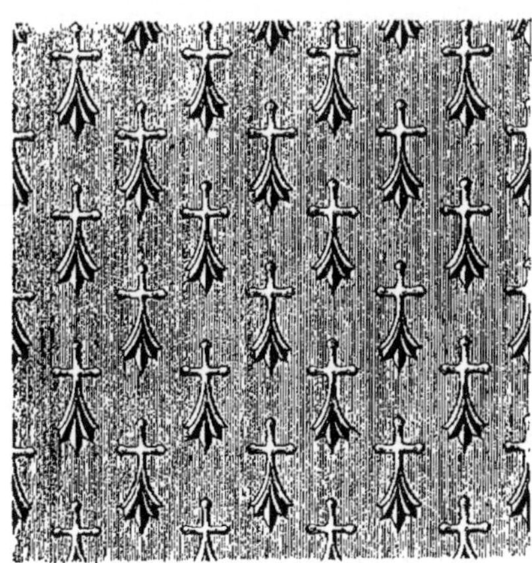

Fig. 49. — Plaque d'intérieur.

L'intérieur de cheminée d'une seule pièce en fonte ornée.

Cette façade, par ses dimensions intérieures, porte 1.00; soit compris recouvrement 1.04, et doit être tarifée conformément au tableau que nous avons donné, sur une largeur totale de 105 centimètres; c'est-à-dire de 1.01 à 1.05.

Les plaques de fond et contre-cœurs en fonte ornée au poids.

28 carreaux d'âtre en terre cuite de 0 16, qualité dite de Bourgogne.

Le rideau et le contre-soubassement, comme il est dit précédemment, en tenant compte des différences de largeurs.

La figure 49 est l'agrandissement du dessin des plaques de contre-cœurs de la cheminée (*fig.* 47).

Les plaques de contre-cœurs dont nous avons donné les dessins pèsent approximativement 90 kilogrammes le mètre superficiel.

Observation. -
Carreau d'âtre de 0.16 dit de Bourgogne.
SÉRIE CENTRALE 278 (1re col.).
Observation.
Observation.

61. Nous terminerons la série de nos cheminées à façade fonte en présentant (*fig.* 50) un chambranle Louis XV à consoles cannelées, avec intérieur à façade de même style, les plaques de contre-cœurs différentes d'avec la plaque du fond ornée d'un motif à écusson et rinceaux.

Le plan de cette cheminée (*fig.* 51) montre également les plaques de contre-cœurs doublées en briques de 0.06 d'épaisseur, avec une gaine en tôle derrière le contre-cœur à droite pour la course du poids du rideau. L'âtre est fait aussi en carreaux de 0.16.

La pose du chambranle Louis XV et l'arrangement de la cheminée doivent être traités comme nous avons dit précédemment.

Les contre-murs de revêtement du chambranle et la gorge suivant leurs natures de matériaux.

En doublure des plaques : 2 contre-cœurs non apparents en briques de façon bourgogne de 0.06 d'épaisseur.

Fumisterie n° 611.

Derrière le contre-cœur à droite : posé et scellé une gaine en tôle pour la course de contrepoids du rideau.

4 trous et scellements de pattes de chacun 0.10 de profondeur. 0.10 × 4 = 0.40.

En fourniture.

Une gaine en tôle de 0.080 de diamètre et 0.60 de hauteur d'une seule pièce.

Rapporté au bas deux équerres en fer rivées sur la gaine, 2 pattes à scellements forgées et rivées.

Observation.
Contre-cœur de cheminée en briques de 0.06 d'épaisseur.
SÉRIE CENTRALE 611 (2e col.).
Pose de gaine en tôle et scellement.
Observation.
Légers ouvrages.
0.40.
Gaine en tôle de 0.08 de diamètre au mètre linéaire.
Observation.
Équerres en fer rapportées et rivées à la pièce.
0.50.
Pattes à scellements forgées, rivées à la pièce.
0.40.
Chambranle Louis XV à consoles cannelées, volutes, coquilles et rinceaux sculptés avec foyer à compartiments et tablette en marbre blanc statuaire.
Marbrerie. — Observation.

La cheminée marbre blanc statuaire : chambranle Louis XV à consoles cannelées, à volutes, coquilles et rinceaux sculptés avec foyer à compartiments et tablette, monté sur doublure.

L'intérieur de cheminée d'une seule pièce en fonte ornée.

Cette façade porte 0.92, dimension intérieure, soit compris recouvrement 0.96, et doit être tarifée sur une largeur totale de 1.00. Sa dimension extérieure est en effet comprise de 0.96 à 1.00.

Observation.

Sciences générales.

Fig. 50. — Cheminée Louis XV, à consoles cannelées, coquilles et rinceaux sculptés, intérieur retréci, à façade fonte ornée. — Chambranle des marbreries d'Avesnes. — Intérieur en fonte de la maison Backès.

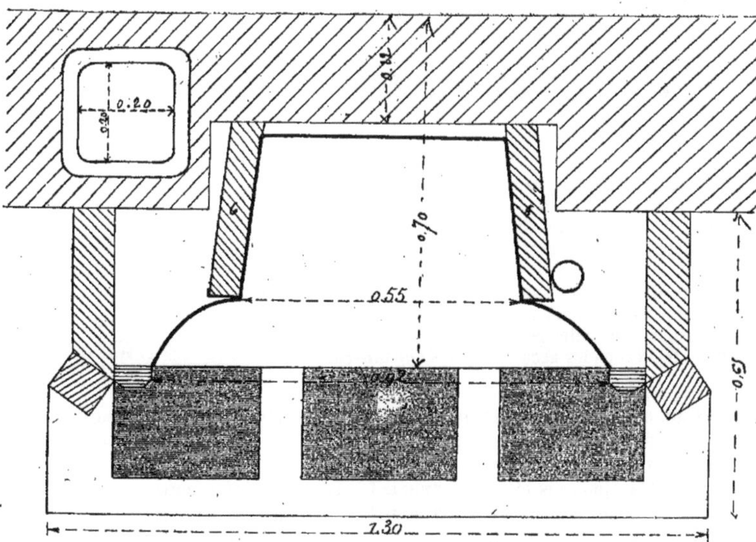

Fig. 51. — Plan de la cheminée (*fig.* 50).

Les plaques de contre-cœurs en fonte ornée au poids.

La plaque du fond ancienne n'a pas de valeur marchande nettement tarifée. Les plaques anciennes sont payées suivant leur valeur artistique unie à la rareté du sujet ou de l'ornement.

Le rideau à contrepoids est tarifé comme le rideau à crémaillère quand il est du modèle ordinaire à lames droites.

Fumisterie n° 331.

Les carreaux d'âtre en terre cuite de 0.16, qualité dite de Bourgogne.

Fumisterie n° 278.

La figure 52 est l'agrandissement du dessin des plaques de contre-cœurs de la cheminée (*fig.* 50).

Fig. 52. — Plaque d'intérieur.

Le poids de ces plaques, au mètre superficiel, rentre dans la même donnée approximative de 90 kilogrammes.

La figure 53 représente l'agrandissement du châssis à rideau de style Louis XV assorti au chambranle (*fig.* 50).

Tous les châssis à rideaux de styles semblables à celui que représente la figure 53 ne sont pas tarifés à la Série. Il faut bien se garder d'en demander les prix, soit à la pièce, soit au poids. Nous reviendrons ultérieurement sur ce point quand nous traiterons les accessoires des cheminées.

62. Nous venons d'exposer par tout ce qui précède les différents modes de rétrécissements compris dans la Série à partir du n° 334, jusques et y compris le n° 346, et les observations annexes sous les n°ˢ 347 et 348.

Nous allons présenter maintenant les autres genres de rétrécissements qui ne sont point indiqués à la Série.

Il y a tout d'abord l'arrangement avec panneaux en faïence *de couleur unie d'un seul ton.*

La Série est muette en ce qui concerne le prix à appliquer pour la façon, alors qu'elle est formelle quant à la valeur des panneaux en fourniture.

Le principe d'établissement d'un prix quelconque d'un ouvrage de bâtiment doit être basé, en l'espèce, non seulement d'après la main-d'œuvre seule et les facteurs mathématiques ordinaires relatifs aux faux frais et aux bénéfices, mais encore en tenant compte de la valeur intrinsèque des matériaux mis en œuvre.

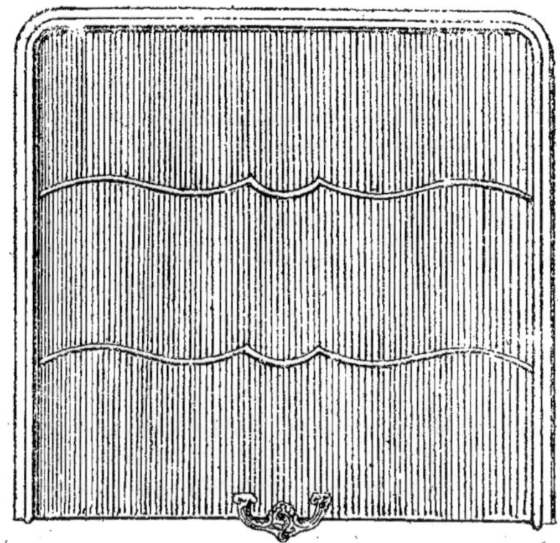

Fig. 53. — Châssis à rideau Louis XV.

C'est ainsi que les panneaux en faïence de couleur unie, qui valent *cinquante pour cent* de plus que les panneaux en faïence blanche, doivent être conséquemment payés dans leur pose, en plus-value sur ceux-ci.

La Série reconnaît d'ailleurs ce principe et le consacre par l'observation n° 559, pour la pose des panneaux en revêtement.

63. Par tout ce qui précède nous dirons :

L'arrangement d'une cheminée d'appartement rétrécie en faïence de couleur unie d'un seul ton, contre-cœurs en briques neuves à sable de 0.06 d'épaisseur, frottées, jointoyées, soubassement, goussets, posé du châssis à rideau, du contre-soubassement en tôle, de la plaque de fonte et façon de l'âtre avec garnissage au pourtour intérieur du chambranle.

Valeur de rétrécissement en faïence blanche en bâtiment neuf.

Fumisterie n° 336.

Plus-value de rétrécissement en faïence de couleur unie d'un seul ton 10 0/0.

Observation.
SÉRIE CENTRALE 559.
Arrangement de cheminée rétrécie en faïence de couleur unie d'un seul ton, contre-cœur et âtre en bâtiment neuf.
SÉRIE CENTRALE 336 (1re col.).
Plus-value 10 0/0.

Les mêmes plus-values de largeur intérieure au-dessus de 1 mètre d'ouverture sont applicables avec l'augmentation constante de 10 0/0; puisqu'il s'agit toujours de l'application du même principe et de la mise en œuvre de panneaux de plus grandes dimensions, c'est-à-dire d'une valeur marchande plus élevée.

Plus-value pour une cheminée de 110 centimètres d'ouverture intérieure entre chambranles en bâtiment neuf.

Fumisterie n° 337.

Plus-value cumulative pour rétrécissement en faïence de couleur unie d'un seul ton 10 0/0.

Les plus-values pour arrangement *en réparation* suivant les mêmes données, en se reportant aux prix respectifs des arrangements en faïence blanche sous les mêmes numéros 336 et 337 (2° colonne).

64. Tous les ouvrages accessoires à l'arrangement proprement dit doivent être demandés aux mêmes prix et conditions prévus à la Série, et conformément à ce que nous avons précédemment décrit.

La fourniture des panneaux est payée suivant les prix de base des panneaux en faïence blanche, d'après les numéros de Série 527 à 548 inclus, avec la plus-value indiquée au n° 551.

Les panneaux en faïence de couleur, de tons unis, seront payés cinquante pour cent en sus des prix ci-dessus. 50 0/0

Plus-value pour cheminée de 110 centimètres d'ouverture en bâtiment neuf.
SÉRIE CENTRALE 337 (1re col.).
Plus-value 10 0/0.
Observation.
Observation.
SÉRIE CENTRALE 551.
Plus-value 50 0/0.

Cette plus-value cependant n'est applicable qu'aux émaux couramment fabriqués dans le commerce, et qui sont :

1° Le brun ;

2° Le vert mousse ;

3° Le vert clair ;

4° Le bleu clair.

Elle est, par contre, inapplicable aux émaux d'autres couleurs que celles que nous indiquons.

Nous devons mentionner aussi que pour les panneaux de couleur il n'y a pas de deuxième choix.

Conséquemment la moins-value résultant de l'observation de la Série sous le n° 550 ne s'applique pas aux panneaux de couleur. Mais il va sans dire aussi que les panneaux qui viennent avec les défectuosités prévues audit article ne doivent pas être utilisés.

La Série est très formelle en ce qui concerne l'aspect que doit présenter le panneau de faïence de premier choix.

L'article 549 énumère très soigneusement les défauts de la faïence et dit :

« Les prix de panneaux en faïence, portés au tableau ci-dessus, depuis le n° 527 jusqu'au n° 548, sont ceux de panneaux de teinte parfaitement blanche et unie, dont les rives seront bien droites et les surfaces rigoureusement planes, sans gerçures, taches, bouillons, brûlures, rupture d'émail ou défectuosités quelconques. »

Sont considérés comme de premier choix les panneaux exempts des défectuosités indiquées dans l'article précité.

L'article 550 donne, avec la *moins-value*, la description des panneaux qu'il faut comprendre dans le deuxième choix, et dit :

« Tous ceux qui présenteraient le moindre défaut ou qui ne seraient pas conformes à l'énoncé ci-dessus devraient être rigoureusement refusés, ou taxés comme faïence de deuxième choix, avec une *moins-value* de vingt-cinq pour cent. 25 0/0

Observation.
SÉRIE CENTRALE 549.
Observation.
SÉRIE CENTRALE 550.
Moins-value 25 0/0.

65. Comme corollaire à l'article 550 et pour en compléter le sens, disons que les panneaux de deuxième choix ne sont pas de *fabrication*.

Les fabricants de faïence ne s'engagent pas à fournir aux entrepreneurs des panneaux de deuxième choix en commandes régulières. Tous les panneaux à l'*enfournement* doivent rendre à la *cuisson* des panneaux de premier choix. Ce sont des accidents imprévus, qui ont pour résultante de déterminer dans les panneaux les défectuosités que nous avons énumérées, et qui les font rejeter ou frapper d'une dépréciation que la Série a tarifée à 25 0/0.

On ne peut donc exiger de l'entrepreneur, ni même demander, avec certitude de l'obtenir, des panneaux de second choix.

66. Les panneaux les plus couramment employés dans les rétrécissements des cheminées sont pour les côtés :

En largeur.	En hauteur.
0.14	0.70
0.16	0.80
0.19	0.85
0.22	0.90
0.25	

Pour les soubassements :

En largeur.	En longueur.
0.22	0.80
0.25	0.85
0.27	0.90
0.30	1.00
0.33	1.05
	1.10

Au-dessus de ces dimensions, les panneaux sont plutôt à usage de revêtement.

Les largeurs entre panneaux ne sont pas constantes entre elles.

Les panneaux les moins larges portent 0.14 centimètres.

La mesure qui vient immédiatement après est de 0.16 centimètres.

De 0.16 à 0.25 centimètres les panneaux sont fabriqués par 0.03 centimètres de largeur.

0.16	0.22
0.19	0.25

Ensuite le panneau porte 0.27 centimètres.

De 0.27 à 0.33 centimètres les largeurs se retrouvent par 0.03 centimètres.

0.27	0.30	0.33

Le panneau immédiatement au-dessus de 0.33 centimètres porte 0.35 centimètres.

Enfin de 0.35 centimètres à 0.65 centimètres les largeurs sont constantes entre elles de 0.05 centimètres.

0.35	0.55
0.40	0.60
0.45	0.65
0.50	

Les hauteurs des panneaux depuis 0.40 jusqu'à 1,30 sont constantes entre elles de 0.05.

0.40	0.90
0.45	0.95
0.50	1.00
0.55	1.05
0.60	1.10
0.65	1.15
0.70	1.20
0.75	1.25
0.80	1.30
0.85	

En dehors de ces dimensions, les panneaux ne se fabriquent qu'exceptionnellement et ne sont point tarifés par la Série.

67. Souventes fois, dans le travail, les panneaux sont **recoupés** ou **taillés** et ne présentent plus les mesures indiquées dans le commerce ; il faut alors les métrer, non pas suivant les **mesures vues,** mais bien suivant les **mesures réelles.**

<table>
<tr><td>

La Série dit à l'article n° 554.

« Pour les panneaux de dimensions intermédiaires à celles fixées ci-dessus, on appliquera les dimensions immédiatement supérieures.

« Enfin nous dirons que les prix alloués pour la fourniture des panneaux comportent toujours leur transport à pied d'œuvre, à l'exception toutefois quand il sera fourni un seul panneau. »

</td><td>

Observation.

SÉRIE CENTRALE 554.

</td></tr>
</table>

La Série dit à l'article n° 555.

« Lorsque, pour une cheminée en réparations, il sera fourni un seul panneau en faïence en réassortiment, il sera alloué une heure de garçon pour la recherche. »

68. Nous avons à décrire en second lieu le mode de rétrécissement en *panneaux gaufrés brevetés S. G. D. G.*, qui s'est généralisé.

La faïence gaufrée de fabrication bre-vetée est faite par la Maison Lœbnitz, à Paris.

Le panneau présente un fond de couleur unie, avec des petits grains en relief d'un autre ton, très irréguliers entre eux, mais

Fig. 54. — Cheminée Louis-XIV acrotère à feuilles et travers cintré, intérieur rétréci en faïence gaufrée. — Chambranle des marbreries d'Avesnes. — Faïence de la maison Lœbnitz

arrangés au moyen d'une disposition symétrique, qui les fond et les harmonise à distance, en un dessin de contours très géométriques et d'un gracieux effet.

69. Nous donnons (*fig.* 54) un chambranle Louis XIV à acrotère à feuilles et travers cintré avec foyer à compartiments et cheminée rétrécie en faïence gaufrée.

Métré d'une cheminée en faïence gaufrée.

La pose de la cheminée marbre et la gorge soit en tuiles, soit en briques, ont été précédemment donnés.

Nous dirons :

L'arrangement de la cheminée d'appartement rétrécie en faïence gaufrée brevetée, contre-cœurs en briques neuves à sable de 0.06 d'épaisseur, frottées, jointoyées, soubassement, goussets, pose du châssis à rideau, du contre-soubassement en tôle et façon de l'âtre avec garnissage au pourtour intérieur du chambranle.

Valeur de rétrécissement en faïence blanche en bâtiment neuf.

Fumisterie n° 336.

Plus-value de rétrécissement en faience gaufrée brevetée, 15 0/0.

Série de la chambre syndicale n° 68.

Plus-value pour mur dosseret en briques de 0.11 d'épaisseur.

Fumisterie n° 343.

> Arrangement de cheminée rétrécie en faïence gaufrée brevetée contre-cœurs et âtre en bâtiment neuf.
>
> SÉRIE CENTRALE 336 (1re col.)
>
> Plus-value 15 0/0.
>
> SÉRIE SYNDICALE (Fum. 68).
>
> Plus-value pour fond en briques de 0.11 d'épaisseur.
>
> SÉRIE CENTRALE 343.

Comme pour la cheminée rétrécie en panneaux de couleur, les mêmes plus-values de largeur intérieure au-dessus de 1.00 d'ouverture sont applicables avec l'augmentation constante de 15 0/0.

Etant donné l'absence complète de toute base d'évaluation de ce travail dans la Série de la Société centrale, nous avons emprunté la plus-value donnée par la Chambre syndicale des entrepreneurs de fumisterie, dans sa Série corporative, édition 1897-1898.

70. Si nous avions une cheminée de 120 centimètres d'ouverture, nous dirions :

Plus-value pour une cheminée de 120 centimètres d'ouverture intérieure entre chambranles en bâtiment neuf.

Fumisterie n° 337.

Plus-value cumulative pour rétrécissement en faïence gaufrée brevetée 15 0/0.

Série syndicale n° 68.

Toutes les autres plus-values de qualité de briques et tous les ouvrages accessoires comme nous les avons indiqués.

Les fournitures :

La cheminée marbre griotte des Pyrénées; chambranle Louis XIV avec acrotère à feuilles à travers cintré, foyer à compartiments et tablette, monté sur doublure.

Les panneaux de rétrécissement en faïence gaufrée brevetée, émail vert mousse.

2 côtés de chacun 0.22 × 0.80.

Le soubassement de 0.33 × 1.00.

Le contre-soubassement tôle bordée de 0.65 de largeur.

> Plus-value pour cheminée de 120 centimètres d'ouverture en bâtiment neuf.
>
> SÉRIE CENTRALE 337 (1re col.).
>
> Plus-value 15 0/0.
>
> SÉRIE SYNDICALE (Fum. 68).
>
> Chambranle Louis XIV acrotère à feuilles et travers cintré, foyer à compartiments et tablette marbre griotte des Pyrénées.
>
> Marbrerie. — Observation.
>
> Panneaux faïence gaufrée, émail vert mousse.
>
> 0.22 × 0.80.
>
> 0.33 × 1.00.
>
> Contre-soubassement tôle bordée.
>
> SÉRIE CENTRALE 386-387.
>
> Carreaux d'âtre de 0.6 dits de Bourgogne.
>
> SÉRIE CENTRALE 278 (1re col.)

18 carreaux d'âtre en terre cuite de 0.16, qualité dite de Bourgogne.

Nous donnons (*fig.* 55) le plan de la cheminée que nous présentons (*fig.* 54).

La Série centrale ne tarifie pas les panneaux en faïence gaufrée; elle les comprend sous la rubrique de l'article n° 553 et dit :

« Les panneaux en faïence de couleur à plusieurs tons ou à peintures artistiques seront payés au prix de factures, augmentés de quinze pour cent pour tous déchets, risques de casse et bénéfice. » 15 0/0

Néanmoins on peut se servir de la Série du n° 527 à 548 et appliquer les prix des panneaux gaufrés d'après leurs mesures respectives, en doublant les prix des panneaux ordinaires en faïence blanche.

> Observation.
>
> SÉRIE CENTRALE 553.
>
> Plus-value 15 0/0.

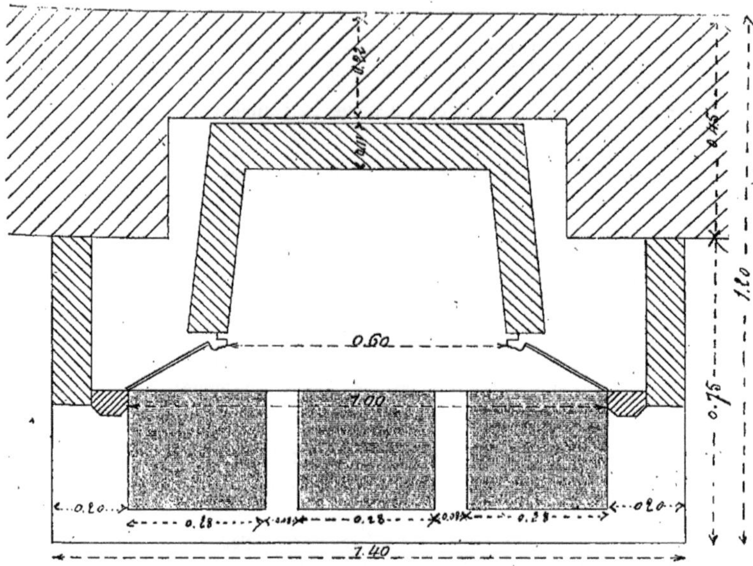

Fig. 55. — Plan de la cheminée (*fig.* 54).

La balance est très mathématiquement rétablie par ce procédé, qui a l'avantage d'être beaucoup plus simple pour la demande et surtout beaucoup plus facile pour la vérification.

Donc, pour avoir le prix d'un panneau gaufré, il suffit de doubler le prix d'un panneau ordinaire en faïence blanche, et le bénéfice laissé à l'entrepreneur est exactement de 15 0/0, comme le dit la Série au n° 553, que nous venons de décrire.

Exemple

71. Nous prenons un panneau de 0.16 × 0.80, tarifé à la Série sous le n° 535, 2ᵉ colonne.

Le prix est de 3ᶠ,58 ; nous le doublons, et nous obtenons :

$$3^f,58 \times 2 = 7^f,16.$$

Nous prenons maintenant le prix de revient du même panneau gaufré de 0ᶠ,16 × 0ᶠ,80.

Le prix est de 6ᶠ,20 ; nous l'augmentons de 15 0/0, et nous obtenons :

$$6^f,20 + 0^f,93 = 7^f,13.$$

Si nous prenons ensuite un panneau de 0.22 × 1.00 tarifé à la Série sous le n° 539, 4ᵉ colonne.

Le prix est de 6ᶠ,58 ; nous le doublons, et nous obtenons :

$$6^f,58 \times 2 = 13^f,16.$$

Nous prenons le prix de revient du panneau gaufré de 0.22 × 1.00, qui est de 11ᶠ,40 ; nous l'augmentons de 15 0/0, et nous obtenons :

$$11^f,40 + 1^f,71 == 13^f,11.$$

On voit donc par ces exemples, qui se pourraient multiplier pour tous les panneaux, qu'à quelques centimes près, c'est-à-dire avec une différence insignifiante, le procédé que nous donnons est exact et peut être employé ; nous devons aussi ajouter que, pour les panneaux gaufrés comme pour les panneaux unis, ces prix ne s'entendent que pour les émaux de fabrication commerciale courante et qui sont :

1° Le blanc verdâtre ;
2° Le brun ;
3° Le vert mousse.

Les dimensions de fabrication de ces panneaux sont aussi plus restreintes que celles des panneaux en faïence blanche.

La plus petite largeur est de 0.16

La plus grande largeur est de 0.33

Les mesures de fabrication sont les suivantes :

0.16 × 0.80	0.27 × 0.80
0.16 × 0.90	0.27 × 0.90
0.19 × 0.80	0.27 × 1.00
0.19 × 0.90	0.27 × 1.10
0.19 × 1.00	0.27 × 1.20
0.22 × 0.80	0.30 × 0.80
0.22 × 0.90	0.30 × 0.90
0.22 × 1.00	0.30 × 1.00
0.22 × 1.10	0.30 × 1.10
0.25 × 0.80	0.30 × 1.20
0.25 × 0.90	0.33 × 1.00
0.25 × 1.00	0.33 × 1.10
0.25 × 1.10	0.33 × 1.20
0.25 × 1.20	0.33 × 1.30

72. Indépendamment des émaux que nous avons indiqués, les panneaux gaufrés peuvent être fabriqués :

En bleu clair;

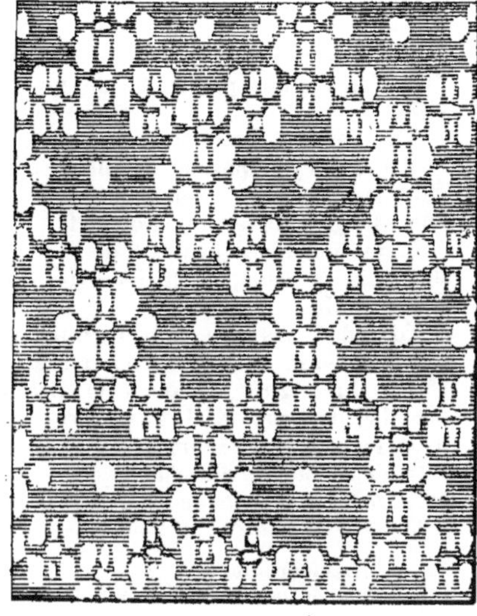

Fig. 56. — Faïence gaufrée.

Fig. 57. — Cheminée Louis XIII à travers droit, intérieur rétréci en faïence dentelle.
Chambranle des marbreries d'Avesnes. — Faïence de la maison Brocard et Leclerc.

Bleu peluche;

Jaune;

Rose.

La fabrication spéciale avec ces émaux donne lieu à une plus-value de un tiers (1/3).

73. Comme pour les panneaux de couleur, il n'y a pas de deuxième choix dans les panneaux gaufrés, et il ne faut admettre aucune réduction de ce fait.

Etant donné la délicatesse de l'émail et du dessin en relief, l'emballage des panneaux est dû.

Nous donnons (*fig.* 56) l'agrandissement du dessin de la faïence gaufrée.

74. La figure 57 nous montre un chambranle Louis XIII à travers droit, avec foyer à compartiment et cheminée rétrécie en *faïence dentelle*.

La *faïence dentelle de fabrication bre-vetée* est faite par la Maison Brocard et Leclerc, à Paris.

Le panneau présente un fond de couleur unie, tout craquelé au grand feu, rappelant un peu le genre japonais, avec des dessins en relief d'un ton différent et d'une couleur beaucoup plus vive, très soigneusement dessinés, et qui semblent brochés sur le fond dans le genre de la dentelle.

Le métré de la cheminée est le même que pour la faïence gaufrée.

La plus-value de 15 0/0 demandée pour l'arrangement en faïence gaufrée est également applicable pour l'arrangement en faïence dentelle.

Nous dirons donc de se reporter à ce que nous avons dit précédemment pour tout ce qui concerne la cheminée, et nous passons.

Les fournitures :

La cheminée marbre Sarancolin; chambranle Louis XIII uni, à travers droit avec foyer à compartiments de 130 centimètres et tablette, monté sur doublure.

Marbrerie 496.

Les panneaux de rétrécissement en faïence dentelle brevetée, email à dessins bleu tendre sur fond crème.

2 côtés de chacun 0.19 × 0.80.

Le soubassement de 0.22 × 0.90.

Le contre-soubassement tôle bordée de 0.60 de largeur.

18 carreaux d'âtre en terre cuite de 0.16 qualité dite de Bourgogne.

Chambranle Louis XIII uni à travers droit, foyer à compartiments et tablette marbre Sarancolin.
Marbrerie 496 (5e col.).
Panneau faïence dentelle sur fond crème à dessins bleu tendre.
0.19 × 0.80.
0.22 × 0.90.
Contre-soubassement tôle bordée.
Série centrale 3 6-387.
Carreaux d'âtre de 0.16 dits de Bourgogne.
Série centrale 278 (1re col.).

Nous donnons (*fig.* 58) le plan de la cheminée que nous présentons (*fig.* 57).

75. Les panneaux « dentelle » sont de même valeur que les panneaux gaufrés. Tout ce que nous avons dit de ceux-ci s'applique également à ceux-là.

On prendra donc le double du prix des panneaux ordinaires en faïence blanche, pour obtenir la valeur des panneaux « dentelle ». L'émail de fabrication courante dans les panneaux « dentelle » est celui à fond crème avec ornements bleu tendre.

Les mesures de fabrication sont sensiblement les mêmes et vont en largeur de 0.16 à 0.33, mais se trouvent dans de certaines largeurs avec une hauteur supérieure.

Les mesures de fabrication sont les suivantes :

0.16 × 0.80	0.27 × 0.90
0.16 × 0.90	0.27 × 1.00
0.19 × 0.80	0.27 × 1.10
0.19 × 0.90	0.27 × 1.20
0.19 × 1.00	0.27 × 1.30
0.22 × 0.80	0.30 × 0.90
0.22 × 0.90	0.30 × 1.00
0.22 × 1.00	0.30 × 1.10
0.22 × 1.10	0.30 × 1.20
0.22 × 1.20	0.30 × 1.30
0.25 × 0.80	0.33 × 1.00

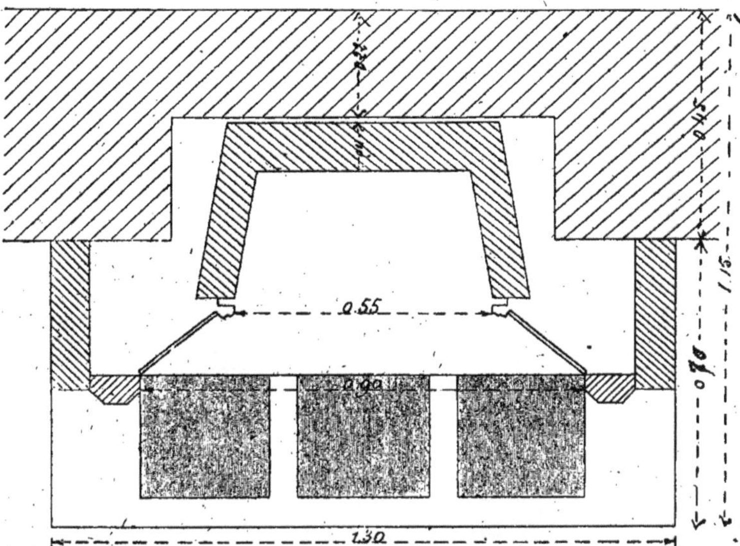

Fig. 58. — Plan de la cheminée (fig. 57).

Fig. 59. — Faïence dentelle.

0.25 × 0.90	0.33 × 1.10
0.25 × 1.00	0.33 × 1.20
0.25 × 1.10	0.33 × 1.30
0.25 × 1.20	0.33 × 1.40

Les panneaux sont aussi fabriqués, indépendamment de l'émail que nous avons indiqué ; mais seulement sur commande avec les ornements.

En jaune clair sur fond crème ;
En jaune foncé   »   »
En rose   »   »
En vert clair   »   »

On peut aussi intervertir les couleurs des fonds et des ornements.

Les mêmes plus-values sont applicables.

Nous donnons (*fig.* 59) l'agrandissement du dessin de la faïence dentelle.

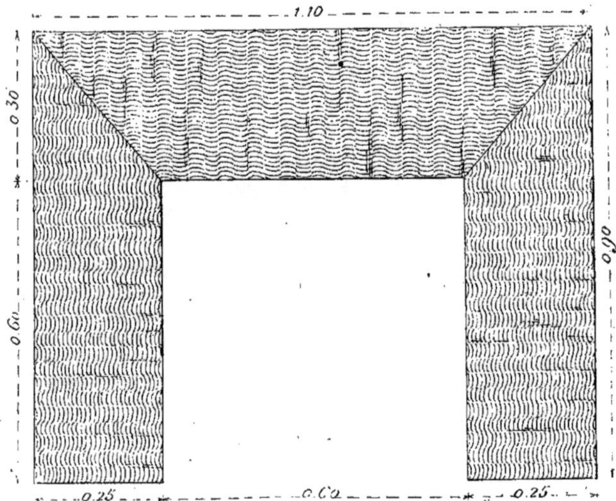

Fig. 60. — Panneaux de rétrécissement de cheminée en faïence ondulée moirée.

76. La même maison Brocard et Leclerc fait aussi un genre spécial de panneaux de rétrécissement de cheminées, appelé *panneaux en faïence ondulée, moirée*, que nous représentons (*fig.* 60).

Le panneau est de couleur unie et présente des ondulations légèrement en relief, toujours dans le même sens, qui se reflètent sous les jeux de lumière et produisent l'aspect changeant de la moire.

Contrairement aux autres faïences, il se fait en blanc ; mais il est plutôt employé en couleur.

Les émaux de fabrication courante sont :

1° Le brun ;

2° Le vert mousse ;

3° Le vert d'eau ;

4° Le bleu tendre ;

5° La teinte crème.

Indépendamment des teintes que nous indiquons, les panneaux peuvent être fabriqués de différentes couleurs, au choix ; mais ils sont alors tariffés d'une plus-value très variable, en raison des difficultés de fabrication.

Les mesures de fabrication sont à peu près les mêmes que pour les panneaux « dentelle » ; cependant ils se font à partir de la largeur de 0^m,14.

La plus grande largeur est de 0^m,40.

Etant donné les quelques différences dans les mesures courantes, nous donnons à nouveau les mesures de fabrication, ce qui permettra de se rendre compte des variations.

0.14 × 0.80	0.27 × 0.80
0.14 × 0.90	0.27 × 0.90

Fig. 61. — Cheminée Louis XIII à acrotère, intérieur rétréci en faïence quadrillée
Chambranle des marbreries d'Avesnes. — Faïence de la maison Debacker.

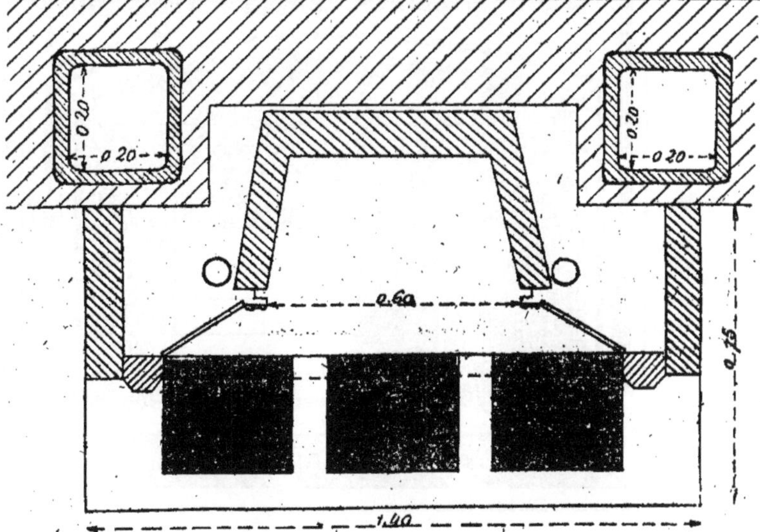

Fig. 62. — Plan de la cheminée figure 61.

0.16 × 0.80	0.27 × 1.00
0.16 × 0.90	0.27 × 1.10
0.19 × 0.80	0.27 × 1.20
0.19 × 0.90	0.30 × 0.80
0.19 × 1.00	0.30 × 0.90
0.22 × 0.80	0.30 × 1.00
0.22 × 0.90	0.30 × 1.10
0.22 × 1.00	0.30 × 1.20
0.22 × 1.10	0.33 × 0.80
0.22 × 1.20	0.33 × 0.90
0.25 × 0.80	0.33 × 1.00
0.25 × 0.90	0.33 × 1.10
0.25 × 1.00	0.33 × 1.20
0.25 × 1.10	0.40 × 1.30
0.25 × 1.20	

Ces panneaux sont payés sur la base des panneaux en faïence blanche unie, désignés à la Série, sous les nᵒˢ 521 à 549 inclus, suivant leurs mesures respectives, avec une plus-value de 60 0/0.

La mise en œuvre des panneaux en arrangement de cheminée se traite dans les données que nous avons précédemment

Fig. 63. — Faïence quadrillée.

Fig. 64. — Cheminée Louis XIV à travers cintré, intérieur rétréci en faïence à rosaces.

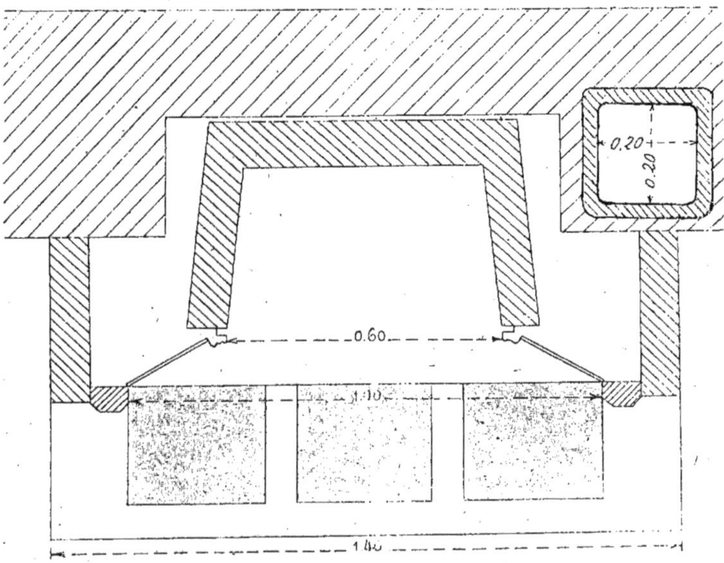

Fig. 65. — Plan de la cheminée figure 64.

indiquées pour les rétrécissements en faïence de couleur.

Fig. 66. — Faïence à rosaces.

77. Nous donnons (*fig.* 61) un chambranle Louis XIII à acrotère avec foyer à compartiments et cheminée rétrécie en faïence quadrillée.

La faïence quadrillée est faite par la Maison Huillard et Chennevière.

Le panneau présente un fond de couleur unie, avec divisions quadrillées en diagonales, en relief, dans chaque carré, une petite étoile, également en relief.

L'émail, plus légèrement étendu sur les parties saillantes, laisse percevoir la transparence de la terre cuite et donne à l'œil l'impression d'un deuxième ton.

Ces panneaux se font dans les mêmes mesures et les mêmes teintes que nous avons indiquées aux faïences gaufrées.

Tout ce que nous avons dit pour la construction des cheminées retrécies en faïence de couleurs s'applique également à la faïence quadrillée.

Nous donnons (*fig.* 62) le plan de la cheminée que nous présentons (*fig.* 61).

La figure 63 nous donne l'agrandissement du dessin de la faïence quadrillée.

78. Concurremment à la faïence quadrillée que nous venons de décrire, il est fait aussi des panneaux en deux tons.

Le dessin géométrique est le même ; mais la petite étoile placée au centre de la division diagonale est d'une couleur différente du fond.

La maison Brocard et Leclerc fabrique ces panneaux.

1° Fond brun et décor vert ;

2° Fond vert et décor brun.

Les panneaux quadrillés à deux tons se font couramment dans les mesures ci-dessous.

0.14	× 0.90	0.25	× 1.10
0.16	× 0.90	0.27	× 0.80
0.16	× 1.00	0.27	× 0.90
0.19	× 0.70	0.27	× 1.00
0.19	× 0.80	0.27	× 1.20
0.22	× 0.90	0.30	× 0.90
0.22	× 0.90	0.30	× 1.00
0.22	× 1.10	0.30	× 1.20
0.25	× 0.90	0.30	× 1.40

79. Enfin, pour compléter notre Série de faïence, nous donnons (*fig.* 64) un chambranle Louis XIV à travers cintré avec foyer à compartiments, et cheminée rétrécie en faïence à rosaces.

Le plan de la cheminée (*fig.* 65) complète notre dessin perspectif (*fig.* 64).

Le panneau en faïence à rosaces est composé par un dessin formé de grandes rosaces concentriques du genre gothique, avec semis de pétales marguerites, disposés en remplissage. Les émaux sont de trois tons.

1° Le fond brun ;

2° Le fond vert bouteille ;

3° Le fond vert d'eau.

80. Les panneaux sont encore commercialement fabriqués avec des émaux d'autres couleurs, mais qui donnent lieu à l'application d'une plus-value de un tiers, sur la valeur des émaux courants. Ce sont :

1° Le bleu tendre ;

2° Le bleu peluche ;

3° Le jaune fauve ;

4° Le rouge ;

5° Le rose ;

6° Le mauve.

81. Les panneaux en faïence à rosace de plusieurs tons, comme nous venons de les décrire, sont encore dénommés panneaux mosaïques à décors polychromes.

Les couleurs courantes sont :

1° Le fond brun avec décor bleu tendre ;

2° Le fond vert mousse avec décor turquoise ;

3° Le fond bleu tendre avec décor blanc ;

4° Le fond bleu tendre avec décor rose.

Le figure 66 nous donne l'agrandissement du dessin de la faïence à rosaces.

82. La faïence quadrillée et la faïence à rosaces peuvent aussi être employées dans les revêtements, en raison de leurs dessins, qui conviennent parfaitement aux surfaces planes.

Nous donnons ci-dessous les mesures de fabrication des panneaux à rosaces ou mosaïques, qu'ils soient ordinaires ou polychromes.

0.14	× 0.80	0.27	× 0.80
0.14	× 0.90	0.27	× 0.90
0.16	× 0.80	0.27	× 1.00
0.16	× 0.90	0.27	× 1.10
0.19	× 0.80	0.27	× 1.20
0.19	× 0.90	0.27	× 1.30
0.19	× 1.00	0.30	× 0.80
0.22	× 0.80	0.30	× 0.90
0.22	× 0 90	0.30	× 1.00
0.22	× 1.00	0.30	× 1.10
0.22	× 1.10	0.30	× 1.20
0.22	× 1.20	0.30	× 1.30
0.25	× 0.80	0.33	× 1.00
0.25	× 0.90	0.33	× 1.10
0.25	× 1.00	0.33	× 1.20
0.25	× 1.10	0.33	× 1.30
0.25	× 1.20	0.33	× 1.40

83. Nous terminerons nos descriptions des faïences d'intérieurs de cheminées en présentant (*fig.* 67) un chambranle Louis XVI avec foyer à compartiments et cheminée rétrécie en faïence à décors gravés.

La faïence à décors gravés, dont le modèle est déposé, est fabriquée par la maison Brocard et Leclerc.

Le panneau présente un dessin composé de rinceaux courant dans le sens de la longueur du panneau, laissant un champ sur chaque côté, et au milieu un rang de marguerites étoilées, très régulièrement espacées et symétriquement disposées dans les rinceaux.

La figure 68 nous donne l'agrandissement du dessin de la faïence à décors gravés.

Il y a dans ces panneaux une grande variété d'émaux au nombre d'une dizaine ; ils se font de plusieurs rendus :

1° Le décor d'un même ton sur un fond uni ;

2° Le décor de plusieurs tons sur un fond à deux tons.

On obtient de cette manière les effets les plus variés, avec des reflets d'émaux très riches en couleurs, et d'un ensemble très décoratif.

Les fonds unis sont :

1° Le brun ;

2° Le vert d'eau ;

3° Le vert mousse ;

4° Le rose.

Les décors polychromes sont obtenus par des mélanges de tons, jaune, bleu, vert, rose, etc., etc.

Fig. 67.

Nous donnons aussi les mesures de fabrication des panneaux en faïence, à décors gravés.

0.14 × 0.80	0.27 × 0.90	0.22 × 0.90	0.33 × 0.80
0.14 × 0.90	0.27 × 1.00	0.22 × 1.00	0.33 × 0.90
0.16 × 0.80	0.27 × 1.10	0.22 × 1.10	0.33 × 1.00
0.16 × 0.90	0.27 × 1.20	0.22 × 1.20	0.33 × 1.10
0.16 × 1.00	0.30 × 0.80	0.25 × 0.80	0.33 × 1.20
0.19 × 0.80	0.30 × 0.90	0.25 × 0.90	0.35 × 1.00
0.19 × 0.90	0.30 × 1.00	0.25 × 1.00	0.35 × 1.10
0.19 × 1.00	0.30 × 1.10	0.25 × 1.10	0.35 × 1.20
0.22 × 0.80	0.30 × 1.20	0.25 × 1.20	0.35 × 1.30
		0.27 × 0.80	

Nous ajouterons que, pour ce genre de rétrécissement, il est urgent de donner très exactement en fabrication les mesures intérieures des chambranles : largeur et hauteur.

84. Nous nous dispenserons de revenir sur nos observations précédentes, en ce qui concerne l'interprétation de la Série, relativement à tous les genres de faïences décoratives que nous avons présentées.

Nous engageons nos lecteurs à se reporter à nos différents exemples en tant que principes ; tout en recommandant bien

de considérer, comment et dans quelles conditions, le travail a été exécuté, et ne pas négliger les travaux accessoires multiples, à chaque instant rencontrés en exécution, et qui ne peuvent être, ici, décrits ni prévus.

Nous devons cependant compléter notre travail par une remarque concernant les panneaux dont nous avons indiqué les mesures commerciales.

A défaut des mesures identiques se rapportant à celles qui se trouvent en fabri-

Fig. 68.

cation, les panneaux seront métrés, suivant les mesures qui seront immédiatement supérieures.

Exemple pris sur les panneaux mosaïques :

1 panneau de 0.19 × 0.85 sera compté comme panneau de 0.19 × 0.90.

1 panneau de 0.27 × 0.92 sera compté comme panneau de 0.27 × 1.00.

85. Nous allons aborder maintenant un autre genre de rétrécissements de che-

minées, qui consiste à employer des panneaux décorés de peintures, sujets ou attributs, dont les dessins varient à l'infini.

Pour répondre aux besoins généraux, les maisons de faïencerie ont composé des dessins courants qui se prêtent à différents genres de décorations.

Cependant il est plutôt d'usage de donner ses dessins, afin d'avoir un rétrécissement unique, qui s'harmonise bien avec l'intérieur de la pièce, la décoration générale, le style, et, partant, qui soit d'une valeur véritablement artistique, au lieu de représenter simplement une valeur marchande.

Nous donnons plusieurs dessins de chambranles différents de styles, rétrécis avec intérieurs en faïences décorées, rassorties aux cheminées.

86. La figure 69 nous montre un chambranle modillon à consoles galbées, à feuilles et pointes de diamant.

Le dessin de l'ornement est des plus simples ; il est surtout composé d'un ruban formant encadrement avec onglets, socles au bas des côtés et motifs en rinceaux sur les trois panneaux.

Tout ce que nous avons dit concernant la pose des chambranles retrouve son application ici.

Quant au prix de l'arrangement, il est essentiellement variable, en raison de la valeur des panneaux mis en œuvre.

On devra donc demander le prix en se basant sur la valeur marchande des panneaux,

Fig. 69.

et non en prenant une plus-value, plus ou moins raisonnée, sur le prix de l'arrangement en faïence blanche, porté à la Série.

Nous avons eu souventes fois l'occasion de discuter cette thèse avec les architectes et les vérificateurs les plus éminents, et nous avons eu la satisfaction de la voir par tous adoptée.

La plus-value usuellement appliquée, et que nous avons toujours demandée, est de *vingt pour cent.*

Tous les autres ouvrages accessoires doivent être comptés aux prix prévus à la Série ou suivant les évaluations usuelles.

L'emballage des panneaux est toujours dû pour la faïence décorée.

Pour nous résumer : le prix de l'arrangement d'une cheminée en faïence décorée est composé :

1° Du prix de l'arrangement de cheminée ordinaire en faïence blanche, prévu à la Série ;

2° D'une plus-value de 20 0/0 sur la valeur marchande des panneaux.

Fig. 70.

Fig. 71.

Toutes les autres plus-values de largeurs doivent être demandées à la Série, avec application de la plus-value proportionnelle.

87. La figure 70 nous montre un chambranle Pompadour à gorges avec foyer à compartiments.

Le dessin de l'ornement est plus riche ; il est du genre Louis XV ; il a, au rendu, une grande quantité de couleurs.

88. La figure 71 nous donne un grand chambranle Louis XIV à volutes avec foyer à compartiments.

L'ornement des panneaux est dessiné en fantaisie, à grands rinceaux avec feuilles d'acanthe et motif au centre du panneau soubassement.

89. La figure 72 nous représente un grand chambranle Louis XIII avec acrotère simplifié et foyer à compartiments.

Fig. 72.

Le dessin est surtout composé pour décor de salle à manger, paniers avec fruits, accrochés par des rubans sur les panneaux de côtés, et compotier au centre du soubassement ; le tout est encadré d'un ruban avec onglets.

Tous les panneaux décorés, quels qu'ils soient, ne se font que sur commande. On peut varier les nuances des émaux sur un dessin semblable et obtenir ainsi des teintes harmonisées aux tentures.

Chambranles de cheminées en marbre.

Considérations générales.

90. Nos lecteurs ont remarqué que nous nous sommes appliqués à donner, avec chaque mode de rétrécissement de cheminée, un chambranle de style différent.

Nous avons ainsi passé en revue non pas toutes les variétés des chambranles, mais bien tous les styles, au moins dans leurs grandes lignes.

Pour compléter ce travail, nous allons énumérer, d'une manière générale, les pièces d'appartements qui reçoivent chaque style de cheminée et les couleurs des marbres, dans lesquelles on trouve ces cheminées.

Le chambranle le plus simple est le chambranle capucine avec ou sans foyer, ordinaire ou à revêtements. Ces cheminées sont placées dans les petits logements, les chambres des combles ou les pièces les moins importantes, des appartements secondaires.

Ensuite nous trouvons les capucines à cadres et à pans coupés avec foyers, qui sont placées dans les chambres des petits appartements.

Le chambranle modillon qui vient après convient pour les salles à manger des petits appartements, les bureaux ou les chambres de second ordre dans les grands appartements.

On distingue :

Le modillon ordinaire ;

Le modillon à culots ;

Le modillon à panneaux ;

Le modillon à culots et panneaux.

Les autres genres de modillon à consoles, volutes, pointes de diamant, qui se font dans les marbres fins d'un prix assez élevé se placent dans des pièces plus importantes des grands appartements, telles que : bibliothèque, fumoir, etc.

Le chambranle Pompadour vient ensuite ; on distingue :

La Pompadour à gorges ;

La Pompadour à dos d'âne ;

La Pompadour à rouleaux et rosaces sculptées ;

La Pompadour à consoles, etc., etc.

Ce genre de chambranle se rapproche beaucoup du Louis XV ; il est surtout placé dans les chambres, les cabinets de toilette, les boudoirs et les petits salons.

Les foyers des Pompadours sont ordinairement montés à compartiments.

Nous rencontrons ensuite toute la grande variété des chambranles plus spécialement dénommés : cheminées de styles. C'est d'abord :

Le Louis XIII ordinaire ;

Le Louis XIII avec acrotère.

Ces chambranles conviennent surtout aux grandes salles à manger des appartements importants.

Les acrotères sont simples ou cannelés avec feuilles d'acanthe aux angles, ou bien à panneaux avec gorges, etc.

Par ordre d'époque, le chambranle Louis XIV vient après. On distingue :

Le Louis XIV à travers droit ;

Le Louis XIV à travers cintré.

Le cintre est formé par une courbe raccordée aux montants, ou bien les angles intérieurs sont simplement arrondis.

Ce qui caractérise surtout les chambranles Louis XIII et Louis XIV, ce sont les grosses moulures massives des encadrements intérieurs.

Le Louis XIV se fait aussi avec acrotère ; il se fait également en modèles très riches, très fouillés de sculptures et d'ornements à feuilles et à volutes. Le plus souvent une figure symbolique se détache en cartouche sur le centre de la traverse, et donne, à l'ensemble, le véritable caractère artistique du style.

Ces chambranles, quand ils sont simplement à moulures ou bien surmontés d'un acrotère, se placent aussi dans les salles à manger, les salles de billards, les grandes bibliothèques, en un mot partout où il est nécessaire d'avoir un décor sévère et de dessin très ferme.

Quand les chambranles sont sculptés, richement ornés, leur emplacement est tout indiqué dans les grands salons des luxueuses habitations.

On fait aussi un autre genre de chambranle qui se rapproche du Louis XIII et du Louis XIV et appelé : cheminée à consoles.

Le même chambranle, quand il est orné avec pointes de diamant, volutes sur les consoles et griffes au bas, est appelé : cheminée à griffes.

Nous trouvons ensuite le Louis XV, qui est le roi du jour.

Partout on fait de la décoration dans le style, sinon dans le genre de l'époque Louis XV.

Pour répondre au goût du moment, sans cependant être obligé à de grandes dépenses, et régner avec une décoration du genre Louis XV, on trouve des chambranles simplifiés. De sorte que la variété est grande des cheminées appelées en terme général : Cheminées Louis XV.

Les cheminées Louis XV simplifiées sont sans sculptures ;

Les cheminées plus riches sont pourvues de la coquille avec consoles cannelées ;

Les cheminées riches de pur style sont à coquilles et rocailles sculptées, avec volutes et rinceaux.

Les cheminées Louis XV conviennent exclusivement aux chambres ou salons conçus dans le style, ou bien encore dans les riches boudoirs de même décoration. On le rencontre aussi dans les luxueuses installations commerciales des grandes maisons, dont les salons de vente sont meublés dans le style Louis XV ; les joailliers, les parfumeurs, les couturiers, etc., etc.

La décoration intérieure qui se partage avec le Louis XV la grande vogue du moment est le style Louis XVI.

Comme pour le style Louis XV, on fait en cheminées des chambranles Louis XVI très variés d'ornements et très différents de prix.

On distingue :

Le Louis XVI à rosaces et soleil ;

Le Louis XVI à rosaces et feuilles ;

Le Louis XVI à rosaces, feuilles et perles au travers ;

Le Louis XVI à cannelures.

Les chambranles plus riches et de style plus pur sont sculptés avec les attributs de l'époque :

Les rosaces ;

Les feuilles ;

Les perles ;

L'arc et le carquois avec rubans ;

La couronne enrubannée avec lauriers.

La caractéristique du style dans le Louis XVI, c'est le cadre intérieur toujours à angles droits avec des angles saillants et les perles sur les moulures, par le travers et sur les consoles.

Dans le centre du travers, le motif de décoration des cheminées riches de grand style est une figure de l'époque placée en cartouche, et qui représente le profil royal de la race des Capétiens.

La disposition de cet ornement se rapproche du Louis XIV.

Ces chambranles sont également posés dans les salons des grands appartements modernes, ou dans les salons de vente des maisons à riche clientèle, qui sont meublés et agencés dans le style.

Ces cheminées sont presque toujours demandées en marbre blanc, étant donné la teinte du style Louis XVI, qui est à fond blanc et filets vert d'eau.

Indépendamment des descriptions que nous avons faites, des styles des chambranles pris dans leur ensemble, on peut exécuter, sur commandes et sur dessins, des variétés infinies de cheminées, ayant un caractère spécial et une décoration toute particulière pour répondre à telle ou telle ordonnance.

Nous avons donné, avec les figures des chambranles, des plans cotés qui renseigneront sur les saillies ordinaires et les dimensions générales des types que nous avons pris en exemples.

Il ne nous reste plus, pour terminer notre étude des cheminées, qu'à indiquer dans quelle espèce de marbre on trouve chacune d'elles.

Les capucines se font dans les marbres :

Noir français ;	Rouge de Flandre ;
Noir veiné ;	Sarancolin ;
Sainte-Anne ;	

Les modillons se font dans les marbres :

Noir français ;	Levanto ;
Noir veiné ;	Rosé ;
Sainte-Anne ;	Vert ;
Rouge de Flandre ;	Jaspe oriental ;
Sarancolin ;	Campan ;
Henriette, Joinville, Caroline ;	Portor ;
Noir fin ;	Brocatelle d'Espagne ;
Blanc clair ;	Brèche violette ;
Grand antique du Nord ;	Rouge antique ;
	Griotte ;
Bleu Turquin ;	Brèche sanguine ;
Bleu fleuri ;	Cipolin ;
Languedoc ;	Paonozzo ;

Les Pompadours se font dans les marbres :

Rouge de Flandre ;	Vert ;
Sarancolin ;	Jaspé oriental ;

Bois-Jourdan ; Campan ; Vert ; Brèche sanguine ;
Napoléon ; Portor ; Jaspé oriental ; Cipolin ;
Henriette ; Brocatelle d'Es- Campan ; Paonazzo ;
Joinville ; pagne ;
Caroline ; Brèche violette ; Les Louis XVI se font également dans
Noir fin ; Rouge antique ; les mêmes marbres.
Blanc clair ; Griotte ; Quelques modèles de Louis XVI plus
Bleu fleuri ; Rose d'Afrique ; riches se font exclusivement en marbres
Bleu Turquin ; Cipolin ;
Languedoc ; Paonazzo ; Noir fin,
Levanto ; Brèche sanguine ; Blanc clair
Rosé ;

Les Louis XIII se font dans les mêmes
marbres que les Pompadours, sauf les
marbres :

Napoléon ; Joinville ;
Henriette ; Caroline ;

Les Louis XIV se font dans les mêmes
marbres que les Louis XIII.

Les Louis XV se font dans les marbres :

Blanc clair ; Portor ;
Noir fin ; Brocatelle d'Es-
Bleu fleuri ; pagne ;
Bleu Turquin ; Brèche violette ;
Languedoc ; Griotte ;
Levanto ; Rouge antique ;
Rosé ; Rose d'Afrique ;

Cependant nous devons ajouter que les
Louir XV et Louis XVI de grand style
pur ne se font qu'en marbre blanc clair ou
blanc statuaire.

Foyers de chambranles en marbre [1]

92. On distingue deux sortes de foyers
de chambranles :
1° Les foyers unis ;
2° Les foyers à compartiments.
Les foyers unis sont payés au mètre
superficiel, en marbre de 0,020 millimètres
d'épaisseur, compris toutes tailles, déchets, polissage et doublure, mais non
compris pose, à la Série centrale des architectes, marbrerie n° 478.
Le prix du mètre superficiel varie de
32 à 70 francs selon que les foyers sont
en marbre :

Noir français	le mètre superficiel		32ᶠ,00
Sainte-Anne	» »		35 ,00
Rouge de Flandre	» »		35 ,00
Napoléon	» »		
Henriette	» »		
Joinville	» »		45 ,00
Caroline	» »		
Sarancolin de l'Ouest	» »		40 ,00
Bois-Jourdan	» »		
Noir fin	» »		45 ,00
Blanc veiné	» »		45 ,00
Bleu fleuri	» »		60 ,00
Bleu Turquin	» »		
Languedoc	» »		70 ,00
Levanto	» »		
Rosé	» »		

Tous les foyers qui rentrent dans les
marbres désignés ci-dessus, mais qui ont
une épaisseur supérieure à 0,020 millimètres, doivent être demandés en détail
de marbrerie pour leur valeur réelle suivant métrage.

Quant aux marbres qui ne sont pas désignés, alors même que les foyers n'au-

(1) Nous tenons à la disposition de nos lecteurs
douze planches en couleurs, photographiées
d'après nature, de 0,28 sur 0,19, et donnant les
douze principaux types de marbres. Prix 4 francs.

raient pas une épaisseur supérieure à 0.020 millimètres ; ils doivent être demandés en détail de marbrerie.

Il est bien évident que les prix portés à la Série et qui comprennent la valeur des tailles s'entendent pour la taille normale du foyer : longueur et largeur.

Si, pour une raison quelconque, il est demandé des entailles dans la surface du foyer, il ne faut pas omettre d'en demander la valeur, en sus du prix au mètre superficiel.

93. Les marbres dont les prix sont donnés à la Série du n° 184 au n° 236 inclus, qu'ils soient en marbres ordinaires ou en marbres fins du commerce, comprennent la valeur du sciage à deux parements, avec, et y compris, le déchet de trait et le déchet de croûte.

Les épaisseurs sont données de 0.005 en 0.005 millimètres depuis 0.020 millimètres jusqu'à 0.060 millimètres inclus. Soit :

0.020 millimètres épaisseur minimum.
0.025   »   »   »
0.030   »   »   »
0.035   »   »   »
0.040   »   »   »
0.045   »   »   »
0.050   »   »   »
0.055   »   »   »
0.060 millimètres épaisseur maximum.

94. *Le métré d'un foyer uni en marbre comprend :*

1° La valeur du marbre suivant sa nature et son épaisseur ;

2° La valeur du déchet par rapport à la nature du marbre ajoutée à sa surface ;

3° Le moulinage ordinaire du sciage apparent ;

4° La taille des joints ;

5° Le polissage ;

6° La doublure.

95. La Série indique sous les n°ˢ 253, 254 et 255 de la marbrerie le diviseur donnant la valeur du déchet suivant le classement des marbres.

La Série dit : « Aux sciages mesurés en œuvre on ajoutera, pour déchets de longueur, les augmentations ci-après :

1° Pour les marbres classés sous le n° 1, 1/10 ;

2° Pour les marbres classés sous le n° 2, 1/8 ;

3° Pour les marbres classés sous les n°ˢ 3 et 4, 1/6.

Les marbres classés sous le n° 1 sont :

Blanc clair ;
Blanc ordinaire de Saint-Béat ;
Bleu Aspin ;
Bleu fleuri ;
Bleu Turquin.

Les marbres classés sous le n° 2 sont :

Blanc statuaire de Saint-Béat ;
Brèche jaune de Trets ;
Brocatelle jaune du Jura ;
Brocatelle jaune d'Espagne ;
Brocatelle violette du Jura ;
Brocatelle violette d'Espagne
Granit-Feluil ;
Henriette ;
Jaune fleuri ;
Jaune de Sainte-Baume ;
Joinville ;
Lunel ;
Napoléon gris et rose ;
Noir boules de neige et amandes ;
Noir français ;
Onyx blanc ;
Onyx cachemire ;
Rose Enjugerai ;
Rouge de Flandre ;
Sainte-Anne belge ;
Sainte-Anne français ;
Sarancolin de l'Ouest ;
Vert de Maurin.

Les marbres classés sous le n° 3 sont :

Beyrède Jumet des Pyrénées ;
Brèche grise ;
Brèche Galifet ;
Brèche d'Alep ;
Brèche Sainte-Victoire ;
Campan mélangé et Campan vert ;
Grand antique du Nord ;
Griotte des Pyrénées ;
Griotte œil-de-perdrix ;
Jaune de Sienne ordinaire ;
Languedoc incarnat ;
Levanto ;
Noir demi-fin de Basècles ;
Portor ;
Rosé clair ;

Rosé vif ;
Rouge antique ;
Sarancolin de l'Ouest ;
Vert d'Egypte ;
Vert Moulin.
Les marbres classés sous le n° 4 sont :
Brèche violette (Italie) ;
Grand antique ;
Noir fin de Dinant (Belgique) ;
Paonazzo ;

Vert de mer ou vert de Gênes.

Suivant que le marbre rentrera dans telle ou telle classe que nous venons d'énumérer, il faudra donc ajouter à sa surface réelle, prise en œuvre : le 1/10, le 1/8 ou le 1/6 de cette surface.

96. Exemple : Si nous supposons un foyer en marbre rosé vif de 1.00×0.35 ; nous aurons :

Le foyer en marbre rosé vif de 0.025 millimètres d'épaisseur de $1.00 \times 0.35 =$ 0.35
1/6 de surface pour déchet $=$ 0.06
$\overline{\qquad}$
$0^2.41$

Foyer en rosé vif de 0.025 d'épaisseur au m².
0.41

Marbrerie N° 231, 2° colonne.
    »   N° 255.

Marbrerie 231, 2° col.
    » 255

Notre démonstration résume donc les opérations que nous avons indiquées par les n°⁵ 1 et 2.

97. *Vient ensuite la troisième opération, le moulinage du sciage apparent.* — L'évaluation du moulinage se réduit en surface de taille, comme il est dit à la Série de marbrerie, n° 281.

Le moulinage ordinaire pour les légers dégauchissages sur sciages ou parties non susceptibles d'être taillées 0.20.

Pour obtenir la surface à la taille du moulinage ordinaire, il faudra multiplier la surface réelle du foyer par 0.20.

Soit : notre foyer de 1.00×0.35 $= 0.35 \times 0.20 = 0.07$.

98. *La quatrième opération est la taille des joints.* — La taille des joints ou coupes avec toutes les plus-values de façon rencontrées dans ce genre de travail, est énumérée en détail dans la Série de marbrerie sous les n°⁵ 308 à 326 inclus.

En l'espèce, les numéros qui nous intéressent sont ceux qui donnent les facteurs de taille : les n°⁵ 308 à 311 inclus.

La Série dit : « Tout joint, toute coupe, sciage ou taille d'épaisseur de marbre au-dessous de 0.08 sera métré pour sa surface réelle et transformé en taille unité, en multipliant les surfaces obtenues par celui des facteurs suivants correspondant au travail fait :

1° Bruts pour équarrissage... 1.00
2° Démaigris à une arête moulinée pour carreaux............ 2.00
3° Plein pour panneaux à une arête moulinée................ 2.50
4° Pleins pour panneaux à deux arêtes moulinées.............. 3.00

Conformément au texte très précis de la Série que nous venons de rappeler, il faut, pour obtenir la valeur d'un joint ou d'une coupe droite, multiplier sa surface par 1.00, 2.00, 2.50 ou 3.00, suivant que le travail exécuté se rapporte à l'une des quatre divisions précitées.

Il faut aussi se rappeler que, dans aucun cas, ces évaluations ne sont cumulatives, car elles répondent à un ensemble d'opérations afférentes à chacune d'elles.

Observation marbrerie n° 312.
Soit : notre foyer de 1.00×0.35.
La taille du joint démaigri a une arête moulinée au mètre superficiel.

2 fois $1.00 = 2.00$ } $2.70 \times 0.025 = 0^2.0675$
2 — $0.35 = 0.70$
par 2.00 coefficient de taille 0.14
Si nous ajoutons à la surface de taille ainsi obtenue l'évaluation de moulinage de la troisième opération 0.07

nous obtenons la surface totale de taille 0.21

Surface de taille de marbre.
0.21

99. L'évaluation de taille n'est pas complète, il faut la réduire à l'unité par un second facteur appelé facteur de dureté.

La Série indique, sous les n°s 267 à 272 inclus, les facteurs de dureté, par rapport à la nature des marbres.

Marbres d'Italie, blanc unité 1.00
» des Pyrénées, bleu fleuri et bleu Turquin .... » 1.10
» du Nord, de Flandre et de Boulogne.... » 1.25
» de couleur des Pyrénées et d'Italie, toutes les Brèches, excepté la Brèche violette, noir ordinaire et Onyx.... » 1.40
» Vert de mer ou d'Egypte .... » 1.50
» Noir fin de Dinant et Brèche violette » 1.75

Suivant que le marbre rentrera dans telle ou telle catégorie que nous venons d'énumérer, il faudra donc multiplier sa surface de taille par l'un des facteurs indiqués pour obtenir l'évaluation effective de la valeur en surface de taille.

Puisque nous avons obtenu, avec notre foyer pris pour exemple, une surface totale de $0^2.21$ et que le marbre rosé vif, qui a comme dureté le n° 3, rentre dans la catégorie des marbres désignés sous le n° 269 avec une évaluation de taille de 1.25 pour l'unité.

Nous avons $0^2.25 \times 1.25$ pour l'unité = ... $0^2.31$

Marbrerie N° 269.

Le prix du mètre superficiel de taille.

Marbrerie N° 266.

Taille de marbre au m².
0.31.
Marbrerie 266.

100. Toutes les plus-values ou évaluations concernant les tailles et moulures, en dehors des joints ou coupes, sont énumérées dans la Série, sous les n°s 273 à 307 inclus.

101. *La cinquième opération est le polissage.* — Le polissage est payé bien différemment, suivant qu'il est ordinaire ou bien fait.

On entend par polissage ordinaire le travail exécuté sur les surfaces apparentes des objets ordinaires, tels que : tablettes et foyers en marbres ordinaires du commerce, pièces de chambranle, capucine, etc.

Par contre, le polissage soigné, appelé polissage bien fait, est traité sur les marbres fins, les pièces plus riches, qui présentent une exécution mieux finie.

En suivant le même principe d'évaluation que pour la taille, la Série indique, sous les n°s 329 à 334 inclus, les facteurs de sûreté, par rapport à la nature des marbres.

ORDINAIRES

Marbres blanc clair ou veiné.... 1.00
Marbres du Nord ou de Belgique 1.10
Marbres du Pas-de-Calais...... 1.20

FINS

Marbres d'Italie ou de France et onyx...................... 1.40
Marbres vert de mer et les Brèches.................... 1.50
Marbres noir fin de Dinant.... 1.75

On obtient donc l'évaluation effective de la valeur en surface de polissage, en multipliant la surface réelle de l'objet par celui des facteurs qui correspond à la catégorie de ce marbre.

La surface réelle du foyer que nous avons pris pour exemple est de : $1.00 \times 0.35 = 0^2.35$, et le marbre rosé vif, de provenance française, catalogué dans les marbres fins, rentre dans la catégorie des marbres désignés sous le n° 332 avec une évaluation de dureté de polissage de 1.40 pour l'unité.

Nous avons : $0^2.35 \times 1.40$ pour l'unité = ... $0^2.49$

Marbrerie n° 332.

Le prix du mètre superficiel de taille.

Bien fait marbrerie 327.

Ordinaire   »   328.

Polissage de marbre au m².
0.49

102. En réparation, il arrive parfois qu'une partie du travail du polissage a été faite sur certaines pièces, nous donnons en ce cas la division de la main-d'œuvre du polissage par rapport à l'unité suivant les n°ˢ 337 à 340 inclus.

1° Egrisage et passage au rabot doux...................... 0.30

2° Ponçage et adoucissage..... 0.20

A reporter 0.50

Report................. 0.50

3° Piquage au plomb et à l'émeri 0.25

4° Relevé et lustrage........... 0.25

Unité du polissage....... 1.00

La sixième opération est le doublage.

La doublure se compte au mètre superficiel, suivant la surface réelle en œuvre, et comprend les coupes de pierre et scellements en plâtre.

Pierre dite faux liais.
Marbrerie n° 477.
Doublure d'un foyer de 1.00 × 0.35 = 0².35.

Doublure de foyer en pierre de faux liais au m².
0.35

Cette doublure s'entend pour de la pierre jusqu'à 0.020 millimètres d'épaisseur au maximum. Quand l'épaisseur est dépassée, il y a lieu à plus-value proportionnelle.

Si la pierre fournie est d'une autre nature, il faut la demander en dallage à la Série de maçonnerie.

103. Nous présentons maintenant les foyers à compartiments. On appelle foyers à compartiments les foyers composés de plusieurs marbres de différentes couleurs.

Le plus souvent le fond du foyer est en marbre semblable à celui du chambranle ; on lui adjoint dans l'assemblage des teintes très opposées, pour donner du relief et de la vigueur à l'ensemble.

Les foyers sont à deux ou à trois compartiments, appelés aussi panneaux et assemblés sur un encadrement.

On distingue dans les foyers :

1° Les bandes ;

2° Les retours de bandes ;

3° Les clés ;

4° Les panneaux.

Le tout est monté sur doublure scellée au plâtre à modeler.

Quand ils sont en marbres ordinaires du commerce, les foyers à compartiments sont payés au mètre superficiel, compris toutes tailles et doublure en pierre.

(Marbrerie N° 480.)

La Série dit « Marbres de diverses natures, à deux ou trois panneaux avec encadrement, compris doublure en pierre, modèles du commerce ».

Les marbres ordinaires du commerce, considérés à la Série de la Société centrale des Architectes, sont :

Bleu Aspin ;
Brèche Galifet ;
Brèche grise (dite Troubat) ;
Brèche jaune de Trets ;
Brèche Saint-Antonin (dite d'Alep) ;
Brèche Sainte-Victoire ;
Grand Antique du Nord ;
Granit Feluil ;
Griotte des Pyrénées ;
Henriette ;
Joinville ;
Lunel ;
Napoléon gris et rose ;
Noir boules de neige et amandes ;
Noir demi fin de Basècles ;
Noir de Dinant ;
Noir français ;
Rose clair ;
Rose Enjugerai ;
Rouge de Flandre ;
Sainte-Anne belge ;
Sainte-Anne français ;
Sarancolin de l'Ouest ;
Vert Moulin.

Pour être tarifés au mètre superficiel, il faut encore que les foyers n'excèdent pas

en longueur 1ᵐ,36.

en largeur   0ᵐ,30.

Les bandes d'encadrement ne doivent pas être supérieures en largeur à 0ᵐ,12

Enfin l'épaisseur des marbres ne doit pas excéder non plus 0ᵐ,02.

(Observation marbrerie N° 481.)

104. Il résulte de ce que nous venons de rappeler, que les foyers à compartiments établis en dehors des mesures maxima, de largeur, de longueur et d'épaisseur, désignées ci-dessus, alors même qu'ils sont composés de marbres ordinaires, doivent toujours être demandés suivant les détails de marbrerie.

Le prix de fourniture au mètre superficiel ne comprend pas la valeur de la pose.

Si le foyer est fourni en réparation, les prix de pose sont indiqués à la série de marbrerie sous les n°ˢ 482 et 483.

Quand le foyer n'excède pas 130 centimètres de longueur et ne produit pas une surface supérieure à 45 décimètres carrés, le prix est celui du n° 482.

Au-dessus de ces dimensions, il y a lieu d'appliquer la plus-value du n° 483.

En travaux neufs et quand on fait la pose des chambranles, le prix de pose comprend le foyer.

105. Exemple d'un foyer à compartiments en marbres ordinaires.

Le foyer cadre noir à panneaux rouges de Flandre de 0.020 millimètres d'épaisseur doublé en pierre de $1.20 \times 0.30 = 0^2.36$.

      Marbrerie N° 480.

Posé et scellé en réparation, le foyer à compartiments produisant moins de 0.45 décimètres de surface.

      Marbrerie N° 482.

Recherché le foyer à la marbrerie et transporté à pied-d'œuvre une heure de journée de garçon fumiste.

      Fumisterie N° 59.

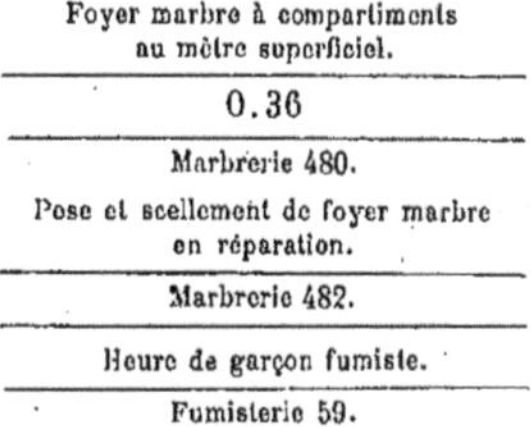

Foyer marbre à compartiments au mètre superficiel.
0.36
Marbrerie 480.
Pose et scellement de foyer marbre en réparation.
Marbrerie 482.
Heure de garçon fumiste.
Fumisterie 59.

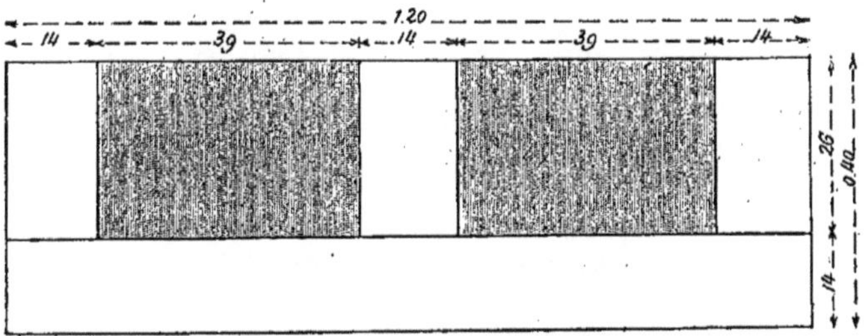

Fig. 73. — Foyer à deux compartiments.

La valeur d'une heure de garçon fumiste est toujours due quand il s'agit d'un rassortiment.

106. Nous donnons (*fig.* 73 et 74) deux foyers à deux compartiments avec cotes.

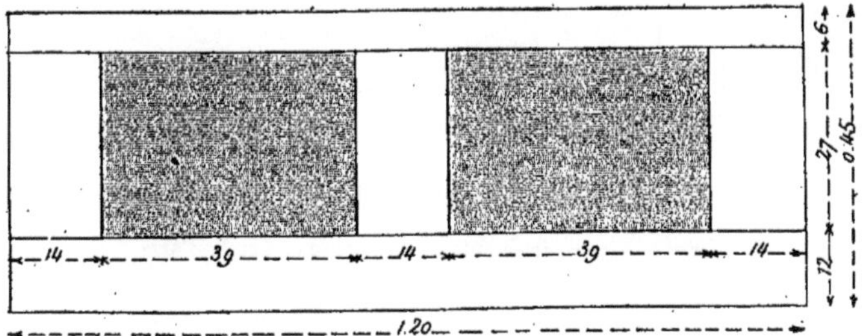

Fig. 74. — Foyer à deux compartiments et bande d'âtre.

Le premier foyer (*fig*. 73) est sans bande d'âtre.

Le second foyer (*fig*. 74) est à encadrement complet avec bande d'âtre.

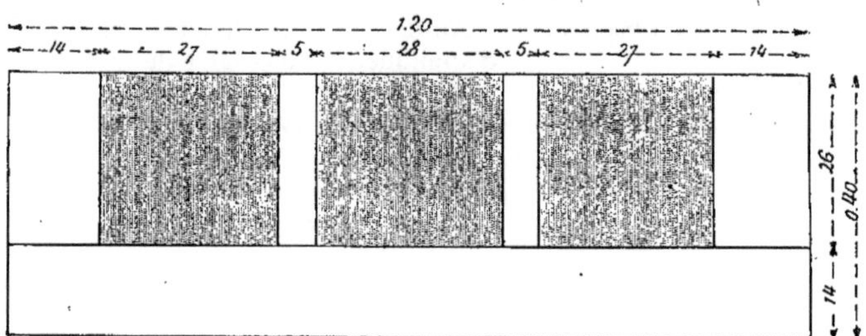

Fig. 75. — Foyer à trois compartiments.

En se reportant à ce que nous avons dit précédemment concernant les diverses opérations de marbrerie et l'exemple que nous avons donné, on pourra très utile-

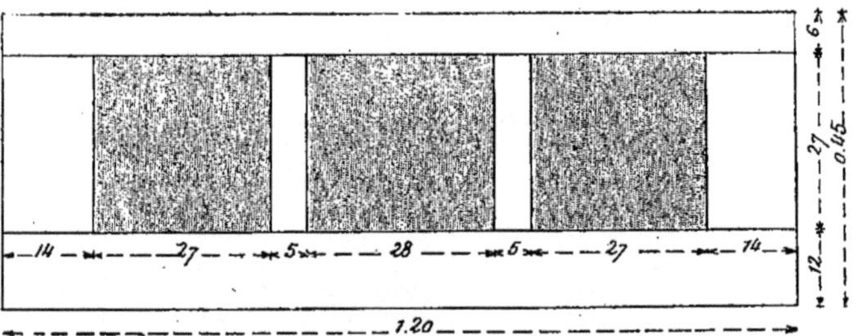

Fig. 76. — Foyer à trois compartiments et bande d'âtre.

ment en faire l'application sur les figures des foyers à compartiments.

107. Les figures 75 et 76 représentent deux foyers à trois compartiments avec cotes.

Le foyer (*fig*. 75) est sans bande d'âtre.

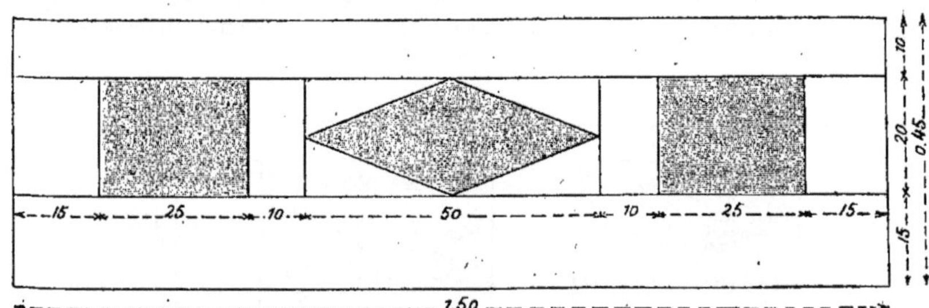

Fig. 77. — Foyer à compartiments et losange avec bande d'âtre.

Dans la composition de ce foyer, la bande et les retours de bande sont de même largeur ; les clés sont à peu près le tiers de largeur des bandes et les panneaux rectangulaires sont semblables par deux ; celui du centre est plus large.

La disposition que nous donnons est à peu près la plus généralement adoptée pour les foyers à trois compartiments.

Le foyer (*fig.* 76) est de même composition, mais avec bande d'âtre.

Nous avons conservé la même disposition et la même longueur. La différence est dans la largeur, par suite de la bande d'âtre.

Les panneaux de côtés sont carrés ; celui du centre est légèrement rectangulaire.

La bande d'âtre est la moitié en largeur de la bande de foyer.

Les retours de bandes sont exactement la moitié de la largeur du panneau du centre, et les clés conservent leur proportion.

108. La figure 77 nous montre un grand foyer de 150 centimètres de longueur avec panneaux rectangulaires sur les côtés et panneau à losange dans le centre, bande d'âtre derrière.

Ce foyer n'est pas du commerce, il est essentiellement fait exprès et peut servir de thème à une démonstration de foyer à compartiments.

La composition est faite de trois natures de marbre :

1° Brocatelle violette ;

2° Levanto ;

3° Portor.

Nous trouvons que ces marbres sont respectivement classés, par rapport à leur dureté, sous les n°s 2 et 3.

Exemple.

Un foyer à compartiments de 1.50×0.45 en trois marbres de 0.025 millimètres d'épaisseur.

En Levanto :

L'encadrement :
Bande de foyer de $1.50 \times 0.15 = 0^2.22,5$
Bande d'âtre de $\quad 1.50 \times 0.10 = 0.15$
2 retours de bande :
Largeur $0.15 \times 2 = 0.30 \times 0.20 = 0.06$
2 clés :
Largeur $0.10 \times 2 = 0.20 \times 0.20 = 0.04$ $\} \; 0^2.475$
      1/6 de surface pour déchet $= \qquad 0.08$ $\} \; 0^2.55$
      Marbrerie N° 227, 2° colonne.
         N° 255

En brocatelle violette ;
Les panneaux de côtés ;

2 Panneaux :
Largeur $0.25 \times 2 = 0.50 \times 0.20 = 0^2.10$ $\}$
4 remplissages triangulaires.
$\dfrac{0.10}{2} = 0.05 \times 0.25 = 0^2.0125 \times 4 = 0^2.05$ $\}$ $0^2.15$ $\}$
      1/8 de surface pour déchet $= \qquad 0.02$ $\}$ $0^2.17$
      Marbrerie N° 218.
         N° 254.

En Portor :

Le panneau en losange.
G. D. 0.50.
P. D. $0.25 = \dfrac{0.50 \times 0.25}{2} = 0^2.0625$ $\}$
      1/6 de surface pour déchet $= 0.0104$ $\}$ $0^2.0729$
      Marbrerie N° 230.
         N° 255.
    moulinage au mètre superficiel.
      Foyer $1.50 \times 0.45 = 0.675 \times 0.20 = 0^2.135.$

Marbre Levanto de 0.025 d'épaisseur au m². — $0^2.55$

Marbre brocatelle Violette de 0.025 d'épaisseur au m². — $0^2.17$.

Marbre Portor de 0.025 d'épaisseur au m². — $0^2.0729$.

à 1.52 de dureté moyenne sur trois marbres, produit en surface de taille 0².205.

   Dureté moyenne.
   Marbrerie Nº 270.
     Nº 272.
  Taille de marbre marbrerie nº 266.
  La taille du joint démaigri à une arête moulinée au mètre
superficiel.

  Sur bandes en Levanto :

2 fois 1.50 = 3.00 ⎰
2 » 0.45 = 0.90 ⎱ 3.90 × 0.025 = 0².09.75
par 2.00 coefficient de taille...................... 0².195
à 1.40 de dureté produit en surface de taille....... 0.273
   Marbrerie Nº 309.
     Nº 270.
  La taille des joints pleins pour panneaux a une arête moulinée au mètre superficiel.

  Sur bandes en Levanto :

2 fois 1.50 = 3.00 ⎫
4 » 0.15 = 0.60 ⎪
4 » 0.10 = 0.40 ⎬ 5.20 ⎱
6 » 0.20 = 1.20 ⎪
12 angles chacun 0.05 = 0.60 ⎭ 5.80 × 0.025 = 0².145,
par 2.50 coefficient de taille............. 0².3625
à 1.40 de dureté produit en surface de taille....... 0².5075
   Marbrerie Nº 310.
     Nº 270.
  La taille des joints pleins pour panneaux a une arête moulinée au mètre superficiel.

  Sur panneaux en Brocatelle violette :

4 fois 0.25 = 1.00 ⎫
2 » 0.50 = 1.00 ⎪
6 » 0.20 = 1.20 ⎪
4 » 0.26 = 1.04 ⎬ 4.24 ⎱
12 angles droits ⎪
chacun 0.05 = ... 0.60 ⎪
8 angles aigus. ⎪
Chacun 0.08 = ... 0.64 ⎭ 5.48 × 0.025 = 0².137,
par 2.50, coefficient de taille 0².3425
à 1.75 de dureté produit en surface de taille....... 0².8391
   Marbrerie Nº 310.
     Nº 272.
  La taille des joints pleins pour panneaux a une arête moulinée au mètre superficiel.

  Sur panneau en Portor :

4 fois 0.26 = 1.04 ⎫
2 angles obtus. ⎪
Chacun 0.05 = 0.10 ⎬
2 angles aigus. ⎪
Chacun 0.08 = 0.16 ⎭ 1.30 × 0.025 = 0².0325,
par 2.50, coefficient de taille............ 0².0812
à 1.40 de dureté produit en surface de taille..... 0².1136
   Marbrerie Nº 310.
     Nº 270.
  Le polissage bien fait sur marbres fins au mètre superficiel.

  Surface de taille de marbre en m².
   0².205.

  Surface de taille de marbre au m².
   0².273.

  Surface de taille de marbre au m².
   0².5075.

  Surface de taille de marbre au m².
   0².8391.

  Surface de taille de marbre au m².
   0².1136.

1.50 × 0.45 = 0².675 à 1.50 pour l'unité produit en surface de polissage.................. 1².01
Marbrerie N° 333.

L'assemblage des compartiments, panneaux, clés et bandes pour foyer fait exprès au mètre superficiel, 1.50 × 0.45 = 0².675.

La doublure en pierre de faux liais compris coupes et scellements en plâtre au mètre superficiel.
1.50 × 0.45 = 0².675.
Marbrerie N° 477.

L'emballage du foyer.

Observation :

Recherché le foyer à la marbrerie et transporté à pied-d'œuvre une heure de journée de garçon fumiste.

Polissage bien fait sur marbres fins au m².
1².01.
Assemblage de marbres pour foyer à compartiments en m².
0².675.
Observation.
Doublure de foyer en pierre de faux liais au m².
0².675.
Emballage de foyer en marbres fins.
Observation.
Heure de garçon fumiste.
Fumisterie 59.

Nous avons vu, dans l'exemple que nous venons de donner d'un grand foyer à compartiments en marbres fins, que les plus-values d'angles ont été comptées.

109. Nous devons ajouter que ces plus-values ne sont pas applicables aux foyers ordinaires, et que c'est seulement dans le cas d'un travail exécuté spécialement avec des marbres fins ou même des marbres ordinaires, mais à condition que le travail soit très fini, qu'elles sont absolument dues.

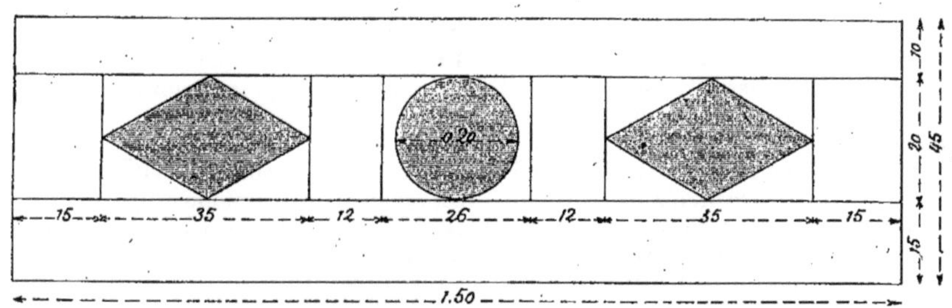

Fig. 78. — Foyer ancien à compartiments variés et bande d'âtre.

L'observation de la Série sous le n° 307 concerne les foyers ordinaires trouvés dans le commerce.

110. Enfin, pour compléter notre Série de foyers à compartiments, nous donnons (*fig.* 78) une autre disposition avec panneaux en losanges, un disque au centre et bande d'âtre.

En s'inspirant du travail que nous venons de présenter, le métré de ce foyer se fera de même. Il ne s'agit, en effet, que d'une application de mesurage des surfaces géométriques.

Tablettes en marbre.

111. Comme pour les foyers unis, la Série de la Société centrale des Architectes prévoit les tablettes au mètre superficiel, mais seulement dans une seule épaisseur de 0ᵐ,03 et dans une certaine quantité de marbres bien déterminée.

La Série dit : « Tablettes de poêles ou autres de 0ᵐ,03 d'épaisseur sans moulures, compris tailles, déchet, polissage du dessus et de la face, rives et angles arrondis ».

Le prix de fourniture de la tablette ne comprend pas la pose.

Le prix du mètre superficiel des tablettes, livrées dans les conditions que nous venons de rappeler, varie de 45 à 75 francs selon qu'elles sont en marbre :

Noir français	le mètre superficiel	45f,00
Sainte-Anne	» »	
Rouge de Flandre	» »	
Napoléon	» »	
Henriette	» »	
Joinville	» »	50f,00
Caroline	» »	
Noir fin	» »	
Blanc veiné	» »	
Sarancolin (de l'ouest)	» »	
Bois-Jourdan	» »	
Bleu fleuri	» »	65f,00
Bleu Turquin	» »	
Languedoc	» »	
Levanto	» »	75f,00
Rosé	» »	

112. Le prix de 45 francs est appliqué dans la Série aux marbres Sarancolin et Bois-Jourdan ; c'est une erreur. Il suffit, pour s'en convaincre, de considérer la valeur de chaque nature des marbres classés dans le prix de 50 francs et, d'autre part, la différence qui existe entre le marbre noir français et les marbres Sarancolin de l'ouest et Bois-Jourdan, pour s'apercevoir aussitôt que la valeur de ceux-ci est supérieure à celui-là.

113. Toutes les tablettes qui sont en dehors de la nomenclature donnée ou qui sont d'une épaisseur différente doivent être demandées en détail de marbrerie pour leur valeur réelle suivant métrage ou réduites proportionnellement, si leur épaisseur est moindre, en suivant les bases du tableau du n° 184 au n° 207.

Nous devons ajouter aussi que toutes les tailles qui sont faites en dehors de la taille normale : longueur et largeur, doivent être demandées pour leur valeur réelle.

114. Le métré d'une tablette en marbre comprend toutes les opérations que nous avons indiquées pour les foyers, mais en sus des tailles d'épannelages et des moulures.

Couramment, les tablettes ne sont pas doublées.

Le détail de la tablette est composé de :

1° *La valeur du marbre suivant sa nature et son épaisseur ;*

2° *La valeur du déchet par rapport à la nature du marbre ajoutée à sa surface ;*

3° *Le moulinage ordinaire du sciage apparent ;*

4° *La taille des joints ;*

5° *La taille des épannelages ;*

6° *La taille des moulures ;*

7° *Le polissage.*

115. Les tailles de moulures demandent un travail préparatoire appelé : *épannelage.*

L'épannelage se mesure au mètre superficiel suivant sa surface réelle.

On ajoute au développé linéaire les plus-values portées à la Série du n° 315 au n° 318 inclus pour les angles.

La Série dit :

Plus-values applicables aux tailles de joints ou coupes : Aux panneaux, tablettes, jusqu'à 0m,075 d'épaisseur, faits sur dessin spécial et d'une exécution parfaite, on ajoutera une plus-value pour » :

Angle saillant 0.080

Angle rentrant 0.160

Angle mixtiligne 0.200

Amortissement 0.080

L'épannelage est enfin porté en surface de taille en multipliant la surface réelle par le facteur correspondant au travail fait 3.00

(Marbrerie n° 311.)

La Série dit : « Tout joint, toute coupe, sciage ou taille d'épaisseur de marbre au-dessous de 0m,08 sera métré pour sa surface réelle et transformé en taille unité en multipliant les surfaces obtenues par celui des facteurs suivants correspondant au travail fait » :

1° Bruts pour équarrissage..... 1.00

2° Démaigris à une arête moulinée pour carreaux............. 2.00

3° Pleins pour panneaux à une arête moulinée 2.50

4° Pleins pour panneaux à deux arêtes moulinées............... 3.00

L'opération est enfin réduite à sa juste valeur en prenant les 90/100 du produit pour taille contre-layée, déduction faite du moulinage conformément aux facteurs d'évaluation portés à la Série sous les n°ˢ 275 à 277 inclus.

L'opération complète des tailles est définie d'une manière générale sous le n° 273 de la Série.

« La taille à la gradine avec recoupement jusqu'à 0,007 layure contre layure et moulinage est prise pour unité.... 1.00

Pour répondre aux diverses opérations de taille, la Série indique la valeur proportionnelle de chacune des opérations mentionnées ci-dessus dans la valeur de l'unité qui se subdivise ainsi qu'il suit du n° 275 à 278 inclus.

N° 275. — La taille à la gradine à grain d'orge et gradine plate.... 0.40

N° 276. — La layure au ciseau.. 0.30

N° 277. — La contre-layure..... 0.20

N° 278. — Le moulinage au grès et à la molette................. 0.10

Unité.... 1.00

L'opération de taille des épannelages ne comprenant pas de moulinage : les opérations sous les n°ˢ 275, 276, 277, sont seules à compter ce qui représente les 90/100 de l'opération totale.

Par l'observation sous le n° 274, la Série indique formellement l'évaluation en disant :

« La contre-layure comporte toujours les deux opérations qui la précèdent, comme la layure comporte toujours la taille à la gradine. »

116. La taille des *moulures* vient ensuite. Comme la taille d'épannelage, elle est comptée au mètre superficiel.

Le développé linéaire des moulures est métré suivant le pourtour réduit, conformément à l'observation n° 292.

On ajoute au développé linéaire les plus-values portées à la série sous les n°ˢ 298 à 301 inclus.

La Série dit :

Plus-value allouée sur la taille des moulures :

Pour angle saillant............. 0.10

Pour angle rentrant............ 0.20

Pour angle mixtiligne.......... 0.25

Pour amortissement............ 0.10

La surface s'obtient ensuite en multipliant le développé linéaire par le développement du profil, suivant le mode et les évaluations portés à la Série du n° 293 au n° 296 inclus.

La Série dit :

Chaque filet ou face plane de moins de $0^m,025$ de hauteur sera compté y compris son arête pour. $0^m,075$

Au-dessus de $0^m,025$ pour sa hauteur réelle, avec la valeur de l'arête en plus.

Nous ajoutons que la valeur de l'arête est indiquée par le n° 304 pour........................ $0^m,03$

La Série reprend et dit au n° 295 :

Chaque membre de moulure, à un ou deux galbes, jusqu'à $0^m,10$ de contour, pour.............. $0^m,15$

Au-dessus de $0^m,10$, la moulure sera développée et comptée avec moitié en plus de son développement.

Chaque membre de moulure est métré comme il vient d'être démontré.

Quand les profils comprennent plusieurs membres de moulures pour des ouvrages bien exécutés, la Série accorde une plus-value de moitié, conformément à l'évaluation sous le n° 302, complétée par l'observation n° 303.

La Série dit au n° 302 :

Toutes les tailles des moulures seront, après leur évaluation, multipliées par 1.50, pour compenser les sciottages et les derniers épannelages.......... 1.50

La plus-value de moitié ne sera allouée que pour les ouvrages bien exécutés et des profils comprenant plusieurs membres de moulures.

(Observation n° 303.)

Les moulures mixtes, c'est-à-dire celles composées d'une partie courbe continuée sans interruption d'arête par une partie plane, seront comptées pour une moulure courbe et pour une face plane, comme il vient d'être fixé, mais il sera déduit de l'évaluation 0,05 pour l'absence d'arête entre les deux parties.

(bOservation n° 297.)

117. Le *polissage* est compté au mètre superficiel dans les mêmes conditions que nous avons énumérées aux foyers.

Les surfaces réelles sont multipliées par les coefficients de dureté, suivant les natures des marbres, indiqués sous les n°ˢ 329 à 334 inclus.

Les surfaces des moulures en polissage sont comptées suivant leurs surfaces de tailles, sans être multipliées par 1.50.

La Série dit au n° 335 :

Les polissages seront mesurés comme les tailles, mais les surfaces produites par les moulures ne seront pas multipliées par 1.50 soit à l'unité. 1.00

Les polissages, quand ils sont faits sur place, dans une position gênée sur parties unies ou moulurées, donnent lieu à une plus-value fixée par la Série sous le n° 336. . . . . 0.25

118. Nous donnons pour compléter notre démonstration quelques-uns des profils de moulures les plus fréquemment rencontrés dans la marbrerie de bâtiments, qui sont :

La baguette · (*fig.* 79).
Le listel (» 80).
Le talon (» 81).
La doucine (» 82).
Le bec-de-corbin (» 83).
Le cavet (» 84).
Le tore (» 85).

119. Nous présentons le dernier mode de rétrécissements des cheminées en faïence appelés rétrécissements en petits carreaux.

Ce genre de façade convient également aux chambranles en marbre et aux cheminées en bois ; il est cependant plutôt employé avec les cheminées en bois.

La grande variété de tons et de dessins, les multiples arrangements auxquels se prêtent les petits carreaux, les font rechercher et surtout pour l'ornementation de pièces sévères à grands lambris, telles que salles à manger, bibliothèques, etc.

Le prix de l'arrangement de cheminée rétrécie en petits carreaux n'est pas tarifé à la Série de la Société centrale des Architectes.

La Chambre syndicale des Entrepreneurs de Fumisterie a comblé cette lacune et, dans l'édition de sa Série corporative 1897-1898, a donné le prix de règlement de ce genre de travail.

Tout ce que nous avons dit précédemment de tous les travaux accessoires dans la construction des cheminées demeure dans le cas présent.

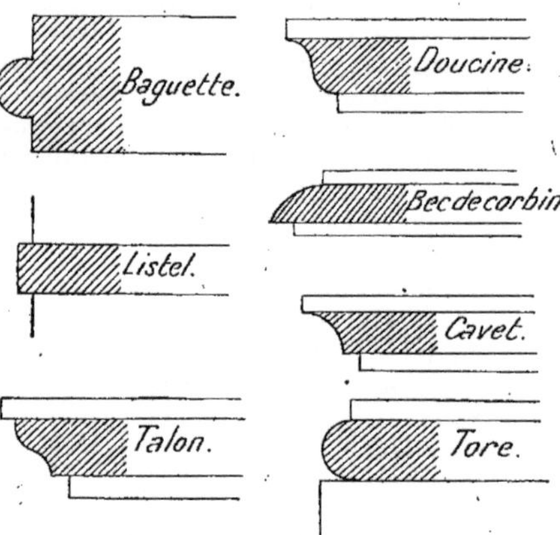

Fig. 79 à 85. — Profils de moulures.

La pose des cheminées en bois n'est ordinairement pas faite par les fumistes. Le fabricant de meubles se charge lui-même de la mise en place.

Quelquefois il y a des scellements de pattes, des calfeutrements ou raccords demandés au fumiste.

Ces travaux sont à compter suivant les évaluations d'usage, soit en légers ouvrages, soit en régie, selon les conditions dans lesquelles ils ont été exécutés.

120. Nous donnons (*fig.* 86) une cheminée en bois noyer ciré style Renaissance avec rétrécissement intérieur en carreaux céramiques unis et décorés alter-

Fig. 86. — Cheminée en noyer ciré, style Renaissance, intérieur rétréci en petits carreaux et foyer de
même sur bordures, disposition diagonale (meuble de la maison Krieger; faïence de la maison
Brocard et Leclerc).

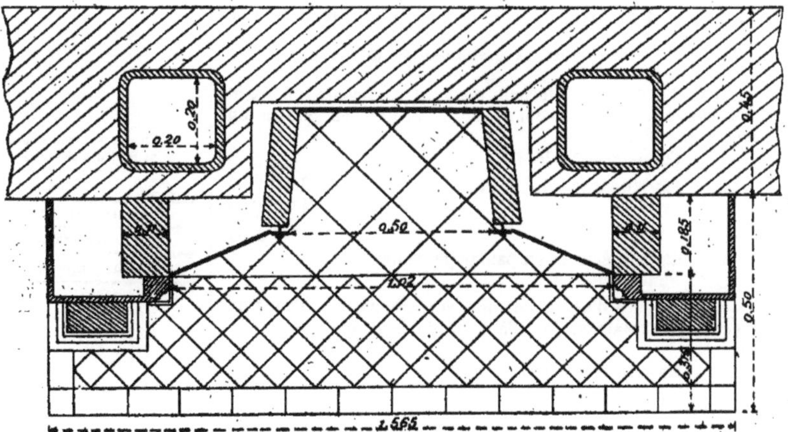

Fig. 87. — Plan de la cheminée Renaissance.

nes, le foyer en petits carreaux semblables, le tout disposé en diagonales.

La fond de l'intérieur avec plaque de style représentant l'animal symbolique de l'époque, la salamandre.

Le plan coté (*fig.* 87) avec disposition des carreaux du foyer et de l'âtre.

Le coupe cotée (*fig.* 88) avec profil de la cheminée.

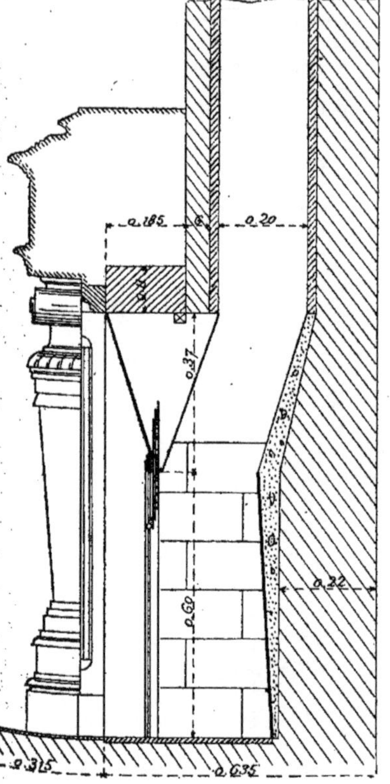

Fig. 88.—Coupe de la cheminée Renaissance (*fig.*86).

Fig. 89. — Détail du carreau décoré (*fig.* 86).

Le meuble est de la maison Kriéger, à Paris.

Les carreaux sont de la Maison Brocard et Leclerc.

Le dessin agrandi du carreau décoré de la façade et du foyer (*fig.* 89).

Métré de la cheminée (*fig.* 86).

121. Le caisson intérieur en briques neuves de façon bourgogne de 0.11 d'épaisseur, hourdées en plâtre au mètre superficiel.

Fumisterie N° 361.

			Briques de façon Bourgogne de 0.11 d'épaisseur au m².
2 fois 0.20 de largeur = ...	0.40 × 0.97 =	0.39	
Le dessus de	0.20 × 1.24 =	0.25	0ᵐ.64
		0.64	SÉRIE CENTRALE 361 (2ᵐᵉ col.).

Les enduits intérieurs au panier (mémoire).

Fumisterie 369.

Les tranchées d'arrachements, scellements et liaisons en moellons ou plâtras, jusqu'à 0.05 de largeur au mètre linéaire.

Maçonnerie N° 883.

Observation.	SÉRIE CENTRALE 369.

```
         2 fois 0.97 =  1.94
         1 fois 1.24 =  1.24
```

3.18 aux 8/100 le mètre courant.

Plus-value pour 0.06 de largeur au-dessus de 0.05 à raison de 1/10 par centimètre et pour 0.06 =   6/10
Maçonnerie N° 884.

Linéaire développé 3.18 aux 0.048 courant = 0.15.

Les enduits extérieurs au sas au mètre superficiel.

Surface des côtés :
```
    2 fois 0.20 de largeur = ........   0.40 × 0.97 = 0.39
```
Surface du dessus.
```
    1 fois                             0.20 × 1.24 = 0.25
                                                     0².64
```

aux 33/100 le mètre au-dessous de 0.35 de largeur = 0².21
Maçonnerie N° 801.

Les têtes enduites au mètre linéaire.
```
    2 fois 0.97 =  1.94
    1 fois 1.24 =  1.24
```

3.18 aux 10/100 le mètre courant = 0.32

Les arêtes droites au mètre linéaire.
```
    2 fois 1.08 =  2.16
    1 fois 1.24 =  1.24
```

3.40 aux 5/100 le mètre courant = 0.17

scellé sur l'arête intérieure du caisson, un cadre en cornière de fer au mètre linéaire.
```
    2 fois 0.97 =  1.94
    1 fois 1.02 =  1.02
```

2.96 aux 10/100 le mètre courant = 0.30

2 Trous et scellements de 0.10 en plancher à l'unité de légers =   0.20.

6 Trous de pattes de 0.08 de profondeur dans la brique de façon Bourgogne à l'unité de taille.
Maçonnerie N°s 972-1510;
» N° 1436.

Les scellements à 1/2 de légers.
Maçonnerie N° 973.

Le massif en plâtras et plâtre recevant foyer, de 0.08 d'épaisseur dressé et nivelé au mètre superficiel.
Maçonnerie N° 832.

```
Longueur  1.56 )
Largeur   0.50 ) 1.56 × 0.50 = 0.78 aux 55/100 le mètre.
```

Posé coulé scellé le foyer en carreaux céramiques sur doublure de 1.56 × 0.50.

Observation :

L'arrangement de cheminée rétrécie avec façade en petits carreaux unis ou décorés montés à l'avance et formant deux panneaux de côtés et un soubassement contre-cœurs en briques de 0.06, goussets, glacis d'aspiration, pose du châssis à rideau, d'un contre-soubassement, façon de l'âtre, pose d'une plaque au fond jusqu'à 0.90 d'ouverture.

En bâtiment neuf.

Série chambre syndicale fumisterie n° 70.

Plus-value pour cheminée de 1.02 d'ouverture intérieure entre chambranles, en bâtiment neuf.

Série chambre syndicale fumisterie n° 71.

Colonne de marge (références et valeurs) :

Désignation	Valeur
Légers ouvrages.	0.25
Légers ouvrages.	0.15
Légers ouvrages.	0.21
Légers ouvrages.	0.32
Légers ouvrages.	0.17
Légers ouvrages.	0.30
Légers ouvrages.	0.20
Taille de brique de façon Bourgogne au m²	0.48
Légers ouvrages.	0.24
Légers ouvrages.	0.43
Pose et scellement de foyer en carreaux céramiques sur doublure à la pièce.	
Observation.	
Arrangement de cheminée à façade en petits carreaux, contre-cœurs en briques et âtre en bâtiment neuf.	
Chambre syndicale 70.	
Plus-value pour cheminée de 1.02 d'ouverture en bâtiment neuf.	
Chambre syndicale 71.	

Plus-value d'âtre carrelé en diagonale compris toutes tailles et sciottages.
Observation :

Plus-value de pose de 2 couvre-joints au rideau, scellés avec pattes, en onglets du rétrécissement.
Observation :
Assemblé en trois panneaux de rétrécissement les carreaux céramiques de 0.06 × 0.06, disposés en diagonale par carreaux unis et décorés alternés, scellés sur plâtre à modeler à joints vifs.
2 côtés chacun :

31 carreaux décorés = 62
44 » unis = .. 88
Le soubassement :
40 carreaux décorés = 40
51 » unis = .. 51

$$102 + 139 = 241$$

4 Tailles d'onglets, les rives parfaitement ajustées au mètre linéaire.
4 fois 0.42 = 1.68.
Tailles droites, les rives parfaitement dressées, au mètre linéaire.
Sur trois sens : les rives internes :

1 fois 0.50 = 0.50
2 » 0.60 = 1.20 } 1.70

Sur trois sens : les rives externes :

1 fois 1.02 = 1.02
2 » 0.97 = 1.94 } 2.24

3.94

Assemblé en panneau de foyer les carreaux céramiques, de 0.06 × 0.06 disposés en diagonale par carreaux unis et décorés alternés avec un rang de bordures scellés sur plâtre à modeler à joints vifs.

43 carreaux décorés
62 carreaux unis
105

L'encadrement en bordures sur un rang.

14 bordures
2 angles
16

Tailles droites, les rives parfaitement dressées au mètre linéaire.

Ligne d'âtre........ 1.02
Les saillies des socles à développer à l'équerre.
2 fois 0.14 = ... 0.28
2 fois 0.30 = ... 0.60
1.90

Doublure du foyer en pierre de faux liais au mètre superficiel.
Marbrerie Nº 477.
1.56 × 0.32 = 0.50.

Colonne marginale :

Plus-value d'âtre en diagonale.
Observation.

Pose et scellement de couvre-joints de rideau sur façade de cheminée à la pièce.
2
Observation.

Assemblage de carreaux céramiques de 0.06 × 0.06 unis et décorés, alternés en diagonale pour panneaux de rétrécissement de cheminée à la pièce.
241
Observation.

Tailles d'onglets sur carreaux céramiques pour cheminée au mètre linéaire.
1.68
Observation.

Tailles droites sur carreaux céramiques pour cheminée au mètre linéaire.
3.94
Observation.

Assemblage de carreaux céramiques de de 0.06 × 0.06 unis et décorés, alternés en diagonale pour panneau de foyer à la pièce.
1.05
Observation.

Assemblage de bordures sur panneau, en carreaux céramiques à la pièce.
16
Observation.

Tailles droites sur carreaux céramiques pour foyer de cheminée au mètre linéaire.
1.90
Observation.

Doublure en faux liais au mètre superficiel.
0.50
Marbrerie 477.

L'emballage des panneaux en carreaux céramiques.

L'emballage du foyer.

L'emballage du châssis à rideau avec couvre-joints.

En fourniture.

Le châssis à rideau en tôle douce planée, les lames bizeau-tées, coulisseaux, contrepoids et chaîne, cadre en cuivre poli de 0.04 de largeur.

La tôle de 13/10 de millimètre d'épaisseur.

Le cadre en cuivre de 8/10 de millimètre d'épaisseur.

La moulure en cuivre rouge.

Mesures intérieures du châssis 0.50 × 0.60.

Plus-value pour un double poids chaîne, poulie et porte-poulie.

    Fumisterie 319.

.2 Couvre-joints d'onglets à moulure cuivre rouge poli de chacun 0.42 de longueur.

    0.42 × 2 = 0.84

4 pattes à scellements en cuivre rapportées coudées et soudées sur couvre-joints.

Le contre-soubassement en tôle bordée de 0.55 de largeur.

    Fumisterie N° 386.

Les carreaux céramiques de 0.06 × 0.06 unis et décorés pour façade de rétrécissement de cheminée à la pièce.

    102 carreaux décorés.

    139 carreaux unis.

Les trois panneaux de doublure taillés d'onglets et ajustés suivant les mesures.

L'épure géométrale du rétrécissement.

Les carreaux céramiques de 0.06 × 0.06 unis et décorés pour foyer de cheminée à la pièce.

    43 carreaux décorés.

    62 carreaux unis.

Les bordures d'encadrement avec angles émail d'un seul ton à la pièce.

    14 bordures.

    2 angles.

L'épure géométrale du foyer sur panneau.

Emballages divers en argent.
Observation.
Châssis à rideau fort en tôle planée, cadre en cuivre rouge poli, modèle riche, fabrication supérieure de 0.50 × 0.60.
1
Observation.
Plus-value.
SÉRIE CENTRALE 319.
Couvre-joints à moulure, cuivre rouge poli pour onglets de cheminée au mètre linéaire.
0.84
Observation.
Pattes à scellements en cuivre, coudées, soudées à la pièce.
4
Observation.
Contre-soubassement tôle bordée.
SÉRIE CENTRALE 386.
Carreaux céramiques de 0.06 × 0.06 à la pièce.
Carreaux décorés.
102
Carreaux unis.
139
Panneaux de doublure pour façade de cheminée en petits carreaux à la pièce.
3
Observation.
Frais d'épure géométrale.
Observation.
Carreaux céramiques de 0.06 × 0.06 à la pièce.
Carreaux décorés.
43
Carreaux unis.
62
Bordure d'encadrement de foyer céramique, émail d'un seul ton à la pièce.
Bordures.
14
Angles.
2
Frais d'épure géométrale.
Observation.

Fig. 90. — Cheminée en noyer ciré, à colonnes, galerie découpée, hotte à pilastres, intérieur retréci en petits carreaux et foyer de même sur bordures, disposition droite (meuble de la maison Krieger, faïence de la maison Broçard et Leclerc).

La plaque de fonte ornée ancienne, style Renaissance, sujet salamandre.

Observation :

Les carreaux carrés d'âtre en terre cuite de 0.16, qualité dite de Bourgogne.

Fumisterie N° 278.

Le cadre intérieur de caisson, en fer cornière de 0.030 de largeur, coupé de longueur et dressé au mètre linéaire.

Serrurerie N° 1 035.

Hauteur apparente................ 0.97
About rentré en plancher.......... 0.10

$$\overline{1.07} \times 2 = 2.14$$

La traverse haute de.................... 1.02

$$\overline{3.16}$$

2 Onglets ajustés à la lime à angles droits sur fer cornière de 0.030.

Serrurerie N° 1 047.

Façon de deux scellements forgés en abouts de cornière.

6 Pattes à scellements en fer forgé rapportées.

6 Trous percés à l'atelier.

Serrurerie N° 1 075.

6 Trous contre-percés.

Serrurerie N° 1 075.

6 Rivures affleurées sur fer.

(Observation.)

Plaque de fonte ancienne.

Observation.

Carreaux d'âtre de 0.16 dits de Bourgogne.

SÉRIE CENTRALE 278 (1re col.).

Fer cornière de 0.030 bien dressé au mètre linéaire.

3.16

SÉRIE CENTRALE (Serrurerie 1035).

Ajustement d'onglet à angle droit sur fer de 0.030.

2

SÉRIE CENTRALE (Serrurerie 1047).

Façon de scellements forgés à la pièce.

2

Pattes à scellements de façon à la pièce.

6

Trou percé dans le fer à l'atelier.

12

SÉRIE CENTRALE (Serrurerie 1075).

Rivures affleurées à la pièce.

6

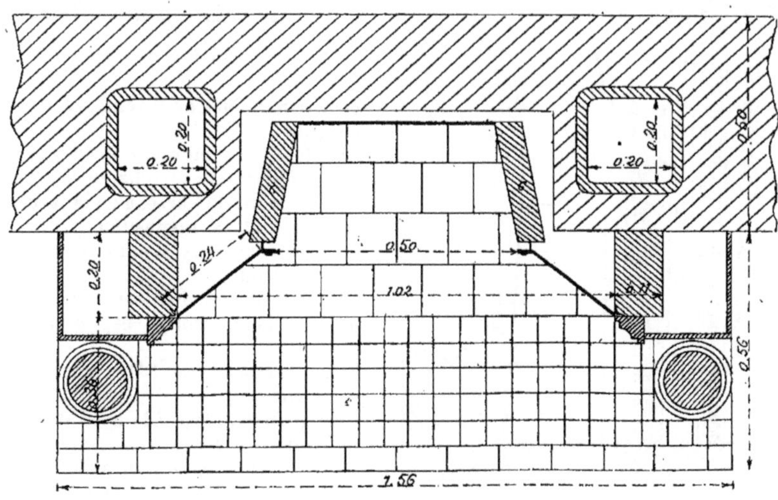

Fig. 91. — Plan de la cheminée à colonnes avec hotte à pilastres (*fig.* 90).

122. Noùs donnons un autre style de cheminée (*fig.* 90).

C'est une cheminée à colonnes à galerie découpée avec hotte à pilastres, qui se fait aussi sans la hotte, à volonté.

Telle que nous la représentons, cette cheminée est surtout à usage de salle à manger.

Le rétrécissement intérieur est composé en carreaux céramiques unis et décorés alternés, mais de disposition droite.

Le foyer est composé en petits car-

Fig 93. — Détail du carreau décoré (*fig.* 90).

reaux semblables avec rang de bordures et angles.

Le fond de l'intérieur avec plaque de style représentant un champ de lys rassorti au motif du carreau de la façade.

L'âtre suit la disposition générale ; il est fait en carreaux à joints coupés ; disposition droite.

Les parements des contre-cœurs sont ordinairement frottés et jointoyés au fer.

Les carreaux de l'âtre sont posés à joints vifs.

Le plan coté (*fig.* 91) avec disposition du foyer et de l'âtre.

Par la seule lecture du plan, on peut se rendre compte très exactement de la diffé-

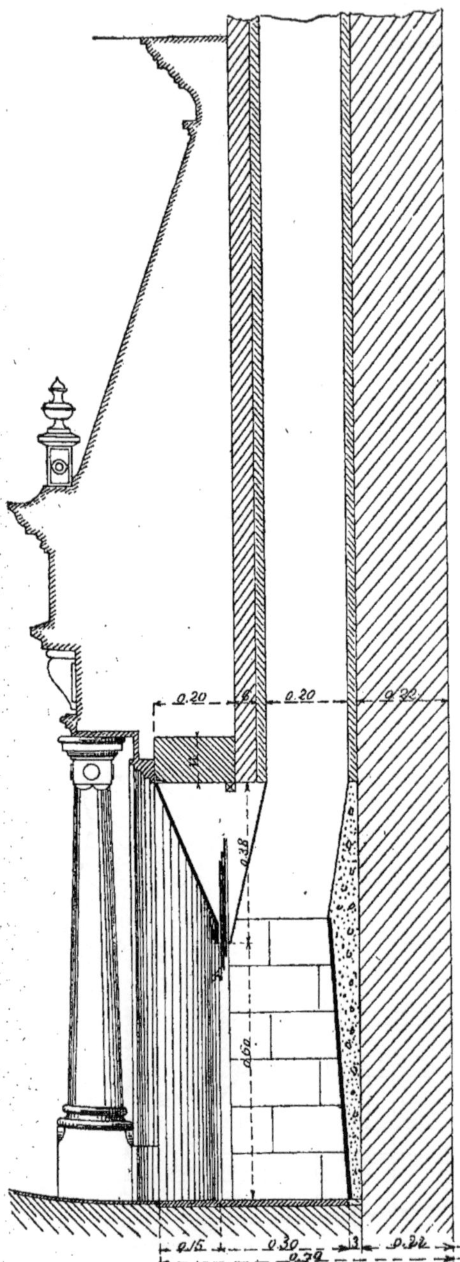

Fig. 92. — Coupe de la cheminée à colonnes
avec hotte à pilastres (*fig.* 90).

Fig. 94. — Cheminée en bois, à colonnes cannelées et chapiteaux, galerie à modillons et hotte à pilastres avec architrave sculptée, intérieur rétréci à la Lhomond en petits carreaux et foyer de même sur bordures, disposition diagonale (meuble de la maison Krieger, faïence de la maison Brocard et Leclerc).

rence des deux dispositions employées dans l'arrangement des carreaux céramiques :

1° Disposition diagonale ;

2° Disposition droite.

Les carreaux céramiques joints sur joints.

Les carreaux d'âtre à joints coupés.

La coupe cotée (*fig.* 92) avec profil de la cheminée.

Le dessin agrandi du carreau décoré de la façade et du foyer (*fig.* 93).

Le châssis à rideau est semblable avec couvre-joints.

Le mode de métré est le même, en s'inspirant des prix portés à la Série de la chambre syndicale des entrepreneurs avec les plus-values de cette Série concernant les excédents de largeur.

Tous autres travaux tarifés à la Série centrale sont à rapporter suivant la valeur que leur donne cette Série, à moins de conventions spéciales, bien entendu.

La coupe représente un conduit de fumée adossé à un mur de 22 centimètres sur toute sa hauteur. Nous verrons ultérieurement les conduits de fumée.

123. Nous complétons notre Série de

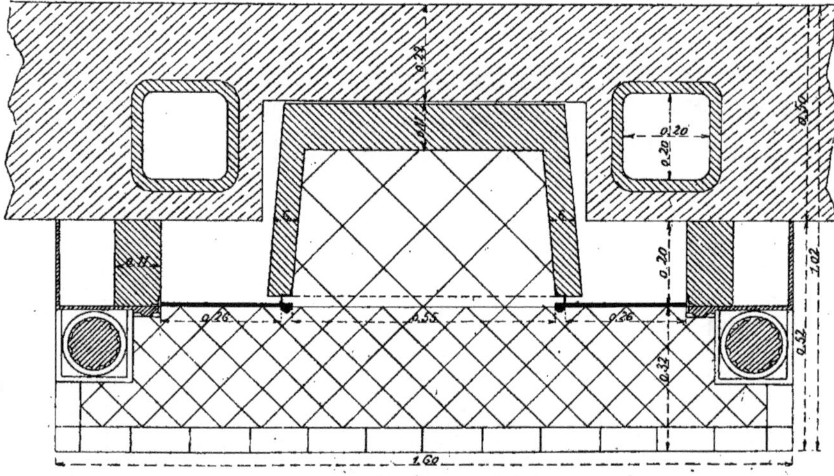

Fig. 95. — Plan de la cheminée (*fig.* 94).

cheminées bois rétrécis en petits carreaux par une cheminée à colonnes cannelées et chapiteaux, galerie à modillons et hotte à pilastres avec architrave sculptée.

Nous représentons l'élévation de cette cheminée très riche par la figure 94.

Le rétrécissement intérieur est fait à *la Lhomond;* il est également composé en carreaux céramiques unis et décorés, alternés et disposés en diagonale.

Le foyer est aussi composé en petits carreaux semblables avec rang de bordures et angles. Disposition diagonale.

Tout l'intérieur est en briques. L'âtre en carreaux de 16 centimètres, disposés comme ceux du foyer, sont posés à joints vifs.

Le plan coté (*fig.* 95) avec disposition du foyer et de l'âtre.

La lecture du plan démontre la disposition des carreaux du foyer et de l'âtre posés en diagonale.

Les lignes des rives des carreaux du foyer sont prolongées par les lignes des rives des carreaux de l'âtre.

La coupe cotée (*fig.* 96) avec profil de la cheminée.

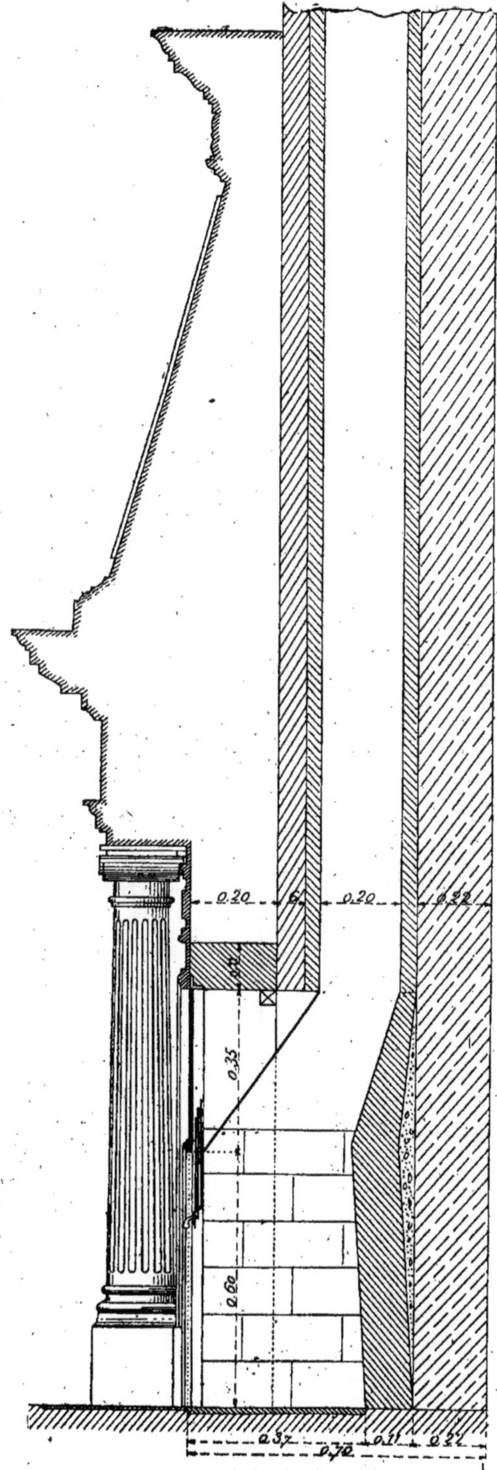

Fig. 96. — Coupe de la cheminée (*fig.* 94).

La figure 97 nous donne le dessin agrandi du carreau décoré de la façade et du foyer.

Le caisson intérieur en briques avec cadre en cornière est représenté par la figure 98.

Fig. 97. — Détail du carreau décoré (*fig.* 94).

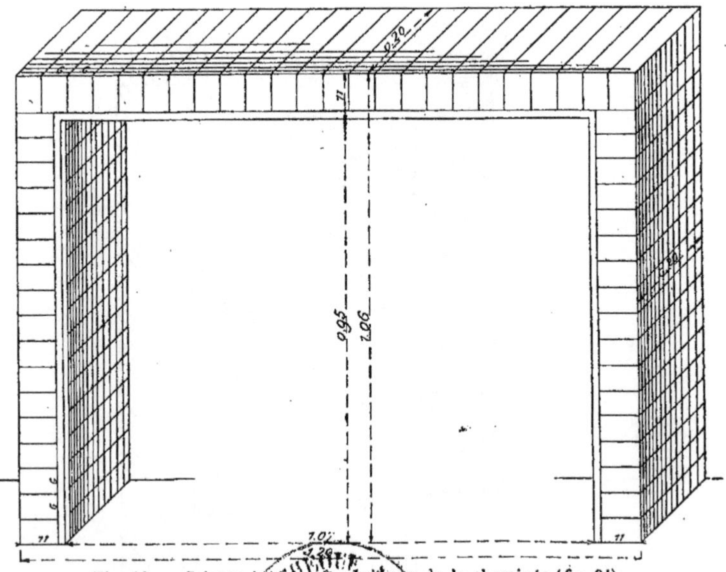

Fig. 98. — Caisson intérieur en briques de la cheminée (*fig.* 94).

Fig. 99. — Carreaux pour rétrécissement de cheminée.

Fig. 100. — Carreaux pour retrécissement de cheminée.

Nous devons ajouter que les arrangements des carreaux ne se font pas toujours avec des carreaux décorés et unis alternés; ils se font aussi avec des carreaux décorés. On arrange les motifs de décoration pour former un tout agréable, et on réussit, par des dispositions de goût, à obtenir un ensemble très artistique.

On peut aussi réserver dans les panneaux des places plus grandes pour recevoir des carreaux avec un motif spécial, ce qui donne à la façade une originalité toute particulière. Cette disposition se place généralement aux centres de trois panneaux, à raison d'un motif par chaque panneau.

Nous donnons quatre planches montrant des arrangements différents avec des carreaux disposés droits, ou en diagonale.

Les dessins représentent des chimères : salamandre ou dragon; des fleurs héraldiques ou des fleurettes, marguerites alternées.

Tous ces carreaux sont polychromes, à l'exception des carreaux de remplissage des figures 100 et 102, qui sont en émaux unis.

La figure 99 représente la planche des carreaux à fleurettes alternées;

La figure 100 représente la planche des carreaux à salamandres;

La figure 101 représente la planche des carreaux à fleurs héraldiques;

La figure 102 représente la planche des carreaux à dragons.

Quelquefois aussi on encadre les carreaux dans de petites bordures unies ou décorées.

Les bordures décorées conviennent aux carreaux unis.

Les bordures unies conviennent aux carreaux décorés.

Les mesures des carreaux de rétrécissement des cheminées sont ordinairement de :

$$
\begin{aligned}
0.05 &\times 0.05 \\
0.06 &\times 0.06 \\
0.075 &\times 0.075 \\
0.10 &\times 0.10 \\
0.11 &\times 0.11 \\
0.12 &\times 0.12 \\
0.14 &\times 0.14
\end{aligned}
$$

Les bordures ou bandes sont de :

$$
\left.\begin{aligned}
&0.01 \\
&0.01\ 1/2 \\
&0.02 \\
&0.02\ 1/2 \\
&0.03 \\
&0.03\ 1/2 \\
&0.04 \\
&0.05 \\
&0.06
\end{aligned}\right\} 0.10 \text{ et } 0.12
$$

$$
\left.\begin{aligned}
&0.05 \\
&0.06 \\
&0.10
\end{aligned}\right\} 0.20
$$

Les carreaux et bordures sont désignés par des numéros et des lettres se référant à la palette des émaux et au genre de décoration.

On fait encore des rétrécissements de cheminées en carreaux de Rouen, de Delft, etc., etc.

Nous ne pouvons indiquer pour ces genres de travaux une manière formelle, en raison de la grande variété d'exécution et des difficultés rencontrées.

Nous conseillons cependant de se baser sur les principes que nous avons donnés et qui conviennent aux travaux similaires.

Nous avons donc terminé nos études des rétrécissements de cheminées en faïence. Nous allons aborder un autre genre d'intérieur appelé : rétrécissements en briques.

Rétrécissements en briques.

124. Les intérieurs de cheminées rétrécis en briques sont toujours ou presque toujours construits dans des chambranles en pierre; de là leur dénomination générale : cheminées monumentales.

Comme pour les cheminées en bois, le fumiste n'a rien à faire ordinairement pour la mise en place des chambranles en pierre. L'appareilleur est le plus souvent chargé seul de ce travail.

Les cheminées en pierre sont placées dans les châteaux, les grands halls et salles à manger des hôtels particuliers,

Fig. 101. — Carreaux pour rétrécissement de cheminée.

Fig. 102. — Carreaux pour rétrécissement de cheminée.

les bibliothèques, ateliers d'artistes, galeries, etc.

Dans les monuments publics, hôtels de ville, mairies, théâtres, etc., les cheminées en pierre font partie de l'ornement des salles de fêtes, foyers, etc.

125. Le prix de l'arrangement des cheminées rétrécies en briques n'est pas prévu à la Société centrale des Architectes, non plus qu'à la Série de la Chambre syndicale des entrepreneurs de fumisterie, pour la raison bien simple qu'il ne peut s'évaluer à la pièce, comme les arrangements en faïence, ou similaires.

Par l'observation sous le N° 89 de sa Série corporative, la Chambre syndicale des entrepreneurs de fumisterie dit que ces travaux seront payés en régie :

Pour les cheminées décoratives, monumentales ou à la Rumford, les prix d'arrangements seront payés suivant le temps passé et la fourniture des matériaux employés.

Certes on peut employer ce mode de faire, qui donne toutes satisfactions aux intéressés. Mais il faut alors pouvoir faire reconnaître, par attachements dûment signés, les journées effectives de travail, la quantité et la qualité des matériaux employés.

Il est nécessaire aussi, dans ce cas, de bien spécifier également la valeur de l'ouvrier chargé de l'exécution du travail.

Nous n'apprenons certainement rien à nos lecteurs, en leur rappelant que le prix porté au règlement de la Série pour la journée de l'ouvrier est un prix moyen ; susceptible, conséquemment, d'être augmenté par contrat passé entre le patron et le compagnon.

Il en est de même pour le garçon dont le salaire est aussi quelquefois supérieur à celui qui est alloué par la Série.

Ce principe est d'ailleurs reconnu avec justes raisons par la Commission de la Série et officiellement formulé dans la colonne des observations tant aux prix élémentaires qu'aux prix de règlement.

La Série dit : *Les prix des salaires varient avec la valeur de l'ouvrier et ne peuvent résulter que d'un contrat libre entre lui et le patron.*

Les prix portés à la présente Série sont des prix moyens ayant servi de base pour l'établissement des sous-détails.

Les travaux de briquetage apparent ont toujours été considérés dans la fumisterie comme la manifestation la plus parfaite de l'art. Ils réclament des soins d'exécution et un fini de touche irréprochables et ne peuvent être confiés qu'à des ouvriers habiles, dont le salaire est plus élevé que le prix moyen indiqué dans la série.

On peut évaluer au métré, les ouvrages de rétrécissements de cheminées. Mais il nous faut ajouter cependant qu'en raison des grandes variétés d'exécution et des différentes natures de briques mises en œuvre il est impossible de donner un exemple qui soit une formule générale s'appliquant indistinctement à tous les travaux.

Les ouvrages préparatoires, assises en briques, etc., doivent être demandés suivant les articles de Série auxquels ils se rapportent.

Les trous de pattes, crampons, linteaux, s'il y a lieu, sont également payés suivant l'unité de taille dans la pierre, la brique, le moellon, etc. Les scellements évalués suivant leur profondeur réelle aux légers ouvrages.

Les briques employées au rétrécissement de la cheminée, dans un travail soigné, sont frottées sur tous sens et calibrées à l'équerre, afin de présenter un volume régulier permettant des assises réglées irréprochables et des arêtes très vives.

Ce travail est payé à la Série en raison de sa perfection et suivant les sous-détails des parements.

Il ne faut pas omettre aussi de compter suivant leurs évaluations respectives les tailles nécessaires à la mise en œuvre des briques, telles que : arêtes, chanfreins, entailles, feuillures, trous, etc.

Tous ces ouvrages doivent être comptés suivant les évaluations portées en taille de pierre, et réduits en argent, par le prix de la taille au mètre superficiel dans la brique, suivant sa nature.

Les parements jointoyés sont comptés

suivant leurs surfaces réelles, en tenant compte des plus-values pour emploi de plâtre à modeler ou autres joints.

La mise en œuvre du briquetage et la fourniture des briques suivant la construction de la cheminée.

126. Nous donnons (*fig.* 103) une cheminée ancienne en pierre dite *Châtelaine*,

Fig. 103. — Cheminée en pierre dite *Châtelaine;* intérieur en briques à la Rumford, avec foyer briques.

avec pilastres sculptés et fronton armorié (1).

(1) César DALY.

L'arrangement intérieur tout en briques est rétréci à la Rumford avec cornière de soubassement apparente, scellée dans les contre-cœurs.

Le plan côté (*fig.* 104) avec disposition du foyer et de l'àtre.

La coupe cotée (*fig.* 105) avec profil de la cheminée.

L'àtre est fait en briques posées à plat à joints coupés.

Le foyer au-devant de la cheminée est en briques posées de champ à bâtons rompus, avec encadrement.

Le foyer est compté en dehors de la cheminée suivant sa surface réelle, en raison de la qualité des briques employées et la disposition de l'appareillage.

Tous les ouvrages de tailles, frottis et parements, sont applicables suivant leur nature.

127. Quelquefois aussi on ménage dans les intérieurs des cheminées des jeux de briques de couleurs différentes : rouge et blanche. Nous donnons (*fig.* 106 et 107) deux dispositions à titre de renseignement.

On dispose enfin des briques vernissées ou émaillées dans les cheminées qui ne doivent pas faire grand usage et sont plutôt décoratives. Chaque motif en briques vernissées ou émaillées se reprend ordinairement à la pièce et selon sa valeur.

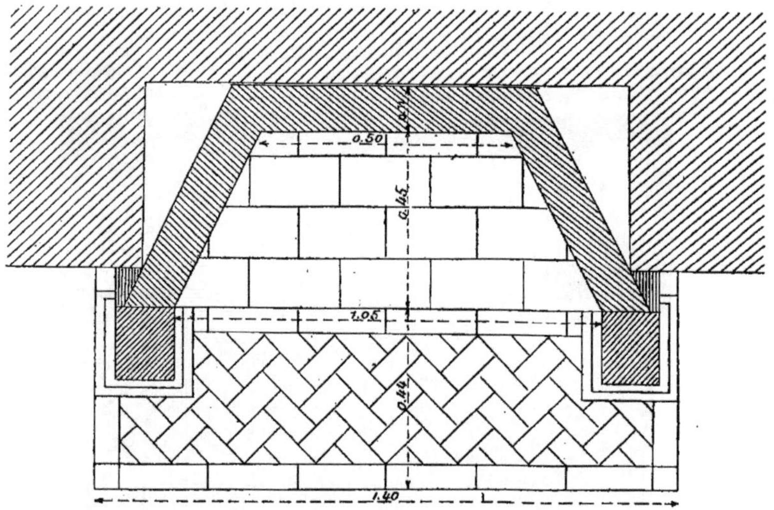

Fig. 104. — Plan de la cheminée figure 103.

Tous ces travaux sont essentiellement variables dans l'exécution et les matériaux très différents de prix.

128. Nous donnons (*fig.* 108) une autre cheminée en pierre à colonnes cannelées avec manteau sculpté à rinceaux et acrotère avec un rang d'oves.

L'arrangement intérieur de la cheminée tout en briques est rétréci à panneaux et onglets avec châssis à rideau, comme pour les cheminées en faïence.

Les contre-cœurs et le fond sont en briques de 11 centimètres d'épaisseur.

Le plan coté (*fig.* 109) avec disposition du foyer et de l'àtre.

La coupe cotée (*fig.* 110) avec profil de la cheminée sur la colonne et coupe sur l'acrotère.

L'àtre est fait en briques posées à plat à joints coupés.

Le foyer au-devant de la cheminée est en briques posées de champ en fougère, avec encadrement.

129. Dans les figures que nous avons

données (104 et 109), nous avons soumis deux dispositions différentes de briquetage pour foyers.

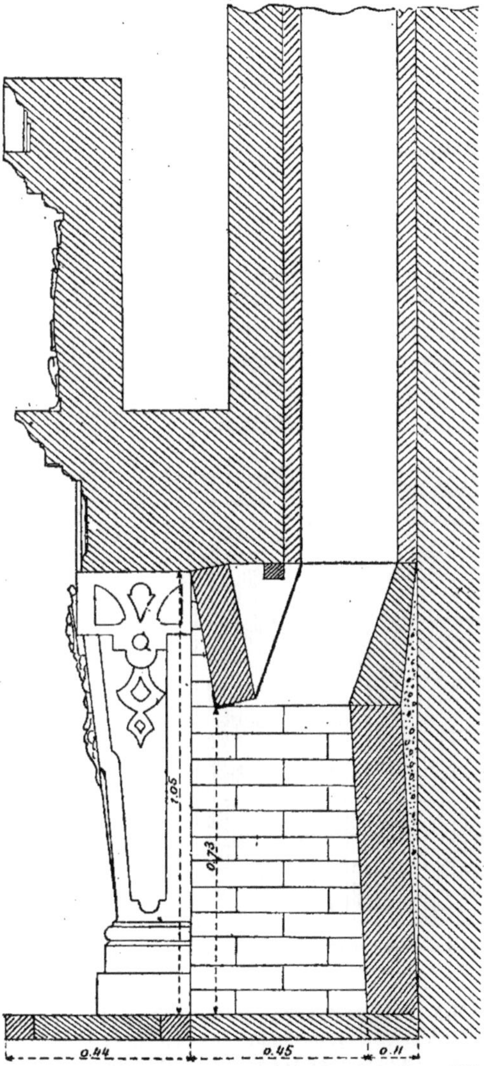

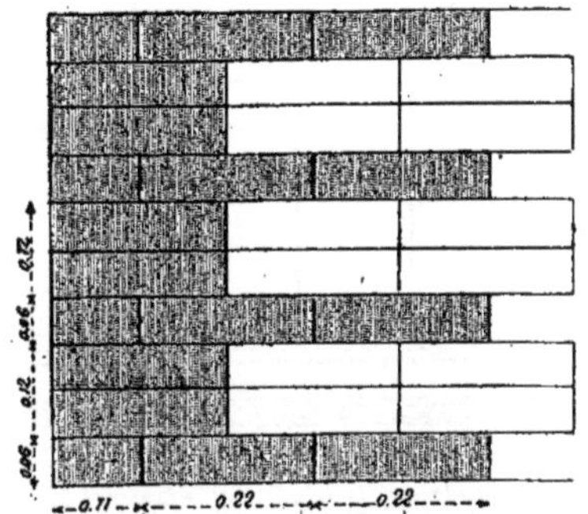
Fig. 106. — Jeux de briques rouges et blanches pour intérieur de cheminée.

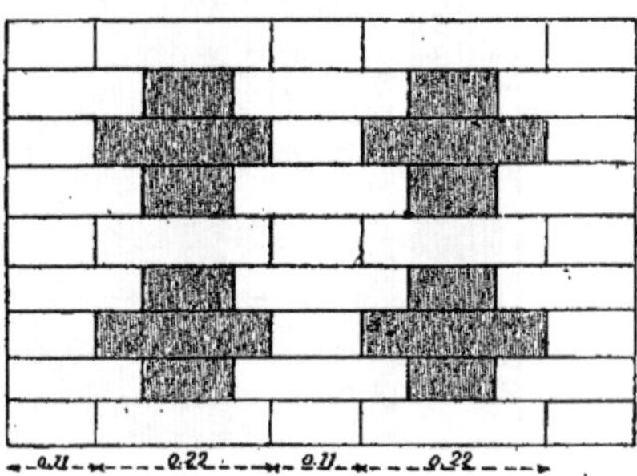
Fig. 107. — Jeux de briques rouges et blanches pour intérieur de cheminée.

Fig. 105. — Coupe de la cheminée figure 103.

Nous donnons (*fig.* 111) une troisième disposition dite « à parquet ». Le cadre est

posé en briques à plat, l'intérieur en briques de champ.

La figure 112 nous donne le foyer avec cadre en briques de champ, l'intérieur en briques à plat.

Dans ces deux dispositions du brique-

tage, nous conservons la même longueur de foyer à 132 centimètres ; mais la largeur varie en raison de l'appareil de briques.

C'est d'ailleurs en se conformant aux mesures indiquées que l'on fait l'arrangement du briquetage.

Les briques émaillées dont nous avons dit l'emploi dans les intérieurs de chèminées sont surtout posées en motifs de décoration, bien détachés de l'ensemble, comme nous le donnons figure 107.

L'émail déposé sur les briques est blanc ou de couleur suivant la demande. Les briques émaillées blanches sont les moins chères. Les briques émaillées de couleur sont facturées suivant les tons demandés.

Le prix de la brique émaillée est différent aussi, selon que la partie recouverte d'émail est en boutisse, en panneresse, sur une face, ou bien en panneresse et boutisse.

Fig. 108. — Cheminée en pierre à colonnes et acrotère; intérieur en briques à panneaux; foyer briques.

La tête de brique est dite : *en boutisse*.

La longueur de brique est dite : *en panneresse*.

La brique d'angle est dite : *en panneresse et boutisse*.

La face de brique est dite : *sur une face*.

130. Indépendamment des deux modes de rétrécissements de cheminées en briques que nous avons donnés (*fig.* 103 et 108), on fait encore une grande quantité d'arrangements.

Nous signalerons les intérieurs de cheminées en briquettes chanfreinées de la maison Loëbnitz, à Paris.

Ces briquettes en terre cuite rosée, ou rouge, dites d'architecture, se font aussi en terre cuite émaillée et portent à l'extérieur du chanfrein :

0.04 × 0.12 sur 0.025 mill. d'épaisseur
0.04 × 0.12 sur 0.050   »   »
0.05 × 0.11 sur   »   »   »
0.05 × 0.22 sur   »   »   »

C'est surtout dans les arrangements à la Rumford que ces briquettes sont employées, soit combinées entre elles et formant par leurs couleurs des jeux de briques, comme nous avons dit par ailleurs, soit avec des motifs de décoration composés par les briquettes émaillées, ou bien encore, par des cabochons également émaillés et formant un semis largement intercalé dans le soubassement et les contre-cœurs.

La maison Loëbnitz fait aussi des « carreaux-briques » de 0.15 × 0.20 avec joints

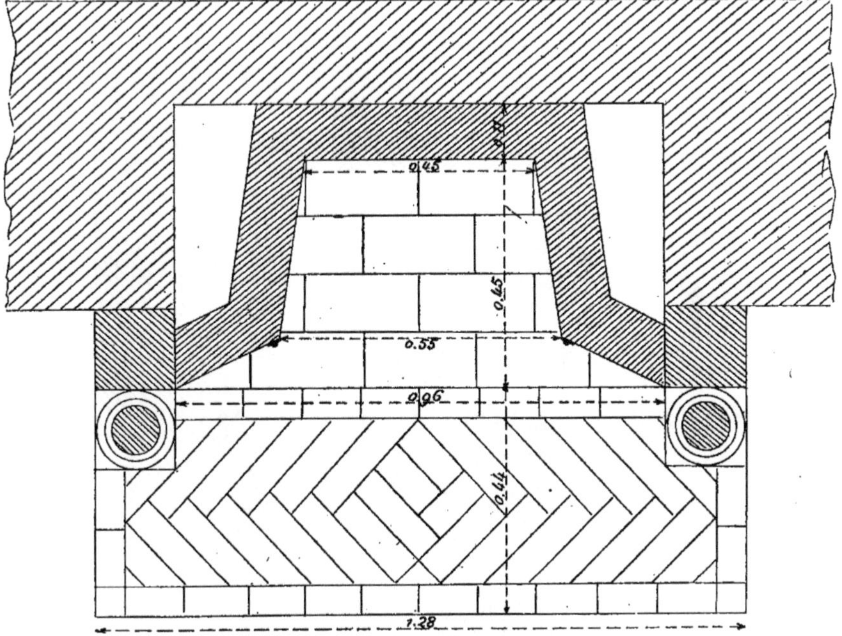

Fig. 109. — Plan de la cheminée figure 108.

indiqués pour revêtement intérieur et des briques décorées qui portent 0.09 × 0.135 et sont intercalées dans les contre-cœurs avec les briquettes à chanfrein.

Pour les encadrements, on se sert aussi des briques moulurées dans le genre du style Louis XIII.

Les âtres sont traités de même ordinairement et faits également en briquettes ; cependant on peut les faire en briques ordinaires ou en carreaux à volonté sans nuire à l'ensemble de la cheminée.

Les rétrécissements de cheminées de la maison Loëbnitz sont complétés par des encadrements formant chambranles, en terre cuite rouge ou en terre cuite émaillée.

Dans le métré de ces ouvrages essentiellement artistiques, il y a lieu de compter tous les assemblages des pièces sciot-tées de mesures, montées, agrafées, dou-blées suivant les cas.

La construction et la mise en place selon leur valeur et tous travaux accessoires. En somme, la pratique et l'expérience sont les facteurs indispensables pour établir convenablement les mémoires de ces

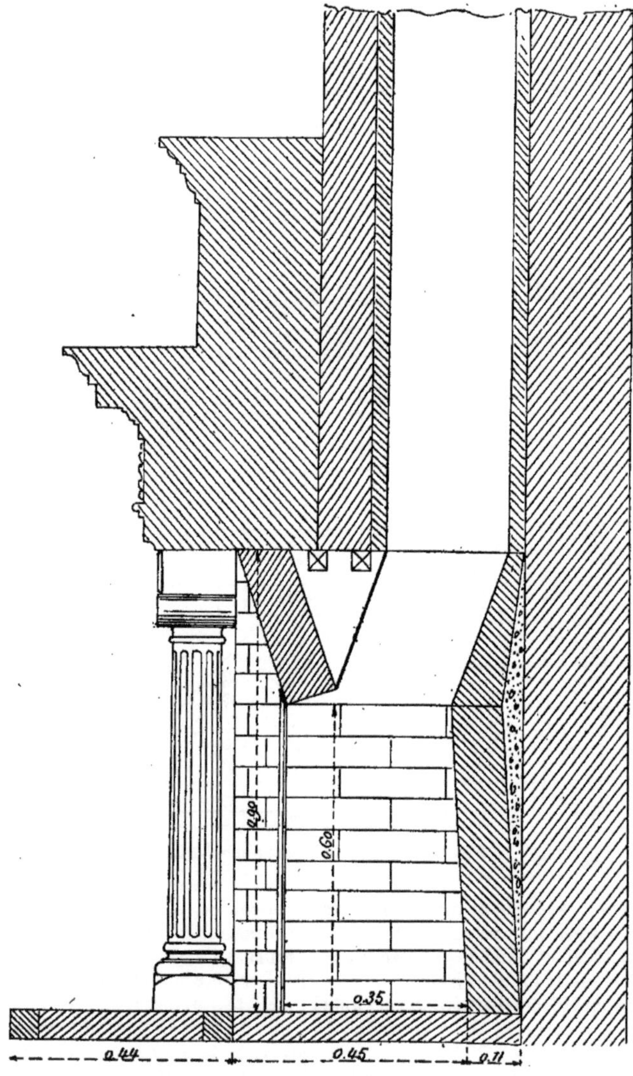

Fig. 110. — Coupe de la cheminée figure 108.

genres de travaux, toujours délicats à traiter, en raison des grandes difficultés et des soins d'exécution.

131. Dans les cheminées décoratives monumentales, nous indiquerons aussi les cheminées en terre cuite rouge et blanche de la maison Gilardoni, de Choisy-le-Roi. Les spécimens, copiés en partie au Musée de Cluny, sont des reproductions fidèles autant que soignées, des anciennes cheminées de nos vieux châteaux de France.

Nous trouvons des cheminées du moyen

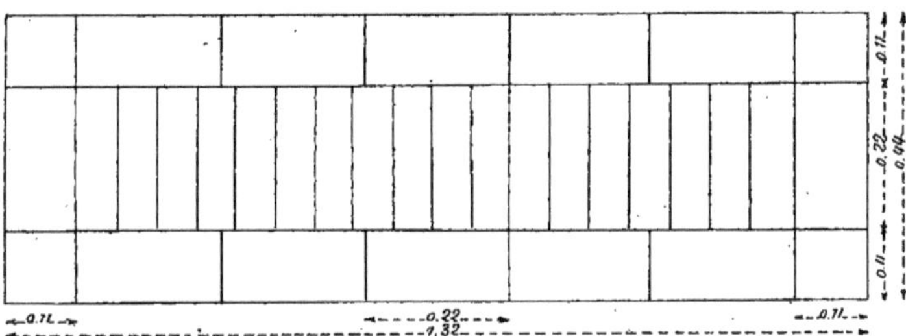

Fig. 111. — Foyer en briques à parquet.

âge des xiiie, xive et xv[o] siècles, et de superbes « Renaissance ». Les intérieurs de ces cheminées se font essentiellement en briques, rouges ou blanches, par opposition à la teinte de la cheminée et le soubassement le plus souvent avec un arc surbaissé ou ogival.

132. Nous donnons (*fig.* 113) une cheminée décorative monumentale en terre cuite, de la maison Gilardoni, et qui est

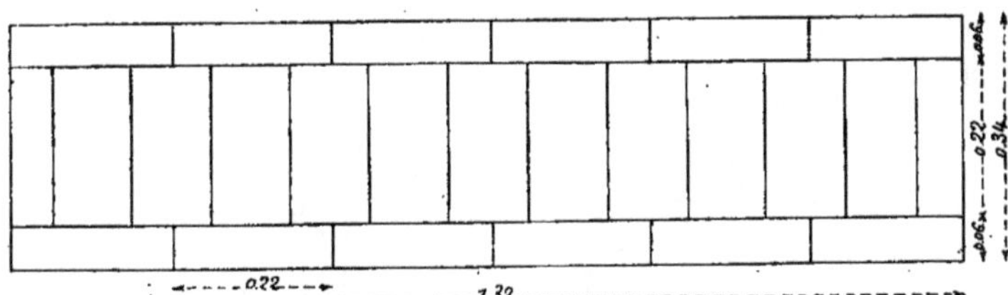

Fig. 112. — Foyer en briques à parquet.

une reproduction d'une cheminée moyen âge conservée au musée de Cluny.

L'intérieur est composé des deux contrecœurs construits en briques perpendiculairement au dosseret.

Le mur du fond, ou dosseret, est également en briques.

L'âtre peut à volonté se faire en briques ou en petits carreaux rouges.

Il n'y a pas de façade proprement dite dans ce genre de rétrécissement, sinon le soubassement qui est construit avec un arc ogival, pour régner avec le style de la cheminée et répéter l'ogive de la hotte.

On peut aussi alterner des jeux de briques rouges et blanches en décoration sur le soubassement, comme nous le représentons.

Le foyer se fait en briques ou mieux en petites briquettes, disposées à bâtons rompus avec un encadrement composé de plusieurs briquettes à joints coupés pour donner la largeur désirée.

La figure 114 nous donne le profil de la cheminée avec cotes de hauteurs.

Nous avons présenté l'élévation avec côtes de largeur, afin de fournir les éléments d'appréciation.

Le métré de cette cheminée se décompose en trois parties distinctes :
1° Le montage de la cheminée par parties avec tous les sciottages, frottis et agrafages nécessaires. Les ouvrages accessoires, en briques, doublure, etc. ;

Fig. 113. — Cheminée Moyen Age, en terre cuite, de la maison Gilardoni, avec intérieur en briques.

2° L'intérieur avec âtre et foyer ;
3° Le soubassement ogival en façade.

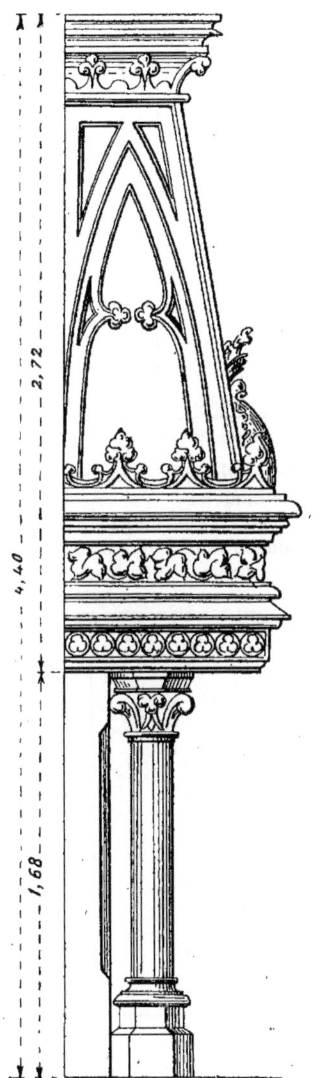

Fig. 114. — Profil de la cheminée figure 113.

On construit quelquefois dans l'intérieur de ces cheminées des hottes en briques,

rejoignant le départ du conduit de fumée. Tous ces travaux doivent être métrés séparément, suivant le mode et les prix indiqués pour chacun d'eux aux Séries respectives.

133. *Rétrécissements métalliques.* — L'ordre de la série nous a amené à traiter les dérivatifs : rétrécissements en céramique et rétrécissements en briques.

Nous allons présenter maintenant les rétrécissements métalliques. Dans cet ordre d'arrangements, la Série de la Société centrale et celle de la Chambre syndicale des Entrepreneurs de Fumisterie ne comprennent que les cheminées à façade fonte.

Il y a encore :

1° Les cheminées à façade en tôle repoussée ;

2° Les cheminées à façade en cuivre poli uni rouge ou jaune ;

3° Les cheminées à façade en cuivre ciselé de tous styles ;

4° Les cheminées à façade en cuivre ciselé plaqué sur tôle de tous styles.

Les arrangements de cheminées rétrécies à façade tôle doivent être comptés au prix des rétrécissements à façade fonte et dans les mêmes conditions de plus-values.

Nous prions nos lecteurs de se reporter à ce que nous avons dit et aux exemples de métrés que nous avons donnés précédemment pour les cheminées en fonte, et qui nous dispensent d'y revenir.

Les façades de cheminées en tôle se font en largeur :

de 1.00	de 1.30
1.10	1.40
1.20	

La hauteur uniforme de 1 mètre prise comme unité.

Les façades ayant moins de 1 mètre de hauteur sont comptées comme pour 1 mètre, et le prix est invariable jusqu'à 1 mètre de largeur. Au-dessus de 1 mètre de hauteur, il y a lieu d'appliquer une *plus-value* par chaque 0^m,01.

Les mesures que nous indiquons sont celles de fabrication. Si, pour une raison quelconque, elles se trouvent modifiées, il y a lieu de demander les plus-values résultant de la main-d'œuvre spéciale.

La largeur de la façade est comprise avec le *recouvrement*.

La hauteur est comprise de même.

Il faut donc, pour avoir la mesure

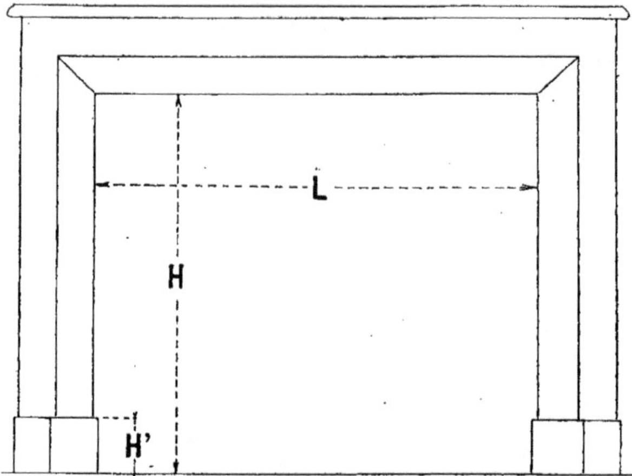

Fig. 115. — Gabarit A pour façade de cheminée en cuivre.

exacte de la façade, ajouter 0^m,04 sur la largeur intérieure, et 0^m,02 sur la hauteur intérieure.

Le prix est à appliquer selon les mesures, suivant ces données.

Les façades de cheminées en tôle se font de trois modèles :

1° Sans aucun encadrement ;

2° Avec encadrement mouluré en tôle ;

3° Avec encadrement mouluré en cuivre.

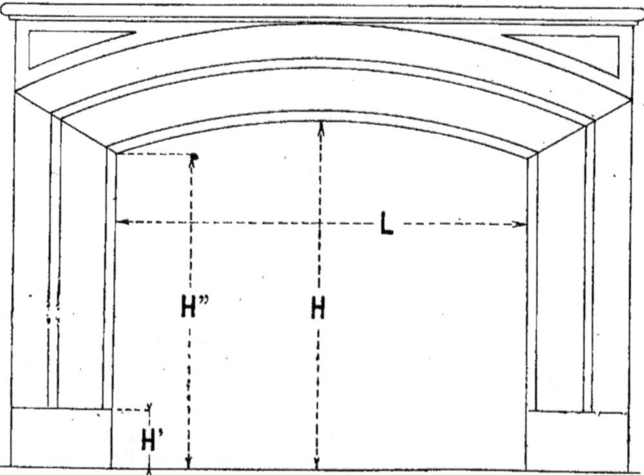

Fig. 116. — Gabarit B pour façade de cheminée en cuivre.

Nous devons ajouter que ces façades ne se font qu'en *panneaux plats à onglets* et de forme *rectangulaire ou carrée*.

Il est fait aussi, sur la tôle noire, des applications de bronzage, et notamment :

En vieil argent deux tons ;

En vieil argent et or ;
En bronze Barbedienne.
Ces différentes applications sont de va-leurs variables et donnent lieu à des plus values différentes, en raison de leur perfection.

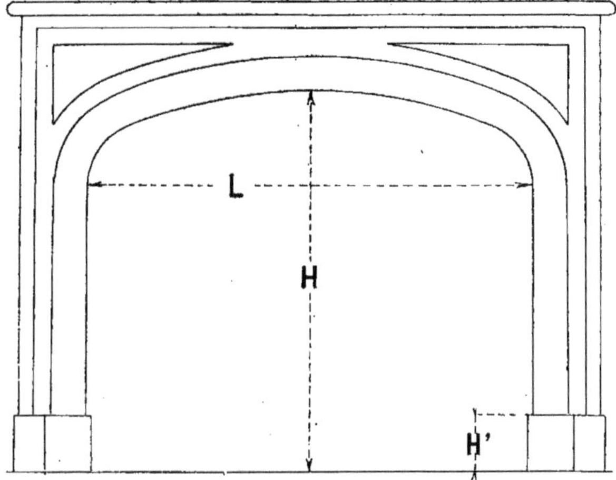

Fig. 117. — Gabarit C pour façade de cheminée en cuivre.

Il ne faut pas omettre de compter toujours les frais d'emballage.
Nous donnons (*fig.* 115, 116, 117, 118) les gabarits intérieurs des différents styles de chambranles pour servir au métré des cheminées à façades métalliques.

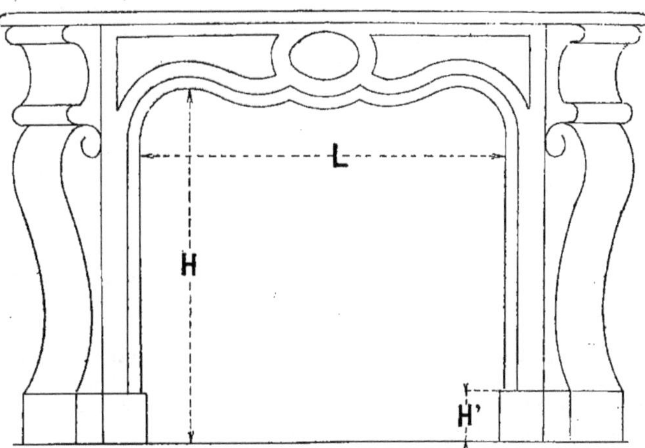

Fig. 118. — Gabarit D pour façade de cheminée en cuivre.

Nous avons d'abord (*fig.* 115) le chambranle à travers droit, qui donne une hauteur égale à la façade.

Nous avons ensuite (*fig.* 116) le chambranle à travers cintré, qui donne à la façade une hauteur inégale suivant l'arc.

Dans ce cas, la hauteur métrique pour le prix à appliquer est la plus grande hauteur.

Il est bien évident cependant que cette observation n'a de valeur qu'autant que la mesure est supérieure à 1 mètre.

La figure 117 nous donne le chambranle à travers cintré et coins arrondis, et suscite la même observation que pour le chambranle (*fig.* 116).

Enfin le chambranle (*fig.* 118) nous donne le type général des Louis XV avec ses lignes courbes, et l'observation relative à la hauteur est la même : prendre toujours la plus grande hauteur.

134. Nous avons maintenant à présenter les cheminées à façade en cuivre ; et, en premier lieu, les façades polies, unies, à moulures concaves et convexes.

Ces cheminées se font en cuivre jaune ou rouge.

Nous ne pensons pas qu'il y aurait grand

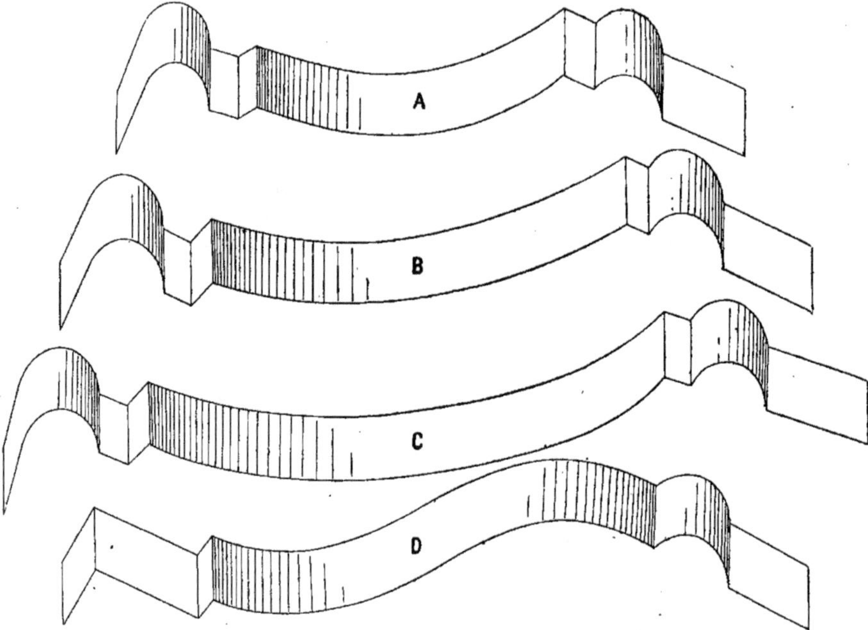

Fig. 119 à 122. — Profils divers — A, moulure de 0,180 ; B, moulure de 0,220 ; C, moulure de 0,250 ; D, moulure de 0,220.

intérêt à représenter ces façades unies, mais, par contre, nous en donnons (*fig.* 119, 120, 121 et 122) les profils.

Les moulures sont de la maison Bernier à Paris.

Le profil A (*fig.* 119) donne une cheminée concave, moulure de 0,180 millimètres.

Le profil B (*fig.* 120) donne une cheminée concave, moulure de 0,220 millimètres.

Le profil C (*fig.* 121) donne une cheminée concave, moulure de 0,250 millimètres.

Le profil D (*fig.* 122) donne une cheminée convexe, moulure de 0,220 millimètres.

Les façades de cheminées en cuivre se font en fabrication courante, jusqu'à 1^m,10 de largeur.

La hauteur uniforme de 1 mètre, prise comme unité.

Les façades ayant moins de 1 mètre de hauteur sont comptées comme pour 1 mètre.

Le prix de la façade est invariable jusqu'à 1 mètre de largeur.

Au-dessus de 1 mètre et jusqu'à 1^m,10, le prix à appliquer pour les largeurs intermédiaires est celui de la façade de 1^m,10.

Au-dessus de 1^m,10 de largeur, il y a lieu d'appliquer une *plus-value* par chaque centimètre.

Au-dessus de 1 mètre de hauteur, il faut également appliquer une *plus-value* par chaque centimètre.

Les prix des façades varient en raison aussi de la largeur des moulures, suivant qu'elles sont en 0,180, 0,220 ou 0,250 millimètres.

135. Dans les profils que nous venons de donner, on fait aussi les façades :

1° Avec application de bronzage Barbedienne, sur cuivre jaune ;

2° Avec application d'argenture, sur cuivre jaune ;

Fig. 123. — Cheminée Louis XV, rétrécie en cuivre ciselé, façade bronzée argent et or, de la maison Bernier.

3° Avec application de vieil argent oxydé, sur cuivre jaune ;

4° Avec application de dorure, sur cuivre jaune ;

5° En métal blanc ou maillechort.

Les façades en cuivre rouge se font simplement polies.

Les façades de cheminées, plus riches que les façades unies, se font en cuivre ciselé de tous styles.

136. Nous donnons (*fig.* 123) une cheminée à chambranle Louis XV, rétrécie en cuivre ciselé, bronzée argent et or, de la maison Bernier, à Paris.

Métré d'une cheminée en cuivre ciselé, à façade d'une seule pièce (*fig.* 123).

L'assise en maçonnerie de briques de Paris (dite façon bourgogne), rive gauche 1re qualité, avec marque du fabricant, de 0.11 d'épaisseur pour plancher au mètre superficiel.

      Maçonnerie N° 526.
      $130 \times 0.65 = 0^\text{m}84$.

> Maçonnerie de briques de façon bourgogne de 0.11 d'épaisseur pour plancher au mètre carré.
>
> **0.84**
>
> Maçonnerie. Série centrale 526 (4e col.).

Pose de la cheminée marbre : chambranle Louis XV avec foyer et tablette, compris agrafes et scellements.

      Marbrerie N° 510.

> Pose de chambranle marbre Louis XV avec foyer et tablette.
>
> Marbrerie. Série centrale 510.

Les deux contre-murs intérieurs de revêtements en briques neuves de façon bourgogne de 0.06 d'épaisseur hourdées en plâtre au mètre superficiel.

      Fumisterie N° 361.

Largeur 0.35
Hauteur 0.95
Contre-bas en plancher 0.05 } $1.00 \times 0.35 = 0.35 \times 2 = 0^\text{m}70$.

> Murs en briques de façon bourgogne de 0.06 d'épaisseur au m².
>
> **0.70**
>
> Série centrale 361 (1re col.).

Les enduits intérieurs au panier (Mémoire).

      Fumisterie N° 369.

Deux tranchées d'arrachements, scellements et liaisons en moellons ou plâtras jusqu'à 0.05 de largeur au mètre linéaire.

      Maçonnerie N° 883.

Hauteur $1.00 \times 2 = 2.00$ au 8/100 le mètre courant.

> Légers ouvrages.
>
> **0.16**

Plus-value pour 0.01 centimètre de largeur au-dessus de 0.05 = 1/10 en plus.

      Maçonnerie N° 884.

Hauteur $1.00 \times 2 = 2.00$ à 0.008 courant = $0^\text{m}016$.

Au lieu de plancher en plâtre :

> Légers ouvrages.
>
> **0.016**

La gorge en doubles tuiles neuves de Bourgogne, fournies, posées sur fer avec glacis en plâtre, au mètre superficiel.

      Fumisterie N° 567.
      $0.32 \times 130 = 0^\text{m}41$.

> Plancher en doubles tuiles de Bourgogne au m².
>
> **0.41**
>
> Série centrale 567.

Quatre scellements de linteaux, chacun 0.10 de profondeur $0.10 \times 4 = 0.40$ à 1/2 de légers = $0^\text{m}.20$.

> Légers ouvrages.
>
> **0.20**

L'enduit au panier sous la gorge au-dessous de 0.35 de largeur, au mètre superficiel.

Surface-ci : $0.32 \times 130 = 0.41$ aux 25/100 le mètre superficiel = 0.10.

> Légers ouvrages.
>
> **0.10**

L'arrangement de la cheminée d'appartement rétrécie à façade cuivre ciselée, d'une seule pièce, contre-cœurs en briques neuves de 0.06 d'épaisseur, frottées, jointoyées, soubassements, goussets, pose du châssis à rideau, du contre-soubassement en tôle et façon de l'âtre avec garnissages au pourtour intérieur du chambranle.

Valeur du rétrécissement en fonte ornée en bâtiment neuf.

      Fumisterie N° 338.

> Arrangement de cheminée à façade fonte avec intérieur et âtre en bâtiment neuf.
>
> Série centrale 338 (1re col.).

Plus-value sur l'arrangement à façade fonte pour cheminée en cuivre ciselé, bronzée, argent et or.

10 0/0 sur la valeur marchande de la façade.

Plus-value de contre-cœurs en briques réfractaires de 0.06 d'épaisseur.

      Fumisterie N° 344.

> Plus-value d'arrangement de cheminée à façade en cuivre ciselé, bronzé argent et or.
>
> Observation.
>
> Plus-value de contre-cœurs en réfractaires de 0.06.
>
> Série centrale 344.

En fournitures :

La cheminée marbre blanc statuaire : chambranle Louis XV uni à consoles moulurées avec foyer et tablette, monté sur doublure.

L'intérieur de cheminée d'une seule pièce en cuivre ciselé à la main, style Louis XV, de 1.04 de largeur compris recouvrements et de moins de 1 mètre de hauteur.

Valeur de 1.10 de largeur.

Plus-value pour une cheminée à travers cintré avec coins arrondis, style Louis XV, largeur 1.10.

Application de bronzage vieil argent et or sur façade cuivre Louis XV jusqu'à 1.10 de largeur.

Le rideau Louis XV fabrication soignée, supérieure pour cheminée de style, en tôle douce planée, lames biseautées.

La poignée Louis XV en cuivre ciselé, bronzé vieil argent pour rideau de style, montée sur tiges et écrous.

Le contre-soubassement tôle bordée de 0.55 de largeur.
Fumisterie N° 386.

Les carreaux d'âtre en terre cuite de 0.16, qualité dite de Bourgogne.
Fumisterie N° 278.

Chambranle Louis XV uni à consoles foyer et tablette en marbre blanc statuaire.

Marbrerie. Observation.

Façade de cheminée en cuivre ciselé à la main, style Louis XV de 110 centimètres de largeur pour 104 centimètres.

Observation.

Plus-value de cheminée en cuivre ciselé à travers cintré, les coins arrondis de 110 centimètres de largeur.

Observation.

Bronzage vieil argent et or sur façade cuivre Louis XV jusqu'à 110 centimètres de largeur.

Observation.

Châssis à rideau Louis XV de style, fabrication supérieure.

Observation.

Poignée de rideau Louis XV en cuivre ciselé, bronzé, vieil argent.

Observation.

Contre-soubassement tôle bordée.

SÉRIE CENTRALE 386.

Carreaux d'âtre de 0.16 dits de Bourgogne.

SÉRIE CENTRALE 278 (1re col.).

---

137. Dans le même genre de façade en cuivre ciselé, bronzée argent et or, nous donnons (*fig.* 124) la cheminée de style Louis XVI.

Le métré de la cheminée se traite de même manière pour les différents styles Renaissance, Louis XIV, Louis XV, et Louis XVI.

Il ne faut pas omettre de compter toujours les frais d'emballage.

138. Indépendamment du bronzage, argent et or, que nous avons indiqué, il se fait des applications multiples de bronzages divers sur les cheminées de style :

1° Poli vernis et or ;
2° Polis fonds noirs ;
3° Bronze Barbedienne ;
4° Bronze vieil argent et or (type de notre exemple) ;
5° Bronze, vieil argent, deux tons ;
6° Bronze Bergamote ;
7° Nickelé poli ;
8° Argenté vieil argent oxydé ;
9° Argenté et doré ;
10° Vieux fer ;
11° Dorure polie ou vieil or ;
12° Dorure vieil or, les ornements en vieux fer ;
13° Dorure mate, les ornements brunis.

Toutes ces applications sont faites sur cuivre jaune ;

14° Sur cuivre rouge poli, les fonds noirs oxydés.

On fait aussi les mêmes façades en maillechort poli (métal blanc) ou en cuivre naturel, rouge ou jaune, simplement poli.

139. Les châssis à rideaux sont en tôle unie, à torsades, ou Renaissance, comme nous les donnons par les figures 125 et 126.

Le châssis à torsades (*fig.* 125) convient surtout aux cheminées Louis XIII et Louis XIV.

Le châssis Renaissance (*fig.* 126) convient aux intérieurs unis ou panneaux en plaqués.

Ces châssis à rideaux, dont les modèles sont déposés, sont fabriqués par la maison Bernier à Paris.

Les rideaux à torsades se font dans les dimensions suivantes :

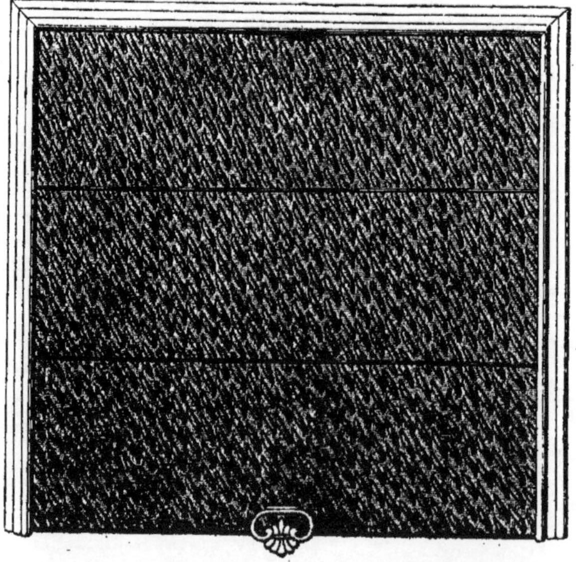

Fig. 124. — Cheminée Louis XVI, rétrécie, en cuivre ciselé, façade bronzée argent et or, de la maison Bernier.

Fig. 125. — Châssis à rideau à torsades (Maison Bernier).

Fig. 126. — Châssis à rideau Renaissance (Maison Bernier).

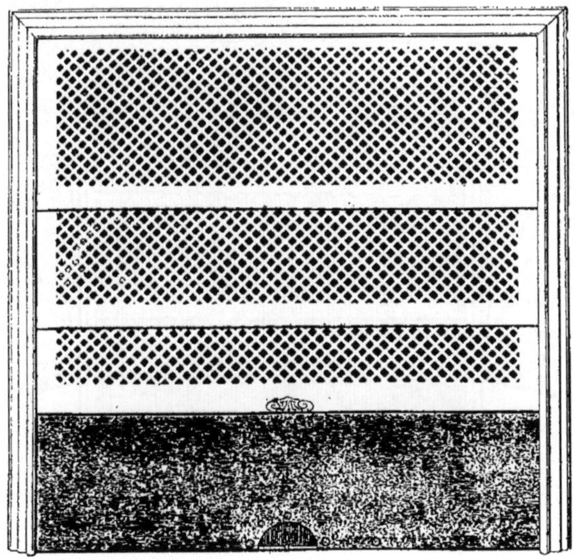

Fig. 127. — Châssis à rideau pare-étincelles, tôle et cuivre.

(Les mesures prises intérieurement, la largeur la première.)

0.40 × 0.40	0.60 × 0.60
0.40 × 0.45	0.60 × 0.65
0.40 × 0.50	0.60 × 0.70
0.45 × 0.45	0.60 × 0.75
0.45 × 0.50	0.65 × 0.65
0.45 × 0.55	0.65 × 0.70
0.45 × 0.60	0.65 × 0.75
0.50 × 0.50	0.65 × 0.80
0.50 × 0.55	0.70 × 0.70
0.50 × 0.60	0.70 × 0.75
0.50 × 0.65	0.70 × 0.80
0.55 × 0.55	0.75 × 0.75
0.55 × 0.60	0.75 × 0.80
0.55 × 0.65	0.80 × 0.80
0.55 × 0.70	

Ces rideaux sont fabriqués en moulures de :

0.040	0.060
0.045	0.070
0.050	0.080

Ils se font aussi en moulures Bordeaux, Lyon et Saint-Etienne, à crémaillères, à un ou deux contrepoids.

Les moulures à coins ronds et avec socles au bas pour les modèles plus riches et quand ils sont placés avec des rétrécissements en faïence.

Les rideaux Renaissance se font dans les mêmes dimensions que les rideaux à torsades, mais seulement à partir de 0.45 × 0.45.

Les rideaux Renaissance n'ont pas

Fig. 128. — Cheminée Louis XIV, rétrécie, en cuivre ciselé, les panneaux plaqués sur tôle, façade bronzée argent et or, de la maison Bernier.

moins de 0^m,45 de hauteur et sont fabriqués avec les mêmes largeurs de moulures de 0^m,040 à 0^m,080 et les mêmes genres.

Souventes fois aussi on place, dans la façade métallique, le châssis à rideau « parc-étincelles ».

Nous donnons (*fig.* 127) le dessin de ce rideau, composé d'un double rideau en tôle unie, à contrepoids ou crémaillères, et d'un premier rideau en cuivre perforé, qui, baissé, fait office de pare-étincelles, tout en laissant voir le foyer.

Les rideaux pare-étincelles se font dans les mêmes dimensions que les rideaux à torsades.

Tous ces rideaux ont des prix différents et ne sont pas tarifés à la Série.

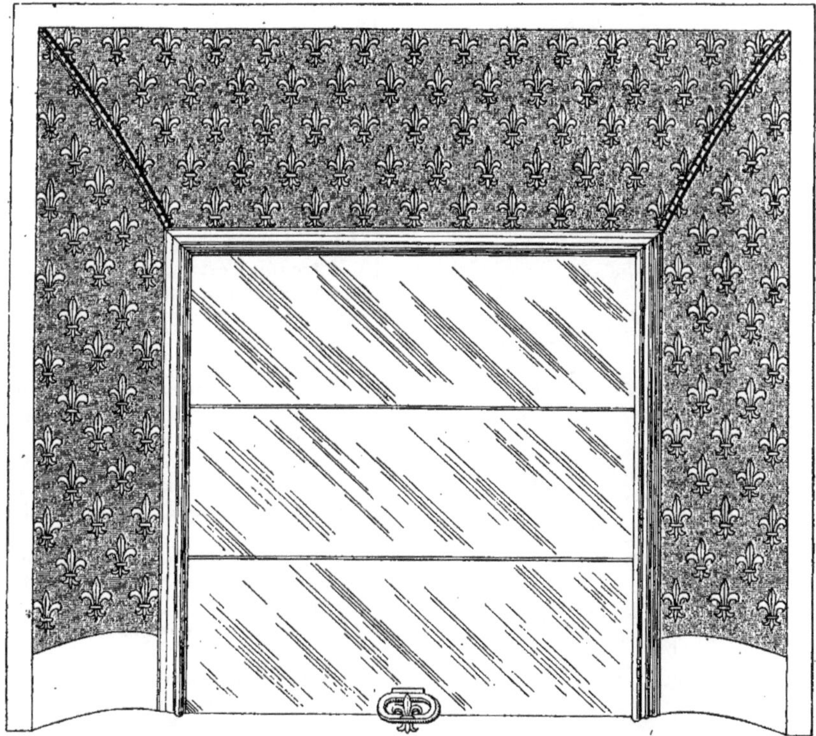

Fig. 129. — Façade de cheminée Bernier en cuivre ciselé. Fleurs de lys, bronze Barbedienne.

Il est essentiel de bien se rendre compte de la fabrication dans ses détails et demander à bon escient la valeur réelle de ces appareils.

Les châssis « pare-étincelles » se font en cuivre jaune ou en cuivre rouge, ou bien encore en maillechort.

140. Pour compléter notre Série de rétrécissements métalliques, nous donnons (*fig.* 128) une cheminée à chambranle en marbre, rétrécie en cuivre ciselé à la main. Les ornements plaqués en panneaux plats sur tôle forte de style Louis XIV.

La façade représente un bronzage argent et or, les ornements en or sur le fond en argent.

Les différentes applications de bronzage que nous avons indiquées se font aussi

sur ces façades et dans tous les styles.
Nous y trouvons des intérieurs de style :

Gothique,
Renaissance,
Louis XIV,
Louis XV,
Louis XVI.

Le métré de la cheminée se traite de la

Fig. 130.

même manière que pour les intérieurs à façade tout en cuivre.

Les plus-values pour travers cintrés et à coins arrondis sont également applicables.

141. Enfin, pour terminer, nous donnons (*fig.* 129) le dessin d'une façade en cuivre ciselé, bronze Barbedienne, à fleur de lys, avec rideau en cuivre.

La figure 130 est l'agrandissement du champ de lys de la façade.

Les rideaux se font en cuivre jaune et en cuivre rouge, plaqués ou massifs, avec crémaillères ou à contrepoids.

Les moulures rapportées sur les rideaux sont de $0^m,040$ à $0^m,080$ de largeur avec ou sans socles et coins ronds.

Les plus-values de socles et coins ronds sont à la Série, de même les plus-values de moulures ordinaires au-dessus de $0^m,04$ de largeur.

Nous trouverons ces détails aux accessoires des cheminées.

Rétrécissements en marbre.

142. Indépendamment de la faïence, de la céramique, de la brique et du métal, onse sert aussi du marbre pour les rétrécissements des cheminées.

Notre rôle n'est pas de dire si on obtient un bon résultat au point de vue du chauffage, avec des intérieurs de ce genre, mais seulement de les indiquer au point de vue de l'exécution.

Les rétrécissements en marbre ne se sont pas d'ailleurs généralisés ; ils ne conviennent qu'au style Empire, et nous n'avons eu l'occasion de les rencontrer que dans les pièces et avec les chambranles de l'époque, ou reproduits du temps.

Nous donnons (*fig.* 131) le dessin d'un chambranle Empire avec rétrécissements en marbre.

L'intérieur est composé de trois panneaux :

Les deux panneaux de côtés ;

Le panneau soubassement ;

La façade, naturellement, est plate.

Le panneau soubassement épouse la courbe intérieure du chambranle, qui affecte la figure de l'anse de panier.

La moulure du rideau répète concentriquement la même figure.

Le chambranle est simple, il est rehaussé par des appliques en bronze doré, figurant de chaque côté une palme de lauriers avec nœuds de rubans. Dans les angles, des carquois enrubannés et demi-couronnes de lauriers.

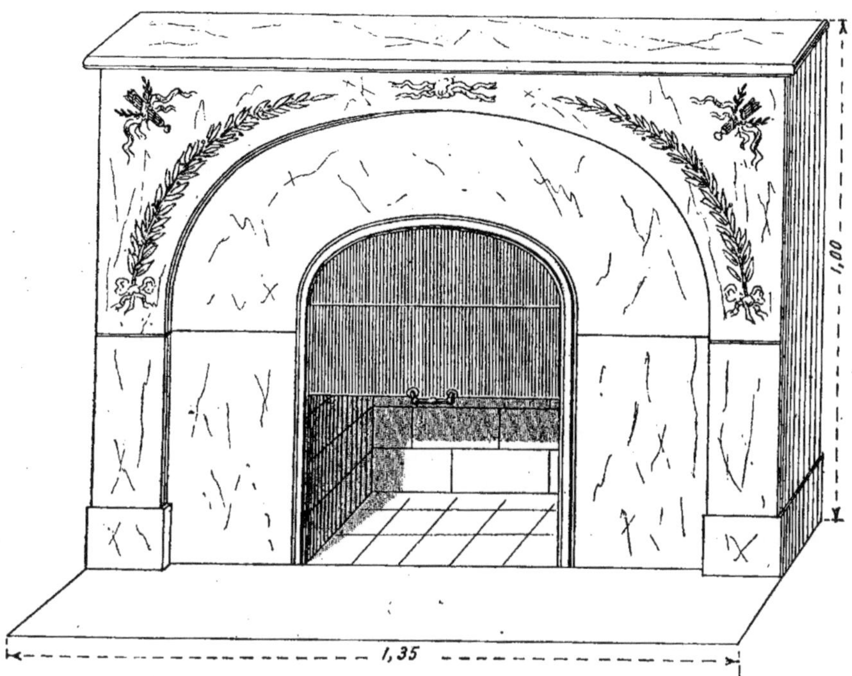

Fig. 131. — Cheminée Empire à rétrécissement en marbre.

Métré d'une cheminée à rétrécissement en marbre, style Empire.

Pose de la cheminée marbre : chambranle empire avec foyer et tablette compris agrafes et scellements ;

Marbrerie n° 510 ;

Plus-value pour posé de chambranle de 1.35 de largeur.

Observation :

(Les contre-murs et accessoires, s'il y a lieu, comme nous les avons précédemment décrits.)

L'arrangement de la cheminée d'appartement rétrécie à façade en marbre, en trois pièces, par panneaux assemblés à joints vifs, compris pose du châssis à rideau :

Largeur intérieure entre chambranle, 1.05 ;

Hauteur intérieure à l'axe, 0.90 ;

Largeur extérieure compris recouvrements, 1.07 ;

Hauteur extérieure, 0.92.

Surface effective de pose : $1.07 \times 0.92 = 0^{q}98$,

L'intérieur de cheminée en briques de façon Bourgogne frottées et jointoyées, contre-cœurs en 0.06 d'épaisseur, goussets, pose du contre-soubassement en tôle et façon de l'âtre.

Plus-value pour mur dosseret en briques de 0.11 d'épaisseur.

Fumisterie n° 343.

Pose de chambranle de style avec foyer et tablette.

Marbrerie (SÉRIE CENTRALE 510).

Plus-value pour pose de chambranle de 135 centimètres avec foyer.

Observation.

Façade de cheminée rétrécie en 3 pièces en panneaux marbre avec rideau.

$0^{q}.98$

Observation.

Intérieur de cheminée en briques de 0.06 d'épaisseur et âtre.

Observation.

Plus-value pour fond en briques de 0.11 d'épaisseur.

SÉRIE CENTRALE 343.

La cheminée marbre rose Napoléon : chambranle style Empire, avec ornements en bronze doré et appliques, tablette, le foyer uni de 1.35 monté sur doublure.

Le rétrécissement en marbre :

Panneaux en griotte œil-de-perdrix de 0.025 d'épaisseur.

Les côtés :

$$2 \text{ fois } 0.26 = 0.52 \times 0.45 \ = 0^2.234$$
$$1/6 \text{ de surface pour déchet} = 0.039 \ \Big\} \ 0^2.273$$

Marbrerie n° 222, 2ᵉ colonne ;
— n° 255.

Le soubassement
surface rectangle :

$$1.07 \times 0.47 = 0^2.503$$
$$1/6 \text{ de surface pour déchet} = 0.084 \ \Big\} \ 0^2.587$$

$$\overline{0^2.860}$$

Le moulinage :

Marbrerie n° 281.

Surface effective du marbre ;

Les côtés :

$$2 \text{ fois } 0.26 = 0.52 \times 0.45 = 0^2.23.4$$

Le soubassement :

surface rectangle

$$1.07 \times 0.47 = \overline{0^2.50.3}$$
$$\overline{0^2.73.7} \times 0.20 = 0^2.14.74.$$

Surface de moulinage à reprendre :

$0^2.14.74$ à 1.40 de dureté produit en surface de taille $0^2.20.63$.

Marbrerie n° 270.

Taille de marbre : marbrerie n° 265.

La taille des joints pleins pour panneaux à une arête moulinée, au mètre superficiel.

Sur marbre en griotte,

Les côtés :

$$4 \text{ fois } 0.26 = 1.04 \ \Big\}$$
$$4 \text{ fois } 0.45 = 1.80 \ \Big\} \ 2.84 \ \Big\}$$
$$8 \text{ angles chacun } 0.08 = 0.64 \ \Big\} \ 3.48 \times 0.025 = 0^2.08.7.$$

Le soubassement : anse de panier.

Développé linéaire du grand arc.

$$\pi = 3.\overset{141}{.}6 \times 1.07 = \frac{3.3615}{2} = 1.68.07$$

Développé linéaire du petit arc.

$$\pi = 3.14.16 \times 0.55 = \frac{1.72.78}{2} = 0.86.39$$
$$\overline{2.54.46}$$

Plus-value aux tailles linéaires convexes jusqu'à 0.50 de rayon.

Marbrerie n° 319   0.50.

A reprendre : Linéaire $2.54.46$
En plus-value $1/2 = 1.27.23$ $\Big\}$ 3.81 $\Big\}$
A reprendre : 2 fois $0.26 = \ 0.52$ $\Big\}$
4 angles chacun $0.08 = \ 0.32$ $\Big\}$ $4.65 \times 0.025 = 0^2.11.6$

$$\overline{0^2.20.3}$$

$0^2.203 \times 2.50$ coefficient de taille $= 0^2.507.$

Plus-value pour arêtes sciottées avec soins, par petites parties, pour travaux d'une grande perfection : 1/2 en plus.

Marbrerie n° 313.

Surface à reprendre........	0.507
Plus-value de 1/2	0.253
	0.760

Surface 0.760 à 1.40 de dureté produit en surface de taille 1^2.06.

Marbrerie 310.

— 270.

Le polissage bien fait sur marbre fin au mètre superficiel.

Les côtés : 2 fois $0.26 = 0.52 \times 0.45 = 0^2.23.4$
Le soubassement :
Surface rectangle $1.07 \times 0.47 = 0^2.50.3$ $\Big\}$ $0^2.737$.

$0^2.73.7$ à 1.40 pour l'unité produit en surface de polissage $= 1^2.03$.

Marbrerie n° 332.

Marbrerie n° 327.

L'assemblage en trois panneaux présentés, ajustés en atelier, sur la table en marbre sur gabarits au mètre superficiel.

$$1.07 \times 0.92 = 0^2.98.$$

La doublure en pierre et faux liais à la pièce.

Les panneaux de côtés.......	2
Le panneau soubassement....	1

L'emballage de la cheminée en trois pièces avec la caisse.

Observation.

Recherché la cheminée à la marbrerie et transporté à pied d'œuvre, une heure de journée de compagnon et son aide.

Le rideau, fabrication soignée supérieure pour cheminée de style, en tôle douce planée, lames biseautées, moulure plate, inégale de 0.040×0.030 en cuivre rouge poli, cintrée par le haut sur une courbe donnée au gabarit ; le châssis de 0.55×0.70.

La poignée en cuivre rouge poli, à bâton de maréchal, pour rideau de style, montée sur tiges et écrous.

Le contre-soubassement tôle bordée de 0.60 de largeur.

Fumisterie n° 386.

— n° 387.

Les carreaux d'âtre en terre cuite de 0.16, qualité dite de Bourgogne.

Fumisterie n° 278.

Surface de taille de marbre au m².
1^2.06

Polissage bien fait sur marbre fin au m².
1^2.03

Assemblage de marbre au m².
0^2.98

Observation.

Doublure de panneaux marbre en pierre de faux liais.

Observation.

Emballage de marbre fin avec caisse.

Observation.

Heure de compagnon et garçon fumistes.
Fumisterie 57-59.

Châssis à rideau de style fabrication supérieure.

Observation.

Poignée de rideau de style en cuivre rouge poli.

Observation.

Contre-soubassement tôle bordée.
SÉRIE CENTRALE 386-387.

Carreaux d'âtre de 0.16 dits de Bourgogne.
SÉRIE CENTRALE 278 (1re col.).

Conduits de ventouse.

143. Les conduits ayant pour objet de canaliser l'air froid pris au dehors et destiné à fournir l'air chaud dans la pièce, après contact au foyer ou à un appareil quelconque, sont dénommés : *conduits de ventouse.*

Les orifices des conduits sont munis de grilles, qui empêchent l'introduction d'animaux ou de corps étrangers dans la canalisation.

Les grilles les plus généralement employées sont en fonte unie ou ornée. On peut aussi utiliser des motifs en terre cuite, ajourés, quand la décoration architecturale le demande.

La section vide de la grille doit être égale à la section de la ventouse.

La Série prévoit seulement deux modes

de construction de ventouses des cheminées d'appartemements :

1° Ventouse couverte en plâtre ;

2° Ventouse couverte en simple tuile.

L'une et l'autre sont également tarifées au mètre linéaire, sans indications précises de sections, mais sans toutefois excéder en largeur les dimensions de la tuile, ni donner une section vide de plus de $0^{m2},025$ à $0^{m2},03$ décimètres carrés.

Les prix portés à la Série ne comprennent pas tous les travaux accessoires nécessaires à l'établissement et au complet achèvement des ventouses.

Les bûchements, percements de toutes sortes, sous lambourdes, en cloisons ou en murs, les raccords et scellements divers, sont à reprendre pour chacun leur valeur réelle.

144. Nous donnons (*fig.* 132) le plan d'une ventouse prise dans l'allège d'une fenêtre et amenée devant la cheminée.

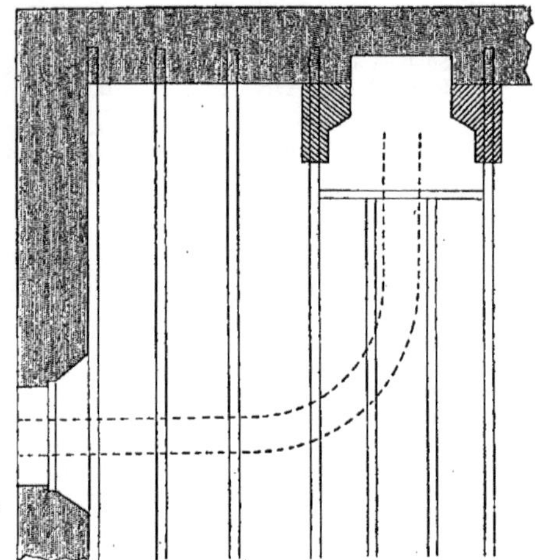

Fig. 132. — Plan de ventouse en allège au-devant de la cheminée.

Métré d'une ventouse.

L'orifice sur façade :

Percé l'allège en moellons de 0.30 à la masse à poinçon à l'entier de légers 30/100.

Légers ouvrages.
$0^2.30$

Ragréé enduit les 4 sens en épaisseur de mur pour orifice de ventouse de 0.30 à l'entier de légers $=$ 30/100.

0.30

Posé, scellé, la grille de ventouse sur ravalement.
Fumisterie n° 663.

Pose et scellement de grille de ventouse.
Fumisterie 663 (7ᵐᵉ col.).

Plus-value de grille posée à l'échelle.
Fumisterie n° 664.

Plus-value.
Fumisterie 664.

Fourni une grille en fonte unie, rectangulaire de 0.11 $\times$ 0.27.
Fumisterie n° 663.
Le conduit de ventouse couvert en simples tuiles.
Fumisterie n° 357.
Linéaire développé.

$$\left.\begin{array}{l} 2.00 \\ 1.80 \end{array}\right\} 3.80.$$

5 percements sous lambourdes et raccords en plâtre de chacun 0.15 à l'entier des légers.

$$0.15 \times 5 = 75/100.$$

Grille en fonte unie de 0.11 $\times$ 0.27 pour ventouse.
Fumisterie 663 (5ᵐᵉ col.).
Conduit de ventouse couvert en simple tuile au mètre linéaire.
3.80
Fumisterie 357.
Légers ouvrages.
0.75

145. Nous ne pouvons évidemment pas soumettre tous les travaux accessoires possibles à rencontrer. Il est nécessaire de bien s'enquérir de la construction du plancher qui reçoit la ventouse et de la façon dont elle a été traînée, pour en présenter la demande exacte au mémoire.

Nous venons de donner, comme exemple, la pose de la grille à l'échelle. Il nous faut ajouter que la plus-value est constante, soit qu'elle s'applique à une pose à la corde à nœuds, ou sur un échafaudage existant.

Si la corde n'est pas installée sur le

chantier, il faut en compter la pose et la location pour leur valeur entière.

Le prix de pose avec location comprend aussi la dépose de la corde ; il est tarifé par la Série de canalisation d'eau sous le n° 144.

Corde à nœuds pour location, pose, dépose et double Transport.
Canalisation d'eau n° 144.

> Installation de corde à nœuds.
> ___
> Canalisation d'eau n° 144.

Si la corde est posée dans le bâtiment, à un autre emplacement, il faut en demander la dépose et la repose.

Corde à nœuds pour dépose et repose dans le même corps de bâtiment.
Canalisation d'eau n° 145.

> Corde à nœuds déposée et reposée dans le même corps de bâtiment.
> ___
> Canalisation d'eau n° 145.

Enfin, si la corde, bien qu'installée dans le même établissement ou chantier, est descendue, puis reposée dans un autre corps de bâtiment, il faut appliquer l'article 146.

Corde à nœuds pour dépose et repose dans le même établissement, y compris la descente de la corde.
Canalisation d'eau n° 146.

> Corde à nœuds déposée et reposée dans le même établissement compris descente de la corde.
> ___
> Canalisation d'eau n° 146.

Les trois applications que nous venons de présenter concernant la pose de la corde à nœuds servent à tous les travaux exécutés dans les mêmes conditions.

146. Si nous insistons pour recommander de faire un mémoire bien détaillé présentant tous les travaux très exactement comptés à leur valeur, nous devons aussi, par devoir professionnel, répudier les exagérations.

Quelques praticiens s'obstinent à métrer les percements des orifices des ventouses qui affectent un carré ou un rectangle, comme les percements circulaires, et à les demander à la Série du gaz : c'est un abus.

La Série centrale, partie de la canalisation pour le gaz, paye les percements de mur : en pierre tendre, moellons, brique, pan de bois, cloison, plancher, etc. ; compris raccords en plâtre, un prix uniforme au mètre linéaire suivant *le diamètre des trous* exprimé en millimètres.

Toute l'observation est là : *le diamètre des trous.*

Donc les trous qui ne sont pas percés ronds ne doivent pas être comptés comme tels, et les trous de ventouses percés ronds sont bien rares de nos jours.

Il est bien évident que nous rencontrons, en chauffage, des percements ronds, destinés à recevoir des tubes cylindriques, et

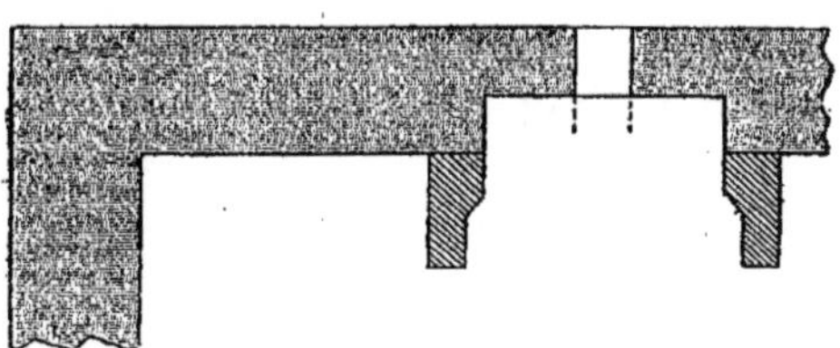

Fig. 133. — Plan de ventouse en pignon, derrière la cheminée.

qu'alors ces prix sont applicables en toute équité.

Tous les autres percements doivent être comptés à la maçonnerie :

1° Au centimètre de profondeur jusqu'à 0.32 de côté aux évaluations de légers ouvrages ;

2° En refouillement au-dessus de 0.32 de côté.

147. Pour compléter nos exemples, nous donnons trois autres dispositions de ventouses en plan.

La figure 133 nous donne le plan d'une

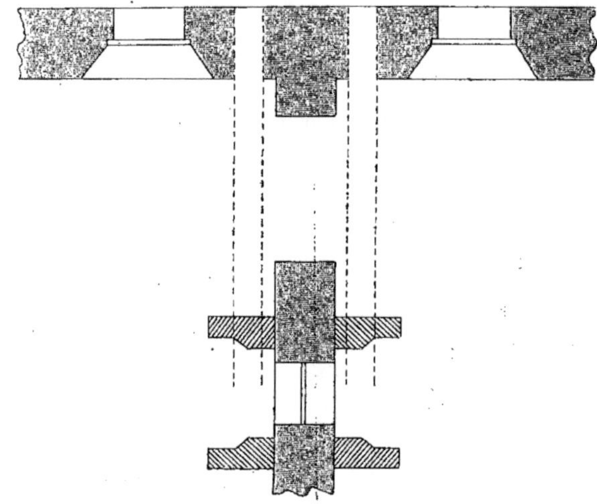

Fig. 134. — Plan de ventouses en façade sur les côtés des chambranles, pour cheminées adossées.

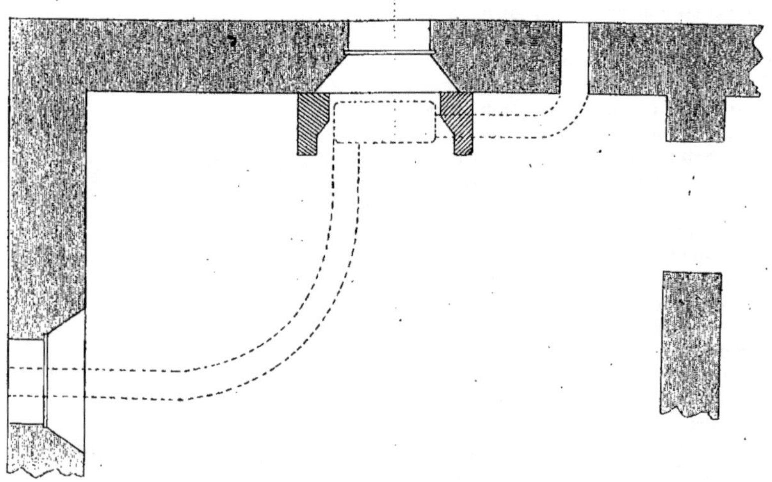

Fig. 135. — Plan de ventouse double en allège et trumeau pour cheminée à appareil avec âtre creux.

ventouse en pignon amenée derrière la cheminée.

La figure 134 représente le plan de deux ventouses prises en façade et amenées sur les côtés de deux cheminées adossées.

La figure 135 donne le plan d'une

double ventouse avec âtre creux pour une cheminée à appareil.

La figure 136 représente la coupe d'un conduit en plancher bois.

Les figures 137 et 138 représentent les deux modèles de grilles du commerce.

La grille ronde est presque complètement abandonnée; nous ne la donnons qu'à titre de renseignement.

La grille rectangulaire est de beaucoup plus usitée, on peut dire presque seule usitée dans toute la construction.

La Série centrale comprend trois dimensions pour chacune de ces grilles.

Les grilles rondes : 0.16
0.19
0.22

Les grilles rectangulaires : 0.11 × 0.22
0.11 × 0.27
0.11 × 0.32

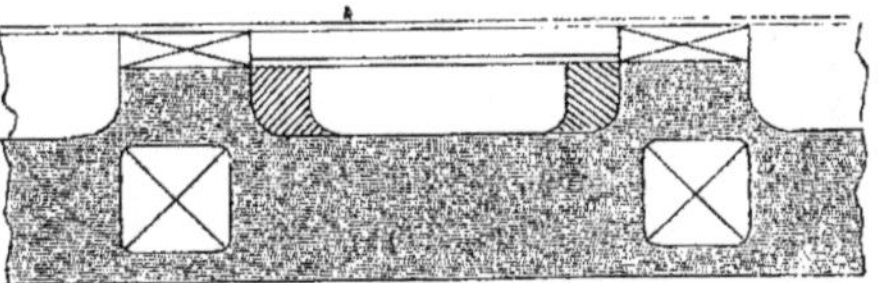

Fig. 136. — Coupe d'un conduit de ventouse en plancher en bois.

148. Dans la pratique, et pour satisfaire à certaines exigences de la construction ; telle, par exemple, l'insuffisance de hauteur entre l'*auget* et le *parquet*, on couvre les conduits de ventouses avec des plaques de tôle.

Cette manière de faire ne comporte pas de plus-value sur le prix du conduit au mètre linéaire. Il faut compter seulement la tôle en fourniture.

Le prix à appliquer pour la fourniture est celui de la tôle découpée, sous le n° 645.

Nous plaçons ici deux observations, la première concernant la façon du conduit, la seconde concernant la façon de la tôle.

Dans ces ouvrages très secondaires quant à l'exécution, puisqu'ils sont destinés à toujours être cachés, l'entrepreneur n'a pas ordinairement d'ordres précis.

La couverture en tôle doit être posée simplement sur plâtre, à recouvrement, les joints garnis en plâtre pour éviter les déperditions. On ne peut exiger non plus des plaques posées avec symétrie.

Fig. 137. — Grille de ventouse ronde.

Si on exige que le travail soit exécuté avec plus de soins, il y a lieu à plus-values.

Si la couverture en tôle est clouée, il faut appliquer les prix du clouage de zinc à la Série de couverture, sous les n°s 51 et 52.

Le clouage comprend la fourniture de clous, dits *à pistons;* il est payé au mètre linéaire :

1° Les clous espacés de 0.01 à 0.02 ;

2° Les clous espacés de 0.05.

Fig. 138. — Grille de ventouse rectangulaire.

Notre seconde observation se rapporte à la façon de la tôle.

Le prix de la tôle, sous le n° 645, ne comporte aucun autre travail que le découpage en atelier.

Si, par suite de dispositions ou de difficultés quelconques, il faut recouper les tôles sur le *tas*, ce travail donne lieu à rémunération, et les *déchets* sont comptés avec le poids des tôles posées.

De même, si on exige des bords où des reliefs sur les tôles, il faut demander les prix de ces ouvrages à la Série de couverture en zinc sous les n°s 35 et 37.

Accessoires des cheminées.

149. Le châssis à rideau, dont nous avons indiqué le double rôle dans la construction d'une cheminée, vient en première ligne des accessoires.

Nous avons eu l'occasion d'en représenter différents styles ; nous n'y reviendrons pas.

Nous commentons seulement les articles de la Série du N° 310 au N° 331 inclus.

La Série de la Société centrale distingue deux qualités de châssis à rideau.

La première comprend les châssis forts.

La seconde comprend les châssis 1/2 forts.

La fabrication de l'une et l'autre de ces deux qualités est absolument semblable ; la différence entre elles est due seulement aux épaisseurs des tôles et cuivre.

Les châssis forts doivent être fabriqués dans la tôle de 13/10 de millimètre d'épaisseur, et les cadres à moulure dans le cuivre de 8/10 de millimètre.

Les châssis 1/2 forts dans la tôle de 9/10 de millimètre d'épaisseur, et les cadres dans le cuivre de 5/10 de millimètre.

Autrement dit : les premiers sont fabriqués dans la tôle de 10 kilogrammes, les seconds dans la tôle de 7 kilogrammes.

Les uns et les autres sont tarifés à la pièce du N° 310 au N° 327 inclus, à partir de 0.40 × 0.40 jusqu'à 0.80 × 0.80. Les mesures prises à l'intérieur, la largeur indiquée la première.

Les prix comprennent les accessoires, chaîne, poulie, quand ils sont à contrepoids, ou bien les crémaillères, et les cadres en cuivre poli *à moulure ordinaire*, de 0.04 centimètres de largeur.

Au-dessus de la largeur maximum de 0.04 centimètres indiquée pour la moulure, chaque fraction de 0.005 millimètres de largeur donne lieu à l'application d'une plus-value fixée par le N° 328, non pas sur le châssis à la pièce, mais sur le *développé linéaire* du cadre.

Ce qu'il faut entendre par *développé linéaire*, c'est la *longueur réelle* de la moulure.

Étant donné que le rideau est mesuré à l'intérieur du cadre, mais que la moulure est payée dans la longueur de la bande,

il est essentiel de compter les *déchets de coupes* des angles.

On obtient la longueur réelle de la moulure en ajoutant au développé linéaire, pris à l'intérieur du cadre, 4 fois la largeur de la moulure.

Si nous avons un châssis de 0.50 × 0.60 avec cadre à moulure de 0.050 millimètres : la longueur réelle sera :

    1 fois 0.50 = 0.50
    2 fois 0.60 = 1.20
    4 fois 0.05 = 0.20   1^m,90.

Le principe de la plus-value et l'application sont semblables, qu'il s'agisse de châssis forts ou 1/2 forts. Le prix est dif-

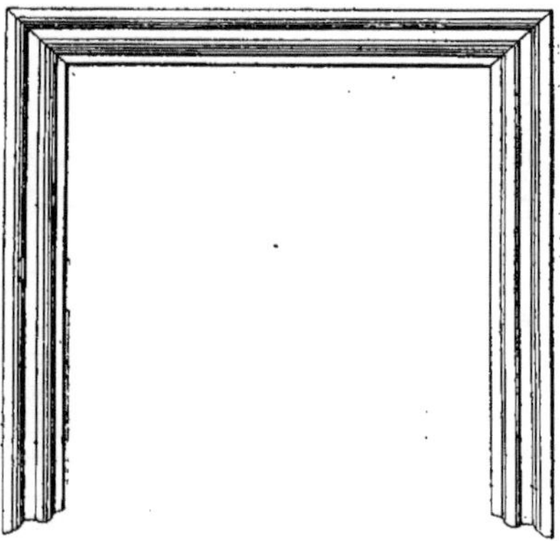

Fig. 139. — Cadre de rideau, moulure ordinaire à angles droits.

férent ; il est indiqué dans chaque colonne respective.

Si, par exemple, on avait un rideau dont le châssis soit pourvu d'un cadre à moulure de 0.05 centimètres de largeur, on prendrait deux fois la valeur de la plus-value pour 1 mètre linéaire développé.

Nous donnons (*fig.* 139) un cadre à moulure ordinaire à angles droits.

150. En outre de la plus-value de largeur, une seconde plus-value vient s'ajouter sur les moulures, quand les cadres sont à *coins ronds* au lieu d'*angles droits*.

Cette plus-value est applicable à la pièce et suivant les différentes largeurs des moulures de 0.040 à 0.070 millimètres, sous le N° 329.

Il n'y a pas de prix pour les largeurs de moulures intermédiaires. La plus-value est applicable sur la largeur immédiatement supérieure.

Largeurs des moulures :

    0.040 millimètres
    0.050   »
    0.060   »
    0.070   »

La figure 140 nous donne un cadre à moulure à coins ronds.

151. Les cadres se font aussi avec socles au bas, comme le représente la figure 141 et les angles du haut à coins ronds.

Les plus-values de socles portent sur

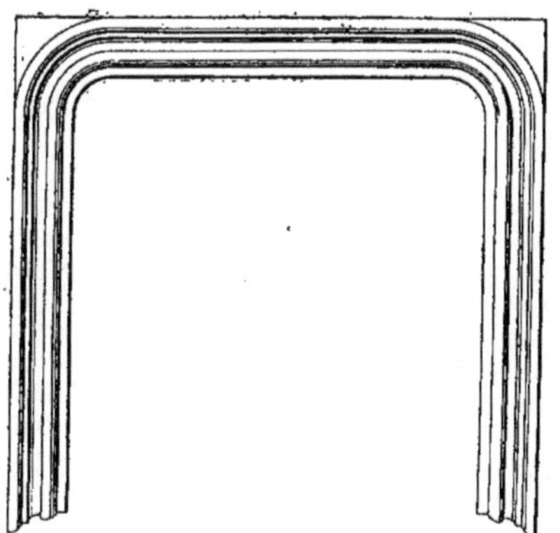

Fig. 140. — Cadre de rideau, moulure à coins ronds.

les mêmes largeurs de moulures sous le N° 330.

152. Nous rappelons aussi que les rideaux à contrepoids se font à un ou deux contrepoids.

Les premiers sous les dimensions suivantes :

    0.40 × 0.40
    0.40 × 0.45
    0.45 × 0.45
    0.45 × 0.50
    0.50 × 0.50
    0.50 × 0.55
    0.50 × 0.60
    0.55 × 0.55
    0.55 × 0.60

Toutefois, si on ajoute un deuxième contrepoids ; il faut appliquer la plus-value uniforme pour un double poids, y compris chaîne, poulie et porte-poulie, prévue sous le N° 319.

Les rideaux au-dessus de 0.55 × 0.60 sont prévus à deux contrepoids dans les dimensions suivantes :

    0.60 × 0.60
    0.60 × 0.65
    0.65 × 0.65
    0.65 × 0.70
    0.70 × 0.70
    0.70 × 0.75
    0.75 × 0.75
    0.80 × 0.80

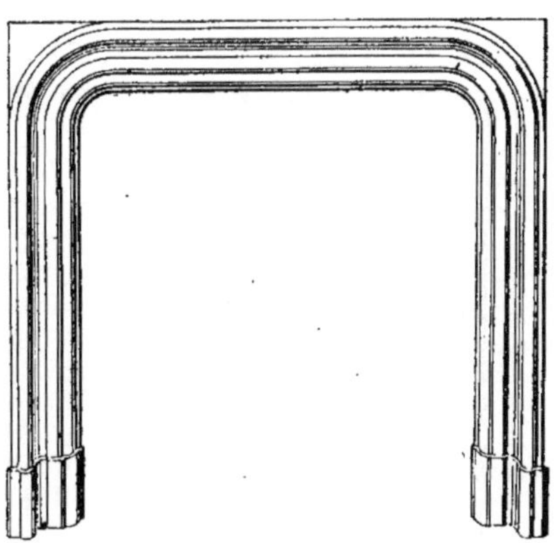

Fig. 141. — Cadre de rideau, moulure à socles et coins ronds.

Les rideaux, dont les mesures sont intermédiaires à celles données par la Série et rappelées ci-dessus, doivent être demandés au prix des rideaux qui leur sont immédiatement supérieurs, avec application d'une plus-value de 1/10 de la valeur du rideau tarifé.

Ce procédé est conforme aux conditions de la fabrication.

En dehors de ces dimensions ou quand les rideaux sont établis avec des tôles fortes, ils sont payés au poids sous le N° 331.

Le prix des rideaux au poids est uniforme, qu'ils soient à crémaillère ou à contrepoids; mais il ne comprend pas la valeur de la moulure.

Nous reviendrons en fin de chapitre sur ce point en examinant les accessoires des rideaux.

153. Diverses plus-values sont applicables sur les rideaux, quand ils sont vernis au four ou vernis au feu, quand ils sont munis de chaîne *forgée* au lieu de chaîne dite *mécanique* ou garnis de poulies *en cuivre*.

Les rideaux prévus à la Série centrale sont à trois lames; l'addition d'une quatrième lame donne lieu à plus-value.

Nous donnons (*fig.* 142) un cadre à moulure plate biscautée.

Fig. 142. — Cadre de rideau, moulure plate biscautée.

Les rideaux à moulure plate ne sont pas tarifés à la Série de la Société centrale. Pour combler cette lacune, la Chambre syndicale des Entrepreneurs donne les prix de ces châssis avec moulures de :

0.020 millimètres de largeur.
0.030   »   »
0.040   »   »

La moulure en cuivre jaune pour rideaux de :

0.50 × 0.50	0.65 × 0.65
0.50 × 0.55	0.65 × 0.70
0.50 × 0.60	0.70 × 0.70

0.55 × 0.55	0.70 × 0.75
0.55 × 0.60	0.75 × 0.75
0.60 × 0.60	0.80 × 0.80
0.60 × 0.65	

Les châssis sont tarifés sous les N°s 876 à 914 inclus.

La moulure en cuivre rouge dans les mêmes largeurs et les rideaux dans les mêmes dimensions du N° 915 au N° 953 inclus.

Enfin la moulure en métal blanc du N° 954 au n° 992 inclus.

154. La figure 143 représente un cadre Louis XVI à deux rangs de perles. Nous ajoutons qu'un même genre de moulure est fait avec un seul rang de perles.

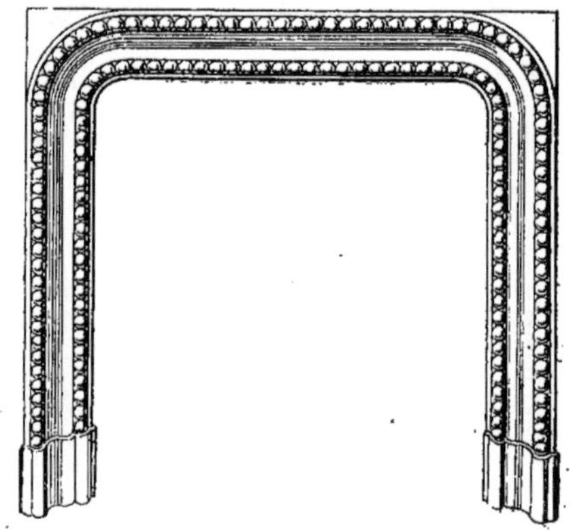

Fig. 143. — Cadre de rideau, moulure Louis XVI à deux rangs de perles.

Ce genre de moulure est fait aussi en verni ou en nickelé et en doré.

Toutes ces applications donnent lieu à différentes plus-values non prévues par la Série, et qu'il appartient au métreur de demander.

Nous donnons quatorze profils de moulures de la Maison Bernier, à Paris, par les figures 144 à 157.

155. Nous avons vu précédemment que les rideaux comptés au poids ne comprenaient pas dans le prix du kilogramme la valeur de la moulure.

Les prix de la moulure seule sont tarifés au mètre linéaire sous le N° 502 pour rideaux forts et 1/2 forts, et pour une largeur de 0.04 centimètres.

Les plus-values pour moulures au-dessus de 0.04 centimètres, par fraction de 0.005 millimètres sous le N° 503.

Qu'il s'agisse de rideaux neufs ou de rideaux réparés, le prix est le même et ne comprend pas la pose ni l'assemblage.

En conséquence, il faut demander en plus des prix portés sous les N°˙ 502 et 503 :

1° La pose et le rivetage ou l'assemblage à vis ;

2° La fourniture des vis dans le cas de l'assemblage ;

3° Les onglets ;

4° Les soudures d'onglets.

Les prix de ces divers ouvrages ne

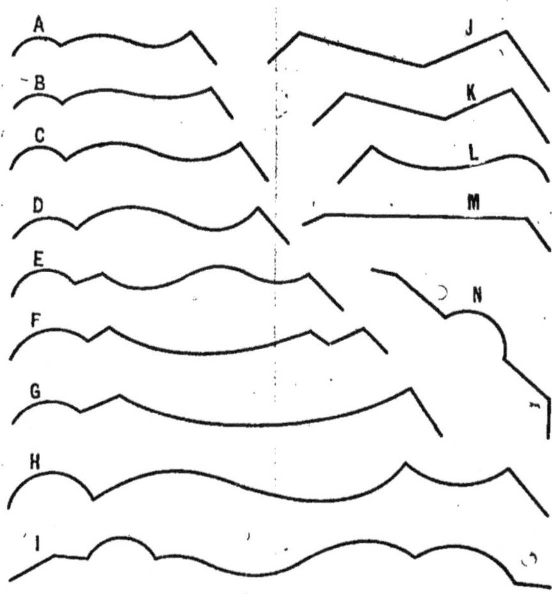

Fig. 144 à 157. — Profils de moulures.

sont pas à la Série de la Société centrale.

La Chambre syndicale des Entrepreneurs donne le prix moyen de la pose et rivetage sous le N° 1618.

L'assemblage d'onglet, compris coupe, ajustage et soudure, est payé sous le N° 1617. Quant aux autres ouvrages, la Série corporative est également muette. Nous les demandons au mètre linéaire avec fournitures de vis à la pièce.

156. Nous trouvons à peu près le complément des accessoires des rideaux, au chapitre de réparation des châssis, du N° 619 au N° 627 inclus.

C'est d'abord les lames, dont nous donnons les types (*fig.* 158, 159 et 160).

La Série centrale paye les lames au prix moyen, en divisant les châssis en deux catégories, conformément à ses précédents : à savoir :

1° Les châssis forts ;

2° Les châssis 1/2 forts.

Ensuite elle divise également les rideaux suivant leurs dimensions en deux sections.

La première comprend les rideaux à un seul contrepoids ; c'est-à-dire de 0.40 × 0.40 jusqu'à 0.55 × 0.60.

La deuxième comprend les rideaux au

dessus, c'est-à-dire de 0.60 × 0.60 jusqu'à 0.80 × 0.80.

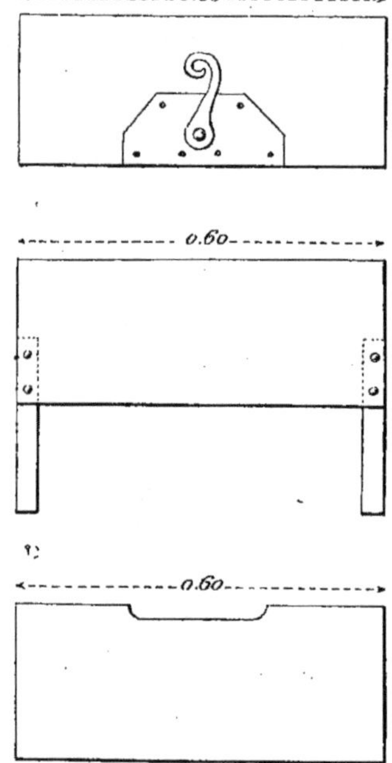

Fig. 158 à 160. — Lames de rideau.

Les prix portés sous les N°s 620 et 621 sont respectivement les prix moyens afférents à chacune des divisions énoncées ci-dessus.

Fig. 161. — Chaîne rendoublée.

rents à chacune des divisions énoncées ci-dessus.

Fig. 162. — Poulie évidée.

Ces prix sont cependant incomplets et ne sont pas applicables aux lames de bas,

beaucoup plus ouvragées que les deux lames supérieures.

Une plus-value doit être demandée pour la contre-plaque rapportée derrière la

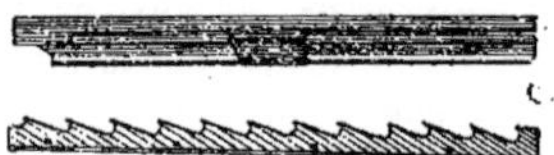

Fig. 163 et 164. — Coulisseau en tôle et crémaillère en fer.

lame de bas et son oreillon, comme le représente la figure 158.

La chaîne rendoublée (*fig.* 161) est payée au mètre linéaire sous le N° 622.

La poulie (*fig.* 162) est payée à la pièce sous le N° 623. Il s'agit, bien entendu, de poulie ordinaire évidée, en fonte.

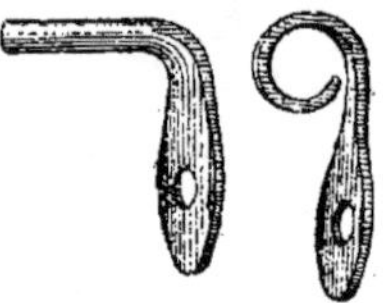

Fig. 165 et 166. — Tenon et oreillon pour lame de rideau.

Le coulisseau en tôle (*fig.* 163) est payé à la pièce sous le N° 624.

La crémaillère que nous représentons (*fig.* 164), le tenon et l'oreillon (*fig.* 165 et 166), et le contrepoids (*fig.* 167), ne sont pas tarifés à la Série.

La coquille (*fig.* 168) est payée à la pièce sous le N° 625.

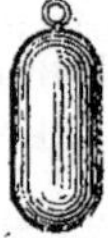

Fig. 167. — Contrepoids en fonte.

La patte à palmette (*fig.* 169) est payée également à la pièce sous le N° 626.

La pose d'une coquille ou d'une patte est indifféremment payée sous le N° 627.

Tous les prix portés du N° 620 au N° 626
inclus ne comportent que la valeur des
objets en fourniture. Il faut demander la
valeur du travail de réparation et d'assem-

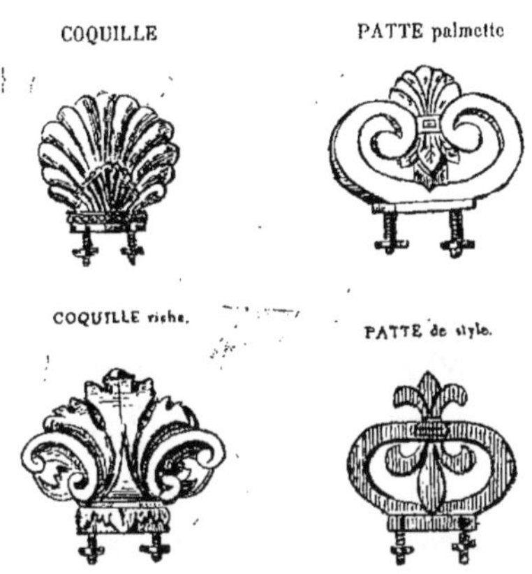

Fig. 168 à 171. — Coquilles et pattes de rideaux.

blage en atelier, suivant la nature de la
réparation.

Nous donnons divers modèles de pattes
et poignées riches, pour rideaux de style,
qui ne sont pas portés à la Série.

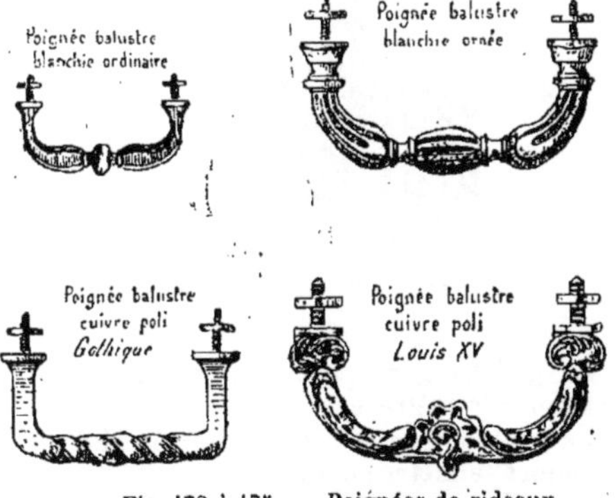

Fig. 172 à 175. — Poignées de rideaux.

Les figures 170 et 171 représentent une
coquille riche et une patte fleurdelysée.
Les figures 172 et 173 nous donnent des
poignées balustres, ordinaire et ornée.

Fig. 176. — Croissant cuivre ciselé Louis XIII.

Fig. 177. — Croissant cuivre ciselé Louis XIV.

Fig. 178. — Croissant cuivre ciselé Louis XV.

La figure 174, une poignée gothique, et la figure 175, une poignée Louis XV.

Les croissants, dont l'usage disparaît, n'ont pas été maintenus dans la Série. On ne les rencontre guère à Paris que dans les anciens immeubles, notamment les vieux hôtels.

Nous donnons les modèles des styles. La figure 176 représente le croissant, en cuivre ciselé, Louis XIII.

La figure 177, le Louis XIV.

La figure 178, le Louis XV.

Fig. 179. — Grille à houille.

Jusque dans l'édition de l'année 1889, la Série centrale portait la pose des croissants dans le prix de l'arrangement de la cheminée. Depuis, et dans les éditions successives, cette obligation a disparu, de

Fig. 180. — Grille à houille.

sorte que : si on vient à poser des croissants même dans une cheminée neuve, on doit demander la valeur du travail en sus du prix de l'arrangement.

Grilles à houille.

157. Nous avons à passer en revue une série d'accessoires qui ne sont pas prévus à la Série et, en premier lieu, les grilles à houille.

Le modèle le plus usité est celui que représente la figure 179, la grille cintrée sans dossier.

Les grilles sont distinguées en trois forces

et appelées respectivement : Légères ;

Moyennes ;

Lourdes.

Les dimensions des grilles sont prises dans le sens de la longueur et commercialement espacées entre elles de 0ᵐ,03 en 0ᵐ,03.

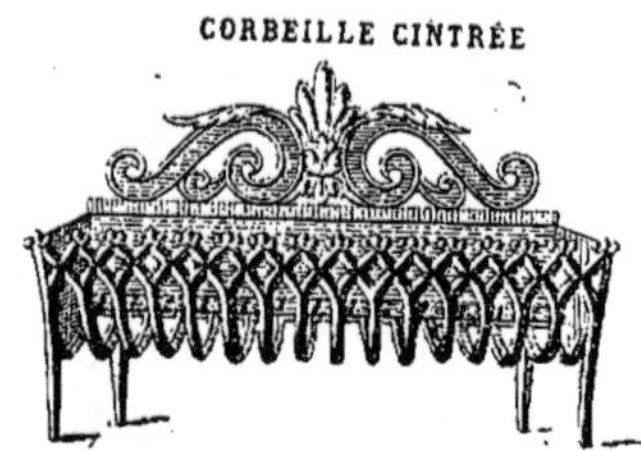

Fig. 181. — Grille à houille.

Nous donnons les dimensions courantes :

0ᵐ,22 centimètres		0ᵐ,46 centimètres	
0 25	»	0 49	»
0 28	»	0 52	»
0 31	ɛ	0 55	»
0 34	»	0 58	»
0 37	»	0 61	»
0 40	»	0 64	»
0 43	»		

Fig. 182. — Grille à houille.

La grille légère pèse environ 12 kilogrammes le mètre courant.

La grille moyenne pèse environ 15 kilogrammes le mètre courant.

La grille lourde pèse environ 20 kilogrammes le mètre courant.

Ces données ne sont pas rigoureusement précises et sont seulement fournies à titre d'indications générales et approximatives.

La grille cintrée à petit dossier (*fig.* 180) se trouve dans les mêmes mesures.

La grille légère pèse environ 14 kilogrammes le mètre courant.

La grille moyenne pèse environ 17 kilogrammes le mètre courant.

La grille à corbeille cintrée (*fig.* 181) se trouve dans les mesures de 0^m,28 à 0^m,61 de longueur avec des mesures intermé-

CORBEILLE RONDE

Fig. 183. — Grille à houille.

diaires, espacées entre elles de 0^m,03 en 0^m,03.

Le mètre courant de grille pèse environ 23 kilogrammes.

La grille à corbeille carrée (*fig.* 182) se trouve seulement dans les mesures les plus courantes que nous indiquons :

0^m,31 centimètres   0^m,51 centimètres
0 36   »   0 56   »
0 41   »   0 61   »
0 46   »

PALMETTE

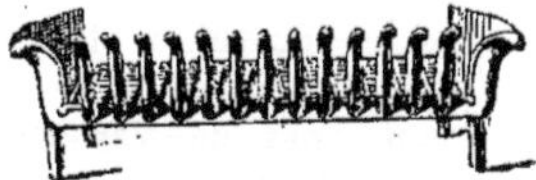

Fig. 184. — Grille à houille.

Le mètre courant de grille pèse environ 14 kilogrammes.

La grille à corbeille ronde (*fig.* 183) se trouve principalement dans les mesures de :

0^m,37 centimètres   0^m,47 centimètres
0 42   »   0 52   »

Le mètre courant de grille pèse environ 16 kilogrammes.

La grille palmette (*fig.* 184) se trouve dans les mêmes mesures que la grille à

corbeille cintrée, c'est-à-dire de 0^m,28 à 0^m,61 de longueur, avec les mêmes mesures intermédiaires.

Le mètre courant de grille pèse environ 10 kilogrammes.

En dehors de ces grilles à usage bour-

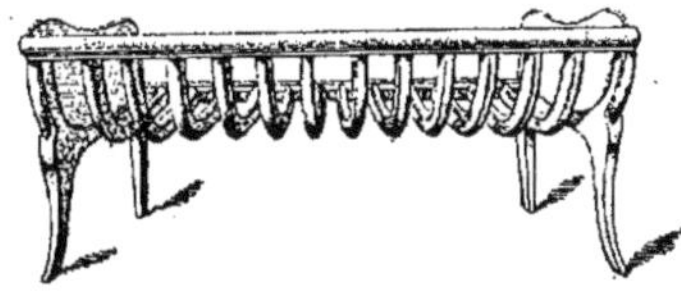

Fig. 185. — Grille cintrée extra-forte d'administ.

geois, on fait un autre modèle extra-fort appelé : modèle d'administration, que nous donnons (*fig.* 185).

La grille d'administration ne se trouve que dans les grandes longueurs, depuis 0^m,45 avec mesures supérieures de 0^m,05 en 0^m,05 centimètres.

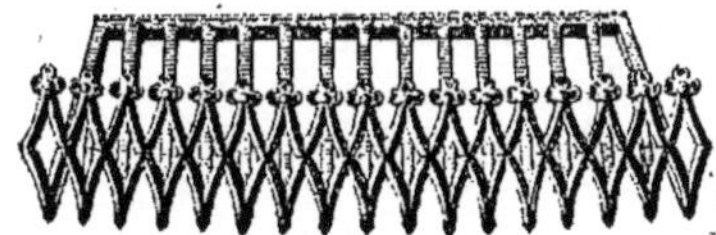

Fig. 186. — Grille à chenet d'une seule pièce.

Le mètre courant de grille pèse environ 35 kilogrammes.

Pour compléter notre Série, nous donnons les grilles à chenets.

Ces grilles, destinées à être supportées, sont dépourvues de pieds à l'encontre des

Fig. 187. — Grille à chenet en deux pièces.

grilles cintrées. Elles se font d'une seule pièce et en deux pièces.

Nous donnons (*fig.* 186) la grille à chenets d'une seule pièce.

Les dimensions courantes sont de 0^m,30

à 0^m,60 de longueur, avec mesures inter-médiaires, de 0^m,05 en 0^m,05.

Le mètre courant de grille pèse environ 11 kilogrammes.

La figure 187 nous donne un premier modèle de grille en deux pièces, dans les dimensions suivantes :

0^m,37 centimètres   0^m,52 centimètres
0   42   »   0   57   »
0   47   »   0   62   »

Le mètre courant de grille pèse environ 12 kilogrammes.

Fig. 188. — Grille à chenet ornée, en deux pièces.

Nous donnons (*fig.* 188) le modèle riche de la grille en deux pièces. La galerie est ornée de feuilles et rinceaux avec motif au centre.

Les dimensions courantes sont de :

0^m,30 centimètres   0^m,51 centimètres
0   37   »   0   58   »
0   44   »

Fig. 189. — Buche économique en fonte.

Le poids du mètre courant de grille est en moyenne le même que celui de la figure 187.

158. Nous mentionnons aussi, parmi les accessoires de cheminées, la bûche en fonte, appelée bûche économique, en raison de son rendement (*fig.* 189).

Les dimensions courantes sont de 0.30 à 0.60 centimètres de longueur, avec mesures intermédiaires de 0^m,05 en 0^m,05.

Nous avons aussi les chenets, dont l'usage à Paris est un peu tombé, en raison de l'abandon du bois comme combustible.

Cependant nous les rencontrons encore

suffisamment pour leur consacrer un chapitre.

Chenets.

159. Les chenets les plus ordinaires sont en fonte à colonnes unies ou cannelées et socles au bas.

Les ornements qui surmontent les colonnes sont ordinairement des boules ou des vases tournés, en cuivre poli.

D'autres chenets venus d'une seule pièce dans la fonte représentent différents types de figures ou d'allégories. Il y a dans cette catégorie toute une collection de nos gloires nationales : Parmentier, l'abbé de l'Épée, Béranger, etc., etc.

Les chenets de style tiennent une grande

Fig. 190. — Chenet fonte à colonne cannelée, embase ronde, avec œuf eu cuivre.

place dans la décoration des cheminées châtelaines. On trouve, à Versailles, des modèles qui sont de véritables chefs-d'œuvre, et qui, reproduits de nos jours par les meilleurs fabricants de bronze d'ameublement, ornent les cheminées des salons dans les luxueuses demeures.

Le fer forgé s'est prêté aussi à ce genre de décoration, et dans cette catégorie de chenets, on trouve des landiers forgés, façonnés avec grand art et qui ont une facture véritablement artistique.

160. Les chenets venus d'une seule pièce dans la fonte sont divisés en trois catégories.

La première comprend les sujets assortis, c'est-à-dire les figures ;

La seconde comprend les fûts de colonnes, unies ou cannelées, à embases rondes ;

La troisième, les mêmes fûts de colonnes à embases carrées.

Les chenets de la seconde et de la troisième catégories sont complétés par un

Fig. 191. — Chenet fonte à colonne cannelée, embase ronde, avec vase hollandais.

ornement en cuivre, monté sur le fût de colonne.

Tous ces chenets ordinaires sont dans le commerce :

1° en brut ;
2° en vernis noir ;
3° en bronzé.

Fig. 192. —Chenet fonte à colonne cannelée, embase ronde, avec vase russe.

En fonderie, les chenets sont comptés au point de longueur et réduits en centimètres.

La valeur du *point*, autrement dit du *pouce* de l'ancienne *toise* est de 0^m,027. Conséquemment au système décimal, les mesures en centimètres varient entre elles de 0^m,03 en 0^m,03.

Les chenets sont fabriqués couramment

Fig. 193. — Chenet fonte à colonne cannelée, embase ronde, avec vase Louis XIV.

de 0^m,25 à 0^m,44 de longeur dans les mesures intermédiaires ci-dessous :

0^m,25 centimètres,		0^m,35 centimètres	
0 ,27	»	0 ,38	»
0 ,30	»	0 ,41	»
0 ,33	»	0 ,44	»

Fig. 194. — Chenet fonte à colonne cannelée, embase carrée avec boule en cuivre.

Ces mesures sont invariables qu'il s'agisse des chenets à sujets ou des chenets à colonnes.

Nous donnons une série de chenets à colonnes cannelées sur embases rondes avec ornements en cuivre montés sur les colonnes.

La figure 190 représente le chenet avec œuf en cuivre. L'ornement de la figure 191 représente le vase Hollandais. La figure 192 nous donne un vase Russe, et la figure 193, le vase Louis XIV.

Les boules creuses avec ou sans galets (*fig.* 194) sont tarifées à la série sous les numéros 251 et 252.

La mesure est prise au diamètre de la boule.

Fig. 195. — Chenet fonte à colonne cannelée, embase carrée avec vase cassolette.

Fig. 197. — Chenet fonte à colonne cannelée, embase carrée avec vase arabe.

Notre seconde série de chenets représente les colonnes sur embases carrées avec ornements en cuivre de styles différents.

La figure 194 représente le chenet avec boule en cuivre. La figure 195, le vase Cassolette. La figure 196, le vase Polonais.

Fig. 196. — Chenet fonte à colonne cannelée, embase carrée avec vase polonais.

Fig. 198. — Chenet fonte à colonne cannelée, embase carrée avec vase Louis XVI.

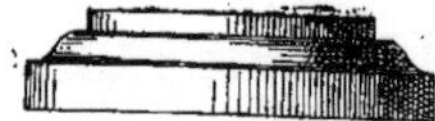

Fig. 199. — Galet pour ornement en cuivre, monté sur colonne de chenet.

La figure 197, le vase Arabe et la figure 198, le vase Louis XVI.

Les ornements et vases en cuivre sont montés en deux pièces sur des petites rosaces appelées galets, dont nous donnons le modèle (*fig.* 199).

La série n'indique de prix que pour les boules de 0^m,035 à 0^m,070 de diamètre, avec mesures intermédiaires, de 0^m,005 en 0^m,005.

En fabrication les boules se font de 0^m,016 à 0^m,080.

Les mesures données en Série sont de :

0^m,035 millimètres,   0^m,055 millimètres
0 ,040   »   0 ,060   »
0 ,045   »   0 ,065   »
0 ,050   »   0 ,070   »

Les prix portés à la Série, respectivement sous les numéros 251 et 262 ne comprennent pas la pose.

La pose, quel que soit le diamètre de la boule, doit être demandée comme pose de coquille de rideau, sous le numéro 627.

Tous les autres ornements, vases ou œuf ne sont pas tarifés à la Série.

L'œuf qui représente la figure géométrique de l'*ove*, se mesure aussi au diamètre, et se fait dans les mêmes dimensions que la boule.

Les vases se mesurent en hauteur et sont classés sous quatre numéros.

Les dimensions varient en raison des styles.

Le vase Hollandais représenté (*fig.* 191) est un des moins hauts :

Le n° 1 porte 0^m,078 mil. de hauteur ;
Le n° 2   »   0 ,085   »   »
Le n° 3   »   0 ,097   »   »
Le n° 4   »   0 ,107   »   »

Le vase Russe représenté (*fig.* 192) donne :

Le n° 1 porte 0^m,082 mil. de hauteur ;
Le n° 2   »   0 ,092   »   »
Le n° 3   »   0 ,105   »   »
Le n° 4   »   0 ,115   »   »

Le vase Louis XIV représenté (*fig.* 193) donne :

Le n° 1 porte 0^m,120 mil. de hauteur ;
Le n° 2   »   0 ,130   »   »
Le n° 3   »   0 ,140   »   »
Le n° 4   »   0 ,150   »   »

Le vase Cassolette représenté (*fig.* 195) donne :

Le n° 1 porte 0^m,075 mil. de hauteur ;
Le n° 2   »   0 ,085   »   »
Le n° 3   »   0 ,095   »   »
Le n° 4   »   0 ,105   »   »

Le vase Polonais représenté (*fig.* 196) donne :

Le n° 1 porte 0^m,090 mil. de hauteur ;
Le n° 2   »   0 ,100   »   »
Le n° 3   »   0 ,115   »   »
Le n° 4   »   0 ,125   »   »

Le vase Arabe représenté (*fig.* 197) donne :

Le n° 1 porte 0^m,105 mil. de hauteur ;
Le n° 2   »   0 ,115   »   »
Le n° 3   »   0 ,125   »   »
Le n° 4   »   0 ,140   »   »

Le vase Louis XVI représenté (*fig.* 198) donne :

Le n° 1 porte 0^m,130 mil. de hauteur ;
Le n° 2   »   0 ,150   »   »
Le n° 3   »   0 ,165   »   »
Le n° 4   »   0 ,180   »   »

Galeries de foyers avec chenets de luxe et de style.

161. Pour compléter la décoration de l'âtre, on place au devant de la cheminée une garniture appelée galerie de foyer.

Les galeries de luxe et de grand style sont toujours accompagnées des chenets du même genre de décoration ou du même style.

Les modèles que nous donnons de ces articles proviennent de la maison Bono et Cie, à Paris.

La mesure des galeries est prise dans le sens de la longueur, la hauteur varie suivant la longueur.

Chaque dimension répond au numéro.

La plus petite longueur prend le n° 1, la suivante le n° 2, etc.

Dans le genre de galerie ordinaire dont nous donnons un modèle (*fig.* 200) les hauteurs varient de 0^m,17 à 0^m,29 et les longueurs de 0^m,90 à 1^m,10.

Les dimensions précises du modèle de la figure 200 sont : hauteur 0^m,23 longueur 1^m,05.

Les chenets qui complètent la garniture de cheminée (*fig.* 201 et 202) ont 0^m,07 de largueur et 0^m,19 de hauteur.

On remarquera que ces chenets, dénommés chenets de galeries pour les distinguer des chenets ordinaires que nous avons représentés (*fig.* 190 à 198) sont en effet très différents de fabrication.

Le chenet proprement dit n'est plus en

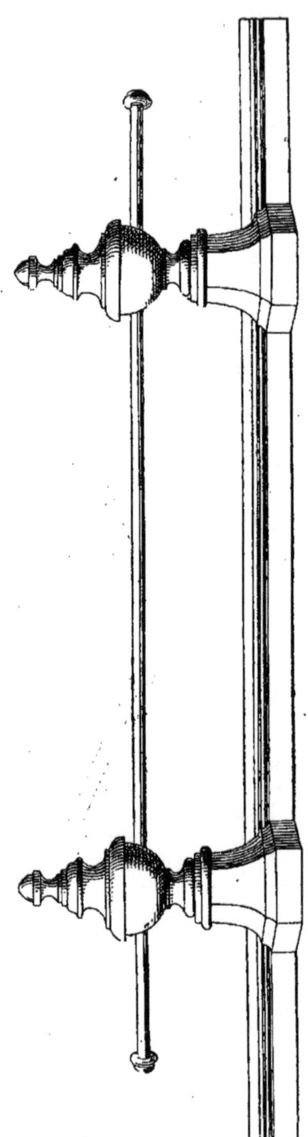

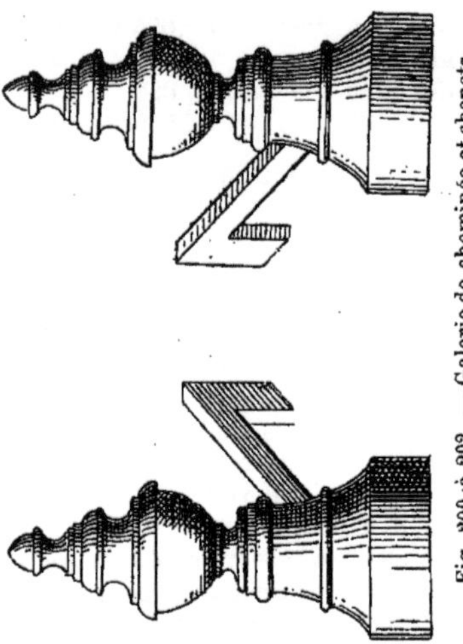

Fig. 200 à 202. — Galerie de cheminée et chenets avec vases en cuivre poli.

Toutes ces garnitures se font en cuivre poli ou en vernis or.

La galerie que nous représentons (*fig*. 203) est en style Louis XV, en cuivre vernis or.

Les dimensions de cette galerie sont de 0ᵐ,39 de hauteur et 1ᵐ,25 de longueur.

La garniture est complétée par des chenets à rocaille Louis XV que nous donnons (*fig*. 204 et 205) et qui ont chacun 0ᵐ,18 de largeur et 0ᵐ,25 de hauteur.

Les dimensions des garnitures de style sont très précises suivant les modèles de chaque fabricant.

Nous ajouterons qu'en style Louis XV, bien qu'on laisse la prédominance de la richesse du dessin à la galerie, comme c'est le cas de notre modèle précité, il se fait aussi des chenets beaucoup plus finis et plus riches en rocailles, rinceaux, etc.

Pour compléter notre chapitre, nous donnons (*fig*. 206) une galerie, en cuivre vernis or de style Louis XVI.

La longueur de la galerie est de 1ᵐ,20 et la hauteur de 0ᵐ,37.

Les chenets (*fig*. 207 et 208) complètent la galerie et portent 0ᵐ,28 de hauteur.

fonte mais en fer forgé. Il est monté sur un vase à socle du même gabarit que le vase de la galerie.

Fig. 203 à 205. — Galerie de cheminée et chenets en cuivre vernis or, style Louis XV.

Indépendamment des modèles dont nous avons donné les figures, il se fait encore dans les mêmes styles, un grand nombre de garnitures très variées de dessins.

Chaque fabricant possède une série de

Fig. 206 à 208. — Galerie de cheminée et chenets en cuivre vernis or, style Louis XVI.

modèles qui lui sont particuliers, et qui varient entre eux, tout en s'inspirant du style classique de l'ameublement.

Il y a aussi d'autres styles en grand nombre, notamment : le style Renaissance, le style Flamand, le style Mauresque et une grande variété d'ornements, qui découlent de tous ces différents styles et dessinés en fantaisie avec des arrangements et des conceptions d'un très heureux effet.

Les dimensions générales des galeries de style varient : en longueur depuis 0^m,95 jusqu'à 1^m,50, et en hauteur, depuis 0^m,21 jusqu'à 0^m,55.

Les plus hautes sont les galeries : Renaissance et Mauresque.

Les plus longues se font en style Louis XV.

Les dimensions générales des chenets pour les galeries de style varient : en largeur, de 0^m,10 à 0^m,27, et en hauteur, de 0^m,20 à 0^m,48.

162. Les galeries de foyers conviennent surtout aux cheminées d'appartement. Les âtres des grandes cheminées

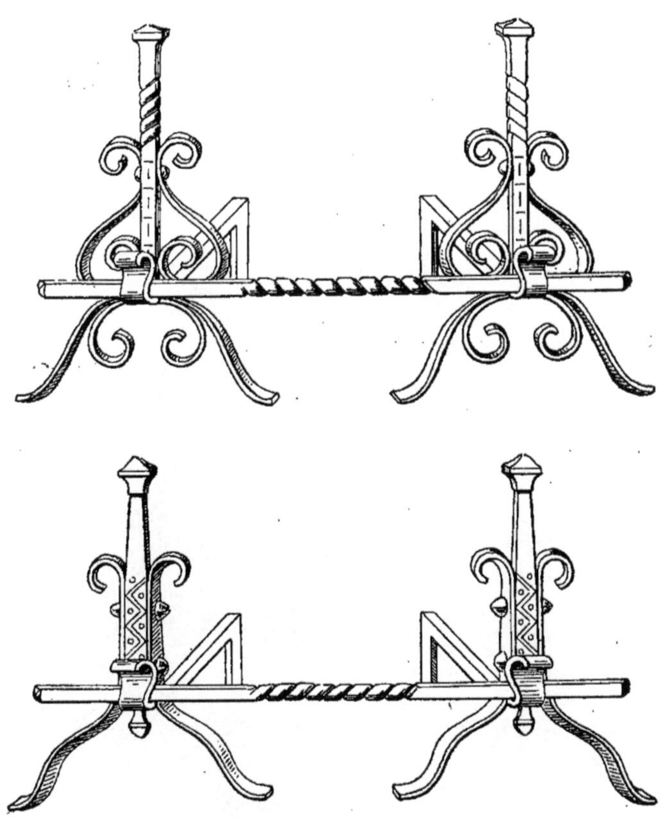

Fig. 209 et 210. — Landier en fer forgé.

châtelaines en briques ou en pierre, réclament un autre genre de décoration.

Pour ces cheminées, le fer forgé est, par excellence, le métal décoratif et on reproduit de nos jours les modèles anciens.

Nous donnons (*fig.* 209 et 210), deux reproductions différentes de chenets en fer forgé ou *landiers*.

Chaque chenet est rivé et assemblé d'une seule pièce avec ses ornements rapportés. La barre transversale est mobile et repose simplement sur les étriers.

Fig. 211. — Pare-étincelles à volutes à 4 feuilles.

Fig. 212. — Écran pare-étincelles en cuivre ciselé et doré, style Louis XV.

La valeur de ces accessoires est essentiellement variée en raison de la main d'œuvre.

Les landiers se font en imitation vieux fer ou en fer poli, et dans des dimensions très variables étant donné que la largeur est demandée à la barre transversale.

Pare-étincelles. — Ecrans.

163. Pour obvier à l'inconvénient et aux dangers d'incendie qui résultent de la projection, au dehors du foyer, de menus morceaux de charbon incandescents, on place devant les cheminées de petits panneaux en toile métallique, appelés pare-étincelles ou garde-feux.

Nous donnons (*fig.* 211), un pare-étincelles à volutes à quatre feuilles.

Chaque feuille est montée à pivots comme un paravent. La stabilité du pare-étincelles est assurée en le plaçant en carré, ou bien en suivant une ligne brisée.

Les garde-feux se font en fer ou en cuivre.

Le fer reçoit des applications de bronzage Florentin, argent ou or.

Le cuivre est verni.

Le pare-étincelles le plus ordinaire est dit : carré. Les feuilles des extrémités sont munies de poignées. Les feuilles intermédiaires sont dépourvues d'aucun ornement. La hauteur des feuilles est de 0ᵐ,50.

Le pare-étincelles à volutes (*fig.* 211) porte 0ᵐ,58 de hauteur.

Le pare-étincelles gothique porte 0ᵐ,55 de hauteur.

Ces différents garde-feux sont payés à la feuille.

Il y a aussi le pare-étincelles *extensible* breveté, qui se développe en coulissant sur ses tringles.

La hauteur est de 0ᵐ,60 et le prix varie suivant son développement.

Les développements des extensibles sont de :

       1ᵐ,00 de largeur.
       1 ,20   »
       1 ,40   »
       1 ,60   »

Dans un autre genre plus riche nous trouvons l'écran, dont nous donnons (*fig.* 212) un modèle dans le style Louis XV.

Cet écran complète l'ensemble des accessoires des cheminées de style et des galeries que nous avons présentées. Il est fait en cuivre ciselé et doré mat et poli. Il mesure 0ᵐ,55 de largeur et 0ᵐ,75 de hauteur.

On fait aussi des modèles très variés d'écrans avec ou sans motifs en applique, et de forme carrée.

L'éventail se fait en plus ordinaire en cuivre poli ou vernis or.

164. Nous donnons (*fig.* 213) le dessin d'une garniture dite : coin de feu.

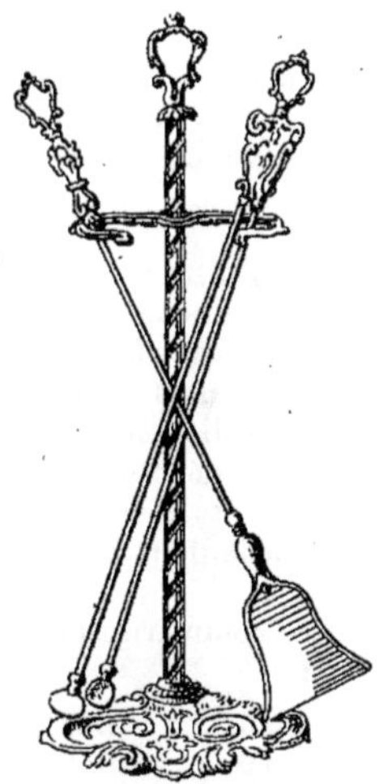

Fig. 213. — Coin de feu, pelle et pincette en cuivre poli.

La garniture se compose de trois pièces :
1° Le porte-pelle ;
2° La pelle ;
3° La pincette.

Il est fait différents modèles de coins de feu, en cuivre uni poli ou vernis or.

Les garnitures plus complètes sont appelées rotondes. Elles se composent de six pièces :
1° Le porte-pelle ;
2° La pelle ;
3° La pincette ;
4° Le pique-feu ;
5° Le balai d'âtre ;
6° Le soufflet.

On fait dans ces articles des modèles très riches avec ustensiles à poignées ciselées, les soufflets en bois d'acajou et cuir coloré, les soies des balais d'âtre teintes en couleur.

Plaques ornées.

165. Nous devons aussi considérer pour clore notre chapitre des accessoires des cheminées : les plaques ornées.

Nous avons donné en traitant les cheminées à façade fonte, différents modèles de plaques ; nous n'y revenons que pour en indiquer, d'une manière générale, la variété des sujets et les mesures les plus courantes.

Les plaques ornées sont de deux modèles :

1° Les plaques carrées ;

2° Les plaques à dômes.

On distingue cinq catégories d'ornements :

1° Les plaques dites à décors ;

2° Les plaques dites militaires ;

3° Les plaques dites fables ;

4° Les plaques dites héraldiques ;

5° Les plaques dites mythologiques.

Les plaques à décors, sont dessinées avec des ornements à rinceaux et culots, des vases et médaillons avec ou sans initiales, etc.

Les mesures commerciales des plaques carrées sont :

0.40 × 0.45	0.65 × 0.65
0.50 × 0.60	0.68 × 0.68
0.55 × 0.65	0.70 × 0.70
0.60 × 0.65	

Les plaques militaires reproduisent des types ou des scènes d'après les tableaux des maîtres ; de Neuville, Detaille, etc.

Les mesures commerciales sont :

0.40 × 0.40	0.60 × 0.65
0.40 × 0.45	0.65 × 0.65
0.45 × 0.45	0.65 × 0.70
0.45 × 0.50	0.70 × 0.70
0.50 × 0.50	0.70 × 0.75
0.50 × 0.55	0.75 × 0.75
0.55 × 0.55	0.75 × 0.80
0.55 × 0.60	0.80 × 0.80
0.60 × 0.60	

Toutes ces plaques sont faites dans la forme carrée et dans la forme avec dôme.

Le poids approximatif est d'environ 72 kilogrammes le mètre superficiel.

Les plaques fables, reproduisent des scènes de La Fontaine et Florian.

Les mesures commerciales sont :

0.45 × 0.55	0.60 × 0.65
0.50 × 0.60	0.65 × 0.65
0.55 × 0.60	0.70 × 0.70
0.58 × 0.63	

Les poids sont essentiellement variables en raison des sujets et ne peuvent être indiqués sur une unité de surface, même approximativement.

Les plaques héraldiques sont surtout dessinées avec des fleurs de lys, l'hermine de Bretagne, la Salamandre de François Ier, etc.

Elles sont ordinairement fondues dans de grandes dimensions.

Les dessins réguliers, rosaces, lys, hermine, etc., peuvent être fondus dans les mesures demandées en raison de l'arrangement symétrique du dessin et jusqu'aux dimensions maxima du cadre.

1.80 × 0.70	2.00 × 0.80
2.00 × 0.70	

Les plaques Salamandre, sont fondues dans les mesures de :

0.60 × 0.56	1.00 × 1.00
0.80 × 0.80	

Les plaques mythologiques sont à sujets très variés et recopiés sur les anciens modèles de l'époque Louis XIV.

Cheminées
dites appareils d'intérieurs.

166. La cheminée la plus répandue dans ce genre d'appareil est appelée : cheminée parisienne.

Son emploi est facultatif dans les intérieurs des cheminées d'appartements ou dans les poêles des salles à manger. Elles sont posées à l'affleurement du rideau ou de la façade.

Les cheminées parisiennes sont surtout employées pour augmenter le rendement calorifique.

La coquille intérieure en fonte offre au combustible une grande surface de chauffe multipliée par la disposition des nervures et le rendement augmente par la forme de l'appareil.

La disposition de la buse de départ assure à la cheminée une grande fumivorité et l'espacement des barreaux de la grille une grande facilité de combustion.

La façade de l'appareil est pleine, comme elle est représentée (*fig.* 214).

La cheminée est composée de cinq pièces:

1° La façade;
2° La coquille;
3° La grille;
4° Le souffleur;
5° Le cendrier.

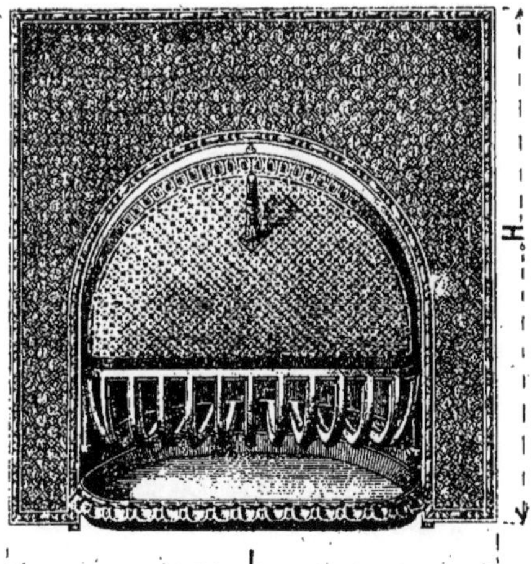

Fig. 214. — Cheminée parisienne avec façade pleine à souffleur.

Trois pièces sont essentiellement mobiles et très facilement remplaçables :
La grille ;
Le souffleur ;
Le cendrier.

La même cheminée parisienne se fait aussi à façade mi-pleine et façade ajourée.

Nous donnons (*fig.* 215) la cheminée à façade ajourée, avec l'intérieur à nervures (*fig.* 216), pour chauffage au charbon ou au coke.

La figure 217 représente la grille de combustion.

La façade ajourée permet à l'air de sortir dans la pièce après s'être échauffé au contact de la paroi extérieure du foyer.

Fig. 215. — Cheminée parisienne avec façade ajourée à souffleur.

Fig. 216 et 217. — Intérieur et grille de cheminée parisienne, foyer à nervures, à charbon.

La Série sous le N° 349, indique les prix des cheminées à souffleur dont nous donnons les modèles (*fig.* 214 et 215).

Les mesures portées à la Série sont prises extérieurement de la façade, la largeur indiquée la première.

0.40 × 0.40	0.50 × 0.50
0.40 × 0.45	0.50 × 0.55
0.45 × 0.45	0.50 × 0.60
0.45 × 0.50	0.55 × 0.55
0.45 × 0.55	

La pose est comptée à part.

La Série dit : cheminée parisienne, appareil en fonte, grille à charbon et souffleur pour intérieurs de cheminées et poêles de construction, non compris pose :

La pose doit être demandée sous le N° 602 :

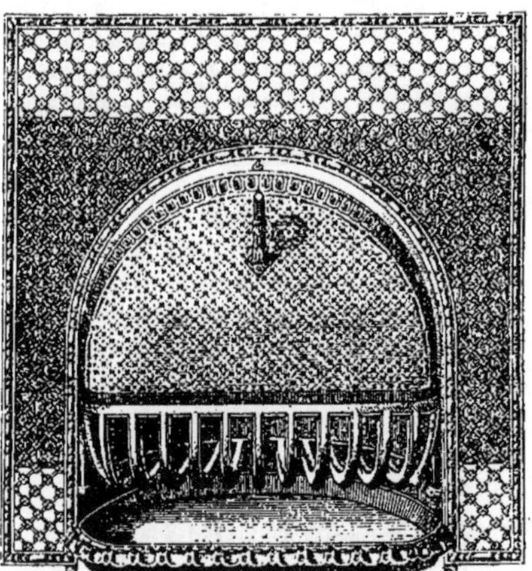

Fig. 218. — Cheminée parisienné avec façade mi-pleine à souffleur.

La Série dit : pose d'un appareil à coquille en fonte à l'intérieur d'une cheminée, compris scellements et raccords.

Le prix de pose ne comporte aucun autre travail accessoire. Il faut donc demander en dehors de cette allocation tous autres travaux qui sont ordinairement exécutés pour parfaire la pose d'un appareil.

Quand les cheminées sont posées avec conduits d'air et bouches de chaleur, l'assimilation peut être demandée comme à l'appareil Fondet.

Dans certains cas, on construit des in-térieurs avec chambres de chaleur, qu'il faut compter en dehors de toute analogie de Série, étant donné l'exécution du travail beaucoup plus compliqué.

Nous rappelons aussi que les cheminées parisiennes se font dans d'autres mesures que celles indiquées à la Série et que nous donnons en complément.

0.45 × 0.60	0.60 × 0.60
0.55 × 0.60	0.60 × 0.65
0.55 × 0.65	0.65 × 0.65

Enfin nous faisons remarquer en terminant que les cheminées tarifées sous le N° 349 sont toutes à souffleur.

Fig. 219 et 220. — Intérieur et grille de cheminée à foyer mixte.

Ces appareils sont fabriqués aussi avec portes au lieu de souffleur. Il y a lieu de demander une plus-value sur les prix du N° 349, quand la cheminée est fournie dans ces conditions.

La plus-value est divisée en trois prix respectivement applicables suivant les dimensions des cheminées.

1° Pour les cheminées de $0^m,40$ et $0^m,45$ de largeur;

2° Pour les cheminées de $0^m,50$ à $0^m,55$ de largeur;

3° Pour les cheminées au-dessus de $0^m,55$ de largeur.

Nous donnons (*fig*. 218) la cheminée parisienne à façade mi-pleine avec l'intérieur à foyer mixte (*fig.* 219) pour chauffage au bois ou au coke.

La figure 220 représente la grille de combustion.

Ces appareils mixtes ne sont pas tarifés à la Série.

Les dimensions des façades sont semblables à celles que nous avons indiquées. Le travail de la pose est identique.

Il se fait encore beaucoup de foyers d'intérieurs, notamment les foyers Mousseron qui sont établis pour le chauffage au charbon ou le chauffage mixte.

Quelques cheminées sont faites avec des intérieurs en plaques réfractaires et les façades dans les mêmes dimensions.

Tous ces différents modèles ne sont pas tarifés et sont payés suivant leur valeur marchande augmentée du bénéfice conformément à la disposition générale de la Série.

167. Nous donnons (*fig.* 221) un autre genre de cheminée parisienne à souffleur. C'est un appareil placé en avant de la cheminée d'appartement et faisant saillie

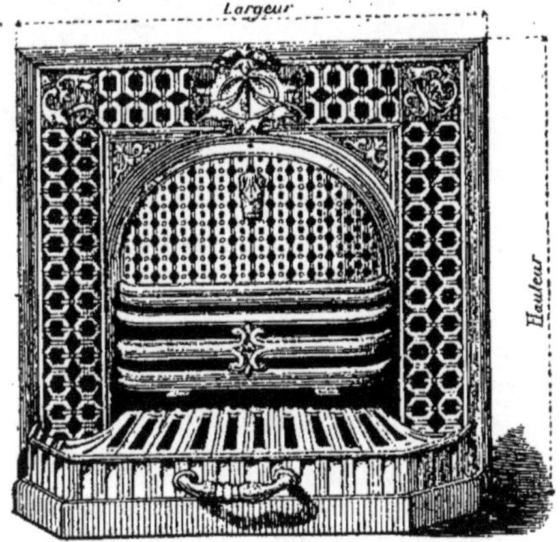

Fig. 221. — Cheminée parisienne portative à souffleur.

dans la pièce. La cheminée est essentiellement mobile.

Le prix de la pose est seul tarifé à la Série sous le N° 603.

Comme pour la pose des cheminées sous le N° 602, le prix porté au N° 603, ne comporte rien autre chose que la mise en place de l'appareil, sans tuyaux.

Fig. 222. — Cheminée parisienne portative à portes.

Tous les travaux accessoires en supplément doivent être demandés sous chaque numéro respectif.

La figure 222 représente la cheminée avec portes.

Les cheminées sont mesurées à la façade et leurs dimensions sont les suivantes :

0.45 × 0.45	intérieur du foyer		0.25
0.45 × 0.50	»	»	0.25
0.50 × 0.50	»	»	0.30
0.50 × 0.55	»	»	0.30
0.55 × 0.55	»	»	0.35
0.55 × 0.60	»	»	0.35
0.60 × 0.60	»	»	0.40
0.60 × 0.65	»	»	0.40

Les mesures sont semblables dans les deux modèles : à souffleur ou à portes.

Cheminées portatives.

168. Les cheminées portatives du commerce ont disparu de la Série depuis l'édition de l'année 1891.

Les cheminées portatives sont divisées en deux catégories :

1° Les cheminées dites à pilastres ;

2° Les cheminées dites à chambranles.

Les premières sont entièrement fabriquées en tôle, avec rosaces, losange, barre de soubassement cintrée en cuivre, avec ou sans chapiteaux et rideau.

Les secondes, également fabriquées en tôle, sont revêtues de marbre et garnies de tablettes. Elles ressemblent un peu aux cheminées de construction, d'où leur dénomination de cheminées à chambranles.

Cette seconde catégorie de cheminées à chambranle est elle-même subdivisée :

1° Cheminée sans rétrécissement en faïence ;

2° Cheminée avec rétrécissement en faïence.

Enfin, parmi les cheminées à chambranles, il y a aussi les cheminées à usage spécial dites de salle à manger et munies d'une étuve chauffe-assiettes.

Ces cheminées se font aussi dans les deux types précités :

1° Sans rétrécissement en faïence ;

2° Avec rétrécissement en faïence.

Toutes ces cheminées quelles qu'elles soient étaient payées à la Série, édition de l'année 1889, livrées au bâtiment.

Aujourd'hui les prix doivent être demandés suivant la valeur marchande, augmentée du bénéfice conformément aux dispositions de la Série.

Les prix ne comprennent pas la valeur de l'emballage, non plus que les garnissages à l'intérieur des cheminées, ni le montage et la pose.

La cheminée la plus simple est à pilastres unis sans chapiteaux.

Les mesures commerciales sont :

0ᵐ,33, largeur intérieure entre pilastres.
0ᵐ,38   »   »   ».
0ᵐ,43   »   »   »
0ᵐ,49   »   »   »
0ᵐ,54   »   »   »
0ᵐ,60   »   »   »
0ᵐ,65   »   »   »
0ᵐ,70   »   »   »

Toutes les cheminées portatives sont mesurées en largeur seulement ; la mesure prise à l'intérieur entre les pilastres.

La cheminée que nous représentons (*fig.* 223) est tout en tôle, à pilastres avec socles et chapiteaux, rosaces, soubassement et barre cintrée en cuivre, rideau sans moulure.

Les mesures du modèle de cette cheminée sont semblables à celles de la précédente.

La caisse de la cheminée est à pans, mais on peut également la faire dans la forme carrée.

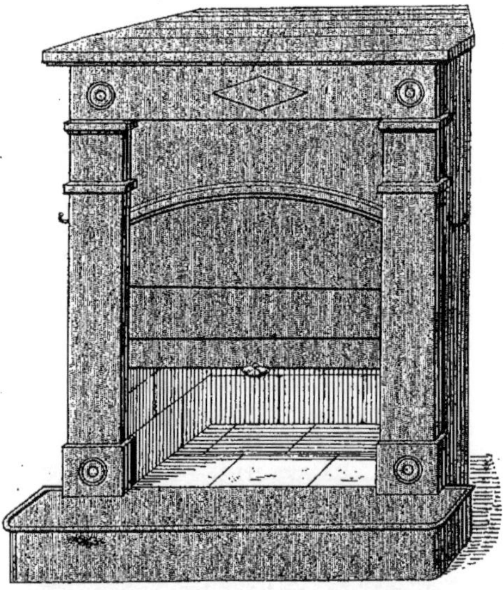

Fig. 223. — Cheminée portative en tôle à pilastres avec socles et chapiteaux en cuivre, soubassement et rideau.

Le prix est le même quelle que soit la forme demandée.

Les cheminées tout en tôle sont également faites avec buse dessus ou buse derrière, à volonté, sans augmentation de prix.

Nous donnons (*fig.* 224) une cheminée de la seconde catégorie, dite à chambranles.

La figure représente la cheminée à chambranles à socles et chapiteaux cuivre, rosaces, soubassement et barre cintrée en cuivre, avec rideau sans moulure.

La caisse de la cheminée est carrée.

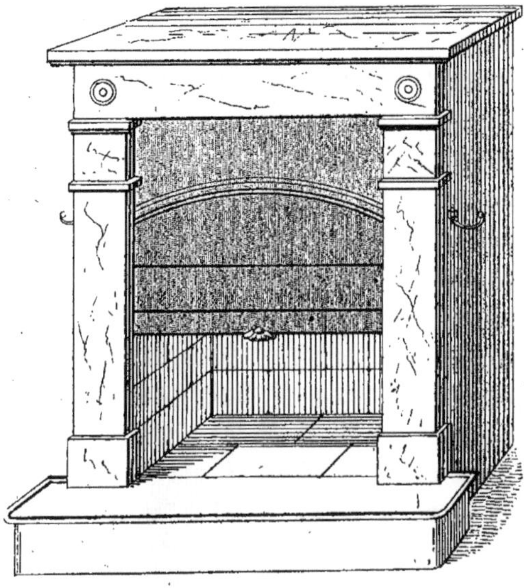

Fig. 224. — Cheminée portative en tôle à chambranles marbre, soubassement et rideau
sans rétrécissement.

Fig. 225. — Cheminée portative en tôle à chambranles marbre avec rétrécissement en faïence
et rideau, corniche en cuivre.

Cette cheminée est faite commercialement dans les mêmes mesures que celles
précédemment indiquées aux cheminées
à pilastres en tôle.

On peut aussi y ajouter sous la tablette
une corniche en cuivre poli, comme nous
la représentons (*fig.* 225).

La cheminée à chambranles et tablette
que nous donnons (*fig.* 225), est à rétrécissement en faïence avec châssis à rideau

Fig. 226: — Cheminée portative en tôle à chambranles marbre sans rétrécissement,
avec étuve et rideau.

à moulure cuivre poli et corniche en cuivre poli sous la tablette.

Les mesures commerciales sont :

0ᵐ,43, largeur intérieure entre pilastres.
0ᵐ,49   »   »   »
0ᵐ,54   »   »   »
0ᵐ,60   »   »   »
0ᵐ,65   »   »   »
0ᵐ,70   »   »   »

La corniche en cuivre est facultative. Elle donne toujours lieu à une plus-value sur le prix de la cheminée tarifée sans corniche.

La caisse de cette cheminée peut également être faite à pans ou carrée, sans modification de prix.

Contrairement aux cheminées tout en tôle, les cheminées à chambranles s'entendent, buse derrière.

Le départ dessus, dans la tablette en marbre, donne lieu à la plus-value de taille dans le marbre, suivant sa forme, ronde ou carrée, et aussi suivant la nature du marbre.

L'emballage est toujours dû, pour le transport des cheminées à chambranles.

169. Nous donnons aussi les deux types de cheminées à étuves, dites de salle à manger.

La figure 226 représente la cheminée à étuve sans rétrécissement en faïence, avec soubassement cintré, barre en cuivre, rosaces, socles et chapiteaux cuivre poli, sans corniche et colonne en tôle.

L'installation est représentée sur carrelage en carreaux d'âtre de 0.16 centimètres.

Les mesures commerciales de cette cheminée sont :

0ᵐ,45, largeur intérieure entre pilastres.
0ᵐ,50   »   »   »
0ᵐ,55   »   »   »
0ᵐ,60   »   »   »
0ᵐ,65   »   »   »
0ᵐ,70   »   »   »

Nous ajoutons cependant que les mesures couramment demandées sont :

0.50 centimètres.
0.55   »
0.60   »

La figure 226 est complétée par une colonne en tôle.

La colonne est un accessoire de la cheminée portative, qui a disparu avec elle de la Série depuis l'édition de l'année 1891.

Il nous faut en passant déplorer ces lacunes et ces retranchements, à peu près incompréhensibles. Car plus les Séries sont incomplètes plus les malentendus sont fréquents et les règlements erronés.

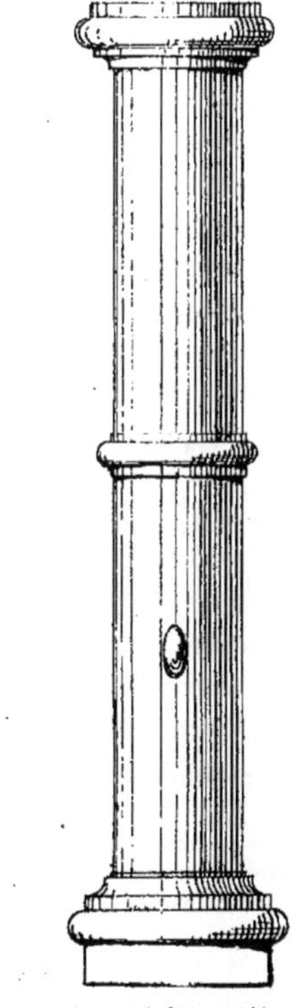

Fig. 227. — Colonne à fût en tôle avec embase à socle carré, astragale, chapiteau à simple boudin et soupape.

Les colonnes en tôle sont mesurées suivant leur diamètre, pris au bas du fût, sans aucune plus-value pour réduction conique.

La hauteur de la colonne est comprise jusqu'à 1ᵐ,65; c'est-à-dire de toute la longueur de la feuille de tôle.

La colonne doit être d'une seule pièce, garnie haut et bas d'une embase et d'un chapiteau, et munie d'une soupape de réglage, avec clef à olive en cuivre.

La colonne se compose de quatre pièces :

1° Le fût ;

2° L'embase ;

3° Le chapiteau ;

4° La soupape.

Le prix de fourniture ne comprend pas la pose.

Les diamètres des colonnes sont couramment de :

0.14 centimètres.
0.16 »
0.18 »
0.19 »
0.20 »
0.22 »
0.24 »

Les plus simples sont avec garnitures à talons renversés, et se font avec fûts en tôle noire ou en tôle vernie au four. C'est le modèle de colonne représenté par la figure 226.

Ensuite nous avons la colonne avec embase et chapiteau à simple boudin et astragale, carrée à l'embase et soupape à olive cuivre.

Cette colonne se compose de cinq pièces :

1° Le fût ;

2° L'embase carrée ;

3° L'astragale ;

4° Le chapiteau ;

5° La soupape.

Cette colonne se fait avec carré à l'embase en tôle ou en cuivre, le fût en tôle noire ou vernie au four.

Les mesures sont prises également au diamètre des colonnes, à la base des fûts.

Nous donnons (*fig.* 227) une colonne avec embase à socle carré et chapiteau à simple boudin, astragale et soupape.

Métré de la cheminée à chambranles et étuve (*fig.* 226).

Scellé un cadre en parquet sur 3 sens.

1 fois 1.60 = 1.60 ⎱
2 fois 1.06 = 2.12 ⎰ 3.72

Fourni, posé, scellé en continuité et en surface les carreaux carrés de Beauvais de 0.16 centimètres sur forme en plâtre.

Carrelage N° 71.

1.60 × 1.06 = 1^{m2},69.

Monté à pied d'œuvre une cheminée portative à chambranles marbre et tablette avec étuve.

Posé la cheminée portative à son emplacement et scellé.

Fumisterie N° 603.

Posé, scellé la tablette marbre, compris tasseaux, plâtre et calfeutrements.

Fumisterie N° 606.

Posé, scellé la colonne en tôle.

Fumisterie N° 605.

La pose des tuyaux s'il y a lieu est comptée au mètre linéaire.

Horizontaux ou verticaux, sur mur.

Fumisterie N° 592.

Tous les autres ouvrages accessoires : percements, raccords divers, etc., suivant leur valeur respective.

L'arrangement de l'intérieur de cheminée sans faïence, les contre-cœurs en briques neuves de 0.06 centimètres d'épaisseur, goussets, contre-soubassement, façon de l'âtre.

Le fond en briques neuves de 0.06 centimètres d'épaisseur.

Scellement de cadre en parquet au mètre linéaire.
3.72
Carrelage en carreaux carrés de Beauvais de 0.16 centimètres au m^2.
1.69
Carrelage N° 71.
Montage de cheminée portative à chambranles marbre et tablette avec étuve.
Observation.
Pose de cheminée portative.
SÉRIE CENTRALE 603.
Pose et scellement de tablette marbre.
SÉRIE CENTRALE 606.
Pose et scellement de colonne en tôle.
SÉRIE CENTRALE 605.
Pose de tuyaux tôle au mètre linéaire.
SÉRIE CENTRALE 592.
Observation.
Intérieur de cheminée, contre-cœurs en briques de 0.06 centimètres, goussets, contre-soubassement et âtre.
Observation.
Dosseret en briques de 0.06 centimètres d'épaisseur.
Observation.

Noirci l'intérieur.

En fournitures :

10 carreaux d'âtre de Bourgogne.
Fumisterie N° 278.

Le contre-soubassement en tôle bordée.
Fumisterie N° 386.

Une cheminée portative en tôle à chambranles marbre et tablette rouge de Flandre, garniture cuivre, socles et chapiteaux, rosaces, soubassement avec barre cintrée en cuivre, étuve chauffe-assiettes avec porte à deux vantaux sur encadrement en cuivre poli et rideau sans moulure.

Largeur intérieure entre pilastres, 0ᵐ,60.

Entaillé le départ à buse dessus en plein marbre de 0.20 centimètres de diamètre à l'unité.

Marbrerie.

Emballé la cheminée à chambranles marbre.

Déboursés.

La colonne à fût verni au four, de 0,20 centimètres de diamètre, avec embase et chapiteau à talons renversés, en cuivre poli et soupape à olive cuivre.

Observation.

Observation.
Carreaux d'âtre de Bourgogne.
SÉRIE CENTRALE 278.
Contre-soubassement en tôle bordée.
SÉRIE CENTRALE 386.
Cheminée portative à chambranles et tablette rouge de Flandre, garniture en cuivre, étuve et rideau : Largeur intérieure, 0.60 centimètres.
Observation.
Entaille de départ de 0.20 centimètres de diamètre dans le marbre rouge de Flandre.
Marbrerie. Observation.
Emballage de cheminée à chambranles marbre.
Observation.
Colonne en tôle à fût verni au four de 0.20 centimètres de diamètre, embase et chapiteau à talons renversés, en cuivre poli et soupape à olive cuivre.
Observation.

170. Nous donnons (*fig.* 228) le second type de cheminée de salle à manger à étuve, avec rétrécissement en faïence et châssis à rideau à moulure cuivre.

Les mesures commerciales de cette cheminée sont :

0ᵐ,50, largeur intérieure entre pilastres.
0ᵐ,55   »   »   »   »
0ᵐ,60   »   »   »   »
0ᵐ,65   »   »   »   »
0ᵐ,70   »   »   »   »

L'installation de la cheminée est représentée sur une dalle en liais et complétée par une colonne en faïence.

Contrairement à l'exclusion des colonnes en tôle, les colonnes en faïence ont été conservées dans la Série.

Les colonnes en faïence sont en plusieurs pièces appelées :

1° Embase ;
2° Chapiteau ;
3° Boisseau ;
4° Palmette ou flamme.

Les boisseaux sont des parties intermédiaires, qui portent commercialement, 0ᵐ,30 de hauteur, et servent à gagner la hauteur totale demandée.

L'embase et le chapiteau complètent la colonne.

La flamme ou palmette sert à décorer le tout et à cacher en même temps le tuyau de jonction de la colonne avec le conduit de fumée.

Notre dessin (*fig.* 228) représente une colonne composée de quatre pièces placées dans l'ordre de la pose :

L'embase ;
Le boisseau intermédiaire ;
Le chapiteau ;
La palmette.

Les colonnes sont en faïence blanche ou de couleur d'un seul ton ou à plusieurs tons.

Les diamètres des colonnes en faïence sont :

0ᵐ,14 centimètres.
0ᵐ,15   »
0ᵐ,16   »
0ᵐ,18   »
0ᵐ,21   »
0ᵐ,25   »

La base d'évaluation est le boisseau pris pour unité de comparaison.

La Série paye le boisseau d'après le diamètre sous le N° 79.

Les embases et chapiteaux comptent pour une pièce et demie. Observation N° 80.

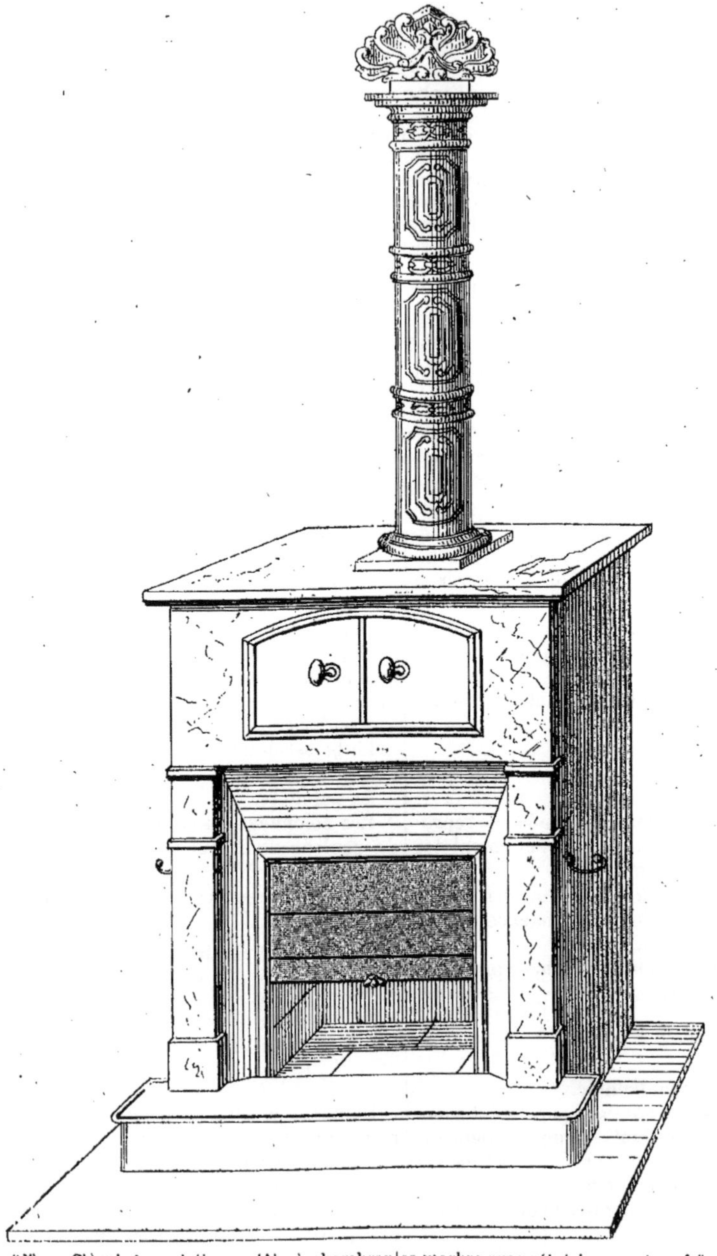

Fig. 228. — Cheminée portative en tôle à chambranles marbre avec rétrécissement en faïence rideau et étuve.

Les palmettes ou flammes comptent comme les boisseaux. Observation N° 81. Les pièces de colonnes, en faïence de couleur d'un seul ton, sont payées à fois et demie des prix portés sous le N° 79. Observation N° 82.

Métré de la cheminée à chambranles et rétrécissement en faïence avec étuve (*fig.* 228).

Posé, scellé une dalle en liais sur plâtre de 1.40 × 1.00 = 1.40.
Observation.

La dalle en liais de Tonnerre du commerce de 0.06 centimètres d'épaisseur au mètre superficiel.
1.40 × 1.00 = 1.40;
Maçonnerie N° 621.

Monté à pied d'œuvre une cheminée portative à chambranles, marbre et tablette, avec rétrécissement en faïence et étuve.
Posé la cheminée portative à son emplacement et scellé.
Fumisterie N° 603.

Plus-value pour pose de cheminée à rétrécissement intérieur en faïence avec étuve chauffe-assiettes.
Posé, scellé la tablette marbre compris tasseaux, plâtre et calfeutrements.
Fumisterie N° 606.

Posé, scellé la colonne en faïence.
Fumisterie N° 604.
La pose des tuyaux s'il y a lieu au mètre linéaire.
Fumisterie N° 592.
Tous les autres ouvrages accessoires.
Observation.

L'arrangement de l'intérieur de cheminée à rétrécissement en faïence, garni, scellé, calfeutré, les contre-cœurs en briques neuves de 0.06 centimètres d'épaisseur, goussets, contre-soubassement, rideau, façon de l'âtre.

Le fond en briques neuves de 0.06 centimètres d'épaisseur.

Noirci l'intérieur.
En fournitures :
10 carreaux d'âtre de Bourgogne.
Fumisterie N° 278.

Le contre-soubassement en tôle bordée.
Fumisterie N° 386.
Une cheminée portative en tôle à chambranle, marbre et tablette rouge de Flandre, garniture cuivre, socles et chapiteaux, rétrécissement en faïence à rideau, étuve chauffe-assiettes avec portes à deux vantaux sur encadrement en cuivre poli.
Largeur intérieure entre pilastres 0m,60.
Entaillé le départ à buse dessus en plein marbre de 0.21 centimètres de diamètre à l'unité.
Marbrerie.

Légers ouvrages.

Observation.

Dalle en liais de tonnerre de 0.06 d'épaisseur au mètre superficiel.

1.40

Maçonnerie 621.
1re et 2me colonnes.

Montage de cheminée portative à chambranles marbre avec rétrécissement en faïence et étuve.

Observation.

Pose de cheminée portative.

SÉRIE CENTRALE 603.

Plus-value de pose de cheminée.

Observation.

Pose et scellement de tablette marbre.

SÉRIE CENTRALE 606.

Pose et scellement de colonne en faïence.

SÉRIE CENTRALE 604.

Pose de tuyaux tôle au mètre linéaire.

SÉRIE CENTRALE 592.

Observation.

Intérieur de cheminée à rétrécissement en faïence, contre-cœurs en briques de 0.06 centimètres, goussets, contre-soubassement, rideau et âtre.

Observation.

Dosseret en briques de 0.06 centimètres d'épaisseur.

Observation.

Observation.

Carreaux d'âtre de Bourgogne.

SÉRIE CENTRALE 278.

Contre-soubassement en tôle bordée.

SÉRIE CENTRALE 386.

Cheminée portative à chambranles et tablette rouge de Flandre, garniture en cuivre, rétrécissement en faïence à rideau, étuve, largeur intérieure 0m,60.

Observation.

Entaillé le départ de 0.21 centimètres de diamètre dans le marbre rouge de Flandre.

Marbrerie. — Observation.

Emballé la cheminée à chambranles marbre et rétrécissement en faïence à rideau.

       Déboursé :

La colonne en faïence de 0.21 centimètres de diamètre.

1 Boisseau portant base pour une pièce et demie............................. 1 1/2

  1 Boisseau intermédiaire............ 1

  1 Boisseau portant chapiteau pour une pièce et demie....................... 1 1/2

  1 Palmette pour une pièce............ 1

            Total............ 5 pièces

     Fumisterie N° 79.

Plus-value de faïence de couleur unie d'un seul ton 50 0/0.
     Fumisterie N° 82.

Emballage de cheminée à chambranles marbre et faïence.
Observation.

Boisseau de colonne en faïence de 0.21 centimètres de diamètre.
5
SÉRIE CENTRALE 79.

Plus-value de faïence de couleur unie d'un seul ton.
SÉRIE CENTRALE 82.

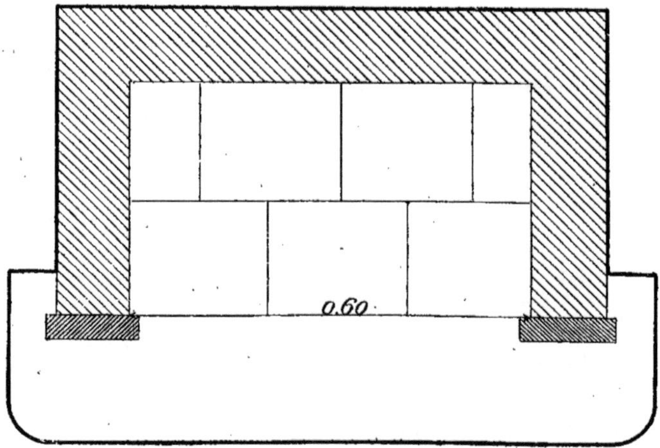

Fig. 229. — Plan de cheminée portative carrée.

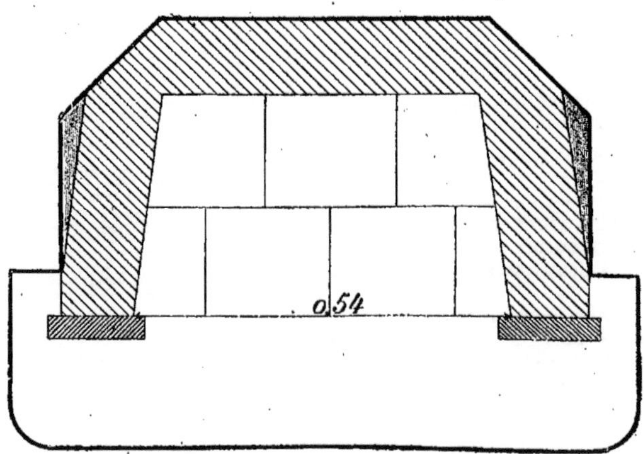

Fig. 230. — Plan de cheminée portative à pans.

Les figures 229 et 230 complètent notre description des cheminées portatives du commerce, en présentant les plans des deux modèles.

La figure 229 représente la forme carrée.

La figure 230 représente la forme à pans.

Le carrelage des âtres est représenté à joints coupés.

Les intérieurs en briques.

Nous ajoutons que les cheminées à chambranles sont faites commercialement :

1° En marbre noir Français ;

2° En marbre Sainte-Anne belge ;

3° En marbre rouge de Flandre.

On peut les faire avec des marbres d'autres natures mais sur commande. Les prix sont majorés suivant la valeur des marbres demandés.

Cheminées mobiles.

171. Les cheminées mobiles diffèrent des cheminées d'intérieurs et des portatives précédemment décrites, en ce sens que l'on peut les mouvoir et les déplacer à volonté, avec la plus grande facilité, puisqu'elles sont munies de galets.

La cheminée la plus répandue dans ce genre est la « Salamandre », basée sur le principe de la combustion lente.

L'installation se fait aussi bien en plaçant l'appareil au-devant d'une cheminée d'appartement, ou en le posant isolément dans une pièce.

Si l'appareil est placé au-devant d'une cheminée, la section d'ouverture du rideau est fermée par une plaque spéciale en tôle, appelée : *plaque de fermeture.*

Ces plaques sont percées de deux ouvertures superposées : celle du haut sert au passage de la buse d'évacuation des fumées ; celle du bas sert à l'introduction de l'air froid nécessaire au fonctionnement de l'appareil, et son admission est réglée automatiquement au moyen d'une valve mobile sur un axe.

Si l'appareil est placé isolément, une base d'installation reçoit la buse, et l'admission d'air froid est réglée au moyen d'une valve mobile semblable. Cet accessoire prend le nom de *poste carré* ou *poste d'angle,* suivant sa forme et l'emplacement qu'il doit occuper.

Le réglage de l'appareil est fait par le cendrier. Il est accéléré ou ralenti suivant l'ouverture de la valve.

La « Salamandre » est faite en deux modèles :

1° Le modèle rond, appelé communément ancien modèle ;

2° Le modèle carré, appelé nouveau modèle.

L'ancien modèle rond se fait en fonte noire et avec ornements nickelés ou complètement nickelé.

Le nouveau modèle carré se fait également en fonte noire et applications nickelées. De plus il se fait aussi avec encadrement en faïence à deux tons.

La Salamandre ronde mesure $0^m,66$ centimètres de largeur et $0^m,75$ centimètres de hauteur.

La Salamandre carrée mesure $0^m,58$ centimètres de largeur et $0^m,75$ centimètres de hauteur.

La Salamandre carrée grand modèle mesure $0^m,75$ centimètres de largeur et $0^m,75$ centimètres de hauteur.

Le grand modèle ne se fait qu'en fonte noire, ou émail et or et sans faïence.

Les faïences pour le nouveau modèle, forme carrée, sont :

1° Fond bleu, les macarons en bleu clair ;

2° Fond vert, les macarons en bleu ;

3° Fond brun, les macarons en vert ;

4° Fond grenat, les macarons en jaune ;

5° Fond jaune, les macarons en grenat.

Les prix de pose et d'installation sont rapportés à la Série, conformément à nos précédentes observations.

Il est fait aussi des encadrements en fonte noire ou nickelée, dont les contours intérieurs épousent les formes et les courbes des appareils.

Ces encadrements sont placés dans l'intérieur des chambranles pour constituer des installations définitives. Ils servent de rétrécissements aux cheminées.

Les dimensions en sont exactement déterminées.

Pour la forme ronde, les dimensions extérieures des encadrements sont :

En largeur, $0^m,78$ et $0^m,85$ centimètres.

En hauteur, $0^m,81$ et $0^m,85$ centimètres.

Pour la forme carrée, les dimensions extérieures sont :

Fig. 231. — Cheminée salamandre ronde avec encadrement ajouré.

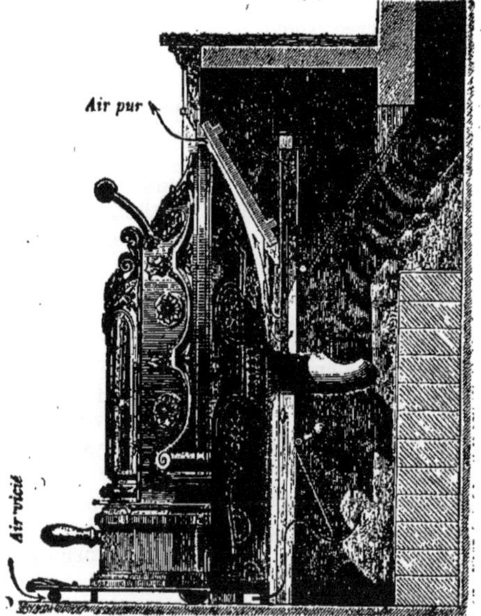

Fig. 232. — Cheminée salamandre ronde.
Vue de profil.

Fig. 233. — Cheminée salamandre carrée
avec faïences décoratives.

0^m,74 de largeur et 0^m,80 de hauteur
0^m,81 » et 0^m,82 »
0^m,91 » et 0^m,82 »
1^m,03 » et 0^m,82 »
0^m,80 » et 0^m,89 »
0^m,92 » et 0^m,89 »
1^m,03 » et 0^m,89 »

Nous donnons (*fig.* 231) la cheminée Salamandre ronde dans un encadrement ajouré, installée à l'intérieur d'une chambranle.

La figure 232 représente la salamandre ronde, vue de profil et installée dans l'intérieur d'une cheminée rétrécie en faïence avec coupe sur la cheminée.

à chauffer par rayonnement direct et combustion active. Le réglage de l'appareil est fait au moyen d'une valve montée sur un axe mobile placé dans la buse d'évacuation des fumées et commandé par une manivelle. L'ouverture du débit est sectionnée à volonté par un cadran crénelé.

La combustion est ralentie au moyen du tablier combiné avec le cadre inférieur mobile, formant panneau sur la façade de l'appareil.

Le fonctionnement de cette cheminée est différent de celui de la Salamandre.

Fig. 234. — Cheminée « Mousseronne ».

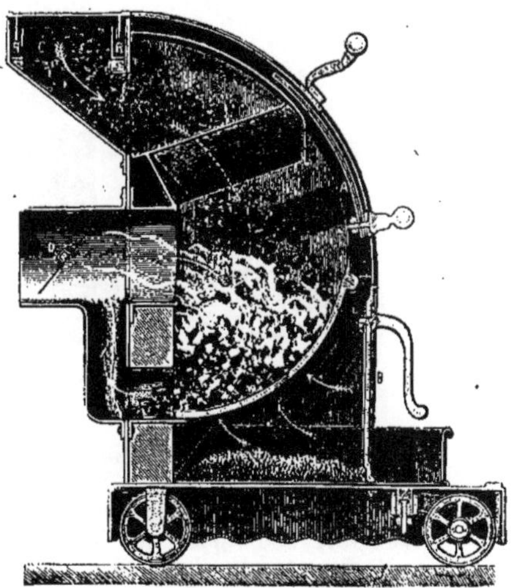

Fig. 235. — Coupe de cheminée « Mousseronne ».

La figure 233 nous donne une Salamandre de forme carrée avec faïences décoratives.

172. Nous représentons (*fig.* 234) un autre genre de cheminée mobile appelée « la Mousseronne », construite sur un type unique.

Cet appareil est destiné à être placé dans les mêmes conditions d'installation au-devant des cheminées. Une plaque mobile en tôle ferme complètement l'ouverture du rideau.

Par sa construction la cheminée « Mousseronne » est plus spécialement destinée

Nous donnons (*fig.* 235) la coupe de la cheminée Mousseronne.

Il existe, en outre, un très grand nombre d'appareils mobiles, tous plus ou moins recopiés sur ces types et dans les mêmes formes extérieures.

173. Pour clore ce chapitre, nous donnons (*fig.* 236) la cheminée Besson dont le principe est différent de ceux des appareils précédents.

Le chauffage de la cheminée Besson est fait par rayonnement direct et transmission. L'air froid est chauffé à son passage dans une série de tubes verticaux placés au pourtour du foyer de combustion, et suffisamment isolés entre eux pour laisser l'espace nécessaire à éviter le surchauffage.

La cheminée tire son nom de cette disposition. Elle est appelée : cheminée tubulaire.

Fig. 236. — Cheminée tubulaire Besson.

La porte de façade est munie de carreaux en mica.

L'appareil est fait sur un type unique.

La figure 236 représente la cheminée installée au-devant d'une cheminée d'appartement rétrécie en faïence, avec chambranle Louis XV.

La figure 237 représente la coupe de la cheminée sur la façade et le magasin de combustible.

Basé sur le même principe, mais plus léger et avec un tout autre extérieur, il y a aussi le foyer tubulaire Besson.

Le foyer tubulaire est dépourvu de magasin de combustible, et le chargement est fait au fur et à mesure de la combustion essentiellement active.

La façade mobile est munie de carreaux en mica, et offre une surface de rayonnement beaucoup plus grande, que celle de la cheminée.

La figure 238 représente le foyer tubulaire installé au-devant d'une cheminée d'appartement.

Fig. 237. — Coupe de cheminée tubulaire Besson.

Fig. 238. — Foyer tubulaire Besson.

La figure 239 donne la coupe du foyer.

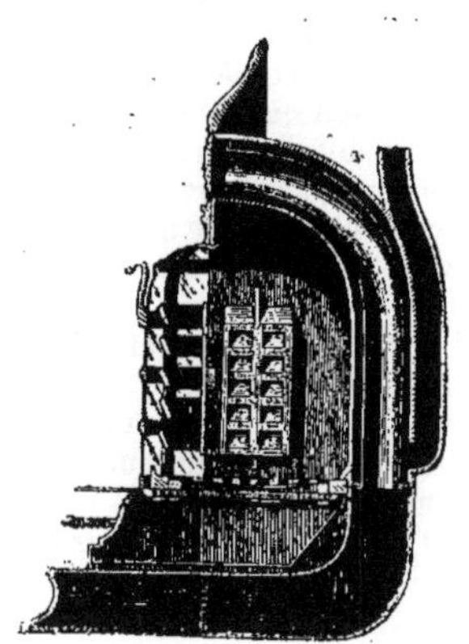

Fig. 239. — Coupe de foyer tubulaire Besson.

Poêles d'appartements, de construction.

Considérations générales.

174. D'une manière générale les poêles de construction en faïence sont divisés en deux catégories :

1° Les poêles à cheminée ;
2° Les poêles à cylindre.

Ainsi que l'indique leur nom, les poêles de la première catégorie sont d'un modèle mixte, qui tient à la fois du poêle proprement dit et de la cheminée.

Les modèles sont très variés. On construit ces poêles avec ou sans socle. Les intérieurs rétrécis en faïence unie ou en panneaux brevetés, ou bien en petits carreaux avec ou sans rideau.

Le rétrécissement en faïence est remplacé à volonté par un appareil à coke, en fonte ornée avec cendrier, portes ou souffleur.

Pour le service spécial des salles à manger, on incorpore une étuve chauffée par un coffre disposé tout spécialement pour cet usage, et qui augmente du même coup le rendement calorifique.

Les poêles cheminées se font aussi dans les styles riches.

Les poêles de la seconde catégorie sont complètement fermés. Ils sont établis pour chauffer au bois ou au charbon au moyen d'un cylindre, et le rendement calorifique est obtenu par l'addition d'un ou plusieurs coffres.

Le plus souvent on dispose à l'intérieur une étuve chauffe-assiettes, fermée sur la façade du poêle par une porte en métal.

Les poêles à cylindre se font de différents styles, avec des accessoires en rapport.

L'air est fourni par un conduit de ventouse pris à l'extérieur, amené dans l'âtre creux, canalisé autour des appareils, et enfin rejeté dans la pièce, par les bouches placées dans la frise.

La masse est maintenue, ordinairement, par des cercles apparents en cuivre, scellés dans le mur.

Les poêles de style se font sans cercles.

Les uns et les autres sont couverts par une tablette en marbre.

Un foyer en marbre, de même nature que la tablette, est disposé en parquet au-devant du poêle.

Nous devons mentionner aussi les poêles en biscuit, mais uniquement pour nous conformer au texte de la Série. L'usage en est à peu près complètement abandonné.

Quand le poêle est construit dans une niche, il est surmonté d'une colonne en faïence de même couleur.

La colonne a un double but, utilitaire et décoratif, et canalise la fumée dans la cheminée.

Le métré d'un poêle de construction est fait au cube ou réduit à la pièce, en conformité des exemples donnés par la Série.

Les prix sont indiqués sous les n°s 569 à 572 inclus.

Comme pour les cheminées d'appartements, on distingue les poêles construits en bâtiment neuf de ceux construits en réparation.

On entend par la dénomination « en réparation », tous les poêles reconstruits :

1° Avec les anciens matériaux ;

2° Avec des matériaux neufs en remplacement d'anciens poêles démolis ;

3° Les poêles exécutés dans les locaux habités.

Le prix alloué par la Série pour les poêles exécutés en réparation comprend toujours la valeur de la démolition.

La Série donne un prix global pour la construction des poêles. Elle comprend dans son évaluation :

1° La construction proprement dite ; l'assemblage des revêtements extérieurs en faïence ou biscuit, et la maçonnerie intérieure en briques de façon bourgogne ;

2° Les percements de trous dans les faïences ;

3° La pose et scellement des appareils en fonte et tôle, des bouches, cendrier, portes, etc.

Les prix portés sous les numéros précités 569 à 572 inclus sont pour des poêles construits à trois faces ou dans une niche.

Le dispositif de la Série est ainsi libellé :

Construction sur place de poêle *à trois faces ou dans une niche, avec revêtement extérieur* **en faïence ou biscuit** *et garnissage intérieur en briques façon bourgogne de 0,06 d'épaisseur, massif supportant le cylindre en briques, façon bourgogne de 0,11, lissage et enduit en terre ; percement de trous dans les faïences, pose et ajustement desdites, pose et scellement des fers, tôles, fontes, cuivres et bouches, dont les fournitures seules seront payées à part.*

Le texte de la Série est précis, et détermine, d'une manière absolue, le genre de construction qu'elle entend rémunérer.

Il s'ensuit donc que tous les ouvrages accessoires, non prévus et non décrits dans la nomenclature que nous venons de citer, doivent être comptés pour leur valeur respective.

Des plus-values sont également dues, quand la construction est faite avec des matériaux de mesures ou de qualités supérieures à celles indiquées.

Quand les poêles sont construits isolément ou à deux faces à travers mur, les prix sont augmentés de 20 0/0.

La Série dit sous le n° 573 et par observation :

Plus-value : *Lorsque les poêles seront isolés ou à deux faces, traversant un mur et formant un seul poêle, les prix ci-dessus seront augmentés de* 20 0/0.

Les prix visés par la plus-value sont ceux portés sous les n°s 569 à 572 inclus.

Nous avons dit que le mode de métré d'un poêle de construction est le cubage.

Il y a une restriction indiquée par la Série, qui alloue un prix moyen, à la pièce, pour le poêle dont la cubature est égale ou au-dessous de $0^3,425$.

Il s'ensuit donc que les mesures données sur le mémoire sont purement indicatives, quand l'opération donne pour résultat un cube inférieur ou égal à $0^3,425$. Le prix appliqué reste le même.

Au-dessus de $0^3,425$, le prix appliqué est celui du mètre cube de construction. La valeur de la construction varie en

Fig. 240. — Poêle de construction en faïence à deux rangs, à cylindre sans étuve.

raison du plus ou moins de cube de la masse.

La Série a procédé par deux exemples pour tarifer la construction des poêles.

Dans les deux cas et afin de se rapprocher le plus possible de l'unité métrique en hauteur, le poêle à deux rangs a été pris comme type. La hauteur donnée est $1^m,02$.

Le premier exemple est pris sur un poêle de $0^m,65$ au corps et de $0^m,45$ de profondeur.

Le cube obtenu par les mesures indiquées est dé :

$$0,65 \times 0,45 \times 1,02 = 0^3,298.$$

D'après ses sous-détails, la Série alloue pour ce cube de construction en bâtiment neuf, la somme de . . . . . . $29^f,60$

Soit le mètre cube . . . . $99^f,35$

Le second exemple est pris sur un poêle de 1 mètre au corps et de 0m,60 de profondeur.

Le cube obtenu est de :

$$1,00 \times 0,60 \times 1,02 = 0^3,612.$$

La somme allouée pour ce cube de construction, toujours en bâtiment neuf, est de 41f,95

Soit le mètre cube 68f,55

L'ensemble de la cubature des poêles pris pour exemple donne un total de :

$$0^3,298 + 0^3,612 = 0^3,910.$$

En conformité de ces exemples, la Série applique le prix uniforme de 29f,60 pour tous les poêles cubant moins de 0³,425 ; et le prix de 68f,55 le mètre cube, pour tous les poêles cubant plus de 0³,425.

Il y a une anomalie qui fait perdre à l'entrepreneur l'excédent de construction, chaque fois qu'un poêle cube plus de 0³,298 et moins de 0³,425.

Si on prend la limite de 0³,425 — 0³,298, on trouve un déficit de 0³,127 décimètres.

La différence en argent est considérable, si on calcule l'ouvrage sur le prix du mètre cube.

Le poêle est mesuré : en largeur, au corps ; en profondeur, du dehors au dehors ; en hauteur, sous la tablette.

Métré d'un poêle de construction à cylindre sans étuve à deux rangs, en faïence blanche (*fig.* 240).

175. *Conduit d'air froid avec prise en façade et amené à l'âtre creux.*

Percé le mur en moellons de 0.40 à la masse et poinçon à l'entier de légers = 40/100.

Légers ouvrages.
0.40
0.40

Ragréé enduit les 4 sens en épaisseur de mur pour orifice de ventouse de 0.40 à l'entier de légers = 40/100.

Posé, scellé, la grille de ventouse sur ravalement.
Série centrale, Fumisterie n° 663.

Pose et scellement de grille de ventouse.
SÉRIE CENTRALE 663, 7ᵉ col.

Plus-value de grille posée à l'échelle.
Série centrale, Fumisterie n° 664.

Plus-value.
SÉRIE CENTRALE 664.

Fourni une grille en fonte, unie, rectangulaire de 0.11 × 0.32.
Série centrale, Fumisterie n° 663.

Grille en fonte unie de 0.11 × 0.32 pour ventouse.
SÉRIE CENTRALE 663, 6ᵉ col.

Le conduit d'air froid formé de petits murs en briques, façon bourgogne de 0.06 d'épaisseur et plâtre, et couvert d'un plancher en doubles tuiles avec glacis au dessus. Section intérieure 0.18 × 0.25.
Série centrale, Fumisterie n° 358.
Linéaire développé
2.50) 3.70
1.20)

Conduit d'air froid en briques de 0.06 couvert en doubles tuiles 0.18 × 0.25 de section intérieure au mètre linéaire.
3.70
SÉRIE CENTRALE 358, 1ʳᵉ col.

L'âtre creux en plaque de fonte posée sur tasseaux en briques neuves avec conduit d'air.
Série centrale, Fumisterie n° 74.

Atre creux à circulation d'air.
SÉRIE CENTRALE 74.

Poêle à cylindre.

Massif coulé en plâtre et nivelé recevant foyer de 0.85 × 0.30 = 0.25 à 0/0 de légers = 25/100.

Légers ouvrages.
0.25

Posé, scellé le foyer en marbre et calfeutré.
Série centrale, Fumisterie n° 606.

Pose et scellement de foyer en marbre.
SÉRIE CENTRALE 606.

Construit le poêle à 3 faces avec revêtement extérieur en faïence blanche et garnissage intérieur en briques, façon bourgogne de 0.06 centimètres d'épaisseur, massif supportant le cylindre en briques façon bourgogne de 0.11 d'épaisseur, lissage et enduit en terre: percement de trous dans les faïences, pose et ajustement des dites, pose et scellement des fers, tôles, fontes, cuivres et bouches, ledit poêle cubant au corps

$$0.77 \times 0.45 \times 1.06^H = 0^3.367$$

à la pièce pour poêle cubant moins de $0^3.425$.

Fumisterie n° 571.

Posé les cercles apparents serrés sur vis de rappel: 6 trous et scellements de 0.08 dans le mur en moellons à l'entier de légers = 48/100.

Départ de fumée.

Posé scellé la jonction en tôle à soupape et garni en plâtre.

Raccordé la jonction sur la section de poterie par une réduction conique en plâtre enduite évaluée aux légers ouvrages.

Posé scellé la tablette marbre sur tasseaux plâtre et calfeutrée.

Fumisterie n° 606.

Les raccords en naissances au mètre linéaire.

2 fois 1.10 = 2.20 }
1 fois 0.92 = 0.92 {3.12 aux 8/100 courant de légers = 25/100.

En fournitures.

Le poêle à construire en faïence blanche de 1er choix, composé de :

1 socle grand modèle de 0.20 de hauteur d'une seule pièce de 0.77 au corps.

1 frise grand modèle de 0.20 de hauteur porte marbre d'une seule pièce de 0.77 au corps.

Fumisterie n° 463.

4 encoignures de 0.33 de hauteur.

Fumisterie n° 407.

1 carreau entier de 0.22×0.33 = 1 pièce.
3 1/2 carreaux   = 1   »   1/2.

Ensemble   2   1/2.

Fumisterie n° 287.

Observation n° 290.

1 plaque d'âtre en fonte au bois 2e fusion pesant.

Fumisterie n° 438.

1 cylindre de poêle, lourd, en fonte pour charbon à buse dessus avec foyer et grille pesant.

Fumisterie n° 442.

1 coffre ordinaire en tôle avec buses de communication et séparation intérieure pour appareil de poêle pesant.

Fumisterie n° 652.

Une soupape en tôle sur tige en fer et poignée en cuivre.

Observation.

Construction de poêle à 3 faces en faïence blanche cubant moins de $0^3.425$.

SÉRIE CENTRALE 571.

Légers ouvrages.

0.48

Pose et scellement de jonction en tôle à soupape.

Observation.

Observation.

Pose et scellement de tablette en marbre,

SÉRIE CENTRALE 606.

Légers ouvrages.

0.25

Frise et socle grand modèle porte-marbre de 0.77 en faïence blanche de 1er choix.

2

SÉRIE CENTRALE 463, 3e col.

Encoignures en faïence blanche de 1er choix de 0.33

4

SÉRIE CENTRALE, 407e col.

Carreaux en faïence blanche de 1er choix de 0.33

2 1/2

SÉRIE CENTRALE 287, 4e col.

Fonte pour plaque unie en bois

SÉRIE CENTRALE 438.

Fonte pour cylindre de poêle, lourd, à charbon, buse et foyer avec grille.

SÉRIE CENTRALE 442.

Tôle pour coffre ordinaire avec buses.

SÉRIE CENTRALE 652.

Soupape de réglage de fumée.

Observation.

Une jonction en tôle par alaises coniques pesant.
Fumisterie n° 647.

Tôles découpées pour plancher de poêle pesant.
Fumisterie n° 645.

Linteaux en fer carré coupés de longueur et à scellements pesant.
Serrurerie n° 73.
Observation n° 8.

1 cendrier en tôle avec bavette et encadrement en fonte ornée et bouton : pelle de 0.35.
Fumisterie n° 300.

Plus-value pour une coulisse d'air dans la bavette.
Fumisterie n° 300.

1 porte de foyer en fonte ornée avec châssis et contre-porte, en fonte, bouton et coulisse : hors cadre 0.25 × 0.33.
Fumisterie n° 584.

2 bouches de chaleur en cuivre poli à bascule de 0.07 × 0.15.
Fumisterie n° 89.

3 cercles en cuivre poli renforcé de 0.030 millimètres de largeur : chaque 1.05 développé = 1.05 × 3 = 3.15.
Fumisterie n° 304.

3 vis de rappel en fer à 2 écrous n° 2 pour cercles de poêle.
Fumisterie n° 666.

6 pattes à scellements de façon en tôle, rapportées et rivées.
Observation :

1 foyer uni en marbre noir Français doublé de
0.25 × 0.85 = 0².21.
Marbrerie n° 478.

La tablette de poêle en 0.03 d'épaisseur, marbre noir Français sans moulure, compris tailles, déchets, polissage du dessus et de la face, rives et angles arrondis de
0.19 × 0.91 = 0².173.
Marbrerie n° 479.

Tôle pour tuyaux coniques.	SÉRIE CENTRALE 647.
Tôles découpées.	SÉRIE CENTRALE 645.
Fer pour linteaux.	Serrurerie, SÉRIE CENTRALE, 73
Observation n° 8.	
Cendrier en fonte ornée, pelle en tôle de 0.35.	SÉRIE CENTRALE, 300, 1re col.
Plus-value,	SÉRIE CENTRALE 300, 4e col.
Porte de foyer en fonte ornée châssis et contre-porte 0.25 × 0.33 hors cadre.	SÉRIE CENTRALE 584, 4e col.
Bouches de chaleur en cuivre à bascule 0.07 × 0.15.	SÉRIE CENTRALE 89, 2e col.
Cercle en cuivre poli renforcé de 0.030 m/m de largeur.	SÉRIE CENTRALE 304, 2e col.
Vis à deux écrous en fer n° 2.	SÉRIE CENTRALE 666, 1ro col.
Pattes à scellements rapportées rivées.	Observation.
Foyer marbre noir Français uni doublé.	0.21
SÉRIE CENTRALE (Marbrerie 478).	
Tablette marbre noir Français en 0.03 d'épaisseur.	0.173
SÉRIE CENTRALE (Marbrerie 479).	

La figure 240 nous donne l'élévation du poêle que nous métrons.

La coupe est représentée par la figure 241.

Nous donnons (*fig.* 242) le dessin agrandi d'un carreau en faïence et (*fig.* 243) le dessin d'une encoignure.

Les figures que nous mettons sous les yeux de nos lecteurs ont pour but de leur permettre de se rendre un compte exact du montage des faïences et de leur assemblage.

La coupe sur le poêle, a surtout pour objet de montrer la disposition des appareils intérieurs : cylindre et coffre au dessus. La jonction de fumée raccordée au conduit.

Pour compléter les faïences, les figures 244 et 245 nous donnent respectivement la frise et le socle.

Nous avons représenté ces pièces avec les entailles des bouches de chaleur et du cendrier, prêtes à poser.

Le poêle que nous venons de présenter est du modèle de la maison Bono et Cie, à Paris.

Nous avons pris le poêle de 0,77 au corps pour notre démonstration ; mais nous ajoutons que le même poêle peut être fait dans toutes les mesures des socles.

Quant à la couleur de la faïence, la maison Bono possède dans sa palette quatre teintes unies : le blanc, le brun, le vert d'eau et le vert mousse.

Les deux dernières teintes sont d'un très joli effet et sont souvent demandées.

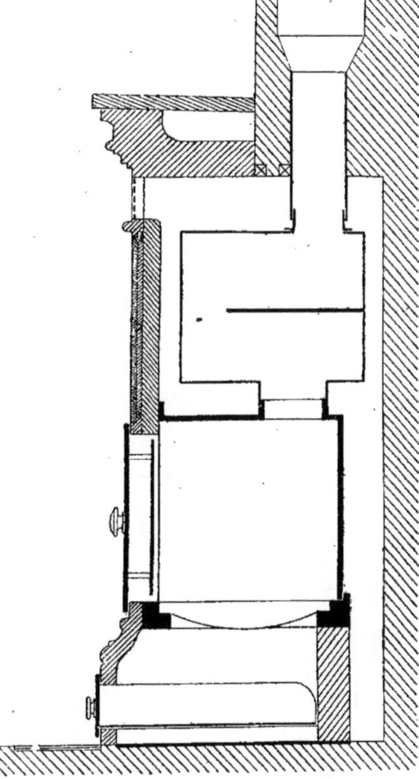

Fig. 241. — Coupe d'un poêle à cylindre.

176. En suivant l'ordre des poêles à cylindre, nous donnons (*fig.* 246) un second poêle à deux rangs, avec étuve chauffe-assiettes, spécialement destiné à usage de salle à manger.

Nous supposons le poêle placé dans une niche et surmonté d'une colonne en faïence.

Le métré d'un poêle avec étuve est semblable à celui d'un poêle sans étuve.

Fig. 242. — Carreau de faïence pour poêle de construction.

La Série n'alloue aucune plus-value pour l'excédent de main-d'œuvre très réel qui résulte de la construction plus compliquée.

Fig. 243. — Encoignure en faïence pour poêle de construction.

Le cube du poêle est mesuré : en largeur, au corps ; en profondeur, du parment extérieur de la faïence au nu du mur; en hauteur, du sol au-dessous de la tablette.

L'exemple que nous prenons nous conduit aux mêmes résultats métriques que celui de notre exemple précédent, étant

Fig. 244. — Frise porte-marbre en faïence pour poêle de construction.

Fig. 245. — Socle grand modèle en faïence pour poêle de construction.

Fig. 246. — Poêle de construction en faïence à deux rangs à cylindre avec étuve chauffe-assiettes
et colonne en faïence.

donné les mesures semblables à celles du poêle (*fig.* 240).

Nous ne donnons pas, pour cette raison, le détail du métré de la figure 246.

Il est cependant bien évident que, si le poêle par suite de mesures plus grandes en largeur et en profondeur, dépassait le cube de 0^{m3},425, il devrait être compté au mètre cube en conformité de l'article 569.

Si le poêle était construit à deux faces

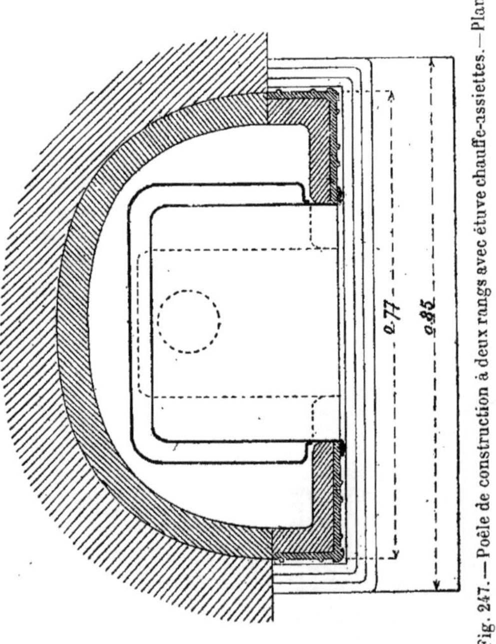

Fig. 247. — Poêle de construction à deux rangs avec étuve chauffe-assiettes. — Plan.

à travers mur, la plus-value de 20 0/0 sous le numéro 573 serait applicable.

Tous les autres ouvrages sont à métrer d'après l'exemple précédent.

La colonne en faïence est à compter suivant le diamètre et d'après le nombre de pièces, comme nous l'avons précédemment démontré en traitant des cheminées portatives (*fig.* 228).

Nous complétons notre démonstration par le plan, figure 247.

La coupe du poêle est donnée par la figure 248.

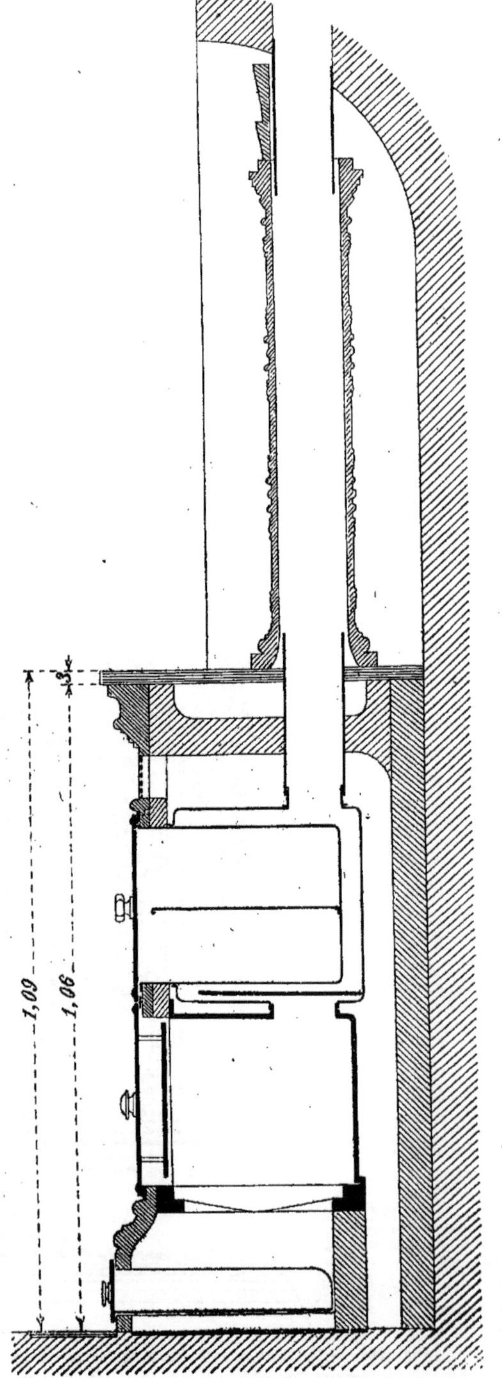

Fig. 248. — Poêle de construction à deux rangs à cylindre avec étuve chauffe-assiettes et colonne. — Coupe.

177. Nous passons ensuite aux poêles à trois rangs, également construits avec ou sans étuve.

Les poêles avec étuves sont toujours plus spécialement destinés aux salles à manger.

Fig. 249. — Poêle de construction en faïence à trois rangs à cylindre avec étuve chauffe-assiettes garnitures cuivre.

En matière de métré, c'est toujours le même principe, tant qu'il s'agit de faïences ordinaires blanches ou de couleurs.

Nous donnons (*fig.* 249) un poêle à trois rangs à cylindre et étuve chauffe-assiettes à garnitures cuivre.

Nous supposons la faïence de couleur unie d'un seul ton dans la palette commerciale.

Le conduit d'air froid, comme nous l'avons indiqué dans le métré de la figure 240, est à compter, suivant sa longueur réelle, d'après la section intérieure du vide.

Métré d'un poêle de construction à cylindre avec étuve à trois rangs, en faïence de couleur (*fig. 249*).

Poêle à cylindre.

Massif coulé en plâtre et nivelé recevant foyer de $0.85 \times 0.30 = 0.25$ à 0/0 de légers $= 25/100$.

Posé scellé le foyer en marbre et calfeutré.

Série centrale fumisterie n° 606.

Construit le poêle à trois faces avec revêtement extérieur en faïence de couleur unie et garnissage intérieur en briques façon bourgogne de $0^m,06$ centimètres d'épaisseur, massif supportant le cylindre en briques façon bourgogne de $0^m,11$ centimètres d'épaisseur, lissage et enduit en terre : percement de trous dans les faïences, pose et ajustement desdites, pose et scellement des fers, tôles, fontes, cuivres et bouches, ledit poêle cubant au corps

$$0.77 \times 0.45 \times 1.35^h = 0^3.467$$

Fumisterie n° 569.

Posé les cercles apparents serrés sur vis de rappel : 8 trous et scellements de $0^m,08$ dans le mur en moellons à l'entier de légers $= 64/100$.

Départ de fumée.

Posé scellé la jonction en tôle à soupape et garni en plâtre.

Raccordé la jonction sur la section de poterie par une réduction conique en plâtre enduite, évaluée aux légers ouvrages.

Posé scellé la tablette marbre sur tasseau plâtre et calfeutrée.

Fumisterie n° 606.

Les raccords en naissances au mètre linéaire.

$$2 \text{ fois } 1.35 = 2.70 \ \Big\}\ ^{365}$$
$$1 \text{ fois } 0.95 = 0.95$$

aux 8/100 courant de légers $= 29/100$.

En fournitures.

Le poêle à construire en faïence de couleur unie d'un seul ton 1ᵉʳ choix composé de :

1 socle grand modèle de $0^m,20$ de hauteur d'une seule pièce de $0^m,77$ au corps.

1 frise grand modèle de $0^m,20$ de hauteur porte-marbre d'une seule pièce de $0^m,77$ au corps.

Fumisterie n° 463.

6 Encoignures de $0^m,30$ de hauteur.

Fumisterie n° 407.

2 carreaux entiers de $0^m,22 \times 0^m,30 = 2$ pièces.

3 1/2 carreaux $= 1 \quad » \quad 1/2$

Ensemble $\quad 3 \quad 1/2$

Fumisterie n° 287.

Observation n° 290.

Plus-value de 50 0/0 pour faïence de couleur unie 1ᵉʳ choix.

Observation n° 289.

Colonne de droite (métré) :

Désignation	Quantité
Légers ouvrages.	0.25
Pose et scellement de foyer en marbre.	
SÉRIE CENTRALE 606.	
Construction de poêle à 3 faces en faïence de couleur unie au cube.	$0^3.467$
SÉRIE CENTRALE 569.	
Légers ouvrages.	0.64
Pose et scellement de jonction en tôle à soupape.	
Observation.	
Légers ouvrages.	
Observation.	
Pose et scellement de tablette en marbre.	
SÉRIE CENTRALE 606.	
Légers ouvrages.	0.29
Frise et socle grand modèle, porte-marbre de 0.77 en faïence de couleur unie 1ᵉʳ choix.	2
SÉRIE CENTRALE 463, 3ᵉ col.	
Encoignures de 0.30 en faïence de couleur 1ᵉʳ choix.	6
SÉRIE CENTRALE 407, 3ᵉ col.	
Carreaux de 0.30 en faïence de couleur 1ᵉʳ choix.	3 1/2
SÉRIE CENTRALE 287, 3ᵉ col.	
Plus-value pour faïence de couleur unie.	50 0/0
Observation 289.	

Une plaque d'âtre en fonte au bois 2e fusion pesant Fumisterie n° 438.	Fonte pour plaque unie au bois. SÉRIE CENTRALE 438.
Un cylindre de poêle, lourd, en fonte pour charbon à buse dessus avec foyer et grille pesant. Fumisterie n° 442.	Fonte pour cylindre de poêle lourd à charbon, buse et foyer avec grille. SÉRIE CENTRALE 442.
Un coffre ordinaire en tôle avec buses de communication et séparation intérieure pour appareil de poêle pesant. Un double coffre d'étuve chauffe-assiettes en tôle avec buses coulisse d'air fond mobile et étagère pesant. Fumisterie n° 652.	Tôle pour coffre ordinaire avec buses. SÉRIE CENTRALE 652.
Une soupape en tôle sur tige en fer et poignée en cuivre. Observation.	Soupape de réglage de fumée. Observation.
Une jonction en tôle par alaises coniques pesant. Fumisterie n° 647.	Tôle pour tuyaux coniques. SÉRIE CENTRALE 647.
Tôles découpées pour plancher de poêle pesant. Fumisterie n° 645.	Tôles découpées. SÉRIE CENTRALE 645.

Linteaux en fer carré coupés de longueur et à scellements pesant.
     Serrurerie n° 73.
     Observation n° 8.
	Fer pour linteaux.
	 Serrurerie, SÉRIE CENTRALE 73.
	 Observation n° 8.

1 cendrier en tôle avec bavette doublée en cuivre poli, encadrement en cuivre fondu et poli monté sur douille en tôle : pelle de $0^m,35$. Fumisterie n° 301.	Cendrier à bavette doublée en cuivre poli, encadrements pelle en tôle de 0.35 SÉRIE CENTRALE 301, 1re col.

1 porte de foyer doublée en cuivre avec cadre en cuivre fondu poli, coulisse d'air, contre-porte en fonte et bouton.
     Hors cadre $0^m,25 \times 0^m,30$.
     Fumisterie n° 585.
	Porte de foyer doublée en cuivre poli, châssis et contre-porte 0.25×0.30 hors cadre.
	 SÉRIE CENTRALE 585, 2e col.

La façade d'étuve composée d'une porte à 2 vantaux en tôle doublée en cuivre, montée sur pivots, crémone avec 2 boutons cristal et encadrement en cuivre poli de $0^m,45 \times 0^m,30$. Fumisterie n° 420.	Façade d'étuve en tôle, doublée en cuivre, porte à 2 vantaux, crémone, boutons et encadrement de 0.45×0.30. SÉRIE CENTRALE 420, 4e col.
2 bouches de chaleur en cuivre poli à bascule de $0^m,07 \times 0^m,15$. Fumisterie n° 89.	Bouches de chaleur en cuivre à bascule 0.07×0.15. SÉRIE CENTRALE 89, 2e col.

4 cercles en cuivre poli renforcé de $0^m,030$ millimètres de largeur :
     Chaque 105 développé : $105 \times 4 = 420$.
     Fumisterie n° 304.
	Cercle en cuivre poli renforcé de 0.030 de largeur.
	 SÉRIE CENTRALE 304, 2e col.

4 vis de rappel en cuivre à 2 écrous n° 2 pour cercles de poêle. Fumisterie n° 666.	Vis à 2 écrous en cuivre n° 2. SÉRIE CENTRALE 666, 2e col.
8 pattes à scellements de façon en tôle rapportées et rivées. Observation.	Pattes à scellements rapportées, rivées. Observation.

1 foyer uni en marbre noir fin doublé de :
     $0^m,25 \times 0^m,85 = 0^2,21$
     Marbrerie 478.
	Foyer marbre noir fin, uni, doublé.
	 0.21
	 SÉRIE CENTRALE, marbrerie 478.
	 6e col.

La tablette de poêle en $0^m,03$ centimètres d'épaisseur, marbre noir fin sans moulure, compris tailles, déchets, poissage du dessus et de la face, rivés et angles arrondis de
     $0^m,20 \times 0^m,91 = 0^2,182$
     Marbrerie 479.
	Tablette marbre noir fin en 0.03 d'épaiss.
	 0.182
	 SÉRIE CENTRALE, Marbrerie 479.
	 6e col.

La figure 250 représente la coupe du poêle (*fig.* 249) dont nous venons de donner l'exemple de métré.

Par les coupes que nous donnons avec chaque genre de poêle, nos lecteurs se rendront exactement compte de la disposition des appareils intérieurs calorifiques ou réchauffeurs.

Nous ajoutons cependant que, sur ce point, nous devons nous tenir dans les données courantes, laissant, bien entendu, aux constructeurs, le bénéfice des dispositions spéciales qu'ils donnent à leurs appareils.

Le même poêle se fait également sans étuve. La façade est pleine. L'intérieur est composé de deux coffres superposés, destinés à fournir un grand rendement calorique.

Quand le poêle est construit dans ces données, il est plus spécialement destiné au chauffage proprement dit, à l'exclusion de tous autres usages.

Nous pensons que nos lecteurs pourront se suffire avec nos explications précédentes sans qu'il soit nécessaire de fournir d'autres détails.

178. Nous abordons, dans le même genre de poêles, le modèle indiqué dans la Série par le numéro 572, et dénommé « à deux faces ».

Les poêles construits du modèle à double face sont à peu près à l'usage exclusif des salles à manger et desservent également les offices contigus. Ils sont munis d'une étuve à deux façades dite passe-plats et qui assure le service pendant les repas.

Nous donnons le détail très complet d'un poêle construit à double face, dans les conditions énoncées ci-dessus.

La figure 251 nous montre l'élévation du poêle en façade du côté de la salle à manger.

Le modèle que nous avons choisi est dit à grandes torsades, de la maison Bono. Les carreaux de faïence portent 0^m,33 de hauteur.

Nous supposons le chargement du côté de la salle à manger, et nous fermons le foyer par une porte ajourée à deux vantaux, dite à souffleur.

Cette disposition a pour principal avantage de laisser voir le feu à travers le cloisonné de la porte.

Nous ajoutons que, pour ne pas subir l'inconvénient du chargement par la salle

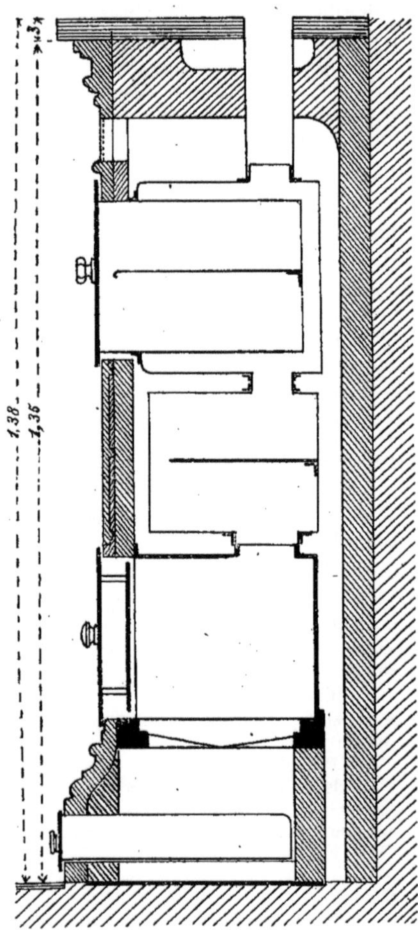

Fig. 250. — Poêle de construction à trois rangs avec étuve chauffe-assiettes. — Coupe.

à manger, on place quelquefois le gueulard du foyer du côté de l'office.

Cette seconde disposition laisse la façade pleine, percée seulement pour les bouches de chaleur.

Fig. 251. — Poêle de construction à double face, à grandes torsades. — Côté de la salle à manger.

La porte à souffleur est en fonte montée sur un cadre en cuivre poli.

Le cendrier et la façade d'étuve sont en cuivre poli montés sur encadrements.

Les bouches de chaleur du modèle à bascule sont également en cuivre poli ainsi que les cercles de corps.

La figure 252 représente l'élévation

Fig. 252. — Poêle de construction à double face, à grandes torsades. — Côté de l'office.

du poêle en façade du côté de l'office.

Nous n'avons dans la façade que la porte d'étuve que nous supposons en fonte montée sur un cadre en cuivre poli.

Les bouches de chaleur et les cercles sont aussi en cuivre poli.

Dans l'axe de la façade, une bouche ronde en cuivre contre-tamponnée à l'intérieur, sert de tampon de nettoyage au coffre calorifique.

Souventes fois et par raison d'économie les faïences sont de couleurs différentes, le blanc est plus spécialement réservé pour la façade de l'office.

Métré d'un poêle de construction à cylindre à double face et passe-plats, à trois rangs, en faïence de couleur
(fig. 251 et 252).

Conduit d'air froid avec prise en façade dans l'allège d'une fenêtre et amené à l'âtre creux

L'orifice sur façade :

Percé l'allège en moellons de $0^m,20$ à la masse et poinçon à l'entier de légers = 20/100

	Légers ouvrages.
	0.20

Ragrée enduit les 4 sens en épaisseur de mur pour orifice de ventouse de $0^m,20$ à l'entier de légers = 20/100.

	0.20

Posé scellé la grille de ventouse sur ravalement.
Fumisterie n° 663.

	Pose et scellement de grille de ventouse.
	SÉRIE CENTRALE 663, 7e col.

Plus-value de grille posée à la corde à nœuds.
Fumisterie n° 664.

	Plus-value.
	SÉRIE CENTRALE 664.

La corde à nœuds pour location, pose, dépose et double transport.
Canalisation d'eau n° 144.

	Installation de corde à nœuds.
	Canalisation d'eau 144.

Fourni une grille en fonte unie rectangulaire de $0^m,11 \times 0^m,32$.
Fumisterie n° 663.

	Grille en fonte unie de 0.11×0.32 pour ventouse.
	SÉRIE CENTRALE 663, 6e col.

Le conduit d'air froid formé de petits murs en briques façon bourgogne de $0^m,06$ d'épaisseur et plâtre, et couvert d'un plancher en doubles tuiles avec glacis au dessus.
Section intérieure $0^m,22 \times 0^m,25$.
Fumisterie n° 359.
Linéaire développé.
2.00 | 3.50
1.50 |

	Conduit d'air froid en briques de 0.06 couvert en doubles tuiles 0.22×0.25 de section intérieure au mètre linéaire.
	3.50
	SÉRIE CENTRALE 359, 1re col.

4 percements sous lambourdes et raccords en plâtre de chacun $0^m,15$ à l'entier de légers = $0^m,15 \times 4$ = 60/100.

	Légers ouvrages.
	0.60

L'âtre creux en plaque de fonte posée sur tasseaux en briques neuves avec conduit d'air.
Fumisterie n° 74.

	Atre creux à circulation d'air.
	SÉRIE CENTRALE 74.

Poêle à cylindre à double face.

Côté salle à manger.
Massif coulé en plâtre et nivelé recevant foyer de $0^m,85 \times 0^m,30$ = $0^m,25$ à 0/0 de légers = 25 0/0.

	Légers ouvrages.
	0.25

Posé scellé le foyer en marbre et calfeutré.
Fumisterie n° 606.

	Pose et scellement de foyer en marbre.
	SÉRIE CENTRALE 606.

Construit le poêle à double face à travers mur formant un seul poêle avec revêtement extérieur en faïence de couleur unie et garnissage intérieur en briques, façon bourgogne de $0^m,06$ centimètres d'épaisseur ; massif supportant le cylindre en briques façon bourgogne de $0^m,11$ centimètres d'épaisseur, lissage et enduit en terre ; percement de trous dans les faïences, pose et ajustement desdites, pose et scellement des fers, tôles, fontes, cuivres et bouches, ledit poêle cubant au corps

$$0^m,77 \times 0^m,57 \times 1^m,40h = 0^3614$$

Fumisterie n° 569.

Plus-value pour un poêle à deux faces traversant un mur et formant un seul poêle 20 0/0.

Observation.

Fumisterie n° 573.

Posé les cercles apparents serrés sur vis de rappel.

Façade côté salle à manger.

8 trous et scellements de $0^m,08$ dans le mur en moellons à l'entier de légers $= 64$ 0/0.

Façade côté office.

8 trous et scellements de $0^m,08$ dans le mur en moellons à l'entier de légers $= 64/100$.

Entaille circulaire au ciseau dans la façade pour tampon de nettoyage.

Observation.

Posé scellé la bouche en cuivre à usage de tampon et calfeutré.

Fumisterie n° 601.

Contre-tamponné à l'intérieur.

Légers ouvrages.

Départ de fumée.

Posé scellé la jonction en tôle à soupape et garni en plâtre.

Raccordé la jonction sur la section de poterie par une réduction conique en plâtre enduite évaluée aux légers ouvrages.

Posé scellé les 2 tablettes marbre sur tasseaux plâtre et calfeutrées.

Fumisterie n° 606.

Les raccords en naissances au mètre linéaire.

Côté salle à manger.

2 fois 1.50 = 3.00)
1 fois 1.00 = 1.00)4.00)

Côté office.

Même développé = 4.00)8.00
aux 8/100 courant de légers = 64/100.

En fournitures.

Le poêle à construire en faïence de couleur unie d'un seul ton 1er choix composé de :

Façade côté salle à manger.

Faïence ton vert mousse.

Construction de poêle à double face, en faïence de couleur unie au cube.

0^3614

SÉRIE CENTRALE 569.

Plus-value pour poêle à deux faces à travers mur.

20 0/0

Observation 573.

Légers ouvrages.

0.64

0.64

Entaille circulaire au ciseau dans la faïence.

Observation.

Pose et scellement de bouche pour tampon.

SÉRIE CENTRALE 601.

Légers ouvrages.

Observation.

Pose et scellement de jonction en tôle à soupape.

Observation.

Légers ouvrages.

Observation.

Pose et scellement de tablette marbre.

2

SÉRIE CENTRALE 606.

Légers ouvrages.

0.64

1 socle grand modèle de 0.20 de hauteur d'une seule pièce de 0.77 au corps.

1 frise grand modèle de 0.20 de hauteur porte-marbre d'une seule pièce de 0.77 au corps.

Fumisterie n° 463.

6 encoignures de 0.33 de hauteur.

Fumisterie n° 407.

2 carreaux entiers de 0.22 × 0.33 = 2 pièces.
2 demi-carreaux   = 1   »

Ensemble   3

Fumisterie n° 287.

Observation n° 290.

Façade côté office.

Faïence ton brun foncé.

1 socle grand modèle de 0.20 de hauteur d'une seule pièce de 0.77 au corps.

1 frise grand modèle de 0.20 de hauteur porte-marbre d'une seule pièce de 0.77 au corps.

Fumisterie n° 463.

6 encoignures de 0.33 de hauteur.

Fumisterie n° 407.

2 carreaux entiers de 0.22 × 0.33 = 2 pièces.
2 demi-carreaux   = 1 pièce.

3

Fumisterie n° 287.

Observation n° 290.

Plus-value de 50 0/0 pour faïence de couleur unie 1er choix.

Observation 289.

Une plaque d'âtre en fonte au bois 2° fusion pesant.

Fumisterie n° 438.

1 cylindre de poêle lourd en fonte pour charbon à buse dessus avec foyer et grille, pesant

Fumisterie n° 442.

Un coffre ordinaire en tôle avec buses de communication et séparation intérieure pour appareil de poêle pesant.

Un double coffre d'étuve chauffe-assiettes en tôle à deux façades dit passe-plats avec buses, coulisse d'air, fond mobile et étagère pesant.

Fumisterie n° 652.

Une soupape en tôle sur tige en fer et poignée en cuivre.

Observation.

Une jonction en tôle par alaises coniques pesant.

Fumisterie n° 647.

Tôles découpées pour plancher de poêle pesant.

Fumisterie n° 645.

Frise et socle grand modèle porte-marbre de 0.77 en faïence de couleur unie 1er choix.

2

SÉRIE CENTRALE 463 3e col.

Encoignures de 0.33 en faïence de couleur 1er choix.

6

SÉRIE CENTRALE 407 4e col.

Carreaux de 0.33 en faïence de couleur 1er choix.

3

SÉRIE CENTRALE 287 4e col.

Frise et socle grand modèle porte-marbre de 0.77 en faïence de couleur unie 1er choix.

2

SÉRIE CENTRALE 463 3e col.

Encoignures de 0.33 en faïence de couleur 1er choix.

6

SÉRIE CENTRALE 407 4e col.

Carreaux de 0.33 en faïence de couleur 1er choix.

2

SÉRIE CENTRALE 287 4e col.

Plus-value pour faïence de couleur unie.

50 0/0

Observation 289.

Fonte pour plaque unie au bois.

SÉRIE CENTRALE 438.

Fonte pour cylindre de poêle lourd à charbon buse et foyer avec grille.

SÉRIE CENTRALE 442.

Tôle pour coffre ordinaire avec buses.

SÉRIE CENTRALE 652.

Soupape de réglage de fumée.

Observation.

Tôle pour tuyaux coniques.

SÉRIE CENTRALE 647.

Tôles découpées.

SÉRIE CENTRALE 645.

Linteaux en fer carré coupés de longueur et à scellements pesant.

Serrurerie n° 73.

Observation n° 8.

Les garnitures du poêle.

Façade côté salle à manger.

1 cendrier en tôle avec bavette doublée en cuivre poli, encadrement en cuivre fondu et poli, monté sur douille en tôle: pelle de 0.40.

Fumisterie n° 301.

1 porte de foyer en fonte ornée ajourée à deux vantaux sur encadrement en cuivre fondu poli, modèle dit à souffleur à feu visible.

Observation.

La façade d'étuve composée d'une porte à 2 vantaux en tôle doublée en cuivre, montée sur pivots, crémone avec 2 boutons cristal et encadrement en cuivre poli de 0.45 $\times$ 0.32.

Fumisterie n° 420.

Plus-value pour façade d'étuve au-dessus de 0.30 centimètres de hauteur.

Observation.

2 bouches de chaleur en cuivre poli à bascule de 0.07 $\times$ 0.15.

Fumisterie n° 89.

4 cercles en cuivre poli renforcé de 0.030 $^{m}/^{m}$ de largeur. Chaque 105 développé = 105 $\times$ 4 = 420.

Fumisterie n° 304.

4 vis de rappel en cuivre à 2 écrous n° 2 pour cercles de poêle.

Fumisterie n° 666.

8 pattes à scellements de façon en tôle, rapportées et rivées.

Observation.

1 foyer uni en marbre fin du Languedoc doublé de :
$$0.30 \times 0.85 = 0.25.$$
Marbrerie n° 478.

La tablette de poêle en 0.03 centimètres d'épaisseur, marbre fin du Languedoc sans moulure, compris tailles, déchets, polissage du dessus et de la face, rives et angles arrondis de
$$0.20 \times 0.91 = 0.182.$$
Marbrerie n° 479.

Façade côté office.

La façade d'étuve passe-plats, composée d'une porte à 2 vantaux en fonte ornée, montée sur pivots, crémone avec 2 boutons cristal et encadrement en cuivre poli de 0.45 $\times$ 0.32.

Fumisterie n° 419.

Plus-value pour façade d'étuve au-dessus de 0.30 centimètres de hauteur.

Observation.

2 bouches de chaleur en cuivre poli à bascule de 0.07 $\times$ 0.15.

Fumisterie n° 89.

1 bouche ronde en cuivre poli ciselé de 0.160 $^{m}/^{m}$ de diamètre fermeture à charnière sans grillage à usage de tampon.

Fumisterie n° 132.

Fer pour linteaux.

SERRURERIE SÉRIE CENTRALE 73

Observation n° 8.

Cendrier à bavette doublée en cuivre poli encadrement, pelle en tôle de 0.40.

SÉRIE CENTRALE 301, 2e col.

Porte de foyer en fonte ornée ajourée à 2 vantaux sur cadre en cuivre poli modèle à souffleur à feu visible.

Observation.

Façade d'étuve en tôle doublée en cuivre porte à 2 vantaux crémone boutons et encadrement de 0.45 $\times$ 0.32.

SÉRIE CENTRALE 420 4e col.

Plus-value.

Observation.

Bouches de chaleur en cuivre poli à bascule 0.07 $\times$ 0.15.

SÉRIE CENTRALE 89, 2e col.

Cercle en cuivre poli renforcé de 0.030 $^{m}/^{m}$ de largeur.

SÉRIE CENTRALE 304, 2e col.

Vis à 2 écrous en cuivre n° 2.

SÉRIE CENTRALE 666, 2e col.

Pattes à scellements rapportées rivées.

Observation.

Foyer marbre fin du Languedoc uni doublé.

0.25

Marbrerie 478, 9e col.

Tablette marbre fin du Languedoc en 0.03 centimètres d'épaisseur.

0.182

Marbrerie 479, 9e col.

Façade d'étuve en fonte ornée porte à 2 vantaux crémone boutons et encadrements de 0.45 $\times$ 0.32.

SÉRIE CENTRALE 419, 4e col.

Plus-value.

Observation.

Bouches de chaleur en cuivre à bascule 0.07 $\times$ 0.15.

SÉRIE CENTRALE 89, 2e col.

Bouche ronde en cuivre poli ciselé de 0.160 $^{m}/^{m}$ de diamètre à charnière sans grillage.

SÉRIE CENTRALE 132.

Moins-value.

4 cercles en cuivre poli renforcé de 0.030 $^{m/m}$ de largeur.
Chaque 105 développé = 105 × 4 = 420.

Fumisterie n° 304.

4 vis de rappel en cuivre à 2 écrous n° 2 pour cercles de poêle.

Fumisterie n° 666.

8 pattes à scellements de façon en tôle, rapportées et rivées.

Observation.

La tablette de poêle en 0.03 centimètres d'épaisseur marbre noir français, sans moulure compris tailles, déchets, polissage du dessus et de la face, rives et angles arrondis de :

$$0.20 \times 0.91 = 0.182.$$

Marbrerie n° 479.

Moins-value.
Cercle en cuivre poli renforcé de 0.030 de largeur.
SÉRIE CENTRALE 304, 2ᵉ col.
Vis à 2 écrous en cuivre n° 2.
SÉRIE CENTRALE 666, 2ᵉ col.
Pattes à scellements rapportées rivées.
Observation.
Tablette marbre noir français en 0.03 centimètres d'épaisseur.
0.182
Marbrerie 479 1ʳ col.

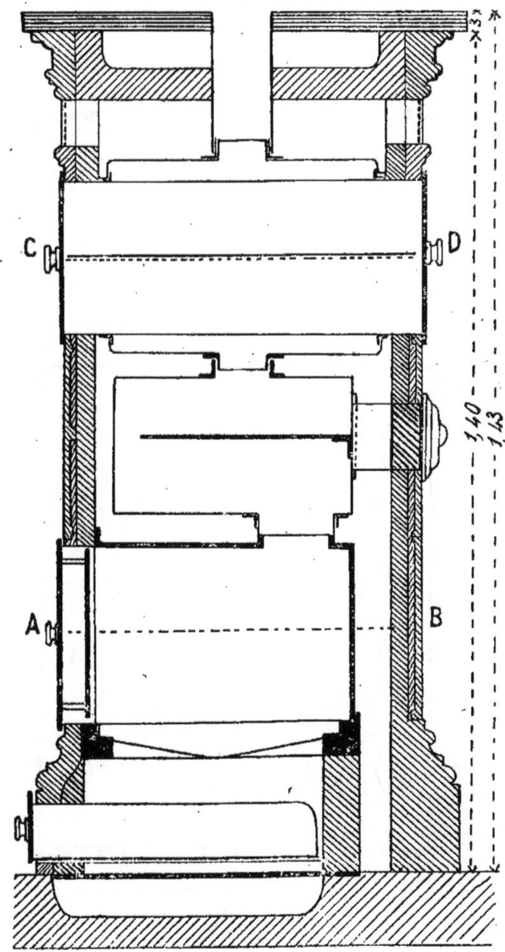

Fig. 253. — Poêle de construction à double face. — Coupe.

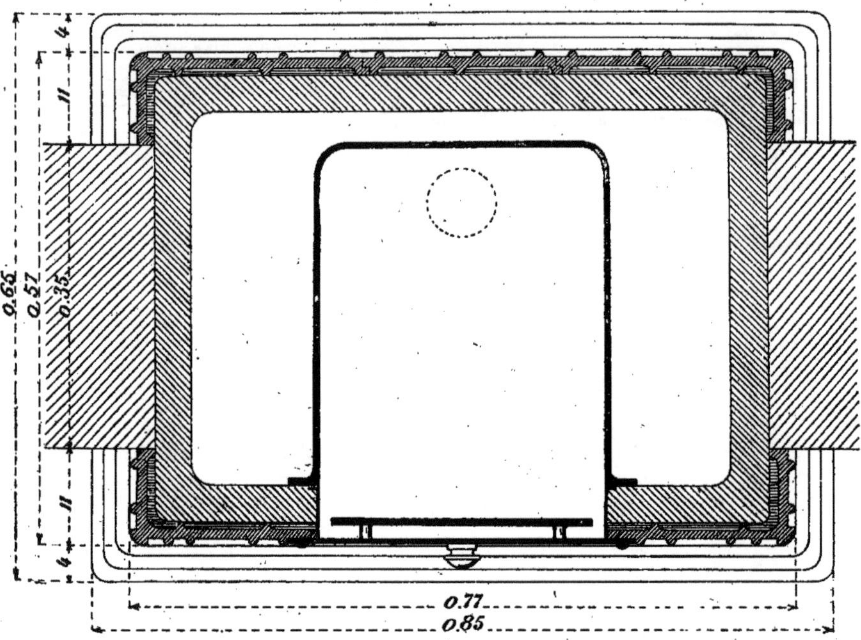

Fig. 254. — Poêle de construction à double face. — Plan sur AB.

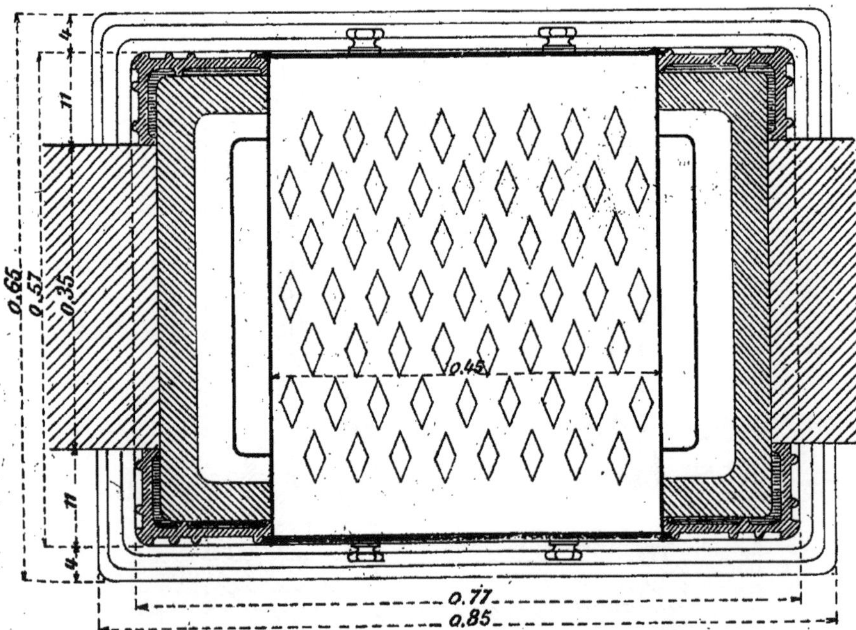

Fig. 255. — Poêle de construction à double face. — Plan sur CD.

Nous donnons avec le métré une série de figures explicatives :

La coupe du poêle est représentée par la figure 253. Elle est prise sur la profondeur.

Le plan numéro 255 est relevé au passe-plats sur la ligne de coupe CD.

179. Tous les poêles que nous avons donnés ont été pris avec saillie de 0ᵐ,11, comme le profil de la figure 256.

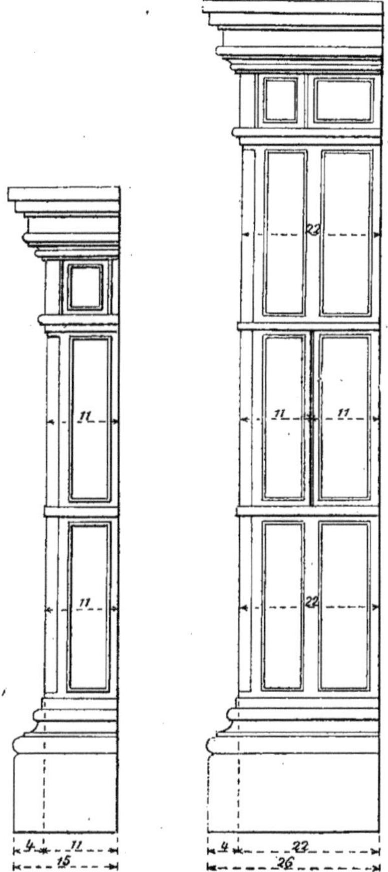

Fig. 256. — Profil de poêle à saillie de 0ᵐ,11, 2 rangs de hauteur.

Fig. 257. — Profil de poêle à saillie de 0ᵐ,22, 3 rangs de hauteur.

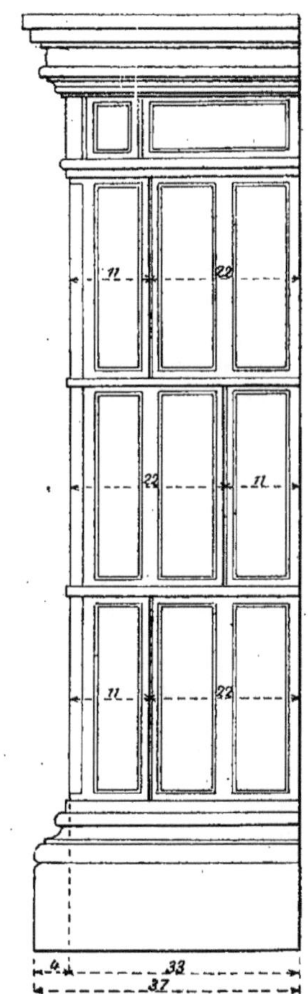

Fig. 258. — Profil de poêle à saillie de 0ᵐ,33, 3 rangs de hauteur.

Les figures 254 et 255 complètent notre démonstration.

Le plan numéro 254 est relevé au cylindre sur la ligne de coupe AB.

Quand, par raison d'insuffisance de baie ou pour augmentation de volume, on est obligé de prendre une saillie supérieure, les profils vont en augmentant de 0ᵐ,11 en 0ᵐ,11.

La seconde saillie est donc de 0ᵐ,22 représentée par la figure 257. Elle est obtenue en appareillant la faïence suivant des assises superposées, et d'après l'appareil de la façade, soit : un retour d'encoignure de 0ᵐ,11 et un demi-carreau de 0ᵐ,11 ; ou une face d'encoignure de 0ᵐ,22 avec le retour de 0ᵐ,11, en façade.

La troisième saillie immédiatement supérieure porte 0ᵐ,33, comme le représente la figure 258.

Dans l'appareil de la faïence, la saillie de 0ᵐ,33 est obtenue par le carreau entier de 0ᵐ,22 et le retour d'encoignure de 0ᵐ,11 ; ou, la face d'encoignure de 0ᵐ,22 et un demi-carreau de 0ᵐ,11.

La quatrième saillie porte 0ᵐ,44. Elle est représentée (*fig.* 259).

On obtient cette saillie par l'appareillage d'une face d'encoignure de 0ᵐ,22 avec un carreau entier de 0ᵐ,22 ou un retour d'encoignure de 0ᵐ,11 ; un carreau entier de 0ᵐ,22 et un demi-carreau de 0ᵐ,11.

Les profils que nous avons donnés sont obtenus de deux manières différentes : par appareils à joints coupés ou à joints continus.

C'est le même mode de procéder qui sert pour composer les façades, dont les largeurs sont imposées par les dimensions commerciales des socles et frises.

Les mesures des frises et socles sont elles-mêmes, à partir de la mesure initiale de 0ᵐ,55, en augmentation constante entre elles de 0ᵐ,11.

Les indications de la Série portent :

0ᵐ,55	0ᵐ,99
0 66	1 10
0 77	1 21
0 88	1 32

Nous devons ajouter que la construction des poêles en faïence à grande saillie donne lieu à application de plus-value, en raison de l'augmentation de main-d'œuvre qui en résulte par rapport à la surface.

Pour unifier l'allocation de la plus-value, la Chambre syndicale des Entrepreneurs de fumisterie l'a fixée à 10 0/0, pour les poêles au-dessus de 0ᵐ,22 de retour.

Série Edition 1897-1898, numéro 1237.

Cette plus-value est applicable également ment aux poêles à la pièce, au-dessous de 0ᵐ³,425 et aux poêles comptés au mètre cube, au-dessus de 0ᵐ³,425 ; qu'ils soient construits en bâtiment neuf ou en réparation.

180. Nous abordons ensuite, dans la même catégorie, les poêles à cylindre

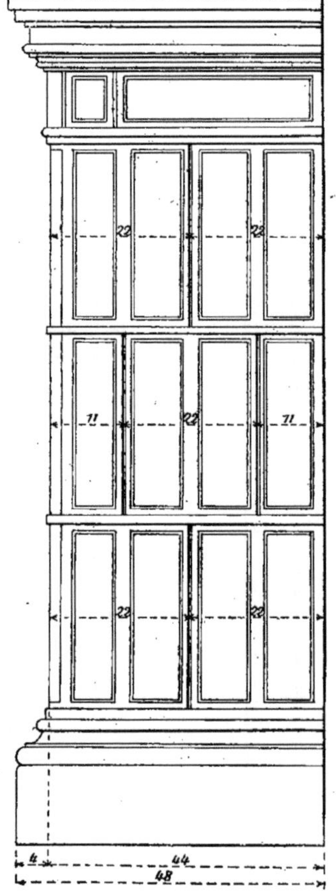

Fig. 259. — Profil de poêle à saillie de 0ᵐ,44, 3 rangs de hauteur.

construits sans cercles. Les faïences ajustées à joints vifs continus.

Nous donnons (*fig.* 260) un modèle de ce genre, dénommé : « Poêle diamant ».

La faïence est de la maison Debaecker, à Paris.

Fig. 260. — Poêle de construction, modèle Diamant, sans cercles, à cylindre, sans étuve,
4 rangs de hauteur. — Faïences de la maison Debaecker, à Paris.

Métré d'un poêle de construction à cylindre à quatre rangs en faïence de couleur appareillée sans cercles, modèle Diamant.

Conduit d'air froid.

Le conduit d'air et l'âtre creux, à traiter en conformité des exemples précédents.

Poêle à cylindre.

Massif coulé en plâtre et nivelé recevant foyer de :
$0.86 \times 0.25 = 0.21$ à 0/0 de légers $= 21$ 0/0.

Posé scellé le foyer en marbre et calfeutré.
Série centrale, fumisterie n° 606.
Construit le poêle à 3 faces avec revêtement extérieur en faïence de couleur unie et garnissages intérieurs en briques façon bourgogne de 0,11 centimètres d'épaisseur, massif supportant le cylindre en briques de façon bourgogne de 0,11 centimètres d'épaisseur, lissage et enduit en terre, percement de trous dans les faïences, pose et ajustement desdites, pose et scellement des fers, tôles, fontes, cuivres et bouches : ledit poêle cubant au corps
$0.77 \times 0.55 \times 128^h = 0^{m3},542.$
Fumisterie n° 569.
Plus-value pour poêle construit en faïence avec retours de plus de 0.22 centimètres.
10 0/0.
Chambre syndicale n° 1237.

Plus-value pour poêle en faïence construit sans cercles, les faïences ajustées à joints vifs continus.
60 0/0.
Chambre syndicale n° 1241.
Plus-value proportionnelle pour poêle construit à revêtement intérieur en briques de 0.11 centimètres d'épaisseur au lieu de 0.06 centimètres.
Observation sur le numéro de Série 569.

Départ de fumée.

Posé scellé la jonction en tôle à soupape et garni en plâtre.
Raccordé la jonction sur la section de poterie par une réduction conique en plâtre enduite, évaluée aux légers ouvrages.
Posé scellé la tablette marbre sur tasseaux plâtre et calfeutrée.
Fumisterie n° 606.
Les raccords en naissances au mètre linéaire.
2 fois 141 = 282 }
1 fois 091 = 091 } 373 aux 8/100
courant de légers = 0.29,8
Légers 30/100.

En fournitures.

Le poêle à construire en faïence de couleur unie d'un seul ton 1er choix du modèle spécial dit « diamant » en carreaux de 0.22×0.22 hors de Série.

Colonne d'observations (marge droite) :

Observation.
Légers ouvrages.
0.21
Pose et scellement de foyer en marbre.
SÉRIE CENTRALE 606.
Construction de poêle à 3 faces en faïence de couleur unie au cube.
0.542
SÉRIE CENTRALE 569.
Plus-value.
10 0/0
Chambre syndicale. — Fumisterie.
Plus-value.
60 0/0
Chambre syndicale. — Fumisterie.
Plus-value proportionnelle.
Observation.
Pose et scellement de jonction en tôle à soupape.
Observation.
Légers ouvrages.
Pose et scellement de tablette en marbre.
SÉRIE CENTRALE 606.
Légers ouvrages.
0.30

1 socle grand modèle de 0m,20 de hauteur d'une seule pièce de 0m,77 au corps valeur en argent....... » »	Poêle à construire en faïence de couleur unie, d'un seul ton, 1er choix, modèle spécial dit à diamant en carreaux de 0.22 × 0.22.
1 frise grand modèle de 0m,20 de hauteur porte-marbre d'une seule pièce de 0m,77 au corps.......... » »	Observation.
Plus-value d'excédent de taille en plein dans la frise en faïence pour recevoir une bouche spéciale de 0m,44 de longueur................................... » »	Valeur en argent.
8 encoignures de 0m,22 de hauteur............... » »	Fonte pour plaque unie en bois.
16 carreaux de 0m,22 de hauteur, en façade et retours.................................... » »	SÉRIE CENTRALE 438.
Une plaque d'âtre en fonte au bois 2e fusion pesant. Fumisterie n° 438.	Fonte pour cylindre de poêle lourd à charbon, buse et foyer avec grille.
Un cylindre de poêle, lourd, en fonte pour charbon à buse dessus avec foyer et grille pesant. Fumisterie n° 442.	SÉRIE CENTRALE 442.
Deux coffres ordinaires superposés, en tôle, avec buses de communication et séparations intérieures pour appareil de poêle pesant. Fumisterie n° 652.	Tôle pour coffres ordinaires avec buses.
Une soupape en tôle sur tige en fer et poignée en cuivre. Observation.	SÉRIE CENTRALE 652.
Une jonction en tôle par alaises coniques pesant. Fumisterie n° 647.	Soupape de réglage de fumée.
Tôles découpées pour plancher de poêle pesant. Fumisterie n° 645.	Observation.
Linteaux en fer carré coupés de longueur et à scellements pesant. Serrurerie n° 73. Observation n° 8.	Tôle pour tuyaux coniques.
Un cendrier en tôle avec bavette doublée en cuivre poli, encadrement en cuivre fondu et poli monté sur douille en tôle : pelle de 0m,45. Fumisterie n° 301.	SÉRIE CENTRALE 647.
Plus-value de coulisse d'air dans la bavette. Fumisterie n° 301.	Tôles découpées.
Une porte de foyer doublée en cuivre, avec cadre en cuivre fondu poli, coulisse d'air, contre-porte en fonte et bouton. Hors cadre 0.25 × 0.33. Fumisterie n° 585.	SÉRIE CENTRALE 645.
Une bouche de chaleur en cuivre poli uni à créneaux de 0.11 × 0.44. Hors de série. Observation.	Fer pour linteaux.
	Serrurerie. — SÉRIE CENTRALE 73.
	Observation n° 8.
	Cendrier à bavette doublée en cuivre poli, encadrement idem, pelle en tôle de 0.45.
	SÉRIE CENTRALE 301, 3me col.
	Plus-value.
	SÉRIE CENTRALE 301, 4me col.
	Porte de foyer doublée en cuivre poli, châssis et contre-porte 0.25 × 0.33 hors cadre.
	SÉRIE CENTRALE 585, 4me col.
	Bouche de chaleur en cuivre uni à créneaux de 0.11 × 0.44.
	Observation.
Un foyer uni en marbre noir fin, doublé de 0.86 × 0.25 = 02,21. Marbrerie 478.	Foyer marbre noir fin, uni, doublé.
	(0.21
	SÉRIE CENTRALE, Marbrerie 478.
	6me col.
La tablette de poêle en 0.03 centimètres d'épaisseur, marbre noir fin sans moulure, compris tailles, déchets, polissage du dessus et de la face, rives et angles arrondis de 0.35 × 0.94 = 02,31,8. Surface pour 02,32. Marbrerie 479.	Tablette marbre noir fin en 0.03 centim. d'épaisseur.
	02,32
	SÉRIE CENTRALE, Marbrerie 479.
	6me col.

Nous avons supposé ce poêle à usage exclusif de chauffage, sans étuve chauffe-assiettes, mais avec double coffres calorifiques superposés.

Pour augmentation de rendement calorique nous présentons l'intérieur construit en briques de 0^m,11 au lieu de 0^m,06, épaisseur indiquée à la Série.

Les carreaux du « modèle diamant » portent 0^m,22 de hauteur.

La frise et le socle ont chacun 0^m,20 de hauteur et sont dénommés grand modèle.

Le poêle est construit à quatre rangs de carreaux.

La figure 260 représente l'élévation du poêle « diamant ».

Nous complétons la vue du poêle par la figure 261, qui représente le profil du retour en saillie dans la pièce.

C'est cette disposition particulière qui a valu l'application de la plus-value de 10 0/0, indiquée par la Chambre syndicale des Entrepreneurs.

La figure 262 nous donne la coupe du poêle.

Le plan de la construction à hauteur du cylindre (*fig.* 263) complète l'ensemble de notre démonstration.

Nous avons eu, dans l'exemple de ce poêle, matière à application d'une seconde plus-value, pour construction à joints vifs, de faïences appareillées sans cercles.

Les prix portés à la Série de la Société Centrale des Architectes, du numéro 569 au numéro 573 inclus, ne comprennent que les poêles de construction ordinaire, dont les joints des faïences sont recouverts par des cercles.

En raison de l'augmentation de main-d'œuvre, qui résulte de la façon très soignée qu'il faut apporter dans l'ajustement des faïences à joints vifs, les dressements et dégauchissages des pièces ; les arêtes des rives sur émail, les agrafages plus nombreux, la Chambre syndicale des Entrepreneurs a fixé les plus-values respectives, pour poêles à une ou deux faces, sous les numéros 1241 et 1242.

Le numéro 1241 dispose que les poêles à une face, donneront lieu à l'application d'une plus-value de 60 0/0.

Le numéro 1242, pour les poêles à deux faces, donne un eplus-value de 100 0/0.

Il reste bien entendu toutefois que ces plus-values ne s'appliquent que sur la construction en faïence ordinaire.

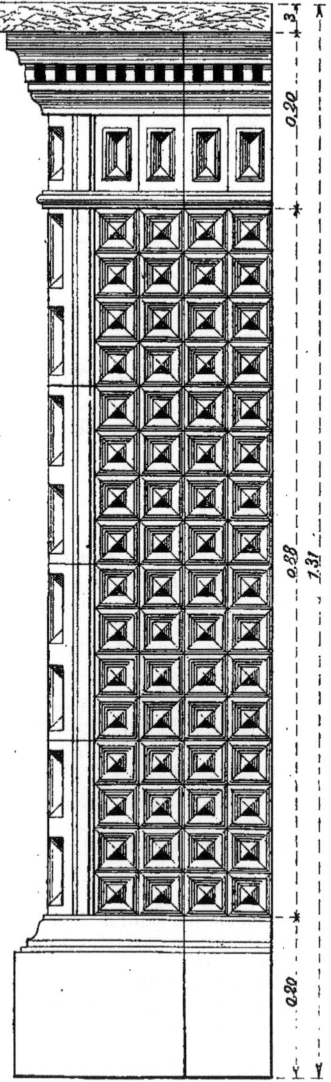

Fig. 261. — Poêle de construction, modèle Diamant. — Vue de profil.

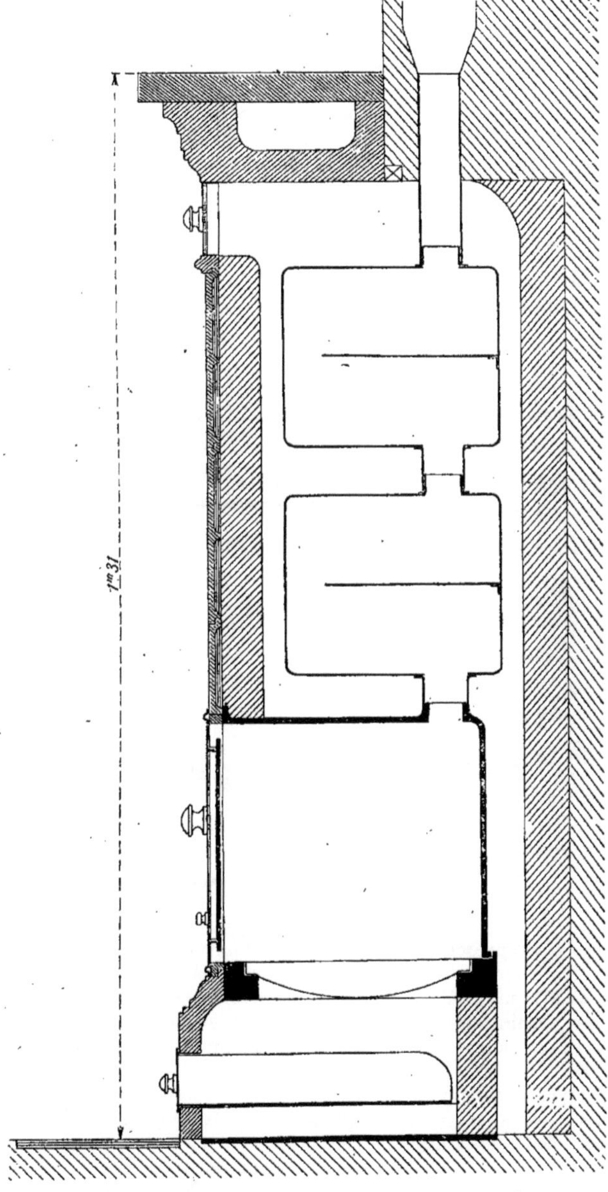

Fig. 262. — Poêle de construction, modèle Diamant. — Coupe

Nous avons eu aussi à appliquer une plus-value d'un autre ordre.

La Série dit que les revêtements intérieurs seront en briques de 0^m,06 d'épaisseur. Il y a lieu, quand ils sont faits en 0^m,11 d'épaisseur, de demander une plus-value proportionnelle.

Quant à la faïence en fourniture, le poêle est d'un modèle spécial qui ne se trouve pas en blanc. Il est toujours fait en couleur dans les teintes brunes ou vertes.

La hauteur des carreaux du poêle diamant est uniforme.

181. Nous donnons (*fig.* 264) un autre modèle de poêle, en faïence appareillée sans cercles.

Le poêle choisi diffère de celui que nous avons présenté (*fig.* 260). Il est composé de carreaux de 0^m,33 au lieu de 0^m,22, et porte trois rangs de hauteur. Il est construit avec étuve chauffe-assiettes, à usage de salle à manger.

La faïence est de la maison Debaecker, à Paris.

Le modèle du poêle est dénommé : « à croix et pans coupés. »

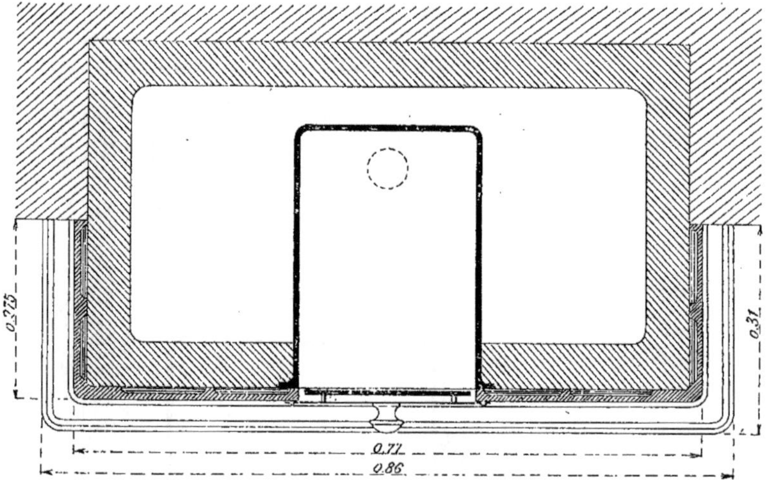

Fig. 263. — Poêle de construction, modèle Diamant. — Plan.

La figure 265 représente le profil.

Nous avons donné précédemment (*fig.* 251 et 252) un poêle à double face, en faïence ordinaire appareillée avec cercles, à couvre-joints.

La figure 264 nous donne un autre genre de poêle, construit également à double face, sans étuve passe-plats et avec une face construite en briques (*fig.* 266).

Ce genre de construction est fait pour atteindre un autre but de chauffage que celui précédemment indiqué.

La façade en faïence avec étuve est ex-clusivement réservée à la salle à manger, et la façade en briques convient pour un vestibule.

L'ensemble du métré est traité conformément aux exemples donnés pour les différents poêles que nous avons soumis à nos lecteurs.

Les plus-values de la Chambre syndicale des entrepreneurs trouvent aussi leur application :

1° Pour poêle en faïence de plus de 0^m,22 de retour ;

2° Pour poêle à une face en faïence sans cercles.

Les parements de briques sont à reprendre en raison de leur exécution et sous leur évaluation respective.

Les doubles faces des poêles varient à l'infini en raison des décors avec lesquels elles doivent s'harmoniser.

182. Nous donnons (*fig.* 267) une façade de poêle, composée de briques

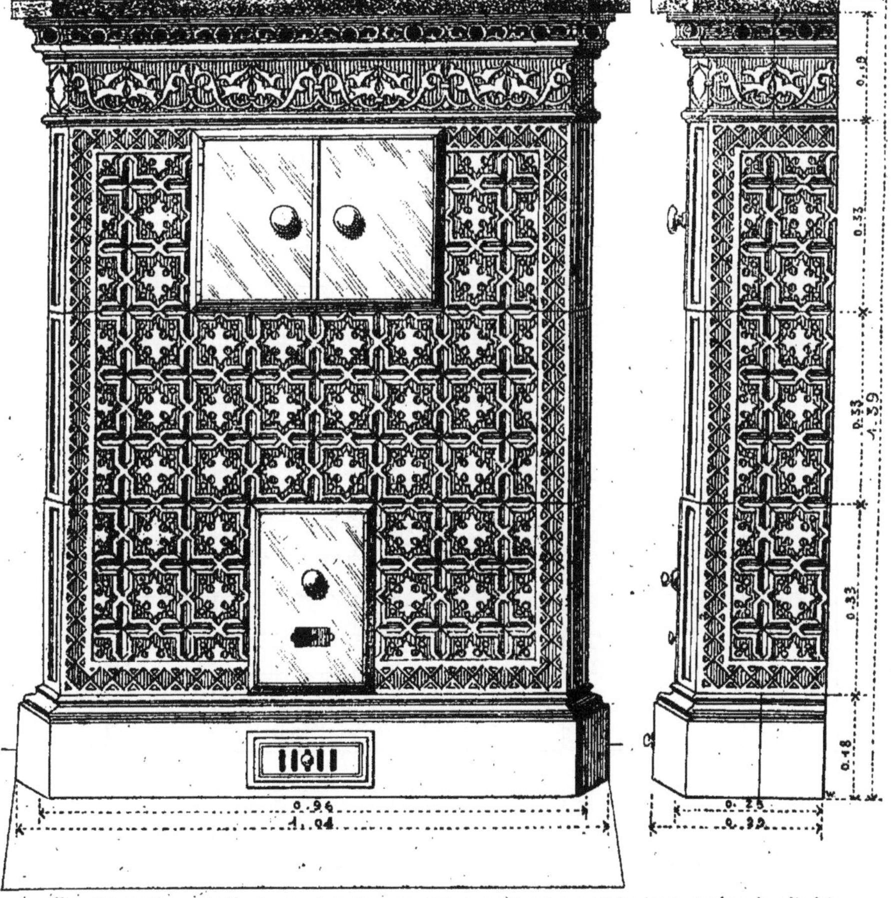

Fig. 264 et 265. — Poêle de construction, modèle à croix, pans coupés, sans cercles, à cylindre et étuve, trois rangs de hauteur. — Faïence de la Maison Debaecker. — Vues de face et de profil.

biseautées, en terre cuite, de la maison Loëbnitz, à Paris.

L'encadrement est composé en pièces unies.

On peut aussi former des jeux de briques de couleurs blanche et rouge alternées, et faire intervenir des briques émaillées.

Les pièces biseautées portent respectivement $0^m,22$ et $0^m,12 \times 0^m,05$ d'épaisseur.

L'ensemble du poêle, s'il est construit dans les données précédentes, est traité de même, suivant les faïences employées et le genre de construction adopté.

Les façades en décors sont à reprendre en dehors de la Série, en raison de leur exécution, et d'après les fournitures des pièces.

On comprendra aisément que nous ne puissions pas donner, pour ces travaux spéciaux, des exemples précis qui ne répondraient pas toujours au travail exécuté.

Nous devons nous borner non pas à

Fig. 266. — Face en briques de poêle de construction à double face.

soumettre un grand nombre de dispositions, ce qui nous entraînerait bien loin, mais les principales et surtout celles qui sont le plus généralement rencontrées.

183. Nous représentons (*fig.* 268) une autre façade de poêle composée avec des carreaux céramiques de la maison Loëbnitz, à Paris.

L'encadrement est composé en pièces de bordures unies.

Dans ce genre de façade, on peut aussi alterner des dessins différents. Cependant,

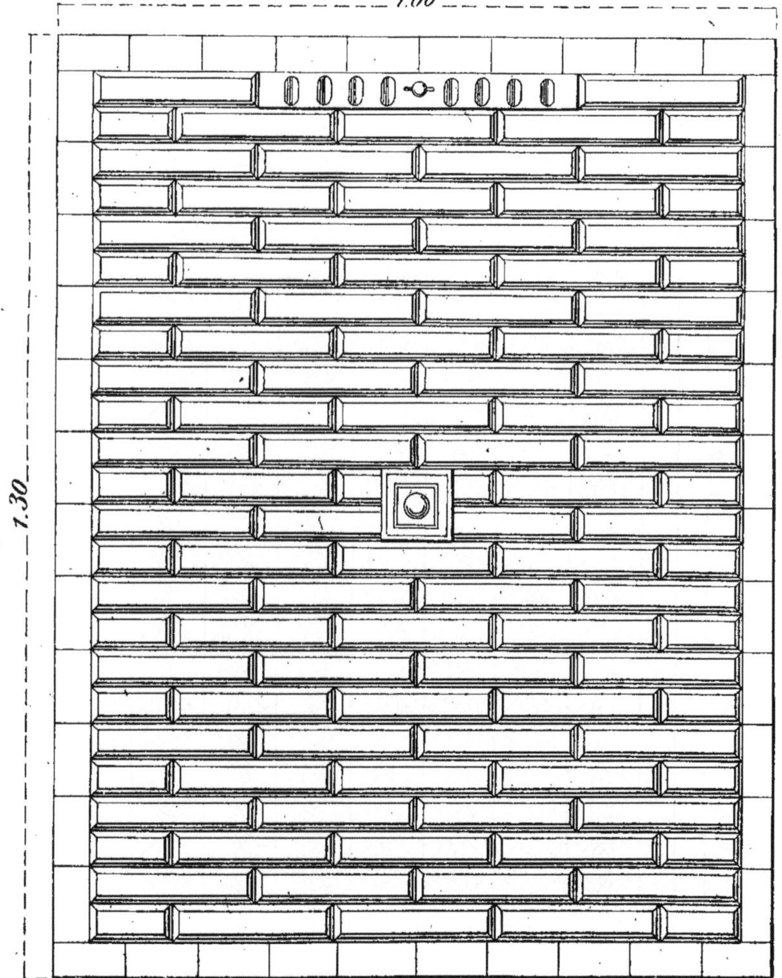

Fig. 267. — Face de poêle de construction en briques biseautées de la Maison Loëbnitz, à Paris.

l'usage des dessins alternés est plutôt réservé pour les rétrécissements des cheminées.

Les revêtements restent généralement composés en carreaux semblables.

Les carreaux portent $0^m,10 \times 0^m,10$

et les bordures d'encadrement 0^m,05. Les bouches et tampons doivent être faits spécialement de mesures, pour cadrer dans les dimensions des pièces en terre cuite ou en céramique.

Quelquefois aussi on encadre d'une ar-

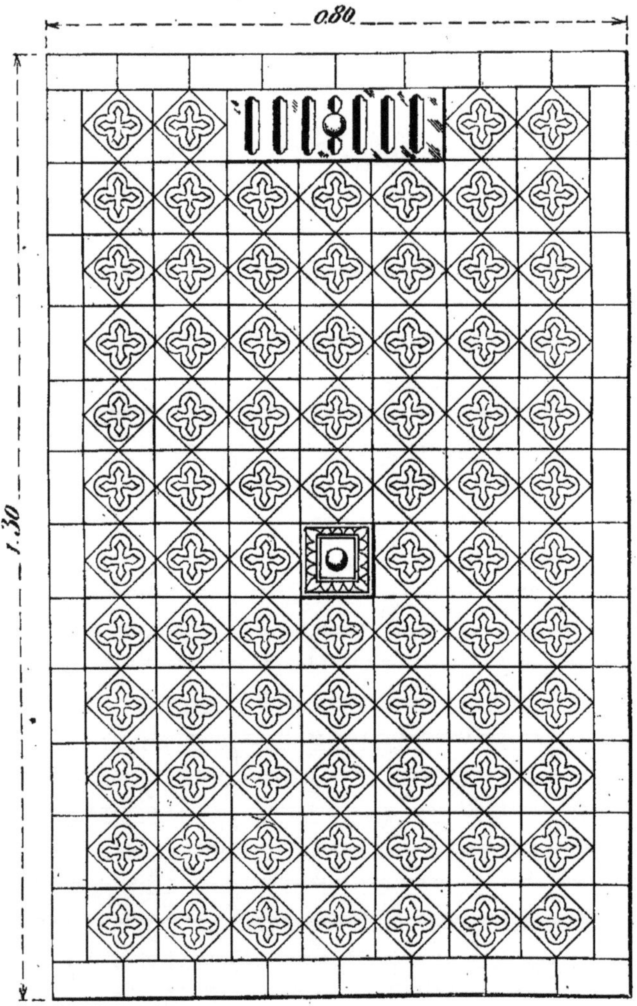

Fig. 268. — Face de poêle de construction en carreaux céramiques, encadrement uni. Maison Loëbnitz, à Paris.

mature en fer, cuivre ou nickel, les façades que nous avons représentées.

La cornière de fer, plus robuste, est spécialement désignée pour les façades en briques.

Les cornières de cuivre ou nickel sont

réservées pour les façades en faïence ou en briques émaillées et généralement pour toute la céramique.

Les cornières sont à prendre à la serrurerie, au mètre linéaire, suivant leur largeur.

Les pattes à scellements à reprendre à la pièce.

Les autres cornières en cuivre ou métal ne sont pas tarifées par la Série.

Tous ces ouvrages seront présentés ultérieurement avec les revêtements.

Poêles-cheminées.

184. Comme les poêles à cylindre, les

Fig. 269. — Poêle de construction à cheminée sans étuve, intérieur en faïence et rideau.
Maison Bono, à Paris.

poêles à cheminée sont construits à usage de salle à manger.

Les uns sans étuve, les autres munis d'étuves.

Les rétrécissements des intérieurs sont très variés.

Nous présentons (*fig.* 269) le modèle le plus simple du poêle à cheminée.

Construit sans socle, le rétrécissement de l'intérieur descend jusques sur l'âtre. Deux pieds de socle soutiennent les montants ; une traverse sous la frise les réunit, et la frise surmonte le poêle.

Le poêle se fait dans les mesures des frises de 0^m,66 à 0^m,88, en faïence blanche, brune ou verte.

Le métré des poêles à cheminée est semblable, quant au principe, à celui des poêles à cylindre.

Cependant, l'arrangement de l'intérieur à rideaux et panneaux de faïence ou appareil à coke donne visiblement lieu à l'application d'une plus-value, sur les prix portés à la Série de la Société centrale.

Nous devons rappeler que les prix de la Série de la Société centrale ne sont applicables qu'aux seuls poêles à cylindre. Les sous-détails dressés à cet effet donnent une moyenne de plus-value de 10 0/0 sur les prix de construction des poêles à cylindre, au profit des poêles à cheminée.

L'usage s'est établi sur cette plus-value et son adoption est un fait acquis. La Chambre syndicale des entrepreneurs l'a porté dans sa Série corporative sous le n° 1240.

La plus-value de 10 0/0 ne s'applique cependant qu'aux intérieurs rétrécis en faïence ordinaire blanche ou de couleur unie.

Métré d'un poêle de construction à cheminée sans étuve, intérieur faïence et rideau (*fig.* 269).

Conduit d'air froid.

Le conduit en conformité de sa construction suivant nos exemples précédents.

Poêle à cheminée.

Massif coulé en plâtre et nivelé recevant foyer de
0.85 × 0.30 = 0.25 à 0/0 de légers = 25 0/0.
Posé, scellé le foyer en marbre et calfeutré.
Série centrale, fumisterie n° 606.

Construit le poêle à 3 faces avec revêtement extérieur en faïence de couleur unie, et garnissage intérieur en briques, façon bourgogne de 0.06 centimètres d'épaisseur, lissage et enduit en terre, percement de trous dans les faïences, pose et ajustement desdites, pose et scellement des fers, tôles, fontes, cuivres et bouches, ledit poêle cubant au corps
0.77 × 0.45 × 1.05 hauteur = 0³.363.
à la pièce pour poêle cubant moins de 0³.425.
Fumisterie n° 571.

Plus-value de construction de poêle à cheminée avec intérieur rétréci, en 3 panneaux et rideau 10 0/0.
Chambre syndicale n° 1.240.

Posé les cercles apparents serrés sur vis de rappel : 4 trous et scellements de 0.08 dans le mur en moellons à l'entier de légers = 32 0/0.

Départ de fumée.

Posé, scellé la jonction en tôle et garni en plâtre.
Observation.
Raccordé la jonction sur la section de poterie par une réduction conique en plâtre enduite évaluée aux légers ouvrages.
Observation.
Posé, scellé la tablette marbre sur tasseaux plâtre et calfeutré.
Fumisterie n° 606.
Les raccords en naissances au mètre linéaire.

2 fois 1.10 = 2.20
1 fois 0.92 = 0.92 } 3.12 au 8/100.
Courant de légers = 25/100.

Légers ouvrages.	0.25
Pose et scellement de foyer en marbre.	SÉRIE CENTRALE 606.
Construction de poêle à 3 faces en faïence cubant moins de 0³425.	SÉRIE CENTRALE 571.
Plus-value de construction de poêle à cheminée.	Chambre syndicale 1240.
Légers ouvrages.	0.32
Pose et scellement de jonction en tôle.	Observation.
Légers ouvrages.	Observation.
Pose et scellement de tablette en marbre.	SÉRIE CENTRALE 606.
Légers ouvrages.	0.25

En fournitures.

Le poêle à construire en faïence de couleur unie, d'un seul ton, 1er choix, composé de : 1 frise grand modèle de 0.20 de hauteur, porte-marbre d'une seule pièce de 0.77 au corps. Fumisterie n° 463.	Frise grand modèle porte-marbre de 0.77 en faïence de couleur unie 1er choix. **1** SÉRIE CENTRALE 463, 3e col.
1 traverse de poêle-cheminée de 0.55. 2 montants de poêle-cheminée de 0.65. 2 pieds de socle de poêle-cheminée.	Pièces de faïence de couleur unie 1er choix pour poêle à cheminée. Valeur en argent. Observation.
Plus-value de 50 0/0 pour faïence de couleur unie, 1er choix. Observation n° 289.	Plus-value pour faïence de couleur unie. **50 0/0** Observation 289.
Le châssis à rideau en tôle douce planée, lames, coulisseaux, contrepoids et chaîne, cadre en cuivre poli de 0.04 de largeur, de 0.40 × 0.45. Fumisterie n° 311.	Châssis à rideau en tôle douce cadre en cuivre de 0.04 et de 0.40×0.45 SÉRIE CENTRALE 311.
Les 3 panneaux de rétrécissement en faïence de couleur unie 1er choix. 2 côtés pour 0.14 × 0.70. Fumisterie n° 533.	Panneaux en faïence de couleur unie, 1er choix. **2** SÉRIE CENTRALE 533, 1re col.
1 soubassement pour 0.22 × 0.70. Fumisterie n° 533.	**1** SÉRIE CENTRALE 533, 4e col.
Plus-value de 50 0/0 pour panneaux en faïence de couleur unie. Observation n° 151.	Plus-value pour panneaux en faïence de couleur unie. **50 0/0**
Le contre-soubassement en tôle bordée. Fumisterie n° 386.	Contre-soubassement en tôle. **1** SÉRIE CENTRALE 386.
La plaque d'âtre en fonte au bois 2e fusion, pesant Fumisterie n° 438.	Fonte pour plaque unie au bois. SÉRIE CENTRALE 438.
1 coffre ordinaire en tôle avec buses de communication et séparation intérieure pour appareil de poêle, pesant Fumisterie n° 652.	Tôle pour coffre ordinaire avec buses. SÉRIE CENTRALE 652.
Une jonction en tôle et réduction conique. Observation.	Jonction en tôle et réduction conique. Observation.
Tôles découpées pour plancher de poêle, pesant. Fumisterie n° 645.	Tôles découpées. SÉRIE CENTRALE 645.
Linteaux en fer coupés de longueur et à scellements, pesant. Serrurerie n° 73. Observation n° 8.	Fer pour linteaux. Serrurerie. — SÉRIE CENTRALE 73. Observation n° 8.
2 bouches de chaleur en cuivre poli à bascule de 0.07×0.15. Fumisterie n° 89.	Bouches de chaleur en cuivre poli à bascule de 0.07 × 0.15. SÉRIE CENTRALE 89, 2e col.
Les cercles en cuivre poli renforcé de 0.030 de largeur, au mètre linéaire. 1 cercle de corps de 1.05 = 1.05 } 2 cercles de socle de 0.40 = 0.80 } 1.85 Fumisterie n° 304.	Cercle en cuivre poli renforcé de 0.030 de largeur. SÉRIE CENTRALE 304, 2e col.

3 vis de rappel en fer à 2 écrous n° 2 pour cercles de poêle.
Fumisterie n° 666.

4 pattes à scellements de façon en tôle rapportées et rivées.
Observation.

1 foyer uni en marbre noir français doublé de
0.25 × 0.85 = 0²21.
Marbrerie n° 478.
La tablette de poêle en 0.03 d'épaisseur, marbre noir français sans moulure, compris tailles, déchets, polissage du dessus et de la face, rives et angles arrondis de
0.19 × 0.91 = 0².173.
Marbrerie n° 479.

Vis à 2 écrous en fer n° 2.
SÉRIE CENTRALE 666, 1ʳᵉ col.
Pattes à scellements rapportées, rivées.
Observation.
Foyer en marbre noir français, uni, doublé.
0.21
SÉRIE CENTRALE, Marbrerie 478.
Tablette marbre noir français de 0.03 d'épaisseur.
0.173
SÉRIE CENTRALE, Marbrerie 479.

La figure 270 représente la coupe du poêle à cheminée, sur l'élévation de la figure 269.

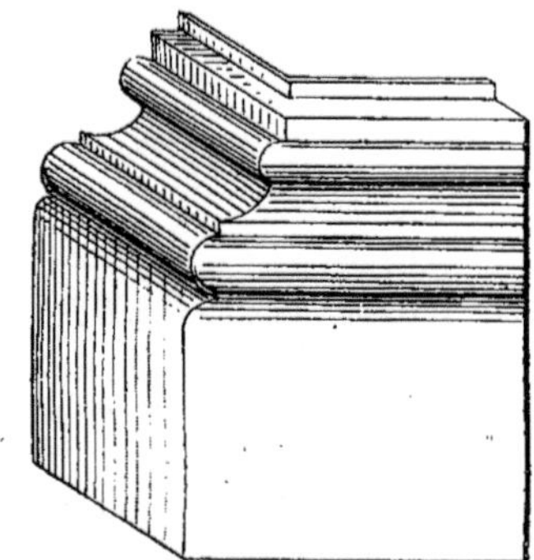

Fig. 270. — Coupe du poêle à cheminée (*fig.* 269).

Pour compléter les faïences spéciales du modèle, nous donnons les figures agrandies, du pied de socle (*fig.* 271), de la traverse (*fig.* 272), et du montant (*fig.* 273).

La faïence est du modèle de la maison Bono et Cⁱᵉ, à Paris.

Les teintes de la palette de la maison

Fig. 271. — Pied de socle en faïence pour poêle à cheminée.

Bono sont en uni : le blanc, le brun, le vert d'eau et le vert mousse.

Les panneaux du rétrécissement de la cheminée sont ordinairement choisis en opposition de teinte avec celle du poêle.

185. Nous donnons (*fig.* 274) le même modèle de poêle, sans socle, mais à grands chambranles pour étuve chauffe-assiettes.

L'intérieur rétréci en 3 panneaux avec rideau est semblable.

La hauteur du poêle sous tablette est de 1ᵐ,30.

Le métré est semblable au précédent,

Fig. 272. — Traverse en faïence pour poêle à cheminée.

Fig. 273. — Montant de chambranle en faïence pour poêle
à cheminée.

Fig. 274. — Poêle de construction à cheminée à grands chambranles
et étuve, intérieur en faïence et rideau. — Maison Roy à Paris.

sauf le cube résultant des mesures plus importantes et l'adjonction de l'étuve.

Nous reviendrons sur un poêle du même genre avec socle, ce qui nous dispense de métrer le poêle de la figure 274.

186. Nous abordons (*fig*. 275) le genre

Fig. 275. — Poêle de construction à cheminée, sans étuve, socle cintré et colonne en faïence, intérieur en faïence et rideau. — Maison Roy, à Paris.

à socle que nous représentons par le plus petit modèle.

Le poêle est construit dans le même mode que les précédents, avec socle cintré et colonne en faïence.

Il se fait dans les mêmes mesures des frises; mais les socles cintrés ne dépassent pas la mesure maximum de 0^m,88.

Au-delà de cette dimension, à partir de la largeur de 1 mètre, les socles ne se font plus en fabrication que dans le modèle droit.

Le métré de ce poêle, à part la très légère différence du socle, ferait double emploi avec le métré précédent. Nous pouvons nous dispenser de le refaire. Nous

Fig. 276. — Poêle de construction à cheminée avec étuve, à grands chambranles, socle cintré, intérieur en faïence et rideau.

avons donné un cylindre avec colonne, nous complétons la série des différents modèles de poêles bas par un poêle à cheminée avec colonne.

La faïence est du modèle de la maison Roy, à Paris.

187. Nous représentons (*fig.* 276) un poêle avec étuve monté à ceinture et grands chambranles sur socle cintré.

L'intérieur rétréci en 3 panneaux et rideau.

Métré d'un poêle de construction à cheminée avec étuve, intérieur en faïence et rideau (*fig.* 276).

Conduit d'air froid.

Le conduit en conformité de sa construction, suivant nos exemples précédents.

Poêle-cheminée.

Massif coulé en plâtre et nivelé recevant foyer de
0.96 × 0.30 = 0.28 à 0/0 de légers = 28/100

Légers ouvrages.

0.28

Posé, scellé le foyer en marbre et calfeutré.

Pose et scellement de foyer en marbre.

Série centrale, fumisterie nº 606.

SÉRIE CENTRALE 606.

Construit le poêle à 3 faces avec revêtement extérieur en faïence de couleur unie et garnissage intérieur en briques façon bourgogne de 0ᵐ,06 d'épaisseur, lissage et enduit en terre, percement de trous dans les faïences, pose et ajustement desdites, pose et scellement des fers, tôles, fontes, cuivres et bouches, ledit poêle cubant au corps
0.88 × 0.45 × 1.30ᴴ = 0³.514.

Construction de poêle à 3 faces en faïence cubant 0³.514.

Fumisterie nº 569.

SÉRIE CENTRALE 569.

Plus-value de construction de poêle à cheminée avec intérieur rétréci en 3 panneaux et rideau 10 0/0.

Plus-value de construction de poêle à cheminée.

Chambre syndicale nº 1240.

Chambre syndicale 1240.

Posé, scellé, le cendrier d'âtre à ceinture garde-cendres, galbée sur le socle.

Pose et scellement de cendrier d'âtre pour poêle de cheminée.

Observation.

Observation.

Posé les cercles apparents serrés sur vis de rappel : 4 trous et scellements de 0.08 dans le mur en moellons à l'entier de légers = 32/100.

Légers ouvrages.

0.32

Départ de fumée.

Posé, scellé la jonction en tôle et garni en plâtre.
Observation.

Pose et scellement de jonction en tôle.

Observation.

Raccordé la jonction sur la section de poterie par une réduction conique en plâtre enduite évaluée aux légers ouvrages.
Observation.

Légers ouvrages.

Observation.

Posé, scellé la tablette marbre sur tasseaux plâtre et calfeutré.

Pose et scellement de tablette en marbre.

Fumisterie nº 606.

SÉRIE CENTRALE 606.

Les raccords en naissances au mètre linéaire.
2 fois 1.40 = 2.80 ⎱ 3.85 aux 8/100
1 fois 1.05 = 1.05 ⎰
courant de légers = 0.30.

Légers ouvrages.

0.30

En fournitures.

Le poêle à construire en faïence de couleur unie d'un seul ton 1ᵉʳ choix, composé de :
Un socle grand modèle 0ᵐ,20 de hauteur d'une seule pièce de 0ᵐ,88 au corps.

Socle grand modèle de 0.88 au corps en faïence de couleur unie.

Fumisterie nº 463.

SÉRIE CENTRALE 463, 4ᵉ col.

Plus-value pour socle cintré de poêle-cheminée.

Plus-value de socle cintré.

Chambre syndicale nº 1512.

Chambre syndicale nº 1512.

Une frise grand modèle de 0.20 de hauteur, porte-marbre d'une seule pièce de 0.88 au corps. Fumisterie n° 463.	Frise grand modèle porte-marbre de 0.88 au corps en faïence de couleur unie, 1er choix. SÉRIE CENTRALE 463, 4e col.
1 traverse de poêle-cheminée de 0m,65. 2 grands montants à chambranles de poêle-cheminée de 0m,90. Observation.	Pièces de faïence de couleur unie, 1er choix pour poêle à cheminée. Valeur en argent. Observation.
2 1/2 carreaux de 0.22 × 0.25 = 1 pièce entière. Fumisterie n° 287. Observation n° 290.	Carreau de 0.25 en faïence de couleur. 1er choix. SÉRIE CENTRALE 287, 1re col.
Plus-value de 50 0/0 pour faïence de couleur unie, 1er choix. Observation n° 289.	Plus-value pour faïence de couleur unie. 50 0/0 Observation 289.
La plaque d'âtre en fonte au bois 2e fusion, pesant. Fumisterie n° 438.	Fonte pour plaque unie au bois. SÉRIE CENTRALE 438.
Le châssis à rideau en tôle douce planée, lames, coulisseaux, contrepoids et chaîne, cadre en cuivre poli de 0.04 de largeur, de 0.45 × 0.45. Fumisterie n° 312.	Châssis à rideau en tôle douce cadre en cuivre de 0.04 et de 0.45 × 0.45. SÉRIE CENTRALE 312.
Les 3 panneaux de rétrécissement en faïence de couleur unie, 1er choix. 2 cotés pour 0.14 × 0.70. 1 soubassement pour 0.14 × 0.70. Fumisterie n° 533.	Panneaux en faïence de couleur unie, 1er choix. 3 SÉRIE CENTRALE 533, 1re col.
Plus-value de 50 0/0 pour panneaux en faïence de couleur unie. Observation n° 551.	Plus-value pour panneaux en faïence, de couleur unie. 50.0/0 Observation 551.
Le cendrier d'âtre garde-cendres, à ceinture cuivre poli, galbée sur le socle. Observation.	Cendrier d'âtre, garde-cendres à ceinture cuivre, galbée pour poêle-cheminée. Observation.
Le contre-soubassement en tôle bordée. Fumisterie n° 386.	Contre-soubassement en tôle. SÉRIE CENTRALE 386.
Un coffre ordinaire en tôle avec buses de communication et séparation intérieure pour appareil de poêle, pesant. Un double coffre d'étuve chauffe-assiettes en tôle avec buses, coulisse d'air, fond mobile et étagère pesant. Fumisterie n° 652.	Tôle pour coffres ordinaires avec buses SÉRIE CENTRALE 652.
Une jonction en tôle et réduction conique. Observation.	Jonction en tôle et réduction conique. Observation.
Tôles découpées pour plancher de poêle pesant. Fumisterie n° 645.	Tôles découpées. SÉRIE CENTRALE 645.
Linteaux en fer coupés de longueur et à scellement, pesant. Serrurerie n° 73. Observation n° 8.	Fer pour linteaux. SERRURERIE SÉRIE CENTRALE 73 Observation n° 8.
La façade d'étuve, composée d'une porte à deux vantaux en tôle, doublée en cuivre, montée sur pivots, crémone avec deux boutons cristal et encadrement en cuivre poli de 0.45 × 0.25. Fumisterie n° 420.	Façade d'étuve en tôle doublée en cuivre, porte à 2 vantaux, crémone, boutons et encadrement de 0.45 × 0.25. SÉRIE CENTRALE 420.

2 bouches de chaleur en cuivre poli à bascule de 0.07 × 0.15.

Fumisterie nº 89.

Les cercles en cuivre poli renforcé de 0.030^{m}/^{m} de largeur au mètre linéaire.

1 cercle de corps de 1.15 = 1.15 }
2 cercles de socle de 0.40 = 0.80 } 1.95.

Fumisterie nº 304.

3 vis de rappel en fer à 2 écrous nº 2 pour cercles de poêle.

Fumisterie nº 666.

4 pattes à scellement de façon en tôle rapportées et rivées.

Observation.

Un foyer uni en marbre noir français doublé de
$$0.30 \times 0.96 = 0^2.28$$
Marbrerie nº 478.

La tablette de poêle en 0.03 d'épaisseur, marbre noir français sans moulure, compris tailles, déchets, polissage du dessus et de la face, rives et angles arrondis de
$$0.20 \times 1.02 = 0^2.204$$
Marbrerie nº 479.

Bouches de chaleur en cuivre poli à bascule de 0.07 × 0.15.	
SÉRIE CENTRALE 89, 2ᵉ col.	
Cercle en cuivre poli renforcé de 0.030 de largeur.	
SÉRIE CENTRALE 304, 2ᵉ col.	
Vis à 2 écrous en fer nº 2.	
SÉRIE CENTRALE 666, 1ʳᵉ col.	
Pattes à scellements rapportées, rivées.	
Observation.	
Foyer marbre noir français uni, doublé.	
0.28	
SÉRIE CENTRALE, Marbrerie 478.	
Tablette marbre noir français de 0.03 d'épaisseur.	
0.204	
SÉRIE CENTRALE, Marbrerie 479.	

La faïence est du modèle de la maison Roy, à Paris.

Nous avons pris la plus grande largeur de socle cintré : 0^{m},88 au corps, et la plus plus grande hauteur d'un poêle de ce genre, 1^{m},30.

Les mesures commerciales du poêle sont, en largeur : de 0^{m},66 à 0^{m},88 ; en hauteur : de 1 mètre à 1^{m},30 sous tablette.

188. Dans le même genre de poêle que celui de la figure 276, nous représentons (*fig.* 277) un poêle à cheminée, qui conserve le même aspect général.

Il diffère cependant en tant que faïence et construction. Les montants, à cham-branle, au lieu de tenir toute la hauteur du poêle entre le socle et la frise, ne montent qu'à la hauteur du rétrécissement sans ceinture.

Le complément est obtenu par un rang d'encoignures, raccordées, avec des carreaux dans la hauteur d'étuve.

La frise surmonte l'ensemble du poêle.

L'arrangement de l'intérieur à cheminée, également rétréci avec des panneaux en faïence, ajustés sur un rideau, est pourvu d'un appareil à coke, garni de nervures, complété par une grille.

Un cendrier garde-cendres épouse la forme galbée du socle cintré.

Métré d'un poêle de construction à cheminée, intérieur en faïence et rideau avec appareil à coke, étuve chauffe-assiettes (*fig.* 277).

Conduit d'air froid.

Le conduit en conformité de sa construction, suivant nos exemples précédents.

Poêle-cheminée.

Massif coulé en plâtre et nivelé recevant foyer de
$$0.85 \times 0.30 = 0.25 \text{ à } 0/0 \text{ de légers}$$
= 25/100.

Posé, scellé le foyer en marbre et calfeutré.

Série centrale fumisterie nº 606.

Légers ouvrages.	
0.25	
Pose et scellement de foyer en marbre.	
SÉRIE CENTRALE 606.	

Fig. 277. — Poêle de construction à cheminée, intérieur en faïence et rideau, avec appareil à coke à nervures, étuve chauffe-assiettes et socle cintré. — Maison Brocard et Leclerc à Paris.

Construit le poêle à 3 faces avec revêtement extérieur en faïence de couleur unie, et garnissage intérieur en briques façon bourgogne de 0m,06 d'épaisseur, lissage et enduit en terre, percement de trous dans les faïences, pose et ajustement desdites, pose et scellement des fers, tôles, fontes, cuivres et bouches, ledit poêle cubant au corps

$$0.77 \times 0.45 \times 1.38^{u} = 0^{3}.598.$$

Fumisterie n° 569.

Construction de poêle à 3 faces en faïence cubant 03.598.

SÉRIE CENTRALE 569.

Plus-value de construction à cheminée avec intérieur rétréci en 3 panneaux et rideau, appareil à coke sans galerie, 10 0/0.
Chambre syndicale n° 1240.
Posé, scellé le cendrier d'âtre, à ceinture garde-cendres, galbée sur le socle.
Observation.
Posé les cercles apparents serrés sur vis de rappel : 6 trous et scellements de 0.08 dans le mur en moellons à l'entier de légers = 48/100.

Départ de fumée.

Posé, scellé la jonction en tôle et garni en plâtre.
Observation.
Raccordé la jonction sur la section de poterie par une réduction conique en plâtre enduite, évaluée aux légers ouvrages.
Observation.
Posé, scellé la tablette marbre sur tasseaux plâtre et calfeutré.
Fumisterie n° 606.
Les raccords en naissances au mètre linéaire.

2 fois 1.40 = 2.80 }
1 fois 1.00 = 1.00 } 3.80 aux 8/100
courant de légers = 0.30.

En fournitures.

Le poêle à construire en faïence de couleur unie, d'un seul ton 1er choix, composé de :
Un socle grand modèle de 0^m,20 de hauteur d'une seule pièce de 0^m,77 au corps.
Fumisterie n° 463.

Plus-value pour socle cintré de poêle-cheminée.
Chambre syndicale n° 1512.

Une frise grand modèle de 0.20 de hauteur, porte-marbre d'une seule pièce de 0^m,77 au corps.
Fumisterie n° 463.

2 montants à chambranles de poêle-cheminée de 0^m,65.
Observation.

2 encoignures de 0^m,33 de hauteur.
Fumisterie n° 407.

Plus-value de 50 0/0 pour faïence de couleur unie 1er choix.
Observation n° 289.

La plaque d'âtre en fonte au bois 2e fusion, pesant
Fumisterie n° 438.
Le châssis à rideau en tôle douce planée, lames, coulisseaux, contrepoids et chaîne, cadre en cuivre poli de 0.05 de largeur de 0.45 × 0.50.
Fumisterie n° 313.

Plus-value de construction de poêle à cheminée.

Chambre syndicale 1240.

Pose et scellement de cendrier d'âtre pour poêle-cheminée.

Observation.

Légers ouvrages.

0.48

Pose et scellement de jonction en tôle.

Observation.

Légers ouvrages.

Observation.

Pose et scellement de tablette en marbre.

SÉRIE CENTRALE 606.

Légers ouvrages.

0.30

Socle grand modèle de 0.77 au corps en faïence de couleur unie.

SÉRIE CENTRALE 463, 3e col.

Plus-value de socle cintré.

Chambre syndicale 1512.

Frise grand modèle porte-marbre de 0.77 au corps en faïence de couleur unie.

SÉRIE CENTRALE 463, 3e col.

Chambranles de 0.65 en faïence de couleur unie pour poêle-cheminée.

Valeur en argent.

Observation.

Encoignures de 0.33 en faïence de couleur, 1er choix.

SÉRIE CENTRALE 407, 4e col.

Plus-value pour faïence de couleur unie.

50 0/0

Observation 289.

Fonte pour plaque unie au bois.

SÉRIE CENTRALE 438.

Châssis à rideau en tôle douce cadre en cuivre de 0.05 et de 0.45 × 0.50.

SÉRIE CENTRALE 313.

Plus-value pour 0.01 de largeur de moulure en excédent de 0.04 au mètre linéaire.

Largeur intérieure du châssis : 0.45 × 0.50.

$$\left.\begin{array}{l}\text{1 fois } 0.45 = 0.45 \\ \text{2 fois } 0.50 = 1.00 \\ \text{Les angles :} \\ \text{4 fois } 0.05 = 0.20\end{array}\right\} 1.65$$

Fumisterie n° 328.

Plus-value pour 2 coins ronds sur cadre de rideau à moulure de 0.05 de largeur.

Fumisterie n° 329.

Les 3 panneaux de rétrécissement en faïence de couleur unie 1er choix.

2 côtés pour.................... 0.14 × 0.70

Fumisterie n° 533.

1 soubassement pour............ 0.16 × 0.70

Fumisterie n° 533.

Plus-value de 50 0/0 pour panneaux en faïence de couleur unie.

Observation n° 551.

Le cendrier d'âtre, garde-cendres, à ceinture cuivre poli, perlée, galbée sur le socle.

Observation.

Le contre-soubassement en tôle bordée.

Fumisterie n° 386.

L'appareil à coke dit cheminée parisienne, en fonte à nervures intérieures et grille de combustible cintrée, montée à taquets.

Observation.

Un coffre ordinaire en tôle, avec double enveloppe à circulation de fumée, buses de communication et séparation intérieure pour appareil de poêle, pesant

Un coffre intérieur d'étuve chauffe-assiettes en tôle, coulisse d'air, fond mobile et étagère pesant

Fumisterie n° 652.

Une jonction en tôle et réduction conique.

Observation.

Tôles découpées pour plancher de poêle, pesant

Fumisterie n° 645.

Linteaux en fer coupés de longueur et à scellements pesant

Serrurerie n° 73.

Observation n° 8.

La façade d'étuve composée d'une porte à deux vantaux en tôle doublée en cuivre, montée sur pivots, crémone avec deux boutons cristal et encadrement en cuivre poli de 0.45 × 0.30.

Fumisterie n° 420.

Observation.

Les cercles en cuivre poli, renforcé de $0^{m},030$ de largeur au mètre linéaire.

$$\left.\begin{array}{l}\text{2 cercles de corps de } 1.05 = 2.10 \\ \text{2 cercles de socle de } 0.40 = 0.80\end{array}\right\} 2.90$$

Fumisterie n° 304.

Plus-value de largeur de moulure de 0.01.

1.65

SÉRIE CENTRALE 328.

Plus-value de coins ronds sur moulure de 0.05 centimètres.

SÉRIE CENTRALE 329.

Panneaux en faïence de couleur unie, 1er choix.

2

SÉRIE CENTRALE 533, 1re col.

1

SÉRIE CENTRALE 533, 2e col.

Plus-value pour panneaux en faïence de couleur unie.

50 0/0

Observation 551.

Cendrier d'âtre, garde-cendres à ceinture cuivre, perlée, galbée pour poêle-cheminée.

Observation.

Contre-soubassement en tôle.

SÉRIE CENTRALE 386.

Cheminée parisienne en fonte sans galerie, avec grille à taquets pour poêle de construction.

Observation.

Tôle pour coffres ordinaires avec buses.

SÉRIE CENTRALE 652.

Jonction en tôle et réduction conique.

Observation.

Tôles découpées.

SÉRIE CENTRALE 645.

Fer pour linteaux.

Serrurerie, SÉRIE CENTRALE 73.

Observation n° 8.

Façade d'étuve en tôle, doublée en cuivre, porte à deux vantaux, crémone, boutons et encadrement de 0.45 × 0.30.

SÉRIE CENTRALE 420.

Observation.

Cercle en cuivre poli renforcé de 0.030 de largeur.

SÉRIE CENTRALE 304, 2e col.

4 vis de rappel en fer à 2 écrous n° 2 pour cercles de poêle.
Fumisterie n° 666.

6 pattes à scellements de façon en tôle, rapportées et rivées.
Observation.

Un foyer uni en marbre noir français doublé de
$$0.25 \times 0.85 = 0^2,21.$$
Marbrerie n° 478.

La tablette de poêle en 0.03 d'épaisseur, marbre noir français sans moulure, compris tailles, déchets, polissage du dessus et de la face, rives et angles arrondis de
$$0.20 \times 0.91 = 0^2 182.$$
Marbrerie n° 479.

Vis à 2 écrous en fer n° 2.	
SÉRIE CENTRALE 666, 1re col.	
Pattes à scellements, rapportées et rivées.	
Observation.	
Foyer marbre noir français, uni, doublé.	
$0^2,21$	
SÉRIE CENTRALE, Marbrerie 478.	
Tablette marbre noir français de 0.03 d'épaisseur.	
$0^2,182$	
SÉRIE CENTRALE, Marbrerie 479.	

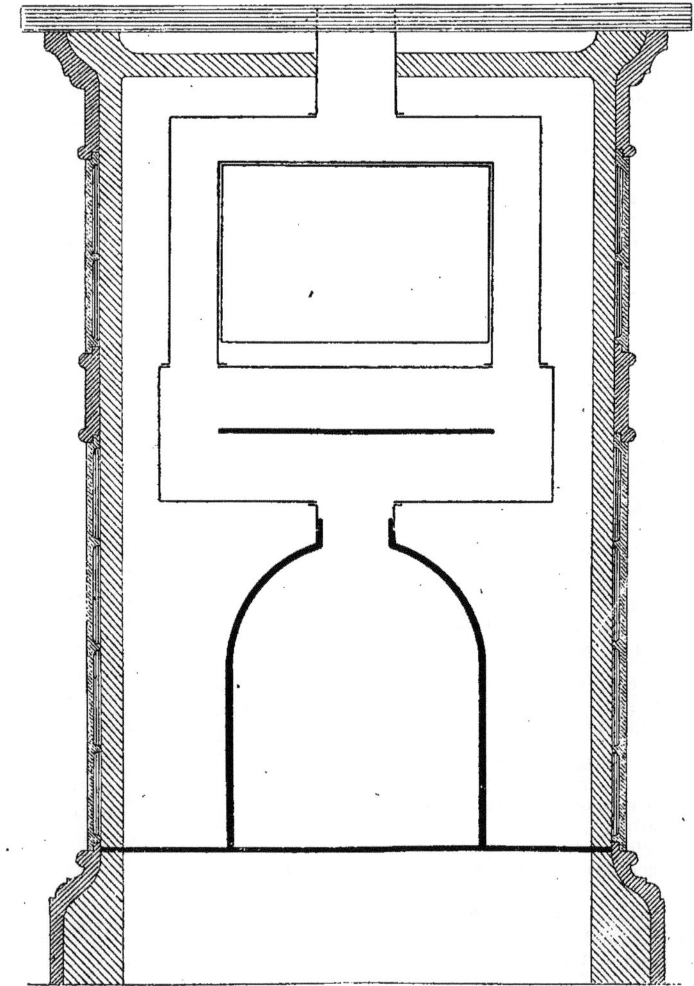

Fig. 278. — Coupe transversale sur l'appareil du poêle (*fig. 277*).

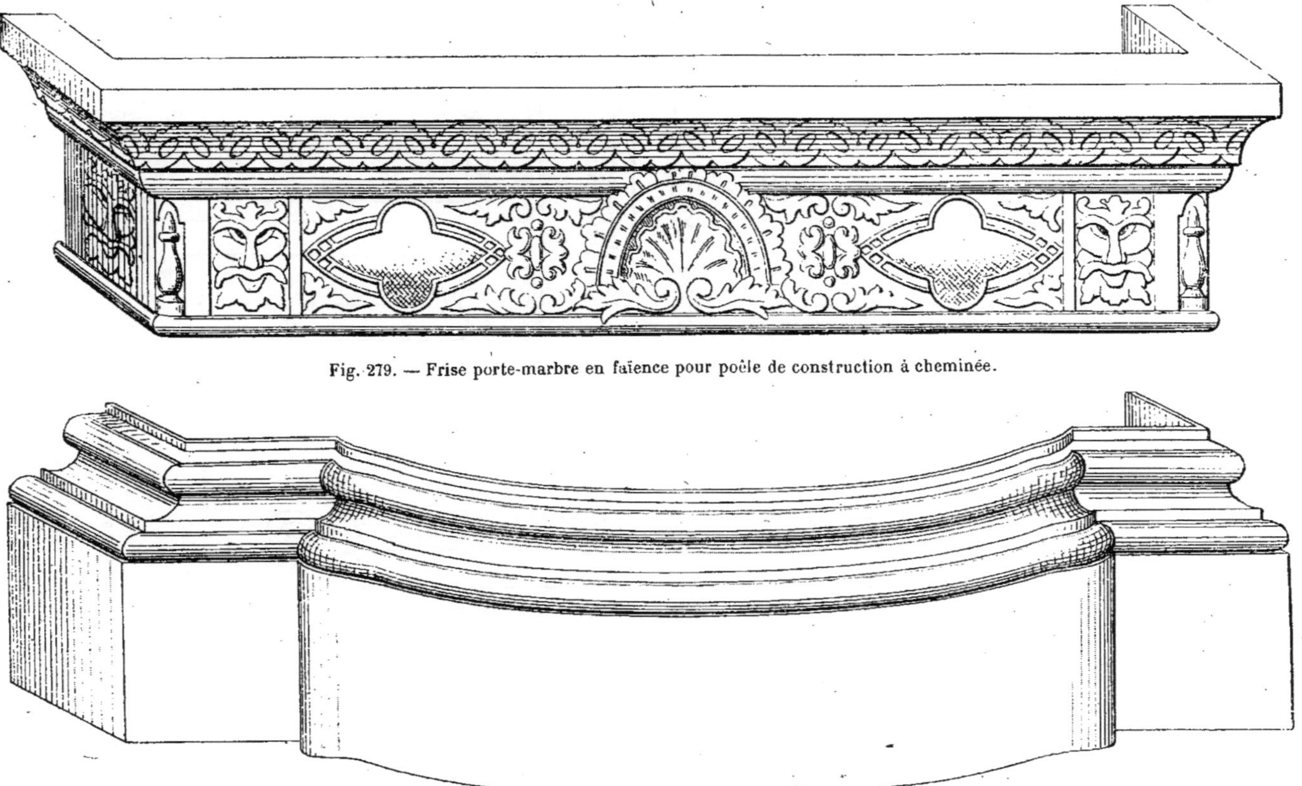

Fig. 279. — Frise porte-marbre en faïence pour poêle de construction à cheminée.

Fig. 280. — Socle cintré, grand modèle, en faïence, pour poêle de construction à cheminée.

La faïence de ce poêle est du modèle de la maison Brocard et Leclerc, à Paris.

La figure 278 représente la coupe transversale du poêle à cheminée, sur les appareils et sur l'élévation de la figure 277.

Chaque fabricant a son modèle au point de vue du dessin, de la faïence et du galbe du socle.

Nos dessins des pièces détachées ont

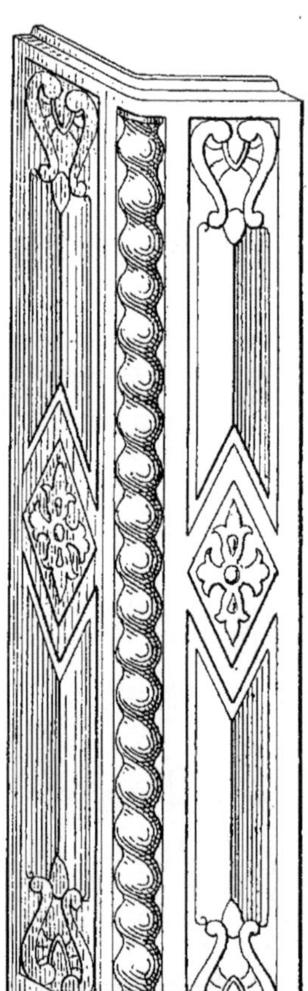

Fig. 281. — Montant à chambranle, en faïence, pour poêle à cheminée.

Fig. 282. — Encoignure en faïence, pour poêle à cheminée.

Fig. 283. — Carreau en faïence, pour poêle à cheminée.

Pour compléter la description du poêle, nous donnons les figures agrandies des pièces de faïence.

La figure 279 représente la frise, et la figure 280 le socle cintré.

pour but de faire circuler sous les yeux de nos lecteurs les rendus des divers modèles de chaque fabrication.

Nous donnons aussi le montant à cham-branle (*fig.* 281), et respectivement l'encoignure et le carreau (*fig.* 282 et 283).

Les largeurs des socles sont semblables, quels que soient les modèles des poêles.

Fig. 284. — Poêle de construction à cheminée sans étuve, à ceinture et socle cintré, intérieur en faïence et rideau, de 0^m,88 au corps et 1^m,45 de hauteur (modèle de la Maison Roy à Paris).

La hauteur du poêle varie suivant que l'on emploie des montants de 0^m,60, 0^m,65 ou 0^m,70 et des encoignures de 0^m,30 ou 0^m,33.

La plus petite hauteur du poêle (*fig.* 277) est donc de 1^m,30 : le poêle monté avec chambranles de 0^m,60 et encoignures de 0^m,30.

La plus grande hauteur porte 1^m,43 : le poêle monté avec chambranles de 0^m,70 et encoignures de 0^m,33.

189. Tous les poêles que nous avons

présentés ont été considérés avec retours ordinaires de 0^m,11.

De même que pour les poêles de construction à cylindre, les poêles à cheminée peuvent être montés avec retours de 0^m,22, 0^m,33 ou 0^m,44.

Dans la hauteur du chambranle, la largeur est obtenue par des panneaux en faïence du même dessin que le poêle et ajustés à joints vifs sur les montants.

Dans la hauteur du rang supérieur, ou corps du haut, la largeur est obtenue par des carreaux de même hauteur que les encoignures et ajustés également à joints vifs verticaux.

Le poêle présenté (*fig.* 277) est fait en fabrication courante dans les teintes blanche, brune et verte.

La maison Brocard fait aussi ce poêle en faïence à deux tons ; les ornements en reliefs : noirs sur fond brun, ou noirs sur fond vert.

Les autres couleurs peuvent à la demande être appliquées sur le biscuit, moyennant des prix à débattre.

La plus-value de faïence de couleur prévue à la Série n'est applicable qu'aux émaux du commerce.

190. Nous représentons (*fig.* 284) un poêle-cheminée sans étuve, à ceinture, avec un rang de carreaux et socle cintré.

Nous supposons la saillie en faïence de 0^m,22 de largeur au corps du poêle.

L'intérieur rétréci en trois panneaux et rideau.

Métré d'un poêle de construction à cheminée sans étuve, intérieur en faïence et rideau, saillie de 0^m,22 (*fig.* 284).

Conduit d'air froid.

Le conduit en conformité de sa construction suivant nos exemples précédents.

Poêle-cheminée.

Massif coulé en plâtre et nivelé, recevant foyer de
$$0.96 \times 0.30 = 0.28 \text{ à } 0/0 \text{ de légers} = 28/100$$

Posé, scellé le foyer en marbre et calfeutré.
Série centrale n° 606.
Construit le poêle à 3 faces avec revêtement extérieur en faïence de couleur unie et garnissage intérieur en briques façon bourgogne de 0^m,06 d'épaisseur, lissage et enduit en terre, percement de trous dans les faïences, pose et ajustement desdites, pose et scellement des fers, tôles, fontes, cuivres et bouches, ledit poêle cubant au corps :
$$0.88 \times 0.45 \times 1.45^4 = 0^3,574$$
Fumisterie n° 569.

Plus-value de construction de poêle à cheminée avec intérieur rétréci en 3 panneaux et rideau 10 0/0.
Chambre syndicale n° 1240.

Plus-value pour contre-cœurs en briques réfractaires de 0.06 épaisseur.
Fumisterie n° 344.
Le mur dosseret en briques réfractaires de 0.06 d'épaisseur.
Observation.

Posé, scellé, le cendrier d'âtre à ceinture garde-cendres, galbée sur le socle.
Observation.
Posés les cercles apparents serrés sur vis de rappel : 6 trous et scellements de 0.08 dans le mur en moellons à l'entier de légers = 32/100.

Légers ouvrages.
0.28
Pose et scellement de foyer en marbre.
SÉRIE CENTRALE 606.
Construction de poêle à 3 faces en faïence cubant 0^3,574.
SÉRIE CENTRALE 569.
Plus-value de construction de poêle à cheminée.
Chambre syndicale 1240.
Plus-value.
SÉRIE CENTRALE 344.
Dosseret en briques réfractaires de 0.06 d'épaisseur.
Observation.
Pose et scellement de cendrier d'âtre pour poêle-cheminée.
Observation.
Légers ouvrages.
0.32

Départ de fumée.	
Posé, scellé la jonction en tôle et garni en plâtre.	Pose et scellement de jonction en tôle.
Observation.	Observation.
Raccordé la jonction sur la section de poterie par une réduction conique en plâtre enduite évaluée aux légers ouvrages.	Légers ouvrages.
Observation.	Observation.
Posé, scellé la tablette marbre sur tasseaux plâtre et calfeutré.	Pose et scellement de tablette en marbre.
Fumisterie n° 606.	SÉRIE CENTRALE 606.
Les raccords en naissances au mètre linéaire. 2 fois 1.50 = 3.00 } 1 fois 1.05 = 1.05 } 4.05 aux 8/100 courant de légers = 0.32.	Légers ouvrages. 0.32
En fournitures.	
Le poêle à construire en faïence de couleur unie d'un seul ton 1er choix, composé de :	
Un socle grand modèle 0m,20 de hauteur d'une seule pièce de 0m,88 au corps.	Socle grand modèle de 0.88 au corps en faïence de couleur unie.
Fumisterie n° 463.	SÉRIE CENTRALE 463, 4e col.
Plus-value pour socle cintré de poêle cheminée.	Plus-value de socle cintré.
Chambre syndicale n° 1512.	Chambre syndicale 1512.
Une frise grand modèle de 0m,20 de hauteur, porte-marbre d'une seule pièce de 0m,88 au corps.	Frise grand modèle porte-marbre de 0.88 au corps, en faïence de couleur unie.
Fumisterie n° 463.	SÉRIE CENTRALE 463, 4e col.
Une traverse de poêle-cheminée de 0m,65. Deux montants à chambranles de poêle-cheminée de 0m,75 de hauteur.	Pièces de faïence de couleur unie 1er choix pour poêle à cheminée. Valeur en argent.
Observation.	Observation.
Deux panneaux de retours de 0m,75 de hauteur. Observation.	
Deux encoignures de 0m,30 de hauteur.	Encoignure de 0.30 en faïence de couleur unie.
Fumisterie n° 407.	SÉRIE CENTRALE 407, 3e col.
Deux carreaux entiers de 0m,30 de hauteur sur la face du poêle.................... 2 } Deux demi-carreaux de 0.22 × 0.30 sur les côtés du poêle pour pièce entière. 1 } 3 carreaux de 0.22 × 0.30.	Carreau de 0.30 en faïence de couleur unie.
Fumisterie n° 287. Observation n° 290.	SÉRIE CENTRALE 287, 3e col.
Deux retours de socle grand modèle de 0m,20 de hauteur. Deux retours de frise porte-marbre de 0m,20 de hauteur.	Socle et frise par bouts de retour de 0.20 de hauteur en faïence de couleur unie. 4
Fumisterie n° 462.	SÉRIE CENTRALE 462, 2e col.
Plus-value de 50 0/0 pour faïence de couleur unie, 1er choix.	Plus-value pour faïence de couleur unie. 50 0/0
Observation n° 289.	Observation 289.
La plaque d'âtre en fonte au bois 2e fusion, pesant	Fonte pour plaque unie au bois.
Fumisterie n° 438.	SÉRIE CENTRALE 438.
Le châssis à rideau en tôle douce planée, lames, coulisseaux, contrepoids et chaîne, cadre en cuivre poli de 0.04 de largeur de 0.45 × 0.50.	Châssis à rideau en tôle douce, cadre en cuivre de 0.45 × 0.50.
Fumisterie n° 313.	SÉRIE CENTRALE 313.

Plus-value pour $0^m,01$ de largeur de moulure en excédent de $0^m,04$ au mètre linéaire.

Développé réel :

$$\text{Les angles}\quad\left.\begin{array}{l} \text{1 fois } 0.45 = 0.45 \\ \text{2 fois } 0.50 = 1.00 \\ \text{4 fois } 0.05 = 0.20 \end{array}\right\} 1.65$$

Fumisterie nº 328.

Les trois panneaux de rétrécissement en faïence de couleur unie 1er choix.

2 côtés de 0.10×0.65.

Fumisterie nº 533.

Un soubassement de..... 0.15×0.65.

Fumisterie nº 533.

Plus-value de 50 0/0 pour panneaux en faïence de couleur unie.

Observation nº 551.

Le cendrier d'âtre garde-cendres à ceinture cuivre poli, galbée sur le socle.

Observation.

Le contre-soubassement en tôle bordée.

Fumisterie nº 386.

Un coffre ordinaire en tôle avec buses de communication et séparation intérieure pour appareil de poêle, pesant

Fumisterie nº 652.

Une jonction en tôle et réduction conique.

Observation.

Tôles découpées pour plancher de poêle pesant

Fumisterie nº 645.

Linteaux en fer coupés de longueur et à scellements pesant

Serrurerie nº 73.

Observation nº 8.

Deux bouches de chaleur en cuivre poli à bascule de

$$0.10 \times 0.22$$

Fumisterie nº 103.

Les cercles en cuivre poli renforcé de $0^m,030$ de largeur, au mètre linéaire.

$$\left.\begin{array}{l} \text{Deux cercles de corps de } 1.37 = 2.74 \\ \text{Deux cercles de socle de } 0.45 = 0.90 \end{array}\right\} 3.64$$

Fumisterie nº 304.

Quatre vis de rappel en fer à 2 écrous nº 2 pour cercles de poêle.

Fumisterie nº 666.

Six pattes à scellements de façon en tôle rapportées et rivées.

Observation.

Un foyer uni en marbre rouge de Flandre doublé de

$$0.30 \times 0.96 = 0^2,28$$

Marbrerie nº 478.

Plus-value de moulure en excédent de 0.04 pour 0.01 de largeur.

1.65

SÉRIE CENTRALE 328.

Panneaux en faïence de couleur unie 1er choix.

2

SÉRIE CENTRALE 533, 1re col.

1

SÉRIE CENTRALE 533, 2e col.

Plus-value pour panneaux en faïence de couleur unie.

50 0/0

Observation 551.

Cendrier d'âtre, garde-cendres à ceinture cuivre, galbée pour poêle-cheminée.

Observation.

Contre-soubassement en tôle.

SÉRIE CENTRALE 386.

Tôle pour coffre ordinaire avec buses.

SÉRIE CENTRALE 652.

Jonction en tôle et réduction conique.

Observation.

Tôles découpées.

SÉRIE CENTRALE 645.

Fer pour linteaux.

Serrurerie, SÉRIE CENTRALE 73.

Observation nº 8.

Bouches de chaleur en cuivre poli à bascule de 0.10×0.22.

SÉRIE CENTRALE 103, 2e col.

Cercle en cuivre poli renforcé de 0.030 de largeur.

3.64

SÉRIE CENTRALE 304, 2e col.

Vis à 2 écrous en fer nº 2.

SÉRIE CENTRALE 666, 1re col.

Pattes à scellements, rapportées, rivées.

Observation.

Foyer marbre rouge de Flandre, uni, doublé.

0.28

SÉRIE CENTRALE, Marbrerie 478.

(3e col.)

La tablette de poêle en 0.03 d'épaisseur, marbre rouge de Flandre sans moulure, compris taille, déchets, polissage au dessus et de la face, rives et angles arrondis de
$$0.28 \times 1.02 = 0^2,29$$

Tablette marbre rouge de Flandre de 0.03 d'épaisseur.
0.29
SÉRIE CENTRALE, Marbrerie 479.
(3ᵉ col.)

Nous avons supposé la saillie du poêle de 0ᵐ,22 de largeur, et nous en donnons le profil (*fig.* 285).

Cette disposition ne bénéficie pas de la plus-value de saillie, indiquée par la Série de la Chambre Syndicale des Entrepreneurs, sous le numéro 1237.

L'intérieur à cheminée, quand il est construit en briques réfractaires, reçoit les applications des plus-values relatives aux cheminées sous les numéros 342 à 346.

Le modèle choisi est de la Maison Roy, à Paris. Il se trouve dans les largeurs de 0ᵐ,66, 0ᵐ,77, 0ᵐ,88 et 1 mètre avec socle cintré, comme nous l'avons représenté (*fig.* 284).

Au-dessus de 1 mètre de largeur au corps, les socles sont droits.

Le même poêle peut se construire avec étuve dans toutes ses dimensions.

Les différentes hauteurs que l'on obtient avec les faïences du même modèle sont respectivement de 1ᵐ,30 à 1ᵐ,75.

1ᵐ,30	1ᵐ,60
1 ,35	1 ,70
1 ,45	1 ,75
1 ,55	

191. Les divers poêles que nous avons représentés jusqu'ici ont été supposés rétrécis en faïence et rideau.

Nous complétons notre démonstration générale de la construction des poêles de salles à manger, par les modèles avec intérieurs sans rideaux et cheminées en fonte à galeries, dites concaves.

Les cheminées concaves sont à portes ou à souffleur, et munies de grilles cintrées pour brûler le charbon.

Le poêle que nous donnons (*fig.* 286) est construit du modèle dit à ceinture avec retours, socle cintré, chambranles de la hauteur de la cheminée concave, étuve chauffe-assiettes à façade cuivre, encoignures dans le corps du haut, frise grand modèle porte-marbre et tablette marbre.

La saillie du poêle est de 0ᵐ,11 de largeur prise au corps.

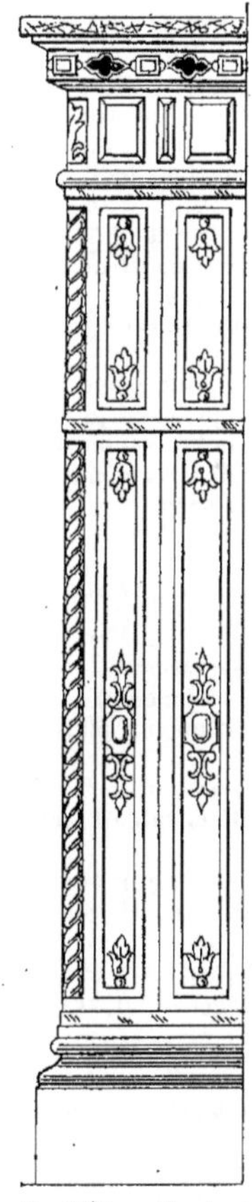

Fig. 285. — Profil de poêle de construction à cheminée (*fig.* 284). — Saillie de 0ᵐ,22.

Les faïences sont appareillées et montées à joints vifs sans cercles.

Le poêle en faïence est du modèle de la Maison Brocard, à Paris.

Métré d'un poêle de construction, à cheminée concave en fonte ornée, avec étuve à façade cuivre (*fig.* 286).

Conduit d'air froid.

Le conduit en conformité de sa construction, suivant nos exemples précédents.

Poêle-cheminée.

Massif coulé en plâtre et nivelé, recevant foyer de
0.85 $\times$ 0.30 = 0.25 à 0/0 de légers = 25/100
Posé, scellé le foyer en marbre et calfeutré.
Série centrale. Fumisterie n° 606.
Construit le poêle à 3 faces, avec revêtement extérieur en faïence de couleur unie et garnissage intérieur en briques façon bourgogne de 0^m,06 d'épaisseur, lissage et enduit en terre, percement de trous dans les faïences, pose et ajustement desdites, pose et scellement des fers, tôles, fontes, cuivres et bouches, ledit poêle cubant au corps
0.77 $\times$ 0.45 $\times$ 1.42^H = 0³,492
Fumisterie n° 569.
Plus-value de construction à cheminée concave avec appareil à coke 10 0/0.
Chambre syndicale n° 1240.

Plus-value pour poêle en faïence construit sans cercles, les faïences ajustées à joints vifs 60 0/0.
Chambre syndicale n° 1241.
Posé, scellé le cendrier d'âtre à ceinture garde-cendres, galbée sur le socle.
Observation.

Départ de fumée.

Posé, scellé la jonction en tôle et garni en plâtre.
Observation.
Raccordé la jonction sur la section de poterie par une réduction conique en plâtre enduite, évaluée aux légers ouvrages.
Observation.
Posé, scellé la tablette marbre sur tasseaux plâtre et calfeutré.
Fumisterie n° 606.
Les raccords en naissances au mètre linéaire.
2 fois 1.45 = 2.90 ⎫
1 fois 1.00 = 1.00 ⎬ 3.90 aux 8/100
courant de légers = 0.31.

En fournitures.

Le poêle à construire en faïence de couleur unie, d'un seul ton, 1er choix composé de :
Un socle grand modèle de 0^m,20 de hauteur, d'une seule pièce de 0^m,77 au corps.
Fumisterie n° 463.
Plus-value pour socle cintré de poêle-cheminée.
Chambre syndicale n° 1512.
Une frise grand modèle de 0^m,20 de hauteur, porte-marbre d'une seule pièce de 0^m,77 au corps.
Fumisterie n° 463.

Colonne marginale :

Légers ouvrages.
0.25

Pose et scellement de foyer en marbre.
SÉRIE CENTRALE 606.

Construction de poêle à 3 faces en faïence cubant 0³,492.
SÉRIE CENTRALE 569.

Plus-value de construction de poêle à cheminée.
Chambre syndicale 1240.

Plus-value.
60 0/0
Chambre syndicale 1241.

Pose et scellement de cendrier d'âtre pour poêle de cheminée.
Observation.

Pose et scellement de jonction en tôle.
Observation.

Légers ouvrages.
Observation.

Pose et scellement de tablette en marbre.
SÉRIE CENTRALE 606.

Légers ouvrages.
0.31

Socle grand modèle de 0.77 au corps en faïence de couleur unie.
SÉRIE CENTRALE 463, 3e col.

Plus-value de socle cintré.
Chambre syndicale n° 1512.

Frise grand modèle porte-marbre de 0.77 au corps en faïence de couleur unie, 1er choix.
SÉRIE CENTRALE 463, 3e col.

2 Montants à chambranle de poêle-cheminée de 0^m,60.
Observation.

La ceinture de poêle à 2 retours de 0^m,77 au corps.
Observation.

2 Encoignures de 0^m,30 de hauteur.
Fumisterie n° 407.

Plus-value de 50 0/0 pour faïence de couleur unie, 1er choix.
Observation n° 289.

La plaque d'âtre en fonte au bois 2e fusion pesant.
Fumisterie n° 438.
La cheminée concave, dite de poêle-cheminée, en fonte ornée et appareil à coke à nervures intérieures, grille de combustion cintrée, montée à taquets, cendrier en fonte.
Observation.
Le cendrier d'âtre, garde-cendres à ceinture en cuivre uni, poli, galbée sur le socle.
Observation.
Un coffre ordinaire en tôle, avec double enveloppe à circulation de fumée, buses de communication et séparation intérieure pour appareil de poêle pesant.
Un coffre intérieur d'étuve chauffe-assiettes en tôle, coulisse d'air, fond mobile et étagère, pesant.
Fumisterie n° 652.

Une jonction en tôle et réduction conique.
Observation.

Tôles découpées pour plancher de poêle, pesant.
Fumisterie n° 645.
Linteaux en fer coupés de longueur et à scellements, pesant.
Serrurerie n° 73.
Observation n° 8.
La façade d'étuve composée d'une porte à deux vantaux en tôle doublée en cuivre, montée sur pivots, crémone à deux boutons cristal et encadrement en cuivre poli de 0.40 × 0.30.
Fumisterie n° 420.
Observation.

Un foyer uni en marbre noir français doublé de
$$0.25 \times 0.85 = 0.21$$
Marbrerie n° 478.
La tablette de poêle en 0^m,03 d'épaisseur, marbre noir français, sans moulure, compris tailles, déchets, polissage du dessus et de la face, rives et angles arrondis de
$$0.20 \times 0.91 = 0^2,182$$
Marbrerie n° 479.

Chambranles et ceinture de poêle-cheminée en faïence de couleur unie.

Valeur en argent.

Encoignures de 0.30 en faïence de couleur 1er choix.

SÉRIE CENTRALE 407, 3e col.

Plus-value pour faïence de couleur unie.

50 0/0

Observation 289.

Fonte pour plaque unie au bois.

SÉRIE CENTRALE 438.

Cheminée concave, dite de poêle-cheminée, complète

Observation.

Cendrier d'âtre, garde-cendres à ceinture cuivre, galbée pour poêle-cheminée.

Observation.

Tôle pour coffres ordinaires avec buses.

SÉRIE CENTRALE 652.

Jonction en tôle et réduction conique.

Observation.

Tôles découpées.

SÉRIE CENTRALE 645.

Fer pour linteaux.

Serrurerie. — SÉRIE CENTRALE 73.

Observation n° 8.

Façade d'étuve en tôle doublée en cuivre, porte à 2 vantaux, crémone, boutons et encadrement de 0.40 × 0.30.

SÉRIE CENTRALE 420.

Observation.

Foyer en marbre noir français, uni, doublé.

0.21

SÉRIE CENTRALE, Marbrerie 478.

Tablette marbre noir français de 0.03 d'épaisseur.

0.182

SÉRIE CENTRALE, Marbrerie 479.

Le poêle représenté (*fig.* 286) est du modèle le plus courant et le plus harmonique dans ses proportions.

La hauteur minimum de 1^m,42 est obtenue par la décomposition suivante :

Frise et socle 0^m,20 × 2 =	0^m,40
Chambranle	0^m,60
Ceinture	0^m,12
Encoignure	0^m,30

1^m,42

Nous ajouterons que la hauteur peut

Fig. 286. — Poêle de construction à ceinture et cheminée concave en fonte ornée, avec étuve à façade cuivre, socle cintré, de la Maison Brocard et Leclerc à Paris.

Fig. 287. — Ceinture en faïence avec retours, pour poêle-cheminée.

varier de 0ᵐ,05 et 0ᵐ,10 par les chambranles et de 0ᵐ,03 par les encoignures.

Les hauteurs totales combinées par les chambranles et les encoignures sont respectivement de

1ᵐ,50
1 ,55

Les largeurs au corps sont de :

0ᵐ,55	0ᵐ,88
0 ,66	1 ,00
0 ,70	1 ,14
0 ,77	1 ,25

Au-dessus de 0ᵐ,88 les socles sont droits.

Les saillies, à partir de la mesure de 0ᵐ,11 prise au corps, sont en augmentation constante entre elles, de 0ᵐ,11.

Le même poêle peut être construit à saillie de 0ᵐ,11, tel que nous l'avons conçu, ou de 0ᵐ,22, 0ᵐ,33, 0ᵐ,45, etc.

Les émaux du commerce en couleur unie sont :

1° Le brun ;
2° Le vert mousse.

Le même poêle est fabriqué en blanc, mais l'usage en est bien abandonné.

On trouve aussi la faïence du même modèle traitée à deux tons :

1° Brun et noir ;
2° Vert et noir.

La couleur noire est en relief sur les ornements, laissant les fonds dans les tons brun ou vert.

Au point de vue de la construction, le poêle monté sans cercles donne lieu à l'application de la plus-value de la Série de la Chambre syndicale.

Toutes les autres plus-values sont également applicables suivant les cas : soit pour saillie de plus de 0ᵐ,22, ou construction intérieure spéciale de façon plus compliquée ou avec des matériaux de qualité supérieure à ceux prévus par la Série.

La figure 287 nous donne la ceinture agrandie du poêle (*fig.* 286) avec les retours.

La figure 288 nous montre le profil du poêle avec saillie de 0ᵐ,11 de largeur au corps.

192. Pour compléter notre Série, nous présentons (*fig.* 289) un autre modèle de poêle dans le genre dit à cheminée concave.

Le socle est cintré sur le même gabarit. Les chambranles, d'une seule pièce, sont de la hauteur du poêle entre le socle et la frise. La traverse tient la largeur du poêle entre les chambranles sous l'étuve. De chaque côté de l'étuve un demi-carreau est monté en remplissage. La frise surmonte l'ensemble du poêle.

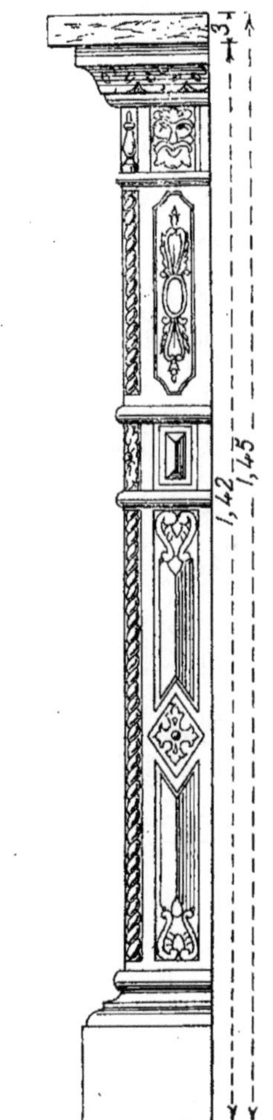

Fig. 288. — Profil de poêle de construction à ceinture (*fig.* 286), avec saillie de 0ᵐ,11.

La cheminée concave est à souffleur. L'appareil à coke avec grille et cendrier est semblable à celui du poêle représenté (*fig.* 286).

Fig. 289. — Poêle de construction à grands chambranles et traverse, socle cintré, cheminée concave
fonte ornée, étuve à façade cuivre, de la maison Brocard et Leclerc à Paris.

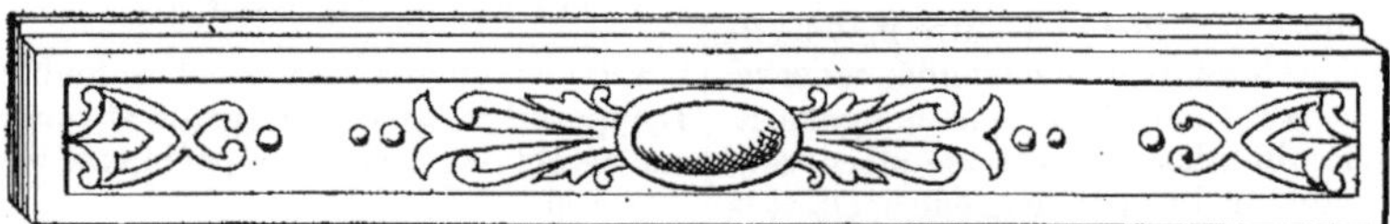

Fig. 290. — Traverse en faïence pour poêle-cheminée.

Un cendrier garde-cendres épouse la forme galbée du socle cintré.

Ce poêle, que nous conservons dans la

Les largeurs au corps sont de :

0^m,55	0^m,88
0 ,66	1 ,00
0 ,70	1 ,14
0 ,77	1 ,25

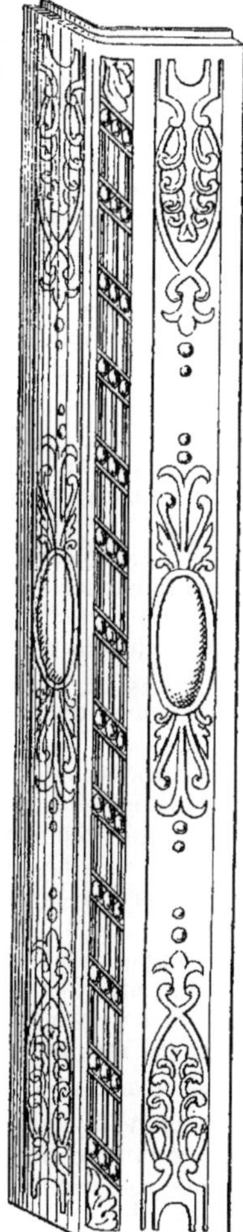

Fig. 291. — Grand chambranle d'une seule pièce, pour poêle-cheminée.

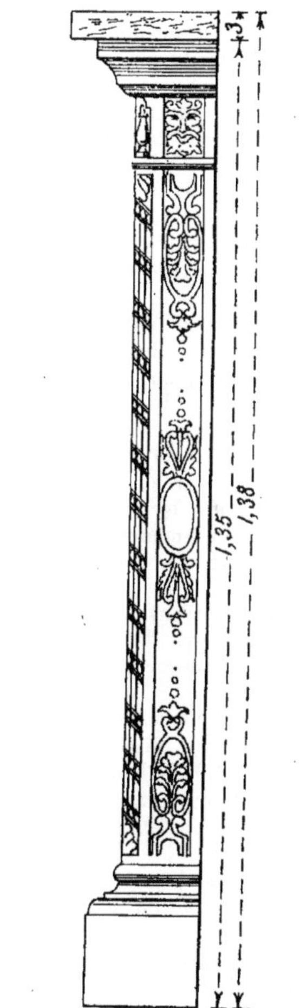

Fig. 292. — Profil du poêle de construction à grands chambranles (*fig.* 289) avec saillie de 0^m,11.

largeur de 0^m,77 au corps, mesure 1^m,35 de hauteur totale sous tablette.

La hauteur est obtenue par :

La frise et socle de 0^m,20 × 2 = 0^m,40

Le chambranle de. . . . . 0^m,95

Tout ce que nous avons dit des largeurs des socles cintrés et droits et des saillies s'applique également au poêle (*fig.* 289).

Il en est de même de la palette des émaux.

Le poêle est monté sans cercles.

La construction est exactement semblable à celle du précédent.

Le même genre est monté quelquefois sans socle.

A l'aplomb des grands chambranles sont placés les pieds de socle, droite et gauche.

Ce genre de construction se rapporte identiquement à celui de notre figure 274.

La hauteur est la même, invariablement de 1ᵐ,35.

Les pieds de socle sont de la même hauteur que les grands socles et le profil du poêle reste le même.

Cette rapide description a pour but de passer en revue le plus grand nombre possible de poêles, qui tout en restant dans les mêmes données générales, affectent, cependant, des différences qu'il est nécessaire de connaître.

Par les exemples très nombreux donnés précédemment, nos lecteurs pourront se rendre compte eux-mêmes du métré de ce genre de poêle, établir les similitudes et les différences.

Nous ne croyons pas que le détail du métré soit d'une grande utilité et nous nous bornons à une description avec figures à l'appui.

Nous représentons la traverse (*fig.* 290).

Nous donnons le dessin agrandi du chambranle de 0ᵐ,95 de hauteur (*fig.* 291).

La figure 292 nous montre le profil du poêle avec saillie de 0ᵐ,11 de largeur au corps.

Les deux poêles (*fig.* 286 et 289) sont des modèles de la maison Brocard et Leclerc à Paris.

Nous pensons avoir présenté, dans le cadre utile qu'il nous est donné de remplir, un nombre suffisant d'exemples pour ne pas insister davantage.

Sans doute, nous pourrions encore trouver des variétés multiples d'arrangements dans la construction des poêles ordinaires, mais nous nous écarterions visiblement de l'intérêt général.

Avant de passer aux poêles de style nous allons présenter les accessoires des poêles ordinaires.

Accessoires des poêles.

193. Nous mentionnons tout d'abord les accessoires extérieurs, tels que : portes, cendriers, bouches de chaleur et cercles avec vis.

Les portes sont divisées en deux catégories :

1° Les portes de foyers ;

2° Les portes d'étuves.

Les portes sont en fonte ornée, ou en cuivre.

Les portes de foyers sont quelquefois montées sur des cadres en cuivre, les portes elles-mêmes en fonte ornée.

La même disposition est possible pour les portes d'étuves, mais plus rarement employée.

L'inconvénient du surchauffage du cuivre est d'ailleurs beaucoup moindre sur la porte d'étuve que sur celle du foyer.

Par contre, les portes d'étuves sont faites aussi avec vantaux enchâssés en faïences polychromes, du plus gracieux effet.

Les bouches de chaleur sont également en fonte ou en cuivre.

On emploie surtout deux modèles de bouches :

1° Le modèle dit à bascule ;

2° Le modèle dit à créneaux.

Les cercles sont généralement en cuivre jaune uni, poli.

On trouve des cercles en cuivre rouge et en métal blanc.

Les vis de rappel sont destinées à tendre les cercles, afin d'obtenir un *collage* parfait sur la faïence et à corriger la *dilatation* du métal résultant de l'usage.

Portes de foyers.

194. Les portes de foyers sont tarifées à la Série sous les numéros 584, 585 et 586.

Le prix alloué comprend : la porte et son cadre, une coulisse d'air destinée à activer la combustion, et la contre-porte recevant le coup de feu.

Nous remettons sous les yeux de nos lecteurs le texte de la Série avec le dispositif général.

Porte pour poêles de construction sur place avec châssis et contre-porte en fonte avec boutons à coulisses.

Porte tout en fonte unie ou ornée, numéro 584.

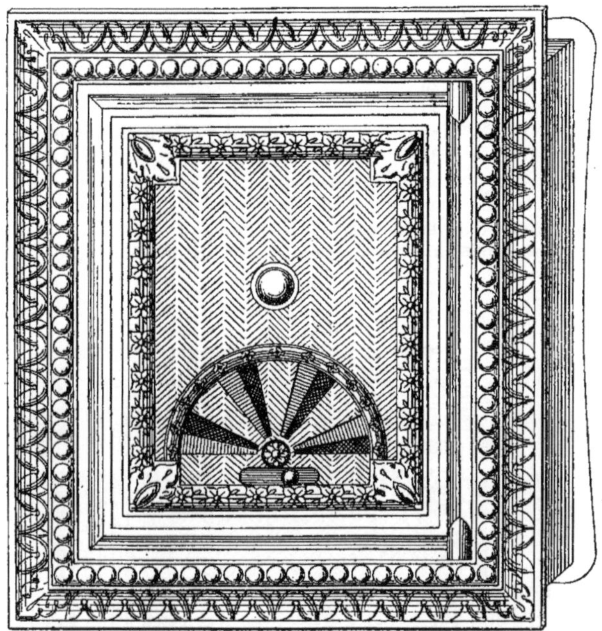

Fig. 293. — Porte de poêle en fonte ornée avec cadre.

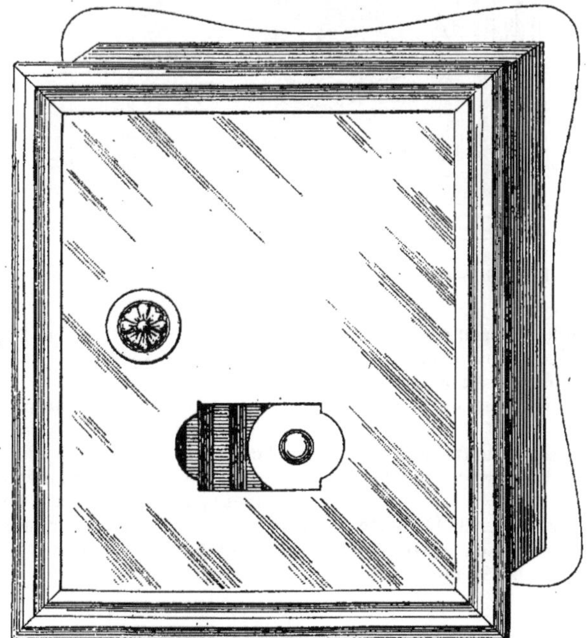

Fig. 294. — Porte de poêle en cuivre avec cadre.

Les mesures indiquées sont prises à *l'extérieur du cadre*, la largeur la première.

$$0.25 \times 0.28$$
$$0.25 \times 0.30$$
$$0.25 \times 0.32$$
$$0.25 \times 0.335$$

La figure 293 représente la porte en fonte ornée, montée sur son cadre en fonte, et la coulisse d'air en éventail.

Sous le numéro 585 la Série désigne :

Porte doublée en cuivre avec cadre en cuivre fondu poli.

Sous le numéro 586 :

Porte tout cuivre avec cadre en cuivre poli.

Il y a lieu de distinguer si la porte est *doublée* ou si elle est dans la *planche*.

Les mesures pour les portes en cuivre sont les mêmes que pour les portes en fonte.

Nous donnons (*fig.* 294) la porte en

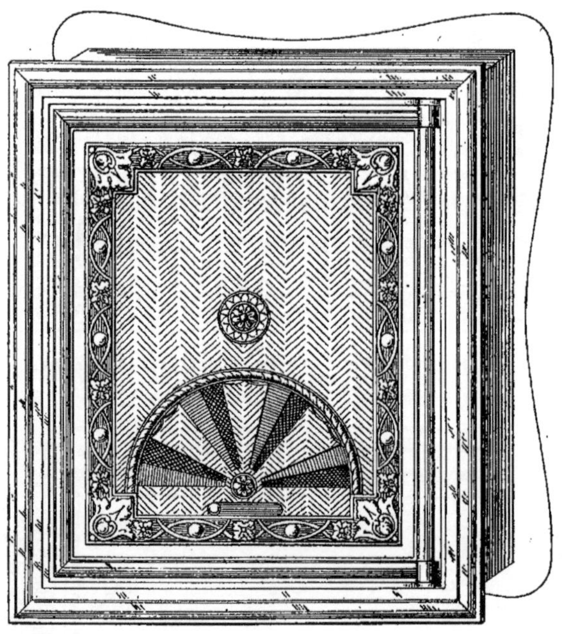

Fig. 295. — Porte de poêle en fonte ornée avec cadre en cuivre poli.

cuivre montée sur son cadre en cuivre et la coulisse d'air à créneaux.

La même figure s'applique également aux portes *doublées* ou faites dans la *planche*.

L'absence de la contre-porte donne lieu à une diminution prévue par l'article 587 de la Série.

Nous donnons (*fig.* 295) la porte en fonte ornée montée sur son cadre en cuivre et la coulisse d'air en éventail.

Cette porte n'est pas prévue à la Série et ne se trouve que dans la dimension moyenne de $0^m,32$.

La Série ne comprend de portes en fonte que dans la fonte brute, et de portes en cuivre que dans le cuivre jaune.

Il y a dans le commerce des portes en fonte polie, nickelée et à l'électro.

Portes d'étuves.

195. Nous abordons ensuite la catégorie des portes d'étuves.

Les portes d'étuves sont généralement montées à deux vantaux sur pivots et fermées par une crémone à bouton.

La fabrication est semblable à celle des portes de foyers :

En fonte, cadre en fonte ;

En fonte, cadre en cuivre ;

En cuivre doublé, cadre en cuivre ;

En cuivre massif, cadre en cuivre.

Cette désignation générale est conforme à la Série sous les numéros 418, 419, 420 et 421.

Les prix alloués sous chacun des numéros ci-dessus comprennent, la porte et son cadre, la fermeture à crémone avec bouton.

Si la porte est garnie d'un second bouton sur le vantail dormant, il y a lieu d'appliquer une plus-value de la valeur de l'objet.

Les prix de Série ne comprennent pas non plus le *montage* sur le coffre d'étuve.

Les mesures sont prises à l'extérieur des cadres et indiquées ; la largeur, la première, contrairement au tableau de la Série qui indique d'abord la hauteur.

Il y a lieu de remarquer, à cet effet,

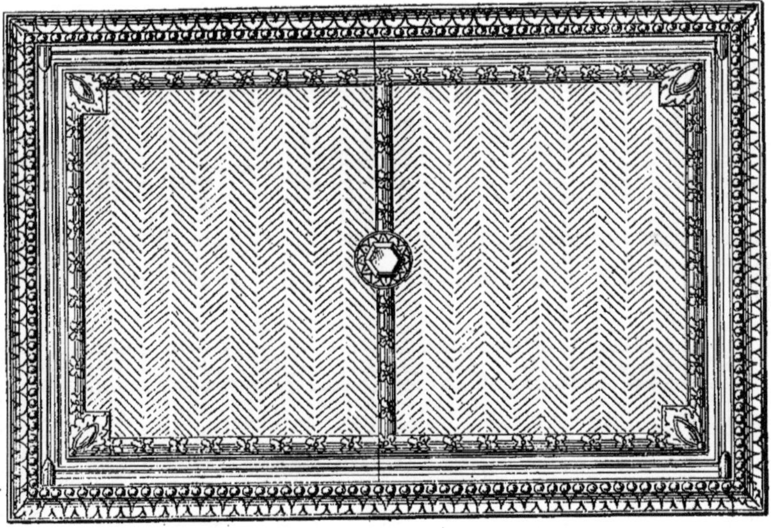

Fig. 296. — Façade d'étuve en fonte ornée avec cadre.

que les dimensions indiquées à la Série, sous les numéros précités, ne sont point les mesures proprements dites des façades, mais bien celles des étuves.

Dans la pratique, ces dimensions sont dénommées : mesures à la douille.

Le retrait de la douille sur l'extérieur du cadre est d'environ 0^m,05 sur la largeur et autant sur la hauteur.

Nous remettons sous les yeux de nos lecteurs le texte de la Série avec le dispositif général.

Façade d'étuve à la pièce.:

Composée de : une porte à deux vantaux *montés sur pivots, une crémone avec bouton cristal, un encadrement.*

Porte en fonte unie avec moulures, ou porte en fonte ornée, encadrement en fonte mouluré ou orné (N° 418).

Les mesures indiquées sont prises à la douille, *pour étuves de :*

0.25 × 0.30

0.25 × 0.35

0.25 × 0.40

0.25 × 0.45

0.25 × 0.50

0.25 × 0.55

0.25 × 0.60

La figure 296 représente la façade d'étuve tout en fonte striée, avec cadre orné et châssis d'encadrement, couvre-joint et bouton de crémone fonte ornée.

Fig. 297. — Façade d'étuve en fonte ornée, avec cadre en cuivre poli.

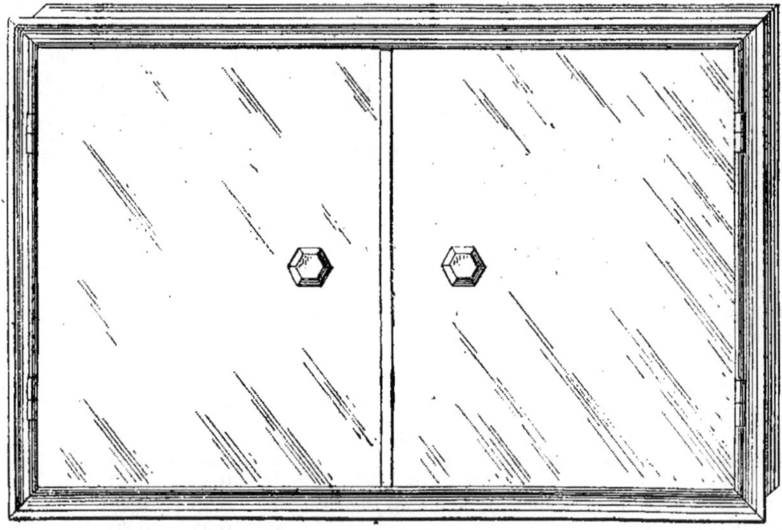

Fig. 298. — Façade d'étuve en cuivre avec cadre en cuivre poli.

Porte en fonte ornée, encadrement en cuivre mouluré ou uni (N° 419 de la Série).

Nous donnons le dessin de cette façade par la figure 297.

La porte est en fonte striée, cadre, couvre-joint et bouton en fonte ornée et châssis d'encadrement en cuivre mouluré poli.

Le troisième modèle de porte désigné par la Série sous le numéro 420 est le suivant :

Porte en tôle doublée en cuivre, encadrement en cuivre.

Nous représentons cette façade par la figure 298.

Les deux vantaux sont garnis chacun d'un bouton. Ce modèle donne lieu d'appliquer la plus-value déjà rappelée.

Le quatrième et dernier modèle de la Série sous le numéro 421 est dit : *en cuivre massif*.

La même figure 298 s'applique également aux deux façades en cuivre, numéros 420 et 421, qu'elles soient *doublées* ou dans la *planche*.

Nous réservons les portes de style avec les poêles, que nous traiterons à la suite.

Comme pour les portes de foyers nous devons ajouter que la Série ne comprend de portes en fonte, que dans la fonte brute et de portes en cuivre, que dans le cuivre jaune.

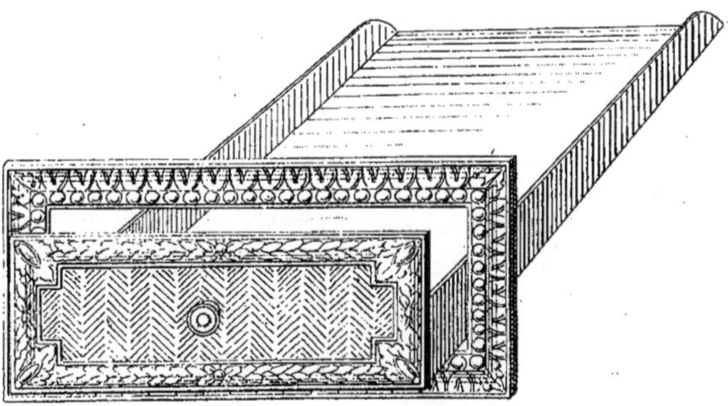

Fig. 299. — Cendrier en fonte ornée avec cadre, pelle en tôle.

Les portes en fonte se trouvent dans le commerce, bronzées, polies, nickelées et à l'électro.

Les portes en cuivre sont faites dans le cuivre jaune et rouge.

On trouve encore des portes dans le métal blanc.

Les mesures sont semblables entre elles quel que soit le modèle des façades.

Indépendamment des mesures indiquées dans la Série ; nous devons aussi faire remarquer que les façades d'étuves sont faites dans la hauteur de 0^m,32 centimètres.

Toutes ces différences donnent lieu à divers plus-values qu'il est très intéressant de ne point passer sous silence et savoir demander à bon escient.

Il y a, en outre des modèles indiqués dans la Série, diverses façades en cuivre cintrées, découpées, estampées ou à panneaux.

Les façades ajourées, en fonte ornée et les façades enchâssées de faïences polychromes complètent à peu près la grande variété des portes d'étuves.

Cendriers.

196. En troisième rang des accessoires extérieurs, nous mentionnons les cendriers.

La Série ne comprend, en outre des cendriers à bavette en tôle, très ordinaires, sous les numéros 296 à 298, que deux modèles de cendriers :

Le modèle en fonte ornée, sous le numéro 300 ;

Le modèle doublé en cuivre, sous le numéro 301.

Les mesures extérieures des cendriers prises aux cadres, sont toutes semblables à une légère différence près. L'usage dans la pratique est de mesurer le cendrier sur la longueur de la pelle.

Les dimensions des cadres prises à

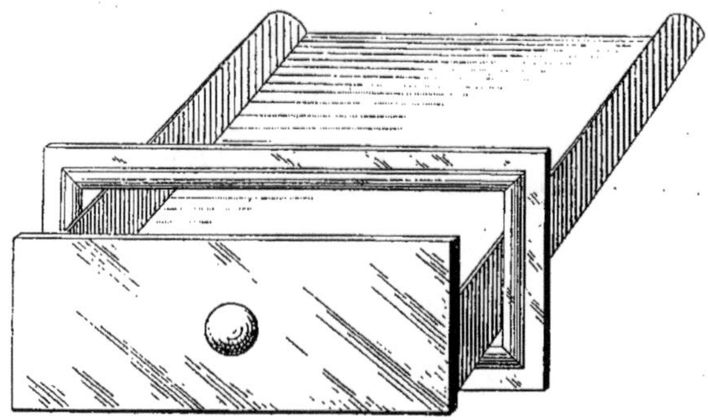

Fig. 300. — Cendrier en cuivre poli avec cadre, pelle en tôle.

l'extérieur sont de 0^m,10 à 0^m,11 de hauteur sur 0^m,23 de largeur.

Les mesures de longueur des pelles données par la Série sont :

0^m,33
0^m,40
0^m,50

Les prix sont établis pour fourniture de tôle ordinaire.

L'adjonction d'une coulisse d'air dans la bavette donne lieu à la plus-value indiquée par la Série dans la quatrième colonne, sous les numéros 300 et 301.

Voici d'ailleurs l'article de la Série, sous le numéro 300.

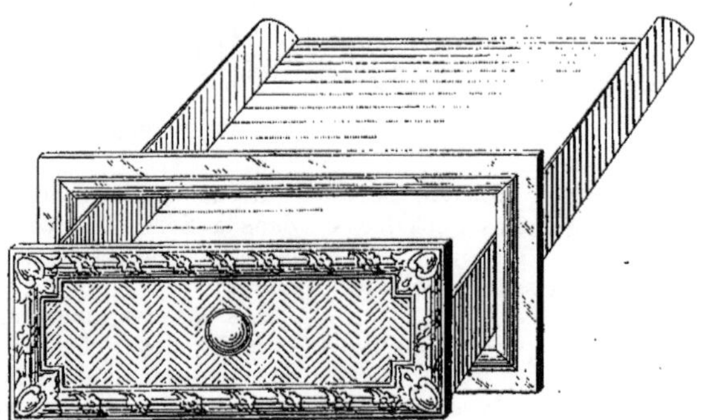

Fig. 301. — Cendrier en fonte ornée avec cadre en cuivre poli, pelle en tôle.

Cendrier en tôle ordinaire avec bavette et encadrement en fonte ornée et bouton.

Nous représentons (*fig.* 299) le cendrier en fonte ornée, cadre et bouton, avec pelle en tôle.

Sous le numéro 301, la Série désigne:

Cendrier en tôle ordinaire avec bavette doublée en cuivre poli, encadrement en cuivre fondu et poli, monté sur douille en tôle.

Le cendrier de ce modèle est représenté par la figure 300, avec sa pelle en tôle.

Pour compléter nos séries d'accessoires, nous donnons aussi (*fig.* 301) le cendrier en fonte ornée sur cadre en cuivre fondu et poli, dont le modèle n'est point mentionné à la Série.

Cette lacune est comblée dans la nouvelle édition de la Série de la Société Centrale des Architectes, année 1901.

Les cendriers en fonte bronzée et nickelée, ne sont point prévus à la Série.

Les cendriers en cuivre sont faits en fabrication dans le cuivre jaune et rouge, en cuivre nickelé ou en métal blanc.

Nous réservons les cendriers de style avec le chapitre spécial, que nous consacrerons aux poêles.

Bouches.

197. Nous arrivons aux bouches de chaleur, que nous traitons au seul point de vue des poêles d'appartements.

Le chapitre des bouches, du numéro 85 au numéro 250, contient un grand nombre de modèles, dont une partie a déjà été passée en revue, dans nos exemples de cheminées. Une autre partie viendra avec les calorifères.

Nous ne nous occupons donc que des bouches des poêles, prévues à la Série sous les numéros 85 à 120.

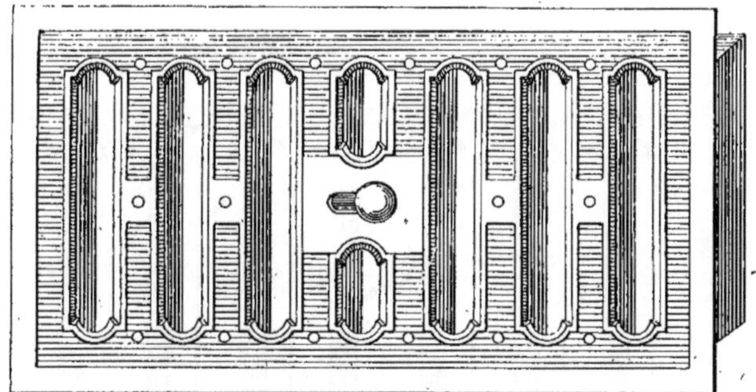

Fig. 302. — Bouche de chaleur en fonte, à créneaux.

D'une manière générale, les bouches sont classées en deux catégories :

Bouches fonte ;

Bouches cuivre.

Dans chacune de ces deux catégories, il y a deux modèles :

Modèle à bascule ou à levier ;

Modèle à créneaux ou à coulisseaux.

Les bouches se mesurent à l'extérieur du cadre.

Il y a environ $0^m,01$ de retrait à la douille sur les bouches dont nous nous occupons.

Les mesures, indiquées par la Série sous les numéros précités, vont de $0^m,06 \times 0^m,13$ à $0^m,16 \times 0^m,30$.

Dans la hauteur, jusqu'à $0^m,12$, les mesures sont en augmentation constante entre elles de $0^m,01$:

$$0^m,06$$
$$0^m,07$$
$$0^m,08$$
$$0^m,09$$
$$0^m,10$$
$$0^m,11$$
$$0^m,12$$

De $0^m,12$ à $0^m,16$ elles augmentent de $0^m,02$:

$$0^m,14$$
$$0^m,16$$

Dans la largeur, les augmentations sont irrégulières et vont de $0^m,0$ à $0^m,05$, au maximum, dans la même hauteur.

Nous donnons (*fig.* 302) la bouche en fonte unie, à créneaux.

La figure 303 représente une bouche en fonte ornée, à bascule.

Les bouches à créneaux ou à bascule

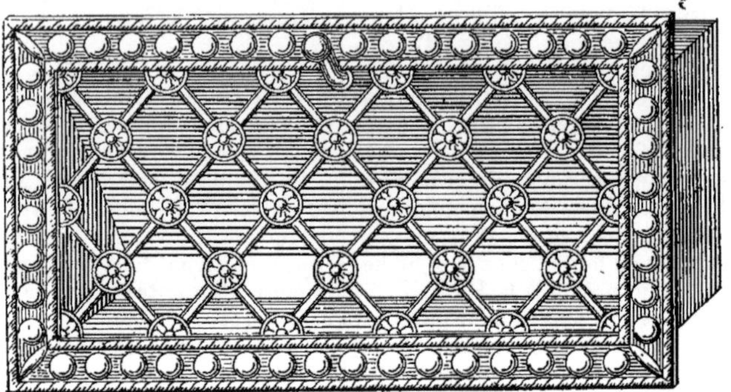

Fig. 303. — Bouche de chaleur en fonte, à bascule.

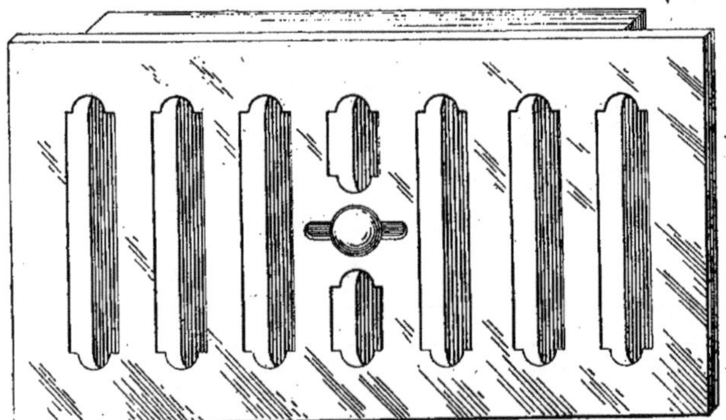

Fig. 304. — Bouche de chaleur en cuivre, à créneaux.

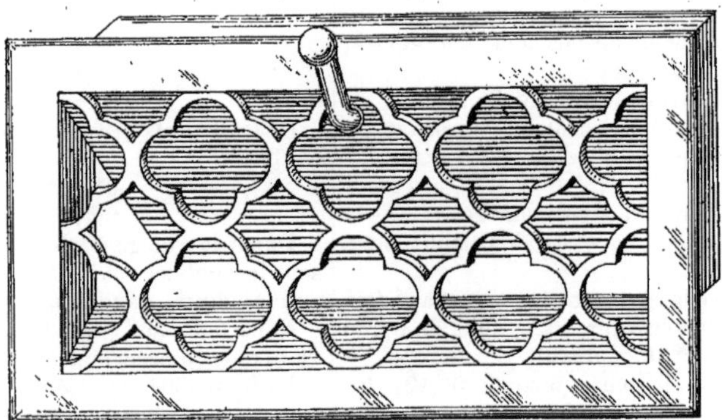

Fig. 305. — Bouche de chaleur en cuivre, à bascule.

sont tarifées au même prix, qu'elles soient en fonte unie ou ornée.

Nous donnons les mêmes bouches en cuivre, et dans les mêmes mesures, que nous avons prises dans nos exemples de métrés.

La bouche en cuivre à créneaux est représentée par la figure 304.

La figure 305 complète la Série et nous donne le dessin de la bouche en cuivre uni, à bascule.

La section utile de la bouche à bascule est plus considérable que celle de la bouche à créneaux, et la fait préférer dans les cas où il est nécessaire d'obtenir une plus grande émission d'air chaud.

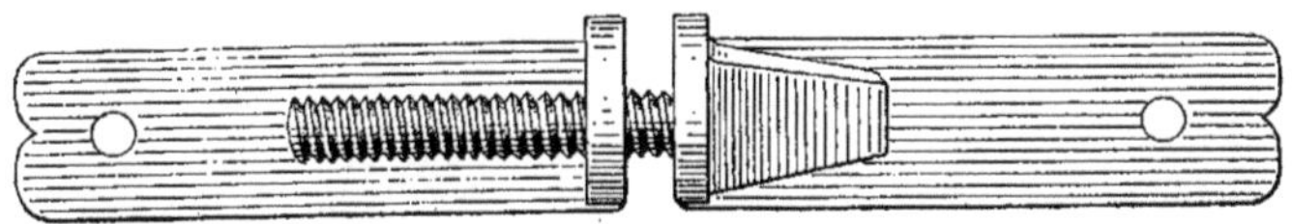

Fig. 306. — Vis de rappel en fer.

Les bouches de style seront traitées avec les poêles.

On fait aussi des bouches en cuivre rouge et en cuivre nickelé, qui ne sont point prévues à la Série.

Cercles.

198. Les cercles prévus à la Série sont en cuivre jaune uni, poli, ou en tôle.

Les prix de Série comportent la four-niture seule, au mètre linéaire, sans la pose.

Les vis de rappel, pattes à scellements, etc., sont comptées suivant leur valeur. La pose, les scellements et raccords sont demandés.

Les cercles sont mesurés au mètre linéaire et les prix appliqués suivant la largeur du ruban.

Pour les cercles en cuivre il faut dis-

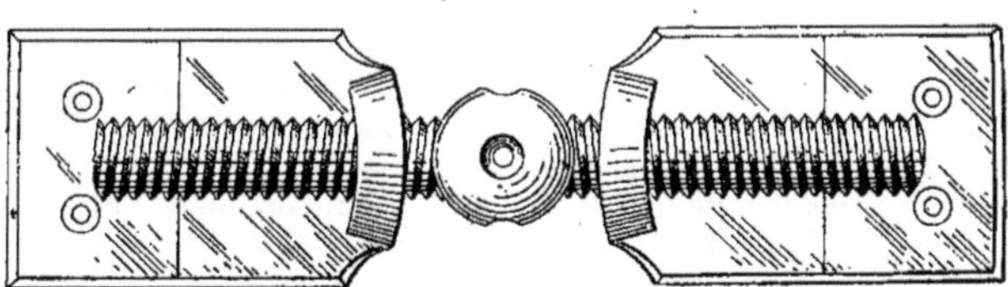

Fig. 307. — Vis de rappel en cuivre.

tinguer, en outre de la largeur, la force du métal : ordinaire ou renforcé.

Les différentes largeurs des cercles en cuivre sont :

$$0^m,024$$
$$0^m,027$$
$$0^m,030$$
$$0^m,032$$
$$0^m,034$$

Les cercles en cuivre sont tarifés sous les numéros 302 à 306 inclus.

Les cercles en tôle sont tarifés sous les numéros 307 et 308 et comptés au mètre linéaire :

1° Jusqu'à $0^m,035$ de largeur;

2° De $0^m,036$ à $0^m,055$ de largeur.

Nous devons ajouter que les cercles en cuivre se font commercialement jusqu'à $0^m,040$ de largeur, en cuivre jaune et rouge et en métal blanc.

Il se fait aussi du cercle cannelé, mais d'un usage très restreint.

199. Les vis de rappel sont des accessoires des cercles, elles se font en fer et en cuivre.

Les vis de rappel sont à deux écrous sur une tige filetée. Il y a trois numéros correspondants aux cercles, et tarifés respectivement sous les numéros de Série 665, 666, 667.

Les vis sont comptées à la pièce, sans pose.

Nous donnons (*fig.* 306) le dessin de la vis en fer, et (*fig.* 307) celui de la vis en cuivre.

Clefs.

200. Les clefs des soupapes servant au

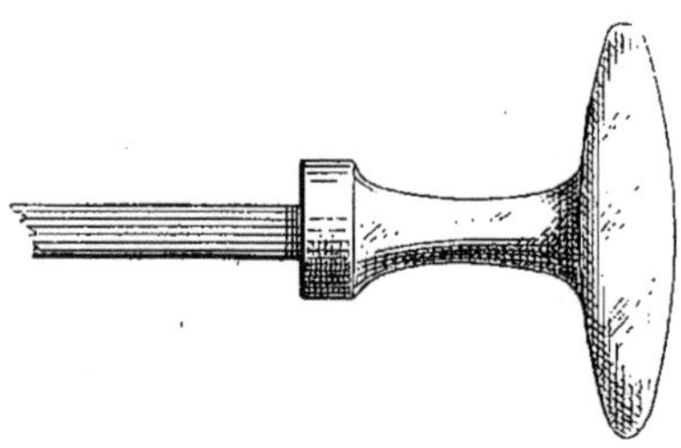

Fig. 308. — Clef de poêle à olive en cuivre.

réglage de la marche sont tarifées, à la Série, sous les numéros 352 à 355 inclus.

La clef est comptée avec sa tige, à la pièce, sans pose.

Les tiges sont goupillées, rivées ou à écrous.

Les modèles de clefs sont très variés. Nous donnons (*fig.* 308) la clef à olive en cuivre tarifée sous le numéro 352.

Les modèles, désignés sous le numéro 353 de la Série, sont dits à anneau, balustre et losange.

Le modèle sous le numéro 354 est dit à patte en cuivre ciselé.

Fig. 309. — Clef de poêle, modèle riche.

Nous donnons (*fig.* 309) un très joli dessin de clef de soupape.

Le modèle le plus ordinaire, en fonte, est tarifé sous le numéro 355 de la Série.

Pour compléter notre description nous donnons (*fig.* 310) le dessin d'une clef à

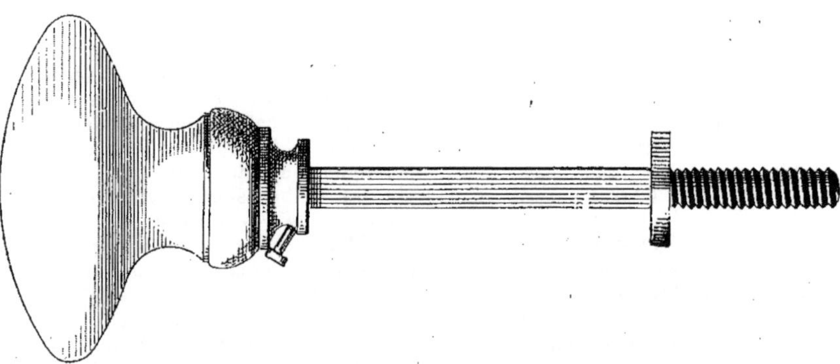

Fig. 310. — Clef de poêle à olive en porcelaine, tige filetée et écrou.

olive en porcelaine, montée à goupille, sur tige en fer carré, filetée avec écrou.

L'olive en porcelaine est faite dans le commerce en façon ivoire ou ébène.

Les garnitures sont en cuivre poli ou nickelé.

Les olives sont mesurées dans le sens de la longueur et ont respectivement :

$$0^m,050$$
$$0^m,055$$
$$0^m,060$$

La longueur de la tige, de l'embase à l'extrémité du filet, porte commercialement 0^m,25.

La valeur d'une soupape complète comprend, en outre de la clef, la valve et la gaine.

201. Nous avons donné d'une manière très rétrospective les accessoires extérieurs. Nous complétons notre chapitre spécial, par les accessoires intérieurs, appelés appareils calorifiques.

En premier lieu nous trouvons d'abord les cylindres ou foyers, généralement en fonte, et composés de trois pièces :

1° Le cylindre proprement dit ;

2° La cuvette ;

3° La grille.

202. Au-dessus du cylindre, nous

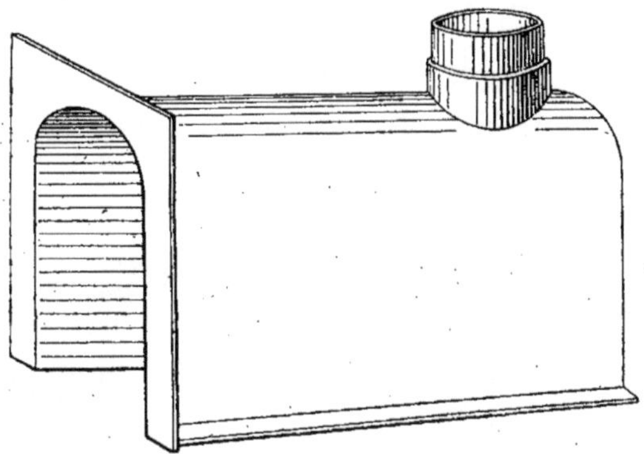

Fig. 311. — Cylindre de poêle à buse dessus.

trouvons les coffres, dont la construction diffère en raison de leur objet, et de leurs données spéciales, dans l'ensemble de la construction du poêle.

Il faut distinguer deux sortes de coffres :

1° Les coffres calorifiques ;

2° Les coffres réchauffeurs.

Les coffres sont toujours fabriqués en tôle, d'épaisseurs différentes suivant leur force de rendement et leur usage.

Cylindres.

203. Les cylindres des poêles sont désignés à la Série sous le chapitre général de la fonte.

On distingue deux catégories de foyers, respectivement appelés :

Cylindres lourds ;

Cylindres légers.

Les foyers sont à buse dessus ou buse derrière, ou à deux buses placées sur les côtés, et sont en outre munis d'une cuvette de forme plate ou creuse.

Les uns et les autres sont payés au kilogramme sous les numéros 442 et 443.

Les cylindres lourds ou extra-lourds, pour charbon, à buse dessus ou derrière, avec cuvettes plates ou creuses, sont tarifés sous le numéro 442.

Les cylindres légers pour bois, ou à deux buses sont tarifés sous le numéro 443.

Nous donnons (*fig.* 311) le cylindre uni à buse dessus, plus communément employé.

La figure 312 nous représente le même modèle de foyer à buse derrière, d'un usage plus spécial.

Le cylindre à deux buses est représenté par la figure 313.

Ces parties du foyer sont d'une seule pièce venue de fonte, et constituent le cylindre proprement dit.

204. Accessoirement au cylindre, nous

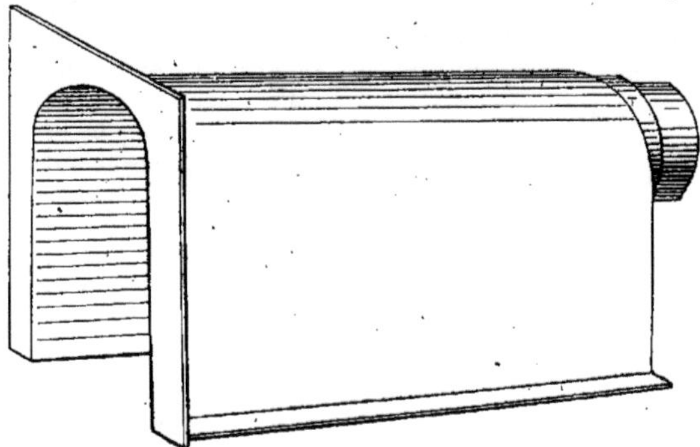

Fig. 312. — Cylindre de poêle à buse derrière.

Fig. 313. — Cylindre de poêle à deux buses.

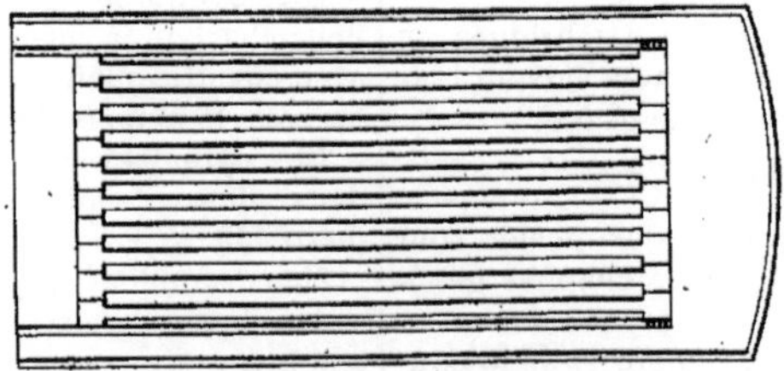

Fig. 314. — Cuvette plate de cylindre.

trouvons la cuvette, dont nous donnons les deux modèles.

La figure 314 représente la cuvette plate.

La figure 315 représente la cuvette | Les deux cuvettes sont garnies de leur
creuse. | grille.

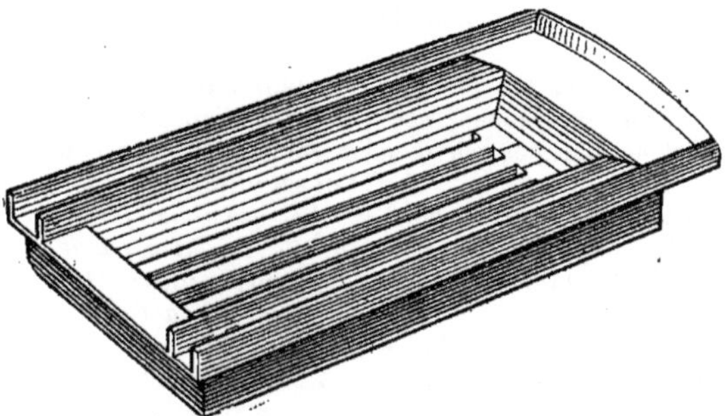

Fig. 315. — Cuvette creuse de cylindre.

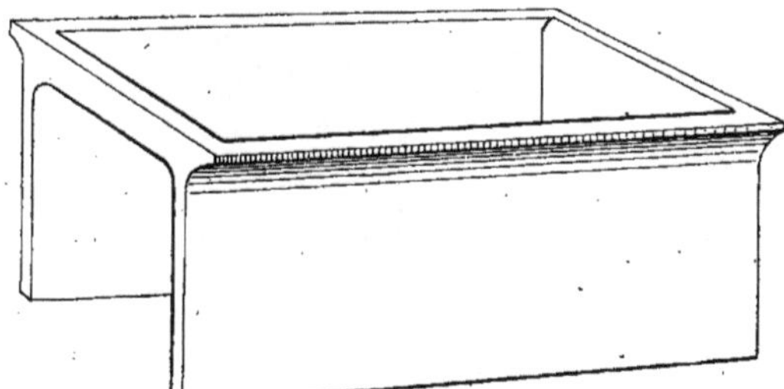

Fig. 316. — Cendrier bas en fonte pour cylindre.

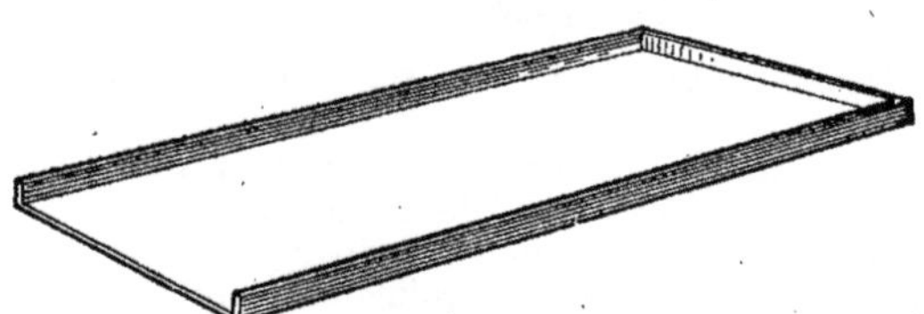

Fig. 317. — Plaque de cendrier.

Les cuvettes servent d'assises aux cylindres.

205. Il y a aussi, dans le commerce, des cendriers en fonte de 0^m,20 de hauteur, pour cylindres de poêles, et que nous représentons par la figure 316.

La plaque du cendrier, qui en est le complément, est représentée (*fig.* 317).

La figure 318 nous donne la plaque à chevrette pour foyer à bois.

Les prix portés à la Série sous les numéros précités ne s'appliquent pas aux

Fig. 318. — Plaque à chevrette pour foyer à bois.

cendriers. Les cylindres demandés en fonderie avec cendriers sont facturés un prix plus élevé.

Les prix de la Série ne sont applicables qu'aux seuls cylindres munis ou non de leur cuvette.

D'une manière générale, les prix de fonte portés à la Série comprennent seulement le transport au bâtiment, à pied d'œuvre, sans la pose.

En ce qui concerne les foyers des poêles de construction, cette disposition est corrigée par l'article relatif à la construction des poêles.

La pose au poids ne peut être admise que dans certains cas de réparations partielles.

Les prix portés pour fourniture de fonte ne sont pas des prix fermes, ils sont calculés sur le cours des métaux au moment de la rédaction de la Série.

Si les cours viennent à se modifier et s'établir en augmentation ou diminution, on doit faire application du principe de l'échelle mobile.

Cette disposition est conforme à la Série, qui la rappelle, article **451**, par l'observation suivante :

Les prix de fournitures de fonte ci-dessus seront modifiés, s'il y a lieu, et appliqués suivant les prix courants à l'époque de la fourniture avec dix pour cent en plus pour tous frais et bénéfice.

Pour compléter notre démonstration, nous avons à présenter le cylindre à ailettes.

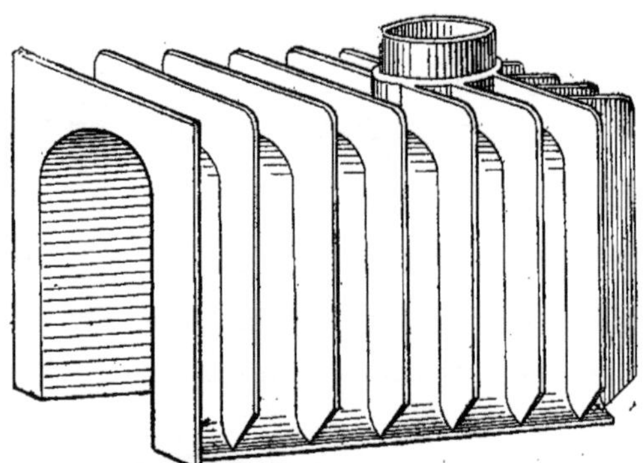

Fig. 319. — Cylindre de poêle à ailettes à buse dessus.

La Série est muette quant aux foyers de poêles à ailettes ; aussi, quelques vérificateurs croient composer le prix en ajoutant à la valeur du cylindre uni la plus-value du foyer à ailettes de calorifère de cave, sous le numéro **431**, ou celle de la cloche, sous le numéro **434**.

C'est une erreur, et c'est d'après l'augmentation commerciale qu'il faut demander la plus-value, toujours plus élevée, pour les pièces légères.

Nous donnons (*fig.* 319) un cylindre à ailettes à buse dessus.

Coffres.

206. Les coffres des poêles sont désignés à la Série sous le chapitre général de la tôlerie.

On distingue deux catégories de coffres ordinaires, respectivement appelés :

Coffres calorifiques ;

Coffres réchauffeurs.

Les premiers sont plus spécialement construits pour le rendement. Les seconds ont pour objet de transmettre une chaleur plus douce pour un usage déterminé.

Les coffres d'étuves, par exemple, pour les poêles des salles à manger, sont essentiellement dans la seconde catégorie.

Les uns et les autres sont uniformément tarifés au kilogramme sous le numéro 652, dont nous rappelons le texte intégral :

Tôle douce pour coffres ordinaires et appareils avec buses de communication, fours et étuves sans portes, pour poêles et fourneaux, avec plaques mobiles, étagères et coulisseaux.

Il est bien évident que le prix de Série

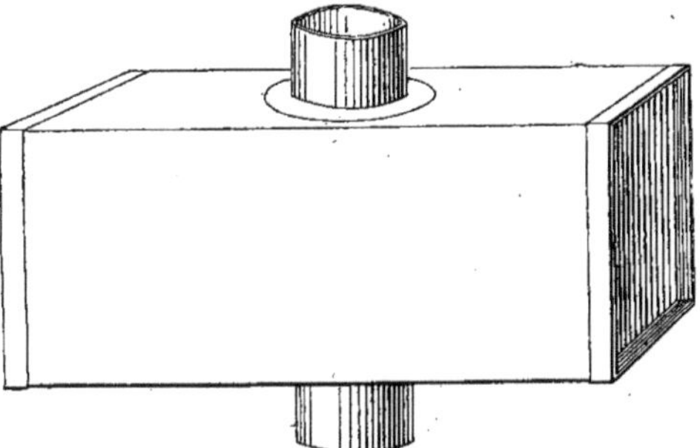

Fig. 320. — Coffre calorifique ordinaire
de poêle de construction.

ne s'applique qu'à des coffres ordinaires de fabrication courante et commerciale.

Tous les appareils de fabrication industrielle spéciale sont en dehors de l'évaluation précitée.

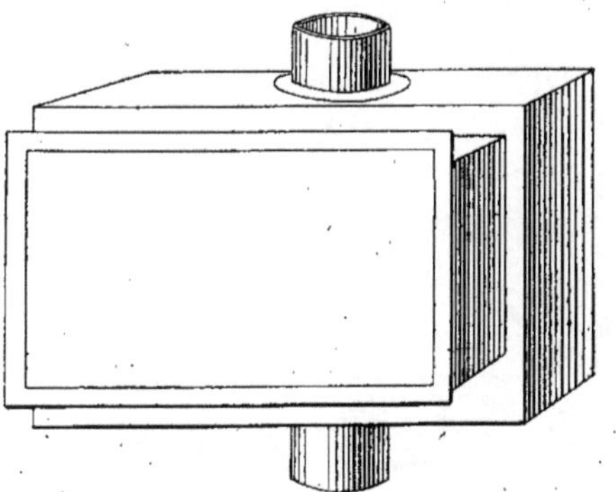

Fig. 321. — Coffre calorifique réchauffeur
dit à double enveloppe.

Nous donnons (*fig.* 320) un coffre calorifique ordinaire.

La figure 321 représente le coffre calorifique-réchauffeur dit à double enveloppe pour étuve intérieure, modèle de poêle de salle à manger.

Nous donnons (*fig.* 322) une seconde disposition de coffres, plus compliquée, également à usage de poêle de salle à manger et dénommée : coffres à alandiers.

207. Tous les accessoires que nous avons examinés s'appliquent plus spécialement aux poêles à cylindres.

Cependant les façades d'étuves, les bouches de chaleur, les cercles et les

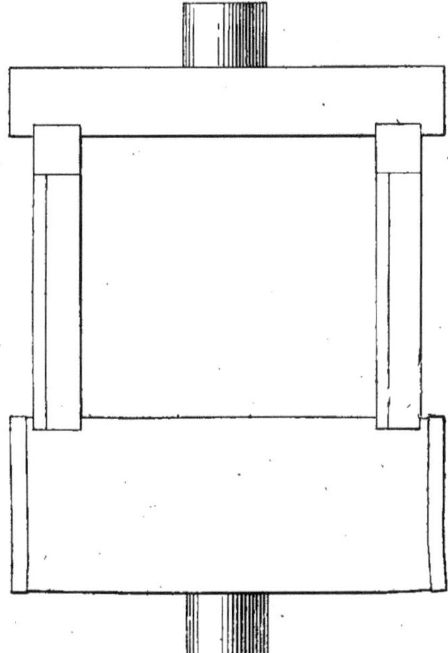

Fig. 322. — Coffre calorifique réchauffeur
à alandiers.

coffres servent également aux poêles-cheminées et nous dispensent d'y revenir.

Les détails nombreux et les dessins agrandis des faïences, que nous avons donnés dans le cours des différents métrés précédents, sont également suffisants pour que nous puissions ne plus traiter des faïences.

Les châssis à rideaux ont été amplement décrits au chapitre des cheminées, nous y renverrons nos lecteurs sans plus nous arrêter.

Nous donnons comme accessoire de poêle-cheminée le cendrier galbé (*fig.* 323).

Le modèle de cendrier pour poêle-cheminée n'est pas tarifé à la Série.

Les mesures commerciales sont :

$$0^m,66,$$
$$0^m,77,$$
$$0^m,88,$$
$$1^m,00.$$

La mesure est prise du dehors du gabarit.

Les cendriers se font bordés et non bordés, en cuivre jaune et rouge, poli ; en cuivre jaune nickelé et en métal blanc.

207. Nous donnons (*fig.* 324) la cheminée concave en fonte ornée, pour intérieur de poêle de salle à manger.

La cheminée concave est différente de la cheminée Parisienne, dont nous avons donné les dessins au chapitre des cheminées d'appartements.

Les prix portés à la Série sous le nu-

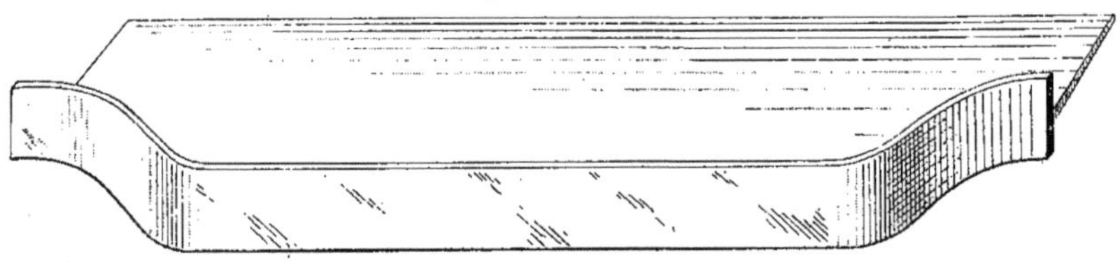

Fig. 323. — Cendrier à façade cuivre pour poêle-cheminée.

méro 349 s'appliquent aux cheminées Parisiennes.

Les dimensions des appareils prises à la façade sont de :

$$0^m,45 \times 0^m,62,$$
$$0^m,57 \times 0^m,62,$$
$$0^m,57 \times 0^m,67,$$
$$0^m,67 \times 0^m,67.$$

Les cheminées concaves sont à portes ou à souffleur et munies d'un cendrier en fonte. Il y a lieu de bien spécifier au mémoire le modèle fourni.

On fait aussi différentes applications sur les façades, à l'électro ou nickelées.

Poêles de style.

208. La construction des poêles de style n'est prévue dans aucune Série, en raison de l'impossibilité d'établir un prix moyen de main-d'œuvre.

Il est évident que le prix de façon de ces genres de poêles varie avec chacun d'eux : selon le nombre et la forme des pièces, la façon spéciale des agrafures, les précautions nécessaires pour les présentations des faïences, les moulinages et dressement des rives sur joints vifs, etc.

Quelquefois, on exécute ces travaux en régie ; en ce cas, il ne faut pas omettre d'en

donner attachements réguliers, au double point de vue du temps passé et des fournitures générales.

Nous rappelons encore, comme nous

Fig. 324. — Cheminée concave en fonte ornée pour intérieur de poêle de salle à manger.

l'avons déjà fait remarquer dans le chapitre de la construction des cheminées artistiques, que les prix des salaires sont

Fig. 325. — Poêle de construction, style Renaissance, à colonnes d'angles,
émaux au grand feu de la maison Lœbnitz à Paris.

des prix moyens, pour la base des sous-détails.

En réalité, ce sont des prix minima payés par l'entrepreneur et les premières mains sont mieux rétribuées.

En l'espèce, et quand on confie un travail d'art à un ouvrier dont le salaire est plus élevé que celui porté aux prix élémentaires, il est nécessaire d'en donner avis et de faire mention du prix de la journée sur les attachements de régie.

Nous donnons un exemple de métré d'un poêle de style.

Métré d'un poêle Renaissance, modèle dit à colonnes d'angles, émaux au grand feu et garnitures en cuivre rouge (*fig.* 325).

Conduit d'air froid.

Le conduit d'air et l'âtre creux, à traiter en conformité des exemples précédents.

Observation.

Poêle à cylindre.

Massif coulé en plâtre et nivelé recevant foyer de
1.00 $\times$ 0.30 $=$ 0.30 à 0/0 de légers $=$ 30/100.

Posé, scellé le foyer en marbre et calfeutré.

Série centrale. Fumisterie n° 606.

Construit le poêle à 3 faces avec revêtement extérieur en faïence de couleur unie et garnissages intérieurs en briques réfractaires de $0^m,11$ d'épaisseur. Massif supportant le cylindre en briques réfractaires de $0^m,11$ d'épaisseur, lissage et enduit en terre, percement de trous dans les faïences, posé et ajustement desdites, pose et scellement des fers, tôles, fontes, cuivres et bouches : ledit poêle cubant au corps
0.83 $\times$ 0.55 $\times$ 1.415^H $=$ 0^3645.

Fumisterie n° 569.

Plus-value pour poêle construit en faïence avec retours de plus de $0^m,22$.
10 0/0.

Chambre syndicale n° 1237.

Plus-value pour poêle en faïence construit sans cercles, les faïences ajustées à joints vifs continus.
60 0/0.

Chambre syndicale n° 1241.

Plus-value proportionnelle d'agrafage pour poêle construit en carreaux carrés de 0.15 $\times$ 0.15 au lieu de carreaux de $0^m,30$ et agrafés sur tous sens.

Observation.

Agrafage de frise et socle par pièces.

Observation.

Agrafage de colonnes par pièces de fûts, embases, socles et chapiteaux.

Observation.

Tringlage des colonnes d'angles de toute la hauteur.

Observation.

Plus-value de main-d'œuvre pour construction de poêle de style Renaissance, à 3 faces en faïence, par pièces parfaitement ajustées, présentées, appareillées, retournées sur tous sens à joints vifs, eu égard à la perfection de l'appareil en faïence de style sur le cube de
0.83 $\times$ 0.55 $\times$ 1.415^H $=$ 0^3645.

Observation.

Observation.

Légers ouvrages.

0.30

Pose et scellement de foyer en marbre.

SÉRIE CENTRALE 606.

Construction de poêle à 3 faces en faïence de couleur unie au cube.

0^3645

SÉRIE CENTRALE 569.

Plus-value.

10 0/0

Chambre syndicale Fumisterie.

Plus-value.

60 0/0

Chambre syndicale Fumisterie.

Agrafe de faïence en fil clair à la pièce.

Observation.

Observation.

Observation.

Observation.

Plus-value de poêle de style.

Observation.

Plus-value proportionnelle pour poêle construit à revêtement intérieur en briques de 0^m,11 d'épaisseur au lieu de 0^m,06.

Observation sur le numéro de Série 569.

Plus-value quantitative pour emploi de briques réfractaires.
Fumisterie n° 270.
Observation.

Départ de fumée.

Posé, scellé la jonction en tôle et garni en plâtre.
Observation.
Raccordé la jonction sur la section de poterie par une réduction conique en plâtre enduite, évaluée aux légers ouvrages.
Posé, scellé la tablette marbre sur tasseaux plâtre et calfeutrée.
Fumisterie n° 606.
Les raccords aux légers ouvrages.
Observation.

En fournitures.

Le poêle à construire en faïence de couleur, émaux au grand feu, style Renaissance, dit à colonnes d'angles et carreaux de 0.15 × 0.15, hors série.

2 encoignures de socle à pans coupés saillants, valeur en argent..	»	»
1 intermédiaire de socle de 0^m,45..............	»	»
2 encoignures de frise porte marbre, à pans coupés saillants..................................	»	»
1 intermédiaire de frise de 0^m,45..............	»	»

Les carreaux de 0.15 × 0.15 à moulures, à la pièce :

Façade.....	16 }		
Retours....	14 } 30..............	»	»
4 alaises de carreaux de 0.075 × 0.15 en façade..		»	»

Les colonnes d'angles par pièces :

2 bases.............................	»	»
2 chapiteaux......................	»	»
10 pièces de fûts..................	»	»
Déboursés		
Emballage et caisse................	»	»

Une plaque d'âtre en fonte au bois 2e fusion, pesant
Fumisterie n° 438.

Un cylindre de poêle, lourd, en fonte, pour charbon, à ailettes et buse dessus avec foyer et grille, pesant
Observation.
Un coffre calorifique ordinaire en tôle avec buses de communication et séparation intérieure pour appareil de poêle, pesant
Un coffre réchauffeur à alandiers en tôle avec buses de communication pour poêle à étuve, pesant
Un coffre d'étuve chauffe-assiettes en tôle avec coulisses d'air, fond mobile et étagère, pesant
Fumisterie n° 652.

Une jonction en tôle par alaises coniques, pesant
Fumisterie n° 647.

Marginalia (colonne de droite) :

Plus-value proportionnelle.

Observation.

Plus-value quantitative.

Observation.

SÉRIE CENTRALE 270.

Pose et scellement de jonction en tôle.

Observation.

Légers ouvrages.

Pose et scellement de tablette en marbre.

SÉRIE CENTRALE 606.

Légers ouvrages.

Observation.

Poêle à construire en faïence de couleur unie d'un seul ton, émaux au grand feu, style Renaissance, dit à colonnes d'angles et carreaux de 0.15 × 0.15.

Observation.

Valeur en argent.

Fonte pour plaque unie au bois.

SÉRIE CENTRALE 438.

Fonte pour cylindre de poêle lourd à ailettes, buse et foyer avec grille.

Observation.

Tôle pour coffres ordinaires avec buses.

SÉRIE CENTRALE 652.

Tôle pour tuyaux coniques.

SÉRIE CENTRALE 647.

Tôles découpées pour plancher de poêle, pesant
    Fumisterie n° 645.

Linteaux en fer carré et à scellements, pesant
    Serrurerie n° 73.
    Observation n° 8.

2 Tringles rondes noires de $0^m,012$ coupées de longueur et dressées.
    Serrurerie n° 1681.

Garniture de poêle de style Renaissance en cuivre rouge uni, poli, hors série.

Un cendrier en tôle avec bavette de style, en cuivre rouge poli, encadrement en cuivre fondu poli, monté sur douille en tôle, pelle de 0.45.
    Observation.

Plus-value de coulisse d'air dans la bavette.
    Fumisterie n° 301.

Une porte de foyer en cuivre rouge massif, uni, poli, avec châssis intérieur, pentures et loquet apparents, coulisse d'air et contre-porte en fonte.
    Hors cadre 0.25×0.30.
    Observation.

Une façade d'étuve composée d'une porte à 2 vantaux en cuivre rouge massif, uni, poli, montée sur pentures apparentes avec paumelles, crémone, applique de crémone et bouton, cadre intérieur.
    Hors cadre 0.45×0.30.
    Observation.

2 bouches de chaleur en cuivre rouge, ciselé, poli, à soufflet de 0.15×0.15, grillage en cuivre rouge pour poêle de style.
    Observation.

Le foyer uni en marbre vert de mer de $0^m,025$ d'épaisseur
    de $1.00 \times 0.30 = 0^2,30$ ⎫
  1/6 de surface   ⎬ $0^2,35$
      pour déchet $= 0^2,05$ ⎭
    Marbrerie n° 235, 2e col.
     »   n° 255.

Mouliné la surface de sciage pour polissage.
    $1.00 \times 0.30 = 0.30 \times 0.20 = 0^2,06$.
    Marbrerie n° 281.

Taillé le joint démaigri à une arête moulinée au mètre superficiel.
    Observation. Marbrerie n° 312.
    2 fois $1.00 = 2.00$ ⎫
    2 » $0.30 = 0.60$ ⎬ 2.60×0.025
$= 0^2066$ par 2.00, coefficient de taille
$= 0^2132$.   Ci............. 0^2132

    Ajouter :

Surface moulinée, ci..................... 0^206

    Surface .... 0^2492

à 1.50 pour l'unité $= 0^2288$.
    Soit en surface de taille : 0^229.
        Marbrerie n°s 309, 271.

Le prix du mètre superficiel de taille.
        Marbrerie n° 266.

Tôles découpées.

SÉRIE CENTRALE 645.

Fer pour linteaux.

Serrurerie, SÉRIE CENTRALE 73.

Observation n° 8.

Tringles rondes noires de 0.012 millim., au mètre linéaire.

Serrurerie, SÉRIE CENTRALE 1681.

Cendrier de style, à bavette en cuivre rouge poli, encadrement *idem*, pelle en tôle de 0.45.

Observation.

Plus-value.

SÉRIE CENTRALE 301, 4e col.

Porte de foyer de style, en cuivre rouge poli, avec pentures et loquet apparents, châssis et contre-porte, 0.25×0.30 hors cadre.

Observation.

Façade d'étuve de style, en cuivre rouge poli, avec pentures apparentes, crémone, applique de crémone et bouton, 0.45×0.30 hors cadre.

Observation.

Bouche de chaleur de style, en cuivre rouge ciselé, grillage intérieur en cuivre rouge et cadre de 0.15×0.15.

Observation.

Foyer en vert de mer de 0.025 d'épaiss. au m².

0.35

Marbrerie, SÉRIE CENTRALE 235, 2e col.
  »   »   255

Taille de marbre au m².

0.29

Marbrerie 266.

Polissage bien fait sur marbre fin de 1.00 × 0.30 = 0.30 à 1.50 de dureté pour l'unité = 0²45.
Marbrerie n° 333.
Le prix du mètre superficiel de polissage bien fait.
Marbrerie n° 327.

Doublé le foyer sur pierre de faux liais, scellée au plâtre de 1.00 × 0.30 = 0.30.
Marbrerie n° 477.
Déboursés d'emballage.
Observation.
La tablette unie en marbre vert de mer de 0ᵐ,040 d'épaisseur de : Surface rectangle.

1.04 × 0.37 =   0²385)
1/6 de surface   } 0²449.
        pour déchet = 0.064)

Soit en surface en œuvre : 0²45.
Marbrerie n° 235, 5° col.
»   n° 255.
Mouliné la surface de sciage pour polissage.
Surface rectangle :

1.04 × 0.37 = 0²385 × 0.20............   0²077
Marbrerie n° 281.

Taillé le joint plein à une arête moulinée au mètre superficiel.

1 fois 1.04)
2 angles chacun } 1.20 × 0.04 = 0²048.
   0.08 = 0.16)

par 2.50, coefficient de taille...................   0.12
Marbrerie n° 310.

Taillé le champ plat à 2 arêtes : pourtour développé.

2 fois 0.20 =   0.40)
4 » 0.10 =   0.40 |
2 » 0.23 =   0.46 } 1.96
1 » 0.70 =   0.70)

2 amortissements
à 0.08.............................   0.16
4 angles rentrants
à 0.16.............................   0.64
4 angles saillants
à 0.08.............................   0.32
                                      ─────
                                       3.08

× 0.04 = 0²123 par 3.00, coefficient de taille.....   0.369
Linéaire développé à reprendre sur le pourtour
2 arêtes vives de moulure sur listel :
3.08 × 2 = 6.16 × 0.075...............   0.57
              Surface.....................   1²136
à 1.50 pour l'unité = 1.70.
Marbrerie n° 271.
»   n° 266.

Polissage bien fait sur marbre fin de :
Surface rectangle.
1.04 × 0.37 =   0²385)
        Champ plat   1²136 } 1²521
à 1.50 de dureté pour l'unité = 2.28.

Polissage de marbre au m².

0.45

Marbrerie 327.
Doublure de foyer en pierre de faux liais au m².

0.30

Marbrerie 477.
Déboursés en argent.
Observation.

Tablette en vert de mer de 0.040 d'épaiss. au m².

0²45

Taille de marbre au m².

1²70

Polissage de marbre au m².

2.28

Marbrerie n° 333.
      »   n° 327.
Déboursés d'emballage.
      Observation.
Recherché le foyer et la tablette à la marbrerie et transporté à pied d'œuvre. Une heure de journée de garçon fumiste.

Déboursés en argent.	
Observation.	
Heure de garçon fumiste.	
Fumisterie n° 59.	

Le poêle que nous présentons (*fig.* 325) et dont nous donnons le métré se fait en couleurs variées unies et aussi à deux tons.

Les couleurs plus spécialement demandées dans les tons unis sont les bruns et les verts.

Le modèle appartient à la maison Loëbnitz, à Paris.

Contrairement à l'usage suivi pour les poêles de construction ordinaires, les bouches de chaleur ne sont pas placées dans la frise.

Les frises et les socles, en raison de leur grande importance, sont faits en plusieurs pièces.

Les pièces intermédiaires sont de longueurs différentes, divisibles par 15, de manière à donner des largeurs de corps toujours combinées avec des carreaux entiers.

Les bouches des poêles de style de ce

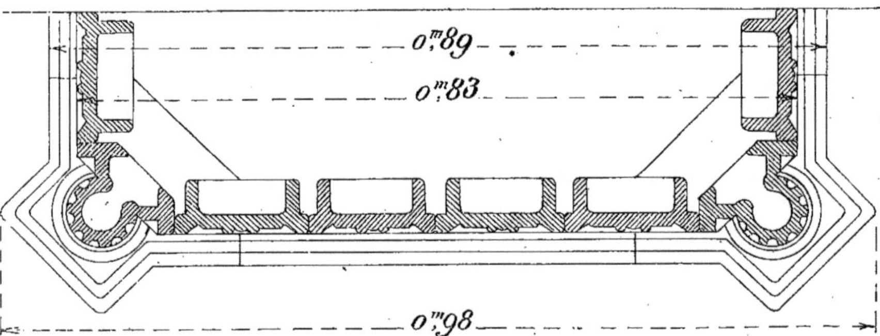

Fig. 326. — Poêle de construction, style Renaissance, à colonnes d'angles.
Plan de l'appareil en faïence.

genre sont toujours placées dans le corps, sous la frise, et sont faites de mesures précises, pour s'encastrer à l'emplacement d'un carreau.

Le cendrier est encastré entre la base du socle et le tore, sous le listel, il est entaillé dans la pièce intermédiaire.

Les remplissages sur les côtés d'étuve sont obtenus par les alaises des carreaux, dont la largeur égale un demi-carreau : soit 0^m,075.

Nous avons supposé pour le poêle représenté (*fig.* 325) les bouches placées par côtés.

Cette disposition a l'avantage de laisser une plus grande harmonie dans l'ensemble de la façade et lui donne un caractère plus architectural.

Nous donnons (*fig.* 326) le plan de l'appareil en faïence du poêle renaissance à colonnes d'angles.

Nous donnerons ultérieurement les détails des accessoires de cuivrerie.

Nous ne revenons pas sur la justification de certaines plus-values de construction, déjà expliquées et commentées dans les exemples précédents et qui ont trouvé à nouveau l'objet des mêmes demandes dans la façon dont nous avons supposé construit le poêle soumis à nos lecteurs.

Fig. 327. — Poêle de construction, style Renaissance, à colonne. Émaux au grand feu de la maison Loebnitz à Paris.

209. Nous donnons (*fig.* 327) un autre poêle dans le style Renaissance, différent de celui donné précédemment.

Les retours sont droits, au lieu d'être à pans coupés saillants, et les colonnettes, de petit modèle, sont montées à l'affleurement de la façade.

Le raccordement des pièces de colonnes se fait sur les carreaux à la façon des encoignures.

Les carreaux de l'appareil en faïence sont du modèle semblable de $0^m,15 \times 0^m,15$, montés et ajustés de même.

Le poêle n'est pas composé à usage de salle à manger, il est dépourvu d'étuve.

Toute la construction est comprise dans

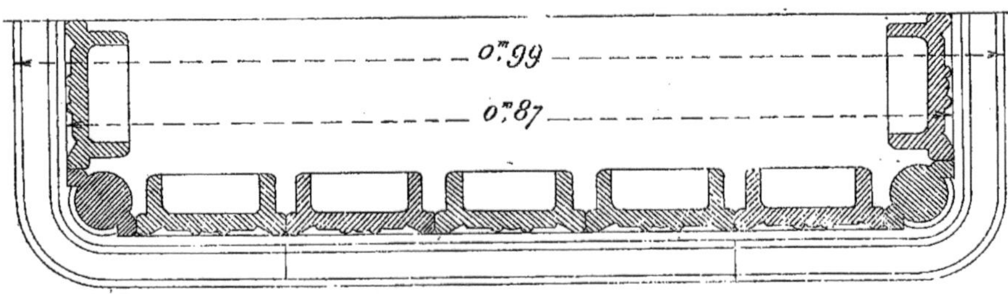

Fig. 328. — Poêle de construction, style Renaissance, à colonne. — Plan de l'appareil en faïence.

les données précédentes. Le métrage n'en diffère qu'au point de vue des mesures, et naturellement de tout ce qui découle des détails de la construction et de la composition générale du poêle.

La tablette au lieu d'être à champ droit est à moulure : bec de corbin.

La colonne qui surmonte le poêle est de style pur, composée de cinq pièces :

La base ;

Les deux boisseaux intermédiaires ;

Le chapiteau ;

La palmette.

Nous ajoutons que toutes ces pièces ne sont pas comprises dans les Séries de prix ; tant au double point de vue de la fourniture et de la pose.

Nous donnons, pour compléter notre description, le plan du poêle (*fig.* 328) et le plan de la colonne (*fig.* 329).

Nous n'avons pas pensé devoir nous répéter sur le métré de ce poêle. Les explications précédentes permettent à nos lecteurs de s'en rendre compte.

La faïence est de la maison Loëbnitz à Paris.

210. Nous donnons (*fig.* 330), un modèle de poêle très riche et de grand style Renaissance.

Le poêle composé de six rangs de car-

reaux en largeur et huit rangs en hauteur, est monté sur colonnes assemblées avec carreaux de retours.

Les carreaux sont du modèle de $0^m,15 \times 0^m,15$. Les pièces de fûts des colonnes,

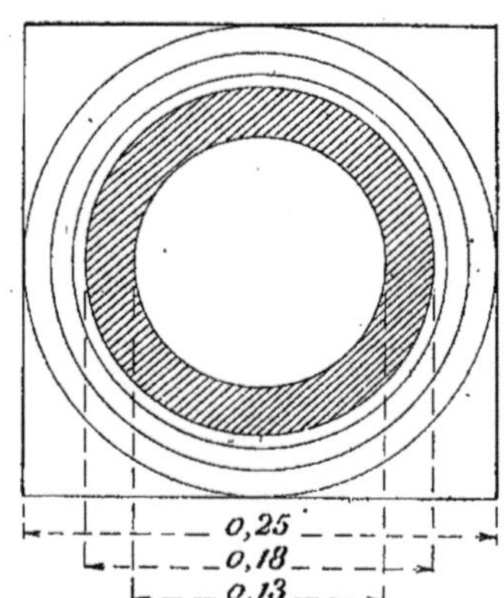

Fig. 329.—Poêle de construction, style Renaissance
Plan de la colonne en faïence.

de même hauteur, sont affleurées à la façade et assemblées à mi-dessin, raccordées sur pièces de bases et chapiteaux.

Le poêle, sans tablette, est surmonté

d'un couronnement à fronton, avec motif central et vase elliptique de grand style. La faïence est du modèle de la maison Loebnitz à Paris.

Métré d'un poêle de construction de grand style Renaissance à couronnement avec étuve (*fig.* 330).

Double ventouse.

Premier conduit d'air froid avec prise en façade et amené à l'âtre creux.

Percé le mur en moellons de 0.40 à la masse et poinçon à l'entier de légers = 40/100.

Ragréé, enduit les quatre sens en épaisseur de mur pour orifice de ventouse de 0.40 à l'entier de légérs = 40/100.

Légers ouvrages.

0.40

0.40

Posé, scellé la grille de ventouse sur ravalement.
Fumisterie n° 663.

Pose et scellement de grille de ventouse.
SÉRIE CENTRALE 663, 7ᵉ col.

Plus-value de grille posée à la corde à nœuds.
Fumisterie n° 664.

Plus-value.
SÉRIE CENTRALE 664.

Posé et déposé une corde à nœuds, y compris la location.
Canalisation d'eau n° 144.

Corde à nœuds.
Canalisation d'eau 144.

Fourni une grille en fonte unie rectangulaire de
0.11 × 0.32.
Fumisterie n° 663.

Grille en fonte unie de 0.11 × 0.32 pour ventouse.
SÉRIE CENTRALE 663, 6ᵉ col.

Le conduit d'air froid formé de petits murs en briques de façon Bourgogne de 0.11 d'épaisseur et plâtre et couvert d'un plancher en doubles tuiles, avec glacis au-dessus.
Section intérieure 0.18 × 0.25.
Fumisterie n° 358.
Linéaire développé :

    2.50 }
    1.70 }   4.20.

Conduit d'air froid en briques de 0.11 couvert en double tuiles 0.18 × 0.25 de section intérieure au mètre linéaire.

4.20

SÉRIE CENTRALE 358, 2ᵉ col.

Deuxième conduit d'air froid
avec prise en façade intérieure et amené à l'âtre creux.

Percé le mur en briques dures de 0.33 en taille de briques. L'unité de taille. Maçonnerie n° 1435.
Observation n° 1437.

Taille de brique dure.
Maçonnerie 1435-1437.

Ragréé, enduit les quatre sens en épaisseur de mur pour orifice de ventouse de 0.33 à l'entier de légers = 33/100.

Légers ouvrages.

0.33

Posé, scellé la grille de ventouse sur ravalement.
Fumisterie n° 663.

Pose et scellement de grille de ventouse.
SÉRIE CENTRALE 663, 7ᵉ col.

Plus-value de grille posée à la corde à nœuds.
Fumisterie n° 664.

Plus-value.
SÉRIE CENTRALE 664.

Déposé une corde à nœuds et reposé, y compris la descente.
Canalisation d'eau n° 146.

Corde à nœuds déposée et reposée avec descente.
Canalisation d'eau 146.

Fourni une grille en fonte unie rectangulaire de
0.11 × 0.32.
Fumisterie n° 663.

Grille en fonte unie de 0.11 × 0.32 pour ventouse.
SÉRIE CENTRALE 663, 6ᵉ col.

Le conduit d'air froid formé de petits murs en briques de façon Bourgogne de 0.11 d'épaisseur et plâtre et couvert d'un plancher en doubles tuiles avec glacis au dessus.

Section intérieure 0.18 × 0.25.
Fumisterie n° 358.

Linéaire développé :

»   »
»   »

L'âtre creux en plaque de fonte posée sur tasseaux en briques neuves avec conduit d'air.

Fumisterie n° 74.

Un diaphragme intérieur dans l'âtre.

Observation.

Poêle à cylindre.

Massif coulé en plâtre et nivelé, recevant foyer de

1.26 × 0.30 = 0.38 à 0/0 de légers

= 38/100.

Posé, scellé le foyer en marbre et calfeutré.

Série centrale. Fumisterie n° 606.

Construit le poêle à 3 faces avec revêtement extérieur en faïence de couleur à 2 tons et garnissages intérieurs en briques réfractaires de 0^m,11 d'épaisseur, lissage et enduit en terre, percement de trous dans les faïences, pose et ajustement desdites, pose et scellement des fers, tôles, fontes, cuivres et bouches. Ledit poêle cubant au corps

1.17 × 0.55 × 1.60^h = 1^m3029
Fumisterie n° 569.

Plus-value pour poêle construit en faïence avec retours de plus de 0^m,22.

10 0/0.
Chambre syndicale n° 1237.

Plus-value pour poêle en faïence construit sans cercles, les faïences ajustées à joints vifs continus.

60 0/0.
Chambre syndicale n° 1241.

Plus-value proportionnelle d'agrafage pour poêle construit en carreaux carrés de 0.15 × 0.15 au lieu de carreaux de 0.30 et agrafés sur tous sens.

Observation.

Agrafage de frise et socle par pièces.

Observation.

Agrafage de colonnes par pièces de fûts, embases à socles et chapiteaux.

Observation.

Tringlage des colonnes d'angles de toute la hauteur.

Observation.

Plus-value de main-d'œuvre pour construction de poêle de style Renaissance, à 3 faces en faïence par pièces parfaitement ajustées, présentées, appareillées, retournées sur tous sens à joints vifs, eu égard à la perfection de l'appareil en faïence de style, sur le cube de

1.17 × 0.55 × 1.60^h = 1^m3029.
Observation.

Plus-value proportionnelle pour poêle construit à revêtement intérieur en briques de 0^m,11 d'épaisseur au lieu de 0^m,06.

Observation sur le numéro de Série 569.

Conduit d'air froid en briques de 0.11 couvert en double tuiles 0.18 × 0.25 de section intérieure au mètre linéaire.

SÉRIE CENTRALE 358, 2ᵉ col.

Atre creux à circulation d'air.

SÉRIE CENTRALE 74.

Diaphragme à la pièce.

Observation.

Légers ouvrages.

0.38

Pose et scellement de foyer en marbre.

SÉRIE CENTRALE 606.

Construction de poêle à 3 faces en faïence de couleur à 2 tons, cubant 1^m3029

SÉRIE CENTRALE 569.

Plus-value.

10 0/0

SÉRIE SYNDICALE 1237.

Plus-value.

60 0/0

SÉRIE SYNDICALE 1241.

Agrafage de faïence en fil clair à la pièce.

Observation.

Observation.

Observation.

Observation.

Plus-value de poêle de style.

Observation.

Plus-value proportionnelle.

Observation.

Plus-value quantitative pour emploi de briques réfractaires.
Fumisterie nº 270.
Observation.
Présenté, appareillé au-dessus de la frise le couronnement à fronton en trois pièces grand modèle sur la façade.
Présenté, appareillé au-dessus de la frise les deux retours de couronnement grand modèle.
Présenté, appareillé au-dessus de l'acrotère le vase Renaissance grand modèle.
Observation.

Dressé les rives sur toutes les pièces parfaitement ajustées, apparcillées et retournées sur tous sens, agrafé les faïences, percé les trous de mèche.
Observation.
Posé, assemblé, scellé, les pièces de couronnement à fronton avec retours sur deux sens, pour poêle Renaissance, et vase grand modèle : le tout ajusté à joints vifs.
Observation.

Départ de fumée.

Posé, scellé la jonction en tôle et garni en plâtre.
Observation.
Raccordé la jonction sur la section de poterie par une réduction conique en plâtre enduite évaluée aux légers ouvrages.
Les raccords aux légers ouvrages.
Observation.
Posé, scellé une tablette intérieure en biais et calfeutré.
Fumisterie nº 606.

En fournitures.

Le poêle à construire en faïence de couleur à deux tons, émaux au grand feu, style Renaissance à colonnes et couronnement grand modèle avec vase Renaissance, hors série.

2 Encoignures de socle grand modèle, valeur en argent..................................	»	»
3 Intermédiaires de socle de $0^m,30$.............	»	»
2 Encoignures de frise grand modèle............	»	»
2 Retours de frise grand modèle...............	»	»
3 Intermédiaires de frise de $0^m,30$...............	»	»
Les carreaux de 0.15×0.15 à moulures à la pièce		
Façade... 36		
Retours.. 16 } 52.....................	»	»
Les colonnes d'angles par pièces.		
2 Bases.................................	»	»
2 Chapiteaux...........................	»	»
12 Pièces de fûts........................	»	»
Le couronnement en 3 pièces avec fronton.......	»	»
2 Retours de couronnement..................	»	»
Le vase Renaissance grand modèle............	»	»

Déboursés.

Emballage et caisse.
Une plaque d'âtre en fonte au bois 2ᵉ fusion, pesant.
Fumisterie nº 438.

Plus-value quantitative.

Observation.

SÉRIE CENTRALE 270.

Appareillage de faïence décorative architecturale, style Renaissance.

Observation.

Ajustement et agrafage de faïence décorative architecturale, dressement des rives à joints vifs.

Observation.

Pose et mise en place de faïence décorative architecturale pour couronnement de poêle Renaissance à joints vifs.

Observation.

Pose et scellement de jonction en tôle.

Observation.

Légers ouvrages.

Légers ouvrages.

Observation.

Pose et scellement de tablette en liais.

SÉRIE CENTRALE 606.

Poêle à construire en faïence de couleur à deux tons, émaux au grand feu, style Renaissance à carreaux moulurés de 0.15×0.15 et couronnement avec vase grand modèle.

Valeur en argent.

Observation.

Fonte pour plaque unie au bois.

SÉRIE CENTRALE 438.

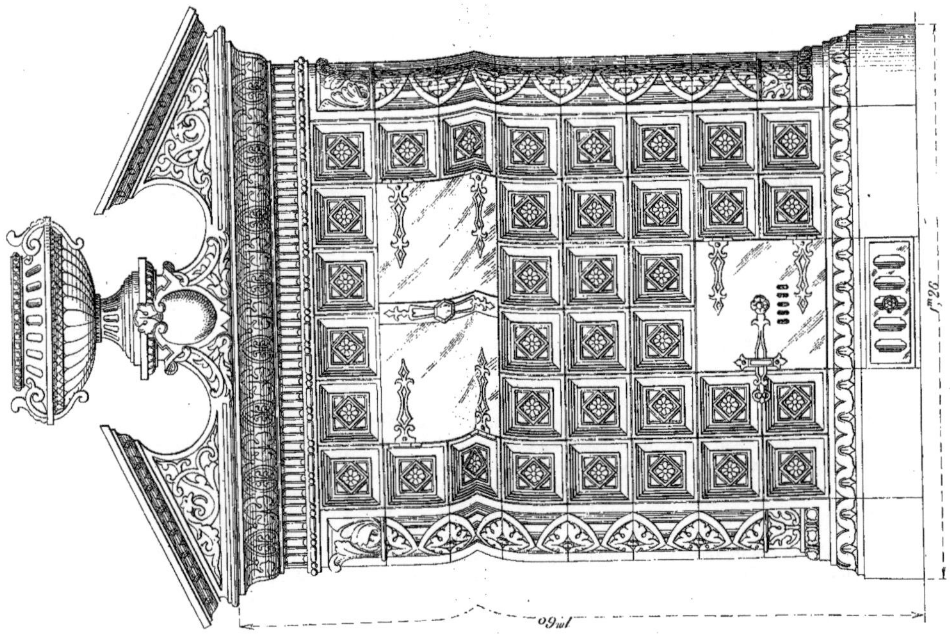

Fig. 330. — Poêle de construction de grand style, couronnement à fronton et vase Renaissance. — Émaux au grand feu de la maison Loebnitz à Paris.

Un cylindre de poêle lourd en fonte, pour charbon, à ailettes et buse dessus avec foyer et grille, pesant.	Fonte pour cylindre de poêle lourd à ailettes, buse et foyer avec grille.
Observation.	Observation.
Un coffre calorifique ordinaire en tôle avec buses de communication et séparation intérieure pour appareil de poêle, pesant.	
Un coffre réchauffeur à alandiers en tôle avec buses de communication pour poêle à étuve, pesant.	
Un coffre d'étuve chauffe-assiettes en tôle, avec coulisse d'air, fond mobile et étagère, pesant.	Tôle pour coffres ordinaires avec buses.
Fumisterie n° 652.	SÉRIE CENTRALE 652.
Une jonction en tôle par alaises coniques, pesant.	Tôle pour tuyaux coniques.
Fumisterie n° 647.	SÉRIE CENTRALE 647.
Tôles découpées pour plancher de poêle pesant.	Tôles découpées.
Fumisterie n° 645.	SÉRIE CENTRALE 645.
Linteaux en fer carré et à scellements, pesant.	Fer pour linteaux.
Serrurerie n° 73.	Serrurerie. — SÉRIE CENTRALE 73.
Observation n° 8.	Observation n° 8.
Deux tringles rondes noires de $0^m,012$ coupées de longueur et dressées.	Tringles rondes noires de 0.012 millim. au mètre linéaire.
Serrurerie n° 1681.	SERRURERIE SÉRIE CENTRALE 1681
Contre-tablette intérieure de couverture en liais de $0^m,04$ d'épaisseur de $1.07 \times 0.20 = 0.21$	Tablette en liais de 0.04 d'épaisseur au mètre superficiel.
	0.21
Maçonnerie n°s 614 à 644.	Maçonnerie. — SÉRIE CENTRALE 614 à 644.
Observation.	Observation.
Garniture de poêle de style Renaissance en cuivre rouge uni, poli, les ferrures apparentes en cuivre jaune poli, hors série.	
Un cendrier en tôle, avec bavette de style en cuivre rouge poli, encadrement en cuivre jaune fondu, poli, monté sur douille en tôle, pelle de 0.45.	Cendrier de style à bavette en cuivre rouge poli, encadrement en cuivre jaune *idem*, pelle en tôle de 0.45.
Observation.	Observation.
Plus-value de coulisse d'air dans la bavette.	Plus-value.
Fumisterie n° 301.	SÉRIE CENTRALE 301, 4e col.
Une porte de foyer en cuivre rouge massif, uni, poli, avec châssis intérieur, pentures et loquets apparents en cuivre jaune poli, coulisse d'air et contre-porte en fonte.	Porte de foyer de style en cuivre rouge poli, avec pentures et loquet apparent en cuivre jaune poli, châssis et contre-porte de 0.30×0.30 hors cadre.
Hors cadre 0.30×0.30.	
Observation.	Observation.
Une façade d'étuve composée d'une porte à deux vantaux en cuivre rouge massif, uni, poli, montée sur pentures apparentes avec paumelles, crémone, applique de crémone en cuivre jaune poli et bouton, cadre intérieur.	Façade d'étuve de style en cuivre rouge poli, avec pentures apparentes, crémone en cuivre jaune poli et bouton de 0.60×0.30 hors cadre.
Hors cadre 0.60×0.30.	
Observation.	Observation.
Deux bouches de chaleur en cuivre rouge, ciselé, poli, à soufflet de 0.15×0.15, grillage en cuivre rouge pour poêle de style.	Bouche de chaleur de style en cuivre rouge ciselé, grillage intérieur en cuivre rouge et cadre de 0.15×0.15.
Observation.	Observation.
Le foyer uni en marbre Portor de $0^m,025$ d'épaisseur.	Foyer en Portor de 0.025 d'épaisseur au m².
$1.26 \ 0.30 = \ 0^2 38$	
1/6 de surface.	
Pour déchet $= \ 0^2 064$ } $0^2 444$.	
Surface pour $0^2 45$.	0.45
Marbrerie n° 230 2e col.	Marbrerie, SÉRIE CENTRALE 230, 2e col.
» n° 255.	255

Mouliné la surface de sciage pour polissage.

$$1.26 \times 0.30 = 0.38 \times 0.20 = 0.076.$$

Marbrerie n° 281.

Taillé le joint démaigri à une arête moulinée au mètre superficiel.

Observation. Marbrerie n° 312.

$$\begin{array}{l} 2 \text{ fois } 1.26 = 2.52 \\ 2 \quad \text{» } 0.30 = 0.60 \end{array} \Big\} \quad 3.12 \times 0.025$$

= 0.078 par 2.00 coefficient de taille

$= 0^2156$ — Ci 0^2156

Ajouter :

Surface moulinée — Ci 0^2076

Surface .... 0^2232

à 1.40 pour l'unité = 0^23248.

Soit en surface de taille 0^233.

Marbrerie n° 309.

»   n° 270.

Le prix du mètre superficiel de taille.

Marbrerie n° 266.

Polissage bien fait sur marbre fin de :

$1.26 \times 0.30 = 0.38$ à 1.40 de dureté pour l'unité = 0.53.

Marbrerie n° 332.

Le prix du mètre superficiel de polissage bien fait.

Marbrerie n° 327.

Doublé le foyer sur pierre de faux liais scellée au plâtre de : $1.26 \times 0.30 = 0.38.$

Marbrerie n° 477.

Déboursés d'emballage.
Observation.

Taille de marbre au m².
0.33

SÉRIE CENTRALE, Marbrerie 266.
Polissage de marbre au m².
0.53

Marbrerie, SÉRIE CENTRALE 327.
Doublure de foyer en pierre de faux-liais au m².
0.38

Marbrerie, SÉRIE CENTRALE 477.
Déboursés en argent.
Observation.

Par son style et le couronnement qui le surmonte le poêle représenté (*fig.* 330) est plus spécialement désigné pour les salles à manger.

Il est nécessaire d'avoir une grande pièce pour construire le poêle, tel que nous l'avons donné.

La hauteur totale est de $2^m,11$.

Si la hauteur sous plafond ne permet pas l'adjonction du couronnement ; on peut le supprimer, ramener la hauteur du poêle à $1^m,60$ au-dessus de la frise, et le couvrir par une tablette en marbre de $0^m,03$ ou $0^m,04$ d'épaisseur.

Dans ces données le poêle reste encore très important et de belles proportions.

On peut réduire ou agmenter les mesures en largeur et hauteur de $0^m,15$ en $0^m,15$ par retrait ou adjonction d'un ou plusieurs carreaux.

Les faïences sont en couleur unie ou à deux tons dans la palette de la maison Loëbnitz.

Nous avons donné les garnitures, en cuivres rouge et jaune surperposés, de grand style.

Nous donnons le profil du poêle Renaissance à vase (*fig.* 331).

Pour compléter notre démonstration, nous donnons (*fig.* 332) le plan du poêle en faïence.

Par la figure 333, nous reproduisons à échelle restreinte le profil du poêle au nu du mur, et le profil de corniche sous plafond avec cotes.

Nous avons fait ainsi une démonstration très complète du poêle.

211. Nous présentons dans le même style un poêle cheminée, avec intérieur rétréci en panneaux gaufrés, châssis à rideau et couvre-joints, étuve chauffe-assiettes (*fig.* 334).

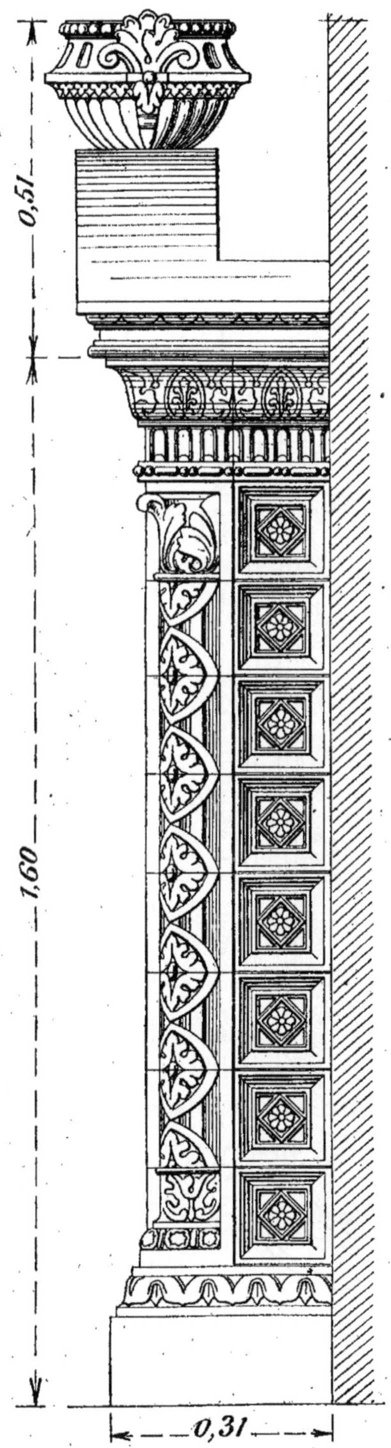

Fig. 331. — Poêle de construction de grand style, couronnement à fronton et vase Renaissance. Vue de profil.

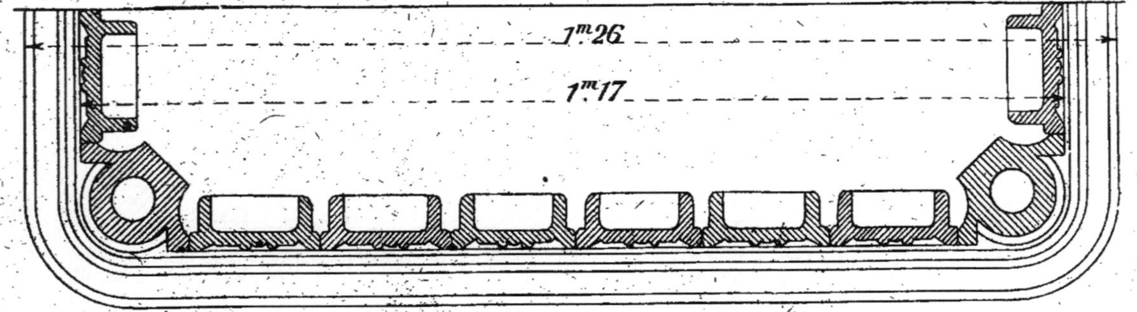

Fig. 332. — Poêle de construction style Renaissance à fronton et à vase. — Plan de l'appareil en faïence.

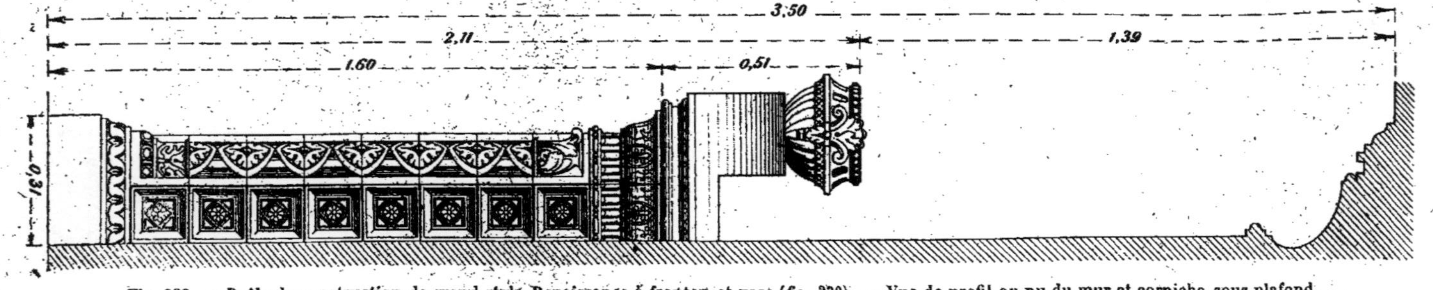

Fig. 333. — Poêle de construction de grand style Renaissance à fronton et vase (*fig.* 330). — Vue de profil au nu du mur et corniche sous plafond.

Le poêle est supposé sans socle, il est dit à pieds de socle et construit comme nous avons vu au chapitre des poêles ordinaires de construction.

Le rétrécissement de l'intérieur descend jusque sur l'âtre.

La largeur au corps est de six carreaux normaux de $0^m,15 \times 0^m,15$, les colonnes d'angles de chaque côté en sus.

Au droit du rétrécissement en faïence, la largeur au corps du poêle est obtenue par une alaise de carreau, de chaque côté du panneau entre la colonne.

Les retours sont saillants d'un rang de carreaux de $0^m,15 \times 0^m,15$.

La hauteur du poêle est composée par huit rangs de carreaux de $0^m,15 \times 0^m,15$.

Au-dessus du poêle une frise Renaissance à grand modèle porte-marbre et une tablette.

Dans ses dimensions au corps, le poêle répète les mesures du poêle précédent : $1^m,17$ de largeur et $1^m,60$ de hauteur.

La largeur extérieure à la saillie du socle est de $1^m,26$.

La saillie du corps au nu du mur est de $0^m,27$ et $0^m,31$, au socle.

Metré d'un poêle de construction à cheminée style Renaissance, rétrécissement en faïence gaufrée à rideau et couvre-joints en cuivre, étuve chauffe-assiettes de style (*fig.* 334).

Conduit d'air froid.

Le conduit d'air et l'âtre creux à traiter en conformité des exemples précédents.

Observation.

Poêle à cheminée.

Massif coulé en plâtre et nivelé recevant foyer de
$$1.26 \times 0.30 = 0.38 \text{ à } 0/0 \text{ de légers}$$
$= 38/100.$

Posé, scellé le foyer en marbre et calfeutré.

Série centrale. Fumisterie n° 606.

Construit le poêle à 3 faces avec revêtement extérieur en faïence de couleur unie et garnissages intérieurs en briques façon Bourgogne de $0^m,06$ d'épaisseur, lissage et enduit en terre, pose et ajustement des faïences, fers, tôles, fontes, cuivres et bouches, le dit poêle cubant au corps
$$1.17 \times 0.50 \times 0.60^u = 0^3 936.$$

Fumisterie n° 569.

Plus-value de construction de poêle à cheminée avec intérieur rétréci en 3 panneaux et rideau.

10 0/0.

Chambre syndicale n° 1240.

Plus-value pour rétrécissement de cheminée en faïence gaufrée brevetée.

15 0/0 de l'arrangement.

Chambre syndicale n° 68.

Plus-value pour contre-cœurs en briques réfractaires de $0^m,06$ d'épaisseur.

Fumisterie n° 344.

Le mur dosseret en briques réfractaires de $0^m,11$ d'épaisseur.

Fumisterie n°s 343 et 346.

Plus-value pour poêle construit en faïence avec retours de plus de $0^m,22$.

10 0/0.

Chambre syndicale n° 1237.

Observation.
Légers ouvrages.
0.38
Pose et scellement de foyer en marbre.
SÉRIE CENTRALE 606.
Construction de poêle à 3 faces en faïence de couleur unie cubant.
$0^3,936$
SÉRIE CENTRALE 569.
Plus-value de construction de poêle à cheminée.
SÉRIE SYNDICALE 1240.
Plus-value.
SÉRIE SYNDICALE 68.
Plus-value.
SÉRIE CENTRALE 344.
Dosseret en briques réfractaires de 0.11 d'épaisseur.
SÉRIE CENTRALE 343-346.
Plus-value.
10 0/0
SÉRIE SYNDICALE 1237.

Fig. 334. — Poêle de construction à cheminée, style Renaissance et rétrécissement en faïence gaufrée.
Emaux au grand feu de la maison Loëbnitz à Paris.

Plus-value pour poêle en faïence construit sans cercles, les faïences ajustées à joints vifs continus.

60 0/0.

Chambre syndicale n° 1241.

Plus-value proportionnelle d'agrafage pour poêle construit en carreaux carrés de 0.15 $\times$ 0.15 au lieu de carreaux de 0.30 et agrafés sur tous sens.

Observation.

Agrafage de frise et socle par pièces.

Observation.

Agrafage de colonnes par pièces de fûts, embases à socle, et chapiteaux.

Observation.

Tringlage des colonnes d'angles de toute la hauteur.

Observation.

Plus-value de main-d'œuvre pour construction de poêle de style Renaissance à 3 faces en faïence, par pièces parfaitement ajustées, présentées, appareillées, retournées sur tous sens à joints vifs, eu égard à la perfection de l'appareil en faïence de style, sur le cube de

1.17 $\times$ 0.50 $\times$ 1.60^{H} = 0^{3}936.

Départ de fumée.

Posé, scellé la jonction en tôle et garni en plâtre.

Observation.

Raccordé la jonction sur la section de poterie par une réduction conique en plâtre enduite évaluée aux légers ouvrages.

Posé, scellé la tablette marbre sur tasseaux plâtre et calfeutré.

Fumisterie n° 606.

Les raccords aux légers ouvrages.

Observation.

En fournitures.

Le poêle à construire en faïence de couleur unie, émaux au grand feu style Renaissance à colonnes et carreaux de 0.15 $\times$ 0.15 hors série.

2 Encoignures de socle grand modèle valeur en argent.................................... » »
2 Bouts de socle................................ » »
2 Encoignures de frise grand modèle porte-marbre » »
2 Retours de frise grand modèle *idem*.......... » »
3 Intermédiaires de frise de 0^{m},30 *idem* .... » »

Les carreaux de 0.15 $\times$ 0.15 à moulure à la pièce.

    Façade........ 16 {
    Retours .... 16 } 32.............. » »

8 Alaises de carreaux de 0.10 $\times$ 0.15 en façade.. » »

Les colonnes d'angles par pièces.

    2 Bases........................... » »
    2 Chapiteaux .... » »
    12 Pièces de fûts .... » »

Déboursés.

Emballage et caisse.

Le rétrécissement de cheminée en panneaux de faïence gaufrée, brevetée (émail au choix de la palette).

    2 côtés de chacun 0.16 $\times$ 0.80
    Le soubassement de 0.22 $\times$ 0.70

Sidebar (séries) :

Plus-value.

60 0/0

SÉRIE SYNDICALE 1241.

Agrafage de faïence en fil clair à la pièce.

Observation.

Observation.

Observation.

Observation.

Plus-value de poêle de style.

Observation.

Pose et scellement de jonction en tôle.

Observation.

Légers ouvrages.

Pose et scellement de tablette en marbre.

SÉRIE CENTRALE 606.

Légers ouvrages.

Observation.

Poêle à construire en faïence de couleur unie, d'un seul ton, émaux au grand feu, style Renaissance à carreaux de 0.15.

Valeur en argent.

Observation.

Panneaux faïence gaufrée.

0.16 $\times$ 0.80

0.22 $\times$ 0.70

Déboursés.
Emballage et caisse.

Une plaque d'âtre en fonte au bois 2ᵉ fusion, pesant
    Fumisterie n° 438.
Un coffre ordinaire en tôle, avec double enveloppe à circu-lation de fumée, buses de communication et séparation inté-rieure pour appareil de poêle, pesant
Un coffre intérieur d'étuve chauffe-assiettes en tôle, avec coulisse d'air, fond mobile et étagère, pesant
    Fumisterie n° 652.

Une jonction en tôle par alaises coniques, pesant.
    Fumisterie n° 647.

Tôles découpées pour plancher de poêle, pesant.
    Fumisterie n° 645.

Linteaux en fer carré et à scellements, pesant.
    Serrurerie n° 73.
    Observation n° 8.

2 Tringles rondes noires de $0^m,012$ coupées de longueur et dressées.
    Serrurerie n° 1681.
Garniture de poêle de style Renaissance en cuivre rouge uni, poli, hors série.
Le châssis à rideau en cuivre rouge massif poli et cadre à moulure en cuivre rouge $0^m,025 \times 0^m,025$ fait exprès de $0^m,40 \times 0^m,58$.
    Observation.

Une patte riche en cuivre rouge fondu, poli, montée sur double tige et écrous.
    Observation.
2 Couvre-joints à moulure en cuivre rouge, poli.
4 Coupes d'onglets ajustées, limées sur cuivre.
4 Pattes à scellements en cuivre, rapportées, soudées à l'étain.
    Observation.
Une façade d'étuve composée d'une porte à 2 vantaux en cuivre rouge massif, uni, poli, montée sur pentures appa-rentes avec paumelles, crémone, applique de crémone et bouton, cadre intérieur.
Hors cadre 0.60×0.30.
    Observation.
2 Bouches de chaleur en cuivre rouge, ciselé, poli, à soufflet de 0.15×0.15, grillage en cuivre rouge, pour poêle de style.
    Observation.
Le foyer uni en marbre griotte œil-de-perdrix de $0^m,025$ d'épaisseur de :
    $1.26 \times 0.30 = 0.38$
1/6 de surface.
    Pour déchet... 0.064 ⟩ $0^2 444$.
Surface pour $0^2 45$.
    Marbrerie n° 222, 2ᵉ col.
    » n° 255.
Mouliné la surface de sciage pour polissage.
    $1.26 \times 0.30 = 0.38 \times 0.20 = 0.076$.
    Marbrerie n° 281.

Observation.
Fonte pour plaque unie au bois.
SÉRIE CENTRALE 438.

Tôle pour coffres ordinaires avec buses.
SÉRIE CENTRALE 652.

Tôle pour tuyaux coniques.
SÉRIE CENTRALE 647.

Tôles découpées.
SÉRIE CENTRALE 645.

Fer pour linteaux.
Serrurerie, SÉRIE CENTRALE 73.

Observation n° 8.

Tringles rondes noires de 0.012 millim. au mètre linéaire.
Serrurerie, SÉRIE CENTRALE 1681.

Châssis à rideau en cuivre rouge massif poli, moulure en cuivre rouge fabrication spéciale.
0.40 × 0.58.
Observation.

Patte riche en cuivre rouge fondu, poli, montée sur double tige et écrous.
Observation.

Couvre-joints en cuivre rouge, coupés, ajustés, garnis de pattes à scellements.
Observation.

Façade d'étuve de style en cuivre rouge, poli avec pentures apparentes, crémone, applique de crémone et bouton :
0.60 × 0.30 hors cadre.
Observation.

Bouches de chaleur de style en cuivre rouge ciselé, grillage en cuivre rouge et cadre de 0.15 × 0.15.
Observation.

Foyer en griotte œil de perdrix de 0.025 d'épaisseur au m².
0.45

Marbrerie, SÉRIE CENTRALE 222, 2ᵉ col.
» » 255

Taillé le joint démaigri à une arête moulinée, au mètre superficiel.

Observation. Marbrerie n° 312.

2 fois 1.26 = 2.52
2 » 0.30 = 0.60, 3.12 × 0.025
= 0.078 par 2.00 coefficient de taille
= 0²156   Ci 0²156

Ajouter :
Surface moulinée   Ci 0²076

Surface 0²232

A 1.40 pour l'unité = 0²3248.
Soit en surface de taille 0²33.

Marbrerie n° 309.
»   n° 270.

Le prix du mètre superficiel de taille.

Marbrerie n° 266.

Polissage bien fait sur marbre fin de :
1.26 × 0.30 = 0.38 à 1.40 de dureté pour l'unité = 0²53.

Marbrerie n° 332.

Le prix du mètre superficiel de polissage bien fait.

Marbrerie n° 327.

Doublé le foyer sur pierre de faux liais scellée au plâtre de :
1.26 × 0.30 = 0²38.

Marbrerie n° 477.

Déboursés d'emballage.

Observation.

La tablette unie en marbre griotte œil-de-perdrix de 0ᵐ,040 d'épaisseur de :
1.32 × 0.34 = 0²4488
1/6 de surface.
Pour déchet = 0²0749   0²5237.
Soit en surface 0²52.

Marbrerie n° 222, 5ᵉ col.
»   n° 255.

Mouliné la surface de sciage pour polissage.
1.32 × 0.34 = 0²4488 × 0.20 = 0²0897.
Surface pour 0²09.   Ci 0²09

Marbrerie n° 281.

Taillé un joint plein à une arête moulinée au mètre superficiel.

1 fois 1.32
2 angles chacun
0.08 = 0.16   1.48 × 0.04 = 0²059.
par 2.50 coefficient de taille = 0²1475.
Surface pour 0²15.   Ci 0²15

Marbrerie n° 310.

Taillé l'épannelage recevant moulure sans moulinage.

Marbrerie n°ˢ 275, 276, 277.

1 fois 1.32 = 1.32
2 » 0.34 = 0.68
2 angles saillants pour 0.08   0.16
2 amortissements pour 0.08   0.16 2.32 × 0.04
= 0²0928 par 3.00 coefficient de taille produit 0²2784.

Marbrerie n°ˢ 311, 315, 318.

A reprendre la surface de 0²2784 aux 90/100 de taille. 0²25

Marbrerie n°ˢ 275, 276, 277.

Taille de marbre au m².

0.33

Marbrerie, SÉRIE CENTRALE 266.

Polissage de marbre au m².

0.53

Marbrerie, SÉRIE CENTRALE 327.

Doublure de foyer en pierre de faux-liais au m².

0.38

Marbrerie, SÉRIE CENTRALE 477.

Déboursés en argent.

Observation.

Tablette en griotte, œil de perdrix de 0.040 d'épaisseur au m².

0.52

Marbrerie, SÉRIE CENTRALE 222, 5ᵉ col.
»   »   255

Taillé la moulure dite bec de corbin.

Profil : Listel   0.075)
          Corbin   0.15 } 0.225.
Marbrerie n°s 293-295.

          1 fois 1.32 =   1.32)
          2   »   0.34 =   0.68 (
2 angles saillants pour 0.10.   0.20 (
2 amortissements pour 0.10.   0.20) 2.40
$\times$ 0.225 courant de profil = 0^{2}54.

A reprendre la surface de 0^{2}54 $\times$ 1.50 en compensation des sciottages et derniers épannelages = 0^{2}81. Ci   .0^{2}81

Marbrerie n° 302.

Surface .... 1^{2}30

A 1.40 pour l'unité = 1^{2}82.

Marbrerie n° 270.

Le prix du mètre superficiel de taille.

Marbrerie n° 266.

Polissage bien fait sur marbre fin, au mètre superficiel.
Surface de sciage.

          1.32 $\times$ 0.34 = 0^{2}4488.
          Surface pour   0^{2}45)
Surface de moulure.   }
2.40 $\times$ 0.225 = 0.54. Ci   0^{2}54) 0.99.
A 1.40 de dureté pour l'unité = 1^{2}38.

Marbrerie n° 335.
     »   n° 332.

Le prix du mètre de polissage bien fait.

Marbrerie n° 327.

Déboursés d'emballage,

Observation.

Recherché le foyer et la tablette à la marbrerie et transporté à pied d'œuvre ; une heure de journée de garçon fumiste.

Fumisterie n° 59.

Taille de marbre au m.
1.82
Marbrerie, SÉRIE CENTRALE 266.
Polissage de marbre au m².
1.38
Marbrerie, SÉRIE CENTRALE 335-332.
Marbrerie, SÉRIE CENTRALE 327.
Déboursés en argent.
Observation.
Heure de garçon fumiste.
SÉRIE CENTRALE 59.

Le poêle que nous avons donné (*fig.* 334) complète la Série des poêles de style Renaissance, en présentant un spécimen de ces poêles arrangé avec intérieur à cheminée.

Les arrangements sont variés et peuvent être faits aussi bien avec des panneaux unis ou décorés, ou avec des appareils dans le genre de ceux que nous avons présentés avec les poêles ordinaires.

On peut également faire les rétrécissements avec des petits carreaux de la maison Loëbnitz, ou des façades en fonte, en cuivre ou en fer.

Les faïences du poêle sont commercialement dans les tons unis, bruns ou verts et à deux tons.

Les émaux, différents de la palette de la maison, sont exécutés sur commande, moyennant un prix à débattre avec le fabricant.

Nous avons supposé quelques modifications à la manière de construire ; afin de présenter une suite d'exemples aussi complets que possible.

Nous donnons (*fig.* 335) le plan du poêle, représenté en élévation par la figure 334.

Nous nous en tiendrons à ces exemples des poêles de style, au point de vue du métré, et afin de ne pas trop agrandir le cadre. Mais nous ajoutons qu'il existe beaucoup d'autres styles.

212. La maison Loëbnitz à Paris fait, en outre des modèles que nous avons présentés, des poêles dans le style Renaissance, avec corps du haut de grand style, figurines en relief fronton et coupe.

Le plus joli spécimen dit « grande cheminée décorative » mesure 1^m,75 de largeur extérieure et 3^m,05 de hauteur totale.

Nous trouvons aussi les poêles de style

gothique très pur, dans le flamboyant,

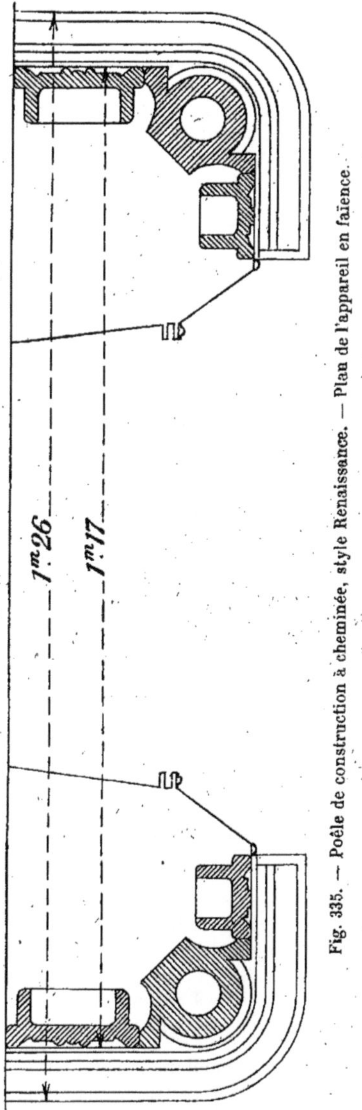

Fig. 335. — Poêle de construction à cheminée, style Renaissance. — Plan de l'appareil en faïence.

avec combinaisons multiples et de grand caractère architectural.

D'aucuns sont en faïence unie, d'autres en faïences polychromes, composés avec ou sans niche et écussons armoriés, crêtes et toitures, etc.

Ces poêles conviennent surtout dans les châteaux et demandent des intérieurs exécutés dans le style.

Les hauteurs varient de 2ᵐ,50 à 3 mètres en chiffres ronds.

Il y a aussi les poêles à décors gravés très variés, essentiellement modernes, et de dimensions plus courantes.

On peut réussir une grande variété de compositions très heureuses, avec les modèles de carreaux en décors gravés. Un autre avantage aussi, c'est de pouvoir donner des dimensions à peu près à volonté et construire sur des données très spéciales.

Nous pouvons aussi citer dans les styles étrangers, les poêles et les faïences de Nuremberg.

Les poêles de Nuremberg sont très moyenâgeux, lourds, surchargés de décors, figures, figurines et cariatides.

Au milieu du fouillis de décors se détache presque toujours un reître allemand dans la facture du peintre bavarois Albert Dürer.

Nous passons ensuite aux accessoires des poêles de style, que nous traitons dans un chapitre séparé, comme nous l'avons fait précédemment, pour les cheminées et poêles ordinaires de construction.

Nous donnons enfin, pour clôturer les descriptions générales que nous avons faites des poêles de style, et à titre documentaire, un poêle en grès de Bigot, en « art nouveau ».

Accessoires des poêles de style.

213. Pour compléter les descriptions précédentes des poêles de style, nous donnons au chapitre spécial des accessoires les dessins agrandis des principales pièces en faïence.

Bien que les faïences ne soient pas, au sens propre du mot, des accessoires, nous y revenons spécialement, pour donner sur elles des renseignements complémentaires, que nous n'avons pas jugé aussi bien de soumettre à nos lecteurs dans le cours des métrés.

La pièce principale des poêles de style Renaissance est le carreau carré de $0^m,15 \times 0^m,15$ représenté (*fig.* 336).

Le carreau est fabriqué dans les tons unis, brun et vert; et à deux tons.

L'alaise répète très exactement le carreau; elle est faite de deux dimensions en largeur, et sur la hauteur uniforme du carreau normal : $0^m,15$.

Lés mesures des alaises sont :

$$0^m,075 \times 0^m,15$$
$$0^m,10 \times 0^m,15$$

Les alaises permettent les combinaisons des poêles à cheminées, dont les châssis et les panneaux ne tombent pas dans les mesures divisibles par $0^m,15$.

De même pour les poêles à cylindre avec

Fig. 336. — Carreau en faïence de poêle Renaissance (Loëbnitz).

étuve. En un mot, les alaises servent à composer les largeurs au corps des poêles, avec les accessoires en cuivrerie et à modifier les saillies de l'appareil en faïence.

En second lieu, nous plaçons le socle, différent de celui des poêles ordinaires, puisqu'il est composé par une série de pièces, assemblées et agrafées entre elles, pour former le socle du poêle de style.

Les pièces de socle sont de deux modèles.

Nous donnons (*fig.* 337) la pièce d'angle appelée encoignure.

La largeur totale est obtenue par des pièces intermédiaires de trois dimensions.

$$0^m,15$$
$$0^m,30$$
$$0^m,45$$

Les intermédiaires sont fabriqués de mesures précises en augmentation constante de $0^m,15$ pour se raccorder toujours avec les carreaux.

Les socles portent $0^m,21$ et $0^m,25$ de hauteur.

La frise du poêle Renaissance est com-

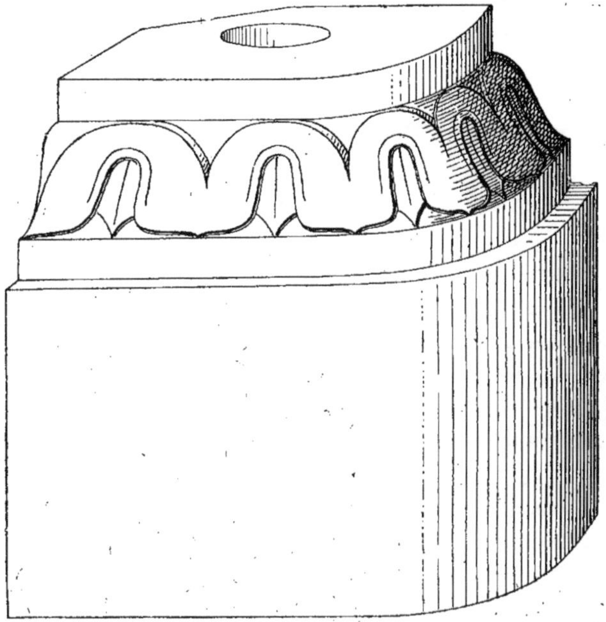

Fig. 337. — Encoignure de socle en faïence de poêle Renaissance (Loëbnitz).

Fig. 338. — Encoignure de frise en faïence de poêle Renaissance (Loëbnitz).

posée comme le socle, par des pièces d'angles et des intermédiaires.

Nous donnons (*fig.* 338) l'encoignure de frise.

Fig. 339. — Intermédiaire de frise Renaissance réduite, de la maison Loëbnitz à Paris.

Fig. 340. — Intermédiaire de frise Renaissance à acrotère, de la maison Loëbnitz à Paris.

Les intermédiaires portent les mêmes mesures que les pièces de socle.

La hauteur de la frise est de 0ᵐ,19.

Les frises sont montées et assemblées comme les socles. Les tons des émaux sont semblables à ceux des carreaux.

La maison Loëbnitz fait aussi une frise moins importante dans le modèle Renaissance, appelée frise petit modèle réduit, qui porte 0ᵐ,14 de hauteur.

La diminution de hauteur est obtenue par la suppression des cannelures sous corniche.

Le modèle est simplifié, il permet l'emploi de la frise avec des poêles de petites dimensions.

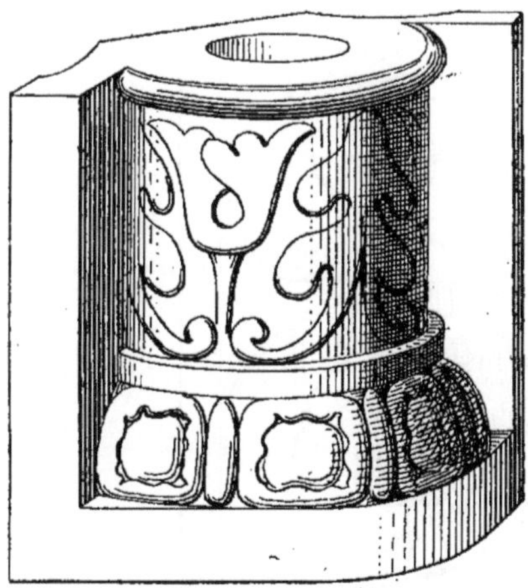

Fig. 341. — Base de colonne en faïence de poêle Renaissance (Loëbnitz).

La figure 339 représente l'intermédiaire de la frise réduite.

Le modèle réduit se fait aussi en deux pièces : l'encoignure et l'intermédiaire dont la mesure est 0ᵐ,30.

Par contre, nous avons la frise plus importante appelée, frise à acrotère, qui porte 0ᵐ,25 de hauteur au lieu de 0ᵐ,19 porté par la frise courante.

La frise à acrotère est employée pour les poêles plus importants et pour régner avec la décoration générale de la pièce.

Nous donnons (*fig.* 340), l'intermédiaire de la frise à acrotère.

Les intermédiaires du modèle à acrotère portent respectivement les mesures de :

0ᵐ,15
0ᵐ,30
0ᵐ,45

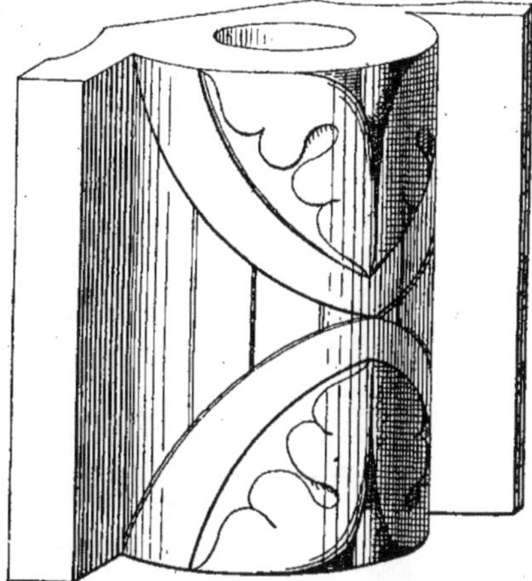

Fig. 342. — Pièce de fût de colonne en faïence de poêle Renaissance (Loëbnitz).

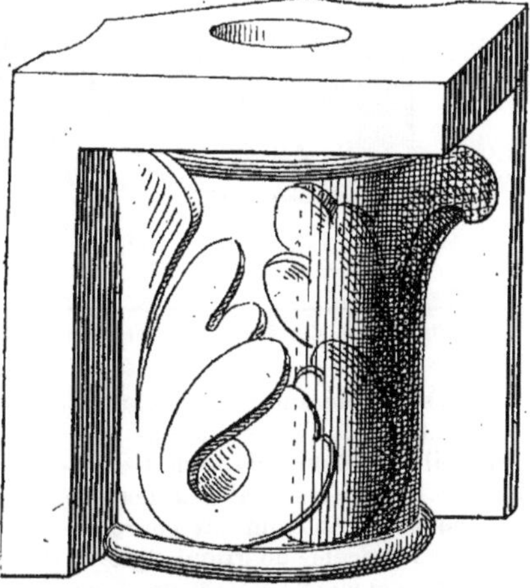

Fig. 343. — Chapiteau de colonne en faïence de poêle Renaissance (Loëbnitz).

Les colonnes complètent l'ensemble des faïences du style Renaissance.

On distingue trois pièces dans la colonne :

La base;

La pirce de fût;

Le chapiteau.

Les colonnes sont montées et assemblées par pièces parfaitement ajustées entre elles, à moitié du dessin, de manière à présenter une solution de continuité aussi parfaite que possible.

Les pièces de colonnes portent la hauteur uniforme de 0^m,15, pour régner toujours avec chaque rang de carreaux, par assises réglées.

La figure 341, représente la pièce de base.

La pièce de fût est représentée, figure 342.

La figure 343 représente la pièce du chapiteau.

La hauteur totale est obtenue par l'adjonction des pièces de fût.

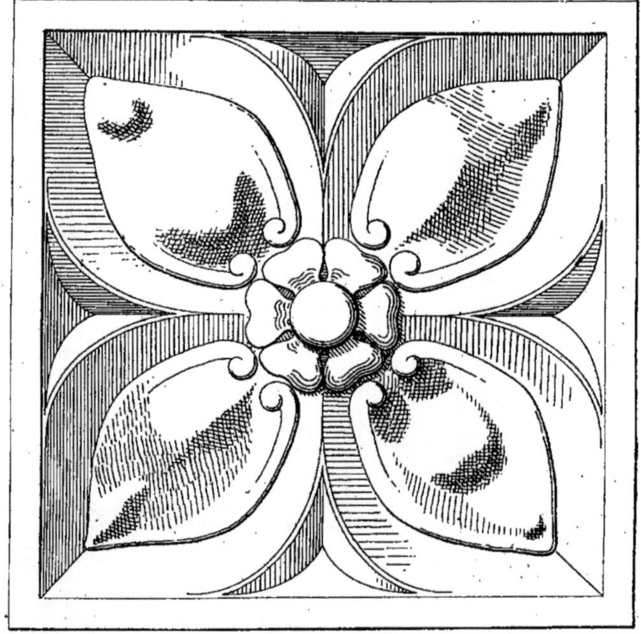

Fig. 344. — Carreau en faïence de poêle gothique, maison Loëbnitz à Paris.

Les pièces détaillées au présent chapitre nous démontrent la composition générale de l'appareil en faïence de style Renaissance pour les poêles à tablette marbre.

Nous mentionnons enfin les couronnements, pour les poêles de grand style.

Les couronnements sont de deux modèles et en plusieurs pièces, avec ou sans bouts de retours, selon la saillie du poêle.

Le vase est indépendant du couronnement et constitue un ornement spécial.

Le grand modèle à fronton avec vase est celui que nous avons représenté (*fig.* 330).

Nous soumettons ensuite à nos lecteurs les pièces les plus importantes des poêles de style gothique.

Le poêle gothique est beaucoup moins répandu que le poêle Renaissance, en raison du caractère tout particulier et très sévère de son style.

C'est la raison pour laquelle nous n'avons pas cru le traiter à fond.

Le style gothique ne se prête pas aux décorations composites et de fantaisie, il exige une décoration générale très rigoureuse et très classique qui le fait éloigner des intérieurs parisiens.

Nous le rencontrons plutôt dans les châteaux restaurés ou imités de l'architecture gothique.

La maison Loëbnitz possède de jolis spécimens dont nous donnons les figures des pièces détachées.

Le carreau est représenté figure 344, il porte $0^m,20 \times 0^m,20$, il est appelé carreau à feuilles.

Il y a aussi le demi-carreau.

Le socle est uni, surmonté d'une doucine et listel. Il est composé par des pièces d'angles et des intermédiaires, ajustés, assemblés et agrafés, pour former le socle complet.

Fig. 343. — Intermédiaire de frise gothique de la maison Loëbnitz à Paris.

Les intermédiaires sont de deux dimensions, du simple au double.

$$0^m,20$$
$$0^m,40$$

Les largeurs des intermédiaires correspondent à la dimension du carreau normal, prise pour unité.

La hauteur du socle est de $0^m,20$.

La corniche est composée comme le socle par des pièces d'angles et des intermédiaires de largeurs correspondantes.

La hauteur de la corniche est de $0^m,23$.

Nous donnons (*fig.* 345) un intermédiaire de corniche Gothique.

Les colonnes de dessins variés, sont à rinceaux, lézards, oiseaux, etc., et portent $0^m,20$ de hauteur, pour se raccorder avec les carreaux. Il y a aussi les colonnettes accouplées.

Les grands poêles sont ordinairement surmontés d'un corps de haut appelé : galerie ogivale.

La galerie élance le poêle et lui donne le caractère du style pur. La façade ressemble un peu à l'ordonnance des Cathédrales.

On construit cette galerie par une série de panneaux composés de deux ouvertures

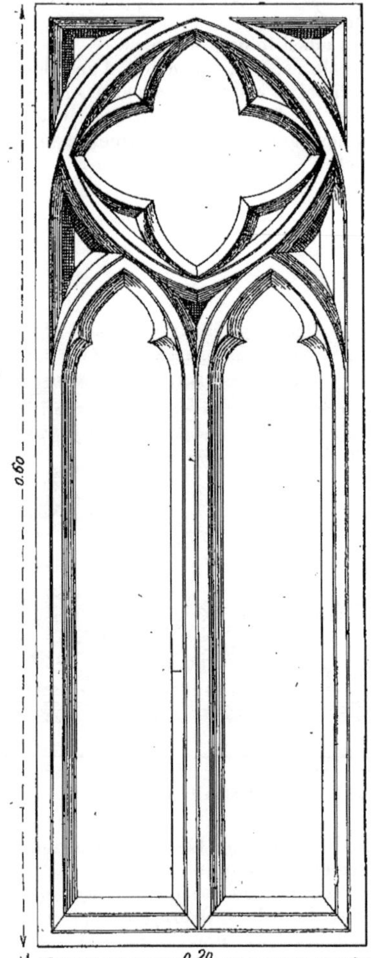

Fig. 346. — Panneau à arcature gothique
de la maison Loëbnitz.

jumelées surmontées d'une rosace ogivale, et appelés panneaux à arcatures.

Les panneaux portent $0^m,20 \times 0^m,60$.

Les dimensions sont faites en concor-dance avec les carreaux et les diverses pièces en faïence.

La figure 346 représente le panneau arcature.

Sous la galerie court un rang de denti-cules composé par des parties intermé-médiaires de $0^m,20$.

Nous donnons (*fig.* 347) l'intermédiaire de la crète ogivale avec épis qui surmonte et couronne le poêle.

La crète est de deux modèles : la petite crète représentée par la figure 347, et la grande crète plus spécialement réservée aux poêles couverts de la toiture gothique.

Les poêles de grand style surmontés des crètes et des toitures ne portent pas tablette.

On fait un poêle réduit, surmonté d'une petite frise porte marbre, recevant tablette.

Nous mentionnons qu'il y a encore une grande variété de poêles dans les deux styles que nous venons de décrire, mais que nous abandonnons afin de ne pas nous laisser entraîner à de trop longs détails.

Signalons en passant la remarquable collection des « Renaissances à figures » de la maison Loëbnitz. Des compositions gothiques de grand style, écussonnées, etc.

Il y a aussi une grande variété de poêles qu'il faut plutôt comprendre sous la rubrique de poêles décoratifs et qui sont composés, très heureusement, de pièces de faïence et de carreaux divers.

Par les dispositions droites ou diago-nales de ces diverses pièces, avec des socles et frises empruntés aux styles, on donne des compositions décoratives très réussies.

Les émaux sont dans les genres gravés ou modelés.

Il y a aussi le poêle en décor arabe en petits carreaux de $0^m,10$, surmonté d'une frise de style mauresque.

Portes de foyers et d'étuves.

214. Dans les poêles de style, les portes sont généralement en cuivre.

Nous donnons (*fig.* 348), la porte de foyer de style Renaissance.

La porte est faite dans le cuivre uni, jaune ou rouge, et garnie de pentures apparentes avec loquet.

La fabrication se fait avec les pentures dans le cuivre de même couleur ou de couleur différente, soit :

1° Cuivre jaune et pentures jaunes ;
2° » » et pentures rouges ;
3° Cuivre rouge et pentures rouges ;
4° » » et pentures jaunes.

On fait aussi l'application de nickel sur cuivre jaune et enfin la porte tout en métal blanc.

La porte de foyer est faite avec ou sans cadre, le prix est différent.

Les mesures extérieures des portes sont :

$$0^m,25 \times 0^m,30$$
$$0\ ,26 \times 0\ ,33$$
$$0\ ,31 \times 0\ ,31$$
$$0\ ,32 \times 0\ ,32$$

La garniture du poêle à cylindre, à usage

Fig. 347. — Intermédiaire de crête ogivale avec épis de poêle gothique, maison Loëbnitz à Paris.

de salle à manger, est complétée par la façade d'étuve dont nous donnons le dessin, figure 349.

La façade d'étuve est représentée sans cadre, avec porte à deux vantaux à crémone, applique de crémone à recouvrement et pentures apparentes, de même style que la porte de foyer.

Le montage des portes de style est différent de celui des portes ordinaires d'étuves, en raison des pentures.

La fabrication est semblable à celle des portes de foyer, les pentures sont de même couleur ou de couleur différente aux panneaux.

Les façades d'étuves se font également en métal blanc ou nikelé.

Les dimensions extérieures des façades d'étuves sont :

$$0^m,45 \times 0^m,30$$
$$0\ ,50 \times 0\ ,30$$
$$0\ ,55 \times 0\ ,30$$

0 ,60 × 0 ,30
0 ,50 × 0 ,32
0 ,55 × 0 ,32
0 ,60 × 0 ,32
0 ,65 × 0 ,32

Nous donnons la seconde garniture en

style Louis XIII et nous représentons d'abord la porte de foyer, figure 350.

La fabrication est absolument semblable à celle de la porte Renaissance. Les mesures identiques.

Les pentures et la coulisse sont diffé-

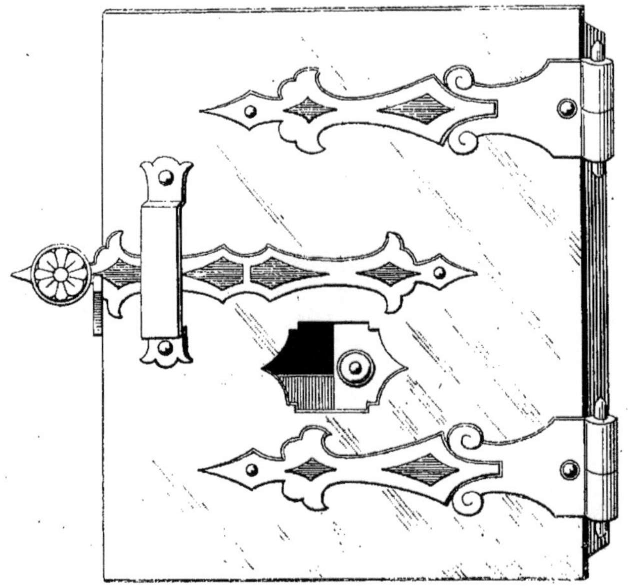

Fig. 348. — Porte de poêle, style Renaissance.

Fig. 349. — Façade d'étuve, style Renaissance.

rentes de dessins, mais le montage est semblable.

La porte se fait aussi en cuivre jaune ou rouge, en cuivre nickelé ou en métal blanc.

Les oppositions de couleur des cuivres

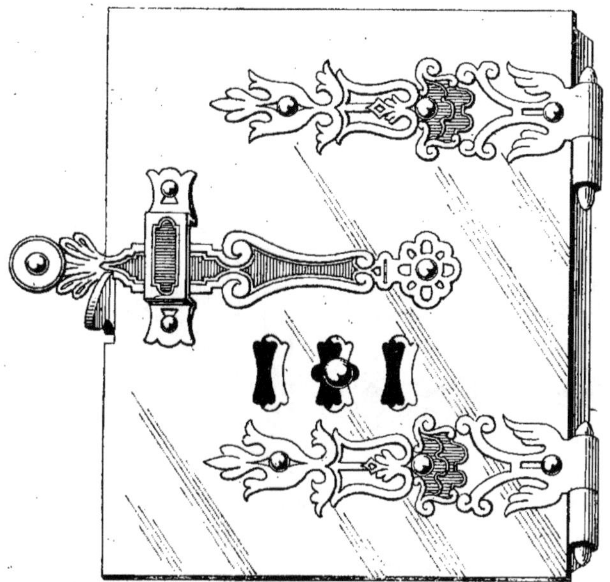

Fig. 350. — Porte de poêle, style Louis XIII.

Fig. 351. — Façade d'étuve, style Louis XIII.

rouge et jaune, pour les pentures, sont semblables.

Nous complétons la garniture du poêle par le dessin de la façade d'étuve (*fig.* 351).

Les dimensions des façades Louis XIII sont semblables à celles des façades Renaissance. La fabrication est la même dans les deux styles.

Les prix sont différents pour les deux garnitures.

Cendriers.

215. Nous donnons (*fig.* 352) un modèle de cendrier Renaissance, en cuivre.

Le cendrier est monté sur un cadre uni.

La bavette est découpée dans le genre des pentures et munie d'une pelle en tôle de longueur variable.

Les dimensions extérieures du cadre sont de $0^m,11 \times 0^m,25$.

La figure 353 nous représente un autre modèle de cendrier de style Louis XIII.

La fabrication est semblable et diffère seulement par le découpage des créneaux de la coulisse d'air.

Les deux modèles se font en cuivre uni

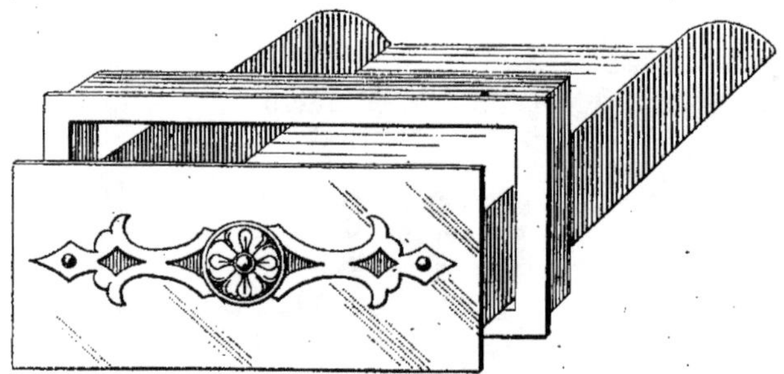

Fig. 352. — Cendrier, style Renaissance.

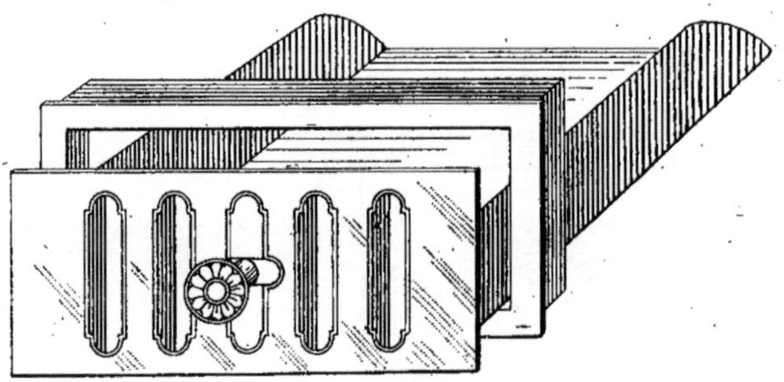

Fig. 353. — Cendrier, style Louis XIII.

jaune et rouge, en cuivre jaune nickelé et en métal blanc.

Bouches.

216. Les bouches des poêles de style sont en cuivre de deux modèles : à créneaux et à soufflet.

La figure 354 représente le premier modèle à créneaux et porte les dimensions du carreau Renaissance $0^m,15 \times 0^m15$.

Ce modèle de bouche est moins employé que celui à soufflet dont nous donnons le dessin (*fig.* 355).

La bouche à soufflet se fait dans les mêmes mesures pour s'encastrer dans un poêle en carreaux de $0^m,15$.

Le dessin de la bouche à soufflet se rapproche mieux du carreau Renaissance. Cette raison fait préférer la bouche que nous venons de représenter (*fig.* 355).

Nous donnons (*fig.* 356) un autre genre de bouche à soufflet de $0^m,15 \times 0^m,15$.

Les deux modèles de bouches à soufflet se font aussi de 0^m,165 × 0,165.

Les dimensions à la douille sont de :

0^m,12 pour les bouches de 0^m,15, et de 0^m,14 pour celles de 0^m,165.

La figure 357 complète les modèles

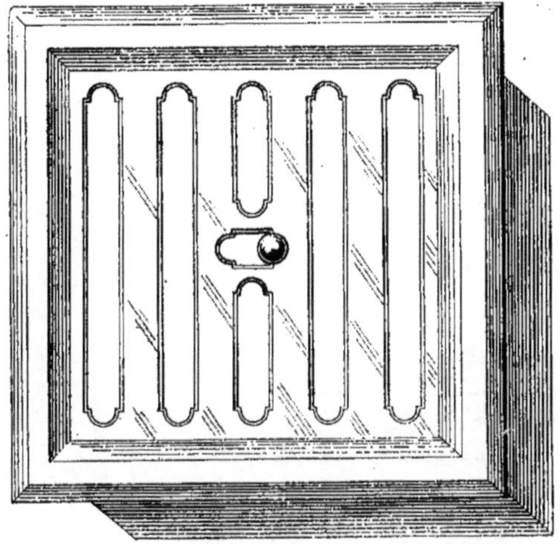

Fig. 354. — Bouche de chaleur à créneaux pour poêle de style.

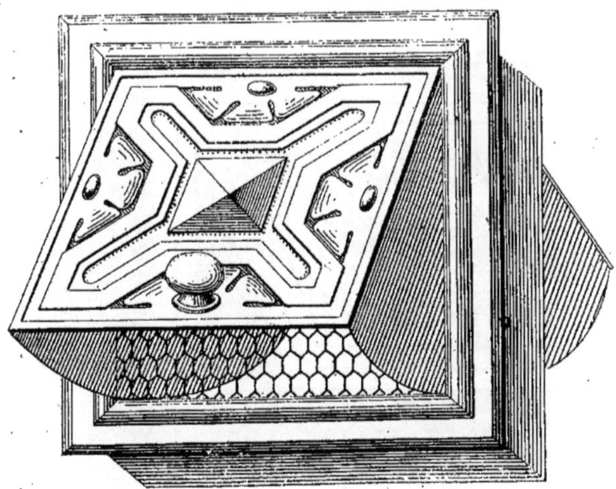

Fig. 355. — Bouche de chaleur à soufflet pour poêle Renaissance.

de bouches en cuivre pour poêles de styles.

Les dimensions de la bouche sont à l'extérieur : 0^m,11 × 0^m,11 et à la douille 0^m,10 × 0^m,10.

Les mesures que nous avons données sont les dimensions commerciales, elles peuvent être modifiées au gré de l'acheteur et fabriquées spécialement dans les mêmes genres.

Toutes les bouches du commerce sont en cuivre poli ou verni.

On peut faire les mêmes bouches en cuivre rouge et en métal blanc.

Fig. 356. — Bouche de chaleur à soufflet pour poêle de style.

Fig. 357. — Bouche de chaleur à soufflet pour poêle de style.

On fait aussi des applications bronzées ou nickelées sur cuivre jaune.

Les bouches à soufflet sont garnies à l'intérieur d'un grillage en cuivre destiné à s'opposer à l'introduction de corps étrangers dans l'intérieur du poêle.

La bouche à soufflet donne le maximum de rendement.

Les accessoires en cuivrerie dont nous venons de soumettre les modèles sont de la maison Bernier, à Paris.

Nous complétons le chapitre des accessoires de style par une garniture complète de poêle à cylindre avec étuve, en style gothique entièrement faite en fer forgé.

Toutes les pentures apparentes sont

Fig. 358. — Porte de foyer en fer forgé, style gothique.

Fig. 359. — Façade d'étuve en fer forgé, style gothique.

forgées et chanfreinées en applique, avec ornements dans le style pur.

On peut donner le ton du vieux fer par des applications de bronzage au four.

La figure 358 représente la porte du foyer de $0^m,40 \times 0^m,40$ pour s'encastrer dans les carreaux de $0^m,20 \times 0^m,20$.

La façade d'étuve, avec porte à deux vantaux, est représentée par la figure 359.

Nous avons dessiné une bouche de chaleur toute spéciale, dans le style, et que nous représentons par la figure 360.

La bouche carrée porte $0^m,20 \times 0^m,20$, dimensions exactes du carreau en faïence.

Le cendrier (*fig.* 361) complète l'ensemble de la garniture.

Cylindres et coffres.

217. Nous avons traité à la suite des poêles ordinaires de construction, et dans un chapitre spécial, les appareils intérieurs ; nous n'y reviendrons pas.

Que les appareils soient à l'intérieur des poêles de styles ou des poêles ordinaires, ils sont semblables dans le même genre de construction.

Il en est de même pour les poêles à cheminées. Nous avons suffisamment décrit, dans les chapitres précédents, tout ce qui se rapporte aux châssis à rideaux et aux cheminées appareils pour ne plus y revenir.

Les panneaux en faïence de tous genres ont été très longuement décrits avec les cheminées d'appartements.

218. Pour compléter nos études de styles, nous ouvrons une parenthèse à l'art nouveau en présentant à nos lecteurs un

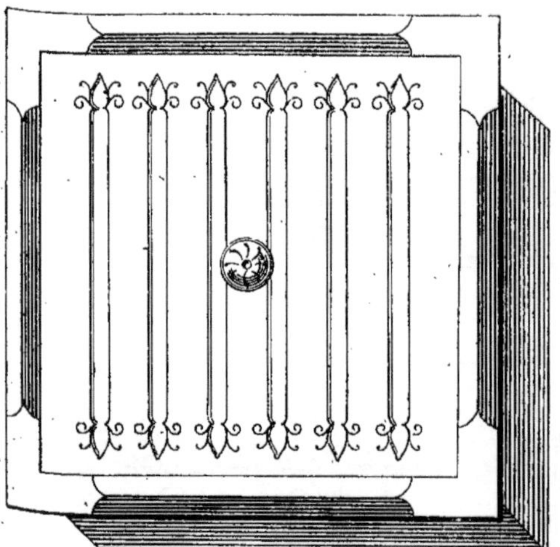

Fig. 360. — Bouche de chaleur en fer forgé, style gothique.

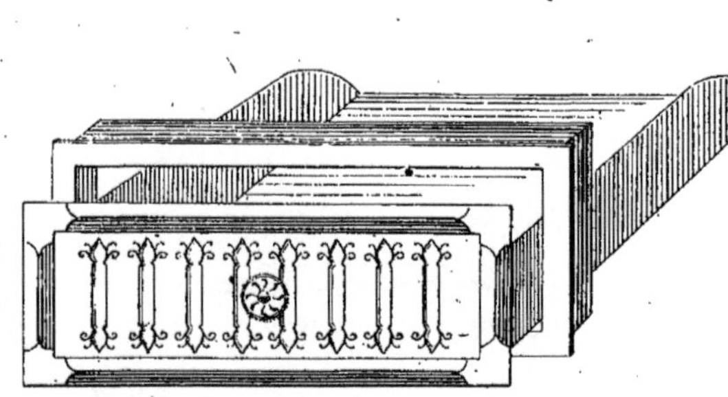

Fig. 361. — Cendrier en fer forgé, style gothique.

spécimen de poêle, exécuté par une maison de Paris, avec des pièces en grès artistique de Bigot.

Le poêle que nous représentons (*fig.* 362) est composé de six rangs de carreaux, deux ceintures de corps, un socle et frise.

Tout l'appareil en pièces de grès est maintenu par une armature spéciale, composée de cornières assemblées, en cuivre rouge mat.

La garniture du poêle est composée de portes en cuivre martelé, rouge mat.

Les carreaux normaux portent $0^m,15 \times 0^m,15$ dans les dimensions identiques aux carreaux en faïence des poêles « Renaissance ».

Les émaux sont rendus au choix, dans les tons mats ou brillants, dans la palette de la maison Bigot.

Il n'y a pas de socle ni frise, proprement dits, dans les grès.

Les socles et frises sont composés par des pièces de frises, en carreaux, de mesures et de dessins variés.

Le poêle que nous représentons est composé : au socle, par des carreaux de frise « à feuilles » et, au corps, par des carreaux unis.

Les deux ceintures de corps sont à dessins « Escargots » de Roche.

La frise est en carreaux de la composition Mauber.

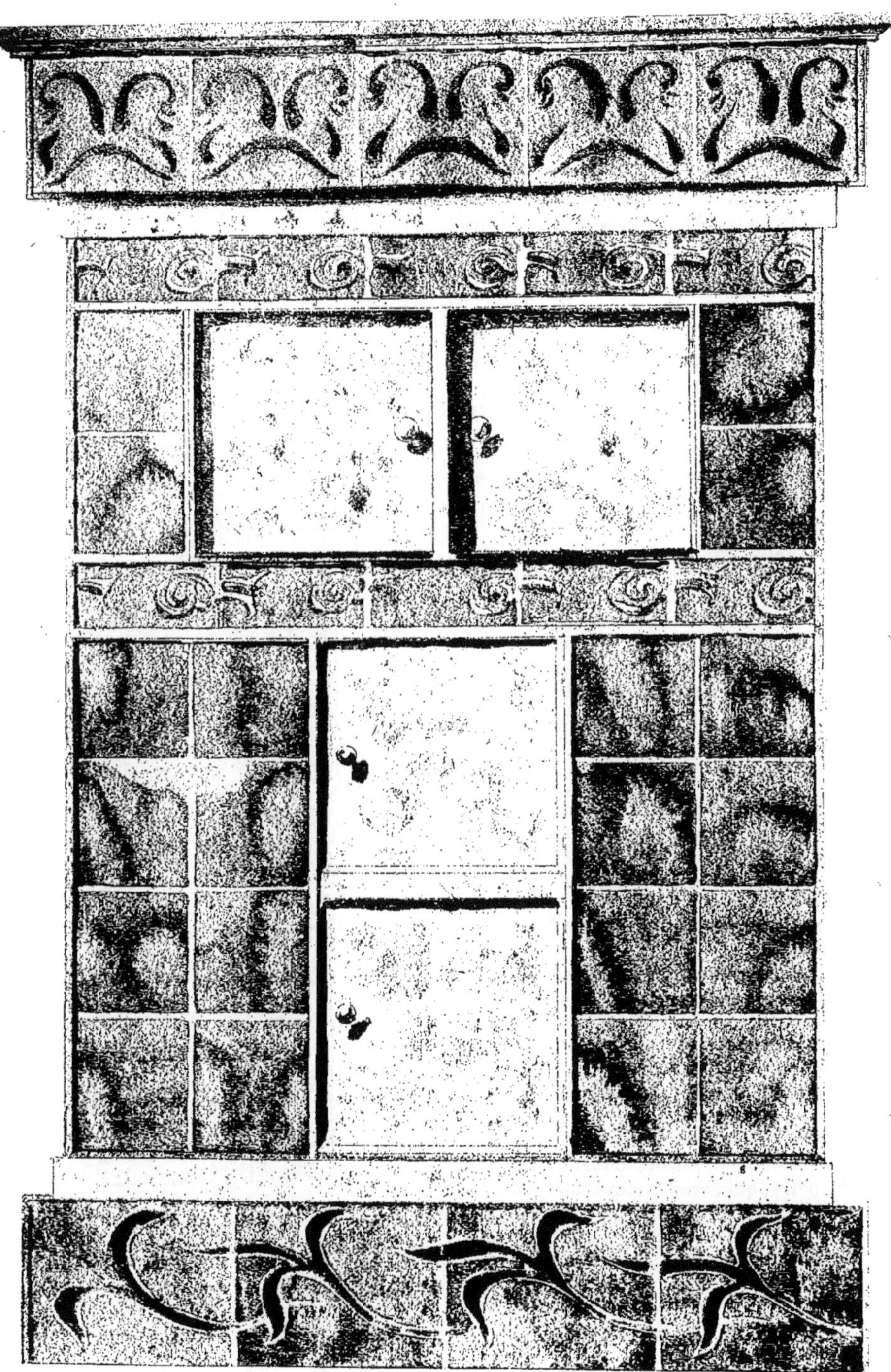

Fig. 362. — Poêle artistique en grès, de la maison A. Bigot et Cie à Paris (art nouveau).

Les dimensions du poêle sont de 1 mètre de largeur à la saillie du socle et de la frise ; 0^m,90 de largeur au corps et 1^m,50 de hauteur totale sous tablette.

La saillie d'avant-corps au profil est de 0^m,35 au socle et à la frise, et 0^m,30 au corps.

Les pièces de socle du dessin « à feuilles » sont de 0^m,20 × 0^m,20.

Quatre carreaux donnent la largeur du socle.

Les ceintures « Escargots » portent 0^m,18 × 0^m,09, cinq pièces de frise, pour les ceintures, donnent la largeur du corps.

Les pièces de frise de Mauber portent 0^m,20 × 0^m,16 ; cinq pièces de frise donnent la largeur de 1 mètre.

La saillie du retour au corps est fournie par deux carreaux normaux de 0^m,15 × 0^m,15.

Les saillies du socle et frise sont obtenues par des pièces recoupées à la demande.

Les portes du bas ont 0^m,30 × 0^m,60.

Les portes du haut ont 0^m,60 × 0^m,30.

Les mesures, toujours divisibles par 0^m,15, sont subordonnées aux dimensions des carreaux, afin de composer un arrangement symétrique.

Nous donnons (*fig.* 363) le profil du poêle Bigot.

Au point de vue du métré, l'ensemble de la construction est traité sur le même principe que les poêles de construction en faïence de style.

L'appareil en grès demande beaucoup plus de façon que l'appareil en faïence, en raison de la grande dureté des biscuits et des émaux.

Pour cette raison, il faut demander des prix spéciaux, composés suivant les sous-détails de l'œuvre.

Les décors et les dimensions des pièces sont aussi à considérer et on peut dire qu'il faut faire des prix à peu près pour chaque genre de décor.

Dans ces conditions, nous ne pensons pas pouvoir utilement donner un exemple de métré, qui serait unique au genre de poêle traité, et qui ne s'appliquerait pas à une généralité de types.

Nous recommandons, pour ce genre de travail, de s'inspirer des observations que nous avons présentées pour les poêles de style, sans s'y tenir à la lettre.

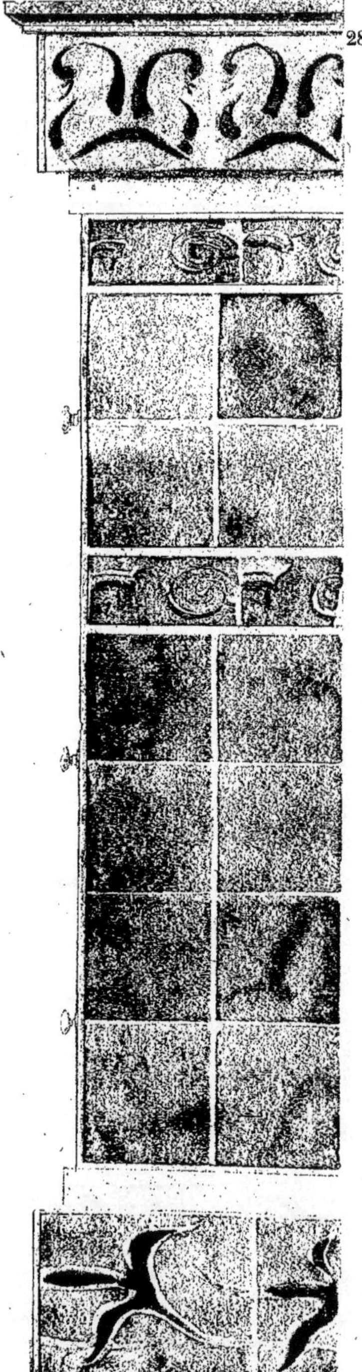

Fig. 363. — Profil de poêle artistique en grès, de la maison A. Bigot et Cie à Paris (art nouveau).

Les armatures apparentes en cuivre sont également différentes les unes des autres et doivent être demandées exactement selon leur composition.

219. Indépendamment des carreaux unis, la maison Bigot possède une collection de carreaux à sculptures, en creux et en relief ou à jour, qui peuvent aussi se prêter aux constructions variées des poêles et cheminées.

Les mesures des carreaux sont aussi très variées; nous les donnons à titre de renseignement.

Les carreaux de teintes unies dans les

Fig. 364. — Poêle portatif rectangulaire, en faïence à tore et tablette en faïence.

émaux mats ou brillants sont fabriqués commercialement de :

$$0^m,050 \times 0^m,050$$
$$0\ ,075 \times 0\ ,037$$
$$0\ ,075 \times 0\ ,075$$
$$0\ ,100 \times 0\ ,050$$
$$0\ ,100 \times 0\ ,100$$
$$0\ ,150 \times 0\ ,050$$
$$0\ ,150 \times 0\ ,075$$
$$0\ ,150 \times 0\ ,100$$
$$0\ ,150 \times 0\ ,150$$

Dans les carreaux à sculptures, les mesures sont de :

$$0^m,090 \times 0^m,090$$
$$0\ ,130 \times 0\ ,130$$
$$0\ ,140 \times 0\ ,140$$
$$0\ ,150 \times 0\ ,150$$
$$0\ ,160 \times 0\ ,160$$
$$0\ ,180 \times 0\ ,180$$

Les dessins des frises sont particulièrement variés et dus à des talents divers, qui donnent à chaque composition un caractère exclusif d'originalité.

Les mesures principales sont de :

$$0^m,18 \times 0^m,09$$
$$0\ ,18 \times 0\ ,12$$
$$0\ ,20 \times 0\ ,16$$
$$0\ ,20 \times 0\ ,17$$
$$0\ ,20 \times 0\ ,18$$
$$0\ ,22 \times 0\ ,17$$
$$0\ ,23 \times 0\ ,14$$
$$0\ ,24 \times 0\ ,20$$
$$0\ ,25 \times 0\ ,20$$
$$0\ ,34 \times 0\ ,22$$

Toutes les pièces de grès sont traitées au grand feu et les émaux de la maison Bigot, composés différemment, et classés en trois catégories :

1° Les émaux cristallisés ;

2° Les émaux brillants ;

3° Les émaux mats.

Les émaux cristallisés ne sont déposés que sur les carreaux.

Les tons principaux dans la palette commerciale sont au nombre de sept :

1° Les blancs ;

2° Les blancs gris ;

Fig. 365. — Poêle portatif rectangulaire, en faïence, à tore et galerie ; tablette marbre.

3° Les roses ;

4° Les bruns ;

5° Les jaunes ;

6° Les verts ;

7° Les bleus.

Les tons ne sont pas aussi régulièrement soutenus ni aussi uniformes sur les grès que sur les faïences. La cuisson donne des fondus et des dégradés très originaux.

Les émaux différents de ceux de la palette commerciale peuvent être obtenus sur demande spéciale, moyennant des conditions à débattre.

Poêles portatifs.

220. Les poêles portatifs du commerce ont disparu de la Série depuis l'édition de l'année 1891.

D'une manière générale il y a deux catégories de poêles en faïence :

Les poêles à bois ;

Les poêles à charbon.

Il y a aussi deux formes de poêles ordinaires :

Les poêles rectangulaires ;

Les poêles ronds.

La forme octogonale est beaucoup moins répandue.

Les poêles portatifs en faïence se font en blanc ou en couleur brune ou verte. On fait aussi des faïences décorées et gaufrées et des poêles de style.

Les faïences sont le plus ordinairement cerclées en cuivre, sauf pour les poêles de style, qui sont montés sans cercles, les faïences ajustées à joints vifs.

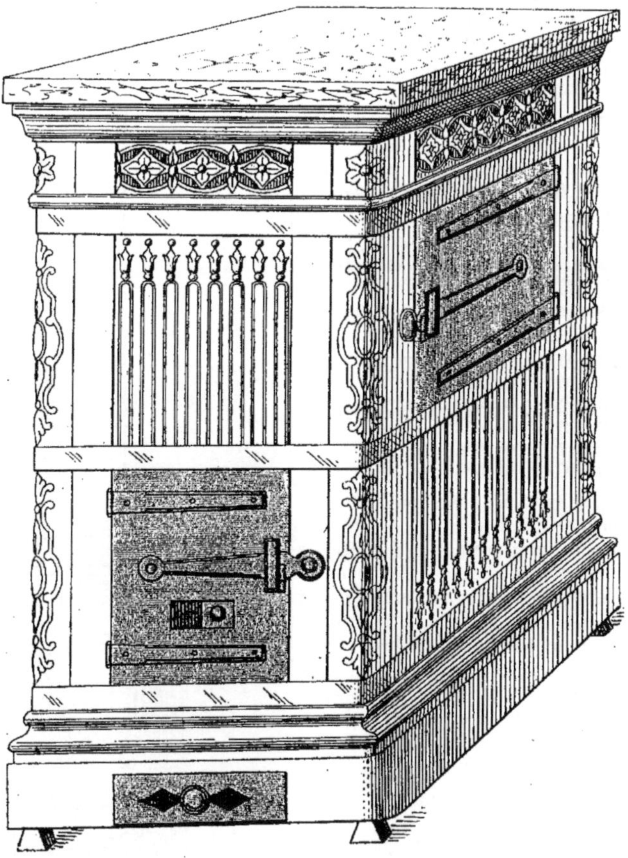

Fig. 366. — Poêle portatif rectangulaire, en faïence, à tore et galerie, avec four, foyer à charbon, tablette marbre.

Les poêles portatifs ordinaires, rectangulaires et ronds, étaient payés à la Série, édition de l'année 1889, compris transport au bâtiment.

Aujourd'hui les prix doivent être demandés suivant la valeur marchande,

augmentée du bénéfice, conformément aux dispositions de la Série.

Les prix ne comprennent pas la valeur de l'emballage, non plus que les travaux accessoires, ni le montage et la pose.

221. Les poêles les plus ordinaires

sont à tores sans galeries avec dessus en
fonte et tablettes en faïence, avec ou sans
four (*fig*. 364).

Ce modèle de poêle se fait de six numéros dont nous donnons respectivement les
mesures commerciales.

N° 1. 0^m,27 $\times$ 0^m,35 $\times$ 0^m,63
N° 2. 0 ,30 $\times$ 0 ,40 $\times$ 0 ,66
N° 3. 0 ,32 $\times$ 0 ,42 $\times$ 0 ,69
N° 4. 0 ,34 $\times$ 0 ,46 $\times$ 0 ,74
N° 5. 0 ,36 $\times$ 0 ,51 $\times$ 0 ,79
N° 6. 0 ,39 $\times$ 0 ,53 $\times$ 0 ,80

Les dimensions ci-dessus sont prises
au corps des poêles. La hauteur totale.

Les garnitures des poêles sont à portes
en tôle.

Les fabricants font payer en plus-value
les portes en fonte ou en cuivre avec ou
sans cadre et les buses de départ.

222. Nous donnons le second type de
poêle, à tore avec galerie et tablette en
marbre (*fig*. 365).

Les mesures respectives pour les six
numéros sont les suivantes :

N° 1. 0^m,27 $\times$ 0^m,35 $\times$ 0^m,68
N° 2. 0 ,30 $\times$ 0 ,40 $\times$ 0 ,72
N° 3. 0 ,32 $\times$ 0 ,42 $\times$ 0 ,77
N° 4. 0 ,35 $\times$ 0 ,47 $\times$ 0 ,80
N° 5. 0 ,37 $\times$ 0 ,50 $\times$ 0 ,82
N° 6. 0 ,40 $\times$ 0 ,53 $\times$ 0 ,90

Ce poêle se fait aussi avec ou sans four
et à bouches de chaleur.

La même observation pour les garnitures
s'applique également à ce modèle de poêle.

223. Nous présentons (*fig*. 366) le poêle
rectangulaire à socle et galerie, avec four,
foyer à charbon et tablette marbre.

Le même poêle peut se faire à bouches
de chaleur à la place du four, dans les six
numéros de la Série, dont nous donnons
les mesures ci-dessous.

N° 1. 0^m,27 $\times$ 0^m,35 $\times$ 0^m,72
N° 2. 0 ,30 $\times$ 0 ,40 $\times$ 0 ,79
N° 3. 0 ,32 $\times$ 0 ,42 $\times$ 0 ,83
N° 4. 0 ,35 $\times$ 0 ,47 $\times$ 0 ,88
N° 5. 0 ,37 $\times$ 0 ,50 $\times$ 0 ,93
N° 6. 0 ,40 $\times$ 0 ,53 $\times$ 0 ,95

La garniture est toujours comprise en
tôle, les cercles en cuivre jaune ordinaire,
et la tablette en marbre ordinaire, noir
français.

224. Dans le genre des poêles ronds,
nous donnons (*fig*. 367) le modèle le plus

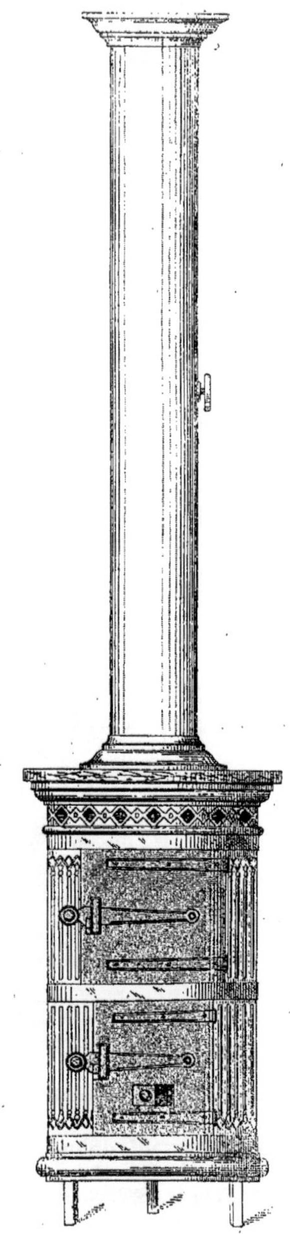

Fig. 367. — Poêle portatif rond en faïence, à
tore et galerie, avec four, tablette marbre et
colonne tôle.

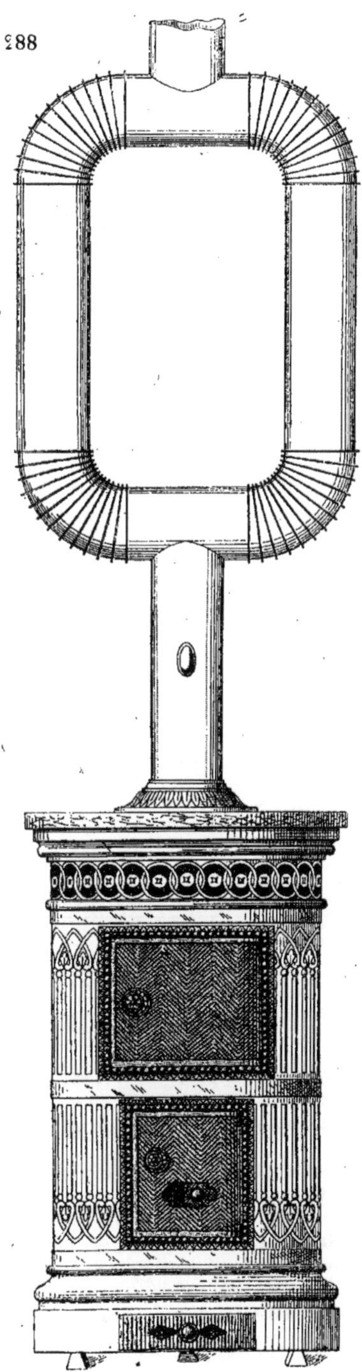

Fig. 368. — Poêle portatif rond en faïence, à socle
et galerie avec four, foyer à charbon, tablette
marbre et repos de chaleur.

ordinaire, à tore et galerie, avec four et
tablette marbre.

Le poêle est représenté départ dessus
avec colonne en tôle à embase et chapiteau
cuivre, et soupape à olive.

Les portes de four et foyer sont en tôle
à pentures et loquets. Les faïences sont
cerclées en cuivre.

On peut aussi remplacer le four par un
appareil à bouches de chaleur dans le corps
du poêle.

La Série est composée de six numéros:

	DIAMÈTRE	HAUTEUR
N° 1.	$0^m,33$ $\times$	$0^m,74$
N° 2.	0 ,36 $\times$	0 ,77
N° 3.	0 ,39 $\times$	0 ,79
N° 4.	0 ,42 $\times$	0 ,81
N° 5.	0 ,45 $\times$	0 ,87
N° 6.	0 ,50 $\times$	0 ,91

225. Le second spécimen de poêle rond
est monté à socle et galerie, avec tablette
marbre. Celui que nous représentons
(*fig.* 368) est à garniture fonte ornée, avec
four et foyer à charbon.

Le poêle est représenté départ dessus avec
un appareil spécial appelé repos de chaleur.

La disposition toute particulière de cet
appareil a pour but d'offrir à la fumée un
parcours plus grand dans un espace restreint, et d'augmenter le rendement calorifique par l'adjonction de surfaces de
chauffe.

Les garnitures peuvent être remplacées
par des garnitures en cuivre. On peut
aussi monter ce poêle à système avec
bouches d'air chaud.

La Série complète du modèle de ce poêle
est composée de neuf numéros dont nous
donnons les dimensions.

	DIAMÈTRE	HAUTEUR
N° 1.	$0^m,30$ $\times$	$0^m,70$
N° 2.	0 ,33 $\times$	0 ,77
N° 3.	0 ,36 $\times$	0 ,80
N° 4.	0 ,39 $\times$	0 ,83
N° 5.	0 ,42 $\times$	0 ,87
N° 6.	0 ,45 $\times$	0 ,94
N° 7.	0 ,50 $\times$	1 ,01
N° 8.	0 ,58 $\times$	1 ,07
N° 9.	0 ,65 $\times$	1 ,20

226. Nous donnons (*fig.* 369) un poêle
rond en faïence à socle et galerie, avec
bouches de chaleur et colonne en faïence,
de la maison Loëbnitz, à Paris.

Le poêle est représenté à porte cuivre.

Métré du poêle portatif à colonne (*fig.* 369)

Monté à pied d'œuvre un poêle portatif en faïence.

Posé le poêle portatif à son emplacement.
>Fumisterie N° 603.

Posé scellé la tablette marbre compris tasseaux plâtre et calfeutrements.
>Fumisterie N° 606.

Posé scellé la colonne en faïence.
>Fumisterie N° 604.

La pose des tuyaux, s'il y a lieu, au mètre linéaire.
>Fumisterie N° 592.

Tous les autres ouvrages accessoires.
>Observation.

En fournitures.

Un poêle portatif rond en faïence de couleur unie d'un seul ton à socle à galerie n° 5, foyer à bois.
>Déboursés.
>Bénéfice 10 0/0.

Plus-value pour poêle portatif avec appareil intérieur à système à bouches de chaleur.
>Observation.

Plus-value pour garnitures en cuivre uni poli avec coulisse d'air dans la porte.
>Observation.

Entaillé le départ à buse dessus en plein marbre (suivant sa nature).
>Observation.

Emballé le poêle en faïence à tablette marbre et garnitures cuivre.
>Déboursé.

La colonne en faïence de couleur unie d'un seul ton de 0ᵐ,16 de diamètre.

1 boisseau portant base pour une pièce et demie.	1 1/2
1 boisseau intermédiaire	1
1 boisseau portant chapiteau pour une pièce et demie	1 1/2
1 palmette pour une pièce	1
Total	**5 pièces**

>Fumisterie N° 79, 3ᵐᵉ col.

Plus-value de faïence de couleur unie d'un seul ton 50 0/0.
>Fumisterie N° 82.

Colonne de droite (Série centrale) :

Montage de poêle portatif rond en faïence.
Observation.
Pose de poêle portatif.
>SÉRIE CENTRALE 603.

Pose et scellement de tablette marbre.
>SÉRIE CENTRALE 606.

Pose et scellement de colonne en faïence.
>SÉRIE CENTRALE 604.

Pose de tuyaux tôle au mètre linéaire.
>SÉRIE CENTRALE 592.

Observation.

Poêle portatif rond en faïence de couleur unie à socle et galerie n° 5 à foyer bois.
Observation.
Plus-value pour poêle portatif à bouches de chaleur.
Observation.
Plus-value pour garniture de poêle portatif à bouches en cuivre poli.
Observation.
Entaillé le départ dans le marbre.
Observation.
Emballage de poêle portatif en faïence.
Observation.

Boisseau de colonne en faïence de 0ᵐ,16 de diamètre.
>**5**
>SÉRIE CENTRALE 79, 2ᵐᵉ col.

Plus-value de faïence de couleur unie d'un seul ton.
>SÉRIE CENTRALE 82.

---

227. Nous présentons encore (*fig.* 370) un autre poêle rond, de la maison Loëbnitz, à four et garniture en fonte ornée, foyer à bois.

Le poêle à socle et galerie est surmonté d'une colonne dans le style Renaissance.

Les dimensions sont de 0ᵐ,51 au corps, et 1ᵐ,03 de hauteur totale.

La tablette porte 0ᵐ,65 de diamètre.

228. Pour compléter notre Série des poêles portatifs, nous donnons (*fig.* 371) un poêle octogone à porte cuivre, socle galerie et colonne ;

La colonne est de même forme octogonale.

Le poêle mesure 0ᵐ,53 au corps, et 1ᵐ,05 de hauteur totale.

La tablette mesure 0ᵐ,65.

229. Indépendamment des différents modèles que nous soumettons à nos lecteurs, il existe encore un très grand nombre de poêles portatifs en décors et de styles, que

Fig. 369. — Poêle portatif rond, à socle et galerie,
à bouches de chaleur et porte cuivre, colonne
en faïence de la maison Loëbnitz à Paris.

nous mentionnons simplement afin de restreindre nos descriptions.

Nous mentionnons pour mémoire les
modèles russe et alsacien, en faïence de
couleur, montés sans cercles.

Ces deux poêles, de la Maison Bono, à
Paris, se font d'un seul numéro, avec
tablettes en faïence.

Nous ajoutons tous les poêles en décors
multiples, en faïence à rosaces, à étoiles et
en panneaux gaufrés de la maison Loëbnitz.

Les poêles Renaissance, les styles Mauresque, Arabe et Byzantin. Toutes les
faïences décorées et polychromes.

Les poêles de styles, à l'exception des
poêles ronds, sont généralement montés
sans cercles, les faïences ajustées à joints
vifs.

Dans la forme carrée et pour certains
styles seulement, les faïences sont quelquefois montées sur des armatures en cuivre
aux angles. Dans ce cas, les armatures sont
exécutées sur dessins, de mesures précises
à la demande et ne sont pas dans le commerce.

Nous signalons aussi les poêles portatifs
à cheminées, munis d'appareils à coke avec
grilles et souffleurs.

On peut encore étendre les genres des
poêles de fabrication commerciale, en
construisant, sur des données spéciales, des
poêles portatifs, avec des petits carreaux
céramiques.

Au point de vue métré, ce genre de travail doit être traité suivant le mode de
construction et ne ressemble pas à
l'exemple, que nous avons donné, d'un
poêle portatif.

Accessoires des poêles portatifs. Faïences.

230. Nous donnons, dans ce chapitre
spécial des accessoires, quelques pièces
détachées des faïences, dessinées à grande
échelle.

La figure 372 représente un carreau du
corps du poêle, appelé *carreau de four*.

La seconde pièce est la double encoignure, appelée aussi *carreau de buse*, que
nous donnons (*fig.* 373).

Le *carreau de porte* est représenté par
la figure 374.

Ce carreau n'est en usage que dans les

Fig. 370. — Poêle portatif rond, à socle et galerie,
à four, garnitures fonte et colonne Renaissance,
de la maison Loëbnitz à Paris.

Fig. 371. — Poêle portatif octogone, à socle et
galerie, porte cuivre et colonne octogone, de
la maison Loëbnitz à Paris.

poêles à tore et n'existe pas dans les poêles à socle.

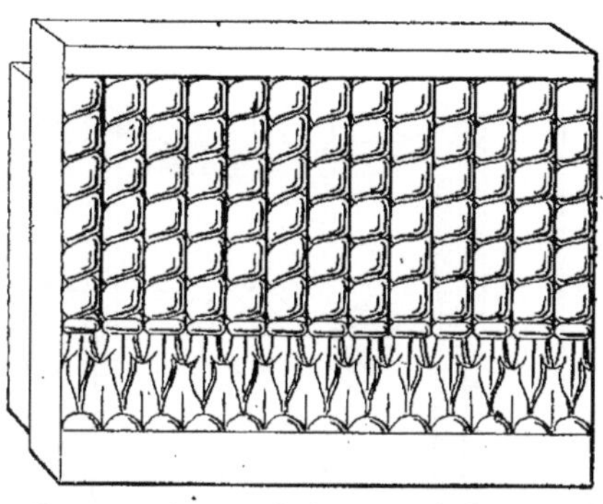

Fig. 372. — Carreau de four pour poêle portatif.

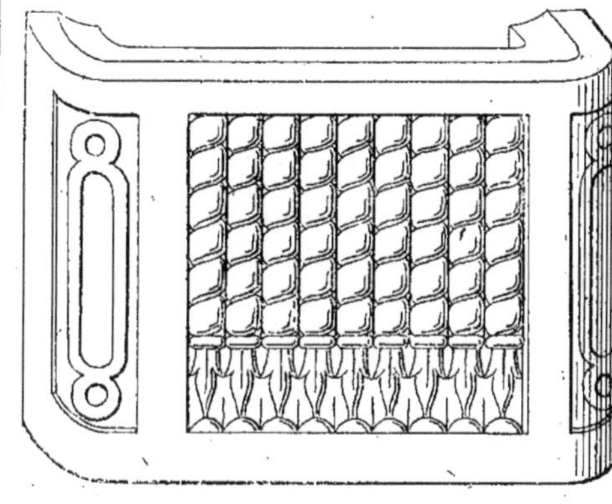

Fig. 373. — Carreau de buse pour poêle portatif.

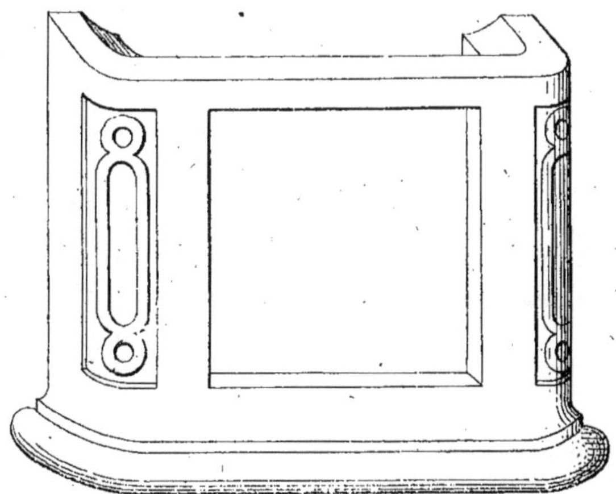

Fig 374. — Carreau de porte à tore pour poêle portatif.

Les mêmes carreaux que nous donnons (*fig.* 372 et 373) se font aussi avec la moulure à tore dans le bas, pour se raccorder avec le carreau de porte, tel que le représente la figure 374.

Ces carreaux accessoires sont des modèles de la maison Loëbnitz.

Garnitures.

231. Les garnitures des poêles sont les portes, les cercles et les bouches.

Nous donnons d'abord la garniture en fonte ornée, composée d'une porte de foyer avec la coulisse d'air et d'une porte de four, pour poêle rectangulaire.

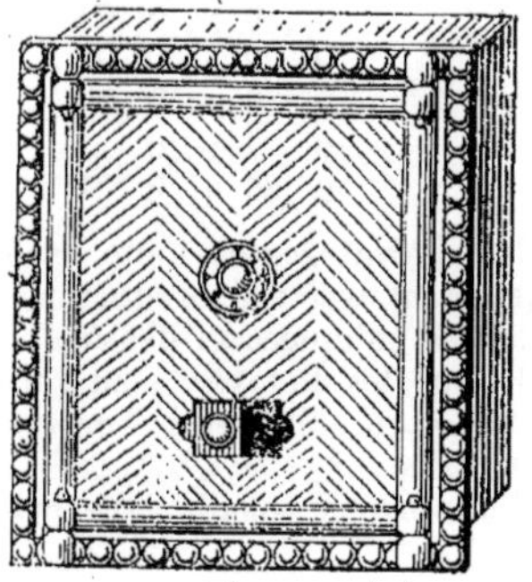

Fig. 375. — Porte de foyer en fonte ornée pour poêle portatif rectangulaire.

La porte de foyer est représentée (*fig.* 375) avec cadre en fonte.

Les mesures commerciales sont les suivantes :

$$0^m,16 \times 0^m,18$$
$$0 ,16 \times 0 ,20$$
$$0 ,17 \times 0 ,20$$
$$0 ,19 \times 0 ,22$$
$$0 ,21 \times 0 ,23$$
$$0 ,21 \times 0 ,25$$
$$0 ,22 \times 0 ,26$$
$$0 ,25 \times 0 ,31$$

La figure 376 représente la porte du four avec cadre en fonte.

Fig. 376. — Porte de four en fonte ornée pour poêle portatif rectangulaire.

Nous donnons les mesures commerciales des portes de fours.

$$0^m,25 \times 0^m,20$$
$$0 ,27 \times 0 ,22$$
$$0 ,29 \times 0 ,22$$
$$0 ,30 \times 0 ,24$$
$$0 ,32 \times 0 ,25$$
$$0 ,35 \times 0 ,27$$
$$0 ,37 \times 0 ,27$$
$$0 ,35 \times 0 ,31$$

Les garnitures en fonte ornée se font également avec cadres en cuivre, dans les mesures indiquées ci-dessus.

Les portes de foyers sont garnies d'une contre-porte intérieure, moyennant une plus-value.

Nous avons ensuite la garniture pour poêle rond, dont nous donnons (*fig.* 377) la porte de foyer.

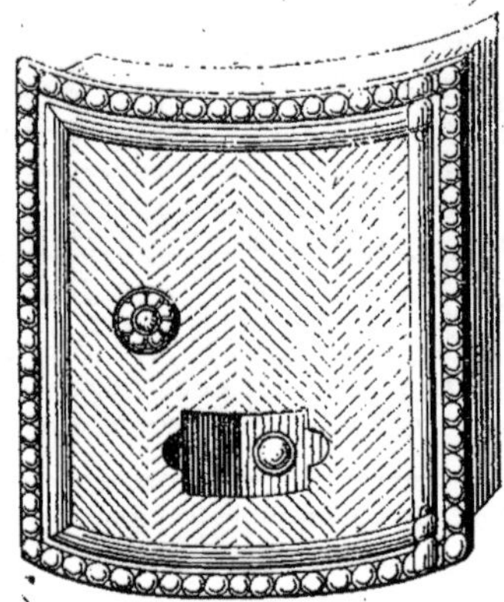

Fig. 377. — Porte de foyer en fonte ornée pour poêle portatif rond.

Les mesures commerciales sont les suivantes :

$$0^m,180 \times 0^m,205$$
$$0 ,185 \times 0 ,215$$
$$0 ,210 \times 0 ,225$$
$$0 ,230 \times 0 ,230$$
$$0 ,235 \times 0 ,235$$
$$0 ,240 \times 0 ,245$$
$$0 ,240 \times 0 ,260$$
$$0 ,245 \times 0 ,280$$

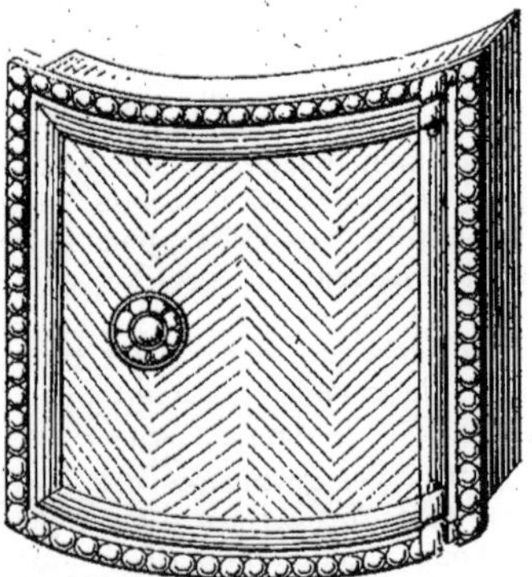

Fig. 378. — Porte de four en fonte ornée pour poêle portatif rond.

La figure 378 représente la porte du four avec cadre en fonte, dans les dimensions ci-dessous :

$$0^m,210 \times 0^m,205$$
$$0,230 \times 0,215$$
$$0,240 \times 0,225$$
$$0,260 \times 0,230$$
$$0,275 \times 0,235$$
$$0,295 \times 0,245$$
$$0,315 \times 0,260$$
$$0,315 \times 0,280$$

Les garnitures en fonte ornée pour poêles ronds se font également avec cadres en cuivre dans les mêmes mesures.

Le cintre de chaque garniture ci-dessus correspond respectivement aux diamètres que nous indiquons.

$$0^m,30$$
$$0,34$$
$$0,37$$
$$0,39$$
$$0,42$$
$$0,45$$
$$0,47$$
$$0,50$$

Nous donnons ensuite les garnitures en cuivre. La figure 379 représente la porte de foyer sans cadre pour poêle rectangulaire.

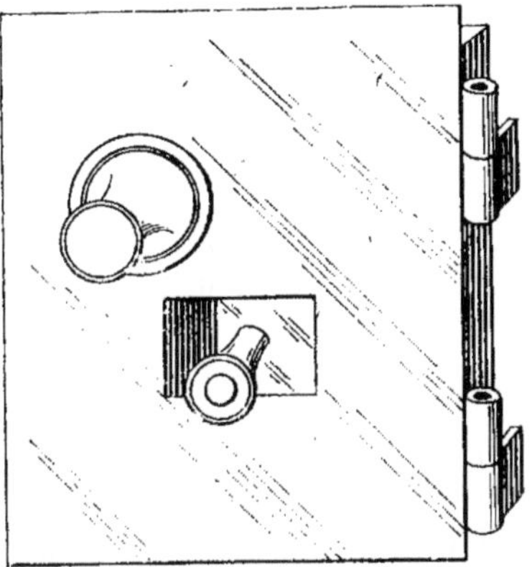

Fig. 379. — Porte de foyer en cuivre pour poêle portatif rectangulaire.

Les dimensions sont semblables à celles des portes en fonte.

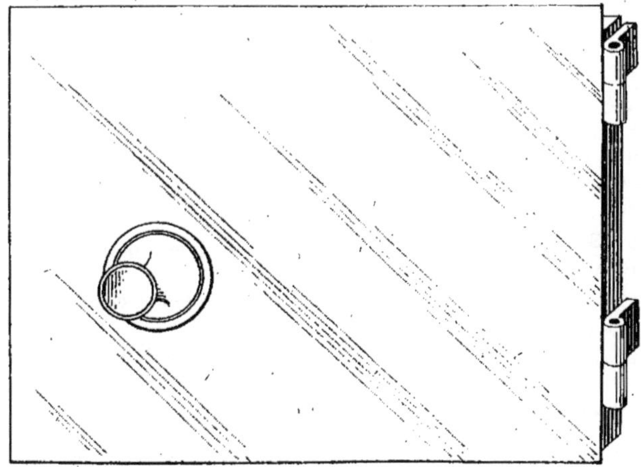

Fig. 380. — Porte de four en cuivre pour poêle portatif rectangulaire.

Nous donnons la porte de four (*fig.* 380).

Les mesures sont également semblables à celles des portes en fonte.

Les mêmes garnitures se font aussi sans cadres extérieurs ; la porte de foyer peut aussi être munie d'une contre-porte intérieure.

Nous passons ensuite aux garnitures des poêles ronds.

Nous donnons (*fig.* 381) la porte du foyer sans cadre, et nous indiquons les mesures commerciales :

$$
\begin{aligned}
0^m,180 &\times 0^m,200 \\
0 ,180 &\times 0 .,210 \\
0 ,210 &\times 0 ,220 \\
0 ,230 &\times 0 ,230 \\
0 ,235 &\times 0 ,235 \\
0 ,240 &\times 0 ,245 \\
0 ,240 &\times 0 ,260 \\
0 ,250 &\times 0 ,285 \\
0 ,250 &\times 0 ,300
\end{aligned}
$$

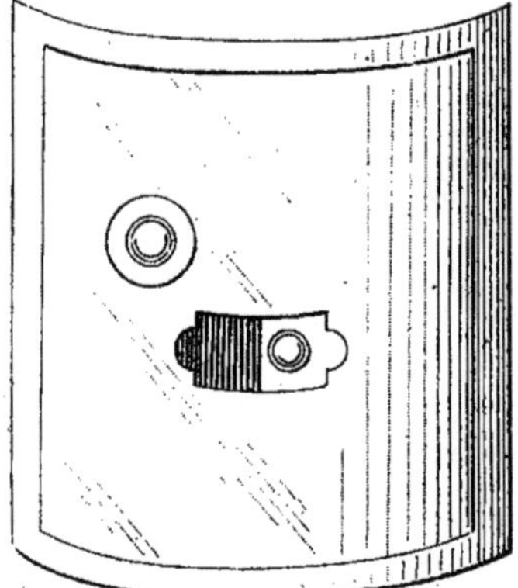

Fig. 381. — Porte de foyer en cuivre pour poêle portatif rond.

La figure 382 représente la porte du four sans cadre dans les dimensions ci-dessous :

$$
\begin{aligned}
0^m,210 &\times 0^m,205 \\
0 ,230 &\times 0 ,215 \\
0 ,240 &\times 0 ,225 \\
0 ,260 &\times 0 ,230 \\
0 ,270 &\times 0 ,230 \\
0 ,290 &\times 0 ,240 \\
0 ,310 &\times 0 ,260 \\
0 ,350 &\times 0 ,280 \\
0 ,350 &\times 0 ,300
\end{aligned}
$$

Toutes les garnitures en cuivre se font également avec cadres en cuivres, dans les mêmes mesures.

Cercles.

232. Les cercles des poêles portatifs sont généralement en cuivre jaune uni.

Tous les cercles unis sont désignés à la Série sous les numéros 302 à 306 inclus, suivant leur largeur.

Les vis de rappel en fer et en cuivre sont indiquées dans deux colonnes sous les numéros 665 à 667 inclus.

Bouches.

233. Les bouches de chaleur sont placées dans le corps du poêle, elles sont ordinairement rondes.

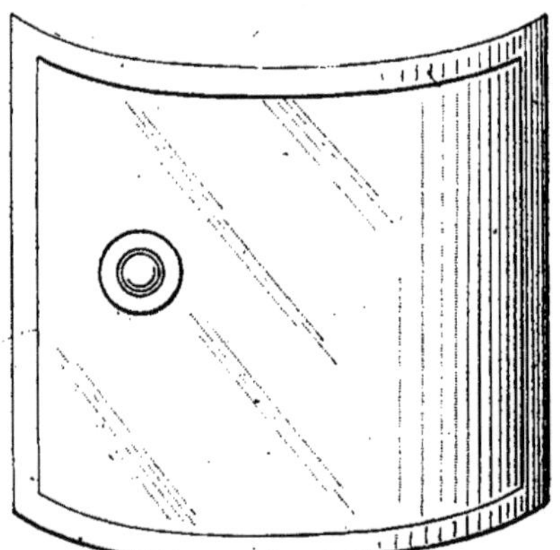

Fig. 382. — Porte de four en cuivre pour poêle portatif rond.

Les modèles employés sont au nombre de quatre :

1° Les bouches ciselées ajourées ;
2° Les bouches à tourniquet ;
3° Les bouches à bascule ;
4° Les bouches à papillon.

Nous donnons la bouche ronde ciselée ajourée en cuivre fondu (*fig.* 383).

Nous représentons la seconde bouche, dite à tourniquet (*fig.* 384).

La bouche à bascule vient ensuite (*fig.* 385), et la bouche à papillons (*fig.* 386).

Les mesures des bouches sont prises aux douilles.

Les bouches ajourées ont de $0^m,050$ à $0^m,240$ de diamètre.

Fig. 383. — Bouche de chaleur ronde en cuivre, ciselé et ajouré.

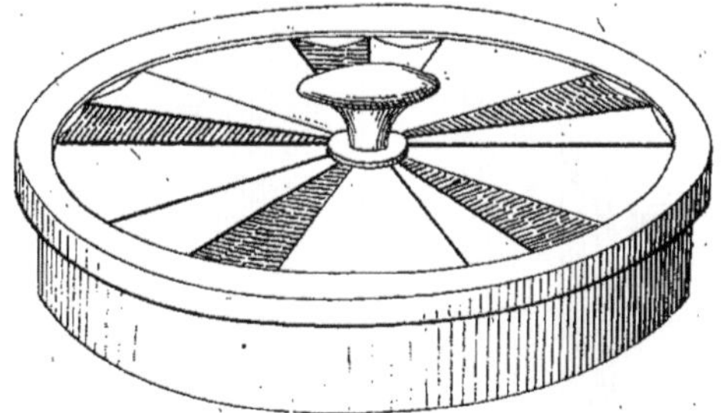

Fig. 384. — Bouche de chaleur ronde en cuivre, à tourniquet.

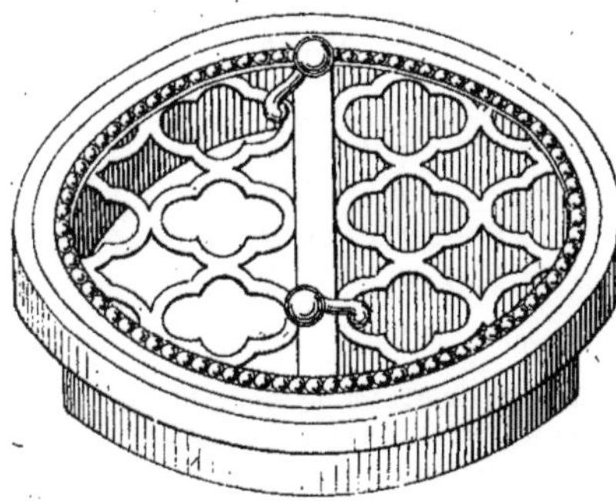

Fig. 385. — Bouche de chaleur ronde en cuivre,
à bascule.

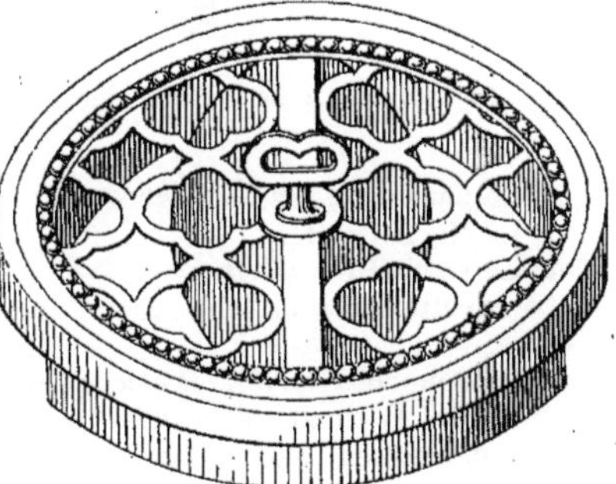

Fig. 386. — Bouche de chaleur ronde en cuivre,
à papillon.

Les bouches à tourniquet, de 0ᵐ,055 à 0ᵐ,250 de diamètre.

Les bouches à bascule et à papillons, de 0ᵐ,068 à 0ᵐ,160 de diamètre.

Toutes ces bouches sont tarifées à la Série sous les numéros 121 à 137 inclus.

0ᵐ,16
0 ,19
0 ,22
0 ,24
0 ,27
0 ,30
0 ,32
0 ,35
0 ,38
0 ,41

Foyers.

234. Les foyers des poêles portatifs sont plus spécialement désignés sous le nom de clochettes.

La clochette affecte la forme cylindrique ; elle est composée de trois pièces :

1° La clochette proprement dite ;
2° La cuvette ;
3° La grille.

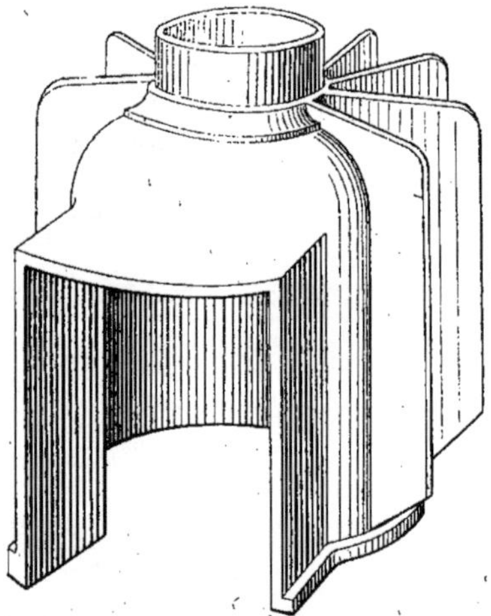
Fig. 388. — Clochette ronde à ailettes.

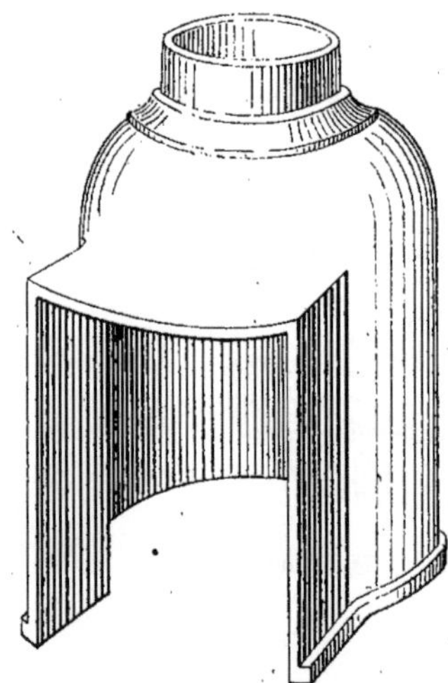
Fig. 387. — Clochette ronde unie.

Il y a deux modèles de clochettes :
1° La clochette unie ;
2° La clochette à ailettes.

La cuvette est semblable pour l'une et l'autre.

Nous donnons (*fig.* 387) la clochette unie et (*fig.* 388) la clochette à ailettes.

Les clochettes sont mesurées au diamètre intérieur, et se font de dix numéros dans les mesures commerciales suivantes :

Les diamètres des grilles sont respectivement pour chaque numéro de :

0ᵐ,11
0 ,12
0 ,15
0 ,19
0 ,20
0 ,23
0 ,25
0 ,28
0 ,30
0 ,32

Les clochettes unies sont désignées suivant la force : c'est-à-dire l'épaisseur des parois en fonte, et sont divisées en deux catégories :

Les clochettes légères ;
Les clochettes lourdes.

Nous donnons, pour compléter les clochettes, la cuvette et la grille (*fig.* 389). Les deux pièces réunies sont appelées foyers.

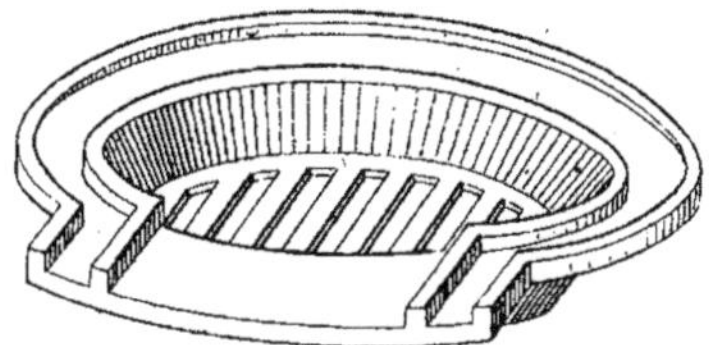

Fig. 389. — Cuvette et grille (foyer de clochette).

Coffres.

235. Au-dessus des clochettes, on dispose des coffres calorifiques en tôle destinés aux poêles à bouches de chaleur.

Ces coffres, en raison du peu de poids, sont généralement comptés à la pièce.

Le genre de fabrication est semblable à celui des coffres en tôle, que nous avons soumis aux accessoires des poêles de construction.

Il y a deux modèles de coffres pour poêles portatifs :

1° Les coffres carrés ;

3° Les coffres ronds.

La figure 390 nous donne le coffre carré

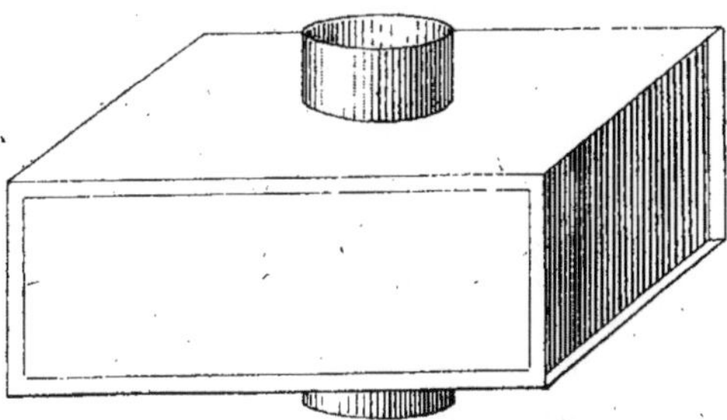

Fig. 390. — Coffre en tôle pour poêle portatif rectangulaire.

et la figure 391 nous représente un coffre rond.

Le four en tôle est un genre de coffre ouvert sur le côté, qui prend également la forme carrée ou ronde, selon le poêle dans lequel il est incorporé.

Colonnes.

236. Nous pouvons considérer aussi les colonnes en faïence et en tôle comme des accessoires des poêles portatifs.

Les dessins que nous avons donnés dans le cours de nos démonstrations et les métrés que nous avons faits nous dispensent d'y revenir.

Les colonnes en tôle sont comptées à la pièce d'après leur diamètre, avec base, chapiteau et soupape, et sur la hauteur maximum de 1^m,65.

Les colonnes en faïence sont comptées par pièces composant l'ensemble de la colonne avec toutes plus-values et suivant

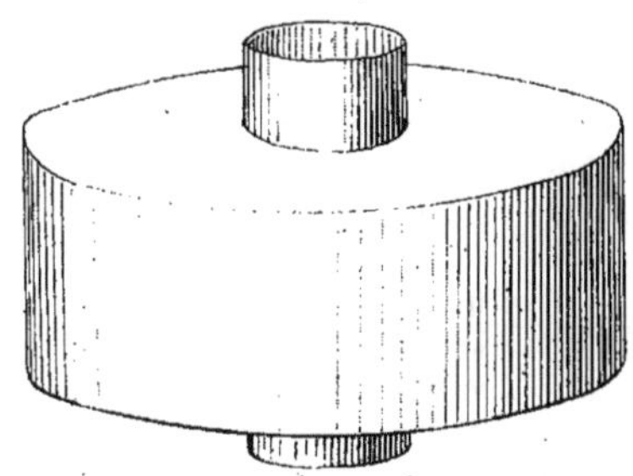

Fig. 391. — Coffre en tôle pour poêle portatif rond.

leur diamètre, conformément aux articles de la Série du numéro 79 à 82 inclus.

Les prix de fournitures ne comprennent pas la pose qui reste acquise, d'après les articles 604 et 605 de la Série.

Tuyaux et coudes.

237. Par extension, on peut également considérer les tuyaux et les coudes comme des accessoires, ou, plus exactement, comme les compléments des poêles portatifs.

Dans l'installation d'un appareil portatif quelconque, les tuyaux servent à rejoindre la cheminée en canalisant la fumée, de l'appareil au conduit.

On installe aussi des suites de tuyaux pour utiliser davantage les produits de la combustion. Les tuyaux sont en tôle noire et rayonnent les calories fournies par la température de la fumée.

Les coudes servent à dévoyer les tuyaux dans telle ou telle direction.

Nous donnons (*fig.* 392) le dessin d'un bout de tuyau de 0ᵐ,33 de longueur.

La longueur de 0ᵐ,33 est prise comme unité de comparaison pour les tuyaux ordinaires.

Les tuyaux ordinaires sont tarifés à la Série sous le numéro 661 et d'après leur diamètre.

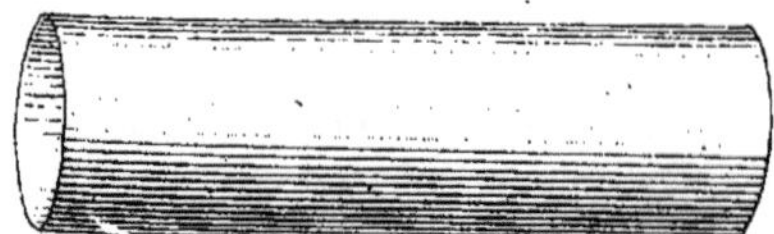

Fig. 392. — Tuyau rond en tôle.

Les diamètres indiqués à la Série sont les suivants :

    0ᵐ,080 ou au dessous
    0 ,100
    0 ,110
    0 ,125
    0 ,140
    0 ,160

Au-dessus de ces dimensions, les tuyaux sont comptés au poids sous le numéro 646.

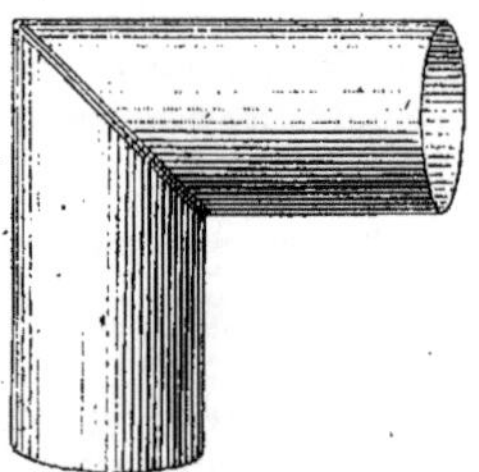

Fig. 393. — Coude ordinaire en tôle à 45 degrés.

Dans les mêmes dimensions et quand les tuyaux sont fabriqués dans les tôles fortes, le prix au kilogramme est également applicable.

D'après le terme de comparaison, les coudes ordinaires, de même diamètre que les tuyaux, sont payés à la pièce, à fois et

demie du bout de 0ᵐ,33, sous le numéro 662.

Les coudes fabriqués dans les tôles fortes ou au-dessus de 0ᵐ,160 de diamètre, sont également payés au kilogramme sous le numéro 650.

Toutefois nous devons ajouter que le

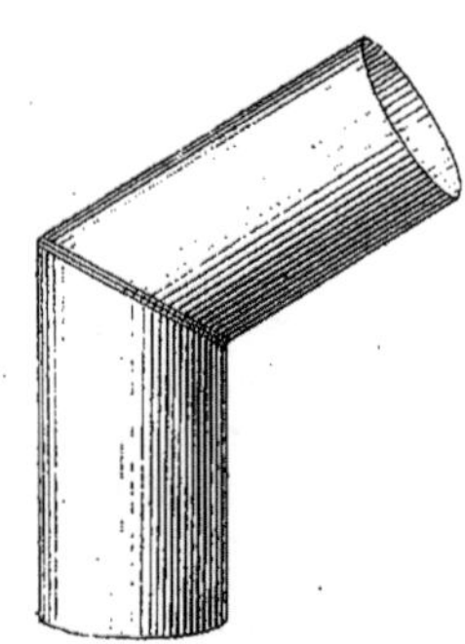

Fig. 394. — Coude ordinaire en tôle à 60 degrés.

prix des coudes à la pièce, sur la base indiquée par la Série, ne s'applique qu'aux coudes d'équerre ; c'est-à-dire à l'ouverture de 45 degrés, comme le représente la figure 393.

Nous donnons (*fig.* 394) un coude ouvert à l'angle de 60 degrés.

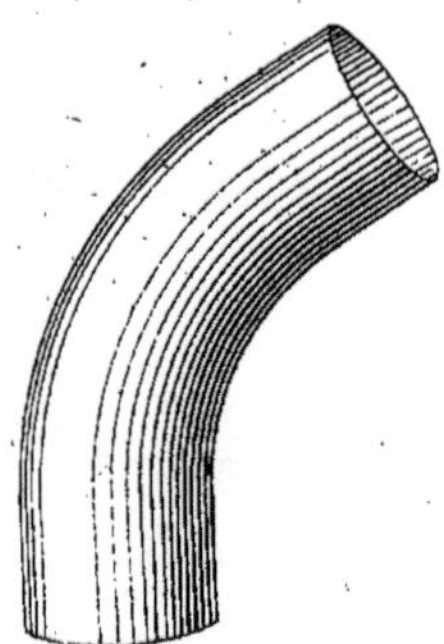

Fig. 395. — Coude cintré en tôle à 60 degrés.

La figure 395 représente un coude cintré en tôle agrafée à la mécanique.

Ce genre de coude est payé au kilogramme sous le numéro 655 ou à la pièce suivant le diamètre, sous les numéros 388 et 389.

Les diamètres des coudes cintrés agrafés sont les suivants, dans le commerce :

$0^m,083$
$0 ,090$
$0 ,097$
$0 ,111$
$0 ,120$
$0 ,125$
$0 ,130$
$0 ,139$
$0 ,166$
$0 ,180$

Les coudes plissés sont fabriqués dans

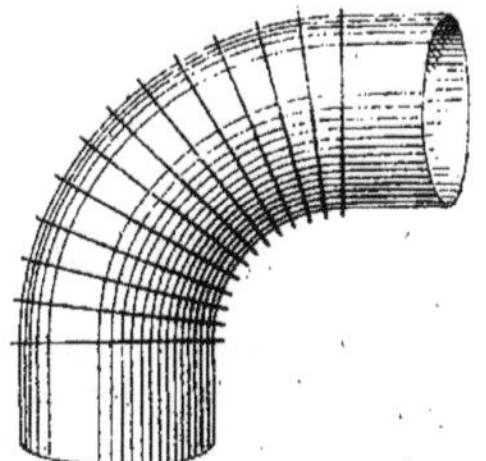

Fig. 396. — Coude plissé en tôle à 45 degrés.

les mêmes diamètres et tarifés à la pièce sous le numéro 390.

Nous donnons le coude à 45 degrés (*fig.* 396) et le coude à 60 degrés (*fig.* 397).

Les prix indiqués aux articles de fournitures ne comprennent pas la pose, qui est payée au mètre linéaire sous le numéro 592.

Le prix de pose s'entend pour tuyaux intérieurs en première installation, au long d'un mur ou cloison, qu'ils soient posés dans le sens horizontal ou vertical.

Les tuyaux posés isolément doivent être comptés en raison des difficultés de l'installation.

Le prix de pose ne comprend pas non plus tous les travaux accessoires, tels que trous, scellements, raccords, etc.

Quand les tuyaux sont posés à l'intérieur d'un coffre quelconque, ils sont payés sous le numéro 591.

Si la pose est faite à l'extérieur, à la

corde à nœuds, on applique le prix du numéro 593.

Ce prix, au mètre linéaire, s'entend pour des tuyaux jusqu'à $0^m,33$ de diamètre : il comprend, en outre, la valeur des trous et scéllements des colliers, mais ne comprend pas l'allocation spéciale de la pose de la corde, qui reste acquise dans les termes des articles de plomberie, sous les numéros 144 à 146.

Colliers.

238. Pour maintenir les tuyaux, on se sert de colliers en fer ou en feuillard.

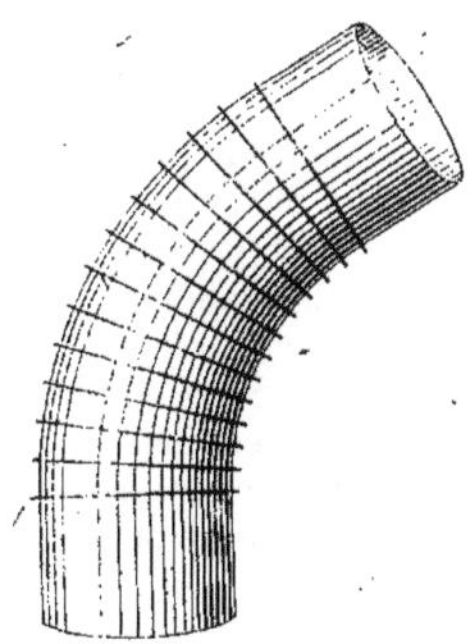

Fig. 397. — Coude plissé en tôle à 60 degrés.

Les colliers en feuillard sont payés à la Série d'égouts à la pièce et au poids.

Les colliers à la pièce, selon le diamètre des tuyaux, mesuré à l'intérieur, conformément au tableau ci-dessous :

$0^m,108$ et au dessous
$0 ,135$
$0 ,162$
$0 ,189$
$0 ,220$
$0 ,250$ à $0^m,270$
$0 ,300$
$0 ,320$

Les prix sont tarifés sous les numéros 146 à 153 inclus.

Au-dessus de ces dimensions, les colliers sont payés au kilogramme sous le numéro 144.

Quand les colliers sont galvanisés, les prix sont augmentés de 20 0/0, d'après l'observation du numéro 154.

Les prix de fourniture ne comprennent pas la pose. Les trous et scellements sont demandés aux évaluations de la maçonnerie.

Nous donnons (*fig.* 398) le collier en feuillard.

Les colliers en fer forgé sont plus

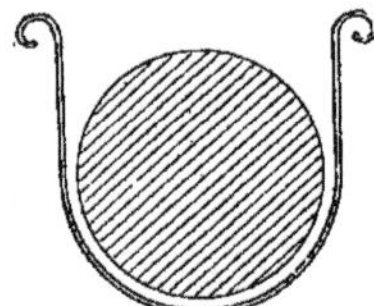

Fig. 398. — Collier en feuillard.

ouvragés et sont comptés suivant la façon particulière de chacun, eu égard au poids du fer.

La figure 399 représente un collier à 1/2 lune pour tuyaux intérieurs.

Le prix de la Série de fumisterie sous le numéro 422 n'est pas applicable à cet article ; il est particulier aux colliers à 1/2 lune pour tuyaux extérieurs, qui

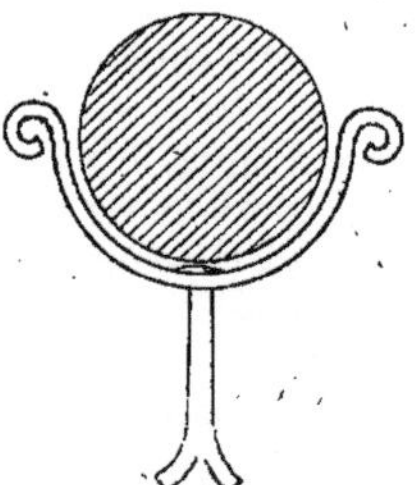

Fig. 399. — Collier à demi-lune.

prennent le nom de *tuteurs* et sont montés sur de longues tiges.

Nous donnons un collier dit à lunette, (*fig.* 400). Le collier à lunette est composé de deux brides avec pattes retournées sur champ, montées et assemblées entre elles à boulons. La bride fixe est montée à rivure sur la tige à scellement.

Les mêmes colliers se font aussi avec tiges à empattements pour être montés sur bois.

Les tirefonds et les trous sont comptés séparément, de même que les trous et scellements, suivant leur profondeur et la nature des ouvrages dans lesquels ils sont faits.

Tous ces divers travaux accessoires aux évaluations de la maçonnerie, charpente, etc.

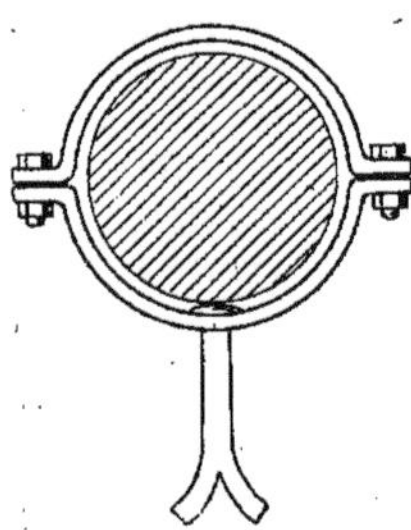

Fig. 400. — Collier à lunette.

Poêles portatifs en fonte.

239. Pour compléter le chapitre des poêles portatifs, nous donnons une description sommaire des poêles en fonte.

La Série qui a fait disparaître les poêles

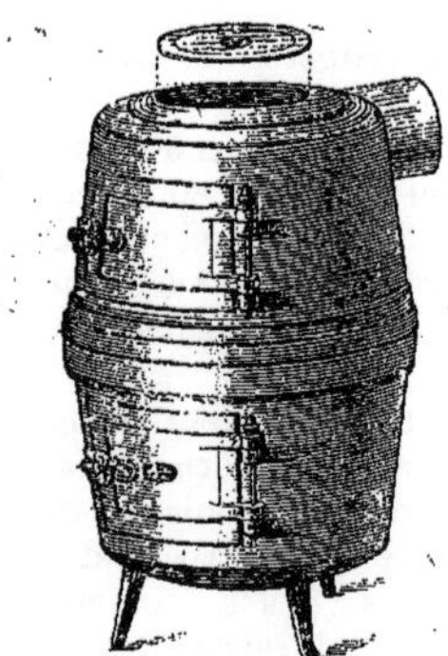

Fig. 401. — Poêle Lyonnais à buse derrière.

portatifs en faïence, dans ses éditions successives depuis l'année 1891, a maintenu, par contre, un modèle de poêle en fonte, appelé *poêle Lyonnais* ou, plus communément, *cloche Lyonnaise*.

Ces poêles sont composés de deux pièces, montées à emboîtement et pourvues chacune d'une porte en fonte avec ferrure.

La figure 401 représente le poêle Lyonnais à buse derrière.

Le dessus est fermé par un tampon et une rondelle mobiles. Cette disposition permet de se servir du poêle pour la cuisson.

Le second type à buse dessus est représenté (*fig.* 402).

La disposition de la buse sur le dessus supprime le tampon.

Le poêle est à usage exclusif de chauffage.

En raison de l'aspect très lourd de l'ensemble et de la forme peu décorative, le

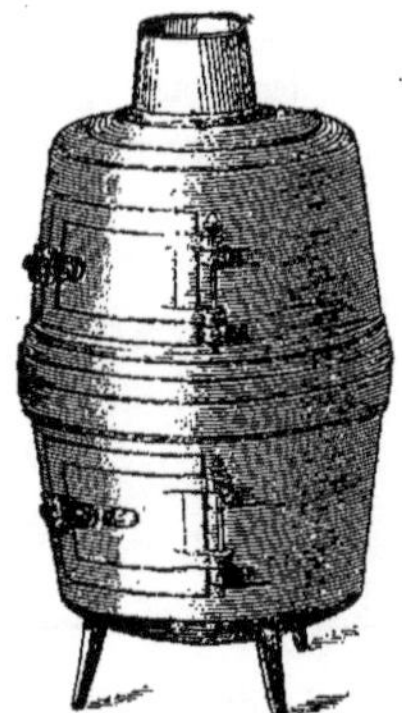

Fig. 402. — Poêle Lyonnais à buse dessus.

poêle Lyonnais n'est pas d'un usage domestique. Il sert exclusivement à des chauffages provisoires ou aux séchages des intérieurs.

Les poêles sont désignés dans le commerce et dans la Série, par numéros ; ils sont au nombre de huit : depuis le 00 jusqu'au numéro 6 inclus.

On distingue les poêles légers et les poêles lourds, tarifés en deux colonnes dans la Série, sous les numéros 574 à 581 inclus.

Dans la nouvelle édition de la Série, année 1901, les articles sont passés sous les numéros 857 à 864 inclus.

Nous donnons les poids approximatifs des poêles légers et lourds, par ordre de

numéro, avec les diamètres au milieu du corps.

NUMÉROS	POIDS LÉGERS	POIDS LOURDS	DIAMÈTRES
	kilog.	kilog.	mètres
00	25	30	0.270
0	30	35	0.290
1	40	55	0.320
2	50	65	0.350
3	65	85	0.380
4	70	90	0.410
5		105	0.450
6		135	0.500

Les numéros 5 et 6 ne se font que dans la série lourde.

Les prix portés à la Série ne comprennent pas la valeur des ferrures.

La plus value pour chaque ferrure est tarifée sous le numéro qui suit immédiatement le tableau des prix.

La pose doit être comptée conformément au texte de la Série, en suivant les exemples précédemment donnés.

240. Ce que nous avons dit de l'usage tout spécial des poêles Lyonnais employés aux séchages ou dans les installations provisoires, nous conduit à traiter de la location des poêles.

Les articles concernant la location sont tarifés à la Série sous les numéros 488 à 491 inclus et, dans la nouvelle édition de l'année 1901, sous les numéros 770 à 773 inclus.

L'installation du poêle en location comprend : le double transport à pied d'œuvre, la pose avec percement de languette, s'il y a lieu, la dépose et rebouchement du trou, le tout avec 5 mètres de tuyaux.

La valeur de la location est ferme pour une première période consécutive de dix jours, au maximum.

En plus de dix jours, la location est payée un prix uniforme par journée de loyer.

Nous avons dit que l'installation comprenait une longueur maximum de tuyaux, de 5 mètres.

Au delà, et par chaque mètre en plus, la location des tuyaux est comptée au mètre linéaire, un prix uniforme, pendant toute la durée de la location.

L'article concernant l'installation est formel ; tous autres percements de cloisons, pour le passage des tuyaux, les trous dans les coffres, autres que ceux en plâtre, sont dus dans les conditions de la Série de maçonnerie, où suivant les évaluations à fixer.

Les raccords doivent être également demandés en sus, et suivant leur valeur.

La première période de location est indivisible et toujours acquise intégralement à l'entrepreneur, alors même qu'elle aurait effectivement duré moins de dix jours.

Si l'installation a demandé une longueur de tuyaux supérieure à 5 mètres, la pose doit être comptée au mètre linéaire sous le numéro 592 et la dépose sous le numéro 515.

Si, dans un même établissement, les

Fig. 403. — Plateau en fonte à rebord pour poêle Lyonnais.

mêmes tuyaux étaient reposés ; le prix à appliquer par mètre linéaire de pose serait celui de la repose d'anciens tuyaux, sous le numéro 516.

Dans la nouvelle édition de l'année 1901, la pose des tuyaux est passée sous le numéro 875 et la dépose sous le numéro 796.

La repose d'anciens tuyaux est tarifée sous le numéro 797.

Les prix de Série ne comprennent pas davantage les installations et la valeur locative des accessoires : tels que plateaux, écrans, etc., qui doivent être demandés séparément.

La figure 403 représente un plateau à rebord en fonte pour poêle Lyonnais.

241. En second lieu, nous présentons un modèle de poêle très répandu appelé : Poêle à socle.

Le *poêle à socle* est à usage domestique,

il est à corps cylindrique d'une seule pièce, avec porte de chargement et cendrier. Le dessus est muni d'un couvercle mobile en fonte avec bouton dans le centre. Au-dessous du couvercle le poêle est fermé directement par un tampon garni d'un jeu de rondelles.

Ce poêle convient à des petites chambres, ce qui lui a valu d'être dénommé aussi : *poêle de guérite*.

Il y a douze numéros de poêles à socle depuis le 00 jusqu'au numéro 10 inclus.

Les mesures sont prises, en hauteur : depuis le pied jusqu'au couvercle, et en largeur : au diamètre du couvercle.

Nous donnons les dimensions de ce genre de poêle que nous représentons (*fig.* 404).

NUMÉROS	DIAMÈTRE	HAUTEUR
	mètre	mètre
00	0.195	0.440
0	0.200	0.480
1	0.207	0.502
2	0.218	0.515
3	0.226	0.540
4	0.243	0.560
5	0.255	0.585
6	0.276	0.635
7	0.306	0.670
8	0.320	0.710
9	0.338	0.740
10	0.352	0.785

Les poêles de ce modèle ne sont pas tarifés à la Série.

Tout ce que nous avons dit précédemment, concernant l'installation, est applicable à la pose de ces poêles.

242. Nous présentons un modèle de poêle plus important et aussi beaucoup plus décoratif avec lequel nous entrons dans la catégorie des grands poêles portatifs.

Le poêle représenté (*fig.* 405) est dit *poêle Parisien de Diétrich*.

Ce genre de poêle est en fonte ornée, émaillée, à feu visible, avec porte garnie en carreaux de mica. L'intérieur du foyer est composé de pièces en produit réfractaire.

Les mêmes poêles se font aussi avec garnitures en faïence, sur les côtés et sur la frise.

Le décor peut aussi être fourni en ma-
joliqué en relief, pour le poêle moyen.

Nous donnons les dimensions des cinq

$$0^m,30 \times 0^m,25 \times 0^m,68$$
$$0\ ,32 \times 0\ ,22 \times 0\ ,71$$
$$0\ ,27 \times 0\ ,27 \times 0\ ,81$$
$$0\ ,31 \times 0\ ,27 \times 0\ ,81$$
$$0\ ,36 \times 0\ ,36 \times 0\ ,95$$

Nous nous bornons à cette description
très sommaire des poêles portatifs en fonte.
Le métreur doit évidemment connaître
tous les modèles et tous les genres de
poêles, leurs origines et leurs structures,
mais nos lecteurs comprendront que nous
ne pouvons pas, au point de vue où nous
sommes placés, faire passer sous leurs
yeux les centaines de poêles différents, des
industries nationales et étrangères.

Nous retrouverons ultérieurement quelques modèles de calorifères que nous présenterons au chapitre chauffage, en raison
de leur importance qui les excluc du chapitre des poêles.

Il en est de même des poêles cuisinières,
qui, en raison de leur usage spécial, trouveront mieux leur place au chapitre des
fourneaux de cuisines.

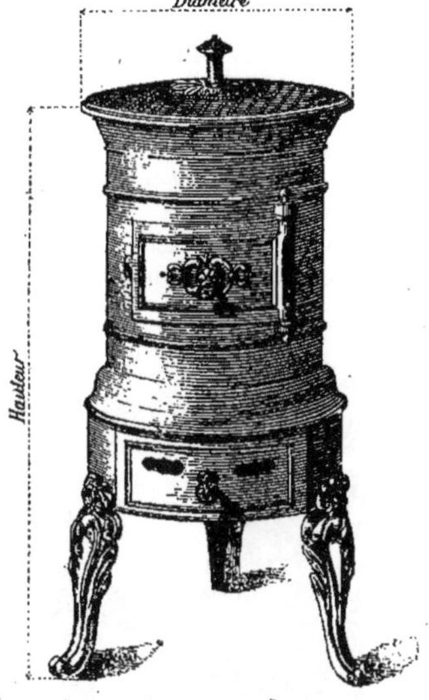

Fig. 404. — Poêle à socle.

Fig. 405. — Poêle Parisien de Diétrich.

numéros de la Série des poêles Diétrich.
Les mesures prises au corps, la hauteur
totale.

Poêles mobiles.

243. Les poêles mobiles diffèrent des
poêles portatifs, précédemment décrits, par
la grande facilité de leur déplacement, qui
ne nécessite aucun travail, et aussi par la
complication de leur structure.

Les organes de ces poêles sont fabriqués en vue d'une combustion lente.

En raison des inconvénients multiples,
qui résultent de l'usage des poêles mobiles
dans les pièces d'habitation, où les mêmes
personnes se tiennent pendant plusieurs
heures consécutives, les fabricants d'appareils mobiles ont trouvé un système
d'installation de leurs poêles, à postes
fixes.

Il n'y a guère que ce genre d'installation qui puisse nous intéresser au point
de vue spécial et restreint du métré.

Dans le cas d'une installation à poste
fixe tout ce que nous avons dit précédemment est acquis.

Nous donnons pour compléter ce chapitre les figures du poêle le plus répandu.

Le poêle Besson que nous représentons

(*fig.* 406 et 407) est à feu visible. La porte est garnie de carreaux en mica.

L'intérieur est composé d'un faisceau

Fig. 406 et 407. — Poêle Besson.

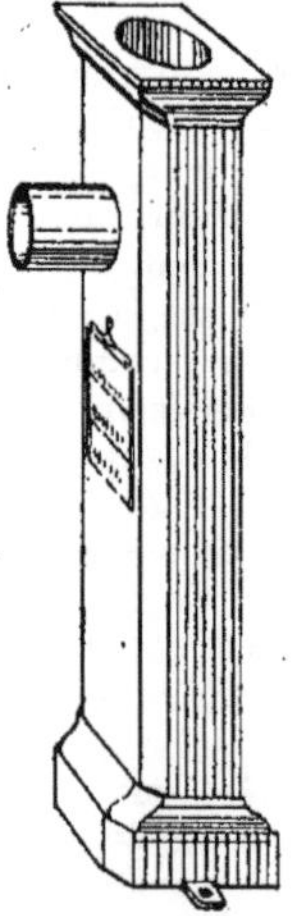

Fig. 408. — Base d'installation de poêle mobile, poste fixe.

tubulaire dans lequel l'air circule librement, s'échauffe dans son parcours et sort à la partie haute par le couvercle ajouré.

Sciences générales.

L'air est introduit au moyen d'un régulateur à vis placé dans le cendrier.

La figure 406 représente l'élévation du poêle.

La figure 407 nous donne la disposition intérieure du poêle : foyer, trémie de chargement, carneaux et faisceau tubulaire.

La figure 408 donne la base d'installation du poêle, appelée poste fixe. C'est un récipient à buse avec socle et galerie, fixé par des pattes sur le sol, et recevant la buse du poêle.

A la partie supérieure, une seconde buse se raccorde aux tuyaux de fumée.

Fig. 409. — Poêle mobile à feu continu de Godin, à poste fixe.

244. La figure 409 représente un autre genre de poêle très répandu, à combustion continue, du modèle Godin.

L'extérieur est composé d'un corps cylindrique en tôle unie, glacée, monté sur un socle en fonte ornée, garni de roulettes, et sur une corniche en fonte avec couvercle.

Une poignée rapportée sur le corps permet le déplacement facile de l'appareil.

Un plateau en fonte ajourée, placé derrière l'appareil, au-dessus de la jonction en tôle, permet d'utiliser le rayonnement pour l'ébullition de l'eau, ou tous autres usages domestiques.

C'est cette installation à poste fixe, que

nous représentons (*fig*. 409) et dont nous donnons la coupe (*fig*. 410).

L'intérieur du poêle Godin est composé d'une trémie métallique, raccordée par une bague en fonte, sur le foyer en briques réfractaires,

La grille obéit à un mouvement de bascule pour vider complètement la trémie.

L'air de la combustion est introduit par un registre régleur placé dans la façade du cendrier, et les gaz de la combustion sont évacués par la buse de fumée réglée par une valve.

Quand le poêle est placé devant une cheminée d'appartement, tel que nous le représentons (*fig*. 411), la base d'installation, à poste fixe, est remplacée par une

de Godin, se fait en trois numéros, dont nous donnons les dimensions principales :

NUMÉROS	DIAMÈTRE	HAUTEUR
1	0^m,260	0^m,850
2	0 ,290	0 ,900
3	0 ,330	0 ,960

Le diamètre de la buse est uniforme pour la série.

La durée de combustion d'une charge complète pour chaque poêle, selon le réglage plus ou moins actif, est d'environ :

De 6 à 12 heures pour le poêle n° 1.
De 10 à 18 heures pour le poêle n° 2.
De 14 à 24 heures pour le poêle n° 3.

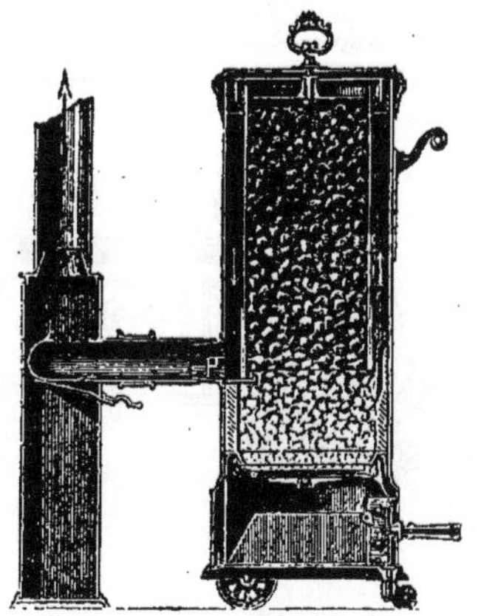

Fig. 410. — Coupe du poêle mobile Godin.

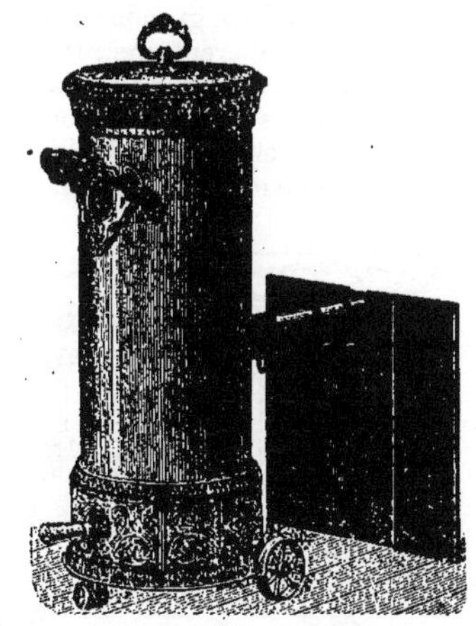

Fig. 411. — Poêle mobile à feu continu de Godin, devanture à coulisse.

devanture en tôle, montée à coulisses et ajustée dans le châssis du rideau.

La disposition à coulisses a pour but d'obtenir des largeurs différentes en conformité des dimensions des rideaux.

On peut également faire l'installation au moyen d'une simple tôle découpée aux dimensions demandées, et percée pour le passage du tuyau d'évacuation.

Les poêles Godin peuvent ainsi être montés sur des pieds fixes au lieu de roulettes, si on désire les mettre en place définitive.

Le modèle que nous avons pris entre tous les modèles, très variés, des forges

Nous pensons avoir suffisamment tenu ce chapitre des poêles mobiles. Il est impossible de s'étendre davantage sans sortir du cadre dont nous disposons.

L'industrie du chauffage possède des milliers d'appareils de formes différentes avec des modifications de détails quelquefois très appréciables, mais que nous ne pouvons pas faire passer sous les yeux des lecteurs.

Nous le répétons : au point de vue du métré, les applications sont peu variées à moins d'installations particulièrement difficiles, dans des grands locaux, ateliers, cages d'escaliers, etc.

Nous pensons que nos lecteurs complèteront, par assimilation, tout ce dont ils auront besoin en se reportant aux principes énoncés précédemment.

Nous prendrons, avec le chapitre suivant, concernant les fourneaux de cuisine, la nouvelle édition de la série Centrale, année 1901.

Fourneaux de cuisine.

245. D'une manière générale, il existe deux catégories de fourneaux :

1° Les fourneaux portatifs ;

2° Les fourneaux de construction.

Chacune de ces deux grandes catégories est subdivisée en différents genres de fourneaux très dissemblables de fabrication.

Nous prendrons d'abord les fourneaux portatifs et nous citerons à titre de documentation les cuisinières en fonte.

cité, sont montées en plusieurs pièces. Les pieds sont rapportés au corps du poêle par des écrous, vissés sur des tiges en fer, filetées. Les portes, le cendrier, les rondelles et les pièces du foyer, constituent l'ensemble des pièces mobiles.

Les buses sont quelquefois mobiles, et faites pour s'adapter dessus ou sur le fond de la cuisinière. Un tampon *ad hoc* bouche l'orifice inutilisé.

Les *cuisinières* sont mesurées dans le sens de la longueur.

La Série comporte douze numéros depuis 0^m,40 jusqu'à 0^m,65 de longueur, avec des variations de 0^m,02 à 0,03 entre eux.

Dans le même modèle carré, on fait aussi des cuisinières avec chaudières, pourvues de couvercles affleurés au-dessus.

La Série comporte quatre numéros qui portent les mêmes dimensions que les

Fig. 412. — Cuisinière en fonte avec four, modèle carré.

Fig. 413. — Cuisinière en fonte avec four, modèle à bavette.

Fourneaux portatifs, cuisinières en fonte.

246. D'un usage très répandu dans le Nord, les fourneaux cuisinières en fonte ne sont guère employés à Paris. Ils sont essentiellement mobiliers et appartiennent aux locataires des petits logements. Les modèles sont très variés et les foyers disposés pour le bois ou le charbon.

Le modèle carré est représenté par la figure 412. La cuisinière est pourvue d'un four à rôtir chauffé par le rayonnement du foyer. Le chargement se fait par le dessus, au moyen d'un jeu de rondelles. Le second jeu de rondelles, placé en arrière, permet de chauffer un second récipient.

Les cuisinières en fonte, du modèle pré-

quatre derniers numéros de la série précédente dans les longueurs respectives de :

0^m,56
0 ,58
0 ,61
0 ,65

La figure 413 représente le modèle à bavette.

La cuisinière est semblable sauf le devant allongé et galbé en forme de bavette, avec une grille passe-cendres, mobile, au-dessus du cendrier, et les oreillettes sur les côtés.

La porte du foyer est plus grande, elle est à deux vantaux.

Le grand avantage de la bavette consiste

à empêcher la chute des menus charbons incandescents sur le parquet, et par cela même diminue les dangers d'incendie.

On peut se passer avec les cuisinières à bavette de placer des tôles sur le parquet ; il n'y a qu'un danger relatif tandis qu'il est absolu, avec les cuisinières du modèle carré.

La Série comporte également douze numéros dans les mêmes dimensions exactement que celles du modèle carré, et quatre numéros dans la Série des cuisinières avec chaudières dans les mesures identiques de 0^m,56 à 0^m,65.

On fait aussi dans le genre à bavette un modèle riche de cuisinière tout en fonte ornée dans le goût Louis XVI.

C'est à dessein que nous ne disons pas

Fig. 414. — Cuisinière en fonte avec four, modèle « repasseuse » à cinq fers.

dans le style, le mot serait exagéré et ne serait pas juste.

Les pieds sont à côtes perlées. Les feuillages courent tout le long de la corniche, des ornements et des rinceaux couvrent les faces et le dessus.

Ce modèle coûte très cher et va donc à l'encontre du but, il est à peu près introuvable à Paris.

Voici un autre modèle essentiellement utilitaire appelé « repasseuse ».

Nous donnons (*fig.* 414) le modèle moyen à cinq fers.

La Série comporte six numéros. Les deux premiers numéros sont à trois et quatre fers : les deux numéros intermédiaires et les deux derniers numéros sont à cinq et sept fers.

Le modèle à cinq et sept fers comporte une chaudière.

Les emplacements sont réservés pour les fers plats des repasseuses appelés « gendarmes ».

La figure 415 nous donne le modèle « tailleur ».

En raison de la forme spéciale et du poids des fers des tailleurs appelés « carreaux » la batterie est placée non plus sur les faces comme pour les repasseuses, mais sur le dessus.

Cette disposition a pour but de mettre le fer plus à la main de l'ouvrier en même temps qu'elle fournit son maximum de chauffe augmenté encore par la « chape ».

Le modèle « tailleur » se fait avec ou sans chaudière.

Fig. 415. — Cuisinière en fonte à chaudière, modèle « tailleur » à cinq fers.

Nous donnons (*fig.* 415) le modèle avec chaudières à cinq « carreaux ».

Tous ces poêles au point de vue de la pose doivent être comptés sous le numéro 886.

La colonne en tôle, s'il y en a, sous le numéro 888 et les tuyaux à la suite suivant les cas sous les numéros 874, 875 et 876.

Tous les ouvrages accessoires à reprendre en conformité des évaluations de la Série.

Les cuisinières que nous venons de présenter sont des modèles des fonderies de Revin.

Nous devons encore mentionner les potagers, les grands fourneaux en fonte à charbon et à bois, et les cuisinières flamandes très originales. La forme est allongée, le gueulard demi sphérique monté sur une base octogonale à galerie.

Fourneaux potagers.

247. Nous présentons (*fig.* 416) le modèle le plus simple des fourneaux en usage à Paris : le potager sur bâtis en bois.

Le potager est entièrement construit en plâtre pigeonné sur fentons. Les costières sont teintées et les filets tirés en blanc en fausses briques. La façade et la paillasse sont carrelées en carreaux ordinaires de 0ᵐ,11, en faïence.

Les potagers portatifs sur bâtis en hêtre du commerce sont à deux, trois ou quatre réchauds et tarifés à la Série sous les numéros 739, 740 et 741.

La Série les désigne ainsi : Fourneaux portatifs du commerce en fausses briques, *montés sur bâtis en hêtre, garnis d'équerres et bandes en tôle, devants et dessus carrelés en faïence, coulisses et couvercles en tôle forte (compris transport au bâtiment sans pose), la pièce :*

Le petit modèle est à deux réchauds, dont un économique, et mesure ; en longueur 0ᵐ,70 × 0ᵐ,40 en largeur.

Le moyen modèle a trois réchauds, dont un économique, et mesure : 1ᵐ,00 × 0ᵐ45,

Le grand modèle a quatre réchauds, dont un économique et une poissonnière, et mesure : 1ᵐ,20 × 0ᵐ,50.

Les prix portés à la Série s'appliquent rigoureusement aux fourneaux de fabrication commerciale. Tous autres genres

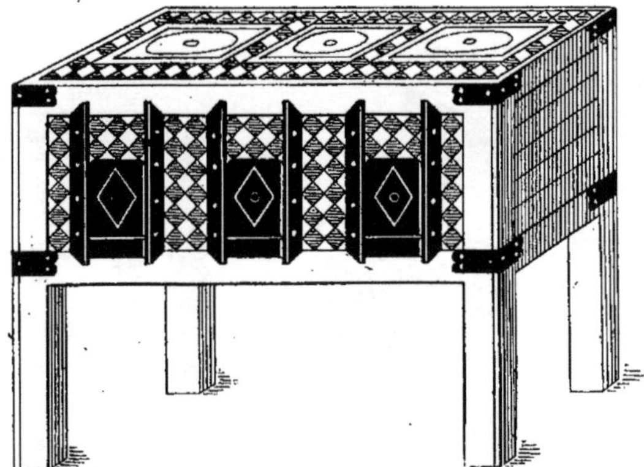

Fig. 416. — Fourneau potager sur bâtis en bois.

de fabrication ou de montage par l'entrepreneur, avec des matériaux ou accessoires différents de ceux décrits précédemment donnent lieu à application de prix spéciaux.

Les potagers désignés à la Série ne comportent pas de réchauds-réservoirs, mais on en trouve dans le commerce.

Ces réservoirs font office de bain-marie et sont pourvus d'un robinet de puisage, placé sur la façade du fourneau et raccordé sur le récipient par une tubulure.

Il va de soi que le prix est en plus-value sur la valeur d'un réchaud ordinaire.

Les fourneaux potagers, à usage exclusif de charbon de bois, n'ont pas de tuyaux. L'évaporation des gaz est faite par une hotte descendue à hauteur suffisante et raccordée au conduit.

Les potagers portatifs sont installés dans les petits logements dépourvus de cuisine. On les place dans des baies de placards et on cloue au dessus une hotte en tôle. Les portes du placard fermées, la chambre reste libre ; c'est économique d'installation, et en même temps très propre.

Nous trouvons ensuite les potagers tout en tôle, noire ou émaillée, montés sur quatre pieds en fer avec croisillons, et les fourneaux en tôle, à dessus fonte, montés sur pieds fonte.

Ces fourneaux se font à deux et trois réchauds, les portes sont montées à cou-

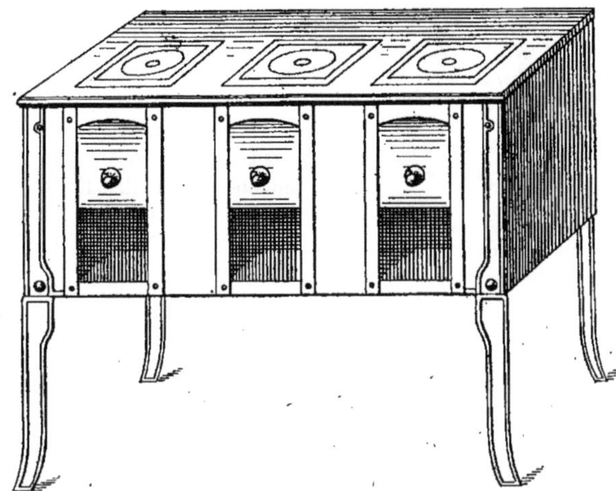

Fig. 417. — Fourneau potager portatif en tôle, dessus fonte, à 3 réchauds.

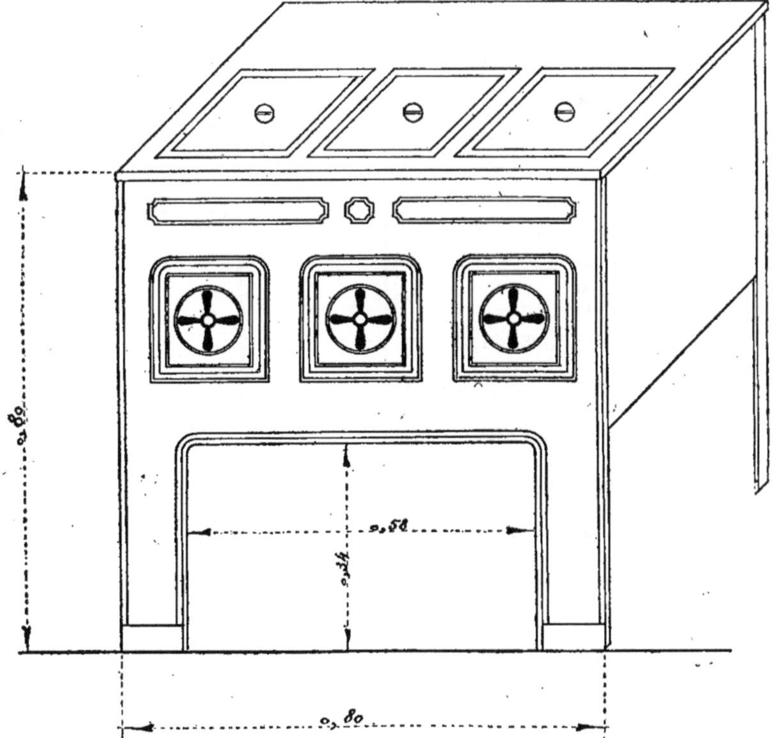

Fig. 418. — Fourneau potager portatif à façade et dessus en fonte, à trois réchauds,
portes à tourniquets et caisse en tôle.

lisses dans le même genre que celles du potager à bâtis en bois (*fig.* 416).

Les coulisses sont rivées sur la façade ou montées à l'intérieur.

Ces fourneaux sont exclusivement de fabrication commerciale, et ne sont pas tarifés à la Série.

Le modèle à deux réchauds porte 0^m,65 de longueur. Nous présentons (*fig.* 417) le modèle à trois réchauds.

Le modèle à trois réchauds se fait de longueurs différentes :

0^m,80
0 ,90
1 ,00

Nous donnons, figure 418, un autre type de potager portatif, à façade et dessus en fonte, à trois réchauds, avec portes en fonte à tourniquet et caisse en tôle.

La façade disposée à arcade permet d'adjoindre un charbonnier en tôle ou en bois, pour utiliser le vide.

La Série de la Société centrale des architectes ne donne pas les prix de ce genre de fourneau ; nous les trouvons dans la Série de la chambre syndicale de Fumisterie, sous les numéros 1482 à 1485.

Le modèle à deux réchauds porte 0^m,65 de longueur.

Le modèle à trois réchauds porte :

0^m,80
0 ,90
1 ,00

C'est le fourneau de 0^m,80 que nous représentons (*fig.* 418).

La largeur du modèle à deux réchauds est de 0^m,42.

La largeur de 0^m,45 est uniforme aux fourneaux à trois réchauds.

La hauteur est semblable pour tous les fourneaux : 0^m,80.

Il y a toujours un réchaud demi économique dans chaque fourneau.

Dans la catégorie des fourneaux portatifs, nous avons épuisé le premier type, appelé potager.

Nous allons aborder maintenant le second type des fourneaux portatifs, dit économique ou à service mixte : c'est-à-dire, non plus seulement à usage exclusif de charbon de bois, comme les potagers, mais à usage de houille ou aux deux usages.

Les fourneaux mixtes sont pourvus d'un foyer à houille, et d'un service de réchauds à charbon de bois.

Fourneaux économiques.

248. Le fourneau le plus simple est du modèle triangulaire. Il est fabriqué en tôle, monté sur embase en fonte, avec dessus en fonte et foyer à houille. Il est pourvu d'un four et d'un cendrier.

Cet appareil appartient presque toujours au locataire qui l'installe à son gré.

Les fourneaux sont fabriqués en quatre mesures :

0^m,41 $\times$ 0^m,38
0 ,47 $\times$ 0 ,43
0 ,52 $\times$ 0 ,48
0 ,57 $\times$ 0 ,53

Fig. 419. — Fourneau triangulaire monté sur pieds.

Les largeurs des fours sont respectivement pour chacun de ces numéros de :

0^m,22
0 ,25
0 ,30
0 ,33

La hauteur uniforme est de 0^m,28.

Si on veut monter le fourneau à hauteur d'usage sans l'installer sur une paillasse, on le place sur trois pieds en fonte.

La hauteur sur pieds est de 0^m,58 au plus bas, et 0^m,68 au plus haut.

La figure 419 représente le fourneau triangulaire monté sur pieds.

Le plan du dessus est donné (*fig.* 420).

Nous trouvons ensuite le fourneau rectangulaire, dit *omnibus*, avec ou sans chaudière.

L'adjonction de la barre en cuivre est facultative moyennant un supplément de prix.

Le fourneau est plus confortable que le précédent. La porte du four est montée à bascule au lieu de charnières, elle est encadrée en fer plat poli, supportée par des consoles, et fermée au moyen d'un loquet à clanche ou à ressort.

Le cendrier est encadré en fer poli et un tourniquet mobile, avec bouton tourné, permet de régler l'introduction de l'air.

Le four est chauffé par rayonnement.

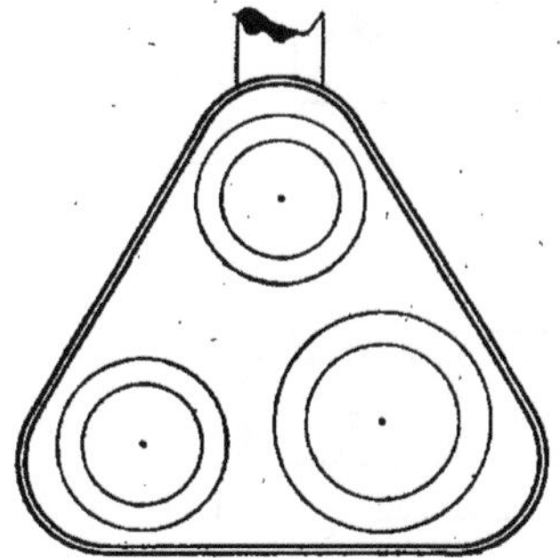

Fig. 420. — Fourneau triangulaire. — Plan.

La fabrication commerciale comporte une série de 4 numéros dans les mesures respectives de :

$$0^m,46 \times 0^m,40$$
$$0\ ,50 \times 0\ ,41$$
$$0\ ,55 \times 0,\ 45$$
$$0\ ,60 \times 0,\ 47$$

Les largeurs des fours sont de :

$$0^m,23$$
$$0\ ,27$$
$$0\ ,31$$
$$0\ ,35$$

La profondeur du four est toujours de $0^m,01$ au-dessous de la largeur du fourneau. C'est une relation constante.

La hauteur uniforme est de $0^m,31$.

La figure 421 représente le fourneau de $0^m,60$ avec chaudière.

La contenance de la chaudière est de 4 litres.

Immédiatement au dessous la chaudière

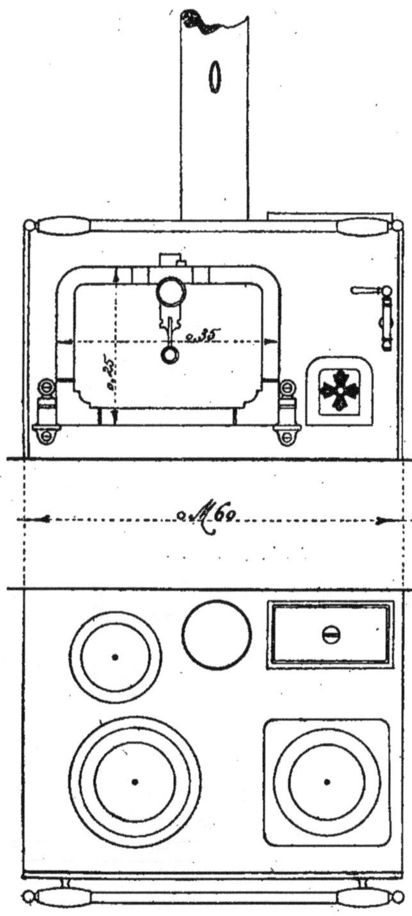

Fig. 421 et 422. — Elévation et plan d'un fourneau omnibus à chaudière fonte.

ne contient plus que 3 litres et demi, et enfin la contenance est réduite à 3 litres pour les deux autres numéros.

Le plan du dessus est donné par la figure 422.

Nous avons adopté la présentation des figures sous cette forme d'épures géométrales, dites « d'atelier », dans le but de fournir une description très claire des appareils que nous passons sous les yeux de nos lecteurs.

Les dimensions des fourneaux, avec ou sans chaudière, sont semblables.

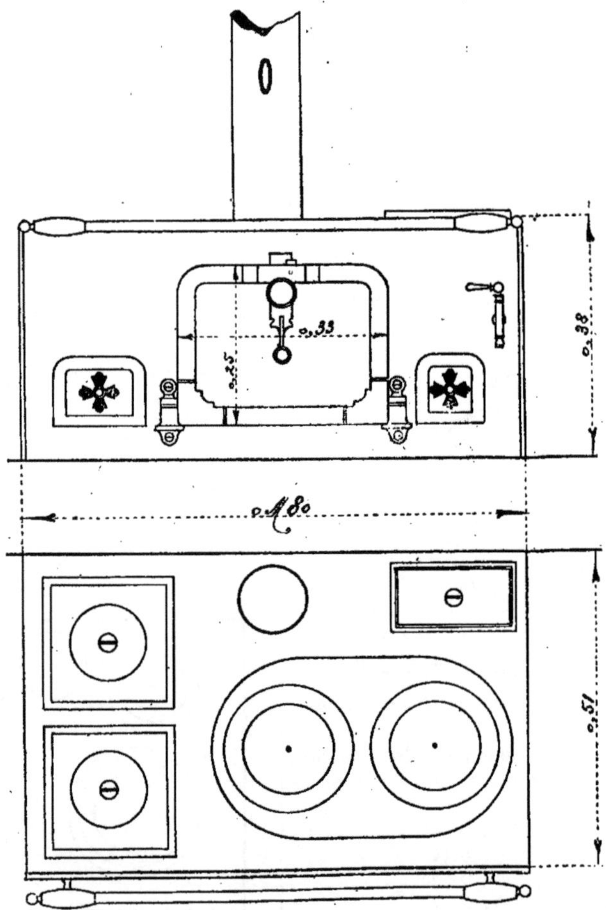

Fig. 423 et 424. — Elévation et plan d'un fourneau américain pour paillasse, à deux réchauds.

Dans le type des fourneaux rectangulaires bas pour paillasse, nous présentons (*fig.* 423) un modèle appelé *américain*.

C'est très improprement qu'il est désigné ainsi, ce qui pourrait faire croire à son importation d'Amérique, quand, au contraire, il est essentiellement de fabrication française et d'un usage surtout Parisien.

Ce fourneau diffère du type *omnibus* par l'adjonction d'un service de réchauds à charbon de bois.

On le fait également sans chaudière.

La Série est composée de 5 numéros dans les mesures suivantes :

$$0^m,71 \times 0^m,45$$
$$0\ ,76 \times 0\ ,47$$
$$0\ ,81 \times 0\ ,51$$
$$0\ ,86 \times 0\ ,53$$
$$0\ ,91 \times 0\ ,56$$

Les fours portent respectivement les largeurs suivantes :

$$0^m,27$$
$$0\ ,31$$
$$0\ ,33$$
$$0\ ,36$$
$$0\ ,40$$

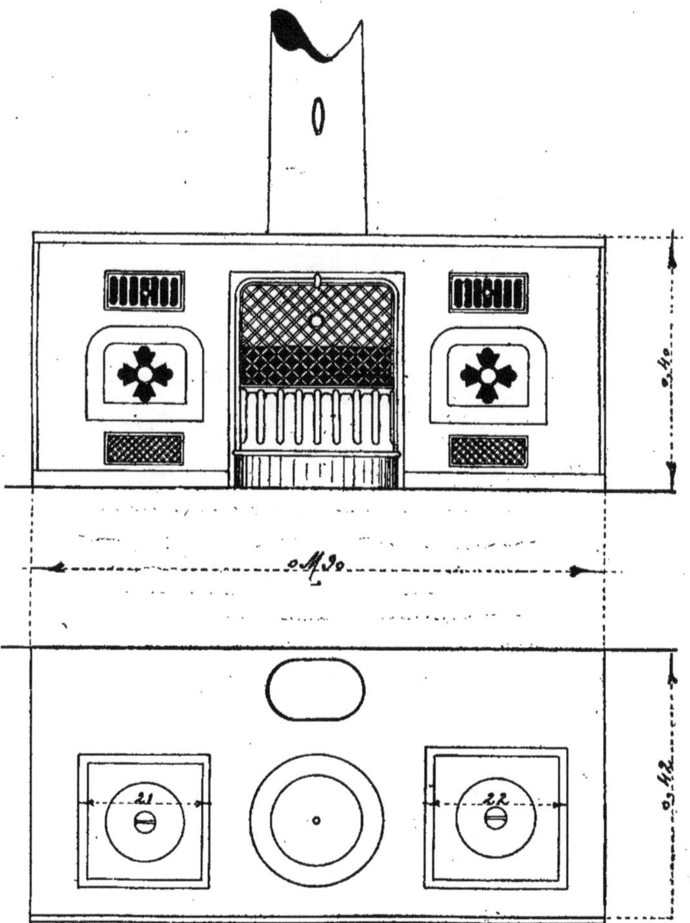

Fig. 425 et 426. — Elévation et plan d'un fourneau de concierge à bouches de chaleur.

La contenance de la chaudière est de 3 litres et demi pour les 2 premiers numéros ; 4 litres pour les 2 numéros suivants et 5 litres pour le dernier numéro.

La hauteur uniforme est de 0m,38.

On peut à volonté demander le foyer à droite ou à gauche.

Nous donnons (*fig.* 424) le plan du dessus.

Pour compléter la série des fourneaux bas, nous donnons un dernier type de fourneau à usage spécial et dénommé : *fourneau de concierge.*

Il n'est pas exclusivement employé dans les loges de concierges et convient surtout aux chambres louées pour ménages.

La disposition particulière de ce genre de fourneau en fait en même temps un appareil de chauffage à rayonnement, par la grille à houille placée dans le centre ; un calorifère à air par les bouches prises en façade et enfin, un fourneau de cuisine par le jeu de rondelles sur le dessus et les réchauds à charbon de bois à droite et à gauche.

Cette heureuse disposition, très économique, le fait employer dans les loges de concierges qui n'ont point de cuisine ; de là son appellation spéciale.

La figure 425 nous montre la façade du fourneau avec les bouches de chaleur.

On fait le même fourneau sans les bouches, à volonté, avec une différence de prix, bien entendu.

Le départ se fait aussi sur le dessus comme le montre le plan (*fig.* 426) ou derrière le fourneau, à volonté.

La série commerciale est composée de 3 numéros dans les mesures suivantes :

$$0^m,80 \times 0^m,42 \times 0^m,40$$
$$0\ ,85 \times 0\ ,42 \times 0\ ,40$$
$$0\ ,90 \times 0\ ,42 \times 0\ ,40$$

La longueur est indiquée la première. La largeur et la hauteur sont semblables pour les 3 numéros.

Ce genre de fourneau est toujours installé dans l'intérieur d'un chambranle capucine, de hauteur spéciale. Une trappe ou une coulisse sert à l'évacuation des buées et des gaz carboniques. Un revêtement en carreaux de faïence, sur trois sens, achève l'installation.

Le plus souvent un grand rideau en tôle tombe sur le fourneau.

Fourneaux à arcade et charbonnier.

249. Nous commençons la série des fourneaux à arcades par le plus petit modèle ; le fourneau omnibus surélevé.

La figure 427 représente le fourneau sans réservoir avec charbonnier.

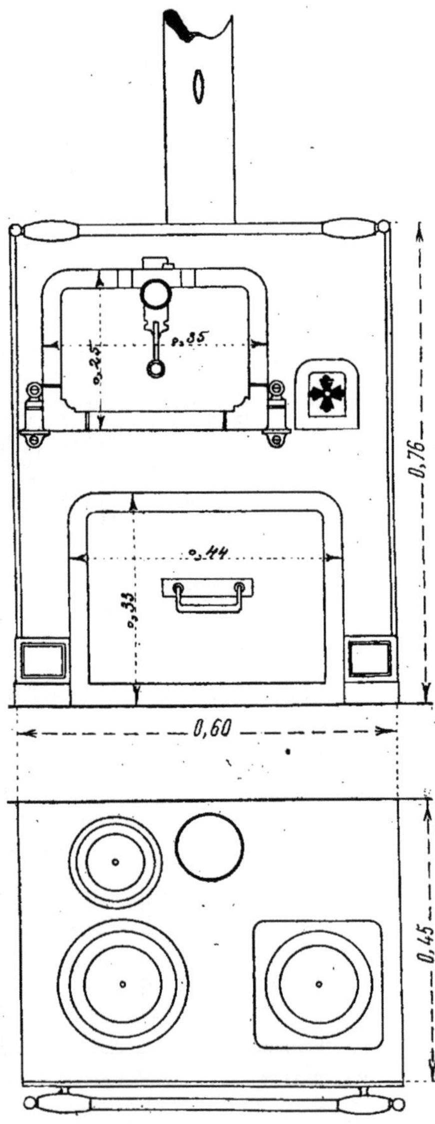

Fig. 427 et 428. — Elévation et plan d'un fourneau omnibus à arcade avec charbonnier.

La disposition des fourneaux à arcades permet d'ajouter à volonté un charbonnier qui vient affleurer la façade.

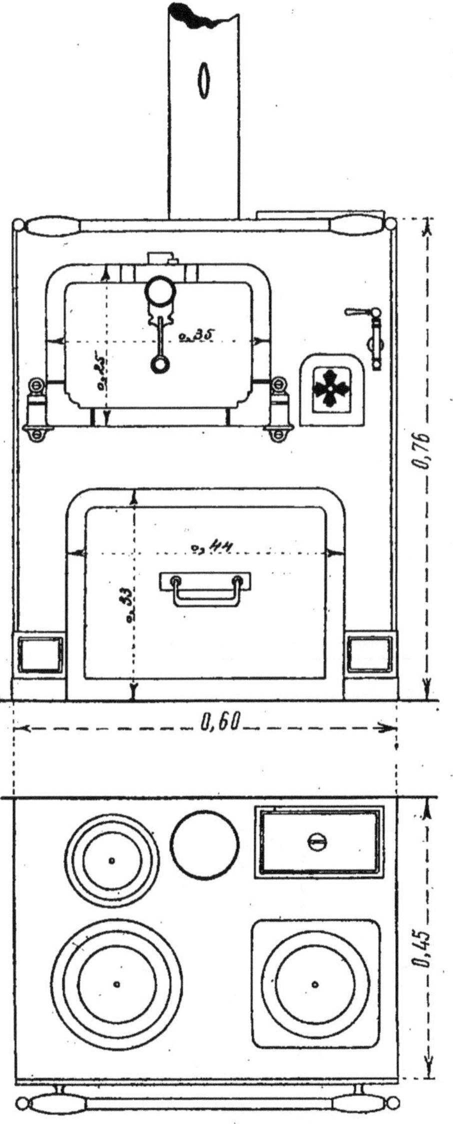

Fig. 429 et 430. — Elévation et plan d'un fourneau omnibus à arcade avec charbonnier et réservoir.

Le fourneau est composé pour le surplus comme le fourneau bas du modèle *omnibus*, avec un four à rôtir, le foyer et cendrier.

Toute la carcasse en tôle est montée sur équerres avec pieds en fonte. Les ferrements sont limés.

Le dessus représenté (*fig.* 428) est disposé avec une série de rondelles permettant d'utiliser toute la surface de chauffe.

Le départ se fait au-dessus du fourneau et dans l'axe.

Le modèle à arcade se fait en cinq mesures :

$$0^m,46$$
$$0\ ,50$$
$$0\ ,55$$
$$0\ ,60$$
$$0\ ,65$$

Les hauteurs respectives sont de $0^m,74$ pour les trois premiers numéros, $0^m,76$ et $0^m,78$ pour les derniers.

Les fours ont en largeur :

$$0^m,23$$
$$0\ ,27$$
$$0\ ,34$$
$$0\ ,35$$
$$0\ ,38$$

La profondeur des fours est toujours de $0^m,01$ au-dessous de la largeur du fourneau, prise à la cage.

Le modèle de fourneau avec réservoir représenté (*fig.* 429) est semblable. Les mesures sont identiques. Le dessus en plan (*fig.* 430) indique l'emplacement du réservoir.

Les réservoirs sont en fonte émaillée avec couvercles fonte enclavés dans des reliefs à feuillures.

La série des fourneaux à hauteur normale dits de *bâtiment* commence avec les fourneaux à arcade du genre américain.

La hauteur uniforme des fourneaux de « bâtiment » est de $0^m,80$.

De même que pour les fourneaux « omnibus », les fourneaux à arcades représentés (*fig.* 431) sont tout simplement du type américain surélevé.

Ce qui les distingue surtout des fourneaux « omnibus », c'est l'adjonction

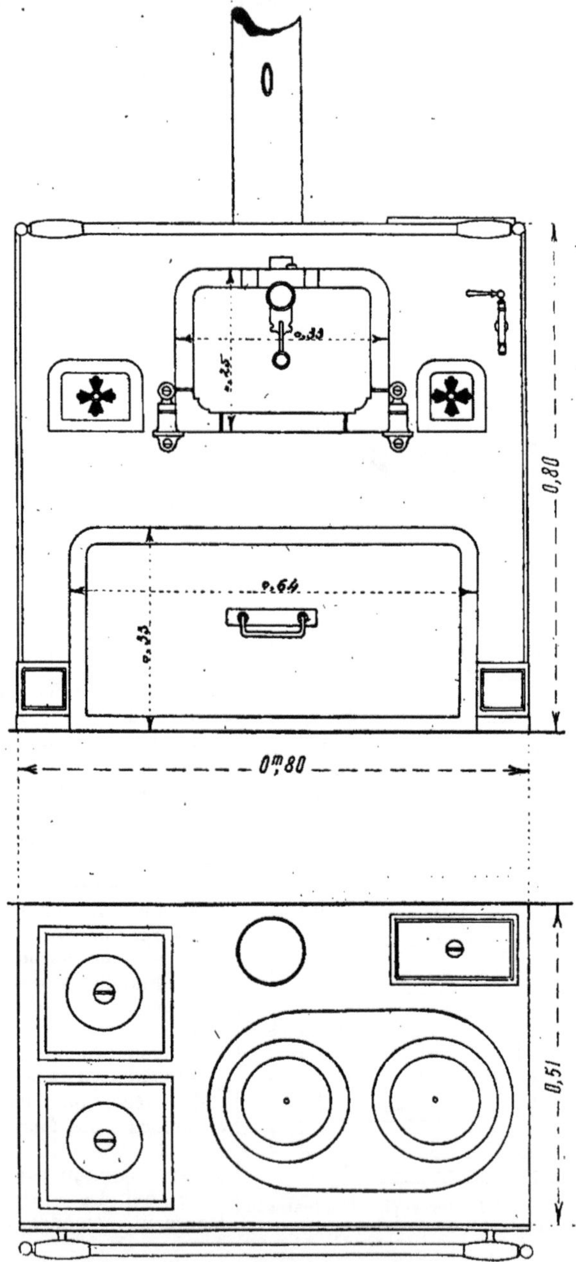

Fig. 431 et 432. — Elévation et plan d'un fourneau américain à arcade,
avec charbonnier et réservoir.

d'un service potager à charbon de bois, au moyen de deux réchauds placés à droite ou à gauche à volonté.

La disposition de l'arcade permet de laisser le vide sous le fourneau ou de l'utiliser par un charbonnier, comme nous le représentons (*fig.* 431).

Le service des réchauds agrandit le fourneau et oblige à un second cendrier du côté opposé à celui du foyer.

Toute la fabrication est semblable à notre précédente description.

Les dimensions sont de :

$$0^m,71$$
$$0 ,76$$
$$0 ,81$$
$$0 ,86$$
$$0 ,91$$

Les longueurs sont en augmentation constante entre elles de $0^m,05$.

La hauteur uniforme est de $0^m,80$.

La contenance des réservoirs en fonte émaillée est de 3 litres et demi pour les deux premiers numéros; 4 litres pour les deux numéros intermédiaires, et 5 litres pour le dernier numéro.

Le dessus est représenté en plan *fig.* 432).

Afin de compléter nos descriptions, sans nous étendre cependant à tous les modèles en fabrication ; nous présentons un autre fourneau à réchauds et charbonnier, à *façade fonte* avec réservoir en fonte émaillée, à *panache* et *couvercle* cuivre.

La figure 433 nous donne la façade en élévation, et la figure 434 le plan du dessus.

Le fourneau se fait avec ou sans réservoir, avec ou sans charbonnier.

La fabrication diffère essentiellement du fourneau précédent représenté (*fig.* 431 et 432). La façade est en fonte au lieu d'être en tôle. Les divisions intérieures du fourneau canalisent les fumées et les gaz de la combustion autour du four. Le réservoir est à panache et couvercle cuivre et les mesures très différentes.

Le foyer peut être placé à droite ou à gauche à volonté.

Le réservoir en fonte peut être remplacé par un bain-marie en cuivre, moyennant une plus-value d'après la force et la fabrication.

Le fourneau se fait en fabrication de sept dimensions :

Le tableau ci-dessous indique les mesures de la série complète.

Longueur	0.75	0.80	0.85	0.90	1.00	1.10	1.20
Largeur	0.50	0.54	0.54	0.54	0.59	0.59	0.62
Hauteur	0.80	0.80	0.80	0.80	0.80	0.80	0 80
Largeur du four	0.28	0.29	0.31	0.33	0.40	0.42	0.47
Profondeur du four	0.47	0.50	0.50	0.50	0.54	0.54	0.58
Contenance du réservoir en litres	8	8	8	8	12	12	18

Les mesures de longueur sont en augmentation de $0^m,05$ entre elles depuis la plus petite dimension de $0^m,75$ jusqu'à $0^m,90$, et de $0^m,10$ depuis 1 mètre jusqu'à $1^m,20$.

La coupe prise sur AB nous donne la structure intérieure du fourneau et la disposition du charbonnier à deux divisions (*fig.* 435).

Nous donnons ensuite dans la série des fourneaux à charbonniers, un autre type sans réchauds, que nous représentons (*fig.* 436).

La fabrication diffère encore. Le fourneau est entièrement construit en tôle, y compris la façade. Toute la carcasse est montée sur des pieds en fonte en forme de socle. Les divisions intérieures sont faites dans le même genre. Les foyers sont plus grands et les réservoirs d'une contenance au double pour les fourneaux de même longueur.

Les réservoirs sont également montés à *panache* et *couvercle*.

Les ferrements apparents, cadres et consoles, sont polis.

Le fourneau est disposé pour charbonnier à volonté et se construit en douze longueurs variant entre elles de 0^m,05 depuis la plus petite dimension : 0^m,50

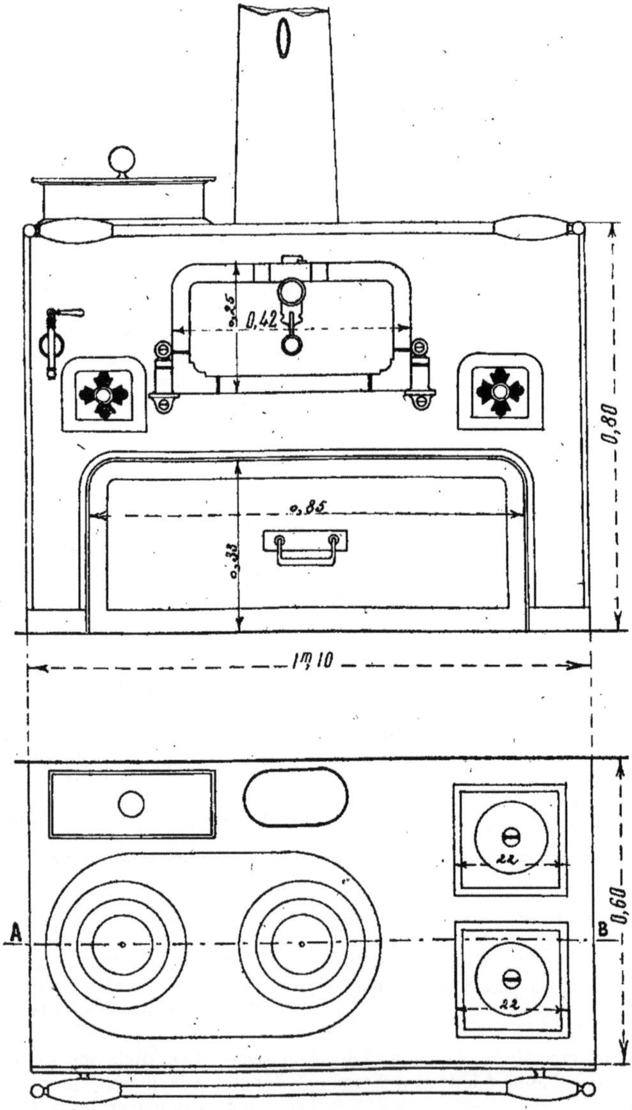

Fig. 433 et 434. — Elévation et plan d'un fourneau à façade fonte, à arcade et charbonnier, avec réchauds et réservoir à panache en cuivre.

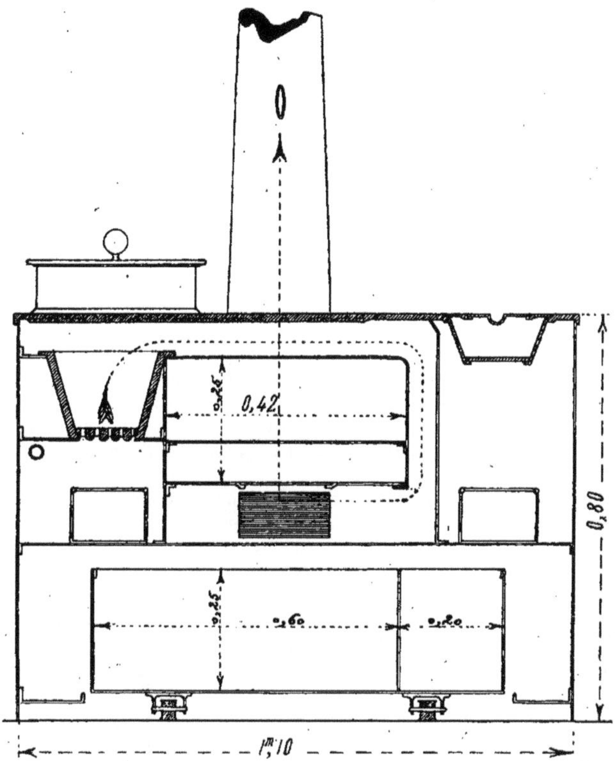

Fig. 435. — Coupe sur AB du fourneau, figures 433 et 434.

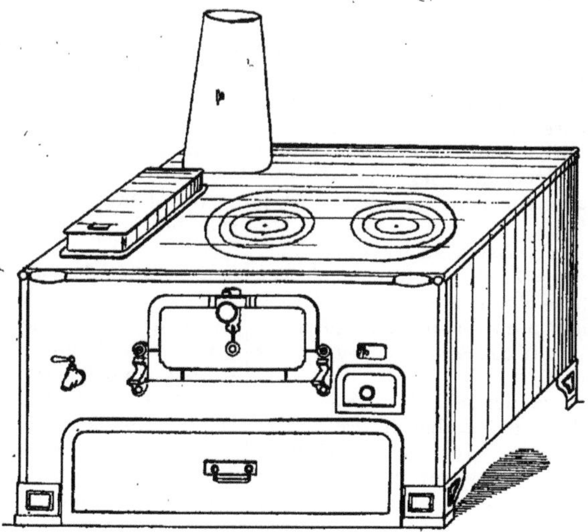

Fig. 436. — Fourneau à charbonnier avec réservoir à panache.

jusqu'à 0^m,90, et de 0^m,10 depuis 1 mètre jusqu'à 1^m,20.

Nous donnons le tableau détaillé des mesures de fabrication de la série complète :

Longueur.........	0.50	0.55	0 60	0.65	0.70	0.75	0.80	0.85	0.90	1.00	1.10	1.20
Largeur..........	0.40	0.43	0.47	0.50	0.53	0.53	0.56	0.59	0.62	0.65	0.70	0.75
Hauteur..........	0.74	0.74	0.76	0.80	0.80	0.80	0.80	0.80	0.80	0.80	0 80	0.80
Largeur du four ...	0.22	0.25	0.27	0.28	0.31	0.31	0.33	0.37	0.40	0.42	0.47	0.50
Profondeur du four.	0.38	0.40	0.43	0.47	0.48	0.48	0.52	0.54	0.56	0.58	0.62	0.67
Contenance du réservoir en litres..	4	5	8	8	8	12	12	12	18	23	25	37

Le départ peut se placer à volonté à droite ou à gauche suivant l'emplacement.

Le réservoir en fonte émaillée peut être remplacé par un bain-marie en cuivre, moyennant une plus-value.

Le charbonnier est à deux divisions à partir du fourneau de 0^m,80, la séparation placée au 1.3. comme elle est représentée (fig. 437).

Nous ne pouvons pas présenter une plus grande quantité de fourneaux sans dépasser nos limites, mais nous devons dire que la variété des types n'est pas épuisée.

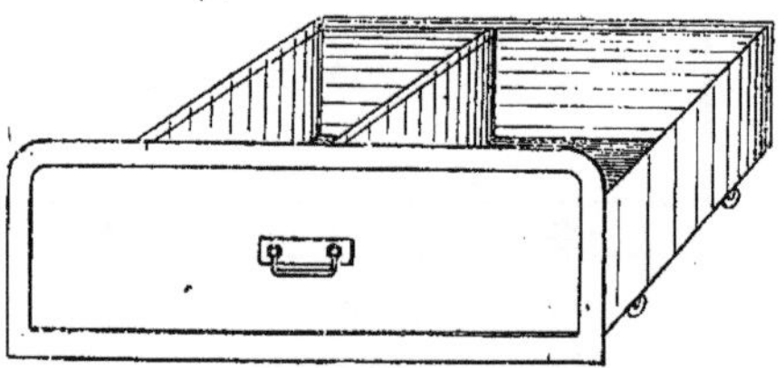

Fig. 437. — Charbonnier en tôle à deux divisions.

250. Nous procédons par graduation et nous nous efforçons de soumettre surtout des types bien caractérisés dans chaque genre. Nous abordons maintenant les fourneaux à four et étuve qui viennent après les fourneaux à four et nous passerons ensuite aux fourneaux à combinaisons.

Tout notre travail concernant les fourneaux portatifs est fait au point de vue documentaire et purement descriptif.

Nous donnerons en fin de chapitre les renseignements concernant le métré et les accessoires.

Chaque installation est différente, de sorte qu'il est impossible de les décrire toutes. Nous donnerons les généralités concernant la pose, les revêtements, etc.

Tous les spécimens de fourneaux que nous avons donnés sont de la maison Odelin à Paris.

Fourneaux à four et à étuve.

251. Les fourneaux à four et étuve sont plus spécialement désignés à simple service. L'étuve occupe l'emplacement du charbonnier. Les divisions intérieures du fourneau permettent la circulation de la fumée autour du four et en même temps au-dessus de l'étuve, de manière à obtenir une température douce dans l'étuve.

Le modèle le plus simple dans le genre se fait sans réservoir ni réchauds. Le dessus est simplement muni d'une plaque mobile, dite de rechange, garnie de deux jeux de rondelles. Le départ se fait à droite ou à gauche.

Nous ne donnons par le dessin de ce

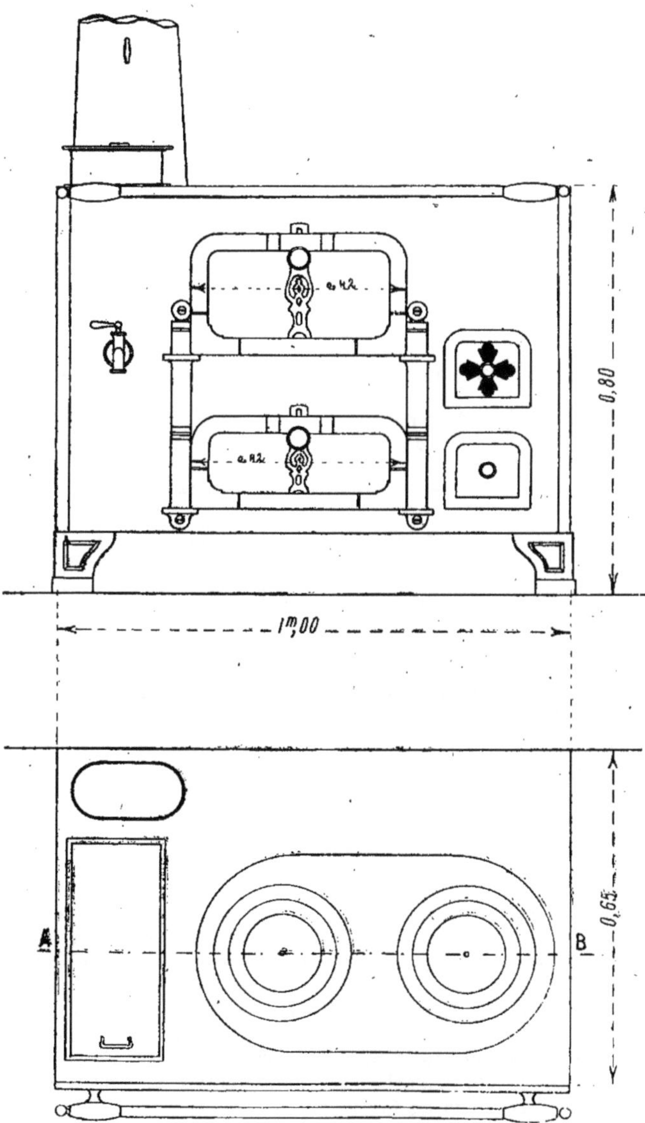

Fig. 438 et 439. — Elévation et plan d'un fourneau à four et étuve,
cendrier trieur et réservoir à panache.

fourneau, nous réservons la figure pour le type du même genre avec réservoir.

La série complète comprend 9 numéros correspondant aux dimensions suivantes :

0^m,50	0^m,75
0 ,55	0 ,80
0 ,60	0 ,85
0 ,65	0 ,90
0 ,70	

La hauteur est de 0^m,74, pour les fourneaux de 0^m,50 et 0^m,55 ; 0^m,76, pour le

fourneau de 0^m,60 ; et 0^m,80, pour tous les
autres à partir de 0^m,65.

Nous trouvons ensuite, dans le même
genre de fabrication, le modèle à four et
étuve, avec réservoir fonte émaillée à
panache et couvercle cuivre, représenté
(*fig.* 438).

Le fourneau est construit tout en tôle y

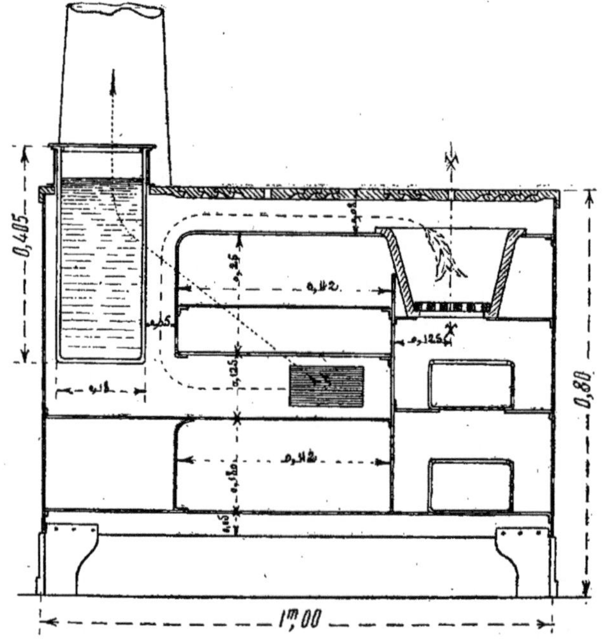

Fig. 440. — Coupe sur AB du fourneau, figures 438 et 439.

compris la façade et monté sur des pieds
à socle en fonte.

Le foyer est en fonte et le réservoir
émaillé.

Les portes de four et étuve, placées au-
dessous l'une de l'autre, sont fixées à la
façade par deux grandes consoles doubles,
et fermées au moyen de loquets à clanche.

Dans les fourneaux précédents les fermetures des portes sont à loquets à ressort.

Un cendrier trieur permet de tamiser
les cendres et de recueillir les résidus
dans le second cendrier.

La figure 439 représente le dessus du
fourneau et la plaque mobile de coup de
feu, appelée aussi *plaque de rechange*.

La série complète comprend treize
numéros dont nous donnons toutes les
mesures dans le tableau ci-après.

Les fourneaux de 0^m,50, 0^m,55 et 0^m,60
se font toujours à un seul cendrier sans
tamiseur.

Les mesures de longueur sont en
augmentation constante entre elles de
0^m,05, jusqu'à 0^m,90 ; et de 0^m,10 depuis
0^m,90 jusqu'à 1^m,30.

Longueur	0.50	0.55	0.60	0.65	0.70	0.75	0.80	0.85	0.90	1.00	1.10	1 20	1.30
Largeur	0.40	0.43	0.47	0.50	0.53	0.53	0.56	0.59	0.62	0.65	0.70	0.75	0.75
Hauteur	0.74	0.74	0.76	0.80	0.80	0.80	0.80	0.80	0.80	0.80	0.80	0.80	0.80
Largeur du four	0.22	0.25	0.27	0.28	0.31	0.31	0.33	0.37	0.40	0.42	0.47	0.50	0.55
Profondeur du four	0.38	0.40	0.43	0.47	0.48	0.48	0.52	0.54	0.56	0.58	0.62	0.65	0.65
Contenance du réservoir en litres	4	5	8	8	8	12	12	12	18	23	25	37	45

Le même genre peut être fait à ceinture moyennant une plus-value de fabrication.

Le départ peut être placé à droite ou à gauche à volonté sans augmentation de prix.

Nous donnons. figure 440, la coupe du fourneau prise en AB avec détail du trieur et niveau d'eau pour l'ébullition dans le réservoir.

Le réservoir en fonte peut toujours être remplacé par un bain-marie en cuivre moyennant une plus-value.

Fourneaux à combinaisons.

252. Les fourneaux à combinaisons sont ainsi dénommés, en raison des agencements très divers de leur structure intérieure qui répondent à des services particuliers bien déterminés.

La variété des compositions est très grande et chaque constructeur peut combiner des agencements différents selon l'usage pour lequel le fourneau est demandé.

Il est bien évident que nous ne pouvons pas poursuivre notre étude sur ce terrain. Nous nous limitons aux compositions commerciales que nous empruntons à la maison Odelin de Paris.

Conformément à notre procédé rapide d'exposition nous prenons des types généraux et nous abandonnons à nos lecteurs le complèment de leurs investigations.

Voici un modèle, avec four, étuve et chauffe-assiettes, assez intéressant, fort bien combiné; que nous représentons (*fig.* 441).

Nous avons imaginé de découper la façade en face le chauffe-assiettes pour en montrer l'intérieur.

Le fourneau construit tout en tôle est monté sur des pieds socles en fonte. Les portes du four et de l'étuve sont fixées à la façade par deux grandes consoles doubles rapportées à vis.

Les fermetures sont à loquets.

La porte du chauffe-assiettes est montée à charnons. Le loquet de fermeture est enlevé par le découpage du dessin.

Toutes les portes sont à cadres à congés.

Le cendrier est à porte pleine. La coulisse d'air est placée au dessus dans la façade du fourneau. Les ferrements apparents sont polis.

Le réservoir en fonte émaillés à panache et couvercle cuivre et le service de réchauds à charbon de bois complète le fourneau.

On peut adjoindre un cendrier trieur au-dessus du cendrier ordinaire.

Le départ peut être placé à droite ou à gauche à volonté.

Le réservoir en fonte émaillée est de fourniture courante, mais on peut le remplacer par un bain-marie en cuivre.

La série de fabrication comprend douze numéros depuis 0ᵐ,85 jusqu'à 1ᵐ,60.

On demande ce modèle de fourneau assez fréquemment dans les mesures de 1 mètre à 1ᵐ,20.

Les mesures de 0ᵐ,85 à 1ᵐ,20 sont en augmentation constante de 0ᵐ,05 et de 1ᵐ,20 à 1ᵐ,60 les différences sont de 0ᵐ,10. La hauteur normale est de 0ᵐ,80 pour tous les numéros.

Nous donnons le tableau des mesures générales de la série complète.

Longueur.	0.85	0.90	0.95	1.00	1.05	1.10	1.15	1.20	1.30	1.40	1.50	1.60
Largeur.	0.50	0.50	0.50	0 53	0.55	0.56	0.60	0.65	0.65	0.70	0.70	0.75
Hauteur.	0.80	0.80	0.80	0.80	0.80	0.80	0.80	0.80	0.80	0.80	0.80	0.80
Largeur du four. . .	0.25	0.27	0.28	0.31	0.31	0.33	0.37	0.37	0.40	0 45	0.47	0.50
Profondeur du four.	0.45	0.45	0.45	0.48	0.50	0.50	0.55	0.57	0.57	0.62	0.62	0.67
Contenance du réservoir en litres. .	8	8	8	8	12	12	12	18	18	25	25	37

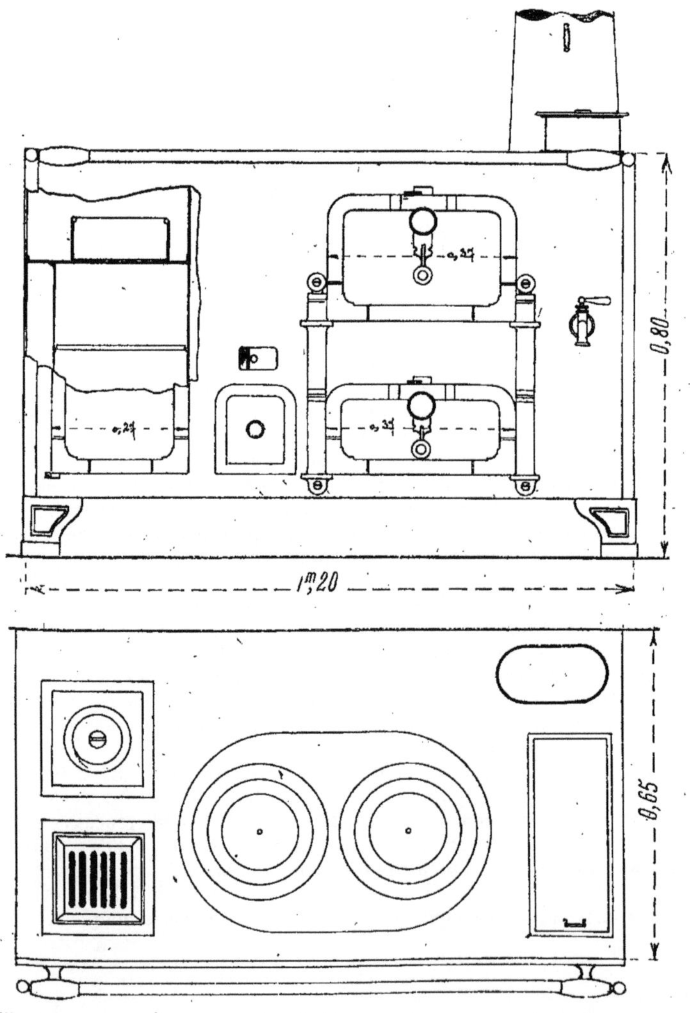

Fig. 441 et 442. — Élévation et plan d'un fourneau à four, étuve et chauffe-assiettes avec réservoir et panache.

Le modèle représenté est de dimension moyenne, il mesure 1ᵐ,20 ; nous donnons le plan du dessus (*fig.* 442).

Un réchaud est découvert pour la vue de la grille et l'autre est représenté avec son couvercle à rondelles.

La barre main-courante en cuivre est montée sur deux supports à boule.

Nous donnons une autre combinaison de fourneau avec chauffe-assiettes, sans étuve, mais avec charbonnier, et cendrier trieur que nous représentons (*fig.* 443).

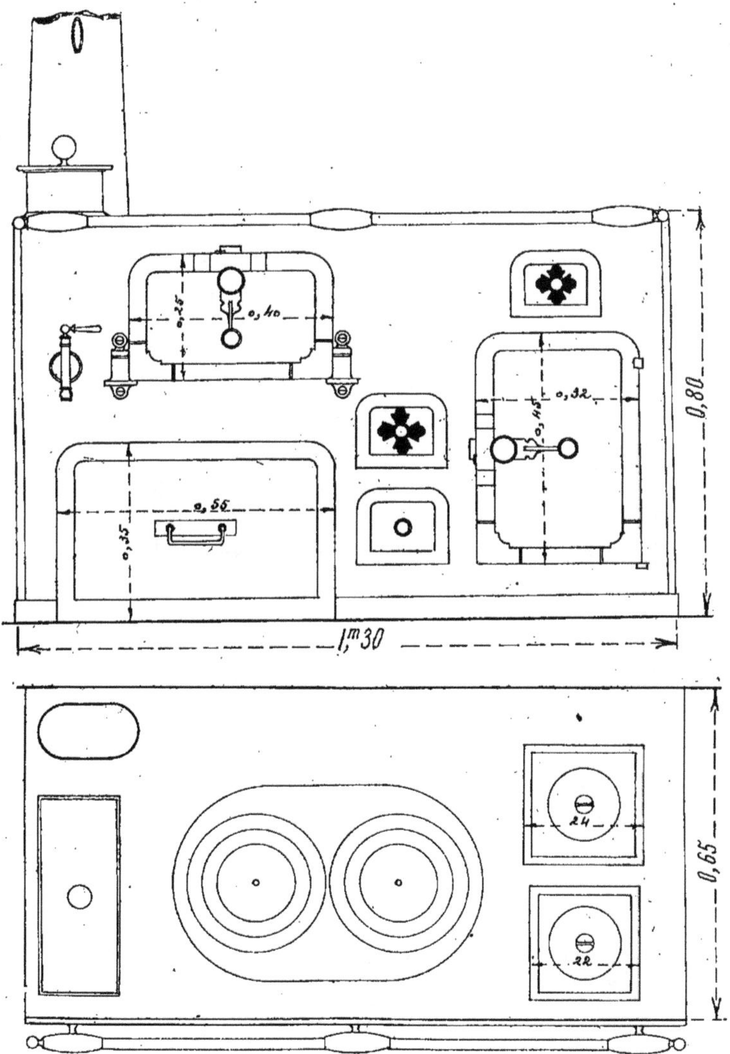

Fig. 443 et 444. — Élévation et plan d'un fourneau à four, chauffe-assiettes et charbonnier, réservoir à panache.

Dans ce genre de fourneau, l'étuve tempérée est remplacée par le charbonnier. Le réservoir et les deux réchauds à charbon de bois sont conservés.

Nous avons laissé la façade intacte et nous montrons tout l'agencement. La porte du chauffe-assiettes montée à charnons avec fermetures à loquet; au dessus, le cendrier du service des réchauds, avec sa coulisse découpée en croix de Malte.

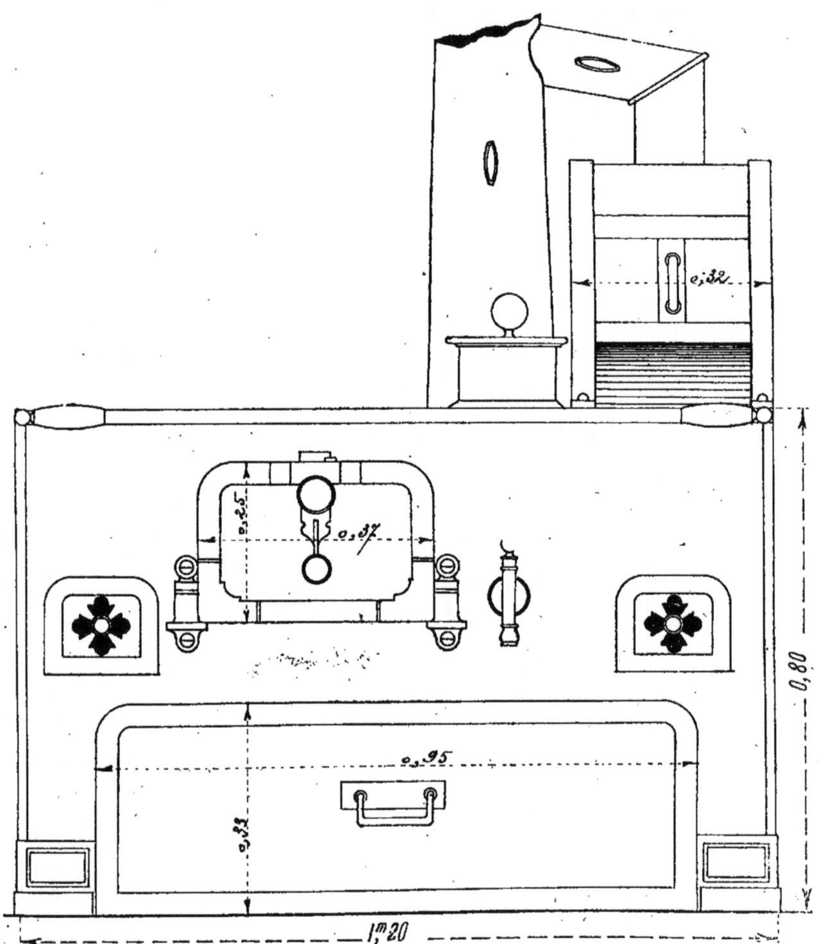

Fig. 445. — Fourneau à charbonnier, four et grillade, réservoir à panache.

Les deux cendriers superposés. Le charbonnier avec poignée sur platine. La porte du four fixée à la façade par deux consoles simples rapportées à vis. Le robinet du réservoir.

La fabrication du fourneau est semblable à celle du précédent. Mais il est monté à ceinture.

Toutes les dimensions sont identiques à celles du modèle précédent (*fig.* 441). Le même tableau sert pour les deux modèles et nous dispense d'en faire un second.

Le plan du dessus est représenté (*fig.* 444).

À partir de la mesure de 1^m,30, cote de longueur prise pour la figure 443, la barre main courante est montée sur trois supports.

La figure du plan nous montre le montage complet de la rampe en cuivre (*fig.* 444).

Tous ces fourneaux peuvent se faire à un seul cendrier et avec les départs sur le côté demandé.

Fourneaux à grillade.

253. Tout en restant dans les mêmes données générales et dans le même genre, nous abordons l'étude du fourneau à grillade.

Chaque modification ou addition apportée dans un fourneau répond à un usage spécial ; c'est pourquoi nous procédons, en quelque sorte, par une nomenclature écrite et figurée, de toutes ces modifications ou additions.

Nous présentons (*fig.* 443) un fourneau à charbonnier, avec four à rôtir, réservoir en fonte émaillée à panache et couvercle cuivre, grillade fixe à poissonnière, deux cendriers, droite et gauche.

Le fourneau est entièrement construit en tôle sur pieds socles en fonte. La disposition de l'arcade permet d'adjoindre un charbonnier à volonté, tel que nous l'avons représenté en élévation (*fig.* 443).

Le fourneau est fait en fabrication également sans charbonnier.

On peut à volonté prendre une poissonnière ou des réchauds sous la grillade, et la porter à droite ou à gauche, selon l'emplacement de la cheminée.

Tous les ferrements apparents du fourneau et de la grillade sont polis.

L'évacuation de la grillade se fait par le haut. Les gaz et les fumées sont dégagées dans la mitre du fourneau.

Les réglages sont faits au moyen de soupapes placées respectivement dans la mitre du fourneau et le tuyau de la grillade.

En fabrication courante, la série est composée de huit numéros, dont nous donnons les dimensions dans le tableau ci-après.

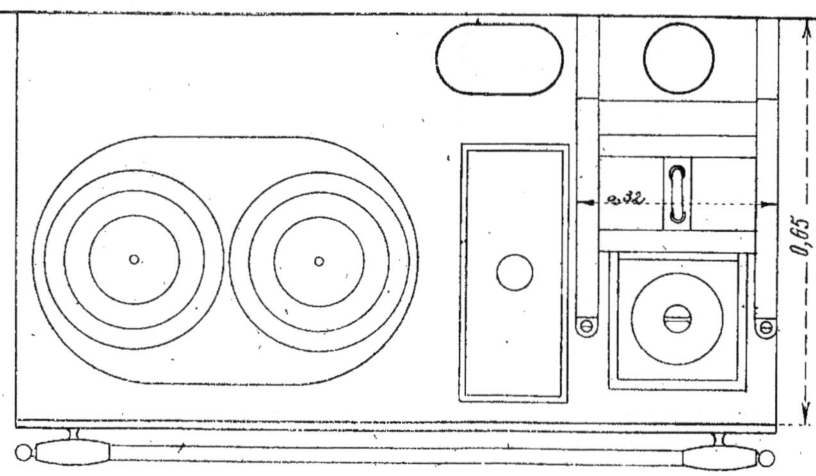

Fig. 446. — Plan du fourneau (*fig.* 443).

Longueur.	0.85	0.90	0.95	1.00	1.05	1.10	1.15	1.20
Largeur.	0.50	0.50	0.50	0.53	0.55	0.56	0.60	0.65
Hauteur.	0.80	0.80	0.80	0.80	0.80	0.80	0.80	0.80
Largeur du four.. . . .	0.25	0.27	0.28	0.31	0.33	0.33	0.37	0.37
Profondeur du four. . .	0.45	0.45	0.45	0.48	0.50	0.50	0.55	0.57
Largeur du charbonnier	0.60	0.65	0.70	0.75	0.80	0.85	0 90	0.95
Contenance du réservoir en litres.	8	8	8	8	12	12	12	18

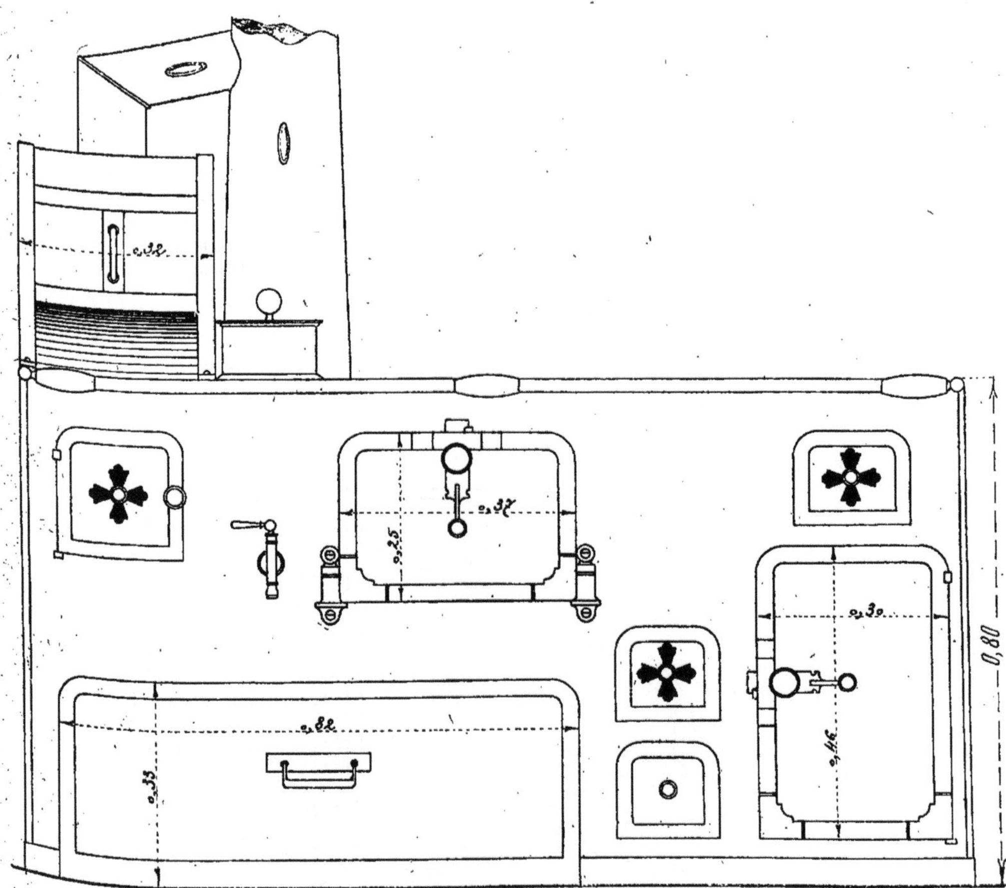

Fig. 447. — Fourneau à charbonnier, four, chauffe-assiettes et grillade, deux réchauds indépendant[s] et réservoir à panache.

Les mesures de longueur sont toujours constantes entre elles de 0ᵐ,05 en 0ᵐ,05 | jusqu'à 1ᵐ,20. A partir de 1ᵐ,20, elles sont entre elles de 0ᵐ,10.

Au-dessus de $1^m,20$ les fourneaux sont construits à jambage dans l'axe de l'arcade. Cette disposition donne une double arcade et deux charbonniers indépendants.

Les charbonniers de la série courante se font aussi à séparation intérieure. Ils sont montés sur galets.

Nous donnons (*fig.* 446) le plan du dessus du fourneau avec la grillade représentée mi-ouverte, qui découvre la poissonnière.

La barre main-courante en cuivre est montée sur deux supports pour les fourneaux jusqu'à $1^m,20$.

Dans le même genre des fourneaux à grillade et charbonnier, voici un type de très grandes dimensions que nous représentons (*fig.* 447).

Le fourneau est composé d'un four à rôtir et charbonnier, un chauffe-assiettes, deux cendriers superposés dont un trieur, un service potager à deux réchauds à charbon de bois, avec cendrier, un réservoir en fonte émaillée à panache et couvercle cuivre et une grillade fixe avec poissonnière.

La caractéristique de ce specimen, c'est l'adjonction d'un chauffe-assiettes et l'ad-

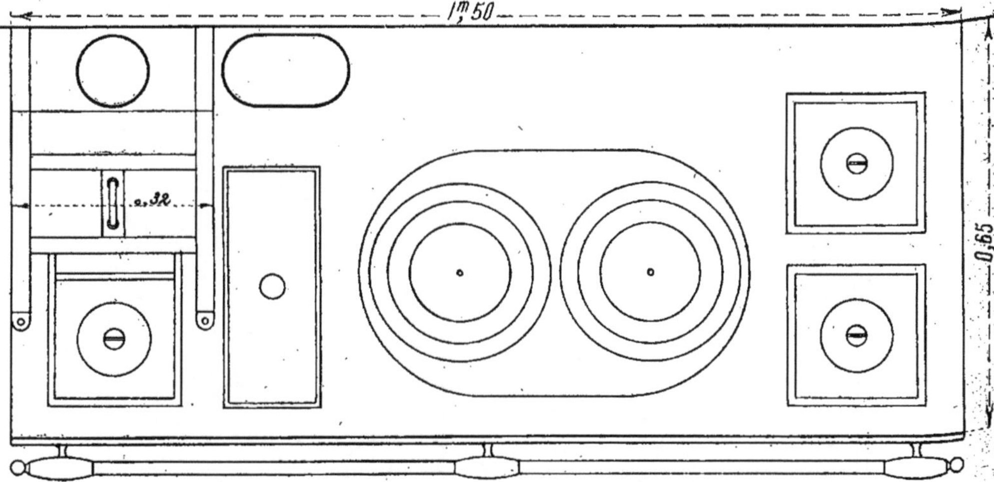

Fig. 448. — Plan du fourneau (*fig.* 447).

dition d'un service potager à réchauds indépendant de la grillade.

Tout ce fourneau est construit comme les précédents : en tôle, avec armatures et ceinture en fer poli.

La porte du four est montée à consoles. Les portes du chauffe-assiettes et du cendrier de la grillade sont montées à charnons.

Les façades des cendriers et du charbonnier sont montées sur appliques en fer poli.

La grillade est montée sur le dessus du fourneau, fixée par des vis à métaux.

L'évaporation est rejetée dans la mître au moyen d'un départ en tôle et réglée par une soupape.

Ce fourneau très important ne se fait en fabrication courante qu'à partir de $1^m,20$ jusqu'à 2 mètres.

La série complète comprend huit numéros, dont les longueurs sont en augmentation constante entre elles de $0^m,10$, depuis la mesure de $1^m,20$ jusqu'à $1^m,80$. La différence est de $0^m,20$ entre les deux derniers numéros.

Nous donnons le tableau des dimensions générales de la série commerciale.

Longueur	1.20	1.30	1.40	1.50	1.60	1.70	1.80	2.00
Largeur	0.50	0.53	0.58	0.65	0.65	0.70	0.70	0.75
Hauteur	0.80	0.80	0.80	0.80	0.80	0.80	0.80	0.80
Largeur du four	0.28	0.31	0.33	0.37	0.40	0.42	0.45	0.50
Profondeur du four	0.45	0.48	0.50	0.56	0 56	0.58	0.58	0.58
Contenance du réservoir en litres	8	8	12	18	24	24	24	30

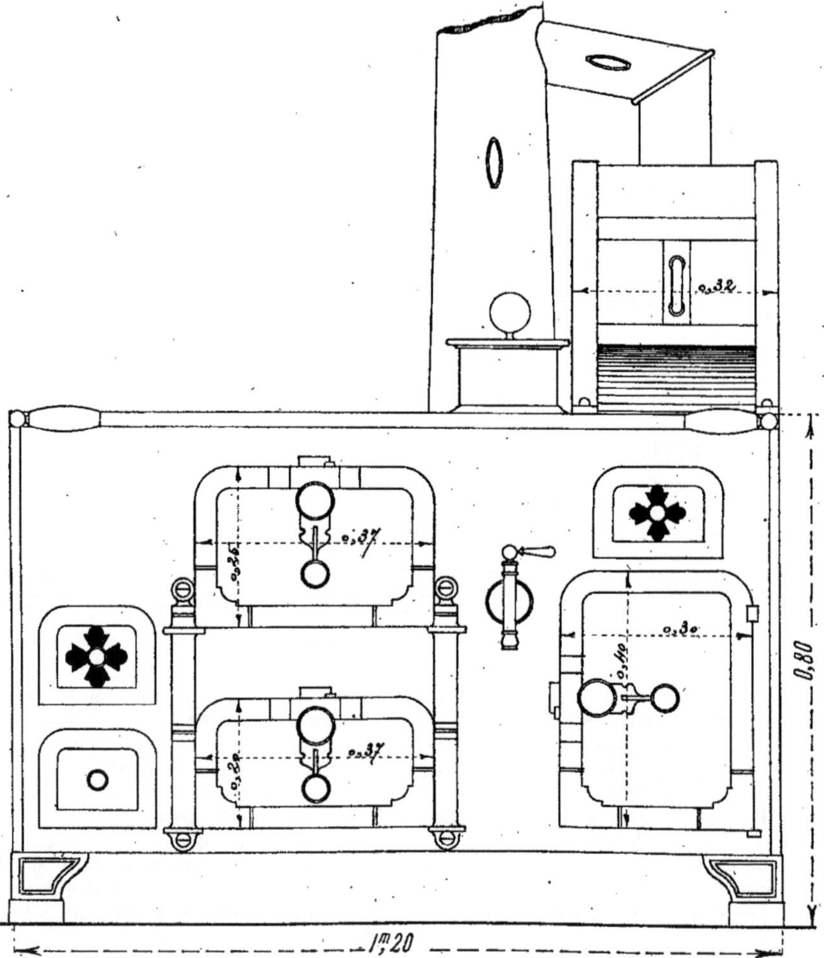

Fig. 449. — Fourneau à simple service avec chauffe-assiettes, grillade et réservoir à panache en cuivre.

Les modifications précédemment signalées dans les autres fourneaux peuvent aussi être apportées à celui-ci ; changement de côté de la grillade, suppression du trieur, etc., etc.

Nous donnons le plan du dessus (*fig.* 448).

Le fourneau que nous représentons porte 1ᵐ,50 de longueur, la barre-main courante a trois supports.

Nous avons présenté deux compositions de fourneaux à grillade avec charbonnier ; nous allons soumettre à nos lecteurs des modèles de fourneaux à grillade, avec four et étuve.

Nous tâchons, autant que possible, d'apporter la même classification dans nos démonstrations. Nous procédons par groupements des mêmes genres, afin de rendre nos études plus claires.

Le fourneau que nous présentons est à simple service avec four et étuve et possède un chauffe-assiettes.

Tout le fourneau construit en tôle est monté sur des pieds socles en fonte rapportés.

Les portes superposées du four et de l'étuve sont fixées à la façade par deux grandes consoles doubles montées à vis. La porte du chauffe-assiettes est à charnons.

Le cendrier trieur est facultatif.

Tous les ferrements sont polis. Les portes sont munies de loquets à ressort ou à clanche à volonté.

La grillade fixée sur le dessus en fonte au moyen de vis est du modèle à tablier avec ferrements polis.

Le réservoir est toujours en fonte émaillée, en fabrication courante.

La série complète du fourneau comprend 13 numéros depuis la mesure de 0ᵐ,85 jusqu'à 1ᵐ,70.

Les différences de mesures sont toujours de 0ᵐ,05 entre elles jusqu'à 1ᵐ,20 ; et de 0,ᵐ10, depuis la longueur de 1ᵐ,20, jusqu'à 1ᵐ,70.

Le fourneau représenté (*fig.* 449) porte 1ᵐ,20.

Nous donnons ci-dessous le tableau des dimensions générales de la série commerciale.

Longueur	0.85	0.90	0.95	1.00	1.05	1.10	1.15	1.20	1.30	1.40	1.50	1.60	1.70
Largeur	0.50	0.50	0.50	0.53	0.55	0.56	0.60	0.65	0.65	0.70	0.70	0.75	0.75
Hauteur	0.80	0.80	0.80	0.80	0.80	0.80	0.80	0.80	0.80	0.80	0.80	0.80	0.80
Largeur du four	0.25	0.27	0.28	0.31	0.31	0.33	0.37	0.37	0.40	0.45	0.47	0.50	0.55
Profondeur du four	0.45	0.45	0.45	0.48	0.50	0.50	0.55	0.57	0.57	0.62	0.62	0.67	0.68
Contenance du réservoir en litres	8	8	8	8	12	12	12	18	18	25	25	37	45

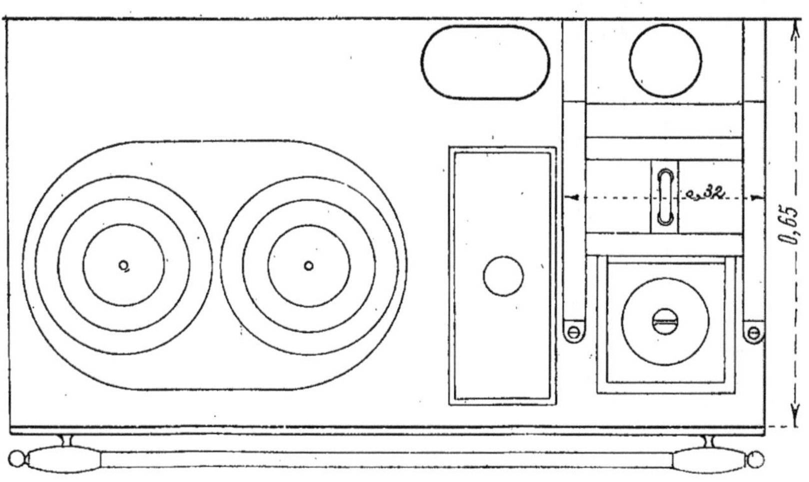

Fig. 450. — Plan du fourneau (*fig.* 449).

Le plan du dessus (*fig.* 450) complète la description.

On demande quelquefois au fourneau de cuisine de remplir la double condition d'un calorifère, pour chauffer avec le même foyer une pièce contiguë.

C'est cette disposition particulière que nous donnons en coupe (*fig.* 451).

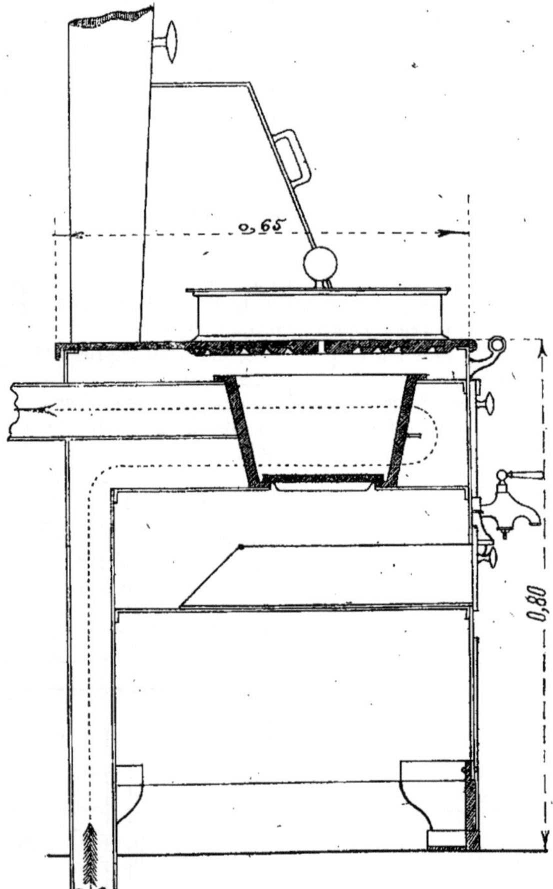

Fig. 451. — Coupe d'un fourneau à grillade, à bouche de chaleur derrière.

L'air extérieur canalisé dans le fourneau, est amené au foyer, où il s'échauffe rapidement au contact des parois, par rayonnement, et distribué ensuite, par un conduit spécial, à la bouche d'émission.

On peut à volonté combiner la structure intérieure du fourneau pour donner une bouche de chaleur dessus, derrière ou sur côté.

On ne peut utiliser la puissance calorifique du foyer que pour une seule bouche, et à condition de ne pas canaliser trop loin l'air chaud, afin d'obtenir un rendement suffisamment appréciable

Tous les fourneaux décrits précédemment peuvent être faits avec rôtisserie à air libre en bout.

Cette disposition est obtenue par l'emplacement du foyer agencé en bout et spécialement pour l'usage à rôtisserie.

Une ouverture est ménagée dans la costière du fourneau et fermée par une porte à bascule montée sur consoles.

Quand on veut mettre en service ; on ouvre la porte et on installe sur l'abattant une rôtissoire portative.

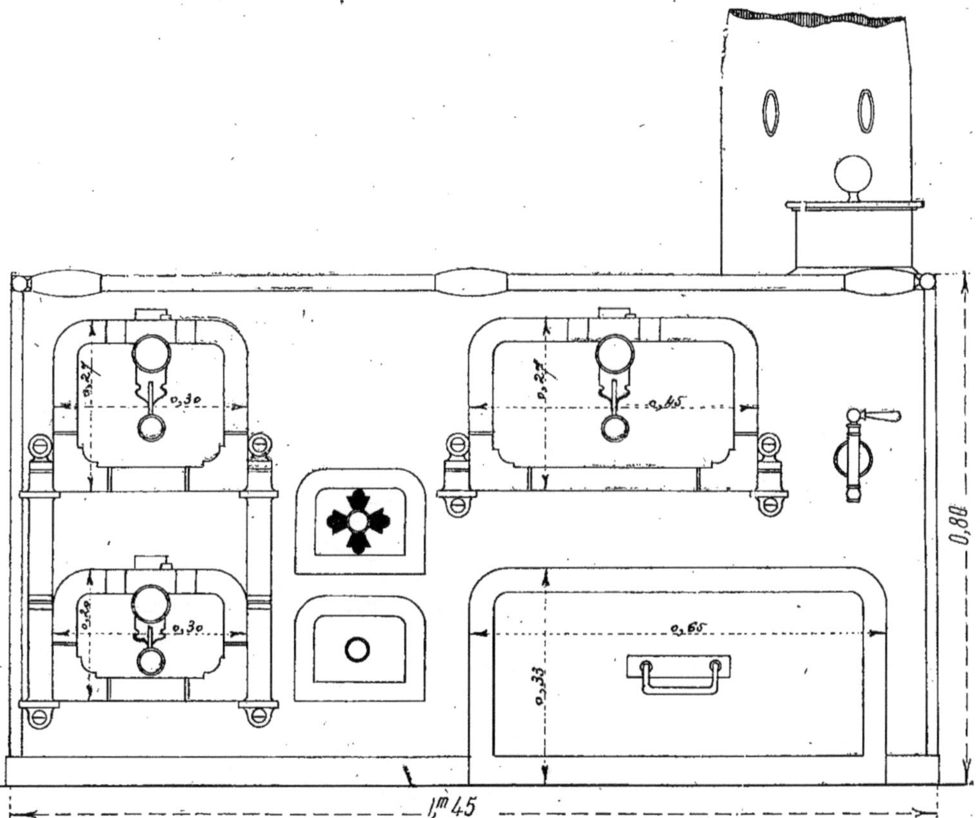

Fig. 452. — Fourneau à grillade Gosteau.

Parmi les fourneaux à grillade, nous présentons, figure 452, un modèle tout spécial, appelé grillade Gosteau.

La grillade intérieure est composée de récipients à charbon en forme de réchauds avec créneaux. Les gaz de la combustion sont canalisés dans les carnaux du fourneau et évacués dans la mître.

Le grilloir et la lèche-frite sont logés dans l'intérieur du fourneau et placés dessous les réchauds. Tout l'agencement est renfermé par une porte à bascule montée sur la façade, de sorte que la grillade et les accessoires sont invisibles quand ils ne sont pas en service.

La grillade Gosteau a l'avantage d'éviter l'encombrement du dessus du fourneau. Car même en service elle n'a aucune saillie.

La mître unitaire est pourvue d'une cloison intérieure pour l'évacuation du service de la grillade et pour le dégagement des fumées du foyer à houille.

Le réglage indépendant est fait au moyen de deux soupapes, montées dans l'intérieur de la mître sur le même plan, et commandées sur la face par deux olives.

Le fourneau construit à ceinture est composé d'un four à rôtir, un charbonnier, un réservoir à panache et couvercle en cuivre.

Le cendrier trieur peut être retranché à volonté.

Au-dessous du grilloir l'emplacement est utilisé par une étuve sans grand usage au point de vue de la cuisine.

Les portes superposées de la grillade et de l'étuve au dessous sont montées à doubles consoles, avec cadres d'applique à

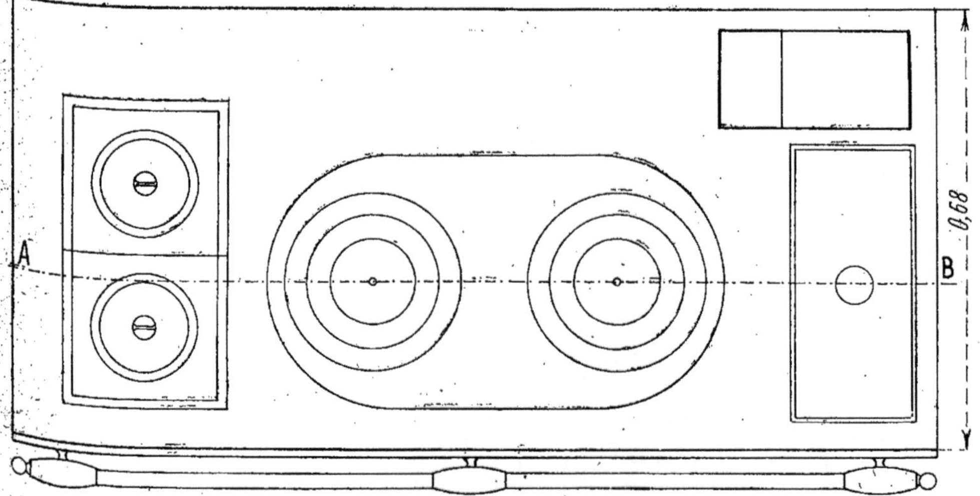

Fig. 453. — Plan du fourneau à grillade Gosteau.

congés, fermetures à loquets à ressort ou à clanche à volonté.

La porte du four est montée sur deux consoles simples.

Tous les ferrements sont polis et une barre-main courante en cuivre est rapportée sur la façade.

Nous donnons le plan du fourneau à grillade Gosteau (fig. 453).

Ce modèle de fourneau se fait commercialement de neuf dimensions, depuis 0^m,95 jusqu'à 1^m,55 de longueur.

Le tableau ci-dessous indique les mesures de fabrication de la série complète:

Longueur	0.95	1.00	1.05	1.10	1.15	1.25	1.35	1.45	1.55
Largeur	0.52	0.55	0.60	0.60	0.60	0.60	0.65	0.68	0.72
Hauteur	0.80	0.80	0.80	0.80	0.80	0.80	0.80	0.80	0.80
Largeur du four	0.27	0.28	0.30	0.31	0.33	0.37	0.40	0.45	0.50
Profondeur du four	0.50	0.53	0.55	0.55	0.55	0.56	0.60	0.60	0.62
Contenance du réservoir en litres	8	8	12	12	12	18	25	25	37

Jusqu'à la mesure de 1ᵐ,15, les longueurs sont en augmentation constante de 0ᵐ,05.

Depuis 1ᵐ,15 jusqu'à 1ᵐ,55 les augmentations sont de 0ᵐ,10.

Nous donnons pour compléter notre démonstration une coupe longitudinale du fourneau prise sur AB avec cotes intérieures de toutes les parties de la construction (*fig.* 454).

Les inconvénients culinaires de la grillade Gosteau sont de laisser tomber les

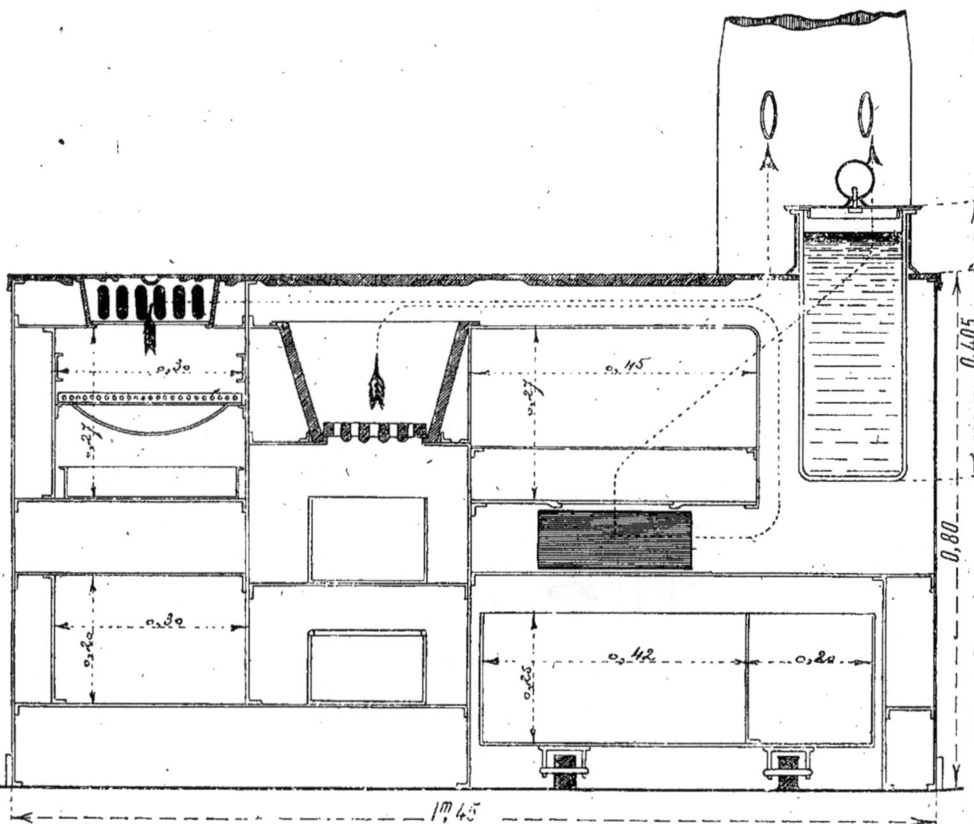

Fig. 454. — Coupe sur AB du fourneau (*fig.* 452 et 453).

cendres, sur les viandes placées sur le grilloir; par cette raison que les aliments sont au-dessous des réchauds.

Pour remédier à cet inconvénient on fait un autre genre de grillade dite mobile qui évite le reproche que l'on fait au système précédent, et laisse subsister à peu près intégralement la disposition pratique de la grillade invisible.

C'est ce modèle de grillade que nous présentons avec un fourneau à four et étuve, dit à simple service.

Le fourneau monté sur pieds socles en fonte est construit en tôle dans les mêmes conditions de fabrication que les précédents.

Le service est composé d'un four et d'une étuve tempérée au-dessous, avec un chauffe-assiettes à la suite.

La grillade mobile et ses deux réchauds sont montés au-dessus du chauffe-assiettes. Le réservoir est placé à l'opposé.

Le cendrier du foyer est doublé d'un cendrier trieur.

Le montage des portes sur la façade est fait dans les mêmes genres, à consoles et

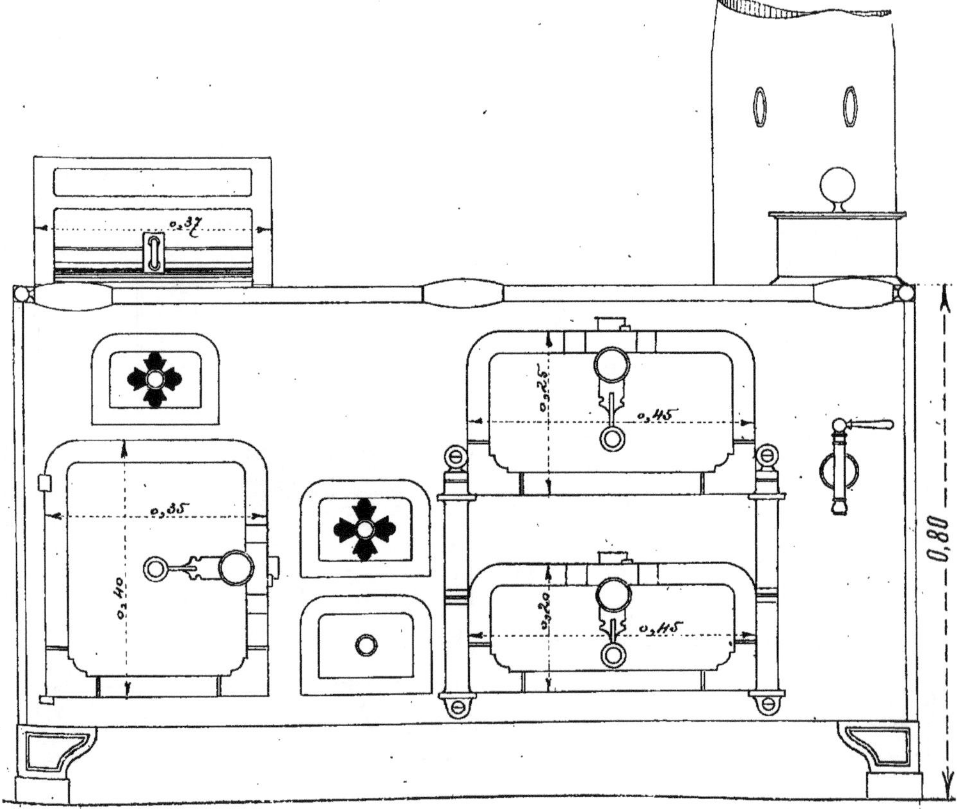

Fig. 455. — Fourneau à grillade mobile.

à charnons. Les cadres sont en fer poli. Les loquets à clanche ou à ressort à volonté.

Le réservoir est toujours en fonte émaillée avec panache et couvercle en cuivre poli.

Le grand avantage de la grillade Gos-teau est de laisser libre le dessus du fourneau. La grillade mobile réalise cette amélioration à peu près au même titre, et ne laisse d'autre saillie que la poignée de manœuvre.

Le développement de la grillade en service est réglé au moyen d'un contrepoids supporté par un câble et passant dans une poulie à gorge.

La révolution de la course est un quart de cercle. L'aspect en service est celui de la grillade fixe.

Les gaz de la combustion sont canalisés dans les carnaux du fourneau et évacués dans la mitre.

La mitre assure le doublé service d'évacuation du fourneau et de la grillade par une cloison intérieure la sectionnant en deux parties inégales.

Le réglage indépendant est fait au moyen de deux soupapes avec olives de manœuvre sur la face.

Nous représentons cè fourneau avec la grillade sur son développement (*fig.* 455).

Le modèle choisi pour notre dessin a 1^m,40 de longueur.

Nous donnons le tableau complet de la série commerciale qui comprend dix numéros dans les mesures de 0^m,95 à 1^m,60 de longueur.

Longueur	0.95	1.00	1.05	1.10	1.15	1.20	1.30	1.40	1.50	1.60
Largeur	0.55	0.55	0.58	0.60	0.62	0.65	0.65	0.70	0.70	0.76
Hauteur	0.80	0.80	0.80	0.80	0.80	0.80	0.80	0.80	0.80	0.80
Largeur du four	0.28	0.28	0.31	0.33	0.35	0.36	0.40	0.45	0.47	0.50
Profondeur du four	0.48	0.48	0.54	0.56	0.56	0.59	0.60	0.63	0.63	0.68
Contenance du réservoir en litres	8	8	12	12	12	18	18	25	25	37

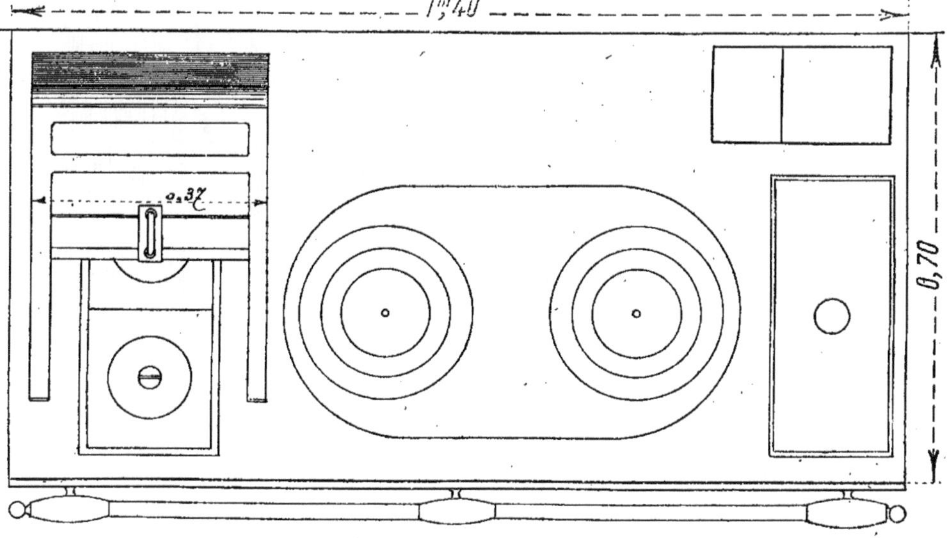

Fig. 456. — Plan du dessus du fourneau à grillade mobile.

De 0^m,95 à 1^m,20 les six premiers numéros de la série sont fabriqués en augmentation constante de 0^m,05.

Les quatre numéros suivants de 1^m,30 à 1^m,60 sont différents entre eux de 0^m,10.

Le plan du dessus du fourneau avec la grillade à son point de développement correspondant est représenté (*fig.* 456).

Nous avons choisi le type de fourneau à four, étuve et chauffe-assiettes; afin de donner à nos lecteurs une combinaison différente de celle du fourneau à grillade Gosteau, en même temps que nous leur donnons un autre genre de grillade.

Les fourneaux se font aussi dans leurs mesures respectives avec chacun leur modèle de grillade, dans les combinaisons à charbonnier, four et étuve, etc.

Comme pour les fourneaux précédents on peut à volonté placer le départ à droite

Afin de compléter la démonstration du système de la grillade mobile nous donnons (*fig.* 457) une coupe sur le développement de la course.

La grillade est représentée en service.

En fabrication courante le système de grillade mobile est fait avec coffre en tôle, dessus en fonte et réchauds, pour fourneau construit.

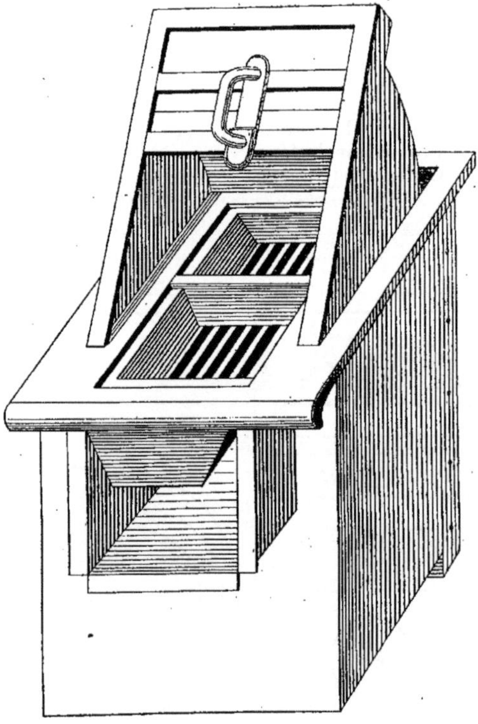

Fig. 457. — Coupe de la grillade mobile
(*fig.* 455 et 456).

Fig. 458. — Appareil complet à grillade mobile
avec coffre en tôle.

ou à gauche, supprimer le cendrier trieur, remplacer la chaudière en fonte par un bain-marie en cuivre.

Le fourneau à grillade mobile peut aussi être construit avec rôtisserie à air libre en bout.

Le tirage est assuré par la mitre. Le fourneau est augmenté en longueur de 0^m,11 environ.

L'appareil étant par lui-même essentiellement portatif trouve naturellement sa place dans le chapitre des fourneaux portatifs.

Nous représentons (*fig.* 458) tout l'appareil.

La série comprend six numéros dans les largeurs de 0^m,23 à 0^m,36.

La mesure est prise à l'intérieur de la grillade.

Fourneau à double service.

254. Les fourneaux à double service sont composés de deux fours et deux étuves placés à droite et à gauche du foyer.

Cette disposition permet de cuire dans le même temps une plus grande quantité d'aliments et une grande variété de plats.

Le réglage des fours à rôtir se fait au moyen de garde-rôts à coulisses et de soupapes.

Etant donné leur importance au point de vue culinaire, les fourneaux à double service ont toujours un réservoir à eau chaude.

Les dessus en fonte à grande surface de chauffe permettent le service d'une nombreuse batterie de cuisine.

Les fourneaux à double service se font aussi à grillade et à combinaisons, avec adjonction de chauffe-assiettes, charbonnier, etc.

En remplacement de la grillade, on installe à volonté une rôtisserie complète avec tourne-broches et accessoires. Mais cette disposition spéciale sort un peu des demandes courantes.

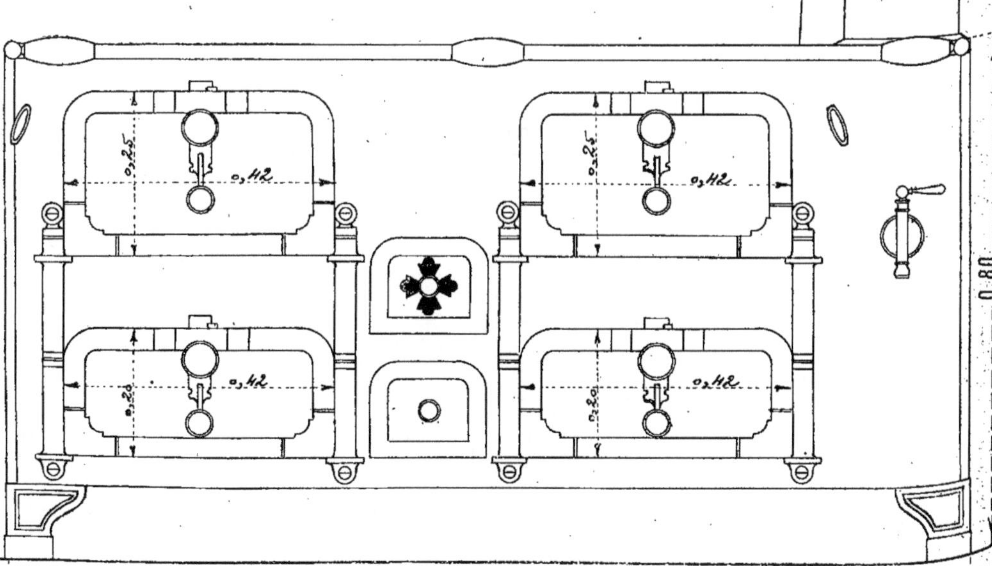

Fig. 459. — Fourneau à double service.

La fabrication des fourneaux à rôtisserie ne se fait que sur commande précise.

En dehors de ces généralités, il se fait un grand nombre de combinaisons pour usages spéciaux que nous verrons ultérieurement.

Au point de vue domestique nous présentons (*fig.* 459), un fourneau à double service de 1ᵐ,50 de longueur, monté sur pieds socles en fonte.

La fabrication est entièrement en tôle, avec armatures et cornières en fer assemblées sur les divisions intérieures, la façade en tôle.

Les angles extérieurs de la cage, appelée aussi carcasse, sont assemblés sur des cornières apparentes en fer poli.

Les portes des fours et étuves à cadres polis et congés, sont fixées à la façade par des grandes consoles doubles, polies, rapportées avec vis à métaux fraisées.

Les fermetures sont assurées par des loquets à ressorts ou à clanches à volonté, en fer poli.

Dans l'axe du foyer ; le cendrier trieur et au dessous le cendrier garde cendres.

Les cadres des cendriers sont en fer poli. Le trieur est toujours muni d'une coulisse d'air découpée en croix de Malte, pour régler la combustion du foyer.

Le foyer est en fonte. Le dessus à grande surface de chauffe avec plaque de rechange en deux pièces, le jeu de rondelles au centre.

Le réservoir est toujours en fonte émaillée avec panache et couvercle en cuivre poli. La contenance est importante en raison des dimensions des fourneaux.

La barre main courante est en cuivre montée sur deux ou trois supports suivant la longueur.

Le réglage indépendant des fours à droite et à gauche est assuré par les soupapes placées aux extrémités. Les commandes des soupapes sur la façade du fourneau sont à portée de main par des poignées manivelles ou des grosses olives polies.

On remplace assez fréquemment les boutons en fer par des boutons en cuivre sur les portes, cendriers, etc. Cette modification entraîne une plus-value.

La plaque de rechange pour les fourneaux de grandes dimensions du modèle traité, se fait aussi sur demande, à trois jeux de rondelles.

Le départ se fait à droite ou à gauche à volonté.

Le fourneau se fait en fabrication courante de huit dimensions depuis 1^m,10 jusqu'à 2 mètres.

Nous donnons ci-dessous le tableau complet de fabrication :

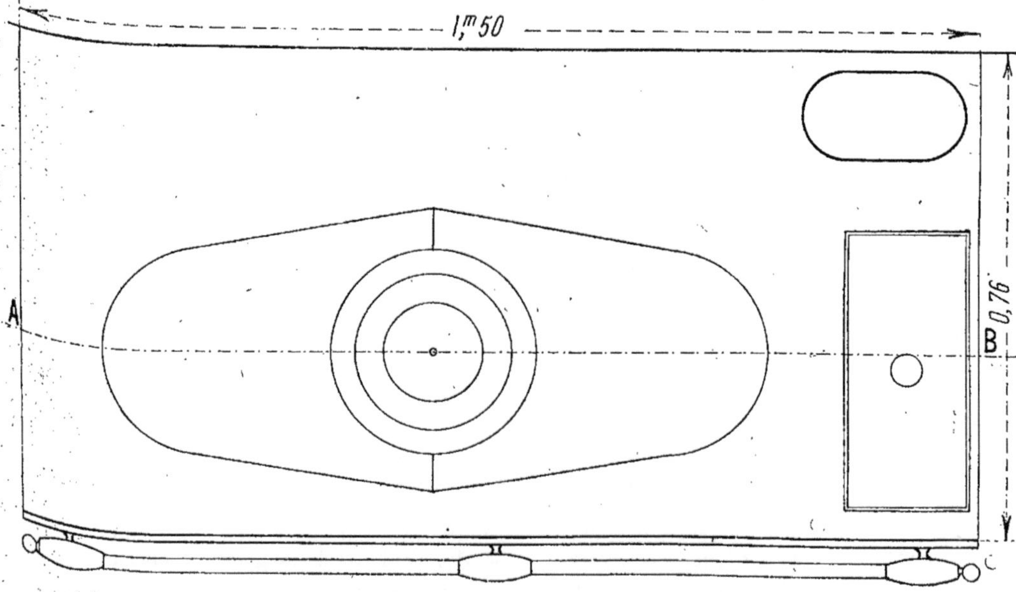

Fig. 460. — Plan du dessus du fourneau à double service.

Longueur	1.10	1.20	1.30	1.40	1.50	1.60	1.80	2.00
Largeur	0.62	0.70	0.72	0.76	0.76	0.80	0.80	0.85
Hauteur	0.80	0.80	0.80	0.80	0.80	0.80	0.80	0.80
Largeur du four	0.30	0.33	0.35	0.37	0.42	0.45	0.50	0.60
Profondeur du four	0.47	0.48	0.50	0.54	0.54	0.58	0.62	0.65
Contenance du réservoir en litres	12	18	18	25	25	37	37	45

Les mesures de longueur de 1ᵐ,10 à 1ᵐ,60 sont en augmentation constante de 0ᵐ,10; de 1ᵐ,60 à 2 mètres, les différences sont de 0ᵐ,20.

La figure 460 représente le plan du dessus avec plaque de rechange en deux pièces et jeu de rondelles au centre.

Le même genre de fourneau se fait aussi à ceinture moyennant une augmentation proportionnelle suivant les longueurs.

Pour compléter notre démonstration, la figure 461 donne une coupe longitudinale du fourneau prise sur AB, avec cotes intérieures de toutes les parties de la construction.

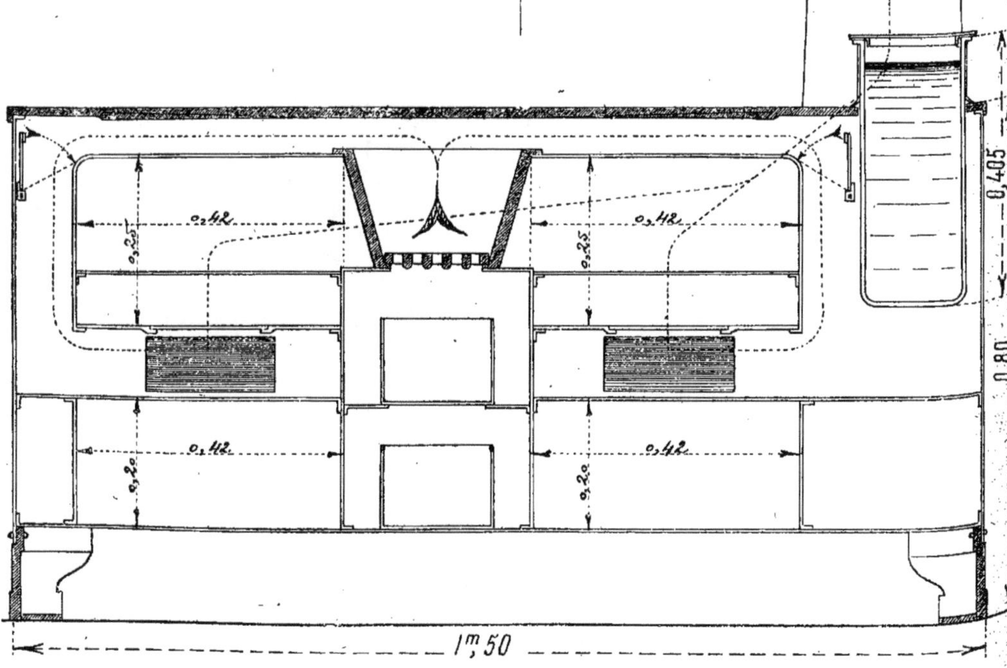

Fig. 461. — Coupe sur AB du fourneau (*fig.* 459 et 460).

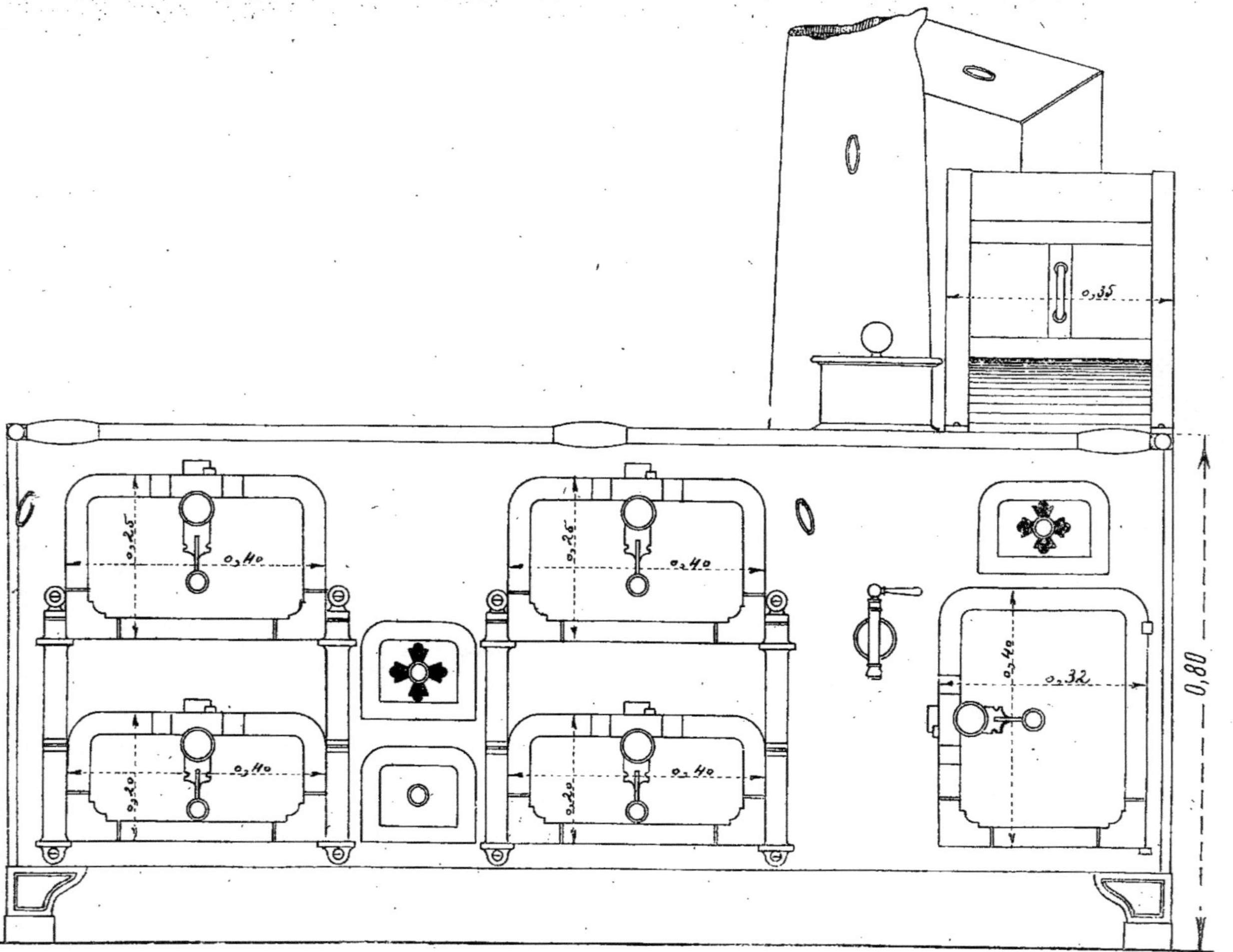

Fig. 462. — Fourneau à double service, chauffe-assiettes et grillade, avec réservoir à panache.

Fourneaux à double service et grillade.

255. Nous terminons l'exposé des différents fourneaux portatifs à usage domestique pour maison bourgeoise, par un modèle très compliqué, à double service et combinaison, avec chauffe-assiettes et grillade fixe.

Le fourneau présenté (*fig.* 462) a 1^m,80 de longueur, il est monté sur pieds socles en fonte.

La fabrication est absolument semblable à celle du fourneau précédent.

La composition diffère seulement par l'adjonction du chauffe-assiettes et d'une grillade sur la droite.

La grillade est fixée sur le dessus par des vis à métaux. L'évacuation est faite dans la mitre du fourneau par une jonction en tôle avec coude.

Les réglages de la mitre et du départ de la grillade sont faits par des soupapes placées respectivement dans chaque tuyau.

Pour le surplus le montage des portes est le même que celui du fourneau précédent sauf la porte du chauffe-assiettes montée à charnons.

Le cendrier du service des réchauds est muni d'une coulisse d'air en croix de Malte semblable à celle du trieur.

Le réglage des fours est commandé par deux soupapes.

Le foyer, le réservoir, la barre maincourante sont semblables.

On peut à volonté mettre le chauffe-assiettes et la grillade à droite ou à gauche sans supplément de fabrication.

Le réservoir peut aussi être placé à l'opposé.

Le dessus du fourneau est à trois jeux de rondelles.

Le fourneau se fait en fabrication commerciale de neuf dimensions, depuis 1^m,50 jusqu'à 2^m,50.

Les augmentations de mesures ne sont pas entre elles en relation constante comme pour les autres fourneaux.

Les variations sont de 0^m,05, 0,^{m}10, 0,^{m}20 et 0^m,30.

Le tableau ci-dessous indique les mesures de fabrication de la série complète.

Longueur	1.50	1.60	1.65	1.70	1.80	1.90	2.00	2.20	2.50
Largeur	0.70	0.70	0.72	0.72	0.76	0.76	0.80	0.80	0.85
Hauteur	0.80	0.80	0.80	0.80	0.80	0.80	0.80	0.80	0.80
Largeur du four	0.33	0.35	0.35	0.37	0.40	0.45	0.45	0.50	0.50
Profondeur du four	0.48	0.48	0.50	0.50	0.54	0.54	0.58	0.58	0.60
Contenance du réservoir en litres	18	18	18	25	25	25	37	37	45

Ce genre de fourneau très important, ne commence qu'à partir de 1^m,50 et fournit cependant des mesures intermédiaires qui ne sont pas dans la série précédente.

Nous faisons remarquer à titre de renseignement les grandes différences de capacité des fours, à mesure égale du fourneau.

Les fours sont beaucoup plus grands dans le modèle sans grillade.

La raison de la réduction des fours est dans le logement du chauffe-assiettes et la disposition du bain-marie.

On remédie à cet inconvénient par une autre disposition des organes du fourneau en dehors des données de la fabrication courante.

Nous complétons le fourneau par le plan du dessus (*fig.* 463) représenté avec trois jeux de rondelles.

La plaque de rechange est en deux pièces.

En présentant les deux modèles de fourneaux à double service, avec et sans grillade et l'adjonction d'un chauffe-assiettes, nous avons donné dans ses grandes lignes la fabrication courante.

La grillade mobile décrite (*fig.* 455-456-457) est placée aussi sur une série de fourneaux à double service avec chauffe-assiettes.

La description très détaillée que nous en avons faite nous dispense d'y revenir; d'autre part, les fourneaux sont semblables.

La série à grillade mobile est moins im-

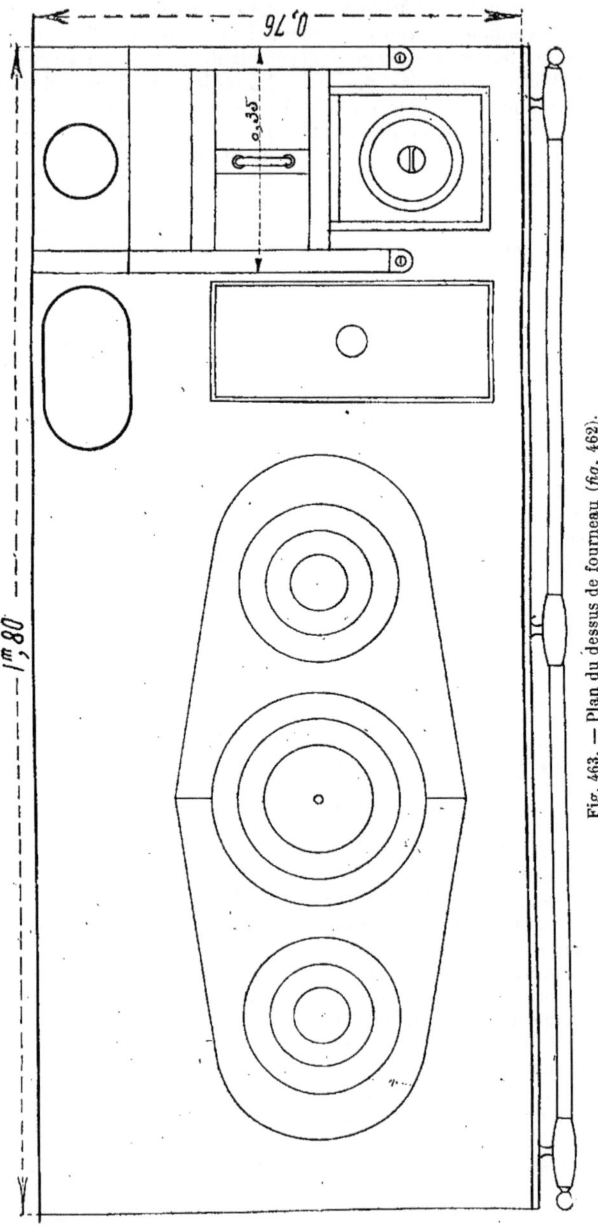

Fig. 463. — Plan du dessus de fourneau (fig. 462).

portante et ne comporte que six dimensions.

Ci-dessous et à titre documentaire, le tableau des mesures de fabrication des fourneaux à double service et chauffe-assiettes, à grillade mobile.

Tous les fourneaux ont un réservoir en fonte émaillée à panache en cuivre.

Longueur	1.55	1.65	1.80	2.00	2.20	2.50
Largeur	0.70	0.72	0.76	0.80	0.80	0.85
Hauteur	0.80	0.80	0.80	0.80	0.80	0.80
Largeur du four	0.33	0.35	0.37	0.45	0.50	0.60
Profondeur du four	0.48	0.50	0.54	0.58	0.58	0.60
Contenance du réservoir en litres	18	18	25	37	37	45

On fait aussi une autre série de fourneaux à ceinture avec charbonnier et grillade mobile.

Le charbonnier tient la place d'une étuve tempérée.

Le fourneau de ce genre est composé de deux fours, une étuve, un charbonnier, une grillade mobile avec ses réchauds, les cendriers et le réservoir à eau chaude.

Les dimensions de la série complète sont identiquement semblables à la série précédente et conformes au tableau ci-dessus.

Fourneaux mixtes à service à gaz.

256. En raison de l'usage très répandu du gaz d'éclairage pour la cuisson des aliments, les constructeurs ont créé un type de fourneau mixte, servant à la fois au charbon et au gaz.

C'est, en somme, le genre de construction précédemment décrit pour les fourneaux à service potager, avec réchauds à charbon de bois.

La seule différence est le remplacement des réchauds à charbon par des brûleurs à gaz.

L'avantage des fourneaux spéciaux à brûleurs est d'éviter l'encombrement des réchauds portatifs à gaz.

Les couronnes des brûleurs sont disposées concentriquement dans l'intérieur du fourneau en contre-bas du dessus en fonte.

Les grilles porte-casseroles sont en saillie légère sur le dessus.

Le gaz est canalisé aux réchauds par la rampe évidée, faite spécialement en tube pour cet usage.

Le réglage de la combustion est obtenu par des robinets à manettes placés sur la rampe.

Le plus petit modèle de fourneau de ce genre est à arcade de 0ᵐ,75 de longueur tout en tôle, monté sur pieds socles en fonte, avec un four à rôtir, un cendrier, un réservoir fonte émaillée à couvercle fonte et un réchaud à double brûleur.

Le foyer à houille est en fonte.

La mitre de fumée est dans l'axe du fourneau.

La fabrication est semblable à celle des fourneaux ordinaires correspondants.

L'arcade peut recevoir un charbonnier à volonté.

Le modèle immédiatement supérieur dans le même genre porte 0ᵐ,80 de longueur avec deux réchauds à double brûleur.

Les mêmes fourneaux se font aussi sans réservoir.

Les brûleurs peuvent à volonté être placés à droite ou à gauche.

Les modèles suivants dans la série de fabrication commerciale sont montés avec grilloirs-rôtissoires Gosteau, sous les brûleurs.

Les mesures des fourneaux sont de 0ᵐ,85 à 1ᵐ,20 de longueur.

Les réservoirs en fonte émaillée sont montés à panaches et couvercles en cuivre poli.

Toutes les modifications que nous avons précédemment décrites dans les fourneaux ordinaires, peuvent être apportées au même titre dans les fourneaux mixtes.

Dans le genre important nous présentons (*fig.* 464) un fourneau à simple service, monté à ceinture, avec charbonnier, grilloir-rôtissoire et réservoir en fonte émaillée à panache et couvercle en cuivre poli.

Le fourneau représenté porte 1ᵐ,50 de longueur.

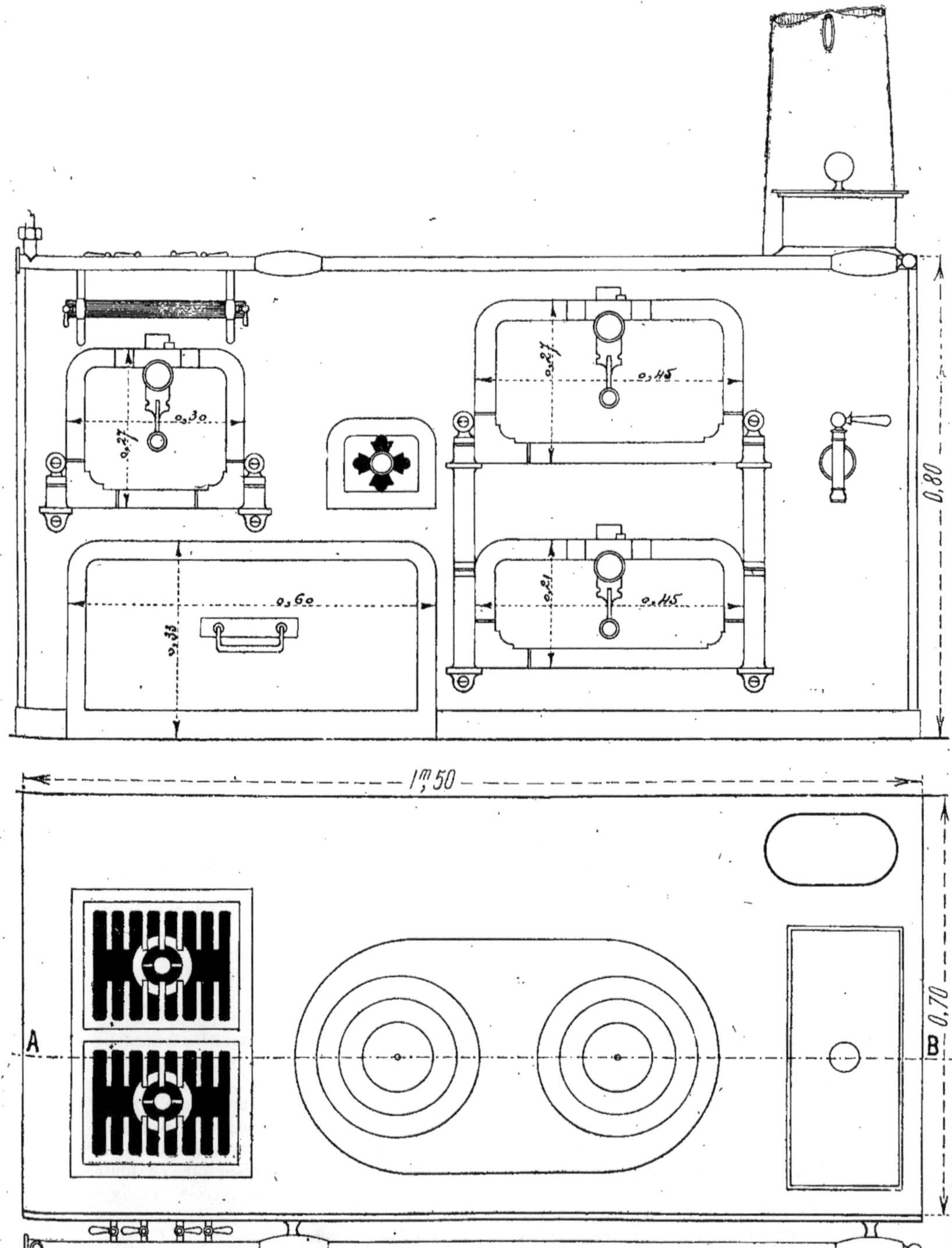

Fig. 464 et 465. — Fourneau à simple service mixte avec brûleurs à gaz et grilloir-rôtissoire. — Élévation et plan.

La fabrication est entièrement faite en tôle. Les portes du four et de l'étuve tempérée, montées sur des encadrements à congés en fer plat poli, sont fixées à la façade par des doubles consoles polies rapportées à vis, et fermées par des loquets à ressorts.

La porte du cendrier avec cadre en fer plat poli est munie d'une coulisse d'air en croix de Malte.

Les brûleurs sont placés à l'intérieur du fourneau, sous la plaque du dessus.

L'agencement du grilloir-rôtissoir est enfermé dans le fourneau comme nous l'avons vu dans la description du grilloir Gosteau.

Quand le grilloir n'est pas en service, une porte de même façon que celles du four et de l'étuve, renferme le tout.

Immédiatement au-dessous, le vide est utilisé par un charbonnier, monté sur galets ou rouleaux en bois, avec façade encadrée en fer blanchi et poignée de manœuvre au centre.

Le réservoir en fonte émaillée est à panache et couvercle en cuivre poli.

La rampe en cuivre poli est montée sur des supports fixés à la façade par des écrous sur tiges filetées.

La mitre d'évacuation des fumées est placée à droite du fourneau derrière le réservoir.

Le plan du fourneau (*fig.* 465) donne l'ensemble de la composition.

La série comprend six numéros dans les dimensions de 1^m,30 à 2 mètres, et dont nous donnons ci-dessous le tableau de fabrication très complet avec toutes les mesures secondaires.

Depuis la mesure de 1^m,30 jusqu'à 1^m,60, les dimensions intermédiaires sont en augmentation constante entre elles de 0^m,10.

De 1^m,60 à 2 mètres les augmentations sont de 0^m,20.

Longueur........................	1.30	1.40	1.50	1.60	1.80	2.00
Largeur........................	0.65	0.65	0.70	0.70	0.75	0.80
Hauteur........................	0.80	0.80	0.80	0.80	0.80	0.80
Largeur du four................	0.35	0.40	0.45	0.50	0.55	0.60
Largeur de l'étuve.............	0.35	0.40	0.45	0.50	0.55	0.60
Largeur du grilloir............	0.27	0.30	0.30	0.30	0.35	0.35
Contenance du réservoir en litres....	18	18	25	25	37	37

La description du fourneau est complétée par une coupe longitudinale prise sur AB, avec cotes intérieures de toutes les parties de la construction (*fig.* 466).

Les brûleurs peuvent être placés à volonté du côté indiqué.

Le départ de fumée et le réservoir sont placés en conformité de la cheminée afin d'assurer un départ direct.

Le réservoir peut être fabriqué tout en cuivre étamé moyennant une plus-value basée sur sa valeur.

Les ferrements peuvent être nickelés et les boutons en fer remplacés par des boutons en cuivre.

Toutes ces modifications entraînent à des plus-values appréciables sur les prix de fabrication.

Malgré que le service à gaz est destiné à remplacer le service à charbon de bois, on fait néanmoins en fabrication, un type de fourneau avec le service potager conservé.

L'utilité de cette disposition est contestable.

La série complète comprend trois dimensions, de 1^m,20 à 1^m,40 de longueur dont nous donnons le tableau ci-dessous.

Longueur........	1.20	1.30	1.40
Largeur..........	0.60	0.60	0.60
Hauteur..........	0.80	0.80	0.80
Largeur du four....	0.33	0.35	0.40
Largeur du grilloir.	0.30	0.30	0.30

Le fourneau est du type à arcade avec ou sans charbonnier. Il est composé d'un four à rôtir, un cendrier pour foyer à charbon, un grilloir-rôtissoire, avec porte sur la façade, deux brûleurs doubles, deux réchauds à charbon de bois et le cendrier du service des réchauds. Un réservoir fonte émaillée à panache et couvercle en cuivre.

Les réchauds sont placés parallèlement aux brûleurs.

Le départ de fumée est dans l'axe du four.

Toute la fabrication est semblable à celle des fourneaux ordinaires du modèle correspondant.

Les modifications et additions précédemment décrites sont toujours possibles dans les conditions que nous avons données.

On fait encore un fourneau à grande surface de chauffe, avec double service de fours, mais à une seule étuve tempérée; brûleurs à gaz avec grilloir, charbonnier et réservoir.

Le type du fourneau se fait dans les

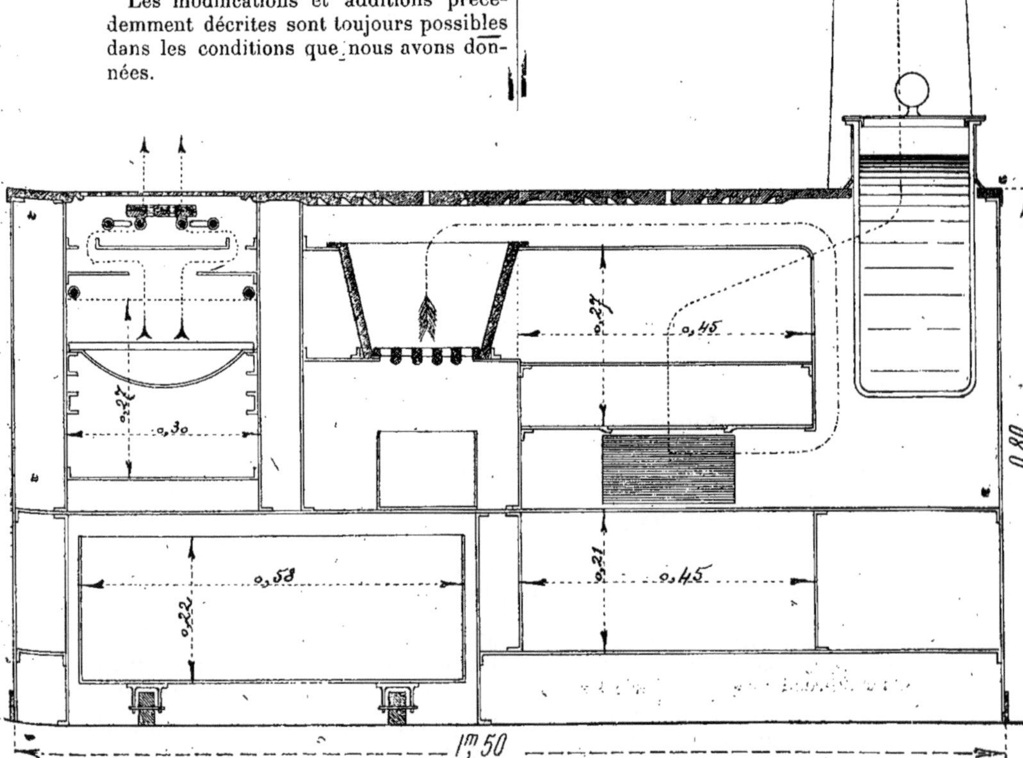

Fig. 466. — Coupe sur AB du fourneau (*fig.* 464 et 465).

grandes dimensions de 1ᵐ,65 à 2ᵐ,50 de longueur.

De 1ᵐ,65 à 1ᵐ,85 les mesures intermédiaires sont en augmentation constante entre elles de 0ᵐ,10.

Au-dessus de 1ᵐ,85 le fourneau immédiatement supérieur porte 2 mètres; soit une augmentation de 0ᵐ,15.

Le dernier fourneau de la série vient ensuite avec une longueur de 2ᵐ,50; soit l'énorme augmentation de 0ᵐ,50 entre les deux numéros.

Le tableau ci-dessous indique les mesures générales de la série complète.

Longueur	1.65	1.75	1.85	2.00	2.50
Largeur	0.72	0.76	0.76	0.80	0.85
Hauteur	0.80	0.80	0.80	0.80	0.80
Largeur des fours	0.35	0.37	0.42	0.45	0.55
Largeur du grilloir	0.30	0.30	0.30	0.35	0.35
Contenance du réservoir en litres	18	25	25	37	45

La composition du fourneau est celle du type à double service.

L'étuve tempérée du second service est remplacée par un charbonnier qui prend toute la longueur du four à rôtir et du grilloir-rôtissoire contigu.

Les deux portes du four et du grilloir sont sur le même plan immédiatement au-dessus du charbonnier.

La fabrication est à ceinture.

Les portes sont montées à bascule sur cadres à congés en fer poli, avec fermetures à clanches ou loquets et fixées à la façade par des consoles simples.

Tous les accessoires sont semblables à ceux des fourneaux précédents.

Le dessus du fourneau est à grande surface de chauffe avec jeu de rondelles au centre dans une plaque de rechange en deux pièces.

Fourneaux à usages spéciaux.

257. Dans les chapitres précédents nous avons examiné les fourneaux à usage bourgeois. Les types que nous avons présentés conviennent aux cuisines des particuliers. Toutes les combinaisons soumises à nos lecteurs tendent vers cet usage exclusif.

Nous allons maintenant décrire les fourneaux à usages spéciaux.

On comprend dans la catégorie des fourneaux spéciaux tous les appareils construits en vue d'obtenir un service plus spécialement affecté à un usage commercial.

Nous prenons en premier lieu le type de *fourneau pour limonadiers.*

Le modèle représenté (*fig.* 467) est à simple service, c'est-à-dire, composé d'un four à rôtir et d'une étuve tempérée, pour le service ordinaire de la cuisine. Un cendrier garde-cendres et le trieur au dessus. Un réservoir en fonte émaillée à panache et couvercle en cuivre poli, avec robinet de puisage sur la façade.

Du côté opposé au réservoir, un bain-marie en fonte émaillée avec copettes.

Tout le fourneau construit en tôle, à façade tôle, est monté sur pieds socles en fonte.

Les portes à bascule avec cadres en fer plat poli à congés, sont montées sur consoles doubles fixées à vis, et fermées par loquets à ressorts ou à clanches.

Le dessus est garni d'une plaque de rechange à deux jeux de rondelles avec tampons.

Ce genre de fourneau est composé à l'usage des cafetiers qui ont besoin pour leur commerce de tenir constamment des boissons chaudes.

Les copettes remplissent ces conditions et conservent les liquides à la température du bain-marie.

La Série commerciale comprend sept numéros de fabrication depuis 0ᵐ,90 de longueur jusqu'à 1ᵐ,50.

Le tableau ci-dessous indique les dimensions générales et complètes de la série de fabrication.

Longueur	0.90	1.00	1.10	1.20	1.30	1.40	1.50
Largeur	0.55	0.60	0.62	0.65	0.68	0.72	0.75
Hauteur	0.80	0.80	0.80	0.80	0.80	0.80	0.80
Largeur du four	0.31	0.33	0.37	0.40	0.45	0.50	0.55
Profondeur du four	0.48	0.50	0.56	0.58	0.58	0.55	0.55
Contenance du réservoir en litres	12	12	18	25	25	37	45

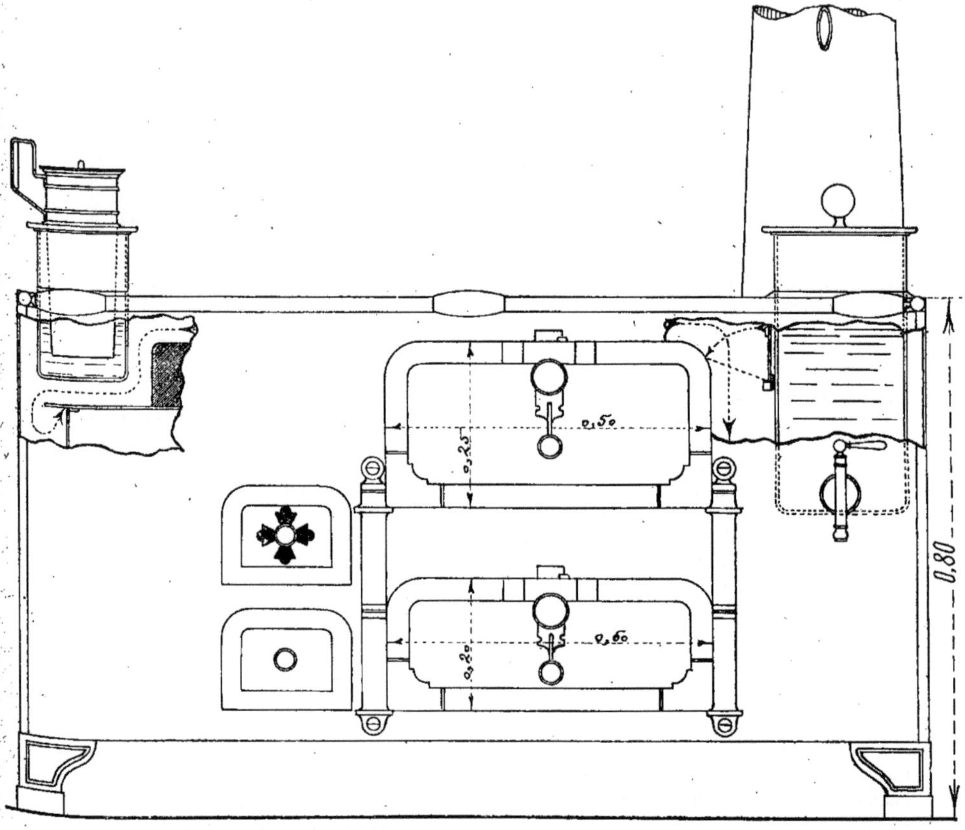

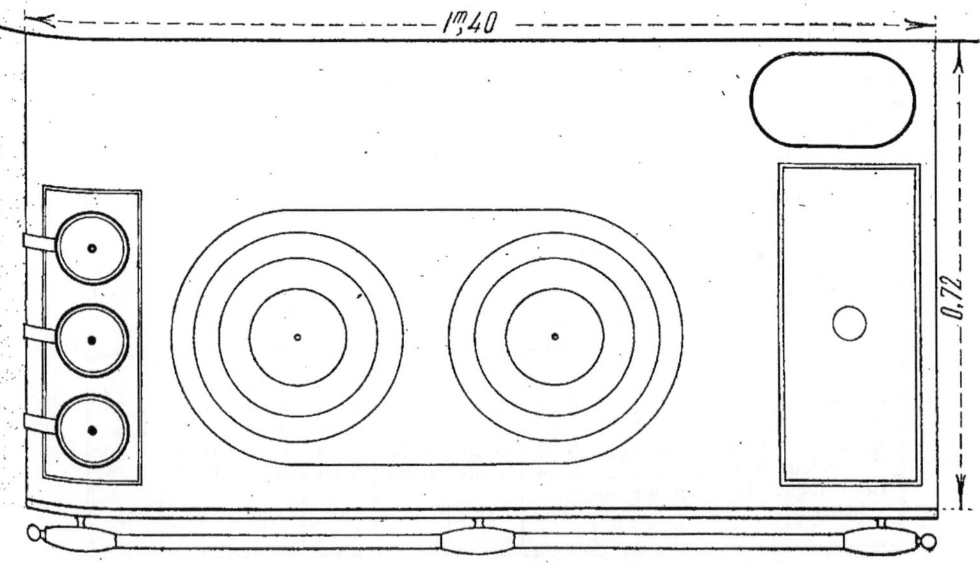

Fig. 467. — Fourneau de limonadier à simple service, réservoir à panache et bain-marie à copettes.

Fig. 468. — Plan du dessus du fourneau (*fig.* 467).

Les différentes longueurs sont en augmentation constante entre elles de 0^m,10.

Le plan du fourneau est représenté (*fig.* 468).

L'élévation est représentée avec des découpures dans la façade, qui permettent de se rendre compte des circulations de fumée autour du bain-marie et du réservoir.

Dans le même genre de fourneau on fait aussi un modèle à simple service, avec chauffe-assiettes placé à droite ou à gauche à volonté. Un service potager et grillade fixe ordinaire. Le réservoir en fonte émaillée à panache et couvercle en cuivre poli et le bain-marie à copettes.

Toute la construction, quant aux détails, est exactement semblable à celle du fourneau précédent.

Nous avons présenté dans le cours de nos études les fourneaux à chauffe-assiettes, nos lecteurs pourront s'y reporter au besoin.

A titre documentaire nous donnons ci-dessous le tableau des mesures de fabrication de la Série complète.

Longueur....................	1.20	1.30	1.40	1.55	1.65	1.80	1.90
Largeur	0.55	0.60	0.62	0.65	0.68	0.72	0.75
Hauteur....................	0.80	0.80	0.80	0.80	0.80	0.80	0.80
Largeur du four...........	0.31	0.33	0.37	0.40	0.45	0.50	0.55
Profondeur du four.........	0.48	0.50	0.56	0.58	0.58	0.55	0.55
Contenance du réservoir en litres	12	12	18	25	25	37	45

Les augmentations de mesures sont variables par 0^m,10 ou 0^m,15.

D'une manière générale toutes les modifications possibles, et déjà décrites pour les fourneaux portatifs, sont également applicables aux fourneaux de cafetiers.

On peut aussi par transformation installer un bain-marie à copettes dans un fourneau à double service ordinaire.

Il n'y a pas en fabrication de type de ce genre.

258. Par contre, il se fait commercialement un type de fourneau à double service avec chauffe-assiettes, grillade, réservoir et bain-marie à copettes, très complet, pour restaurant.

C'est ce modèle de fourneau que nous donnons (*fig.* 469).

La fabrication est dite à ceinture.

Le fourneau est composé de deux fours à rôtir avec deux étuves tempérées au dessous et un grand chauffe-assiettes à étagère, reporté sur la droite.

Dans l'axe du service des fours sont placés les deux cendriers superposés, dont un trieur.

A droite et à gauche, les soupapes commandées sur la façade par des poignées à olives, règlent la marche des fours.

La grillade est fixe, sans réchauds à charbon de bois.

Le dessus est fondu plein pour recevoir un lit de braise, destiné à la cuisson des viandes sur le gril pour l'usage spécial de restaurant.

L'évacuation de la grillade est faite par un départ placé au-dessus et raccordé sur la mître du fourneau.

Le réservoir est toujours en fonte émaillée à panache et couvercle en cuivre avec un robinet de puisage de grand modèle sur la façade.

A l'extrémité opposée, est placé le bain-marie à quatre copettes.

Le dessus du fourneau est à grande surface de chauffe, avec plaque de rechange de grandes dimensions fondue en deux pièces et garnie de trois jeux de rondelles avec tampons.

Au surplus, les détails de fabrication concernant les intérieurs, la carcasse et les accessoires, sont semblables aux fourneaux correspondants.

Le montage des portes est conforme au type de fabrication.

En raison de sa combinaison très compliquée et de son usage spécial ce modèle

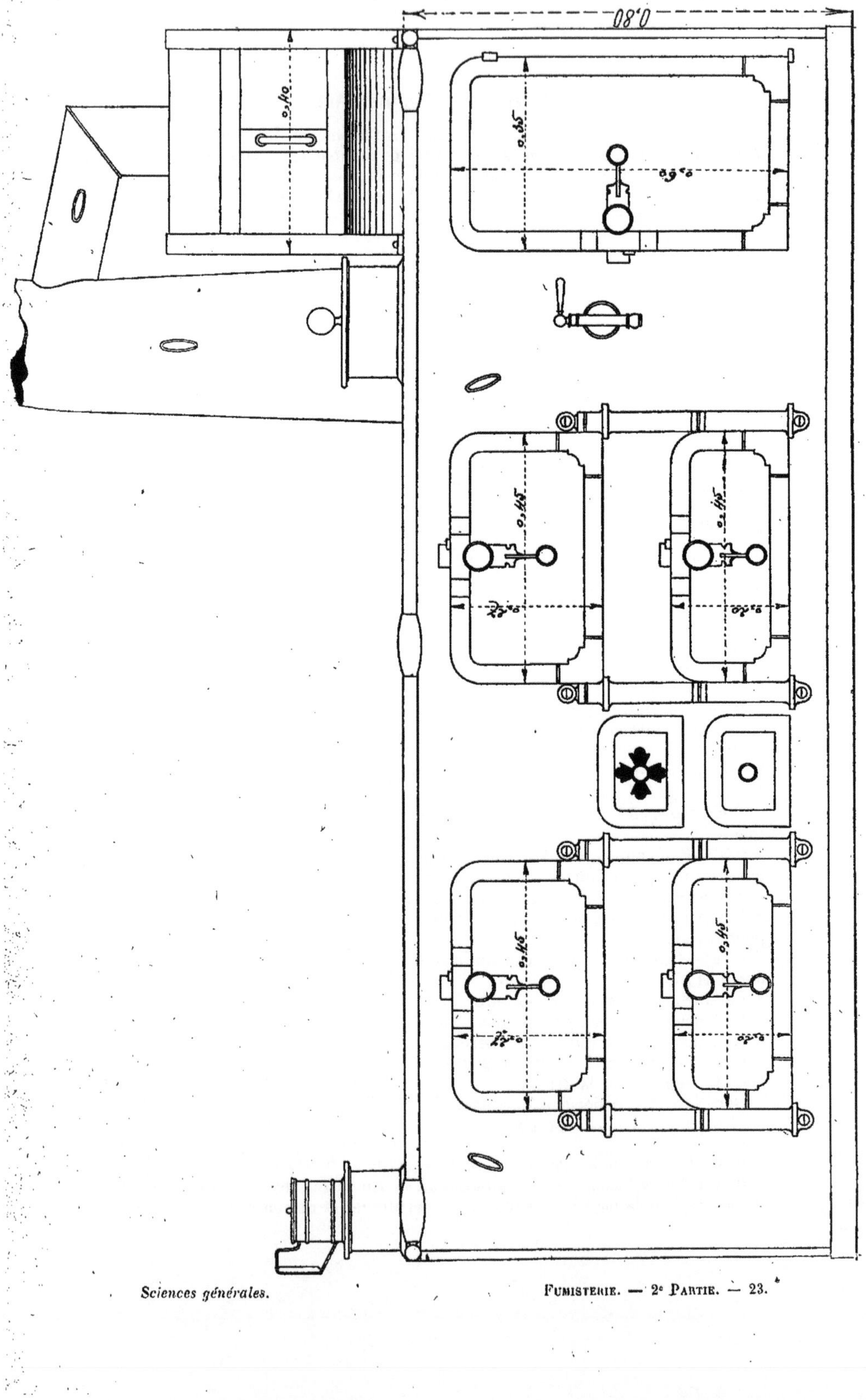

Fig. 469. — Fourneau de restaurant à double service et chauffe-assiettes, grillade, réservoir et bain-marie à copettes.

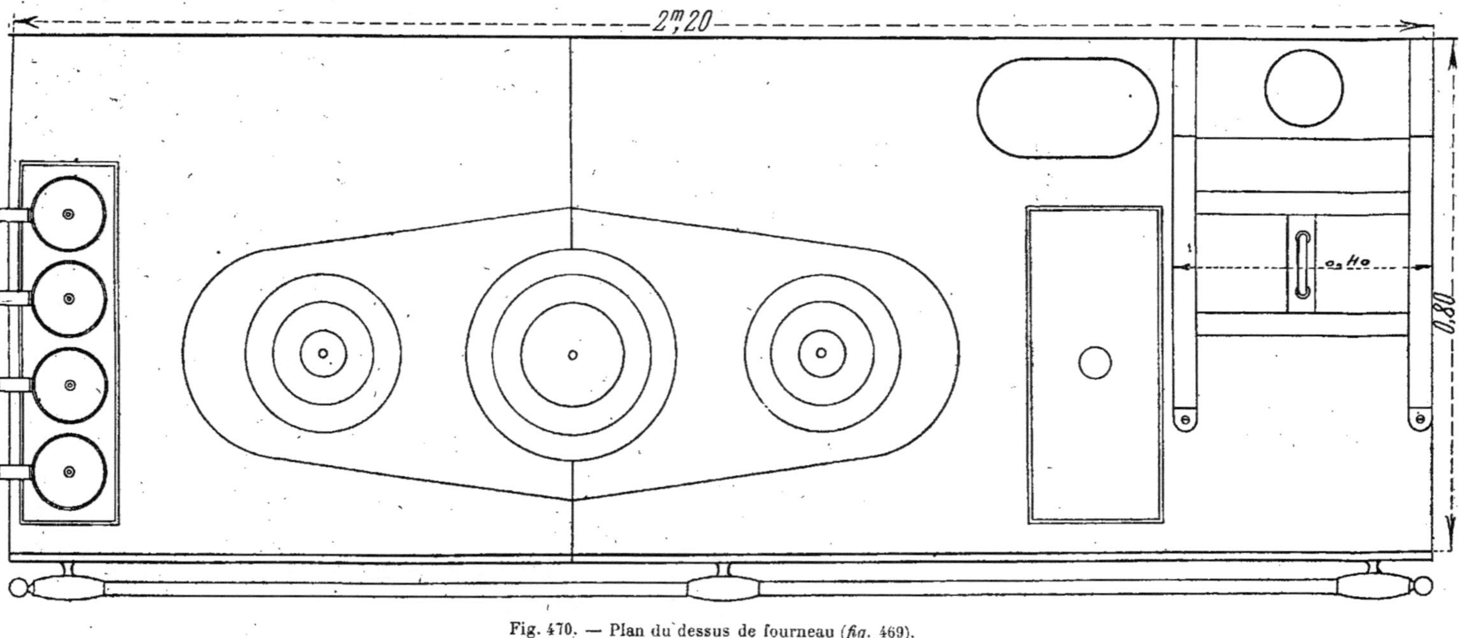

Fig. 470. — Plan du dessus de fourneau (fig. 469).

de fourneau se fait dans de grandes dimensions.

Les mesures de longueurs sont de 1^m,90 à 3 mètres.

La Série complète comprend sept numéros dont nous donnons ci-dessous le tableau détaillé.

Longueur	1.90	2.00	2.20	2.30	2.50	2.75	3.00
Largeur	0.74	0.75	0.80	0.80	0.85	0.85	0.85
Hauteur	0.80	0.80	0.80	0.80	0.80	0.80	0.80
Largeur des fours	0.40	0.40	0.45	0.45	0.50	0.60	0.65
Profondeur des fours	0.50	0.54	0.56	0.56	0.60	0.60	0.60
Contenance du réservoir en litres	25	37	37	37	37	45	45

Les différences des mesures intermédiaires sont variables depuis 0^m,10 jusqu'à 0^m,25.

Le plan du fourneau est représenté (*fig.* 470).

259. Nous donnons ensuite un autre genre de fourneau pour restaurant.

Etant donnée la quantité de vaisselle à laver journellement et plusieurs fois dans un temps limité, il est nécessaire pour les restaurants d'avoir un service spécial de laverie.

Mais, soit en raison de l'importance relative de la maison ou de l'exiguïté du local, on ne fait pas toujours un fourneau distinct pour la laverie.

Le modèle représenté (*fig.* 471) donne un type de fourneau avec cylindre à vaisselle attenant.

Le fourneau est à double service de fours et étuves, avec deux cendriers, dont un trieur. Le réservoir est en fonte émaillée à panache et couvercle en cuivre poli. Le cylindre à vaisselle est à l'extrémité opposée.

Les soupapes à droite et à gauche règlent la marche des fours.

Toute la cage du fourneau est en tôle, montées sur pied en fonte, et assemblée sur des cornières d'angles apparentes, en fer blanchi.

La façade est en deux pièces assemblées au raccordement du cylindre sur un couvre-joint en fer blanchi.

Les portes des fours et étuves sont montées à bascule sur des consoles doubles fixées à vis. Les cadres à congés sont en fer poli. Les fermetures sont à loquets ou à clenches.

Un tampon placé sur la façade, dans l'axe du cylindre, permet le nettoyage de la galerie de circulation de fumée.

On peut intervertir les emplacements du réservoir et du cylindre, et, d'une manière générale, faire toutes les modifications précédemment expliquées.

La Série commerciale comprend six numéros.

La plus petite longueur est de 2 mètres.

La plus grande longueur est de 2^m,85.

Nous donnons ci-dessous le tableau des mesures de fabrication de la Série complète.

Longueur	2 00	2.10	2.25	2.40	2.60	2.85
Largeur	0.72	0.76	0.76	0.80	0.80	0.85
Hauteur	0.80	0.80	0.80	0.80	0.80	0.80
Largeur des fours	0.35	0.37	0.42	0.45	0.50	0.60
Profondeur des fours	0.50	0.54	0.54	0.58	0.62	0.65
Diamètre du cylindre	0.42	0.45	0.45	0.50	0.55	0.55
Contenance du réservoir en litres	18	25	25	37	37	45

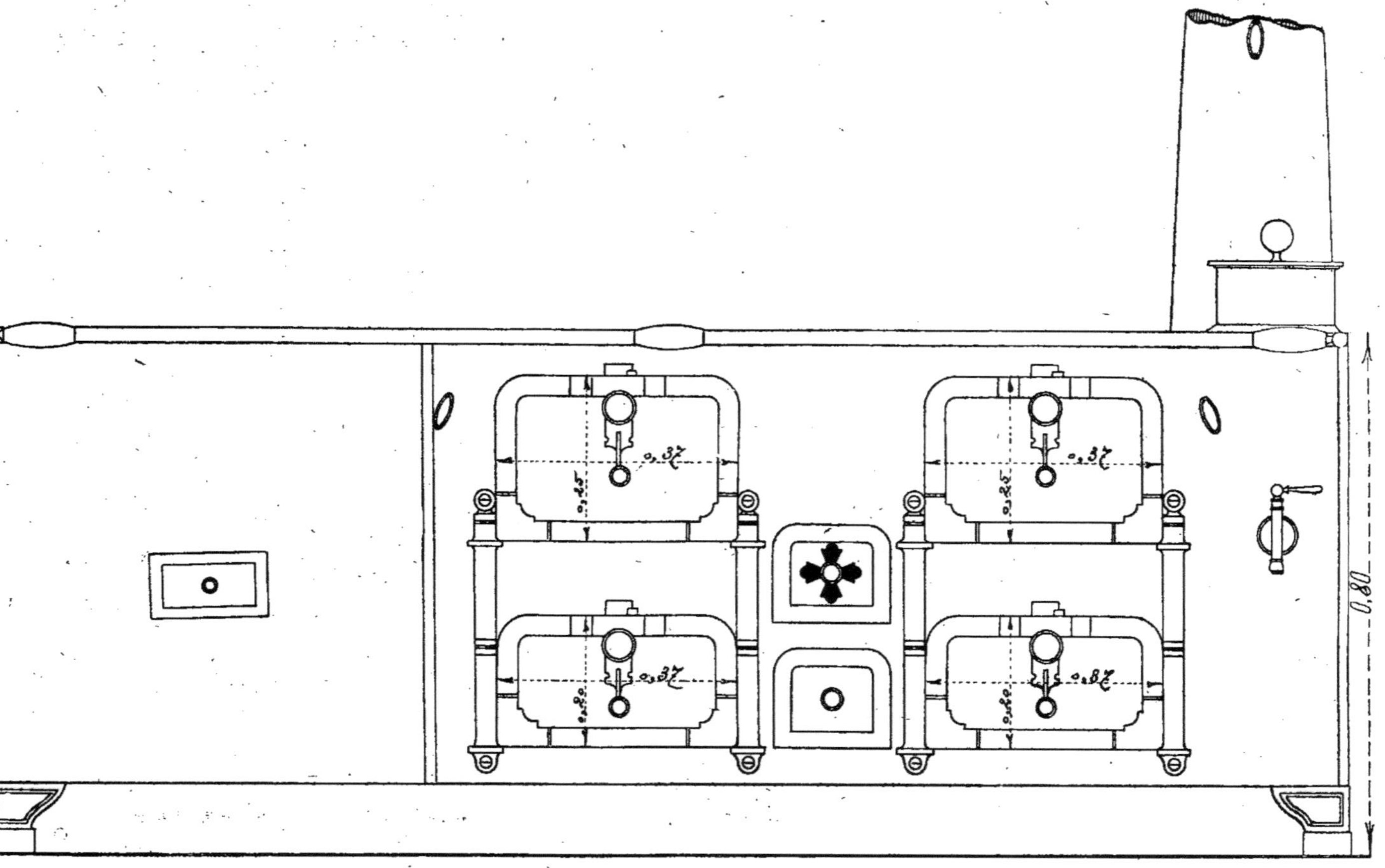

Fig. 471. — Fourneau de restaurant à double service, cylindre à vaisselle et réservoir à panache.

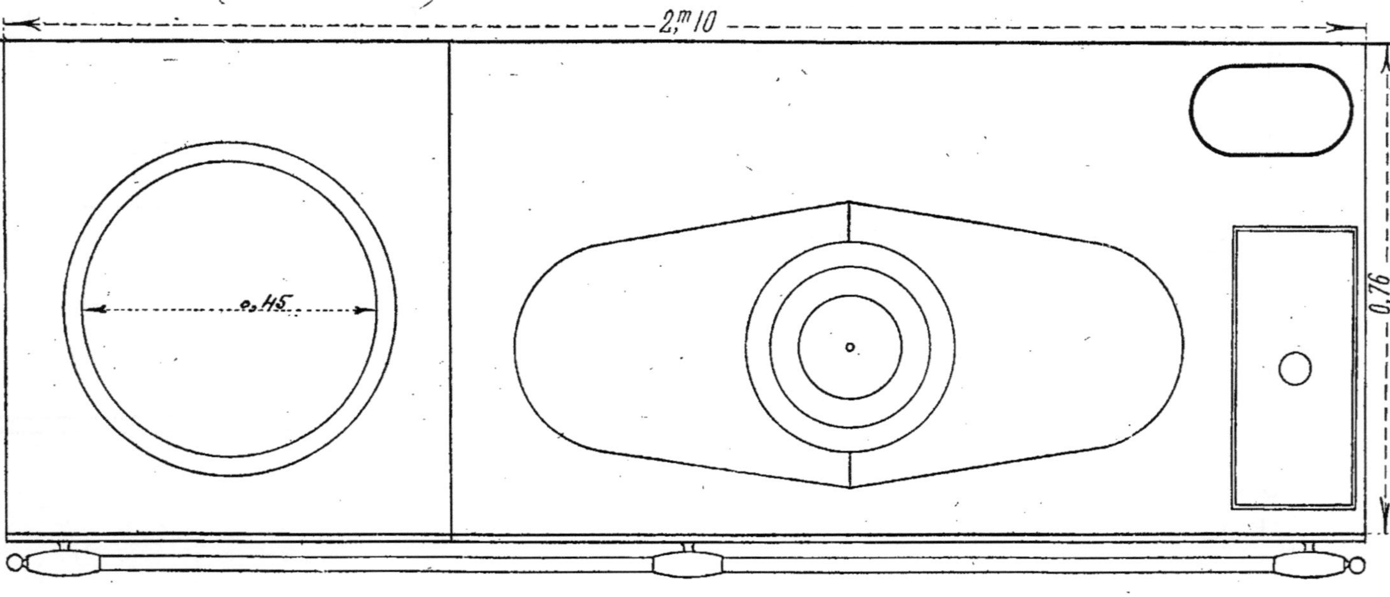

Fig. 472. — Plan du dessus de fourneau (fig. 471).

Les mesures de longueurs sont en augmentation entre elles de 0^m,10 à 0^m,25.

Dans les fourneaux de grandes dimensions, les progressions ne sont pas constantes et varient relativement aux augmentations de longueur.

Le plan de dessus du fourneau est représenté (*fig.* 472).

Afin de compléter la démonstration, nous donnons une coupe de la partie du fourneau avec le cylindre à vaisselle (*fig.* 473).

Nous avons supposé une découpure à travers le service des fours, pour ne prendre que la coupe du cylindre et la structure métallique.

La figure 473 représente l'emplissage du cylindre à niveau normal.

Le modèle de fourneau que nous représentons ensuite (*fig.* 474) est plus spécialement affecté à l'usage des charcutiers.

La dénomination du type est : fourneau à marmites.

D'une manière générale, le fourneau à marmites sert partout où on a besoin

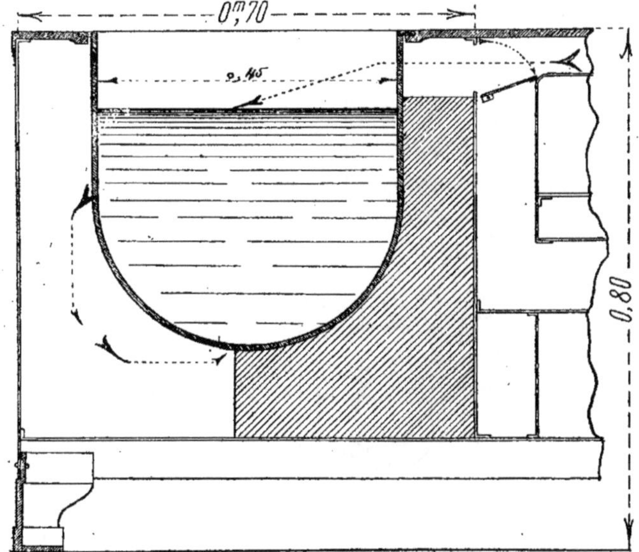

Fig. 473. — Coupe sur le cylindre à vaisselle (*fig.* 471 et 472).

d'avoir une grande quantité d'eau en ébullition.

Les pensionnats, les hôpitaux, les communautés, etc., emploient les fourneaux à marmites.

Dans ce modèle, les étuves tempérées sont supprimées.

La cuisson des aliments solides est assurée par un double service de fours à rôtir.

Le foyer peut être à service mixte, tel que nous le présentons, ou simplement à charbon sans porte sur la façade.

Les fours sont de largeurs inégales.

Les marmites sont de diamètres et de contenance différents.

Chaque marmite a son service particulier : l'une est appelée légumière et l'autre bouillonneuse.

L'ensemble de la construction est semblable à celle précédemment décrite, pour les fourneaux montés sur pieds socles en fonte.

En fabrication commerciale, les marmites sont en fonte polie avec panaches et couvercles en tôle étamée.

Le réservoir est toujours en fonte émail-

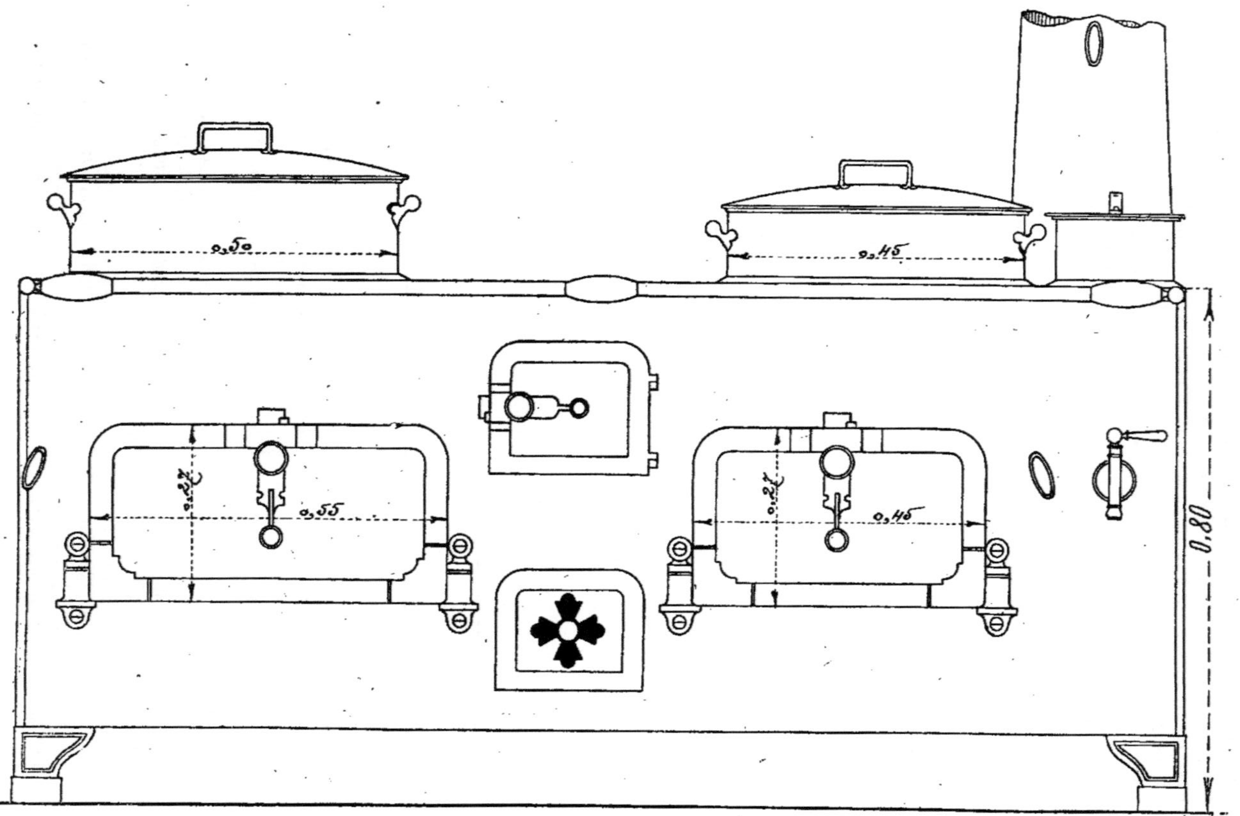

Fig. 474. — Fourneau à marmites et réservoir à panache.

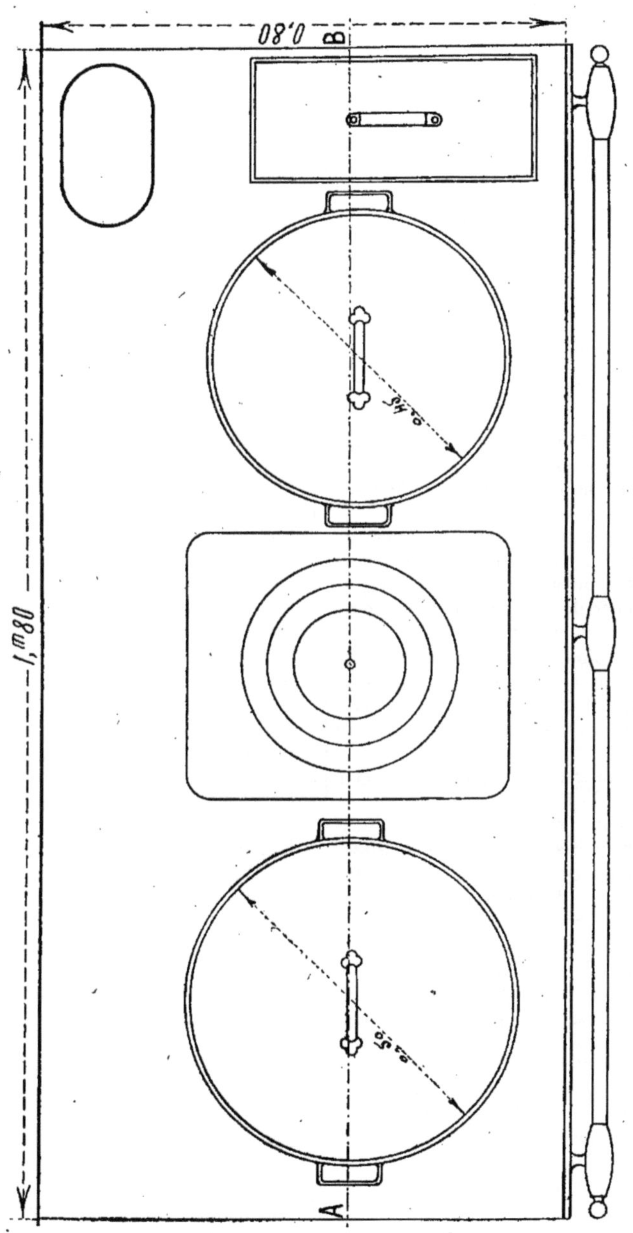

Fig. 475. — Plan du dessus du fourneau (fig. 474).

lée à panache et couvercle en cuivre poli.

Les portes sont montées sur cadres à congés en fer poli, fermées à loquets ou à clenches et fixées sur la façade par des consoles à vis.

Les deux soupapes à droite et à gauche règlent la marche des fours.

La Série complète comprend cinq numéros dont nous donnons ci-dessous le tableau très complet.

Longueur.	1.50	1.60	1.80	2.00	2.20
Largeur. . . . . , . . .	0.72	0.75	0.80	0.83	0.87
Hauteur.	0.80	0.80	0.80	0.80	0.80
Largeur des fours.	0.40	0.40	0.45	0.50	0.55
» »	0.45	0.43	0.55	0.55	0.60
Contenance des marmites en litres.	28	35	42	58	73
» » » .	35	42	58	73	97
Contenance du réservoir en litres.	18	25	25	37	45

Les mesures intermédiaires sont en augmentation entre elles de 0^m,10, pour les deux premiers numéros ; et de 0^m,20, pour les numéros suivants.

Les marmites sont faites par séries, de manière à ce que la contenance de la plus grande, du fourneau le plus petit, soit égale à la contenance de la plus petite, du fourneau immédiatement supérieur.

On peut à volonté, moyennant une plus-value sur les prix courants de fabrication, faire les panaches et couvercles des marmites en cuivre poli, ou tout en cuivre étamé.

Le réservoir en fonte peut aussi être remplacé par du cuivre étamé.

Nous donnons (*fig.* 475) le plan du dessus montrant la disposition des marmites ; la plaque de rechange de forme rectangulaire avec jeu de rondelles et tampon au centre ; le réservoir et le départ de fumée.

Les plaques de rechange, ordinairement elliptiques, sont rectangulaires dans les fourneaux à marmites, afin de s'enclaver entre les panaches.

Pour compléter notre démonstration, nous donnons une coupe longitudinale du fourneau prise sur AB, avec cotes intérieures de toutes les parties de la construction (*fig.* 476).

Les coupes sur les marmites et le réservoir indiquent les niveaux normaux d'emplissage.

Dans le même genre de fourneau, on fait plusieurs séries à une ou deux marmites dont nous donnons les descriptions sommaires.

Le plus petit modèle à une marmite, avec four et réservoir à panache, se fait dans les mesures de 1 mètre à 1^m,50.

Les dimensions sont en augmentation constante entre elles de 0^m,10.

La Série complète comprend six numéros.

Le modèle qui vient ensuite a deux marmites, un four et un réservoir à panache.

Les marmites sont toujours différentes de diamètres et de contenance.

La Série comprend six numéros dans les mesures de 1^m,20 à 1^m,80.

Les quatre premiers numéros de 1^m,20 à 1^m,50 sont en augmentation constante de 0^m,10. Les deux derniers numéros sont en augmentation de 0^m,15.

On fait aussi dans les grandes dimensions un fourneau à deux marmites avec four, chauffe-assiettes et service à charbon de bois.

Le même modèle se fait à grillade fixe.

Les deux modèles ont un réservoir à panache.

Les deux Séries sont identiques comme mesures.

Nous donnons ci-dessous le tableau complet des mesures de fabrication des deux fourneaux : à potager découvert ou à grillade fixe.

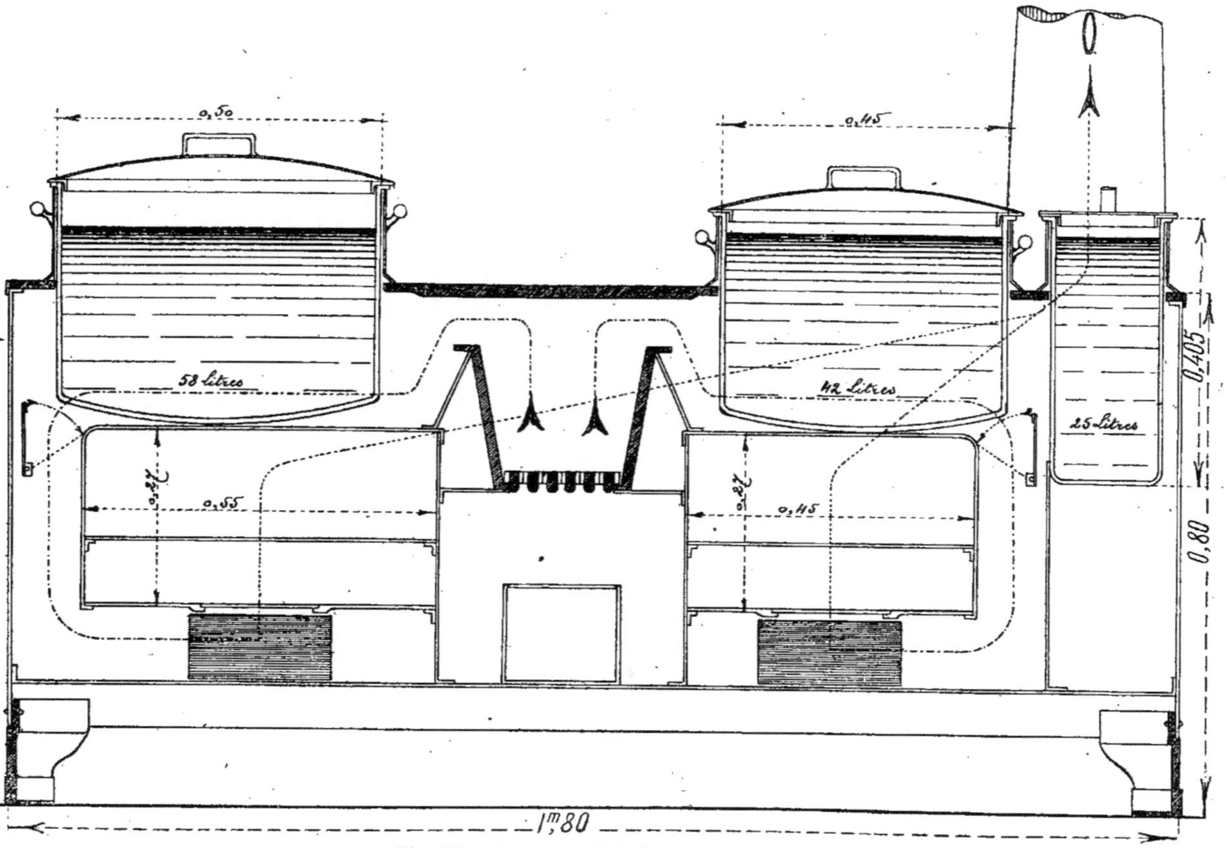

Fig. 476. — Coupe sur AB du fourneau (fig. 474 et 475).

Longueur.	1.55	1.65	1.80	2.00	2.20
Largeur.	0.72	0.75	0.80	0.85	0.85
Hauteur.	0.80	0.80	0.80	0.80	0.80
Largeur du four.	0.50	0.55	0.60	0.65	0.70
Contenance de marmites en litres.	28	35	42	58	58
» » »	42	57	73	97	118
Contenance du réservoir en litres.	18	25	37	45	45

La relation de contenance des marmites est différente, dans les fourneaux à service potager, de celle que nous avons vue dans les fourneaux à deux fours.

Le plus grand modèle du genre est à deux fours avèc chauffe-assiettes, deux marmites, un réservoir à panache et une grillade fixe.

La plus petite dimension est de 1ᵐ,85.
La plus grande dimension est de 2ᵐ,60.

Les mesures intermédiaires sont en augmentation entre elles de 0ᵐ,15 pour les deux premiers numéros, et de 0ᵐ,20 pour les numéros suivants.

Nous donnons ci-dessous le tableau complet des mesures de fabrication.

Longueur.	1.85	2.00	2.20	2.40	2.60
Largeur.	0.72	0.75	0.80	0.83	0.87
Hauteur.	0.80	0.80	0.80	0.80	0.80
Largeur des fours.	0.40	0.40	0.45	0.50	0.55
» »	0.45	0.45	0.55	0.55	0.60
Contenance des marmites en litres.	28	35	42	58	73
» » »	35	42	58	73	97
Contenance du réservoir en litres.	18	25	25	37	45

La relation de contenance des marmites par séries revient, dans ce fourneau à deux fours, dans les mêmes proportions que nous avons indiquées (*fig.* 474).

Les mesures des fours sont semblables et les proportions conservées.

La série des fours, des marmites et des réservoirs est absolument semblable, pour le fourneau à chauffe-assiettes et grillade, à celle du fourneau à deux fours représenté (*fig.* 474).

On fait aussi un modèle à deux fours et une étuve tempérée avec une seule marmite et un réservoir.

Dans cette combinaison, le fourneau est pourvu, d'un côté, d'un service complet et, de l'autre côté, d'un four tempéré placé sous la marmite.

Le foyer est à charbon ou à service mixte bois et charbon avec porte sur la façade au-dessus du cendrier.

Le fourneau est monté sur pieds-socles en fonte.

Nous donnons ci-dessous le tableau complet des mesures de fabrication.

Longueur.	1.50	1.60	1.80	2.00	2.20
Largeur.	0.72	0.75	0.80	0.83	0.87
Hauteur.	0.80	0.80	0.80	0.80	0.80
Largeur des fours.	0.42	0.45	0.50	0.55	0.60
Largeur d'étuve.	0.42	0.45	0.50	0.55	0.60
Contenance de la marmite en litres.	35	42	58	73	97
Contenance du réservoir en litres.	18	25	25	37	45

Tous les fourneaux du même genre sont fabriqués dans les mêmes conditions. On peut, moyennant des plus-values sur les prix courants, y apporter les modifications que nous avons signalées précédemment.

260. Au début du chapitre, nous avons exposé à nos lecteurs des fourneaux-cuisinières en fonte, pour repasseuses.

Nous présentons dans la catégorie des fourneaux portatifs un genre affecté au même usage spécial, concurremment à l'usage domestique.

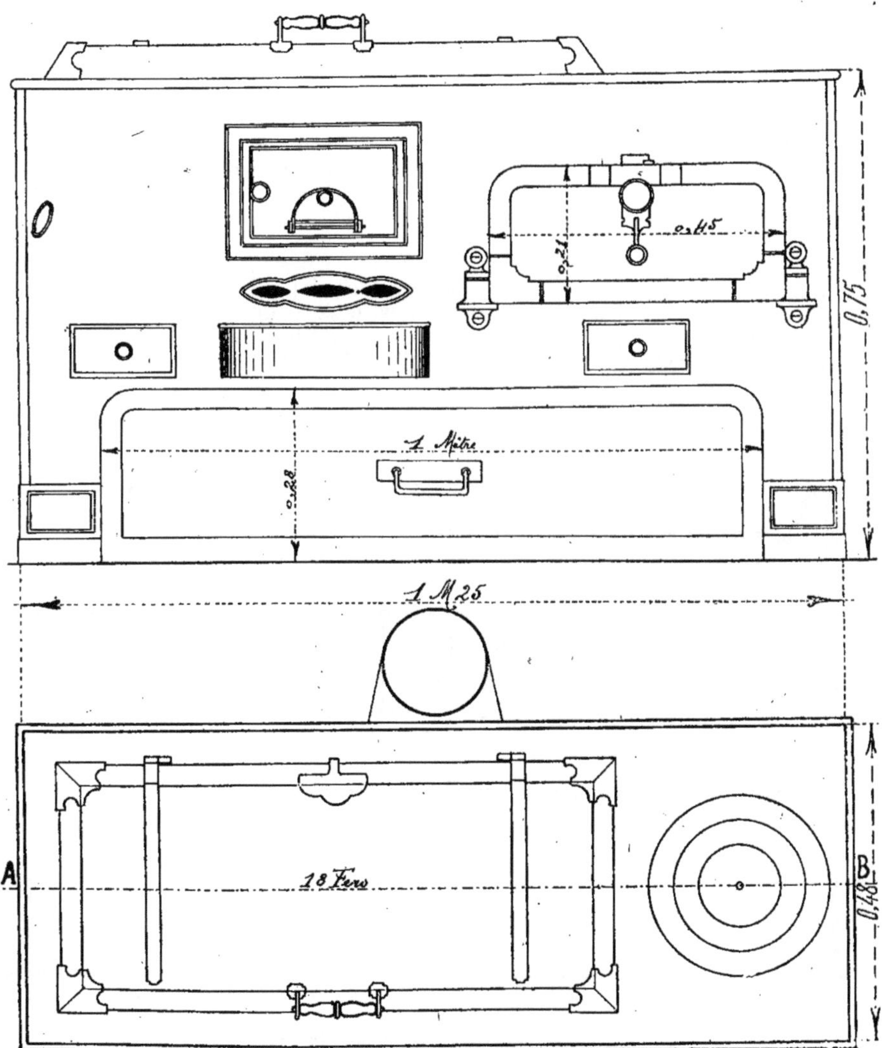

Fig. 477 et 478. — Élévation et plan d'un fourneau de repasseuse, avec four, arcades et charbonnier.

Le fourneau représenté (*fig.* 477) est construit tout en tôle. La carcasse assemblée sur des cornières extérieures en fer poli est montée sur des pieds-socles en fonte.

Le modèle est à arcade basse, ce qui permet l'adjonction d'un charbonnier, d'une utilité incontestable pour l'approvisionnement.

Le service culinaire est assuré par un four à rôtir et une surface de chauffe garnie d'un jeu de rondelles avec tampon.

Le service de chauffe des fers à repasser est assuré par une cuvette placée dans le fourneau, immédiatement au-dessus du foyer, et fermée par une chape montée à abattant, avec ferrures et poignée.

La porte du four à rôtir est montée sur consoles, avec cadre en fer poli à congé, et fermée par loquet à ressort ou à clenche à volonté.

La porte de foyer est en fonte avec baie et coulisse d'air.

Au-devant du fourneau et immédiatement sous la porte du foyer est placé le cendrier à bavette.

Le fourneau se fait en fabrication depuis 0ᵐ,73 jusqu'à 1ᵐ,41 de longueur, conformément au tableau ci-dessous.

Longueur........	0.73	0.80	0.89	0.98	1.06	1.14	1.25	1.40	1.25	1.41
Largeur.........	0.48	0.48	0.48	0.48	0.48	0.48	0.48	0.48	0.65	0.70
Hauteur.........	0.75	0.75	0.75	0.75	0.75	0.75	0.75	0.75	0.75	0.75
Nombre de fers...	6	8	10	12	14	16	18	20	24	30

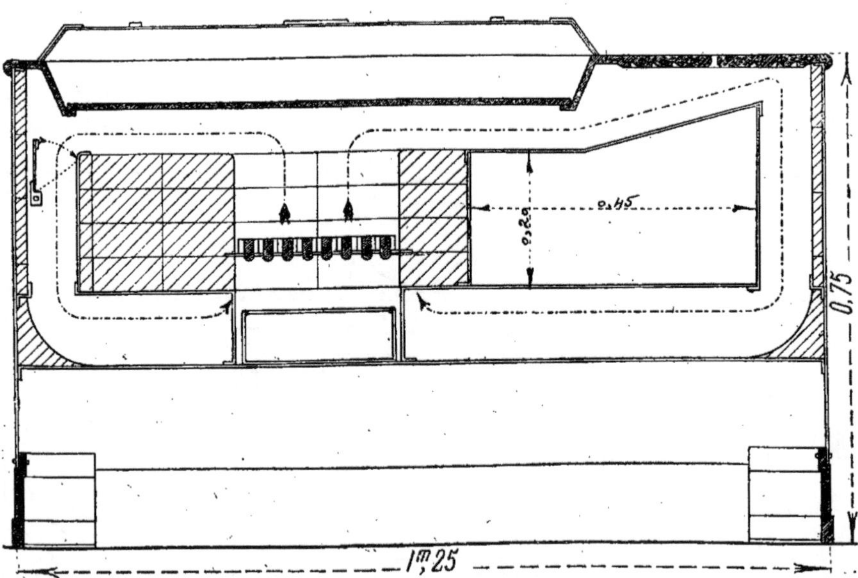

Fig. 479. — Coupe sur AB du fourneau (*fig.* 477 et 478).

Le fourneau que nous représentons, pris sur la mesure de 1ᵐ,25, est muni d'une soupape de réglage.

La figure 478 représente le plan du dessus, avec chape fermée montrant le détail des ferrures à pentures avec angles et poignée.

Le départ de fumée est en saillie derrière le fourneau.

Pour compléter la démonstration, nous donnons (*fig.* 479) une coupe longitudinale prise sur AB de l'élévation, avec les garnitures intérieures et le foyer en briques.

On fait aussi le fourneau de repasseuse sur pieds élevés en fonte avec ou sans four à usage culinaire.

261. Nous épuisons le chapitre des fourneaux à usages spéciaux en présentant les fourneaux à gaufres et les fours à pâtisserie.

Les fourneaux à gaufres sont montés dans le genre potager, sur des pieds élevés en fer assemblés par des traverses. Les pieds sont démontables.

La batterie des fers à gaufres est placée dans le sens de la longueur, et les foyers au-dessous sont faits à usage de coke ou de charbon de bois.

Les gaufriers sont montés en deux pièces pour couler la pâte et sont à pivots tournants, sur leur axe.

La hauteur normale est plus haute que celle des fourneaux de cuisine ; elle est de 1^m,02.

La Série de fabrication comprend quatre numéros dont nous donnons le tableau ci-dessous.

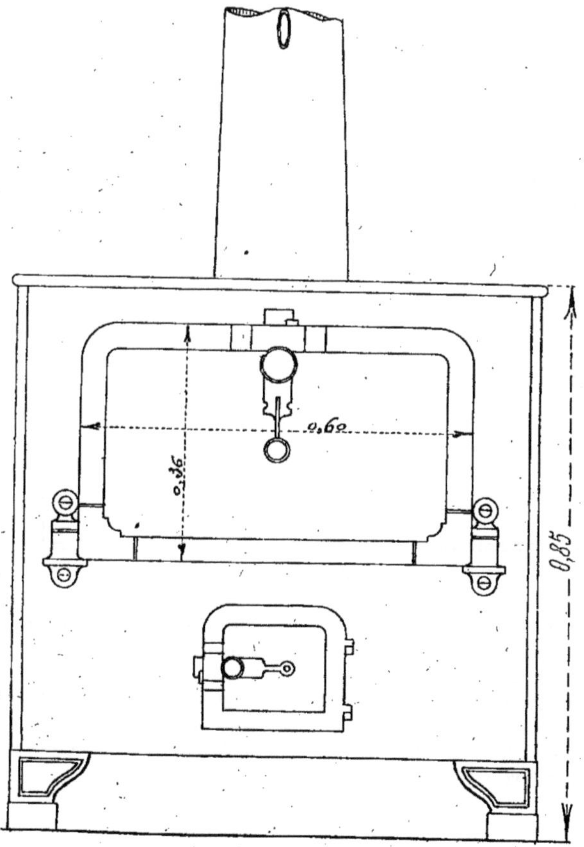

Fig. 480. — Four à pâtisserie.

Longueur.....	0.62	0.87	1.18	1.75
Largeur du corps.	0.34	0.34	0.34	0.34
Hauteur.......	1.02	1.02	1.02	1.02
Nombre de fers.	2	3	4	6

La largeur de chaque fourneau reste invariable, puisque la construction est identique quel que soit le nombre des fers.

La figure 480 représente un four à pâtisserie avec foyer à bois.

Le fourneau à usage spécial de pâtissier est uniquement composé d'un grand four à étagères superposées, permettant de quadrupler la surface de chauffe.

Le foyer, placé immédiatement au-dessous du four et dans l'axe, répartit la flamme d'une manière très égale.

Les carneaux de circulation de fumée enveloppent le four sur tous les sens et tiennent le degré thermique uniforme sur toutes ses parois.

La cage du four est construite en tôle montée sur pieds-socles en fonte.

La porte du four est montée sur cadre en fer plat poli à congés, avec consoles simples fixées à vis, et fermée par un loquet à ressort.

La porte du foyer est montée à paumelles sur cadre en fer plat poli et fermée par un loquet ordinaire.

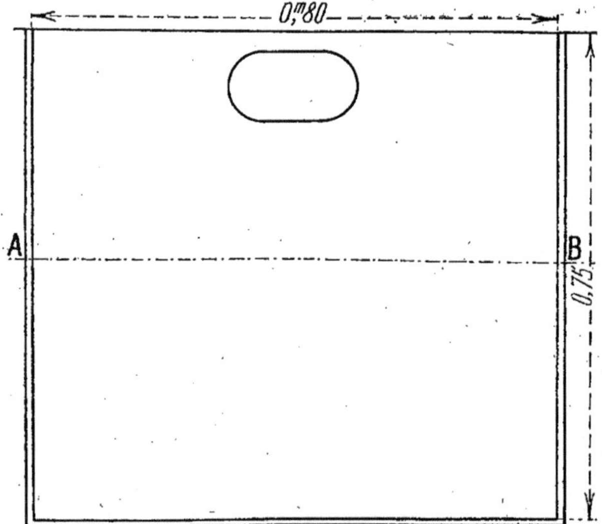

Fig. 481. — Plan du dessus du four (*fig.* 480).

On peut placer une coulisse d'air à volonté.

Le dessus est en fonte unie d'une seule pièce, fondu plein, à surface de chauffe utilisable.

Le départ de fumée est ménagé dans le dessus, comme l'indique le plan (*fig.* 481).

La hauteur normale du fourneau à pâtisserie est de 0m,85.

La hauteur du four est uniforme à 0m,36.

La Série de fabrication comprend six numéros dont nous donnons le tableau ci-dessous avec toutes les mesures.

Longueur	0.65	0.70	0.75	0.80	0.85	0.90
Largeur	0.65	0.70	0.75	0.75	0.75	0.75
Hauteur	0.85	0.85	0.85	0.85	0.85	0.85
Largeur du four	0.45	0.50	0.55	0.60	0.65	0.70
Hauteur du four	0.36	0.36	0.36	0.36	0.36	0.36

La démonstration est complétée par la coupe longitudinale prise sur AB de l'élévation et que nous donnons (*fig.* 482).

Nous avons représenté sur la coupe très complète les garnitures intérieures en briques.

Les fours à pâtisseries peuvent être montés avec les fourneaux des différents genres

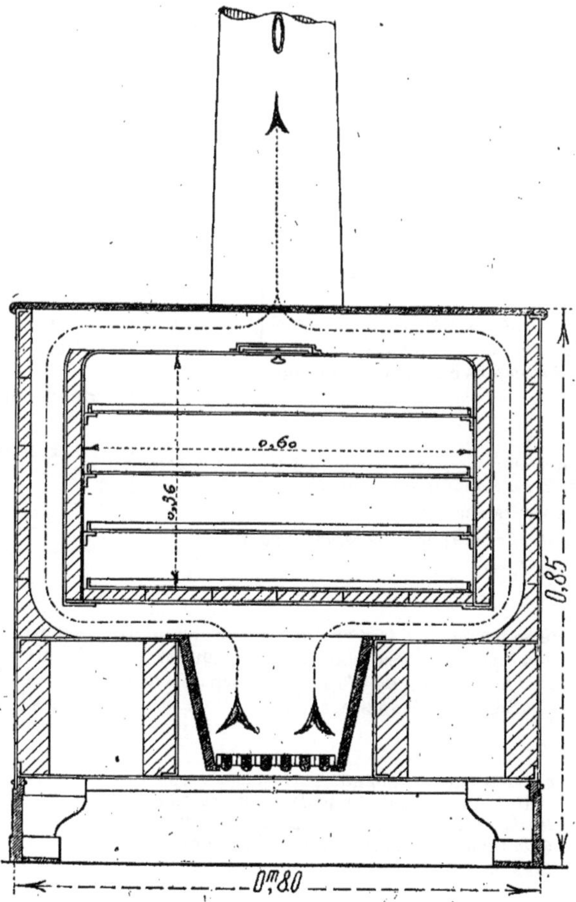

Fig. 482. — Coupe sur AB du four à pâtisserie (*fig.* 480 et 481).

et réduits à la hauteur normale des fourneaux de cuisine.

Tous les types de fourneaux que nous avons présentés sont de fabrication courante de la maison Odelin, de Paris.

Considérations générales.

262. Les fourneaux portatifs ne sont pas tarifés à la Série. Il est impossible de faire rentrer dans le cadre de la Série tous les tarifs des appareils de fabrication commerciale.

L'usage est donc de payer l'entrepreneur suivant les prix tarifés par les fabricants, avec augmentation du bénéfice de 10 0/0 après diminution de la remise marchande.

Cette observation générale sous le numéro 742 de la Série de la Société centrale des architectes, édition de 1901, est ainsi rédigée :

Les fourneaux fonte et tôle du commerce, ainsi que toutes les pièces détachées qui s'y rattachent, seront réglés suivant leur prix de fabrication, déduction faite de la remise, et augmentés de 10 0/0 de bénéfice.

Observation Série centrale.

Observation.

SÉRIE CENTRALE N° 742.

Les prix de fabrication comprennent aussi la valeur des garnissages intérieurs. Mais ce travail est toujours exécuté sommairement par les fabricants et souventes fois l'entrepreneur refait tous les garnissages.

Dans les fourneaux de grandes dimensions les garnissages doivent être plus spécialement exécutés en raison de l'usage de l appareil.

Toutefois, les garnissages sont dus à l'entrepreneur quand ils ont été faits par ses soins.

La pose des fourneaux portatifs est tarifée à la Série sous le numéro 886, pour les petits fourneaux seulement, par analogie et sur la même base d'évaluation que les cheminées, poêles ou récipients portatifs.

L'article de Série est rédigé comme suit

Pose d'une cheminée portative, d'un poêle, d'un petit fourneau ou d'un récipient de chaleur portatif.

Série centrale n° 886.

(Pose de colonnes et tuyaux comptés à part.)

Observation.

SÉRIE CENTRALE N° 886.

Observation.

Afin de déterminer ce qu'il faut entendre par l'expression « petit fourneau » et limiter la dimension maximum pour l'application du prix de Série, la Chambre syndicale des entrepreneurs de fumisterie a étendu et précisé l'article dans la Série corporative sous le numéro 2 100.

Voici en quels termes l'article est rédigé :

Poses diverses d'appareils portatifs tels que cheminée en tôle, poêle calorifère jusqu'à 0ᵐ,40 de diamètre ou de côté, fourneau de cuisine jusqu'à 0ᵐ,90 de longueur y compris 3ᵐ,00 de tuyaux au maximum, scellement dans la hotte ou dans le coffre, et attaches en fil de fer s'il y a lieu.

Série syndicale n° 2100.

SÉRIE SYNDICALE N° 2100.

En reportant le texte très précis et très clair de cet article à celui de la Série de la Société centrale, c'est donc jusqu'à 0^m,90 de longueur que le prix de pose est applicable pour les fourneaux portatifs.

Il n'y a plus qu'à compter la pose des tuyaux au mètre linéaire, en conformité des articles numéros 874, 875 et 876, et à reprendre tous les travaux accessoires de percements, colliers, raccords, etc., etc.

Le prix de la Série syndicale, en comprenant une longueur moyenne de tuyaux de 3 mètres, donne exactement la même évaluation que le prix composé de la Série centrale, sous les numéros 886 et 875.

La Série syndicale ajoute l'observation suivante sous le numéro 2 101 :

La pose d'un fourneau ne comprend pas le garnissage intérieur ni la pose du bain-marie. Dans un poêle ou un autre appareil, elle ne comprend aucun garnissage.

Observation Série syndicale n° 2101.

SÉRIE SYNDICALE N° 2101.

Observation.

L'observation précitée s'applique surtout en réparation quand il s'agit d'installation d'anciens fourneaux. Mais cependant nous en trouvons aussi la justification pour les fourneaux neufs, en ce qui concerne les bains-marie.

On est souvent obligé, pour passer le fourneau, de déposer le robinet afin d'en éviter la casse ; de plus, le joint est insuffisamment fait, il est nécessaire de faire la pose complète du bain-marie avec joint du robinet. Ce travail doit être compté.

Tous les prix de pose s'entendent à pied d'œuvre à rez-de-chaussée, sans montage.

Afin de compléter l'article de la Société centrale, la Chambre syndicale des entrepreneurs de fumisterie donne l'évaluation de montage ou descente par étage d'un fourneau jusqu'à 0^m,90 de longueur (fourni ou non fourni).

Série syndicale n° 2103.

SÉRIE SYNDICALE N° 2103.

Au-dessus de la dimension maximum de 0^m,90 la pose, le montage et toute l'installation d'un fourneau doivent être comptés en raison du travail exécuté et suivant les difficultés d'exécution.

Nous ajoutons que, pour les grands fourneaux, tous les accessoires et toutes les pièces de façade, portes, rampe, etc., sont démontés et remontés sur place.

Il est impossible de donner pour ce genre de travail aucune évaluation ni même aucun exemple. Nous devons nous borner à une observation générale de principe.

Nous allons maintenant passer au chapitre des fourneaux de construction.

Nous donnerons ensuite, dans un chapitre spécial, les accessoires des fourneaux avec les renseignements généraux les concernant.

Fourneaux de construction.

Considérations générales.

263. Conformément à la classification adoptée, nous abordons l'étude des fourneaux de la seconde catégorie, appelés fourneaux de construction.

Leur désignation spéciale provient de ce que ces appareils sont entièrement construits sur place.

Les massifs, les carneaux de circulation, les galeries et en général toute la masse de construction est faite en briques.

L'emploi de la brique est, à tous points de vue, ce qui convient le mieux dans ce genre d'ouvrage, où il est nécessaire d'avoir des matériaux très maniables, très résistants, réfractaires en raison des canalisations des fumées, et faciles à tailler sous de petits volumes.

Les réparations sont rendues plus faciles et enfin la durée est plus grande, en raison de la qualité de briques employée. A l'origine, les fourneaux étaient construits en briques, non seulement à l'intérieur, mais encore à l'extérieur, avec tous les parements frottés et jointoyés. Aujourd'hui, l'emploi des façades en fonte a supplanté un peu partout l'usage de la brique pour les parements extérieurs.

On fait aussi des panneaux en fausses briques, en faïence ou en tôle vernie au four, et que l'on dispose dans les façades en fonte, en imitation des parements de briques jointoyés.

Les foyers sont en fonte d'une seule pièce, ou composés de pièces de côtés en fonte, appelées *paraboles*, avec têtes en briques, ou bien construits entièrement en briques, dans les fourneaux de grande capacité.

La brique réfractaire est seule employée dans les foyers.

Les dessus des fourneaux sont en fonte. Les fours et les étuves sont fabriqués dans la tôle.

Les bains-marie sont généralement en cuivre étamé, toujours à panaches et couvercles.

L'ensemble de la construction est maintenu par des armatures spéciales.

Les revêtements des murs sont faits en carreaux ou en panneaux de faïence, avec ou sans bordures, et encadrements en cornière de fer ou de cuivre, à volonté.

La seconde caractéristique des fourneaux de construction, c'est qu'ils ne sont pas circonscrits dans des données de fabrications, comme les fourneaux portatifs.

Le champ des combinaisons est très vaste, il est pour ainsi dire illimité. Chaque appareil demandé pour satisfaire à un service spécial peut être exécuté par le constructeur sur les données imposées.

C'est dire que nous ne pouvons pas suivre dans ce chapitre toutes les différentes manières des compositions possibles. Cependant, afin de rester dans le cadre que nous nous sommes tracé et aussi pour soumettre à nos lecteurs des combinaisons types, nous procédons dans le même ordre que pour les fourneaux portatifs.

Nous prenons d'abord les potagers, qui sont la première expression des fourneaux de construction.

Fourneaux potagers.

264. Les potagers de construction sont divisés en deux catégories :

1° Les potagers à bâtir, à façade et dessus en fonte ;

2° Les potagers en briques.

Les fourneaux à bâtir, de la première catégorie, sont fondus de deux modèles : à deux et à trois réchauds.

Le premier modèle, à deux réchauds, se fait d'une seule dimension de $0^m,65$ de longueur, $0^m,42$ de largeur et $0^m,80$ de hauteur.

Le second modèle, à trois réchauds, se fait de trois dimensions :

1° $0.80 \times 0.45 \times 0.80$
2° $0.90 \times 0.45 \times 0.80$
3° $1.00 \times 0.45 \times 0.80$

Le type à deux réchauds est composé d'un demi économique et un carré.

Le type à trois réchauds est composé d'un demi économique et deux carrés.

La construction consiste dans l'assemblage et le montage des fontes, façade et dessus. Les scellements en mur et dans le sol. Les jambages en briques apparentes ou enduites et le cendrier en tuiles ou en plâtre, carrelé en carreaux d'âtre à volonté.

Les scellements des réchauds et les séparations. L'ajustement des portes sur la façade.

Le revêtement de mur au-dessus du fourneau.

La disposition de la façade à arcade permet l'adjonction d'un charbonnier en tôle ou en bois.

2 jambages en briques neuves de façon bourgogne de $0^m,06$ d'épaisseur hourdées en plâtre, au mètre superficiel.

Fumisterie n° 615.

Largeur $0^m,42$.
Hauteur   0.80 }
Contre-bas en plancher 0.05 } $0.85 \times 0.42 = 0^2357 \times 2 = 0^271$.

Murs en briques de façon bourgogne de 0.06 d'épaisseur, au mètre superficiel.
0^271
SÉRIE CENTRALE n° 615, 1re col.

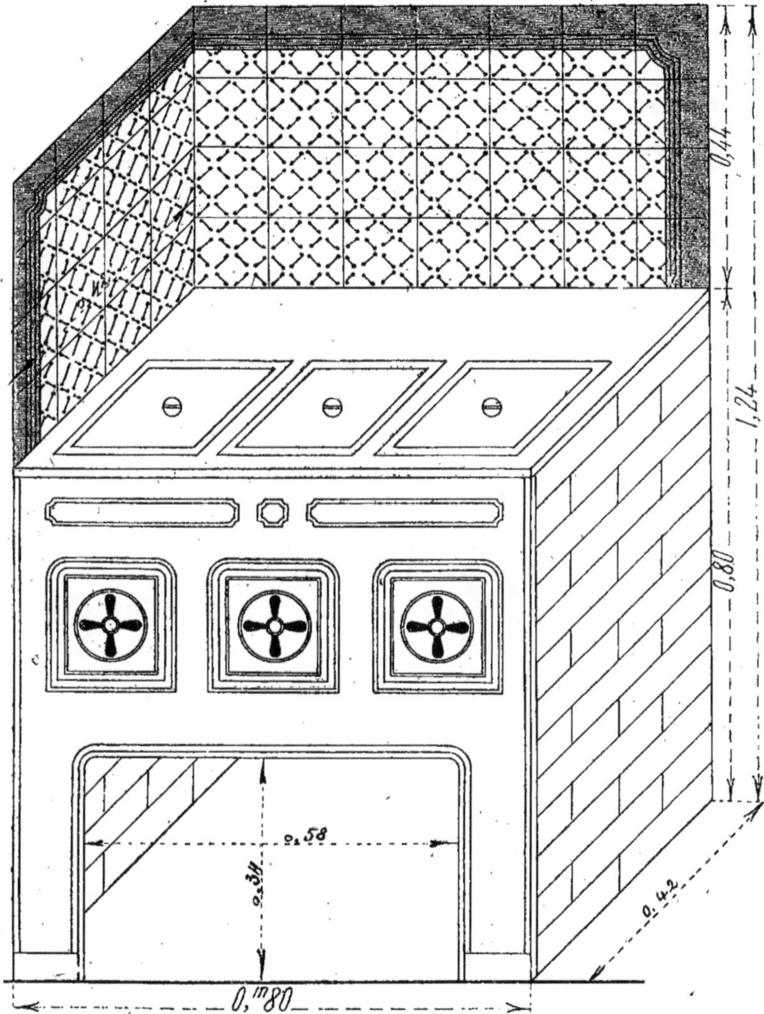

Fig. 483. — Fourneau potager à bâtir à façade et dessus en fonte à trois réchauds.

Tranchées d'arrachements, scellements et liaisons en moellons ou plâtras jusqu'à 0.05 de largeur au mètre linéaire.
> Maçonnerie n° 1037.

Hauteur 0^m,85 × 2 = 1.70 aux 8/100 le mètre courant = 0^{2}13.
Plus-value pour 0^m,01 de largeur au-dessus de 0^m,05 : 1/10 en plus.
> Maçonnerie n° 1038.

Assemblé, ajusté une façade et un dessus en fonte de potager à trois réchauds, de 0^m,80 de longueur.
> Observation.
> Fumisterie n° 710.

Légers ouvrages.	0.13
Légers ouvrages.	0.013
Assemblage et ajustement de fonte de fourneau potager.	
SÉRIE CENTRALE n° 710.	

Monté, présenté, mis en place la façade et le dessus en fonte de fourneau potager.	Montage et mise en place de fonte de fourneau potager.
Observation.	Observation.
Scellé la façade en liaison avec les jambages.	
Observation.	Légers ouvrages.
Légers ouvrages.	Observation.
Tranchées d'arrachements, scellements et liaisons en moellons ou plâtras jusqu'à 0.05 de largeur au mètre linéaire.	
Dessus en fonte de 0^m,42 } Retour de 0^m,80 } 1^m,22 aux 8/100 le mètre courant = 0²097.	Légers ouvrages. 0.097
4 trous et scellements de 0.10 en mur et plancher à l'unité de légers ouvrages, en moellons ou plâtras. Maçonnerie n° 1127. 0.10 × 4 = 0.40/100.	Légers ouvrages. 0.40
Cendrier en plâtre sur fentons eu égard à la faible surface. Observation.	Légers ouvrages.
Légers ouvrages.	Légers ouvrages.
Tranchée d'arrachement, scellement et liaison en moellons ou plâtras, jusqu'à 0.05 de largeur, au mètre linéaire. Maçonnerie n° 1037. Linéaire 0.68 aux 8/100 le mètre courant = 0.054/100.	0.054
Sur le cendrier : Fourni, posé, scellé 15 carreaux d'âtre en terre cuite de 0.16. Fumisterie n° 523.	Carreaux d'âtre en terre cuite de 0.16, fournis, posés et scellés à la pièce. 15 SÉRIE CENTRALE n° 523.
Posé les fentons de cendrier : 6 scellements de 0^m,05 dans les jambages sans percements des trous à 1/2 de l'unité. Maçonnerie n°⁵ 1030 et 1132. $0.05 \times 6 = \dfrac{0.30}{2} = 0.15/100.$	Légers ouvrages. 0.15
L'enduit au sas à reprendre, au mètre superficiel. Sous le cendrier : Maçonnerie n° 957. 0^m,68 × 0^m,42 = 0.28 aux 50/100 le mètre superficiel = 0.14.	Légers ouvrages. 0.14
Façade du fourneau : Ajusté, monté 3 portes de paillasses sur façade fonte. Observation.	Observation.
Dans l'intérieur du fourneau : 2 séparations en plâtre enduites chacune aux deux faces. Observation.	Légers ouvrages. Observation.
Légers ouvrages. Dessus du fourneau : Posé, scellé en feuillure : 2 réchauds carrés au 15/100 = 0.30. Maçonnerie n° 1113.	Légers ouvrages. 0.30
1 réchaud 1/2 économique = 0.25. Observation.	Légers ouvrages. 0.25 Observation.
Les parements de briques lavés à la brosse et jointoyés en plâtre, au mètre superficiel. Fumisterie n° 843. 1 face de jambage 0.42 × 0.80^{ll} = 0²336) L'intérieur. 2 faces de jambages. Chacune 0.42 × 2 = 0.84 × 0.34^{ll} = 0²285) 0²62	Parements de briques lavés et jointoyés en plâtre. 0.62 SÉRIE CENTRALE n° 843.

Les fournitures du fourneau potager :

Un potager à bâtir, en fonte, à trois réchauds, de 0^m,80 de longueur, avec portes de paillasse à croix de Malte, deux réchauds carrés et un réchaud 1/2 économique avec couvercles à feuillures.
Observation.

Fentons de cendrier au poids.
Serrurerie n° 72.
Observation n° 8.

2 tirants en fer plat fendus à scellements avec pattes à talons coudées sur plat.
Observation.

2 trous percés dans le fer en atelier.
Serrurerie n° 1148.

2 trous percés dans la façade en fonte en atelier.
Observation.

2 trous fraisés dans la façade en fonte en atelier.
Observation.

2 vis à métaux de 0^m,030.
Serrurerie n° 1932.

2 écrous filetés.
Observation.

Revêtement du fourneau :
Carrelé sur mur en revêtement en carreaux carrés de 0^m,11 à dessins en faïence ordinaire de 1er choix, à la pièce :
Fourniture : Fumisterie n° 524.
Pose :   »   n° 530.
Bordures assorties à dessins en faïence ordinaire de 1er choix, à la pièce :
Observation.
Les raccords en naissances : au mètre linéaire.
Maçonnerie n°s 1070 à 1072.
Observation.

Fourneau potager à bâtir, à façade et dessus en fonte à trois réchauds.
Observation.
Fer fentons.
SÉRIE CENTRALE, Serrurerie n° 72.
Observation n° 8.
Tirants en fer plat à scellements et pattes à talons.
Observation.
Trous percés dans le fer.
SÉRIE CENTRALE, Serrurerie n° 1148.
Trous percés dans la fonte.
Observation.
Trous fraisés dans la fonte.
Observation.
Vis à métaux de 0^m,030.
SÉRIE CENTRALE, Serrurerie n° 1932.
Écrous filetés.
Observation.
Carreaux carrés de 0.11 à dessins en faïence ordinaire, fournis, posés et scellés.
SÉRIE CENTRALE n° 524.
SÉRIE CENTRALE n° 530, 2e col.
Bordures assorties en faïence à dessins, de 1er choix, fournies, posées et scellées.
Observation.
Légers ouvrages.
Observation.

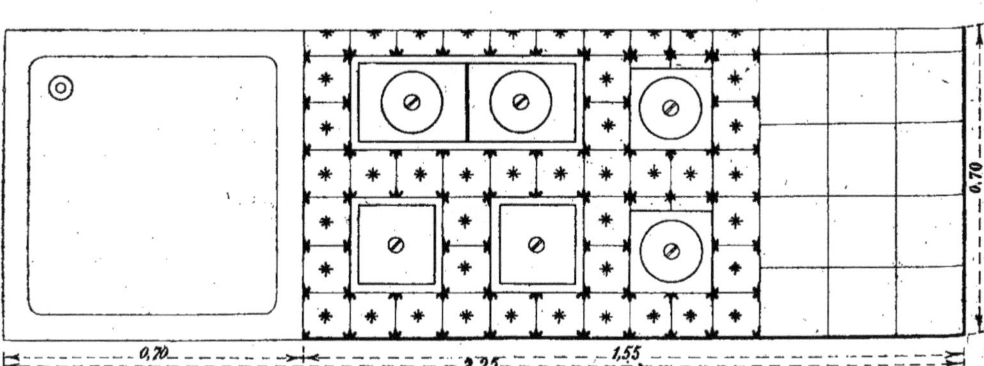

Fig. 484. — Plan de fourneau potager de construction avec âtre et évier en pierre.

265. Les potagers de la seconde caté- de la première, sont entièrement construits
gorie, de beaucoup plus anciens que ceux en maçonnerie.

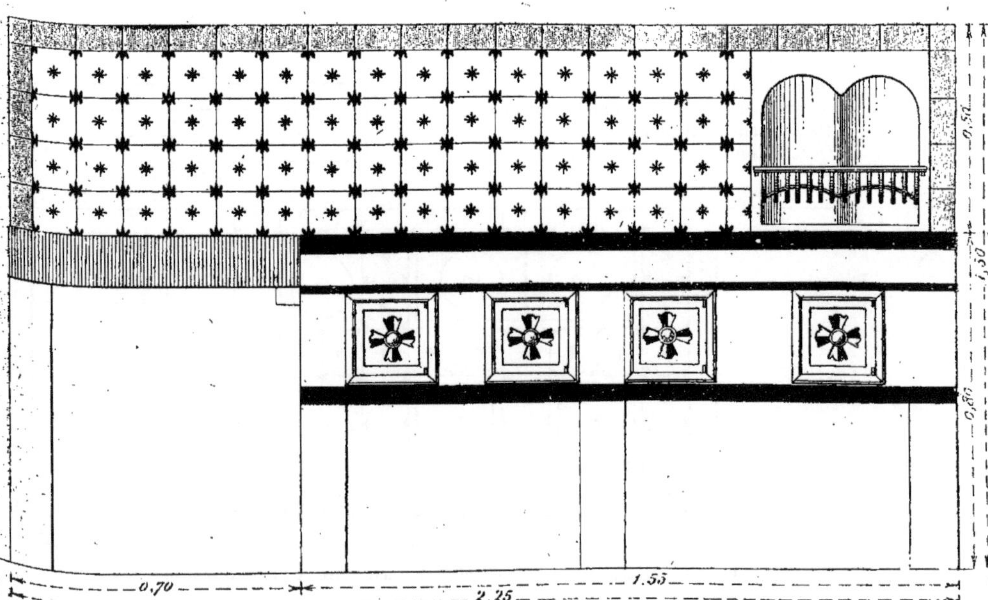

Fig. 483. — Elévation de fourneau potager de construction avec âtre, évier en pierre
et hotte en plâtre.

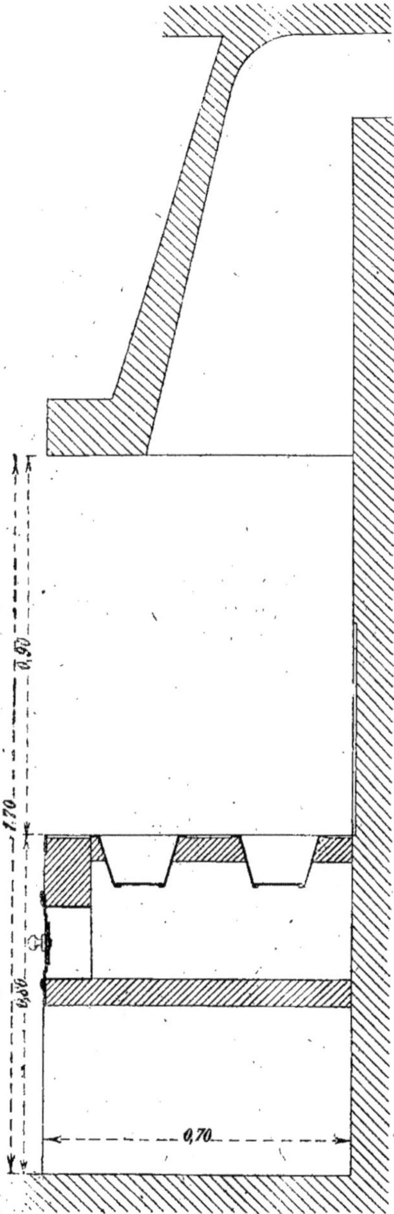

Fig. 486. — Coupe du fourneau potager de construction (*fig.* 484 et 485).

Pour cette raison ils sont dénommés plus spécialement : potagers en briques.

Dans la construction de ces fourneaux, il n'y a aucunes mesures commerciales, puisqu'ils sont exécutés avec des matériaux de bâtiment.

Les combinaisons sont multiples et se prêtent à des services qui peuvent être étendus, en restant toutefois subordonnés à l'usage du charbon de bois.

Aujourd'hui, avec les progrès de fabrication et de construction, les simples potagers sont un peu relégués au second plan.

La grosse construction de ces fourneaux est composée de jambages en briques employées sur une des trois dimensions : $0^m,06$, $0^m,11$ ou $0^m,22$ d'épaisseur.

Les briques peuvent être apparentes, comme nous les avons supposées (*fig.* 483), ou enduites, comme nous les supposons (*fig.* 485).

Le dessus, ordinairement carrelé en carreaux ordinaires à dessins en faïence, reçoit les réchauds et prend le nom de **paillasse**.

La cendre de combustion tombe sur une seconde paillasse, construite à mi-hauteur à peu près, et qui prend le nom de **cendrier**.

Le plus souvent, on fait un carrelage en carreaux de terre cuite sur le cendrier.

La façade du fourneau, construite en plâtre, est garnie de portes à coulisses ou à charnons pour le service des réchauds et pour sortir les cendres.

Toute la construction est maintenue au moyen d'armatures spéciales, scellées dans les murs.

On peut aussi réserver sur un côté du fourneau et dans son prolongement un âtre spécial, comme nous le faisons dans le potager que nous soumettons à nos lecteurs.

L'âtre est carrelé en carreaux de terre cuite à niveau de la paillasse.

Au droit de l'âtre, une coquille à rôtir encastrée dans le mur vient affleurer le revêtement sans aucune saillie, partant sans encombrement, et permet le service d'une rôtissoire.

Du côté opposé et toujours en prolongement du fourneau, si l'emplacement le permet, on peut installer l'évier.

Les jambages et tasseaux supportant l'évier sont construits comme ceux du potager.

Le revêtement sur mur, en carreaux assortis à ceux de la paillasse, complète le fourneau.

On peut faire un encadrement de bordures de couleur, comme nous le supposons, si on désire un aspect plus soigné.

Une hotte en plâtre ou en tôle, placée à hauteur convenable, le plus ordinairement à 1^m,70 du sol, achève toute la construction.

Dans l'exemple de métré que nous avons choisi est la composition donnée ; nous avons supposé la hotte en maçonnerie pigeonnée et enduite.

Il est bien évident et nous le disons en passant, au point de vue de la hotte, que sa construction ou son installation s'impose au même titre au-dessus des fourneaux portatifs comme au-dessus des fourneaux de construction.

Dans les grandes installations, on fait aussi des revêtements en faïence sur les hottes avec les manteaux en bordures à dessins.

Nous reviendrons sur ces particularités en traitant des fourneaux plus importants.

Nous donnons le métré très complet du fourneau potager que nous venons de décrire et nous accompagnons notre démonstration de trois figures cotées.

Le plan (*fig.* 484) représente le fourneau proprement dit, avec ses deux rangs de réchauds et poissonnière, l'âtre carrelé à droite et la pierre d'évier en prolongement à gauche.

L'élévation sur façade avec l'agencement des portes de paillasse, la coquille à rôtir, le revêtement et la hotte au-dessus, est représentée (*fig.* 485).

La figure 486 donne la coupe du fourneau et la hotte.

Métré d'un fourneau potager de construction avec âtre, coquille à rôtir, évier en pierre et hotte en plâtre (*fig.*484,485,486).

2 jambages en briques neuves de façon bourgogne de 0^m,11 d'épaisseur hourdées en plâtre au mètre superficiel.

Fumisterie n° 615.

Largeur 0.70.
Hauteur 0.70
Contre-bas en plancher 0.05 } $0.75 \times 0.70 = 0^2535 \times 2 = 1^205$
1 jambage intermédiaire.
A reprendre :
Largeur 0.70.
Hauteur 0.70
Contre-bas en plancher 0.05 } $0.75 \times 0.40 =$ 0^{2}30
————
1^{2}35

Tranchées d'arrachements, scellements et liaisons en moellons ou plâtras jusqu'à 0.05 de largeur au mètre linéaire.

Maçonnerie n° 1037.

Hauteur $0.75 \times 3 = 2.25$ aux 8/100 le mètre courant $= 0.18$.

Plus-value pour 0^m,06 de largeur au-dessus de 0.05 : 1/10 en plus pour chaque centimètre de largeur au mètre linéaire et pour 0^m,06 6/10.

Maçonnerie n° 1038.

Linéaire 2.25 aux 0.048/100 courant $= 0.11$.

Paillasse en plâtre sur fentons au mètre superficiel.

Maçonnerie n° 1012.

$1.55 \times 0.70 = 1.08$ aux 40/100 au mètre superficiel.

Cendrier en plâtre sur fentons au mètre superficiel.

Maçonnerie n° 917.

Entre jambages.

$1.33 \times 0.70 = 0.93$ aux 50/100 le mètre superficiel.

Tranchées d'arrachements, scellements et liaisons en moellons ou plâtras jusqu'à 0.05 de largeur au mètre linéaire.

Maçonnerie n° 1037.

Murs en briques de façon bourgogne de 0.11 d'épaisseur au mètre superficiel.

1^{2}35
SÉRIE CENTRALE n° 615, 2° col.
Légers ouvrages.
0.18
Légers ouvrages.
0.11
Légers ouvrages.
0.43
Légers ouvrages.
0.465

Paillasse 1.55)
Cendrier 1.33 (2.88 aux 8/100 le mètre courant = 0.23/100.

Plus-value pour 0.03 de largeur au-dessus de 0.05 : 1/10 en plus par chaque centimètre de largeur au mètre linéaire et pour $0^m,03$ 3/10.

Maçonnerie n° 1038.

Linéaire 2.88 aux 0.024/100 courant = 0.06.

Sur le cendrier :

Fourni, posé et scellé 30 carreaux d'âtre en terre cuite de 0.16.

Fumisterie n° 523.

Posé les fentons de paillasse et cendrier :

Pour paillasse :

6 trous et scellements de 0.10 dans le mur en moellons ou plâtras à l'unité de légers ouvrages.

Maçonnerie n° 1127.

$$0.10 \times 6 = 0.60/100.$$

8 scellements de $0^m,10$ dans les jambages sans percements des trous à 1/2 de l'unité.

Maçonnerie n°s 1130 et 1132.

$$0.10 \times 8 = \frac{0.80}{2} = 0.40/100.$$

Pour cendrier :

A reprendre : Légers ouvrages   1.00

Posé les ceintures en fer :

2 ceintures de paillasse :

4 trous et scellements de 0.12 dans le mur en moellons ou plâtras à l'unité de légers ouvrages.

Maçonnerie n° 1127.

$$0.12 \times 4 = 0.48/100.$$

1 ceinture de cendrier :

2 trous et scellements de 0.12 dans le mur en moellons ou plâtras à l'unité de légers ouvrages.

$$0.12 \times 2 = 0.24/100.$$

Les enduits au sas, au mètre superficiel au-dessus de 0.35 de largeur sur jambages :

Maçonnerie n° 955.

1 face de $0.70^L \times 0.80^H = 0^2 56$)
1 » de $0.47 \times 0.68 = 0.70$ (
4 » de $0.70 = 2.80 \times 0.40 = 1.12$) $2^2 15$ aux 25/100 le mètre superficiel sur parties neuves = 0.54.

L'enduit au sas à reprendre au mètre superficiel sous le cendrier.

Maçonnerie n° 957.

2 fois 0.61 = 1.22 × 0.70 = $0^2 85$ aux 50/100 le mètre superficiel = $0^2 425$.

3 têtes de jambages enduites au mètre linéaire.

2 de 0.70 = 1.40)
1 de 0.40 = 0.40 (1.80 aux 10/100 le mètre courant = 0.18.

Les arêtes droites au mètre linéaire.

Maçonnerie n° 1025.

2 arêtes de 0.70 = 1.40)
2 » de 0.40 = 0.80 (2.20 aux 5/100 le mètre courant = 0.11.

Façade du fourneau :

Posé, scellé 4 portes de 0.22 × 0.22 pour réchauds.

Fumisterie n° 884.

Colonne de droite :

Légers ouvrages.
0.23

Légers ouvrages.
0.06

Carreaux d'âtre en terre cuite de 0.16, fournis, posés et scellés à la pièce.
30
SÉRIE CENTRALE n° 523.

Légers ouvrages.
0.60

Légers ouvrages.
0.40

Légers ouvrages.
1.00

Légers ouvrages.
0.48

Légers ouvrages.
0.24

Légers ouvrages.
0.54

Légers ouvrages.
0.425

Légers ouvrages.
0.18

Légers ouvrages.
0.11

Pose et scellement de bouche ou analogie.
SÉRIE CENTRALE n° 884, 2e col.

3 fermetures de face entre les portes pigeonnées et enduites au sas.	Légers ouvrages.
Observation.	Observation.
1 fermeture de face entre les ceintures de paillasse et enduite au sas au mètre linéaire.	Légers ouvrages.
Observation.	Observation.
Dans l'intérieur du fourneau :	
2 séparations en plâtre enduites chacune aux deux faces.	Légers ouvrages.
Observation.	Observation.
Dessus du fourneau :	
Posé, scellé en premier rang.	Légers ouvrages.
2 réchauds carrés aux 15/100 = 0.30	0.30
Maçonnerie n° 1113.	Légers ouvrages.
1 réchaud 1/2 économique = 0.25	0.25
Observation.	Observation.
Posé, scellé en second rang :	Légers ouvrages.
1 poissonnière = 0.20	0.20
Maçonnerie n° 1112.	Légers ouvrages.
1 réchaud carré = 0.15	0.15
Maçonnerie n° 1113.	
Carrelé la paillasse en carreaux carrés de 0.11 à dessins en faïence ordinaire de 1er choix, à la pièce.	Carreaux carrés de 0.11 à dessins en faïence ordinaire, fournis, posés et scellés.
Fourniture : Fumisterie n° 524.	SÉRIE CENTRALE n° 524.
Pose : » n° 530.	SÉRIE CENTRALE n° 530, 2e col.
Carrelé l'âtre en carreaux carrés de 0.16 en terre cuite, à la pièce.	Carreaux d'âtre en terre cuite de 0.16, fournis, posés et scellés.
Fourniture et pose : Fumisterie n° 523.	SÉRIE CENTRALE n° 523.
Les fournitures du fourneau potager.	
Ceintures ordinaires en fer forgé au poids.	Fer pour ceintures ordinaires.
Serrurerie n° 75.	SÉRIE CENTRALE, Serrurerie 75.
Observation n° 8.	Observation n° 8.
Fentons de paillasse et cendrier au poids.	Fer fentons.
Serrurerie n° 72.	SÉRIE CENTRALE, Serrurerie 72.
Observation n° 8.	Observation n° 8.
4 portes à réchauds dites de paillasse de 0.22 × 0.22 avec baies, fermetures à ressort, coulisses d'air en croix de Malte.	Portes à réchauds dites de paillasse de 0.22 × 0.22 avec baies, fermetures à ressort et coulisses d'air en croix de Malte.
Observation.	Observation.
3 réchauds carrés en fonte avec grilles au poids.	Fonte pour réchauds carrés.
Fumisterie n° 726.	SÉRIE CENTRALE n° 726.
1 poissonnière à séparation avec grille au poids.	Fonte pour poissonnière.
Fumisterie n° 726.	SÉRIE CENTRALE n° 726.
1 réchaud 1/2 économique avec grille au poids.	Fonte pour réchaud économique.
Fumisterie n° 728.	SÉRIE CENTRALE n° 728.
Couvercles carrés en fonte pour réchauds à la pièce.	Couvercles carrés en fonte pour réchauds.
Fumisterie n° 666.	SÉRIE CENTRALE n° 666.
Couvercles carrés en fonte à rondelles pour réchauds à la pièce.	Couvercles carrés en fonte à rondelles.
Observation.	Observation.
Couvercle oblong en fonte pour poissonnière à la pièce.	Couvercle en fonte pour poissonnière.
Fumisterie n° 668.	SÉRIE CENTRALE n° 668.

A gauche du fourneau : un évier.

1 jambage d'évier en briques neuves de façon bourgogne de $0^m,11$ d'épaisseur hourdées en plâtre au mètre superficiel.

Maçonnerie n° 615.

Largeur 0.70.

Hauteur   0.70)

Contre-bas du plancher   0.05) $0.75 \times 0.70 = 0^2525$.

Tranchée d'arrachement, scellement et liaison en moellons ou plâtras jusqu'à 0.05 de largeur au mètre linéaire.

Maçonnerie n° 1037.

Hauteur 0.75 aux 8/100 le mètre courant $= 0.06$.

Plus-value pour 0.06 de largeur au-dessus de 0.05 : 1/10 en plus pour chaque centimètre de largeur au mètre linéaire et pour $0^m,06$ 6/10.

Maçonnerie n° 1038.

Linéaire 0.75 aux 0.048/100 courant $= 0.036$.

Les enduits au sas au mètre superficiel au-dessus de 0.35 de largeur.

Maçonnerie n° 955.

2 faces de jambage de chacune 0.70.

$0.70 \times 2 = 1.40 \times 0.70 = 0^298$ aux 25/100 le mètre superficiel sur parties neuves $= 0.245$.

La tête de jambage enduite au mètre linéaire.

Hauteur 0.70 aux 10/100 le mètre courant $= 0.07$.

Les arêtes droites au mètre linéaire.

Maçonnerie n° 1025.

2 arêtes 0.70 $= 1.40$ aux 5/100 le mètre courant $= 0.07$.

1 tasseau en briques sous l'évier en liaison dans le jambage du fourneau.

Observation.

Bardé, transporté à pied d'œuvre la pierre d'évier, monté, présenté.

Maçonnerie. Observation.

Posé, scellé de niveau sur jambage, calfeutré la pierre sur deux sens.

Observation.

Les raccords : naissances ou solins.

Observation.

Fourni la pierre en liais de Comblanchien de 1er choix au mètre cube.

Maçonnerie n° 1362. Observation.

La taille de pierre à l'unité.
Les parements de sciage sur la pierre aux deux faces.
Les épaisseurs à reprendre.
Le chanfrein.
Le refouillement du bassin.
Les parois.
Les gorges.
Les angles arrondis.
Le trou de bonde.
La nervure.
Le ragréement du dessus d'évier.
Le ragréement pour le surplus sur l'épaisseur.
L'emballage soigné sur paillassons.

Observation.

Murs en briques de façon bourgogne de 0.11 d'épaisseur au mètre superficiel.

0^252

SÉRIE CENTRALE n° 615, 2e col.

Légers ouvrages.

0.06

Légers ouvrages.

0.04

Légers ouvrages.

0.245

Légers ouvrages.

0.07

Légers ouvrages.

0.07

Observation.

Pierre bardée, posée.

Observation.

Légers ouvrages.

Observation.

Légers ouvrages.

Observation.

Pierre de Comblanchien de 1er choix, au mètre cube.

Maçonnerie n° 1362.

Observation.

Taille de pierre à l'unité.

Maçonnerie.

Observation.

Observation.

Revêtement du fourneau :
Carrelé sur mur en revêtement en carreaux carrés de 0^m,11 à dessins en faïence ordinaire de 1er choix à la pièce.
> Fourniture : Fumisterie n° 524.
> Pose :   »   n° 530.

Bordures unies en faïence de couleur de 1er choix, à la pièce.
> Observation.

Coquille à rôtir encastrée :
Refouillé en mur l'encastrement de la coquille.
> Observation.

Posé, scellé de niveau à l'affleurement du carrelage.
> Observation.

Fourni la coquille à rôtir en fonte avec grille.
> Observation.

Les raccords en naissance au mètre linéaire.
> Maçonnerie n°s 1070 à 1072.
> Observation.

Hotte en maçonnerie :
La hotte en pigeonnage par languettes ravalées aux 2 faces de 0^m,06 d'épaisseur au mètre superficiel.
> Maçonnerie n° 1002.

1 face réduite de largeur.

$$\frac{1.95 + 1.30}{2} = 1.62$$

2 costières réduites de largeur.

Chacune $\frac{0.49+0.30}{2} = 0.395 \times 2 = 0.79$

$2.41 \times 1.05^{1/2} = 2^{m}53$

aux 85/100 le mètre superficiel = 2.15.

Excédent de 0^m,02 au-dessus de 0^m,06 à reprendre en surépaisseur au mètre superficiel.
La plus-value au-dessus de 0.06 à prendre en augmentation par analogie à la moins-value au-dessous de 0.06 en diminution : 7/100 par centimètre et pour 2 centimètres 14/100.
> Maçonnerie n° 1004.

Surface de pigeonnage 2^m53 aux 14/100 le mètre superficiel = 0.35.

Tranchées d'arrachements, scellements et liaisons en moellons ou plâtras jusqu'à 0.05 de largeur au mètre linéaire.
> Maçonnerie n° 1037.

En mur :   2 fois 1.05 = 2.10
En plafond : 2   »   0.30 = 0.60
             1   »   1.30 = 1.30   } 4.00 aux 8/100 le mètre courant = 0.32.

Plus-value pour 0.03 de largeur au-dessus de 0.05 :
1/10 en plus pour chaque centimètre de largeur au mètre linéaire, et pour 0^m,03 : 3/10.
> Maçonnerie n° 1038.

Linéaire 4.00 aux 0.024/100 courant = 0.096.
Lardis de clous à bateaux fournis au mètre linéaire.
> Maçonnerie n° 1006.

Linéaire 4.00 aux 10/100 courant = 0.40.
Les languettes intérieures en pigeonnage ravalées une face de 0^m,06 d'épaisseur au mètre superficiel.
> Maçonnerie n° 1003.
> Observation.

Tranchées d'arrachements, scellements et liaisons en moellons ou plâtras jusqu'à 0.05 de largeur au mètre linéaire.
> Maçonnerie n° 1037.

Colonne d'estimation (droite) :

Carreaux carrés de 0.11 à dessins en faïence ordinaire, fournis, posés, scellés.
SÉRIE CENTRALE n° 524.
SÉRIE CENTRALE n° 530, 2e col.
Bordures unies en faïence de couleur de 1er choix, fournies, posées, scellées.
Observation.
Observation.
Observation.
Coquille à rôtir en fonte avec grille.
Observation.
Légers ouvrages.
Observation.
Légers ouvrages.
2.15
Légers ouvrages.
0.35
Légers ouvrages.
0.32
Légers ouvrages.
0.10
Légers ouvrages.
0.40
Légers ouvrages.
Observation.
Légers ouvrages.
Observation.

Plus-value pour 0.01 de largeur au-dessus de 0.05 :
1/10 en plus par mètre linéaire.
        Maçonnerie n° 1038.
Lardis de clous à bateaux fournis au mètre linéaire.
        Maçonnerie n° 1006.
Manteau en plâtre renformis et enduit au sas sur 3 faces au mètre linéaire.
    2 » (D. O.) 0.57 = 1.14)
    1 fois (H. O.) = 2.25 } 3.39.
        Observation.
Les arêtes sur pigeonnage (mémoire).
        Observation.
        Maçonnerie n° 1027.

Les gorges intérieures sur un R de 0.06.
        Observation.
Les raccords en naissances au mètre linéaire.
Sur murs.
        Maçonnerie n⁰ˢ 1070 à 1072.
Sur plafond.
        Maçonnerie n° 1074.
        Observation.
Posé le manteau en fer.
4 trous et scellements de 0.12 dans le mur en moellons ou plâtras à l'unité de légers ouvrages.
        Maçonnerie n° 1127.
        Évaluation n° 1169.
            0.12 × 4 = 0.48/100.

3 trous et scellements des tirants de 0.12 dans le plancher à l'unité de légers ouvrages.
            0.12 × 3 = 0.36/100.
En fournitures.
Manteau de hotte et tirants en fer forgé à scellements au poids.
        Serrurerie n° 75.
        Observation n° 8.
Fentons coupés de longueur au poids.
        Serrurerie n° 72.
        Observation n° 8.

Rappointis au poids.
        Serrurerie n° 247.

| Légers ouvrages. |
| Observation. |
| Légers ouvrages. |
| Observation. |
| Légers ouvrages. |
| Observation. |
| Observation. |
| Maçonnerie n° 1027. |
| Légers ouvrages. |
| Observation. |
| Légers ouvrages. |
| Observation. |
| Légers ouvrages. |
| Observation. |
| Légers ouvrages. |
| 0.48 |
| Légers ouvrages. |
| 0.36 |
| Fer pour manteau de hotte. |
| SÉRIE CENTRALE, Serrurerie n° 75. |
| Observation n° 8. |
| Fer fentons. |
| SÉRIE CENTRALE, Serrurerie n° 72. |
| Observation n° 8. |
| Rappointis au poids. |
| SÉRIE CENTRALE, Serrurerie n° 247. |

Tous les ouvrages accessoires résultant des dispositions spéciales sont à reprendre, bien entendu, d'après les évaluations de la Série et suivant leur nature.

On noie quelquefois dans le pigeonnage des hottes un grillage en fil de fer ou simplement un treillage fait entre fentons, avec du fil à la botte. Il y a lieu de compter la main-d'œuvre de ce travail et les fournitures suivant les Séries respectives où elles sont portées.

L'installation des trappes est à prendre avec les languettes spécialement raccordées.

Les manteaux sont quelquefois traînés avec moulures, auquel cas il faut se reporter aux articles de maçonnerie n⁰ˢ 1044 à 1069.

En bâtiment neuf, ces travaux sont généralement exécutés par les maçons ; c'est pourquoi nous ne nous y arrêtons pas davantage.

Il en est de même pour les éviers en pierre, dont nous avons indiqué sommairement les opérations de taille, tout en donnant cependant la classification complète du travail.

Avec ces renseignements appliqués aux

dimensions des ouvrages, nos lecteurs trouveront facilement l'explication recherchée.

Le fourneau métré a été supposé enduit ; mais on construit aussi des potagers en briques apparentes frottées à parements jointoyés.

Le métré reste le même dans ses grandes lignes ; nous ne voyons pas qu'il y ait grand intérêt pour nos lecteurs à reprendre l'exemple sur des modifications d'exécution de ce genre.

Fourneaux mixtes économiques.

266. La classification des fourneaux de construction est semblable, dans ses grandes lignes, à celle des fourneaux portatifs.

Le modèle le moins important est le fourneau à arcade sans étuve.

Nous trouvons ensuite le fourneau à four et étuve dit à simple service, puis le type à double service, c'est-à-dire à deux fours et deux étuves.

Dans chacun de ces modèles, le foyer est toujours unique.

Il y a ensuite toutes les combinaisons : à charbonnier, chauffe-assiettes, four à pâtisserie, système à grilloir, rôtisserie, grillade, etc., qui constituent des variantes dans les deux types de fourneaux : à simple ou à double service.

Ces différents modèles conviennent aux maisons bourgeoises.

Dans les fourneaux à usages spéciaux, nous retrouvons toutes les différentes dispositions en partie décrites au chapitre précédent, et augmentées de beaucoup d'autres.

Puis ensuite les grands fourneaux à plusieurs foyers, pour les grands établissements : restaurants, collèges, communautés, hôpitaux, etc.

Dans le genre d'installation pour grands établissements, les fourneaux sont le plus ordinairement construits dans le milieu du local, afin d'y accéder librement de tous côtés, et, pour cette raison, sont dénommés : fourneaux de milieu.

Les fourneaux placés contre un mur sont appelés : fourneaux adossés.

Les fourneaux de construction sont entièrement métrés et évalués selon les prix de la Série.

Le briquetage, comme il est dit au numéro 733, est payé au mètre cube.

La pose des appareils fonte et tôle, par analogie aux numéros 881 et 882, est payée au kilogramme.

Tous les différents ajustements sont réglés, suivant leur valeur, à leur Série respective.

Les objets fabriqués sont tarifés sous les numéros 709 à 730 pour la fonte ; et les appareils en tôle, sous les numéros 928 à 935.

La cuivrerie est évaluée dans la Série spéciale de chaudronnerie.

Le métrage des fourneaux, en ce qui concerne la construction, doit mentionner tous les vides des appareils, conformément au texte de la Série.

Voici, au surplus, le texte du dispositif précédant les articles de construction, sous les numéros 733 à 736 :

Fourneaux (construction de) (au mètre cube).

Avec joints et lits tout en briques moulinées, compris briques réfractaires pour le foyer, terre et plâtre, compris encore toutes façons, tailles et jointoiements intérieurs.

Tous les vides tels que foyers, cendriers, fours, étuves, bain-marie, charbonniers, seront déduits du cube général.

Quant à la pose des appareils et les scellements, nous en trouvons la mention spéciale sous forme d'observation, sous le numéro 737 :

La fourniture et la pose des fontes, tôles, fers et cuivres seront payées en sus des prix ci-dessus, ainsi que les scellements en vieux murs attenants seulement.

L'observation suivante, sous le numéro 738, répète la précédente en ce qui concerne les scellements d'armatures, et la complète relativement aux parements.

Voici le texte de l'observation numéro 738 :

Les prix ci-dessus de l'article 733 à l'article 736 (dans l'impression de la Série, ce sont les prix au mètre cube des ouvrages en briques) ne comprennent ni la pose ni les scellements en vieux murs des armatures extérieures en fer, ni non plus les parements, extérieurs qui seront payés à part.

Par l'expression en vieux murs, il faut entendre les murs et les planchers de la construction existante, c'est-à-dire le gros œuvre du bâtiment dans lequel est construit le fourneau.

Il est bien évident que les trous et scellements des armatures extérieures sont dus au même titre dans les murs et planchers, s'il s'agit d'un bâtiment neuf.

Les parements de briques sont tarifés à la Série de fumisterie sous les numéros 843 à 845.

Le numéro 845 est tout spécialement applicable aux parements exécutés sur fourneaux de cuisine.

Les feuillures, les chanfreins, et, en général, tous les travaux de taille possibles et exécutés sur les parements extérieurs, ne sont pas compris dans l'estimation des ouvrages au cube, et sont à reprendre pour leur valeur réelle, dans leur Série respective.

La Série comprend deux qualités de briques pour la construction des fourneaux de cuisine :

1º La brique lisse ou de façon bourgogne ;

2º La brique de Bourgogne.

Si, pour une raison quelconque et d'après un ordre formel d'exécution, on construit avec des matériaux de qualité supérieure ; il faut demander une plus-value basée sur la différence des prix. Nous avons vu que la brique réfractaire était demandée au foyer. Dans certains fourneaux à grand usage, les carneaux sont construits également en briques réfractaires ; il y a lieu, dans ce cas, de demander la plus-value proportionnelle, quant à la différence du prix appliquée sur le cube en œuvre.

Il en est de même pour le hourdis, si sa composition n'est pas équivalente de valeur au hourdis de terre et plâtre.

Le prix à façon au mètre cube s'applique à toutes les qualités de briques.

Il nous faut cependant réserver, dans tous les cas, l'emploi des briques vernissées ou émaillées, qui donne lieu à application de plus-values toutes spéciales et non prévues à la Série de fumisterie.

Pour compléter l'ensemble des fourneaux, il y a l'installation des tuyaux en tôle, comme pour les appareils portatifs.

Les fourneaux importants sont construits avec des conduits de fumée en briques, en caniveaux.

Les murs au-dessus des fourneaux sont revêtus en carreaux ou en panneaux de faïence encadrés dans des bordures unies ou à dessins.

Les carreaux ordinaires, unis ou à dessins, dans la seule dimension de $0^m,11$, sont comptés sous les numéros 524 et 525.

Les revêtements sont prévus à la Série sous les numéros 526 à 533 en ce qui concerne les carreaux unis, blancs ou ivoire, en kaolin.

Les mesures des carreaux unis en kaolin, dits demi-porcelaine, sont à la Série de $0^m,10$ à $0^m,20$, avec une tolérance, suivant le tableau ci-dessous :

$0^m,100$ ou $0^m,104$
$0^m,110$
$0^m,150$ ou $0^m,154$
$0^m,160$
$0^m,200$ ou $0^m,210$

Les bordures et les carreaux, de couleur ou à dessins, ne sont pas tarifés à la Série.

Les carreaux sont comptés à la pièce, en fourniture et pose, quand la surface est moindre de $1^{m2},50$.

A partir de $1^{m2},50$, les carreaux, y compris leur bordure, sont comptés au mètre superficiel, mais seulement quand ils sont posés en contiguïté.

Plusieurs carrelages au-dessous de $1^m,50$ et totalisés pour donner la surface indiquée ne tombent pas sous la tarification superficielle.

Il faut entendre aussi la bordure unie, dans le prix du carrelage au mètre superficiel, prévu sous le numéro 528.

Quand les carreaux sont à dessins, il y a lieu d'appliquer la plus-value de façon, sous le numéro 533.

Tous les prix de façon pour pose sont entendus sur plâtre.

La pose sur ciment donne lieu à plus-value sous le numéro 529.

Quand les carreaux sont posés à la pièce, le prix est prévu, sous le numéro 531.

Voici, au surplus, comment s'exprime la Série, relativement à la pose au mètre superficiel, sous le numéro 528 :

Pose au plâtre, compris sciottage, tran- *chées, arrachements et scellements pour revêtements sur murs, ou paillasses, et pour une surface effective de 1ᵐ,50 et au dessus (les carreaux posés en contiguïté), compris*

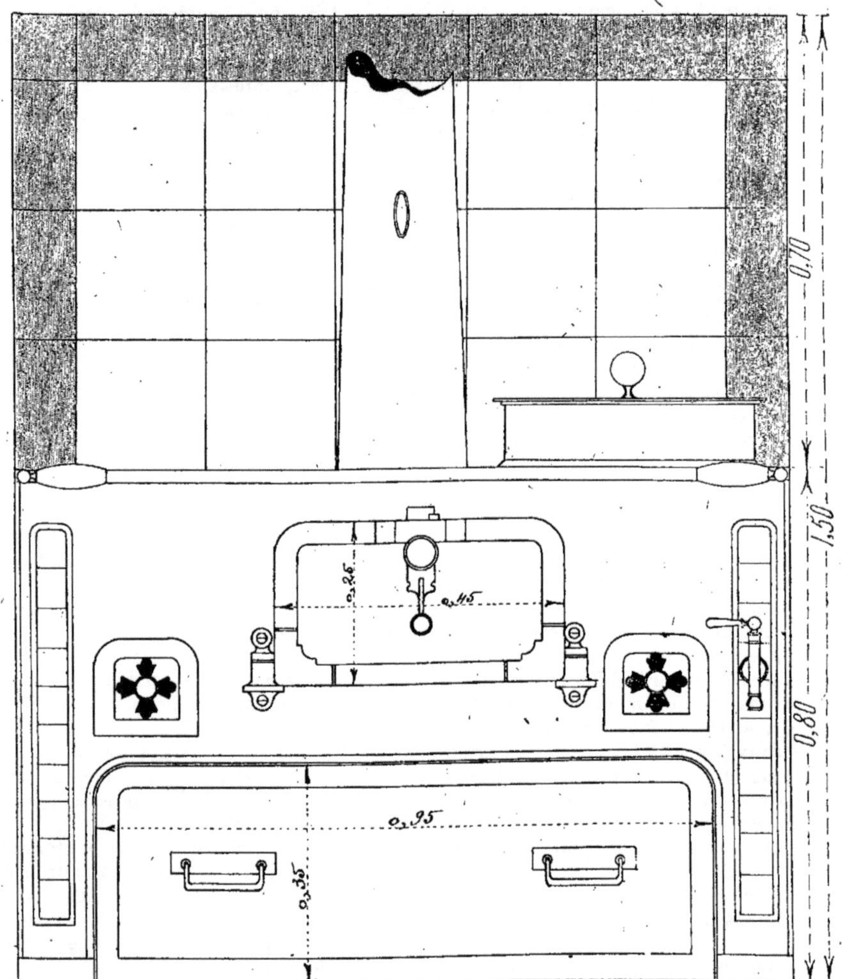

Fig. 487. — Fourneau de construction à arcade et un four à rôtir avec réservoir à panache.

bordure s'il y a lieu — à façon compris plâtre.

La plus-value de pose des carreaux à

dessins au mètre superficiel est ainsi rédigée, sous le numéro 533 :

Plus-value de pose, sur les carreaux

demi-porcelaine *à dessins bien appareillés, et selon le dessin des panneaux, pour tous ajustements avec angles rentrants ou saillants, et toutes tailles d'onglets ou circulaires.*

Tous les prix de pose s'entendent aussi pour les carreaux d'anciens modèles, suivant l'observation de la Série sous le numéro 532, dont nous donnons le texte ci-dessous :

Les carreaux en faïence (ancien modèle) seront payés les mêmes prix de pose que ci-dessus.

Les revêtements exécutés en plafond sont payés au double des évaluations de poses prévues sous les numéros 528 à 533.

Voici l'observation de la Série sous le numéro 534 :

Les revêtements faits en plafond seront payés le double des prix ci-dessus.

Chaque partie de carreau compte pour un carreau entier, conformément à l'observation de la Série, sous le numéro 535.

Si les carreaux sont posés à la pièce, la fourniture et la pose sont comptées sur l'unité.

Si le carreau sciotté est compris dans

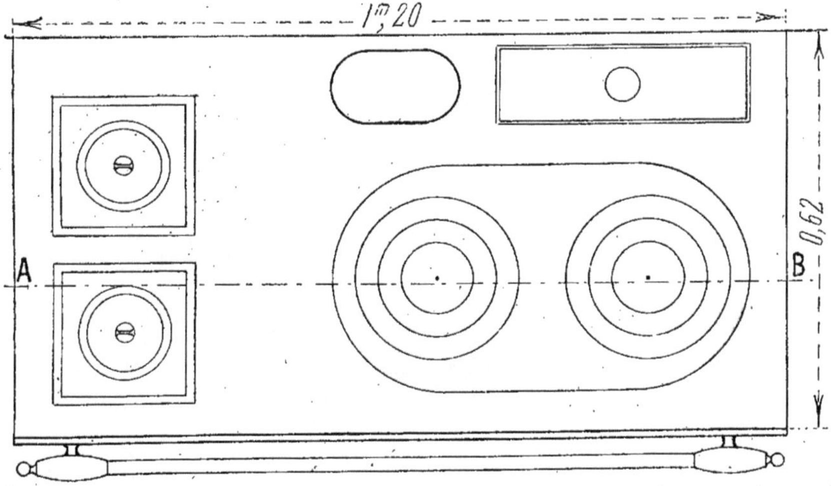

Fig. 488. — Plan du dessus de fourneau (*fig.* 487).

une surface de 1ᵐ²,50 et au dessus, il est mesuré pour sa surface réelle à façon et compté à la pièce, en fourniture, pour carreau entier.

Voici le texte de l'observation sous le numéro 535 :

Toute partie de carreau sciotté compte pour un carreau entier.

Les observations suivantes, sous les numéros 536 et 537, ont rapport à la qualité des carreaux.

La Série indique que les carreaux doivent être *de teinte parfaitement unie, les surfaces bien planes sans gerçure,* *tache, bouillon, brûlure ou défectuosité quelconque.*

Il est évident que d'aucunes de ces restrictions peuvent être appliquées, parce qu'elles répondent exactement à des défectuosités bien caractérisées, et qui rendent le carreau impropre à son usage.

En ce qui concerne les teintes, il y a la tolérance de fabrication.

Les revêtements sont quelquefois encadrés par des cornières en fer ou en cuivre.

Les cornières en cuivre sont tarifées à la Série sous les numéros 650 à 653, pour quatre largeurs en cornières égales :

0^m,015 × 0^m,015
0^m,020 × 0^m,020
0^m,025 × 0^m,025
0^m,030 × 0^m,030

Les assemblages sont évalués à la suite sous les numéros 654 à 656.

La plus-value de nickelage est portée sous le numéro 657.

Les prix ne comprennent pas la pose.

Les cornières en fer sont tarifées à la serrurerie sous les numéros 1102 à 1112.

Tous les travaux accessoires sur cor-

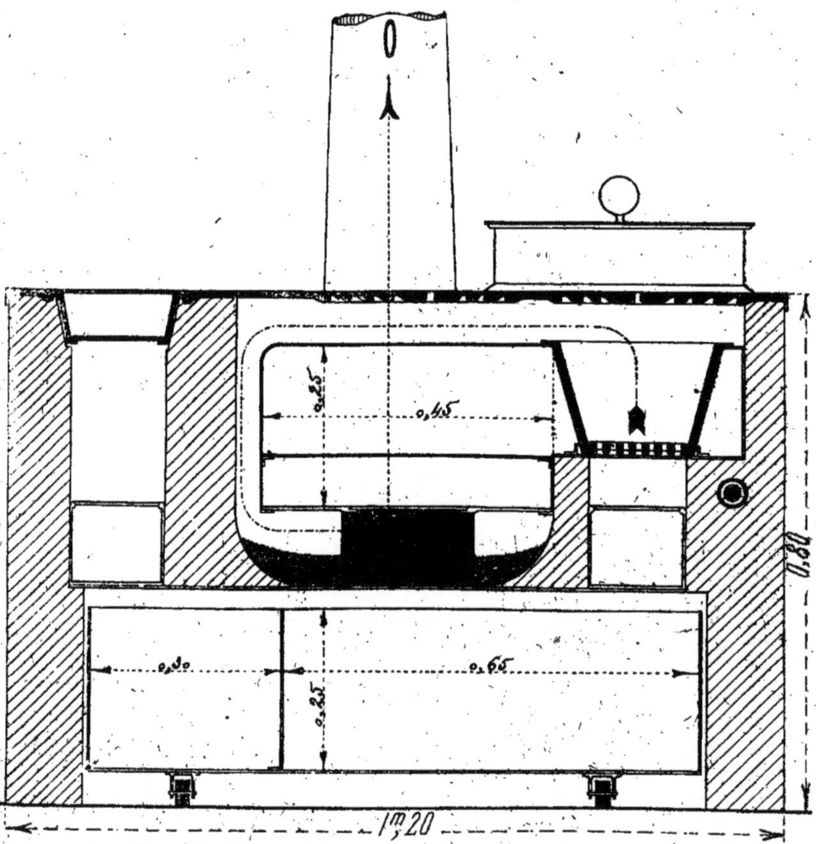

Fig. 489. — Coupe sur AB du fourneau (*fig.* 487-488).

nières de fer sont évalués à la suite sous les numéros 1113 à 1125.

Les prix comprennent le dégauchissage, le montage et la mise en place.

Les trous et scellements, tailles de feuillures et tous autres ouvrages sont dus.

Les fers à moulures du commerce sont employés assez rarement pour les revêtements. Dans ce cas, ils sont assemblés et rivés sur des cornières.

La Série de serrurerie prévoit les fers à moulures du commerce sous les numéros 1126 à 1134.

Tous les travaux accessoires sont évalués à la suite sous les numéros 1135 à 1147.

267. Nous présentons dans l'ordre de classification un genre de fourneau à arcade pour petite cuisine, composé d'un

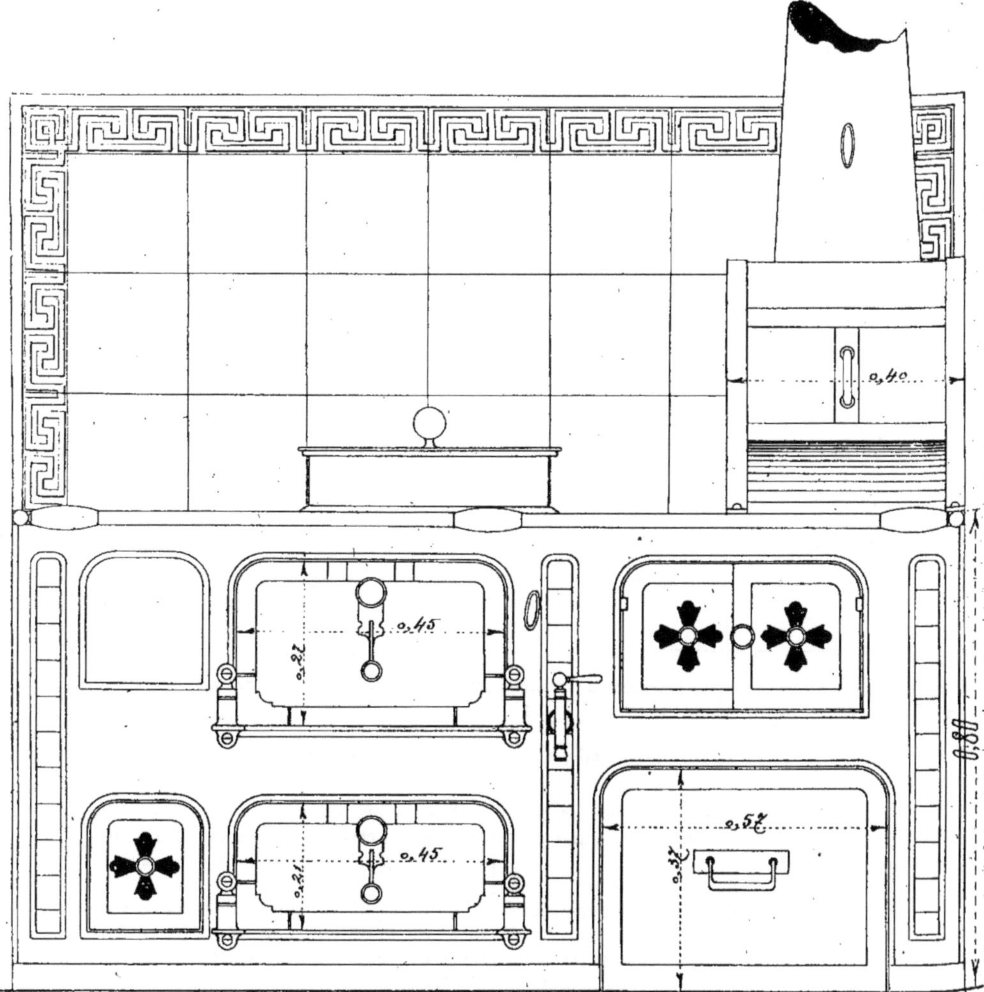

Fig. 490. — Fourneau de construction à simple service et grillade.

four à rôtir, un réservoir à panache et couvercle en cuivre, et un grand charbonnier.

La façade en fonte est ajourée à droite et à gauche et reçoit 2 panneaux en fausses briques.

Pour le surplus du montage de la porte de four et des cendriers, c'est le même travail que celui des fourneaux portatifs.

Tout l'intérieur du fourneau est construit en briques.

La figure 487 représente l'élévation du fourneau avec le revêtement, supposé exécuté en carreaux unis de $0^m,20 \times 0^m,20$ et bordures d'encadrement de couleur unie de $0^m,10 \times 0^m,20$.

Les angles qui raccordent les bordures portent $0^m,10 \times 0^m,10$; on peut combiner de cette manière des revêtements très réguliers.

Le plan du dessus est donné par la figure 488.

Nous complétons la description par une coupe longitudinale prise sur AB et représentée figure 489.

268. Le type de fourneau qui vient ensuite, et dont nous donnons avec les figures l'exemple de métré, est dit à simple service.

Il est composé d'un four à rôtir et d'une étuve au dessous. Le foyer est à gauche avec départ de fumée à droite.

Le charbonnier est placé sous le service potager. Au dessus, la porte de paillasse sert à nettoyer le cendrier des réchauds à charbon de bois et de la poissonnière.

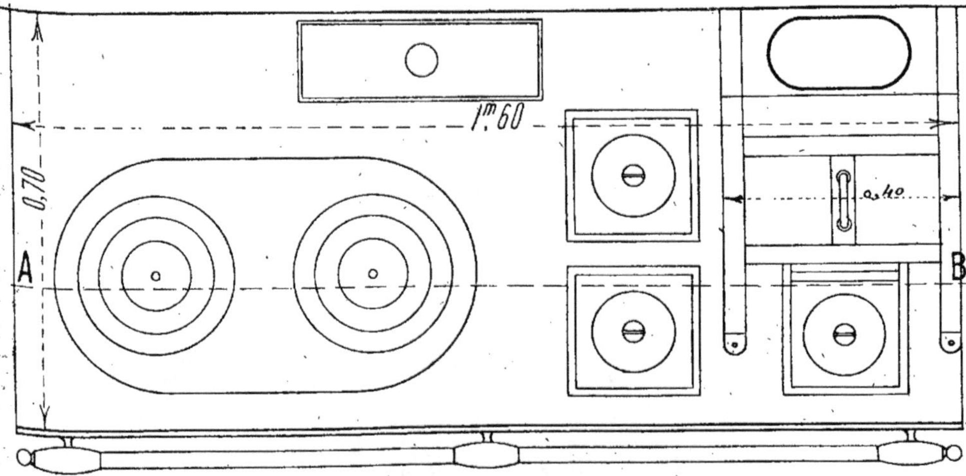

Fig. 491. — Plan du dessus de fourneau (*fig. 490*).

Le service est complété par un bain-marie à panache et couvercle et une grillade à départ direct.

Nous avons choisi ce modèle tout particulièrement bien combiné, pour en présenter le métré.

Nos lecteurs remarqueront qu'en somme tous les services culinaires d'une maison bourgeoise déjà importante sont parfaitement réunis dans la composition de ce fourneau qui porte : $1^m,60$ de longueur, $0^m,70$ de largeur et $0^m,80$ de hauteur normale.

Les services sont très maniables et bien à portée.

Nous avons supposé le revêtement carrelé en carreaux carrés de $0^m,20$, avec bordures grecques par le haut et sur les côtés.

Tout l'ensemble du panneau de revêtement est maintenu par un cadre en cornière de cuivre, qui lui donne de l'allure, et rehausse la tonalité des faïences.

Au bas, au droit du fourneau, on place un cours de cornière de fer pour tenir le carrelage, qui tend à se desceller sous l'action du surchauffage, et aussi pour tenir coup sous le choc des rondelles ou des ustensiles de cuisine.

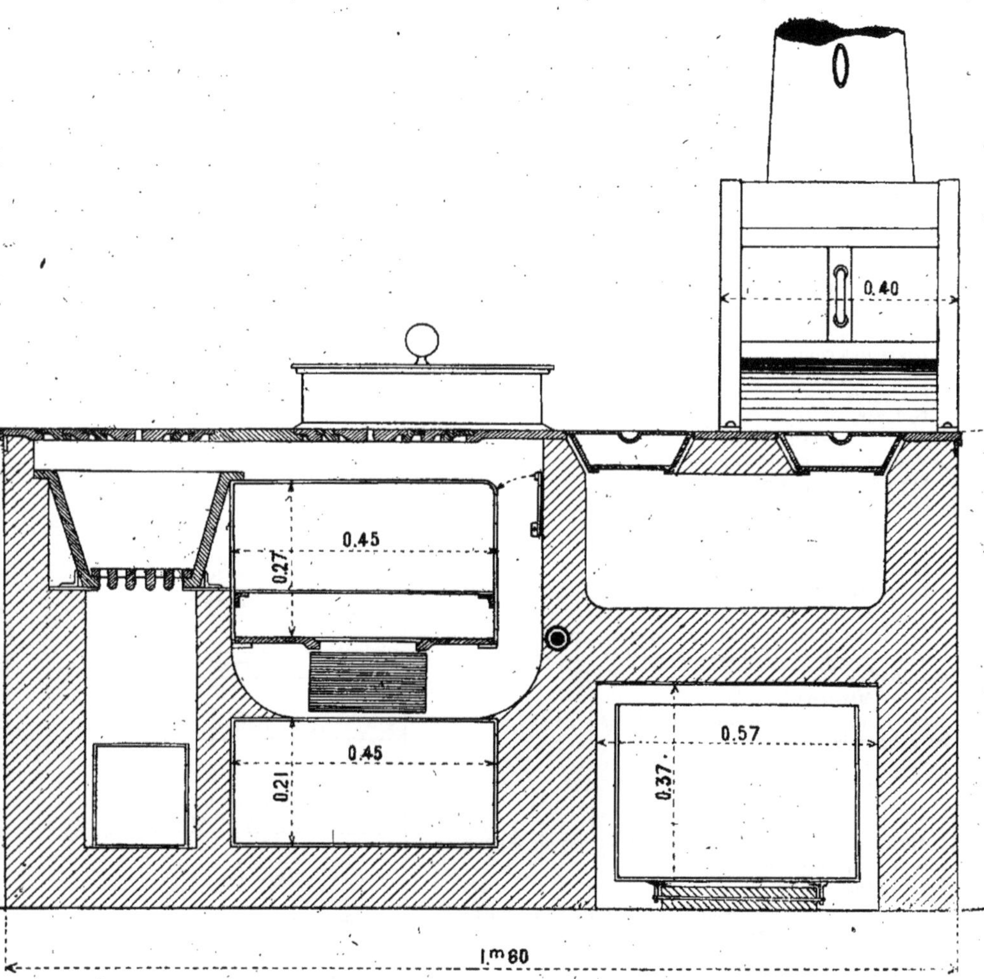

Fig. 492. — Coupe sur AB du fourneau (*fig*. 490 et 491).

**Métré du fourneau de construction à simple service
à grillade** (*fig*. 490, 491, 492).

269. Construit le fourneau de cuisine en briques neuves
de façon bourgogne, hourdées en plâtre et terre à four, compris toutes façons, tailles et jointoiements intérieurs.

Tous les vides, tels que foyer, cendrier, four, étuve, bain-
marie, charbonnier, sont déduits du cube général.

Cube de la masse :

$$1.60 \times 0.70 \times 0.80^H = \ldots\ldots\ldots\ldots\ldots \quad 0^3896$$

Les vides à déduire :

Le four : $0.45 \times 0.50 \times 0.27^H = 0^3060$

L'étuve : $0.45 \times 0.50 \times 0.21^H = 0^3047$

Le foyer : $\dfrac{0.20 + 0.25 \times 0.15 + 0.18}{2} \times 0.20^H = 0^3007$

Le cendrier du foyer : $0.16 \times 0.45 \times 0.21_H = 0^3015$

Le char-
bonnier : $0.57 \times 0.58 \times 0.37^H = 0^3122$

Le cendrier
potager : $0.50 \times 0.50 \times 0.23^H \cdot = 0^3057$

Le bain-marie : $0.45 \times 0.12 \times 0.38^H = 0^3020$ | 0^3328

$$\text{Cube en œuvre} \ldots\ldots\ldots\ldots\ldots\ldots \quad 0^3568$$

Fumisterie n° 733.

Posé, monté, ajusté et mis en place :

Les fontes composées de :

La façade, pesant   »   »

Le dessus,   »   »   »

Le foyer,   »   »   »

Fumisterie n° 881.

Posé, monté, ajusté et mis en place :

Les tôles composées de :

Le four,   pesant   »   »

L'étuve,   »   »   »

Le charbonnier,   »   »   »

Le cendrier,   »   »   »

Les portes sur la façade,   »   »   »

Fumisterie n° 882.

Les trous et scellements en plancher pour la façade, à l'unité de légers ouvrages par $0^m,01$ de profondeur en moellons ou plâtras.

Maçonnerie n° 1127.

Les trous et scellements d'armatures en vieux murs sous les mêmes évaluations.

Maçonnerie n° 1127.

Fumisterie. Observation n°ˢ 737-738.

Ajusté, sciotté, scellé, en cloisonné sur façade 3 panneaux fausses briques en faïence.

Observation.

Un trou de vidange repercé à la mèche dans le panneau intermédiaire, y compris le risque de casse.

Observation.

Monté, ajusté sur la façade les deux portes à bascule du four et de l'étuve sur consoles simples fixées à vis sur écrous.

Observation.

Les trous repercés dans la façade en fonte.

Mémoire.

Monté, ajusté sur la façade la porte de paillasse à deux vantaux sur charnons et pivots.

Observation.

Monté, ajusté le registre de commande du four à rôtir avec poignée sur la façade.	Montage et ajustement de registre de four à la pièce.
Observation.	Observation.
Un trou de registre repercé dans la façade en fonte.	
Mémoire.	Mémoire.
Posé, monté, ajusté sur la façade la main-courante en cuivre à trois supports.	Pose, montage et ajustement de main-courante en cuivre, à 3 supports pour fourneau de cuisine.
Série syndicale. Fumisterie nos 2116-2117.	SÉRIE SYNDICALE nos 2116-2117.
Les trous repercés dans la façade en fonte.	
Mémoire.	Mémoire.
Posé le bain-marie avec panache, le tube de vidange et robinet sur la façade et garniture des joints à raccords : jusqu'à 24 litres de contenance.	Pose de bain-marie à panache, tube de vidange et robinet à raccord avec garniture des joints.
Série syndicale no 2113.	SÉRIE SYNDICALE no 2113.
Posé, scellé sur le dessus du fourneau.	Légers ouvrages.
2 Réchauds carrés aux 15/100 l'un = $0^2 30$.	0.30
Maçonnerie no 1113.	Légers ouvrages.
1 Réchaud poissonnière 20/100.	0.20
Maçonnerie no 1112.	
Posé, monté, ajusté à vis la grillade en tôle.	Pose, montage et ajustement de grillade en tôle sur dessus de fourneau à la pièce.
Série syndicale no 2142.	SÉRIE SYNDICALE no 2142.
Les trous repercés dans le dessus en fonte.	
Mémoire.	Mémoire.
Posé la mitre et les tuyaux de fumée en tôle.	Pose de tuyaux en tôle au mètre linéaire.
Fumisterie no 875.	SÉRIE CENTRALE no 875.
Enduit au sas l'intérieur du charbonnier : au mètre superficiel.	
Le fond 0.57 = 0.57 } 2 côtés 0.58 = 1.16 } $1.73 \times 0.37^{II} = 0^2 64$ aux 25/100 le mètre superficiel = $0^2 16$.	Légers ouvrages.
Maçonnerie no 955.	0.16
L'enduit de plafond du charbonnier, au mètre superficiel.	Légers ouvrages.
$0.57 \times 0.58 = 0^2 33$ aux 50/100 le mètre superficiel = $0^2 165$	0.165
Maçonnerie no 957.	Carreau d'âtre de 0.16, fourni et scellé à la pièce.
Dans le cendrier du potager :	12
Fourni, scellé 12 carreaux d'âtre en terre cuite de 0.16.	SÉRIE CENTRALE no 523.
Fumisterie no 523.	
Les parements de briques à reprendre sur fourneau de cuisine :	Parement de brique, frotté et jointoyé sur fourneau de cuisine, travail soigné au mètre superficiel.
Parements apparents, frottés, jointoyés, travail soigné au mètre superficiel.	1.12
2 Costières de 0.70 = $1.40 \times 0.80^{II} = 1^2 12$.	SÉRIE CENTRALE no 845.
Fumisterie no 845.	
Revêtement du fourneau en carreaux carrés de 0m,20, avec bordures grecques de 0m,10 × 0m,20 : à la pièce en 1er choix.	Carreaux carrés de 0.20 en kaolin, demi-porcelaine blancs ou ivoires, fournis, posés et scellés.
Les carreaux :	
Fourniture. Fumisterie no 526.	SÉRIE CENTRALE no 526, 5e col.
Pose. » no 530.	SÉRIE CENTRALE no 530, 5e col.
Les bordures grecques de 0.10 × 0.20.	Bordures grecques de 0.10 × 0.20 et angles de 0.10 × 0.10, fournis, posés et scellés.
Les angles de bordures de 0.10 × 0.10.	
Observation.	Observation.
Posé, ajusté, scellé un cadre de revêtement en cornière de cuivre, au mètre linéaire.	Cadre de revêtement en cornière de cuivre pour pose, ajustement et scellement au mètre linéaire.
1 cours de haut de 1m,60 = 1.60 } 2 cours de montants de 0m,72 = 1.44 } 3m,04.	3.04
Observation.	Observation.

Les trous et scellements de pattes en vieux mur à l'unité de légers ouvrages par 0m,01 de profondeur en moellons ou plâtras.

Maçonnerie no 1127.

Les raccords en naissance : au mètre linéaire.

Maçonnerie nos 1070 à 1072.

Observation.

Le cadre de revêtement en fourniture, en cornière de cuivre jaune poli, sans assemblages, ni pattes, ni pose, au mètre linéaire.

Cornière de 0m,20 × 0m,20.

> 1 cours de 1.60 = 1m,60
> 2 » de 0.72 = 1m,44 } 3m,04

Fumisterie no 651.

2 Coupes droites arasées à la lime.

Observation.

4 Coupes de longueurs.

(Mémoire.)

2 Assemblages d'onglets soudés.

Fumisterie no 654.

Les pattes à scellements, fournies, soudées.

Fumisterie no 655.

Les fournitures du fourneau de construction.

Fonte douce de Paris 2e fusion, pour fourneau composé d'une façade et dessus à boudin, avec plaque de rechange à 2 jeux de rondelles et tampons : au poids.

Fumisterie no 709.

Ajusté les fontes, dressé, limé les rives, champs et feuillures sur le poids.

Fumisterie no 710.

Blanchi le boudin sur fonte de 1m,60 de longueur.

Observation.

Déboursé du modèle en bois au mètre superficiel.

(Observation de remboursement.)

> 1.60 × 0.70 = 1²12.

Fumisterie no 712.

Remboursement à 1/2 valeur.

Observation no 714.

2 Trous percés dans le dessus en fonte pour monter la grillade.

Observation.

Le foyer ovale et sa grille en fonte : au poids.

Fumisterie no 725.

2 Réchauds carrés avec couvercles et grilles : au poids.

1 Poissonnière avec couvercle, séparation et grille : au poids.

Fumisterie no 726.

Tôlerie de fourneau pour un four et une étuve avec étagère et coulisseau : au poids.

Fumisterie no 935.

Colonne de droite (bordereau) :

Légers ouvrages.
Légers ouvrages.
Observation.
Cornière en cuivre jaune poli de 0.20×0.20 au mètre linéaire.
3.04
SÉRIE CENTRALE no 651.
Coupe droite arasée, limée sur cornière de cuivre de 0.20 × 0.20 à la pièce.
2
Coupes de longueurs.
Mémoire.
Assemblage d'onglets soudé à la pièce.
2
SÉRIE CENTRALE no 654.
Patte à scellement, fournie, soudée à la pièce.
SÉRIE CENTRALE no 655.
Fonte douce de 2e fusion sur modèle au poids.
SÉRIE CENTRALE no 709.
Ajustement de fonte sur modèle au poids.
SÉRIE CENTRALE no 710.
Boudin blanchi sur fonte au mètre linéaire.
1.60
Observation.
Déboursé de frais de modèle à demi-remboursement au mètre superficiel.
1.12
SÉRIE CENTRALE no 712.
Observation no 714.
Trou percé dans la fonte à la pièce.
2
Observation.
Fonte pour foyer ovale au poids.
SÉRIE CENTRALE no 725.
Fonte pour réchauds carrés et poissonnière au poids.
SÉRIE CENTRALE no 726.
Tôle douce pour four et étuve de fourneau au poids.
SÉRIE CENTRALE no 935.

Plus-value pour un garde-rôts monté à l'intérieur du four, côté foyer.
Observation.

8 Boulons en fer à têtes fraisées avec écrous pour montage du four et de l'étuve, suivant les longueurs jusqu'à 0^m,080.
Fumisterie n° 500.

8 Trous de montage percés dans la façade en fonte.
Observation.

8 Trous fraisés.
Observation.

8 Trous contre-percés dans les cornières des fours.
Serrurerie n° 1148.

Les 2 portes de four et étuve en tôle, montées sur ferrures dressées et chanfreinées à la lime : au poids.
Fumisterie n° 871.
Plus-value pour portes montées à bascule sur consoles avec loquets, mentonnets et cadres en fer poli : à la pièce.
Fumisterie n° 872.
1 Porte de four de 0.45 × 0.27.
1 Porte d'étuve de 0.45 × 0.21.
8 Vis à métaux fraisées pour montage de consoles suivant les longueurs jusqu'à 0^m,060.
Serrurerie n°s 1928 à 1938.

8 Ecrous filetés sur le pas.
Serrurerie n° 1311.

8 Trous percés dans les consoles, en forte épaisseur (0^m,025), à la pièce.
Observation.

8 Trous fraisés dans les consoles, en forte épaisseur.
Observation.

8 Trous contre-percés dans la façade en fonte.
Observation.

2 Trous de montage des mentonnets percés dans la façade en fonte.
Observation.

La porte de paillasse en tôle, montée sur ferrures dressées et chanfreinées à la lime : au poids.
Fumisterie n° 871.

Plus-value pour porte montée à charnons, compris ressort, bouton et cadre en fer poli : à la pièce.
Fumisterie n° 872.

Garde-rôts pour four de fourneau de cuisine à la pièce.

Observation.	
Boulon et écrou avec tête fraisée à la pièce.	8
SÉRIE CENTRALE n° 500.	
Trou percé dans la fonte à la pièce.	8
Observation.	
Trou fraisé dans la fonte à la pièce.	8
Observation.	
Trou percé dans le fer à l'atelier à la pièce.	8
SÉRIE CENTRALE n° 1148.	
Porte en tôle, montée sur ferrures dressées et chanfreinées au poids.	
SÉRIE CENTRALE n° 871.	
Plus-value de porte à bascule à la pièce.	2
SÉRIE CENTRALE n° 872.	
Vis à métaux fraisée à la pièce.	8
SÉRIE CENTRALE, Serrurerie 1928 à 1938.	
Ecrou en fer fileté et posé à la pièce.	8
SÉRIE CENTRALE, Serrurerie n° 1311.	
Trou percé dans la fonte de forte épaisseur à la pièce.	8
Observation.	
Trou fraisé dans la fonte de forte épaisseur à la pièce.	8
Observation.	
Trou percé dans la fonte à la pièce.	8
Observation.	
Trou percé dans la fonte à la pièce.	2
Observation.	
Porte en tôle, montée sur ferrures dressées et chanfreinées au poids.	
SÉRIE CENTRALE n° 871.	
Plus-value de porte à charnons à la pièce.	1
SÉRIE CENTRALE n° 872.	

2 Entailles de charnons dans la façade en fonte. Observation.	Charnon entaillé dans la fonte à la pièce. 2 Observation.
2 Trous de pivots repercés dans la façade en fonte. Observation.	Pivot repercé dans la fonte à la pièce. 2 Observation.
Le cendrier en tôle avec pelle : au poids. Fumisterie n° 549.	Cendrier en tôle au poids. SÉRIE CENTRALE n° 549.
Plus-value pour façade de cendrier montée à rivures perdues sur cadre en fer poli, bouton et coulisse d'air en croix de Malte. Observation.	Plus-value de façade de cendrier sur cadre en fer poli, bouton et coulisse d'air en croix de Malte à la pièce. Observation.
Le charbonnier en tôle à caisse, avec façade montée sur cadre en fer : au poids. Observation.	Charbonnier en tôle au poids. Observation.
Plus-value pour façade de charbonnier montée à rivures perdues sur cadre en fer poli, et poignée sur platine blanchie, rapportée et rivée. Observation.	Plus-value de façade de charbonnier sur cadre en fer poli et poignée sur platine blanchie, rapportée et rivée. Observation.
2 Rouleaux en hêtre avec ferrures et chapes rapportées et rivées. Observation.	Rouleau ferré pour charbonnier à la pièce. 2 Observation.
Le registre à soupape en tôle, sur cadre avec tige en fer et poignée à olive : au poids. Fumisterie n° 913.	Soupape en tôle au poids. SÉRIE CENTRALE n° 913.
Plus-value pour une grosse olive blanchie et goupillée sur la tige en fer. Observation.	Plus-value pour olive blanchie et goupillée. Observation.
Un trou de montage percé dans la façade en fonte. Observation.	Trou percé dans la fonte à la pièce. Observation.
3 Panneaux en faïence de 1er choix, décor fausses briques à filets blancs. Fumisterie. Observation n° 836.	Panneau en faïence de 1er choix, décor fausses briques à filets blancs à la pièce. 3 SÉRIE CENTRALE n° 836.
La rampe en cuivre doublé, poli, de $0^m,025$, au mètre linéaire. Fumisterie n° 108.	Barre de fourneau doublée en cuivre poli de $0^m,025$ au mètre linéaire. SÉRIE CENTRALE n° 108, 4e col.
1 Support de milieu, ordinaire uni n° 2. Fumisterie n° 917.	Support de barre en cuivre uni, poli, de $0^m,025$ à la pièce. SÉRIE CENTRALE n° 917, 1re col.
2 Supports de bouts, ordinaires unis à boules n° 2. Observation.	Support à boules en cuivre, uni, poli, de $0^m,025$ à la pièce. 2 Observation.
3 Trous de montage percés dans la façade en fonte. Observation.	Trou percé dans la fonte à la pièce. 3 Observation.
Les armatures du fourneau : tirants en fer plat forgés avec empattements coudés à talons et scellements, au poids. Fumisterie n° 697.	Fer pour armature de fourneau au poids. SÉRIE CENTRALE n° 697.
3 Vis à métaux fraisées pour montage des tirants sur la façade. Suivant les longueurs jusqu'à $0^m,060$. Serrurerie n°s 1928 à 1938.	Vis à métaux fraisée à la pièce 3 SÉRIE CENTRALE, Serrurerie 1928 à 1938.

3 Écrous filetés sur le pas. Serrurerie n° 1311.	Écrou en fer fileté et posé à la pièce. **3** SÉRIE CENTRALE, Serrurerie n° 1311.
3 Trous percés dans la façade en fonte. Observation.	Trou percé dans la fonte à la pièce. **3** Observation.
3 Trous fraisés dans la façade en fonte. Observation.	Trou fraisé dans la fonte à la pièce. **3** Observation.
3 Trous contre-percés dans les empattements en fer. Serrurerie n° 1148.	Trou percé dans le fer à l'atelier. **3** SÉRIE CENTRALE, Serrurerie n° 1148.
3 Pattes à scellements en fer forgé rapportées au bas de la façade. Observation.	Patte de façon à scellements à la pièce. **3** Observation.
3 Trous de rivures percés dans la façade en fonte. Observation.	Trou percé dans la fonte à la pièce. **3** Observation.
3 Trous contre-percés dans les pattes en fer. Serrurerie n° 1148.	Trou percé dans le fer à l'atelier. **3** SÉRIE CENTRALE, Serrurerie n° 1148.
3 Rivures fournies et affleurées. Observation.	Rivure affleurée à la pièce. **3** Observation.
La grillade en tôle avec garnitures en fer poli à tablier et poignée : au poids. Fumisterie n° 756.	Grillade en tôle avec garnitures en fer poli au poids. SÉRIE CENTRALE n° 756.
Le bain-marie en cuivre rouge étamé à panache et couvercle polis : au poids. Chaudronnerie nos 34 à 36.	Bain-marie en cuivre rouge étamé, à panache et couvercle polis au poids. SÉRIE CENTRALE, Chaudronnerie 34 à 36.
Un trou de vidange percé dans la caisse en cuivre. Observation.	Trou de vidange percé dans le cuivre à la pièce. Observation.
Une boule en cuivre jaune poli à rosace. Suivant le diamètre. Fumisterie n° 496.	Boule creuse en cuivre poli à rosace à la pièce. SÉRIE CENTRALE, Fumisterie n° 496.
Ajusté, soudé la boule sur le couvercle. Observation.	Soudure de boule sur cuivre pour couvercle de bain-marie. Observation.
Le tuyau de vidange en cuivre rouge brasé, cintré au mastic et façonné suivant l'emplacement : au poids. Chaudronnerie n° 161.	Tuyau en cuivre rouge brasé, cintré au mastic et façonné au poids. SÉRIE CENTRALE, Chaudronnerie 161.
2 Nœuds soudés sur cuivre pour raccords, y compris l'étamage des douilles. Canalisation d'eau nos 93 et 94.	Nœud soudé sur cuivre à la pièce. **2** SÉRIE CENTRALE, Canalisation d'eau 93-94.
2 Raccords en cuivre deux pièces pour tube de vidange : sans pose. Chaudronnerie nos 116 à 123.	Raccord en cuivre en deux pièces sans pose à la pièce. **2** SÉRIE CENTRALE, Chaudronnerie 116 à 123.

Le robinet bronze à cul-de-lampe, béquille bois et rosace. (Suivant le diamètre.)

    Déboursé   »   »

    Bénéfice 10 0/0   »   »

La mitre ovale en tôle : au poids.

    Fumisterie nº 930.

La soupape de réglage sur tige en fer et olive rivée et bouterollée.

    Observation.

Les tuyaux et coudes en tôle.

    Fumisterie nᵒˢ 929-933.

Robinet bronze à cul-de-lampe, béquille bois et rosace.
Observation.
Tôle pour mitre ovale au poids.
SÉRIE CENTRALE, Fumisterie nº 930.
Soupape en tôle, tige en fer et olive rivée, bouterollée.
Observation.
Tuyaux et coudes.
SÉRIE CENTRALE, Fumisterie 929-933.

Pour compléter l'exemple de métré, nous donnons l'élévation du fourneau avec le revêtement à bordures grecques et cadre en cornière de cuivre (*fig.* 490).

La figure 491 représente le plan du fourneau avec la grillade mi-ouverte pour découvrir la poissonnière. La coupe longitudinale prise sur AB est représentée (*fig.* 492).

270. Nous donnons ensuite un autre genre de fourneau dans le type dit à simple service.

La composition générale du fourneau est sensiblement la même que celle du fourneau précédent. Mais la grillade est remplacée par une cheminée d'âtre, dite de rôtisserie. Le service potager est plus important : il se compose de quatre réchauds carrés et d'une poissonnière.

Le fourneau est représenté (*fig.* 493 et 494).

Nous avons supposé le revêtement carrelé en carreaux carrés de $0^m,15$, avec bordure de couleur unie de $0^m,07 \times 0^m,15$ par le haut et sur les côtés.

Le retour de carrelage en revêtement de la rôtisserie n'est pas visible sur l'élévation du fourneau, prise de face (*fig.* 493).

Métré du fourneau de construction à simple service à rôtisserie (*fig.* 493-494).

271. Construit le fourneau de cuisine en briques neuves de bourgogne, hourdées en plâtre et terre à four, compris toutes façons, tailles et jointoiements intérieurs.

Tous les vides, tels que foyer, cendrier, four, étuve, bain-marie, charbonnier, sont déduits du cube général.

Cube brut de la masse.

    $1.80 \times 0.70 \times 0.80^H =$ .... 1^3008

Les vides à déduire :

Le four :	$0.45 \times 0.50 \times 0.27^H = 0^3060$	
L'étuve :	$0.45 \times 0.50 \times 0.21^H = 0^3047$	
Le foyer :	$0.27 \times 0.35 \times 0.25^H = 0^3023$	
Le cendrier du foyer :	$0.16 \times 0.45 \times 0.21^H = 0^3015$	
Le charbonnier :	$0.66 \times 0.58 \times 0.36^H = 0^3137$	
Le cendrier potager :	$0.55 \times 0.50 \times 0.23^H = 0^3063$	
Le bain-marie :	$0.45 \times 0.12 \times 0.38^H = 0^3020$	0^3365

    Cube en œuvre.............. 0^3643

    Fumisterie nº 733.

Posé, monté, ajusté et mis en place :

Les fontes composées de :

La façade,   pesant   »   »

Le dessus   »   »   »

La parabole,   »   »   »

Les barreaux, »   »   »

Les sommiers, »   »   »

    Fumisterie nº 881.

Fourneau de cuisine en briques de bourgogne au cube (construction de).
0^3643
SÉRIE CENTRALE nº 733, 2ᵉ col.
Pose, montage, ajustement et mise en place de fonte au poids.
SÉRIE CENTRALE nº 881.

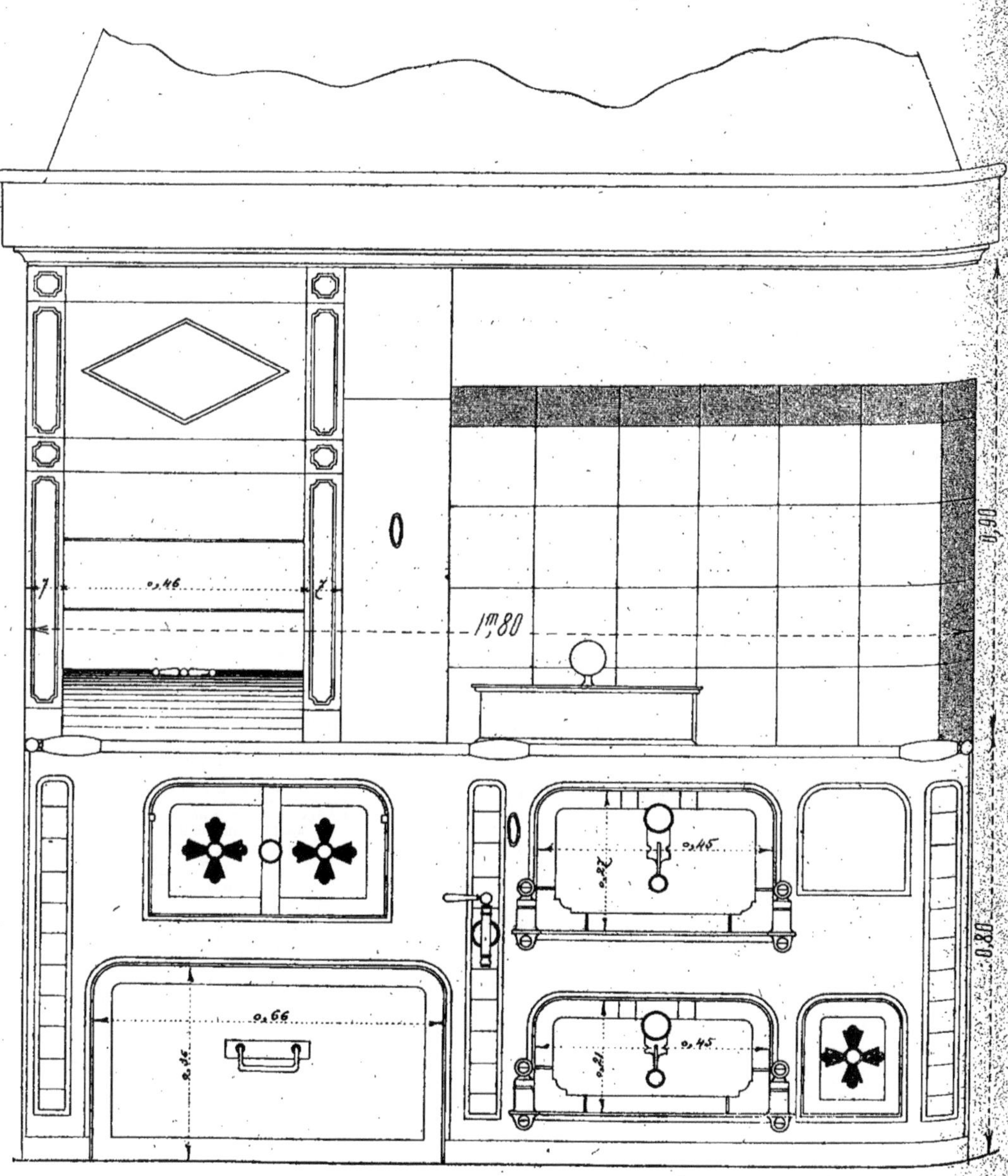

Fig. 493. — Fourneau de construction à simple service et rôtisserie.

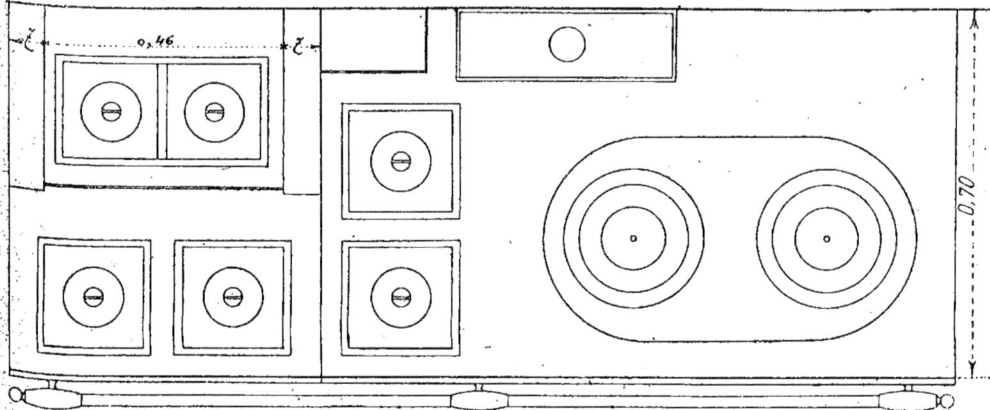

Fig. 494. — Plan du dessus de fourneau (*fig.* 493).

Posé, monté, ajusté et mis en place :
Les tôles composées de :

Le four, pesant » »
L'étuve, » » »
Le charbonnier, » » »
Le cendrier, » » »
Les portes sur façade, » » »

Fumisterie n° 882.

Les trous et scellements en plancher pour la façade à l'unité de légers ouvrages par 0m,01 de profondeur en moellons ou plâtras.

Maçonnerie n° 1127.

Les trous et scellements d'armatures en vieux murs sous les mêmes évaluations.

Maçonnerie n° 1127.

Fumisterie. Observation n°s 737-738.

Ajusté, sciotté, scellé en cloisonné sur façade 3 panneaux fausses briques en faïence.

Observation.

Un trou de vidange repercé à la mèche dans le panneau intermédiaire, y compris le risque de casse.

Observation.

Monté, ajusté sur la façade les deux portes à bascule du four et de l'étuve sur consoles simples fixées à vis sur écrous.

Observation.

Les trous repercés dans la façade en fonte.

Mémoire.

Monté, ajusté sur la façade la porte de paillasse à deux vantaux sur charnons et pivots.

Observation.

Pose, montage, ajustement et mise en place des tôles au poids.

SÉRIE CENTRALE n° 882.

Légers ouvrages.

Légers ouvrages.

Observation.

SÉRIE CENTRALE n°s 737-738.

Panneau fausses briques en faïence, ajusté, sciotté, scellé à la pièce.

3

Observation.

Percement de trou de mèche dans un panneau en faïence.

Observation.

Montage et ajustement de porte à bascule sur consoles simples fixées à vis sur écrous, à la pièce.

2

Observation.

Mémoire.

Montage et ajustement de porte de paillasse à deux vantaux sur charnons et pivots à la pièce.

1

Observation.

Monté, ajusté le registre de commande du four à rôtir avec poignée sur la façade. Observation.	Montage et ajustement de registre de four à la pièce. Observation.
Un trou de registre repercé dans la façade en fonte. Mémoire.	Mémoire.
Posé, monté, ajusté sur la façade la main-courante en fer à trois supports. Série syndicale de Fumisterie nos 2116-2117. Les trous repercés dans la façade en fonte. Mémoire.	Pose, montage et ajustement de main-courante en fer à 3 supports pour fourneau de cuisine. SÉRIE SYNDICALE nos 2116-2117. Mémoire.
Posé le bain-marie avec panache, le tube de vidange et robinet sur la façade et garniture des joints à raccords jusqu'à 24 litres de contenance. Série syndicale n° 2113.	Pose de bain-marie à panache, tube de vidange et robinet à raccord avec garniture des joints. SÉRIE SYNDICALE n° 2113.
Posé, scellé sur le dessus du fourneau : 4 Réchauds carrés aux 15/100 l'un = 0^m60. Maçonnerie n° 1113.	Légers ouvrages. 0.60
1 Réchaud poissonnière 20/100. Maçonnerie n° 1112.	Légers ouvrages. 0.20
Posé la mitre et les tuyaux de fumée en tôle. Fumisterie n° 875.	Pose de tuyaux en tôle au mètre linéaire. SÉRIE CENTRALE n° 875.
Enduit au sas l'intérieur du charbonnier : au mètre superficiel. Le fond : 0.66 = 0.66 2 côtés : 0.58 = 1.16 } $1.82 \times 0.36^H = 0^m65$ aux 25/100 le mètre superficiel = 0^m16. Maçonnerie n° 955.	Légers ouvrages. 0.16
L'enduit de plafond du charbonnier, au mètre superficiel. $0.66 \times 0.58 = 0^m38$ aux 50/100 le mètre superficiel = 0^m19. Maçonnerie n° 957.	Légers ouvrages. 0.19
Dans le cendrier du potager : Fourni, scellé 16 carreaux d'âtre en terre cuite. Fumisterie n° 523.	Carreau d'âtre de 0.16, fourni et scellé à la pièce. 16 SÉRIE CENTRALE n° 523.
Cheminée de rôtisserie au-dessus du fourneau : Présenté, calé, réglé les consoles en fonte. Observation.	Consoles en fonte pour cheminée d'âtre, présentées, calées, réglées. Observation.
Les trous repercés dans le dessus en fonte. Mémoire.	Mémoire.
Les trous et scellements dans le manteau de hotte à l'unité de légers ouvrages, par $0^m,01$ de profondeur dans le plâtre. Maçonnerie n° 1127.	Légers ouvrages.
Les trous et scellements des tirants en vieux murs sous les mêmes évaluations. Maçonnerie n° 1127.	Légers ouvrages.
L'arrangement de cheminée de rôtisserie, dite de cuisine, au-dessus d'un fourneau avec soubassement, contre-cœurs et goussets sans âtre. Chambre syndicale n° 37.	Arrangement de cheminée de rôtisserie au-dessus d'un fourneau sans âtre à la pièce. SÉRIE SYNDICALE n° 37.
Plus-value pour rideau monté, ajusté, posé à l'intérieur des consoles. Observation.	Plus-value pour façon de cheminée de rôtisserie à rideau. Observation.
Les travaux accessoires, languettes, trappe, etc., sont à reprendre selon les évaluations respectives de la série pour chaque genre de travail. Observation.	Observation.

Les parements de briques à reprendre sur fourneau de cuisine :

Parements apparents, frottés, jointoyés, travail soigné, au mètre superficiel.

2 costières de 0.70 = 1.40 × 0.80ᴴ = 1ᵐ42.

Fumisterie n° 845.

Revêtement du fourneau en carreaux carrés de 0ᵐ,15, avec bordures de couleur unie de 0.07 × 0.15, à la pièce en 1ᵉʳ choix.

Les carreaux :

Fourniture. Fumisterie n° 526.

Pose. » n° 530.

Les bordures de couleur unie de 0.07 × 0.15.

Les angles de bordures de 0.07 × 0.07.

Observation.

Posé, ajusté, scellé au bas une cornière de fer au mètre linéaire.

1 fois 1.20
1 » 0.40 } 1.60

Observation.

Les trous et scellements de pattes en vieux mur à l'unité de légers ouvrages par 0ᵐ,01 de profondeur en moellons ou plâtras.

Maçonnerie n° 1127.

Les raccords en naissances : au mètre linéaire.

Maçonnerie n°ˢ 1070 à 1072.

Observation.

Fourni la cornière de bas coupée de longueur et bien dressée, au mètre linéaire.

Cours selon la pose 1ᵐ,60.

Serrurerie n°ˢ 1102 à 1112.

4 Coupes arasées, limées sur cornière de fer.

Serrurerie n°ˢ 220 à 225.

Les pattes à scellements de façon, fournies, rapportées et rivées sur cornières.

Observation.

Les trous dans le fer, percés et contrepercés à l'atelier.

Serrurerie n°ˢ 1148 à 1153.

Les fournitures du fourneau de construction :

Fonte douce de Paris, 2ᵉ fusion, pour fourneau composé d'une façade et dessus à boudin avec plaque de rechange à 2 jeux de rondelles et tampons : au poids.

Fumisterie n° 709.

Ajusté les fontes, dressé, limé les rives, champs et feuillures ; sur le poids.

Fumisterie n° 710.

Blanchi le boudin en fonte de 1ᵐ,80 de longueur.

Observation.

Déboursé du modèle en bois, au mètre superficiel.

Observation de remboursement.

1.80 × 0.70 = 1ᵐ26.

Fumisterie n° 712.

Remboursement à 1/2 valeur.

Observation n° 714.

Parement de brique, frotté et jointoyé sur fourneau de cuisine, travail soigné au mètre superficiel.

112

SÉRIE CENTRALE n° 845.

Carreau carré de 0.15, en kaolin, demi-porcelaine, blanc ou ivoire, fourni, posé et scellé à la pièce.

SÉRIE CENTRALE n° 526, 3ᵉ col.

SÉRIE CENTRALE n° 530, 3ᵉ col.

Bordure de couleur unie de 0.07 × 0.15 et angles de 0.07 × 0.07, fournis, posés et scellés.

Observation.

Pose et scellement de cornière au mètre linéaire.

1.60

Observation.

Légers ouvrages.

Légers ouvrages.

Cornière de fer bien dressée, coupée de longueur au mètre linéaire.

1.60

SÉRIE CENTRALE, Serrurerie 1102 à 1112.

Arrasement droit sur fer à la pièce.

SÉRIE CENTRALE, Serrurerie 220 à 225.

Patte à scellement de façon, fournie, rapportée et rivée à la pièce.

Observation.

Trou percé dans le fer à l'atelier.

SÉRIE CENTRALE, Serrurerie 1148 à 1153.

Fonte douce de 2ᵐᵉ fusion sur modèle au poids.

SÉRIE CENTRALE n° 709.

Ajustement de fonte sur modèle au poids.

SÉRIE CENTRALE n° 710.

Boudin blanchi sur fonte au mètre linéaire.

1.80

Observation.

Déboursé de frais de modèle à demi-remboursement au mètre superficiel.

1.26

SÉRIE CENTRALE n° 712.
Observation n° 714.

2 Trous percés dans le dessus en fonte pour monter les consoles de la cheminée d'âtre à rôtisserie. Observation.	Trou percé dans la fonte à la pièce. 2 Observation.
La parabole à nervures en fonte : au poids. Fumisterie n° 725.	Fonte pour parabole au poids. SÉRIE CENTRALE n° 725.
Les barreaux droits au-dessus de 0^m,32 : au poids. Fumisterie n° 723.	Fonte pour barreaux de plus de 0.32 au poids. SÉRIE CENTRALE n° 723.
Les sommiers en fonte à l'équerre : au poids. Fumisterie n° 724.	Fonte pour sommiers par analogie au poids. SÉRIE CENTRALE n° 724.
4 Réchauds carrés avec couvercles et grilles : au poids. 1 Poissonnière avec couvercle, séparation et grille : au poids. Fumisterie n° 726.	Fonte pour réchauds carrés et poissonnière au poids. SÉRIE CENTRALE n° 726.
Tôlerie de fourneau pour un four et une étuve, avec étagère et coulisseau : au poids. Fumisterie n° 935.	Tôle douce pour four et étuve de fourneau au poids. SÉRIE CENTRALE n° 935.
Plus-value pour un garde-rôts monté à l'intérieur du four, côté foyer. Observation.	Garde rôts pour four de fourneau de cuisine à la pièce. Observation.
8 Boulons en fer à têtes fraisées avec écrous pour montage du four et de l'étuve. Suivant les longueurs jusqu'à 0^m,080. Fumisterie n° 500.	Boulon et écrou avec tête fraisée à la pièce. 8 SÉRIE CENTRALE n° 500.
8 Trous de montage percés dans la façade en fonte. Observation.	Trou percé dans la fonte à la pièce. 8 Observation.
8 Trous fraisés. Observation.	Trou fraisé dans la fonte à la pièce. 8 Observation.
8 Trous contrepercés dans les cornières des fours. Serrurerie n° 1148.	Trou percé dans le fer à l'atelier à la pièce. 8 SÉRIE CENTRALE, Serrurerie n° 1148.
Les 2 portes de four et étuve en tôle, montées sur ferrures dressées et chanfreinées à la lime : au poids. Fumisterie n° 871.	Portes en tôle, montées sur ferrures, dressées et chanfreinées au poids. SÉRIE CENTRALE n° 871.
Plus-value pour portes montées à bascule sur consoles avec loquets, mentonnets et cadres en fer poli : à la pièce. Fumisterie n° 872. 1 Porte de four de 0.45 × 0.27. 1 Porte d'étuve de 0.45 × 0.21.	Plus-value de portes à bascule à la pièce. 2 SÉRIE CENTRALE n° 872.
8 Vis à métaux fraisées pour montage des consoles suivant les longueurs jusqu'à 0^m,060. Serrurerie n°s 1928 à 1938.	Vis à métaux fraisée à la pièce. 8 SÉRIE CENTRALE, Serrurerie 1928 à 1938.
8 Écrous filetés sur le pas. Serrurerie n° 1311.	Ecrou en fer fileté et posé à la pièce. 8 SÉRIE CENTRALE, Serrurerie n° 1311.
8 Trous percés dans les consoles, en forte épaisseur (0^m,025) à la pièce. Observation.	Trou percé dans la fonte de forte épaisseur à la pièce. 8 Observation.

8 Trous fraisés dans les consoles, en forte épaisseur.
Observation.

8 Trous contrepercés dans la façade en fonte.
Observation.

2 Trous de montage des mentonnets percés dans la façade en fonte.
Observation.

La porte de paillasse en tôle, montée sur ferrures dressées et chanfreinées à la lime : au poids.
Fumisterie n° 871.

Plus-value pour porte montée à charnons, compris ressort, bouton et cadre en fer poli : à la pièce.
Fumisterie n° 872.

2 Entailles de charnons dans la façade en fonte.
Observation.

2 Trous de pivots repercés dans la façade en fonte.
Observation.
Le cendrier en tôle avec pelle : au poids.
Fumisterie n° 549.
Plus-value pour façade de charbonnier montée à rivures perdues sur cadre en fer poli, bouton et coulisse d'air en croix de Malte.
Observation.
Le charbonnier en tôle à caisse, avec façade montée sur cadre en fer : au poids.
Observation.
Plus-value pour façade de cendrier montée à rivures perdues sur cadre en fer poli, et poignée sur platine blanchie, rapportée et rivée.
Observation.

2 Rouleaux en hêtre avec ferrures et chapes rapportées et rivées.
Observation.
Le registre à soupape en tôle sur cadre avec tige en fer et poignée à olive : au poids.
Fumisterie n° 913.
Plus-value pour une grosse olive blanchie et goupillée sur la tige en fer.
Observation.
Un trou de montage percé dans la façade en fonte.
Observation.

3 Panneaux en faïence de 1er choix décor fausses briques à filets blancs.
Fumisterie. Observation n° 836.

Trou fraisé dans la fonte de forte épaisseur à la pièce.
8
Observation.
Trou percé dans la fonte à la pièce.
8
Observation.
Trou percé dans la fonte à la pièce.
2
Observation.
Porte en tôle montée sur ferrures, dressées et chanfreinées au poids.
SÉRIE CENTRALE n° 871.
Plus-value de porte à charnons à la pièce.
1
SÉRIE CENTRALE n° 872.
Charnon entaillé dans la fonte à la pièce.
2
Observation.
Pivot repercé dans la fonte à la pièce.
2
Observation.
Cendrier en tôle au poids.
SÉRIE CENTRALE n° 549.
Plus-value de façade de cendrier sur cadre en fer poli, bouton et coulisse d'air en croix de Malte à la pièce.
Observation.
Charbonnier en tôle au poids.
Observation.
Plus-value de façade de charbonnier sur cadre en fer poli et poignée sur platine blanchie rapportée et rivée.
Observation.
Rouleau ferré pour charbonnier à la pièce.
2
Observation.
Soupape en tôle au poids.
SÉRIE CENTRALE n° 913.
Plus-value pour olive blanchie et goupillée.
Observation.
Trou percé dans la fonte à la pièce.
Observation.
Panneau en faïence de 1er choix, décor fausses briques à filets blancs à la pièce.
3
SÉRIE CENTRALE n° 836.

La rampe en fer poli de $0^m,025$: au mètre linéaire. Fumisterie nos 108 et 109.	Barre de fourneau en fer poli de $0^m,025$ au mètre linéaire. SÉRIE CENTRALE n° 108, 4e col. SÉRIE CENTRALE n° 109.
Un support de milieu en fer poli, ordinaire uni n° 2. Fumisterie nos 917 et 109.	Support de barre en fer poli uni de $0^m,025$ à la pièce. SÉRIE CENTRALE n° 917, 1re col. SÉRIE CENTRALE n° 109.
2 Supports de bouts, ordinaires unis à boules n° 2. Observation.	Support à boules en fer poli, uni de $0^m,025$ à la pièce. 2 Observation.
3 Trous de montage percés dans la façade en fonte. Observation.	Trou percé dans la fonte à la pièce. 3 Observation.
Les armatures du fourneau : tirants en fer plat forgé avec empattements coudés à talons et scellements : au poids. Fumisterie n° 697.	Fer pour armature de fourneau au poids. SÉRIE CENTRALE n° 697.
3 Vis à métaux fraisées pour montage des tirants sur la façade. Suivant les longueurs jusqu'à $0^m,060$. Serrurerie nos 1928 à 1938.	Vis à métaux fraisées à la pièce. 3 SÉRIE CENTRALE, Serrurerie 1928 à 1938.
3 Écrous filetés sur le pas. Serrurerie n° 1311.	Ecrou en fer fileté et posé à la pièce. 3 SÉRIE CENTRALE, Serrurerie n° 1311.
3 Trous percés dans la façade en fonte. Observation.	Trou percé dans la fonte à la pièce. 3 Observation.
3 Trous fraisés dans la façade en fonte. Observation.	Trou fraisé dans la fonte à la pièce. .3 Observation.
3 Trous contrepercés dans les empattements en fer. Serrurerie n° 1148.	Trou percé dans le fer à l'atelier. 3 SÉRIE CENTRALE, Serrurerie n° 1148.
3 Pattes à scellements en fer forgé rapportées au bas de la façade. Observation.	Patte de façon, à scellement à la pièce. 3 Observation.
3 trous de rivures percés dans la façade en fonte. Observation.	Trou percé dans la fonte à la pièce. 3 Observation.
3 Trous contrepercés dans les pattes en fer. Serrurerie n° 1148.	Trou percé dans le fer à l'atelier. 3 SÉRIE CENTRALE, Serrurerie n° 1148.
3 Rivures fournies et affleurées. Observation.	Rivure affleurée à la pièce. 3 Observation.
La cheminée de rôtisserie composée de : 2 Consoles en fonte, moulurées et galbées avec talons, de $0^m,95$ de hauteur : à la pièce. Observation.	Console de cheminée de rôtisserie en fonte, moulurée à la pièce. 2 Observation.

2 Pitons pour les tirants rapportés, fournis et rivés sur consoles. Observation.	Piton forgé de façon, rapporté et rivé à la pièce. 2 Observation.
2 Trous de rivures percés dans la fonte. Observation.	Trou percé dans la fonte à la pièce. 2 Observation.
2 Tirants à œils et scellements façonnés de longueur. Observation.	Tirant à œil et scellement à la pièce. 2 Observation.
Le soubassement en tôle planée, cintré au galbe des consoles, ajusté, monté sur les fontes. Observation.	Soubassement cintré pour cheminée d'âtre à la pièce. Observation.
Losange en applique en fer à moulure 1/2 baguette : au mètre linéaire. Serrurerie nos 1126 à 1134.	Fer à moulure du commerce, au mètre linéaire. SÉRIE CENTRALE, Serrurerie 1126 à 1134.
4 Ajustements biais formant losange sur fer à moulure : à la pièce. Serrurerie nos 1141 à 1143. Observation no 1144.	Ajustement biais sur fer à moulure du commerce à la pièce. 4 SÉRIE CENTRALE, Serrurerie 1141 à 1143. Observation no 1144.
Les trous de rivures percés dans le fer : à la pièce. Serrurerie no 1148.	Trou percé dans le fer à la pièce. SÉRIE CENTRALE, Serrurerie no 1148.
Les rivures fournies, affleurées : à la pièce. Observation.	Rivure affleurée à la pièce. Observation.
Les trous contrepercés dans la tôle : à la pièce. Observation.	Trou percé dans la tôle à la pièce. Observation.
Blanchi, poli le losange en applique de soubassement en fer à moulure rapporté. Observation.	Losange en applique poli et blanchi sur fer à moulure à la pièce. Observation.
Le châssis à rideau en tôle forte faite exprès de mesures spéciales : au poids. Fumisterie no 580.	Châssis à rideau en tôle au poids. SÉRIE CENTRALE, Fumisterie no 580.
La poignée balustre en fer blanchi, montée sur double tige filetée, avec écrous. Observation.	Poignée balustre pour rideau en fer blanchi sur double tige avec écrous à la pièce. Observation.
Le contre-soubassement en tôle bordée : à la pièce. Fumisterie no 648.	Contre-soubassement en tôle, bordée à la pièce. SÉRIE CENTRALE no 648.
Les plaques de fonte unie au bois 2e fusion : au poids. Fumisterie no 717.	Fonte pour plaques unies au bois, 2me fusion au poids. SÉRIE CENTRALE no 717.
Le bain-marie en cuivre rouge étamé, à panache et couvercle polis : au poids. Chaudronnerie nos 34 à 36.	Bain-marie en cuivre rouge étamé, à panache et couvercle polis au poids. SÉRIE CENTRALE, Chaudronnerie 34 à 36.
Un trou de vidange percé dans la caisse en cuivre. Observation.	Trou de vidange percé dans le cuivre à la pièce. Observation.
Une boule en cuivre jaune poli à rosace. Suivant le diamètre. Fumisterie no 496.	Boule creuse en cuivre poli, à rosace à la pièce. SÉRIE CENTRALE, Fumisterie no 496.

Ajusté, soudé la boule sur le couvercle.
Observation.

Le tuyau de vidange en cuivre rouge brasé, cintré au mastic et façonné suivant l'emplacement : au poids.
Chaudronnerie n° 161.

2 Nœuds soudés sur cuivre pour raccords, y compris l'étamage des douilles.
Canalisation d'eau n°s 93 et 94.

2 Raccords en cuivre deux pièces pour tube de vidange, sans pose.
Chaudronnerie n°s 116 à 123.

Le robinet bronze à cul-de-lampe, béquille bois et rosace (suivant le diamètre).
Déboursé » »
Bénéfice 10 0/0 » »

La mitre et tuyau rectangulaires en tôle : au poids.
Fumisterie n° 930.

La soupape de réglage sur tige en fer et olive rivée et bouterollée.
Observation.

Soudure de boule sur cuivre pour couvercle de bain-marie.

Observation.

Tuyau en cuivre rouge, brasé, cintré au mastic et façonné au poids.

SÉRIE CENTRALE, Chaudronnerie n° 161.

Nœud soudé sur cuivre à la pièce.

2

SÉRIE CENTRALE, Canalisation d'eau 93-94.

Raccord cuivre en deux pièces, sans pose à la pièce.

2

SÉRIE CENTRALE, Chaudronnerie 116 à 123.

Robinet bronze à cul-de-lampe, béquille bois et rosace.

Observation.

Tôle pour tuyaux rectangulaires au poids.

SÉRIE CENTRALE, Fumisterie n° 930.

Soupape en tôle tige en fer et olive, rivée bouterollée.

Observation.

Les figures 493 et 494 complètent la description et le métré du fourneau et représentent l'élévation générale avec la cheminée d'âtre, le revêtement et le plan du dessus.

Les modifications supposées dans ce fourneau, au point de vue de la construction, ont pour objet de fournir un exemple de métré pour parfaire le travail précédent.

272. Nous donnons aussi à titre documentaire, un fourneau également à simple service, sans grillade ni rôtisserie, mais avec brûleurs à gaz et réchauds à charbon de bois, dit à service mixte.

Nous avons vu déjà au chapitre des fourneaux portatifs, la description détaillée d'un fourneau de ce genre ; nous n'y reviendrons pas.

Quant au métré, nous ne pensons pas devoir le soumettre à nos lecteurs. L'ensemble du travail est traité de la même manière. Le service à gaz fait l'objet d'un prix spécial.

Les détails de construction sont semblables.

Le revêtement est représenté en carreaux de 0m, 10, avec bordures grecques de 0m, 10 × 0m,20.

L'élévation du fourneau avec le revêtement au dessus sont représentés par la figure 495.

La figure 496 donne le plan du dessus très complet avec les brûleurs du service à gaz, et la rampe en tube spécial avec jeux de robinets.

Le fourneau mesure 1m,70 de longueur, 0m,70 de largeur et 0m,80 de hauteur normale.

273. Nous trouvons ensuite dans l'ordre de classification générale les fourneaux à double service, c'est-à-dire à deux fours et deux étuves.

Nous donnons un fourneau de ce type avec plan du dessus et coupe longitudinale prise sur AB (*fig.* 497, 498 et 499).

Le revêtement au-dessus du fourneau est représenté en panneaux de faïence, avec bordures unies et cadre en cornière de cuivre.

La figure 497 représente l'élévation générale du fourneau avec le revêtement en

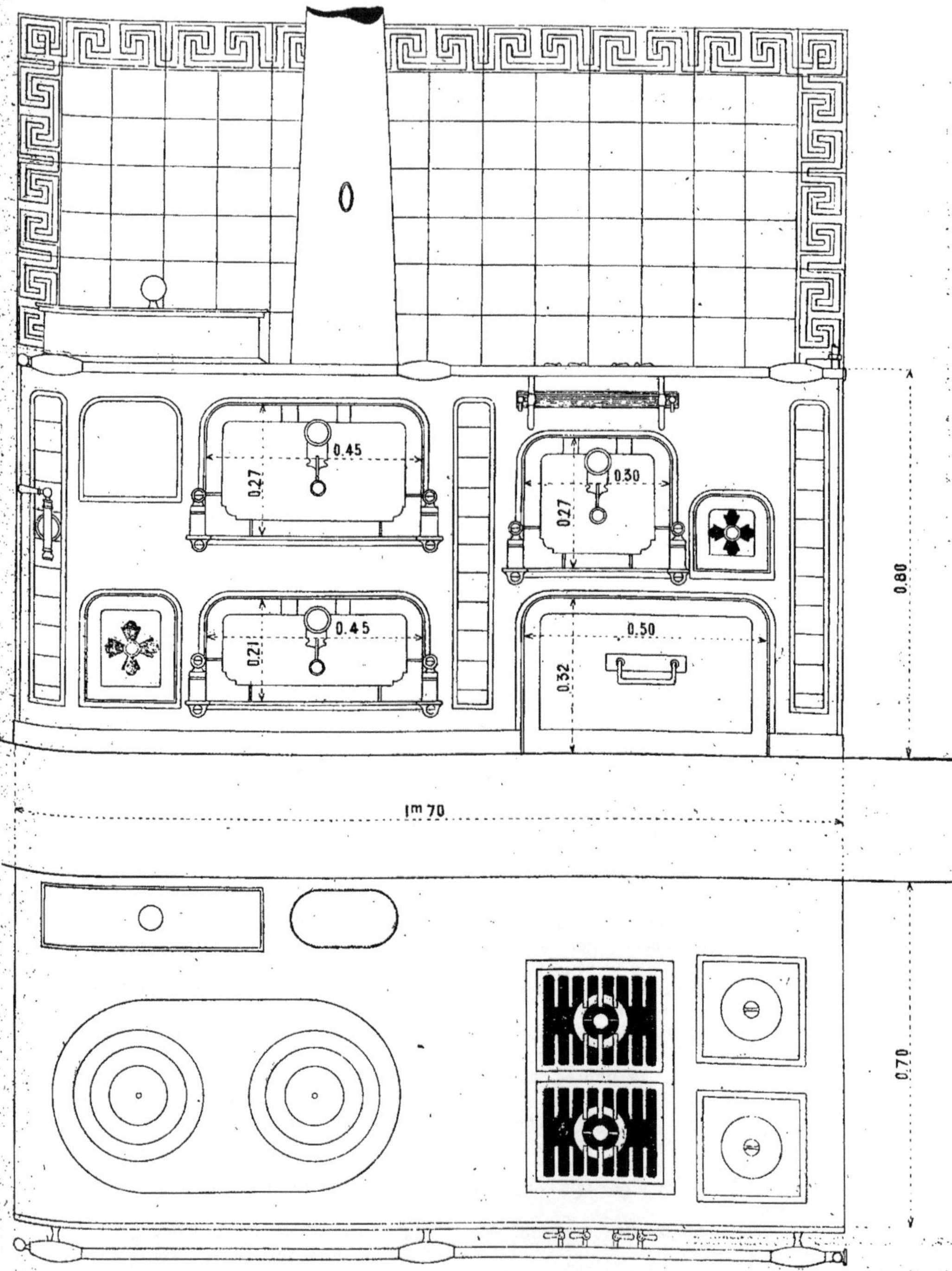

Fig. 495 et 496. — Élévation et plan d'un fourneau de construction à simple service mixte avec brûleurs à gaz et réchauds à charbon de bois.

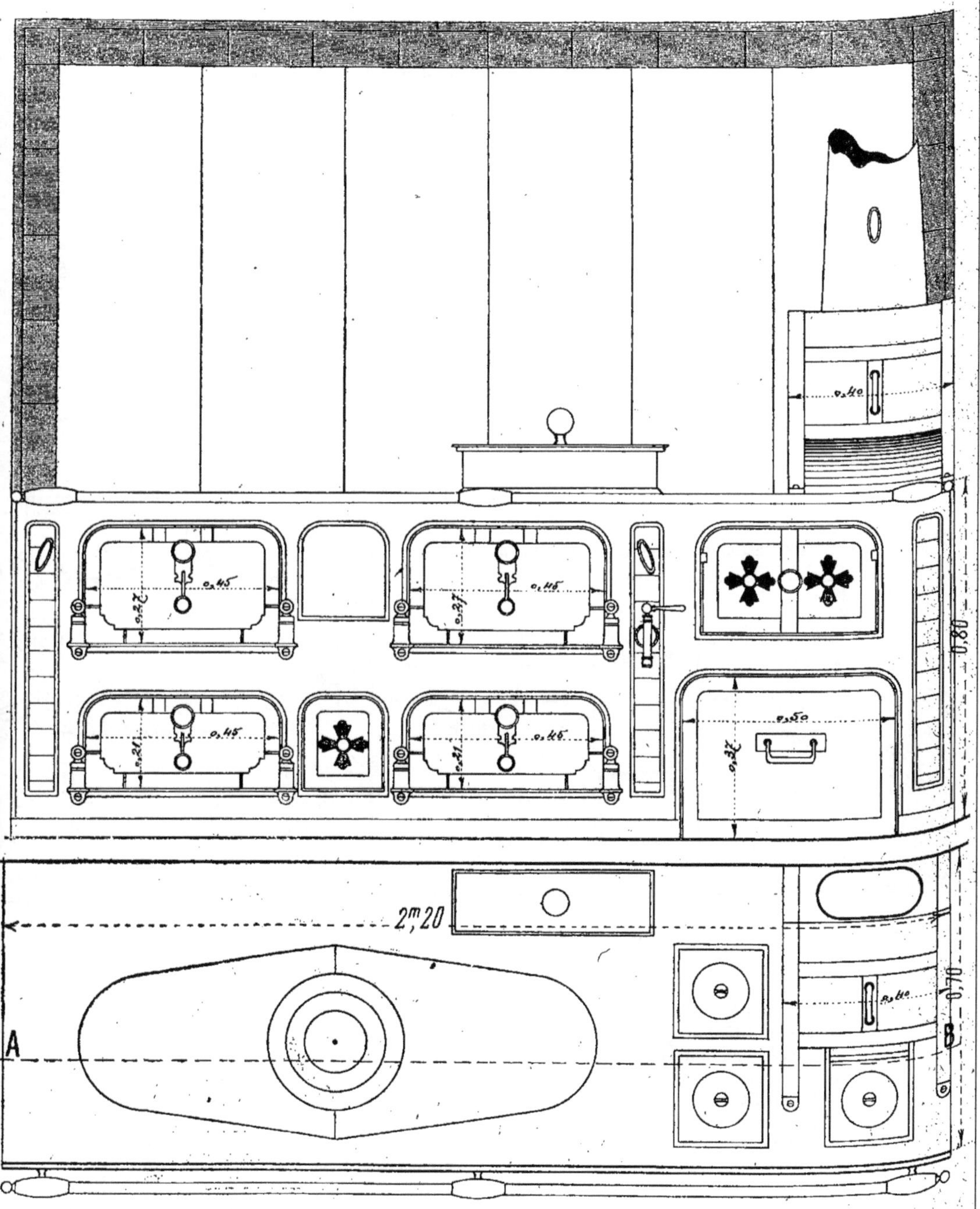

Fig. 497 et 498. — Fourneau de construction à double service et grillade et plan du dessus de fourneau.

panneaux et bordures et le cadre en cornière.

Le plan du dessus est donné par la figure 498.

La figure 499 représente la coupe longitudinale prise sur AB.

Le fourneau mesure 2^m,20 de longueur, 0^m,70 de largeur, 0^m,80 de hauteur normale.

Nous pensons qu'il est sans intérêt pour nos lecteurs de donner à nouveau l'exemple de métré de ce fourneau, et nous les engageons à se reporter aux exemples précédents.

Le revêtement est supposé en panneaux réguliers d'une seule pièce de 0^m,30 de largeur et de 1 mètre de hauteur, avec cadre en bordures sur les trois sens.

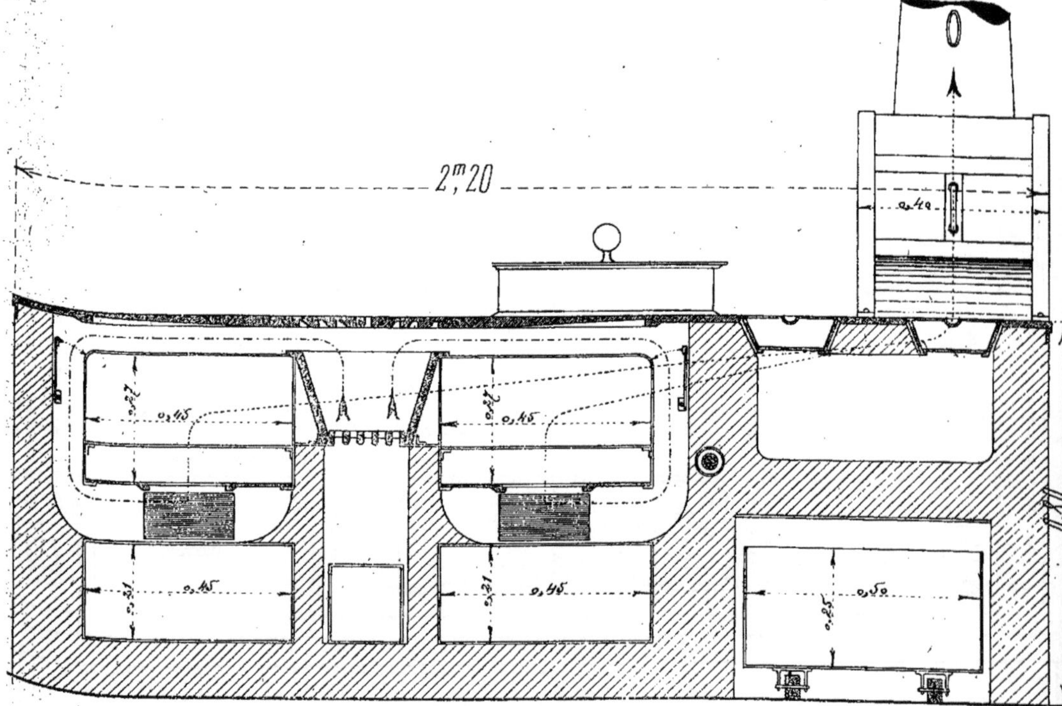

Fig. 499. — Coupe sur AB du fourneau (*fig.* 497 et 498).

Le travail de revêtement doit être compté sous le numéro 842 de la Série, pour la surface effective en panneaux.

Le cadre en bordures est à reprendre au mètre linéaire.

La fourniture des panneaux en faïence est à demander suivant leurs dimensions, en conformité du tableau de la Série, sous le numéro 823, septième colonne.

Les bordures sont payées à la pièce suivant leur nature.

Les cornières en cuivre sont comptées au mètre linéaire, à façon et en fourniture.

Les exemples précédents que nous avons donnés suffisent sans qu'il soit nécessaire d'y revenir.

Nous avons passé sous les yeux de nos lecteurs avec exemples de métrés à l'appui les deux genres les plus répandus des fourneaux domestiques.

Chaque modification apportée dans la composition d'un fourneau entraîne évidemment une modification dans le métré mais les principes exposés dans notre ouvrage demeurent dans leur intégralité.

Au point de vue de la construction, la grande variété des compositions que nous avons données dans les fourneaux portatifs, permettra à nos lecteurs une application facile dans les fourneaux construits.

274. Nous donnons (*fig.* 500) un fourneau, dit de milieu, à double service, avec four à pâtisserie, bain-marie de grande capacité et grillade.

Le fourneau est représenté entièrement construit en fonte et tôle, sans aucun parement de briquetage apparent.

La disposition est à flamme renversée, le conduit de fumée est construit sous le fourneau ; soit en terre-plein ou suspendu en cave, selon l'élévation du bâtiment de la cuisine.

La composition du fourneau prise sur des fours de 0^m,60 de largeur, donne environ une longueur totale de 2^m,80.

La hauteur normale est toujours de 0^m,80 à 0^m,82.

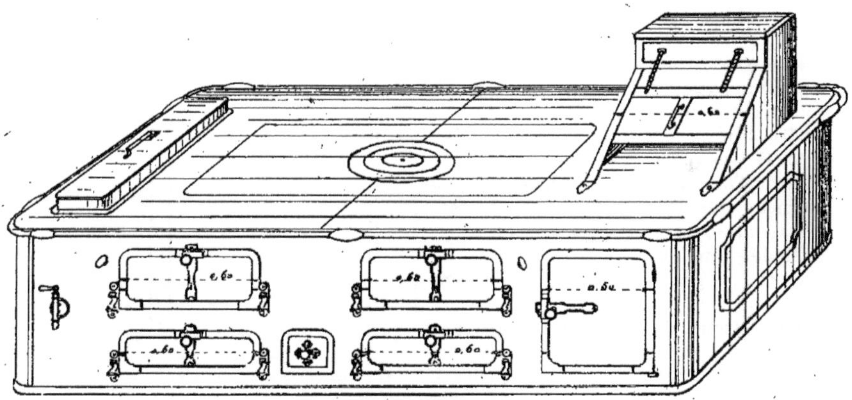

Fig. 500. — Fourneau de milieu.

La largeur des fourneaux de milieu est plus grande que celle des fourneaux adossés. Notre dessin représente une largeur de 1^m,10 environ.

275. Avant de terminer le chapitre relatif aux fourneaux de cuisines par une installation générale, nous pensons présenter avec quelque utilité, les différents appareils appelés à fournir des services indépendants dans les grandes installations.

Nous voulons parler des étuves, grillades, rôtisseries, qui sont ordinairement réunies au fourneau lui-même dans les cuisines de moindre importance.

Nous donnons (*fig.* 501) une grande étuve à circulation de fumée avec départ au dessus.

L'étuve construite toute en tôle et fer est garnie intérieurement en briques, selon l'emplacement et la réception de la fumée.

Le chauffage est obtenu par transmission des fumées provenant du fourneau.

La fermeture se compose d'une grande porte à deux vantaux montée sur cadre à congés, en fer poli, chanfreiné, coins arrondis par le haut, pommelles et clanche haut et bas. Une poignée en fer rond rapportée permet de manœuvrer la clanche. Deux régulateurs en croix de malte placés dans le haut des vantaux assurent l'évacuation graduée et évitent le surchauffage.

Les saillies décoratives du socle et de la corniche sont obtenues par des fers moulurés, assemblés en onglets, ajustés et polis.

Les plats et assiettes sont déposés sur des étagères perforées le plus ordinairement par des losanges disposés en parallèles. Les étagères sont représentées en pointillés dans l'élévation (*fig.* 501).

Le plan du dessus pris à la corniche est représenté (*fig.* 502).

Les mesures extérieures sont 0^m,88 de largeur, 0^m,50 de profondeur et 1^m,65 de hauteur.

Dans le même genre on construit aussi des étuves à foyer. Cette disposition est prise quand on ne peut pas utiliser les fumées du fourneau, soit en raison de l'emplacement ou pour toute autre cause.

Le foyer est alors disposé dans la hauteur du socle, dans l'axe, avec façade spéciale et cendrier. Tout le corps du haut ou étuve proprement dite reste semblable.

276. Les grillades sont également installées d'une manière indépendante du fourneau dans les grands établissements. Elles sont quelquefois accouplées et dites : grillades jumelles.

C'est le genre que nous représentons (*fig.* 503).

Le dessous de la table des grillades est utilisé à usage de charbonnier, ou transformé en chauffe-assiettes, quand on ne peut pas installer une étuve spéciale.

La figure 503 représente la disposition des grillades jumelles avec dessous à chauffe-assiettes.

La partie basse est construite dans le genre de l'étuve, avec étagères intérieures et porte de fermeture en façade à deux vantaux. L'encadrement des portes est en fer plat poli, chanfreiné, avec congés renforcés au bas et coins arrondis par le haut. La clanche fermant haut et bas avec poignée par le milieu.

Les grillades sont à têtes et tabliers, tous les cadres en fer plat poli et chanfreiné.

Les tabliers sont montés à glissières avec chaînes apparentes contre-poids et poignées à bâtons de maréchal.

La table est en fonte, les grillades sont montées à vis.

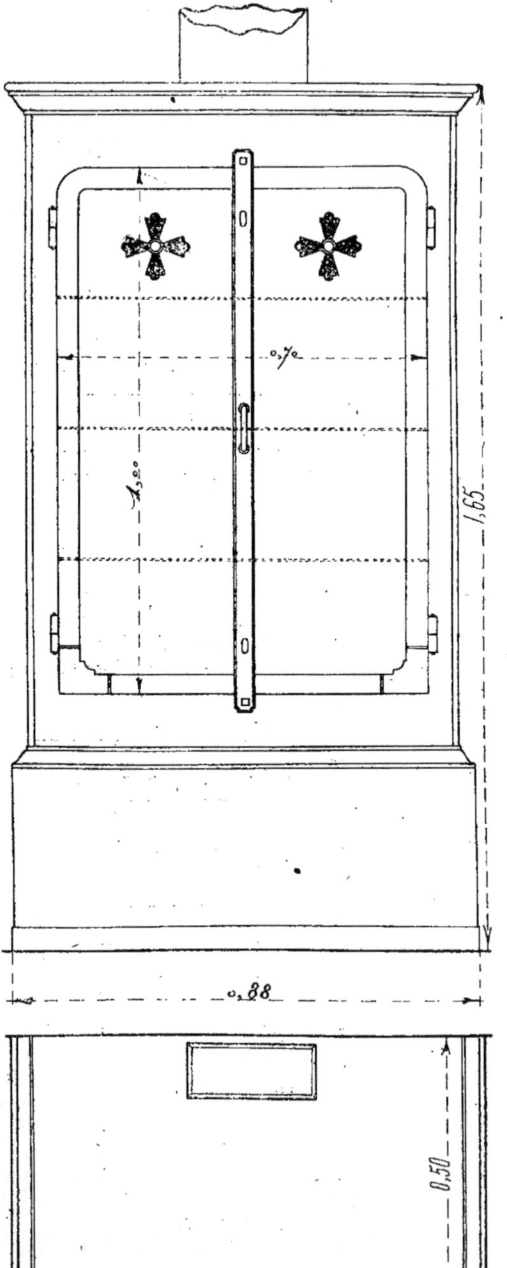

Fig. 501 et 502. — Etuve chauffe-plats
à circulation de fumée. — Elévation et plan.

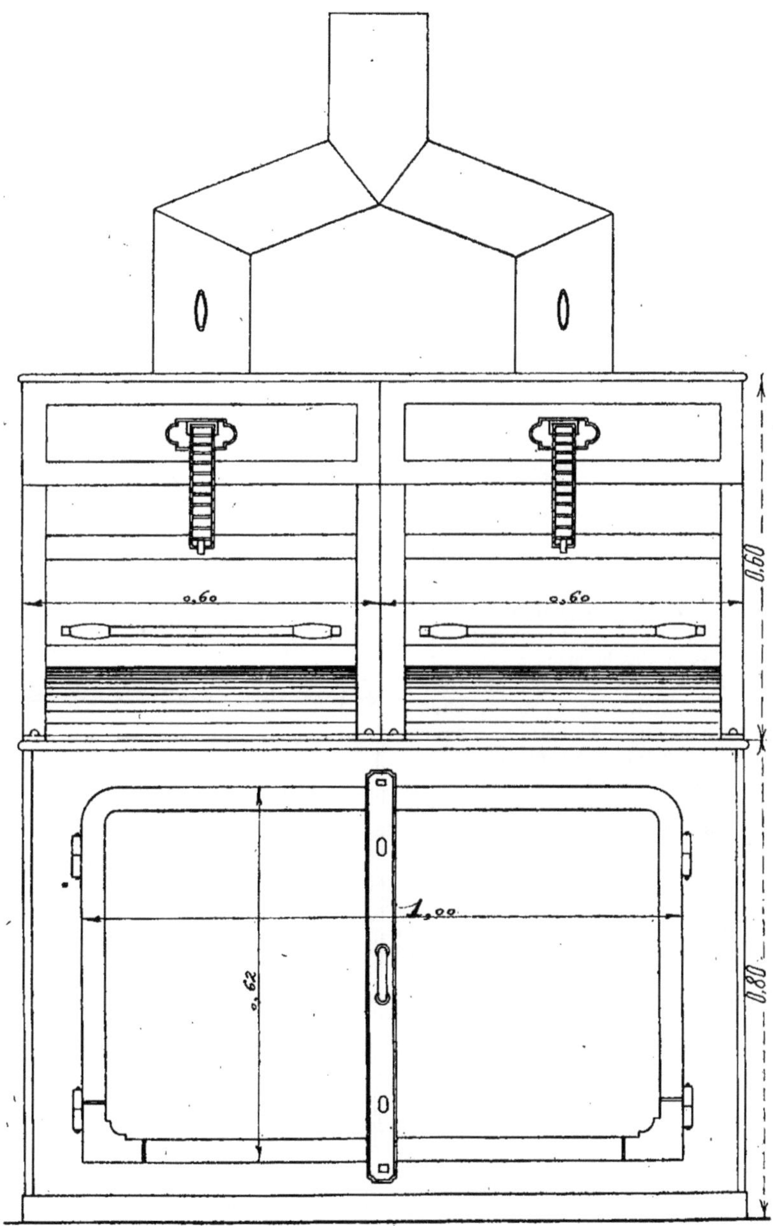

Fig. 503. — Grillades jumelles sur chauffe-assiettes.

Le double départ de fumée au dessus
est muni de soupapes pour la marche indépendante des deux grillades.

La figure 504 représente la coupe d'une
grillade jumelle sur dessous transformé en
chauffe-assiettes

Les rotisseries sont des constructions
très importantes qui se rencontrent fréquemment édifiées isolément.

La masse est entièrement construite
en briques réfractaires sauf pour le dessous de l'âtre.

On peut à volonté réserver un charbonnier dans le socle d'âtre.

Le foyer est fermé par un rideau qui
sert à l'allumage et surtout à la décoration
quand la rôtisserie n'est pas en service.
L'usage du rideau n'est pas absolu dans
tous les cas.

Au dessus on dispose un soubassement
cintré, rehaussé par des appliques décoratives en fer poli, assemblé.

Les consoles sont unies, cannelées ou
décorées et assemblées par le haut sur le
soubassement; elles sont réunies au manteau de hotte.

Le manteau et la hotte sont quelquefois
armés pour la décoration et réhaussés par
des appliques ou des faïences.

Nos lecteurs concevront que pour ces
différentes installations nous ne pouvons
pas donner d'exemples de métrés. Chaque
application est essentiellement différente.

277. Nous donnons à titre documentaire une très importante rôtisserie avec
tous ses accessoires et les broches.
(*fig.* 505.)

La coupe (*fig.* 506) nous donne le détail
du mouvement du tourne-broches, avec
volant actionné par la fumée.

Le travail que nous prenons pour type
dans les dessins que nous représentons
est d'un traité parfait.

Les consoles du bas et les consoles de
rôtisserie sont ajourées en cloisonnés
pour laisser les parements de briquetage
apparents. Les galbes des consoles sont
à culots ornés de feuilles d'acanthes sur
écailles.

Le manteau est à cadre avec pointes de
diamant au-dessus des modillons des consoles.

Le soubassement est rehaussé d'une

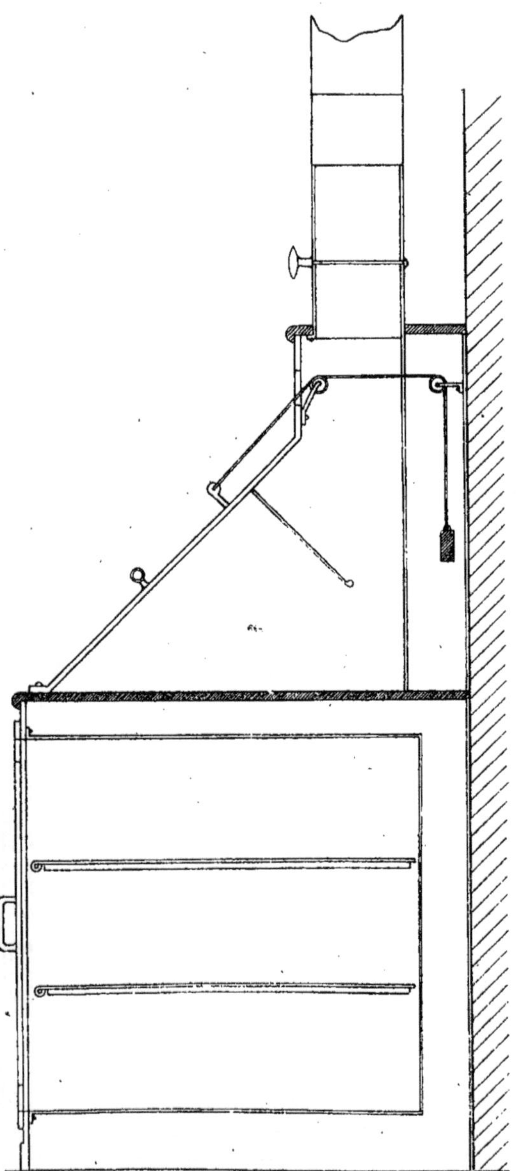

Fig. 504. — Coupe de grillades-jumelles.

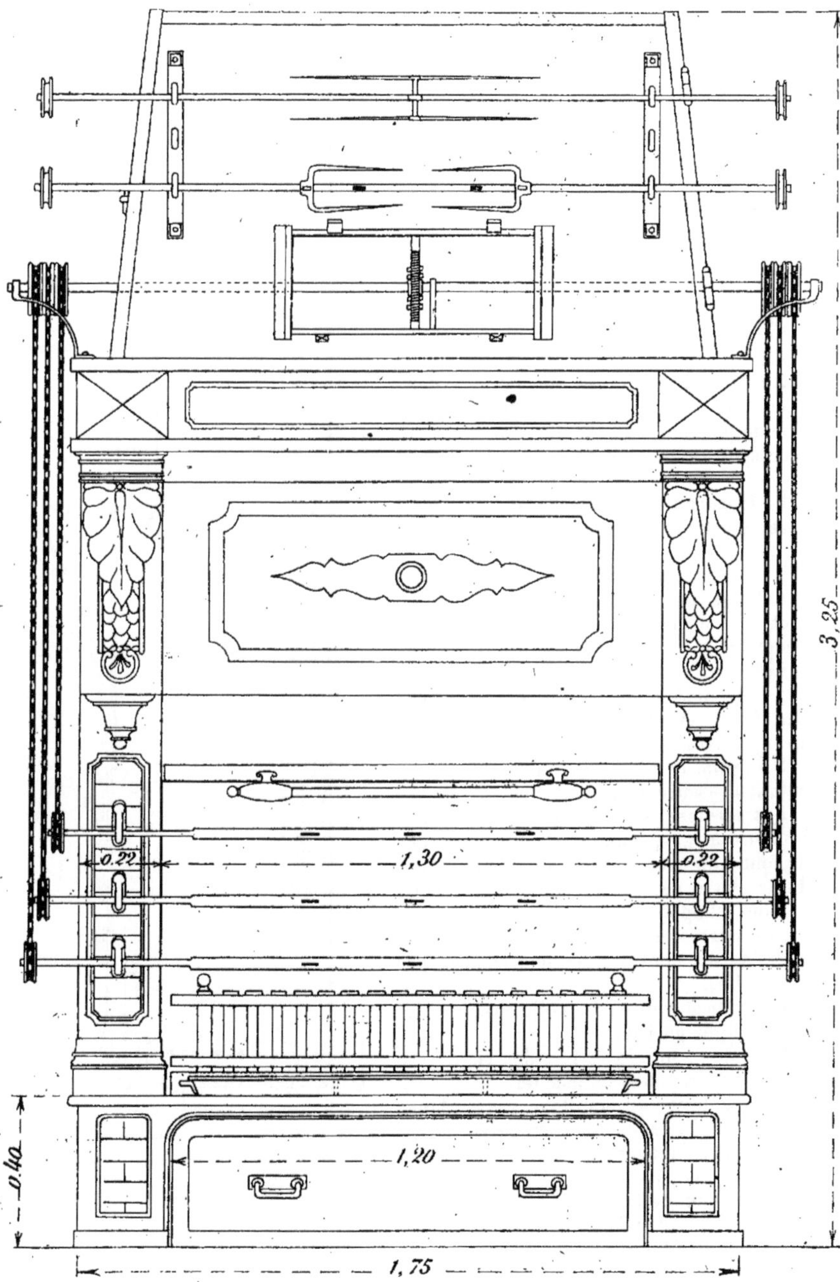

Fig. 505. — Rôtisserie à fumée.

applique moulurée avec angles arrondis rentrants et motif découpé à pointes de lance, au centre du panneau.

Le rideau en tôle à contre-poids et bâton de maréchal.

Sur la hotte sont disposés les porte-broches, avec broches à gibier et à fourches.

Les broches ordinaires sont représentées sur les chaînes en service.

La grille de foyer et la lèche-frite, au devant.

Le charbonnier avec encadrement et poignées.

Tous les parements de briques sont frottés et jointoyés au fer.

278. Pour terminer nos études des fourneaux de cuisine nous donnons une grande planche hors texte (*fig.* 507) qui représente l'installation complète d'une grande cuisine d'hôtel particulier.

Le fourneau est disposé dans le milieu, il est construit tout en tôle et fonte avec façade à caissons à pans coupés.

La barre main-courante en fer poli, maintenue par dix supports, contourne tout le fourneau en épousant sa forme géométrale.

Les deux foyers sont placés par opposition et desservent les quatre services des fours et étuves disposés dans les grandes faces latérales.

Un grand bouilleur en cuivre avec circulation assure le service d'eau chaude.

Les services sont complétés par des brûleurs à gaz, montés dans l'intérieur du fourneau avec grilles à l'affleurement du dessus et par des réchauds à charbon de bois à l'opposé.

Les portes des fours et étuves sont montées sur consoles doubles et fermées à clanches.

Les cadres sont en fer poli, chanfreiné, avec congés au bas.

Les fours sont réglés par des registres placés sur les côtés en façade.

La circulation du bouilleur passe dans l'intérieur d'une colonne en cuivre poli, montée sur l'axe du fourneau, mais que nous n'avons pas représentée dans notre planche, afin de ne pas nuire à la perspective et dégager la grillade.

Le conduit de fumée passe en terre-plein,

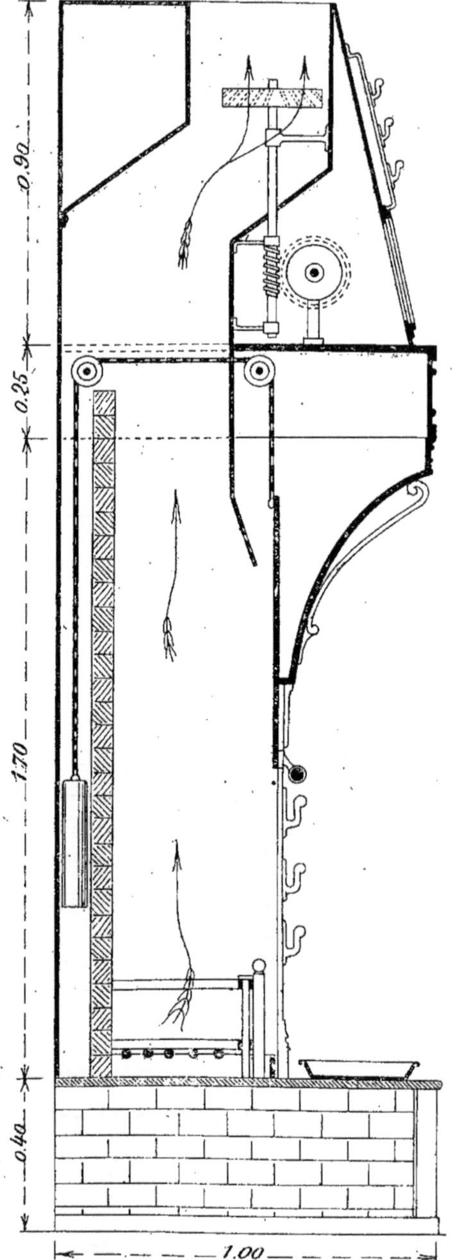

Fig. 506. — Coupe de rôtisserie.

va rejoindre l'étuve chauffe-assiette et en assure la fonction.

L'étuve est placée sur le grand axe du fourneau et adossée à un des petits côtés du bâtiment des cuisines.

La rôtisserie face à l'étuve, occupe toujours sur le même axe, le petit côté opposé du bâtiment.

Les mêmes dimensions sont conservées pour l'étuve et la rôtisserie construites identiquement semblables, afin d'obtenir une symétrie parfaite et une grande décoration.

Les parties basses à hauteur de corniches sont en fonte sur modèles, avec panneaux moulurés et pilastres à modillons.

Les corps du haut sont fabriqués en tôle, avec astragales et corniches en fer à moulures de différents profils.

Les caissons à panneaux sont également relevés de moulures.

Les coffres au-dessus sont en maçonnerie légère.

Les grillades accouplées sont placées sur le petit axe du fourneau et adossées à un des grands côtés du bâtiment.

Les grillades sont à têtes dans le genre de celles que nous avons données (*fig.* 503), mais avec des caissons en tôle à panneaux moulurés, répétant la décoration générale de la cuisine.

Le dessous des grillades à usage de charbonnier est formé néanmoins par une porte à deux vantaux et à clanche, toujours pour répéter la décoration.

Les jouées sont aussi en fonte à panneaux moulurés du même modèle que celles de la rôtisserie et de l'étuve.

Pour compléter les services ; un four à pâtisserie est construit dans une baie en fausse porte, pour régner symétriquement avec une porte de dégagement sur l'office contigu.

Le four est construit en briques réfractaires avec dalles et la façade avec portes et panneaux répète la décoration générale.

Le sol est carrelé en carreaux cérames à damiers.

Les revêtements, au-dessus des tables seulement, sont en carreaux de porcelaine unis avec bordures arabesques à deux tons.

Au point de vue métré, nous ne pensons pas qu'il soit d'aucune utilité pratique d'en présenter le détail, car en dehors des généralités déjà longuement exposées dans nos exemples précédents, tout ce qui est spécial à cette installation ne se retrouve pas au même titre, et conséquemment ne fait pas l'objet de demandes semblables.

279. Cependant nous devons ouvrir une parenthèse pour les fourneaux à bouilleur dont nous n'avons pas encore parlé.

Le métré de ce genre d'installation est toujours un peu long avec des répétitions inutiles dans un travail de démonstration ; nous n'en prendrons que la nomenclature.

Le bouilleur est le récipient placé à l'intérieur du fourneau recevant directement l'action du foyer, ce qui a pour propriété de porter assez rapidement l'eau à température élevée. La communication de bouilleur au réservoir est assurée par une double canalisation en cuivre, dans laquelle circule dans les deux sens l'eau froide et chaude.

L'eau peut être portée à ébullition dans le réservoir, lequel est toujours muni d'un tube d'échappement afin d'éviter les ruptures.

L'alimentation d'eau froide se fait au moyen d'un second réservoir de petit volume, muni d'un robinet automatique réglé par flotteur et mis en communication sur le grand réservoir alimentaire au moyen d'un syphon en cuivre.

La bâche à flotteur est munie d'un tube de déversement pour le trop-plein.

Les prises d'eau chaude se font sur le réservoir.

La canalisation est montée à raccords ou à brides.

Les bouilleurs en cuivre rouge sont tarifés à la Série de chaudronnerie sous les numéros 39 à 41 selon leur poids.

De 10 à 15 kilogrammes ;

De 15 à 20   »

Au-dessus de 20 kilogrammes.

Les prix ne comprennent pas les accessoires des bouilleurs ni la pose qui sont à reprendre pour leur valeur.

Les tuyaux de circulation en cuivre rouge brasé, à partir de 0^m,001 d'épaisseur et au dessus, pour installation complète, sont payés sous le numéro 161.

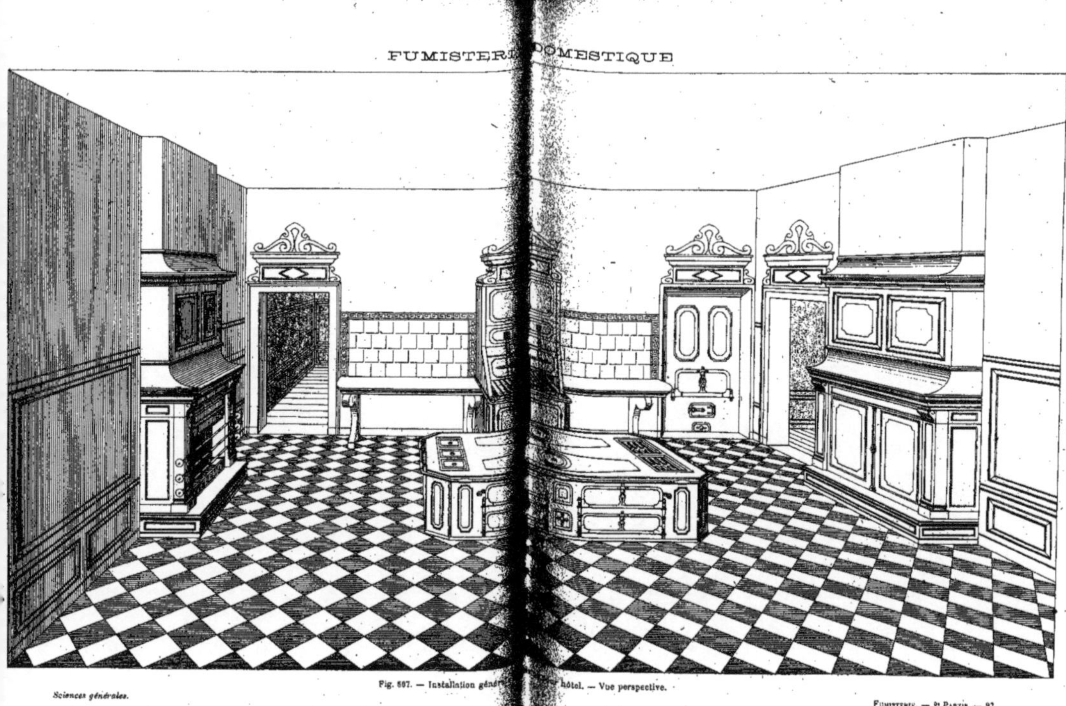

Fig. 567. — Installation générale d'hôtel. — Vue perspective.

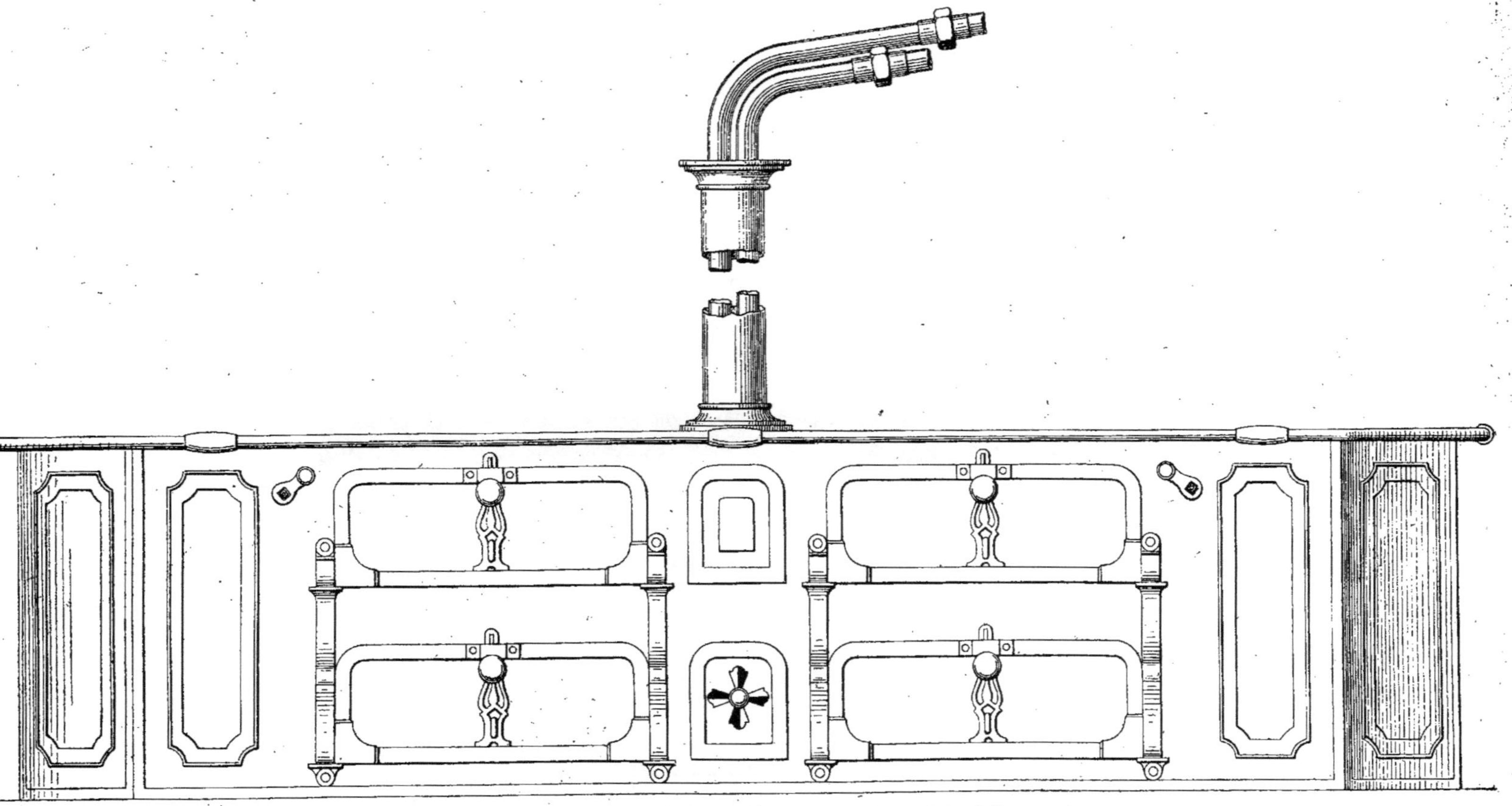

Fig. 508. — Elévation du fourneau à bouilleur (*fig.* 507), avec colonne et circulation en cuivre.

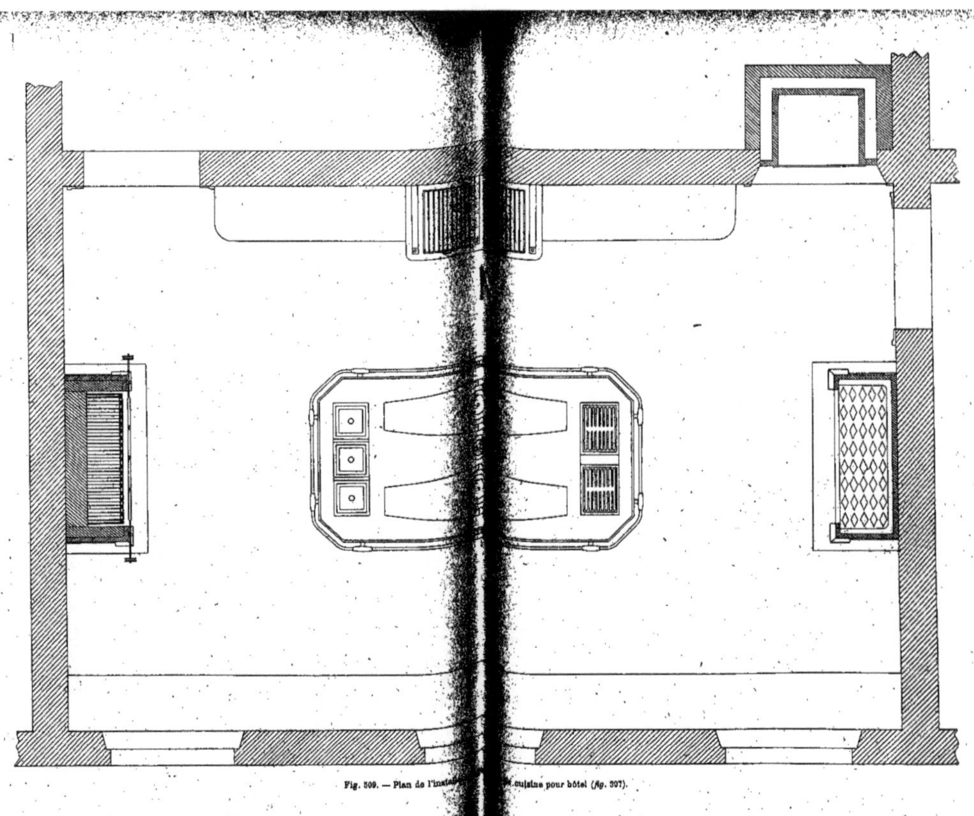

Fig. 509. — Plan de l'installa[tion de la] cuisine pour hôtel (*fig.* 507).

Le prix porté sous le numéro 161 comporte l'installation à brides et boulons confondus dans le poids total et pesés avec les tuyaux.

Si les brides et boulons sont distraits du poids total, les collets brasés sur les tuyaux en cuivre sont payés suivant leur diamètre, en conformités du tableau de la Série, sous les numéros 46 à 73.

Les brides et boulons et la façon des joints sont à reprendre à la Série de plomberie, canalisation d'eau.

Dans le cas d'installation complète les prix des collets et des brides sont diminués de 10 0/0.

Si les coudés sont à coquilles, ils doivent être pesés séparément, distraits des tuyaux droits payés sous le numéro 161, et tarifés suivant l'épaisseur du cuivre, sous les numéros 163 à 165.

Le numéro 163 s'applique au cuivre de $0^{m},001$ d'épaisseur.

Le numéro 164 s'applique au cuivre de $0^{m},0011$ à $0^{m},002$ d'épaisseur.

Le numéro 165 s'applique au cuivre de $0^{m},0021$ et au dessus.

Les colliers en cuivre sont tarifés, compris pose en pierres tendres, moëllons ou briques sous les numéros 136 et 137 de la Série de plomberie, canalisation d'eau.

Toutefois les prix précités ne comprennent pas l'installation à raccords ni l'emploi des tubes sans soudure.

Les raccords en cuivre, en deux pièces, sont tarifés à la chaudronnerie sous les numéros 116 à 123.

Les prix ne comprennent pas la pose.

Les raccords en cuivre, en trois et quatre pièces, sont tarifés à la plomberie, canalisation d'eau.

Les réservoirs en cuivre rouge sont portés à la Série de chaudronnerie sous les numéros 134 à 136 selon leur poids.

De 20 à 30 kilogrammes.
De 30 à 40   »
Au-dessus de 40 kilogrammes.

Les réservoirs en tôle sont tarifés sous les numéros 138 à 144 selon leur poids.

Jusqu'à 75 kilogrammes.
De 75 à 100   »
De 100 à 150   »

De 150 à 200 kilogrammes.
De 200 à 300   »
De 300 à 400   »
Au-dessus de 400 kilogrammes.

La galvanisation est payée sous le numéro 145.

La peinture est payée selon la série spéciale.

Les prix indiqués ci-dessus ne comprennent pas la pose ni les accessoires.

D'une manière générale, les articles portés à la Série de la Société centrale pour tout ce qui se rapporte à la chaudronnerie sont incomplets, et c'est à la Série spéciale de la Chambre syndicale de chaudronnerie qu'il est nécessaire de s'adresser pour les compléter.

Le plan général de la cuisine est représenté (*fig*. 508).

Le fourneau est vu sur le dessus avec les plaques de chauffe en deux pièces et jeux de rondelles, service à brûleurs pour le gaz et réchauds à charbon de bois. La barre main-courante sur le pourtour.

Nous donnons (*fig*. 509) pour parfaire notre démonstration, le dessin à grande échelle de l'élévation du fourneau vu sur le grand côté, avec double service des fours et étuves, cendrier, barre main-courante, et au-dessus la colonne en cuivre avec embase, coupée à petite hauteur et laissant voir intérieurement les tuyaux de circulation.

Nous avons aussi reproduit sur la coupure basse, le haut de la colonne avec chapiteau à talon renversé, les tuyaux de circulation coudés en dehors sont amenés aux premiers raccords.

L'étuve chauffe-assiettes est représentée sur une étagère avec enveloppe intérieure en briques.

La rôtisserie est coupée sur son foyer et le briquetage.

Les grillades jumelles sont prises au-dessus des grils.

Le four à pâtisserie est coupé sur la masse en briques et sur le four en dalles réfractaires.

Les tables à découper sont indiquées de chaque côté des grillades et sur le mur de façade du bâtiment.

Conformément à la classification que

nous avons adoptée, nous présentons dans un chapitre spécial les accessoires des fourneaux avec tous renseignements généraux utiles.

Accessoires des fourneaux.

Réchauds, portes de paillasses, trappes.

280. Les accessoires des potagers sont composés des ceintures, des réchauds et des portes.

Nous ne dirons rien des ceintures, très simples pour la plupart, et coudées seulement avec scellements fendus en bouts.

Les réchauds sont dénommés d'une manière générale : potagers et économiques.

Les potagers sont des réchauds ordinaires carrés ou ronds.

Une variété des réchauds potagers est faite dans la forme rectangulaire très allongée, et prend le nom de poissonnière.

Les économiques tout spécialement à usage des longues cuissons se divisent en deux catégories : les économiques proprement dits et les demi économiques.

Nous donnons (*fig.* 510 et 511) le réchaud carré en plan et en coupe avec couvercle dit à rondelle.

Les réchauds carrés et ronds avec grilles et couvercles, et les poissonnières avec ou sans séparation, sont tarifés à la Série et au poids, sous le numéro 726.

Le prix porté sous le numéro 726 ne comprend pas la fourniture de couvercles à rondelles ; il ne s'agit que de couvercles pleins, ordinaires, carrés ou ronds.

En ce qui concerne les poids des réchauds carrés ou ronds, la Série a établi sous le numéro 727 un tableau des poids à appliquer d'une manière arbitrale, quand les poids réels ne sont pas reconnus par attachements.

Les poids énoncés comprennent les

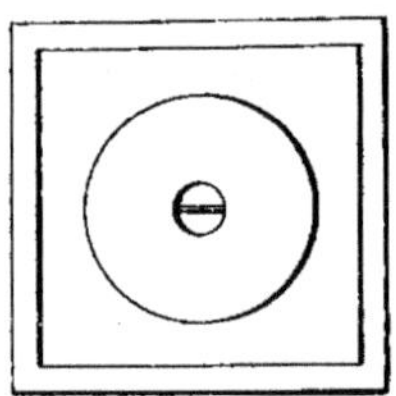

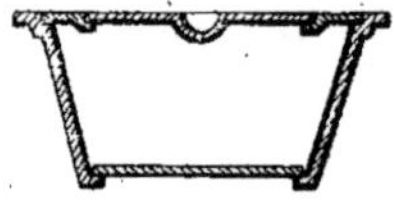

Fig. 510 et 511. — Plan et coupe de réchaud carré.

grilles et excluent les couvercles dont la fourniture est à reprendre à la pièce.

Voici d'ailleurs le dispositif de la Série :

Lorsque les poids des réchauds carrés ou ronds avec grilles n'auront pas été constatés, la vérification les arbitrera de la manière suivante, couvercles non compris :

MESURES INTÉRIEURES EN CENTIMÈTRES						
14	16	19	22	25	27	30
$2^k,500$	$2^k,800$	$3^k,200$	$4^k,500$	$5^k,750$	$7^k,500$	$9^k,500$

281. Les figures 512 et 513 représentent une poissonnière en plan et en coupe avec couvercles à rondelles et séparation.

Les poids des poissonnières ne sont pas arbitrés par la Série.

La figure 514 donne le détail d'une grille de poissonnière.

Les réchauds économiques avec grilles et accessoires sont également tarifés à la Série et au poids, sous le numéro 728.

Comme pour les potagers ordinaires ronds ou carrés, la Série a établi sous le

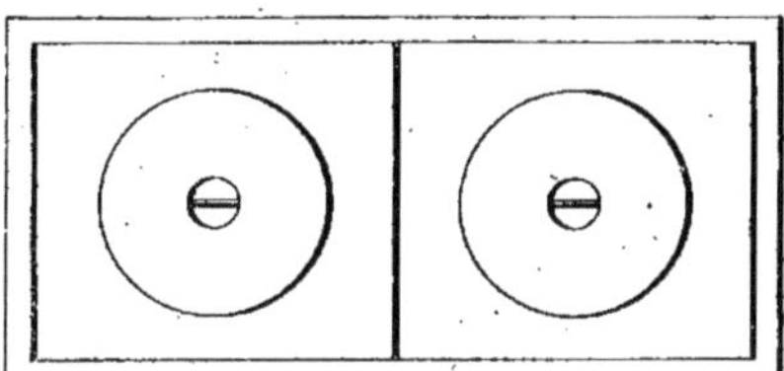

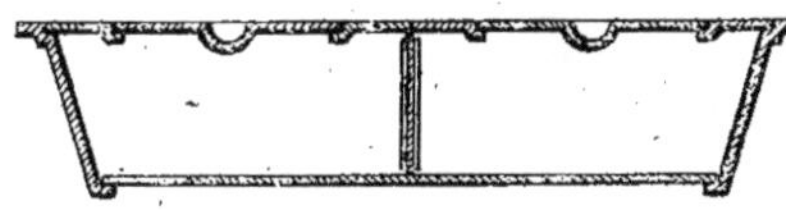

Fig. 512 et 513. — Plan et coupe de poissonnière avec séparation.

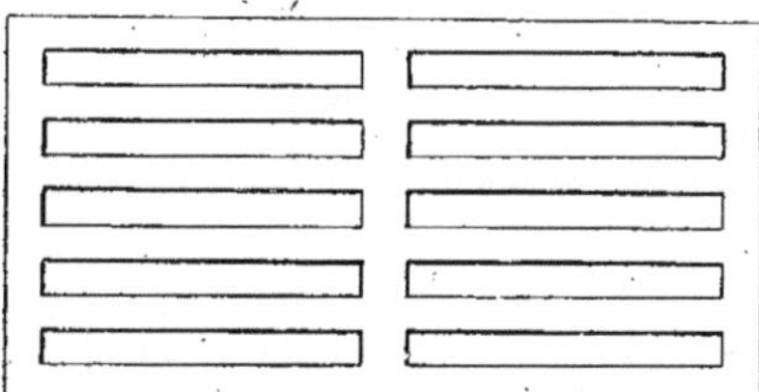

Fig. 514. — Grille de poissonnière.

numéro 729 un tableau arbitral des poids des réchauds économiques, couvercles non compris.

MESURES INTÉRIEURES EN CENTIMÈTRES		
19	22	25
8^k,500	10^k,500	13^k,000

Nous donnons un réchaud économique (*fig.* 515) et un demi économique (*fig.* 516).

Les économiques sont toujours garnis de couvercles à rondelles.

La pose des réchauds est payée à la

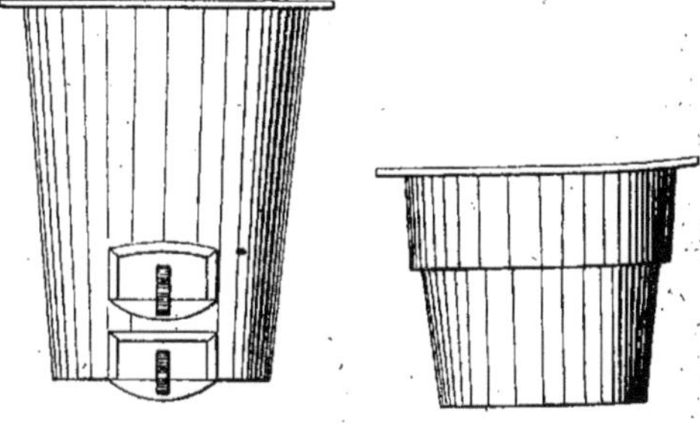

Fig. 515 et 516. — Réchauds économiques.

maçonnerie sous la rubrique des légers ouvrages, sous les numéros 1112 à 1116.

Le prix de pose ne comprend aucun autre ouvrage accessoire.

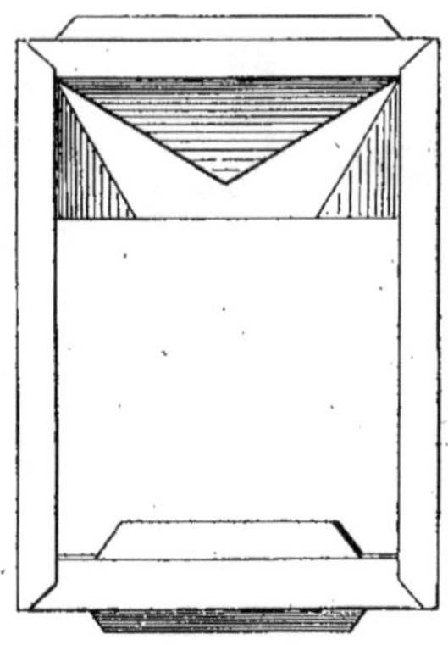

Fig. 517. — Porte à coulisse en tôle.

Les portes placées dans les façades des fourneaux potagers sont dites à coulisses ou à paillasses.

Les portes à coulisses sont les plus simples et sont tarifées à la Série sous les numéros 662 à 664, suivant leurs dimensions extérieures.

Le n° 1 mesure 0ᵐ,16 × 0ᵐ,20
Le n° 2 » 0 ,19 × 0 ,24
Le n° 3 » 0 ,22 × 0 ,26

Nous donnons (*fig*. 517) une porte à coulisse en tôle.

Les portes de paillasses en tôle se font à coulisses d'air et sont montées à ferrures sur châssis en fer.

Les mesures varient en longueur sur la hauteur constante de 0ᵐ,22, selon le tableau ci-dessous indiqué par la Série sous le numéro 866.

MESURES EXTÉRIEURES

N° 1 0ᵐ,22 × 0ᵐ,22
N° 2 0 ,25 × 0 ,22
N° 3 0 ,30 × 0 ,22
N° 4 0 ,35 × 0 ,22
N° 5 0 ,40 × 0 ,22
N° 6 0 ,45 × 0 ,22

Le numéro 1 est fait à un vantail, les

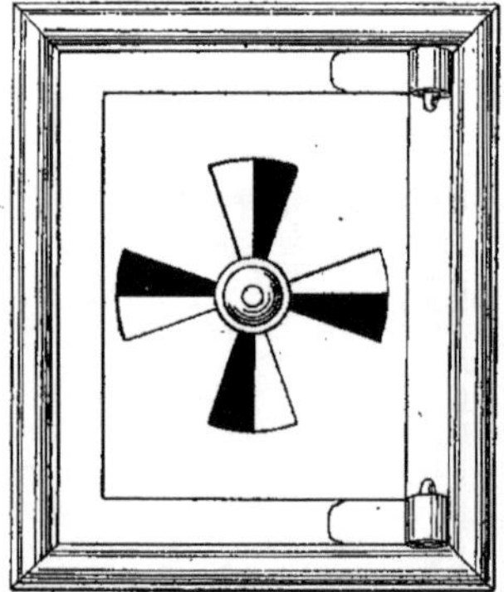

[Fig. 518. — Porte de paillasse à croix de malte
à un vantail.

numéros suivants sont faits à deux vantaux.

Nous donnons un autre genre de porte en fonte, avec cadre et coulisse d'air en croix de Malte, fermeture par ressort.

La porte est plus décorative que celle en tôle, elle se fait de quatre numéros se rapportant aux mesures que nous donnons ci-dessous.

MESURES EXTÉRIEURES

N° 1 0ᵐ,23 × 0ᵐ,23
N° 2 0 ,33 × 0 ,23
N° 3 0 ,38 × 0 ,23
N° 4 0 ,43 × 0 ,23

Le numéro 1 (*fig*. 518) est fait à un vantail, les numéros suivants sont faits à

Fig. 519. — Porte de paillasse à croix de malte
à deux vantaux.

deux vantaux, comme les représente la figure 519.

La pose des portes est payée à la Série

Fig. 520. — Trappe de cheminée montée sur cadre.

par analogie aux bouches de chaleur, suivant les dimensions en rapport, sous le numéro 884.

1° Jusqu'à 0ᵐ,20 de côté ;
2° De 0ᵐ,21 à 0ᵐ,40 ;
3° Au-dessus de 0ᵐ,40.

282. Les accessoires dont nous avons à nous occuper ensuite sont plus spécialement affectés aux fourneaux portatifs et de construction.

Avant d'aborder le détail, nous présentons (*fig.* 520) une trappe sur son châssis figurée mi-ouverte.

La figure 521 nous donne la tringle de

Fig. 521. — Tringle de trappe.

manœuvre complétée par sa crémaillère graduée (*fig.* 522).

Nous avons placé les trappes dans les accessoires des fourneaux, parce que leur emploi est plus spécial dans l'intérieur des hottes de cuisines. On est quelquefois

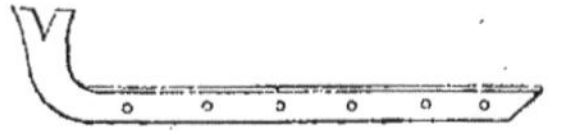

Fig. 522. — Crémaillère graduée.

obligé d'en faire usage aussi dans les cheminées d'appartements.

Les trappes sont en tôle, montées sur cadres en fonte, de forme rectangulaire.

La largeur varie peu, de 0ᵐ,20 à 0ᵐ,22, sur des longueurs de 0ᵐ,22 à 0ᵐ,50.

Nous donnons le tableau des mesures des trappes prises à l'extérieur des cadres, selon la Série, sous le numéro 942.

LONGUEURS HORS CADRES	LARGEUR UNIFORME	
0ᵐ,22	0ᵐ,20 à	0ᵐ,22
0 ,25	»	»
0 ,28	»	»
0 ,30	»	»
0 ,32	»	»
0 ,35	»	»
0 ,38	»	»
0 ,40	»	»
0 ,45	»	»
0 ,50	»	»

Les prix ne comprennent pas la pose

et s'entendent aussi avec tringles de 1 mètre de longueur au maximum.

L'excédent de longueur des tringles est tarifé à la Série de serrurerie sous les numéros 1756 à 1765 avec les plus-values à la suite, s'il y a lieu.

La pose des trappes est payée à la pièce, sous le numéro 890.

Le prix de pose est un prix moyen qui s'applique à toutes les mesures indiquées au tableau numéro 942.

Les travaux accessoires ou de raccordement, tels que goussets ou languettes, planchers ou bouchements, sont à reprendre pour leur valeur, selon leur na-

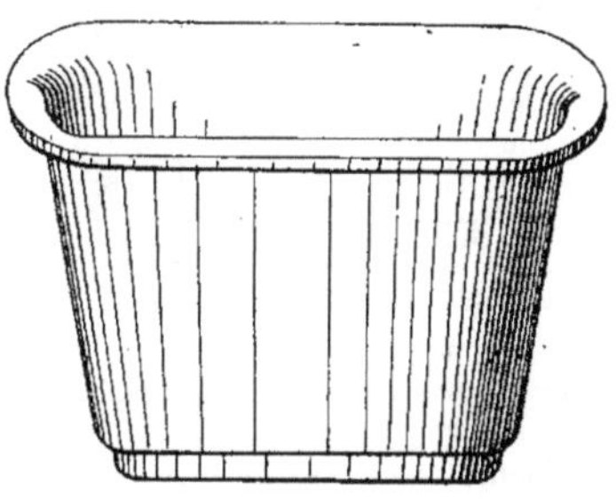

Fig. 523. — Foyer ovale uni.

ture et d'après les évaluations des Séries respectives.

La pose de la trappe comprend les *pentes de réduction*, c'est-à-dire les travaux de garnissages au-dessus de la trappe pour raccorder le cadre à la section du conduit sans aucun autre ouvrage.

Le prix de pose indiqué dans la Série est rédigé pour les intérieurs des cheminées d'appartement; mais il s'applique au même titre pour la pose dans l'intérieur des hottes, sous réserve, bien entendu, des observations que nous venons de présenter.

Foyers.

283. Les foyers des fourneaux portatifs sont tout en fonte. Les foyers des fourneaux de construction sont quelquefois en fonte et briques ou également en fonte.

Cette grande variété de disposition des foyers a eu pour résultat de produire un nombre considérable de modèles dont nous allons soumettre les principaux.

Nous n'entretenons nos lecteurs que des modèles du commerce et nous ajoutons que beaucoup de constructeurs spécialistes pour les fourneaux de cuisines, possèdent des modèles propres à leur maison en rapport avec les appareils qu'ils fabriquent.

Les foyers affectent plusieurs formes

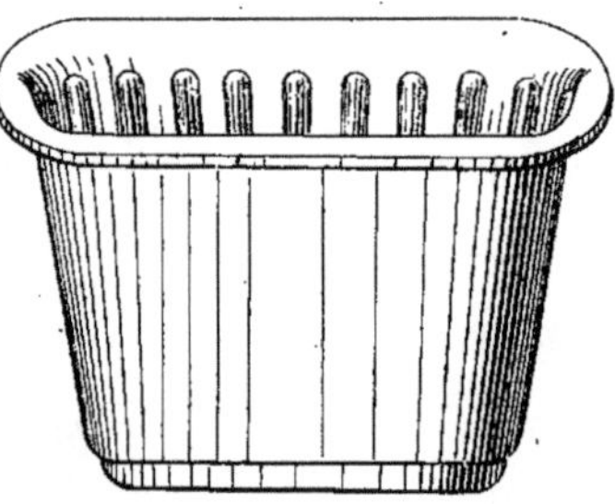

Fig. 524. — Foyer ovale à nervures.

géométriques : ronde, ovale, carrée, longue et octogonale.

La forme ovale est de beaucoup la plus répandue, et les foyers sont fondus à parois unies ou à nervures.

Nous donnons (*fig.* 523) le foyer ovale uni et le tableau des dimensions approximatives de la Série en fabrication commerciale.

LES MESURES PRISES A L'INTÉRIEUR

1°	$0^m,20 \times 0^m,15$
2°	$0,21 \times 0,16$
3°	$0,22 \times 0,17$
4°	$0,24 \times 0,18$
5°	$0,26 \times 0,20$
6°	$0,27 \times 0,23$
7°	$0,32 \times 0,28$

Fig. 525. — Grille ovale pour foyer.

La figure 524 représente le modèle à nervures ; et les figures 525 et 526, les grilles à taquets et unies pour foyers ovales.

La forme carrée longue ne s'emploie que dans les grands fourneaux. Les me-

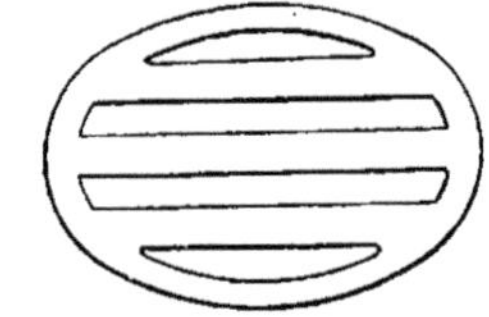

Fig. 526. — Grille ovale pour foyer.

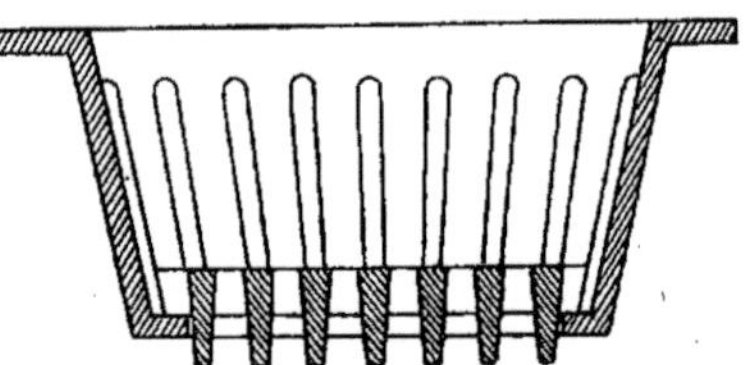

Fig. 527. — Foyer carré long
(coupe sur le grand côté).

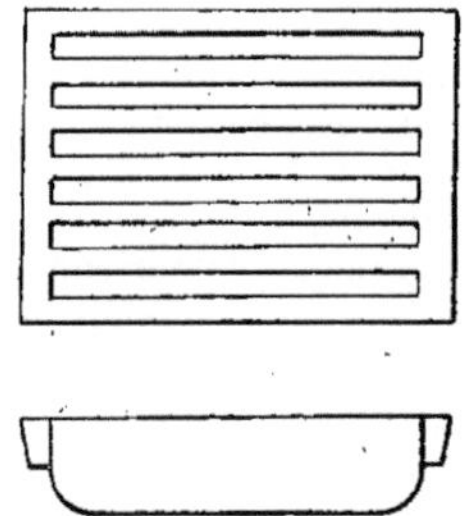

Fig. 528 et 529. — Grille carrée longue pour foyer
(plan et coupe).

sures commerciales prises à l'intérieur sont les suivantes :

1°	$0^m,20 \times 0^m,25$
2°	$0,20 \times 0,28$
3°	$0,22 \times 0,32$

Nous donnons le foyer carré long représenté en coupe (*fig.* 527), et sa grille en plan et en coupe (*fig.* 528 et 529).

La forme octogonale est également employée dans les fourneaux d'une certaine importance.

Nous donnons le tableau des dimensions courantes, les quatre grands côtés égaux entre eux.

LES MESURES PRISES A L'INTÉRIEUR

1°	0^m,16
2°	0 ,19
3°	0 ,20
4°	0 ,22
5°	0 ,23
6°	0 ,25
7°	0 ,26
8°	0 ,27

Il se fait aussi un modèle dit octogone

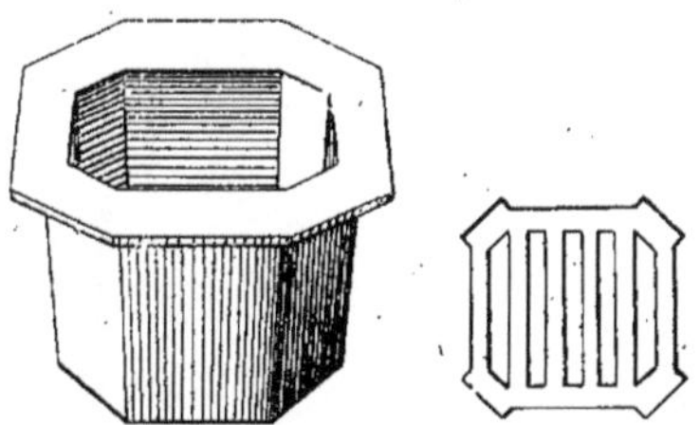

Fig. 530 et 531. — Foyer octogone et grille pour foyer octogone.

long à côtés inégaux pour fourneau de très grandes dimensions.

La figure 530 représente le foyer octogone complété par sa grille en plan (*fig.* 531).

Les foyers en fonte, de quelque forme qu'ils soient, sont tarifés à la Série sous le numéro 725 et payés au poids.

La pose n'est pas comprise et entraîne toujours des travaux accessoires plus ou moins étendus.

La Chambre syndicale des entrepreneurs de fumisterie a complété sur ce point la Série de la Société centrale en établissant des prix moyens de pose.

Les prix sont applicables d'abord aux fourneaux triangulaires ou parisiens jusqu'à 0^m,80 de longueur, sous le numéro 2137. Les prix suivants, pour foyers ovales, sont

applicables aux fourneaux portatifs ou de construction, de 0^m,81 à 1^m,50 de longueur, sous le numéro 2138.

Enfin, sous le numéro 2139, le prix comprend des foyers de formes octogonales ou rectangulaires, ne dépassant pas 50 kilogrammes, et, sous le numéro 2140, tous les foyers au-dessus de 50 kilogrammes.

Tous les travaux accessoires, tels que dépose et repose des plaques, bain-marie s'il y a lieu, et réfection des garnissages sont à reprendre.

284. Les foyers en briques et fonte dont nous avons parlé dans la description générale, sont dénommés : foyers à paraboles.

Dans ce genre de construction, un côté ou même les deux grands côtés du foyer

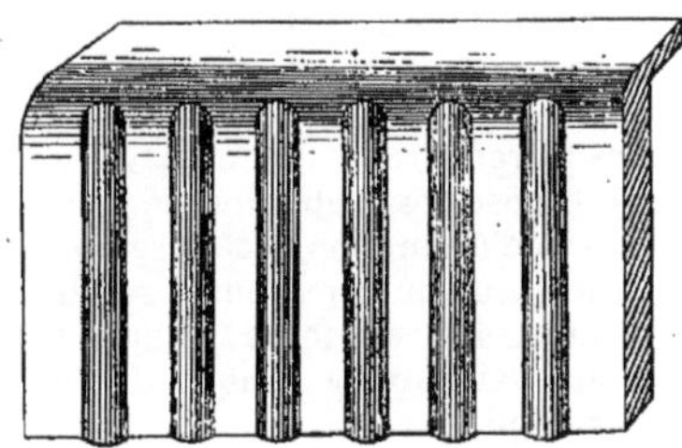

Fig. 532. — Parabole à nervures.

sont formés par des pièces de fonte unies ou à nervures, appelées paraboles.

Les mesures commerciales sont les suivantes :

1°	0^m,30 de longueur	
2°	0 ,35	»
3°	0 ,40	»
4°	0 ,45	»
5°	0 ,50	»
6°	0 ,55	»
7°	0 ,60	»

Nous donnons (*fig.* 532) la parabole à nervures.

Les grilles des foyers à paraboles sont composées d'une série de barreaux, posés sur des traverses scellées dans le briquetage, et appelées sommiers.

Nous donnons (*fig.* 533) un barreau de ce genre pour foyer à charbon, et nous complétons notre démonstration par un barreau de foyer à bois (*fig.* 534).

Les mesures courantes des barreaux sont de 0ᵐ,22 à 0ᵐ,55 de longueur.

Pour l'évaluation du travail de réfec-

Fig. 533. — Barreau de foyer à charbon.

tion des foyers à paraboles, c'est encore à la Série de la Chambre syndicale des Entrepreneurs de fumisterie qu'il faut avoir recours.

Sous le titre général : *réparation de fourneau de construction d'appartement*, la Série syndicale a établi des prix sous les numéros 2228 à 2231.

Les prix comprennent la démolition et la réfection des foyers, la fourniture des briques réfractaires, terre et plâtre toutes façons et pose des fontes.

La base d'évaluation est prise pour les fourneaux à un ou deux fours, sur la largeur intérieure du four, jusqu'à 0ᵐ,40 avec plus-value pour chaque 0ᵐ,05 de largeur en plus.

Le numéro 2232 s'applique à la réfection du cendrier.

Les numéros 2233 et 2234 donnent les évaluations de démolition des foyers avec ou sans cendrier.

Les regarnissages sont comptés sous les numéros 2235 et 2236.

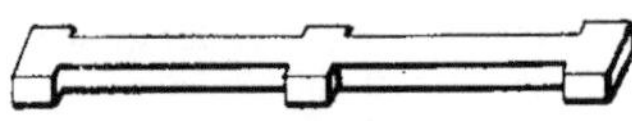

Fig. 534. — Barreau de foyer à bois.

Les numéros suivants 2237 à 2239 ont rapport à des observations générales relatives aux réparations des fourneaux de cuisines.

Chaudières et bains-marie.

285. On désigne d'une manière générale sous le nom de chaudières, les bains-marie en fonte émaillée, dans les fourneaux portatifs.

Dans les petits fourneaux de peu d'importance, les chaudières sont couvertes en fonte à l'affleurement du dessus par un couvercle à feuillure.

Les fourneaux plus importants ont une chaudière à panache, avec couvercle en cuivre poli.

Nous représentons (*fig.* 535) une chaudière en fonte émaillée avec tubulure de raccord.

Le panache et son couvercle sont donnés par la figure 536.

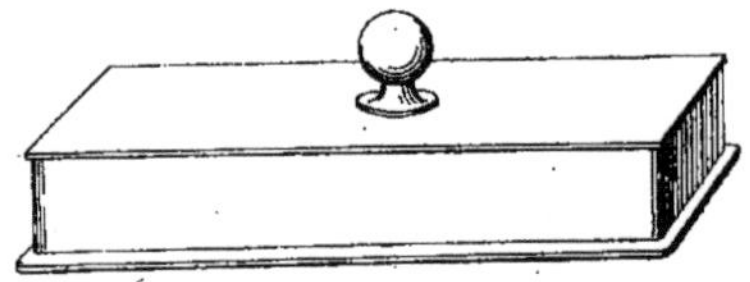

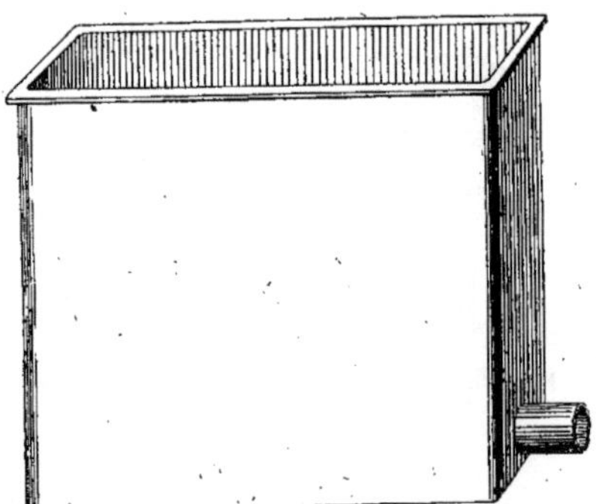

Fig. 535 et 536. — Chaudière en fonte émaillée avec tubulure, raccord de panache et couvercle en cuivre.

Les mesures courantes des chaudières en fonte sont les suivantes :

	LONGUEUR	LARGEUR	HAUTEUR
1°	0ᵐ,15	0ᵐ,11	0ᵐ,25
2°	0 ,18	0 ,115	0 ,25
3°	0 ,20	0 ,115	0 ,25
4°	0 ,215	0 ,075	0 ,32
5°	0 ,24	0 ,075	0 ,32
6°	0 ,27	0 ,085	0 ,35
7°	0 ,30	0 ,11	0 ,36
8°	0 ,36	0 ,135	0 ,39
9°	0 ,405	0 ,16	0 ,405
10°	0 ,45	0 ,18	0 ,43
11°	0 ,46	0 ,20	0 ,48

La figure 537 donne la coupe d'une chaudière à panache et couvercle en cuivre, sur un dessus en fonte, avec l'assemblage des pièces.

Les chaudières en fonte émaillée sont tarifées à la Série syndicale de fumisterie sous les numéros 1017 à 1027 inclus, se rapportant au tableau que nous avons donné ci-dessus.

Les panaches et couvercles en cuivre qui ne commencent leur Série qu'à partir du numéro 4 des chaudières, sont tarifés à la suite, sous les numéros 1028 à 1035 inclus.

Les bains-marie, qui viennent ensuite,

Les prix suivants sont applicables à des bains-marie sans panache, avec ou sans couvercle, en cuivre étamé, et d'après les poids au-dessus de 3 kilogrammes.

L'adjonction d'un panache donne lieu à la plus-value, sous le numéro 36.

Les bains-marie non étamés, au-dessus de 3 kilogrammes, subissent, sur les prix portés sous les numéros 34 et 35, une moins-value cotée sous le numéro 37.

En réparation, les étamages sont tarifés d'après la surface, sous les numéros 75 et 76.

Les bains-marie en tôle étamée ou gal-

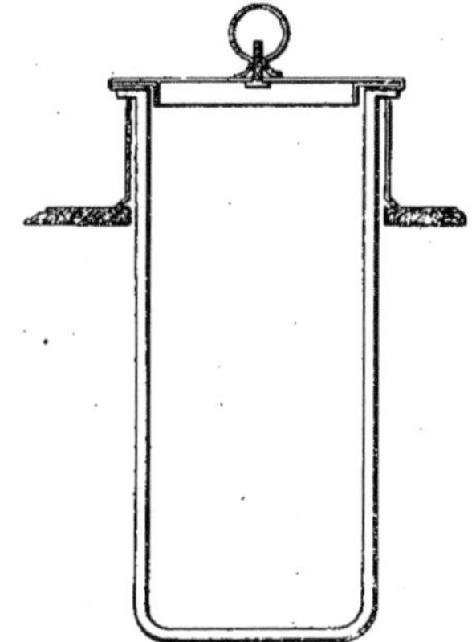

Fig. 537. — Coupe de chaudière en fonte à panache et couvercle en cuivre.

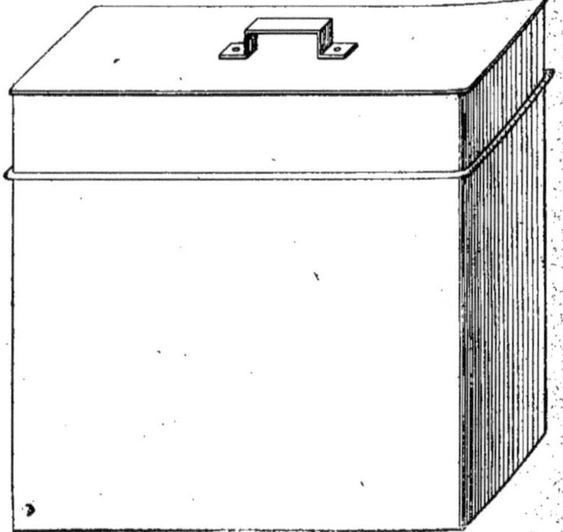

Fig. 538. — Bain-marie en cuivre à panache, couvercle et poignée.

sont ordinairement fabriqués en cuivre, avec panaches et couvercles à boule ou à poignée. Cependant on en fait aussi en tôle étamée ou galvanisée.

Les formes des bains-marie en fabrication spéciale peuvent être variées selon les capacités demandées, par rapport à la construction des fourneaux.

Les bains-marie en cuivre rouge sont tarifés à la Série de la Société centrale, section de chaudronnerie sous les numéros 35 à 37 inclus.

Jusqu'à 3 kilogrammes, le bain-marie en cuivre rouge étamé ou non, compris couvercle, avec ou sans panache, est payé à la pièce, sous le numéro 33.

vanisée sont tarifés à la Série syndicale, sous les numéros 1015 et 1016, 1039 à 1040 inclus.

La Chambre syndicale, par la publicité de sa Série corporative, porte en observation *qu'en aucun cas il ne sera fourni de bain-marie en cuivre non étamé.*

Nous donnons (*fig.* 538) un bain-marie ordinaire à panache et couvercle à poignée.

Quand on veut conserver des boissons chaudes, on fait usage de récipients spéciaux appelés copettes.

Les copettes sont des espèces de bouteilles en cuivre ou en porcelaine qui plongent dans le bain-marie, elles sont munies de panaches très hauts au-dessus du couvercle du bain-marie et pourvues de couvercles et poignées.

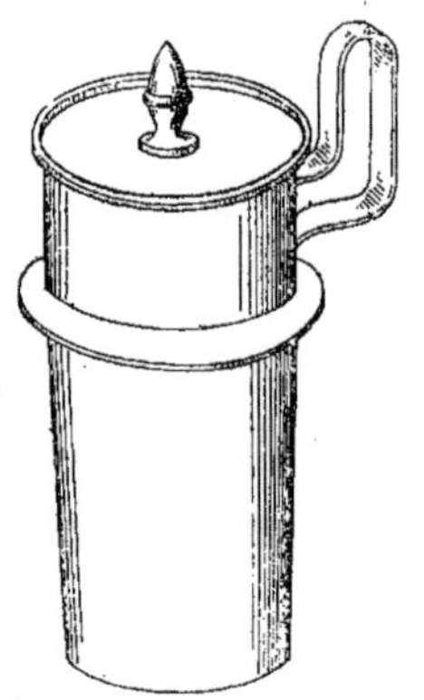

Fig. 539. — Copette en cuivre.

Nous donnons (*fig.* 539) une copette en cuivre.

La figure 540 représente la copette en porcelaine.

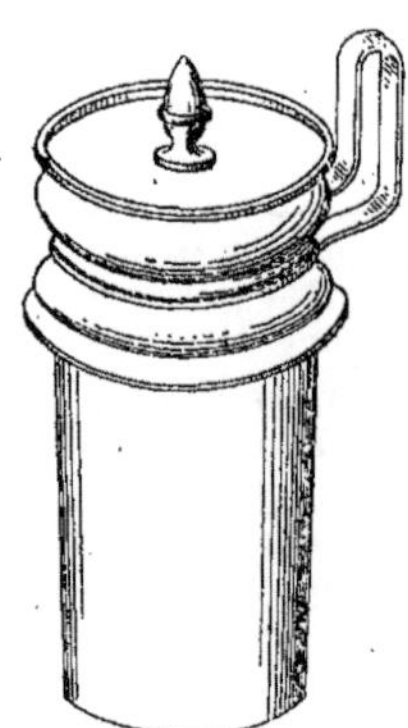

Fig. 540. — Copette en porcelaine.

La pose des bains-marie est tarifée à la Série syndicale, sous les numéros 2113 et 2114; elle comprend la façon des joints.

Le prix porté au numéro 2113 s'applique aux bains-marie fonte ou cuivre, jusqu'à 24 litres de contenance.

Au-dessus de 24 et jusqu'à 50 litres, le prix est donné sous le numéro 2114.

Le prix de démontage est le même que celui de la pose, selon la contenance, en raison des difficultés du travail. L'observation est portée à la Série, sous le numéro 2115.

Chaudières à rebord.

286. Pour compléter les chaudières, nous donnons (*fig.* 541) la chaudière dite à rebord.

Ces accessoires servent aux fourneaux spéciaux ou à vaisselles, partout où il est nécessaire d'avoir un grand volume d'eau à température donnée.

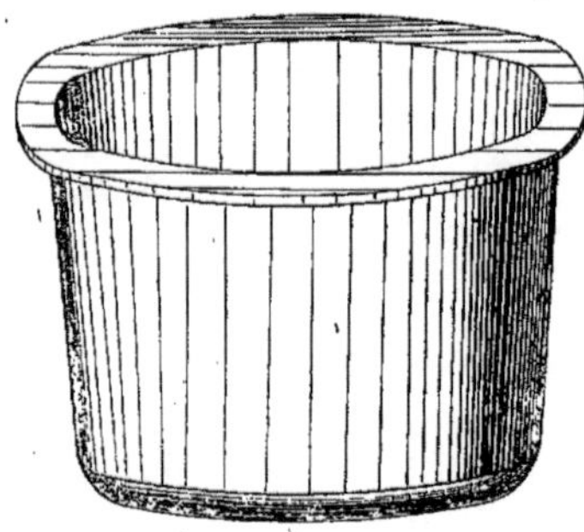

Fig. 541. — Chaudière à rebord.

Les chaudières à rebord sont en fonte unie noire ou émaillée, mais le plus souvent en fonte noire, avec ou sans tubulure de vidange.

La chambre syndicale des Entrepreneurs de fumisterie donne les prix des chaudières à rebord, en fonte brute, sous les numéros 993 à 1012 inclus.

Les mesures commerciales sont indiquées en points en fonderie.

Le tableau ci-dessous indique les mesures en millimètres, les diamètres pris à l'intérieur :

0^m,300	0^m,575
0 ,350	0 ,600
0 ,400	0 ,650
0 ,425	0 ,700
0 ,450	0 ,750
0 ,475	0 ,800
0 ,500	0 ,850
0 ,525	0 ,900
0 ,550	1 ,000

Les tubulures ou goulottes donnent lieu à l'application d'une plus-value, sous les numéros 1011 et 1012, pour chaudières jusqu'à 0^m,500 de diamètre et au dessus.

La pose n'est pas tarifée et doit être demandée en raison des difficultés de

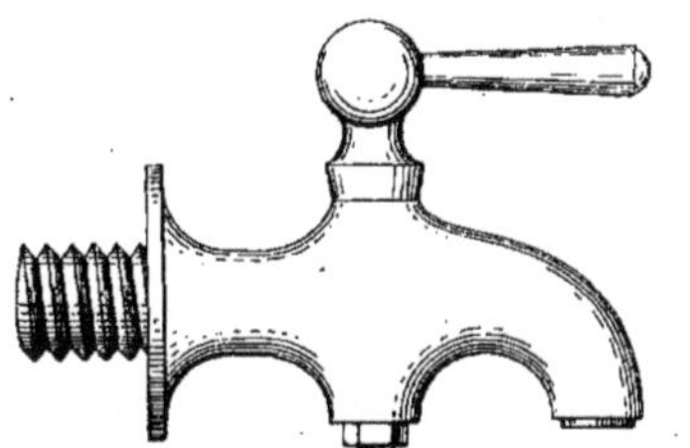

Fig. 542. — Robinet à pas de vis pour chaudière en fonte.

passage et de mise en place et selon le diamètre de la chaudière.

Dans la pratique, on divise les diamètres en trois numéros pour l'évaluation de la pose :

1° Jusqu'à 0^m,500 ;
2° De 0^m,500 jusqu'à 0^m,750 ;
3° Au-dessus de 0^m,750.

Robinets.

287. Les robinets de puisage pour

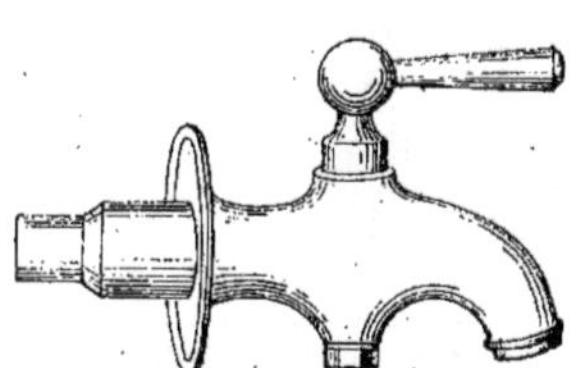

Fig. 543. — Robinet à béquille à raccord.

bain-marie ou tous autres services d'eau chaude sont en cuivre jaune ou en bronze.

Le modèle le plus simple représenté (*fig.* 542) est à pas de vis, pour s'adapter sur les chaudières en fonte.

Les diamètres exprimés en millimètres sont les suivants :

0^m,010	0^m,018
0^m,012	0^m,020
0^m,015	0^m,025

Ensuite viennent les robinets à raccords ajustés sur les tuyaux de vidange des bains-marie.

Les robinets à béquille dont nous donnons les figures 543 et 544 sont commercialement fabriqués de 0^m,010 à 0^m,035.

Les béquilles sont dans le même métal

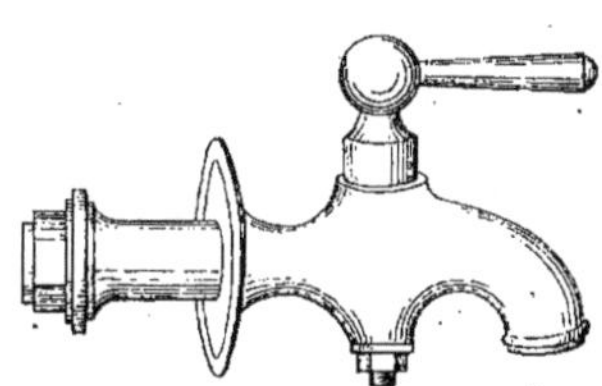

Fig. 544. — Robinet à béquille à rallonge et raccord.

que les robinets ou bien en bois, ou encore en imitation et en ivoire.

Tous les robinets sont à rosace. Le modèle représenté (*fig.* 543) est dit à béquille à raccord, et celui représenté (*fig.* 544) à béquille à rallonge et raccord.

Le modèle dit à cul-de-lampe représenté (*fig.* 545) vient après, en suivant l'ordre

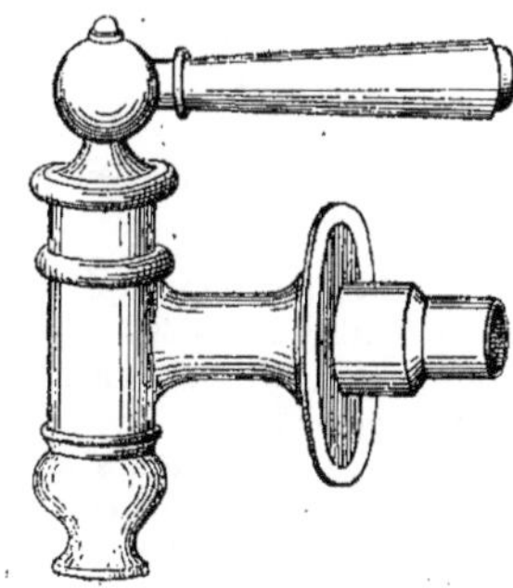

Fig. 545. — Robinet à cul-de-lampe et raccord.

d'importance ; il est également fabriqué en cuivre et en bronze dans les mesures de 0^m,015 à 0^m,025.

La Série syndicale fournit des prix de robinets dans les modèles ci-dessus, sous les numéros 1111 à 1130, sous deux colonnes, cuivre et bronze.

La pose des robinets des bains-marie est comprise dans les prix alloués par la Série syndicale sous les numéros 2113 et 2114.

Dans les autres cas, les prix de pose sont tarifés à la Série de la Société centrale, canalisation d'eau, sous les numéros 201 à 205.

Dans la forme des robinets à cul-de-lampe vient ensuite le modèle plus important dit à col-de-cygne.

Les robinets à col-de-cygne à grand débit, sont employés dans les fourneaux importants et sont le plus souvent en bronze. Ils sont montés à raccords et ro-

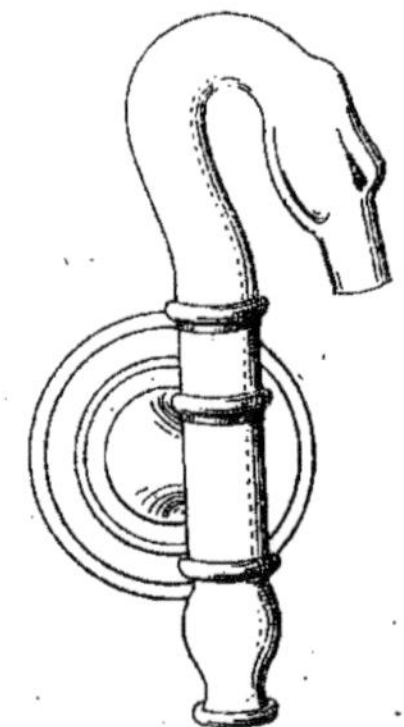

Fig. 546. — Robinet à col-de-cygne.

saces, et généralement employés dans les diamètres de 0^m,025 à 0^m,030.

Nous donnons (*fig.* 546) un robinet à col-de-cygne avec rosace.

Pour les grands fourneaux à marmites des maisons d'enseignement, communautés, hôpitaux, etc., qui demandent des emplissages à grande contenance, par le haut, en raison de l'impossibilité de déplacer chaque fois les récipients, on fait des robinets montés sur colonnes à embases, avec col-de-cygne coulant dessus.

Ces robinets dont nous donnons un modèle (*fig.* 547) sont montés sur le dessus du fourneau et fixés à la plaque par un boulonnage.

Le col de cygne alimentaire tourne sur son axe, et le bec recourbé débite au-des-

sus de la marmite sans aucun déplacement. Au repos, le bec est retourné au-dessus de la colonne, tel que le représente notre dessin, et la goutte d'eau tombe dans un petit vase réservé à cet usage.

La commande du robinet est réglée au moyen d'un robinet spécial placé sur le bras, entre la colonne et le col-de-cygne et nommé pour cette raison robinet d'arrêt.

Les robinets d'arrêt sont à rodage ou à vis.

Quand il est nécessaire de faire l'alimentation de plusieurs services de marmites, on se sert de robinets du même modèle, mais à double col-de-cygne.

Fig. 547. — Robinet à colonne et col-de-cygne avec arrêt à rodage.

L'arrivée d'eau dans les deux cas est ménagée par l'intérieur du fourneau, et la canalisation montée à raccord sous l'embase de la colonne.

La pose est comptée en raison de l'importance des pièces.

La fourniture est évaluée selon les tarifs des fabricants avec application du bénéfice indiqué à la Série.

Tous les robinets à colonne, simples ou doubles, sont faits en fabrication cuivre et bronze ; cependant ou les emploie généralement en bronze, car on récupère par l'usage l'excédent du prix d'achat.

Chaque pièce se fait dans un numéro unique.

Dessus de fourneaux, corps de feu et rondelles.

288. Les dessus et façades des fourneaux sont fondus sur modèles faits

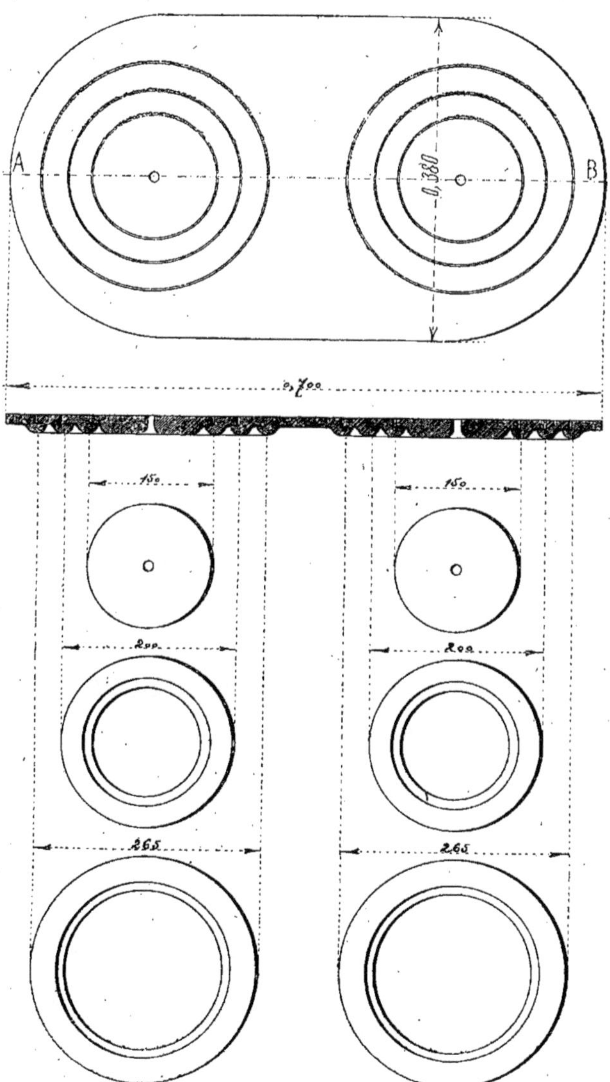

Fig. 548 à 552. — Plaque de coup de feu à deux jeux de rondelles ; plan, coupe sur AB, rondelles et tampons.

spécialement, sauf'en ce qui concerne les séries des fourneaux du commerce.

La Série paye, sous le numéro 709, les fontes pour fourneaux, façades et dessus avec pièces de rechange, champs, rondelles et tampons, le tout au poids.

Les travaux accessoires sont à reprendre.

Les ébarbages, burinages, dressages, limages pour tous ajustements faits en ateliers, sont payés sur le poids des fontes neuves fournies, selon l'évaluation de la série sous le numéro 710.

Quand les pièces sont assemblées entre elles, les brides d'attaches, plates-bandes pour les assemblages, sont payées suivant leur exécution, d'après l'observation sous le numéro 711.

Les modèles en bois quand ils ont 1 mètre carré au moins et au dessus, sont payés à raison de leur surface sous le numéro 712.

La Série, sous le numéro 713, fait une observation restrictive pour les pièces détachées fournies en réparation de moins d'un mètre carré.

Dans ces conditions, les frais de mo-

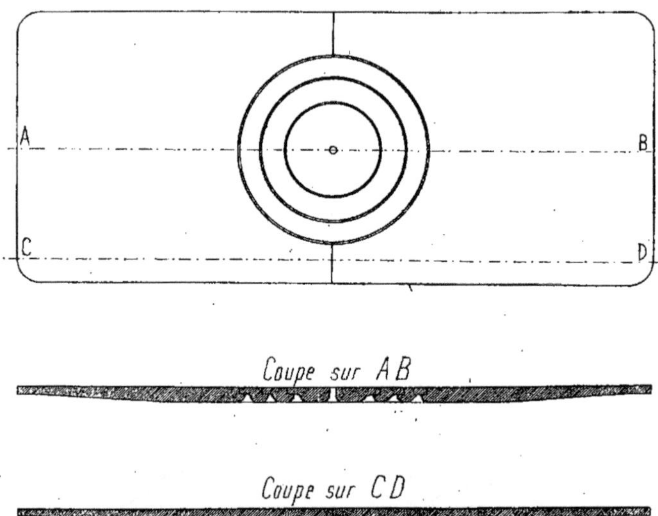

Fig. 553 à 555. — Plaque de coup de feu en deux pièces, type rectangulaire.

dèles sont payés suivant le travail par rapport aux pièces fournies.

Quand les modèles restent en propriété à l'entrepreneur, les frais d'établissement sont remboursés pour moitié seulement conformément à l'observation de la Série sous le numéro 714.

Nous devons faire remarquer, à ce propos, que le remboursement pour moitié ne s'applique qu'à des modèles pouvant resservir ultérieurement, après diverses modifications possibles.

Il est bien évident que des modèles telle-ment spéciaux de gabarits ou de décorations, etc., dont on ne peut tirer aucun usage, restent entièrement à la charge du client pour lequel ils ont été exécutés.

Nous devons aussi faire observer, malgré que la Série ne parle que des seules fontes sur modèle, qu'en ce qui concerne les dessus et façades des fourneaux, que toutes les autres pièces telles que paraboles, barreaux, etc., exécutées sur modèles spéciaux, sont tarifées sous la même évaluation.

La pose et mise en place des fontes est

payée au poids sous le numéro 881 par analogie avec les fontes d'appareils de calorifères.

La valeur de l'évaluation répond à un travail normal de montage ou descente, mais il y a lieu de demander des plus-values selon les difficultés rencontrées.

Nous donnons (*fig.* 548) une plaque de coup de feu à deux jeux de rondelles du type ovale, communément appelée : plaque de rechange.

La figure 549 nous représente la coupe sur AB, avec les détails des feuillures, champs, épaisseurs et renforts.

Sur la projection perpendiculaire, nous donnons (*fig.* 550, 551 et 552) les deux jeux de rondelles et tampons avec les cotes extérieures indiquées sur chaque diamètre.

Les coups de feu plus importants sont fondus en deux pièces afin de réserver la dilatation du métal.

La figure 553 représente une plaque de coup de feu en deux pièces, du type rectangulaire, à un seul jeu de rondelles au centre.

La coupe sur AB dans l'axe des rondelles est représentée figure 554, et la figure 555 donne une coupe sur CD dans la feuillure, au plein de la plaque.

Nous ajoutons qu'il se fait encore une grande variété de plaques à un ou plusieurs jeux de rondelles, dans des formes géométrales différentes.

Angles et accessoires divers.

289. Parmi les fontes employées dans la construction des fourneaux, il nous faut aussi signaler les pièces du commerce, tarifées à la série sous le numéro 715.

En premier lieu, les façades des types courants et en général les angles et consoles des cheminées d'âtres.

Ces accessoires sont payés au poids comme les fontes sur modèle, et tous travaux spéciaux exécutés sur les pièces sont à reprendre.

Les prix de fourniture ne comprennent pas la pose.

La figure 556 donne un montant d'angle de fourneau.

Nous représentons une console de cheminée d'âtre (*fig.* 557).

Portes de fours et étuves et accessoires.

290. Les portes des fours, étuves, chauffe-assiettes, etc., sont en tôle planée, montées sur cadres en fer avec fermetures à loquets ou à clanches.

Les portes fabriquées dans ces condi-

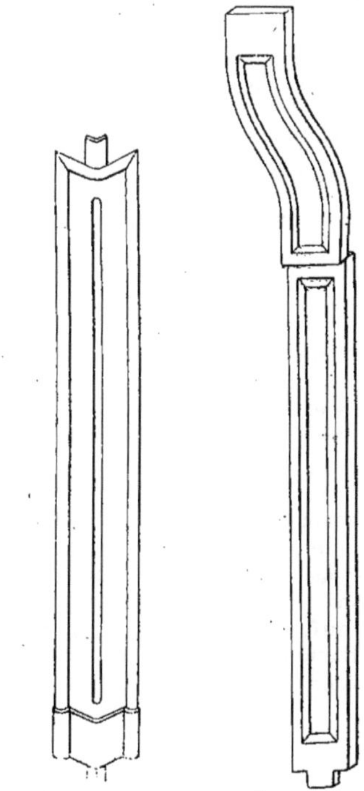

Fig. 556. — Montant d'angle de fourneau.   Fig. 557. — Console de cheminée d'âtre.

tions sont payées au poids, à la série, sous le numéro 871.

Les prix ne comprennent pas la pose.

Afin de donner le fini d'exécution, les cadres et ferrures des portes des fourneaux sont polis. L'excédent de main-d'œuvre pour façon soignée qui en résulte, donne lieu à application des plus-values fixées, d'après les mesures des portes, sous les numéros 872 et 873.

Les plus-values précitées comprennent toutes façons de montage à charnons, pentures, pivots ou bascule avec ou sans consoles.

Les prix comprennent en outre les ressorts, loquets, mentonnets, à l'exclusion

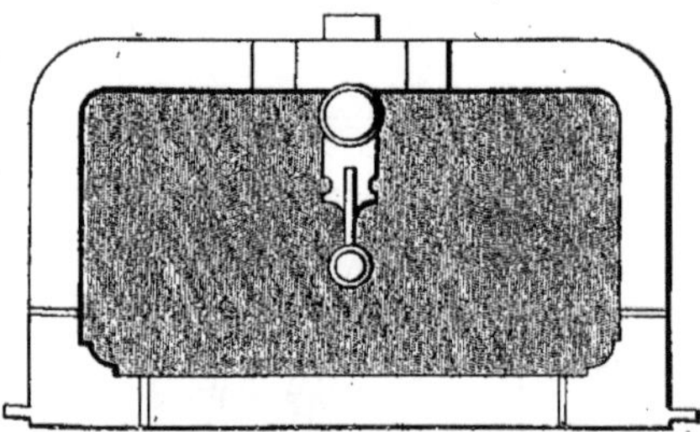

Fig. 558. — Porte de four, fermeture à loquet.

des pièces accessoires de montage fixées aux façades des fourneaux qui sont à reprendre pour leur valeur, ainsi que les percements et ajustements nécessaires.

Cette observation restrictive est faite à la Série de la Chambre syndicale de Fumisterie, sous le numéro 2084.

Nous donnons (*fig.* 558, 559 et 560) la garniture de façade d'un fourneau à simple service, composé d'un four, étuve et chauffe-assiettes avec portes à loquets.

La porte du four est représentée (*fig.* 558); la porte d'étuve (*fig.* 559); la porte du chauffe-assiettes (*fig.* 560).

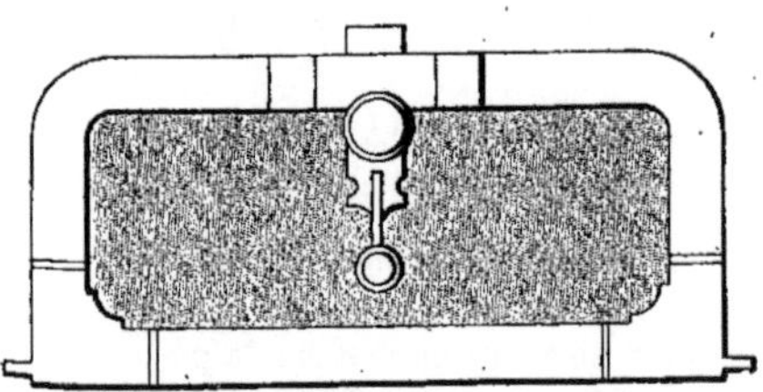

Fig. 559. — Porte d'étuve, fermeture à loquet.

La porte du chauffe-assiettes est montée à charnon et pivot.

Les portes de four et étuve sont à consoles.

Les plus-values portées à la série pour le montage des portes que nous représentons sont indiquées dans les mesures ci-dessous.

LARGEURS :

0^m,35
0 ,40
0 ,45
0 ,50
0 ,55
0 ,60
0 ,65

Les hauteurs varient de 0^m,25 à 0^m,28.

0^m,70
0 ,75
0 ,80

Les hauteurs varient de 0^m,28 à 0^m,32.

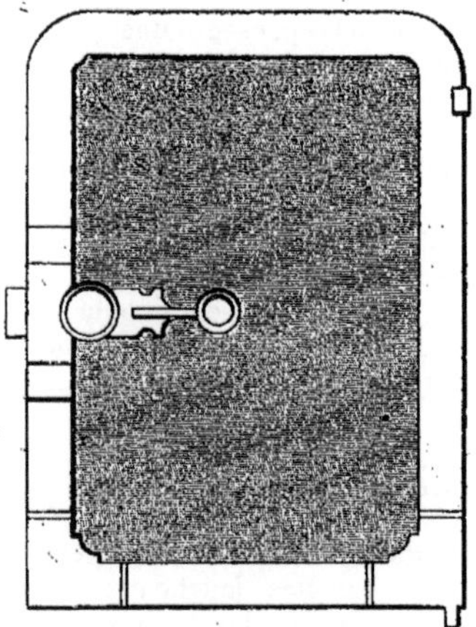

Fig. 560. — Porte de chauffe-assiettes, fermeture à loquet.

En dehors de ces mesures précises indiquées sous les numéros 872 et 873, les mêmes prix sont applicables pour un même développement à l'équerre.

Nous donnons une seconde garniture de fourneau de même composition avec portes à clanches (*fig.* 561, 562 et 563).

La figure 561 représente la porte du four, la figure 562 celle de l'étuve et la figure 563 la porte du chauffe-assiettes.

Consoles.

291. Les consoles qui fixent les portes sur les façades des fourneaux sont dites simples ou doubles, selon qu'elles servent à une seule porte, où aux deux portes superposées du four et de l'étuve.

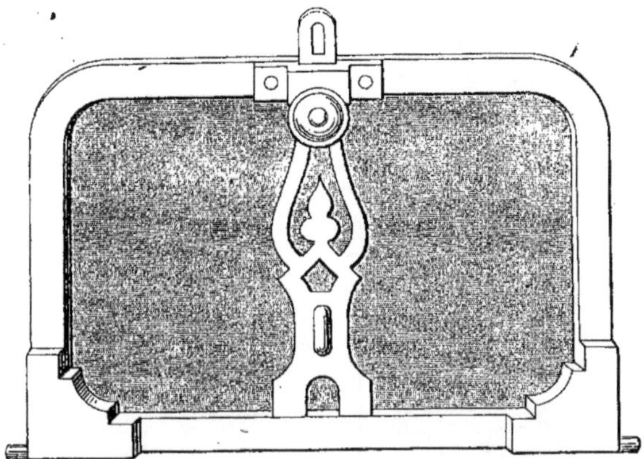

Fig. 561. — Porte de four, fermeture à clanche.

Les mesures courantes des consoles simples, exprimées en millimètres sont les suivantes :

0^m,080	0^m,125
0 ,090	0 ,140
0 ,095	0 ,160
0 ,105	0 ,175

Nous donnons (*fig.* 564 et 565) la console simple, vue de face et en coupe.

Les consoles doubles se font en trois dimensions exprimées en millimètres.

0^m,270
0 ,300
0 ,340

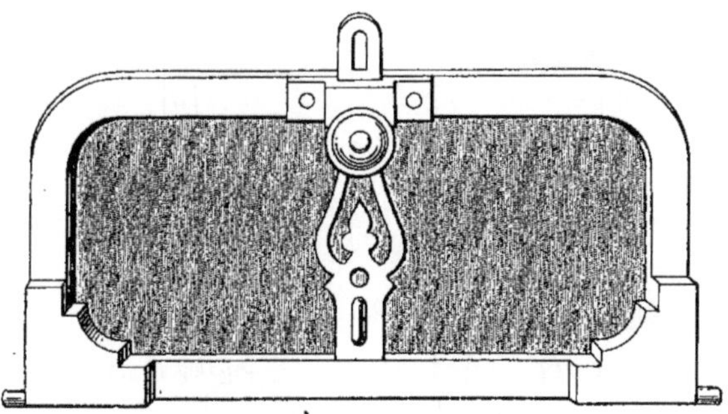

Fig. 562. — Porte d'étuve, fermeture à clanche.

Les différentes forces des consoles dans les mêmes mesures portent la série commerciale à six numéros.

Nous donnons (*fig.* 566 et 567), la console double vue de face et en coupe.

Loquets.

292. Les loquets à ressorts et à clanches se font depuis 0^m,140 jusqu'à 0^m,320 de longueur.

Nous donnons (*fig.* 568 et 569) deux

modèles de loquets à clanches, pour portes à bascule sur consoles et portes à charnons sur pivots.

donnons le dessin (*fig.* 570) avec une coupe (*fig.* 571).

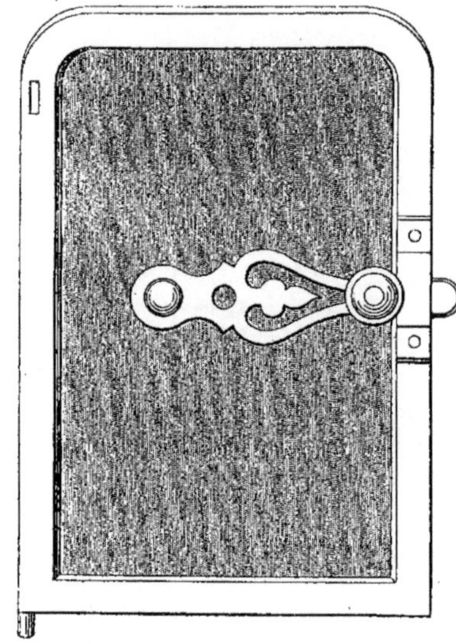

Fig. 563. — Porte de chauffe-assiettes, à clanche.

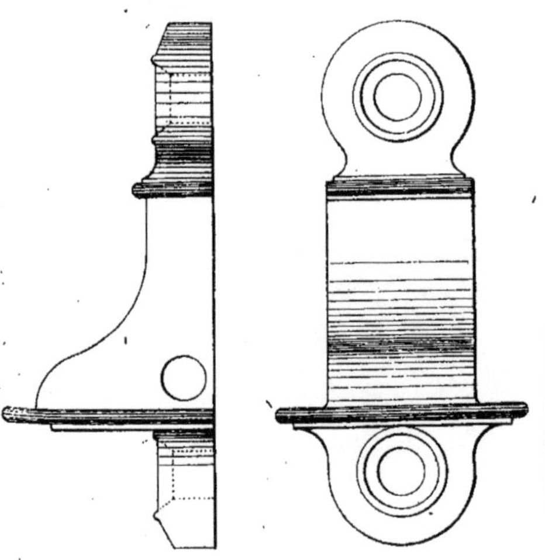

Fig. 564 et 565. — Console simple
pour porte de fourneau.

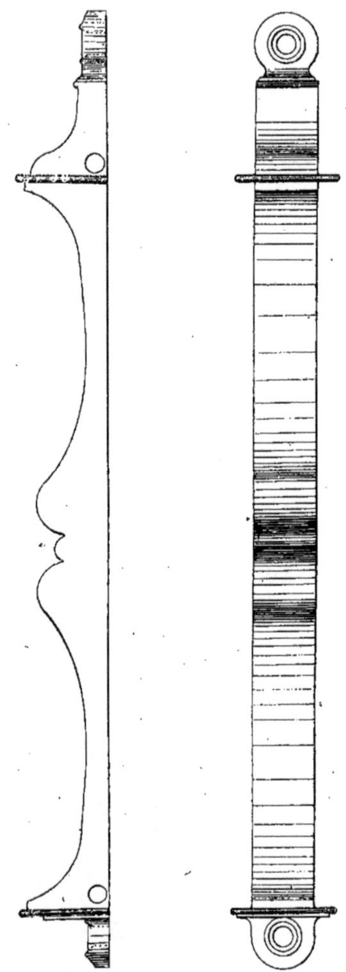

Fig. 566 et 567. — Console double
pour portes de fourneau.

Mentonnets.

293. Les mentonnets servent à tenir les portes fermées ou mi-ouvertes sur le cran d'arrêt, ils sont rivés ou fixés avec écrous sur les façades des fourneaux.

Pour les grandes portes fermant haut et bas, il y a des clanches spéciales dont nous

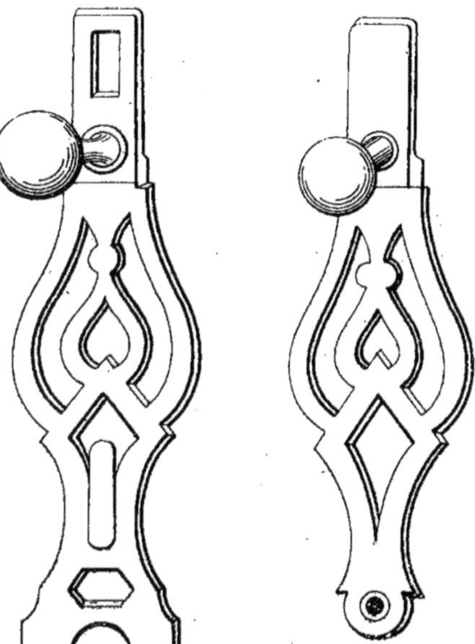

Fig. 568 et 569. — Loquets à clanche pour porte à bascule sur consoles et pour porte à charnon sur pivot.

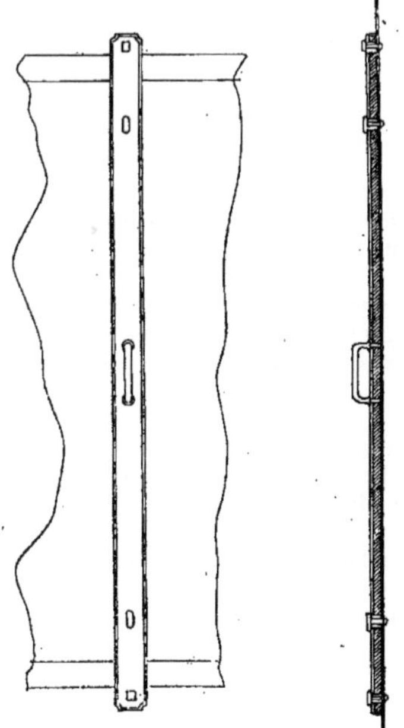

Fig. 570 et 571. — Clanche, fermeture haut et bas, vue de face et coupe.

La figure 572 représente un mentonnet à deux crans avec tige filetée pour écrou.

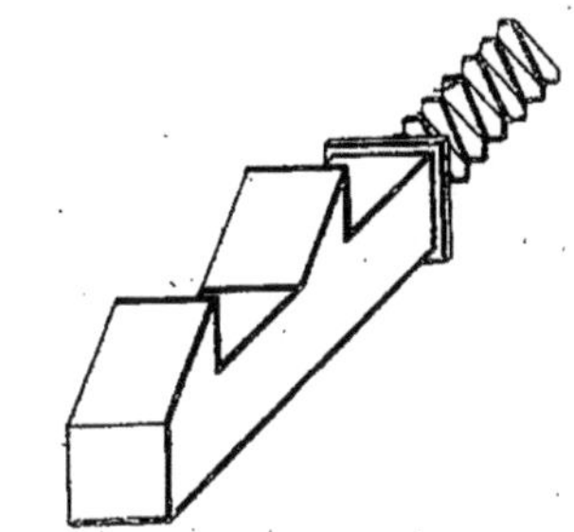

Fig. 572. — Mentonnet à deux crans à tige filetée.

Gâches.

294. Les gâches des loquets se font depuis 0ᵐ,060 de longueur.

La plus grande dimension commerciale est 0ᵐ,160.

Les augmentations de mesures ne sont

Fig. 573. — Gâche de porte pour fourneau.

pas constantes entre elles et varient selon les fabrications.

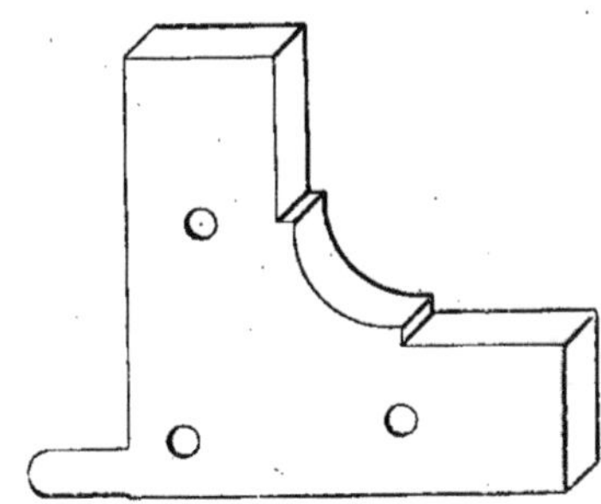

Fig. 574. — Congé renforcé pour porte de fourneau.

Nous donnons (*fig.* 573) une gâche de modèle ordinaire.

Nous complétons les accessoires des portes par la figure 574, qui représente le détail d'un congé renforcé.

Manivelles.

295. Les manivelles sont des boutons à excentriques montés sur les arbres des soupapes et qui servent à fermer ou ouvrir à volonté les passages de fumée des fours.

La fabrication se fait en trois numéros et dans les dimensions suivantes.

$$0^m,080$$
$$0\ ,090$$
$$0\ ,120$$

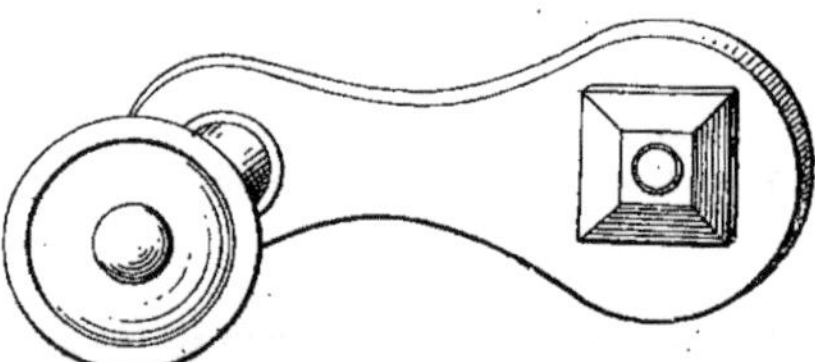

Fig. 575. — Manivelle pour soupape de fourneau.

La figure 575 représente une manivelle à bouton.

Étagères.

296. Les étagères placées dans l'intérieur des fours sont pleines ou perforées, elles ont pour but de doubler la surface de chauffe et permettre plusieurs cuissons dans le même temps.

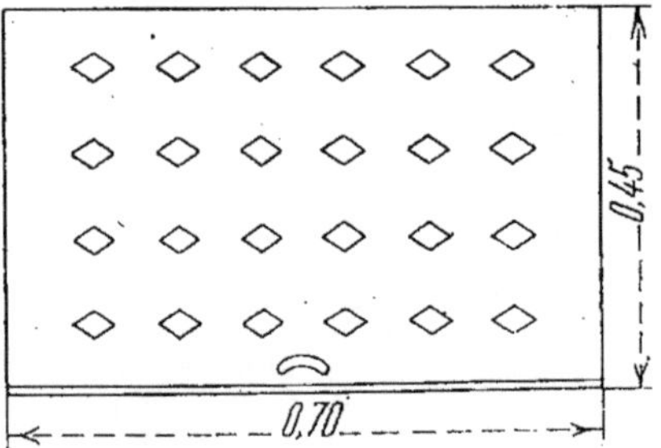

Fig. 576. — Etagère de four perforée.

Nous donnons (*fig.* 576) une étagère perforée symétriquement par une série de trous losangés.

Tous les accessoires dont nous venons d'entretenir nos lecteurs sont tarifés à la Série de la Chambre syndicale de l'umisterie sous le chapitre : *Pièces accessoires*

pour *montage de devantures ou dessus de fourneaux*, du numéro 1936 au numéro 2039 inclus.

La série divise les fourneaux en trois groupes principaux :

1° *Les fourneaux à arcades*, dont les accessoires sont tarifés sous les numéros 1936 à 1969 ;

2° *Les fourneaux à un four et à une étuve*, du numéro 1970 à 2004 ;

3° *Les fourneaux pour grand établissement*, du numéro 2005 à 2039.

Cendriers et charbonniers.

297. Les cendriers sont tarifés au poids et à la pièce dans la Série de la Société centrale, sous les numéros 546

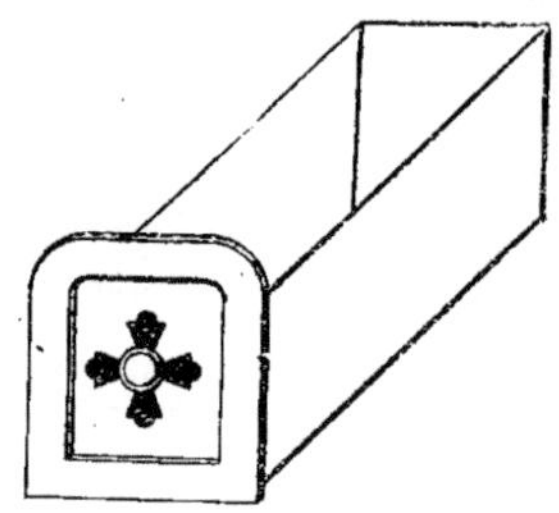

Fig. 577. — Cendrier de fourneau avec encadrement en fer poli, bouton et croix de malte.

à 549, en ce qui concerne les fourneaux de cuisines.

Les numéros suivants ont rapport aux cendriers spéciaux pour poêles de construction, nous les avons vus et commentés à leur chapitre.

Les numéros 546 à 548 disposent des cendriers en tôle ordinaire, pour poêles ou fourneaux, forme pelle, à bavette, jour et bouton, sans fourreau ni cadre d'applique en fer.

La mesure de la bavette est uniforme de $0^m,11 \times 0^m,22$ avec pelles de $0^m,25, 0^m,45$ et $0^m,55$ de longueur.

Le numéro 549 paye les cendriers au poids, à bavette et bouton avec ou sans fourreau.

Les ferrures sont toujours à reprendre en plus-value ainsi que les coulisses d'air.

La Série de la Chambre syndicale de

Fumisterie complète sur ce point, la Série de la Société centrale par les plus-values qu'elle indique sous les numéros 846 à 848.

La plus-value sous le numéro 846 a rapport à la coulisse d'air.

Les numéros 847 et 848 concernent les plus-values afférentes aux façades encadrées en fer poli.

1° Jusqu'à 0^m,20 de côtés ;
2°   de 0^m,25   »

Nous représentons un cendrier de fourneau avec encadrement en fer poli, bouton et croix de malte (*fig.* 577).

Nous complétons notre description par la figure 578 qui représente un grand charbonnier à séparation, avec façade montée sur encadrement en fer poli et poignée sur platine.

Les plus-values de cadres en fer poli sont proportionnelles aux plus-values des portes de fourneaux.

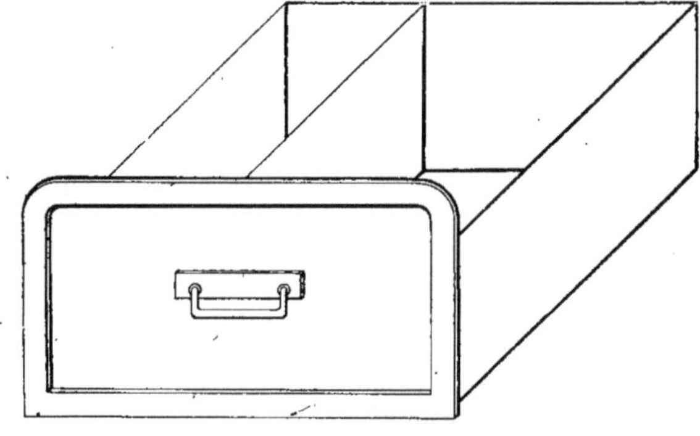

Fig. 578. — Charbonnier à séparation avec encadrement en fer poli et poignée sur platine.

Barres et supports.

298. Les barres des fourneaux ont plutôt un but décoratif. Adaptées aux façades et fixées au moyen de supports, elles servent de rampes.

Les supports sont dits de milieu quand

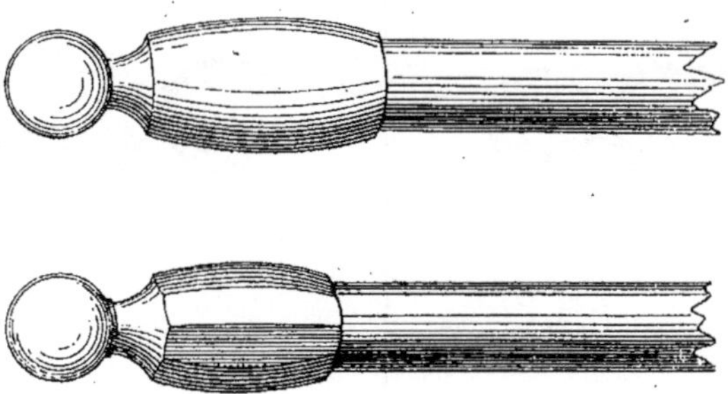

Fig. 579 et 580. — Barres de fourneau et supports boules, uni et à pans.

la barre les traverse, et de bouts, quand ils sont aux extrémités. Dans le dernier cas, ils sont terminés par des boules.

L'objet des supports est de maintenir la rigidité de la rampe en même temps que la fixer au fourneau à l'écartement normal.

D'une manière générale, et pour les

fourneaux domestiques, les barres sont doublées en cuivre avec des supports de même métal.

Les rampes en fer poli avec supports assortis sont plus robustes et réservées aux fourneaux plus importants.

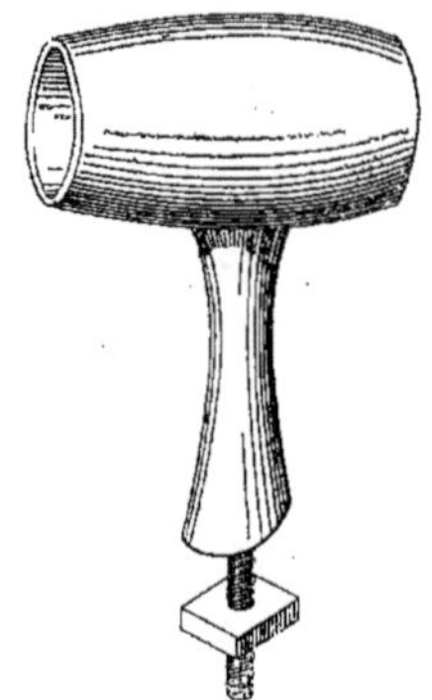

Fig. 581. — Support de milieu uni.

Les barres des fourneaux sont tarifées au mètre linéaire sous les numéros 108 et 109, suivant les diamètres ci-dessous.

0^m,018	0^m,025
0 ,020	0 ,027
0 ,022	0 ,030

Les prix des barres en fer poli sont ma-

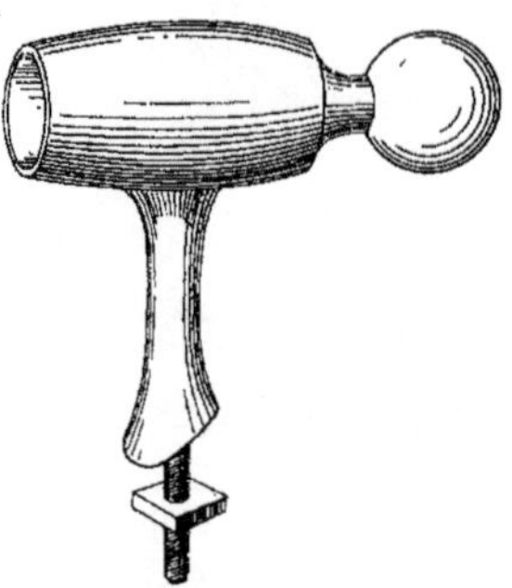

Fig. 582. — Support à boule uni.

jorés de 15 0/0 sur ceux des barres doublées en cuivre. La pose n'est pas comprise.

Les figures 579 et 580 représentent des rampes munies à leurs extrémités de sup-

ports à boule de deux types différents : uni et à pans.

Les supports en cuivre poli sont tarifés à la Série de la Société centrale sous les numéros 914 et 918, d'après un tableau par numéros correspondants aux diamètres des barres.

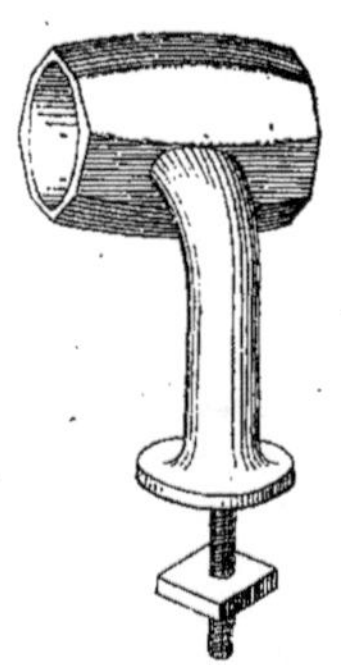

Fig. 583. — Support de milieu à pans.

Les prix ne s'appliquent qu'aux supports de milieu sans boule et ne comprennent pas la pose.

Les supports sont montés sur tiges en fer avec écrous.

La Série distingue trois catégories de supports :

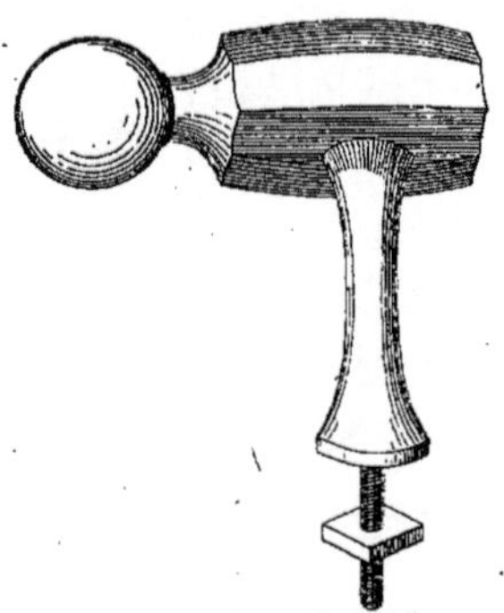

Fig. 584. — Support à boule à pans.

1° Ordinaires unis ;
2° Renforcés, unis ou à pans ;
3° Extra-forts à pans.

Le support de milieu uni est représenté (*fig.* 581) et le support uni à boule pour la même garniture (*fig.* 582).

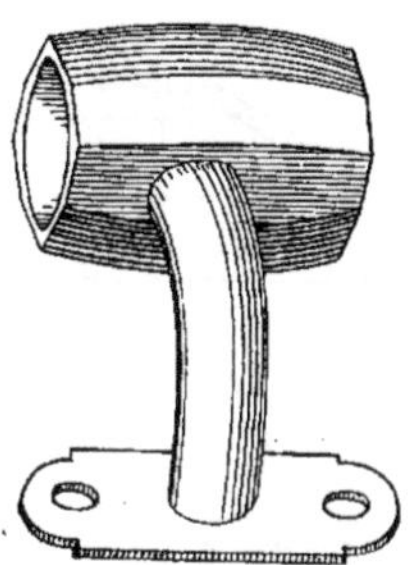

Fig. 585. — Support de milieu à empattement.

Nous donnons une seconde garniture de supports dans le modèle renforcé à pans (*fig.* 583 et 584).

Le support de milieu est représenté

(*fig.* 583) et le support à boule (*fig.* 584).

Les deux modèles sont à montures semblables : tiges filetées et écrous.

Les prix portés à la Série centrale ne

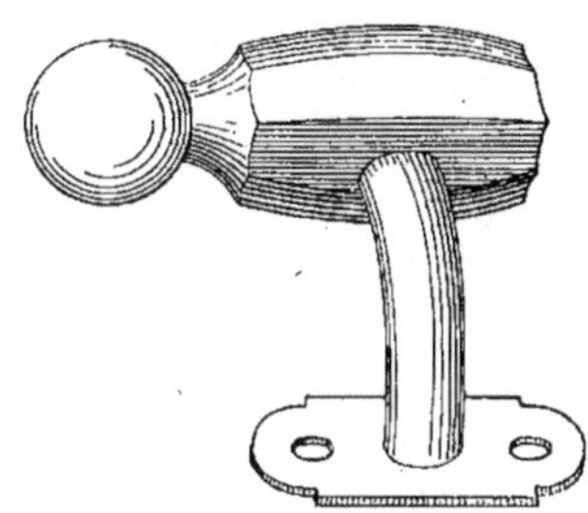

Fig. 586. — Support à boule à empattement.

s'appliquent qu'aux supports de milieu représentés (*fig.* 581 et 583).

Les supports à boules ne sont pas tarifés. La Série de la chambre syndicale

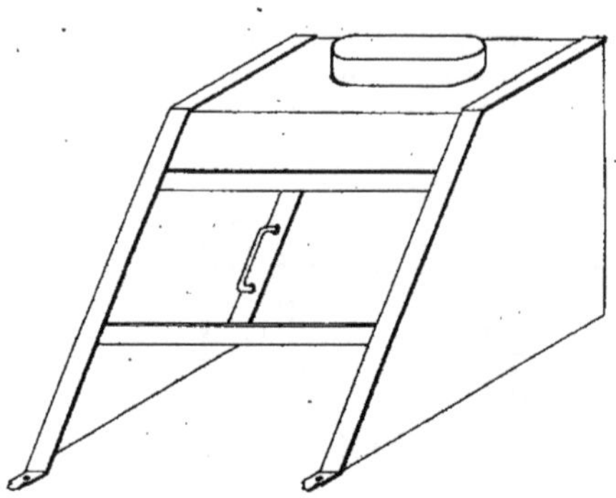
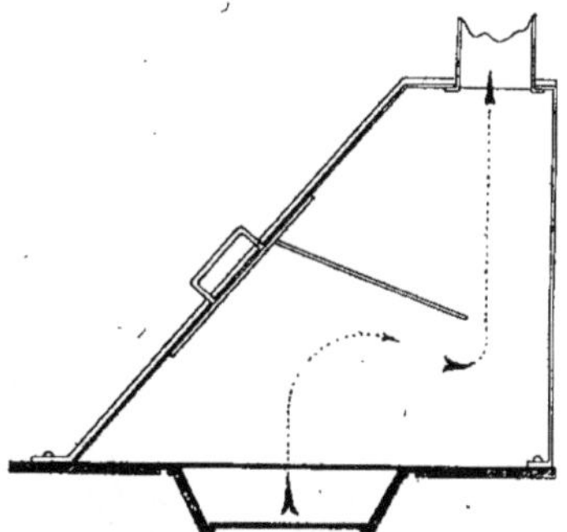

Fig. 587 et 588. — Grillade ordinaire. — Vue perspective et coupe.

applique une plus-value sous les numéros 1277 et 1278 :

1° Pour supports de 0^m,018 à 0^m,022 ;

2° Pour supports de 0^m,025 à 0^m,030.

Les supports en fer poli sont également tarifés à la Série de la chambre syndicale sous les numéros 2.279 à 2.282 inclus.

Nous donnons, pour compléter notre description, une garniture de supports renforcés à pans à empattements montés à vis.

Le support de milieu est représenté (*fig.* 585).

Le support à boule est représenté (*fig.* 586).

Grillades.

299. Les grillades sont généralement placées au-dessus des fourneaux et font corps avec l'ensemble. Un conduit en tôle part du dessus de la grillade et rejoint par une buse le conduit de fumée du fourneau.

Dans certains cas, les grillades sont à flamme renversée. Elles sont alors dépourvues de conduit de fumée au-dessus, et l'évacuation se fait par le conduit intérieur du fourneau.

Dans les installations importantes, les grillades sont indépendantes.

Le premier type est la grillade ordinaire représentée (*fig.* 587) et tarifée à la Série de la Société centrale sous les numéros 749 à 754 inclus.

Le modèle est dit à tablier ordinaire. Le tablier est une sorte de volet manœuvré dans les glissières au moyen d'une poignée en fer placée sur une traverse perpendiculaire.

Le second type, tarifé à la Série sous les mêmes numéros, dans la deuxième colonne, est dit à crémaillère.

Les grillades de commerce sont en tôle, à encadrements et garnitures en fer poli avec buses de départ au dessus.

Les mesures indiquées à la Série sont prises en dehors de l'encadrement suivant le tableau ci-dessous :

$0^m,30$ de largeur
0 ,35   »
0 ,40   »
0 ,45   »
0 ,50   »
0 ,55   »

Les prix ne comprennent pas les tuyaux de fumée nécessaires au montage non plus que la pose des grillades.

Nous donnons (*fig.* 588) une coupe de grillade ordinaire (*fig.* 587).

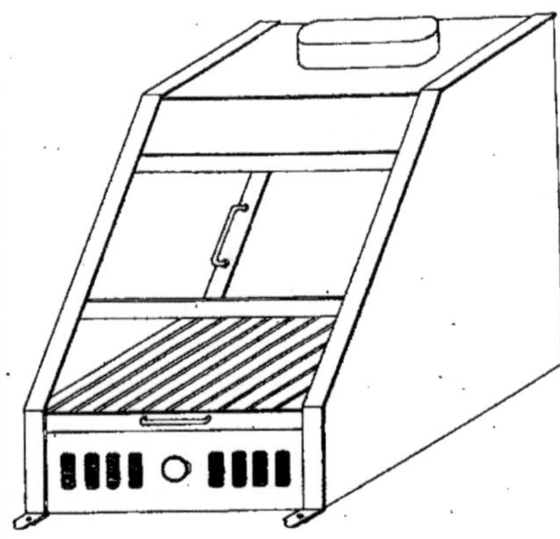

Fig. 589. — Grillade lyonnaise.

Les grillades tarifées sous les mêmes numéros précités, de 749 à 754 inclus, dans les troisième et quatrième colonnes,

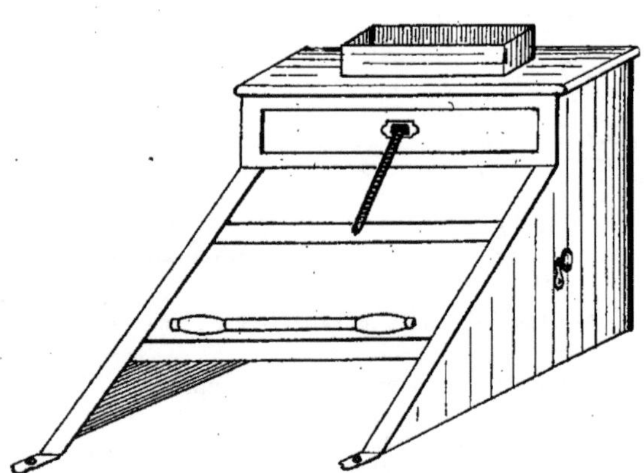

Fig. 590. — Grillade à fronton, tablier à contrepoids et double fumée.

sont avec grils à barrettes, tiroirs avec bouches à coulisses du modèle lyonnais, que nous représentons (*fig.* 589).

Les mesures et le mode de mesurage sont semblables.

Les tabliers sont à monture ordinaire ou à crémaillères.

Si on place sous la grillade une plaque pleine ou perforée, il y a lieu d'appliquer la plus-value sous le numéro 755.

En dehors des appareils à la pièce que nous venons de décrire, il y a toutes les grillades de fabrication spéciale, en tôle forte, payées au poids, sous le numéro 756.

Nous devons ajouter que le prix de Série n'est applicable cependant qu'aux seules grillades fabriquées dans les types du commerce et de modèles courants.

Cette observation est faite dans la Série de la Chambre syndicale des Entrepreneurs de fumisterie, sous le numéro 1526. *Les grillades en dehors des formes courantes et de modèles spéciaux, ainsi que les appareils de grands établissements, seront payés suivant leur valeur.*

Nous donnons à titre documentaire (*fig.* 590), pour souligner la valeur de l'observation ci-dessus, une grillade à fronton avec tablier à contrepoids manœuvré sur chaînage Vaucanson, évacuation à double fumée et soupape de réglage à manivelle.

La manœuvre du tablier est commandée par une poignée à bâton de maréchal. La fabrication extra soignée. Tous les fer., cadres et appliques sont chanfreinés et polis.

Bouilleurs.

300. Nous avons dit précédemment des bouilleurs tout ce que nous pouvions dire en commentaires des articles de Série ;

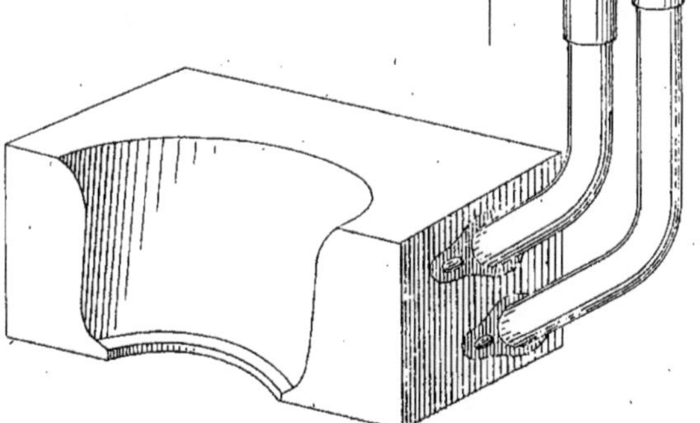

Fig. 591. — Bouilleur de foyer avec tuyaux de circulation montés à brides et raccords.

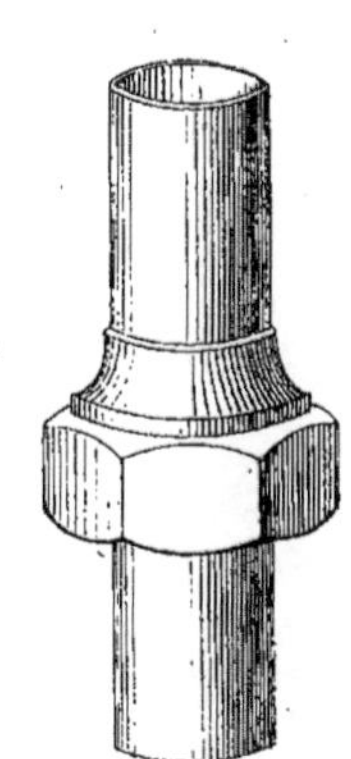

Fig. 592. — Raccord de circulation en 3 pièces.

nous n'y reviendrons pas dans ce chapitre des accessoires autrement que pour en donner un spécimen (*fig.* 591).

Le bouilleur est représenté de fond, avec les tuyaux de circulation montés à brides et à raccords.

Les formes des bouilleurs sont variées ; ils affectent les contours des foyers sur plusieurs faces, en raison du service demandé et de la quantité d'eau à fournir.

Les prix de Série sont invariables quelles que soient les formes de construction des bouilleurs.

Nous donnons (*fig.* 592) un raccord en trois pièces pour montage de canalisation en cuivre.

Pour parfaire notre démonstration des bouilleurs, nous donnons (*fig.* 593) une installation générale avec bouteille alimentaire sous pression.

Ce système a pour but de fournir immédiatement aux besoins réitérés d'eau chaude pour l'usage domestique.

Le bouilleur placé dans le fourneau est toujours dans les mêmes données précédemment indiquées. La bâche à flotteur est installée dans les mêmes conditions. Mais la prise d'eau chaude est faite sur une bouteille alimentaire à serpentin intérieur, au moyen d'une circulation collective et les services assurés par des canalisations spéciales piquées sur les tubulures *ad hoc*.

Au point de vue du métré, la Série de

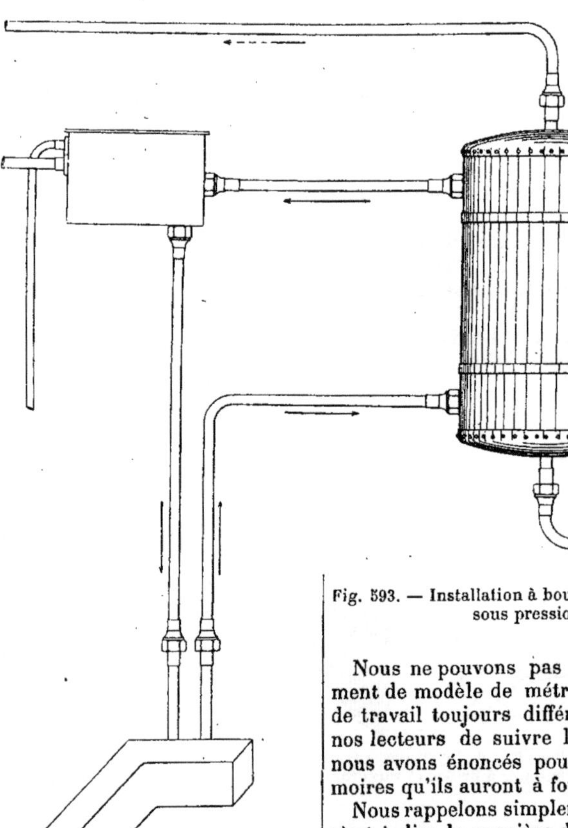

Fig. 593. — Installation à bouilleur avec bouteille sous pression.

Nous ne pouvons pas présenter utilement de modèle de métré dans ce genre de travail toujours différent, il suffira à nos lecteurs de suivre les principes que nous avons énoncés pour rédiger les mémoires qu'ils auront à fournir.

Nous rappelons simplement le procédé, c'est-à-dire la manière de faire, qui consiste à présenter avec ordre et méthode le détail de l'installation. Le bouilleur et ses accessoires, puis la circulation et son montage. La bâche à flotteur et les accessoires avec la canalisation d'alimentation et le trop-plein. La bouteille. La circulation collective et les services avec accessoires et robinetterie.

chaudronnerie de la Société centrale est incomplète pour ce genre d'installations, c'est à la Série de la Chambre syndicale de chaudronnerie qu'il faut avoir recours.

CHAPITRE IV

CHAUFFAGE DOMESTIQUE

Calorifères.

301. D'une manière générale on désigne par « calorifères » des appareils d'une certaine puissance de chauffe.

Les calorifères portatifs d'appartements, dénommés poêles-calorifères, sont généralement métalliques et installés dans les locaux à chauffer, à la manière des poêles portatifs ordinaires.

Les calorifères de construction sont composés d'organes métalliques et enveloppés dans des ouvrages de maçonnerie en briques, avec des carneaux et des planchers intérieurs construits tout spécialement en vue de chaque installation.

Calorifères portatifs d'appartements.

302. Ce qui distingue les calorifères portatifs des poêles ordinaires, c'est la structure de leurs organes, destinés à chauffer non seulement par rayonnement, mais encore par transmission et avec une puissance calorifique plus considérable.

L'installation d'un calorifère portatif ne comporte d'autres accessoires que le socle sur lequel il repose ; les écrans en tôle au long des murs et les bavettes sur les parquets, s'il y a lieu. Les tuyaux rejoignant la cheminée avec ou sans repos de chaleur, ou enfin une simple colonne, si le départ est au-dessus du poêle et la cheminée placée à l'aplomb pour le tirage direct.

Nous ne présenterons pas d'exemple de ce genre d'installation que nous avons très suffisamment traité au chapitre des poêles portatifs.

Des poêles calorifères du même genre sont quelquefois installés à poste fixe avec prise d'air extérieure et distribution d'air chaud, par conduits spéciaux, amenés aux points déterminés.

Dans ce cas, au point de vue du métré, le conduit d'air froid sera compté sous les numéros 612 à 614 inclus, selon la section intérieure et l'épaisseur des murs en briques, tous les percements, grille et

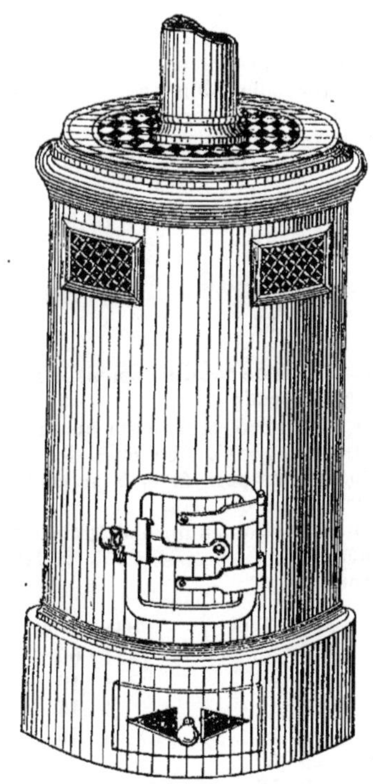

Fig. 594. — Calorifère à corps cylindrique, à bouches de chaleur, départ buse dessus.

raccords, en suivant les exemples donnés précédemment au chapitre des poêles de construction.

La chambre d'air sous le poêle sera comptée sous les numéros 615 ou 617, selon que les matériaux auront été fournis ou non.

La pose des conduits en tuyaux tôle, au mètre linéaire sous le numéro 875 et la fourniture sous les numéros 929 et 933, s'il s'agit de tuyaux et coudes ronds.

Les bouches pour conduits de chaleur, la pose et tous raccords.

La pose du calorifère est déterminée, quant au prix, par l'importance et les dimensions de l'appareil, les difficultés d'accès et de montage, toutes conditions essentiellement variables.

Nous donnons à titre documentaire (*fig.* 594) un calorifère à corps rond, à bouches de chaleur, départ à buse dessus.

Ce calorifère se fait en fabrication de six numéros, correspondants aux dimensions que nous donnons ci-dessous, le diamètre pris au corps :

DIAMÈTRES	HAUTEURS
$0^m,33$	$0^m,93$
0 ,36	0 ,96
0 ,41	1 ,00
0 ,45	1 ,05
0 ,50	1 ,10
0 ,55	1 ,15

Au-dessus de ces dimensions la fabrication est spéciale.

La figure 595 représente un calorifère à corps octogonal, à bouches de chaleur, à deux portes pour foyer à feu continu et départ à buse derrière.

La fabrication comprend également six numéros dans les mesures du tableau ci-dessous :

LARGEURS	HAUTEURS
$0^m,36$	$1^m,00$
0 ,42	1 ,10
0 ,47	1 ,15
0 ,52	1 ,20
0 ,60	1 ,25
0 ,70	1 ,30

Les mesures supérieures ne sont faites qu'en fabrication spéciale.

Nous ajoutons que les deux modèles peuvent être également fabriqués à buse dessus ou buse derrière, avec prises d'air intérieures ou extérieures.

La quantité des modèles de calorifères d'appartements est trop considérable pour que nous en donnions une nomenclature même restreinte. Nous terminons en disant que ces différents genres de calorifères sont aussi construits pour être installés à fumée plongeante, dans les salles de café, les banques, les bureaux, etc., et généralement tous les endroits où se produit une active circulation de public.

L'installation à fumée plongeante a pour principaux avantages de supprimer, les

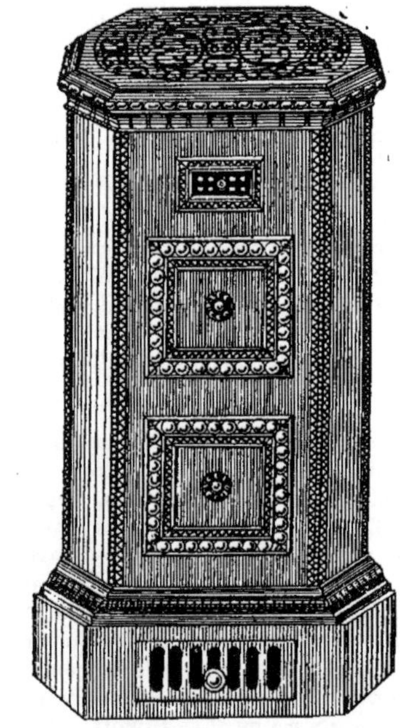

Fig. 595. — Calorifère octogonal à bouches de chaleur, à deux portes, départ à buse derrière.

tuyaux ; conséquemment de laisser toute la perspective des locaux, et ne pas nuire à la décoration.

Le métré du conduit de chaleur est traité comme le conduit d'air froid sous les numéros 619 et 620, selon la section intérieure et l'épaisseur des murs en briques.

La couverture en plaques de fonte ou tôle, unies ou striées, avec ou sans châssis en cornière, à la série de serrurerie.

Les tampons et portes de nettoyage selon leurs façons.

Nous donnons (*fig.* 596), un calorifère irlandais de Diétrich à feu continu pour grands locaux.

La fabrication comporte une série de huit numéros correspondants aux dimensions du tableau ci-dessous :

Nᵒˢ	LARGEUR	LONGUEUR	HAUTEUR
1	0.42	0.44	0.81
2	0.42	0.60	0.81
3	0.51	0.67	0.90
4	0.60	0.74	0.90
5	0.60	0.74	1.10
6	0.64	0.94	1.25
7	1.01	1.05	1.56
8	1.02	1.37	1.45

Ces calorifères se font sans enveloppe, comme les représente la figure 596, ou bien avec enveloppes en tôle perforée ou en fonte ajourée. Ils se font aussi avec garniture extérieure en panneaux de majolique.

La figure 597 représente la coupe du calorifère irlandais.

L'intérieur de la trémie est garni de pièces réfractaires.

Les gaz de la combustion parcourent un carneau à circulation plongeante avant leur évacuation par la buse placée derrière l'appareil.

Le chargement se fait par la porte-vanne supérieure et le réglage de marche par les régulateurs haut et bas.

Calorifères de construction.

303. Les calorifères de construction sont généralement placés en cave et cons-

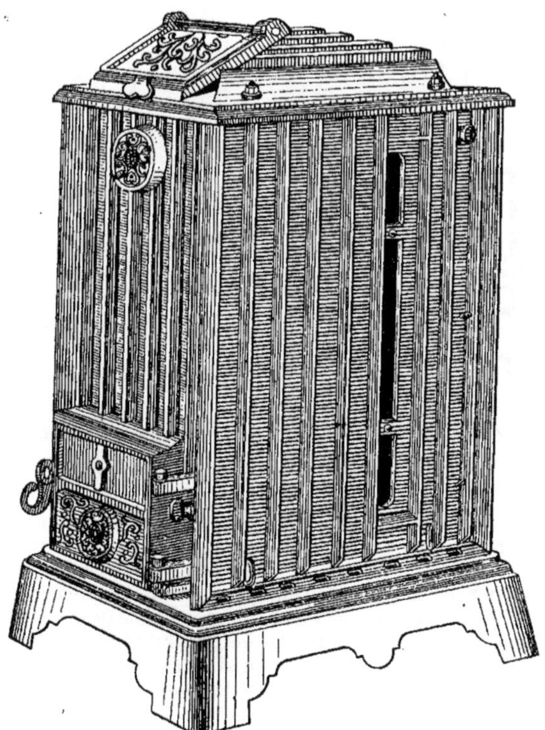

Fig. 596. — Calorifère Irlandais à feu continu de Diétrich.

truits en briques avec des appareils tout en fonte ou en fonte et tôle.

L'air froid est canalisé de l'extérieur par un conduit spécial et amené dans une chambre construite au-dessous du calorifère. La masse et les appareils sont montés au-dessus du niveau du sol, et l'air chaud est reçu dans une chambre supérieure, couverte par un plancher et percée de créneaux correspondants aux conduits de chaleur.

Les conduits de chaleur, en poteries, en briques ou en tuyaux tôle enveloppés dans des gaines spéciales, sont traînés

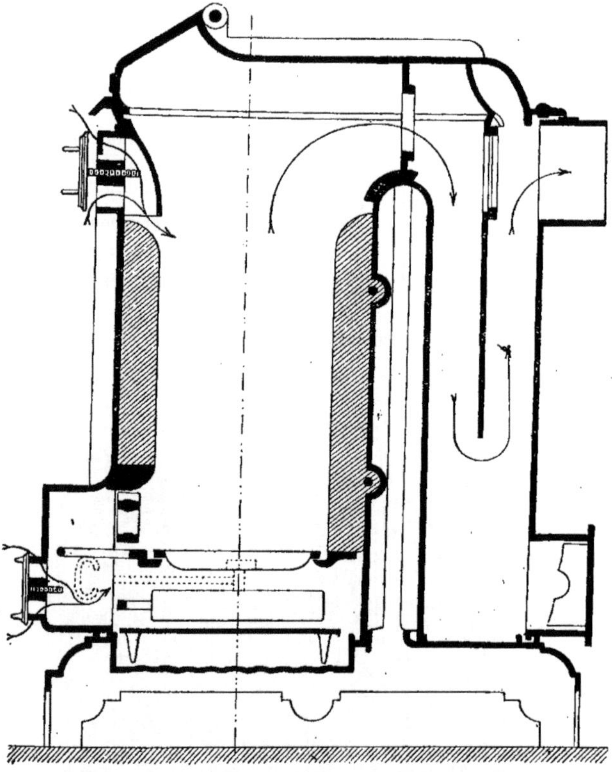

Fig. 597. — Coupe du calorifère Irlandais (*fig.* 596).

dans les caves et amenés aux bouches, ou aux points de jonction des conduits verticaux.

Le conduit de fumée est généralement en tôle en raccordement avec la cheminée.

La masse du calorifère et les conduits sont maintenus par des armatures.

Les calorifères sont quelquefois construits à niveau quand ils n'ont à chauffer que des pièces contiguës, ou un vestibule avec escalier, etc. Dans ce cas, ils sont souvent traités dans le genre des poêles de construction en faïence.

La méthode de métré d'un calorifère est de présenter la construction par parties distinctes.

Prendre d'abord la terrasse pour le conduit de prise d'air et la chambre d'air froid.; métrer ensuite le conduit de prise d'air et tous accessoires spéciaux à la canalisation froide. Présenter la chambre d'air froid, le plancher d'assise des appareils calorifiques, la masse de briquetage du calorifère et la chambre d'air chaud.

Les parements de briquetage et raccords.

Le conduit de fumée et ses accessoires spéciaux.

Les conduits de chaleur par ordre et par groupements, s'il y a lieu, en ayant soin d'indiquer les directions et les pièces chauffées.

Les accessoires et les raccords.

En reprenant l'ordre méthodique indiqué ci-dessus, nous trouvons d'abord les travaux de terrasse sous les numéros 26 et 27.

La Série de terrasse sous le numéro 26 traite des fouilles en excavation et le numéro 27 des fouilles en rigoles.

La fouille en rigoles ou tranchées ne devra pas avoir plus de 2 mètres de largeur au fond; c'est l'évaluation qui convient pour les conduits de prises d'air et quelquefois pour les chambres d'air des petits calorifères.

Au-dessus de cette dimension, la fouille en excavation est à prendre sous le numéro 26.

La Série prévoit dans quatre colonnes, sous chacun des numéros précités, des fouilles exécutées dans des terrains différents.

Il y a lieu de se rendre compte de la nature des terrains fouillés pour l'application des prix.

La première colonne se rapporte aux terres meubles ou gravois;

La deuxième colonne se rapporte au tuf;

La troisième colonne se rapporte aux glaises;

La quatrième colonne se rapporte aux roches, assises, gypse ou anciennes maçonneries.

La valeur du mètre cube de fouille exécuté en rigoles comprend le jet sur berge.

Les numéros suivants 28 à 34 ont rapport à des plus-values d'exécution de fouilles rarement applicables en fumisterie, pour la raison que les travaux qui présentent des difficultés trop grandes sont ordinairement confiés aux terrassiers spécialistes.

Après la fouille proprement dite, nous trouvons les jets des déblais au dehors des excavations ou rigoles, dont les évaluations sont données sous les numéros 46 à 48, et les jets pour chargements, groupés sous les numéros suivants 49 à 51.

Le jet de pelle sous le numéro 46 est le jet sur berge.

La valeur du jet est implicitement comprise dans l'évaluation des fouilles en rigoles; il n'y a lieu de le demander que dans les autres cas.

Le second jet sous le numéro 47 est appelé jet sur banquette.

Les hauteurs successives des banquettes depuis le fond de fouille jusqu'à la berge sont de $1^m,80$.

Ce travail est nécessité chaque fois que les fouilles sont à $1^m,80$ et plus, en contre-bas du niveau du sol.

Le prix de Série correspond à chaque banquette et comporte les échafaudages.

Le troisième jet sous le numéro 48 est appelé jet horizontal.

Le travail consiste à rejeter les terres ou déblais à niveau du sol à une distance maximum de 2 mètres du point de fouille.

Enfin les jets pour chargements sont compris sous les numéros 49 à 51, soit en brouette, en tombereau, à la hotte ou au seau.

Tous les jets pour chargements comprennent la reprise des terres conformément à l'observation de la Série sous le numéro 52.

	Observation.
Le prix du chargement comprend le léger piochement qu'exige la reprise des terres.	Terrasse N° 52.

Les travaux de montage des déblais intéressent également la fumisterie. Nous les trouvons tarifés sous les numéros 55 à 60.

Les prix de Série sous les trois premiers numéros 55 à 57 ont rapport à l'évaluation de montage du premier mètre de profondeur.

Les numéros suivants 58 à 60 sont en plus-value pour chaque mètre en plus.

Les montages sont classifiés comme suit :

1° A la hotte ou au seau ;

2° Au treuil et au seau ;

3° A la corde et au seau.

Le montage de la première classification intéresse plus particulièrement la fumisterie.

Tous les travaux de jets et de montages prévus par la Série sous les numéros précités 46 à 60 sont tarifés sous trois colonnes, selon la nature des déblais.

La première colonne se rapporte aux terres meubles ou gravois ;

La deuxième colonne se rapporte au tuf ;

La troisième colonne se rapporte aux glaises.

Les transports des déblais à distance et l'enlèvement aux décharges publiques sont aussi à considérer.

Les transports à distance se font de trois manières : à la brouette, à la hotte ou au seau, et au tombereau.

Les transports dans les deux premières manières : à la brouette, ou à la hotte et au seau sont tarifés sous les numéros 66 à 70, et comprennent des distances fractionnées de 30 mètres en 30 mètres appelées relais.

Les transports de la troisième manière, au tombereau, comprennent un premier relai à 100 mètres de distance, ensuite des relais de 100 mètres en 100 mètres jusqu'à 500 mètres et enfin une dernière catégorie de relais également de 100 mètres en 100 mètres en plus des premiers 500 mètres.

Les transports aux décharges publiques sont classifiés par zones par rapport aux arrondissements de Paris.

Les transports à la brouette sont tarifés sous les numéros 66 et 67.

L'évaluation portée sous le numéro 66 a rapport au premier relai de 30 mètres sur chemin horizontal ou descendant ou à un relai de 20 mètres sur chemin montant de plus d'un dixième.

Dans le cas d'un chemin montant comme il est dit ci-dessus, l'évaluation de la série comprend l'installation du plancher de roulage.

Toutefois, conformément à l'observation de la Série sous le numéro 68, le premier relai n'est pas divisible, et même, au-dessous des longueurs données de 30 mètres ou de 20 mètres, reste acquis entièrement à l'entrepreneur.

En plus du premier relai tarifé sous le numéro 66, les relais qui se succèdent ensuite sont tarifés sur le même prix, mais divisibles par quarts conformément à l'évaluation de la Série, sous le numéro 67.

Chaque quart de relai commencé est acquis à l'entrepreneur.

Le même mode de rémunération est suivi par la Série sous les numéros 69 et 70 pour les transports à la hotte ou au seau.

Les transports à distance au tombereau sont tarifés à la suite sous les numéros 71 à 73.

L'évaluation sous le numéro 71 comprend le premier relai de 100 mètres du point de fouille de l'endroit désigné.

Chaque relai de 100 mètres en plus, jusqu'au maximum de 500 mètres, est tarifé sous le numéro 72.

En plus des 500 mètres, chaque nouveau relai de 100 mètres vient s'ajouter sous le numéro 73.

Les prix portés à la Série comprennent, pour les transports en tombereaux, le temps perdu au chargement et déchargement.

Les transports aux décharges publiques sont tarifés différemment selon leur point de chargement, mais quels que soient leur point de déchargement sous les numéros 74 à 76.

La première zone de chargement tarifée sous le numéro 74, comprend les six premiers arrondissements de Paris.

La deuxième zone, tarifée sous le numéro 75, comprend les six arrondissements suivants.

La troisième zone, tarifée sous le numéro 76, comprend les huit derniers arrondissements.

Tous les travaux de transports à distance ou aux décharges publiques, prévus par la Série sous les numéros précités 66 à 76, sont également tarifés sous trois colonnes selon la nature des déblais, soit en terres meubles ou gravois, en tuf ou en glaises.

La Série de terrasse prévoit sous les numéros 90 à 92 des tranchées au mètre linéaire de 0^m,40 à 0^m,50 de largeur jusqu'à 0^m,50 de profondeur, très propres aux travaux spéciaux de fumisterie pour loger des conduits en terre plein.

Les prix comprennent la fouille avec jet au dehors, la reprise des terres et le pilonnage.

Les transports des excédents sur les remblais et les enlèvements sont comptés au mètre cube dans les mêmes conditions que nous avons vues et commentées précédemment, en conformité de l'observation de la Série sous le numéro 93.

Nous passons ensuite à l'examen des ouvrages du conduit d'air froid et de la chambre en suivant l'ordre méthodique.

Par l'importance de leurs dimensions, les conduits de prise d'air des calorifères sont toujours tarifés au mètre superficiel.

La Série comprend, sous les numéros 615 à 618, les travaux de briquetage avec fournitures des briques ou à façon.

Les prix portés dans les deux catégories d'ouvrages comportent les trois épaisseurs de la brique.

1° Sur champ en 0^m,06 d'épaisseur ;

2° Sur plat en 0^m,11 —

3° Sur boutisse en 0^m,22 —

Les prix des ouvrages à façon ne changent pas à épaisseur égale de briquetage, bien entendu, qu'il s'agisse de briques de façon bourgogne ou de bourgogne.

Les hourdis spéciaux en ciment, etc., donnent lieu à applications des plus-values portées à la Série de maçonnerie sous les numéros 672 à 674.

Les deux qualités de briques désignées par la Série de fumisterie pour la construction des conduits d'air froid sont :

1° La brique façon bourgogne première qualité ;

2° La brique de Bourgogne deuxième qualité.

Si la brique de bourgogne de première qualité est imposée, il faut appliquer la plus-value proportionnelle d'après les prix élémentaires.

Les conduits de prise d'air des calorifères sont le plus souvent voûtés sur les dosserets. Les prix de Série comportent une première évaluation pour murs sous le numéro 615 et une seconde évaluation pour voûte sous le numéro 616.

Le carrelage se traite comme les murs, en ayant soin d'ajouter la valeur de l'aire, sous le numéro 95, s'il s'agit d'une aire en plâtre ou les prix de maçonnerie sous les numéros 696 et 697, s'il s'agit de chapes en mortier de chaux, ciments et sable.

Le même mode de métré est à suivre pour la chambre d'air, à condition que l'épaisseur des murs n'*excède* pas la plus grande dimension de la brique, soit 0^m,22. Dans le cas contraire, les travaux de briquetage sont à prendre en maçonnerie de fondation au cube, selon la qualité des briques employées, avec toutes plus-values de hourdis s'il y a lieu.

On adjoint souvent aux conduits de prises d'air des registres destinés à ouvrir graduellement ou fermer complètement la section libre.

Les portes de visite ont aussi leur objet sur les conduits; tous ces accessoires doivent être métrés et présentés avec la partie de construction à laquelle ils se rapportent.

Nous ajoutons que les enduits extérieurs des briquetages ne sont pas compris et doivent être repris pour leur valeur réelle sur tous les ouvrages tarifés sous les numéros 615 à 618.

La masse du calorifère en élévation est à prendre ensuite après le plancher d'assise des appareils.

Les planchers d'assises sont composés de solives ou de fers à T scellés dans les murs de la chambre d'air ou en portées sur des piles de maçonnerie et recevant un plateau généralement en fonte.

Les entailles et scellements dans les ouvrages en brique doivent être demandés aux évaluations de maçonnerie. Les fers selon leur classification à la serrurerie et la fonte à la fumisterie.

La masse du calorifère est comptée au cube de construction tous vides déduits, les saillies en reprise, y compris les massifs, piédroits, planchers, murs d'enveloppe et d'isolement sous le numéro 516.

La Série comprend deux prix de construction de calorifères selon la nature de briques employés.

1° En briques lisses ou de façon bourgogne ;

2° En briques de Bourgogne de deuxième qualité.

Si le calorifère est construit en bourgogne de première qualité, il faut ajouter au prix de Série la plus-value résultant de la différence d'après les éléments.

Le prix de la troisième colonne sous le numéro 516 est un prix à façon qui comprend seulement la fourniture du hourdis ordinaire en terre et plâtre.

Toutes les plus-values de hourdis de coulis, etc., sont à reprendre sur les évaluations données au numéro 516.

Le métré du cube net de construction d'un calorifère s'obtient par déductions et augmentations, comme nous venons de le dire. On prend d'abord le cube brut de la masse, on déduit ensuite le vide total, et on reprend avec la différence tous les ouvrages en excédent, tant à l'intérieur qu'à l'extérieur; tels que piédroits, massifs, contre-murs, etc., etc., et les bandeaux et couronnements qui sont en saillies sur le nu des parements.

Les vides des portes et tampons ne sont pas déduits de la masse du calorifère.

Pour un calorifère important, nous conseillons de dresser un attachement figuré, car à son défaut la vérification est en droit d'arbitrer le cube net de construction aux deux tiers du cube total, conformément à l'observation de la Série sous le numéro 517.

Voici, au surplus, le texte intégral de la Série sous le numéro 516 relatif aux ouvrages en briques à compter au cube de construction pour calorifères.

Calorifère (construction de) (au mètre cube).

Avec massif, plancher ou piédroit, supportant le foyer, murs d'enveloppe et d'isolement, piédroit sous les appareils, foyers en briques refractaires, s'il y a lieu, couverture en doubles tuiles de Bourgogne posées sur barres de fer avec ou sans carrelage en briques, mais avec glacis en plâtre au dessus, compris tous scellements, tailles et jointoiements intérieurs.

Nous donnons ensuite le texte de l'observation sous le n° 517 qui règlemente le mode de métré des calorifères pour les ouvrages à compter au cube.

Tous les vides seront déduits, sauf ceux des portes et tampons, dont la pose ne sera pas comptée à part; à cet effet, la forme et les dispositions intérieures du calorifère seront constatées par un attachement écrit ou figuré. A défaut de ces constatations, le cube des déductions sera arbitré par la vérification, et le cube accordé ne pourra jamais dépasser les deux tiers du cube total.

Calorifère en briques pour construction au mètre cube.

SÉRIE CENTRALE 516.

Observation.

SÉRIE CENTRALE 517.

Les parements sont à reprendre sur les briquetages apparents d'après les évaluations portées sous les numéros 843 et 844 en conformité de l'observation sous le numéro 520.

La pose des appareils fonte et tôle, avec ou sans descente en cave, conformément aux numéros 881 à 883.

La pose des armatures, les trous et scellements en vieux murs d'après les évaluations de maçonnerie, en taille de pierre ou briques et aux légers ouvrages.

La Série indique le mode de métré dans le texte des observations présentées sous les numéros 519 et 520, que nous rappelons ci-dessous.

Observation de la Série sous le N° 519.

Ils (les calorifères) ne comprennent pas non plus la descente en cave, l'ajustement et la mise en place des appareils en fonte ou en tôle.

Observation.

SÉRIE CENTRALE 519.

Observation de la Série sous le N° 520.

Les prix ci-dessus (de l'article 516) ne comprennent ni la pose ni les scellements en vieux murs des armatures extérieures en fer, ni non plus les paremeuts extérieurs qui seront payés à part.

Observation.

SÉRIE CENTRALE 520.

Il faut entendre par l'expression en « vieux murs » les murs de l'immeuble qu'ils soient neufs ou vieux.

La chambre de chaleur vient ensuite au-dessus du calorifère ; elle est comptée au mètre superficiel sous les numéros 621 à 624, aux articles Conduits de chaleur ou de fumée.

La Série comprend sous les numéros 621 et 622 les travaux de briquetage avec fourniture de briques et, sous les numéros suivants 623 et 624, les même travaux à façon.

Les prix portés dans les deux catégories d'ouvrages comportent les trois épaisseurs de la brique.

1° Sur champ en 0^m,06 d'épaisseur ;
2° Sur plat en 0^m,11 d'épaisseur ;
3° Sur boutisse en 0^m,22 d'épaisseur.

Les prix comprennent la valeur du hourdis de plâtre et terre, tous autres hourdis donnent lieu à application de plus-values.

Les différentes qualités de briques désignées par la Série pour la construction des conduits de chaleur ou de fumée sont au nombre de trois.

1° La brique de façon bourgogne ;
2° La » de bourgogne, 2e qualité ;
3° La » réfractaire.

On distingue deux façons d'exécution des conduits de chaleur ou de fumée : suspendus ou non suspendus.

Les enduits ou parements extérieurs sont à reprendre pour leurs valeurs réelles ainsi que la pose des armatures, les trous et scellements en murs ou planchers, conformément à l'observation de la Série sous le numéro 629.

Observation de la Série N° 629.

Les trous et scellements des colliers et des armatures, et les enduits ou jointoiements extérieurs, seront seuls payés à part aux évaluations et prix fixés à la maçonnerie.

Observation.

SÉRIE CENTRALE 629.

La couverture en tuiles et briques au mètre superficiel complète la chambre de chaleur.

Les ouvrages en tuiles sous les numéros 849 et 850.

Les ouvrages en briques sous les numéros 621 à 624.

Le conduit de fumée et enfin les conduits de chaleur terminent le métré des travaux en cave.

Les encaissements et les bouches de chaleur sont métrés ensuite dans chaque pièce respective.

Le conduit de fumée, généralement en tôle, est compté au mètre linéaire pour la pose ou à la pièce suivant les cas, les joints, les percements s'il y a lieu, les trous et scellements des colliers à part.

Les conduits de chaleur, s'ils sont en poteries, seront métrés suivant leur section et tarifés au mètre linéaire, suspendus ou non suspendus sous les numéros 630 à 645.

Les planchers et gaines en tuiles et briques doivent être comptés au mètre superficiel sous les numéros 849, 850 et 621 à 624.

Les enduits extérieurs, parements, etc., et pose d'armatures suivant les évaluations de maçonnerie.

Les fournitures des appareils et accessoires : Les fontes sous les numéros 703 à 708, les tôles sous le numéro 936.

Les encaissements et les bouches de chaleur dans les pièces.

Nous venons de soumettre à nos lecteurs les commentaires des articles de Série relatifs à la construction des calori-

Fig. 598. — Calorifère de construction à niveau à coupole.

fères ainsi que la méthode théorique de métré. Nous complétons par des exemples notre démonstration générale ; mais nous ne recommanderons jamais trop aux praticiens de s'en référer toujours aux principes et ne pas suivre servilement un modèle, aussi bon qu'il leur paraisse, car l'exécution diffère toujours plus ou moins d'un travail à l'autre, surtout dans le chauffage.

Nous donnons (*fig.* 598) un calorifère de construction à niveau à coupole. Nous ne présentons pas le métré, afin d'éviter les redites avec les exemples suivants.

Notre premier exemple de métré comprend la terrasse et le briquetage d'un conduit et la chambre d'air (*fig.* 599 et 600).

Nous pensons faire une démonstration plus utile en procédant séparément et par ordre, au lieu de présenter, dans un groupement, un travail d'ensemble.

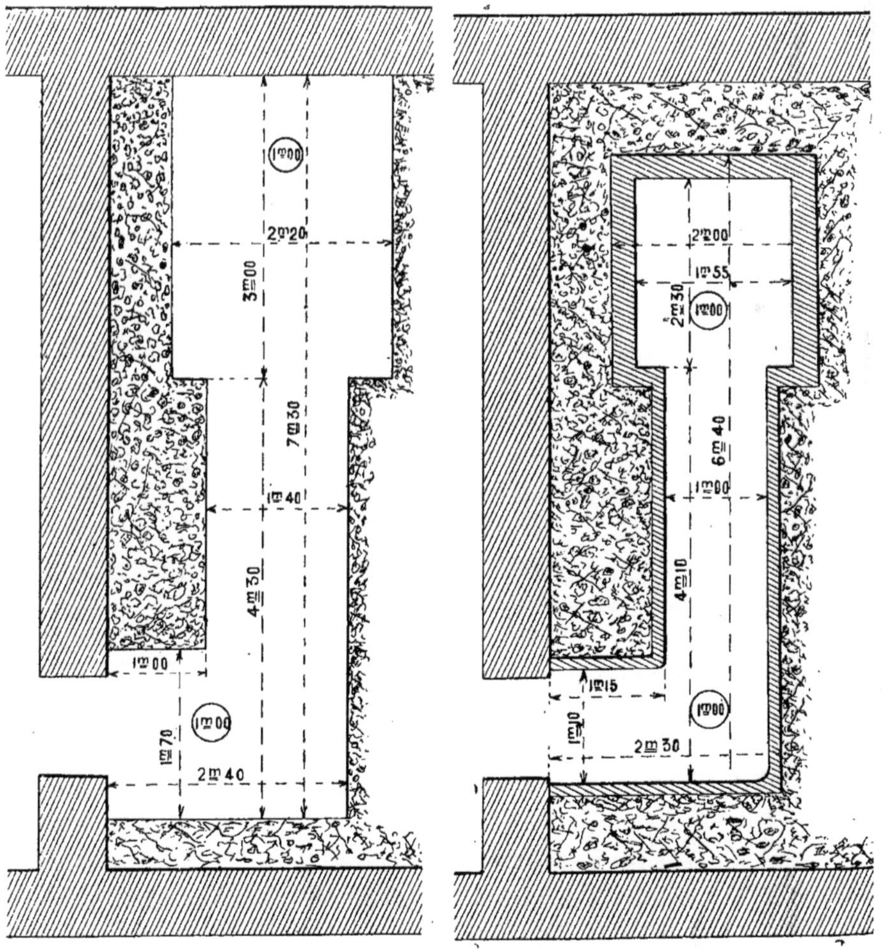

Fig. 599 et 600. — Conduit et chambre d'air de calorifère en cave. Plan de fouille et plan de briquetage.

Nos lecteurs remarqueront, dans le plan donné, l'isolement complet du calorifère des murs de cave.

Cette disposition est prise quand des conduits partent sur le côté et au fond du calorifère, afin de loger les soupapes et réserver un espace suffisant pour la visite et les travaux de réparation.

Quand il s'agit de calorifères importants, on réserve aussi un isolement afin d'éviter de surchauffer les murs ; l'espace ainsi réservé est appelé : *tour de chat :*

304. **Métré d'un conduit de prise d'air et chambre de calorifère** (*fig.* 599-600).

Terrasse.
Fouille en tranchées et jet sur berge, au cube.
  Conduit.
$1.70 \times 1.00 \times 1.00^H = 1^3 700$ }
$1.40 \times 4.30 \times 1.00^H = 6\ 020$ } $7^3 720$
  Terrasse n° 27.
Fouille en excavation : au cube.
  Chambre de calorifère.
$2.20 \times 3.00 \times 1.00^H = 6^3 600.$
  Terrasse n° 26.

Jet sur berge des terres fouillées en excavation, au cube.
Cube de fouille de la chambre du calorifère $= 6^3 600.$
  Terrasse n° 46.

Monté les terres à la hotte : au cube.
Cube de fouille en tranchées $= 7^3 720$ }
  » » en excavation $= 6\ 600$ } ...... $14^3 320$
Le premier mètre de profondeur :
  Terrasse n° 55.
Plus-value pour 2 mètres de profondeur en plus du premier mètre, au cube, ci .... $14^3 320$
  Terrasse n° 58.

Transporté les terres à la hotte sur chemin horizontal à 30 mètres du point de fouille : au cube, ci . $14^3 320$
  Terrasse n° 69.

Chargé les terres à la hotte pour montage et transport y compris la reprise sur berge : au cube, ci... $14^3 320$
  Terrasse n° 51.

Transporté les terres au tombereau aux décharges publiques : au cube (suivant la zone).
  Terrasse nos 74-75-76.

Chargé les terres au tombereau y compris la reprise au cube, ci..................................... $14^3 320$
  Terrasse n° 50.
  Briquetage.
Construit le conduit d'air froid en briques de façon bourgogne : au m².
Aire en plâtre recevant carrelage : au mètre superficiel.
    $1.25 \times 1.15 = 1^2 43$ }
    $1.25 \times 4.25 = 5^2 31$ } $6^2 74$
  Fumisterie n° 95.

Fouilles en tranchées ou rigoles au cube.
$7^3 720$
Terrasse, SÉRIE CENTRALE n° 27.
Fouille en excavations au cube.
$6^3 600$
Terrasse, SÉRIE CENTRALE n° 26.
Jet de pelle sur berge au cube.
$6^3 600$
Terrasse, SÉRIE CENTRALE n° 46.
Montage des terres à la hotte, au cube.
$14^3 320$
Terrasse, SÉRIE CENTRALE n° 55.
Plus-value de montage à deux mètres en plus du premier mètre, au cube.
$14^3 320$
Terrasse, SÉRIE CENTRALE n° 58.
Transport des terres à la hotte à un relai de 30m,00, au cube.
$14^3 320$
Terrasse, SÉRIE CENTRALE n° 69.
Chargement des terres à la hotte, au cube.
$14^3 320$
Terrasse, SÉRIE CENTRALE n° 51.
Transport des terres au tombereau aux décharges publiques, au cube.
Observation.
Terrasse, SÉRIE CENTRALE nos 74, 75 et 76.
Chargement des terres au tombereau, au cube.
$14^3 320$
Terrasse, SÉRIE CENTRALE n° 50.
Aire en plâtre au mètre superficiel.
$6^2 74$
SÉRIE CENTRALE n° 95.

Carrelé le sol en briques de $0^m,06$ d'épaisseur, au mètre superficiel.

$$1.25 \times 1.15 = 1^243 \atop 1.25 \times 4.25 = 5^231 \Big\} \; 6^274$$

Fumisterie n° 615.

1re colonne.

Les murs en briques de $0^m,11$ d'épaisseur : au mètre superficiel :

$$\left.\begin{array}{l}1.15\\2.30\\3.10\\4.10\end{array}\right\} \; 10.65 \times 0.65^H = 6^292$$

Fumisterie n° 615.

2e colonne.

La voûte en briques de $0^m,11$ d'épaisseur : au mètre superficiel :

Cintre à l'extrados 1.30

$$\text{Linéaire} \quad {1.15 \atop 4.20} \Big\} \; 5.35 \times 1.30 = 6^295$$

Fumisterie n° 616.

2e colonne.

Chape en plâtre sur voûte en briques : au mètre superficiel.

Surface du briquetage $= 6^295$.

Observation.

Enduits extérieurs des murs en plâtre, au panier, au mètre superficiel.

$$\left.\begin{array}{l}1.04\\2.30\\3.10\\4.10\end{array}\right\} \; 10.54 \times 0.65^H = 6^285 \text{ aux } {}^{24}/_{100} \text{ le mètre superficiel} = 1^244.$$

Maçonnerie. Légers ouvrages n° 951.

Construit la chambre d'air froid en briques de façon bourgogne : au mètre superficiel.

Aire en plâtre recevant carrelage : au mètre superficiel

$$2.00 \times 2.75 = 5.50$$

Fumisterie n° 95.

Carrelé le sol en briques de $0^m,06$ d'épaisseur : au mètre superficiel.

$$2.00 \times 2.75 = 5.50$$

Fumisterie n° 615.

1re colonne.

Les murs en briques de $0^m,22$ d'épaisseur : au mètre superficiel.

$$\begin{array}{l}\text{H. O. } 2.00 \times 2 = 4.00\\\text{D. O. } 2.30 \times 2 = 4.60\end{array}\Big\} \; 8.60 \times 0.90^H = 7^274$$

Fumisterie n° 615.

3e colonne.

$$\Big\} \; 6^299.$$

A déduire : section ou conduit d'air.

$$1.00 \times 0.75^H = \dots\dots\dots\dots\dots\dots \; 0^275$$

Conduit d'air froid en briques de façon Bourgogne de 0.06 d'épaisseur au mètre superficiel.

$$6^274$$

SÉRIE CENTRALE n° 615, 1re col.

Conduit d'air froid en briques de façon Bourgogne de 0.11 d'épaisseur au mètre superficiel.

$$6^292$$

SÉRIE CENTRALE n° 615, 2e col.

Conduit d'air froid en briques de façon Bourgogne de 0,11 d'épaisseur pour voûte, au mètre superficiel.

$$6^295$$

SÉRIE CENTRALE n° 616, 2e col.

Chape en plâtre au mètre superficiel.

$$6^295$$

Observation.

Légers ouvrages.

$$1^244$$

Aire en plâtre au mètre superficiel.

$$5^250$$

SÉRIE CENTRALE n° 95.

Conduit d'air froid en briques de façon Bourgogne de 0.06 d'épaisseur, au mètre superficiel.

$$5^250$$

SÉRIE CENTRALE n° 615, 1re col.

Conduit d'air froid en briques de façon Bourgogne de 0.22 d'épaisseur, au mètre superficiel.

$$6^299$$

SÉRIE CENTRALE n° 615, 3e col.

Enduits extérieurs des murs, en plâtre au panier, au mètre superficiel.

H. O. 2.00 × 2 = 4.00
H. O. 2.74 × 2 = 5.48 } 9.48 × 0.90^u = 8^{2}53
A déduire :
Section ou conduit d'air.
H. O. 1.22 × 0.86 = ... 1^{2}04 } 7^{2}49

Aux $^{21}/_{100}$ le mètre superficiel = 1^{2}57.

     Maçonnerie : Légers ouvrages n° 931.

Légers ouvrages.
1^{2}57

L'exemple de métré que nous venons de présenter est complété par les figure 599 et 600, respectivement affectées à la terrasse et au briquetage.

Nous y ajoutons une coupe du conduit (*fig.* 601).

Nous avons à dessein considéré le briquetage avec hourdis en plâtre, afin de ne pas allonger notre démonstration écrite des différentes plus-values de hourdis possibles dans les constructions.

Nous ajoutons d'une façon générale et à titre de renseignements que, dans les cas des hourdis spéciaux, les plus-values sont à prendre à la Série de maçonnerie sous les numéros 672 à 674, en ce qui concerne les ouvrages en briques au mètre superficiel.

La Série comprend trois catégories d'épaisseurs de briquetage.

La première de 0.045 à 0.090 ;
La seconde de 0.110 à 0.210 ;
La troisième de 0.220 à 0.300.

Les plus-values indiquées dans les onze colonnes sous les numéros précités 672 à 674 inclus, et pour chaque catégorie d'épaisseur, sont divisées en deux classes.

La première a rapport aux hourdis à base de chaux.

La seconde a rapport aux hourdis à base de ciment.

Les quatre premières colonnes sont affectées aux hourdis de chaux sous les lettres B, C, D, E, selon la nature et les provenances des produits, tels qu'ils sont indiqués aux éléments de la maçonnerie, dans le tableau des matériaux, sous les numéros 142 à 145 inclus.

Les sept colonnes suivantes sont affectées aux hourdis de ciment sous les lettres F. G, H, I, J, K, L, selon la nature et les provenances des produits en conformité des indications du même tableau sous les numéros 148 à 154 inclus.

Dans le cas d'emploi de hourdis spéciaux, il est essentiel d'en faire constater l'usage afin d'éviter ultérieurement toute contestation sur la nature ou la provenance des produits.

Cette réserve est d'ailleurs de convention et stipulée à titre d'observation sous les numéros 146 et 147 de la Série de maçonnerie.

Les chapes en mortier de chaux ou ciment sont tarifées à la maçonnerie sous les

Fig. 601. — Coupe de conduit de prise d'air voûté en briques.

numéros 696 et 697, en suivant la même classification des produits.

Toutes autres plus-values, quant aux difficultés d'exécution, s'il y a lieu, sont applicables d'après l'observation de la Série de maçonnerie sous le numéro 1593, en ce qui concerne les ouvrages en briques au mètre superficiel.

Les évaluations de ces différentes plus-values sont données pour les ouvrages au mètre cube, sous les numéros 1576 à 1592 inclus.

La plupart de ces ouvrages ressortent exclusivement de la maçonnerie ; nous nous contentons de les mentionner pour mémoire.

305. Pour terminer les travaux des conduits de prise d'air, il nous faut également appeler l'attention de nos lecteurs sur les *remblais*, les *pilonnages* et *régalages*.

Ces divers travaux sont tarifés au mètre cube, à la Série de terrasse, sous les numéros 62 à 65 inclus. Nous devons ajouter qu'en raison du peu d'importance des remblais et des pilonnages, quant au cube des terres remblayées et pilonnées, eu égard aux faibles vides à remplir, aux soins et aux précautions à prendre pour l'exécution, l'usage est d'en rémunérer l'entrepreneur en régie.

Les *régalages* au-dessous de 0,25 d'épaisseur sont tarifés au mètre superficiel à la Série de terrasse sous les numéros 85 à 87 inclus, suivant trois épaisseurs de couches.

La première jusqu'à 0,05 d'épaisseur ;
La seconde de 0,05 à 0,15   »
La troisième de 0,15 à 0,25   »

306. Les conduits de prise d'air sont ordinairement raccordés aux soupiraux des caves par des coffres verticaux montés en élévation au-dessus du sol.

Le briquetage est maintenu à la ma-

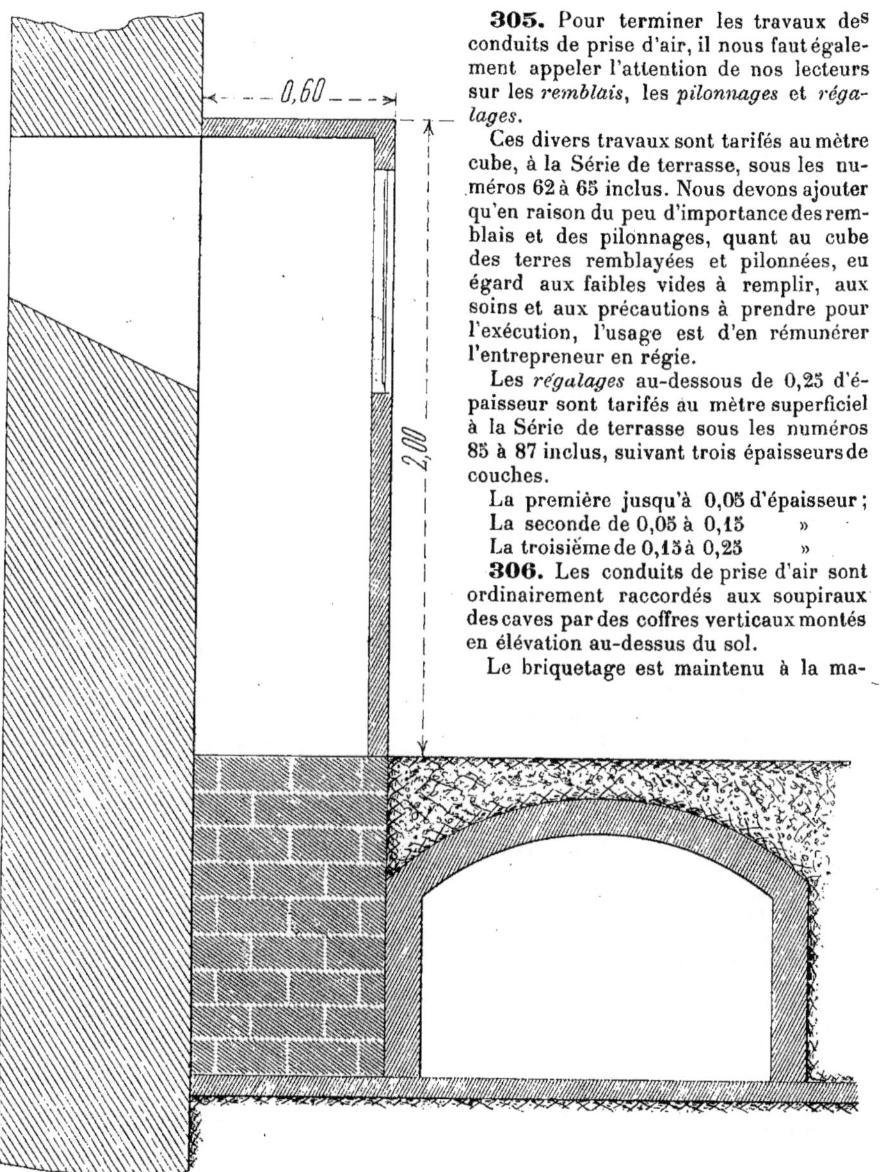

Fig. 602. — Coupe de coffre vertical de prise d'air et profil en terre-plein sur conduit voûté.

çonnerie au moyen d'une armature spéciale.

L'éclairage de la cave est réservé par un châssis vitré placé au droit du soupirail.

L'accès du conduit de prise d'air est facilité au moyen d'une porte en tôle, placée de face ou sur le côté du coffre vertical, à hauteur du sol de cave.

Le soupirail est pourvu d'une grille ou d'un grillage destinés à s'opposer à l'introduction des animaux ou d'un corps étranger quelconque dans la prise d'air.

Nous donnons (*fig.* 602) la coupe d'un coffre vertical avec conduit en terre-plein amorcé.

Métré d'un coffre vertical de prise d'air au-dessus du sol de cave (*fig.* 602).

Tranchées d'arrachements, scellements et liaisons en moellons jusqu'à 0.05 de largeur, au mètre linéaire.

Maçonnerie n° 1037.

Hauteur 2.00 × 2 = 4.00 au $^8/_{100}$ le mètre courant = $^{32}/_{100}$.

Plus-value pour 0.01 de largeur au-dessus de 0.05 = $^4/_{10}$ en plus.

Légers ouvrages.	
0.32	

Maçonnerie n° 1038.

Hauteur 2.00 × 2 = 4.00 à 0.008 courant = 0.03.

Légers ouvrages.	
0.03	

Les murs du coffre vertical en briques de façon Bourgogne de 0.06 d'épaisseur, au mètre superficiel.

Face H. O. 1.00 = 1.00 }
Côtés D. O. 0.54 × 2 = 1.08 } 2.08 × 2.00^H = 4²16.

A déduire :

Un châssis vitré   » »

Une porte d'entrée   » »

Fumisterie n° 615.

Posé le châssis vitré, calé, ajusté le dormant en menuiserie de   » »

Observation.

Les trous de pattes dans la brique en taille unité.

Maçonnerie n° 1131.

Maçonnerie n° 1622.

Les scellements des pattes au centimètre de profondeur.

Maçonnerie n° 1132.

Légers ouvrages.

Les calfeutrements en plâtre au pourtour du dormant au mètre linéaire   » »

Maçonnerie n° 1082.

Légers ouvrages.

Posé la porte d'entrée en tôle, scellé et calfeutré le cadre en fer au-dessus de 0^m,40.

Fumisterie n° 884.

Les trous et scellements de pattes à reprendre comme pour le châssis en menuiserie.

Observation.

Posé l'armature en fer composée de deux cornières aux angles et une ceinture de corps.

Les trous et scellements en moellons au centimètre de profondeur.

Maçonnerie n° 1127.

Légers ouvrages.

Enduits extérieurs des murs, en plâtre au sas, au mètre superficiel.

Face H. O. 1.00 = 1.00 } 2.20 × 2.00^H = 4²40 au $^{25}/_{100}$
Côtés H. O. 0.60 × 2 = 1.20 } le mètre superficiel = 1.10

Maçonnerie. Légers ouvrages n° 955.

Conduit d'air froid en briques de façon Bourgogne de 0.06 d'épaisseur, au mètre superficiel.	
» »	
SÉRIE CENTRALE n° 615, 1re col.	
Pose de châssis vitré en menuiserie.	
Observation.	
Taille de brique de façon Bourgogne au mètre superficiel.	
Maçonnerie, SÉRIE CENTRALE n° 1622.	
Légers ouvrages.	
» »	
Légers ouvrages.	
» »	
Pose et scellement de bouche ou analogie à la pièce.	
SÉRIE CENTRALE n° 884, 3e col.	
Observation.	
Légers ouvrages.	
» »	
Légers ouvrages.	
1.10	

Les solins en plâtre, au mètre linéaire.
    $2.00 \times 2 = 4.00$ aux $^{10}/_{100}$ courant $= {}^{10}/_{100}$.
    Maçonnerie. Légers ouvrages n° 1083.
L'impression au minium.
La couche huile sur impression, s'il y a lieu.
    Observation.
    Et fournitures.
L'armature en fer forgé, composée de montants et ceintures
à scellements, au poids   »   »
    Fumisterie n° 697.

Linteaux en fer à scellements au poids   »   »
    Serrurerie n° 73.
La porte d'entrée en tôle sur châssis en fer, compris ferrures
dressées et chanfreinées à la lime, au poids.
    Fumisterie n° 871.

Les pattes à scellements de façon, rapportées et rivées sur
le cadre à reprendre à la pièce.
    Observation.

Légers ouvrages.
0.40
Observation.
Fer forgé pour armature, au poids.
SÉRIE CENTRALE n° 697.
Fer pour linteaux au poids.
Serrurerie. SÉRIE CENTRALE n° 73.
Porte de façon en tôle sur châssis en fer, au poids.
SÉRIE CENTRALE n° 871.
Pattes à scellements de façon, rapportées et rivées à la pièce.
Observation.

La fourniture et la pose des registres, grilles ou grillages extérieurs et tous ouvrages de raccords, enduits des soupiraux ou des murs de cave, sont à reprendre,

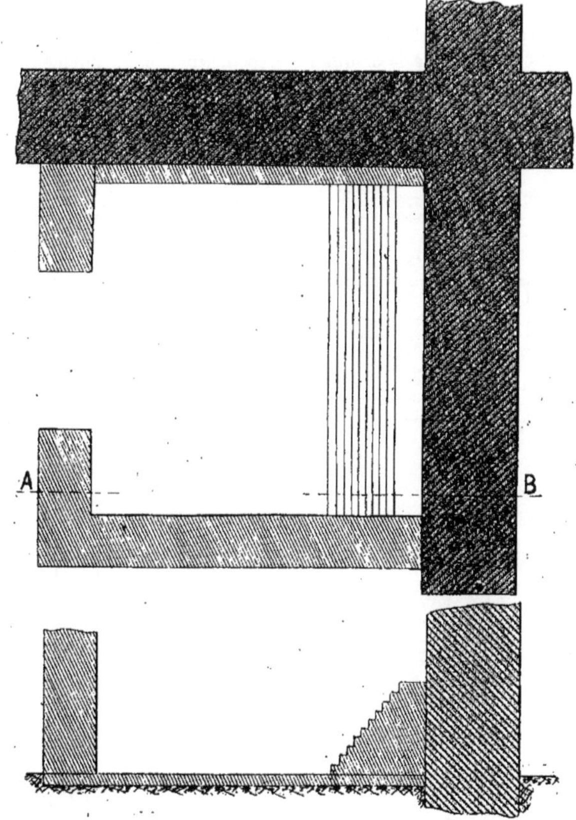

Fig. 603 et 604. — Plan de briquetage de chambre d'air à redans et coupe sur AB.

chacun en ce qui le concerne, pour leur valeur, aux évaluations spéciales des différentes parties de la Série.

Nous nous réservons de traiter des objets accessoires dans un chapitre spécial, conformément au plan adopté dans le cours de notre ouvrage.

307. Avant de passer à l'étude de la masse du calorifère, nous donnons à titre documentaire le plan d'une chambre d'air construite à redans par le fond (*fig.* 603).

Le calorifère disposé en angle est adossé sur deux faces.

La coupe (*fig.* 604) est prise sur AB perpendiculairement au mur du fond.

Nous avons donné (*fig.* 601) la coupe d'un conduit de prise d'air voûté en briques; nous donnons, pour compléter nos exemples, un conduit couvert par plancher (*fig.* 605).

Le mode de métré est semblable. Le plancher suivant l'épaisseur de la brique est compté pour mur.

Le plancher du conduit représenté (*fig.* 605) est composé d'une double épais-

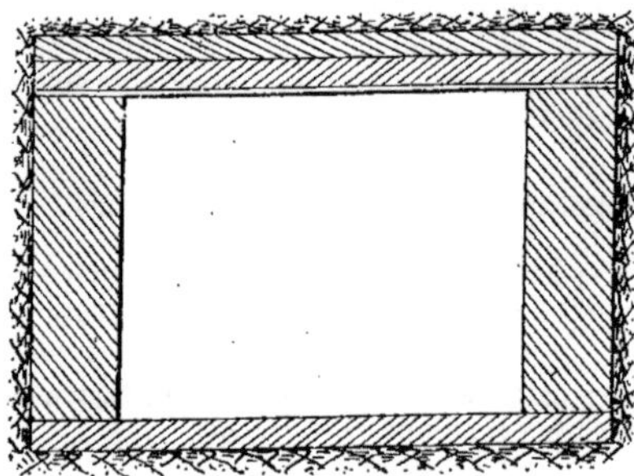

Fig. 605. — Coupe de conduit de prise d'air couvert par plancher.

seur de 0^m,06, c'est-à-dire deux briques superposées à plat.

Les briques sont portées sur des fers à T espacés régulièrement; mais nous ajou-

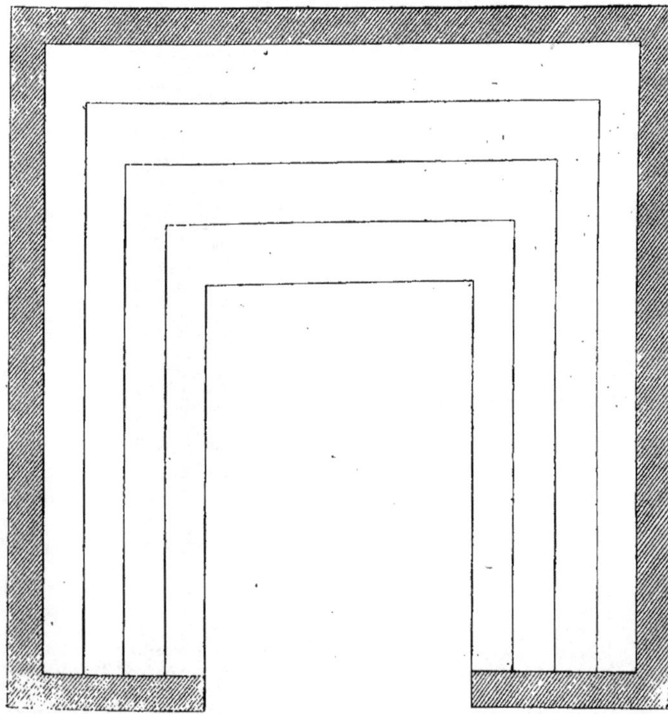

Fig. 606. — Plan de briquetage de chambre d'air à redans sur trois côtés.

Fig. 607. — Calorifère de construction en cave. Façade en élévation.

Fig. 608. — Calorifère de construction en cave. — Coupe sur l'appareil.

tons que très souvent, dans la disposition de couverture par plancher, on place d'abord sur le conduit des plaques de fonte ou de tôle de dimensions régulières, et portées sur les fers à T. On couvre ensuite par un briquetage.

L'emploi des plaques de fonte ou de tôle en premier plancher a l'avantage de fournir une grande solidité et de réduire dans une proportion considérable le nombre des fers à T.

Dans les deux cas, les fers à T portent aux abouts sur les dosserets du conduit, et sont scellés, avec ou sans entailles, dans l'épaisseur de briques.

Le métré consiste simplement, en ce qui concerne cette disposition de plancher, dans les scellements des fers à T avec entailles dans la brique s'il y a lieu, comme il est dit à la maçonnerie.

La descente et la mise en place des fontes ou tôles.

Les fournitures des fers d'après leurs dimensions, à la Série de serrurerie, les fontes et tôles découpées, à la Série de fumisterie.

Pour terminer l'étude des chambres d'air, nous donnons (*fig.* 606) une seconde disposition de chambre à redans sur trois côtés.

308. Nous donnons ensuite un exemple de métré d'une masse de calorifère avec chambre de chaleur en briques (*fig.* 607 et 608).

La figure 607 représente l'élévation en façade avec couronnement décoratif et chambre de chaleur. La figure 608 nous donne une coupe sur l'appareil et les murs du calorifère dans toute la hauteur de la construction.

Métré de la masse d'un calorifère en cave avec chambre de chaleur (*fig.* 607 et 608).

Construit le calorifère en briques neuves de façon Bourgogne hourdées en plâtre et terre à four, compris scellements, tailles et jointoiements intérieurs, au cube :
La masse cubant brut.

$$2.00 \times 2.30 \times 2.50^{\text{u}} = 11^{\text{3}}500$$

Les vides à déduire :
Partie basse du calorifère dans la hauteur du cendrier.

»   »   »   »   »

Partie à reprendre en élévation des appareils.

»   »   »   »   »

Constructions à reprendre au cube :
L'intérieur du foyer en briques réfractaires (s'il y a lieu).

»   »   »

Les corbeaux saillants sur les parements intérieurs de la masse :
1ᵉʳ rang   »   »   »
2ᵉ rang   »   »   »
Le couronnement saillant sur les parements extérieurs de la masse (un rang par retraits crénelés en boutisse et deux doubles assises en panneresse).

»   »   »   »   »

Fumisterie n° 516.
Les massifs, piédroits ou planchers supportant le foyer et les appareils sont à reprendre, s'il y a lieu, dans le briquetage au cube.

Observation.
Plus-value de couronnement en briques formant décoration en panneresse et boutisse, au mètre superficiel.

Observation.

Construction de calorifère en briques neuves de façon Bourgogne, au cube.

»   »

SÉRIE CENTRALE n° 516, 1ʳᵉ col.

Observation.

Plus-value de décoration en briques, au mètre superficiel.

Observation.

Les planchers intérieurs de répartition en élévation des appareils, posés sur linteaux en fer.	
Les planchers en tôle posés, au poids.	
Les planchers en tuiles doublés sur tôles, au mètre superficiel.	Planchers en tuiles au mètre superficiel.
» »	», »
Fumisterie nos 849 et 850.	SÉRIE CENTRALE nos 849 et 850.
Les trous en taille de brique et scellement des linteaux (mémoire).	Mémoire.
Descendu en cave, posé, ajusté, mis en place les appareils caloriques, fonte et tôle, au poids.	Pose, compris descente, ajustement et mise en place d'appareils de calorifère, au poids.
Fonte : pesant » »	Fonte » »
Fumisterie no 881.	SÉRIE CENTRALE no 881.
Tôle : pesant » »	Tôle » »
Fumisterie no 882.	SÉRIE CENTRALE no 882.
Façon des joints spéciaux sur appareils en fonte à brides et boulons avec fourniture des rondelles selon leur valeur réelle, à la pièce.	Façon de joints spéciaux sur appareils de calorifère en fonte à brides et boulons avec fournitures de rondelles à la pièce.
	» »
Observation.	Observation.
Façon des joints à calfeutrements avec hourdis à base de coulis réfractaire sur appareils en tôle à emboîtements, à la pièce.	Façon de joints spéciaux sur appareils de calorifère en tôle à emboîtements, à la pièce.
	». »
Observation.	Observation.
Posé l'armature de masse avec montants d'angles en cornières, ceinture de corps et ceinture de couronnement.	
Les trous et scellements par centimètre de profondeur en moellons : à l'unité de légers ouvrages.	Légers ouvrages.
Maçonnerie no 1127.	
En meulière ou béton, à fois et demie de légers ouvrages.	Légers ouvrages.
Maçonnerie no 1128.	
En pierre ou en brique suivant les évaluations de taille.	Taille de pierre ou brique.
Observation.	Observation.
Maçonnerie nos 1129 et 1131.	
Les scellements seuls après la taille au $^{50}/_{100}$ de légers ouvrages.	Légers ouvrages.
Maçonnerie nos 1130 et 1132.	
Les parements de briquetage sur calorifère avec joints tirés en creux : au mètre superficiel.	Parements de briquetage sur calorifère avec joints tirés en creux, au mètre superficiel.
« »	» »
Fumisterie no 844.	SÉRIE CENTRALE no 844.
Plus-value pour façon de parements jointoyés sur couronnement en briques formant décoration en saillies et retraits : au mètre superficiel.	Plus-value de parements jointoyés sur décoration en briques, au mètre superficiel.
	» »
Observation.	Observation.
Fer égrené et peint une couche au vernis noir, au mètre linéaire :	Egrenage et peinture une couche au vernis sur fer, au mètre linéaire.
L'armature : cornières et ceintures à développer	» »
A la pièce :	Egrenage et peinture une couche au vernis sur fer, à la pièce.
Les tampons d'appareils.	
La façade fonte à deux portes et la baie.	» »
Observation.	Observation.

Chambre de chaleur en briques de façon bourgogne, au mètre superficiel :

Les murs en briques de 0^m,22 d'épaisseur :

H. O. 2.00 $\times$ 2 = 4.00
D. O. 1.86 $\times$ 2 = 3.72 $\quad$ 7.72 $\times$ 0.65^H = 5^{2}01
     Fumisterie n° 621.

         3° colonne.

A déduire : Sections des conduits de chaleur   » »

Posé les fers supportant la couverture D. O.

Les trous espacés symétriquement, entaillés dans les murs en briques à l'unité de taille par centimètre de profondeur.
     Maçonnerie n° 1622.

Les scellements aux $^{50}/_{100}$ par centimètre de profondeur.
     Maçonnerie n° 1132..

     Légers ouvrages.

Couverture intérieure en planchers tôle posés sur fers au poids.
     Mémoire.

Planchers en tuiles doublés sur tôles : au mètre superficiel.
     D. O. 1.56 $\times$ 1.86 = 2^{2}90.
     Fumisterie n°s 849 et 850.

Couverture en chape, briques de 0^m,11 d'épaisseur : au mètre superficiel.
     H. O. 2.00 $\times$ 2.30 = 4^{2}60.
     Fumisterie n° 621.

         2° colonne.

Glacis en plâtre au-dessus de la couverture en briques : au mètre superficiel.
     2.00 $\times$ 2.30 = 4.60.
     Légers ouvrages.

Évaluation selon l'épaisseur.

Les parements de briquetage sur la chambre de chaleur avec joints tirés en creux : au mètre superficiel.
     Fumisterie n° 844.

Les fournitures du calorifère.

Le foyer en fonte au-dessus de 0^m,45 de diamètre, complet avec baie, surface de chauffe à ailettes et intérieur à foyer briques pesant   » »

Le plateau d'assise pesant   » »
     Fumisterie n° 704.

Plus-value pour surface à ailettes au poids.
     Fumisterie n° 705.

Plus-value pour foyer spécial avec intérieur à foyer briques au poids.
     Observation.

Ferrures de deux portes de calorifère de cave pour foyer et cendrier.
     Observation.

Colonne de droite (séries centrales) :

Conduit d'air chaud en briques de façon Bourgogne de 0.22 d'épaisseur, au mètre superficiel.

» »

SÉRIE CENTRALE n° 621, 3° col.

Taille de brique de façon Bourgogne, au mètre superficiel.

» »

Maçonnerie, SÉRIE CENTRALE n° 1622.

Légers ouvrages.

Mémoire.

Planchers en tuiles, au mètre superficiel.

2^{2}90

SÉRIE CENTRALE n° 849 et 850.

Conduit d'air chaud en briques de façon Bourgogne de 0.11 d'épaisseur, au mètre superficiel.

4.60

SÉRIE CENTRALE n° 621, 2° col.

Légers ouvrages.

Parements de briquetage sur calorifère avec joints tirés en creux, au mètre superficiel.

» »

SÉRIE CENTRALE n° 844.

Fonte pour foyer de calorifère, au poids.

» »

SÉRIE CENTRALE n° 704.

Plus-value de foyer de calorifère à ailettes, au poids.

» »

SÉRIE CENTRALE n° 705.

Plus-value de foyer de calorifère, intérieur à foyer briques, au poids.

» »

Observation.

Ferrure de portes de calorifère de cave, à la pièce.

2

Observation.

Départ d'appareil calorique en fonte à serpentins composé de pièces spéciales à brides et boulons pesant   » »
    Fumisterie n° 703.

L'appareil calorique en tôle à serpentins, buses et tampons, pesant   » »
    Fumisterie n° 936.

La pompe d'appel avec tous accessoires, porte ferrée à pentures, loquet, etc.
    Observation.

L'évaluation diffère selon le genre et l'installation.

Les planchers intérieurs en tôles coupées de dimensions, pesant
    Fumisterie n° 928.
Les linteaux en fer carré   » »
Les fers à T et double I   » »
Les armatures intérieures spéciales   » »
à prendre à la Série de Serrurerie.
    Observation.

L'armature extérieure du calorifère composée de montants en cornières assemblés sur ceintures en fer forgé avec scellements, pesant   » »
    Fumisterie. n° 697.

Les accessoires composés du ringard, du pique-feu et de la pelle genre Maubeuge.
    Observation.

Fonte pour appareil de calorifère à serpentins, au poids.

» »

SÉRIE CENTRALE n° 703.

Tôle pour appareil de calorifère, au poids.

» »

SÉRIE CENTRALE n° 936.

Pompe d'appel de calorifère en cave.

Observation.

Tôles à planchers coupées de dimensions, au poids.

» »

SÉRIE CENTRALE n° 928.

Observation.

Fer forgé pour armature de calorifère, au poids.

» »

SÉRIE CENTRALE n° 697.

Accessoires, un jeu de foyer pour calorifère de cave.

Observation.

Il nous reste à traiter des conduits en général pour compléter notre démonstration dans l'ordre de la description commentée en tête du chapitre.

1° Conduit de fumée ;

2° Conduits de chaleur.

Dans l'exemple de métré du calorifère que nous venons de donner, nous nous sommes limités à dessein aux dimensions de la masse.

Notre travail, tout de démonstration, ne peut que gagner en clarté à ne pas s'embarrasser de chiffres inutiles, attendu qu'un calorifère n'est jamais semblable à un autre. C'est dans cet esprit que nous n'avons pas davantage donné de mesures des planchers intérieurs, dont les dispositions variées sont modifiées par chaque constructeur et pour chaque appareil, en raison de ce qu'il est appelé à fournir.

Conduit de fumée.

309. D'une manière générale, le conduit de fumée qui forme la solution de continuité de l'appareil à la cheminée est en tôle ; il est pourvu d'une soupape servant à régler l'appel, à accélérer ou ralentir le tirage.

Les assemblages peuvent être faits de diverses façons, mais le plus souvent à emboîtements, en raison des multiples déposes possibles pour les travaux d'entretien.

Le parcours du conduit est modifié selon les emplacements par des coudes spéciaux. L'étanchéité est assurée aux emboîtages par des joints garnis à base de terre à four.

Afin d'éviter la dépose des tuyaux pour les nettoyer, on pratique, aux endroits convenables, des ouvertures munies de portes de ramonage.

Au point de vue du mètre il n'y a rien de particulièrement intéressant. Selon les cas, la pose est à présenter au mètre linéaire, à la pièce ou au poids.

Les scellements, les joints et calfeutrements, les trous et scellements des colliers s'il y a lieu et tous travaux accessoires, sont à reprendre aux évaluations respectives des légers ouvrages ou en argent, aux diverses parties de la Série auxquelles ils se rapportent.

La fourniture est comprise dans le chapitre de la tôlerie, soit en tuyaux ronds ou carrés. Les plus-values des portes de ramonage y sont également indiquées. Toutefois les portes, quand elles sont montées à coulisses, ne sont pas comprises dans l'évaluation de la Série ; il y a lieu de les demander selon leur valeur réelle.

La soupape est également tarifée sous le numéro 913 au poids ; une plaque indicatrice complète le conduit de fumée.

Conduits de chaleur.

310. Les conduits de chaleur sont aussi quelquefois en tôle et enfermés dans des gaînes en maçonnerie, ou construits en briques ou en poteries.

Lés conduits sont divisés en deux catégories quant au métré : la première a rapport aux conduits non suspendus et la seconde aux conduits suspendus.

En ce qui concerne plus spécialement les calorifères, les conduits réservés au fumiste sont généralement suspendus. Les conduits verticaux, quand il s'agit de construction neuve, sont montés par le maçon.

Nous considérons donc des conduits en poteries, suspendus et traînés dans les caves, à partir du calorifère, aux points de jonctions des conduits verticaux.

Nous rappelons la méthode qui consiste à présenter les groupes en partant de la face du calorifère et successivement les côtés et le fond.

Les conduits en poteries sont tarifés à la Série sous les numéros 630 à 645, sous deux colonnes, respectivement affectées aux conduits non suspendus et suspendus.

Les numéros 630 à 632 inclus, renferment en quatre sections différentes, les conduits en boisseaux réglementaires rectangulaires à parois de 0^m,05 d'épaisseur, de 9^m,20 à 0^m,25 de hauteur.

Les numéros 633 à 638 inclus, comprennent en neuf sections différentes, les boisseaux rectangulaires à parois de 0^m,03 d'épaisseur sur la hauteur uniforme de 0^m,33.

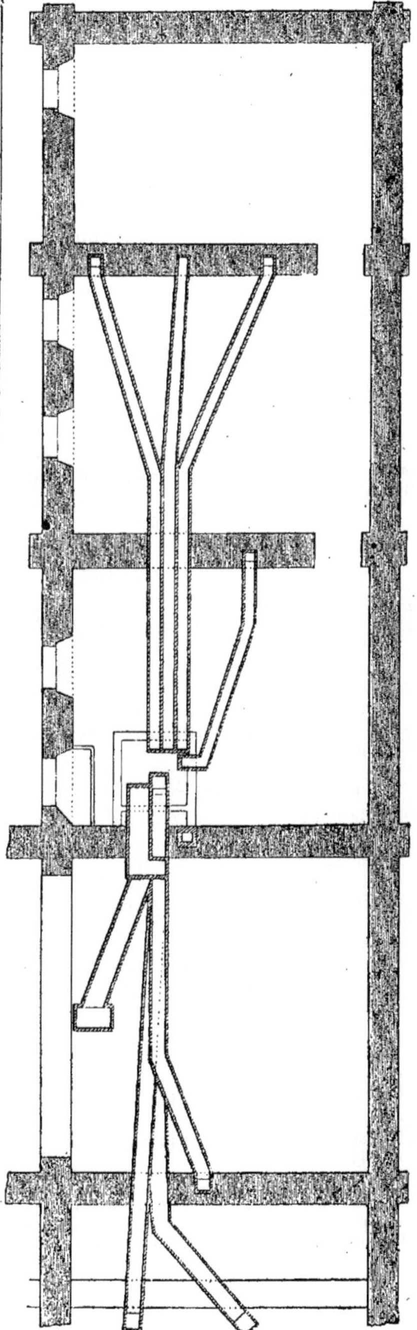

Fig. 602. — Plan de distribution de conduits de chaleur sur calorifère de cave avec retour d'air.

Les numéros 640 à 645 inclus donnent, en six sections différentes, les boisseaux circulaires à parois de 0ᵐ,02 d'épaisseur sur la hauteur uniforme de 0ᵐ,33.

Nous rappelons cependant qu'aux termes du nouveau règlement administratif du 1ᵉʳ septembre 1897 abrogeant les dispositions de l'ordonnance de police du 15 septembre 1875; les conduits de chaleur doivent être établis dans les mêmes conditions que les conduits de fumée et, conséquemment, en boisseaux à parois de 0ᵐ,05 d'épaisseur.

Nous donnons (*fig.* 609) un plan très simple de distribution de conduits pour notre démonstration métrique.

Les conduits doivent être mesurés suivant les angles quand ils sont dévoyés : les mesures toujours prises dans œuvre de maçonnerie et les épaisseurs des murs reprises en suivant.

Métré des conduits de chaleur, suspendus en cave distribution générale sur calorifère (*fig.* 609).

311. Face du calorifère :
Groupes de 3 conduits accolés :
    2 Conduits latéraux en 0.18 × 0.22.
    1 Conduit intermédiaire en 0.22 × 0.25.
Conduits de chaleur suspendus, en boisseaux réglementaires, rectangulaires, à parois de 0ᵐ,05 d'épaisseur au mètre linéaire.
        Section intérieure 0.18 × 0.22
        Fumisterie n° 632.

Cave du calorifère.

2 Conduits latéraux :
        Chacun 3ᵐ,00 = ...   6ᵐ,00
2 Pénétrations dans le calorifère :
        Chacune 0ᵐ,35 = ..   0ᵐ,70 } 6ᵐ,70
A reprendre :
2 Passages à travers mur en fondation :
        Chacune 0ᵐ,60 = ..   1ᵐ,20 = 1ᵐ,20
A suivre :
Cave contiguë :
Les 2 conduits jusqu'à l'angle de déviation :
        Chacun 1ᵐ,15 = ...   2ᵐ,30
A reprendre : de l'angle au mur :
        Chacun 3ᵐ,80 = ...   7ᵐ,60 } 9ᵐ,90
2 Pénétrations dans le mur en fondation :
        Chacune 0ᵐ,35 = ..   0ᵐ,70 = 0ᵐ,70   /18ᵐ,50
Dans le même groupe :
Conduit intermédiaire à reprendre.
Section intérieure 0.22 × 0.25.
        Fumisterie n° 631.

Cave du calorifère.

Le conduit intermédiaire de ...   3ᵐ,00
Pénétration dans le calorifère..   0ᵐ,35 } 3ᵐ,35
A reprendre :
Passage à travers mur en fondation = ..   0ᵐ,60
A suivre :
Cave contiguë :
Le conduit jusqu'à l'angle de déviation = 1ᵐ,25
A reprendre : de l'angle au mur 3ᵐ,35
Pénétration dans le mur en fondation ... 0ᵐ,35 } 8ᵐ,90

Conduits suspendus en boisseaux rectangulaires, réglementaires à parois de 0ᵐ,05 d'épaisseur, de 0.18 × 0.22 de section intérieure, au mètre linéaire.

18.50

SÉRIE CENTRALE n° 632, 2ᵉ col.

Conduits suspendus en boisseaux rectangulaires, réglementaires, à parois de 0ᵐ,05 d'épaisseur, de 0.22 × 0.25 de section intérieure, au mètre linéaire.

8.90

SÉRIE CENTRALE n° 631, 2ᵉ col.

3 Entailles d'encastrement des soupapes à régulateurs sur les conduits du groupe.
Observation.

Posé, scellé, réglé et calfeutré les 3 soupapes sur conduits de chaleur en poteries de 0.18 $\times$ 0.22 et 0.22 $\times$ 0.25.
Observation.
Les planchers en tuiles sur armatures portant conduits, au mètre superficiel.
Fumisterie n°s 849 et 850.
Groupe de 3 conduits dans la cave du calorifère.
Face du calorifère.

Sous le groupe	$0^m,95 \times 3^m,00 =$..	$2^2 85$
A travers mur	$0^m,95 \times 0^m,60 =$..	$0^2 57$

A suivre :
Cave contiguë :
Sous le groupe : jusqu'à l'angle de déviation :
$$0^m,95 \times 1^m,15 =.. \quad 1^2 09$$
A reprendre : de l'angle au mur.
Sous les 2 conduits latéraux :
Chacun $0^m,32 = 0^m,64 \times 3^m,80 = \quad 2^2 43$
2 Pénétrations dans le mur en fondation :
Chacune $0^m,32 = 0^m,64 \times 0^m,35 = \quad 0^2 22$
A reprendre : sous le conduit intermédiaire de l'angle au mur $\quad 0^m,40 \times 3^m,35 = \quad 1^2 34$
Pénétration dans le mur en fondation :
$$0^m,40 \times 0^m,35 =.. \quad 0^2 14 \quad | \quad 8^2 64$$
Les enduits à reprendre au mètre superficiel.
Surfaces de planchers apparents au-dessus de $0^m,35$ de largeur.

Cave du calorifère	$0^m,95 \times 3^m,00 =$..	$2^2 85$
Cave contiguë	$0^m,95 \times 1^m,15 =$..	$1^2 09$
Conduit intermédiaire	$0^m,40 \times 3^m,35 =$	$1^2 34$

$5^2 28$

$5^2 28$ aux $25/100 = 1.32$.
Maçonnerie : légers ouvrages n° 955.
Surfaces de planchers apparents au-dessous de $0^m,35$ de largeur.
Conduits latéraux dans la cave contiguë au calorifère.
2 fois $0^m,32 = 0^m,64 \times 3^m,80 = 2^2 43$
$2^2 43$ aux $33/100 = 0.80$.
Maçonnerie : légers ouvrages n° 953.
Recouvrement en plâtre sur poteries en boisseaux rectangulaires, au mètre superficiel.
A prendre : dans la cave du calorifère.
2 Costières :
Chacune $0^m,36 = 0^m,72 \times 3^m,00 = \quad 2^2 16$
A reprendre : cave contiguë.
2 Costières jusqu'à l'angle de déviation :
Chacune $0^m,36 = 0^m,72 \times 1^m,15 = \quad 0^2 82$
A suivre : sur les 2 conduits latéraux.
4 Costières :
Chacune $0^m,36 = 1^m,44 \times 3^m,80 = \quad 5^2 47$
A suivre : sur le conduit intermédiaire :
2 Costières :
Chacune $0^m,36 = 0^m,72 \times 3^m,35 = \quad 2^2 41$

Façon d'entailles d'encastrement de soupapes sur conduits suspendus à la pièce.

3

Observation.

Pose, scellement et calfeutrement de soupapes sur conduits suspendus, à la pièce.

3

Observation.

Planchers en tuiles, au mètre superficiel.

$8^2 64$

SÉRIE CENTRALE n°s 849 et 850.

Légers ouvrages.

$1^2 32$

Légers ouvrages.

$0^2 80$

Les dessus des conduits à reprendre :
Surfaces des planchers apparents :
Cave du calorifère $0^m,95 \times 3^m,00 =$ $2^2 85$
Cave contiguë $0^m,95 \times 1^m,15 =$ $1^2 09$
Conduit intermédiaire $0^m,40 \times 3^m,35 =$ $1^2 34$
Conduits latéraux :
   2 Fois $0^m,32 = 0^m,64 \times 3^m,80 =$ $2^2 43$ $18^2 57$
       $18^2 57$ aux 33/100 $= 6^2 12$.

     Maçonnerie : légers ouvrages n° 1022.

Légers ouvrages.

$6^2 12$

Les arêtes droites : au mètre linéaire.
Groupe dans la cave du calorifère :
   2 Fois $3^m,00 =$ .... $6^m,00$
Groupe dans la cave contiguë :
   2 Fois $1^m,15 =$ .... $2^m,30$
Conduit intermédiaire :
   2 Fois $3^m,35 =$ .... $6^m,70$
Conduits latéraux :
   4 Fois $3^m,80 =$ .... $15^m,20$ $30^m,20$
      $30^m,20$ aux 5/100 $= 1^2 51$.

     Maçonnerie : légers ouvrages n° 1025.

Légers ouvrages.

$1^2 51$

La pose des armatures. Les trous et scellements en murs et planchers sont à reprendre selon la nature de la construction, en légers ou en taille de pierre ou brique.
     Observation.

Les reprises de maçonnerie de murs aux passages des conduits, solins, naissances et tous raccords s'il y a lieu sont à reprendre conformément aux évaluations de maçonnerie et de légers ouvrages.
     Observation.

Observation.

Les percements des murs (s'ils ne sont pas ménagés dans la construction) sont à reprendre à la maçonnerie aux évaluations spéciales, selon qu'ils sont en moellons, pierre ou brique.
     Observation.

Observation.

Les jonctions des conduits suspendus raccordés aux conduits verticaux sont à reprendre en raison du travail exécuté.
     Observation.

Observation.

L'égrenage et la peinture ou vernis des armatures apparentes sont à reprendre, au mètre linéaire.
     Observation.

Observation.

En fournitures.
Les armatures comme il est dit à la Série de Fumisterie sous les numéros 697 et 698, au poids.

Fer forgé pour armatures, au poids.

»   »

SÉRIE CENTRALE n°s 697 et 698.

Les soupapes en tôle sur cadres avec tiges et poignées, au poids.
     Fumisterie n° 913.

Soupapes en tôle, au poids.

»   »

SÉRIE CENTRALE n° 913.

Les plaques indicatrices émaillées avec chaînettes cuivre, à la pièce.
     Observation.

Plaque indicatrice émaillée et chaînette cuivre, à la pièce.

»   »

Observation.

Notre démonstration nous paraît suffisamment faite par le traité d'un seul groupe pour nous éviter de présenter l'ensemble de la distribution. Nous donnons une coupe des conduits suspendus (*fig.* 610).

Nous ajoutons que les conduits de chaleur, quand ils ont un long parcours à fournir dans des conditions spéciales de refroidissement, sont enfermés dans des gaines en briques.

312. Le métré est semblable en ce qui concerne les conduits en boisseaux. Les gaines suspendues sont à reprendre aux évaluations de la Série, sous les numéros 621 et 622, et à façon sous les numéros 623 et 624.

Les conduits construits entièrement en briques sont tarifés et métrés de la même manière.

Les conduits, qu'ils soient construits en boisseaux ou en briques, sont tarifés, compris les tailles et déchets. C'est un abus en ce qui concerne les boisseaux, eu égard au risque de casse, étant donnée la valeur d'une pièce inutilisable, et aussi en raison de l'excédent de main-d'œuvre qui résulte de ce travail.

La Série, d'ailleurs, n'est pas d'accord puisqu'elle reconnaît au maçon une plus-value qu'elle refuse au fumiste. Le numéro 646 de la Série de fumisterie dit textuellement : *Les prix ci-dessus, numéros 630 à 645, comprennent tous déchets, tailles, coupes, plus-value de travail fait*

à la lumière. Par contre, la Série de maçonnerie dit à l'observation, sous le numéro 494 : *Il sera accordé, pour le déchet et la taille à la scie des boisseaux formant*

Fig. 610. — Coupe d'un groupe de trois conduits en poteries, suspendus.

coude, un tiers de boisseau pour chaque coude (compris risque de casse).

Nous ajoutons que beaucoup d'architectes et de vérificateurs, jugeant avec équité, abandonnent la lettre étroite de l'observation illogique de la Série de Fu-

Fig. 611. — Coupe d'une batterie de conduits accouplés en briques, en terre-plein.

misterie et accordent la plus-value portée sous le numéro 494 de la maçonnerie.

Cette façon de régler est juste deux fois, si on considère encore la différence de prix des conduits ou boisseaux, payés plus cher à la maçonnerie, sous les numéros 480 à 482, qu'à la fumisterie, sous les numéros 630 à 632.

313. Les conduits de chaleur sont encore construits, en certains cas, entièrement en terre-plein. Nous donnons (*fig.* 611) la coupe d'une batterie de conduits accouplés, en briques, en terre-plein.

Les évaluations des ouvrages en briques comprennent les enduits intérieurs et la valeur du hourdis en plâtre. Tous autres travaux sont à reprendre aux Séries respectives.

Nous complétons notre démonstration des conduits supposés en terre-plein par la coupe d'une batterie de conduits superposés, en poteries, avec cloisons étanches en briques sur tous sens et gaine extérieure en briques (*fig.* 612).

Ces ouvrages rentrent dans la catégorie des conduits non suspendus, naturellement ; à cette différence près, le mode de métré reste le même, et nous pensons que nos lecteurs liraient sans intérêt de longs détails que nous pouvons éviter.

Bouches de chaleur.

314. Les bouches de chaleur dans les pièces à chauffer sont placées de deux manières différentes : en parquet ou en plinthe.

Dans le premier cas, les bouches sont à niveau dans le plan horizontal du sol ; dans le second cas, elles sont dans le plan vertical du mur.

Les encaissements nécessaires et les en-têtes des conduits les raccordant aux bouches, sont généralement construits en briques et sont demandés selon leur valeur ; eu égard à leurs dimensions, aux épaisseurs de briques, à la qualité des matériaux et enfin à la main-d'œuvre spéciale.

La pose des bouches est tarifée sous le numéro 884, d'après trois classes de dimensions.

1° Jusqu'à 0^m,20 de diamètre ou de côté ;
2° De 0^m,21 à 0^m,40 ;
3° De 0^m,40 et au dessus.

On entend par mesures au-dessus de

Fig. 612. — Coupe d'une batterie de conduits superposés en poteries avec gaine en briques, en terre-plein.

0^m,40 les bouches dont les dimensions sont cotées à la Série.

La pose prévue à la Série comprend les garnissages en plâtre. Les trous et scellements de pattes, s'il y a lieu, et les raccords d'enduits en parements sont à reprendre.

Toutes les bouches de chaleur sont tarifées à la Série, sous les numéros 122 à 491. Nous y reviendrons au chapitre spécial des accessoires des calorifères.

Accessoires des calorifères.

315. Pour nous conformer au plan général adopté dans notre ouvrage, nous consacrons un chapitre spécial dans lequel nous passons en revue tous les accessoires et les organes divers qui se rapportent à l'ensemble des parties traitées.

En ce qui concerne les calorifères, nous commençons par l'organe principal : le foyer.

Foyers.

316. Les foyers des calorifères sont plus spécialement en fonte, et affectent deux formes géométriques distinctes : la première est elliptique, la seconde est hémisphérique.

Les foyers se font dans les deux modèles à parois unies ou à ailettes. Les intérieurs sont renforcés de nervûres *ad hoc* ou ménagés pour recevoir une garniture en briques réfractaires.

Des pièces accessoires secondaires complètent les foyers, telles les cendriers, cuvettes, grilles et façades.

Les fontes pour foyers sont tarifées à la Série sous les numéros 704 à 708 inclus.

Les prix comprennent le transport au bâtiment, à pied d'œuvre seulement, sans les bardages, ni transport à l'intérieur, ni descente, montage et pose.

Tous les différents travaux nécessités pour la mise en place sont à reprendre.

Les évaluations de prix portés à la Série sous les numéros précités, s'appliquent également aux parties des foyers, considérées comme accessoires secondaires.

Les ferrurès des portes sont payées à part à la pièce.

La Série est muette en ce qui concerne l'évaluation des ferrures des portes. Nous trouvons, à la Série de la Chambre syndi-cale de Fumisterie, l'évaluation qui comble cette lacune, sous les numéros 1441 et 1442.

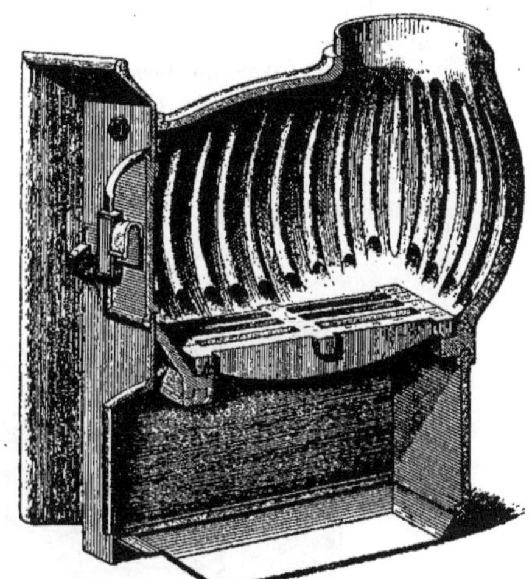

Fig. 613. — Foyer elliptique à parois unies pour calorifère.

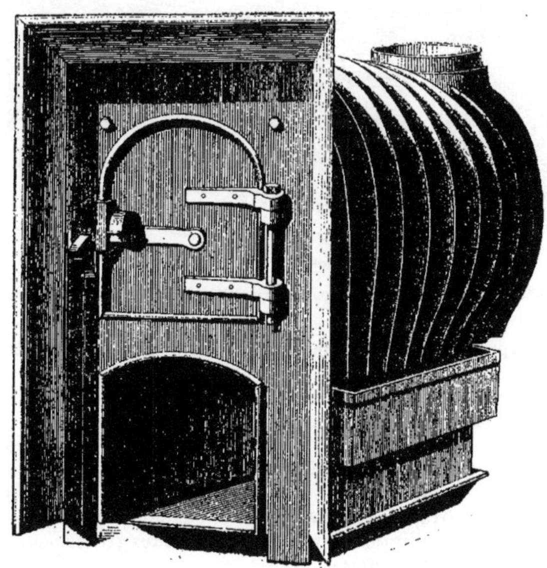

Fig. 614. — Foyer elliptique à parois à ailettes et cendrier saturateur.

La ferrure de chaque porte est comptée à la pièce en prenant pour base le poids du foyer. Le rapport du poids est divisé en deux facteurs :

1° Pour foyer au-dessous de 400 kilogrammes ;

2° Pour foyer au-dessus de 400 kilogrammes.

Les foyers unis sont tarifés à la Série sous le numéro 704, et les foyers à ailettes, avec une plus-value sur le prix, sous le numéro 705.

Les numéros suivants se rapportent aux cloches dites à gueulard, qui sont tarifées sous les numéros 706 à 708.

Le prix porté sous le numéro 706 s'applique aux cloches au-dessus de $0^m,45$ de diamètre, et le numéro 707 pour les cloches de $0^m,45$ de diamètre et au dessous.

Les mesures doivent être bien établies pour le classement dans l'une ou l'autre catégorie, en raison de la différence des prix.

La plus-value pour ailettes, sous le nu-

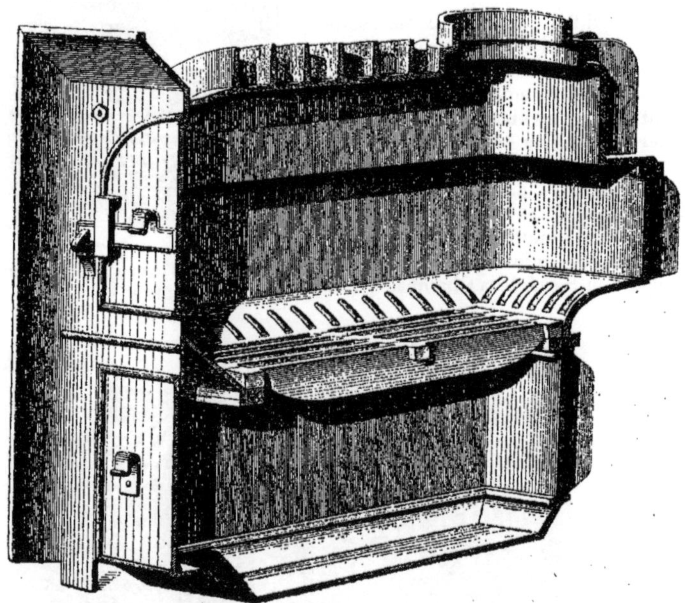

Fig. 615. — Foyer elliptique à parois à ailettes et intérieur à garniture réfractaire.

méro 708, s'applique indifféremment à toutes les dimensions.

Les pièces accessoires secondaires sont portées sous les mêmes évaluations respectives, à l'exclusion des ferrures des portes, à reprendre à la Série syndicale, comme pour les foyers précédents.

Nous donnons (*fig.* 613), une coupe d'un foyer complet de forme elliptique, pourvu de tous ses accessoires secondaires : cendrier, cuvette, grille et façade.

La figure 614 représente le foyer du même modèle, à ailettes, avec cendrier à caniveau saturateur.

La Série commerciale des foyers unis à nervures intérieures, comprend sept numéros dont les mesures sont légèrement variables selon les fonderies.

Nous donnons, à titre documentaire, les surfaces des grilles pour la Série complète.

$0^2,08.5$

$0^2,09.8$

$0^2,12.1$
$0^2,13.7$
$0^2,16.9$
$0^2,22.5$
$0^2,31.9$

La Série des foyers à ailettes à nervures intérieures, et les surfaces des grilles sont, à peu de choses près, semblables.

Les foyers que nous examinons ensuite sont à intérieur en briques réfractaires, et

Nous donnons également le tableau des surfaces de grilles pour la Série complète:

$0^2,11.3$
$0^2,13.6$
$0^2,16.3$
$0^2,22.5$
$0^2,32.0$
$0^2,40.5$
$0^2,66.6$]

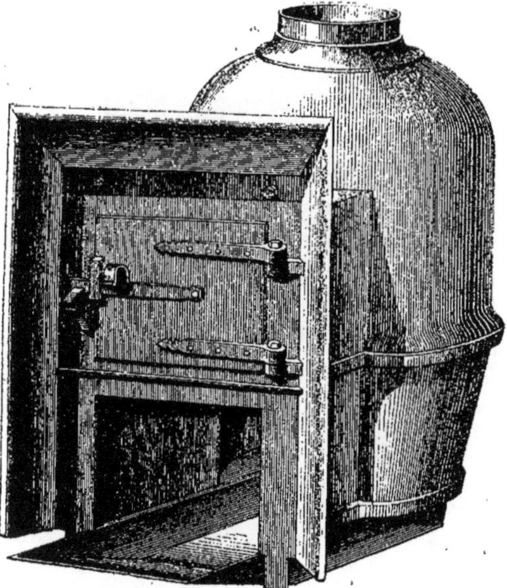

Fig. 616. — Foyer hémisphérique à parois unies et cendrier ordinaire.

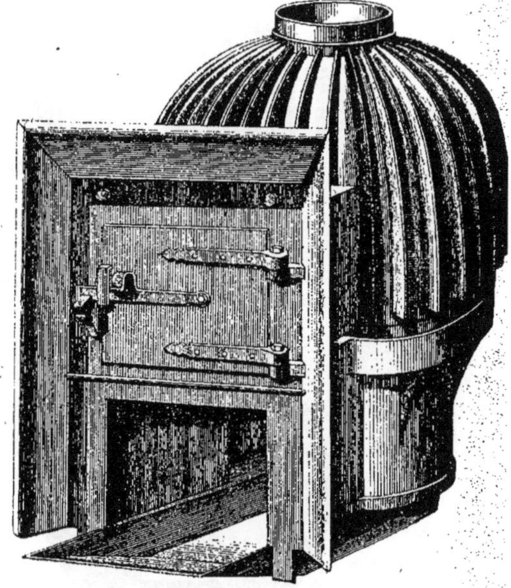

Fig. 617. — Foyer hémisphérique à parois à ailettes et cendrier saturateur.

ne sont pas tarifés à la Série; il y a plus-value sur la valeur des foyers ordinaires.

La figure 615 nous donne la coupe d'un foyer complet de forme elliptique à ailettes, avec intérieur ménagé pour recevoir la garniture réfractaire. Le cendrier peut, à volonté, être également muni d'ailettes comme le foyer.

La Série commerciale comprend également sept numéros.

Les pièces sont plus importantes, et les surfaces des grilles sensiblement supérieures à celles des foyers à nervures intérieures.

Les foyers de la seconde catégorie de forme hémisphérique sont représentés (*fig.* 616 et 617).

La figure 616 représente le foyer complet à parois unies, avec cendrier ordinaire.

La Série commerciale de fabrication comprend, comme pour les foyers elliptiques, sept numéros qui se rapportent aux diamètres correspondants, dont nous donnons le tableau :

$0^m,40$
$0 ,45$
$0 ,50$
$0 ,55$

0^m,60
0 ,70
0 ,80

La figure 617 nous donne le même

Fig. 618. — Cloche à gueulard.

modèle de foyer, à ailettes avec cendrier à caniveau saturateur.

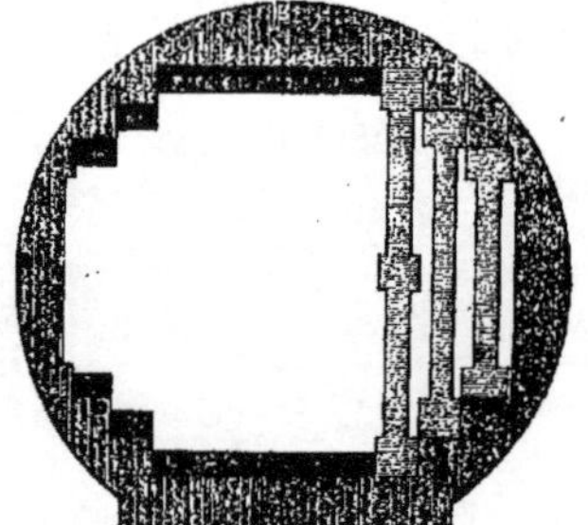

Fig. 619. — Cercle de cloche à gueulard.

La Série à ailettes est semblable à la Série unie.

Fig. 620. — Plaque de gueulard.

Nous donnons ensuite (*fig.* 618) la cloche à gueulard à parois unies tarifée

sous les numéros 706 à 708 de la Série d'après les diamètres, conformément aux commentaires que nous avons présentés.

En fabrication, la Série des cloches à gueulard comprend treize numéros dans les diamètres du tableau ci-dessous.

0^m,35	0^m,65
0 ,38	0 ,70
0 ,40	0 ,75
0 ,45	0 ,80
0 ,50	0 ,90
0 ,55	1 ,00
0 ,60	

Fig. 621. — Façade de cloche à gueulard à une porte.

La Série à ailettes est semblable à la Série unie.

Nous donnons, pour compléter la description de la cloche à gueulard, le cercle et ses barreaux (*fig.* 619).

Le cercle est composé d'une seule pièce correspondant au diamètre de la cloche, et disposé à redans, recevant en feuillure un jeu de barreaux de différentes longueurs formant grille.

Cette disposition permet de remplacer facilement les barreaux.

La plaque de gueulard est représentée (*fig.* 620); elle est comme une solution de continuité au cercle.

La façade complète l'ensemble. Nous

soumettons à nos lecteurs une façade avec sa porte de gueulard (*fig.* 621) et nous

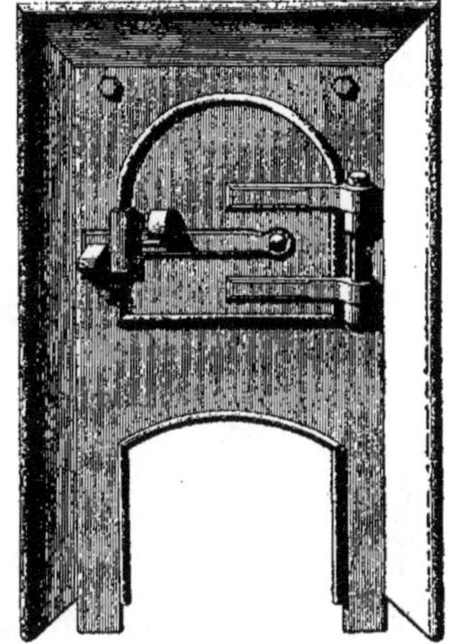

Fig. 622. — Façade de foyer elliptique à une porte.

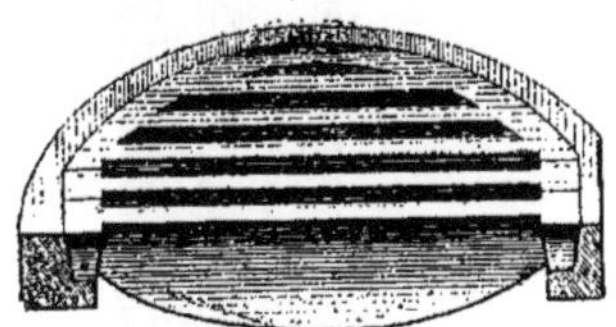

Fig. 623. — Grille de foyer hémisphérique.

ajoutons que l'on peut à volonté y adapter une seconde porte basse, dite de cendrier. La porte de cendrier, qui est de même façon que celle du gueulard, est munie d'un régulateur à créneaux avec coulisse intérieure, pour régler l'entrée d'air nécessaire à la combustion.

La figure 622 représente la façade pour s'adapter aux foyers elliptiques et la figure 623 la grille des foyers hémisphériques.

Les cuvettes et les cendriers sont représentés dans les coupes et les élévations perspectives des foyers donnés précédemment.

Les grilles des foyers elliptiques sont formées de barreaux d'égale longueur. La grille complète affecte la forme rectangulaire. Un barreau est représenté (*fig.* 624).

Pour compléter la description des foyers, nous donnons (*fig.* 625) un modèle à coupole et ailettes qui n'est pas compris dans les évaluations de la Série.

Le foyer est disposé pour un service à

Fig. 624. — Barreau de foyer elliptique.

feu continu à chargement espacé. La façade est à trois portes avec créneaux à régulateur dans la porte de cendrier.

Le tableau ci-dessous indique les diamètres de la série complète :

0^m,28	0^m,60
0 ,32	0 ,65
0 ,35	0 ,70
0 ,40	0 ,80
0 ,45	0 ,90
0 ,50	1 ,00
0 ,55	

Il se fait encore un grand nombre de foyers dont les modèles sont la propriété exclusive des constructeurs.

Les prix sont tarifés par chacun, nous n'avons pas à en parler au point de vue métré, autrement que pour mémoire.

Appareils à serpentins.

317. Les appareils à serpentins, quand ils sont tout en fonte, sont composés de pièces diverses dont nous donnons les figures.

La très grande variété de combinaisons

des appareils est facilement obtenue par les assemblages de toutes ces parties dont les dimensions répondent aux besoins des installations en général.

Les pièces sont à brides et ajustées entre elles au moyen de boulons.

Les percements des trous de boulons dans les pièces neuves et la fourniture des

longueurs différentes, pour obtenir les dimensions exigées par la combinaison générale. La figure 628 représente un intermédiaire de un mètre de longueur.

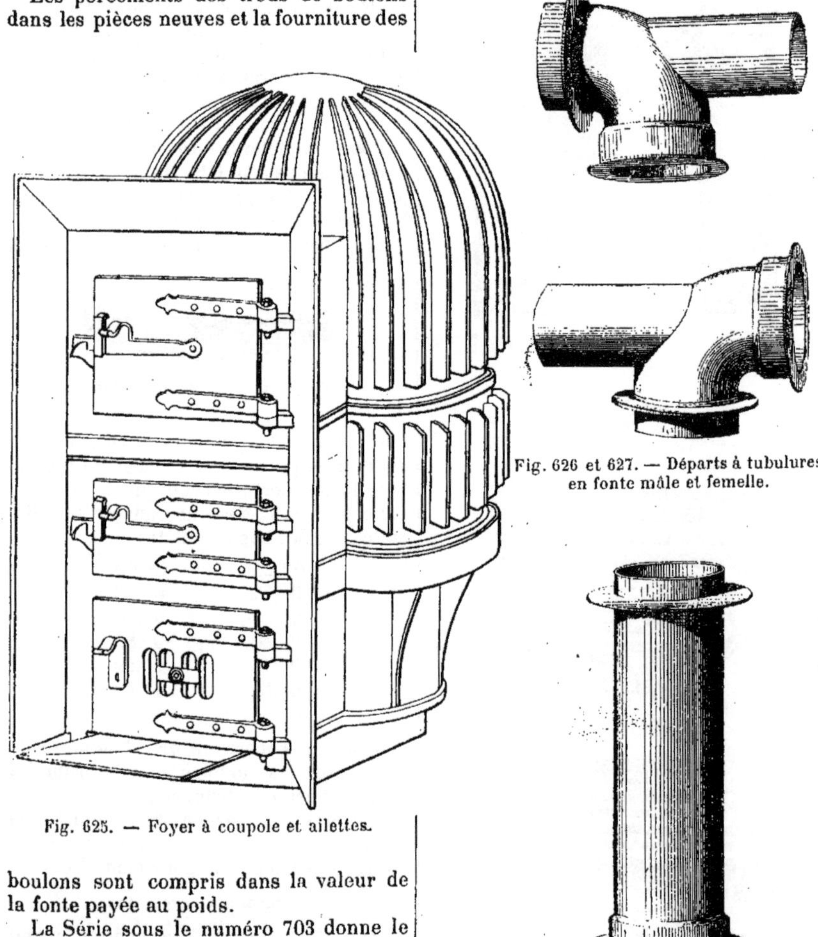

Fig. 625. — Foyer à coupole et ailettes.

Fig. 626 et 627. — Départs à tubulures en fonte mâle et femelle.

Fig. 628. — Intermédiaire de serpentin en fonte, à brides.

boulons sont compris dans la valeur de la fonte payée au poids.

La Série sous le numéro 703 donne le prix des appareils de calorifères pour serpentins et tampons, compris transport au bâtiment, sans pose.

Nous donnons (*fig.* 626 et 627) deux départs à tubulures, mâle et femelle.

Les intermédiaires aux tubulures mâles et femelles sont des tuyaux droits de

Les longueurs commerciales sont réparties en six divisions respectivement de :

0^m,08	0^m,50
0 ,16	0 ,65
0 ,32	1 ,00

Les raccordements des intermédiaires

Fig. 629. — Coude d'équerre en fonte, à brides.

pour former les serpentins s'obtiennent par des coudes d'équerre (*fig.* 629) ou des coudes en U (*fig.* 630).

La figure 631 représente un coude en U

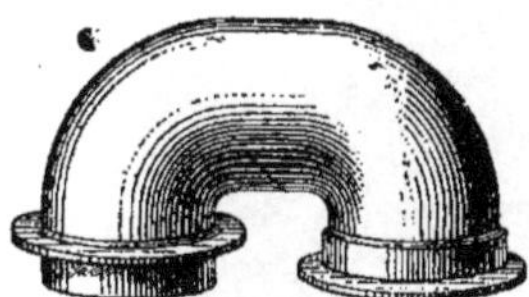

Fig. 630. — Coude en U, en fonte, à brides.

avec tubulure pour recevoir un tampon de nettoyage.

Quand il y a lieu de réduire le diamètre d'un serpentin, on emploie des réductions

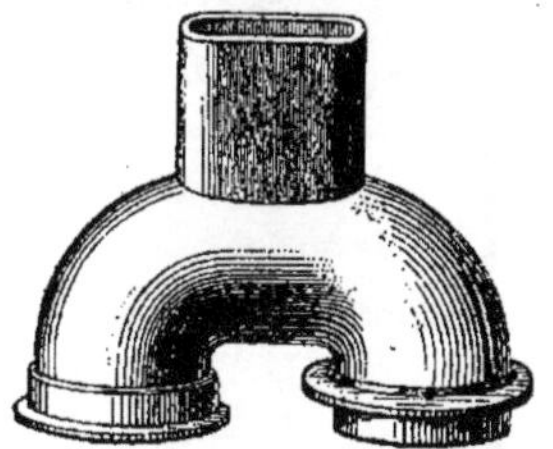

Fig. 631. — Coude en U à tubulure en fonte, à brides.

coniques à brides dont nous donnons les figures 632 et 633.

Les brides seules sont représentées (*fig.* 634 et 635), mâle et femelle.

La Série commerciale des appareils à serpentins comprend huit diamètres dont nous donnons le tableau ci-dessous.

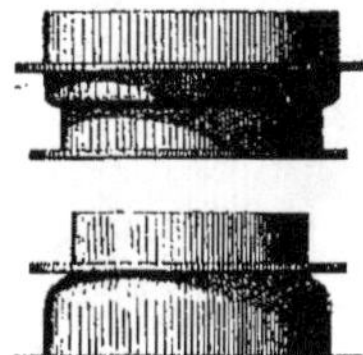

Fig. 632 et 633. — Réduction conique en fonte mâle et femelle, à brides.

0^m,16	0^m,27
0 ,19	0 ,30
0 ,22	0 ,32
0 ,24	0 ,35

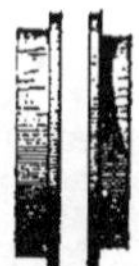

Fig. 634 et 635. — Brides de serpentins en fonte, mâle et femelle.

La figure 636 représente une boule à deux départs; c'est un récipient en forme de nourrice qui peut se placer, selon les

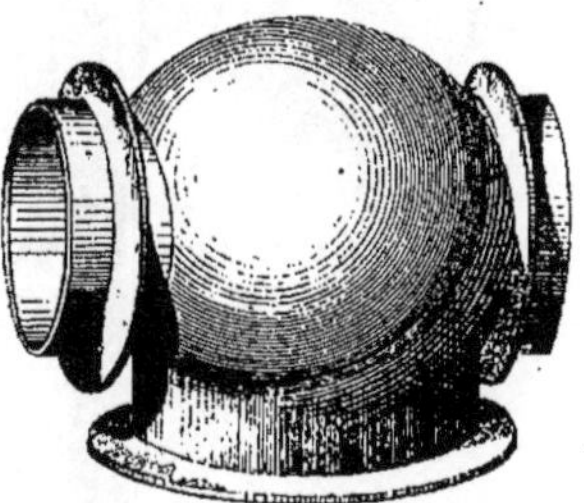

Fig. 636. — Boule d'appareil en fonte à double départ, à brides.

combinaisons, immédiatement au-dessus de la buse du foyer ou sur un intermédiaire.

Le plus souvent la boule est employée

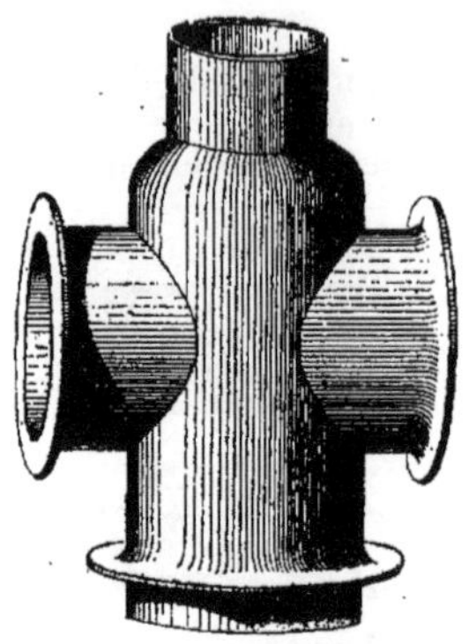

Fig. 637. — T'en croix avec buse de nettoyage
pour appareil en fonte.

dans les appareils plongeants, quand la hauteur de cave est insuffisante pour monter les serpentins.

La Série commerciale des boules à

Fig. 638. — Tampons d'appareil à serpentins,
en fonte.

double départ comprend sept numéros correspondant aux diamètres ci-dessous (les mesures prises à l'intérieur).

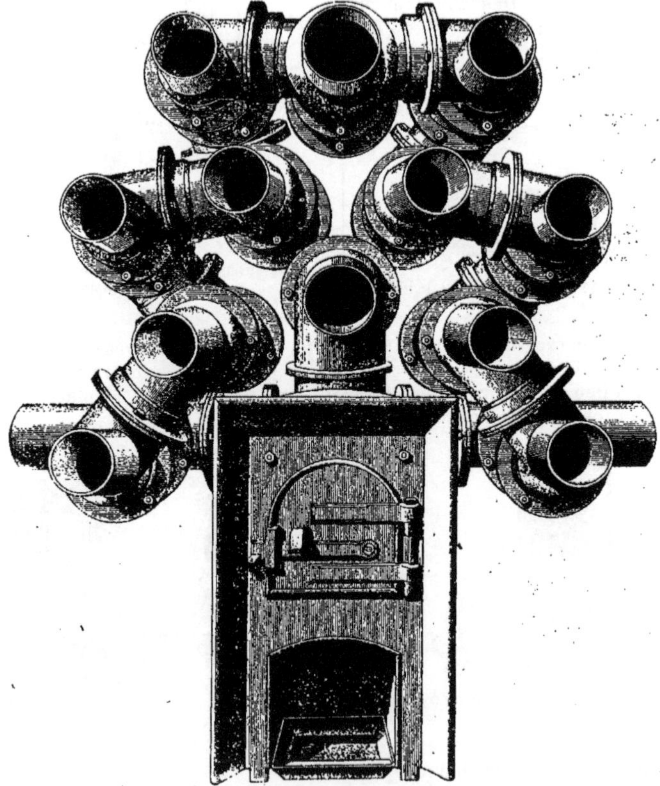

Fig . 639. — Appareil de calorifère en fonte, à départ plongeant. — Vue de face.

0ᵐ,180	0ᵐ,285
0 ,210	0 ,310
0 ,235	0 ,330
0 ,265	0 ,360

Une autre pièce moins employée que la boule est un T en forme de croix, muni à sa partie haute d'une tubulure de nettoyage que nous représentons (*fig.* 637).

Le T se fait commercialement de cinq diamètres différents :

0ᵐ,19	0ᵐ,27
0 ,22	0 ,30
0 ,24	

Les tampons en fonte complètent les accessoires des serpentins ; ils sont placés

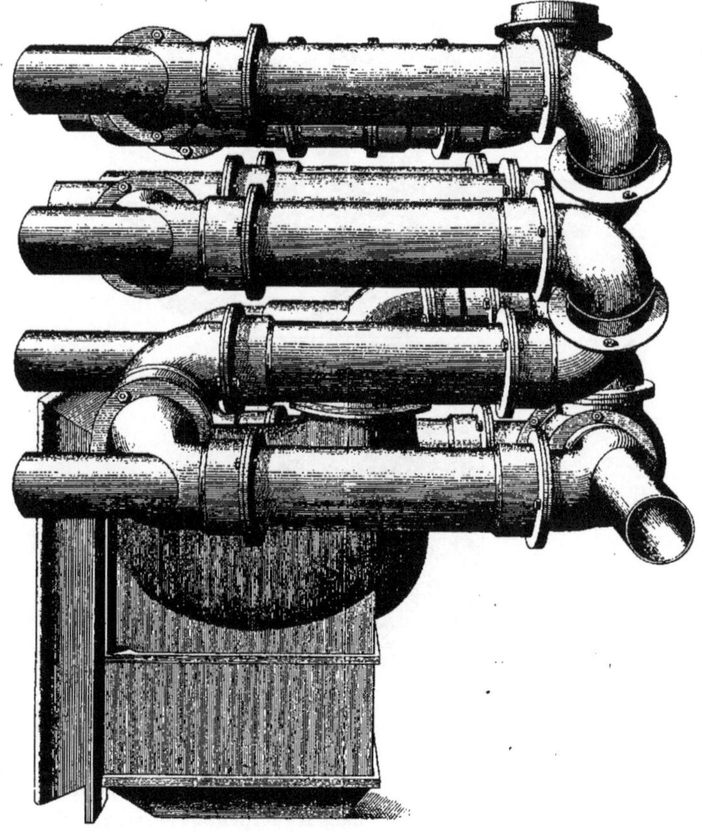

Fig. 640. — Appareil de calorifère en fonte, à départ plongeant. — Vue de côté.

au droit de chaque tubulure de nettoyage (*fig.* 638).

Les contre-tamponnages sont faits en briques.

Nous donnons à titre documentaire et pour servir de récapitulation à nos des-criptions des accessoires, un appareil complet de calorifère à fumée plongeante, entièrement composé avec les pièces que nous venons de décrire.

L'élévation sur la façade est représentée (*fig.* 639).

La figure 640 donne l'élévation perspective vue de côté.

Le départ du foyer est composé de deux coudes assemblés sur la boule nourrice à deux départs, laquelle, placée en arrière du foyer et en contre-bas de la buse, dessert l'alimentation générale et parallèle de l'appareil, en passant par le serpentin plongeant.

Les serpentins supérieurs sont assemblés entre eux au moyen des coudes d'équerre et les tampons de nettoyage amenés en façade par les coudes à tubulure.

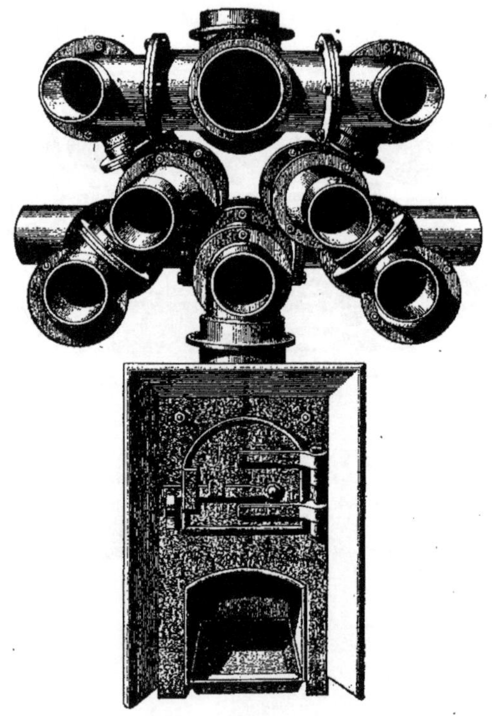

Fig. 641. — Appareil de calorifère en fonte à départ direct. — Vue de face.

Toutes les pièces sont assemblées à boulons sur joints étanches.

Nous donnons une autre composition d'un appareil à départ direct, avec les mêmes accessoires.

Dans ce cas, la boule nourrice est placée à un niveau supérieur à celui de la buse du foyer.

Le départ est composé d'un coude, réuni à la boule par un intermédiaire de jonction, à niveau. L'alimentation générale dans les serpentins est assurée de la même manière.

La figure 641 représente l'élévation sur la façade.

La figure 642 représente l'élévation perspective vue de côté.

Les appareils à serpentins se font aussi à ailettes comme les foyers. Le montage est le même et la façon des joints est semblable. Nous donnons (*fig.* 643) un appareil complet de calorifère composé avec des éléments à ailettes.

Les appareils de calorifère, en tôle, ne sont pas assemblés de la même façon. Les coudes sont remplacés par des buses rapportées sur les carneaux métalliques.

Ce genre d'appareil n'est pas de fabrication commerciale, comme l'appareil en fonte, dont nous venons de décrire toutes les parties, et chaque constructeur le fabrique selon le calorifère qu'il entend édifier.

Dans le cas de fabrication d'appareil en tôle, le départ immédiat au-dessus du foyer est seul en fonte. La composition

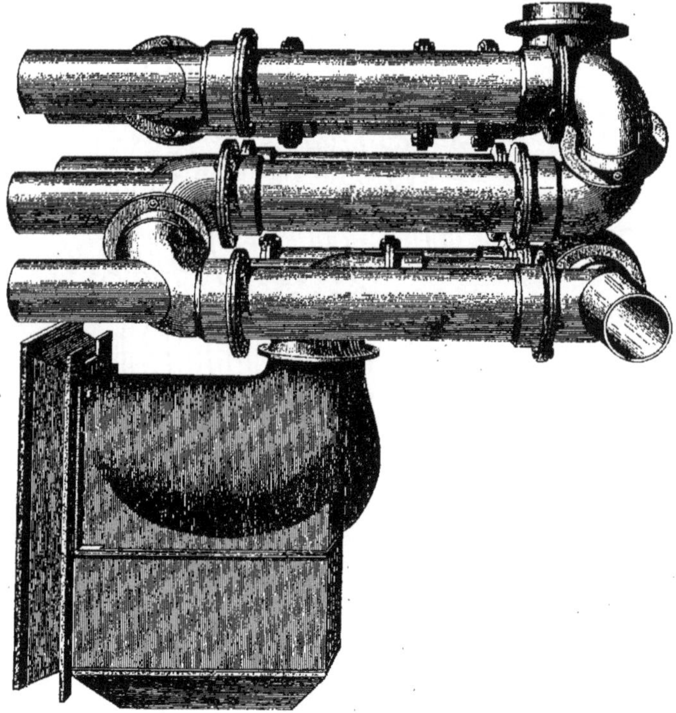

Fig. 642. — Appareil de calorifère en fonte à départ direct. — Vue de côté.

du départ varie, bien entendu, selon les combinaisons, comme pour les appareils tout en fonte.

Nous devons ajouter cependant que cette manière de faire, si générale qu'elle soit, n'est pas absolue, et que, dans certains cas, les constructeurs fabriquent des appareils avec départ en tôle.

Nous avons donné (*fig.* 608) un très important appareil de calorifère en tôle, nous donnons simplement (*fig.* 644) une parallèle prise sur les trois éléments inférieurs superposés.

Nous n'avons d'autre but que de représenter, par cette figure, la différence d'assemblages des appareils en tôle avec les appareils en fonte.

Pompes d'appel.

318. En raison du grand parcours des produits de la combustion dans les carneaux et serpentins des appareils de calorifères, il y a lieu, très souventes fois, de déterminer le départ au moyen d'un feu d'appel.

L'appareil qui sert à cet usage est appelé pour cela *pompe d'appel*. Le plus simple consiste dans un tampon monté sur un carneau ménagé le plus près possible du conduit de fumée et muni d'une porte à

pentures avec loquet, comme le représente la figure 645.

La pompe d'appel est quelquefois placée en dehors de l'appareil, en communication directe avec la cheminée. Nous donnons (*fig.* 646) un coffre à porte avec tuyaux à soupape pour pompe d'appel indépendante dans le genre de notre description.

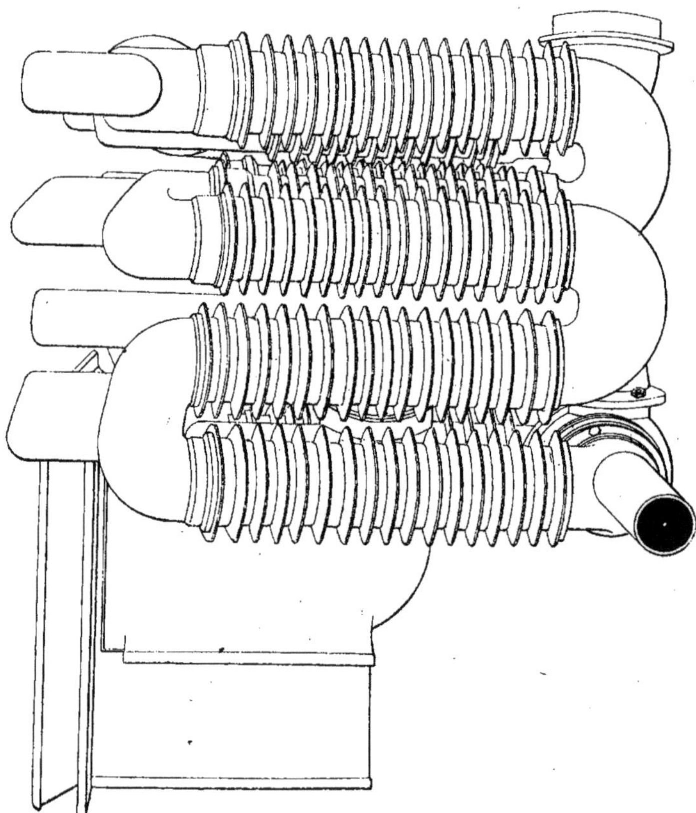

Fig. 643. — Appareil de calorifère en fonte à serpentins avec éléments à ailettes.

Ces différents appareils sont là présenter ou estimer en raison de leur fabrication.

La pose doit être également demandée selon l'installation.

Les consoles en fer ou corbeaux à la serrurerie et la pose à la maçonnerie pour trous et scellements en murs.

Saturateurs.

319. Les saturateurs placés à l'intérieur des calorifères de construction soignée ont pour objet de rendre à l'air chaud émis dans les pièces d'habitation son état hygrométrique.

Ce sont le plus ordinairement des bacs

de forme allongée, raccordés entre eux au moyen de tubes à raccords et alimentés par un godet placé à l'extérieur du calorifère, à un endroit suffisamment accessible.

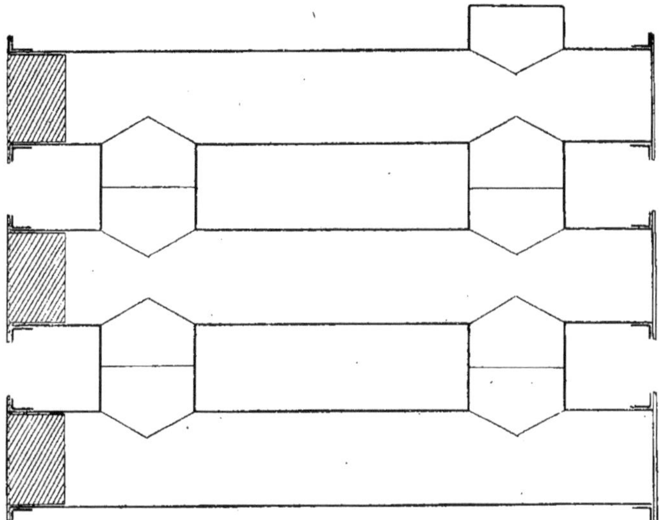

Fig. 644. — Batterie d'appareil en tôle à trois éléments superposés.

Les saturateurs sont en cuivre ou en tôle étamée ou galvanisée.

La Série est muette sur les prix à appliquer pour la fourniture des saturateurs, dont la variété est très grande et la fabrication spéciale.

Les tubes et les raccords sont à reprendre à la Série de chaudronnerie ainsi que la façon sur tubes et les soudures ou brasures.

Les bacs varient en raison du travail de façon eu égard au poids du métal.

La pose et tous accessoires, tels que joints de raccords, scellements des supports, etc., sont à reprendre en estimation et en évaluation aux Séries pour les travaux tarifés.

Nous donnons (*fig.* 647) un bac de saturateur avec godet d'emplissage.

Soupapes.

320. Les soupapes sont des vannes en tôle servant à diminuer la section d'un conduit quelconque pour en restreindre le débit. Les soupapes peuvent être employées aussi bien dans les conduits d'air froid que dans les conduits de chaleur ou de fumée ; leur action mécanique est modératrice.

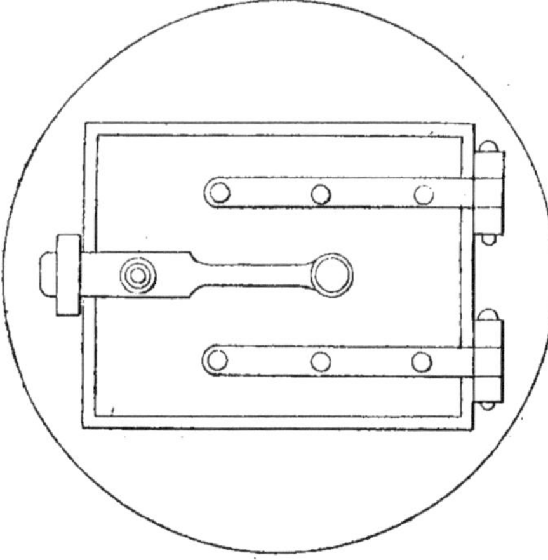

Fig. 645. — Tampon à pompe d'appel.

La fourniture des soupapes est tarifée à la pièce, à la Série centrale sous le numéro 912, suivant un tableau annexé donnant six sections :

$$0^m,13 \times 0^m,13$$
$$0\ ,13 \times 0\ ,16$$
$$0\ ,17 \times 0\ ,19$$
$$0\ ,19 \times 0\ ,22$$
$$0\ ,22 \times 0\ ,25$$
$$0\ ,25 \times 0\ ,30$$

Les soupapes établies dans les mêmes conditions comme il est dit à la Série, mais en tôlerie renforcée ou de sections plus grandes, sont tarifées au poids, sous le numéro 913.

Dans l'un ou l'autre cas, la pose n'est pas comprise.

Nous donnons (*fig.* 648) une soupape à vanne carrée pour conduit en maçonnerie.

La figure 649 représente une soupape à vanne ronde dans un conduit en tôle.

Les soupapes, en ce qui concerne plus particulièrement les calorifères, doivent

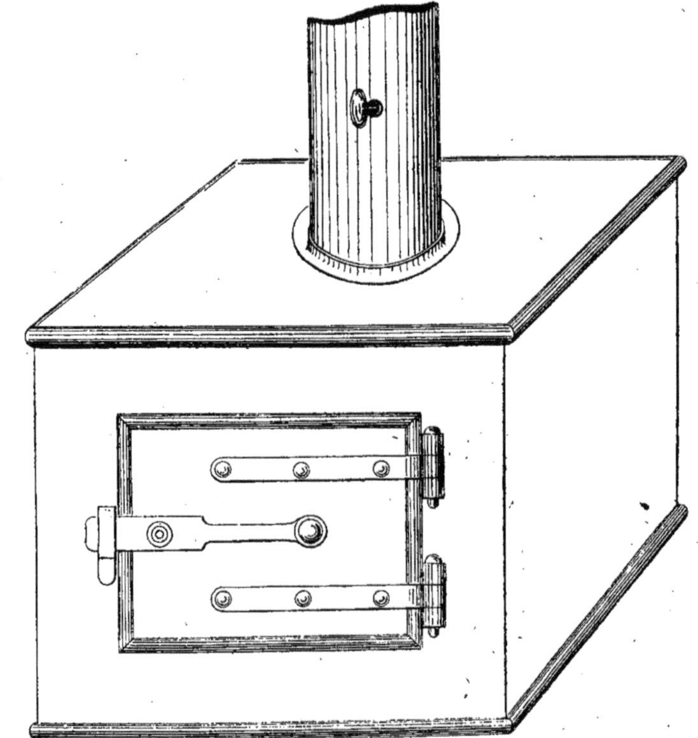

Fig. 646. — Coffre à pompe d'appel indépendante.

Fig. 647. — Bac de saturateur et godet d'emplissage.

être complétées par l'indication permanente du conduit desservi.

On suspend, pour cet usage, une plaque émaillée à l'anneau de la tige de soupape au moyen d'une chaînette en cuivre, ou on fixe, selon les possibilités, la plaque

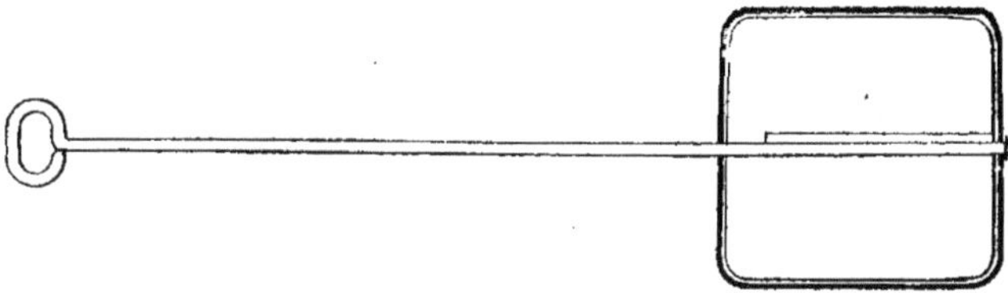

Fig. 648. — Soupape à vanne carrée.

Fig. 649 et 650. — Soupape à vanne ronde avec plaque indicatrice.

indicatrice sur le briquetage du calorifère on sur le conduit lui-même, au droit de la soupape.

Nous donnons (*fig.* 650) une plaque indicatrice.

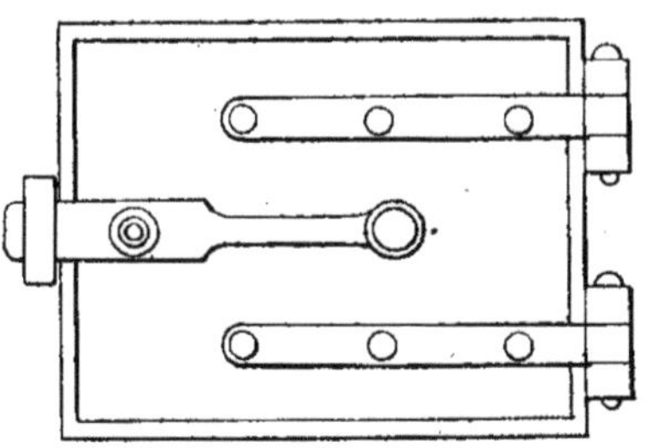

Fig. 651. — Porte de visite en tôle sur cadre, pentures et loquet.

Portes de visite.

321. L'accès des chambres d'air et de chaleur des calorifères doit être pratiquement réservé tant pour les nettoyages que pour les visites des appareils et la facilité des menues réparations d'entretien.

Les portes de visites sont en tôle, montées sur cadres en fer forgé, garnies de pentures et loquet, comme les représente la figure 651.

Les portes ainsi établies sont tarifées au poids à la Série sous le numéro 871.

Tous accessoires rapportés en excédent de façon et en fournitures, tels que pattes à scellements, etc., sont à reprendre pour leur valeur réelle.

Le prix de la fourniture au poids ne comprend pas la pose, qui est payée par analogie sous le numéro 884.

Les trous et scellements de pattes, s'il y a lieu, sont à reprendre aux évaluations de la maçonnerie.

Fers et armatures.

322. Nous mentionnons pour mémoire les fers et armatures des calorifères qui ne sont pas proprement dit des accessoires.

Nous avons les linteaux, les fers à T des planchers, les cornières et enfin les solives à ⊥.

La fourniture de tous ces fers différents est très explicitement tarifée à la Série de serrurerie. Quant aux armatures de masse composées généralement de cornières assemblées aux ceintures, c'est à la Série de fumisterie qu'il faut les prendre.

Les armatures ordinaires, avec pattes coudées, contre-coudées et rivées, sont tarifées sous le numéro 697 et les armatures assemblées à mi-fer, y compris le taraudage des trous, sous le numéro 698.

Les prix dans les deux façons ne comprennent pas les scellements.

Les façons spéciales, dégauchissages, cintrages sur plat, etc., etc., sont à reprendre selon leur valeur. Les vis et écrous s'il y a lieu.

Jeu de service.

323. Le jeu de service d'un calorifère comprend trois pièces :

1° Le pique-feu ;

2° Le ringard ;

3° La pelle.

Nous donnons (*fig.* 652, 653 et 654) ces trois objets.

Le pique-feu et le ringard sont en fer rond d'un diamètre correspondant à la longueur demandée, avec poignées rou-

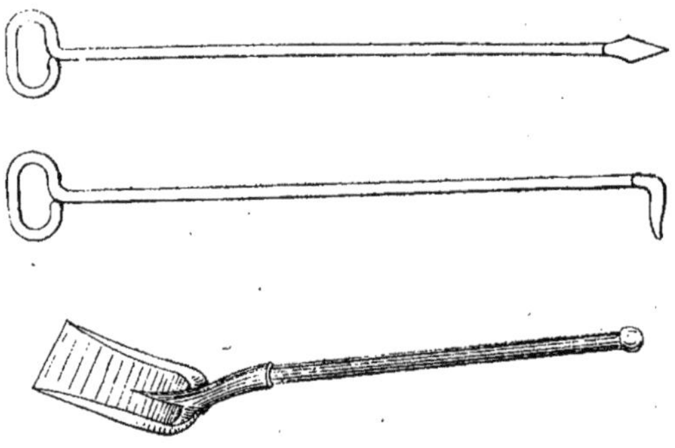

Fig. 652 à 654. — Jeu de service de calorifère.

lées. Le pique-feu affecte à son extrémité un fer de lance et le ringard une patte coudée élargie.

La pelle doit être très solide et montée sur un manche en bois de longueur suffisante, d'environ 1 mètre. Le manche à œil est quelquefois demandé pour sa facilité à l'accrocher.

Pour suspendre ces accessoires, il est d'usage de sceller dans le mur des crochets *ad hoc* à portée de main du chauffeur.

Registres de prises d'air.

324. Les registres des prises d'air ne sont pas des accessoires immédiats des calorifères : d'abord parce qu'ils sont placés en dehors des appareils calorifiques

et aussi parce que leur usage n'est pas absolu dans toutes les constructions. Nous devons cependant les mentionner pour compléter notre étude.

Les registres sont généralement construits et placés verticalement dans le sens des vannes. Ils ont pour objet de réglementer l'admission de l'air froid et de proportionner conséquemment le rendement de l'air chaud à l'émission.

La vanne d'un registre est exactement de la même section que le canal de prise d'air.

La manœuvre se fait au moyen d'un contrepoids par une chaîne passant dans les gorges d'un jeu de poulies, et l'action mécanique est produite à la main par des poignées rapportées sur la vanne. On adoucit le glissement et on diminue le frottement de la vanne dans le châssis dormant au moyen de petits galets en cuivre. Nous donnons (*fig.* 655) un registre monté à vanne sur châssis en fer rainé, avec manœuvre à contrepoids.

La figure 656 représente la coupe sur le canal de prise d'air.

Métré d'un registre de prise d'air (*fig.* 655 et 656).

Châssis dormant en fer rainé à vasistas : au mètre linéaire. Serrurerie n° 1774 à 1779.	Fer rainé à vasistas, au mètre linéaire. » » Serrurerie, SÉRIE CENTRALE nos 1774 à 1779.
2 Assemblages ajustés à angles droits sur la traverse basse : à la pièce. Serrurerie n° 667.	Assemblage à angle droit pour cadre à la pièce. 2 Serrurerie, SÉRIE CENTRALE n° 667.
2 Arasements droits sur fer, dressés à la lime : à la pièce. Serrurerie nos 220 à 225.	Arasement droit dressé à la lime sur fer à la pièce. 2 Serrurerie, SÉRIE CENTRALE nos 220 à 225.
Les pattes à scellements de façon rapportées et rivées : à la pièce. » » Observation.	Patte à scellement de façon rapportée et rivée à la pièce. Observation.
La vanne en tôle des Ardennes : au poids. » » Serrurerie n° 165.	Tôle des Ardennes au poids. » » Serrurerie, SÉRIE CENTRALE n° 165.
Découpage : au mètre linéaire. » » Serrurerie nos 169 à 178.	Découpage mécanique sur tôle au mètre linéaire. » » Serrurerie, SÉRIE CENTRALE nos 169 à 178.
Dressement des rives : au mètre linéaire. » » Serrurerie n° 167.	Dressement de rives sur tôle au mètre linéaire. » » Serrurerie, SÉRIE CENTRALE n° 167.
Planage : au mètre superficiel. » » Serrurerie n° 166.	Planage sur tôle : au mètre superficiel. » » Serrurerie, SÉRIE CENTRALE n° 166.
2 Poignées de manœuvre en fer blanchi à empattements : à la pièce. Serrurerie nos 1227 à 1230.	Poignée en fer blanchi à la pièce. 2 Serrurerie, SÉRIE CENTRALE nos 1227 à 1230.
4 Vis à métaux en fer : à la pièce. Serrurerie nos 1928 à 1938.	Vis à métaux en fer à la pièce. 4 Serrurerie, SÉRIE CENTRALE nos 1928 à 1938.
4 Écrous taraudés : à la pièce. Serrurerie n° 1311.	Écrou en fer taraudé à la pièce. 4 Serrurerie, SÉRIE CENTRALE n° 1311.
4 Trous percés dans la tôle : à la pièce. Serrurerie n° 168 ou analogue.	Trou percé dans la tôle : à la pièce. 4 Serrurerie, SÉRIE CENTRALE n° 168.
Plate-bande en fer rapportée, rivée, assemblée sur tôle par le haut de la vanne : au mètre linéaire. » » Serrurerie nos 1215 à 1217.	Plate-bande en fer au mètre linéaire. » » Serrurerie, SÉRIE CENTRALE nos 1215 à 1217.

	Arasement droit dressé à la lime sur fer à la pièce.
2 Arasements droits sur fer, dressés à la lime : à la pièce. Serrurerie nos 220 à 225.	2
	Serrurerie, série centrale nos 220 à 225.
	Rivure affleurée sur fer et tôle à la pièce.
Les rivures affleurées sur tôle et fer : à la pièce. Observation.	» »
	Observation.
L'anse en fer plat forgé, débillardé, rapporté sur la plate-bande, à double empattement. Observation.	Anse en fer plat forgé, débillardé à double empattement, rapporté, à la pièce.
	Observation.
Façon d'un œil renflé, à la pièce. Serrurerie no 1768.	Œil à façon dans le fer à la pièce.
	1
	Serrurerie, série centrale no 1768.
	Trou percé dans le fer à l'atelier à la pièce.
Les trous percés dans le fer et contre-percés à l'atelier dans la plate-bande : à la pièce. » » Serrurerie nos 1148 à 1153.	» »
	Serrurerie, série centrale nos 1148 à 1153.
	Arasement droit dressé à la lime sur fer à la pièce.
2 Arasements droits sur fer, dressés à la lime : à la pièce. Serrurerie nos 220 à 225.	2
	Serrurerie, série centrale nos 220 à 225.
	Vis à métaux en fer à la pièce.
4 Vis à métaux en fer : à la pièce. Serrurerie nos 1928 à 1938.	4
	Serrurerie, série centrale nos 1928 à 1938.
	Ecrou en fer taraudé à la pièce.
4 Écrous taraudés : à la pièce. Serrurerie no 1311.	4
	Serrurerie, série centrale no 1311.
	Galet en cuivre monté sur champ à la pièce.
Les galets en cuivre montés sur champ : à la pièce. » » Serrurerie nos 807 à 815.	» »
	Serrurerie, série centrale nos 807 à 815.
	Chape de façon en fer forgé, rapportée, rivée : à la pièce.
Les chapes de façon faites spécialement en fer forgé, rapportées et rivées sur la vanne : à la pièce » » Observation.	» »
	Observation.
	Rivure affleurée sur fer et tôle à la pièce.
Les rivures affleurées sur tôle et fer : à la pièce. Observation.	» »
	Observation.
Une menotte marine en fer forgé pour attache de la chaîne de manœuvre sur l'anse de la vanne. Observation.	Menotte marine en fer forgé à la pièce.
	1
	Observation.
La chaîne forgée en fer à mailles soudées : au mètre linéaire. Observation.	Chaîne forgée à mailles soudées au mètre linéaire.
	» »
	Observation.
2 S en fer forgé, à la pièce. Observation.	S en fer forgé à la pièce.
	2
	Observation.

2 Poulies évidées à gorges au-dessus de 0ᵐ,060 de diamètre, à la pièce.
Observation.

2 Chapes de façon faites spécialement en fer forgé, sur tiges à scellement goupillées : à la pièce.
Observation.

Le contrepoids par galets pleins en fonte percés au centre : au poids.
Observation.

L'âme en fer rond, fileté d'une extrémité avec écrou taraudé, rondelle et contre-écrou, et façon d'un enroulement dans le même fer : à la pièce.
Observation.

Posé, descendu et mis en place, le registre à contrepoids.
Observation.
Les trous et scellements de pattes, les tailles en feuillures s'il y a lieu, les calfeutrements et tous travaux accessoires sont à reprendre selon les évaluations de la Série de maçonnerie.
Observation.
L'égrenage et la peinture ou la galvanisation sont à reprendre aux évaluations spéciales.
Observation.

Poulie évidée à gorge à la pièce.
2
Observation.
Chape de façon en fer forgé sur tige à scellement goupillée à la pièce.
2
Observation.
Contrepoids compensé par galets pleins en fonte, percés au centre, au poids.
» »
Observation.
Ame de contrepoids en fer rond de façon avec extrémité filetée, écrou, rondelle et contre-écrou et façon d'un enroulement, à la pièce.
1
Observation.
Pose et mise en place de registre à contrepoids.
Observation.
Observation.
Observation.

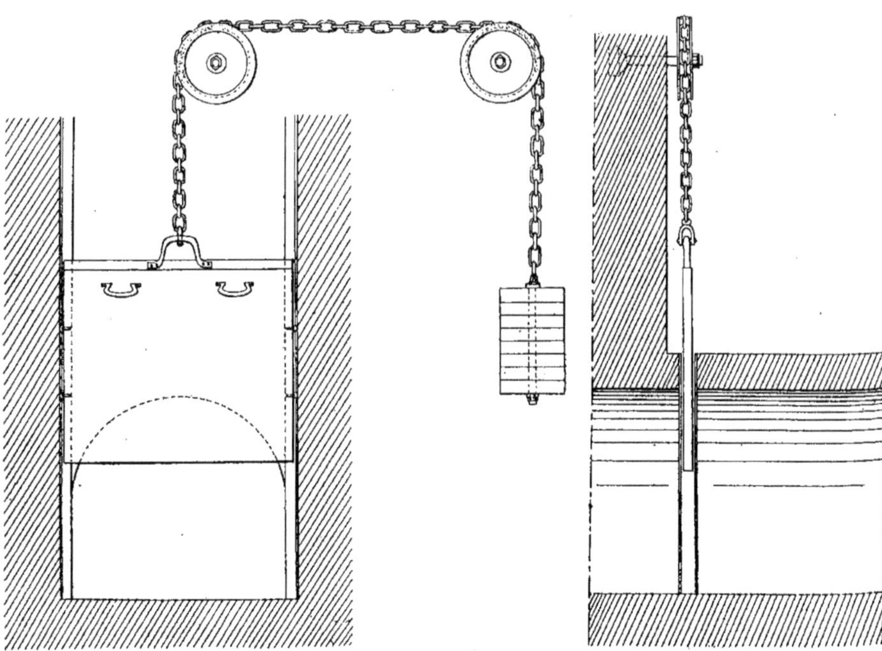

Fig. 655 et 656. — Registre de prise d'air monté à vanne à contrepoids ; élévation et coupe.

Grilles de prises d'air.

325. Nous ne quitterons pas le chapitre des accessoires sans mentionner les grilles des prises d'air.

Les grilles sont généralement en fonte et scellées en feuillures dans la maçonnerie, quand elles sont placées verticalement ; ou posées dans un encadrement en cornière, quand elles sont dans le sens horizontal.

La très grande variété des dimensions commerciales permet l'emploi des grilles en fonte pour tous les calorifères. On peut au surplus les assembler sur des cadres en cornière pour donner une plus grande section.

Les dimensions en largeur vont de $0^m,10$ à $0^m,70$ et en longueur de $0^m,05$ à $1^m,00$.

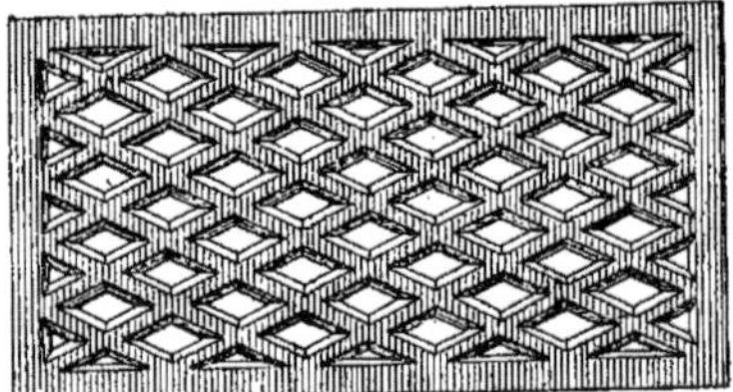

Fig. 657. — Grille en fonte pour prise d'air.

On trouve des grilles dans la longueur de $1^m,00$ depuis $0^m,20$ de largeur.

Nous ajoutons que les largeurs sont à peu près constantes entre elles de $0^m,05$ et les longueurs de $0^m,05$ à $0^m,10$ jusqu'à $0^m,60$ et de $0^m,20$ au-dessus de $0^m,60$.

Selon les épaisseurs, les grilles en fonte pèsent de 40 à 60 kilogrammes le mètre superficiel.

Nous donnons (*fig.* 657) une grille en fonte renforcée dite mosaïque. La pose des grilles est demandée en raison des dimensions et du poids et tous travaux accessoires, tels que feuillures, trous, scellements de pattes et raccords, etc., sont à reprendre aux évaluations des séries respectives.

Les châssis en cornières sont demandés à la Série de serrurerie sous les numéros 1102 à 1112. Les travaux accessoires sous les numéros 1113 à 1124 et les pattes à

scellements rapportées, à la pièce, aux évaluations conventionnelles.

Les grilles peuvent aussi être faites entièrement à la serrurerie, en fer rond ou carré, sous les évaluations des numéros 156-157.

Les châssis en cornières sont à reprendre avec tous travaux accessoires, comme pour les grilles en fonte.

La figure 658 représente la grille en fer carré réglementaire à barreaux épaulés et rivés dans un cadre en fer.

Bouches de chaleur et encaissements

326. Les encaissements ne sont pas considérés comme accessoires des calorifères proprement dits, puisque ce sont des ouvrages du tas ; mais nous les mention-

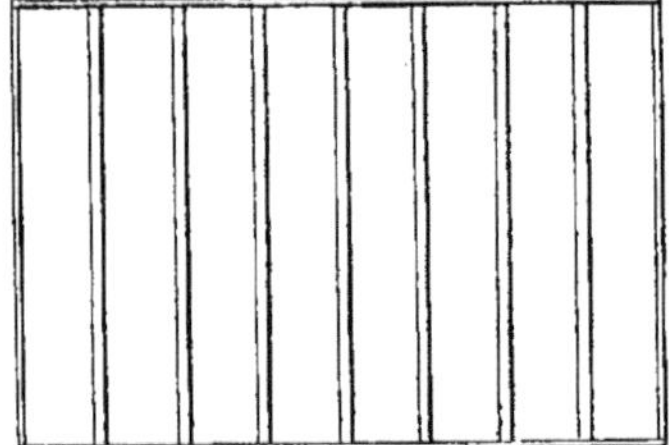

Fig. 658. — Grille en fer carré pour prise d'air.

nons à dessein dans ce chapitre, parce que, étroitement liés aux bouches de chaleur, ils forment corps avec elles et sont la solution de continuité des conduits aux bouches.

Les encaissements sont généralement construits en briques, sur plat ou sur champ, selon les cas et l'importance de leur section ; en raison de leurs dimensions, ils sont évalués à la pièce ou comptés au métré des conduits de chaleur s'il y a lieu.

Les bouches sont divisées en deux catégories respectivement dénommées : bouches de plinthes et bouches de parquets.

Les bouches de plinthes sont posées, comme l'indique leur dénomination, dans le sens vertical des murs à l'affleurement des parements ou des plinthes en menuiserie, immédiatement au-dessus des parquets.

Les bouches de parquets sont posées dans le sens horizontal des planchers à l'affleurement des frises ou des carrelages.

La pose des bouches est comptée à la pièce, compris scellement et garnissage en plâtre, selon trois dimensions indiquées par la Série sous le numéro 884 : la première jusqu'à 0^m,20, la seconde de 0^m,21 à 0^m,40 et la troisième au-dessus de 0^m,40.

Il faut entendre par dimensions au-dessus de 0^m,40 les mesures des bouches portées en fournitures à la Série.

Le chapitre des bouches contient, à la Série, 370 numéros pour un millier de bouches environ, depuis le numéro 122 jusqu'au numéro 491 inclus, et pour les deux catégories des bouches de plinthes et de parquets.

Nous avons exposé dans les chapitres des accessoires des poêles les bouches employées pour ce genre d'appareils ; nous

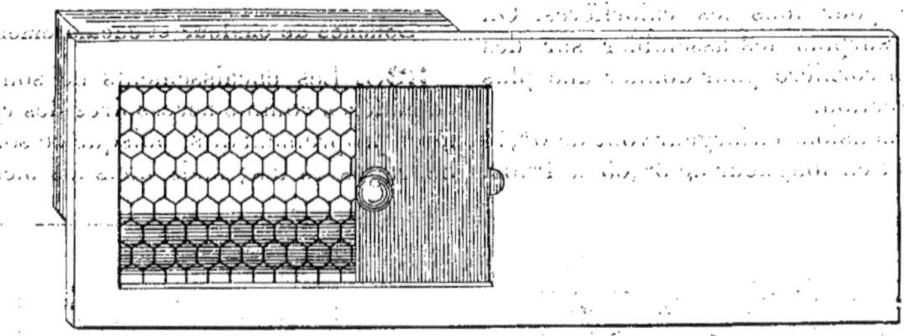

Fig. 659. — Bouche de chaleur à simple coulisse grillagée en laiton pour plinthe.

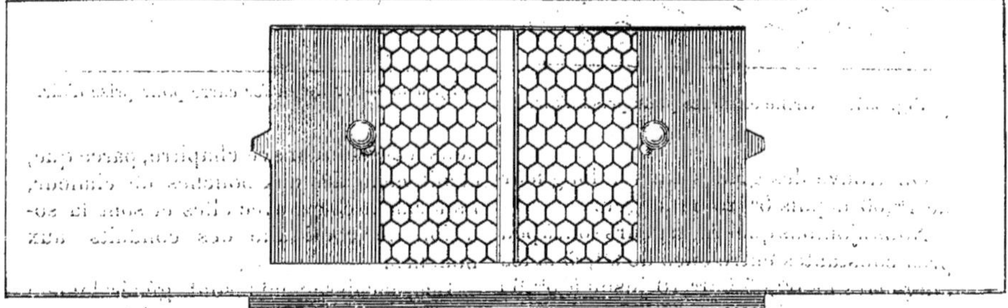

Fig. 660. — Bouche de chaleur à double coulisse grillagée en laiton pour plinthe.

examinons ici les bouches exclusives aux calorifères.

Les bouches de la première catégorie, pour plinthes, sont employées dans les cinq systèmes : à créneaux, à coulisse simple ou double, à soufflet, à persiennes et à jalousies.

Les bouches à jalousies ne sont pas à la Série.

Les bouches à bascule sont peu usitées dans les grandes dimensions ; il en est de même des bouches rondes.

Le chapitre complet des bouches à bascule et à créneaux fonte et cuivre, pour plinthes, comprend à la Série les numéros 122 à 157 inclus, depuis les plus petites dimensions : 0^m,06 $\times$ 0^m,13, jusqu'aux plus grandes : 0^m,16 $\times$ 0^m,30. Les dimensions qui conviennent mieux aux calorifères ne commencent guère au-dessous de 0^m,11 de largeur. Les petites bouches sont réservées aux poêles.

Les mesures sont prises à l'extérieur des cadres.

Nous avons donné au chapitre des accessoires des poêles de construction les modèles de ces bouches (*fig.* 302 à 305).

Nous trouvons ensuite les bouches à coulisse, que nous représentons (*fig.* 659 et 660). Les bouches du système à coulisse simple ou double sont tarifées à la Série sous les numéros 284 à 349 inclus. Le numéro 349 est une plus-value constante pour la double coulisse.

Les bouches de ce système sont fabriquées de trois façons :

1° Cadres et coulisses en tôle ;

2° Cadres en tôle et coulisses en cuivre ;

3° Cadres et coulisses en cuivre.

Les mesures sont prises à l'extérieur des cadres.

La figure 659 représente la bouche à

4° Bouche cuivre à grillage cintré à barrettes.

Les mesures sont prises à l'extérieur des cadres.

Nous donnons (*fig.* 661) la bouche cuivre à soufflet, à grillage plat ordinaire du premier genre, et (*fig.* 662) la bouche cuivre à soufflet à barrettes cintrées, du dernier genre de fabrication tarifé à la Série.

Dans tous les genres, les bouches sont fabriquées à bouton ou à poignée perdue en forme de T.

Les bouches à soufflet offrent les avantages du grand débit et l'insufflation dans les couches basses ; par contre, le développement du soufflet en saillie sur le nu du mur est parfois gênant pour la circulation et l'ameublement.

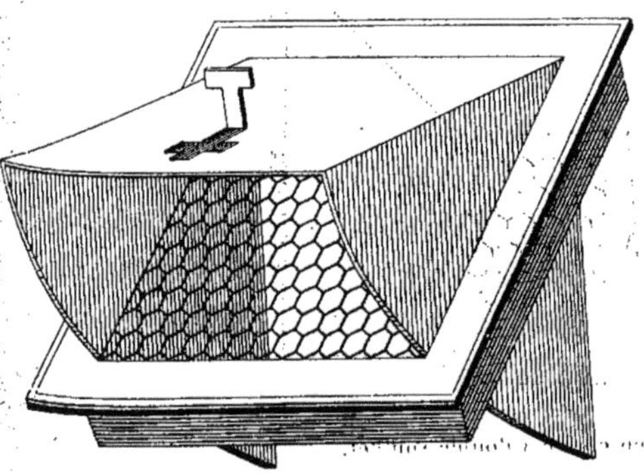

Fig. 661. — Bouche de chaleur en cuivre à soufflet, à grillage plat ordinaire.

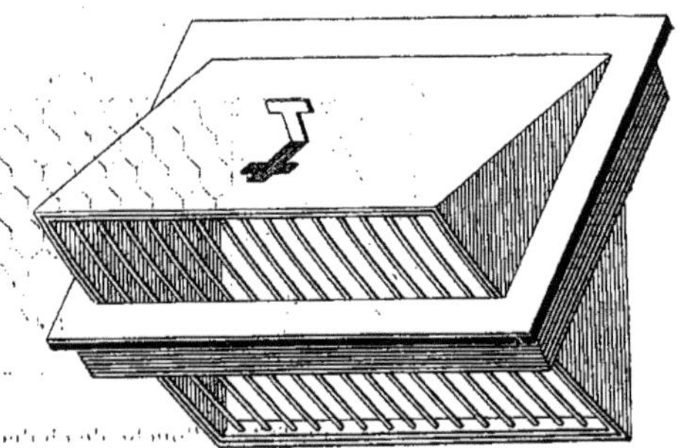

Fig. 662. — Bouche de chaleur en cuivre à soufflet, à barrettes cintrées.

simple coulisse tout en tôle, et la figure 660 une bouche à double coulisse en cuivre avec cadre en tôle. Les grillages sont en fil de laiton dans les deux spécimens.

L'inconvénient de ce système est la grande surface des recouvrements nécessaires au développement des coulisses et l'effet disgracieux qui en résulte dans les plinthes.

Les bouches à soufflet sont tarifées à la Série sous les numéros 350 à 403 inclus et pour quatre genres de fabrication.

1° Bouche tôle avec ailes en cuivre ;

2° Bouche cuivre à grillage plat ordinaire ;

3° Bouche cuivre à grillage cintré ordinaire, ou plat à barrettes ;

La réglementation de l'émission s'obtient mieux avec le système à soufflet, étant donnée la graduation possible de l'ouverture sur un quart de cercle.

Il se fait également une autre bouche dite à double soufflet (*fig.* 663) et qui n'est pas portée à la Série.

La bouche à double soufflet, comme son nom l'indique, possède, en outre du soufflet ordinaire s'ouvrant de bas en haut, un second soufflet intérieur s'ouvrant de haut en bas et recouvert par le premier. L'ouverture du double soufflet se fait en même temps au moyen d'un mouvement à bielle.

L'avantage de ce système est d'isoler complètement l'air chaud à son émission de tout contact direct et, conséquemment, de préserver les boiseries, tentures ou peintures.

Les bouches à double soufflet se font exclusivement en cuivre dans les dimensions de fabrication normale que nous donnons ci-dessous :

$0^m,10 \times 0^m,20$	$0^m,16 \times 0^m,30$
$0,12 \times 0,20$	$0,20 \times 0,30$
$0,12 \times 0,25$	$0,20 \times 0,35$
$0,12 \times 0,30$	$0,22 \times 0,30$
$0,14 \times 0,20$	$0,22 \times 0,35$
$0,14 \times 0,25$	$0,25 \times 0,30$
$0,14 \times 0,30$	$0,25 \times 0,35$
$0,16 \times 0,25$	

Les bouches dites à persiennes, pour plinthes, sont tarifées à la Série sous les numéros 445 à 491 inclus, dans deux colonnes respectivement affectées aux bouches fonte et cuivre.

Nous donnons (*fig.* 664) une bouche à persiennes, en fonte, pour plinthe.

Les mesures indiquées à la Série sont prises à l'extérieur des cadres.

Le système de fermeture consiste en une série de lames de persiennes manœuvrées sur leur axe, dans le sens vertical, au moyen d'un mouvement de rappel commandé dans le haut par un bouton saillant.

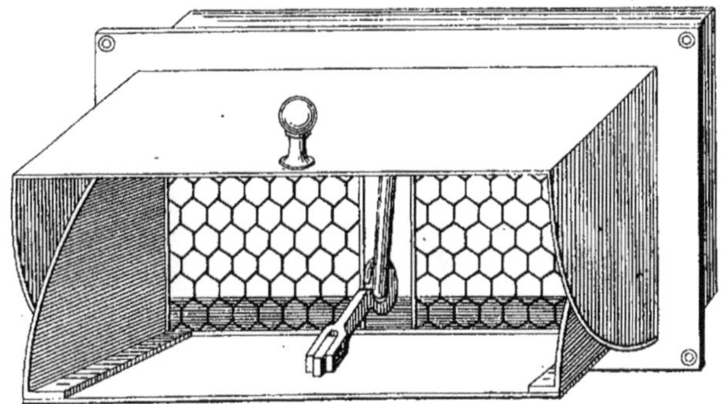

Fig. 663. — Bouche de chaleur en cuivre à double soufflet.

Fig. 664. — Bouche de chaleur à persiennes pour plinthe.

Les lames se présentent de champ quand la bouche est ouverte et laissent libre toute la section. Ce système convient par la facilité de sa manœuvre et par le débit qu'il permet d'obtenir.

Le dernier système employé pour les bouches placées en plinthe est dit à jalousies.

Les bouches à jalousies ne sont pas portées à la Série; elles se font exclusivement en cuivre, comme nous les représente la figure 665.

Le système de fermeture est un peu

perforation quelconque et donne la plus grande somme de vide.

La manœuvre est facile et la bouche à jalousies convient partout où on peut se dispenser d'un affleurement parfait au nu du mur.

Nous donnons dans le tableau ci-dessous les dimensions de fabrication normale des bouches à jalousies.

$0^m,11$	$\times$	$0^m,25$	$0^m,15$	$\times$	$0^m,30$
$0,11$	$\times$	$0,30$	$0,15$	$\times$	$0,35$
$0,12$	$\times$	$0,20$	$0,18$	$\times$	$0,25$
$0,12$	$\times$	$0,25$	$0,18$	$\times$	$0,30$
$0,12$	$\times$	$0,30$	$0,20$	$\times$	$0,25$
$0,15$	$\times$	$0,20$	$0,25$	$\times$	$0,30$
$0,15$	$\times$	$0,25$	$0,25$	$\times$	$0,35$

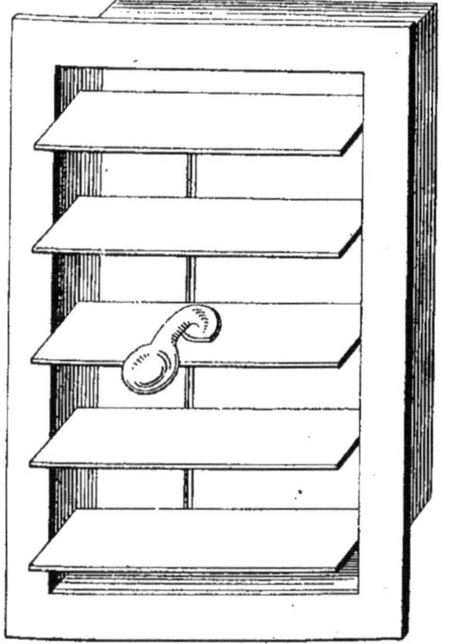

Fig. 665. — Bouche de chaleur en cuivre, à jalousies pour plinthe.

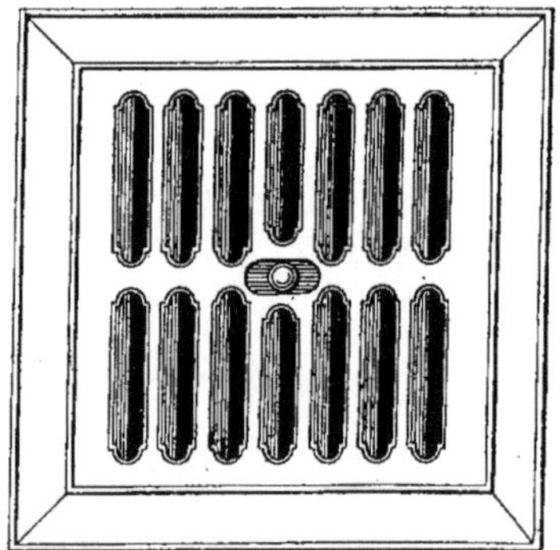

Fig. 666. — Bouche de chaleur carrée, à créneaux pour parquet.

celui du système à persiennes, avec cette différence cependant, que les lames des jalousies manœuvrent dans le sens horizontal au lieu du sens vertical.

Les lames, au lieu d'être placées en arrière d'un panneau perforé, comme dans le système à persiennes, sont montées immédiatement sur le cadre et s'ouvrent sur leur axe, moitié à l'intérieur, moitié à l'extérieur de la bouche. Cette disposition, jointe à l'absence de panneau au-devant des lames, supprime tous les pleins d'une

Nous traitons dans la seconde catégorie les bouches de parquets dans les trois systèmes de fabrication : à créneaux, à éventail et à persiennes.

Nous mentionnons au passage, pour n'y pas revenir, que les bouches à soufflet, quoique plus spécialement employées en plinthes, peuvent également être placées en parquet, principalement dans les angles.

Les bouches à créneaux et à persiennes, que nous avons vues en plinthes, sont également employées en parquets, mais la fabrication est spéciale à chaque usage, à la différence des bouches à soufflet : c'est ce qui motive notre observation.

Les bouches à créneaux dans les trois formes géométrales : carrée, rectangulaire ou octogonale, sont fabriquées en fonte et cuivre.

Les bouches de forme carrée du système à créneaux sont tarifées, à la Série, sous les numéros 175 à 197 inclus, dans deux colonnes, respectivement, affectées, aux

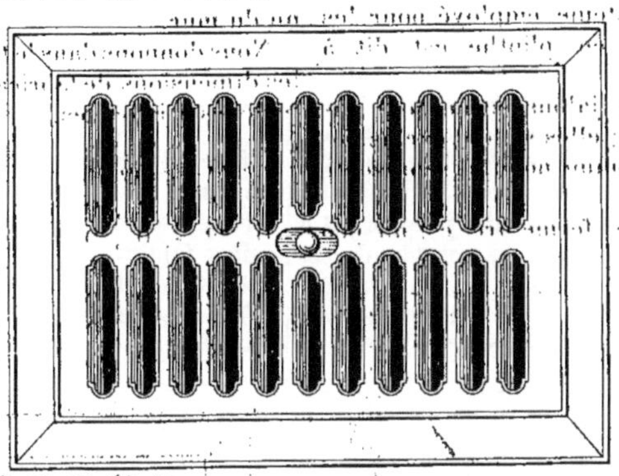

Fig. 667. — Bouche de chaleur rectangulaire, à créneaux pour parquet.

bouches fonte avec fermetures intérieures en cuivre et aux bouches cuivre.

Les mesures sont indiquées à l'extérieur des cadres et aux douilles.

tarifées sous les numéros 231 à 282 inclus, dans deux colonnes, comme les bouches carrées, pour les mêmes désignations de fabrications fonte et cuivre.

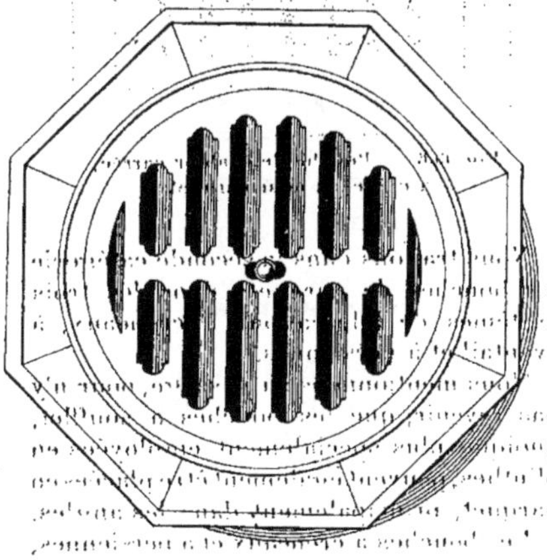

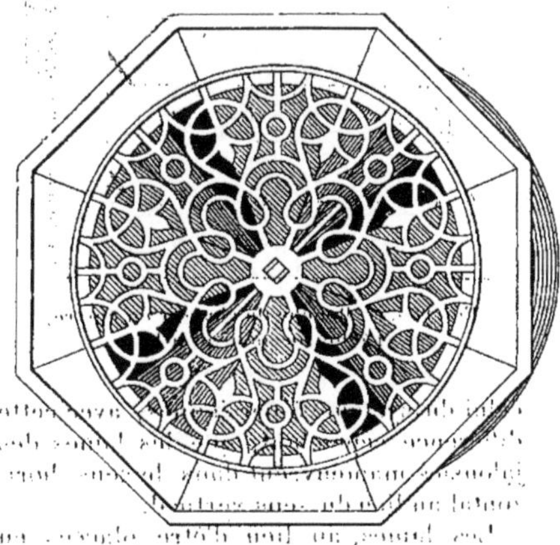

Fig. 668. — Bouche de chaleur octogonale à créneaux, pour parquet.

Fig. 669. — Bouche de chaleur octogonale, à éventail pour parquet.

La pratique du métré est d'indiquer la mesure extérieure du cadre.

La figure 666 représente la bouche carrée en fonte du système à créneaux.

Les bouches de forme rectangulaire sont

La figure 667 représente la bouche rectangulaire en fonte.

Les mesures sont indiquées à la Série à l'extérieur des cadres et aux douilles, comme pour les bouches carrées.

Sous le numéro 283, la Série fait une réserve pour moins-value de fermetures en tôle ou fonte au lieu de cuivre dans les bouches en fonte à créneaux.

Les bouches de forme octogonale sont tarifées à la Série sous les numéros 214 à 223 inclus, dans deux colonnes relatives aux bouches fonte avec fermetures intérieures en cuivre et aux bouches cuivre.

La figure 668 représente la bouche octogonale en fonte à créneaux.

Les bouches du second système, dit à éventail, sont de formes octogonale et carrée. La bouche octogonale, représentée (*fig.* 669), est seule tarifée à la Série sous

value, sous le numéro 283, que nous avons rappelée, quand les fermetures sont en fonte ou tôle.

Dans les bouches à éventail, au contraire, la tarification de la Série s'applique à des fermetures intérieures, fonte ou tôle, et le numéro 212 prévoit une plus-value de fabrication pour les fermetures intérieures en cuivre des bouches fonte.

Une autre plus-value, sous le numéro 213, concerne les bouches en cuivre de la seconde colonne, quand elles sont en cuivre fondu.

Dans les deux cas, les plus-values sont différentes selon qu'elles sont applicables

Fig. 670. — Bouche de chaleur carrée, à éventail, pour parquet.

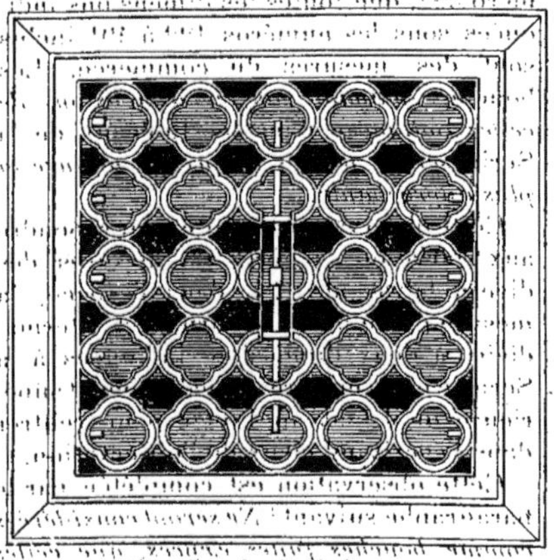

Fig. 671. — Bouche de chaleur carrée, à persiennes pour parquet.

les numéros 198 à 211 inclus, dans deux colonnes respectivement affectées aux bouches fonte avec fermetures fonte ou tôle et aux bouches cuivre.

Les mesures sont indiquées à l'extérieur des cadres et aux douilles. Mais la pratique du métré est constante d'indiquer la mesure extérieure du cadre.

Nos lecteurs remarqueront la différence de fabrication des bouches à éventail avec les bouches à créneaux, en ce qui concerne les fermetures intérieures.

Les bouches en fonte à créneaux sont tarifées à la Série avec fermeture intérieure en cuivre et sont frappées d'une moins-

aux bouches des premiers ou des derniers numéros.

La bouche du même système à éventail, dans la forme carrée, que nous représentons (*fig.* 670), n'est pas tarifée à la Série.

Les mesures des cadres se rapportent aux dimensions indiquées pour les bouches octogones. Mais elles sont d'un prix plus élevé à mesures égales.

Les bouches du troisième système, dit à persiennes, sont tarifées à la Série dans les trois formes géométrales : carrée, rectangulaire et octogonale.

Dans l'ordre numérique de la Série, nous trouvons d'abord les bouches de forme octogonale, sous les numéros 224 à 230 inclus, dans deux colonnes affectées aux bouches fonte à lames tôle et aux bouches fonte doublées en cuivre.

Les bouches carrées et rectangulaires du système à persiennes pour parquet sont tarifées sous les numéros 404 à 420 inclus, en ce qui concerne les bouches carrées, et les numéros 421 à 444 inclus, pour les bouches rectangulaires.

Les bouches sont également présentées sous deux colonnes et les mesures indiquées à l'extérieur des cadres.

Nous donnons (*fig.* 671) une bouche carrée en fonte à persiennes pour parquet.

En fin du tableau relatif aux bouches de chaleur et d'une manière générale, la Série indique, par une observation sous le numéro 492, que toutes les dimensions indiquées sous les numéros 122 à 491 inclus sont des mesures du commerce. Les bouches *n'ayant pas les dimensions de celles indiquées* dans les tableaux de la Série *seront payées d'après la mesure la plus approchante.*

Cette observation est faite pour répondre aux variations légères de mesures des divers fabricants. Si, dans l'espèce, la mesure d'une bouche fournie est intermédiaire à deux dimensions indiquées à la Série, c'est la mesure immédiatement supérieure qu'il faut appliquer pour rentrer dans l'esprit judicieux de l'observation.

Cette observation est complétée par le paragraphe suivant : *Ne seront considérées comme bouches faites exprès, que celles ayant des dimensions supérieures à celles indiquées à la fin de chaque catégorie ; et ces dernières seront payées au prix net de fabrication augmenté du bénéfice de* 10 0/0.

Nous n'avons pas séparé les textes des deux paragraphes, puisqu'ils forment un seul article de la Série. Mais nous devons cependant faire une observation très restrictive au second paragraphe. Il ne s'ensuit pas qu'il y ait, comme le dit la série, *de bouches faites exprès* que les seules pièces dont les dimensions seront supérieures *à celles indiquées à la fin de chaque catégorie.*

Chaque fois que, pour répondre à une demande quelconque de la construction ou de la décoration, des bouches de n'importe quelle catégorie auront été faites sur mesures spéciales, il est bien évident quelles rentreront dans la tarification spéciale des bouches *faites exprès* sans qu'il soit besoin que leurs mesures excèdent les plus grandes dimensions des bouches portées au tarif commercial.

L'observation sous le numéro 493 concerne spécialement les bouches portées sous les numéros 175 à 223 et 231 à 282 (bouches à créneaux pour parquets).

Le numéro 494 est relatif à l'indemnité « *du temps effectif passé par un garçon fumiste pour la recherche chez le fabricant d'une seule bouche fournie en réparation.*

Calorifères céramiques réfractaires.

327. En outre des calorifères à carneaux métalliques fonte et tôle que nous venons de décrire, nous avons aussi dans le commerce les calorifères en céramique, communément dénommés : calorifères à dalles.

Le calorifère du système à dalles de Michel Perret a été construit à l'origine avec des dalles pleines et le brevet exploité par l'inventeur. Par suite de l'extinction du brevet tombé aujourd'hui dans le domaine public, le calorifère à dalles pleines peut être édifié par n'importe quel constructeur.

La dalle perforée est protégée par un nouveau brevet.

La Série de la Société Centrale, dans son édition de 1901, a intercalé la construction de ce genre de calorifère ; il nous appartient donc d'en dire quelques mots.

La grande pensée de l'inventeur était de donner un système de foyer capable d'utiliser les poussiers, les résidus, les charbons maigres, en un mot les combustibles pulvérulents et de fournir en même temps un chauffage continu.

Le foyer se compose essentiellement de planchers en dalles réfractaires surperposés, appelés étages. Les dalles sont assemblées à feuillures et portées sur des sommiers. La masse intérieure du calorifère est en pièces réfractaires maintenues par des armatures spéciales très solidement assemblées entre elles en raison des énormes dilatations de la masse.

L'air destiné à l'émission circule autour de la masse entre une double paroi en briques de Bourgogne ou de façon Bourgogne maintenue par une armature de calorifère ordinaire.

Pour augmenter le rendement calorifique, on dispose au-dessus du foyer à étages un récupérateur, à carneaux métalliques en fonte ou tôle.

Le calorifère est complété par une façade munie de portes à niveau des étages pour le chargement des dalles, et au bas en face du cendrier pour l'extraction des résidus de la combustion. La façade est généralement renfermée dans la baie par une porte pleine extérieure, en tôle, montée sur armature *ad hoc*.

La prise d'air, les conduits de chaleur et de fumée sont traités comme les calorifères ordinaires.

L'allumage de ce genre de calorifère est un peu long. Il se fait en commençant par l'étage inférieur. La masse doit être portée au rouge et chaque étage successivement en ignition. Des créneaux sont réservés au fond et sur la face des étages pour faire tomber le combustible successivement d'une dalle sur l'autre et le répartir ensuite, au ringard, par couches égales sur chaque plancher au fur et à mesure de la combustion.

Le chargement frais est étalé sur le plancher supérieur. La combustion est complète à l'étage inférieur, et les résidus sont évacués par la porte basse, dite de cendrier.

Le principal avantage de ce système est d'ordre économique; ce qui a surtout séduit l'achalandage c'est le bon marché du combustible et un peu aussi l'espacement des chargements.

Les conditions sont différentes aujourd'hui : les prix des combustibles maigres se sont relevés par suite des demandes, et si on tient compte, d'une part, de l'augmentation des prix et de l'autre, de la quantité nécessaire à l'alimentation de l'appareil, le seul avantage économique est beaucoup amoindri. Il en est à peu près de même quand aux espacements des chargements, qui sont résolus à peu de différence près par des foyers de calorifères intermittents.

Ce système convient actuellement dans des conditions toutes spéciales, et seulement dans des applications industrielles, car il faut remarquer qu'en raison de l'allumage coûteux et long, il est absolument nécessaire de ne pas laisser éteindre le foyer; or la réglementation du rendement est impossible en même temps qu'il n'est pas immédiat. Il faut attendre, pour obtenir de la chaleur, que toute la masse soit portée à sa température de travail ; par contre, la chaleur emmagasinée dans la masse réfractaire, qui ne se refroidit que très lentement, continue à se dégager longtemps après l'extinction du foyer.

Il résulte de cet état de choses l'impossibilité de se servir de l'appareil à son gré, suivant des besoins variables selon la température extérieure. Il faut aussi compter avec l'énorme échauffement des caves, qui nécessite des travaux accessoires de protection et de ventilation qui ne sont pas toujours possibles et sont très coûteux, enfin l'emplacement considérable pour l'approvisionnement des combustibles. Ces raisons démontrent que ce système, appliqué aux calorifères, convient peu dans les installations domestiques.

Nous donnons (*fig.* 672), la coupe transversale du calorifère à dalles avec récupérateur calorifique.

La figure 673 représente le calorifère sur sa coupe longitudinale.

Au point de vue du métré des calorifères à dalles, nous croyons inutile de donner à nouveau un exemple détaillé, pour cette raison qu'il serait à peu de chose près la répétition de ce que nous avons fait. Nous donnons les commentaires de l'article 821 de la Série de la Société Centrale, qui nous paraissent seuls utiles.

Voici d'abord, l'article intégral : **Calorifère avec foyer à étages (dalles pleines).** *Le prix de construction sera payé, comme à l'article 516, pour le cube réel en briques seulement. Tous les vides sans exception seront déduits du cube total, ainsi que les pièces du foyer en terre réfractaire, lesquelles seront comptées, y compris descente et pose, comme cube à façon, compris fourniture de terre ou coulis. Ces dernières seront payées, ainsi que les* sommiers, comme il est dit à l'article « Dalles »; et la cuvette de prise d'air, et la chambre de chaleur, ainsi que la pose et fourniture des fers, fontes, tôles, armatures,

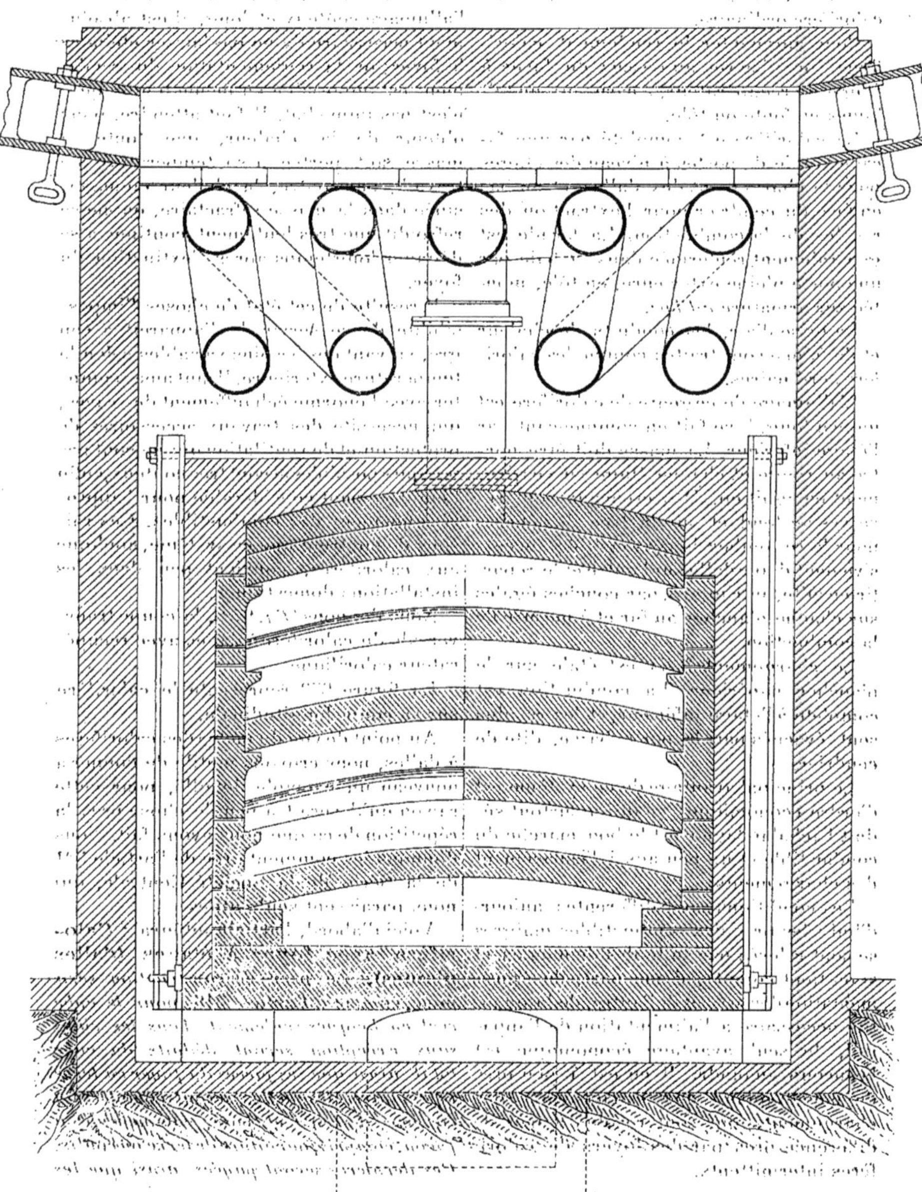

Fig. 672. — Calorifère à dalles avec récupérateur. — Coupe transversale.

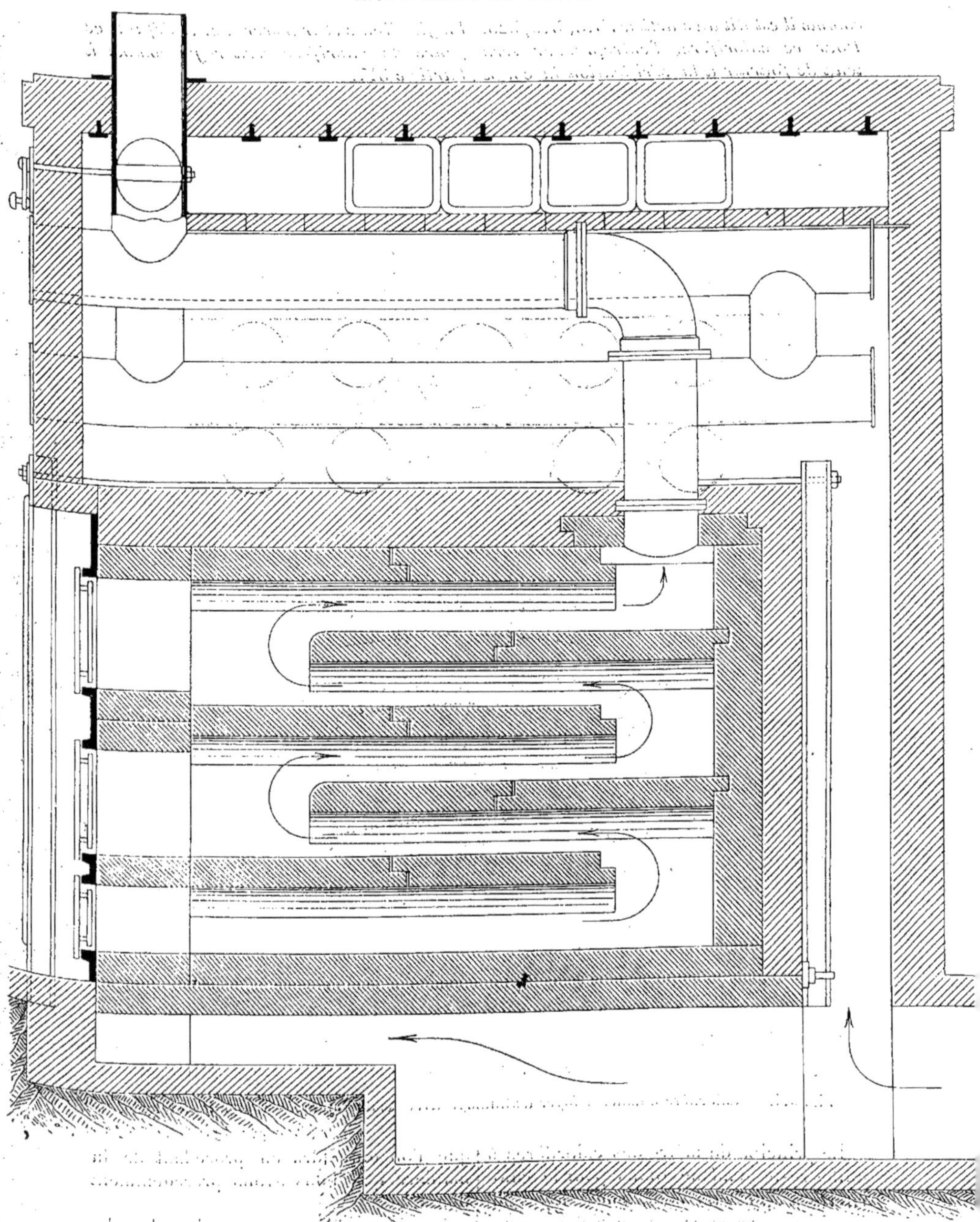

Fig. 673. — Calorifère à dalles avec récupérateur. — Coupe longitudinale.

comme il est dit aux articles 518, 519, 520. Pour ce calorifère, l'entrepreneur sera tenu de fournir à la vérification la coupe *longitudinale et transversale. A défaut, ce genre de calorifère sera réglé comme à l'article 517.*

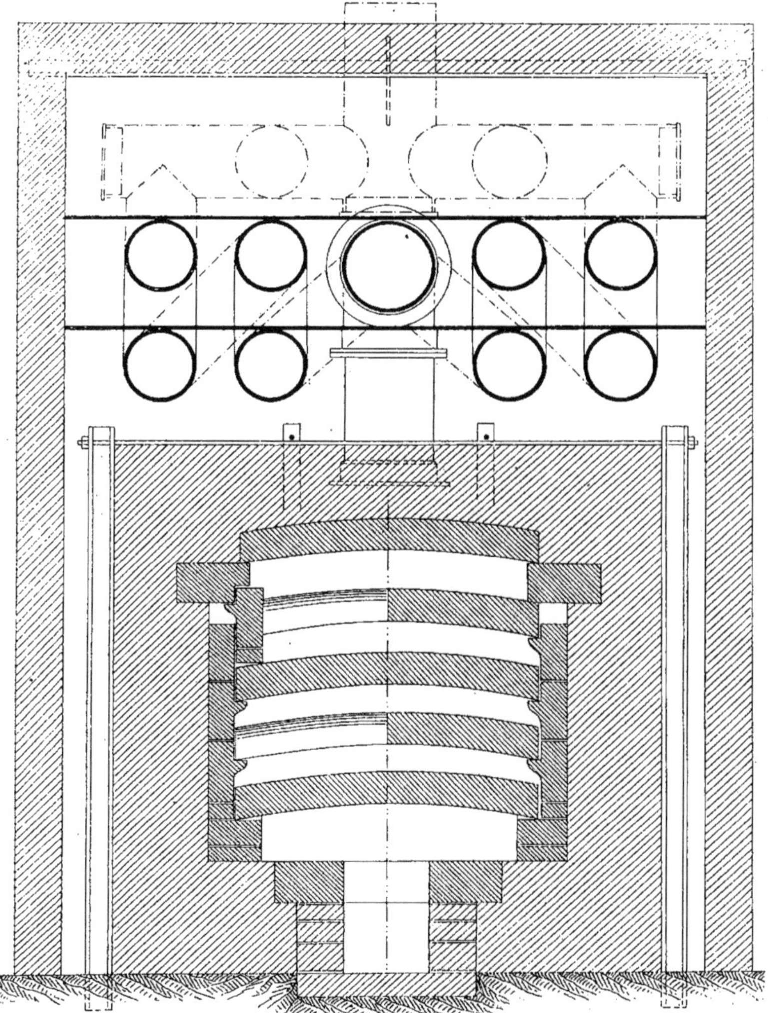

Fig. 674. — Calorifère à dalles à foyer d'allumage avec récupérateur. — Coupe transversale.

Le principe de métré des calorifères à dalles reste le même comme pour les calorifères à appareils métalliques; le travail consiste à présenter le cube réel en œuvre que l'on obtiendra en procédant de la manière que nous avons précédemment donnée.

La facture diffère un peu dans le calorifère à dalles, en ce sens qu'il y a deux ouvrages à présenter au cube :

1° Le cube des masses comprenant la fourniture et façon ;

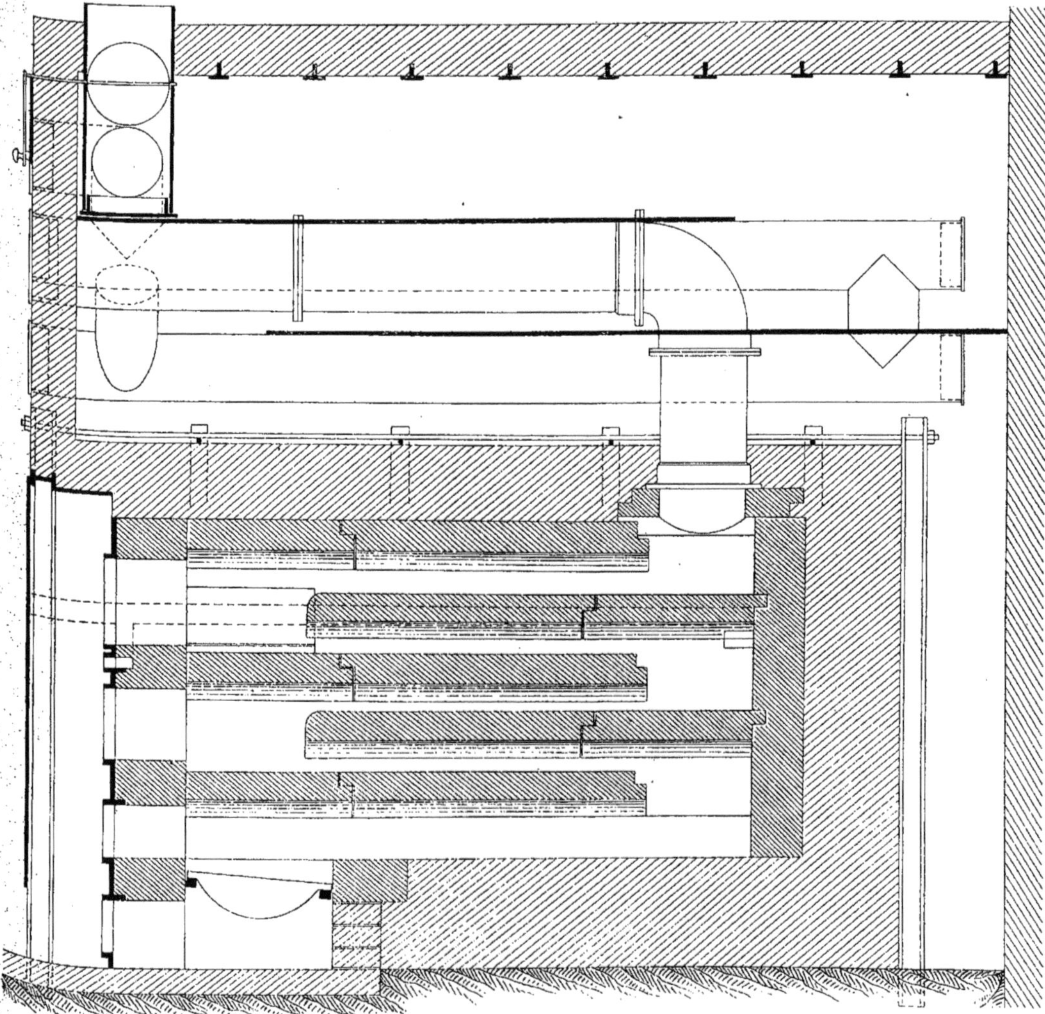

Fig. 675. — Calorifère à dalles à foyer d'allumage avec récupérateur. — Coupe longitudinale.

2° Le cube des pièces réfractaires à façon seulement.

En ce qui concerne le calorifère seul, non compris la chambre d'air et la chambre de chaleur, on procède de tous points comme pour le calorifère à appareils métalliques, mais en décomposant le briquetage des pièces réfractaires.

La seconde opération consiste à reprendre le cube réel des pièces réfractaires à façon.

Les figures 672 et 673 peuvent servir d'exemples d'attachements figurés, en même temps qu'elles complètent notre démonstration.

Les autres parties de la construction

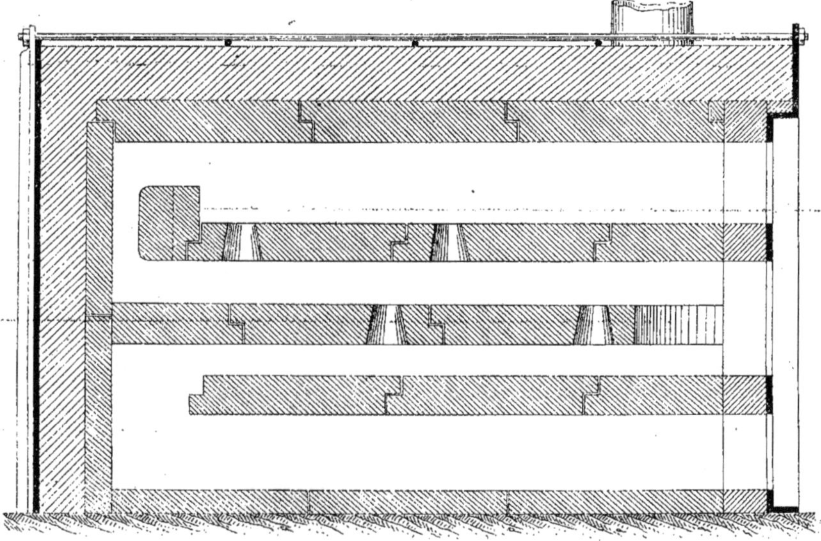

Fig. 676. — Foyer de calorifère à dalles perforées, système breveté Michel Perret.

telles que les chambres d'air et de chaleur, les conduits, les parements et armatures, et tous travaux accessoires sont à reprendre comme il est dit aux articles respectifs de la Série et conformément au dispositif de l'article 521.

La fourniture des pièces réfractaires pour garnitures, sommiers et dalles pleines, est tarifée sous le numéro 673.

328. Nous donnons à titre documentaire (*fig.* 674 et 675) le calorifère à dalles avec foyer à grille pour allumage.

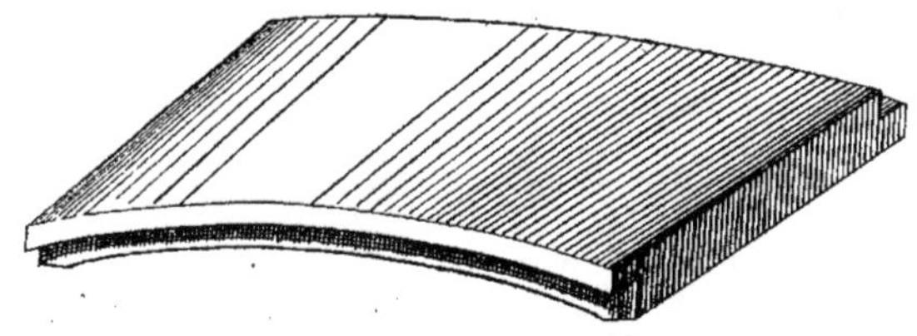

Fig. 677. — Dalle pleine cintrée pour calorifère à étages.

La figure 674 représente la coupe transversale avec récupérateur.

La coupe longitudinale est représentée par la figure 675.

Nous donnons ensuite (*fig.* 676) le foyer du système Michel Perret à dalles perforées brevetées. Le calorifère échappe au métré des ouvrages, puisqu'il est la propriété exclusive et brevetée de l'inventeur.

La perforation des dalles est répartie en

quinconce; les trous sont coniques pour faciliter l'éboulement du combustible d'un étage sur l'autre en même temps que pour donner une plus grande circulation à l'oxygène nécessaire à la combustion.

Accessoires des calorifères à dalles

329. Nous donnons en complément du chapitre des calorifères à dalles les figures des pièces accessoires du commerce, selon la fabrication de l'usine Janin et Guérineau.

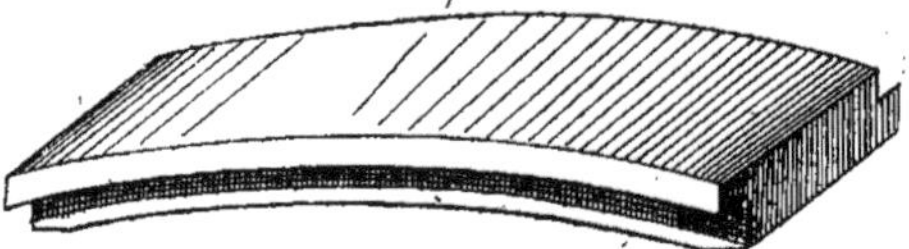

Fig. 678. — Demi-dalle pleine cintrée.

La figure 677 représente la dalle entière et la figure 678 la demi-dalle.

Les dimensions commerciales sont indiquées dans les tableaux ci-dessous.

DALLES ENTIÈRES		DEMI-DALLES	
LONGUEUR	LARGEUR	LONGUEUR	LARGEUR
$1^m,25$	$0^m,60$	$1^m,25$	$0^m,30$
1 ,00	0 ,50	1 ,00	0 ,25
0 ,80	0 ,80	0 ,80	0 ,40
0 ,70	0 ,70	0 ,80	0 ,25
		0 ,70	0 ,35

Les hauteurs sont différentes : la plus grande est de $0^m,215$ et la plus petite $0^m,13$. L'épaisseur est constante de $0^m,06$.

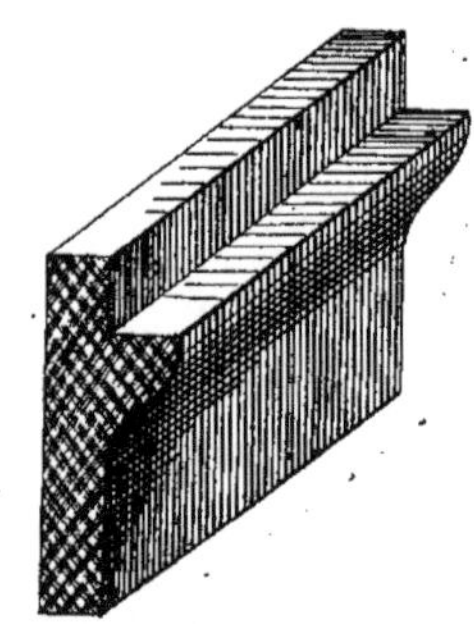

Fig. 680. — Sommier de foyer Michel Perret, système breveté (fabrication de l'usine Janin et Guérineau).

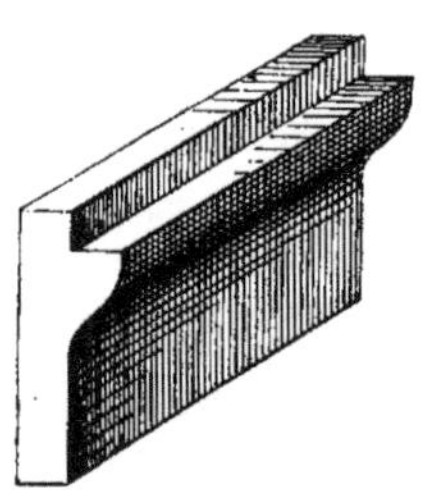

Fig. 679. — Sommier porte-dalles pour calorifère à étages.

L'épaisseur de $0^m,10$ est constante pour toutes les dalles et demi-dalles, sauf celles de $0^m,70 \times 0^m,70$ et $0^m,70 \times 0^m,35$ qui ne portent que $0^m,07$.

Les flèches sont de $0^m,09$ pour la plus grande dalle et sa demi-dalle ; $0^m,06$ pour les dalles suivantes, sauf la dernière dalle de $0^m,70 \times 0^m,70$, et sa demi-dalle de $0^m,70 \times 0^m,35$, qui n'ont plus que $0^m,05$.

Les sommiers (*fig.* 679) se font en fabrication de quatre longueurs :

$0^m,48$ $0^m,57$
$0^m,50$ $0^m,60$

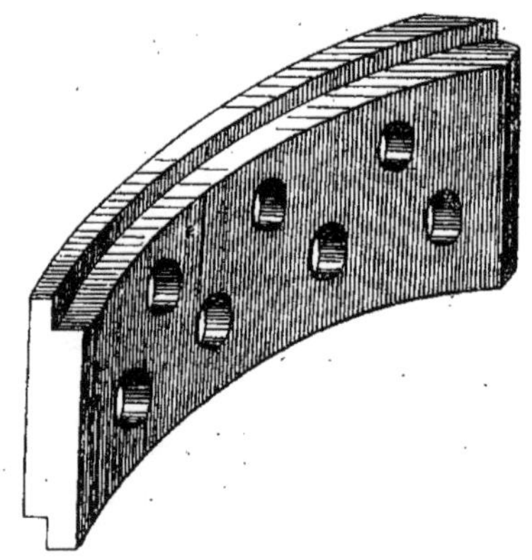

Fig. 681. — Dalle intermédiaire perforée de foyer Michel Perret.

Les garnitures des portes sont faites à la demande des façades.

Nous soumettons à nos lecteurs à titre

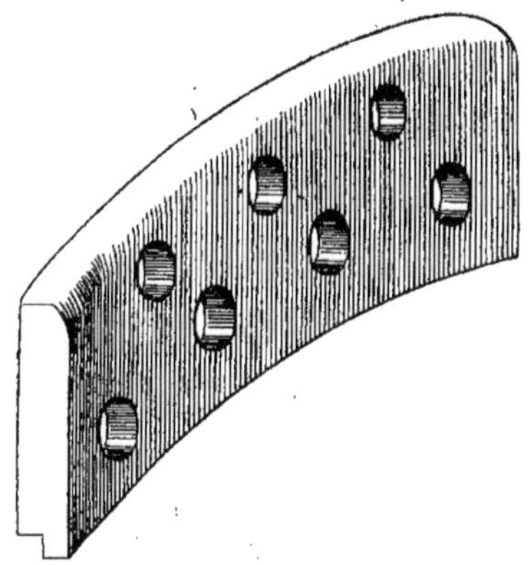

Fig. 682. — Dalle de fond perforée de foyer Michel Perret.

de renseignement les pièces brevetées des accesssoires des calorifères à dalles perforées du système Michel Perret, également

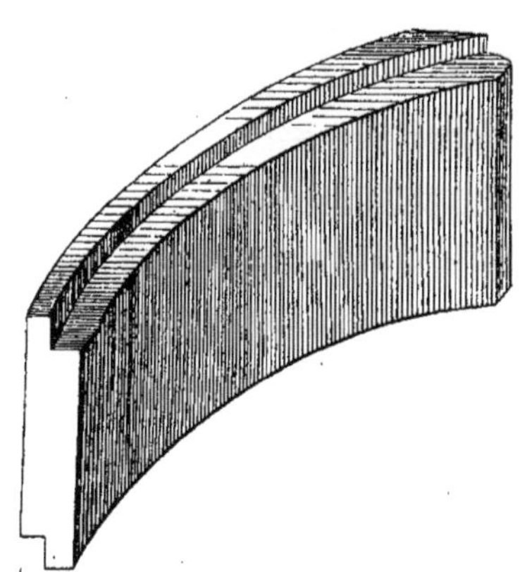

Fig. 683. — Dalle de ciel de foyer Michel Perret.

ment fabriquées par l'usine Janin et Guérineau.

Les sommiers, les dalles, voûtins et

garnitures de façades sont représentés (*fig.* 680 à 685).

La figure 686 représente la façade en fonte avec ses trois portes correspondant à

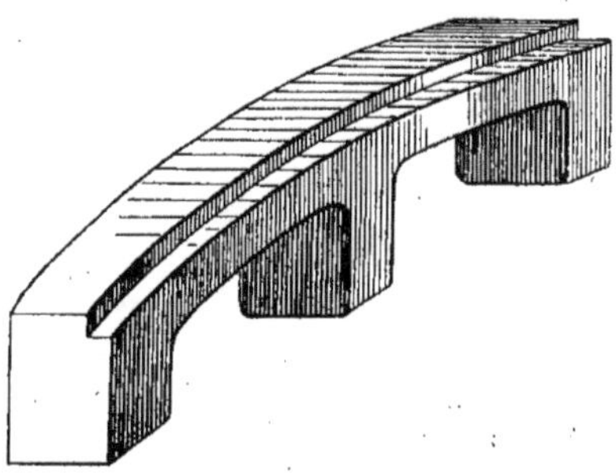

Fig. 684. — Voûtins de foyer Michel Perret.

la garniture intérieure réfractaire (*fig.* 685).

Nous pensons avoir donné au point de vue démonstratif du métré des calorifères

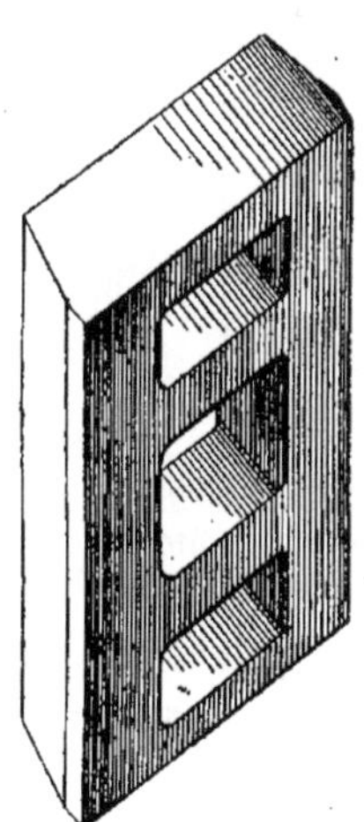

Fig. 685. — Garniture de façade à gueulards de foyer Michel Perret.

tout ce qui est suffisant pour éviter de tomber dans les redites et les doubles emplois en multipliant les exemples de construction.

La variété est très grande en matière de construction, et nous ne pouvons pas espérer faire passer sous les yeux de nos lecteurs toutes les dispositions possibles, quelle que soit l'étendue de notre choix.

Nous nous sommes attachés à présenter une démonstration claire et concise des principes ; nous laissons aux lecteurs le soin d'en faire l'application judicieuse dans la pratique.

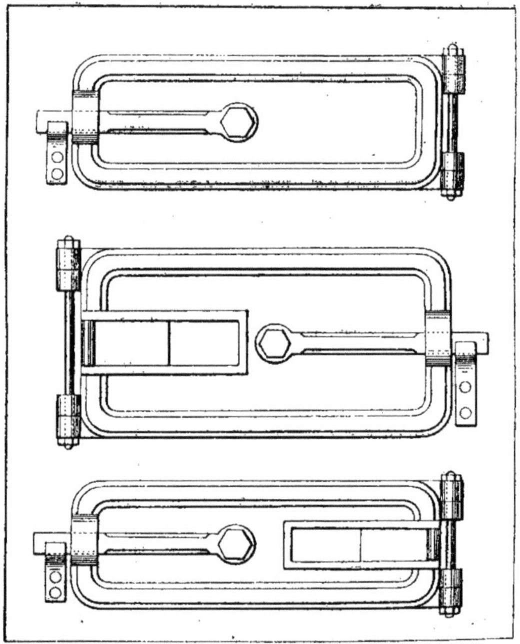

Fig. 686. — Façade de foyer Michel Perret.

Nous ne nous étendons pas davantage sur la technique, qui est spécialement réservée à la première partie de l'ouvrage que nos lecteurs pourront consulter avec fruit. Ils trouveront des renseignements concernant divers systèmes de calorifères intéressants à connaître, mais qui ne ressortent pas de l'art du métré, puisqu'ils appartiennent à des constructeurs spéciaux qui les tarifient à leur gré.

Nous abordons ensuite le chauffage moderne à vapeur.

CHAUFFAGE A EAU ET VAPEUR

330. Les deux systèmes de chauffage moderne à eau et à vapeur, se différencient au double point de vue des principes scientifiques et de leur application pratique dans l'installation, mais présentent par contre, au point de vue du métré, des analogies constantes, étant donné la similitude des appareils, de la tuyauterie, et des travaux en œuvre pour la mise en place.

La technique très compliquée des différentes applications possibles dans les deux systèmes, est très longuement et très complètement traitée dans la première partie de l'ouvrage.

Nous nous contenterons de résumer succinctement la théorie de chaque système et de passer immédiatement aux données métriques.

Chauffage à eau.

331. Le chauffage à eau est basé sur le principe de la différence de charge qui

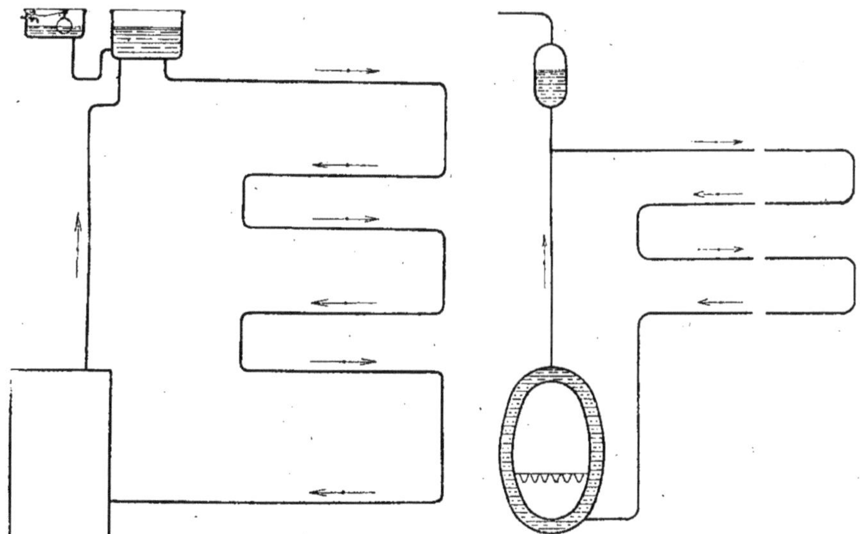

Fig. 687 et 688. — Schémas de chauffage à eau.

ésulte de deux colonnes d'eau portées à des températures différentes. L'eau à plus haute température montera, cependant qu'elle descendra, à une température inférieure, fournissant ainsi un mouvement continu de circulation qui est tout le principe du chauffage selon les schémas figures 687 et 688.

L'installation générale comprend : une chaudière, d'ou part une colonne verticale appelée *colonne montante*, raccordée au point le plus élevé sur un réservoir à air libre, nommé *vase d'expansion*, une *bâche à flotteur*, destinée à maintenir le niveau de l'eau dans le vase d'expansion et enfin une colonne *descendante* ou de retour à la chaudière.

La colonne de retour parcourt les locaux

à chauffer et prend tels développements qui sont nécessaires à l'installation.

Le chauffage à eau que nous venons de décrire est dit sans *pression*, parce que muni d'un vase d'expansion à air libre. Quand le vase est hermétiquement clos, le chauffage est dit à *moyenne ou à haute pression*.

Dans le chauffage *à moyenne pression*, le vase est clos par une soupape qui entre en fonction au moment de la surpression, réglant ainsi automatiquement le volume de la circulation. Dans le système à *haute pression*, le vase est complètement fermé, et tout le circuit sans aucune communication avec l'air extérieur.

On désigne encore les systèmes de chauffage à eau en trois classes appelés respectivement : le chauffage à grand volume, à moyen et à petit volume d'eau.

Le chauffage à grand volume répond à la basse pression; le moyen, à la moyenne pression, et le petit volume, à la haute pression. Le système Perkins, qui est un chauffage à très petit volume, est à très haute pression.

On distingue aussi deux modes d'installation de chauffage : selon que les appareils sont placés directement dans les locaux à chauffer ou bien dans les caves. Dans le premier cas, le chauffage est dénommé à *rayonnement direct :* dans le second, il est dit *indirect ou par batteries*.

Le chauffage à rayonnement direct est conséquemment assuré par des radiateurs ou des éléments à ailettes placés aux endroits convenables, et le chauffage indirect, par des batteries d'éléments placées en cave dans des chambres de chaleur spéciales, alimentées par des prises d'air frais, et pourvues de conduits d'air chaud allant distribuer la chaleur dans les pièces au moyen de bouches semblables à celles des calorifères à air. Le générateur prend le nom technique d'*hydrocalorifère* ou *calorifère à eau*.

332. Après ce résumé sommaire du chauffage à eau, nous abordons immédiatement les observations relatives au métré par l'examen du premier cas : chauffage à rayonnement direct. Nous passons pratiquement au développement des schémas (*fig.* 687 et 688).

La méthode de métré du chauffage est de présenter l'installation par parties distinctes, comme nous l'avons fait pour la construction des calorifères de cave.

L'installation est divisée en quatre parties principales :

La chaudière ou générateur ;

La circulation générale;

Les appareils ou surfaces de chauffe ;

Les réservoirs : alimentation et expansion.

C'est dans cet ordre méthodique que doit être présenté le métré, et c'est en le suivant que nous allons entrer dans le détail de nos démonstrations.

Nous conformant au plan général que nous avons adopté, nous pensons faire œuvre plus utile en procédant séparément et par ordre, au lieu de présenter un travail d'ensemble très long et sans intérêt.

En chauffage, le métré se répète avec une ponctualité rigoureuse en suivant la symétrie mathématique du schéma dans l'installation générale ; c'est pourquoi nous présentons et commentons au fur et à mesure chacune des parties principales. Nous nous attachons surtout à mettre en relief les principes du métré, à démontrer la méthode bien ordonnée de la rédaction et de la confection du mémoire. Mais nous ne cessons de répéter aux praticiens de ne pas s'en tenir à une imitation absolue d'après un modèle.

Chaudières.

333. Les chaudières sont rangées, au point de vue de la construction, en deux catégories respectivement appelées : chaudières découvertes et chaudières briquetées.

Les chaudières découvertes sont placées telles quelles et visibles dans leur ensemble; tandis que les chaudières briquetées sont enfermées dans une masse de maçonnerie et visibles seulement en partie.

Nous donnons (*fig.* 689) la coupe d'une chaudière verticale découverte, de forme conique en tôle soudée de Hartley et Sugden, pour chauffage à eau.

La figure 690 représente un autre mo-

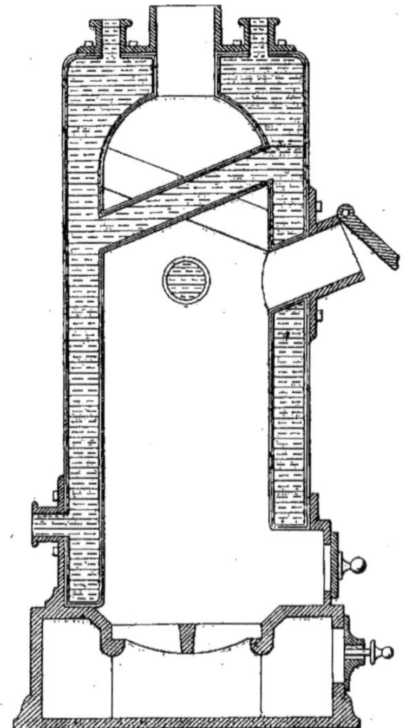

Fig. 690. — Coupe de chaudière verticale à dôme,
en tôle soudée avec tubes transversaux de
Hartley et Sugden.

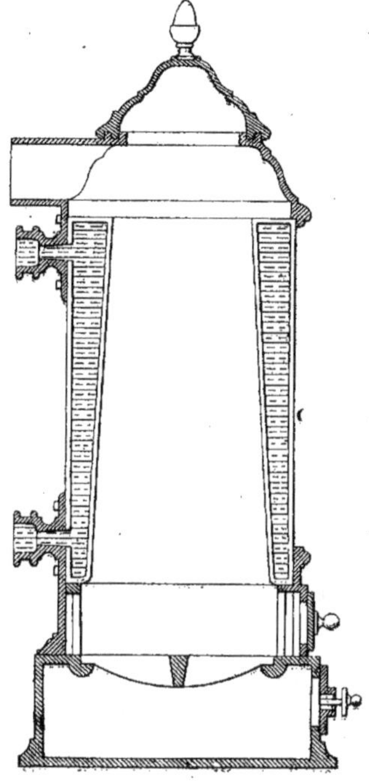

Fig. 689. — Coupe de chaudière verticale conique
en tôle soudée de Hartley et Sugden.

Fig. 691. — Chaudière verticale découverte en fonte pour chauffage à eau, type " Cottage "
de la Compagnie Nationale des Radiateurs.

dèle des mêmes constructeurs dite chaudière à dôme, avec tubes transversaux.

La fabrication est faite en tôle de 8 et
10 millimètres.

Nous présentons ensuite deux types de
chaudières en fonte également pour le
chauffage à eau. La figure 691 nous
donne la chaudière verticale découverte
« Cottage », et la figure 692 la chaudière
horizontale « Idéal » de la Compagnie
nationale des Radiateurs.

La chaudière horizontale, représentée
(*fig.* 692), est sectionnée : c'est-à-dire que
chaque tranche ou section de la chaudière
est réunie à la section voisine, par un système de montage à connexion à bague
métallique.

Les chaudières en fonte ne peuvent évidemment être fabriquées qu'en usines par
des fonderies spéciales, tandis que les
chaudières en tôle peuvent être fabriquées
en ateliers et directement par les constructeurs.

Dans la catégorie des chaudières briquetées, nous donnons comme type verticale la chaudière Cerbelaud (*fig.* 693 et
694), et comme type horizontal une chaudière elliptique (*fig.* 695 et 696).

La fourniture de la chaudière est payée

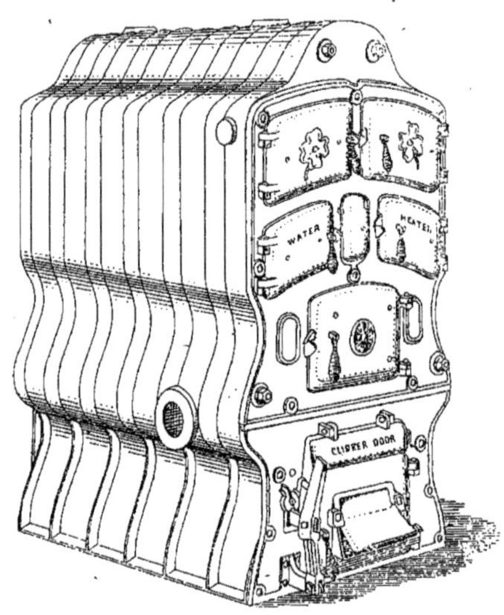

Fig. 692. — Chaudière horizontale découverte,
en fonte, à sections, pour chauffage à eau, type
" Idéal " de la Compagnie Nationale des Radiateurs.

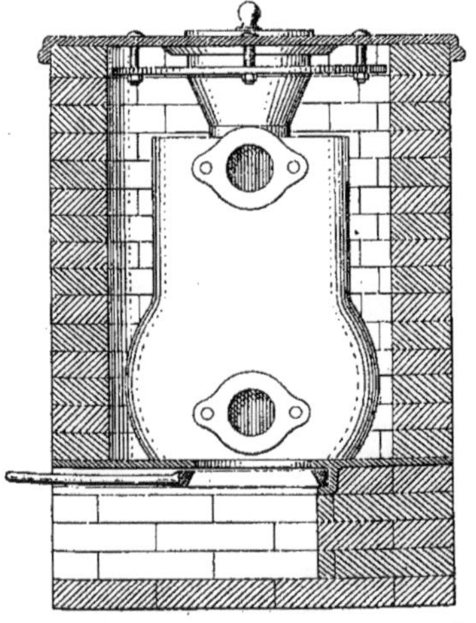
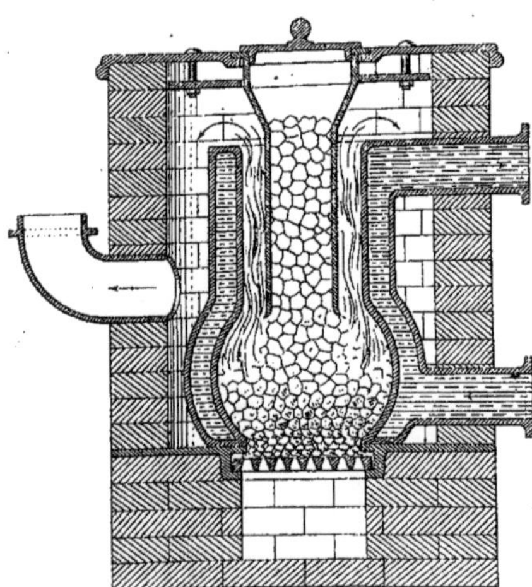

Fig. 693 et 694. — Élévation et coupe verticales de chaudière verticale briquetée, système Cerbelaud.

MÉTRÉ DE FUMISTERIE.

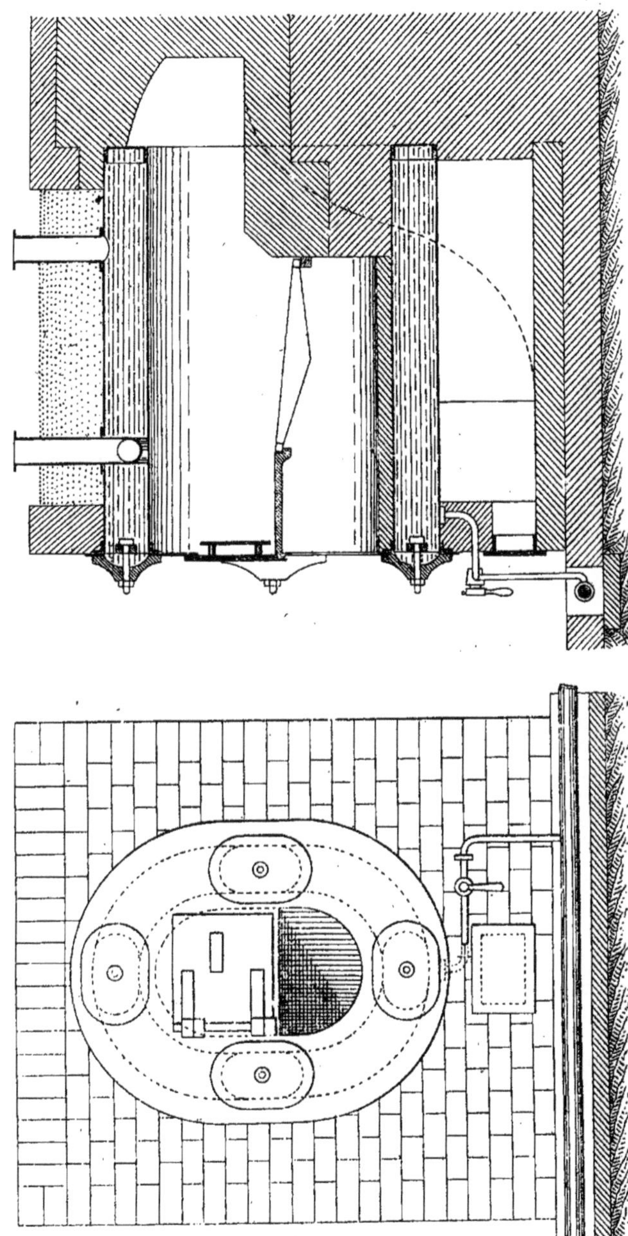

Fig. 695 et 696. — Chaudière elliptique briquetée. — Elévation et coupe longitudinale.

suivant le tarif du constructeur, en conformité des observations de la Série syndicale de chaudronnerie, édition de 1901, sous les numéros 315 et 658.

Chaudière spéciale tôle ou fonte pour chauffage à eau pour habitation, serre, jardin d'hiver, etc.
Série syndicale de chaudronnerie, nᵒˢ 315 et 658.

Chaudière spéciale pour chauffage à eau à la pièce.
Observation.
SÉRIE SYNDICALE, Chaudronnerie nᵒˢ 315-618.

Si la chaudière est de provenance étrangère, les frais de transports, douane et octroi, s'ajoutent à sa valeur marchande.

Les appareils de sûreté et de réglage et toutes pièces accessoires suivent les conditions de vente des constructeurs.

Les chaudières de construction courante de chaudronnerie fer et cuivre, dans le genre de la figure 695, sont tarifées à la Série syndicale de chaudronnerie, sous les numéros 275 à 280 inclus.

Les prix portés sous les numéros 275 à 277 inclus concernent les chaudières en cuivre rouge classées d'après une échelle de poids.

1° De 80 à 100 kilogrammes ;
2° De 101 à 200 kilogrammes ;
3° Au-dessus de 200 kilogrammes.

Les numéros suivants 278 à 280 inclus concernent les chaudières en tôle tarifées selon la même méthode de classement.

1° De 100 à 200 kilogrammes ;
2° De 201 à 300 kilogrammes ;
3° Au-dessus de 300 kilogrammes.

Les chaudières verticales cylindriques avec fonds emboutis et rivés avec couvercles, destinées à la maçonnerie, sont tarifées sous les numéros 293 à 300 inclus, selon la méthode précédente.

Les prix portés sous les numéros 293 à 296 inclus, se rapportent aux chaudières en cuivre rouge.

1° Au-dessous de 60 kilogrammes ;
2° De 61 à 100 kilogrammes ;
3° De 101 à 200 kilogrammes ;
4° Au-dessus de 200 kilogrammes.

Les numéros suivants 297 à 300 inclus se rapportent aux chaudières en tôle dans la même classification de poids que les chaudières en cuivre.

Ces prix ne comprennent exclusivement que le corps de chaudière sans aucun accessoire et le transport à pied d'œuvre seulement.

La pose et mise en place des chaudières tôle ou fonte, les bardages et descente sont payés eu égard aux difficultés d'approche et de montage selon que les chaudières sont d'un seul corps (*fig.* 690) ou à sections avec joints et garnitures de joints mastiqués (*fig.* 692). Les appareils de sûreté et de réglage, la robinetterie et les accessoires sont à reprendre sur le montage du corps de chaudière. Les échafaudages, chemins en madriers ou charpentes sont payés aux évaluations des séries auxquels ils se rapportent. Le matériel spécial, aux conditions du constructeur.

Briquetage de chaudières.

334. La masse de construction du briquetage des chaudières est comptée au cube, tous vides déduits, les saillies en reprise s'il y a lieu, dans le mode de métré des calorifères de cave ; sous l'évaluation du numéro 734 de la Série centrale, édition de 1901, pour chauffage de serre, fourneaux de bains et de buanderie.

Le prix de construction pour chauffage de serre s'applique aux chaudières jusqu'à 20 mètres cubes de briquetage net, vides déduits. Au-dessus de 20 mètres cubes de briquetage en œuvre, l'évaluation appliquée est celle des fourneaux et cheminées d'usines, sous le numéro 735, qui a plus spécialement rapport au briquetage de chaudières à vapeur en raison de l'importance de la masse.

La Série comprend deux prix de construction, selon la nature des briques employées.

1° En briques lisses ou de façon bourgogne ;
2° En briques de Bourgogne.

L'article est complété par le prix du briquetage à façon dans la troisième colonne, et qui comprend la fourniture seule du hourdis ordinaire en terre et plâtre.

Toutes les plus-values de hourdis sont à reprendre aux évaluations respectives de la Série de maçonnerie.

Les parements sur les briquetages apparents d'après les évaluations portées sous les numéros 843 à 845. La pose des armatures, les trous et scellements en vieux murs, d'après les évaluations de maçonnerie, en taille de pierres ou briques et aux légers ouvrages sont à reprendre en conformité de l'observation sous le numéro 738.

Le raccordement de fumée de la chaudière à la cheminée est généralement en tôle. La pose des tuyaux est comptée à la pièce ou au mètre linéaire suivant les cas, les joints, les percements, trous, scellements des colliers et raccords s'il y a lieu.

En résumé : au point de vue du métré de briquetage, nous ne pensons pas qu'il y ait intérêt pour nos lecteurs à présenter une description détaillée, dans laquelle ils rencontreraient tout ce que nous avons précédemment donné.

Nous nous contentons de résumer la forme de métré.

Briquetage au cube net;

Pose du corps de chaudière;

Montage des accessoires et façon des joints;

Tubulures de rentrée et sortie, façon des joints;

Pose de l'armature de masse;

Parements de briquetage;

Pose du conduit de raccordement de fumée;

Peinture ou vernis;

Raccords;

Les fournitures;

Chaudière et appareils accessoires de marche;

Armatures en fer forgé pour la masse;

Conduit de fumée pour raccordement;

Colliers en fer forgé;

Jeu de service de chaudière.

Circulation générale.

335. La circulation générale d'un chauffage est composée d'une canalisation en tubes de fer ou cuivre ou en tuyaux de fonte avec pièces de raccords, pour épouser et contourner les gabarits, les saillies et retraits des murs, les dispositions géométrales des locaux.

Les tuyaux en fonte sont plus spécialement employés dans les serres ou les locaux du commerce. Les tubes de fer sont généralement adoptés dans les habitations et les tubes de cuivre réservés pour les services d'eau chaude à puisage.

Tubes en fer pour eau et vapeur.

336. Il y a, d'une manière générale, deux catégories de tubes en fer : la première, dite *tube à gaz ;* la seconde, *tube à vapeur.*

Les tubes de la première catégorie, soudés par rapprochement, éprouvés à une pression inférieure à celle des tubes de vapeur, et communément appelés *tubes ordinaires*, sont tarifés à la Série de la Société centrale au chapitre de la canalisation pour le gaz.

Nous n'avons évidemment pas à nous occuper de ces tubes autrement que pour mémoire et souligner la différence de fabrication entre eux et les *tubes à vapeur* appelés *tubes renforcés*. Nous n'en parlons et nous ne les mentionnons que pour bien établir l'article et éviter, par une analogie erronée, une confusion possible dans l'évaluation des fournitures et des accessoires, ainsi que des ouvrages exécutés sur ces tubes.

Les tubes employés en chauffage sont éprouvés à une pression minimum de 20 kilogrammes jusqu'à 30 kilogrammes et fabriqués dans les dimensions suivantes, que nous appellerons dimensions commerciales, parce qu'elles ne sont pas rigoureusement exactes. Les chiffres sont arrondis pour faciliter la dénomination.

Diamètres en millimètres													
Intérieur	8	12	15	21	27	33	40	50	60	66	72	80	90	100
Extérieur	13	17	21	27	34	42	49	60	70	76	82	90	100	110

Les mesures rigoureuses sont prises sur le pouce anglais à l'intérieur du tube. La fabrication est faite taraudage à droite.

Le métré de la canalisation est pris au développement du tube entre manchons.

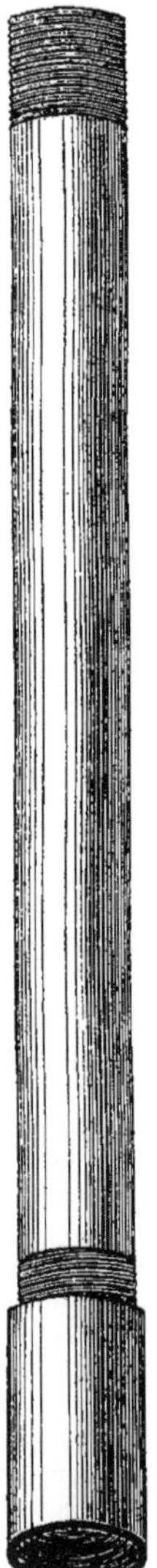

coupes, les joints, trous et scellements des colliers et tous percements ou travaux accessoires, raccords, etc., sont à prendre aux évaluations de la Série de la Chambre syndicale en ce qui concerne le montage et les fournitures, et à la Série de la Société centrale pour les percements, raccords, trous et scellements des colliers.

Les tubes et accessoires de montage sont tarifés à la Série syndicale de chaudronnerie sous les numéros 1591 à 1607.

Les façons et travaux sur tubes sous les numéros 1608 à 1626.

Les joints à brides et à manchons sont

Fig. 697. — Tube droit, taraudé, manchonné.

Fig. 698. — Tube droit, taraudé, à longue vis.

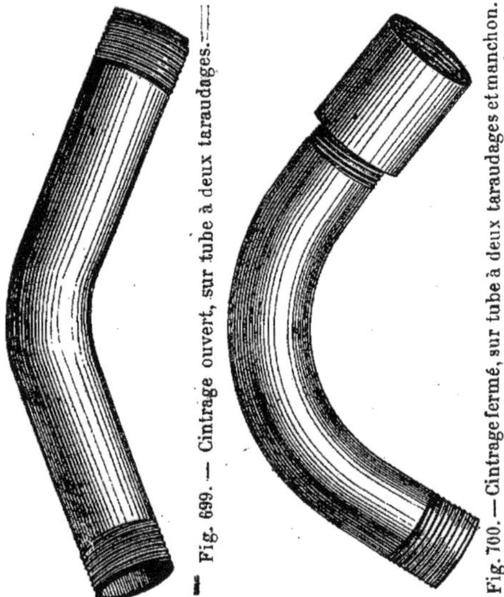

Fig. 699. — Cintrage ouvert, sur tube à deux taraudages.

Fig. 700. — Cintrage fermé, sur tube à deux taraudages et manchon.

spécialement tarifés sous les numéros 1617 à 1626.

La figure 697 représente le tube droit taraudé à l'ordinaire d'une extrémité et manchonné de l'autre. La figure 698 donne le taraudage spécial à *longue vis* sur manchon.

Les cintrages des coudes sont représentés par les deux figures 699 et 700. La figure 699 donne un cintrage très ouvert à deux taraudages ordinaires, droite droite, et la figure 700 un cintrage fermé avec taraudage et manchon.

Les cintrages sur tubes sont faits à la

Les coupes, façon des coudes à la demande des emplacements, les taraudages sur les

demande des gabarits de la circulation; nous ne donnons les cintrages précédents qu'à titre documentaire.

Quand la circulation est retournée à

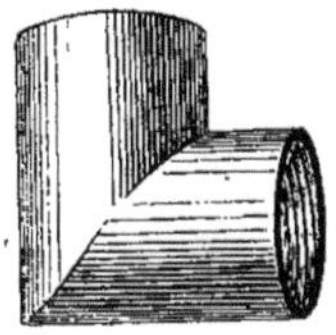

Fig. 701. — Coude droit à deux côtés égaux.

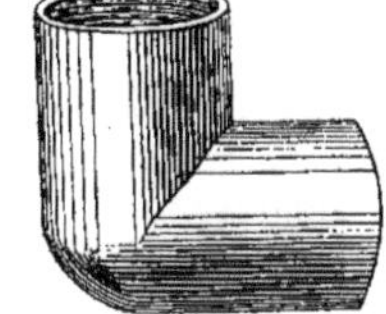

Fig. 702. — Coude arrondi.

angle droit, on se sert de coudes en fabrication, comme nous les représentons (*fig.* 701, 702 et 703). La figure 701 repré-

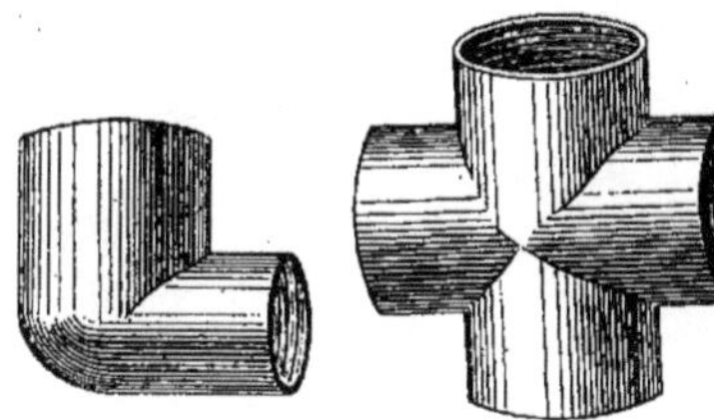

Fig. 703. — Coude arrondi, à réduction.

Fig. 704. — Croix à côtés égaux.

sente le coude droit à deux côtés égaux pour se raccorder à des tubes de même diamètre. La figure.702 donne le coude

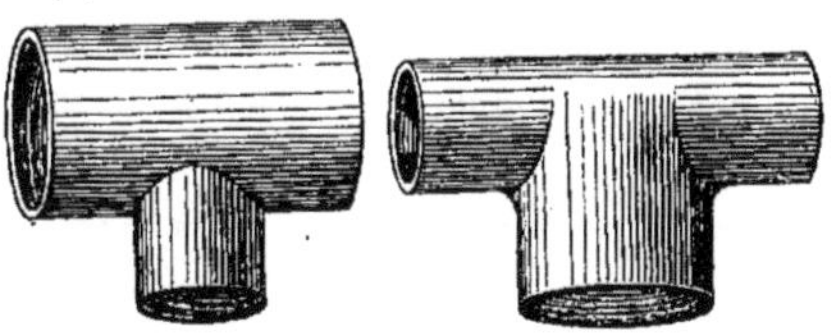

Fig. 705. — Té à deux côtés égaux sur le grand diamètre.

Fig. 706. — Té à deux côtés égaux sur le petit diamètre.

arrondi pour le même objet et la figure 703 un coude arrondi à réduction raccordant des tubes de diamètres différents.

Le raccord d'un point commun à des distributions différentes est assuré par une pièce en forme de croix à côtés égaux ou inégaux, selon les diamètres des tubes raccordés (*fig.* 704).

Le branchement d'une prise sur une

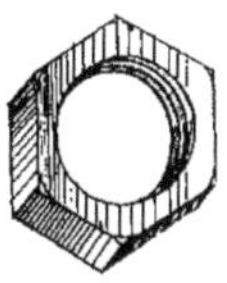

Fig. 707. — Écrou.

Fig. 708. — Mamelon.

canalisation est fait au moyen d'un raccord en forme de **T** et qui en prend le nom. Les tés, comme toutes les autres pièces de raccords, sont à côtés égaux ou inégaux. Nous représentons (*fig.* 705) un té

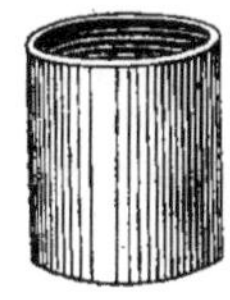

Fig. 709. — Manchon droit.

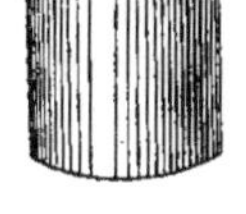

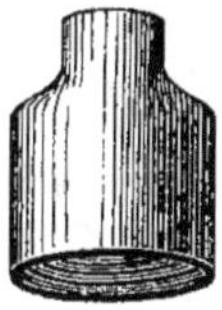

Fig. 710. — Manchon de réduction.

à deux côtés égaux sur le grand diamètre et (*fig.* 706) un té à deux côtés égaux sur le petit diamètre.

Nous donnons (*fig.* 707) un écrou et (*fig.* 708) un mamelon.

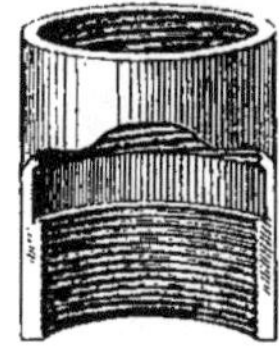

Fig. 711. — Manchon droite et gauche.

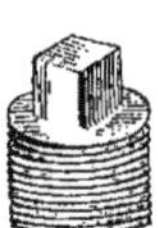

Fig. 712. — Bouchon mâle.

La figure 709 représente un manchon droit pour tubes égaux et la figure 710 un manchon de réduction pour tubes inégaux.

Nous représentons (*fig.* 711) un manchon spécial à deux filetages, droite et gauche.

Nous donnons (*fig.* 712 et 713) les bouchons mâle et femelle et (*fig.* 714) le bouchon femelle à tête carrée.

La figure 715 représente une bride taraudée.

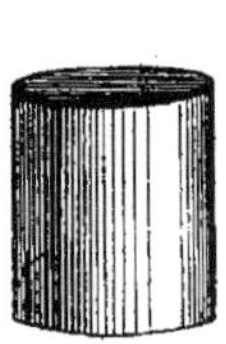

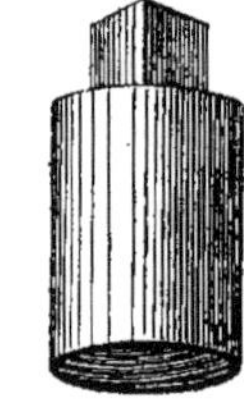

. 713. — Bouchon femelle.

Fig. 714. — Bouchon femelle à tête carrée.

Les figures 716 et 717 représentent les écrous de rappel mâle et femelle.

Les pièces de raccords que nous avons énumérées sont mesurées par rapport aux tubes sur lesquels elles se raccordent.

Le métré d'une canalisation doit être présenté en prenant d'abord l'artère principale avec les pièces et accessoires qui s'y rapportent, et ensuite les canalisations

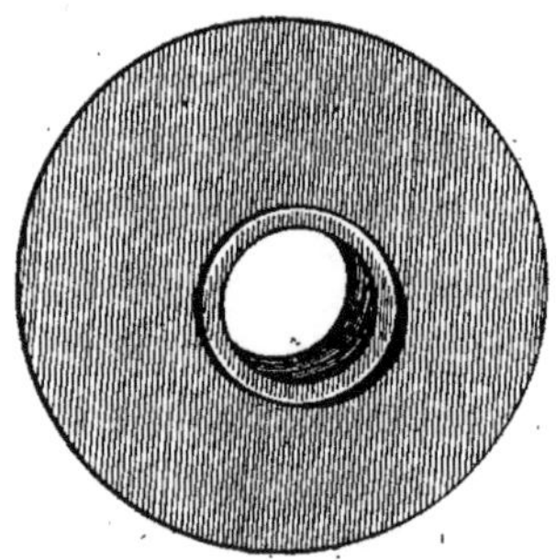

Fig. 715. — Bride taraudée.

secondaires d'alimentation des appareils. Les canalisations de retour des appareils doivent être présentées ensuite, et enfin le collecteur de retour à la chaudière pour terminer la circulation générale.

Les ouvrages accessoires au montage tels que percements, trous et scellements des colliers, reprises de maçonnerie et raccords, sont demandés en suivant les canalisations au fur et à mesure du travail.

Nous ne donnons pas d'exemple de métré, nous pensons que l'indication seule de la méthode à suivre comporte tout son enseignement. Il ne s'agit, en somme, que de séries de mesures linéaires ajoutées les unes aux autres. Ce qu'il faut surtout, c'est indiquer les diamètres des tubes et les mesurer par sections comme nous l'avons dit, d'axe en axe des manchons, afin d'avoir les longueurs précises, les coupes et les taraudages. Chaque façon ou cintrage quelconque et chaque pièce de

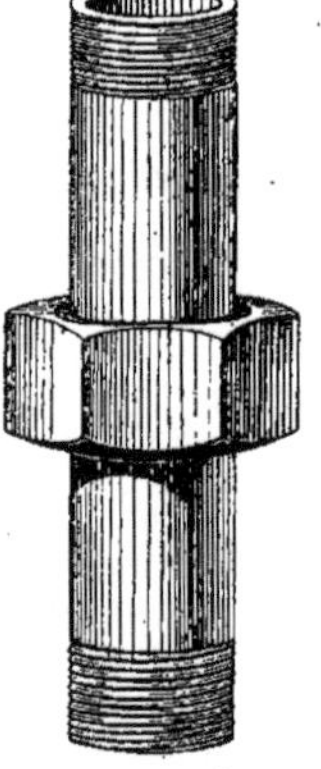

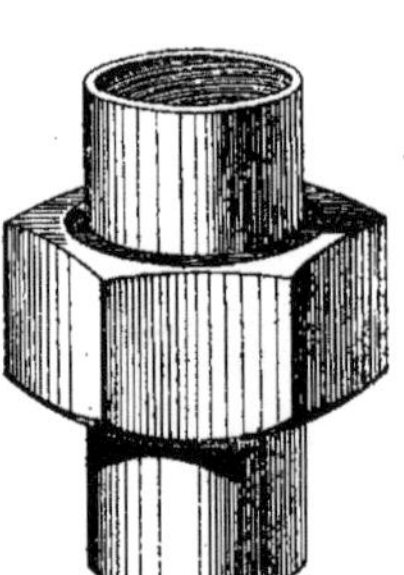

Fig. 716. — Écrou de rappel mâle.

Fig. 717. — Écrou de rappel femelle.

raccord sont à reprendre. La pose est comptée d'après les longueurs totales obtenues dans chaque diamètre des tubes employés dans la canalisation générale.

Pièces de raccords en fonte pour tubes en fer.

337. Pour compléter notre travail documentaire, nous donnons la série des pièces de raccords en fonte s'ajustant sur les tubes en fer.

Les raccords sont en fonte douce ou en fonte malléable et leur usage tend à se généraliser au détriment des raccords en fer qui sont délaissés des constructeurs, sans que l'accord soit fait sur le choix absolu des pièces en fonte douce ou en fonte malléable.

Les pièces en fonte correspondent exac-

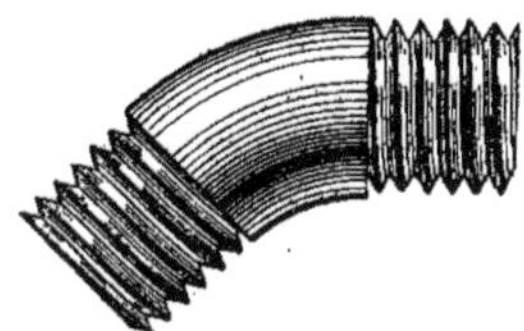

Fig. 718. — Coude ouvert en fonte à deux taraudages mâles.

tement aux mesures indiquées pour les tubes en fer ; nous nous dispensons de les rappeler.

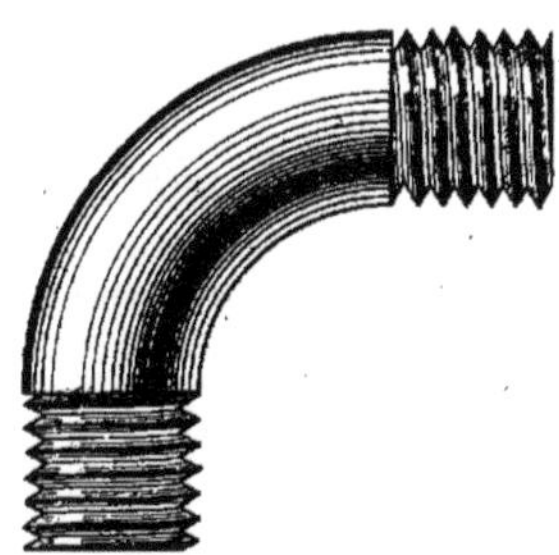

Fig. 719. — Coude d'équerre en fonte à deux taraudages mâles.

Les figures 718 et 719 représentent deux coudes à deux taraudages mâles : l'un sur un angle très ouvert, et l'autre d'équerre.

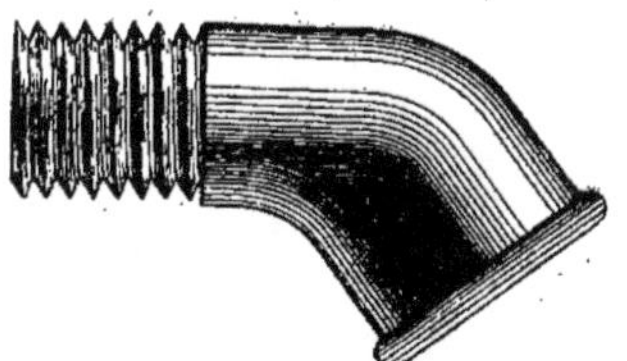

Fig. 720. — Coude ouvert en fonte à taraudage mâle et femelle.

Les figures 720 et 721 donnent, sous les mêmes ouvertures d'angles, deux coudes à taraudages mâles et femelles, et la figure

722, un coude d'équerre à deux taraudages femelles.

Pour fermer un circuit, on emploie une pièce en U dont nous donnons le dessin

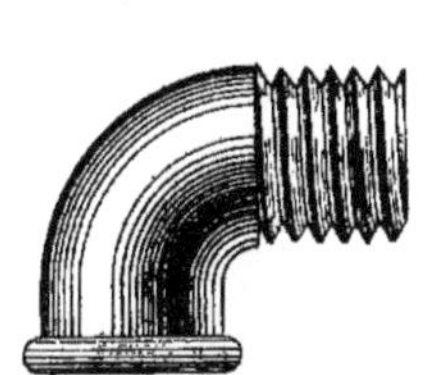

Fig. 721. — Coude d'équerre en fonte à taraudage mâle et femelle.

Fig. 722. — Coude d'équerre en fonte à taraudages femelles.

(fig. 723). La mesure d'écartement des branches est prise d'axe en axe et la hau-

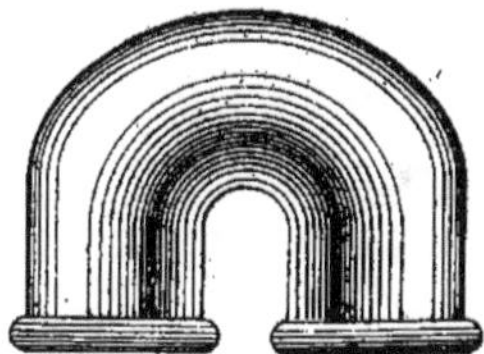

Fig. 723. — Coude en fonte en U.

teur à l'extérieur du coude. La figure 724 représente le coude en U avec tubulure de

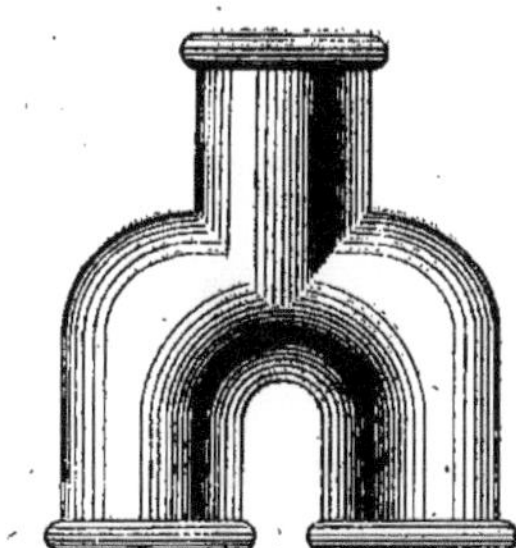

Fig. 724. — Coude en fonte en U à tubulure.

branchement ; il se mesure comme le coude en U ordinaire.

Nous donnons (fig. 725) un coude à branchement latéral appelé encore pièce en *h*, du nom de la lettre qu'il représente.

La figure 726 représente le raccord en

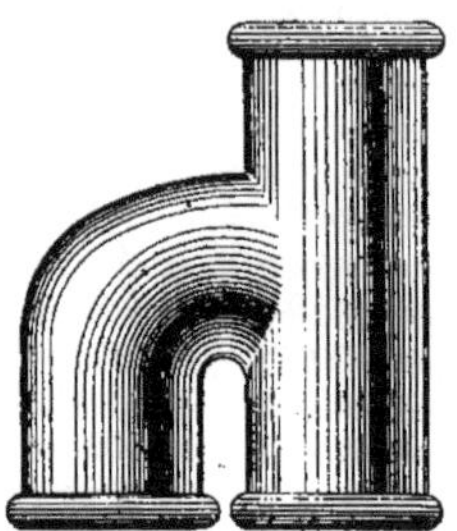

Fig. 725. — Coude en fonte à branchement latéral.

croix. La figure 727 le raccord en T droit côtés égaux à taraudages femelles, et la

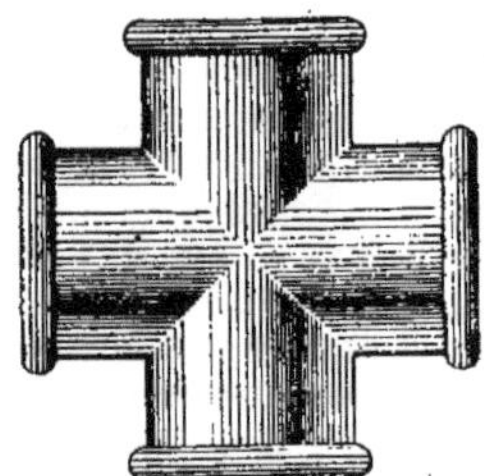

Fig. 726. — Raccord en fonte en croix.

figure 728 le T droit à taraudages mâle et femelle.

Fig. 727. — Té en fonte à côtés égaux à taraudages femelles.

Pour faciliter le montage, on fait des raccords en T sur des ouvertures d'angles différents. La figure 729 représente un T

avec embranchement à 45 degrés, et la figure 730, un T avec embranchement à

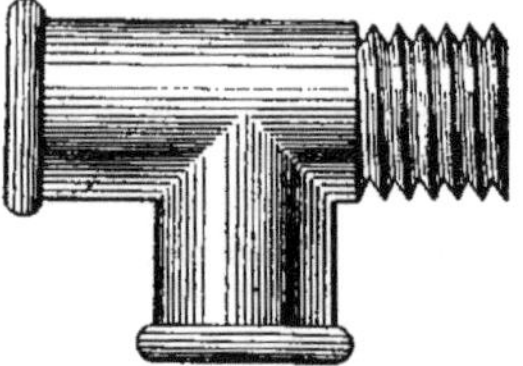

Fig. 728. — Té en fonte droit à taraudages mâle et femelle.

Fig. 729. — Té en fonte embranchement à 45°.

Fig. 730. — Té en fonte embranchement à 75°.

Fig. 731. — Raccord fonte 3 branches à angles droits.

Fig. 732. — Raccord fonte 3 branches à 45 degrés.

75 degrés. Les figures 731 et 732 donnent des raccords à trois branches à angles droits et à 45 degrés.

Fig. 733. — Manchon droit en fonte taraudé.

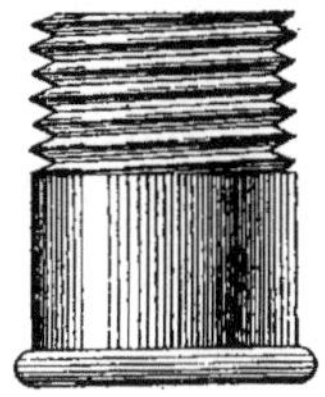

Fig. 734. — Manchon droit en fonte à 2 taraudages mâle et femelle.

Les manchons sont représentés (*fig.* 733 à 737). Le manchon droit figure 733, le man-

Fig. 735. — Manchon de réduction concentrique.

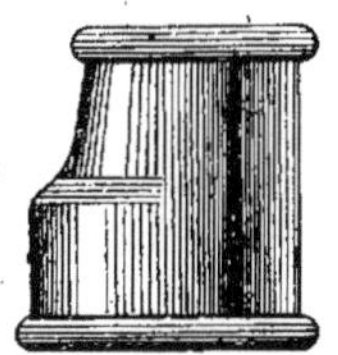

Fig. 736. — Manchon de réduction excentrique.

chon droit à deux taraudages mâle et femelle (*fig.* 734). Les manchons de réduc-

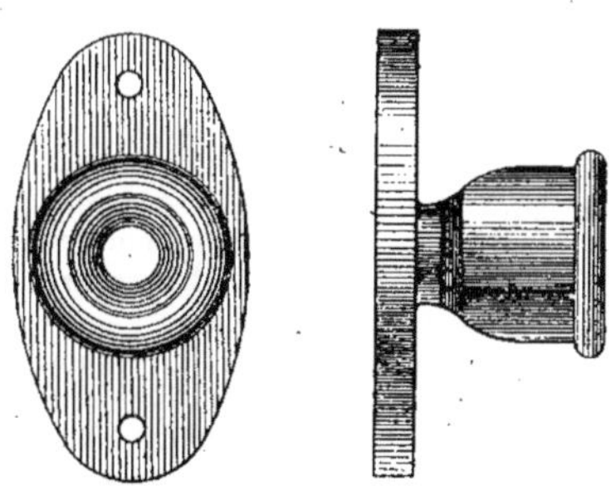

Fig. 737 et 738. — Manchon à bride en fonte.

tion concentrique et excentrique (*fig.* 735 et 736) et le manchon à bride (*fig.* 737 et 738).

La figure 739 donne le bouchon mâle. Les écrous de rappel sont représentés

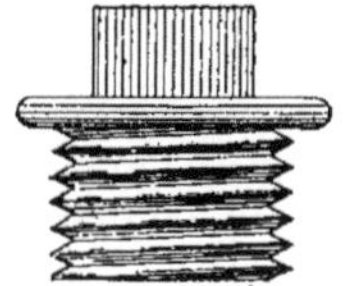

Fig. 739. — Bouchon mâle en fonte.

(*fig.* 740 et 741). La figure 742 donne la coupe sur écrou de rappel à emboîtement

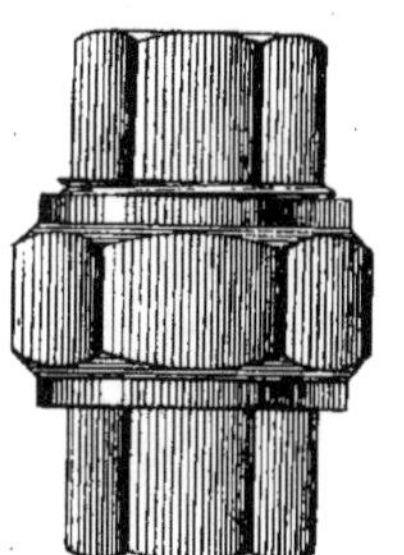

Fig. 740. — Écrou de rappel en fonte.

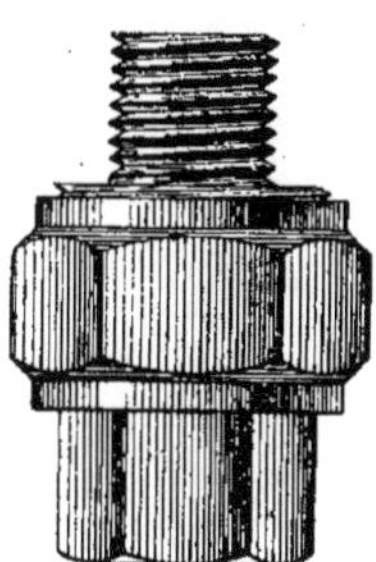

Fig. 741. — Écrou de rappel mâle et femelle en fonte.

conique rodé, et la figure 743, l'écrou de rappel sur coude arrondi.

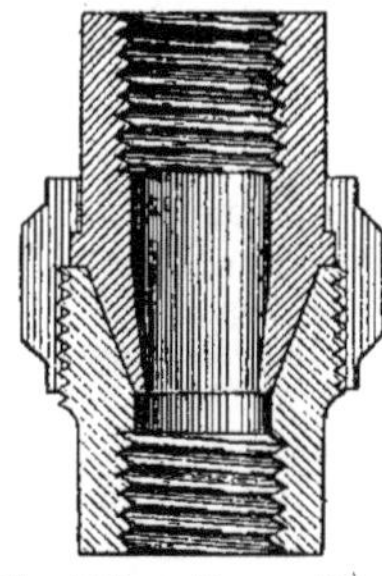

Fig. 742. — Coupe d'écrou de rappel en fonte à emboîtement conique rodé.

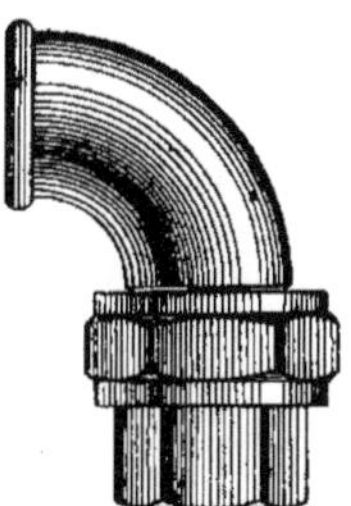

Fig. 743. — Écrou de rappel et coude arrondi en fonte.

Les figures 744 à 749 représentent la série des pièces de raccords en fonte douce à collets renforcés. Nous ne les donnons qu'à titre documentaire, puisque les formes sont semblables à celles des pièces en fonte malléable.

Tubes en cuivre pour eau et vapeur.

338. La tuyauterie en cuivre pour vapeur est plus spécialement employée dans les grandes installations industrielles et dans la marine, où elle fournit un service constant desservant des machines à grande puissance.

Nos installations de bâtiments, en ce qui concerne le chauffage à vapeur, ne comportent ordinairement que des canalisations en fer d'un prix de revient beaucoup moins élevé que celui du cuivre, et qui rendent à peu près les mêmes services, étant donné leur usage intermittent. Dans ces conditions, l'usage du cuivre est

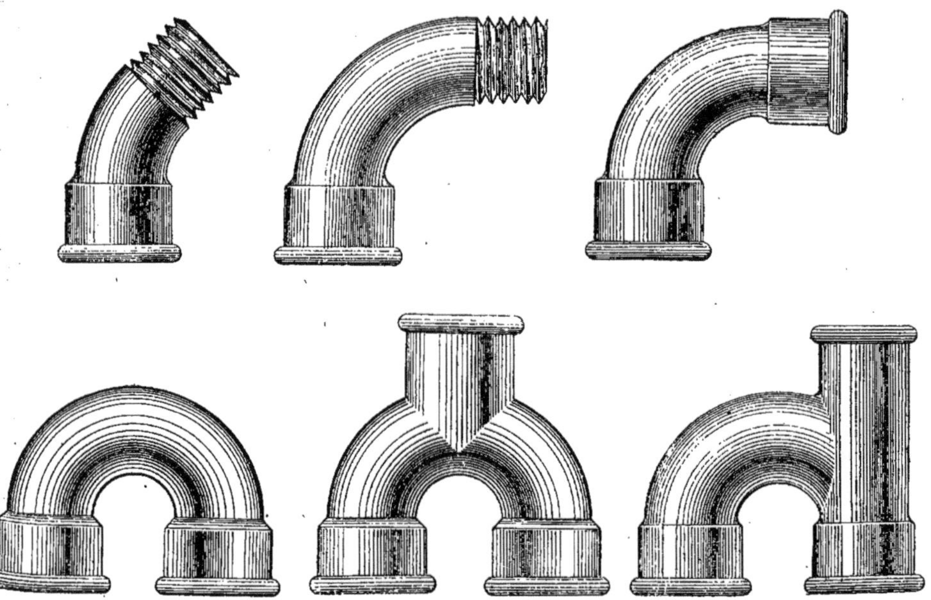

Fig. 744 à 749. — Raccords en fonte pour canalisation en fer.

plus spécialement réservé aux distributions et canalisations d'eau chaude.

Il y a d'une manière générale deux catégories de tubes en cuivre : le *tube brasé* et le *tube sans soudure*.

Le tube brasé d'ancienne fabrication, et le tube sans soudure, de fabrication plus récente, sont livrés dans le commerce par longueurs de 4 mètres dans les diamètres de 10 à 120 millimètres.

Le tube sans soudure d'un prix supérieur au tube brasé, lui est préféré, en raison du calibrage parfait obtenu par sa fabrication, de la paroi intérieure absolument lisse et de son homogénéité. L'emploi du tube sans soudure diminue les risques de fuites du résultat de la brasure et se prête à tous les cintrages.

Les tubes sans soudure en cuivre jaune sont tarifés à la série syndicale de chaudronnerie sous les numéros 1295 à 1361, et les tubes en cuivre rouge, sous les numéros 1362 à 1416.

Les tubes soudés, en cuivre rouge, sont tarifés sous les numéros 1467 à 1521. La Série de la Société centrale donne un prix pour installation complète, en tuyaux de cuivre rouge brasés, sous le numéro 161 de l'édition de 1901.

Les façons et travaux sur tubes en cuivre sont tarifés à la Série syndicale de chaudronnerie sous les numéros 1522 à 1557.

Les tuyaux spéciaux au chauffage, dans les diamètres de 60 à 120 millimètres en cuivre rouge, se rapportant à deux fabrications distinctes, sont tarifés au mètre linéaire, ainsi que la valeur des pièces et façons spéciales sur ces tuyaux, sous les numéros 1559 à 1580 de la Série syndicale de chaudronnerie.

Les tubulures en cuivre rouge sont des raccords de piquage rapportés et brasés sur des canalisations principales en forme de T, et qui sont tarifés à la Série syndicale de chaudronnerie sous les numéros 1421 à 1443 dans les diamètres corres-

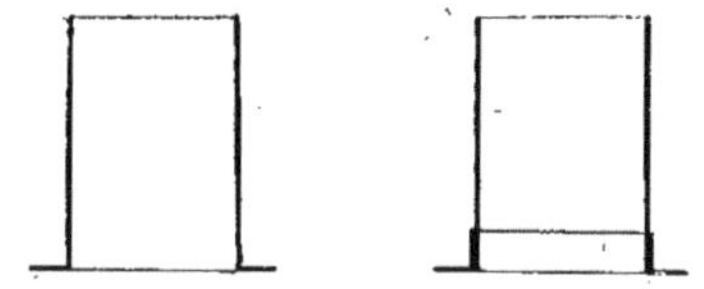

Fig. 750. — Collet battu Fig. 751. — Collet brasé. sur tubes en cuivre.

pondants à ceux des tubes. Les ajustements compris brasures sont portés en raison des diamètres sous les numéros 1444 à 1466.

Au point de vue métré des canalisations en cuivre, on procède dans les données que nous avons indiquées pour les canalisations en fer. Les mesures de longueur sont prises par tronçons de tubes entre brides ou raccords selon le genre de montage. Les diamètres sont soigneusement indiqués et les tubes tarifés selon leur fabrication et la nature du cuivre, conformément aux tableaux de la Série. Toutes les façons sur tubes sont faites exclusivement selon les besoins et à la demande de l'installation ; il en est de même des pièces spéciales. Tous ces ouvrages sont demandés au fur et à mesure de leur rencontre dans la canalisation selon les prix de la Série. Les colliers, les trous et scellements, les per-

cements, etc., en un mot les ouvrages accessoires de pose, sont demandés dans leur ordre aux évaluations de la Série.

Le métré d'une canalisation est simple, mais il est surtout très méthodique.

Les appareils accessoires, tels que clapets, vannes, robinetterie de toutes sortes,

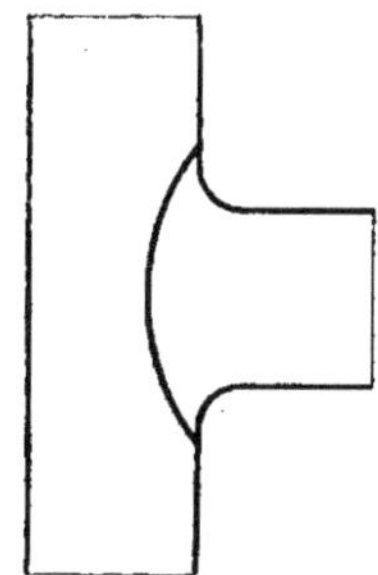

Fig. 752. — Tubulure brasée sur tube droit.

sont également demandés à leur endroit dans l'installation générale et en suivant les canalisations. Les travaux de pose, ajustement, brasures, etc., s'ajoutent, bien entendu, à la valeur marchande de l'appareil selon les évaluations de la Série, s'il y a lieu, ou par application des tarifs spéciaux des constructeurs.

Nous ne pensons pas devoir allonger notre démonstration par des exemples qui

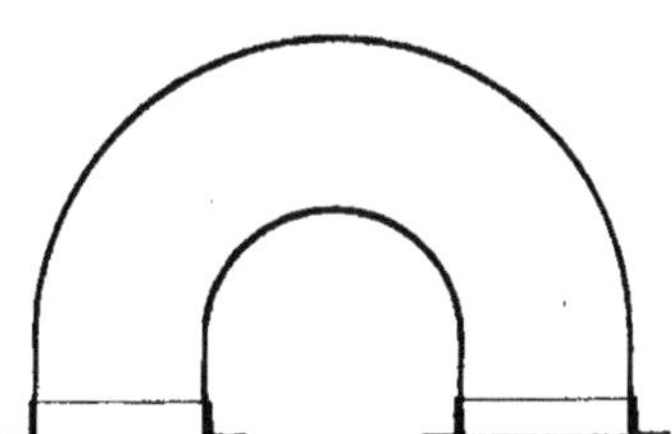

Fig. 753. — Coude en U en cuivre.

nous paraissent inutiles, et nous laissons à nos lecteurs le soin d'appliquer judicieusement les principes que nous exposons.

Nous donnons en complément de nos observations le collet battu (*fig.* 750), et le collet brasé (*fig.* 751).

La figure 752 représente une tubulure sur tuyau droit.

Nous représentons aussi un coude en U (*fig.* 753), et un coude de même façon, mais avec tubulure (*fig.* 754).

La figure 755 donne une pièce en *h*.

Nous nous bornons à ces quelques

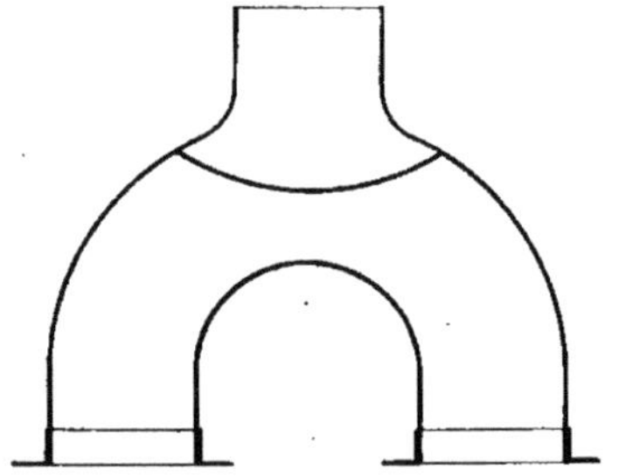

Fig. 754. — Coude en U en cuivre avec tubulure.

exemples, car nous ne pouvons évidemment pas soumettre les multiples façons de la tuyauterie en cuivre. Il est nécessaire de signaler au métré tous les ouvrages de la tuyauterie, surtout dans les pièces de raccords et de branchements,

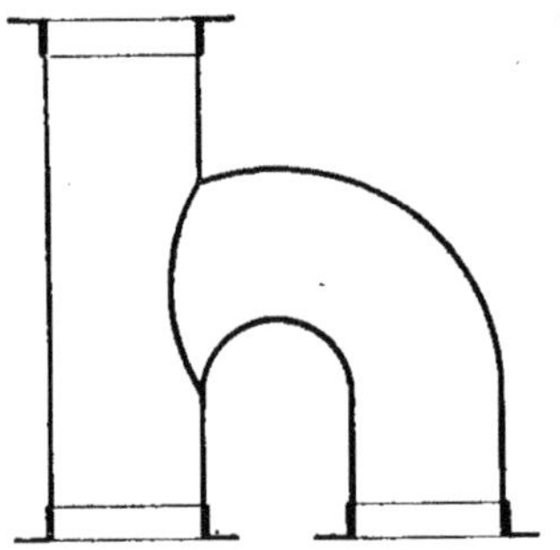

Fig. 755. — Pièce en cuivre en *h*.

très variés en raison des diamètres et des emplacements.

Nous donnons (*fig.* 756) une bride ronde et (*fig.* 757) une bride ovale avec le boulon de montage (*fig.* 758).

Les raccords sont des pièces en cuivre ou en bronze servant au montage des canalisations en cuivre.

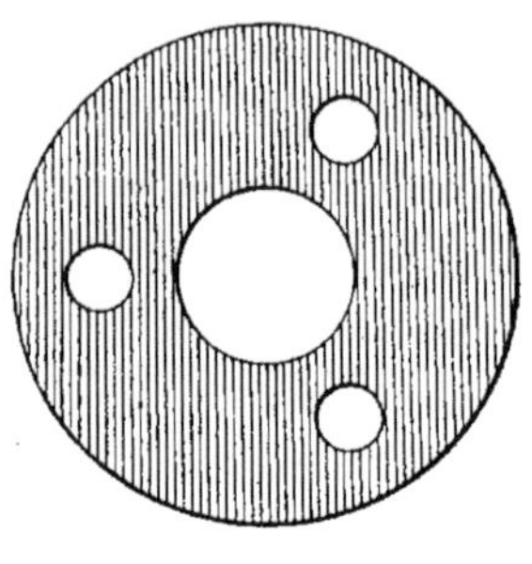

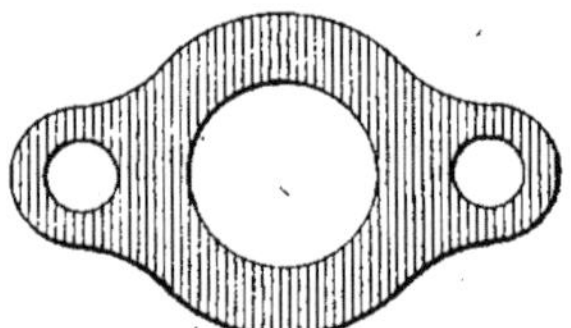

Fig. 756 et 757. — Brides en fer.

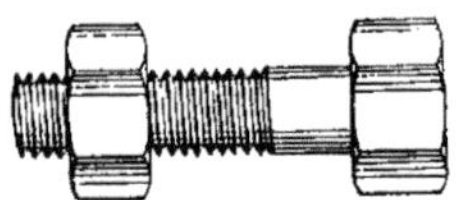

Fig. 758. — Boulon de montage pour brides.

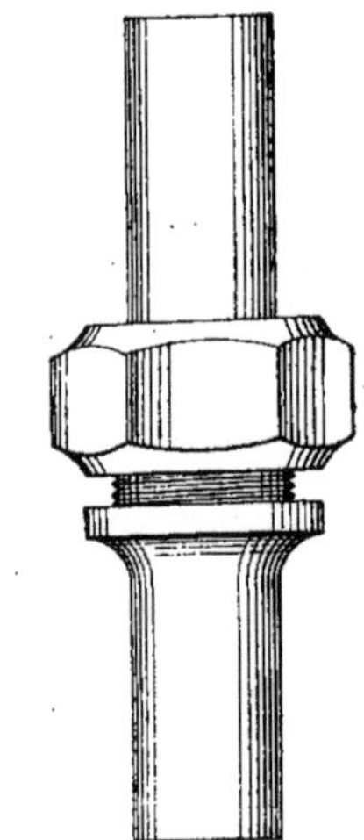

Fig. 759. — Raccord droit en trois pièces pour tube cuivre.

La figure 759 donne un raccord droit en 3 pièces et la figure 760 un raccord coudé.

Nous donnons aussi un T à 3 raccords, (*fig*. 763).

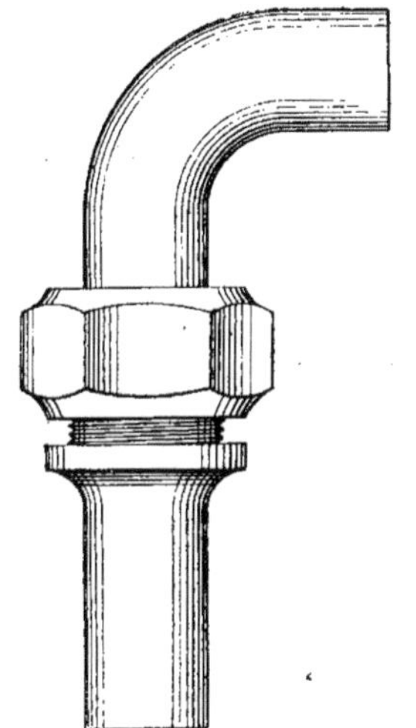

Fig. 760. — Raccord coudé en trois pièces pour tube cuivre.

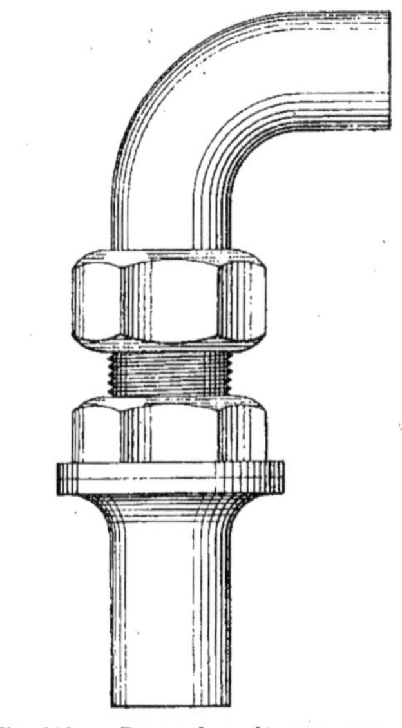

Fig. 762. — Raccord coudé en quatre pièces pour tube cuivre.

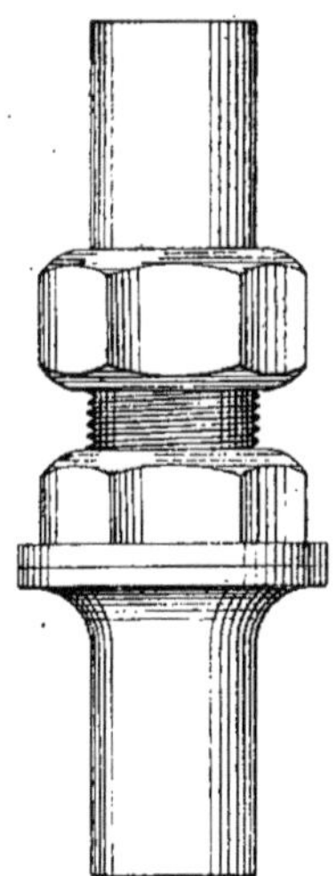

Fig. 761. — Raccord droit en quatre pièces pour tube cuivre.

La figure 761 représente un raccord droit en 4 pièces, et la figure 762, un raccord coudé.

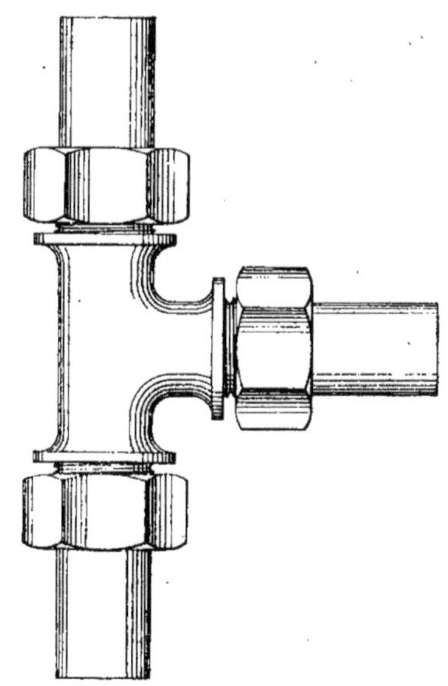

Fig. 763. — T à trois raccords pour tube cuivre.

Les raccords droits et coudés en 3 et 4 pièces sont tarifés à la Série syndicale de chaudronnerie sous les numéros 791 à 826.

La façon des joints de raccords est comprise dans les évaluations des travaux sur tube de cuivre indiqués au tableau de la Série syndicale sous les numéros 1522 à 1557.

Pour fixer les canalisations de petits diamètres, on se sert généralement de col-

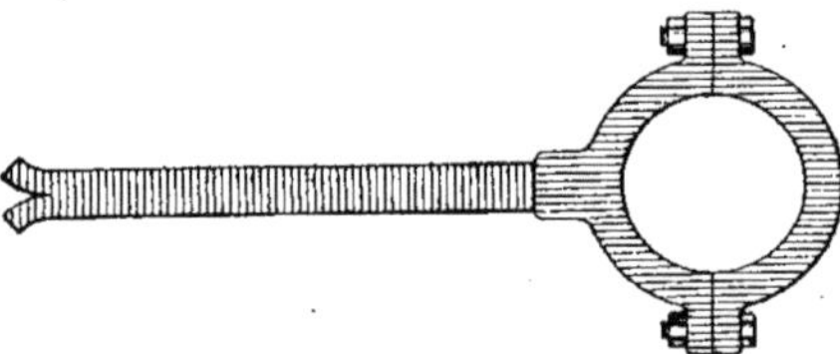

Fig. 764. — Collier en cuivre, tige à scellement.

liers en cuivre montés à brides sur tige en fer à scellement (*fig.* 764).

La Série syndicale de chaudronnerie donne les prix des divers colliers fer et cuivre, sous les numéros 458 à 491.

Tuyaux de circulation en fonte.

339. Les tuyaux de circulation en fonte pour chauffage à eau se différencient entre eux, surtout au point de vue du montage, que nous classons en trois grandes

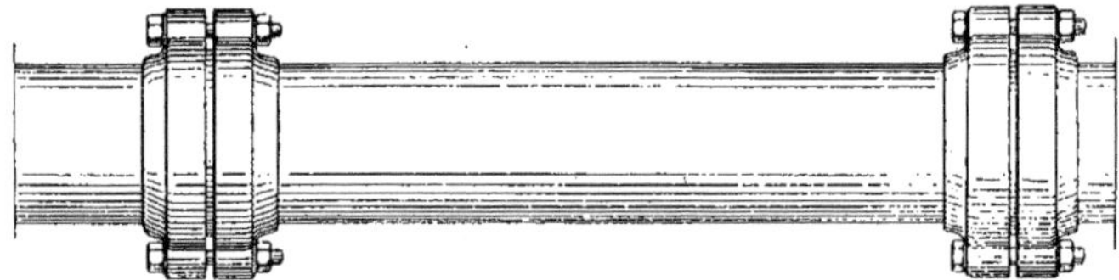

Fig. 765. — Tuyau en fonte pour circulation de chauffage à eau.

catégories : montage à joints, à brides et à emboîtements.

Les tuyaux à joints sont très différents; ils sont généralement montés sur rondelles en caoutchouc. Les tuyaux à brides sont également montés sur rondelles en plomb ou en caoutchouc.

Dans les deux systèmes de montage, les

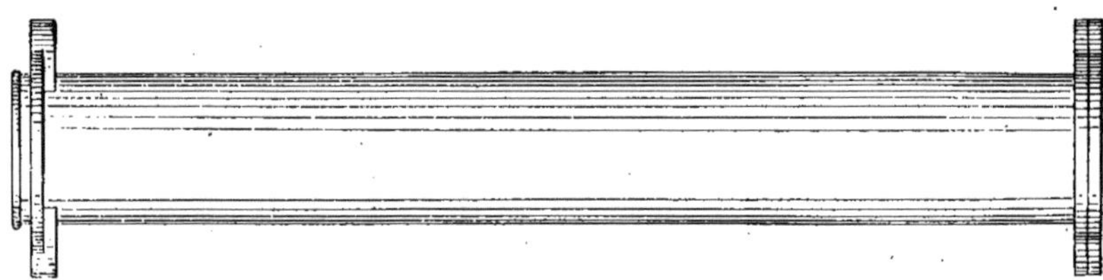

Fig. 766. — Tuyau en fonte Cerbelaud.

tuyaux sont fixés par des boulons spéciaux.

Le montage à emboîtement est fait au moyen de plomb coulé et maté sur chanvre goudronné.

Nous donnons (*fig.* 765) un tuyau à joints de caoutchouc à bagues et contre-brides boulonnées.

Ce genre de tuyau se fait pour les chauffages à grand volume d'eau et pour les serres, dans les diamètres de 80, 90 et 100 millimètres par tronçons de 3 mètres de longueur.

Toutes les pièces de raccords dans les formes diverses que nous avons vues précédemment se retrouvent au même titre dans ce genre de tuyauterie.

La figure 766 donne un tuyau à brides pour chaudière du système Cerbelaud que nous avons représentée (*fig.* 693 et 694).

Les tuyaux de ce système se font dans les diamètres de 80 et 100 millimètres, par longueurs variables de 0ᵐ,15 à 1ᵐ,50, selon le tableau ci-dessous :

0ᵐ,15	0ᵐ,75
0 ,25	1 ,00
0 ,40	1 ,25
0 ,50	1 ,50

Nous donnons (*fig.* 767 à 770) les détails des joints pleins et d'assemblages inter-

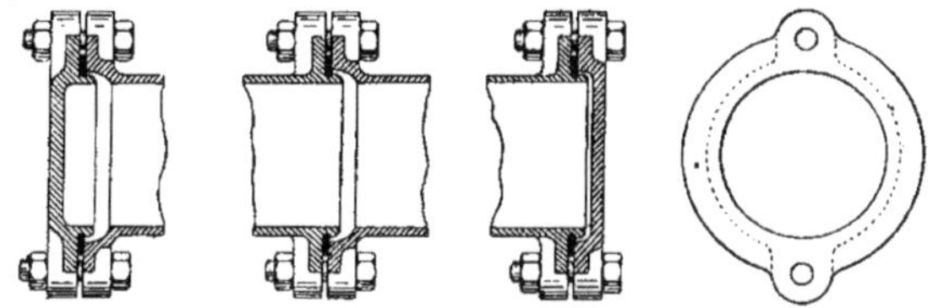

Fig. 767 à 770. — Détails des joints sur tuyaux Cerbelaud.

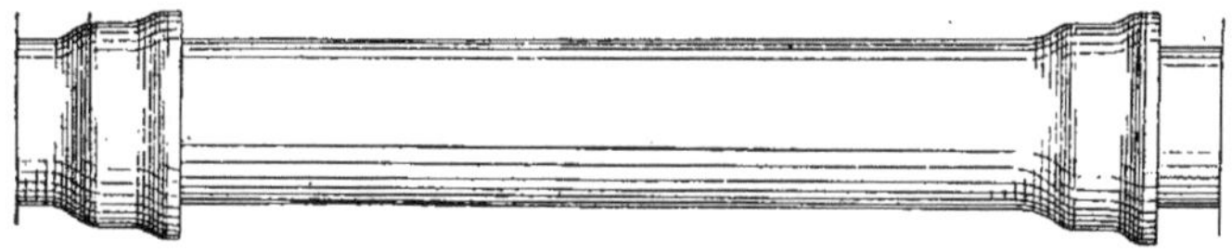

Fig. 771. — Tuyau en fonte pour circulation de chauffage à eau.

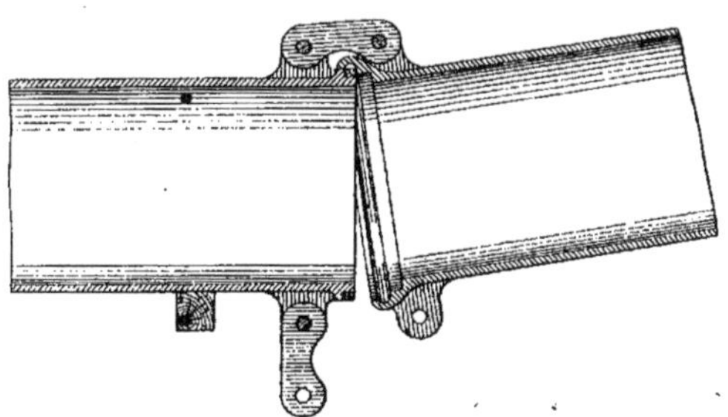

Fig. 772. — Joint de tuyau en fonte, système Petit.

médiaires pour ce genre de canalisation.

La figure 771 représente un tuyau à emboîtement également pour chauffage à grand volume.

La fabrication se fait en 70 et 80 millimètres par longueurs de 3 mètres avec tous raccords nécessaires pour l'installation du chauffage.

Les joints des tuyaux à emboîtements sont faits en plomb coulé et maté.

Les tuyaux du système Petit, des fonderies de Brousseval, sont d'un montage tout spécial sur joints en caoutchouc. Le serrage est obtenu par un assemblage à pattes sur oreilles fixées par des broches *ad hoc*, comme le représente la figure 772.

Les tuyaux du système Petit se font dans les diamètres de 40 à 250 millimètres en longueurs de 1 à 2 mètres avec bouts de raccords de 0ᵐ,25 et 0ᵐ,50. Ils conviennent aux installations les plus diverses en raison de leurs dimensions variées.

Nous donnons ci-dessous le tableau complet des dimensions des tuyaux Petit.

DIAMÈTRES INTÉRIEURS en millimètres	LONGUEURS UTILES en centimètres
40	1 00 / 1.25
50	1.00 / 1.25
60	1.25 / 1.50
70	1.25 / 1.50
80	1.50 / 2.00
90	1.50 / 2.00
100	1.50 / 2.00
110	2.00
125	2.00
135	2.00
150	2.00
175	2.00
200	2.00
225	2.00
250	2.00

Fig. 773. — Bout de raccord ordinaire de tuyaux Petit.

Nous donnons (*fig.* 773) un bout de raccord ordinaire à oreilles et (*fig.* 774) un bout de raccords à oreilles et à bride. La figure 775 représente un raccord à tubulure à bride, et la figure 776 un raccord en croix.

Les figures 777 à 780 nous donnent une série de coudes sur des angles différents.

Nous soumettons ensuite la série complète des brides de montage des canalisations du système Petit (*fig.* 781 à 787) en

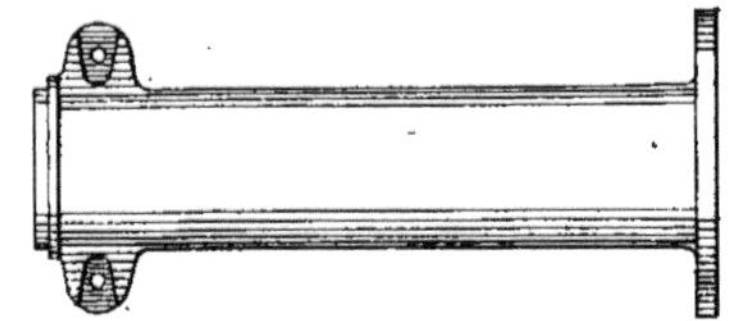

Fig. 774. — Bout de raccord à oreilles et à bride de tuyaux Petit.

indiquant le nombre des trous correspondants.

La Série de sept brides comprend, en commençant par la plus petite, 3, 4, 6, 8, 10

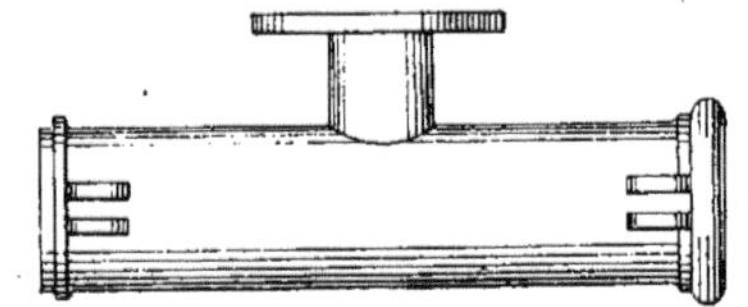

Fig. 775. — Bout de raccord à tubulure à bride de tuyaux Petit.

12 et 16 trous répèrés selon le système de montage.

La contre bride et la bride pleine sont représentées (*fig.* 788 et 789) et les bouchons mâle et femelle (*fig.* 790 et 791).

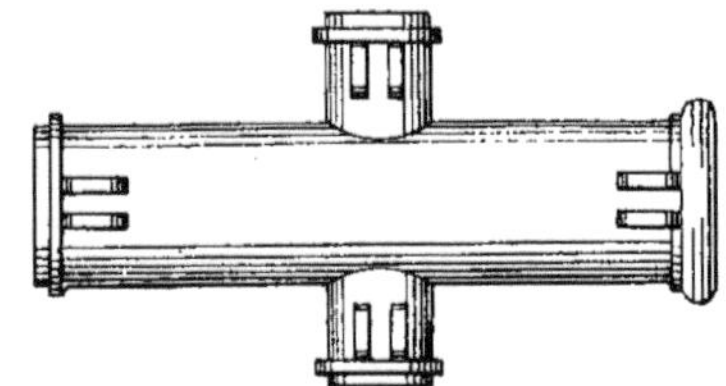

Fig. 776. — Bout de raccord en croix de tuyaux Petit.

La figure 792 donne la coupe d'un manchon raccordant deux tuyaux coupés sur un tronçon intermédiaire d'une canalisation. Les extrémités des tuyaux sont à bout mâle et femelle pour la continuité des assemblages.

La tuyauterie en fonte du commerce est tarifée à la Série syndicale de chaudron-

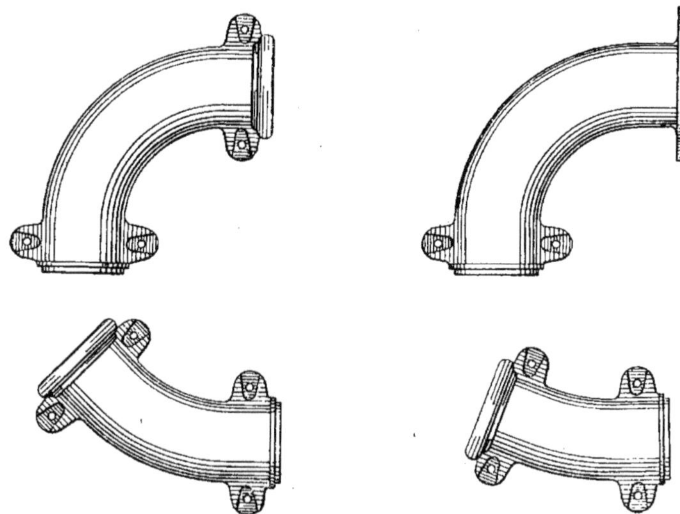

Fig. 777 à 780. — Coudes de raccords de tuyaux Petit.

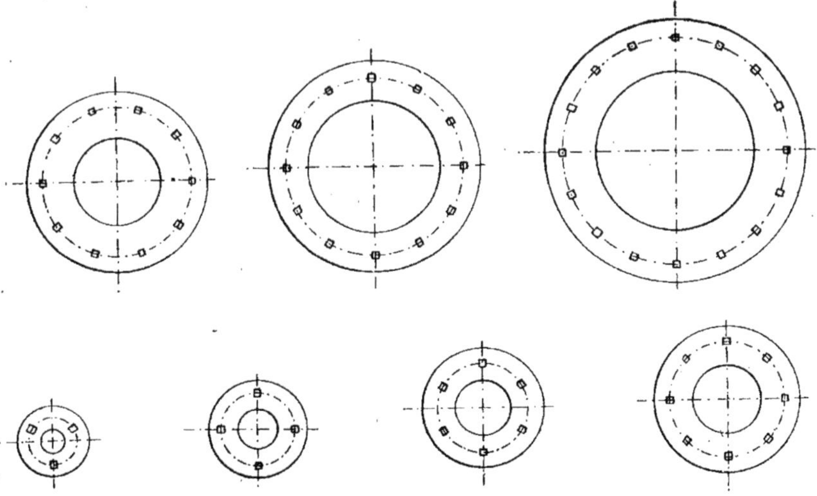

Fig. 781 à 787. — Série de brides des tuyaux Petit.

nerie sous les numéros 1643 à 1682, y compris les pièces de raccords, les acces-soires et la façon des joints à brides et à emboîtements.

Les tuyaux que nous avons présentés à usage de canalisations sont maintenus en état de rigidité, au moyen de colliers spéciaux en fer forgé qui leur assurent cependant leur libre dilatation.

Nous donnons (*fig.* 793 et 794) les deux

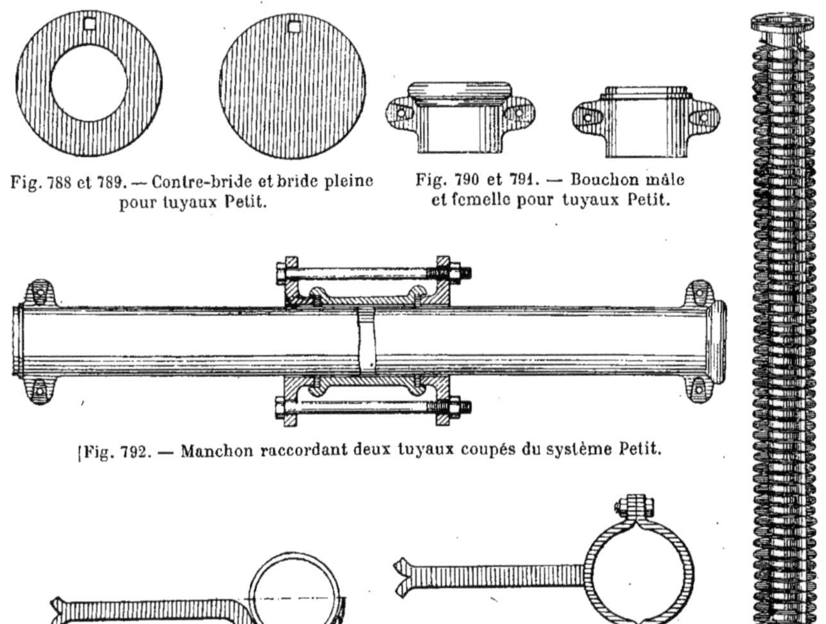

Fig. 788 et 789. — Contre-bride et bride pleine pour tuyaux Petit.

Fig. 790 et 791. — Bouchon mâle et femelle pour tuyaux Petit.

[Fig. 792. — Manchon raccordant deux tuyaux coupés du système Petit.

Fig. 793 et 794. — Colliers forgés pour canalisation en fonte.

Fig. 795. — Tuyaux à ailettes circulaires à brides.

genres de colliers les plus employés.

Quand on désire augmenter le rendement à tel endroit d'une circulation d'un chauffage à grand volume d'eau, on emploie des tuyaux à ailettes du système de montage à brides se raccordant sur les tuyaux unis de la canalisation.

La figure 795 représente le tuyau à ailettes circulaires à brides. La particularité des tuyaux à ailettes est de fournir, à égalité de diamètre et longueur, des surfaces de chauffe différentes, en raison du nombre et du diamètre des ailettes.

Les tuyaux à brides se font dans le commerce, dans les diamètres de 70 à 100 millimètres et dans les longueurs de 1 mètre, 1ᵐ, 50 et 2 mètres.

Nous donnons à titre de renseignement le tableau des ailettes, leurs dimensions et leur nombre par longueurs de tuyaux.

DIAMÈTRE en millimètres		LONGUEUR DES TUYAUX	NOMBRE des
DES TUYAUX	DES AILETTES	en centimètres	AILETTES
0.070	0.160	1.00	31
		1.50	48
		2.00	68
0.070	0.175	1.00	34
		1.50	54
		2.00	75
0.070	0.190	1.00	38
		1.50	61
		2.00	84
0.100	0.210	1.00	37
		1.50	57
		2.00	82

Les tuyaux à ailettes sont raccordés quelquefois à diamètres différents sur les tuyaux lisses. Nous donnons (*fig.* 796 et 797) le tuyau lisse et sa réduction. Tous

Fig. 796 et 797. — Tuyau lisse et cône de réduction à brides.

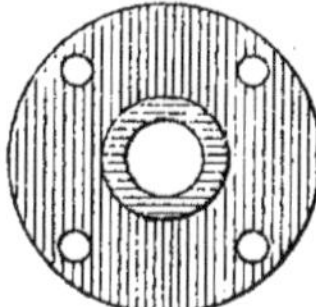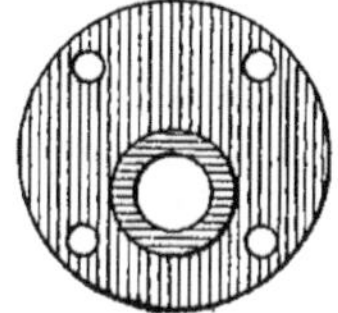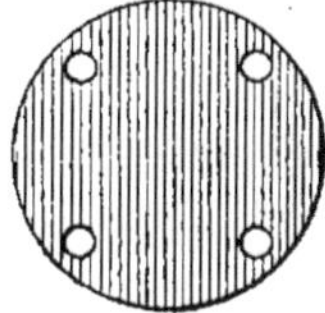

Fig. 798 à 800. — Série de brides des tuyaux à ailettes.

ces tuyaux sont à brides tournées et percées.

Les tuyaux à ailettes décrits ci-dessus sont tarifés à la Série syndicale de chaudronnerie sous les numéros 1734 à 1745. Les tuyaux lisses spéciaux raccordés aux tuyaux à ailettes sont tarifés à la suite par longueur de 2 mètres en 70 et 100 millimètres de diamètre, sous les numéros 1746 et 1747. Le cône de réduction d'un

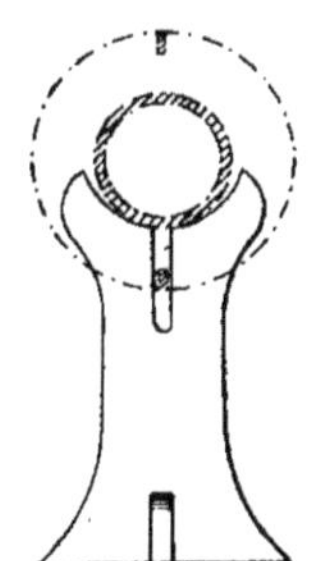

Fig. 801. — Support simple.

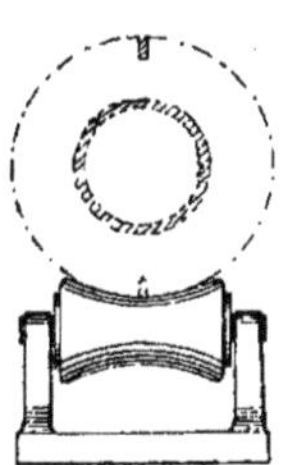

Fig. 802. — Support à rouleau.

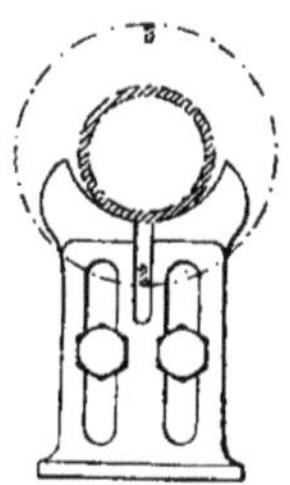

Fig. 803. — Support à coulisse.

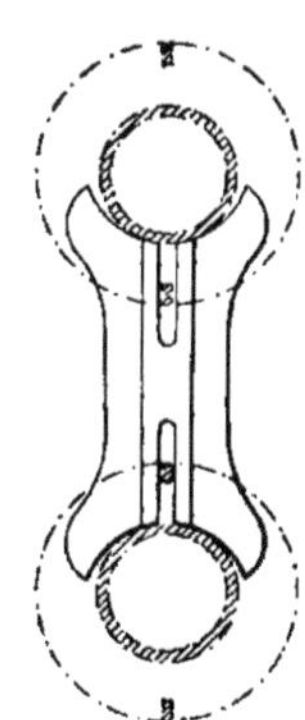

Fig. 804. — Support intercalaire

seul type est tarifé sous le numéro 1748.

Les pièces de raccords, brides, accessoires, pose et façon des joints, etc., sont tarifés sous les numéros 1749 à 1771.

Nous donnons, pour compléter la description des tuyaux à ailettes et leur montage, la série des brides (*fig.* 798 à 800). La figure 798 représente la bride d'entrée taraudée au centre, et la figure 799 la bride de sortie taraudée excentrée. La figure 800 donne la bride pleine. Chaque bride est percée de quatre trous de boulon.

Les tuyaux lisses ou à ailettes sont supportés par des accessoires spéciaux, qu'ils soient placés bas sur le sol ou en élévation. Quand les tuyaux sont assemblés, ils sont assujettis au moyen de supports intercalaires. Les supports sont tarifés à la Série syndicale de chaudronnerie sous les numéros 1772 à 1777; nous les représentons (*fig.* 801 à 804); le support simple (*fig.* 801) ; le support à rouleau (*fig.* 802); le support à coulisse (*fig.* 803), et le support intercalaire (*fig.* 804).

Canalisation en caniveaux.

La circulation générale d'un chauffage demande dans de certains cas, pour des considérations diverses d'installation, le passage en caniveaux.

S'il s'agit d'un tuyau de retour passant dans un seuil ou d'une conduite de vidange, on se sert si possible de caniveaux en fonte du commerce, recouverts en feuillures de plaques pleines unies ou a damiers.

La tarification de ce genre de caniveaux, en fonte ordinaire légère, est portée en observation à la Série d'égouts de la Société centrale sous le numéro 193 dans l'édition de 1901.

Le prix alloué est basé sur le cours du jour augmenté de 10 0/0 pour bénéfice.

Ce prix comprend les caniveaux à dalles pleines. Les dalles à damiers, cannelées ou gaufrées, sont susceptibles d'une plus-value indiquée sous le numéro 194.

Les prix de fournitures ne comprennent pas la pose.

Les fontes renforcées doivent faire l'objet d'une demande spéciale ou d'une offre acceptée.

La Série complète les observations de règlement précitées sous les numéros 193 et 194 par des tableaux indiquant les poids des caniveaux et plaques en fonte ordinaire sous les numéros 196 à 211.

Tous les travaux de coupements, entailles etc., nécessaires à l'installation sont à prendre ainsi que la pose et les travaux accessoires de pose : tranchées, percements, etc.

En ce qui concerne les coupements droits sur les sections des plaques ou des caniveaux, les prix sont portés à la Série d'égouts sous les numéros 81 à 87. Le numéro 88 comprend les coupements sur sections de gargouilles carrées.

La pose seule des caniveaux est tarifée à la Série de granit sous les numéros 65 et 66.

Nous donnons un exemple de métré de caniveau en fonte.

Métré de caniveau pour conduite de vidange en cave.

Tranchée de caniveau en terrain ordinaire, de moins de 0^m,80 de largeur jusqu'à 0^m,50 de profondeur, au mètre linéaire.

1 fois...................... 2^m,50 ⎱ 3^m,75
1 fois...................... 1^m,25 ⎰
     Egouts n° 441.

Plus-value de 10 0/0 pour tranchée exécutée en cave.
     Egouts, observation n° 444.

Tranchée de caniveau en terrain ordinaire au mètre linéaire.
3^m,75
Egouts, série centrale n° 441.
Plus-value de tranchée de caniveau exécutée en cave.
10 0/0
Egouts, série centrale n° 444.
Observation.

Percé le mur en meulière d'ancienne construction, de 0ᵐ,60 d'épaisseur, de moins de 0ᵐ,32 de côté, pour passage de caniveau, scellé ledit à travers mur et reprise de maçonnerie en épaisseur de 0ᵐ,60.

Jusqu'à 0ᵐ,40 de profondeur................ »   »
    Egouts n° 331.
En plus 0ᵐ,20............................ »   »
    Egouts n° 332.
    0ᵐ,60   »   »

Plus-value de 25 0/0 pour percement en meulière d'ancienne construction.
    Egouts n° 336.

Posé le caniveau en fonte couvert en plaques sur arase en mortier avec joints en ciment au mètre linéaire.

En tranchée............... 3ᵐ,75 ⎱
En mur.................. 0ᵐ,60 ⎰ 4ᵐ,35
    Granit n° 65.
    Egouts, observations n°ˢ 348 et 361.

2 raccords en ciment sur les faces de mur après percement à la pièce.
    Egouts n° 339.

En fournitures :

Les caniveaux ordinaires en fonte de 0ᵐ,162 millimètres avec plaques unies en feuillures, au poids :

En tranchée :

pour la longueur de 2ᵐ,50.

2 Caniveaux de 1ᵐ,00 à 17ᵏ,000 le mètre = ...   34ᵏ,000
2 Plaques unies de 1ᵐ,00 à 12ᵏ,500 le mètre = .   25ᵏ,000
2 Demi-caniveaux de 0ᵐ,50 à 9ᵏ,500 le mètre =   19ᵏ,000
2 Demi-plaques unies de 0ᵐ,50 à 6ᵏ,900 le mètre   13ᵏ,800
    Pour la longueur de 1ᵐ,25 :
1 Caniveau de 1ᵐ,00 = ...   17ᵏ,000
1 Plaque unie de 1ᵐ,00 = ...   12ᵏ,500
1 Quart de caniveau de 0ᵐ,25 = ...   5ᵏ,500
1 Quart de plaque unie de 0ᵐ,25 = ...   3ᵏ,000
    En épaisseur de mur de 0ᵐ,60 :
1 Demi-caniveau de 0ᵐ,50 = ...   9ᵏ,500
1 Demi-plaque unie de 0ᵐ,50 = ...   6ᵏ,900
1 Quart de caniveau de 0ᵐ,25 = ...   5ᵏ,500
1 Quart de plaque unie de 0ᵐ,25 = ...   3ᵏ,000

    Poids total......................   154ᵏ,700

    Egouts n° 203, 1ʳᵉ et 2ᵉ colonnes
Cours du jour de la fourniture............. »   »
Augmentation de bénéfice 10 0/0........... »   »
    Egouts n° 193.
    Observation :

Peint les caniveaux une couche au minium sur le poids en fourniture, ci.............................. 154ᵏ,700
    Egouts n° 329.

Percement d'un trou de 0ᵐ,60 d'épaisseur à travers mur pour passage de caniveau.

»   »

Egouts, SÉRIE CENTRALE n° 331 et 332.

Plus-value de percement en meulière d'ancienne construction.

25 0/0

Egouts, SÉRIE CENTRALE n° 336.

Observation.

Pose de caniveau en fonte sur arase en mortier avec joints en ciment au mètre linéaire.

4ᵐ,35

Granit, SÉRIE CENTRALE n° 65.

Egouts, SÉRIE CENTRALE n°ˢ 348 et 361.

Observation.

Raccord en ciment sur faces de mur après percement à la pièce.

2

Egouts, SÉRIE CENTRALE n° 339.

Caniveaux ordinaires en fonte avec plaques unies en feuillures : au poids.

154ᵏ,700.

Egouts, SÉRIE CENTRALE n° 193.

Observation.

Peinture au minium sur fonte au poids.

154ᵏ,700.

Egouts, SÉRIE CENTRALE n° 329.

Coupé de longueur un caniveau avec plaque unie à la pièce : Détail.

La plaque au dessous de 0^m,20 de largeur : la pièce.
Egouts n° 81.

Le caniveau en 0^m,162 millimètres de largeur : la pièce de 0^m,11 à 0^m,20 centimètres.
Egouts n° 84.
Observations n° 87.

Coupement de plaque en fonte unie jusqu'à 0^m,20 de largeur à la pièce.
1
Egouts, SÉRIE CENTRALE n° 81.
Coupement de caniveau en fonte de 0^m,11 à 0^m,20 de largeur à la pièce.
1
Egouts, SÉRIE CENTRALE n° 84.
Observation n° 87.

Tous autres travaux sont à reprendre selon les évaluations des différentes parties de la Série auxquels ils se rapportent.

Le petit exemple de métré que nous venons de donner nous fournit l'occasion d'appeler par quelques commentaires l'attention de nos lecteurs sur les articles de la Série que nous avons rencontrés.

Les tranchées comptées au mètre linéaire dans la Série d'égouts n'excèdent pas 0^m,80 centimètres en largeur et 1^m,00 en profondeur au-dessus de ces dimensions ; elles doivent être prises aux prix portés à la Série de terrasse, au mètre cube, conformément à l'observation sous le numéro 446.

Nous avons soumis avec des exemples nos observations sur la terrasse, au chapitre des fouilles pour calorifères.

Les prix portés à la Série pour les tranchées au mètre linéaire sont repérés sur une cote de profondeur jusqu'à 0^m50 sous le numéro 441, en ce qui concerne le terrain ordinaire et chaque décimètre de profondeur en plus, jusqu'à 1^m,00, donne droit à l'allocation sous le numéro 442.

Les prix portés sous les numéros 441 et 442 comprennent en sus de la fouille : le jet sur berge et la reprise de terre en remblai avec pilonnage et enlèvement des excédents de terre. Il faut entendre par enlèvement le déblai des abords de la tranchée et non l'enlèvement aux décharges publiques.

Les tranchées dans les mêmes dimensions, exécutées dans le tuf, sont payées suivant le même mode de métrage avec *cinquante pour cent* en plus value, selon l'observation sous le numéro 443.

Quand les tranchées sont exécutées en caves, en sous-sols ou à rez-de-chaussée d'anciennes constructions, les prix de base sont augmentés d'une plus-value de *dix pour cent* conformément à l'Observation sous le numéro 444. Quand elles sont faites sous galeries, en fosses ou en deuxième caves, la plus-value sur les prix de base est de *vingt-cinq pour cent*, selon l'Observation du numéro 445.

Les autres travaux de raccordement de dallages, bétons, pavages, etc., sont évidemment à reprendre s'il y a lieu.

Les percements donnent lieu également à des observations que nous soulignons volontiers.

Nous avons exposé précédemment les percements de trous dans les maçonneries avec ou sans scellement de pièces : nous rencontrons ici les textes et les évaluations de la Série d'égouts, et nous voyons comment ils se différencient du mode de métré et des évaluations de la maçonnerie.

Les percements spéciaux pour passage de tuyaux en grès ou en fonte à travers murs ou voûtes en moellons jusqu'à 0^m,32 de diamètre ou de côté, sont payés au centimètre de profondeur, pour une première évaluation, jusqu'à 0,^m40 sous le numéro 331.

Au-dessus de 0^m,40 jusqu'à 0^m,80, l'évaluation est fournie par le numéro 332. De 0^m,40 à 1 mètre l'évaluation suit sous le numéro 333, et enfin de 0^m,40 à plus de 1^m,00 de profondeur l'évaluation est donnée par le numéro 334.

Les prix portés sous les numéros précités 331 à 334 comprennent aussi les scellements à travers murs ou voûtes et les reprises en maçonnerie dans le moellon ainsi que dans la meulière ou le béton, mais seulement en ce qui concerne les constructions neuves dans ces deux derniers cas.

Il convient donc dans le métré de prendre

d'abord l'évaluation du prix sous la première cote de profondeur invariable jusqu'à 0ᵐ,40, et ensuite les évaluations au-dessus de 0ᵐ,40 jusqu'à la profondeur totale.

Les percements dans la brique sont métrés sur le même mode, mais avec une plus-value de *vingt pour cent*, conformément à l'observation de la Série sous le numéro 335.

Les percements dans la meulière ou le béton d'anciennes constructions sont également métrés de la même manière, avec une plus value de *vingt-cinq pour cent* sous l'Observation de la Série numéro 336.

Quand les percements sont exécutés en première cave, il est alloué sur les prix établis conformément aux données de la Série une plus-value cumulative de *cinq pour cent*. Quand ils sont faits en deuxième cave, en fosses ou sous galeries, la plus value est de *dix pour cent*.

Dans le cas de percements exécutés en meulières ou en bétons en construction neuve, les prix alloués sont ceux de la construction en moellons sous les numéros 331 à 334.

La Série complète par des Observations sous les numéros 346 à 349 inclus les articles concernant les percements.

Tous percements autres que ceux pour passage de tuyaux ou de plus de 0ᵐ32 de côté, sont comptés en refouillements selon la nature des maçonneries, et les reprises en matériaux neufs ou vieux au cube, sans déductions des pièces scellées comme il est dit à la Série de maçonnerie.

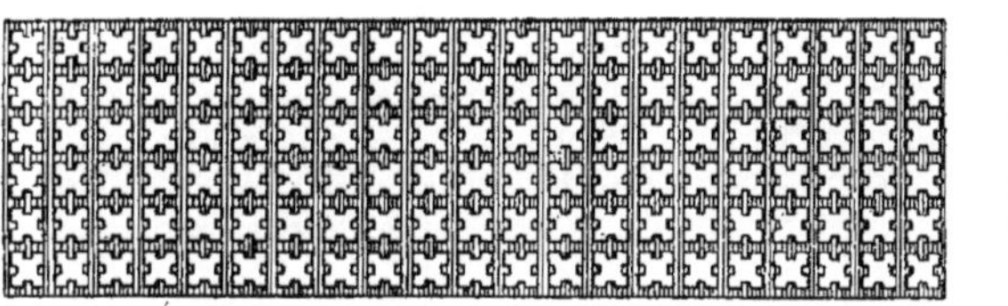

Fig. 805 et 806. — Plaque ajourée en fonte à grand débit pour caniveau de chauffage.

Les percements ne sont accordés en travaux neufs qu'autant qu'ils n'ont pu être ménagés dans la construction.

La pose des tuyaux, caniveaux, etc., n'est pas comprise dans l'évaluation des trous, qui ne comportent rien autre que le nettoyage, la sortie des gravois et des matériaux.

Les caniveaux sont aussi construits en briques avec ou sans carrelage et sont tarifés aux conduits d'air chaud selon les évaluations de la Série de fumisterie, eu égard à leurs sections : soit au mètre linéaire ou au mètre superficiel.

Dans le cas où la circulation d'un chauffage en caniveau est installée en vue du rendement, la canalisation est couverte par des plaques en fonte ajourées posées en feuillures dans des cadres en cornières.

Les cornières de fer sont tarifées à la Série de serrurerie sous les numéros 1102 à 1112 et les divers ajustements sous les numéros 1113 à 1124.

Nous avons déjà rencontré dans le cours de notre étude l'emploi du fer cornière; nous nous dispensons d'y revenir autrement que par une mention succincte.

Les cornières en fonte, spéciales aux caniveaux de chauffage, sont tarifées au mètre linéaire à la série syndicale de chaudronnerie, édition de 1901, sous les numéros 678 et 679.

Les plaques ajourées dites mosaïques, du modèle ordinaire en fonte, sont tarifées également à la Série syndicale de chaudronnerie sous les numéros 675 à 677.

Les plaques sont payées au mètre linéaire, pour fourniture seulement sans pose, suivant les différentes largeurs indiquées de 0ᵐ,30 à 0ᵐ,60. Les largeurs sont entre elles de 0ᵐ,05

Les angles droits pour retours d'équerre

des caniveaux et les tés pour les distributions latérales sont tarifés à la pièce
dans les largeurs identiques aux plaques
courantes, sous les numéros 676 et 677.

Nous donnons (*fig.* 805) une plaque
ajourée à grand débit et la coupe sur la
plaque (*fig.* 806).

La figure 807 donne une plaque ajourée
à petit débit avec une coupe (*fig.* 808).
Ces deux modèles sont ceux des fonderies
de Brousseval.

Canalisation en gaines.

Afin de grouper le plus possible nos
observations sur les différentes manières
d'installer les circulations des chauffages,
nous clôturons ce chapitre par les canalisation en gaines.

Les canalisations dans les gaines sont employées pour éviter les surfaces de chauffe
dans les pièces. La circulation en tubes
de fer de diamètre relativement faible
parcourt verticalement toute la hauteur
de l'immeuble à chauffer en partant de la
chaudière jusqu'au point le plus élevé, se
retourne par un coude en U, et redescend
à la chaudière en formant un circuit complet.

Le rendement calorifique est augmenté
par l'adjonction d'éléments verticaux à
ailettes montés sur la canalisation et qui
constituent des batteries de chauffe d'une
grande puissance.

Nous nous réservons de présenter dans
un chapitre spécial les surfaces de chauffe.

Dans ce genre d'installation, la canalisation est encastrée dans l'épaisseur des
murs ou montée dans des gaines spéciales

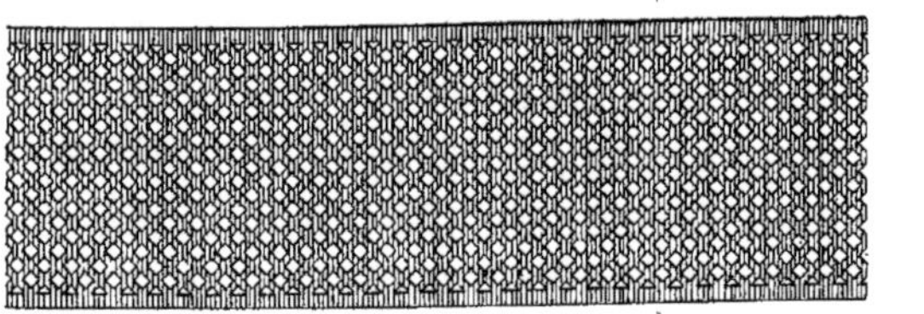

Fig. 807 et 808. — Plaque ajourée en fonte à petit débit pour caniveau de chauffage.

construites en saillie. L'air extérieur
est pris au moyen de grilles de ventouses,
comme pour les cheminées, amené dans
la gaine à la partie basse, échauffé au
contact des tubes et des éléments à
ailettes s'il y a lieu, et rejeté dans la
pièce à chauffer.

Les robinets purgeurs d'air sont placés
en haut des colonnes montantes.

Dans ce genre d'installation, les raccords sont toujours placés au droit des
ouvertures, afin d'éviter, en cas de fuites,
la démolition des gaines et toute détério-
riation qui en résulterait.

Les pièces chauffées sont desservies par
des bouches placées en plinthes comme
pour les calorifères à air.

Nous devons ajouter qu'en raison de
l'installation générale l'alimentation d'air
frais est prise à l'étage inférieur pour
donner l'émission d'air chaud à l'étage
supérieur. Nous donnons (*fig.* 809) la
coupe démonstrative d'une circulation encastrée.

Notre rôle n'est pas d'entrer dans les
détails techniques réservés à la première
partie ; nous passons après cette explication sommaire aux observations du métré.

Le métré comprend, dans ce genre
d'installation, d'abord les travaux de
prises d'air ou ventouses que nous avons
traités au chapitre des cheminées, le montage de la canalisation en tubes de fer que
nous avons expliqué au sous-chapitre des
tubes, avec les numéros de Série de la
chambre syndicale de chaudronnerie ; le
montage, s'il y a lieu, des éléments à
ailettes en surfaces de chauffe ; les accessoires, tels que les robinets purgeurs, etc.,
les gaines en saillie et enfin les bouches
de chaleur dans les pièces qui ont été
également traitées assez amplement au

chapitre spécial des accessoires des calorifères à air.

Nous n'avons donc à présenter que des

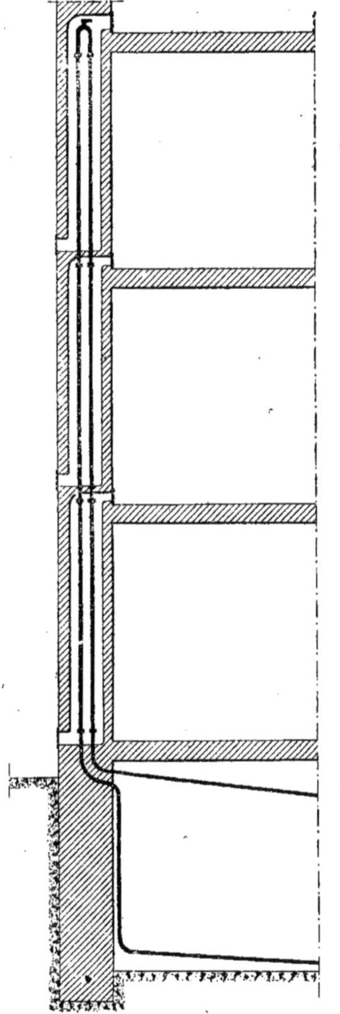

Fig. 809. — Tuyauterie de chauffage encastrée ; coupe verticale.

observations relatives aux gaines, nous réservant de traiter au chapitre spécial

des surfaces de chauffe ce qui intéressera les éléments verticaux à ailettes.

S'il s'agit de canalisations encastrées dans une construction neuve, les travaux préparatoires sont ordinairement réservés au maçon, puisqu'ils sont en somme exclusivement de son ressort.

Le travail consiste à ménager les gaines en montant les murs et enduire les faces intérieures avec des angles arrondis.

La fermeture des gaines est faite en briques, où par panneaux en tôle apparents montés à vis fraisées sur des cadres en cornières, fixés à scellements dans les murs.

Les gaines encastrées, pour le cas où elles n'auraient pas été ménagées, sont comptées en refouillements au cube selon les évaluations de la Série de maçonnerie sous les numéros 1609 à 1615 ; S'il s'agit de refouillements dans la pierre, les coefficients sont donnés à la taille sous les numéros 1635 et 1636, et les évaluations au mètre superficiel, selon la nature de la pierre et son degré de dureté, sous les numéros 1624 à 1632. Dans tous les cas, il faut discerner les refouillements exécutés à la pioche, et ceux exécutés à la masse et poinçon. Nous ajoutons qu'en ce qui concerne les gaines verticales, le travail est exécuté naturellement à la masse et au poinçon. Les enduits et les gorges sont tarifés à la Série de maçonnerie sous les numéros 1099 et 1100.

La fermeture des gaines est plus spécialement réservée à l'entreprise spéciale, puisque ce travail est fait en dernier lieu après le montage des canalisations. Dans le cas de fermeture en briques, les prix sont fournis à la Série de fumisterie sous les numéros 621 à 624 pour conduits de chaleur. Les enduits extérieurs sont à reprendre selon les évaluations des légers ouvrages sous les numéros 951 à 966 de la Série de maçonnerie avec application des renformis s'il y a lieu, sous le numéro 968.

La fermeture des gaines par panneaux en tôle est plus spécialement un travail de fabrication en atelier. Nous donnons les bases d'évaluations pour panneaux réguliers.

La fourniture de la tôle, au poids.

Le découpage selon l'épaisseur de la tôle au mètre linéaire, sous les numéros 169 à 178 de la Série de serrurerie, s'il s'agit de découpages mécaniques, ou avec la

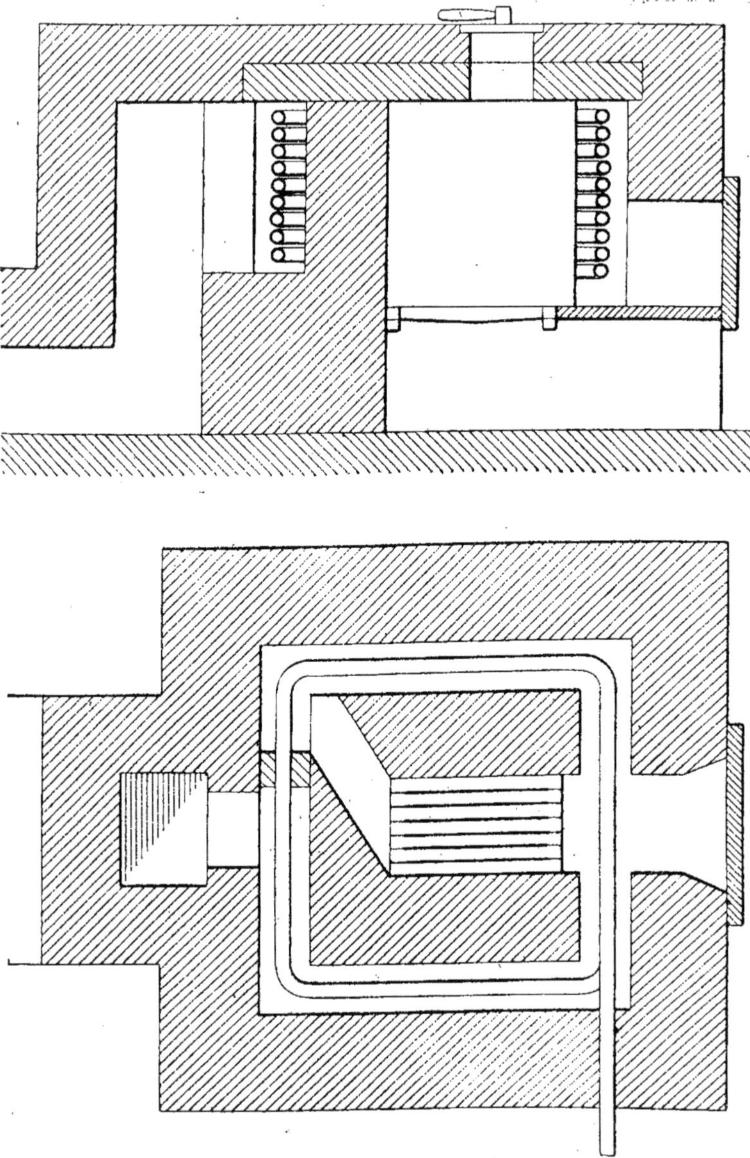

Fig. 810 et 811. — Foyer Perkins à spires égales. — Coupe et plan.

plus-value sous le numéro 179 si le travail est fait à la main.

Le planage au mètre superficiel est tarifé sous le numéro 166. Le dressement des rives au burin et à la lime, au mètre linéaire, sous le numéro 167

Les trous d'aération sont payés à la pièce sous le numéro 168.

Tous autres ouvrages : encoches, entailles, trous percés et fraisés pour vis à métaux, etc., sont à reprendre.

Les cadres en cornière sont tarifés à la

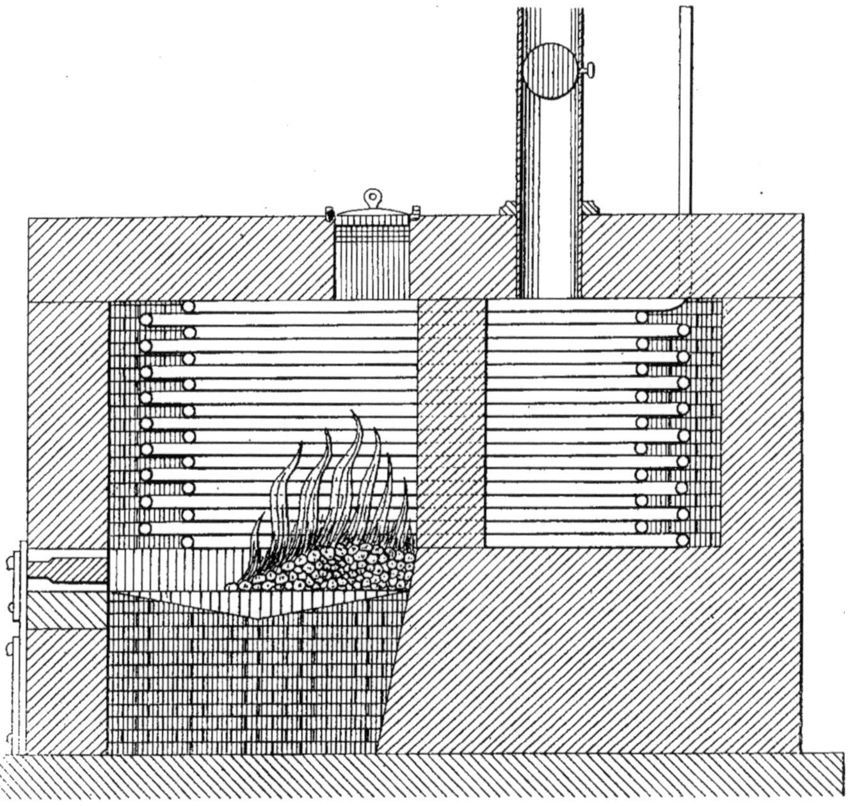

Fig. 812. — Foyer Perkins à grandes et petites spires intercalées. — Coupe.

Série de serrurerie sous les numéros 1102 à 1112, et les ajustements sur fers sous les numéros 1113 à 1125. Les vis à métaux pour montage des panneaux mobiles sont à reprendre aux numéros 1928 à 1938, et les percements pour vis sous les numéros 1148 à 1156. Les pattes à scellements rapportées sont comptées à la pièce comme pattes de façon selon leur valeur.

Les rivures ou les vis de montage avec percements des trous et contre-percements selon les données de la Série de serrurerie que nous venons d'indiquer.

Les cadres en cornières sont assemblés à joints perdus arasés sur champs dressés et limés avec éclisses rapportées à vis et à contre-pièces rivées. Toutes ces fournitures et les travaux d'ajustement sont comptés et repris à la pièce selon leur valeur.

Les gaines construites en saillie sont traitées à la Série de Fumisterie aux conduits de chaleur. Les armatures sont tarifées aux articles Fer au bois, sous les numéros 697 et 698. Tous autres ouvrages de ferronnerie sont à reprendre à la Série de Serrurerie.

Les scellements des fers entaillés ou non dans la construction, les feuillures s'il y a lieu, les trous et scellements des pattes et les raccords sont indiqués aux évaluations des légers ouvrages à la Série de maçon-nerie, sous les numéros 1037 à 1040 ; 1070 à 1072 ; 1082, 1126 à 1132.

Ces indications ne sont données qu'à titre de renseignements généraux, et pour fournir une base pouvant servir à l'établissement d'un mémoire qui se présentera dans la pratique avec des variantes dont le métreur devra tenir compte.

Chauffage Perkins.

340. Nous complétons nos observations relatives au métré des chauffages à eau par le système Perkins à haute pression, dont la caractéristique est l'absence de chau-

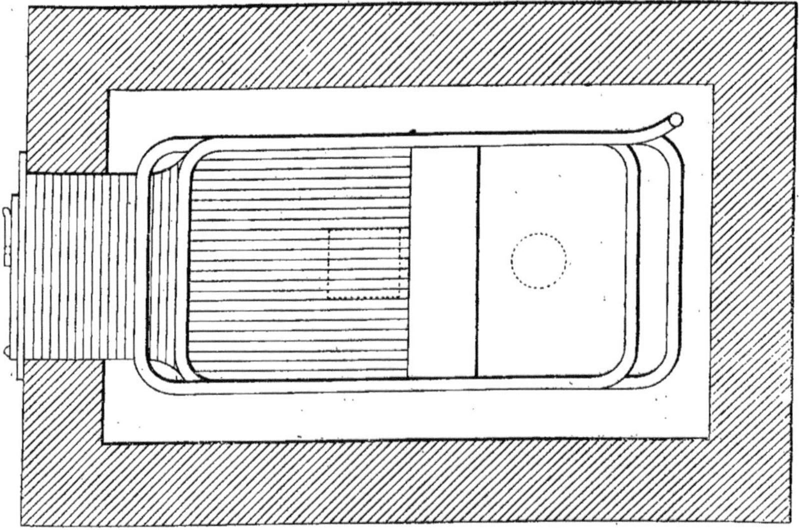

Fig. 813. — Foyer Perkins à grandes et petites spires intercalées. Plan.

dière proprement dite, plus ou moins rapprochée des modèles-types que nous avons donnés en tête de chapitre.

Dans ce système de chauffage, la chaudière est remplacée par un serpentin enfermé dans une maçonnerie en briques avec foyer construit spécialement pour l'usage.

Le serpentin est en communication immédiate avec la circulation dont les tubes sont du même diamètre. La colonne montante part de la spire supérieure du serpentin et monte jusqu'au vase d'expansion hermétiquement clos, construit tout en fer en forme de bouteille. La colonne descendante part de ce vase d'expansion, circule dans les locaux à chauffer en suivant le trajet imposé par le service du chauffage et retourne au serpentin en rentrant par la spire inférieure.

Le circuit est donc complètement fermé et les surfaces de chauffe dans les pièces sont obtenues par le plus ou moins grand nombre de tuyaux développés.

Les tubes en fer d'un diamètre constant en 15/27 sont essayés à une pression de 300 à 350 kilogrammes pour satisfaire avec sécurité aux pressions pratiques de marche qui atteignent facilement 200 à 250 kilogrammes par centimètre carré.

Nous donnons (*fig.* 810 et 811) le foyer Perkins à spires égales. Les figures 812 et 813 nous donnent un foyer à spires

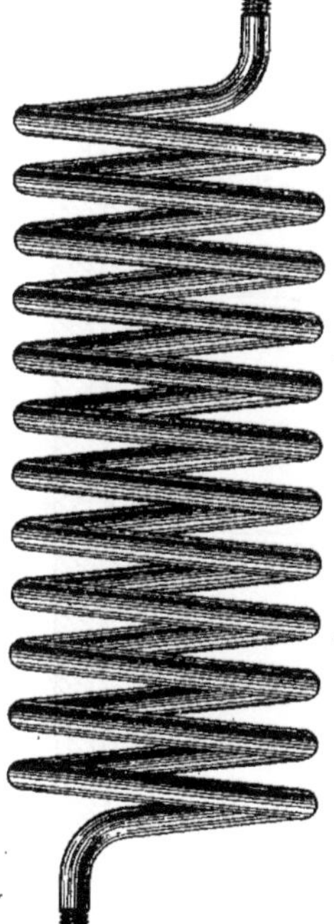

Fig. 814. — Serpentin de chauffe Perkins.

inégales intercalées par grandes et petites spires afin d'activer le mouvement des gaz.

Nous nous bornons à cet aperçu très succinct, puisque aussi bien nos lecteurs trouveront dans la première partie du traité tous les renseignements utiles quant à la construction.

Le métré du chauffage Perkins relève de la même méthode que nous avons indiquée, puisqu'il est dans la même catégorie des chauffages à rayonnement direct. En ce

qui concerne le briquetage, le prix de construction est celui du numéro 734 de la Série

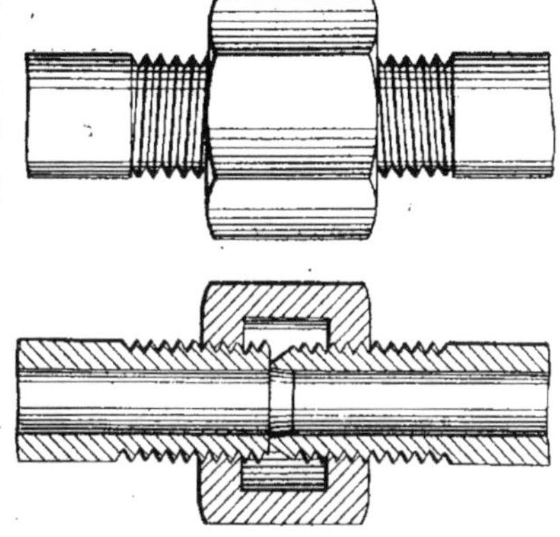

Fig. 815 et 816. — Joint de circulation sur tubes Perkins.

centrale, édition de 1901. Tous les travaux accessoires sont comptés dans les données

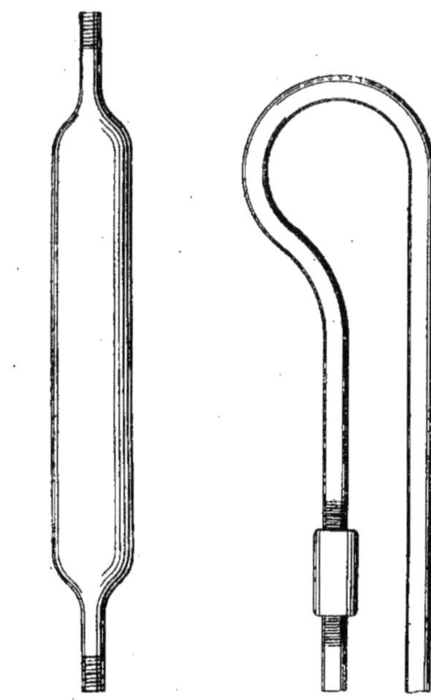

Fig. 817. — Vase d'expansion de Perkins.   Fig. 818. — Boucle de circuit Perkins.

que nous avons précédemment indiquées au chapitre du briquetage des chaudières.

La Série syndicale de Chaudronnerie donne les prix de montage sous les numéros 1627 à 1642.

Le métré comprend d'abord le serpentin générateur dans le foyer qui est tarifé au mètre linéaire développé, sous le numéro 1636.

Le même prix est appliqué aux serpen-

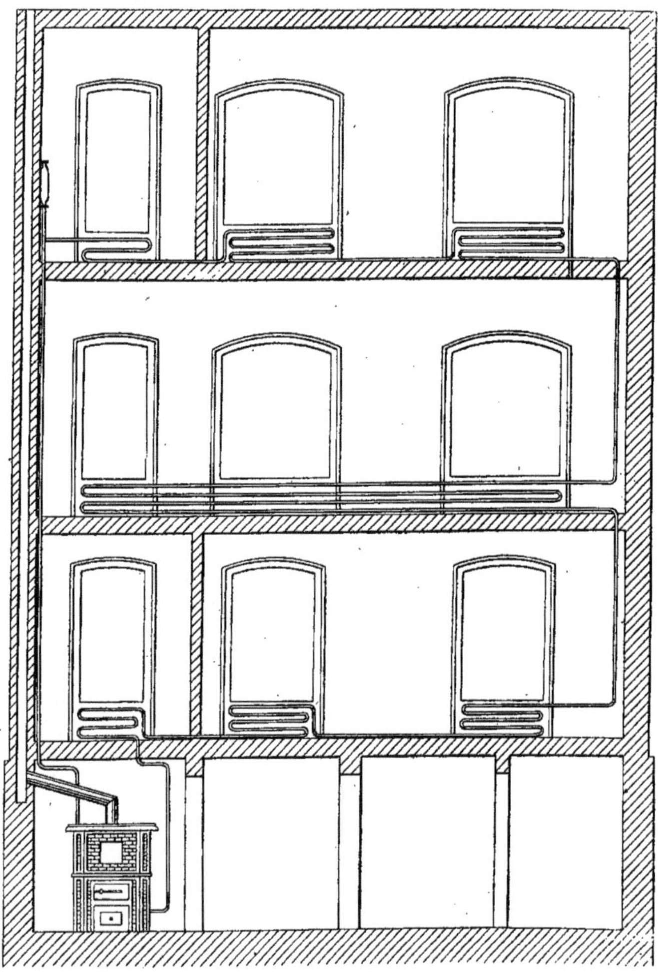

Fig. 819. — Installation démonstrative d'un chauffage Perkins.

tins montés en élévation dans le chauffage pour poêles de chauffe (*fig.* 814).

Les tuyaux de circulation, taraudés, manchonnés et posés sont tarifés sous le numéro 1627 s'il s'agit de plus de 50 mètres. Au-dessous de 50 mètres, les prix sont appliqués en fournitures et la main-d'œuvre est comptée à part, conformément à l'observation du numéro 1628.

Nous donnons le joint Perkins (*fig.* 815 et 816.)

Tous les ouvrages accessoires sont tarifés spécialement sous chacun des numéros précités.

La bouteille d'expansion est tarifée à la pièce sous le numéro 1642 (*fig.* 817). Le prix ne comprend pas la pose.

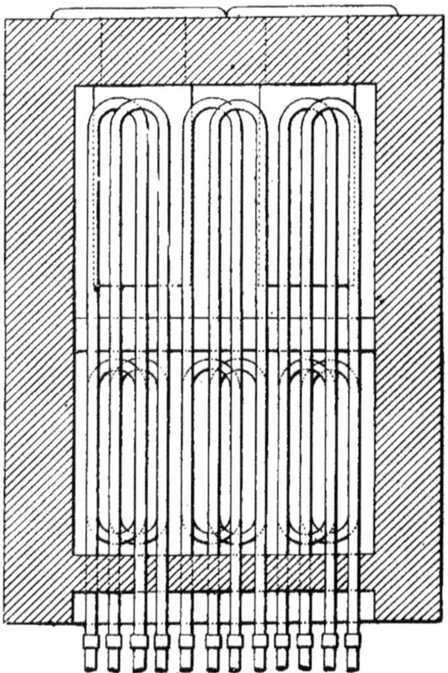

Fig. 820. — Briquetage et serpentins de foyer microsiphon Geneste-Herscher. — Plan.

Dans le cours du circuit, on est souvent amené à retourner le tube, surtout s'il s'agit d'un cours de circulation en plinthe. Nous donnons (*fig.* 818) la boucle sur le tube et son manchon au cintrage.

Les accessoires tels que devantures, portes, cendriers, tampons autoclaves ou autres sont tarifés à la Série syndicale de Chaudronnerie sous les numéros 535, 762,

1273 à 1276. Les ferrures sont comptées à part. Nous pensons compléter utilement nos observations par une planche nous donnant l'installation d'un chauffage Perkins en élévation (*fig.* 819).

341. Nous donnons encore, à titre documentaire, pour clôturer le chapitre concernant le chauffage à eau, la disposition des serpentins à l'intérieur du foyer de chauffage du système microsiphon de Geneste-Herscher. La figure 820 représente la disposition en plan à l'intérieur du briquetage et la figure 821, la disposition en élévation sur la coupe transversale.

Tout l'intérieur du foyer est construit en briques réfractaires. La masse de maçonnerie en briques de Bourgogne ou de façon Bourgogne est maintenue solidement au moyen d'armatures spéciales avec montants en fer à $\mathbf{I}$ pour résister aux formidables dilatations. Dans ce genre de construction, la maçonnerie du briquetage est très importante.

Le vase d'expansion, d'une donnée toute particulière, est composé par une batterie de tubes de fer tronconiques, manchonnés et assemblés sur les colonnes montante et descendante comme le représente la figure 822.

Au point de vue du métré, les principes que nous avons exposés demeurent dans le cas d'installation et de construction du système de chauffage par microsiphon, mais nous ajoutons que la maison Geneste-Herscher applique les prix spéciaux de sa Série particulière en ce qui concerne ses travaux.

Nous ne donnons pas d'exemple de métré dans ce genre de travaux, afin d'éviter des longueurs et des redites inévitables. Notre revue détaillée des phases de l'installation permet très certainement à nos lecteurs de trouver la rédaction judicieuse en s'aidant de nos observations repérées sur les Séries de la Société centrale et des Chambres syndicales de chaudronnerie et de Fumisterie.

Surfaces de chauffe.

342. En suivant l'ordre méthodique que nous nous sommes fixé et pour terminer les chauffages à rayonnement direct, nous trouvons, après les canalisations diverses que nous avons examinées, les surfaces de chauffe et les appareils ou radiateurs. Nous pensons qu'en raison de leur

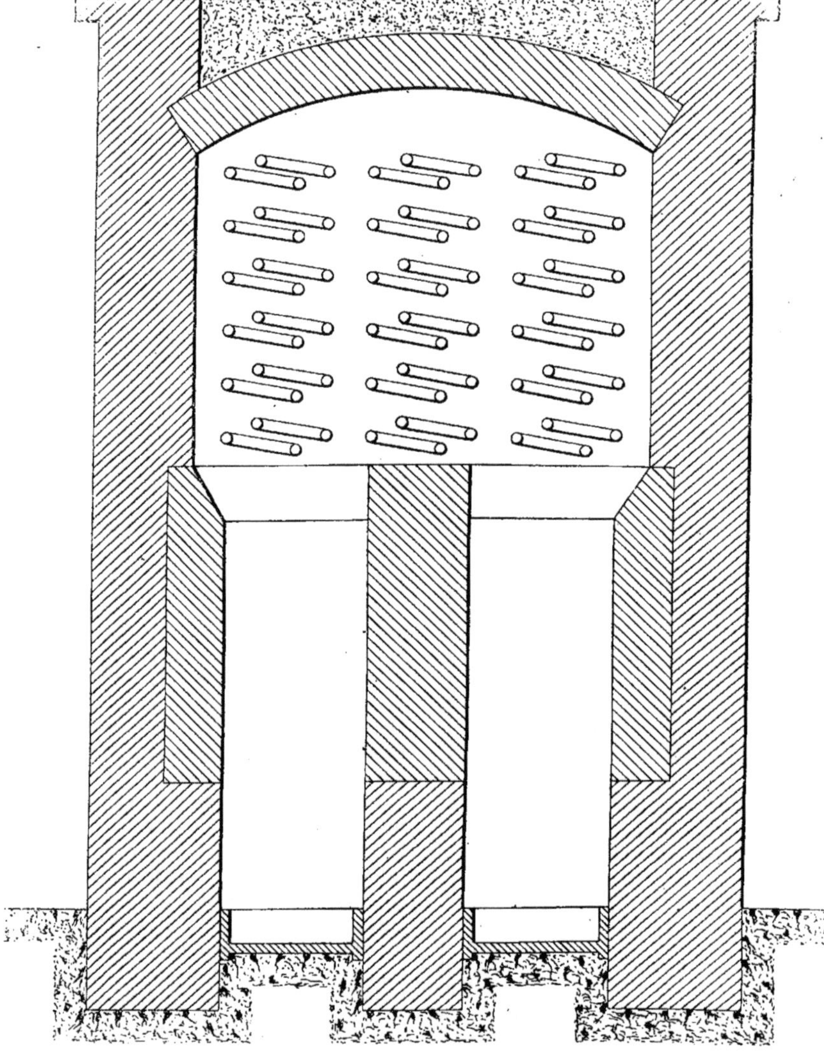

Fig. 821. — Briquetage et serpentins de foyer microsiphon Geneste. — Coupe transversale.

double emploi à l'eau ou la vapeur, nous pourrons plutôt les présenter après les chaudières à vapeur dont nous avons à dire quelques mots.

Chauffage à vapeur.

343. L'utilisation de la vapeur au chauffage est d'un usage récent, et son application se prête à des installations multiples dont nos lecteurs trouveront les exposés très documentés et très complets dans la première partie de l'ouvrage.

Nous résumons sommairement les données du principe du chauffage par la vapeur et nous passons ensuite aux observations métriques.

Les lois fondamentales de la vaporisation qui sont tout le principe de la production de la vapeur peuvent se résumer ainsi : l'eau, chauffée en vase clos maintenue à pression fixe, atteint la température d'ébullition et se transforme en vapeur.

La température d'ébullition reste constante sous la même pression et conséquemment varie avec elle.

La vapeur surchauffée, c'est-à-dire chauffée séparément, n'a plus sa température en rapport avec la pression.

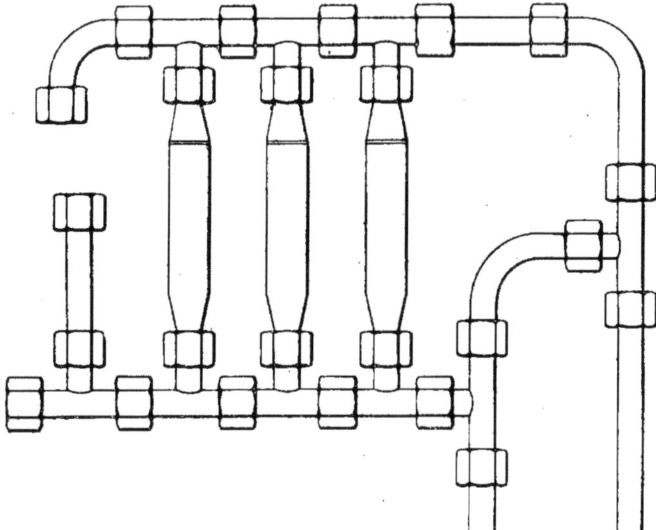

Fig. 822. — Vase d'expansion de microsiphon Geneste-Herscher.

Sous la pression atmosphérique de $0^m,760$ la température d'ébullition de l'eau est 100 degrés, et la tension de sa vapeur est égale à cette pression ; d'où l'énoncé de ce principe physique : *Tout liquide n'entre en ébullition qu'au moment où la tension de sa vapeur égale la pression qu'il supporte.*

Pour mesurer la force de résistance des appareils, on se sert de l'unité de pression, prise par rapport à la pression atmosphérique ou par la pression intérieure sur les parois, exprimée en kilogrammes par centimètre carré.

L'unité de pression basée sur le premier cas est dite *atmosphère;* elle résulte de la pression d'une colonne de mercure de $0^m,760$ ou d'une colonne d'eau de $10^m,330$, et d'après l'expérience théorique de l'élasticité de la vapeur d'eau qui soulève à la température de 100 degrés la masse d'air qui pèse sur la surface du liquide et qui équivaut à $1^{kg},033$ par centimètre carré.

La seconde unité de pression plus communément employée aujourd'hui consiste à évaluer la résistance des parois par l'excédent de la pression intérieure sur la pression extérieure, par centimètre carré : c'est en somme la pression intérieure exacte diminuée de la pression atmosphérique.

Partant de ce principe physique, les chaudières sont classées en trois catégories industrielles par rapport à la pression qu'elles supportent :

1° Les chaudières à basse pression.
2° Les chaudières à moyenne pression.
3° Les chaudières à haute pression.

Par extension, en matière de chauffage, la même dénomination est donnée à toute l'installation construite avec ces chaudières, on dit alors qu'un chauffage est à haute ou basse pression.

Les chaudières à basse pression sont celles qui fonctionnent jusqu'à 1 kilogramme de pression maximum, elles sont à haute pression au-dessus de 1 kilo-

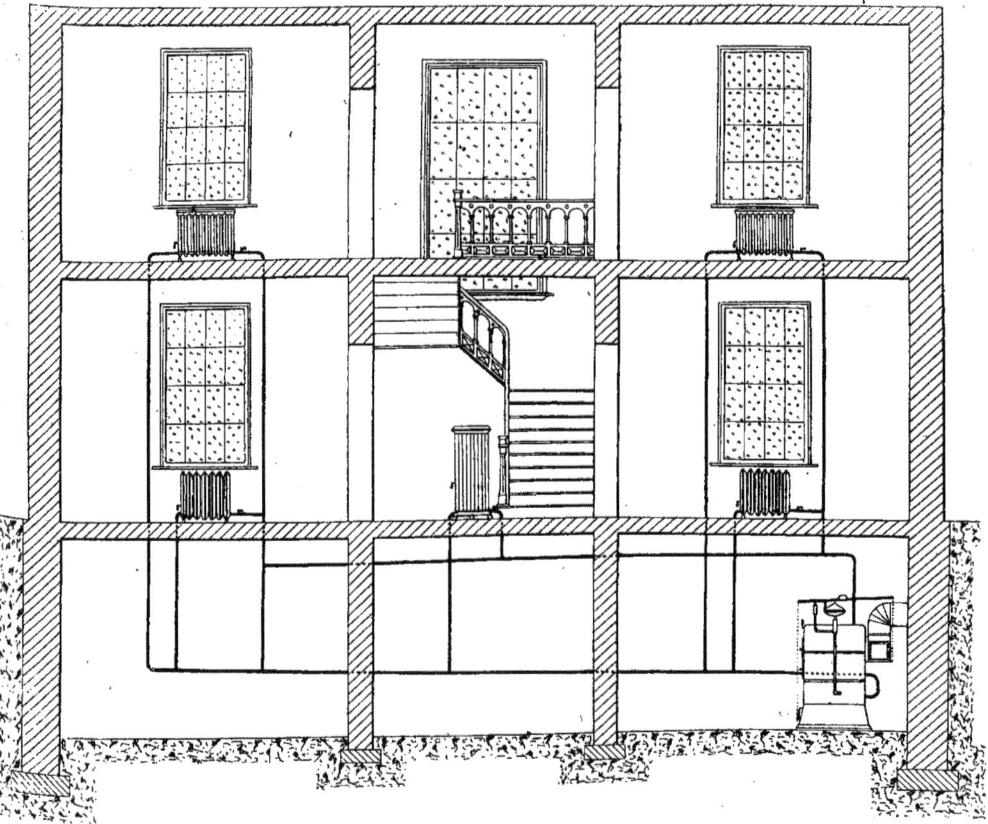

Fig. 823. — Schéma de chauffage direct par la vapeur à basse pression.

gramme jusqu'à 2 kilogrammes, et à très haute pression au-dessus de 2 kilogrammes.

On emploie dans la pratique du chauffage des chaudières dont la pression intérieure maximum n'excède pas $0^{kg},300$ et sont a fortiori des générateurs à très basse pression.

Le chauffage à basse pression, plus spécialement employé dans les installations domestiques, consiste en une chaudière à trémie de chargement et foyer intérieur, munie de ses accessoires, avec canalisations en fer, appareils de chauffe pour l'objet de l'installation et canalisations de retour d'eau condensée à la chaudière.

L'alimentation de la chaudière est assurée afin d'éviter toute rupture.

L'installation des chaudières à basse pression ne relève pas du contrôle du service des mines et n'est soumise à aucun des règlements concernant les générateurs à haute pression.

Le système de chauffage par la vapeur comporte deux genres d'installations semblables à ceux du chauffage à eau : *chauffage direct* et *indirect*.

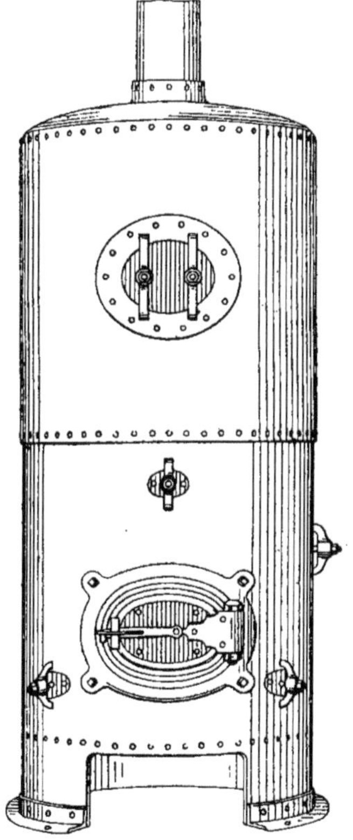

Fig. 824. — Chaudière verticale découverte en tôle rivée pour vapeur de Hartley et Sugden.

Le chauffage à *rayonnement direct* est assuré par les appareils placés immédiatement dans les pièces à chauffer. Le *système indirect* est construit *en gaines* ou par *batteries en caves* avec conduits spé-

ciaux distribuant l'air chaud par les bouches dans les pièces.

Nous donnons (*fig.* 823) un schéma d'installation de chauffage direct à basse pression.

La méthode de métré du chauffage à vapeur est essentiellement semblable à celle du chauffage à eau.

L'installation directe est divisée en trois parties principales :

La chaudière ou générateur ;

La circulation générale ;

Les appareils ou surfaces de chauffe.

Dans le cas d'installation de chauffage indirect : les chambres d'air des batteries en cave, les conduits de chaleur et les conduits de prise d'air froid, les gaines et les bouches viennent s'ajouter.

Chaudières.

344. Les chaudières à vapeur comme les chaudières à eau sont rangées en deux catégories respectivement appelées : chaudières découvertes et chaudières briquetées.

Les chaudières sont construites en tôle d'acier ou en fonte.

Nous présentons (*fig.* 824) une chaudière verticale découverte en tôle rivée de Hartley et Sugden. La Série comprend quatorze numéros correspondant aux dimensions suivantes :

DIAMÈTRE AU CORPS	HAUTEUR TOTALE
$0^m,61$	$1^m,22$
0 ,76	1 ,52
0 ,76	1 ,83
0 ,84	1 ,98
0 ,91	2 ,13
0 ,99	2 ,28
1 ,07	2 ,58
1 ,22	2 ,73
1 ,22	3 ,35
1 ,29	3 ,73
1 ,37	3 ,73
1 ,44	3 ,81
1 ,52	3 ,96
1 ,52	4 ,26

La fabrication est faite en tôle d'acier de 10 à 12 millimètres et les chaudières éprouvées à la pression de 8 atmosphères.

La figure 825 nous donne une chaudière

verticale en fonte à corps cylindrique dans le genre de la chaudière Hartley.

Cette chaudière dénommée « Idéal Junior » se fait en trois numéros dans les mesures indiquées ci-dessous :

DIAMÈTRE AU CORPS	HAUTEUR TOTALE
0ᵐ,59	1ᵐ,32
0 ,69	1 ,32
0 ,69	1 ,42

L'essai est fait sur ces chaudières à la pression de sept kilogrammes.

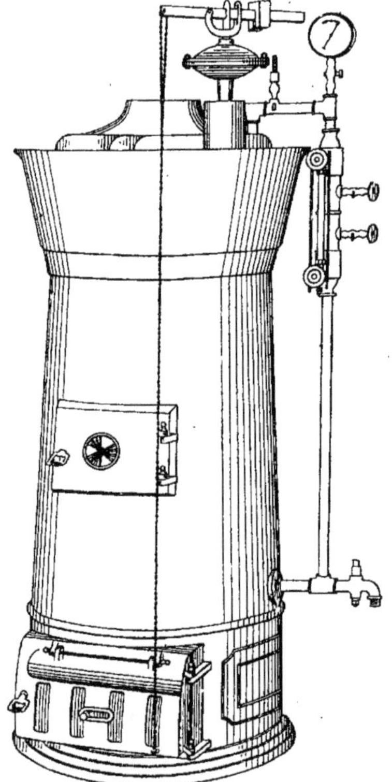

Fig. 825. — Chaudière verticale découverte en fonte, pour vapeur, type « Idéal Junior ».

Nous donnons dans le genre des chaudières découvertes en fonte, la chaudière « Cottage » munie de tous ses acces-

soires (*fig.* 826) et la chaudière horizontale sectionnée « Idéal » de la Compagnie nationale des Radiateurs (*fig.* 827).

Pour compléter la chaudière « Idéal » sectionnée, nous donnons (*fig.* 828 et 829) la première et la dernière section côté du foyer. La figure 830 représente une section intermédiaire.

Tout ce que nous avons dit des chau-

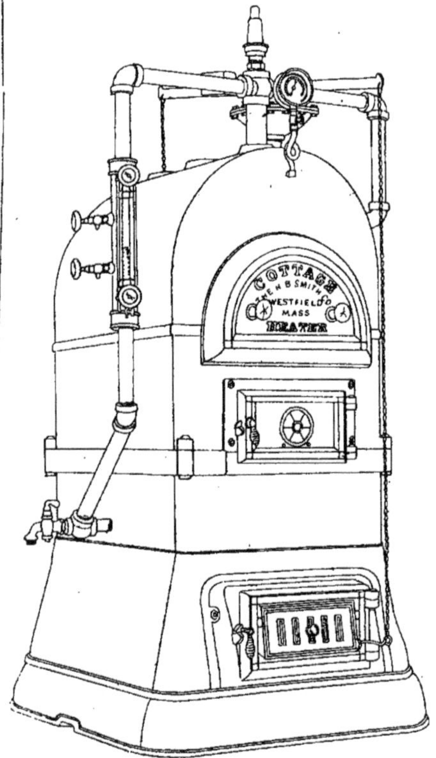

Fig. 826. — Chaudière verticale découverte en fonte pour vapeur, type « Cottage » de la Cⁱᵉ Nationale des Radiateurs.

dières à eau s'applique également aux chaudières à vapeur en ce qui concerne la fourniture et l'installation.

Briquetage et massifs de chaudières.

345. Le mode de métré du briquetage des chaudières est semblable à celui que nous avons exposé pour les calorifères et que nous avons rappelé précédemment au chapitre des chaudières à eau.

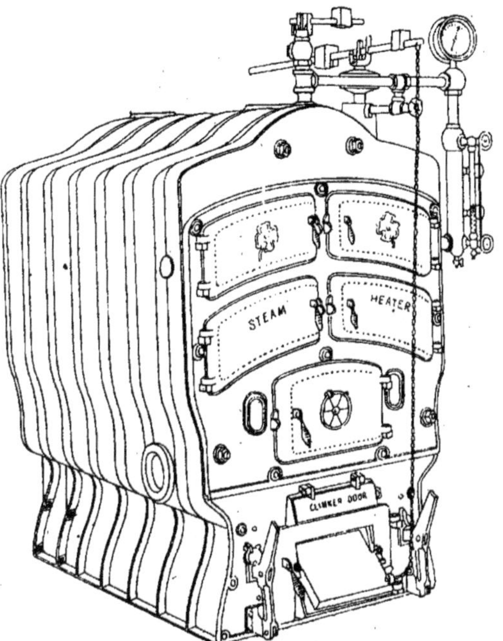

Fig. 827. — Chaudière horizontale découverte en fonte, à sections, pour vapeur, type « Idéal » de la Cⁱᵉ Nationale des Radiateurs.

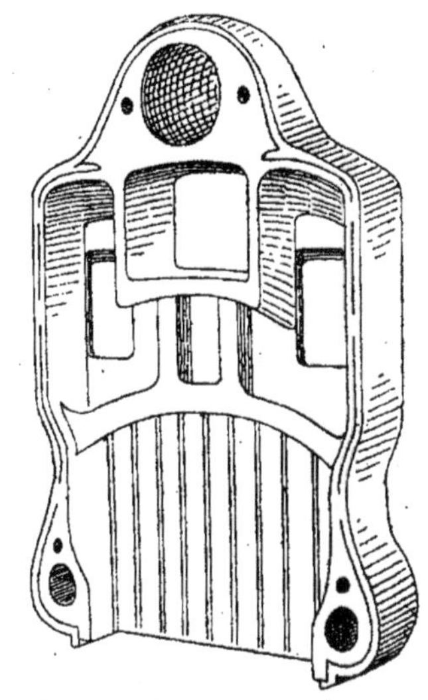

Fig. 829. — Dernière section de la chaudière du type « Idéal ».

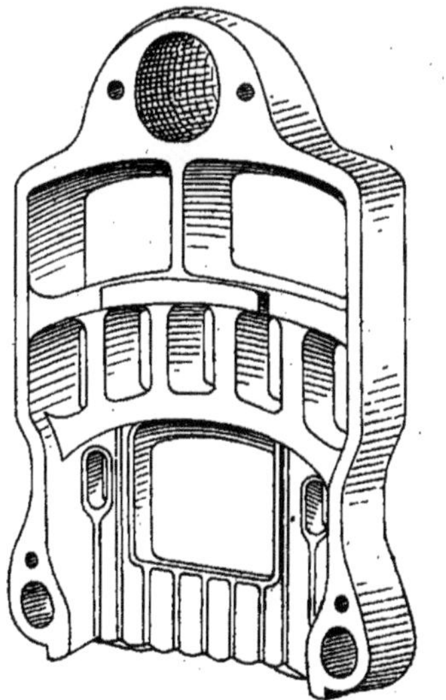

Fig. 828. — Première section de la chaudière du type « Idéal ».

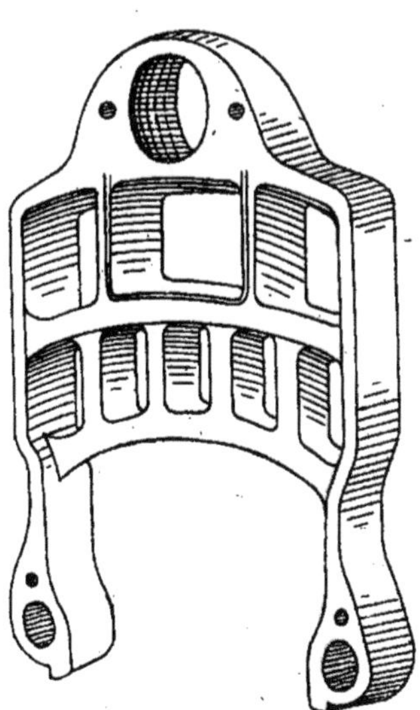

Fig. 830. — Section intermédiaire de la chaudière du type « Idéal ».

La tarification au cube des ouvrages en briques se trouve à la Série centrale, Édition de 1901, au chapitre spécial du briquetage pour fourneaux, sous les numéros 734 et 735.

Les prix portés sous le numéro 735 sont applicables aux constructions de plus de 20 mètres cubes net, par analogie aux fourneaux et cheminées d'usines. Dans le cas où le cube de briquetage net est inférieur à 20 mètres, les prix appliqués sont ceux du numéro 734.

Les trois colonnes de prix s'appliquent respectivement aux qualités de la brique et à la main-d'œuvre seule pour ouvrages à façon.

Nous avons mis en titre, pour mémoire, les massifs de chaudières qui sont plus particulièrement de la fumisterie industrielle, étant donnée leur construction seulement dans le cas de chaudières puissantes très lourdes, fixées aux fondations.

La construction des massifs de briquetage avec tous les évidements, repercements de trous, pour loger les encastrements, les boulons et les empattements nécessaires à la fixité des chaudières, est tarifée sous le même prix que la construction en élévation.

Les parements sur briquetage apparent, la pose et scellement des armatures et tous ouvrages accessoires sont à reprendre dans les termes et les articles de Série que nous avons donnés.

Nous donnons (*fig.* 831 à 836) une chaudière découverte avec briquetage en fondation et départ de conduit de fumée en caniveau pour tirage à flamme renversée. Au devant de la chaudière une fosse briquetée sur trois sens est ménagée pour le chauffeur.

La figure 831 représente le plan de fondation dont nous donnons à titre démonstratif le canevas métrique sans cotes.

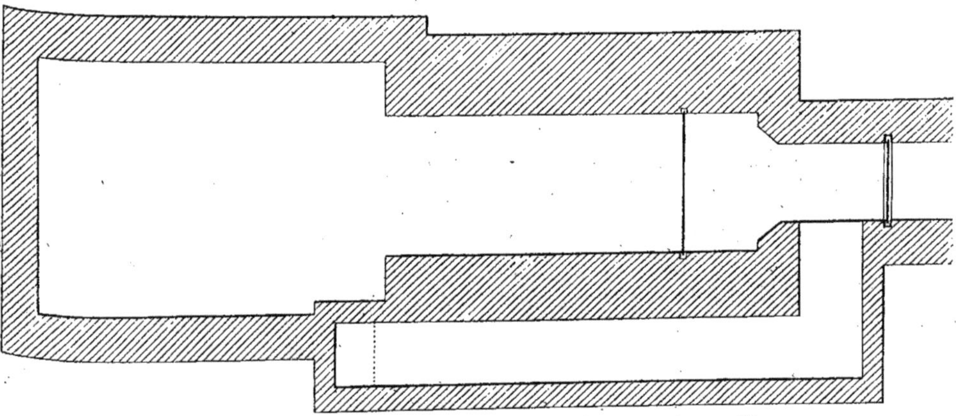

Fig. 831. — Briquetage de fondation de chaudière à basse pression. — Plan.

Métré de briquetage de fondation pour chaudière de chauffage à vapeur (*fig.* 831).

Terrasse.
Fouille en tranchée et jet sur berge : au cube

Fosse du chauffeur......	»	» = »	»	»	»
Fondation de chaudière..	»	» = »	»	»	»

Terrasse n° 27.
Monté les terres à la hotte : au cube.
Cube de fouille en tranchée : ci .... » »
Le premier mètre de profondeur.
Terrasse n° 55.

Fouille en tranchée ou rigoles : au cube.

» »

Terrasse, SÉRIE CENTRALE n° 27.

Montage des terres à la hotte : au cube.

» »

Terrasse, SÉRIE CENTRALE n° 55.

Plus-value pour 3 mètres de profondeur en plus du premier mètre, au cube ci......................... » »	Plus-value de montage à 3 mètres en plus du premier mètre : au cube. » »
Terrasse n° 58.	Terrasse, SÉRIE CENTRALE n° 58.
Transporté les terres à la brouette à 20 mètres du point de fouille sur chemin incliné de plus d'un dixième sur le plan horizontal, compris l'installation des planchers : Au cube ci............ » »	Transport des terres à la brouette à un relai de 20 mètres : au cube. » »
Terrasse n° 66.	Terrasse, SÉRIE CENTRALE n° 66.
Transporté en sus du premier relai, sur une distance de 15 mètres les terres fouillées. Au cube ci............ » »	Transport des terres à la brouette à 15 mètres en sus du premier relai : au cube. » »
Terrasse n° 67.	Terrasse, SÉRIE CENTRALE n° 67.
Chargé les terres en tombereau y compris la reprise. Au cube ci............ » »	Chargement des terres en tombereau : au cube. » »
Terrasse n° 50.	Terrasse, SÉRIE CENTRALE n° 50.
Transporté les terres au tombereau aux décharges publiques (suivant la zone). Au cube ci............ » »	Transport des terres au tombereau aux décharges publiques : au cube. » » Observation.
Terrasse n°ˢ 74, 75 et 76.	Terrasse, SÉRIE CENTRALE n°ˢ 74, 75 et 76.
Béton de cailloux et mortier de ciment de Bourgogne de 0^m,10 d'épaisseur compris tassement au mètre superficiel. Fosse du chauffeur...... » » = » » { » » Fondation de chaudière.. » » = » » { » » Pour l'épaisseur de 0^m,08.	Béton de cailloux et mortier de ciment de Bourgogne jusqu'à 0^m,08 d'épaisseur : au mètre superficiel. » »
Asphalte-bitume n° 29.	Asphalte-bitume, SÉRIE CENTRALE n° 29.
Plus-value pour 0^m,02 de forme en béton au-dessus de 0^m,08. Au mètre superficiel ci. » »	Plus-value d'excédent de forme en béton de cailloux pour 0^m,02 au-dessus de 0^m,08 : au mètre superficiel. » »
Asphalte-bitume n° 29, 2° colonne.	Asphalte-bitume, SÉRIE CENTRALE n°29, 2°col.
Briquetage de chaudière en fondation, en briques neuves de Bourgogne, compris scellements, tailles et jointoiements intérieurs : au cube. La masse cubant brut.... » » = » » Les vides à déduire : Fosse du chauffeur....... » » Embase de chaudière..... » » Carneau de régulateur.... » » Carneau de fumée........ » » » » » »	Fourneaux de chaudière en briques neuves de Bourgogne pour chauffage à eau ou à vapeur : au cube. » »
Fumisterie n° 734. Les trous et scellements dans le briquetage. Taille de brique. Maçonnerie n° 1621. Légers ouvrages. Fumisterie n° 767. Observation.	SÉRIE CENTRALE n° 734, 2ᵉ col. Observation.

Les parements sur briquetage apparent, s'il y a lieu, sont à reprendre, selon les surfaces, aux numéros 843 et 844.

Le conduit de fumée en caniveau est traité aux articles de Série de Fumisterie sous les numéros 621 à 624.

Le registre du carneau de fumée varie dans chaque cas et suivant le mode de construire de l'entrepreneur. La Série syndicale de Chaudronnerie donne le prix au poids des registres en fonte, sous le numéro 843.

Nous avons donné précédemment, au chapitre des calorifères, un registre établi spécialement en tôle et fer, qui peut se rapporter, en tant que renseignement, au registre du carneau de fumée.

La descente, la mise en place et le montage de la chaudière et de ses accessoires, ainsi que l'installation et la location

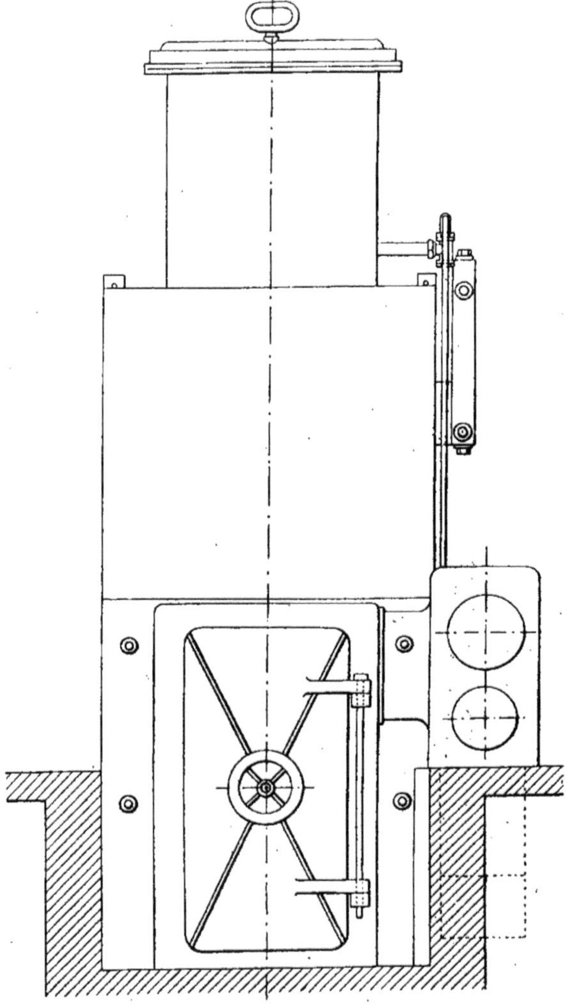

Fig. 832. — Élévation en façade de chaudière tubulaire à basse pression.

du matériel spécial sont payés aux conditions du constructeur.

La figure 832 nous donne la chaudière en élévation sur la façade. Le type de chaudière tubulaire en fonte représenté est à basse pression et foyer intérieur à trémie de chargement. Une porte étanche à volant renferme les regards du foyer et du cendrier. Un régulateur de tirage assure le fonctionnement du foyer par l'admission rationnelle de l'air nécessaire à la combustion. Les appareils de sécurité et de réglage de marche : niveau d'eau et manomètre, complètent la chaudière.

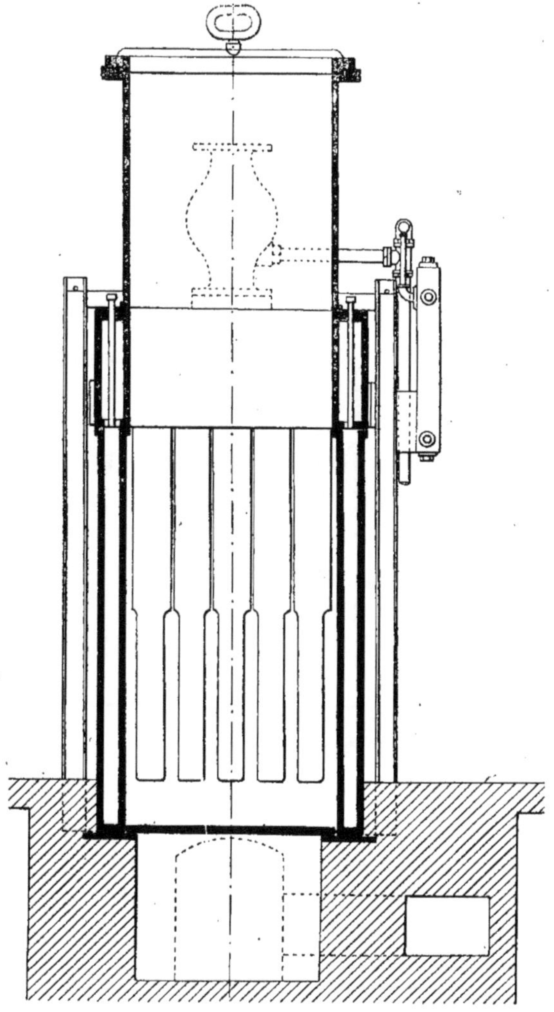

Fig. 833. — Coupe transversale de chaudière tubulaire à basse pression.

A titre documentaire, nous mettons sous les yeux de nos lecteurs : les coupes transversale, longitudinale et horizontale de la chaudière (*fig.* 833, 834 et 835).

La figure 836 complète notre démonstration et représente le dessus de la chaudière.

Cette chaudière est destinée à recevoir

une enveloppe calorifuge qui a pour objet de s'opposer à la grande déperdition de calorique par le rayonnement, partant, de conserver la pression en économisant la consommation de combustible.

346. Nous donnons ensuite en huit planches (*fig.* 837 à 844) une très intéressante chaudière briquetée.

La figure 837 représente le plan des maçonneries de fondation à niveau du cendrier avec hachures différentes pour les natures de briquetages, en Bourgogne et réfractaire.

Le mode de métré est un peu différent de celui que nous avons donné avec la figure 831, en ce sens, qu'il y a deux natures de briques. Nous conseillons, dans ce cas, de procéder toujours d'après le même

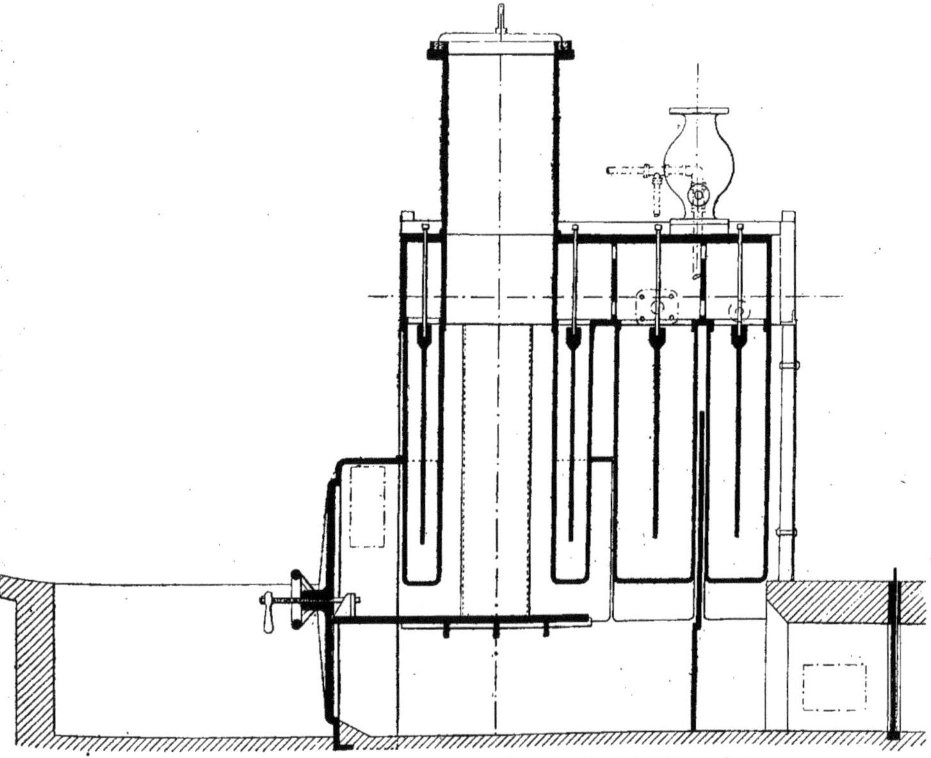

Fig. 834. — Coupe longitudinale de chaudière tubulaire à basse pression.

principe, qui consiste à présenter les cubes nets de maçonnerie et à les tarifer sous le prix initial. Ensuite de reprendre les cubes de briquetage réfractaire et d'appliquer la plus-value de qualité qui résulte de la différence de valeur des matériaux employés.

Il va de soi que cette manière rationnelle est aussi la plus pratique, puisque la main-d'œuvre est la même, et qu'il s'agit seulement de rembourser, en quelque sorte, une différence.

La figure 838 donne le plan de la chaudière et du briquetage. Nous rencontrons toujours au point de vue métré les deux natures de briques; nous procédons de la même manière en élévation qu'en fondation.

Les carneaux et la trémie sont en

briques réfractaires. Le plan indique la prise de vapeur, le retour des eaux condensées, le régulateur de combustion et la porte étanche à volant sur la façade de foyer.

Nous donnons les quatre coupes sur

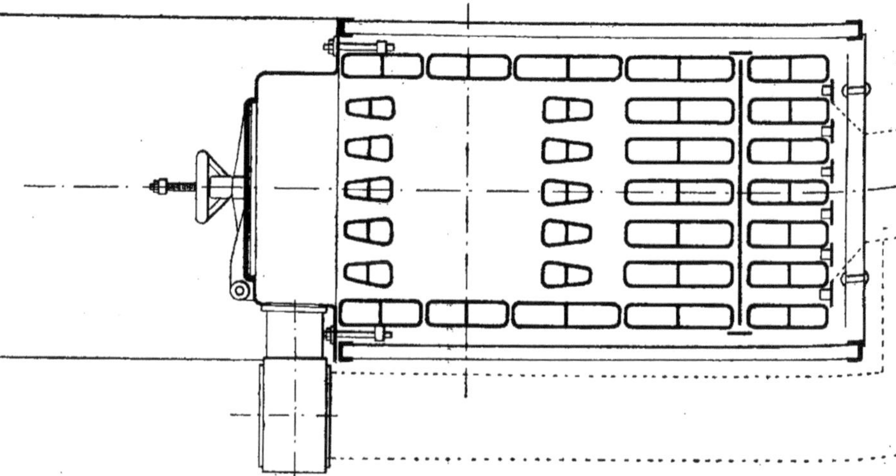

Fig. 835. — Coupe horizontale de chaudière tubulaire à basse pression.

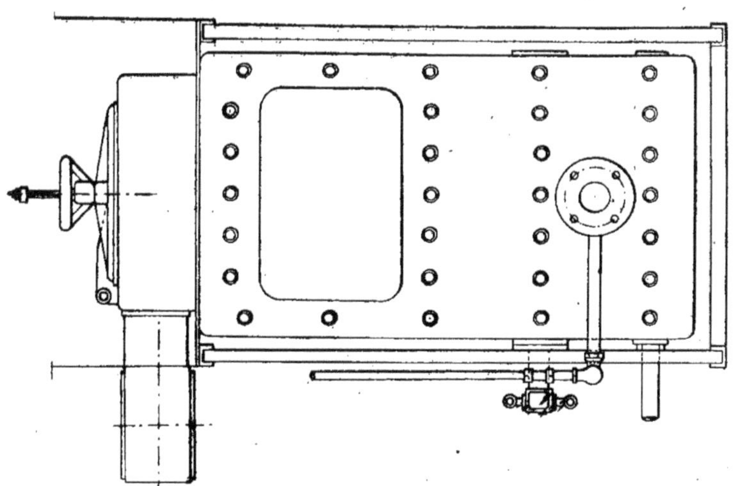

Fig. 836. — Dessus de chaudière tubulaire à basse pression.

AB, CD, EF et GH (*fig.* 839, 840, 841 et 842).

Pour compléter notre démonstration, nous donnons (*fig.* 843) le plan du dessus de la chaudière et (*fig.* 844) l'élévation sur la façade latérale à droite, côté du niveau d'eau.

La chaudière dont nous avons à dessein donné les différentes coupes est assez importante au double point de vue du

montage de chaudronnerie et du briquetage de maçonnerie.

La valeur du montage est essentiellement variable en raison des difficultés

d'approche, de descente et de mise en
place, étant donnés le poids lourd et le
cube encombrant de la chaudière d'une
seule pièce.

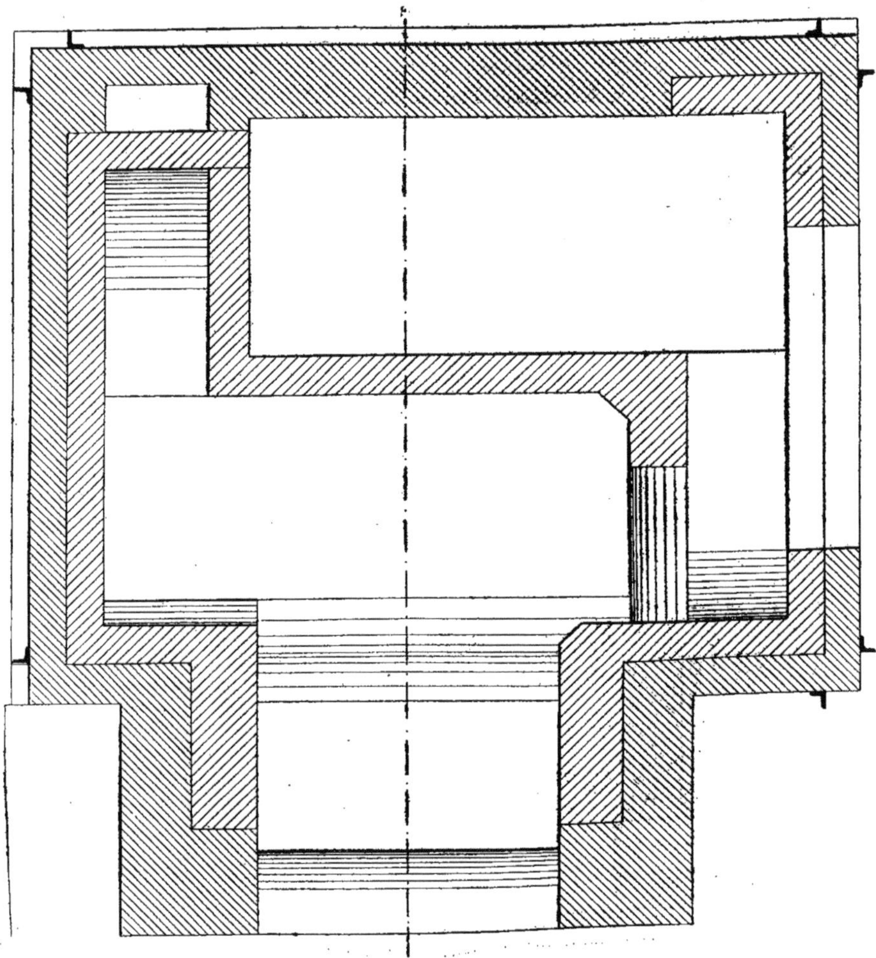

Fig. 837. — Plan de briquetage de fondation de chaudière.

La mise en place exige toujours des
travaux de charpente et des appareils de
levage spéciaux, qui sont eux-mêmes différents selon les locaux et les emplacements
disponibles. En ce qui concerne les échafaudages en charpente, ils sont ordinaire-

ment exécutés par l'entrepreneur spécial,
quand ils sont importants.

Les appareils de levage et le matériel
de montage appartiennent aux constructeurs et sont tarifés selon leur importance.

Au point de vue du métré du briquetage,

il est essentiel de présenter d'abord les cubes en fondation jusqu'au niveau du cendrier comme premier repère, dans la formé que nous avons indiquée avec la figure 831 ; en tenant compte bien entendu des différences de briques. Le métré en

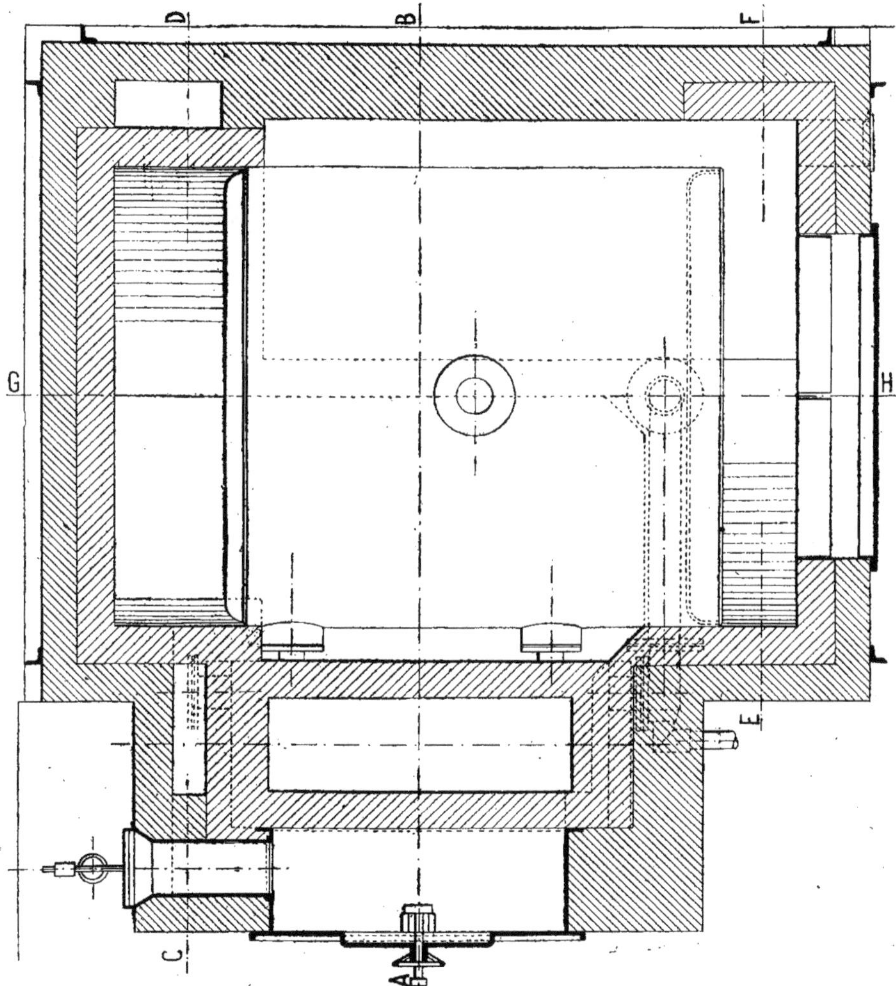

Fig. 838. — Plan de briquetage d'élévation de chaudière.

élévation comprend deux parties distinctes : l'avant-corps et la masse principale. Il faut procéder, pour présenter le métré, d'après les données de la construction et faire d'abord le cube brut de l'avant-corps, c'est-à-dire du foyer à trémie. La masse de la chaudière proprement dite est à reprendre également au cube brut. Les vides des trémies, carneaux, chaudière, etc., doivent être très soigneusement indiqués en les décomposant d'après leur configuration géométrique.

Les parements sur briquetages apparents sont à reprendre dans les données de la Série.

Les armatures spéciales pour les masses

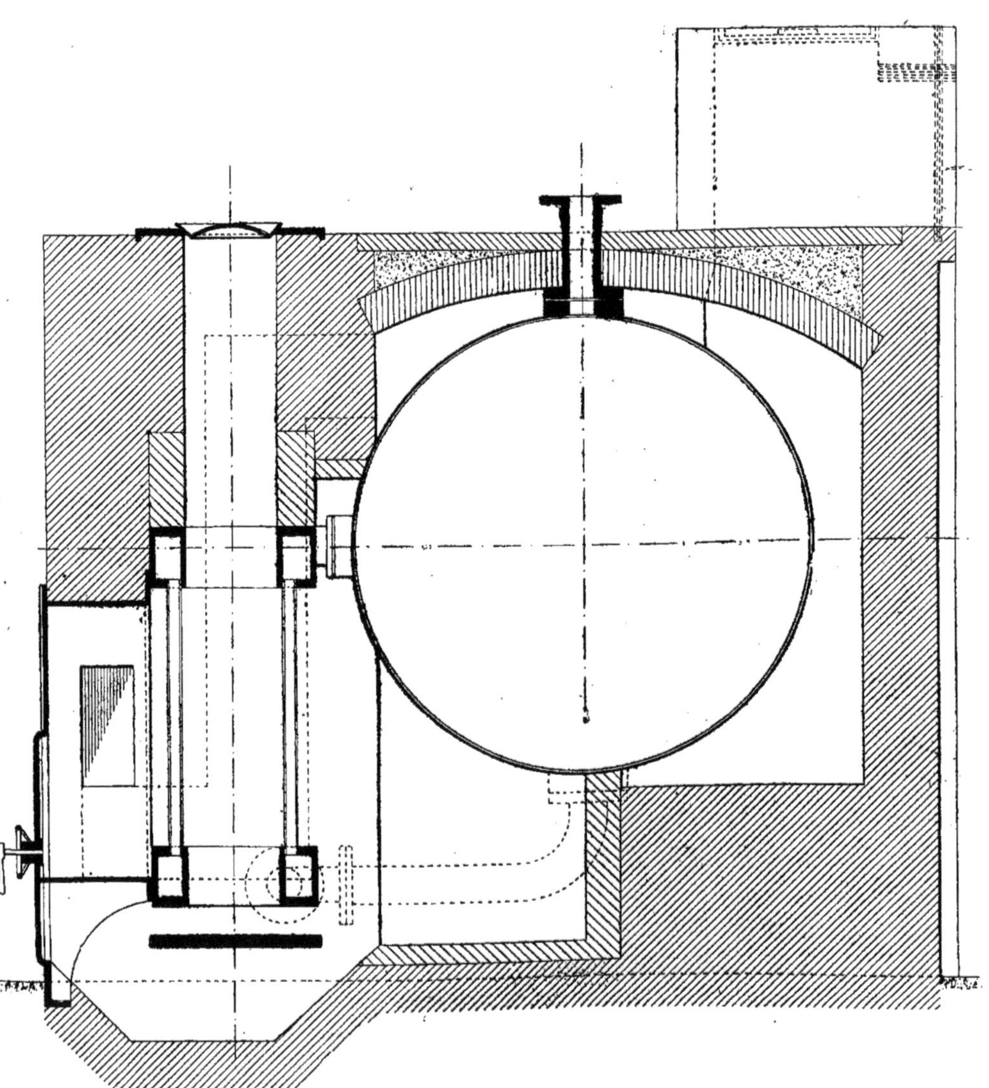

Fig. 839. — Chaudière et briquetage. — Coupe sur AB de la figure 838.

sont composées de fers à T et cornières, fer en U et I assemblés à boulons.

Les fers assemblés sont tarifés à la Série de serrurerie.

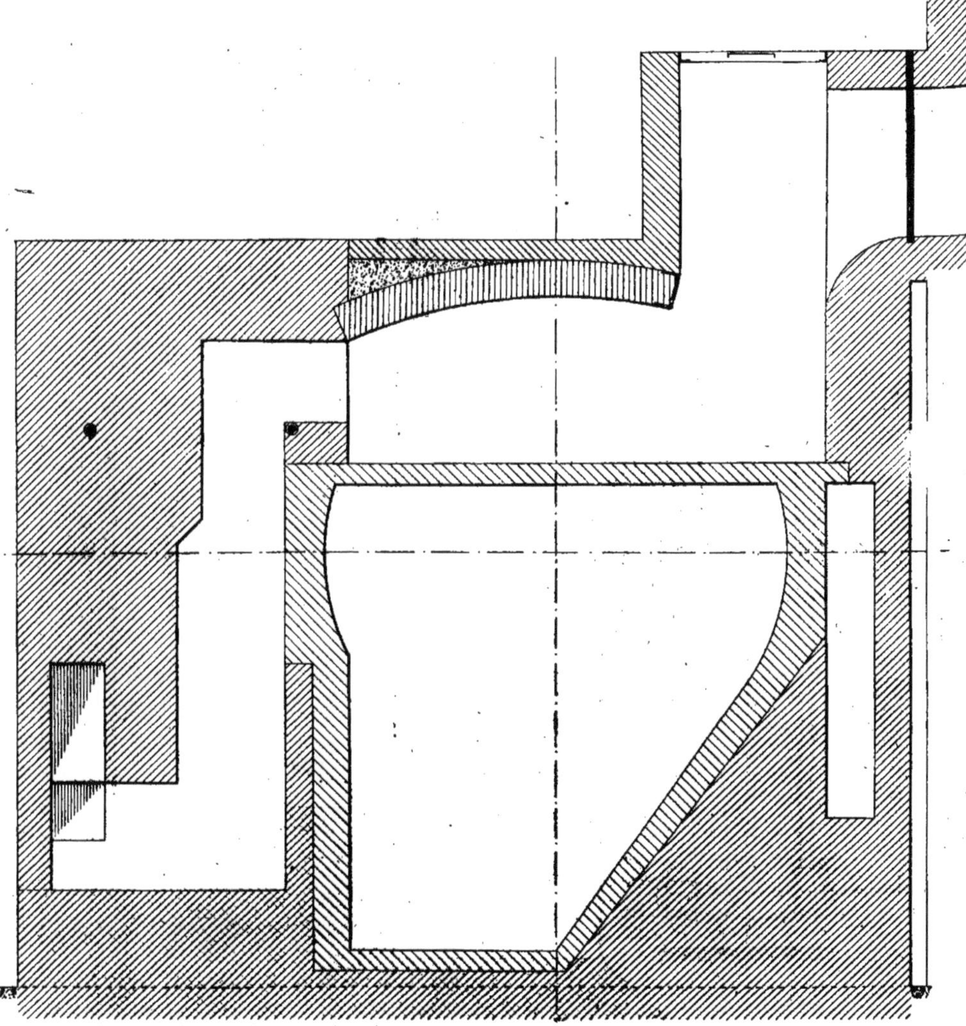

Fig. 840. — Chaudière et briquetage. — Coupe sur CD de la figure 838.

Nous avons précédemment indiqué les numéros des articles de Série qui sont généralement applicables à tous ces divers travaux, nous n'y revenons pas autrement. Nous passons, en suivant l'ordre que nous nous sommes imposé, aux surfaces de chauffe.

347. Dans l'installation par chauffage *à rayonnement direct*, les appareils sont

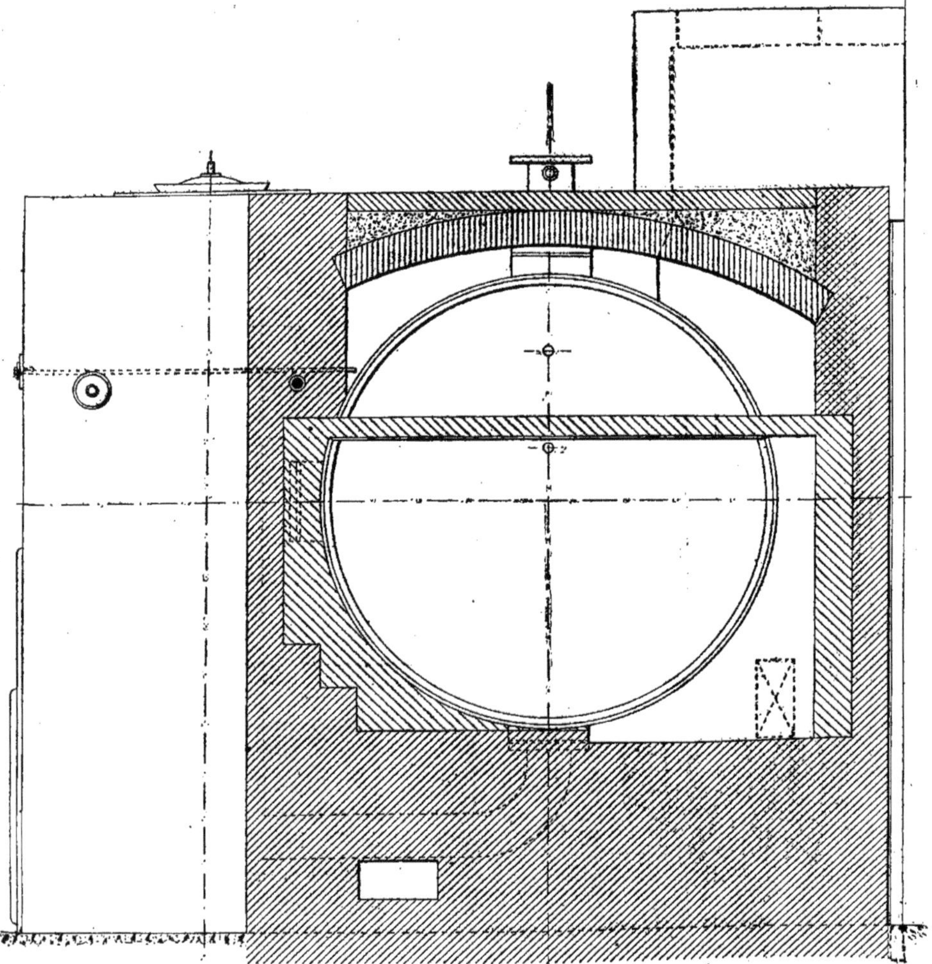

Fig. 841. — Chaudière et briquetage. — Coupe sur EF de la figure 838.

placés dans chaque pièce comme ils sont indiqués (*fig.* 823). Nous ajoutons cependant que la disposition très simple que nous avons prise n'a d'autre valeur qu'une démonstration, et que dans la pratique les installations sont essentiellement variables.

Les surfaces de chauffe sont constituées

par des appareils spéciaux lisses ou ornés appelés *radiateurs*, ou par des *éléments à ailettes* isolés, montés en batteries ou groupés en faisceaux formant alors de véritables calorifères qui prennent généralement le nom de *poêles à vapeur*.

Les radiateurs sont plus spécialement réservés aux intérieurs des maisons d'habitation, dont les pièces ne demandent pas des appareils à grande surface, et aussi parce que, sans être absolument décoratifs dans le sens de la pure esthétique, ils sont néanmoins plus agréables que les éléments à ailettes.

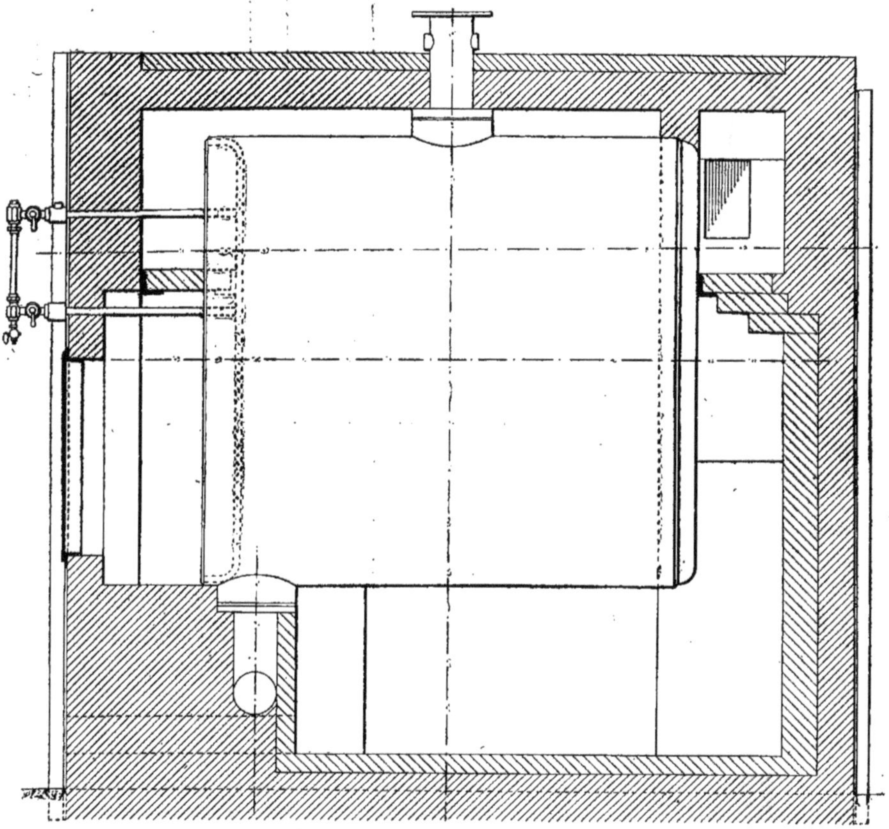

Fig. 842. — Chaudière et briquetage. — Coupe sur GH de la figure 838.

Les éléments à ailettes sont réservés pour les locaux plus grands qui exigent des surfaces de chauffe plus considérables exemptes de la moindre décoration.

Les appareils quels qu'ils soient, radiateurs ou éléments à ailettes, sont, dans certains cas et pour des raisons multiples, enfermés dans des gaines en tôle perforée qui les dissimulent d'une manière absolue.

La Série de la Chambre syndicale de chaudronnerie donne les prix des radiateurs à surface lisse dans les hauteurs de $0^m,50$ à 1 mètre sous les numéros 1728 à 1733.

Les radiateurs sont comptés au mètre carré de surface de chauffe sans accessoires ni pose.

Le montage, la pose de niveau et le réglage sont à reprendre ainsi que la façon des joints suivant les diamètres raccordés sur les tubes d'entrée et de sortie.

La figure 845 représente la Série com-

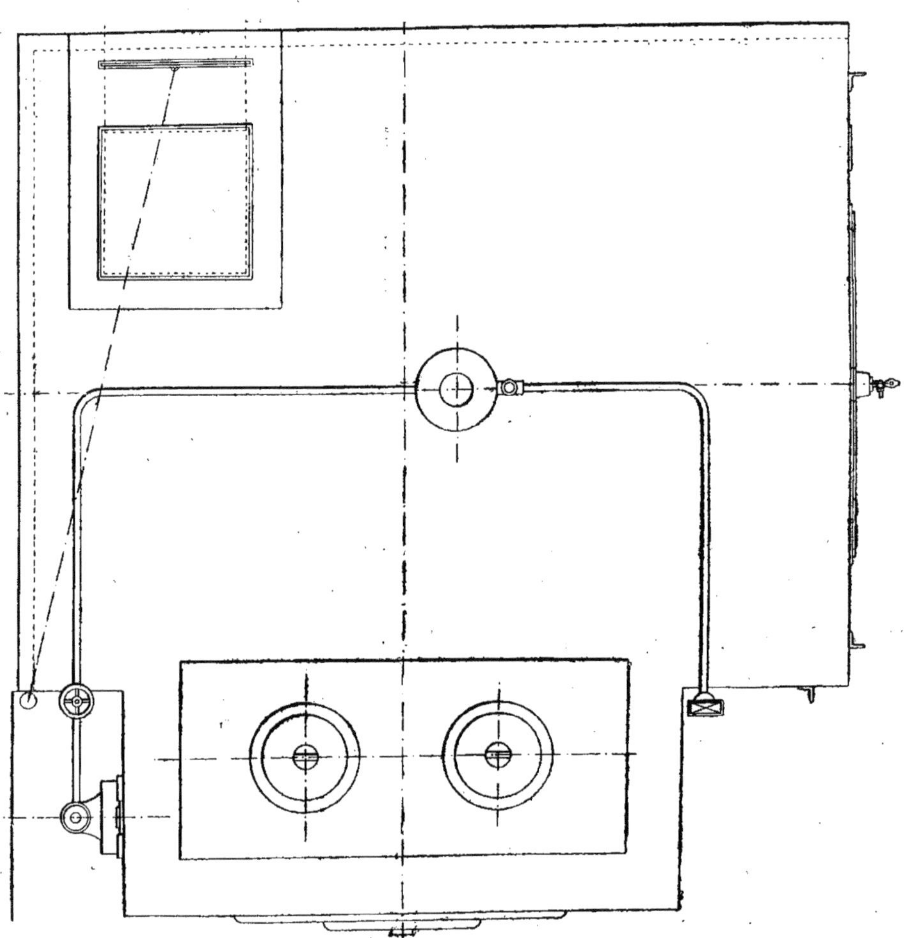

Fig. 843. — Plan du dessus de la chaudière.

plète des radiateurs ornés « National » du type normal simple dans les quatre dimensions de fabrication :

0ᵐ,51   0ᵐ,66
0ᵐ,81   0ᵐ,96

La figure 846 donne la Série complète du type normal double dans les cinq dimensions de fabrication :

0ᵐ,51   0ᵐ,66
0ᵐ,81   0ᵐ,96
1ᵐ,15

La fabrication des radiateurs est très étendue, on fait, entre autres, des radiateurs cintrés qui épousent les courbes de la construction, des radiateurs étagés pour escaliers qui s'enclavent dans l'emmarchement, et des radiateurs pour fenêtres,

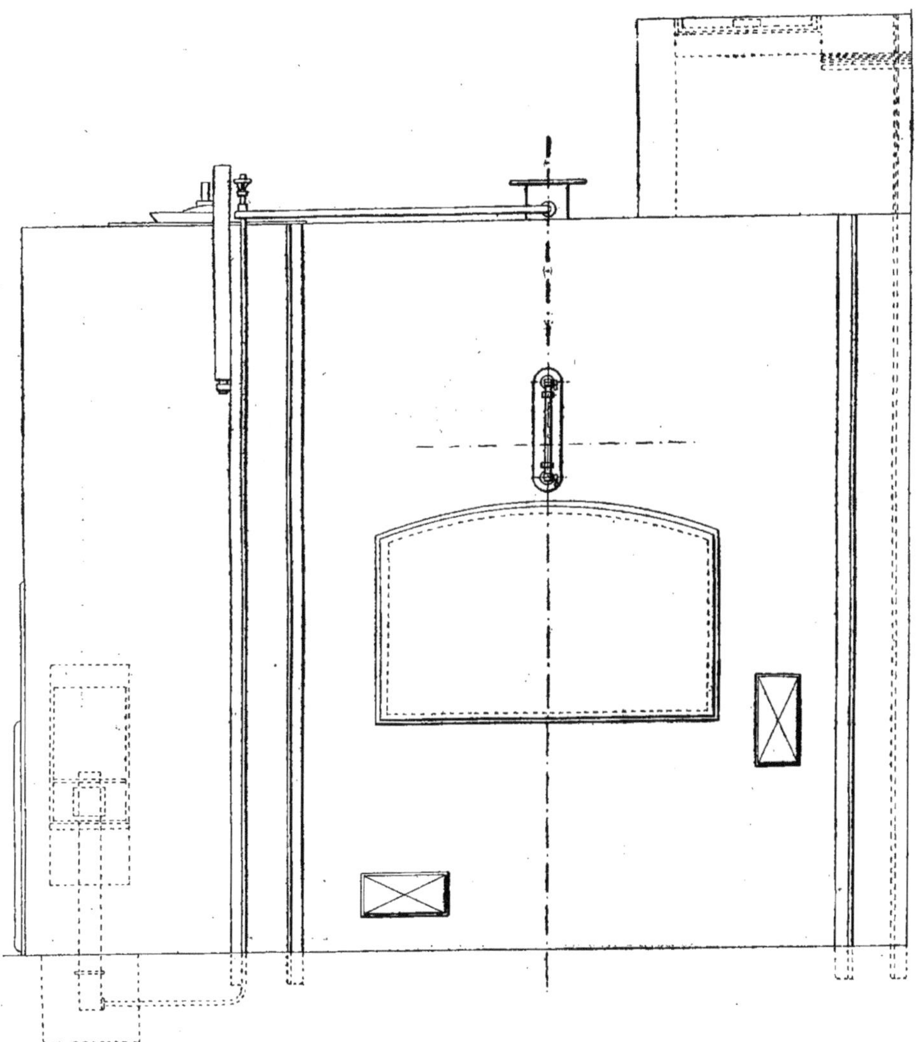

Fig. 844. — Elévation latérale de la chaudière: côté du niveau d'eau.

composés d'une partie basse intermédiaire réunie à deux parties plus hautes sur les côtés, permettant d'échapper la fenêtre. Tous ces radiateurs sont fabriqués spécialement sur commande.

Nous donnons (*fig*. 847) un radiateur

d'angle du type « National » normal double. La fabrication courante est faite à angle droit ; mais toute autre ouverture d'angle peut être donnée sur commande.

La figure 848 représente un autre genre de radiateur circulaire, dans le même type normal double.

Ce genre de radiateur convient surtout pour magasins en raison de la facilité à être monté autour des colonnes portant les refends. Il est composé en deux parties qui peuvent indistinctement être assemblées ou non ; c'est-à-dire qu'il peut être employé à un seul segment pour épouser un demi-cercle.

La fabrication courante se fait dans les hauteurs que nous avons données et d'après le nombre des sections indiquées ci-dessous.

NUMÉROS	NOMBRE DE SECTIONS
1	16
2	20
3	24
4	25
5	28
6	30
7	32
8	33
9	36
10	38
11	40
12	44
13	50

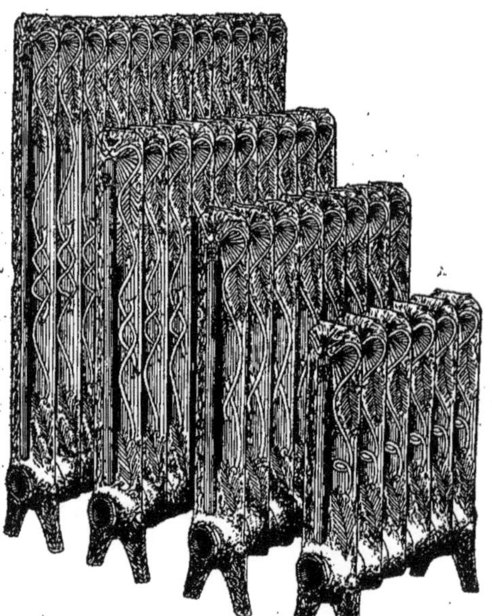

Fig. 845.— Série des radiateurs ornés «National» type normal simple.

Fig. 846.— Série des radiateurs ornés «National» type normal double.

Les radiateurs d'angles et circulaires se font aussi dans les types « normal simple » ornés et « peerless » unis à surface lisse.

Pour compléter notre étude des radiateurs « National », nous donnons (fig. 849 à 853) cinq sections prises sur divers types simples et doubles à une ou deux connexions. La figure 849 représente la section d'extrémité d'un « normal simple » à une connexion. La figure 850 donne la section d'extrémité d'un « normal double » à une connexion. La figure 851, la section d'extrémité d'un « peerless simple » à surface lisse à une connexion. La section intermédiaire d'un « normal simple » à deux connexions est représentée par la figure 852 et la section intermédiaire d'un « peerless double » à surface lisse à deux connexions (*fig.* 853).

On peut aussi à volonté placer au-dessus des radiateurs des *tablettes en marbre* montées sur des *selles en fonte* adaptées

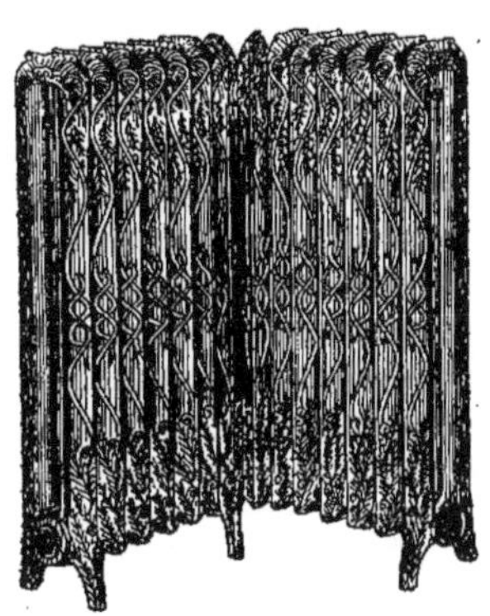

Fig. 847. — Radiateur d'angle « National ».

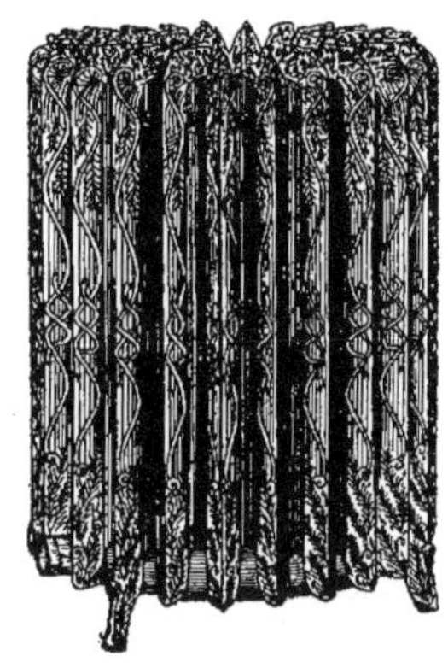

Fig. 848. — Radiateur circulaire « National ».

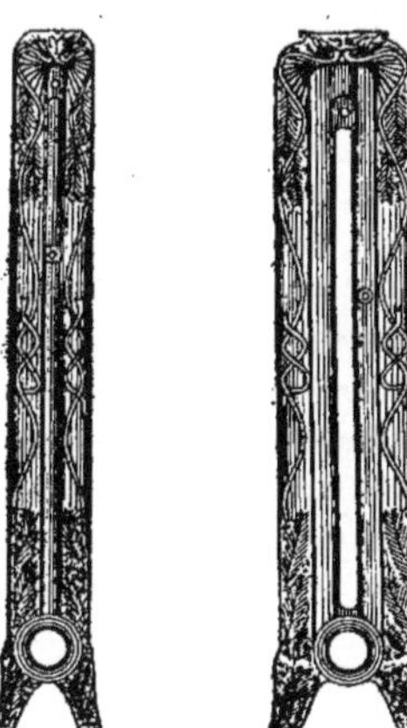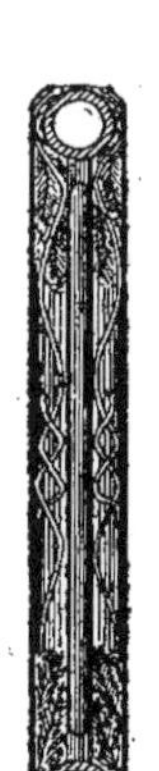

Fig. 849 à 853. — Sections de radiateurs simples et doubles à une et deux connexions.

entre les sections. Nous mentionnons encore les radiateurs spéciaux avec étuves chauffe-plats pour salles à manger.

Il se fait aussi un grand nombre de radiateurs ornés dits « Italien Renaissance » avec ou sans base de ventilation.

348. La base de ventilation s'adapte aux radiateurs de manière à prendre l'air extérieur et le laisser passer entre les lames à volonté, au moyen d'un registre de réglage qui permet le mélange avec l'air intérieur si on le désire, ou d'isoler le radiateur qui fonctionne alors à rayonnement direct.

En outre du montage du radiateur sur la canalisation, il y a lieu, dans le cas d'installation d'une base de ventilation, de reprendre tous les travaux qui sont conséquemment nécessaires : percements, grille extérieure, conduit d'air froid, etc.

Nous donnons, au surplus, à titre de renseignement, le métré de montage d'un radiateur à base de ventilation avec prise d'air extérieure.

Métré de montage de radiateur avec prise d'air extérieure.

349. Percé le mur de façade en briques de Bourgogne à l'unité.
    Maçonnerie n° 1131.
    Taille de brique n° 1621.
Recoupement de briques apparentes sur ravalement recevant une grille de prise d'air.
    Observation.
    Taille de brique n° 1621.
Feuillure dans la brique les faces et arêtes dressées; au mètre linéaire.
    Taille de pierre n° 1692.
L'unité d'évaluation. Taille de brique n° 1621.

4 Trous de pattes dans la brique de Bourgogne à l'unité.
    Maçonnerie n° 1131.
    Taille de brique n° 1621.
Ragréé enduit les 4 sens en épaisseur du mur pour orifice de prise d'air à l'entier de légers.
    Légers ouvrages.

Posé, scellé, la grille de prise d'air sur ravalement.

    Observation.
Plus-value de grille spéciale posée à l'échelle.
    Observation.
Les scellements de pattes à 1/2 de légers ouvrages par centimètre de profondeur.
    Légers ouvrages.
    Maçonnerie n° 1132.

Joints au fer en creux et noircis, sur 4 sens d'une grille posée sur ravalement en brique apparente; au mètre linéaire.
    Observation.

Fourni une grille spéciale mosaïque en fonte renforcée; à la pièce.
    Section variable. Observation.

Fourni 4 pattes de façon en fer forgé à scellements et talons coudés; à la pièce.
    Observation.

Le réservoir d'air en plancher, construit en briques neuves hourdées en plâtre; à la pièce.
    Fumisterie n° 106 analogie.

Monté à hauteur de pose sur la canalisation un radiateur en fonte avec base de ventilation.
    Observation.

Taille de brique de Bourgogne au mètre superficiel.

» »

Maçonnerie, SÉRIE CENTRALE n° 1621.

» »

Maçonnerie, SÉRIE CENTRALE n° 1621.

» »

Maçonnerie, SÉRIE CENTRALE n° 1621.

» »

Maçonnerie, SÉRIE CENTRALE n° 1621.

Légers ouvrages.

» »

Posé et scellement de grille sur ravalement : à la pièce.

1

Observation.

Plus-value de grille posée à l'échelle sur ravalement.

Observation.

Légers ouvrages.

» »

Joint au fer sur ravalement en brique apparente, au mètre linéaire.

Observation.

Grille mosaïque en fonte renforcée : à la pièce.

1

Observation.

Patte à scellement de façon à talon en fer forgé : à la pièce.

4

Observation.

Atre creux pour réservoir d'air : à la pièce ou analogie.

1

SÉRIE CENTRALE n° 106.

Montage de radiateur en fonte avec base de ventilation à hauteur de pose.

Observation.

Posé, scellé la base de ventilation raccordée sur le réservoir d'air.	Pose et scellement de base de ventilation pour radiateur.
Observation.	Observation.
Réglé le pédalier et les registres d'admission.	Réglage des registres à pédale pour base de ventilation.
Observation.	Observation.
Posé, calé, réglé le radiateur monté à blanc sur la canalisation, compris toutes présentations.	Pose, calage et réglage de radiateur monté à blanc.
Observation.	Observation.
Façon d'un joint d'entrée sur canalisation de vapeur en tube taraudé.	Façon de joint de vapeur : à la pièce.
Observation.	Observation.
Série syndicale de Chaudronnerie n° 1625.	SÉRIE SYNDICALE, Chaudronnerie n° 1625.
Façon d'un joint de sortie sur canalisation de condensation en tube taraudé.	Façon de joint de vapeur : à la pièce.
Observation.	Observation.
Série syndicale de Chaudronnerie n° 1625.	SÉRIE SYNDICALE, Chaudronnerie n° 1625.
Posé le robinet à volant et façon des joints sur tube de canalisation de vapeur.	Pose de robinet et façon des joints sur canalisation de vapeur.
Observation.	Observation.
Posé le robinet purgeur d'air et façon du joint.	Pose de robinet purgeur d'air et façon du joint.
Observation.	Observation.
En fournitures :	
Le radiateur « National » genre italien Renaissance à 5 sections avec base de ventilation, modèle déposé.	Radiateur modèle déposé.
Observation.	Observation.
La robinetterie.	Robinetterie pour radiateur.
Observation.	Observation.

Les accessoires de robinetterie trouveront au chapitre spécial l'occasion d'être traités particulièrement. Tous les travaux de construction et de montage sont évidemment subordonnés à l'importance des appareils; c'est ainsi que le réservoir d'air compté dans notre exemple précédent par analogie avec l'âtre creux de fumisterie, est suffisant si on considère le petit nombre de sections du radiateur; par contre, le même travail exécuté pour un radiateur plus grand serait insuffisant. La façon des

Fig. 854. — Élément de tuyaux à ailettes de Brousseval.

joints de montage est variable également en raison des diamètres des canalisations.

350. Nous passons ensuite aux éléments à ailettes qui constituent la seconde partie des *surfaces de chauffe* sur laquelle nous avons à présenter quelques observations.

La figure 854 représente un élément double, en tuyaux méplats à ailettes, des fonderies de Brousseval.

La caractéristique de ces éléments est la grande facilité de logement, due au faible cube d'encombrement résultant de la disposition des ailettes. Ils peuvent être montés en plinthe sous des lambris sans dépasser le parement; ou dissimulés en allèges des fenêtres et assemblés par batteries montées sur pieds en fonte, comme le représente la figure 855.

L'espacement entre le double tuyau de chaque élément et l'écartement entre les éléments montés en batterie laissent suffisamment circuler l'air pour permettre l'installation de ces appareils avec prise d'air extérieure.

Le montage est fait par assemblages boulonnés avec façon des joints sur rondelles d'amiante, sans interposition de pièces de raccords entre les éléments.

Les plaques d'extrémités sont à bossages

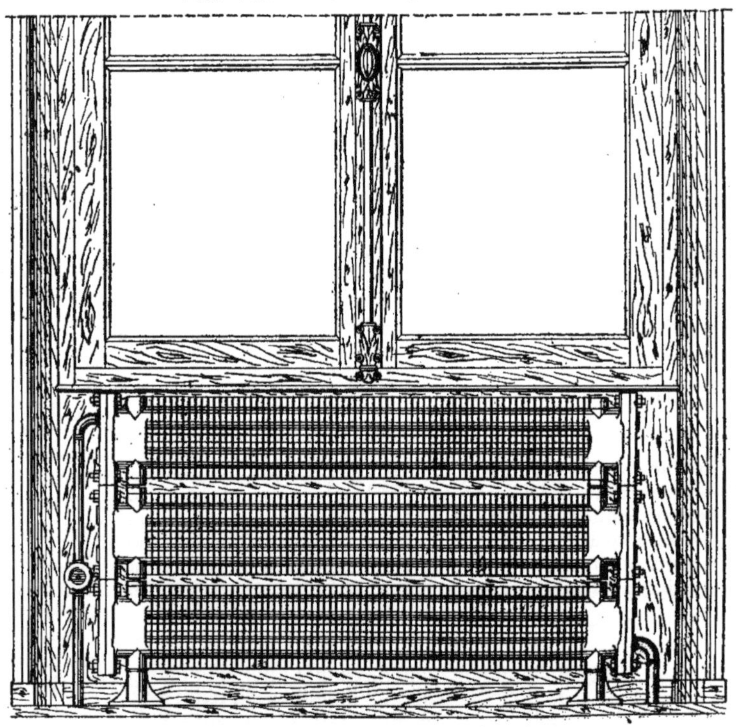

Fig. 855. — Batterie d'éléments à ailettes de Brousseval montés en allège.

venus de fonte pour être taraudés au pas des tubes de fer de 12/17 15/21 et 21/27.

Les éléments sont fabriqués en trois longueurs

$$0^m,50$$
$$0^m,75$$
$$1^m,00$$

Le rapport de la surface de chauffe à la longueur pour chaque élément est relatif à peu de différence près pour les tuyaux de $0^m,50$ et $0^m,75$; il est absolu pour les tuyaux de 1 mètre.

Le tuyau de $0^m,50$ donne une surface de $0^{m2},46$;

Le tuyau de $0^m,75$ donne une surface de $0^{m2},73$;

Le tuyau de $1^m,00$ donne une surface de $1^{m2},00$.

Les éléments isolés et montés en poêles ou batteries sont tarifés à la Série syndicale de chaudronnerie sous les numéros

1806 à 1827 y compris les accessoires : brides pleines et à bossages taraudés, pieds, supports de batteries et rondelles d'amiante.

La Série syndicale donne, en outre, le prix de tuyaux méplats d'une autre fabrication, dont les éléments ont respectivement les longueurs et les rapports de surface de chauffe suivants.

Le tuyau de $0^m,50$ donne une surface de $0^{m2},40$;

Le tuyau de $0^m,65$ donne une surface de $0^{m2},53$;

Le tuyau de $0^m,80$ donne une surface de $0^{m2},65$.

Le métré est présenté dans le genre que nous avons indiqué pour les radiateurs.

351. Nous complétons notre démons-

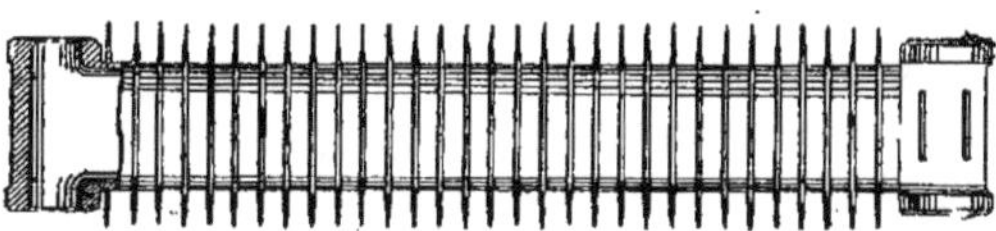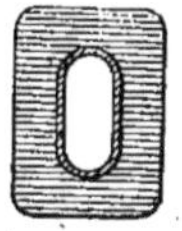

Fig. 856. — Elément de poêle à ailettes de Brousseval.

tration par les poêles montés avec des éléments spéciaux des fonderies de Brousseval.

La section intérieure de ces éléments est ovale, les ailettes sont rectangulaires.

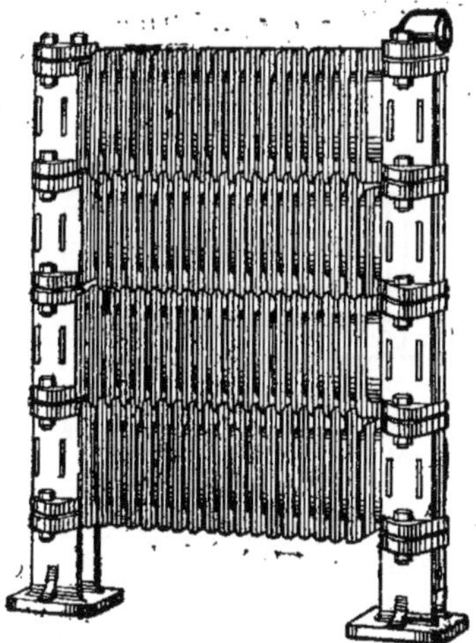

Fig. 857. — Poêle à ailettes de Brousseval.

Les tuyaux se différencient de ceux que nous avons précédemment examinés, en ce sens qu'ils sont simples d'abord, au lieu d'être couplés, et ensuite qu'ils ne peuvent être montés que superposés.

Le montage est fait dans le genre des éléments doubles par assemblages boulonnés avec façon des joints sur rondelles d'amiante.

Les brides d'entrée et les pieds de sortie sont aux pas des tubes de fer de 12/17, 15/21, 21/27, 27/34 et 33/42.

Les éléments sont fabriqués en trois longueurs respectivement dénommés : petit, moyen et grand élément.

Les mesures de longueurs sont les suivantes :

$$0^m,66$$
$$0^m,96$$
$$1^m,26$$

L'écartement des ailettes est constant à $0^m,025$, leur nombre varie pour chaque élément suivant les quantités que nous indiquons et la surface de chauffe obtenue selon le tableau ci-dessous :

Le petit élément fournit 19 ailettes et donne une surface de $1^{m2},00$;

Le moyen élément fournit 31 ailettes et donne une surface de $1^{m2},60$;

Le grand élément fournit 43 ailettes et donne une surface de $2^{m2},00$.

Nous donnons (*fig.* 856), l'élément de poêle à ailettes des fonderies de Brousseval.

La figure 857 représente un poêle complet monté avec les éléments de la figure 856 sur les pieds de socle : à droite, le pied de sortie à bossage taraudé pour se raccorder sur le tube de canalisation ; à gauche, le pied plein.

Les éléments isolés et montés en poêles sont tarifés à la Série syndicale de chaudronnerie sous les numéros 1828 à 1839 et les accessoires sous les numéros suivants 1840 à 1848.

Le tarif comprend d'abord le prix à la pièce de chaque élément, puis le prix du poêle par deux éléments montés, et ensuite le prix de chaque élément monté en plus.

Le prix du montage prévu à la Série ne comprend pas la mise en place, tous travaux accessoires, joints, etc ; il s'agit seulement du montage en atelier ou plutôt de l'assemblage.

Les travaux de chantier sont à compter dans le mode que nous avons indiqué en conformité des textes et des évaluations de la Série syndicale de chaudronnerie.

Nous donnons (*fig.* 858 à 862) la série des pièces accessoires.

La figure 858 représente la bride pleine ovale percée de deux trous de boulons. La bride d'entrée à bossage taraudé (*fig.* 859) et la bride ovale taraudée pour purgeur d'air (*fig.* 860).

La figure 861 donne un pied plein et la figure 862 un pied de sortie à bossage taraudé.

Nous ajoutons que la hauteur des pieds est ordinairement de $0^m,15$, mais qu'ils se font aussi de $0^m,09$ et $0^m,20$ sur commande.

La Série syndicale de chaudronnerie ne donne pas les prix des pieds Brousseval qui sont tarifés suivant les conditions de la fonderie.

Nous donnons pour terminer notre étude des surfaces de chauffe à ailettes, les éléments à lames longitudinales également employés pour l'eau et la vapeur, et plus spécialement pour les chauffages en gaines que nous avons décrits au chapitre des généralités.

Les éléments à lames longitudinales sont tarifés à la Série syndicale de chaudronnerie sous les numéros 1778 à 1805.

Les tuyaux se font en quatre longueurs et sont mesurés aux joints.

$1^m,00$	$2^m,00$
$1^m,50$	$2^m,10$

Les diamètres sont mesurés à l'intérieur et exprimés en millimètres.

$0^m,040$	$0^m,200$
$0^m,100$	$0^m,250$
$0^m,125$	

Les longueurs des lames sont, d'une manière constante, $0^m,20$ plus courtes que les longueurs des tuyaux conformément au tableau ci-dessous :

Tuyau de $1^m,00$ lames de $0^m,80$;
   »   de $1^m,50$ lames de $1^m,30$;
   »   de $2^m,00$ lames de $1^m,80$;
   »   de $2^m,10$ lames de $1^m,90$.

Les éléments à lames longitudinales sont

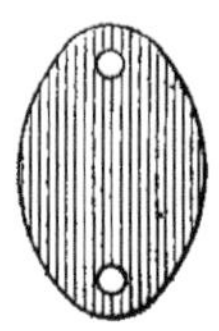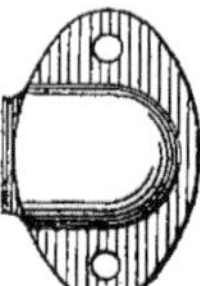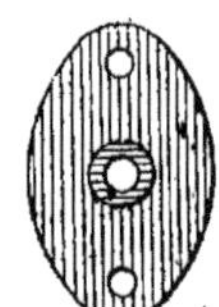

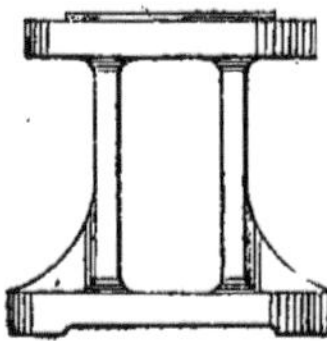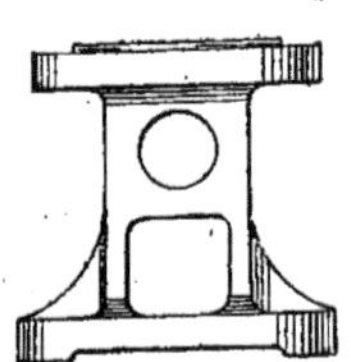

Fig. 858 à 862. — Accessoires de montage pour poêles à ailettes de Brousseval.

montés à brides (*fig* 863), ou à joints du système Petit (*fig.* 864).

Le nombre de boulons pour les éléments à brides, est de quatre jusqu'à $0^m,125$ de diamètre, et de six pour les éléments de $0^m,200$ et $0^m,250$ de diamètre.

Nous avons donné déjà la description des joints « Petit », nous n'y revenons pas. Les joints à brides boulonnés sont faits sur rondelles d'amiante.

Chaque façon des joints à brides ou du système Petit, est tarifée à la Série syndicale et par chaque élément dans les numéros que nous avons indiqués.

Les figures 863 et 864 sont complétées chacune par une coupe prise sur l'élément dans la partie unie et dans la partie à ailettes.

Nons donnons enfin (*fig*. 865) la coupe à grande échelle d'une colonne de chauffe par éléments verticaux à lames longitudi-

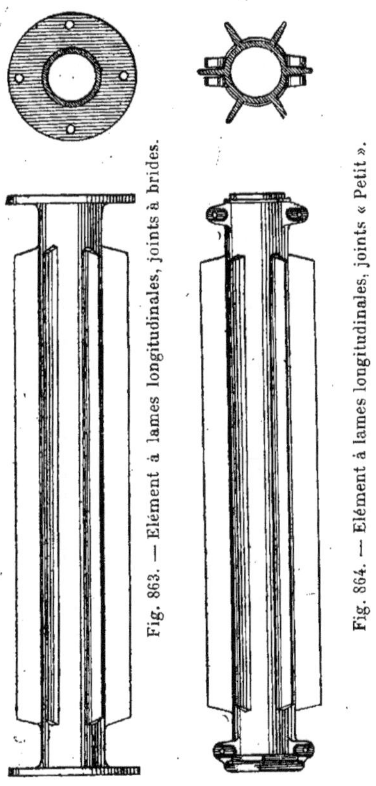

Fig. 863. — Elément à lames longitudinales, joints à brides.

Fig. 864. — Elément à lames longitudinales, joints « Petit ».

nales dans l'intérieur d'une gaine, sur la hauteur d'un étage entre planchers.

La colonne est composée par batteries d'éléments montés à brides et boulonnés du type représenté (*fig*. 863).

La gaine est conçue pour alimentation d'air extérieur avec émission dans les pièces au moyen de bouches démontables en plinthes.

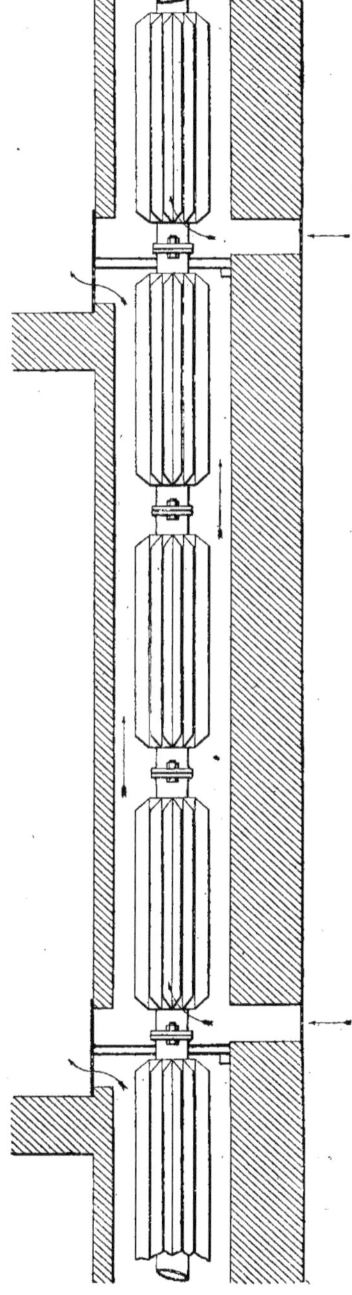

Fig. 865. — Eléments verticaux à lames longitudinales pour chauffage en gaine.

Les surfaces de chauffe obtenues par l'emploi de ces éléments sont considérables, mais l'inconvénient de ce système, au point de vue montage, est d'avoir des *joints prisonniers.*

Ce que nous avons dit de la construction des gaines, en traitant la figure schématique 809, et nos observations concernant le montage des surfaces de chauffe à ailettes, nous dispensent de nous y arrêter plus longtemps.

Nous pourrions, au point de vue de l'ins-

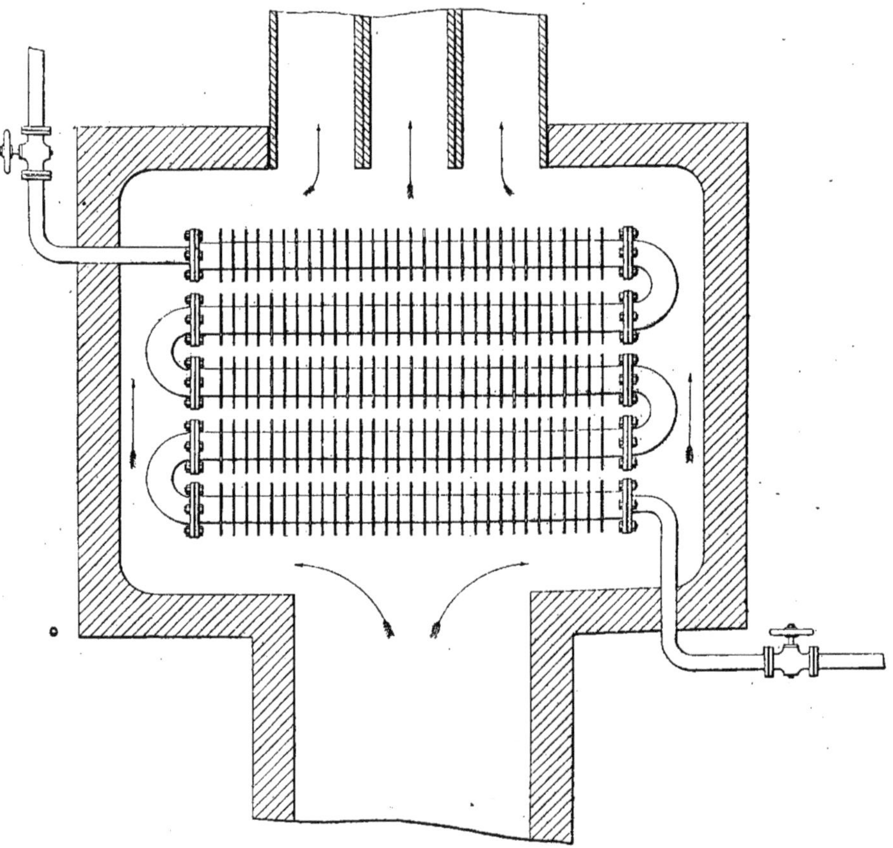

Fig. 866. — Batterie de chauffe en cave.

tallation, multiplier les exemples de montage des surfaces de chauffe à ailettes. Mais, en outre que cette tâche est plus spécialement l'objet de la première partie de l'ouvrage, nous ne pourrions pas, au point de vue du métré, compléter davantage nos observations.

352. Il ne nous reste plus qu'à présenter les surfaces de chauffe par batteries en caves.

Les batteries en caves sont composées d'éléments à ailettes assemblés et montés en serpentins au moyen de coudes en U à brides boulonnées. Les brides d'entrée et de sortie sont à bossages taraudés au pas des tubes des canalisations.

La batterie est enfermée dans une gaine en briques raccordée sur un branchement ou sur un conduit direct de prise d'air suivant l'installation, et amorcée sur un ou plusieurs conduits d'air chaud dans les données des conduits de calorifères.

Nous donnons (*fig.* 866) une batterie dans une gaine avec conduit de prise d'air direct et conduits d'air chaud amorcés à l'aplomb dans le plafond de la gaine.

Quand la gaine est suspendue, elle est maintenue au moyen d'armatures spéciales. Les éléments composant la batterie sont placés sur les supports *ad hoc*, ou portés par des linteaux et des armatures façonnés spécialement et scellés dans la maçonnerie du briquetage de la gaine.

Nous nous bornerons à cette description sommaire, car aussi bien ne ferions-nous que nous répéter à donner un exemple de métré. Nous avons dit tout ce qu'il est utile de dire pour le métré des conduits d'air et de chaleur, chambre de chaleur en briques, armatures, etc., au chapitre des calorifères.

Quant aux éléments à ailettes qui constituent les batteries, ainsi que leurs accessoires de montage, nous avons également épuisé les données utiles dans le cours du chapitre qui leur a été réservé.

Accessoires des surfaces de chauffe et des canalisations.

Enveloppes perforées.

353. Dans le chauffage à *rayonnement direct*, les appareils et les éléments à ailettes sont quelquefois dissimulés dans des enveloppes perforées ou grillagées.

Ces accessoires, rigoureusement exécutés sur demande pour les appareils et les emplacements auxquels ils sont destinés ne sont pas tarifés. Ils sont généralement mobiles afin de permettre facilement le nettoyage des surfaces de chauffe et des surfaces d'enveloppes.

Nous donnons à titre de renseignement deux perforations distinctes très courantes (*fig.* 867 et 868).

S'il s'agit d'enveloppes en tôle perforée,

le détail de façon et la fourniture en ce qui concerne la tôle pleine sont à prendre à la Série centrale des architectes. La perforation est demandée au tarif des industriels spécialistes pour ce genre de travail.

Les cadres dormants et ouvrants, les paumelles et loqueteaux montés sur fer sont aussi des ouvrages et des fournitures de serrurerie qui ressortissent aux articles de la Série centrale.

Fig. 867 et 868. — Perforations pour enveloppes de surfaces de chauffe.

Robinetterie de radiateurs.

354. Les robinets généralement employés sont tarifés à la Série syndicale de chaudronnerie, sous la rubrique « robinetterie », sous les numéros 1713 à 1727.

Les orifices et les taraudages se rapportent aux dimensions des tubes de canalisation en fer de :

12/17	33/42
15/21	40/49
20/27	50/60
26/34	

Sous les numéros 1713 et 1714 sont tarifés les robinets en bronze à soupape, à taraudages droit ou d'équerre, du modèle ordinaire ou renforcé, que nous donnons (*fig.* 869) pour le robinet droit et (*fig.* 870) pour le robinet d'équerre.

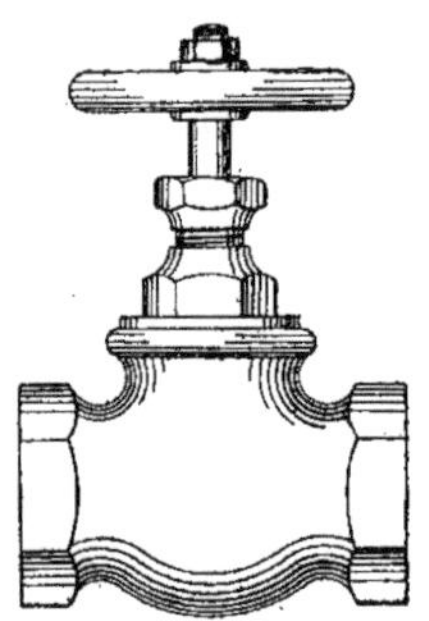

Fig. 869. — Robinet bronze à soupape à taraudages, modèle droit.

Les numéros suivants, 1715 et 1716, sont applicables aux robinets du même genre, mais à raccord, toujours dans les deux modèles, ordinaire ou renforcé. Nous

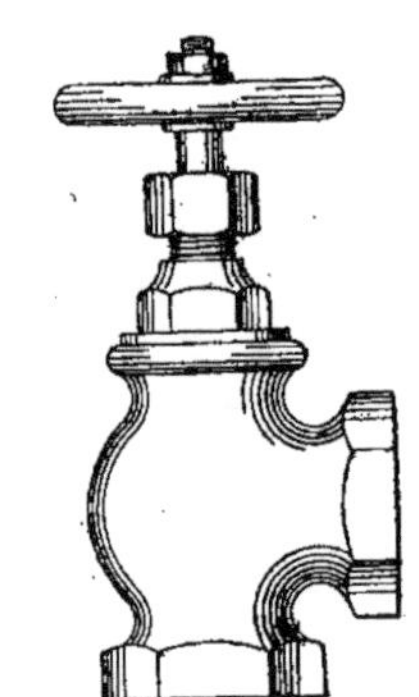

Fig. 870. — Robinet bronze à soupape à taraudages, modèle d'équerre.

donnons (*fig.* 871) le robinet droit et (*fig.* 872) le robinet d'équerre.

Le robinet d'encoignure droite ou gauche, dans le même genre, en bronze à soupape, représenté (*fig.* 873), est tarifé sous le numéro suivant 1717 pour le mo-dèle à taraudages, et sous le numéro 1718, pour le modèle à raccord (*fig.* 874).

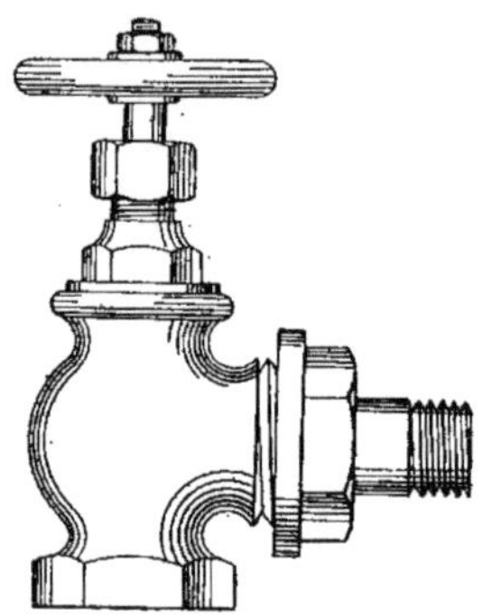

Fig. 871. — Robinet bronze à soupape à raccord, modèle droit.

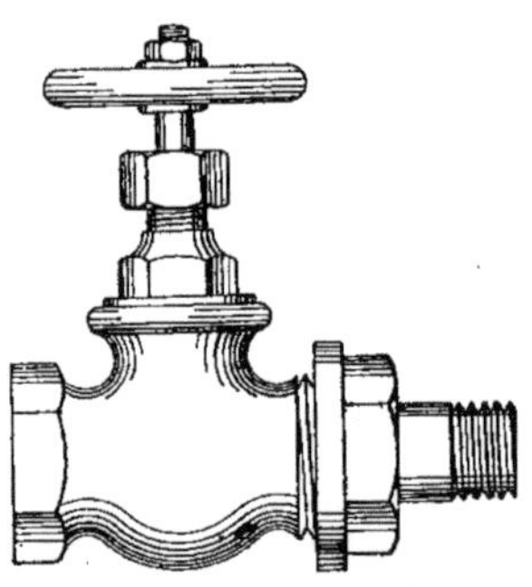

Fig. 872. — Robinet bronze à soupape à raccord, modèle d'équerre.

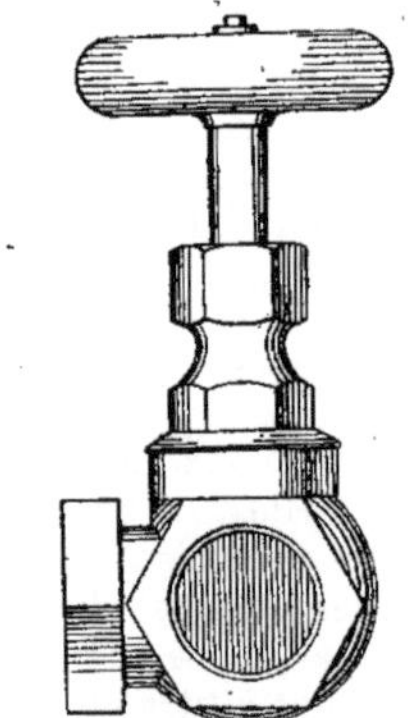

Fig. 873. — Robinet bronze à soupape dit d'encoignure, à taraudages.

Le robinet de réglage à douille de sûreté est tarifé sous les numéros sui-

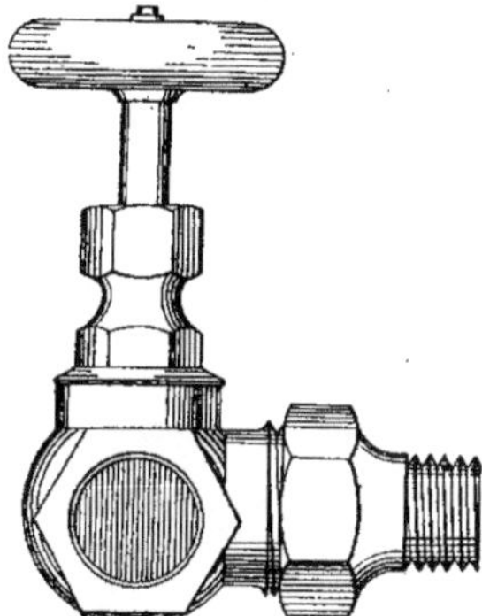

Fig. 874. — Robinet bronze à soupape dit d'encoignure, à raccord.

vants, 1719 et 1720. Nous donnons le robinet de ce genre (*fig.* 875).

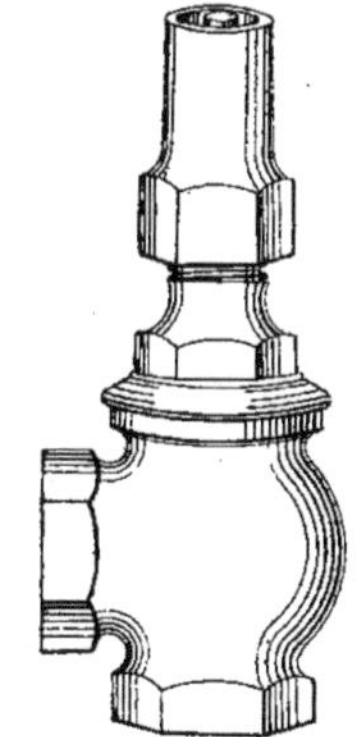

Fig. 875. — Robinet à douille de sûreté.

Robinets-vannes.

355. Nous rencontrons ensuite les robinets-vannes, qui sont essentiellement des accessoires de canalisation et qui sont tarifés sous les numéros 1721 et 1722.

Les robinets tarifés sous le numéro 1721 sont à taraudages et à passage direct. Ils sont fabriqués, en outre des dimensions indiquées à la Série de chaudronnerie, dans les mesures de 66/76 et 80/90.

Nous donnons le robinet-vanne de ce modèle (*fig.* 876).

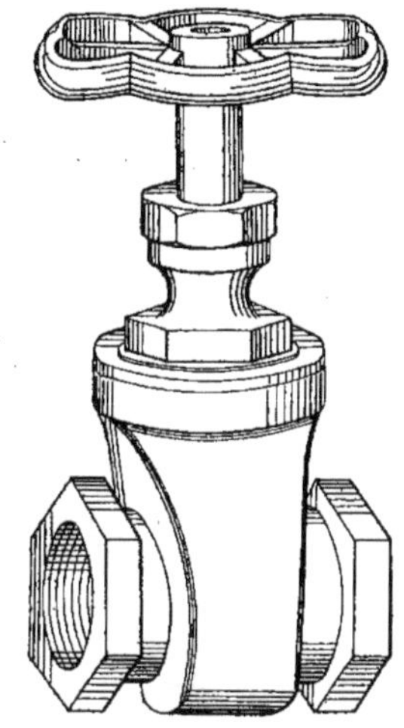

Fig. 876. — Robinet-vanne à passage direct, à taraudages.

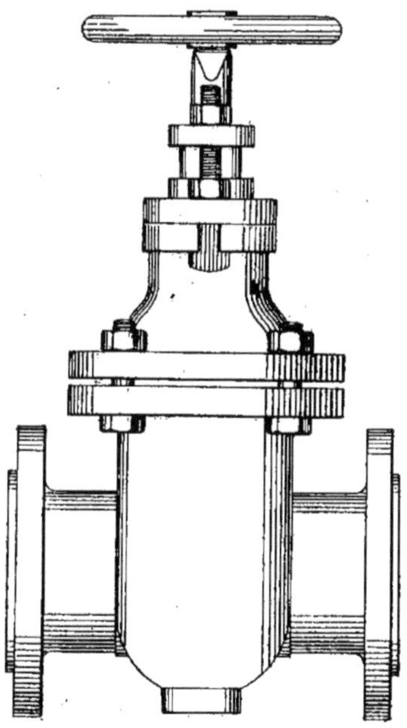

Fig. 877. — Robinet-vanne à corps ovale en fonte et bronze.

Les robinets du même genre, mais à brides, sont tarifés sous le numéro 1722.

Nous donnons un autre genre de robinet-vanne qui n'est pas tarifé à la Série de chaudronnerie et qui est employé dans les canalisations à gros diamètres depuis 40 à 150 millimètres.

Le robinet est à corps ovale en fonte et bronze (*fig.* 877).

Robinets purgeurs d'air.

356. Les robinets purgeurs d'air pour surfaces de chauffe sont à main ou auto-

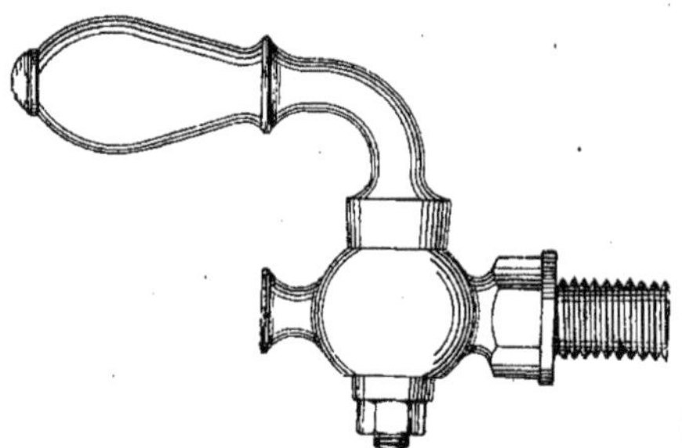

Fig. 878. — Robinet purgeur d'air à main.

matiques, et tarifés à la Série de chaudronnerie sous les numéros 1694 et 1695.

Le robinet à main représenté (*fig.* 878) est en cuivre à douille taraudée de 8/13, il est tarifé sous le numéro 1694.

Le robinet automatique est tarifé sous le numéro 1695 et le receveur de gouttes sous le numéro 1696.

Nous donnons (*fig.* 879) le robinet purgeur d'air automatique avec coupe (*fig.* 880) et le receveur de gouttes (*fig.* 881).

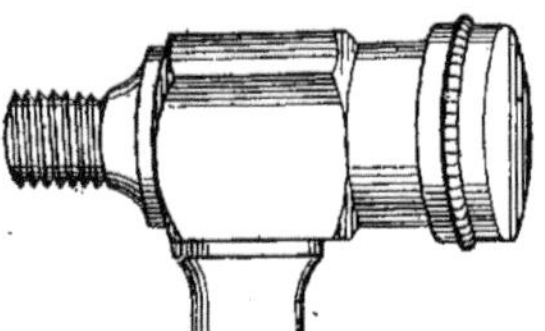

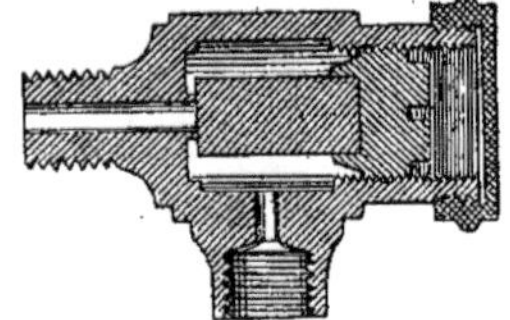

Fig. 879 et 880. — Robinet purgeur d'air automatique. — Vue et coupe.

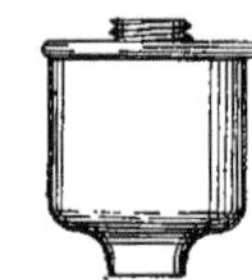

Fig. 881. — Receveur de gouttes.

Les prix tarifés sont pour des robinets en cuivre.

Cette petite robinetterie est assez souvent demandée nickelée; il y a lieu dans

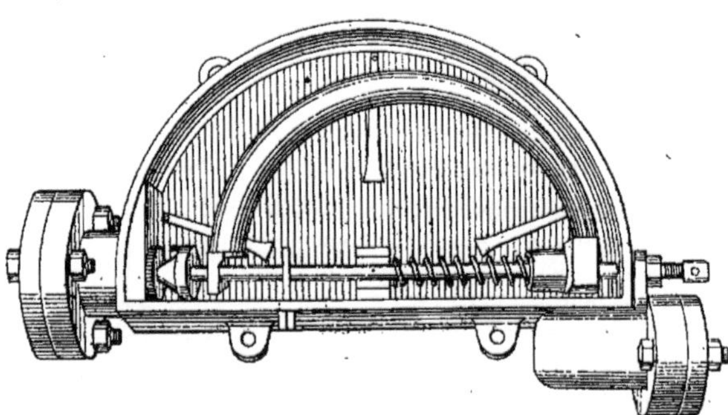

Fig. 882. — Purgeur d'eau de Heintz monté à brides. — Vue intérieure.

ce cas d'appliquer sur le prix de Série la plus-value de nickelage.

Purgeurs d'eau automatiques.

357. Le purgeur d'eau plus spécialement employé pour évacuer automatiquement les eaux de condensation est du système de Heintz, dont nous donnons la vue intérieure (*fig.* 882).

Les purgeurs de Heintz sont automatiques manométriques, et montés à brides comme les représente notre dessin ou avec orifices taraudés au pas des tubes en fer. Ils sont mesurés d'après le diamètre d'ar-

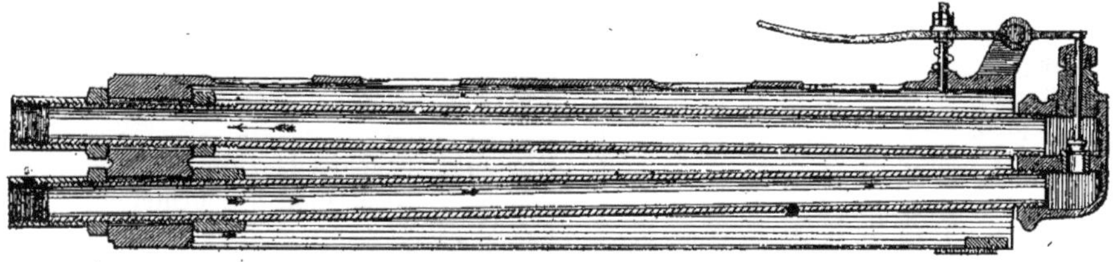

Fig. 883. — Purgeur d'eau de Geipel. — Vue intérieure.

rivée exprimé en millimètres et tarifés à la Série syndicale de chaudronnerie, sous les numéros 1697 à 1703, pour les diamètres suivants :

0m,008	0m,026
0 ,010	0 ,030
0 ,016	0 ,036
0. ,020	

Il y a encore les purgeurs de Geipel et les purgeurs à flotteur tarifés à la suite sous les numéros 1704 à 1712.

Les purgeurs de Geipel, dont nous donnons une coupe longitudinale (*fig.* 883), sont également automatiques mais par dilatation.

Les organes dilatables sont composés de deux tubes d'entrée et de sortie en fer et cuivre, dont les dilatations et les contractions agissent sur un clapet commandé par

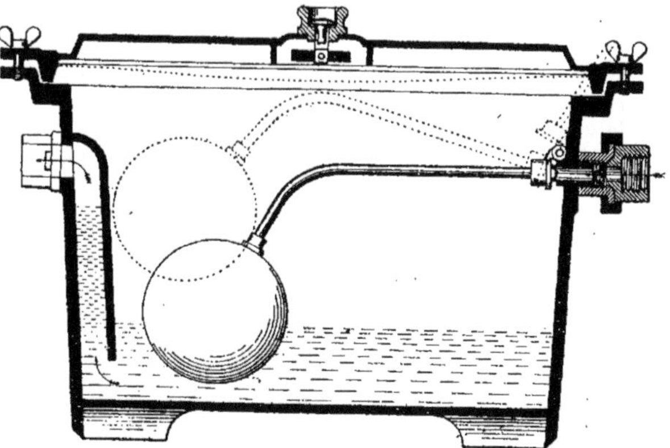

Fig. 884. — Purgeur d'eau à flotteur de Royle. — Vue intérieure.

une tige à levier, et qui sert à évacuer automatiquement les eaux condensées.

Les purgeurs de Geipel sont généralement montés à tubes taraudés et tarifés comme tels à la Série syndicale de chaudronnerie, sous les numérus 1704 à 1708 inclus.

Le tube en fer peut être monté à brides moyennant une plus-value sur le prix de Série.

Les purgeurs sont mesurés comme ceux de Heintz, d'après le diamètre du tube d'arrivée exprimé en millimètres, dans les mesures ci-dessous :

$$0^m,012 \qquad 0^m,026$$
$$0\ ,015 \qquad 0\ ,040$$
$$0\ ,020$$

La Série syndicale de chaudronnerie comprend encore sous les numéros suivants : 1709 à 1712, un modèle de purgeur d'eau automatique du système à flotteur.

Dans le système à flotteur de Royle,

Fig. 885. — Clapet de retenue en bronze, modèle droit.

dont nous donnons la coupe (*fig.* 884), l'entrée de la vapeur dans le purgeur est admise par une valve à charnière commandée par un flotteur. Quand la valve est fermée, la pression de la vapeur admise dans le réservoir du purgeur fait évacuer l'eau par le syphon réservé à cet usage.

L'évacuation d'air est assurée automatiquement au moyen d'une soupape montée sur une tige dilatable. L'autoclave du réservoir est assujetti par des boulons avec écrous à oreilles.

Les purgeurs d'eau du système à flotteur sont également mesurés suivant le diamètre d'entrée aux mesures ci-dessous :

$$0^m,020 \qquad 0^m,030$$
$$0\ ,026 \qquad 0\ ,040$$

Nos lecteurs trouveront dans la première partie de l'ouvrage tous les rensei-

gnements nécessaires relatifs à l'emploi et aux conditions des purgeurs, qui sont des organes tout particulièrement intéressants pour le bon fonctionnement d'un chauffage.

Clapets de retenue.

358. Les clapets de retenue en bronze, tarifés à la Série de chaudronnerie sous les numéros 1723 et 1724, sont à taraudages raccordés au pas des tubes en fer, de 12/17 à 50/60, comme pour la robinetterie.

Nous donnons (*fig.* 885) un clapet droit et (*fig.* 886) un clapet d'équerre.

Ces organes fonctionnent automatiquement sur la canalisation d'alimentation.

Détendeurs de vapeur.

359. Nous passons ensuite aux déten-

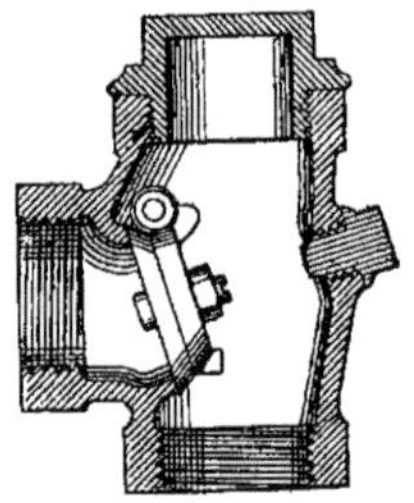

Fig. 886. — Clapet de retenue en bronze, modèle d'équerre.

deurs de vapeur ou régulateurs de pression, dont le rôle, dans l'installation générale d'un chauffage, est de réduire automatiquement à son point de réglage une pression plus haute à une pression plus basse.

N'examinant l'appareil qu'au point de vue du métré, nous mentionnons que la mesure, exprimée en millimètres, est prise à l'orifice conformément aux dimensions ci-dessous :

$$0^m,025 \qquad 0^m,070$$
$$0\ ,030 \qquad 0\ ,080$$
$$0\ ,040 \qquad 0\ ,090$$
$$0\ ,050 \qquad 0\ ,100$$
$$0\ ,060 \qquad 0\ ,110$$

Nous donnons (*fig.* 887) le détendeur

du modèle tarifé à la Série de chaudronnerie.

Il existe une très grande variété de détendeurs de différents brevets qui sont tarifés par les constructeurs. Nous donnons à titre documentaire (*fig.* 888) le

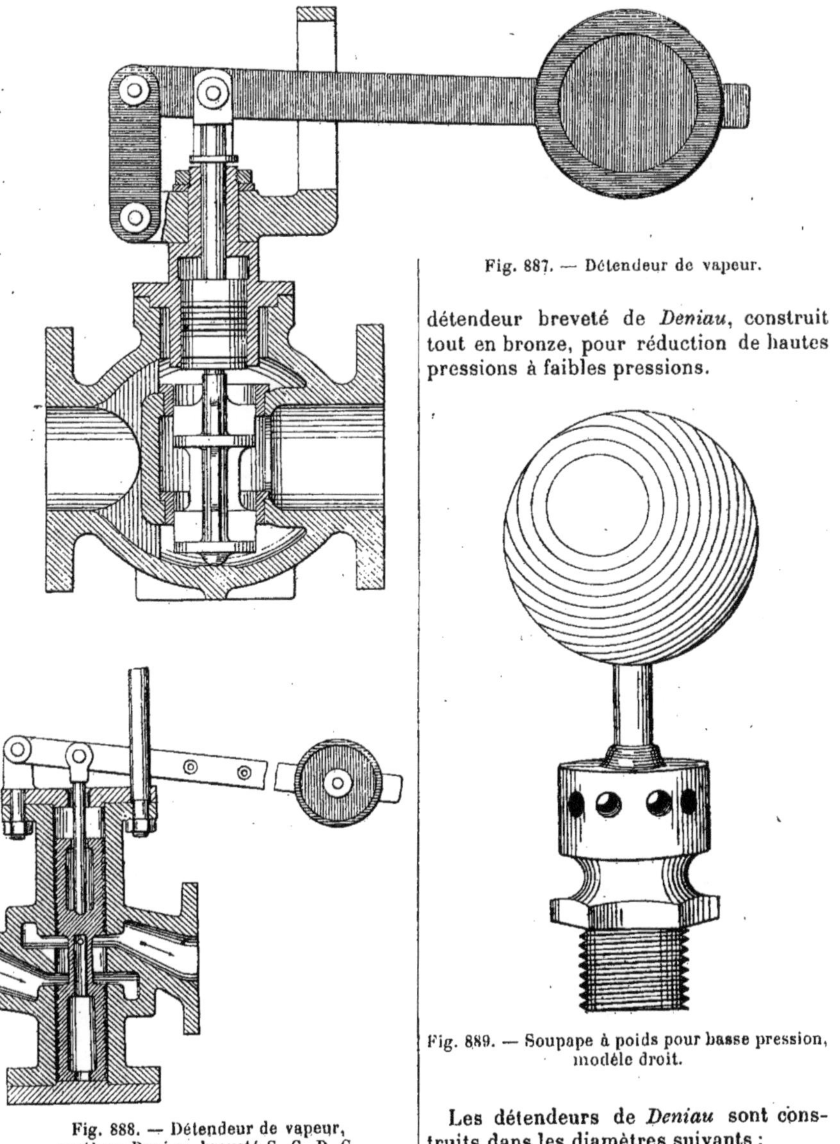

Fig. 887. — Détendeur de vapeur.

détendeur breveté de *Deniau*, construit tout en bronze, pour réduction de hautes pressions à faibles pressions.

Fig. 888. — Détendeur de vapeur, système Deniau, breveté S. G. D. G.

Fig. 889. — Soupape à poids pour basse pression, modèle droit.

Les détendeurs de *Deniau* sont construits dans les diamètres suivants ;

0^m,015	0^m,060
0 ,020	0 ,070
0 ,025	0 ,080
0 ,030	0 ,090
0 ,040	0 ,100
0 ,050	

Accessoires des chaudières.

Soupapes.

360. Les soupapes de sûreté à poids pour basse pression sont tarifées à la Série syndicale de chaudronnerie sous le numéro 1726; les taraudages sont en rapport aux dimensions des tubes en fer de 15/21 à 50/60.

Nous donnons (*fig.* 889 et 890) deux modèles de soupapes droite et d'équerre. Les prix de la Série de chaudronnerie ne se rapportent qu'au modèle de la figure 889.

Les soupapes à contrepoids sont tarifées sous le numéro 1725 dans les données des soupapes à poids et en rapport aux dimensions des tubes en fer.

La soupape droite est représentée (*fig.* 891) et la soupape d'équerre (*fig.* 892). Ces deux soupapes sont à taraudages.

Les soupapes à contrepoids se font également à brides; mais le prix en est

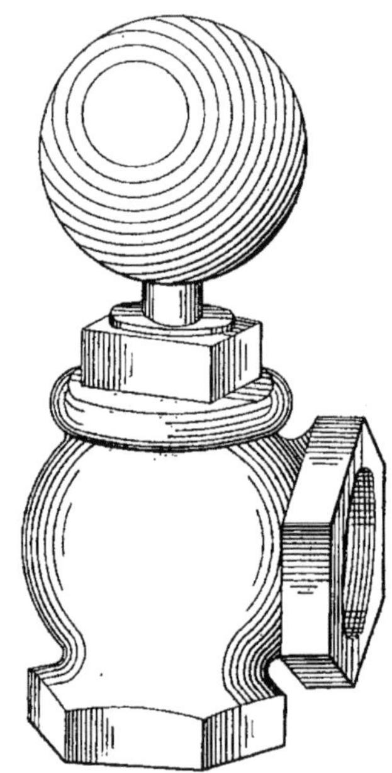

Fig. 890. — Soupape à poids pour basse pression, modèle d'équerre.

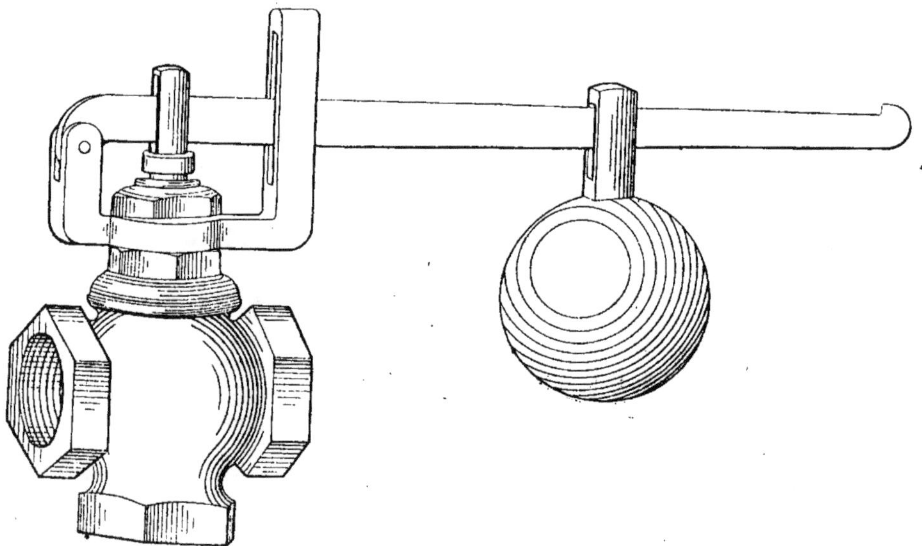

Fig. 891. — Soupape droite à contrepoids.

plus élevé. Ce genre de soupape n'est pas tarifé à la Série de chaudronnerie.

La Série donne encore les prix d'un autre genre de soupape dit à ressort, dans les mesures des tubes de 26/34 à 50/60 sous le numéro 1727.

Nous ne nous étendons pas davantage sur ces accessoires, qui sont également très variés, et nous en tenons aux modèles de fabrication courante rentrant dans la tarification commune de la Série.

Chaque chaudière est pourvue de deux soupapes qui agissent autamatiquement et se soulèvent à leur point de réglage, quand la pression de vapeur atteint la limite indiquée par le timbre.

Les soupapes bien réglées, d'un fonctionnement normal, doivent évacuer, au moment de leur action, toute la surproduction de vapeur produite.

Tous ces organes sont traités à fond au point de vue technique dans la première partie de l'ouvrage. Nous ne nous étendons pas autrement, puisqu'au point de vue du

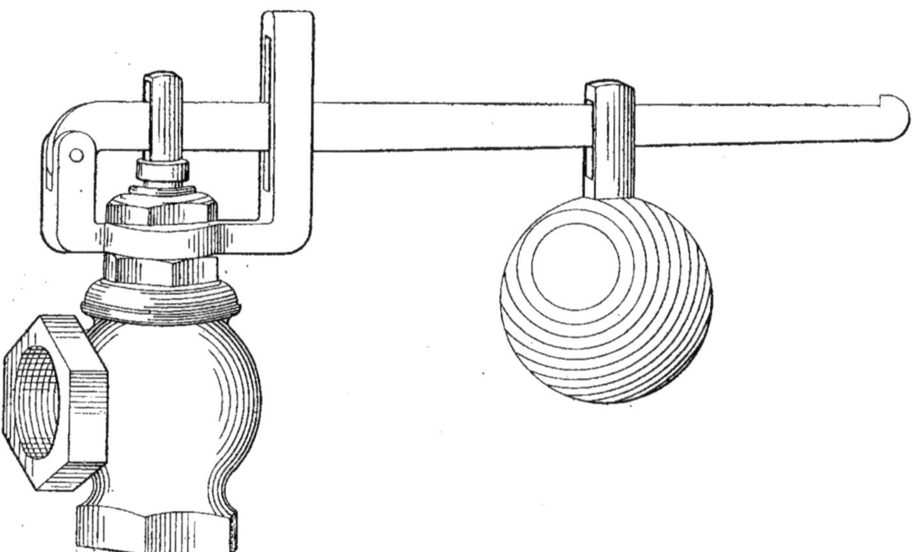

Fig. 892. — Soupape d'équerre à contrepoids.

métré les prix de ces appareils sont tarifés par les constructeurs, chacun en ce qui le concerne, selon la perfection, la valeur industrielle et économique de l'organe.

Manomètres et thalpotasimètres.

Les manomètres sont des appareils à cadran gradué exprimant en kilogrammes ou en atmosphères la pression de la chaudière indiquée par une aiguille centrée ou excentrée.

Quand le cadran indicateur est marqué par une flèche rouge, le chiffre répéré donne

le maximum de pression à ne pas dépasser.

Il y a une corrélation très étroite entre le manomètre et les soupapes.

Les manomètres ordinaires sont tarifés à la Série syndicale de chaudronnerie sous les numéros 705 à 710, selon les diamètres des cadrans exprimés en millimètres dans le tableau ci-dessous :

$0^m,050$	$0^m,100$
$0\ ,065$	$0\ ,130$
$0\ ,080$	$0\ ,150$

La figure 893 représente un manomètre à cadran avec aiguille excentrée.

Les manomètres spéciaux sont payés aux tarifs des constructeurs conformément à la réserve faite par l'observation sous le numéro 711 de la Série syndicale de chaudronnerie.

Les manomètres pour détendeurs sont tarifés sous le numéro 1693.

Les thalpotasimètres sont des appareils

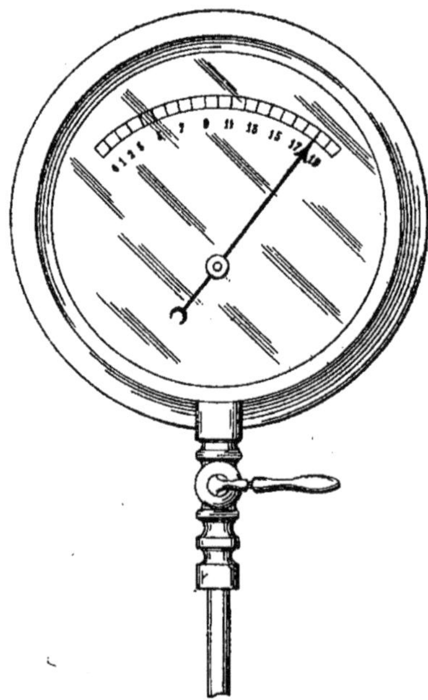

Fig. 893. — Manomètre à cadran, aiguille excentrée.

indicateurs de températures ; ce sont donc de véritables thermomètres montés dans le genre des manomètres, à cadran gradué, exprimant les degrés par divisions chiffrées en dizaines et indiquées par une aiguille au centre.

Les thalpotasimètres sont basés sur le principe de la dilatation d'un liquide enfermé dans un tube de très petit diamètre mis en communication avec un réservoir et un tube manométrique. Un système de leviers reçoit l'impulsion qui lui est trans-

mise par le tube manométrique agissant sous la dilatation du liquide et l'imprime à l'aiguille indicatrice.

Les thalpotasimètres sont gradués à trois maxima :
1° jusqu'à 110°
2°   »   150°
3°   »   350°

La figure 894 représente un thalpotasi-

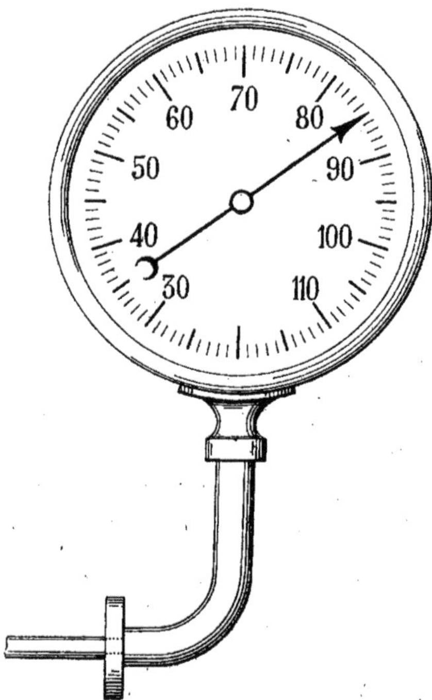

Fig. 894. — Thalpotasimètre à cadran, tube coudé.

mètre jusqu'à 110° avec tube coudé à bride.

Niveaux d'eau.

Les niveaux d'eau sont des appareils montés sur la chaudière et composés d'un jeu de robinets porte-tube et d'un robinet purgeur. Les robinets porte-tube sont montés sur un tube en verre lisse ou gradué et qui indique à la vue la hauteur d'eau dans la chaudière.

Les niveaux d'eau composés d'un tube en verre lisse monté sur deux robinets à rodage avec robinet purgeur en bronze, comme nous le représentons (*fig.* 895),

0^m,010	0^m,018
0 ,012	0 ,020
0 ,015	0 ,022

Nous donnons à titre documentaire un

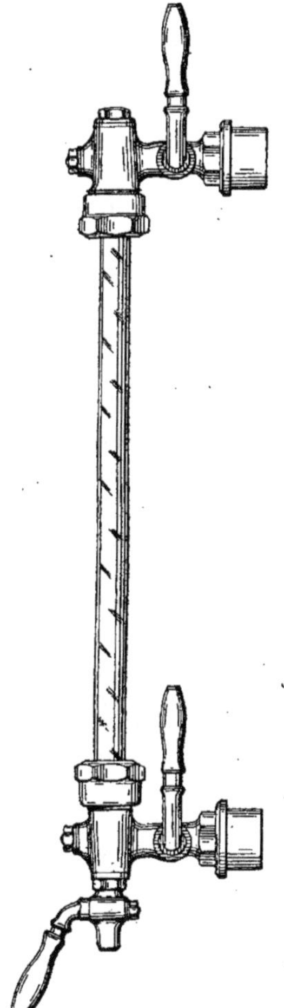

Fig. 895. — Niveau d'eau à douille.

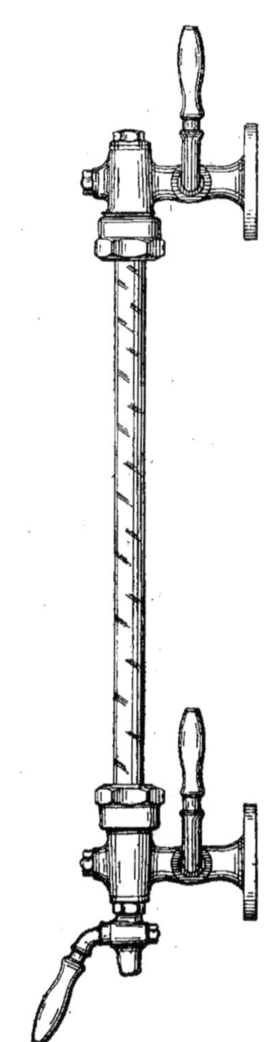

Fig. 896. — Niveau d'eau à brides.

sont tarifés à la Série syndicale de chaudronnerie sous les numéros 727 à 732, d'après les diamètres suivants pris aux porte-tubes :

niveau d'eau à brides (*fig.* 896) et un niveau d'eau à vis avec applique (*fig.* 897).

Tous les accessoires que nous avons vus et dont nous avons donné les indications de Série sont tarifés en fournitures seules, non compris pose.

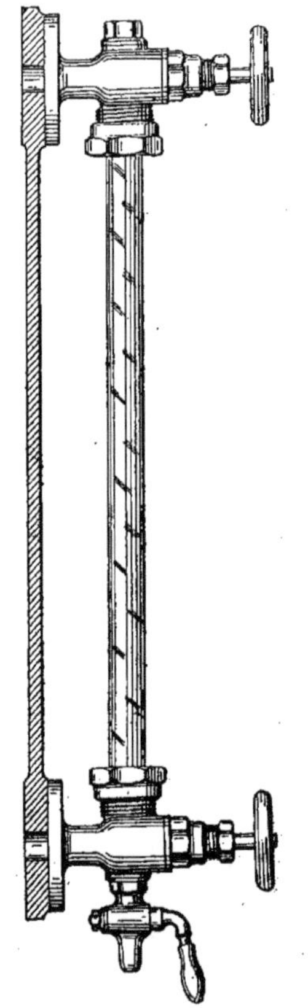

Fig. — 897. Niveau d'eau à vis avec applique.

Calorifuges.

361. Nous terminons notre étude des accessoires du chauffage par les calorifuges.

L'application calorifuge se fait également sur les chaudières découvertes et les tuyaux de canalisation, afin d'éviter les pertes en calories par rayonnement.

En raison de la grande diversité des produits employés et de la main-d'œuvre d'application, les calorifuges sur chaudières ne sont pas tarifés et sont traités de gré à gré.

Les principaux produits employés sont les tissus de *feutre et d'amiante, les laines minérales* entoilées dans les *étoffes de jute ou d'amiante*, les *sangles goudronnées* pour les enveloppes extérieures et les *revêtements métalliques*.

Tous ces produits sont également applicables aux tuyaux de canalisation, pour lesquels on se sert aussi de *liège en coquilles*.

La Série syndicale de chaudronnerie donne les prix des enveloppes isolantes pour tuyaux, depuis 0^m,020 jusqu'à 1 mètre de diamètre, sous les numéros 538 à 565 inclus, et pour trois genres d'application : *en liège, simili-liège et feutre*.

Nous donnons (*fig.* 898), le matelas d'amiante pour application sur chaudières, réchauffeurs, etc. ; en un mot sur les grandes surfaces.

La fabrication courante des matelas comporte quatre épaisseurs dans la largeur minimum de 0^m,50, suivant le tableau ci-dessous :

Epaisseurs :   0^m,020   0^m,040
               0 ,030   0 ,050

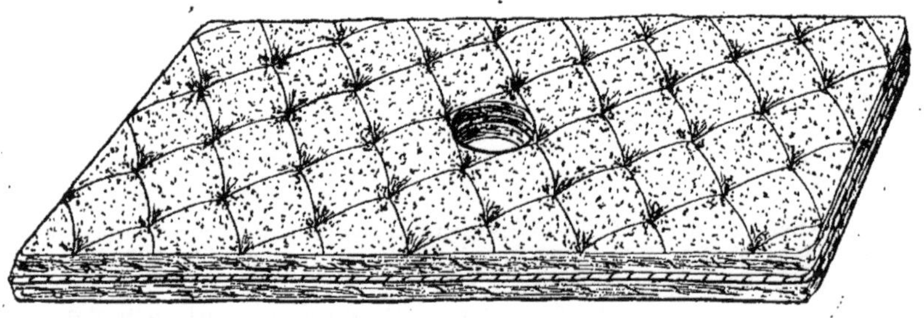

·Fig. 898. — Matelas calorifuge en amiante avec évidement au centre.

Les matelas sont cousus *au fil d'amiante* et sont faits à la demande des appareils à protéger, avec les échancrures nécessaires pour les instruments ou pièces accessoires saillants.

Il se fait, en outre, des matelas calorifuges en *feutre nu ou appliqué sur toiles de jute*, de *chanvre* et d'*amiante*.

Les épaisseurs courantes de fabrication des feutres nus, ou appliqués sur toiles dans les natures indiquées, sont les suivantes :

0^m,010	0^m,035
0 ,015	0 ,040
0 ,020	0 ,045
0 ,025	0 ,050
0 ,030	

Parmi les feutres, nous signalerons encore les feutres *alunés et silicatés.*

Les calorifuges en feutre sont également applicables aux canalisations et se font en bandes de :

0^m,050	0^m,080
0 ,060	0 ,100

Tous les calorifuges que nous avons indiqués se font, en dehors des mesures courantes de fabrication, dans toutes mesures précises, suivant des conditions de prix établies en raison des formes demandées et selon le travail de confection.

Fig. 899. — Coquilles en liège.

Pour l'application sur des conduites de vapeur à haute pression, il est fait usage d'une première enveloppe formant chambre d'air, *en tôle perforée*, employée en ru-

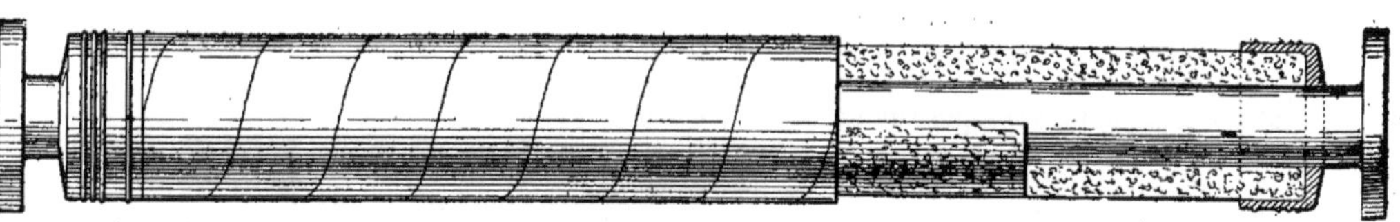

Fig. 900. — Application calorifuge sous bande, sur conduite de vapeur.

bans de 0^m,065 de largeur et 1^m,33 de longueur, et recevant les *calorifuges superposés, en feutre, amiante*, voire même la *sangle goudronnée* comme enveloppe dernière, extérieure.

La sangle goudronnée porte couramment 0^m,100 de largeur.

Nous signalons encore le *bourrelet en déchets de soie, système breveté S. G. D. G.* appliqué comme calorifuge sur une première enveloppe en carton d'amiante uni ou gaufré.

Nous donnons (*fig.* 899) les coquilles en liège, et (*fig.* 900) l'application des coquilles sur conduite de vapeur avec enveloppe extérieure par bandes calorifuges.

Parmi les applications si diverses des calorifuges, nous signalons aussi l'*enduit calorifuge* à base de silice.

L'enduit, comme l'indique son nom d'ailleurs, s'applique immédiatement sur les parties à recouvrir, par couches successives après séchage des premières couches étendues. Afin d'obtenir une liaison parfaite, en raison de la conformité de certaines pièces, on ajoute en interposition des couches successives un grillage métallique.

Après séchage définitif de l'enduit à l'épaisseur convenable, on étend une couche de *coaltar* et on recouvre par *bandes de calicot*.

L'enveloppe reçoit à son tour une impression extérieure de goudron.

On obtient ainsi un calorifuge d'une très grande adhérence et d'une étanchéité parfaite.

Nous avons encore à mentionner les revêtements métalliques.

Les revêtements métalliques sont essentiellement construits sur les données très précises des appareils à protéger, ils ne sont employés que dans les installations industrielles où il est possible de récupérer les frais élevés qu'ils occasionnent comme premier établissement.

Les revêtements métalliques sont montés par panneaux ou parties gabaritées à la demande des appareils, et assemblés entre eux sur cornières vissées et boulonnées, les joints étanches ; ils sont essentiellement démontables. Cependant des cuvettes sont ménagées qui permettent l'accès facile des brides aux joints, sans recourir au démontage des panneaux ; il en est de même pour les évidements au droit des appareils de précision.

Les caissons des panneaux sont remplis

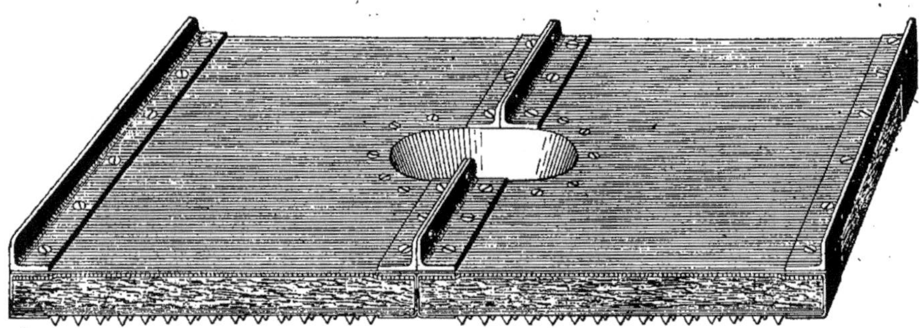

Fig. 901. — Panneaux métalliques calorifuges avec évidement au centre.

par un matelas de feutre, de laine minérale ou d'amiante, appliqué sur un carton ou une toile d'amiante. Le calorifuge est enfermé dans l'enveloppe métallique, qui est faite en tôle noire ou galvanisée quand il s'agit d'une adaptation isolante pour réfrigérants.

Nous donnons, à titre documentaire (*fig.* 901), deux panneaux métalliques assemblés, boulonnés, avec un évidement au centre.

362. Nous avons fait une revue succincte des calorifuges ; nous terminons par les enveloppes de batteries ou conduits, en briques de liège aggloméré, tarifées à la Série de la Société Centrale, sous les numéros 683 et 684.

Les prix portés sous les numéros 683, pour fournitures et façon, dans les épaisseurs de $0^m,06$, $0^m,11$ et $0^m,22$, pour enveloppe de conduits suspendus ou non suspendus, sont complétés par les prix à façon seulement, sous le numéro 684.

Le métré est fait, comme pour les conduits, en briques de terre cuite.

Les prix ne comprennent pas les enduits extérieurs non plus que les crépis pour l'adhérence des enveloppes calorifuges, conformément au dispositif de l'article numéro 685.

CONDUITS DE FUMÉE.

Conduits de fumée.

363. Les conduits de fumée des cheminées domestiques sont construits en plâtre, en boisseaux de terre cuite ou en briques.

Conduits en plâtre.

364. Les conduits en plâtre sont absolument interdits dans les constructions nouvelles; nous ne les rencontrons qu'en réparations partielles d'anciennes constructions et ne les mentionnons que pour mémoire, plutôt à titre documentaire.

Les conduits en plâtre sont moulés quand ils sont incorporés dans la maçonnerie ou construits en languettes ravalées de $0^m,08$ d'épaisseur, quand ils sont adossés ; ils sont dénommés conduits en pigeonnage.

La Série ne donne aucune évaluation pour les conduits moulés comptés au mètre linéaire. Les conduits pigeonnés en languettes sont évalués au mètre superficiel de légers ouvrages dans la Série de la Société centrale, à la maçonnerie, sous les numéros 1002 à 1004 inclus.

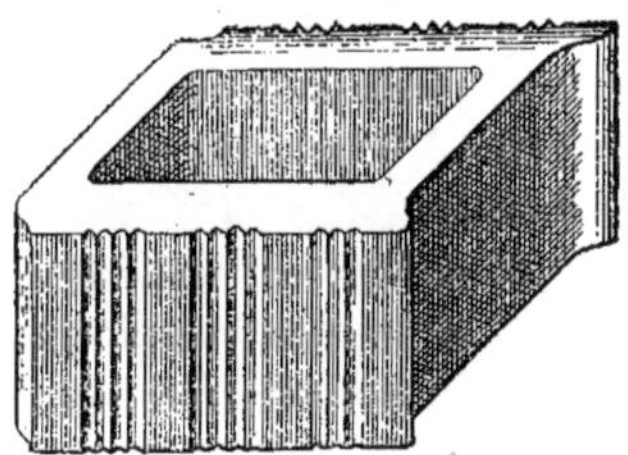

Fig. 902. — Wagon ordinaire droit.

L'évaluation prise pour base à la Série est la languette pigeonnée, de $0^m,06$ d'épaisseur, ravalée aux deux faces, sous le numéro 1002. Le numéro 1003 s'applique à la languette de même épaisseur ravalée d'une seule face. Le numéro 1004 s'applique à une moins-value pour chaque centimètre d'épaisseur au-dessous de 0^m06. A ce propos nous devons faire remarquer que les languettes pigeonnées à usage de conduits de chaleur ou de fumée doivent avoir l'épaisseur de $0^m,08$, et qu'au point de vue du métré la moins-value sous le numéro 1004 est applicable en plus-value par réciprocité pour la surépaisseur au-dessus de $0^m,06$.

Les ouvrages accessoires sont à reprendre au mètre linéaire, tels que : tranchées, scellements et liaisons, lardis de clous à bateaux fournis ou non, angles

intérieurs arrondis en gorges, sous les numéros de légers ouvrages 1037, 1042, 1043 et 1099 de la maçonnerie.

Les arêtes sont implicitement comprises dans la valeur du pigeonnage et ne sont dues qu'autant qu'il y a reprise ou réfection d'enduits avec ou sans renformis.

Conduits en boisseaux de terre cuite et en briques.

365. D'une manière générale les conduits sont incorporés ou adossés.

Les conduits incorporés sont montés au fur et à mesure de l'élévation des murs en travaux neufs.

Pour construire les conduits incorporés, on se sert le plus ordinairement de poteries spéciales en terre cuite appelées *wagons*, qui affectent la forme d'un D, dont les parois ont l'épaisseur minimum

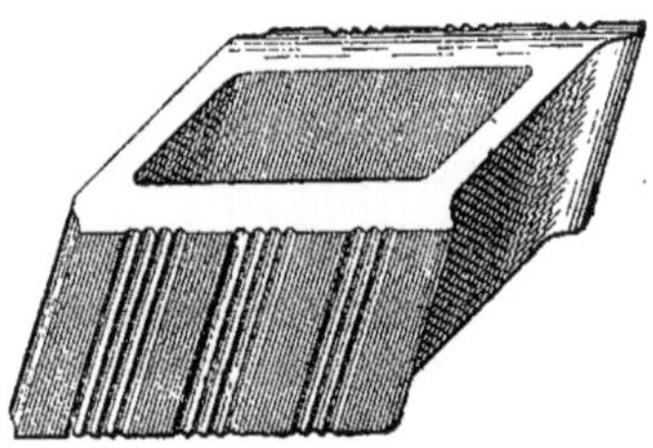

Fig. 903. — Wagon ordinaire dévoyé.

de $0^m,05$, et les faces extérieures cannelées, pour l'adhérence du plâtre des enduits.

Les wagons ordinaires ont uniformément $0^m,16$ de hauteur, soit six au mètre compris joints. Ils sont droits ou dévoyés (*fig.* 902 et 903) pour permettre d'échapper les baies des cheminées superposées ou tout autre obstacle dans la construction.

Les conduits en wagons sont comptés au mètre linéaire, d'après l'épaisseur du mur ravalé dans lequel ils sont incorporés, sous le numéro 1740 de la Série de Maçonnerie.

La Série indique quatre dimensions de wagon correspondantes aux épaisseurs des murs.

Wagon de 0.20×0.34 intérieur pour mur de $0^m,50$ d'épaisseur, ravalé.

Wagon de 0.20×0.29 intérieur pour mur de $0^m,45$ d'épaisseur, ravalé.

Wagon de 0.22 × 0.26 intérieur pour mur de 0ᵐ,40 d'épaisseur, ravalé.

Wagon de 0.24 × 0.26 intérieur pour mur de 0ᵐ,38 d'épaisseur, ravalé.

Le numéro 1741, s'applique à des wagons harpés à joints coupés, payés aux mêmes prix que les wagons précédents, et le numéro 1743, aux wagons solidaires à parois de 0ᵐ,06 d'épaisseur, de 0ᵐ,25 de hauteur ; soit quatre au mètre. Les prix d'application sont basés comme pour les autres wagons d'après l'épaisseur du mur ravalé.

On fabrique pour ce type de wagons de 0ᵐ,25 de hauteur dits solidaires, dont nous donnons les figures 904 et 905, des demi-wagons de 0ᵐ,12 de hauteur, qui servent dans la construction, soit à passer les chaînages ou araser un affleurement.

Le métré des conduits en wagons est

Les enduits intérieurs sont à reprendre au mètre linéaire de légers ouvrages sous le numéro 1100 de la Série de Maçonnerie, et les enduits extérieurs aux évaluations de légers ouvrages au mètre superficiel.

Le cube en œuvre s'obtient d'après les données que nous avons indiquées pour tous les ouvrages en briques ; le cube brut de la maçonnerie moins la déduction des vides.

Tous les ouvrages de reprises de maçonnerie ou autres sont à compter aux évaluations indiquées par la Série.

Nous ne pensons pas utile de présenter d'exemple de métré pour ce genre de travail, très simple en soi. Les explications que nous fournissons suffiront à indiquer assez utilement la marche à suivre dans la présentation du mémoire.

Les autres conduits en briques éga-

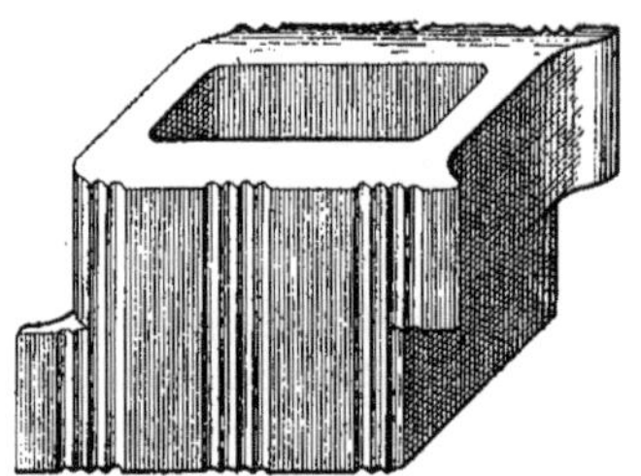

Fig. 904. — Wagon solidaire droit.

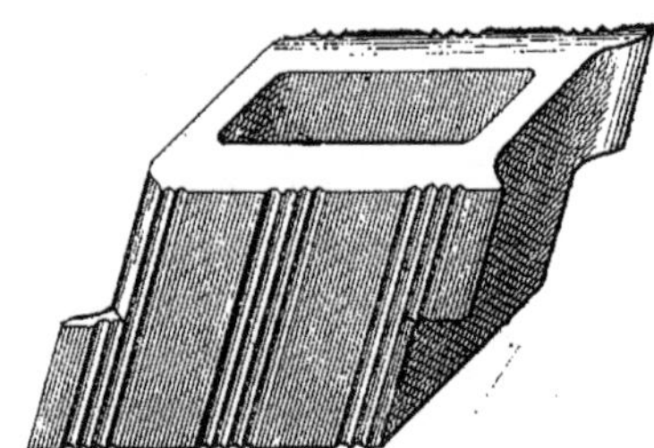

Fig. 905. — Wagon solidaire dévoyé.

essentiellement simple. Le prix au mètre linéaire comprend la valeur du hourdis en plâtre et la façon des joints intérieurs. Tous autres ouvrages ; tels que reprises de murs, enduits, raccords, etc. sont en plus des prix portés à la Série sous les numéros que nous avons indiqués.

Les conduits en briques pour tuyaux incorporés sont également tarifés à la Maçonnerie, au mètre cube ou au mètre linéaire, selon le genre de construction et la nature de brique employée.

Les conduits tarifés au mètre cube sous le numéro 577 sont construits en *closots* de Vaugirard, appelés aussi *mulots*, qui portent 0.06 × 0.06 × 0.22 et sont employés pour murs de 0ᵐ,35 d'épaisseur.

Le prix au mètre cube comprend seulement la valeur du hourdis en plâtre.

lement prévus à la maçonnerie sont en briques cintrées, dites Gourlier, et comptés au mètre linéaire sous les numéros 578 à 580 inclus, correspondant aux épaisseurs des murs, comme pour les wagons.

Les épaisseurs des murs indiquées par la Série pour le genre de construction des conduits en briques Gourlier sont de trois dimensions :

$$0^m,40$$
$$0\ ,45$$
$$0\ ,50$$

Le prix au mètre linéaire comprend la valeur du hourdis en plâtre et l'enduit intérieur.

La section de ces conduits est ronde invariablement.

Il est important de remarquer dans ce

genre de construction la différence de prix qui résulte de l'établissement d'un seul conduit ou d'un groupe. Les prix pour le premier conduit et les conduits groupés en sus sont indiqués dans deux colonnes, sous les numéros de Série que nous avons rappelés.

Les raccordements de maçonnerie de briques pour murs en liaisons des conduits construits en brique Gourlier, sont tarifés au mètre cube, sous le numéro 581 ; ils comprennent l'emploi de briques spéciales, dites carrées de la rive gauche, de $0.075 \times 0.10 \times 0.22$.

Le prix de maçonnerie de briques au

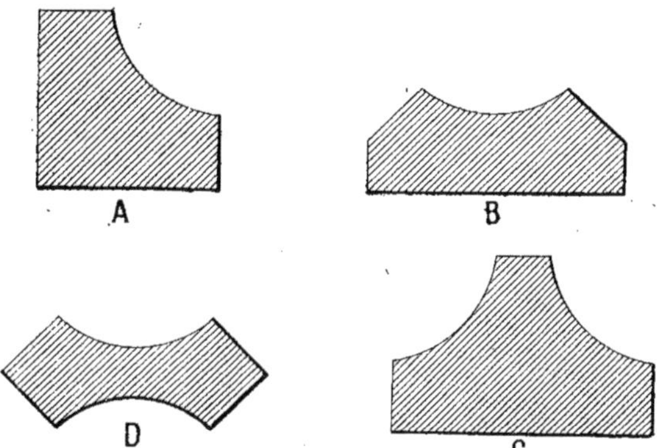

Fig. 906 à 909. — Briques cintrées Gourlier pour conduits de fumée.

cube, en reprise, comprend la valeur du hourdis en plâtre.

Tous autres ouvrages et enduits extérieurs sont à reprendre.

Nous donnons à titre documentaire et pour aider à la clarté de notre description les différentes pièces de briquetage pour la construction des conduits en briques Gourlier et l'appareillage par groupes de conduits.

Les figures 906 à 909 inclus représentent les quatre types géométriques des pièces

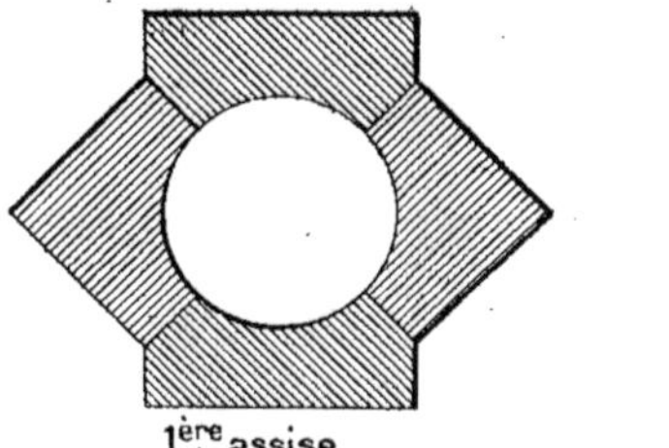
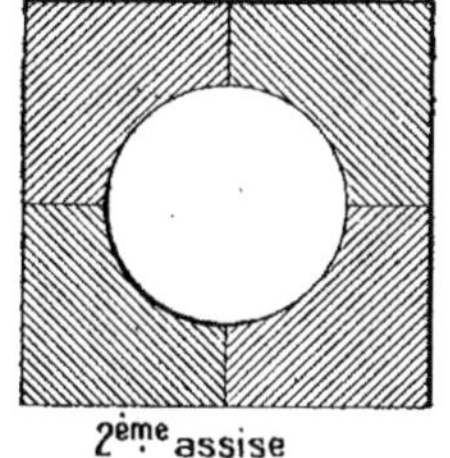

Fig. 910 et 911. — Appareillage d'un conduit en briques Gourlier deux assises.

de briquetage nécessaires, pour la construction des conduits par assises alternées et dont l'assemblage fournit la section intérieure ronde du conduit, qu'il s'agisse d'un seul ou d'un groupe.

Chaque pièce prend une désignation particulière empruntée à sa forme : la pièce A est appelée *équerre;* la pièce B, *plat à barbe;* la pièce C, *chapeau de commissaire*, et la pièce D, *violon*.

Nous donnons ensuite (*fig.* 910 et 911) l'appareillage des deux assises de briques pour un seul conduit.

La première assise est composée des

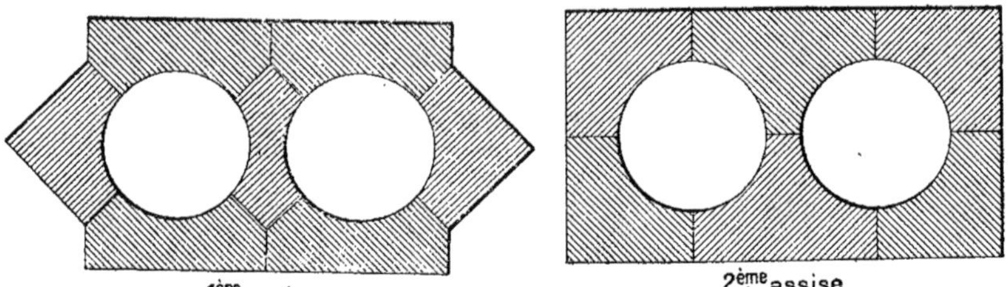

Fig. 912 et 913. — Appareillage de deux conduits en briques Gourlier deux assises.

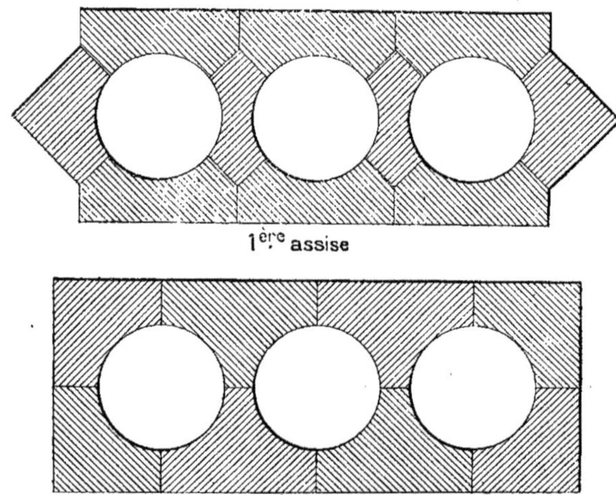

Fig. 914 et 915. — Appareillage de trois conduits en briques Gourlier deux assises.

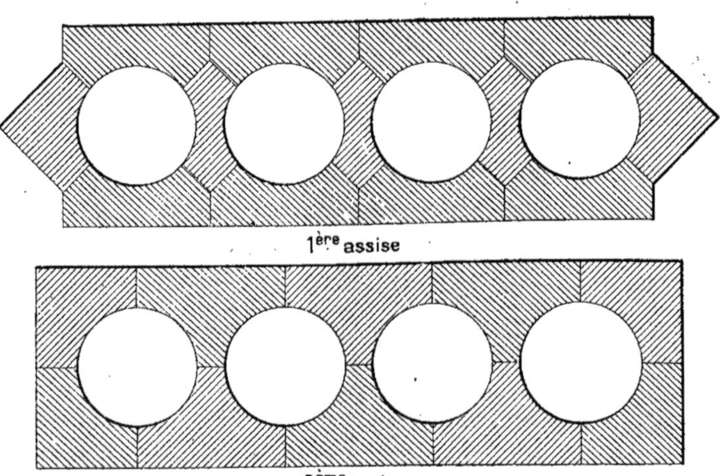

Fig. 916 et 917. — Appareillage de quatre conduits en briques Gourlier deux assises.

pièces A et B ; la seconde assise par la réunion de quatre pièces A.

Les figures 912 et 913 représentent deux conduits groupés ; les deux assises appareillées. La première assise est composée des pièces A, B, D ; la seconde assise par les pièces A et C.

Quels que soient ensuite le nombre des conduits d'un même groupe, les assises alternées restent invariablement composées des mêmes pièces : A, B, D pour la première assise ; A et C pour la seconde assise.

Nous donnons au surplus (*fig.* 914 et 915) l'appareillage des deux assises d'un groupe de trois conduits et celui d'un groupe de quatre conduits (*fig.* 916 et 917).

En raison du mode de tarification de ce genre de construction, nous dirons pour un groupe de quatre conduits.

Groupe de 4 conduits de fumée incorporés dans un mur de 0^m,45 d'épaisseur ravalé, en briques cintrées dites Gourlier hourdées en plâtre, compris enduits à l'intérieur au mètre linéaire :

        Maçonnerie N° 579 :
Le premier conduit : Linéaire   » » »
        Maçonnerie N° 579 ; 1re colonne :

Les trois conduits en sus formant le groupe de quatre conduits.

Linéaire » » » × 3 = » » »
        Maçonnerie N° 579, 2e colonne :

Maçonnerie de briques carrées de 0.075 × 0.10 × 0.22 rive gauche en liaison de conduits en briques Gourlier, hourdée en plâtre :
Au mètre cube.
        Maçonnerie N° 581 :

        »   »   » »

Enduits extérieurs en plâtre au sas :
Au mètre superficiel.

        »   » »

        Maçonnerie : légers ouvrages N°s 955-904.
Les arêtes et naissances et tous raccords s'il y a lieu aux évaluations des légers ouvrages :
Observation.

Conduits de fumée incorporés dans un mur de 0^m,45, construits en briques cintrées Gourlier au mètre linéaire.
1er conduit.
» » »
Maçonnerie, SÉRIE CENTRALE N° 579.
1re colonne.
Conduits groupés en sus du premier conduit : au mètre linéaire.
» » »
Maçonnerie, SÉRIE CENTRALE N° 579.
2me colonne.
Maçonnerie de briques carrées de 0.075 × 0.10 × 0.22 rive gauche en liaison de conduits de fumée en briques Gourlier au mètre cube.
» » »
Maçonnerie, SÉRIE CENTRALE N° 581.
Légers ouvrages.
» » »
Observation.

366. Nous avons terminé avec cette étude la partie plus spéciale des conduits incorporés réservés à la maçonnerie avant de passer aux conduits adossés, en poteries, plus fréquemment rencontrés dans la fumisterie.

Les conduits adossés sont généralement construits en poteries dont les parois avaient autrefois 0^m,03 d'épaisseur, devant recevoir un renformis de plâtre compris enduit de 0^m,03 pour fournir l'épaisseur de la paroi réglementaire de 0^m,08.

Les sections des poteries étaient rondes ou carrées.

Les poteries de cette fabrication ne sont employées aujourd'hui qu'en réparations partielles d'anciens conduits. Les conduits neufs sont construits en poteries réglementaires à parois de 0^m,05 d'épaisseur, conformément aux prescriptions de l'ordonnance de Police du 1er septembre 1897.

Les poteries ancien modèle portent 0^m,33 de hauteur. Les poteries nouveau modèle, dites réglementaires, portent 0^m,20 et 0^m,25 de hauteur et doivent avoir 0.18 × 0.22 ou 0.20 × 0.20 de section intérieure. L'épaisseur du recouvrement en plâtre compris enduit est de 0^m,03 pour atteindre l'épaisseur totale réglementaire de la paroi.

Les conduits en poteries réglementaires ou non, à sections rectangulaires, carrées ou rondes sont tarifés à la Série de Fumisterie sous les numéros 630 à 645 et à la Maçonnerie sous les numéros 480 à 491. Ils sont payés au mètre linéaire compris plâtre pour joints, mais non compris les recouvrements, enduits extérieurs, armatures, etc., conformément à l'observation de la Série de Fumisterie, N° 646.

La Série de Fumisterie comprend deux colonnes d'application de prix des conduits en poteries : la première pour les conduits non suspendus ; la seconde pour les conduits suspendus.

Les poteries réglementaires sont tarifées sous les numéros 630 à 632 inclus pour 4 sections.

$$0^m,25 \times 0^m,30 \qquad 0^m,20 \times 0^m,20$$
$$0\ ,22 \times 0\ ,25 \qquad 0\ ,18 \times 0\ ,22$$

Les poteries non réglementaires, en

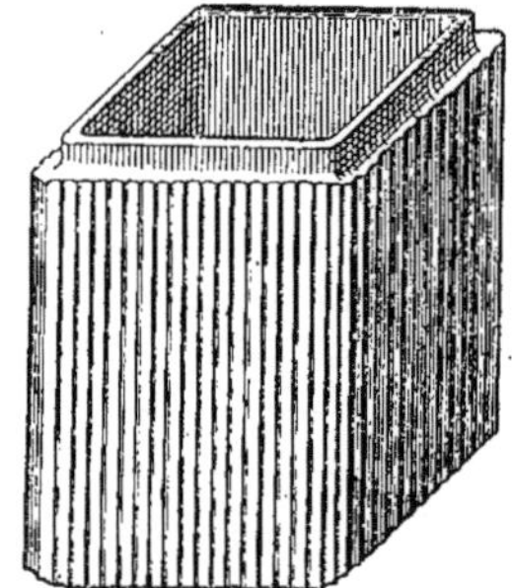

Fig. 918. — Poterie carrée.

suivant, sous les numéros 633 à 638 inclus, comprennent 9 sections :

$$0^m,30 \times 0^m,30 \qquad 0^m,20 \times 0^m,22$$
$$0\ ,25 \times 0\ ,30 \qquad 0\ ,19 \times 0\ ,22$$
$$0\ ,22 \times 0\ ,25 \qquad 0\ ,17 \times 0\ ,19$$
$$0\ ,16 \times 0\ ,25 \qquad 0\ ,13 \times 0\ ,16$$
$$0\ ,20 \times 0\ ,20$$

Les numéros des prix des conduits ne correspondent pas exactement au nombre des sections indiquées, parce qu'un même prix s'applique à plusieurs sections équivalentes.

Le numéro 639 de la Série s'applique à une dépréciation des poteries non régle-

mentaires, quand la paroi n'a pas 0^m,03 d'épaisseur.

Sous les numéros suivants, 640 à 645 inclus, sont tarifés les conduits en poteries rondes de 0^m,33 de hauteur à parois de 0^m,02 d'épaisseur, dans les sections indiquées ci-dessous :

0^m,25 de diamètre	
0 ,22	»
0 ,19	»
0 ,16	»
0 ,13	»
0 ,11	»

Le numéro 646 indique l'évaluation des conduits comme nous l'avons mentionnée plus haut et le numéro 647, les plus-values applicables pour travaux exécutés hors combles ou à la corde à nœuds.

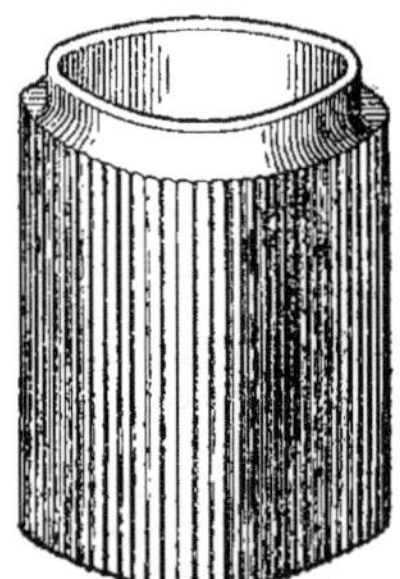

Fig. 919. — Poterie ronde.

Nous donnons (*fig.* 918) une poterie carrée et (*fig.* 919) une poterie ronde.

Au point de vue du métré, il y a lieu de déterminer d'abord les conduits suspendus des conduits non suspendus, en raison des prix différents à appliquer.

Le métré des conduits en poteries est très simple, puisqu'il s'agit en somme de mesures linéaires ajoutées les unes aux autres. Le travail devient surtout plus compliqué en réparations, quand il s'agit de démolitions d'anciens ouvrages, réfections partielles de planchers avec ou sans coupements de bois, reprises de maçonneries, raccords, enduits et corniches sous plafonds.

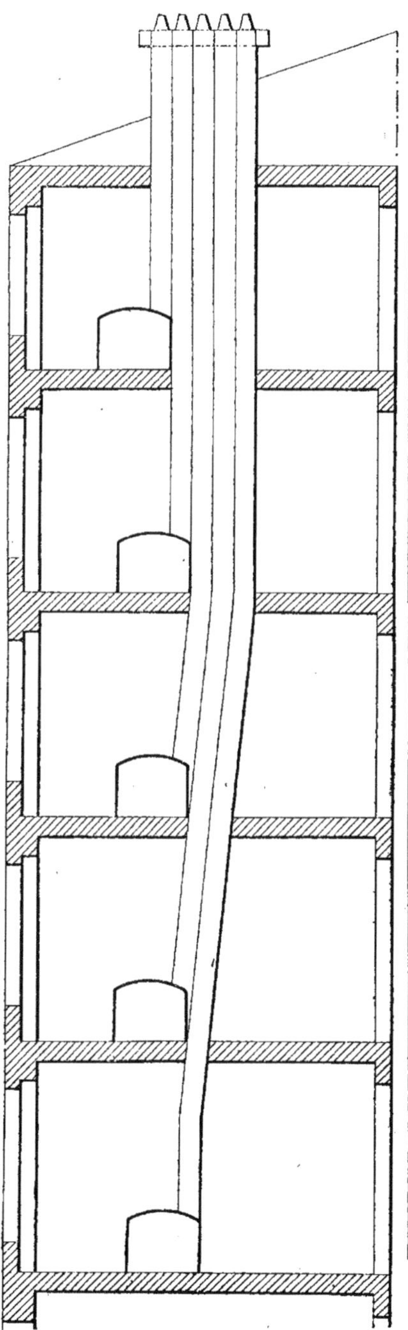

Fig. 920. — Schéma de conduits de fumée.

367. En raison précisément de la grande variété des travaux de réparations, qui sont en quelque sorte contingents à la réfection des conduits de fumée dans les vieux bâtiments, nous ne pensons pas qu'il soit pratique de donner un exemple très long et sans aucune utilité, rien n'étant jamais moins semblable que des travaux de réparations. Nous nous bornerons à fournir les données générales utiles.

Dans cet ordre d'idées, nous donnons (*fig.* 920) un schéma de conduits adossés.

Le travail doit être présenté par chaque étage et dans l'ordre d'exécution en commençant par la démolition, bien entendu, les hachements de plâtre ou suie calcinée s'il y a lieu, les agrandissements, refouillements ou démolitions partielles de planchers, les coupements et les chevêtres, enfin la construction des conduits, les garnissages et armatures et les enduits en recouvrements. Les enduits en raccords sur murs et plafonds avec ou sans corniche. Les raccords de carrelages ou lambourdes et la réfection des cheminées, poêles ou tous autres ouvrages de reconstruction d'appareils.

Il est aussi de toute utilité de métrer les conduits suivant les angles de déviation pour en obtenir la longueur exacte et de repérer les hauteurs toujours entre planchers, puis d'ajouter l'épaisseur des planchers hauts en suivant, de façon à partir constamment du plancher bas de chaque étage pour les conduits passants.

Supposant sur le schéma de la figure 920, la réfection des conduits dans un étage intermédiaire, avec démolition d'anciens conduits passants; nous donnons le canevas ci-dessous à titre de classification des données du travail.

Démolition d'intérieur de cheminée ou poêle de construction sans conservation de matériaux à remployer.
> Fumisterie n° 674.

Dépose de chambranle (capucine ou modillon) non compris les jambages s'il s'agit de capucine.
> Légers ouvrages.
> Maçonnerie nᵒˢ 1103 et 1104.

Démolition d'anciens conduits.
> Observation.

Hachement de suie calcinée, adossement d'anciens conduits en plâtre : au mètre superficiel.
> Fumisterie n° 761.

Démolition de corniches sous plafond, hourdis de planchers ou trémies selon les cas.
> Observation.

Coupement de charpente à la pièce.
> Charpente nᵒˢ 219 à 223.

Chevêtre fer ou bois pour trou et scellement sans attachement de profondeur : à la pièce.
> Légers ouvrages.
> Maçonnerie nᵒˢ 1146 et 1147.

Enchevêtrure en bois : à la pièce.
> Maçonnerie n° 1149.

Linçoir : à la pièce.
> Maçonnerie n° 1166.

Crépi et gobetage sur mur à l'adossement des conduits avec ou sans renformis : au mètre superficiel.
> Légers ouvrages.
> Crépi et gobetage.
> Maçonnerie n° 926.

Renformis pour adossement par chaque centimètre d'épaisseur.
> Maçonnerie n° 929.

Les excédents de surfaces apparentes sur murs avec enduits, à reprendre aux évaluations de maçonnerie selon la nature d'enduit et la largeur.
> Maçonnerie nᵒˢ 951, 953 et 955.

Les conduits de fumée adossés en poteries réglementaires à parois de 0ᵐ,05 d'épaisseur : au mètre linéaire.
> Section intérieure 0.20 × 0.20.
> Fumisterie n° 632, 1ʳᵉ colonne.

Conduits passants : hauteur d'étage entre planchers 2ᵐ,80.

$$3 \text{ conduits de } 2^m,80 = 8^m,40$$
Conduit de l'étage : 1 conduit de 2ᵐ,00 = 2ᵐ,00
Pénétrations en plancher haut de 0ᵐ,30
$$4 \text{ conduits de } 0^m,30 = 1^m,20 \quad\quad 11^m,60$$

Pose des colliers en feuillard : à la pièce.

Les trous et scellements par centimètre de profondeur selon la nature de la maçonnerie du mur.
> Maçonnerie nᵒˢ 1127 à 1132.

La fourniture des colliers en feuillard : à la pièce.
> Egouts N° 153.

Colonne « Série centrale » :

Démolition à la pièce.
» » »
SÉRIE CENTRALE n° 674.

Légers ouvrages.
» » »

Observation.
Hachement de suie calcinée au mètre superficiel.
» » »
SÉRIE CENTRALE n° 761.

Observation.
Coupement de bois de charpente à la pièce.
» » »
Charpente, SÉRIE CENTRALE nᵒˢ 219 à 223.

Légers ouvrages.
» » »

Légers ouvrages.
» » »

Légers ouvrages.
» » »

Légers ouvrages.
» » »

Légers ouvrages.
» » »

Légers ouvrages.
» » »

Conduits de fumée adossés non suspendus en poteries réglementaires de 0.20 × 0.20 au mètre linéaire.

11ᵐ,60

SÉRIE CENTRALE n° 632. 1ʳᵉ col.

Observation.
Collier en feuillard à la pièce.
» » »

Egouts, SÉRIE CENTRALE n° 153.

L'évaluation est à prendre selon la section extérieure de la poterie sous les numéros 147 à 154.
Observation.

Plus-value pour galvanisation de colliers en feuillard :
A la pièce.
Egouts n° 155.
Observation.
Au-dessus des dimensions indiquées à la Série et selon les cas, les colliers en feuillard peuvent être payés au poids.
Egouts n° 145.
Observation.
Hourdis de plancher fer ou bois en plâtras fournis ou non fournis, d'après l'épaisseur du plancher suivant la hauteur entre solives, sans déduction des fers ou bois :
Au mètre superficiel.
Légers ouvrages.
Maçonnerie n°s 982 à 989.
Les plâtres :
Recouvrement sur poteries pour tuyaux adossés compris garnissage des angles, largeur au-dessus de 0m,35 :
Au mètre superficiel.
Maçonnerie n° 1022.
Renformis en plâtre pour atteindre l'épaisseur réglementaire par chaque centimètre d'épaisseur : au mètre superficiel.
Maçonnerie n° 930.
Garnissage entre conduits contigus : au mètre linéaire.
Observation.
Analogie, Maçonnerie n° 1083.
Les arêtes droites : au mètre linéaire.
Maçonnerie n° 1025.
Les arêtes arrondies : au mètre linéaire.
Maçonnerie n° 1026.
En cas de conduits en poteries dans un faux coffre, compter :

1° Le recouvrement avec renformis sur les costières intérieures cachées ;
2° Le faux coffre selon sa nature,
En pigeonnage : au mètre superficiel.
Maçonnerie n°s 1002 à 1004.
En briques creuses : au mètre superficiel.
Maçonnerie n°s 641 à 665.
Observation.
Les tranchées, scellements, liaisons : au mètre linéaire.
Maçonnerie n°s 1037 à 1039.
Observation.
Les enduits au panier ou au sas : au mètre superficiel.
Maçonnerie n°s 951, 953 et 955.
Observation.
Les enduits de plafond : au mètre superficiel.
Maçonnerie n° 957.
Les lattis s'il y a lieu : au mètre superficiel.
Maçonnerie n°s 1007 et 1010.
Les renformis par chaque 0m,005 de surépaisseur au-dessus de 0m,02 : au mètre superficiel.
Maçonnerie n°s 968 et 970.
Légers ouvrages.

Colonne latérale :

Observation.

Plus-value pour galvanisation de collier en feuillard à la pièce.

Argent.

Egouts, SÉRIE CENTRALE n° 155.

Observation.

Observation.

Légers ouvrages.

» » »

Légers ouvrages.

» » »

Légers ouvrages.

» » »

Légers ouvrages.

» » »

Légers ouvrages.

» » »

Observation.

Observation.

Observation.

Légers ouvrages.

» » »

Les raccords de corniches au calibre ou à la main :
Au mètre linéaire.

    Maçonnerie nos 1044 à 1069.
    Observation.

Les naissances : au mètre linéaire.

    Maçonnerie nos 1070 à 1072.
    Légers ouvrages.

Les raccords en tous genres à évaluer.
    Observation.

Au-dessus des planchers :

Les raccords de carrelage, scellement de lambourdes, cadres de cheminées, etc., etc.
    Observation.

La reconstruction des ouvrages tels que : cheminée, poêle, etc.
    Observation.

Observation.
Légers ouvrages.
»   »   »
Observation.
Observation.
Observation.

Nos lecteurs trouveront au surplus, dans chaque chapitre spécial les renseignements complémentaires pour parfaire le travail dont nous avons indiqué les grandes lignes.

368. Les conduits en poteries ne sont pas les seuls, tarifés à la fumisterie qui compte aussi des conduits en briques différents de ceux que nous avons vus à la maçonnerie.

La Série de Maçonnerie comprend les conduits en briques spéciales, de sections données pour tuyaux incorporés, à usage des foyers domestiques des cheminées ordinaires montés en construction neuve, et la Série de Fumisterie, les conduits de fumée ou de chaleur, construits en briques de moulage ordinaire de diverses natures, de n'importe quelle section et pour n'importe quel usage.

Les conduits en fumisterie sont plus ordinairement *rapportés*, c'est-à-dire *adossés* ou *suspendus* ou construits en *terre-plein*.

D'une manière générale, les conduits en fumisterie sont classés en deux catégories : suspendus ou non suspendus. Ils sont payés au mètre linéaire, sous les numéros 619 et 620, et au mètre superficiel, sous les numéros 621 à 624.

Les conduits au mètre linéaire, tarifés sous les numéros 619 et 620, sont en briques de façon bourgogne de 0m,06 ou 0m,11 d'épaisseur, les sections intérieures de 0m,22 × 0m,25 et 0m,25 × 0m,33 et couverts d'un plancher en doubles tuiles avec glacis en plâtre au-dessus.

Les prix dans chaque section et pour chaque épaisseur des murs en briques sont indiqués pour conduits non suspendus et suspendus.

En cas d'exécution de ces conduits, en briques d'une autre nature ou de qualité supérieure, on appliquera la plus-value de fourniture.

Les mesures données pour les sections intérieures s'étendent dans la pratique à des sections équivalentes, à la condition expresse toutefois d'un travail exécuté dans les données de la Série et sans autres fournitures que celles qui y sont indiquées.

L'emploi de hourdis en mortier de chaux ou ciment donne lieu d'appliquer les plus-values à la Maçonnerie sous les numéros 672 à 674.

Au-dessus des sections limitées pour les conduits au mètre linéaire, la construction est payée au mètre superficiel, sous les numéros 621 à 624, pour construction avec fournitures de briques et à façon.

Les prix comprennent la valeur du hourdis de plâtre et terre. L'emploi de mortier de chaux ou ciment donne lieu aux plus-values de la maçonnerie sous les numéros 672 à 674.

Les évaluations des conduits au mètre superficiel s'appliquent également aux conduits non suspendus et suspendus.

Les premiers sont tarifés à trois qualités de briques :

1° Briques de façon bourgogne ;

2° Briques de bourgogne deuxième qualité ;

3° Briques réfractaires.

Les seconds ne sont tarifés qu'en briques de façon bourgogne.

Toutes plus-values de qualités supérieures à celles indiquées sont à ajouter aux prix portés à la Série.

Les épaisseurs du briquetage sont déterminées par les trois dimensions de la brique, suivant le moulage du commerce, et selon qu'elle est posée de champ ou à plat ; soient $0^m,05$ à $0^m,06$, $0^m,11$ ou $0^m,22$.

Les prix des conduits au mètre superficiel ne s'appliquent qu'aux ouvrages dont l'épaisseur n'excède pas la plus grande dimension de la brique : soit $0^m,22$.

Les prix comportent deux évaluations.

1° Pour murs, applicable également au carrelage ;

2° Pour voûtes, compris cintrage sans location de cintres.

Dans le cas de mur circulaire en plan, on appliquera, conformément à l'observation générale de la Maçonnerie, sous le numéro 675, les plus-values proportionnelles indiquées sous les numéros 1583 à 1585, augmentées de 1/10, selon l'observation du numéro 1593.

Les conduits voûtés sont généralement construits en terre-plein. Dans le cas d'un travail exécuté en première ou seconde cave, on appliquera les plus-values d'ouvrages en briques portées à la Série d'égouts sous les numéros 63 et 64.

Les prix de la Série de Fumisterie comprennent les enduits ou jointoiements intérieurs en terre ou en plâtre. Tout autre genre de travail exécuté sur les parements intérieurs, ainsi que les enduits ou jointoiements extérieurs sont à reprendre selon leur valeur, aux articles spéciaux de Fumisterie et Maçonnerie.

Lorsque les conduits en briques sont exécutés sur les combles ou à la corde à nœuds, les plus-values sont indiquées à la suite des prix de construction, sous les numéros 625 et 626.

La valeur des échafaudages n'est pas comprise dans la plus-value d'ouvrages exécutés sur les combles ; par contre, la plus-value de corde à nœuds comporte les frais de première installation avec location de la corde et ses agrés. Chaque dépose et repose de la corde est à compter en sus.

Le numéro 627 détermine les moins-values à appliquer sur les prix des ouvrages en briques en cas de fourniture de matériaux de qualités inférieures à celles qui sont indiquées pour chaque nature de brique.

Les conduits en briques comprennent les déchets, tailles et la valeur des échafaudages nécessaires, selon l'observation du numéro 628.

Nous devons faire remarquer qu'en ce qui concerne les tailles, il ne s'agit évidemment que des recoupements pour l'appareillage ordinaire des murs ou voûtes, à l'exclusion de tous autres. Quant aux échafaudages, ils ne sont dus également que dans la limite de hauteur usuelle prévue à la maçonnerie dans les conditions normales d'exécution, excepté sur les combles où ils sont dus en entier.

Les trous et scellements des armatures, enduits ou jointoiements extérieurs sont à reprendre en conformité de l'observation du numéro 629.

Les chapes en ciment sur voûtes, garnissages en maçonnerie, etc., et tous travaux préparatoires ou d'achèvement sont à reprendre aux Séries spéciales.

Nous avons donné aux conduits d'air froid et de chaleur des exemples de métré qui nous dispensent de revenir sur l'application du même principe avec les conduits de fumée.

Souches de cheminées hors combles et accessoires.

369. Les souches sont les parties hautes des conduits de fumée élevées au-dessus de la couverture ; elles sont construites avec les mêmes matériaux et dans les mêmes conditions que les conduits dont elles sont le prolongement.

Les souches sont dites adossées ou isolées, selon qu'elles sont montées contre un mur mitoyen ou un refend, ou construites sans appui.

Les formes et les dimensions des souches sont très variables, surtout dans les anciennes constructions, en raison de l'absence de symétrie et des modifications et adjonctions apportées après coup.

La classification générale des souches peut se résumer en trois catégories en ce qui concerne la construction ordinaire, ancienne et moderne.

1° La souche pigeonnée ;
2° La souche en boisseaux ;
3° La souche en briques.

Nous ajouterons à titre purement documentaire la souche en pierre, qui joint au rôle utilitaire celui essentiellement décoratif, dans la composition d'un comble d'hôtel particulier ou d'un monument public.

Quelles qu'elles soient, les souches sont toujours terminées par un couronnement surmonté de poteries spéciales, mitres ou mitrons, au-dessus des conduits de fumée. Le couronnement le plus simple est le bandeau en plâtre, pour les souches en pigeonnage et celles en boisseaux recouvertes d'un enduit.

Les conduits incorporés montés en

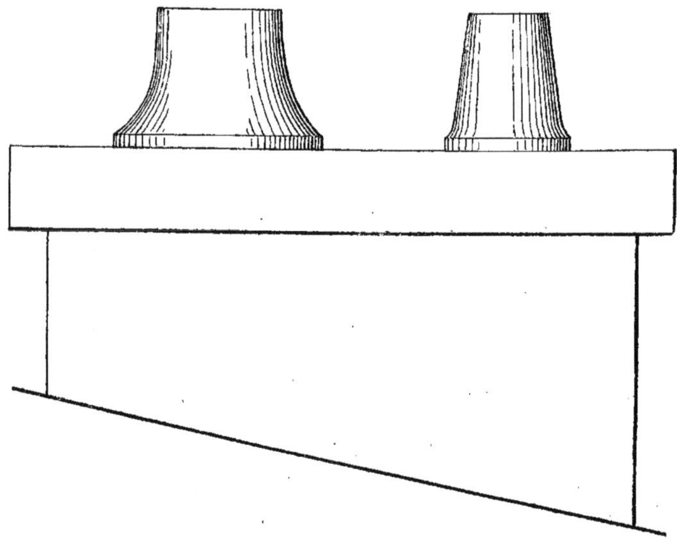

Fig. 921. — Souche pigeonnée.

wagons dans les murs en briques et les souches contruites tout en briques, sont le plus souvent terminés par un couronnement en pierre, évidé au droit de chaque conduit pour recevoir les mitrons.

Les souches en briques apparentes sont jointoyées et assez souvent appareillées en décoration par des jeux de briques de différentes natures.

Quant aux souches en pierre, elles échappent à toute espèce de rapport entre elles, en raison de leur caractère artistique. Le talent de l'architecte qui les conçoit l'harmonise à son œuvre.

Nous donnons (*fig*. 921) une souche basse en pigeonnage à deux conduits avec mitre et mitron et le canevas du métré.

Souche pigeonnée isolée.

Hors comble.

Souche reconstruite en plâtre pigeonné pour languettes ravalées sur deux faces jusqu'à $0^m,06$ d'épaisseur :
Au mètre superficiel.
Largeur H. O :
2 Faces chacune 1.25 $=$ .... $2^m,50$
Largeur D. O :
2 Costières chacune 0.20 $=$ .... $0^m,40$
1 Languette séparative 0.20 $=$ .... $0^m,20$ $\Big)$ $3^m,10$
Hauteur réduite $\dfrac{0.60 + 0.75}{2} = 0^m,675$.

Surface pigeonnée $3.10 \times 0.675^h = 2^2,09$ aux 85/100 le mètre superficiel $= 1^2,77$.

Maçonnerie, légers ouvrages n° 1002.

Plus-value : $0^m,02$ de surépaisseur au-dessus de $0^m,06$ pour atteindre l'épaisseur réglementaire de $0^m,08$:
Au mètre superficiel.
Surface pigeonnée ci $2^2,09$ aux 14/100 le mètre superficiel $= 0^2,29$.

Maçonnerie, légers ouvrages n° 1004.

Plus-value d'enduit au-dessous de $0^m,35$ de largeur :
Au mètre superficiel.
Sur costières et languette séparative.
4 Faces de $0^m,20$ de largeur $= 0.80 \times 0.675^4 = 0^2,54$ aux 8/100 le mètre superficiel $= 0^2,04$.

Maçonnerie, légers ouvrages (953-955).

Plus-value d'angles arrondis en gorges à l'intérieur de conduits en pigeonnage : au mètre linéaire.
Pour 2 conduits : 8 fois 0.675 hauteur réduite $= 5.40$ aux 3/100 le mètre courant $= 0^2,16$.

Maçonnerie, légers ouvrages n° 1100.

2 Jonctions raccordées avec les anciens conduits pigeonnés en contrebas de la souche.

Observation.

Plus-value d'enduit au sas sur les faces extérieures :
Au mètre superficiel.
Les mesures H. O.
2 Faces chacune 1.25 $= 2.50$
2 Costières » 0.36 $= 0.72$ $\Big|$ 3.22×0.675^h réduite
$= 2.17$ aux 4/100 le mètre superficiel $= 0^2,09$ pour 0.086.

Maçonnerie, légers ouvrages (951-955).

Les arêtes sur pigeonnage (mémoire).

Maçonnerie, observation n° 1027.

Les arêtes sur enduits au sas à reprendre : au mètre linéaire.
2 de 0.60 $= 1.20$
2 de 0.75 $= 1.50$ $\Big\{$ 2.70 au 5/100 le mètre courant $= 0^2,13$.

Maçonnerie, légers ouvrages n° 1025.

Bandeau simple sans moulure, enduit avec larmier :
Au mètre linéaire.
2 fois 1.31 $= 2.62$
2 » 0.42 $= 0.84$ $\Big\{$ 3.46 aux 30/100 le mètre courant $= 1^2,04$ pour $1^2,038$.

Maçonnerie, légers ouvrages n° 1032.

Les arêtes d'angles à reprendre sur bandeau :
Au mètre linéaire.

4 fois 0.15 = 0.60 aux 5/100 le mètre courant = 0^m.03.
    Maçonnerie, légers ouvrages.
Les fermetures intérieures de souche raccordées aux orifices par des goussets de jonction sur tous sens avec les angles arrondis en gorges : à la pièce.
    1 Fermeture pour mitron.
    1 Fermeture pour mitre.
        Observation.
Le dessus de souche en plâtre renformis à 0.06 d'épaisseur enduit et glacis à revers d'eau : au mètre superficiel.
    1.31 × 0.42 = 0^m,55 aux 60/100 le mètre superficiel = 0.33.
        Maçonnerie, légers ouvrages n° 1003.
En fournitures :
Un mitron en terre cuite de 0.22.
        Fumisterie n° 777.

Une mitre en terre cuite, modèle du commerce.
        Fumisterie n° 774.

Posé, scellé sur souche, compris garnissages et solins :
Un mitron de 0.22.
        Fumisterie n° 777.
Une mitre.
        Fumisterie n° 775.
Plus-value de 15 0/0 sur légers ouvrages exécutés hors combles.
        Fumisterie n° 769.

Légers ouvrages.
0.03
Fermeture intérieure de souche en pigeonnage pour raccordement de conduit avec mitre ou mitron à la pièce.
Observation.
Légers ouvrages.
0.33
Mitron en terre cuite de 0.22 à la pièce.
1
SÉRIE CENTRALE 777.
Mitre en terre cuite du commerce à la pièce.
1
SÉRIE CENTRALE 774.
Pose et scellement compris garnissages et solins : à la pièce Mitron.
SÉRIE CENTRALE 777.
Mitre.
SÉRIE CENTRALE 775.
Plus-value de légers ouvrages sur combles.
SÉRIE CENTRALE 769.

Tous les ouvrages accessoires sont à reprendre, tels que solins sur couverture, rescellement des tuiles s'il y a lieu, et enfin les nettoyages, échafaudages, planchers de service ou de garantie, bâchage, descente et enlèvement des gravois, tous articles que nos lecteurs trouveront facilement sous leurs dénominations aux Séries de Couverture et de Maçonnerie.

370. Au lieu d'une mitre ou d'un mitron au-dessus d'un conduit de souche, comme nous l'avons représenté (*fig.* 921), on met quelquefois une lanterne en terre (*fig.* 922). Les dessins des lanternes sont très variés ; nous en donnons un à titre de renseignement, car, à Paris, l'usage en est à peu près abandonné, en raison de la fragilité et de l'incommodité pour le ramonage, impossible sans déposer chaque fois la lanterne.

371. Les conduits des souches sont aussi surmontés, pour des raisons diverses de fonctionnement, de cheminées en tôle terminées par des appareils fixes ou mobiles de formes variées, dont nous donnons, en quelque sorte, une récapitulation, avec une grande souche maintenue par une ceinture (*fig.* 923). Les cheminées en tôle sont désignées, dans la pratique, sous le nom de *montants de tuyaux*.

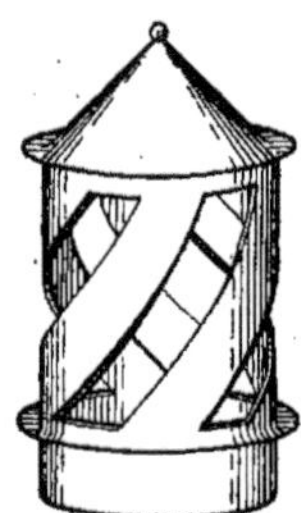

Fig. 922. — Lanterne en terre cuite.

Au point de vue de la construction de la souche, les données fournies précédemment dans le métré de la figure 921 s'appliquent également à la figure 923. Les armatures sont à prendre selon leur façon, aux articles de la Fumisterie, sous les numéros 697 et 698, ou à la serrurerie, conformément à l'observation du numéro 699.

Les prix d'armatures ne comprennent pas les trous et scellements ou tout autre fixation sur charpente de combles, etc., non plus que la peinture qui doivent être demandés pour leur valeur aux articles spéciaux.

Notre dessin (*fig.* 923) a surtout pour objet de donner la description des divers montants de tuyaux avec les appareils de fabrication courante le plus en usage.

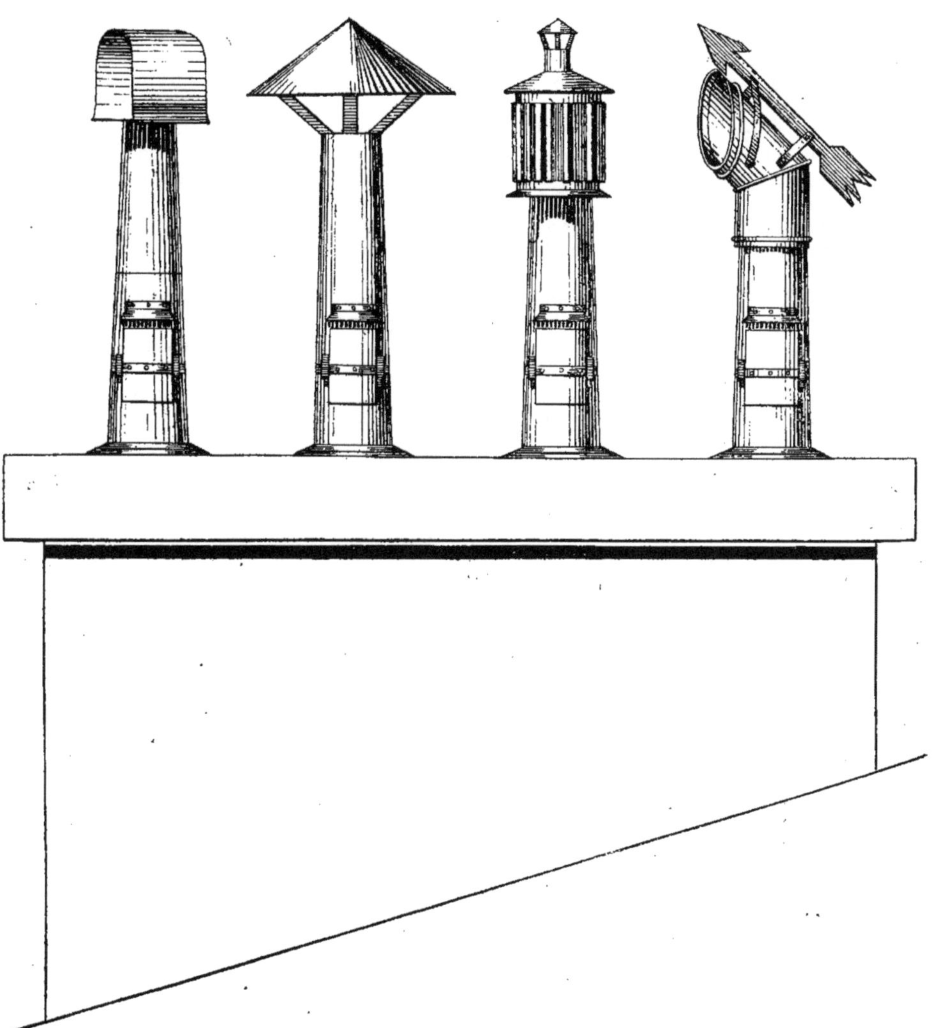

Fig. 923. — Souche pigeonnée armée et montants de tuyaux.

La pose des montants de tuyaux sur combles est payée à la pièce, compris montage et attaches au fil de fer, mais non compris scellement, sous les numéros 877 et 878.

Il s'agit, bien entendu, de montants ordinaires de diamètres courants en rapport aux sections réglementaires des cheminées d'appartements.

La Série indique le prix de pose jusqu'à 1 mètre de hauteur, sous le numéro 877, et de 1 à 2 mètres, hauteur maximum, sous le numéro 878.

Le scellement des montants indiqués ci-dessus est payé, compris la valeur des garnissages et du solin, un prix moyen, sous le numéro 880.

372. Les attaches au fil de fer sont les liens qui fixent les montants aux tuteurs ou aux rampes scellés au-dessus des souches. Tout autre genre d'attaches, tels que haubans fixés à des points éloignés, sont à compter selon leur valeur, en tant que pose et fourniture.

Au-dessus de 2 mètres de hauteur maximum, la pose des montants de tuyaux sur comble est payée selon la difficulté de l'exécution, conformément à l'observation du numéro 879.

La hauteur du montant est prise avec le sous-bout et l'appareil fumivore au-dessus, quand il est fixe. Par contre, tout appareil mobile, c'est-à-dire actionné par le vent, quels que soient le système ou le genre de fabrication, est compté à part, en sus du prix de pose du montant.

La peinture à l'huile des montants est payée à la pièce ou au mètre superficiel sous les numéros 846 et 847. La peinture des appareils fumivores est à reprendre en évaluation.

La fourniture des tuyaux est comptée au kilogramme, sous le numéro 930, pour tuyaux carrés, ovales ou coniques, mitres, rondelles, capotes ordinaires, champignons et T.

Pour le service du ramonage, on pratique une ouverture à la base du montant, au-dessus de la rondelle, et on adapte une porte maintenue par des ferrures. Afin d'éviter les infiltrations d'eau, une petite gouttière est rapportée au dessus. Cette disposition et l'adaptation de la porte donnent lieu d'appliquer la plus-value prévue par l'article 931, pour porte de 0,16 à 0,20 carré, avec augmentation par chaque 0,03 en plus, conformément au numéro 932. Pour éviter d'égarer la porte, on ajoute quelquefois une chaîne fixée au tuyau ; cet accessoire doit être compté en sus.

373. Notre dessin de souche (*fig.* 923) représente quatre montants de tuyaux terminés chacun par un type différent d'appareils fumivores, trois fixes et un mobile. Les appareils fixes, en prenant par la gauche, sont : la capote, le champignon et la lanterne. Le quatrième est un appareil rotatif de fabrication courante appelé : gueule-de-loup.

Les deux premiers appareils : la capote et le champignon, sont payés au poids sous le numéro 930. Le troisième : la lanterne, est payé à la pièce, d'après le diamètre, pour tuyaux de 0,16 à 0,25, quand il est fabriqué dans les conditions indiquées par la Série, sous le numéro 764 pour la tôle noire, et le numéro 765 pour la tôle galvanisée.

Dans le cas de fabrication renforcée ou de dimensions supérieures, les lanternes en tôle noire sont payées au poids, numéro 766. La galvanisation s'ajoute au prix du kilogramme sous le numéro 748.

L'appareil rotatif, dit gueule-de-loup, est également payé à la pièce, dans les mêmes conditions que la lanterne à diamètres égaux, sous le numéro 758, pour la tôle noire, et le numéro 759 pour la tôle galvanisée.

Le prix du numéro 760 s'applique aux gueules-de-loups fabriquées en qualité renforcée ou de diamètres supérieurs aux indications du numéro 758. La galvanisation s'ajoute également au prix du kilogramme, sous le numéro 748.

Les prix des appareils à la pièce ou au poids ne comprennent pas la pose.

374. Nous ne pouvons pas entrer dans le détail des appareils rotatifs en très grand nombre et qui ont pour but d'activer les tirages lents et de favoriser l'évacuation des fumées. Nous donnons cependant à titre documentaire un appareil de ce genre avec coupe longitudinale (*fig.* 924 et 925). Les prix sont ceux des fabricants

Ils ne comprennent pas la pose, toujours très délicate, en raison de la sensibilité des appareils spéciaux.

375. Pour assurer la fixité des montants de tuyaux, on scelle à proximité,

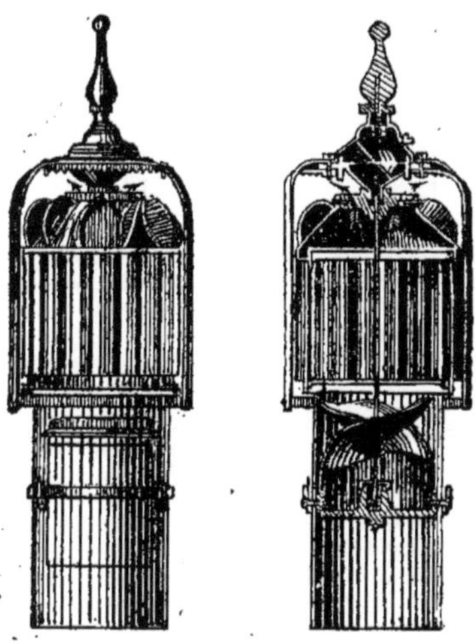

Fig. 924 et 925. — Appareil rotatif aspirateur pour cheminée (élévation et coupe).

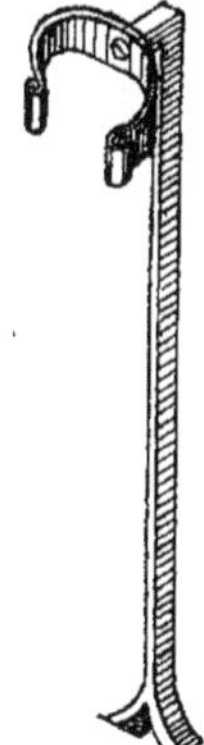

Fig. 926. — Collier tuteur pour tuyau sur comble.

dans la souche ou le mur, des *colliers* appelés *tuteurs*, composés d'une tige en fer carré de longueur variable et d'une demi-lune faite au diamètre du tuyau et qui l'enserre fortement. De plus, le tuyau,

est attaché au collier par un lien en fil de fer passé à plusieurs brins. Nous donnons un tuteur (*fig.* 926).

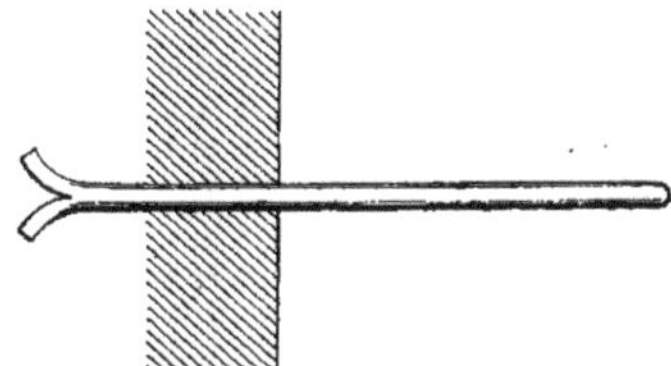

Fig. 927. — Echelon droit en fer.

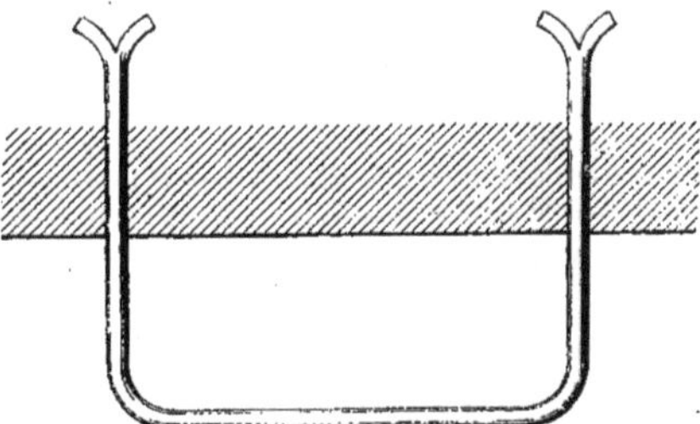

Fig. 928. — Echelon coudé en fer.

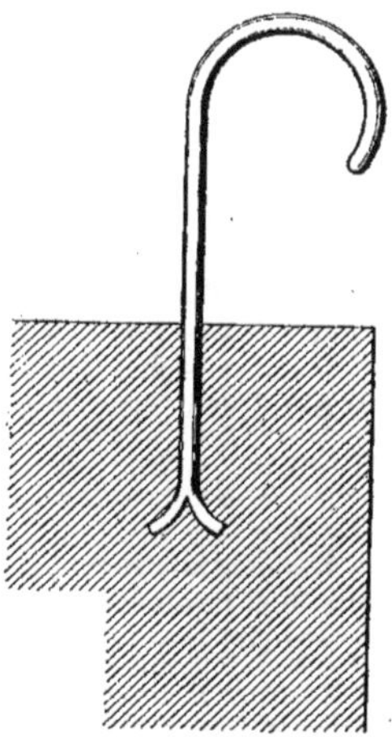

Fig. 929. — Crosse en fer.

Les colliers tuteurs sont payés au poids, sans pose, sous le numéro 696.

376. L'accès de la partie haute des

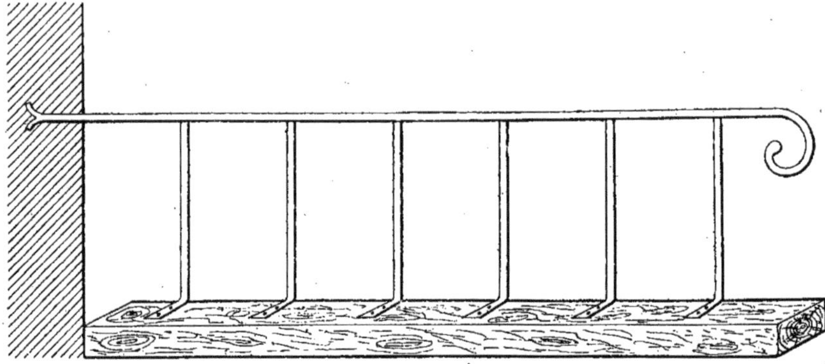

Fig. 930. — Garde-corps en fer hors comble.

souches nécessite souvent l'établissement d'échelons scellés dans les murs avec crosses pour se hisser sur les couronnements. Nous donnons (*fig.* 927, 928 et 929) un échelon droit, dit de perroquet, un échelon coudé à deux scellements et une crosse. Ces divers échelons sont fabriqués en fer rond et payés au kilogramme à la Série d'égouts sous les numéros 156 et 159, non compris pose. La peinture ou la galvanisation sont à compter en sus, ainsi que les trous, scellements et tous raccords.

Dans certains cas, on remplace les échelons ordinaires par des échelles en fer avec montants. Ce genre de travail est très varié ; il peut s'exécuter avec des fers différents, des façons et des assemblages spéciaux, dans les détails desquels nous ne pouvons pas entrer sans des longueurs inutiles qui nous paraissent sans objet.

Nous signalons à ce sujet un type d'échelle à la Série d'égouts, tarifé sous le numéro 160.

377. Parmi les installations d'accès des souches, nous mentionnons aussi les garde-corps, qui sont des ouvrages réglementaires de protection pour la sécurité des ouvriers travaillant et évoluant sur les combles.

Les garde-corps sont ordinairement en fer rond ; ils sont composés d'une rampe ajustée sur des montants fixés à la charpente du comble au moyen d'empatte-

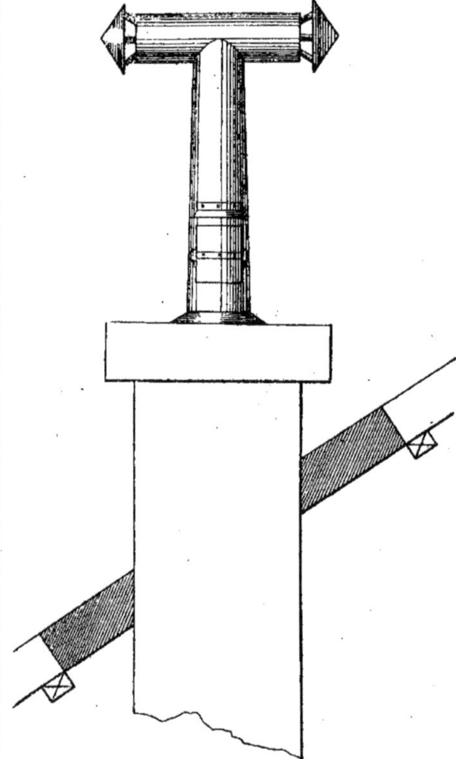

Fig. 931. — Souche isolée avec montant à T abat-vent.

ments tirefonnés. Les abouts des rampes, quand ils s'amortissent contre un mur, y sont scellés.

Le travail de pose nécessite des découvertures partielles quand les garde-corps sont rapportés sur anciens combles. Quant à la façon des fers, elle est aussi très variable, en raison des cintrages et des gabarits de tous genres, pour épouser ou contourner des ouvrages et des assemblages des intermédiaires épaulés, goupillés, renflés, etc.

Nous donnons à titre documentaire un garde-corps simple scellé d'une extrémité dans un mur (*fig.* 930).

378. Nous pensons qu'il est utile de ne pas clôturer le chapitre des souches de cheminées sans dire un mot des charpentes principales d'un comble ordinaire, avec conduit-passant.

La figure 931 représente un conduit isolé en poteries formant souche à travers comble et surmonté d'un montant de tuyau avec T abat-vent, qui complète la série des appareils fumivores que nous avons donnée. La figure 932 donne le

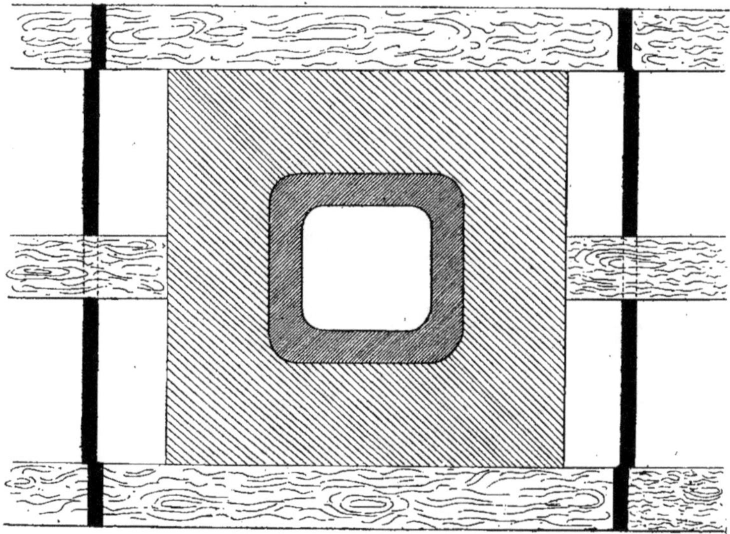

Fig. 932. — Plan de souche isolée et trémie.

plan sur la trémie, avec chevêtres supportant un chevron coupé.

Au point de vue du métré, tout ce que nous avons dit précédemment des conduits s'applique au cas présent. Les recouvrements en plâtre avec renformis, le bandeau et les arêtes sont comptés aux évaluations de légers ouvrages.

Nous rappelons de ne pas omettre les plus-values d'ouvrages exécutés sur combles, tant pour la construction du conduit que pour les légers en plâtre, conformément aux observations sous les numéros 647 et 769. Les échafaudages sont comptés à part, au mètre superficiel, sous le numéro 941 de la Série de maçonnerie.

Les coupements de chevrons sont payés à la pièce à la Série de charpente sous le numéro 219, avec plus-value à l'égoïne sous le numéro 222. La pose des chevêtres selon le travail exécuté et la fourniture, au poids, sous le numéro 75 de la Série de serrurerie avec augmentation conforme au numéro 8, en réparation.

La trémie, en plâtras et plâtre pour

hourdis de plancher bois, est payée au mètre superficiel, sous les numéros 982, 983, 986 et 987 de la Série de maçonnerie, selon son épaisseur et la fourniture ou non des plâtras.

Les enduits sur les faces de trémie sont à reprendre à leur valeur, avec ou sans renformis, selon les cas.

Le montant de tuyau surmonté d'un T abat-vent est payé au poids, sous le nu-méro 930, et la pose, dans les données que nous avons exposées précédemment.

Nous avons eu surtout pour objet, en donnant ces figures, de fixer l'attention de nos lecteurs sur l'isolement réglementaire des conduits, des bois de charpente. La distance *minimum* de la paroi intérieure du conduit au bois est de 0ᵐ,16; elle doit être portée à 0ᵐ,20 pour la proximité des charpentes principales. Ces

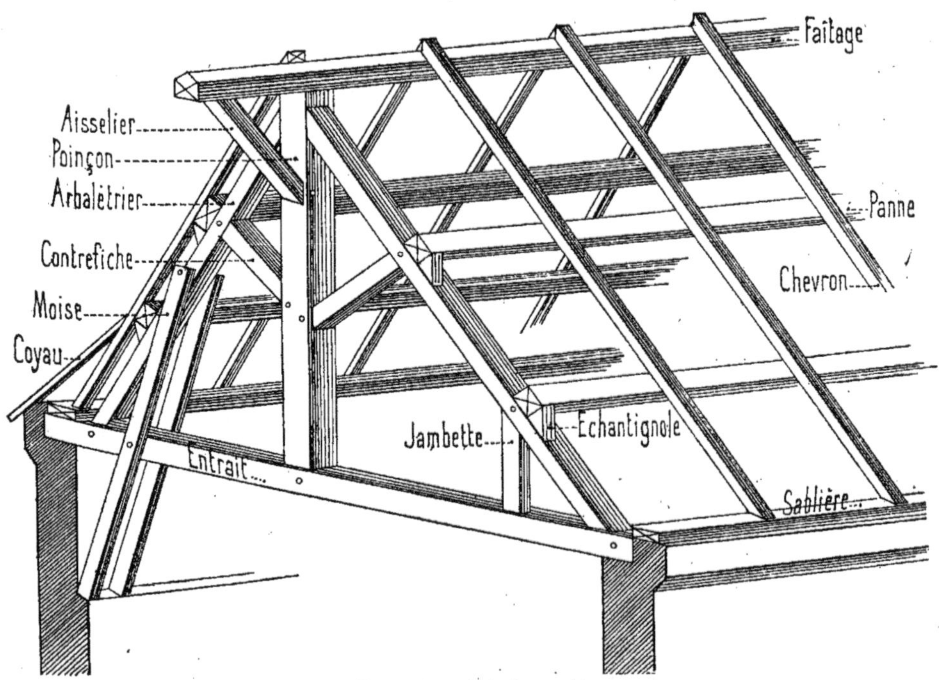

Fig. 933. — Charpente en bois de comble ordinaire.

dimensions conviennent aux conduits des cheminées domestiques. Dans les cas de conduits desservant des foyers spéciaux, il est nécessaire de maintenir la distance en raison de l'importance du conduit.

379. L'observation des règlements, surtout en travaux de réparation des conduits de fumée, nous oblige de posséder les notions les plus élémentaires de la charpente. Nos lecteurs pourront acquérir des connaissances plus étendues sur cette intéressante partie de la construction en consultant l'ouvrage spécial de charpente.

Nous nous bornons, en ce qui concerne la fumisterie, à donner (*fig.* 933 et 934), deux combles : l'un ordinaire et l'autre Mansard.

Le comble ordinaire reçoit plus fréquemment une couverture en tuiles ou en zinc. Le comble Mansard est plus spécialement couvert en ardoises et zinc ; les ardoises sur les brisis.

Les pentes des couvertures ordinaires varient de 20 à 45 degrés, excepté le brisis Mansard dont l'ouverture plus grande se rapproche de la verticale.

Nos dessins de combles sont accompagnés des légendes explicatives que nous complétons par quelques explications sommaires.

Les pièces principales de la charpente du comble ordinaire (*fig.* 933) sont : l'entrait, le poinçon, l'arbalétrier, la moise, la contre-fiche, la sablière et le faîtage.

L'*entrait*, appelé aussi *tirant*, supporte le *poinçon* et les *arbalétriers* et empêche l'écartement ; il est composé d'une seule pièce de bois. Quand il est dédoublé, c'est-à-dire composé de deux pièces de bois parallèles, chacune des pièces prend le nom de *moise*.

Dans certaines charpentes, à mi-hau-

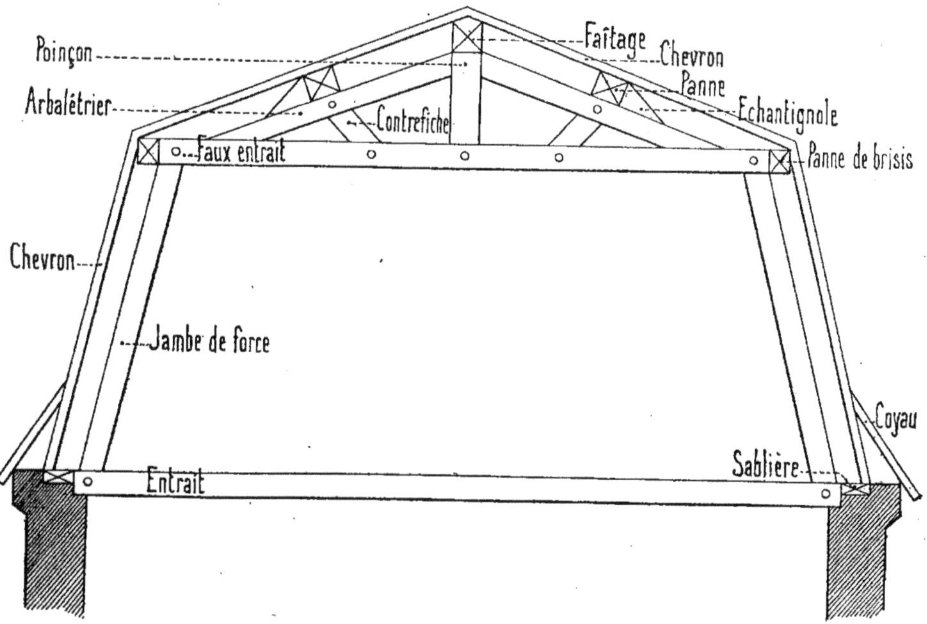

Fig. 934. — Charpente en bois de comble Mansard.

teur du *poinçon*, pour soulager la portée des arbalétriers on place un second entrait qui prend le nom de *faux entrait*.

Le *poinçon* est assemblé sur l'*entrait* et sur le *faîtage* ; il reçoit les *arbalétriers* et maintient l'équilibre des poussées de la charpente par les *contre-fiches*. L'assemblage du poinçon sur l'entrait est quelquefois armé ou maintenu par un étrier en fer.

L'*arbalétrier* suit l'inclinaison du comble ; il est assemblé sur l'entrait à embrèvement et sur le poinçon à tenon et mortaise. L'arbalétrier est une pièce principale de la charpente qui porte les *pannes*.

Les *moises* sont essentiellement des pièces d'assemblages qui maintiennent au moyen des boulons l'arbalétrier à l'entrait.

La *contre-fiche* embrevée sur le poinçon sert à soulager l'arbalétrier au droit de la panne.

La *sablière* posée sur le mur reçoit les *chevrons* à la partie basse.

Le *faîtage* suit la ligne de la sablière et reçoit les chevrons à la partie haute de la couverture ; il est fait d'une seule pièce quand la longueur du comble le permet, ou en plusieurs pièces assemblées dans le cas contraire. Le faîtage est délardé selon l'inclinaison donnée aux chevrons.

Les pièces secondaires du comble sont : la jambette, l'aisselier, le coyau, la panne, l'échantignole et le chevron.

La *jambette* soulage l'arbalétrier au droit de la panne la plus basse en s'appuyant sur l'entrait, tandis que la contre-fiche que nous avons vue précédemment prend son appui sur le poinçon.

L'*aisselier* est aussi appelé *lien ;* c'est une petite pièce de charpente assemblée à tenons et mortaises sur le poinçon et le faîtage pour soutenir le porte-à-faux du faîtage.

Le *coyau*, placé à la partie basse du chevron et buté sur l'entablement, sert à la pente de la couverture.

La *panne* est une pièce de charpente posée sur les arbalétriers dans le sens de la longueur du comble ; elle est maintenue par des tasseaux appelés *échantignoles*.

L'*échantignole* est une petite pièce de bois triangulaire clouée sur l'arbalétrier, ou embrevée s'il s'agit d'un travail soigné ; elle est destinée à supporter la panne et à l'empêcher de glisser.

Le *chevron* est posé sur le sens de la hauteur du comble de la sablière au faîtage ; il est cloué sur les pannes et reçoit le lattis ou le voligeage selon le mode de couverture employé.

Nous donnons (*fig.* 934) une charpente de comble Mansard avec légende explicative. Les explications que nous avons fournies des diverses pièces de charpente dans le comble ordinaire nous dispensent d'y revenir.

Nous ajoutons qu'au point de vue du métré, les travaux sur charpente rencontrés en fumisterie sont bornés à des buchements, coupements ou entailles de bois ; tous travaux peu importants et tarifés sous les numéros 201, 202, 219 à 223 et 242 à 248 de la Série de la Société centrale.

Souches en briques.

380. Il ne nous reste plus qu'à entretenir nos lecteurs des souches en briques. Nous donnons un canevas métrique

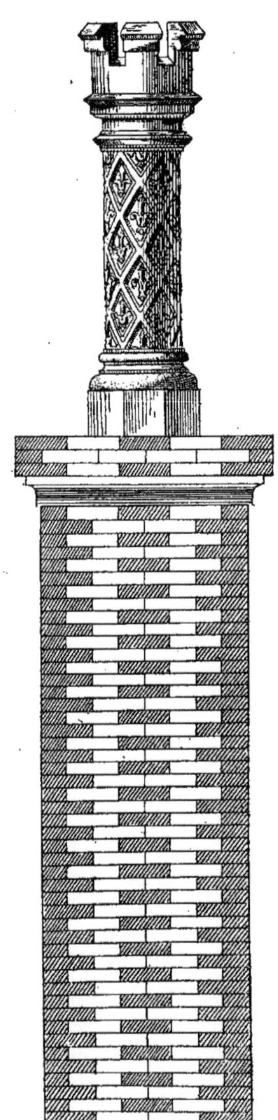

Fig. 935. — Souche isolée en briques apparentes.

d'une souche en briques apparentes rouges et blanches alternées, dite à jeux de briques, avec couronnement de même surmonté d'une cheminée décorative en terre cuite, de la maison Gilardòni de Choisy-le-Roi (*fig.* 935).

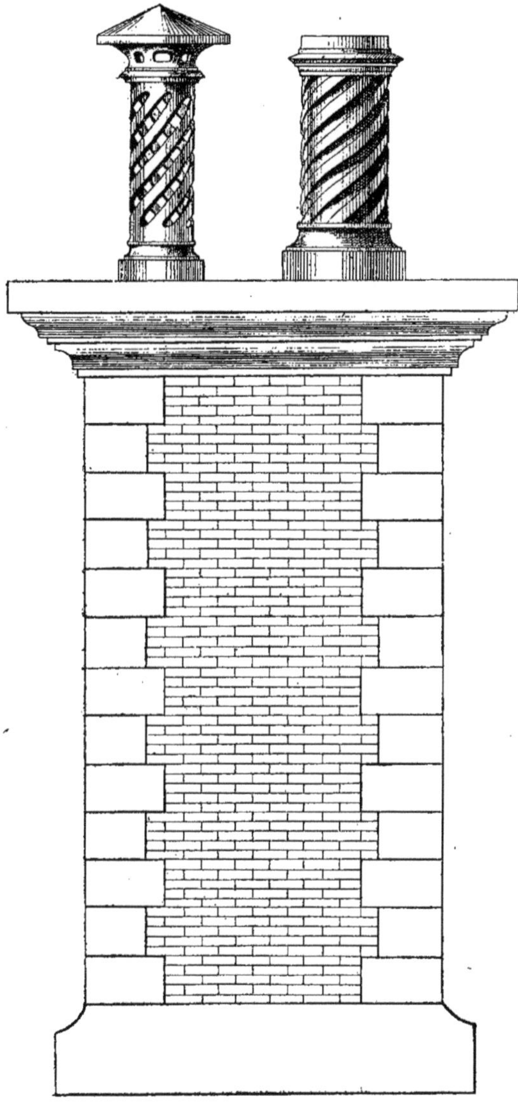

Fig. 936. — Souche isolée en pierre et briques apparentes.

Souche isolée en briques apparentes hors comble.

Souche construite en briques neuves de $0^m,11$ d'épaisseur.
Au mètre superficiel :
Largeur H. O :
2 faces chacune $0.88 = . . 1^m,76$ ⎫
Largeur D. O :
2 Costières chacune $0.44 = 0^m,88$ ⎬ $2^m,64$
Hauteur sous le couronnement $4^m,00$.
Surface de briquetage en œuvre $= 2.64 \times 4.00^H = 10^2 56$
Couronnement de souche à reprendre.
Largeur H. O :
2 faces chacune $1.10 = . . 2^m,20$ ⎫
Largeur D. O :
2 retours chacun $0.66 = 1^m,32$ ⎬ $3^m,52$
Hauteur du couronnement $0^m,30$.
Surface de briquetage en œuvre $= 3.52 \times 0.30^H =$ $1^2 05$

Surface totale de briquetage.................... $11^2 61$
Fumisterie n° 621, 5ᵉ colonne.

Base d'évaluation : Briques de Bourgogne 2ᵉ qualité.
Plus-value pour emploi de briques décoratives rouges et blanches, au mètre superficiel : ci $11^2 61$.
Selon la provenance et la qualité de la brique.
    Observation.

Plus-value de hourdis en mortier de chaux ou ciment sur briquetage de $0^m,11$ d'épaisseur : au mètre superficiel : ci $11^2 61$.
En mortier de chaux selon la qualité employée.
    Maçonnerie n° 673 : 4 colonnes B, C, D, E.
En mortier de ciments selon la qualité employée.
    Maçonnerie n° 673 : 7 colonnes F, G, H, I, J, K, L.
    Observation.

Plus-value d'appareillage de briques en travaux de décoration au mètre superficiel : ci $11^2 61$.
Evaluation selon les dessins de l'appareil.
    Observation.
    · Maçonnerie n° 680.

Parement dressé à la règle sur briquetage apparent, au mètre superficiel : ci $11^2 61$.
    Maçonnerie n° 676.
Jointoiement sur brique neuve : au mètre superficiel : ci $11^2 61$.
En mortier de chaux selon la qualité employée.
    Maçonnerie n°ˢ 882 à 886.
En mortier de ciments selon la qualité employée.
    Maçonnerie n°ˢ 887 à 893.
    Observation.

Plus-values sur jointoiement de briques, au mètre superficiel : ci $11^2,61$.
Les joints lissés au fer : Maçonnerie n° 896.
Les joints tirés au crochet avec fonds noircis.
    Maçonnerie n° 898.
    Observation.

Conduit en brique de Bourgogne, 2ᵐᵉ qualité, de $0^m,11$ d'épaisseur pour souche hors comble : au mètre superficiel.

$11^2 61$

SÉRIE CENTRALE, n° 621, 5° col.

Plus-value de briques décoratives rouges et blanches : au mètre superficiel.

$11^2 61$

Observation.

Plus-value de hourdis en mortier de chaux ou ciment sur briquetage de $0^m,11$ d'épaisseur : au mètre superficiel.

$11^2 61$

Chaux : Maçonnerie n° 673, 4 colonnes.
Ciment : Maçonnerie n° 673, 7 colonnes.

Observation.

Plus-value d'appareillage de briques en travaux de décoration : au mètre superficiel.

$11^2 61$

Observation.

Maçonnerie, SÉRIE CENTRALE n° 680.

Parement dressé à la règle sur briquetage apparent : au mètre superficiel.

$11^2 61$

Maçonnerie, SÉRIE CENTRALE n° 676.

Jointoiement sur brique neuve : au mètre superficiel.

$11^2 61$

Chaux : Maçonnerie n°ˢ 882 à 886.
Ciment : Maçonnerie n°ˢ 887 à 893.

Observation.

Plus-value sur jointoiement de brique : au mètre superficiel.

$11^2 61$

Joints lissés au fer, Maçonnerie n° 896.
Joints tirés au crochet, Maçonnerie n° 898.

Observation.

Les parties saillantes sont à reprendre au mètre superficiel.
1° Les parties lisses ;
2° Les parties moulurées.
Observation.

Les parements apparents quand ils sont traités avec jointoiements à l'anglaise ou en creux formant refends sont comptés au mètre superficiel.
Maçonnerie n° 677, 1re, 2e, 3e colonne.
Observation.
Les saillies et le développé des moulures à reprendre.
Observation.
Les faces lisses au-dessous de $0^m,05$ de largeur sont comptées pour $0^m,05$.
Observation.
Plus-value pour couronnement de souche par 3 rangs de briques superposés et appareillés en travaux de décoration.
Au mètre linéaire.
Le 1er rang :
2 faces chacune $1.10 = 2^m,20$
2 retours chacun $0.66 = 1^m,32$ } $3^m,52$
Le second et le troisième rang :
$$3.52 \times 2 = 7^m,04$$ } $10^m,56$.
Observation.
Taille de moulures dans la brique, au mètre superficiel.
Taille d'épannelages :
2 fois $1.00 = 2^m,00$
2 fois $0.56 = 1^m,12$ } $3^m,12$
4 angles saillants
à $0.10 = \ldots\ldots\ldots$ $0^m,40$ } $3.52 \times 0.14 = 0^2,49$
Taille des moulures :
2 fois $1.00 = 2^m,00$
2 fois $0.56 = 1^m,12$ } $3^m,12$
4 angles saillants
à $0.15 = \ldots\ldots\ldots$ $0^m,60$ } $3^m,72$ aux $140/100$
Pour taille de moulures en dessous : $5^m,20$
Détail du profil.
2 faces planes à $0.075 = 0^m,15$
1 cavet jusqu'à 0.10
à fois et $1/2 = \ldots\ldots\ldots$ $0^m,15$ } $0.30 \times 5.20 = 1^2,56$
Coupe-larmes :
2 fois $1.00 = 2^m,00$
2 fois $0.56 = 1^m,12$ } $3.11 \times 0.10 = \ldots\ldots$ $0^2,31$ } 2.36
Surface $2^2,36$ au $135/100 = 3^218$.
Maçonnerie n°s 1702, 1707, 1712, 1713, 1714, 1720.
Taille de briques.
Maçonnerie n° 1621.
Plus-value d'angles arrondis en gorges à l'intérieur de conduit en briques.
Au mètre linéaire.
4 angles de $4^m,30$ hauteur $= 17^m,20$ aux $3/100$ le mètre courant, 0^251.
Maçonnerie. Légers ouvrages n° 1099.
La fermeture intérieure de souche raccordée à l'orifice par des goussets de jonction sur tous sens avec les angles arrondis en gorges : à la pièce.
Observation.

Le dessus de souche en ciment : au mètre superficiel.
$1.10 \times 0.66 = 0^272$.

Observation.

Parements de briques : au mètre superficiel.

Observation.

Maçonnerie, série CENTRALE n° 677.

Observation.

Observation.

Plus-value par unité de rang de briquetage pour couronnement de souche en décoration : au mètre linéaire.

$10^m,56$

Observation.

Taille de brique de Bourgogne : au mètre superficiel.

3^218

Maçonnerie, série CENTRALE n° 1621.

Légers ouvrages.

0^251

Fermeture intérieure de souche pour raccordement de conduit avec mitre ou analogue : à la pièce.

Observation.

Selon l'épaisseur du dessus et la qualité du ciment.
  Maçonnerie n°s 696 et 697 : 7 colonnes
F, G, H, I, J, K, L.
  Observation.

  Posé, scellé sur la souche compris garnissage et solins en ciment, une cheminée décorative en terre cuite.
  Observation.

Plus-value pour travaux exécutés hors combles.
Sur briquelage et travaux accessoires : 15 0/0.
  Fumisterie n° 625.

Sur légers ouvrages : 15 0/0.
  Fumisterie n° 769.

Chape en mortier de ciment : au mètre superficiel.
0²72
Maçonnerie, série centrale n°s 696 697.

Pose et scellement au ciment de cheminée décorative en terre cuite, compris garnissage et solins : à la pièce.
1
Observation.
Plus-value de travaux de briquetage sur combles.
série centrale n° 625.
Plus-value de légers ouvrages sur combles.
série centrale n° 769.

Tous autres travaux accessoires sont à reprendre ainsi que les échafaudages s'il y a lieu, bâchage et ouvrages de garantie, nettoyage, descente des gravois, etc.

381. Nous donnons (*fig.* 936), une autre souche en pierre et briques apparentes, surmontée par deux cheminées en terre cuite de genres différents à base ronde.

Les cheminées en terre cuite que nous avons représentées sont extraites du choix très considérable que possède la tuilerie de Choisy-le-Roi.

Nous pensons avoir dit tout ce qu'il est utile de dire pour la compréhension des travaux qui ressortissent du chapitre spécial consacré aux conduits de fumée des cheminées domestiques. Nous laissons à nos lecteurs le soin de compléter, dans la pratique, pour chaque travail, les données générales que nous avons fournies.

CARRELAGES ET REVÊTEMENTS

382. Les carrelages sont très variés en raison de la fatigue à supporter et selon leur application intérieure ou extérieure.

D'une manière générale on peut indiquer les grandes classifications des carreaux : en terre cuite, en pierre et marbre ou dans la masse céramique.

Il y a en outre des carreaux à base de ciment de diverses compositions ; mais tous ces carrelages exécutés par des spécialistes ne sont pas de notre ressort ; aussi bien nous n'entretiendrons nos lecteurs que des seuls carrelages en terre cuite, en pierre et marbre, ordinairement confiés à l'entreprise de fumisterie.

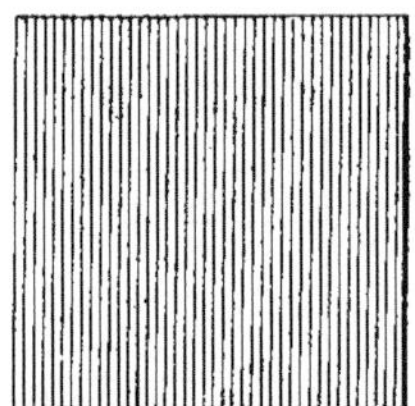

Fig. 937. — Carreau carré ordinaire en terre cuite.

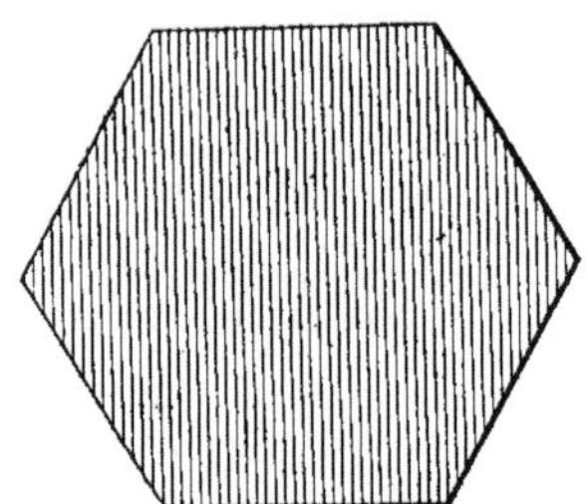

Fig. 938. — Carreau hexagone ordinaire en terre cuite.

Les carreaux ordinaires en terre cuite employés dans les cuisines et offices, sont carrés ou hexagones (*fig.* 937 et 938), et tarifés au mètre superficiel quand ils sont posés en contiguïté pour une surface d'au moins un mètre, en travaux neufs ou en réparation. Toutefois les surfaces carrelées en contiguïté de plus d'un mètre, en travaux de réparations, en recherche, sont tarifées avec une augmentation par mètre carré sur le prix initial au mètre superficiel, conformément au numéro 128 de la Série de Carrelage.

Les carreaux posés en recherche et dont la réunion donne une surface de 1 mètre et au-dessous sont payés à la pièce.

Il y a donc, en somme, au point de vue du métré, s'il s'agit de travaux en réparation, à énoncer les surfaces partielles en recherche au-dessus d'un mètre reprises en carreaux neufs, qui bénéficient de la plus-value indiquée sous le numéro 128.

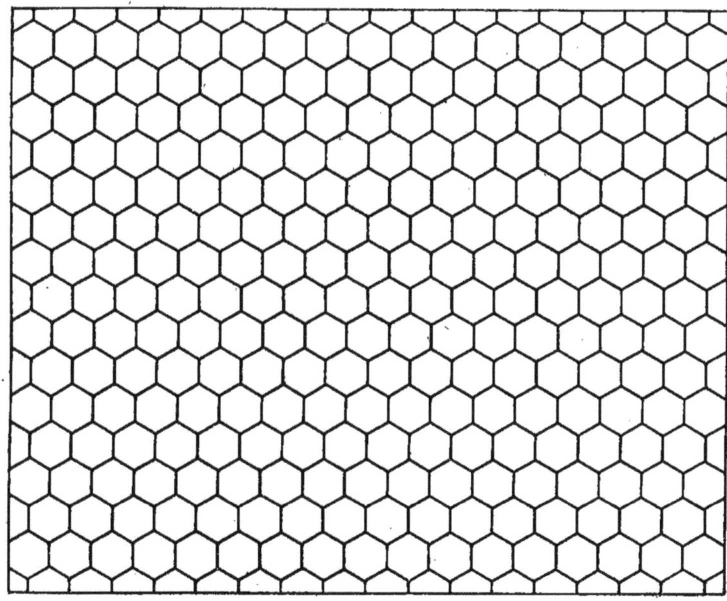

Fig. 939. — Carrelage en carreaux hexagones.

S'il s'agit de carreaux posés à la pièce en recherche, par parties neuves en reprise d'un mètre et au-dessous, il est de toute utilité de les désigner également par chaque partie, afin d'éviter toute équivoque quant au nombre, qui serait susceptible d'inciter la vérification à appliquer le prix au mètre superficiel.

Les carreaux hexagones sont tarifés au mètre superficiel sous les numéros 66 à 73 de la Série de Carrelage, en douze colonnes correspondantes aux dimensions et qualités, avec indication des épaisseurs des produits. Nous donnons (*fig.* 939) une disposition en carreaux hexagones.

Les dimensions ordinaires sont de $0^m,105$, $0^m,11$ et $0^m,145$ pour les carreaux de Marseille dits Phocéens.

Les mesures suivantes de $0^m,15$, $0^m,16$ et $0^m,17$ plus couramment employées s'appliquent aux carreaux de Beauvais, Bourgogne ou Paris, dans les épaisseurs variant de $0^m,018$ à $0^m,027$. Les carreaux de grandes dimensions de $0^m,19$ à $0^m,22$, plus rarement employés à Paris, sont tarifés dans les épaisseurs de 0^m,022 à 0^m,030.

Il y a lieu, à qualité et mesure égales, de désigner l'épaisseur du carreau quand elle est supérieure à l'épaisseur minimum du produit.

Les carreaux carrés ou à bandes, ainsi dénommés en raison de leur emploi, sont également tarifés au mètre superficiel sous les numéros 74 à 86, en dix colonnes ayant le même objet que pour les carreaux hexagones.

Les dimensions ordinaires sont de :

0^m,10	0^m,16
0 ,12	0 ,195
0 ,14	0 ,20

Les carreaux carrés sont fabriqués dans les qualités des carreaux hexagones et en plus dans la qualité dite d'Auncuil pour carreaux rouges, blancs, noirs, bruns ou gris.

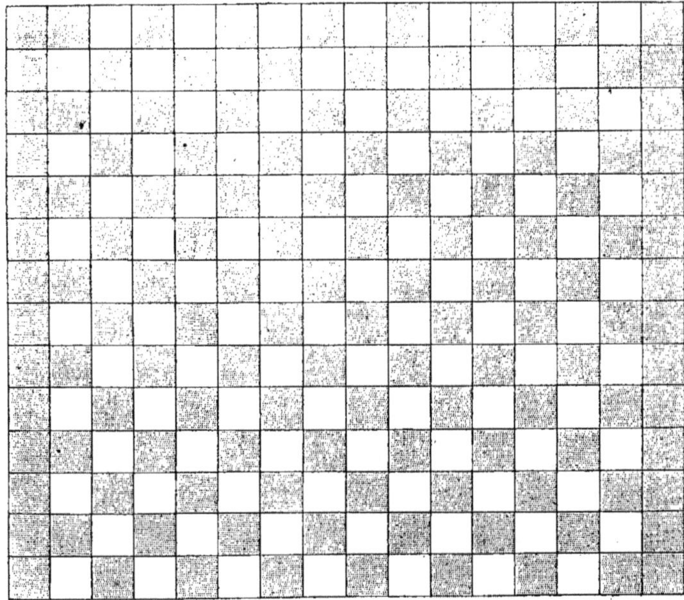

Fig. 940. — Carrelage en damier, carreaux carrés à deux tons.

Les carreaux de l'Oise sont également fabriqués en trois couleurs : rouges, blancs et noirs, et enfin les carreaux Phocéens qui, indépendamment des couleurs précédentes, se font aussi en deux couleurs et sont appelés triangles.

L'assemblage de ces carreaux de différents tons fournit des damiers et des décorations assez recherchés.

Les dimensions ont une tolérance de fabrication.

La figure 940 représente une disposition de carreaux carrés en damier.

Le prix des carrelages au mètre superficiel dans les qualités indiquées sous les numéros 66 à 86, pour carreaux hexagones ou carrés, comprend :

1° La fourniture et le montage à pied d'œuvre de tous les matériaux nécessaires ;

2° La forme en poussière de plâtre de 0^m,05 d'épaisseur ;

3° La pose et le scellement au plâtre ;

4° Le nettoyage parfait ;

5° La descente de tous résidus, coupes ou gravois provenant du travail, sauf les gravois provenant de surplus de forme.

Tous autres travaux sont à reprendre, tels que : l'excédent de forme au-dessus de $0^m,05$ d'épaisseur à compter au mètre cube sous le numéro 61 ; les plus-values de pose sur ciment, non compris la forme en sable, pour carrelage neuf, au mètre superficiel sous les numéros 88 et 89 selon l'emploi de ciment romain ou de Vassy.

Quand il y aura forme en sable de $0^m,06$ d'épaisseur avant tassement au lieu de forme en plâtre, pour carrelage neuf ou vieux scellé sur ciment, on appliquera les prix portés sous les numéros 90 et 91 par mètre superficiel, selon qu'il sera fait emploi de ciment romain ou de Vassy.

L'observation portée sous le numéro 92 prévoit le cas d'une chape en ciment établie sous le carrelage et qui est payée aux prix portés à la Série de Maçonnerie sous les numéros 696 et 697.

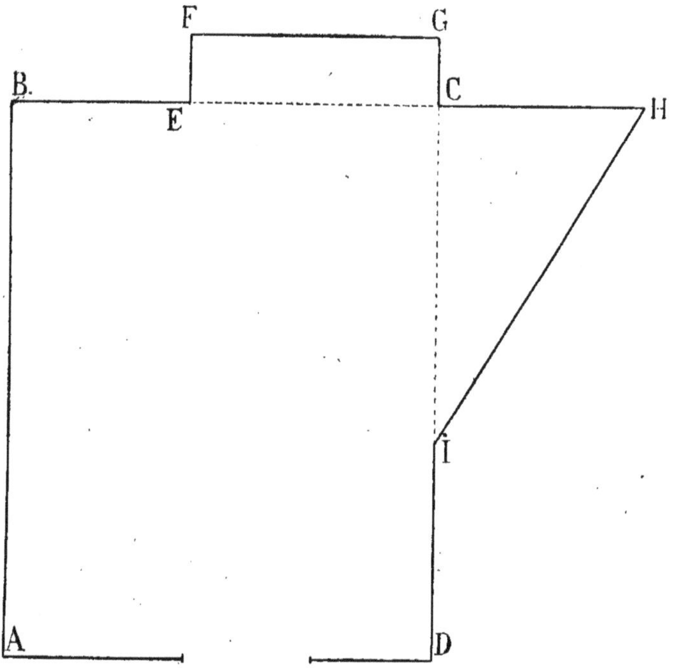

Fig. 941. — Plan géométral pour carrelage.

Les calfeutrements au pourtour du carrelage et les solins sur mur s'il y a lieu sont à reprendre.

En cas de décarrelage de carreaux vieux pour suppression, le travail est payé au mètre superficiel ; au prix initial sous le numéro 97, avec plus-values sous le numéro 98 pour transport des carreaux hors de la pièce, et sous le numéro 99 pour descente ou montage à tous étages avec rangement en cas de remploi.

Le décarrelage de carreaux posés sur ciment donne lieu d'appliquer la plus-value indiquée par mètre superficiel sous le numéro 100.

La démolition d'ancienne forme est payée au mètre cube sous les numéros 58 et 59, selon qu'elle comporte ou non la descente et la sortie des gravois.

Le métré de carrelage consiste simplement en des surfaces. En raison de la simplicité de l'application, nous pensons pouvoir nous dispenser de donner un exemple et nous borner aux commentaires que nous avons exposés.

Nous recommandons toutefois de métrer très rigoureusement les surfaces irrégulières par la décomposition des figures géométriques, afin d'obtenir la surface totale exacte.

Nous donnons, à titre d'indication (*fig.* 941), un plan géométral très simple, mais suffisant quant au principe.

La surface totale sera obtenue :

1° Par le rectangle ABCD ;

2° Par le rectangle CEFG ;

3° Par le triangle ICH.

Dans la pratique, il peut y avoir aussi des surfaces à déduire au droit d'emplacements de coffres passants ou de toute autre construction.

En résumé, un carrelage neuf avec décarrelage préalable comprend :

1° Le décarrelage avec les plus-values

Fig. 942. — Carrelage combinaison à deux couleurs en carreaux carrés.

suivant les cas, sous les numéros 97 à 100 au mètre superficiel ;

2° La démolition de forme, sous les numéros 58 ou 59, au mètre cube ;

3° L'excédent de forme en plâtre au-dessus de 0^m,05, sous le numéro 61, au mètre cube ;

4° Le carrelage à neuf, sous les numéros 66 à 86, au mètre superficiel ;

5° Les plus-values de pose sur ciment, sous les numéros 88 à 89 et 90 à 91 avec

forme en sable selon les ciments employés, au mètre superficiel ;

6° Les calfeutrements et solins au pourtour s'il y a lieu, au mètre linéaire ;

7° L'enlèvement des gravois aux décharges publiques, au mètre cube ;

8° Incidemment la descente des gravois pour le surplus de forme, au mètre cube.

Dans le cas de décarrelage de carreaux vieux non remployés et décrottés, le décrottage est payé au mille, suivant les dimensions des carreaux hexagones ou carrés, sous les numéros 102 à 104 et d'après l'observation du numéro 105.

Le carrelage remanié en carreaux vieux est payé au mètre superficiel comme le carrelage neuf ; il comprend :

1° Le rétablissement de la forme en plâtre jusqu'à 0^m,05 d'épaisseur ;

2° La pose et le scellement au plâtre ;

3° Le nettoyage et la descente de tous résidus coupes ou gravois provenant du travail.

Les prix de carrelage en carreaux vieux remaniés au mètre superficiel, sont tarifés sous les numéros 93 et 94, avec ou sans décarrelage ni décrottage, pour carreaux hexagones ou carrés, dans les mesures indiquées dans les six colonnes.

Les plus-values de décarrelage sous les numéros 98 à 100 sont à reprendre selon les cas.

Les plus-values de pose sur ciment de carreaux vieux remaniés sur forme en plâtre, sont indiquées sous les numéros 95

Fig. 943. — Carrelage combinaison à deux couleurs en carreaux carrés.

et 96, pour la même valeur que pour les carreaux neufs. En cas de forme en sable, comme il est dit sous les numéros 90 et 91, pour carrelage neuf ou vieux, les mêmes plus-values sont applicables.

Le montage des poussières est à reprendre dans les données de l'observation du numéro 62 en travaux d'entretien, et au mètre cube selon les évaluations portées aux numéros 63 et 64, pour le premier étage et par chaque étage en plus.

Le nettoyage du carrelage n'est pas

compris dans l'évaluation au mètre superficiel des carreaux remaniés.

La démolition de forme, la reprise en excédent et tous travaux accessoires, comme il est dit au carrelage neuf, sont à reprendre dans les conditions que nous avons indiquées.

Nous donnons en complément de nos observations deux combinaisons à deux couleurs en carreaux carrés avec bandes en encadrement (*fig.* 942 et 943).

Les prix des carrelages à combinaisons

ne sont pas tarifés à la Série et sont demandés en raison du travail d'appareillage selon les dessins exécutés.

Les carreaux neufs posés en recherche à la pièce sont tarifés dans les qualités et les dimensions indiquées pour les carreaux au mètre superficiel, sous les numéros 107 à 114, en ce qui concerne les carreaux hexagones et sous les numéros 115 à 127 pour les carreaux carrés;

Le prix à la pièce des carreaux neufs posés en recherche, comprend :

1° Le décarrelage;

2° La fourniture, pose et scellement au plâtre des carreaux.

3° Le remaniement de la forme avec fourniture nécessaire ;

4° Le nettoyage;

5° La descente de tous résidus, coupes ou gravois provenant du travail.

Une plus-value pour chaque carreau scellé sur ciment est allouée sous le numéro 129.

Les carreaux vieux posés en recherche à la pièce sont tarifés suivant les dimensions des carreaux hexagones ou carrés, sous les numéros 130 à 132, avec plus-value pour chaque carreau scellé sur ciment, sous le numéro 133.

383. Il nous reste à dire quelques mots des carrelages en pierre et marbre plus spécialement employés dans les vestibules, les paliers ou les grandes salles et les dégagements, dans les édifices publics, les hôtels particuliers ou les riches immeubles à loyers.

Les carrelages en pierre et en marbre sont tarifés à la Série de Marbrerie et payés au mètre superficiel, la pose sur plâtre.

Il y a trois grandes divisions des carrelages de ce genre:

1° Le carrelage tout en pierre ;

2° Le carrelage en pierre et marbre ;

3° Le carrelage tout en marbre.

Les dimensions des carreaux octogones ou carrés, en pierre ou marbre, dans les natures indiquées à la Série, sous les numéros 319 à 421, sont invariablement les suivantes :

0ᵐ,325	0ᵐ,217
0 ,298	0 ,189
0 ,271	0 ,162
0 ,244	

Sous les numéros 319 à 325 inclus, la Série de Marbrerie donne les prix du carrelage en carreaux octogones avec bande au pourtour et remplissage en marbre noir, pour fourniture et façon, dans les qualités de pierre désignées ci-dessous.

1° Liais de Grimault et de Méreuil ;

2° Echaillon blanc ;

3° Liais de Senlis ou de la Santé ;

4° Pierre de Tonnerre;

Les carreaux de remplissage sont invariablement en marbre noir pour les carrelages dont les prix sont indiqués dans les numéros précités.

Les dimensions des carreaux de remplissage des vides carrés laissés par les quatre côtés des carreaux octogones sont, par rapport à ceux-ci, de :

0ᵐ,135	0ᵐ,090
0 ,124	0 ,079
0 ,113	0 ,067
0 ,102	

La figure 944 nous donne la disposition d'un carrelage en carreaux octogones en pierre avec remplissage en carreaux de marbre noir et bande au pourtour.

Les numéros 333 à 353 concernent les carrelages en pierre et marbre établis avec des carreaux carrés dans les différentes natures de pierre et liais indiqués. Les carreaux de remplissage sont toujours en marbre noir.

Pour le carrelage tout en pierre, la Série donne deux évaluations sous les numéros 326 à 332, pour emploi de carreaux carrés dans les mesures énoncées plus haut avec bandes en liais au pourtour, dans les natures désignées en tête des deux colonnes des prix au mètre superficiel.

Les prix des carrelages à façon en pierre et marbre, au mètre superficiel, sont tarifés sous les numéros 369 à 375, pour carreaux octogones et remplissage en carreaux carrés en marbre noir et sous les numéros 376 à 382, pour carreaux carrés. Ces prix correspondent aux mesures des carreaux indiquées pour carrelage neuf. Ils ne s'appliquent qu'à la façon des carrelages avec emploi de carreaux en pierre de Tonnerre posés sur plâtre.

Pour l'emploi des liais de Senlis avec remplissage en marbre noir, les prix à façon, au mètre superficiel, sous les numéros 369 à 382, sont augmentés d'un dixième, conformément à l'observation du numéro 383. L'emploi de liais de Grimault avec remplissage en marbre noir toujours, donne lieu d'appliquer l'augmentation de deux dixièmes selon l'indication du numéro 384.

Les bandes contournant les carrelages sont payées comme pose à façon aux prix des carrelages par rapport à leur nature, suivant l'observation du numéro 368 et leur surface est prise avec celle des carreaux sans distinction. Par contre, la pose de bandes sans carrelage est payée au mètre superficiel, au prix moyen porté sous le numéro 387.

Tous les prix de façon sous les numéros 369 à 382, avec ou sans bande, selon les observations que nous avons rapportées, s'entendent pour des carreaux non remployés. Dans le cas de carrelage à façon exécuté avec des vieux carreaux remployés, tous les prix, sous les numéros

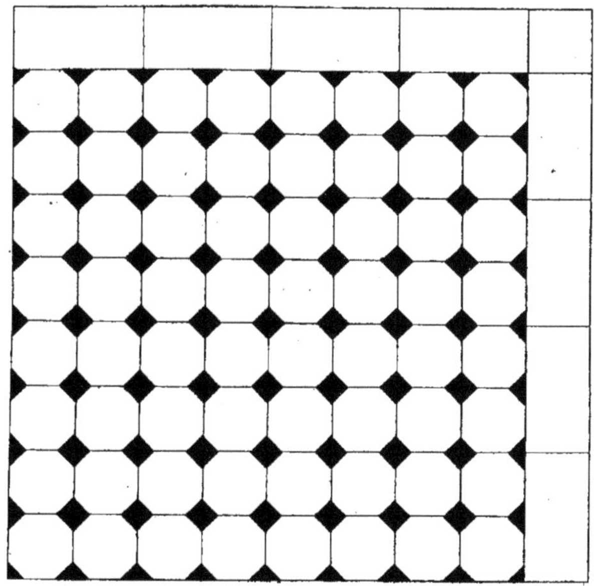

Fig. 944. — Carrelage en carreaux octogones en pierre et remplissage en marbre noir.

369 à 382, sont augmentés d'un quart. Cette plus-value, sous le numéro 386, comprend les retailles partielles.

384. La troisième catégorie comprend les carrelages tout en marbre tarifés au mètre superficiel sous les numéros 354 à 367, pour fourniture et façon avec bande au pourtour.

Les natures de marbres sont les suivantes : en blanc et noir sous les numéros 354 à 360; en blanc et rouge de Flandre sous les numéros 361 à 367.

Les carrelages exécutés tout en rouge de Flandre ou en noir de Belgique sont payés trois dixièmes en plus des prix indiqués sous les numéros précités conformément à l'observation du numéro 385.

Tout autre nature de marbre doit être demandée en raison de sa valeur.

Quelle que soit la nature des carreaux employés en carrelage neuf ou à façon, le prix comprend la pose sur plâtre. Dans le cas de pose sur forme en sable de $0^m,02$ d'épaisseur et hourdis en ciment du bassin de Paris et d'Argenteuil, il y a lieu d'appliquer la plus-value : numéro 392, sous réserve d'un ordre spécial ou d'une constatation, faite par la diligence de l'entrepreneur conformément à l'observation numéro 393.

Les prix de carrelages ne comprennent pas le nettoyage ni le passage au grès, qui sont payés au mètre superficiel pour carrelage neuf, sous les numéros 388 et 389 selon les natures de pierre, liais ou marbre, et sous les numéros 441 à 444 pour carrelages à façon ou en vieux carreaux.

Sur les carrelages tout en marbre, il y a lieu d'appliquer selon les cas et suivant la perfection du travail le demi-polissage ou le polissage complet, d'après les données de la division des opérations, sous les numéros 307 à 318, avec application des prix à l'unité sous les numéros 304 et 305 ; le tout comme il est dit à l'observation numéro 391.

Le décarrelage au mètre superficiel, en carreaux liais et marbre, est tarifé sous les numéros 438 à 440, selon qu'il est exécuté avec ou sans nettoyage, transport et rangement.

Les carreaux en recherche, octogones et carrés en liais, pierre ou marbre, sont tarifés pour fourniture seulement, sous les numéros 394 à 414, et la pose, en ce qui concerne exclusivement les carreaux en liais de Senlis et pierre de Tonnerre, est payée sous les numéros 415 à 421.

Les carreaux en liais de Grimault ou en Echaillon blanc et ceux en marbre blanc ou rouge pour pose en recherche, sont payés avec augmentation d'un cinquième sur les prix tarifés aux numéros 415 à 421.

Les dimensions des carreaux octogones ou carrés en pierre ou marbre sont celles que nous avons indiquées pour les carrelages au mètre superficiel.

Les carreaux en marbre noir pour remplissage, sont payés à la pièce pour fourniture seulement, en recherche, sous les méros 423 à 429 et la pose sous les numéros 431 à 437.

Dans les travaux en recherche, chaque partie de carreau compte pour pièce entière en fourniture comme pour la pose, conformément à l'observation numéro 430.

Les prix de pose en recherche ne comprennent pas la pose sur ciment.

Revêtements.

385. Les revêtements, comme les carrelages, sont très variés selon leur objet et l'usage qu'ils sont destinés à satisfaire.

La faïence ordinaire ou décorative, en carreaux ou en panneaux de couleur ou à dessins, est plus spécialement employée dans les travaux de revêtements intérieurs dont nous nous occupons particulièrement.

Le marbre est aussi très recherché dans les applications spéciales d'installations pour l'alimentation ou en soubassements, pilastres, etc., rentrant dans l'ordre de la décoration architecturale.

La lave en revêtement est assez répandue dans les applications industrielles et scientifiques pour laboratoires de chimie, physique, bactériologie, etc., etc.

La brique émaillée blanche ou de couleur est employée indifféremment à l'intérieur et à l'extérieur.

Les grès artistiques et les céramiques sont tout particulièrement recommandés par les artistes épris des formules nouvelles de décorations intérieure et extérieure.

Il y a encore une grande quantité de compositions dans lesquelles nous n'entrerons pas, puisqu'au surplus nous n'avons pas la possibilité matérielle de mentionner tous les articles spéciaux, qui seraient d'ailleurs sans grand objet dans le cadre de notre traité.

Les revêtements ordinaires en travaux courants tarifés à la Série sont les carreaux et les panneaux en faïence.

Carreaux en faïence.

386. D'une manière générale les carreaux tarifés à la Série sont désignés en deux catégories : la première comprend les carreaux ordinaires de $0^m,11$ en faïence unie ou à dessins ; la seconde comprend les carreaux en *faïence fine de kaolin*, dits demi-porcelaine blanche ou ivoire, dans les mesures de commerce ci-dessous :

$0^m,10$	$0^m,16$
$0 ,11$	$0 ,20$
$0 ,15$	

Tous les carreaux désignés à la Série sont de forme carrée.

Une première observation s'impose : les carreaux de 0^m,11 tarifés sous les numéros 524 et 525, selon qu'ils sont en premier ou second choix, unis ou à dessins, sont des *carreaux ordinaires*, tandis que ceux de 0^m,10 à 0^m,20, tarifés sous les numéros 526 et 527, selon leur classification en premier ou second choix, sont des *carreaux en faïence fine, mais exclusivement unis, dans les teintes blanche ou ivoire seulement.*

Les carreaux en *faïence fine de couleur unie ou à dessins*, non plus que les *bordures unies ou décorées*, ni les carreaux de forme polygonale autre que la forme carrée, ne sont pas tarifés à la Série.

Quelle que soit la qualité des carreaux la fourniture est comptée à la pièce, chaque partie sciottée pour pièce entière conformément à l'observation de la Série, sous le numéro 535.

La pose à la pièce des carreaux ordinaires ou en faïence fine, dans la forme carrée et dans les mesures indiquées par la Série, à l'exclusion des bordures, est payée sous les numéros 530 et 531, selon qu'elle est faite sur plâtre ou sur ciment.

Il y a lieu de remarquer que le prix de pose appliqué indifféremment aux carreaux ordinaires et aux carreaux demi-porcelaine ne concerne pour ces derniers que les seuls carreaux blancs ou ivoires.

La pose à la pièce des carreaux à dessins en faïence fine n'est pas tarifée à la Série ; elle est comptée avec une plus-value proportionnelle en rapport avec la mesure du carreau. Il en est de même pour les bordures.

La pose au mètre superficiel des carreaux ordinaires unis ou à dessins et des carreaux en faïence fine, unis blancs ou ivoire, compris bordure s'il y a lieu, est payée sous le numéro 528 quand elle est faite sur plâtre avec une plus-value invariable sous le numéro 529 pour pose sur ciment.

Nous devons faire remarquer que, dans la tarification de pose à façon au mètre superficiel des carreaux unis en faïence fine, il s'agit seulement de bordure unie. Dans le cas de bordure décorée, le prix du métrage superficiel s'applique aux surfaces de carreaux seulement, et la façon de pose de la bordure est à reprendre à la pièce ou au mètre linéaire, selon l'importance du travail.

En outre des prix de pose à façon pour carreaux unis au mètre superficiel sous le numéro 528, nous trouvons à la Série sous le numéro 533 une plus-value pour pose de carreaux décorés à dessins bien appareillés.

Cette plus-value est applicable aux carreaux de 0^m,20 ou 0^m,21 indiqués dans la cinquième colonne.

Les revêtements exécutés dans les mêmes conditions en carreaux de dimensions inférieures donnent lieu d'appliquer la plus-value proportionnelle à chacun d'eux, sur la base de la tarification du numéro 533, comme plus-value sur le prix initial pour carreaux unis sous le numéro 528 bien entendu.

Le prix de façon ainsi composé comprend la pose sur plâtre.

La pose sur ciment est augmentée d'une plus-value qui n'est pas portée sur la Série. La plus-value du numéro 529 n'est applicable qu'aux revêtements en carreaux unis tarifés sous le numéro 528. L'augmentation pour pose sur ciment de carreaux décorés est proportionnelle aux difficultés d'exécution.

Nous devons aussi faire remarquer qu'il s'agit seulement de carreaux à dessins du commerce, de fabrication courante pour revêtements usuels, c'est-à-dire semblables entre eux. Tout autre genre de revêtement en carreaux d'art, ou de compositions formant décors, etc., etc., sont évidemment en dehors de la tarification de la Série. La bordure dont la pose est comprise dans le métrage superficiel ne doit comprendre qu'un seul cours appareillé au dessin des carreaux. Tout autre composition à plusieurs cours de bordures formant frise est à reprendre, et la tarification de pose à façon applicable proportionnellement à l'exécution.

Cette réserve faite, la plus-value indiquée sous le numéro 533 et conséquemment les plus-values proportionnelles qui en résultent pour les carreaux de dimensions inférieures comprennent, conformément au texte de la Série, tous ajustements avec angles saillants ou rentrants et toutes tailles d'onglets ou circulaires.

Les révêtements tarifés à la Série s'appliquent aux travaux exécutés sur plans droits horizontaux ou verticaux. Ceux exécutés en plafond sont payés au double des prix mentionnés aux articles que nous venons de voir, et cela conformément à l'observation de la Série sous le numéro 534.

Indépendamment des revêtements de plafonds, les carrelages exécutés sur des plans différents donnent lieu d'appliquer des plus-values proportionnelles aux difficultés d'exécution et d'appareillage, de même que les voussures, les cintres, les

arrachements. Tous autres ouvrages préparatoires exécutés sur les maçonneries de briques, moellons, meulières, pierres, etc., sont à reprendre en conformité des évaluations métriques, d'après les tarifications des Séries auxquelles ils se rapportent.

Les renformis pour dressement de nus, les naissances, et tous raccords au pourtour des carrelages sont comptés en sus des prix de façon.

Les carreaux et bordures quels qu'ils soient sont comptés à la pièce en fourniture.

A titre documentaire, nous donnons (*fig.* 945 et 946) deux carreaux décorés.

Nous ne pensons pas qu'il soit utile de fournir des exemples de métrés de carre-

Fig. 945. — Carreau décoré.

Fig. 946. — Carreau décoré.

pénétrations, etc., etc., sont en plus-values sur les prix de carrelage en plafonds.

Pour clôturer nos observations concernant la tarification du carrelage en revêtement au mètre superficiel, nous ferons remarquer que le mode de métrage au mètre superficiel est acquis seulement quand la surface carrelée produit $1^m,50$ au minimum et à la condition que les carreaux soient posés en contiguïté. Si la pose ne réunit pas ces conditions, alors même que les surfaces partielles atteindraient ou dépasseraient la surface de $1^m,50$, la tarification à la pièce est applicable.

La pose comprend tous les travaux préparatoires sur plâtre, tels que tranchées et

lages en revêtements que nous avons d'ailleurs rencontrés déjà en traitant des fourneaux de cuisines.

En ce qui concerne les carrelages ordinaires, l'application métrique des surfaces est très simple, et la Série donne toutes indications utiles. Quant aux plus-values résultant des difficultés d'exécution, nous ne pouvons les présenter toutes, nous estimons qu'en tenant compte de nos observations de principes, nos lecteurs pourront eux-mêmes trouver la justification de leurs demandes.

Pour clôturer le chapitre des carreaux, nous faisons passer sous les yeux de nos lecteurs un panneau composé de carreaux biseautés assemblés sur une plinthe moulurée et un cours de cymaise du même ton que la plinthe (*fig.* 947). Ce genre de revêtement est plutôt employé dans les vestibules, les salles de bains ou dans certains agencements du commerce de l'alimentation.

387. Nous ne parlons que pour mémoire des panneaux en décors composés de carreaux en émaux cloisonnés polychromes au grand feu, en reliefs ou unis, et des motifs variés à l'infini avec frises, métopes, cabochons, etc.. etc. Ces travaux sont presque toujours traités de gré à gré, en raison des difficultés et des grands soins d'exécution.

Enfin, pour ne pas oublier l'art nouveau dans les travaux de revêtement, nous

Fig. 947. — Panneau de revêtement en carreaux biseautés, plinthe et cymaise.

donnons (*fig.* 948) un panneau décoratif très curieux en grès flammé de la Maison A. Bigot et Cie.

Panneaux en faiences.

388. Les panneaux en faïence également employés en revêtements sont généralement émaillés en teinte blanche ceux émaillés en couleurs ou en fausses briques sont beaucoup moins répandus et ne servent guère que pour figurer les soubassements.

Les panneaux en faïence blanche sont tarifés à la Série sous les numéros 811 à 832 inclus, dans les mesures de fabrication commerciale, de 0^m,14 à 0^m,65 de largeur et 0^m,40 à 1^m,60 de hauteur.

Les panneaux de faible largeur sont plus spécialement employés aux rétrécissements des cheminées. Quant aux pan-

neaux de revêtements, on limite généralement leur hauteur par la division de la
hauteur générale, et on évite l'emploi des
panneaux de trop grandes dimensions
afin d'obtenir des surfaces plus parfaitement planes.

Tous les panneaux tarifés à la Série
sont de premier choix conformément à
l'observation numéro 833. Il n'existe pas
de fabrication de second choix. Les pan-

neaux venus de la cuisson avec les défectuosités énoncées dans l'observation précitée sont frappés d'une moins-value fixée
sous le numéro 834.

Les panneaux sont comptés à la pièce
en fourniture.

Quand les mesures des panneaux sont
intermédiaires à celles fixées par la Série,
le prix de fourniture à appliquer est celui
du panneau de dimensions immédiatement

Fig. 948. — Panneau artistique en grès de la Maison A. Bigot et Cⁱᵉ, à Paris.

supérieures, conformément à l'observation numéro 838.

La pose des panneaux en revêtement
èst toujours comptée au mètre superficiel,
car la Série entend qu'il s'agit d'un travail d'ensemble. S'il s'agit d'un travail
en réparation, il ést bien évident que le
prix de façon au mètre superficiel n'est
pas applicable sur la surface d'un seul
panneau, par exemple. D'une manière

générale, d'ailleurs, la tarification au
mètre superficiel n'est acquise, en conformité du principe de base de la tarification des travaux de revêtements en faïence,
qu'autant que la surface minimum couverte, produit 1ᵐ,50 superficiel.

Les panneaux posés en réparation sont
comptés à la pièce.

La pose des panneaux ne comprend
pas de bordures. Dans le cas d'adjonction

d'un cours de bordure ou d'une frise composée ; le métré comprendra la surface effective des panneaux et la bordure ou la frise seront reprises au mètre linéaire ou à la pièce, selon l'importance du travail et les difficultés d'exécution.

La façon de pose des panneaux tarifée à la Série sous les numéros 840 à 842 comprend trois genres de travaux différents.

La première façon comprend la pose des panneaux avec couvre-joints en fer ou en cuivre maintenus par des pattes scellées. Ce travail à joints bruts exclut le dressement des rives sur les panneaux ; il est tarifé sous le numéro 840.

La seconde façon comprend la pose des panneaux à joints vifs sur un sens seulement, vertical ou horizontal, les rives dressées pour les joints apparents. Elle est tarifée sous le numéro 841.

La troisième façon comprend la pose des panneaux à joints vifs sur tous sens, verticaux et horizontaux, avec dressement des rives. Elle est tarifée sous le numéro 842.

Les prix mentionnés ci-dessus s'appliquent aux revêtements exécutés sur plâtre. Ils comprennent les travaux préparatoires, tranchées et scellements, également sur plâtre. Tous autres ouvrages préparatoires exécutés sur les maçonneries diverses sont à reprendre dans les données indiquées pour les revêtements en carreaux.

La pose des panneaux sur ciment n'est pas tarifée à la Série. La plus-value sous le numéro 529 prise parfois par analogie, mais par erreur, n'est pas applicable, elle est insuffisante pour rémunérer la façon de pose des panneaux de grandes dimensions. Le prix moyen de la plus-value de pose des panneaux en faïence unie, sur ciment, est de $2^r,50$ le mètre superficiel.

Tous les ouvrages de percements, évidements, tailles, etc., etc., exécutés sur les panneaux et tous raccords sont à reprendre. Les fournitures des couvre-joints sont comptées à la Serrurerie ou à la Fumisterie, selon qu'ils sont en fer ou en cuivre, avec tous travaux accessoires d'assemblages, soudures, pattes à scellements, etc.

Nous rappelons pour mémoire que les petits bois en fer à T sont tarifés au mètre linéaire dans la Série de Serrurerie sous les numéros 1102 à 1112. Les accessoires et ajustements sous les numéros 1113 à 1125. Les fers à moulures du commerce suivent sous les numéros 1126 à 1134. Les accessoires et ajustements, sous les numéros 1135 à 1147.

Les cornières en cuivre jaune pour revêtements sont tarifées à la Série de Fumisterie sous les numéros 650 à 653 et les plus-value de façon suivent, sous les numéros 654 à 656 inclus.

Le nickelage sur cuivre jaune donne lieu à une plus-value fixée sous le numéro 657.

Les prix des articles précités s'appliquent aux travaux ordinaires constitués par des longueurs de cornières simplement assemblées. Dans le cas d'armatures composées spécialement, les prix de la Série ne sont plus applicables, conformément à l'observation sous le numéro 658.

Nous rappelons aussi, pour terminer, nos observations précédentes concernant les revêtements exécutés sur des plans différents autres que ceux rigoureusement verticaux et horizontaux, ou sur plafonds, etc. ; toutes également applicables en principe aux revêtements en panneaux.

La Série comprend encore la tarification en fourniture des panneaux de couleur unie, dans la palette du commerce bien entendu, qui sont payés avec cinquante pour cent de plus-value sur les prix de ceux en faïence blanche, conformément au numéro 835 et les panneaux figurant fausses briques, qui sont augmentés de soixante pour cent, sous le numéro 836.

Les panneaux de couleur à plusieurs tons ou ceux d'une tonalité unie en dehors des émaux du commerce, et ceux à peintures artistiques sont payés aux prix de factures augmentés de quinze pour cent pour bénéfice et risques de casse. Nous ajoutons en passant que le pourcentage de bénéfice est notoirement insuffisant pour couvrir les risques, s'il s'agit de faïences artistiques. Dans la pratique, ces fournitures sont traitées de gré à gré.

Au point de vue de la pose, les revêtements en faïence par panneaux décorés sont traités en raison des difficultés d'exécution et en considération de la valeur marchande des faïences décoratives.

Briques émaillées.

389. L'emploi de la brique émaillée en parement se rencontre aux deux usages : intérieur et extérieur.

La Série n'a pas de tarification pour la brique émaillée.

La Maçonnerie indique diverses plus-values de parements sous les numéros 637 à 640, qui s'appliquent aux briques porphyres vernissées, qu'il ne faut pas confondre avec les briques émaillées. Nous soulignons cette observation afin d'éviter une confusion, car le parement obtenu par la mise en œuvre des briques émaillées est plus onéreux que celui avec les briques vernissées.

L'industrie fabrique des briques émaillées pleines et creuses et des briquettes, dans les mesures ordinaires de $0,035 \times 0,11 \times 0,22$ et $0,03 \times 0,11 \times 0,22$.

Les faces émaillées sont en panneresse ou en boutisse et panneresse et boutisse pour les angles.

Les émaux au grand feu sont résistants à la gelée.

Les couleurs ordinaires sont le blanc, le bleu turquoise et le bleu de Sèvres, le brun, le rouge, le vert et le jaune.

Le métré se compose de la valeur de la maçonnerie dans la conception des ouvrages généraux en briques, avec toutes plus-values de hourdis et des plus-values de parements avec arêtes, retombées, etc., dans le mode d'évaluation indiqué pour la brique vernissée.

Nous nous en tenons à ces indications générales, afin de ne pas étendre nos descriptions au-delà du cadre que nous nous sommes tracé. Il nous faudrait d'ailleurs des exemples tellement nombreux pour ces genres de travaux qu'ils impliqueraient des redites que nous considérons inutiles.

Lave émaillée.

390. La lave émaillée est tout spécialement employée dans les laboratoires scientifiques pour la chimie, en raison de sa résistance très grande aux acides.

Il se fait en lave des tables, des cuvettes et des caniveaux et aussi des panneaux utilisés pour revêtements.

La fourniture des panneaux en lave est comptée selon la valeur marchande augmentée du bénéfice. La pose est traitée dans les données de la faïence.

Marbres.

391. Les marbres sont également employés en revêtement dans les installations commerciales, telles que charcuteries, boulangeries, poissonneries, etc., concurremment avec la faïence unie ou décorée. Ils forment généralement les soubassements ; la faïence est réservée en élévation.

En outre de ces différents usages, le marbre entre encore dans la construction au titre décoratif pour vestibules, escaliers, etc.

Les marbres en revêtements sont comptés au mètre superficiel, selon leur épaisseur et leur nature, sous les numéros 155 à 211 de la Série spéciale.

Tous travaux de parements de sciage, taille et polissage sont comptés aux évaluations de la Série de Marbrerie. Nous avons eu l'occasion de donner des exemples de métrés de travaux de marbrerie, pour foyers de chambranles, en marbres unis et à compartiments de diverses natures ; nous y renvoyons nos lecteurs, puisqu'au surplus il s'agit dans les travaux de revêtements, de panneaux, qui évidemment sont traités de la même façon.

La pose des panneaux en revêtement est traitée de gré à gré ou en régie.

Les marbres sont toujours posés sur plâtre à modeler.

Indépendamment des principaux matériaux employés en revêtement que nous avons énumérés, il y a encore une quantité de compositions et d'imitations par des procédés industriels spéciaux, pour lesquels nous n'avons aucune observation à présenter. Les prix d'application sont demandés par les fabricants en dehors de toute tarification de bâtiment.

Tables de manipulations.

392. Les tables de manipulations des laboratoires scientifiques sont esséntielle-

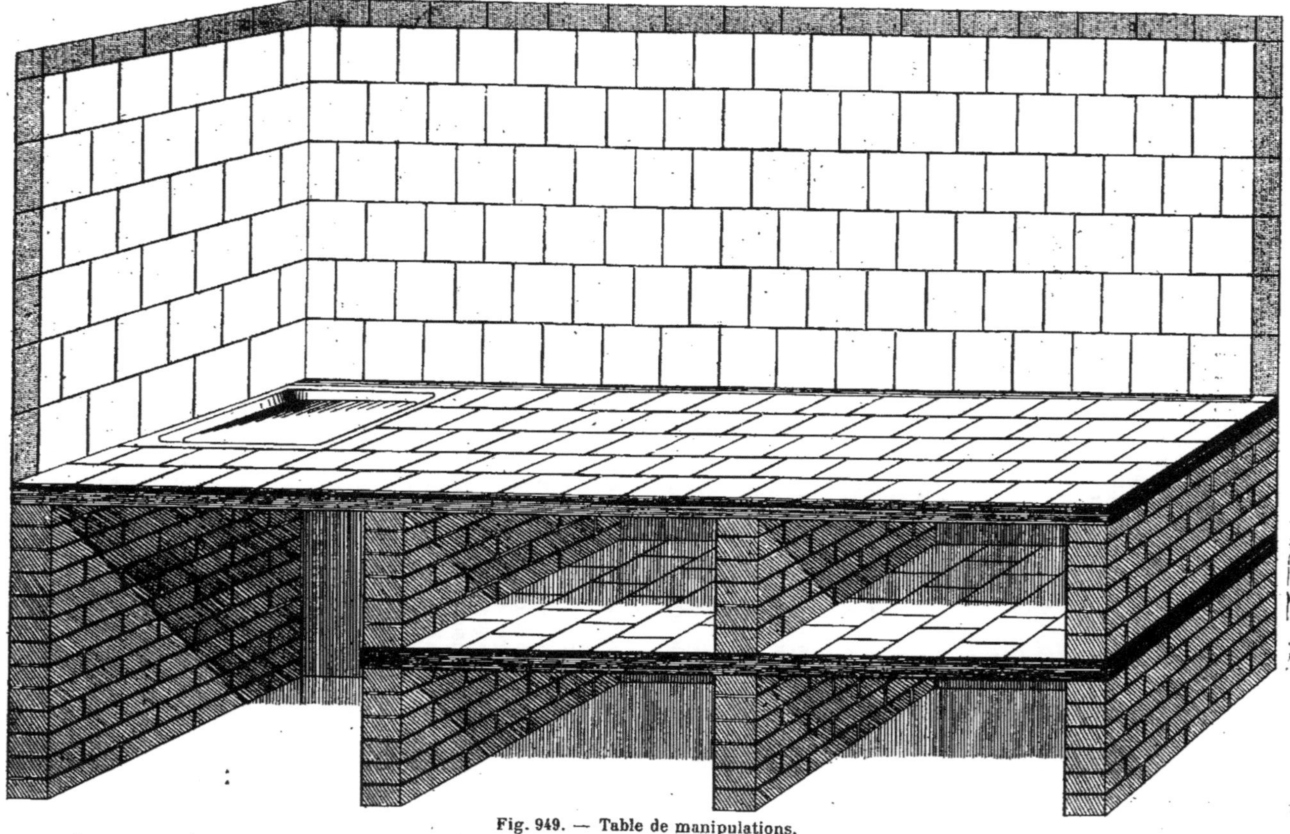

Fig. 949. — Table de manipulations.

ment des travaux de revêtements qui doivent, à notre avis, être incorporés dans le chapitre spécial que nous consacrons à ce sujet.

La figure 949 représente une *table découverte* très simple avec *table intermédiaire* et jambages en briques apparentes maintenus par des armatures. Les tables et le revêtement de mur sónt carrelés en carreaux de 0ᵐ,15 avec bordures unies. Un caniveau court le long de la table. Un évier émaillé complète l'installation.

Dans certains laboratoires, pour les expériences aux chalumeaux ou aux réchauds à gaz, l'installation est complétée par une vitrine montée sur petits bois en fer vitrés avec porte semblable à crémone permettant d'isoler entièrement les récipients. Un carneau d'échappement pour les gaz est ménagé à la partie supérieure de la vitrine. La table est aussi surmontée souventes fois d'une hotte d'aspiration, comme pour les fourneaux de cuisines.

Nous appelons l'attention de nos lecteurs sur la figure que nous représentons en ce sens, qu'au point de vue du métré du carrelage, les surfaces de la table intermédiaire ne produisant pas $1^{m2},50$, la pose des carreaux est comptée à la pièce ; alors que les surfaces contiguës de la table et du revêtement, produisant une surface effective de plus $1^{m2},50$, la pose est comptée au mètre superficiel.

Dans la construction des jambages, on peut faire usage de la brique émaillée en panneresse pour le parement extérieur et en boutisses pour les têtes des jambages intermédiaires.

Nous ne pensons pas utile d'allonger notre description par le métré détaillé d'un travail de ce genre, étant donnés nos explications précédentes et les exemples que nous avons fournis dans le chapitre des fourneaux de cuisine, où nos lecteurs pourront se reporter, au point de vue des travaux similaires. Nous nous bornons à soumettre le canevas à titre de classification métrique.

Jambages en briques neuves de 0ᵐ,11 d'épaisseur au mètre superficiel.	Murs en briques de façon Bourgogne de 0.11 d'épaisseur, au mètre superficiel.
Fumisterie n° 615.	» » »
Tranchées d'arrachements, scellements et liaisons au mètre linéaire.	SÉRIE CENTRALE n° 615.
Maçonnerie nᵒˢ 1037 et 1038.	Légers ouvrages.
Planchers en doubles tuiles au mètre superficiel.	» » »
La table découverte.	Planchers en doubles tuiles, au mètre superficiel.
La table intermédiaire.	» » »
Fumisterie n° 850.	SÉRIE CENTRALE n° 850.
Tranchées d'arrachements, scellements et liaisons au mètre linéaire.	Légers ouvrages.
Maçonnerie n° 1037.	» » »
Posé les fentons.	Légers ouvrages.
Trous et scellements en mur, en moellons ou plâtras à l'unité de légers ouvrages.	» » »
Maçonnerie n° 1127.	Légers ouvrages.
Posé les ceintures en fer.	» » »
Trous et scellements dᵒ dᵒ	
Maçonnerie n° 1127.	Observation.
Posé, scellé de niveau l'évier émaillé, sur ciment.	Chape en ciment au mètre superficiel.
Observation.	» » »
Chape en ciment sur les planchers recevant un carrelage en faïence, au mètre superficiel.	SÉRIE CENTRALE, Maçonnerie n° 696.
Maçonnerie n° 696.	
Les enduits au sas, au mètre superficiel :	
Au-dessus de 0.35 de largeur sous les planchers :	
Entre jambages à prendre :	

4 fois   » » » ✕   » » » =   » » »
1 fois   » » » ✕   » » » =   » » »
       Maçonnerie n° 957.

Parements de briques apparents, frottés, jointoyés, travail soigné : au mètre superficiel.
       Fumisterie n° 845.
Revêtement en carreaux carrés de 0.15 avec bordure unie de 0.07 ✕ 0.15 posés sur ciment : faïence blanche demi-porcelaine en 1er choix, à façon :
Pour surface contiguë de plus de 1m2,50, au mètre superficiel à prendre sur mur :
1 face de   » » » ✕   » » » =   » » »
1 retour de   » » » ✕   » » » =   » » »
A reprendre :
La table découverte.
1 face de   » » » ✕   » » » =   » » »
       Fumisterie n° 528.

Plus-value de carrelage en revêtement posé sur ciment, au mètre superficiel.
Surface carrelée ci   » » ».
       Fumisterie n° 529.

Carrelé en carreaux carrés de 0.15 posés sur ciment : faïence blanche demi-porcelaine en 1er choix, à façon, pour surface de moins de 1m2,50, à la pièce.
La table intermédiaire à deux compartiments.
       Fumisterie n° 531.
Un cours de caniveau à reprendre pour pose à façon sur ciment à la pièce.
       Observation.
Les raccords : naissances ou solins.
       Observation.

En fournitures :

Les carreaux carrés de 0.15, faïence blanche demi-porcelaine en 1er choix, à la pièce :
Sur le revêtement   » »
Sur la table découverte   » »
Sur la table intermédiaire   » . »
       Fumisterie n° 526.

Les bordures de couleur unie de 0.07 ✕ 0.15
Les angles de bordures   0.07 ✕ 0.07
       Observation.

Les pièces de caniveau (selon leurs dimensions) à la pièce.
       Observation.

L'évier (selon sa nature et ses dimensions) à la pièce.
       Observation.

Légers ouvrages.

»   »   »

Parement de brique frotté et jointoyé, travail soigné, par analogie, au mètre superficiel.

»   »   »

SÉRIE CENTRALE n° 845.

Carrelage à façon en carreaux demie porcelaine de 0.15 ✕ 0.15 et bordure unie au mètre superficiel.

»   »   »

SÉRIE CENTRALE n° 528, 3e col.

Plus-value de pose à façon de carreaux en faïence sur ciment, au mètre superficiel.

»   »   »

SÉRIE CENTRALE n° 529.

Carrelage à façon en carreaux demi-porcelaine de 0.15 ✕ 0.15 posés sur ciment, à la pièce.

»   »   »

SÉRIE CENTRALE n° 531, 3e col.

Pièce de caniveau en demi-porcelaine posée sur ciment, à la pièce.

»   »

Observation.

Légers ouvrages.

»   »   »

Carreau carré de 0.15, faïence blanche demi-porcelaine en 1er choix pour fourniture, à la pièce.

»   »

SÉRIE CENTRALE n° 526, 3e col.

Bordure de couleur unie de 0.07 ✕ 0.15 pour fourniture, à la pièce.

»   »   »

Angle de bordure, uni de 0.07 ✕ 0.07 pour fourniture, à la pièce.

»   »   »

Pièce de caniveau faïence blanche, demi-porcelaine en 1er choix pour fourniture, à la pièce.

»   »

Observation.

Évier à la pièce.

Observation.

Fentons coupés de longueur, au poids.
 Serrurerie n° 72.
 Observation n° 8.

Ceintures ordinaires en fer forgé, au poids.
 Serrurerie n° 75.
 Observation n° 8.

Fer fentons, au poids.

SÉRIE CENTRALE, Serrurerie n° 72.

Observation n° 8.

Fer pour ceintures ordinaires, au poids.

SÉRIE CENTRALE, Serrurerie n° 75.

Observation n° 8.

393. Le canevas présenté à titre de données générales peut, dans la pratique, être complété par divers travaux accessoires, tels que les tailles, par exemple. La façon comprend les *sciottages*, mais les tailles d'onglets ou arrondis, les encoches, les trous de patères, etc., etc. ; en un mot, les ouvrages accessoires sur les carreaux sont à reprendre. Les angles arrondis des éviers en cérame, ou les tailles d'encastrement, si les mesures ne concordent pas avec les joints des carreaux sont repris à façon.

Dans ce genre de revêtements pour laboratoires, on fait assez souvent usage de ciment blanc pour les joints ; c'est une plus-value spéciale à appliquer, à la pièce ou au mètre superficiel, selon le mode de métré.

Les jambages supposés en briques ordinaires apparentes à parement jointoyés pourraient être en briques émaillées ; dans ce cas, il y aurait lieu de compter la valeur de la brique en fourniture et la reprise à façon des parements, dans les données précédemment indiquées.

TOLERIE, CHAUDRONNERIE, FER ET CUIVRE

394. Les ouvrages de tôlerie et de chaudronnerie sont très nombreux et extrêmement variés, tant au point de vue des usages domestiques que des installations industrielles.

Les appareils de tôlerie tarifés à la Série, et qui sont des accessoires dans la construction de la Fumisterie, ont été traités au fur et à mesure de l'exposé des travaux avec lesquels ils se confondent. Il ne nous paraît pas qu'il y ait lieu d'y revenir dans le présent chapitre. Nous ne reviendrons donc pas sur ce que nous avons dit des coffres de poêles, appareils de calorifères ou de fourneaux, tuyauteries, etc.

Au point de vue de la chaudronnerie domestique, nous avons également donné toutes explications utiles concernant les bains-marie, bouilleurs, bouteilles alimentaires avec circulation pour service d'eau chaude.

Dans le chapitre du *Chauffage à eau et à vapeur*, nous avons exposé en principe les travaux de chaudronnerie et les accessoires, d'une manière suffisante pour nous permettre de passer sans nous y arrêter d'avantage.

A titre d'indication cependant, nous donnons (*fig.* 950) un travail spécial de tôlerie, consistant en une étuve avec chauffe-linge au dessus. La fabrication est faite en raison du mode de chauffage, mais toujours à double enveloppe pour la circulation de l'agent calorifique. Quant au montage extérieur, il est très varié selon l'aspect que l'on désire ; les encadrements sont généralement en fer poli avec angles en cornières et ferrures apparentes. Les socles et les corniches sont ordinairement composés par des fers à moulures et les appliques peuvent être formées de fers demi-ronds ou plats assemblés d'onglets.

La tarification des étuves ordinaires de la Série, pour fourneaux de cuisine, ne répond pas à la fabrication d'un appareil de ce genre, en raison du montage spécial à double enveloppe et du fini d'exécution avec emploi de tôles planées : c'est pourquoi nous l'avons réservé dans le chapitre de la tôlerie à titre documentaire.

Il y a lieu de présenter la demande d'un

travail de ce genre, en comptant [le planage des tôles, au mètre superficiel,[à

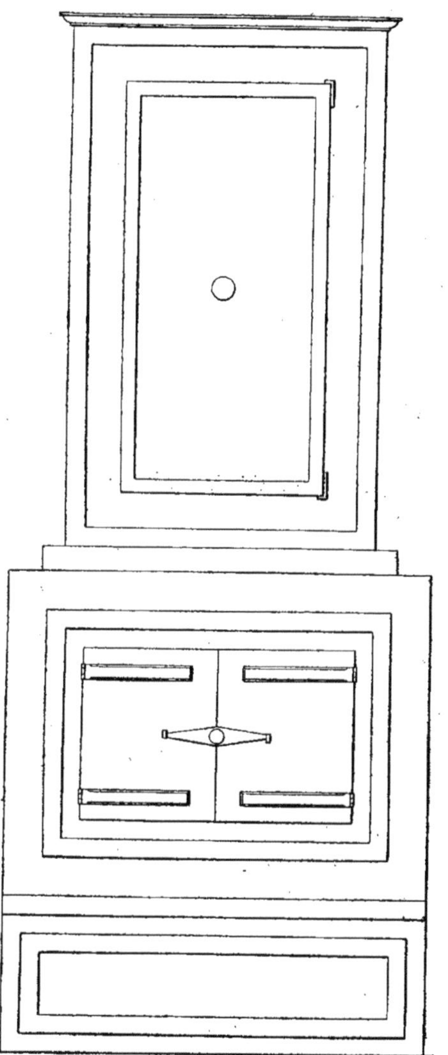

Fig. 950. — Etuve et chauffe-linge en tôle.

l'évaluation de la Série de Serrurerie. La
tôlerie du chauffe-linge et de l'étuve, au
poids, avec tarification pour grande fa-

çon et fabrication soignée. Les portes en
tôle, compris ferrures dressées et chanfreinées à la lime, au poids, à l'évaluation de
la Série de Fumisterie avec les plus-
values de montage pour portes à ferrures
polies, à la pièce, sous les numéros 872
et 873 de la Série de Fumisterie ou avec
tarification proportionnelle par rapport
aux mesures spéciales.

Les pièces de montage pour fermetures
spéciales et tous travaux accessoires de
fixation, encoches, entailles, etc., sont à
reprendre aux évaluations de serrurerie;
on en demande dans le cas de non-tarifi-
cation à la Série.

Les fers cornières, les fers spéciaux à

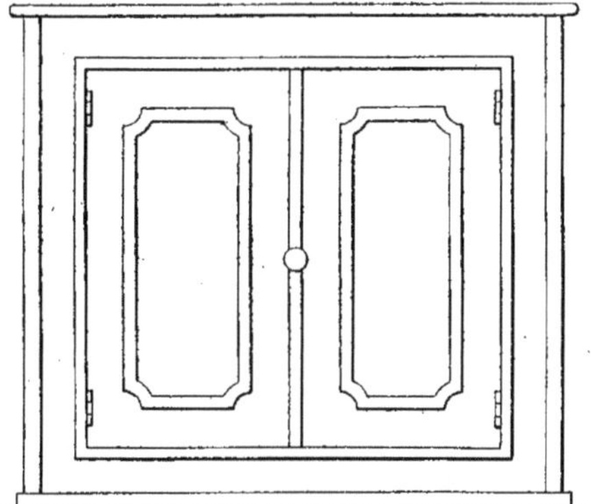

Fig. 951. — Chauffe-linge en cuivre
avec porte en tôle à deux vantaux.

moulures du commerce sont comptés aux
évaluations de la Série de Serrurerie, au
mètre linéaire, sous les numéros 1102
à 1112 et 1126 à 1134. Les ajustements à
façon, fixation à rivures perdues et polissage, sont à compter à la pièce et au mètre
linéaire. Les trous de vis et la fourniture
des vis à métaux, ainsi que les découpages
spéciaux, trous d'aération, etc., sont également tarifés à la serrurerie.

395. La figure 951 représente un
chauffe-linge en cuivre, avec façade à
2 portes en tôle, l'encadrement et les
appliques rapportés, en fer poli. Le
chauffe-linge en cuivre étamé, monté
pour chauffage à circulation d'eau, est ta-

rifé à la Série Syndicale de chaudronnerie, édition de 1903, sous les numéros 506
à 510. La tarification de la Série Syndicale de chaudronnerie, pour chauffe-linge
ou chauffe-assiettes en cuivre rouge étamé,
pour circulation d'eau, s'applique aux appareils variant de poids, depuis moins de
20 kilogrammes jusqu'au-dessus de 50 kilogrammes.

Le prix ne comprend pas la valeur des
portes comptées à part en fourniture [et
montage.

Les tubulures de raccordement de circulation sont à reprendre d'après leur
diamètre aux évaluations de la Série de
chaudronnerie avec la canalisation. Nous
revenons évidemment pour tous ces détails dans ce que nous avons dit précédemment.

396. Parmi les ouvrages de chaudronnerie fabriqués en atelier et que nous
rencontrons encore dans le cours de nos
travaux, nous citerons les bassines en
cuivre rouge étamé tarifées à la Série

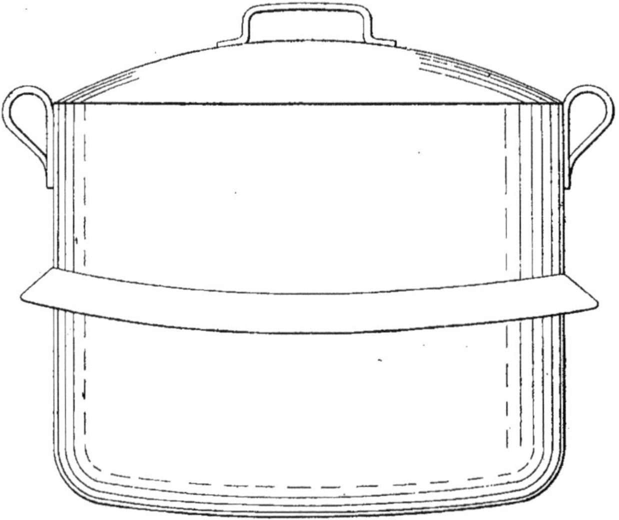

Fig. 952. — Marmite à hausse à panache et couvercle.

Syndicale de chaudronnerie sous les numéros 176 à 179, 180 à 183 et 190 à 192
pour celles de forme demi-sphérique.

La tarification est établie suivant l'é-
chelle des poids de 5 à 10 kilogrammes
jusqu'au-dessus de 20 kilogrammes.

Les couvercles et panaches sont tarifés sous les numéros 184 et 185.

Les détartrages et étamages en réparation sont tarifés à la pièce, jusqu'à $0^{m2},50$
de surface et par chaque décimètre en sus,
sous les numéros 186 à 189.

Les marmites sont payées aux mêmes
prix que les bassines dans le même rap-

port des poids, sous les numéros 974 à
983. Les détartrages et étamages, dans le
même mode de mesurage, sous les numéros 984 à 987.

Nous mentionnons encore les chaudières
cylindriques avec fonds emboutis et rivés
avec couvercles, destinées à être logées
dans les fourneaux et qui sont tarifées sous
les numéros 402 à 408, en cuivre rouge
et sous les numéros 409 à 415, en tôle
noire.

En réparation, les détartrages et étamages sont payés sur la même base d'évaluation jusqu'à $0^{m2},50$ de surface et au

dessus, par chaque décimètre sous les numéros 416 à 419.

Les bassines, marmites et chaudières, énoncées ci-dessus, sont employées dans les laboratoires de confiseurs, droguistes, ou dans les grands établissements et pour la préparation des conserves alimentaires, etc., etc.

Nous donnons (*fig.* 952) une marmite à hausse à panache et couvercle pour cuisson libre et (*fig.* 953) une marmite à autoclave pour cuisson sous vapeur.

Parmi les ouvrages spéciaux de fabrication de chaudronnerie, nous mentionnons aussi les chaudières à lessive avec couvercles rivés ou boulonnés et tampons de trou d'homme. La différence de fabrication donne lieu d'appliquer des prix différents selon le mode de montage rivé ou boulonné.

Les chaudières de ce genre sont montées pour l'affusion sous vapeur ; ce sont des autoclaves formant bouilleurs.

La fabrication se fait en cuivre ou en tôle, toujours spécialement à la demande

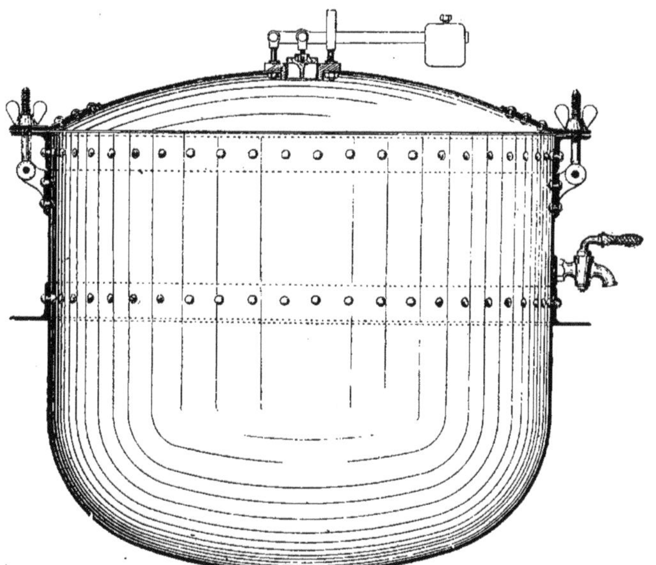

Fig. 953. — Marmite à autoclave.

de la construction des fourneaux et pour l'usage industriel.

Ce genre de chaudières, employé dans les blanchisseries, est tarifé à la Série syndicale de chaudronnerie, sous les numéros 376 à 381 et 382 à 388, selon la fabrication en cuivre rouge ou en tôle noire, avec couvercles rivés dans les deux cas et tampon de trou d'homme.

Les chaudières du même genre, avec couvercles boulonnés et tampon de trou d'homme, sont tarifées sous les numéros suivants, 389 à 394 en cuivre rouge et 395 à 401 en tôle noire.

Les prix sont établis en tenant compte d'une échelle de poids dans chacune des fabrications, cuivre et tôle, qui va de 30 kilogrammes jusqu'au-dessus de 100 kilogrammes pour le cuivre, et de 60 kilogrammes jusqu'au-dessus de 300 kilogrammes pour la tôle.

Les cuviers à lessive, tarifés sous les numéros 672 à 687, sont le complément des chaudières décrites ci-dessus dans les installations industrielles.

La tarification s'applique d'abord aux cuviers en cuivre rouge non étamé, à fonds rivés sans couvercle, sous les numéros 672 à 676, suivant la progression des poids indiquée ci-dessous :

1° Au-dessous de 80 kilogrammes ;
2° De 81 à 100 kilogrammes ;
3° De 101 à 200 kilogrammes ;
4° De 201 à 300 kilogrammes ;
5° De 301 kilogrammes et au-dessus.

Les couvercles de cuviers, également en cuivre rouge non étamé, sont tarifés au poids par rapport à leur diamètre sous les numéros 677 à 679, d'après les dimensions générales ci-dessous :

1° De 1^m,00 à 1^m,50 ;
2° De 1^m,51 à 2^m,00 ;
3° De 2^m,01 et au-dessus.

Les numéros suivants, 680 à 687, s'appliquent aux cuviers et aux couvercles en tôle galvanisée.

La fabrication des cuviers en tôle est semblable à celle des cuviers en cuivre ; ils sont également faits avec fonds rivés et tarifés sans couvercle, sous les numéros 680 à 684, suivant l'échelle des poids indiquée ci-dessous :

1° Au-dessous de 100 kilogrammes;
2° De 101 à 200 kilogrammes ;
3° De 201 à 300 kilogrammes ;
4° De 301 à 500 kilogrammes ;
5° De 501 et au-dessus.

Les couvercles tarifés sous les numéros 685 à 687 suivent les mêmes dimensions que celles des couvercles en cuivre.

Les prix des couvercles comprennent les poignées ou crochets de levage dans les deux genres de fabrication, cuivre et tôle. Ils sont bombés dans la fabrication en cuivre et coniques dans la fabrication en tôle.

Tous les prix des appareils ou objets de fabrication en chaudronnerie, fer ou cuivre, ne comprennent pas la pose.

La figure schématique 954 représente une chaudière à lessive et son cuvier, dans le genre de fabrication que nous venons de décrire.

394. Les cylindres à vaisselle retiennent également notre attention. Nous

avons vu, au chapitre des fourneaux de cuisine à usage domestique, les cylindres ordinaires en fonte ou chaudières à rebord

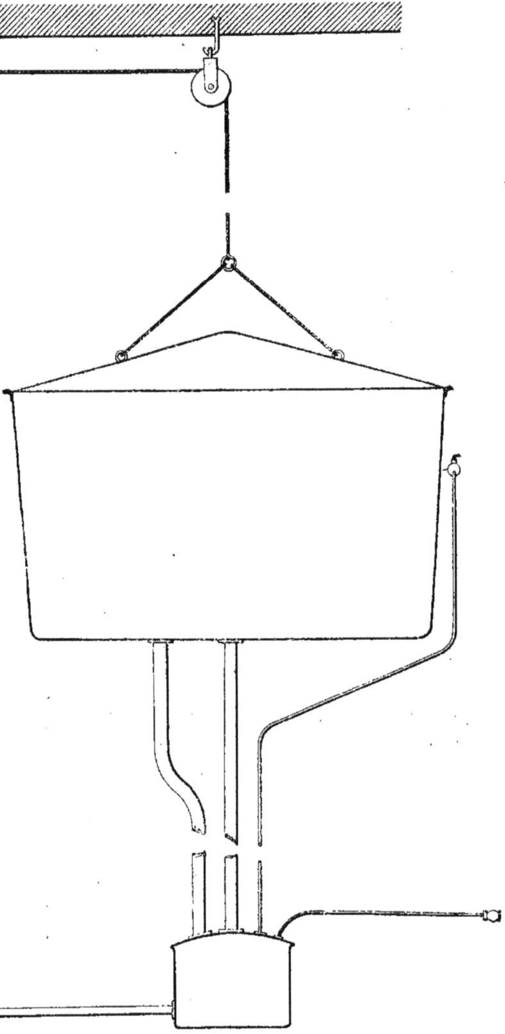

Fig. 954. — Schéma de chaudière à lessive autoclave avec cuvier pour blanchisserie.

employés dans les installations peu importantes. Pour les services des grands établissements, on fabrique des cylindres en cuivre à feu découvert ou à double enveloppe pour chauffage par circulation d'eau.

Les cylindres à vaisselle en cuivre rouge non étamé, de forme carrée, cylindrique ou rectangulaire, pour foyers à feu découvert, sont tarifés à la Série syndicale de chaudronnerie sous les numéros 688 à 692, depuis 20 kilogrammes et au-dessous, jusqu'au-dessus de 50 kilogrammes.

Les cylindres à double enveloppe pour chauffage à circulation d'eau, dans les mêmes formes et suivant la même échelle de poids, sont tarifés sous les numéros suivants 693 à 697.

La figure 955 représente la coupe d'un cylindre à double enveloppe. Les bacs en cuivre rouge étamé, sans couvercle, mais bordés de forme carrée, cylindrique, ou rectangulaire, comme les cylindres, sont

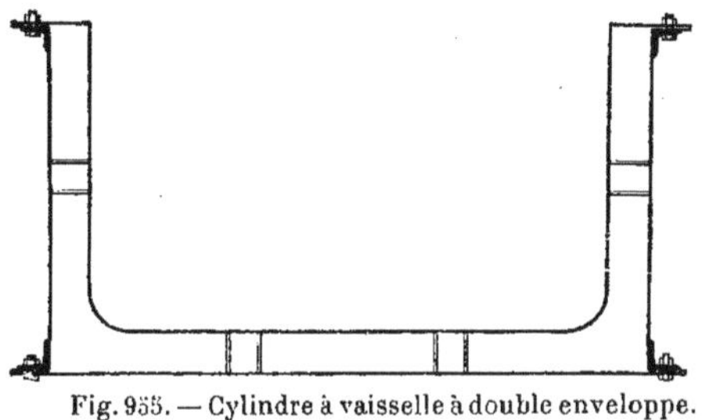

Fig. 955. — Cylindre à vaisselle à double enveloppe. Coupe.

tarifés sous les numéros 68 à 74, depuis 20 kilogrammes et au-dessous, jusqu'au-dessus de 80 kilogrammes.

Les prix de fabrication ne comprennent pas les percements, tubulures et tous travaux accessoires nécessaires à l'installation en service, non plus que la pose.

395. Il nous reste encore à mentionner les réservoirs dans la fabrication courante de chaudronnerie en fer et cuivre.

Les réservoirs en cuivre rouge, non étamé, bordés avec ou sans couvercle, sans percement ni tubulure, dans les formes carrée, rectangulaire ou cylindrique, sont tarifés à la Série syndicale de chaudronnerie, sous les numéros 1155 à 1163. Les réservoirs fabriqués avec gouttière intérieure formant joint hydraulique et couvercle, en cuivre rouge étamé, dans les

mêmes formes décrites ci-dessus, sont tarifés sous les numéros 1164 à 1172, les uns et les autres d'après la progression des poids indiquée ci-dessous :

1° De 20 à 30 kilogrammes ;
2° De 31 à 40   »
3° De 41 à 50   »
4° De 51 à 60   »
5° De 61 à 80   »
6° De 81 à 100   »
7° De 101 à 200   »
8° De 201 à 300   »
9° De 301 et au-dessus.

Les réservoirs en tôle noire, dans les mêmes formes et dans le même genre de fabrication, sont payés sous les numéros 1181 à 1191 en ce qui concerne ceux de fabrication ordinaire, et sous les numéros 1192 à 1198, pour ceux à gouttière intérieure formant joint hydraulique avec couvercle.

Les réservoirs ordinaires sont payés d'après l'échelle des poids qui va de 70 kilogrammes jusqu'au-dessus de 2 000 kilogrammes et ceux à joint hydraulique, depuis 70 kilogrammes jusqu'au-dessus de 300 kilogrammes.

La valeur de la galvanisation s'ajoute aux prix mentionnés par les articles ci-dessus.

Les prix des réservoirs, cuivre et tôle, comprennent le montage et la rivure en atelier, sans la pose, ni percements, tubulures ou travaux accessoires. Dans le cas de rivure sur place, ce travail est payé en supplément, au poids, sous les numéros 1173 et 1199. Il comprend la valeur du rivetage seulement sans aucun travail accessoire d'approche, de montage, d'échafaudage, etc.

Les figures 956 et 957 représentent, dans la fabrication en tôle, les réservoirs de forme carrée et cylindrique.

Il se fait encore des réservoirs de fabrication spéciale pour l'alcool, l'essence, l'huile, etc., etc., avec bouchon d'évent, tampon autoclave, et tube gradué avec tous accessoires, pièces de raccords et robinetterie, qui sont tarifés par les constructeurs spécialistes.

Les réparations de détartrage, étamage, soudure, etc., sur les réservoirs en cuivre, sont tarifées sous les numéros 1174 à 1180.

Les diverses réparations de détartrage et étamage des bassines, cuves, cylindres à vaisselle, etc., que nous avons décrites

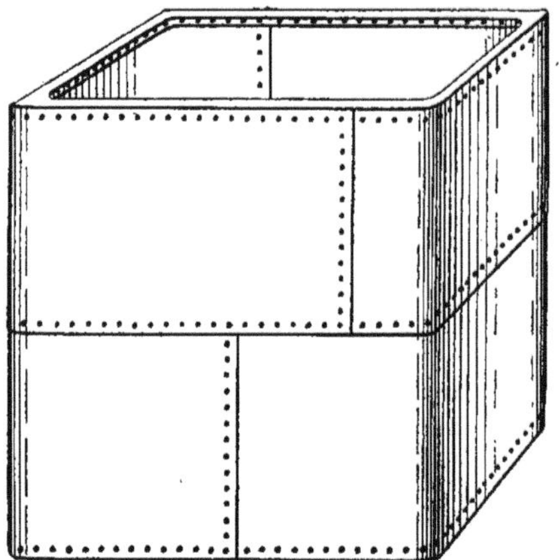

Fig. 956. — Réservoir carré en tôle.

précédemment, sont tarifées sous les numéros 699 à 719 et 786 à 823. Nous ne men-

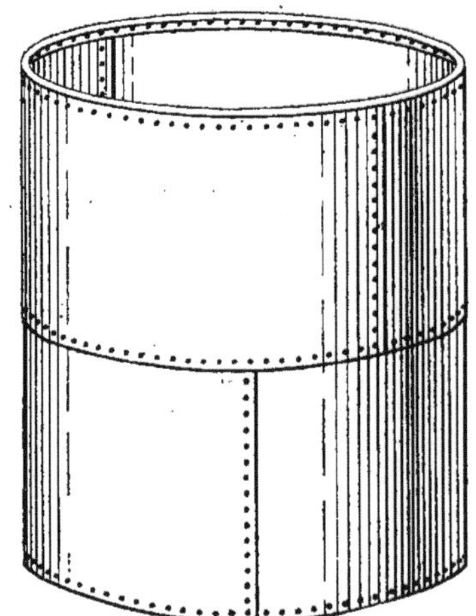

Fig. 957. — Réservoir cylindrique en tôle.

tionnons ces renseignements que pour mémoire.

Nous passons maintenant aux cheminées en tôle qui sont en quelque sorte l'article complémentaire de notre chaudronnerie en fer; puisque nous devons, ce nous semble, nous borner à la description sommaire des articles principaux et éviter les trop nombreux accessoires dont la lecture est suffisante pour la pratique.

Cheminées en tôle.

396. Les cheminées en tôle sont fabriquées dans toutes les formes, mais plus

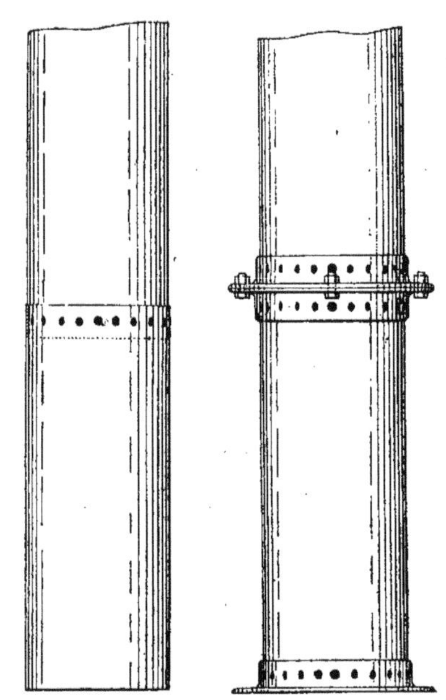

Fig. 958. — Section de cheminée en tôle à emboîtements.

Fig. 959. — Section de cheminée en tôle à cornières.

spécialement dans la forme cylindrique et quelquefois par tronçons coniques donnant à l'ensemble un aspect fuselé plus léger.

Les assemblages sont assurés de deux façons prévues à la chaudronnerie : à emboîtements ou à cornières.

Les sections des cheminées sont rivées entre elles par longueurs égales de 0^m,65, 0^m,80 ou 1 mètre pour former des tronçons également égaux entre eux et assemblés comme nous le disons, à emboîtements ou à cornières, pour fournir la hauteur totale.

Les cheminées sont généralement construites en tôle noire et peintes au coaltar.

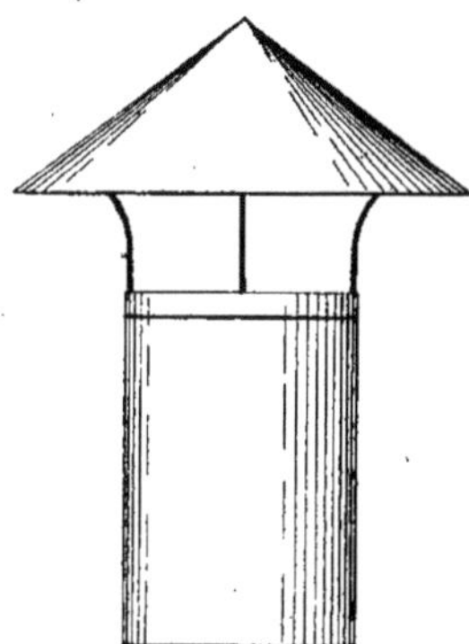

Fig. 960. — Champignon de cheminée en tôle sur section à emboîtement.

La galvanisation n'est employée que pour des cheminées de moindre importance.

La figure 958 représente la rivure de deux sections préparées pour le montage à emboîtements et la figure 959 le mon-

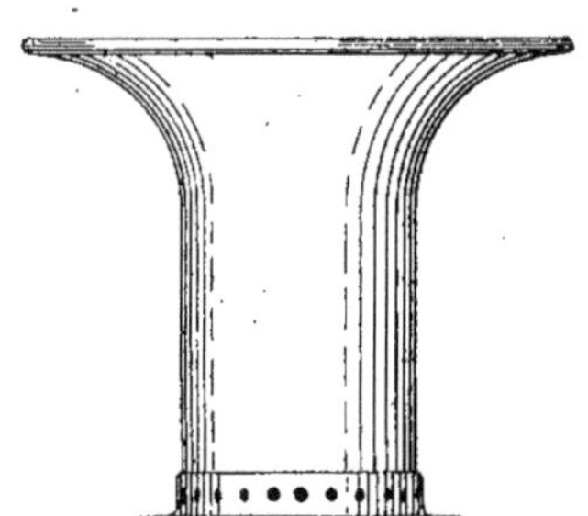

Fig. 961. — Pavillon de cheminée en tôle sur section à cornières.

tage à cornières, avec une section d'attente au joint sur sa cornière.

Les deux modes de fabrication sont tarifés à la Série syndicale de chaudronnerie sous les numéros 511 à 518 dans les

diamètres de 0^m,20 à 0^m,60 par augmentation de 0^m,05 jusqu'à 0^m,50 et de 0^m,10 de 0^m,50 à 0^m,60.

Nous donnons également (*fig.* 960 et

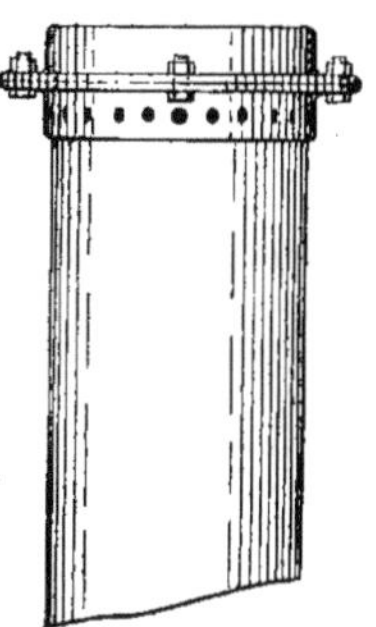

Fig. 962. — Couronnement à cornière pour cheminée en tôle.

961) les deux formes de couronnements tarifés à la Série de chaudronnerie par rapport aux diamètres des cheminées, de

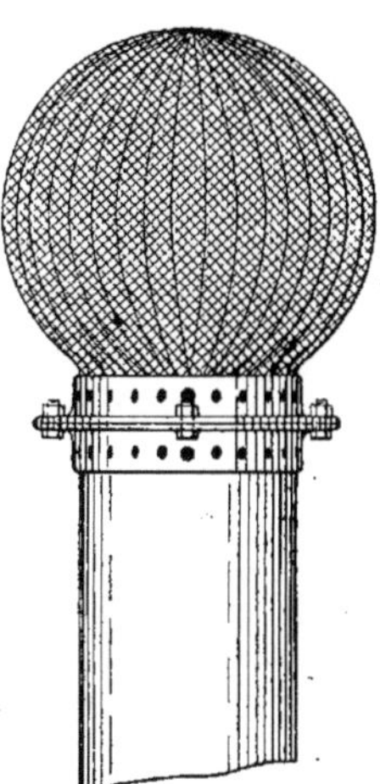

Fig. 963. — Boule pare-étincelles pour cheminée en tôle.

0^m,20 à 0^m,60 sous les numéros 511 à 518 précités. La figure 960, représente le champignon sur une section à emboîtement et la figure 961, le pavillon sur une section à cornière.

On termine encore les cheminées en ajoutant simplement un assemblage à cornières (*fig.* 962) ou en les surmontant dans certains cas d'une boule pare-étincelles (*fig.* 963).

Nous donnons aussi à titre documentaire un assemblage de pied pour cheminée cylindrique sur une base en maçonnerie de briques (*fig.* 964). La cheminée est montée sur une plaque d'assise en fonte nervée à feuillures et maintenue à certaine hauteur par des contreforts à nervures verticales réduites, de la base jusqu'au sommet du premier tronçon assemblé à cornières.

Tous les accessoires de fabrication résultant de dispositions spéciales, et pour des causes ou des usages déterminés sont à compter en sus de la fabrication normale pour cheminées à fûts cylindriques. La fabrication par tronçons coniques donne lieu également à une plus-value sur les prix indiqués sous les numéros précités de la Série syndicale de chaudronnerie.

Le ramonage des cheminées est assuré par une chaîne laissée dans le fût et montée sur un jeu de poulies qui sont à reprendre en fourniture et pour la façon du montage.

La pose des cheminées varie en raison des difficultés de montage, résultant non seulement du travail proprement dit, mais encore des conditions et du milieu dans lesquels il est exécuté. Pour ces raisons, la tarification de pose est impossible par avance à la Série.

La pose, la location et la dépose des échafaudages nécessaires et des appareils de levage, ainsi que tous travaux de garantie et de protection des ouvriers et des voisinages sont à reprendre.

Les observations sur ces points sont faites à la Série de chaudronnerie sous les numéros 519 et 520.

Les cheminées métalliques sont fixées par des haubans en fil de fer simple ou tressé, ou encore par des câbles en acier.

Les haubans en fil de fer, pour fourniture, sont tarifés sous les numéros 522

et 523 de la Série de chaudronnerie selon qu'ils sont en fer recuit noir ou galvanisé et sous le numéro 524 en fil galvanisé tressé.

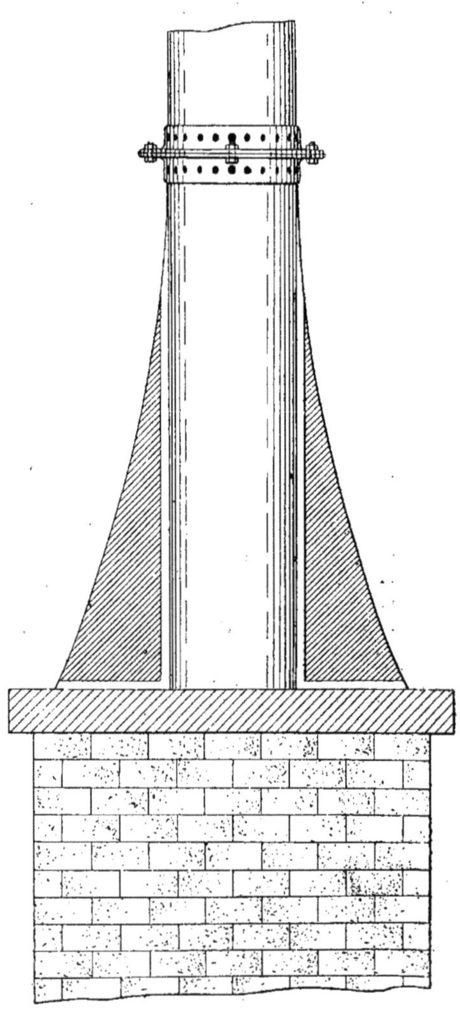

Fig. 964. — Pied de cheminée nervé, en tôle, sur base en briques.

Les câbles sont comptés au mètre linéaire suivant leur composition et leur diamètre d'après les tarifs spéciaux des fabricants avec la majoration de bénéfice due à l'entrepreneur.

Les câbles ou les haubans sont généralement bouclés sur des cosses et repris par des épissures ou des tresses selon

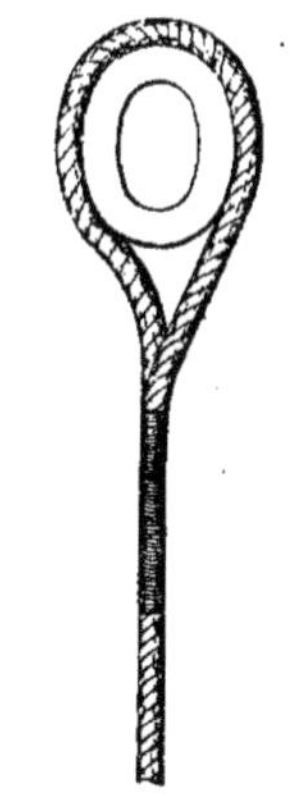

Fig. 965.—Bouclage de câble et épissure sur cosse.

qu'il s'agit de câbles ou de haubans en fil ordinaire. La figure 965 représente un bouclage sur cosse avec épissure. Des crochets forgés à scellements faits spécialement servent à fixer les haubans aux

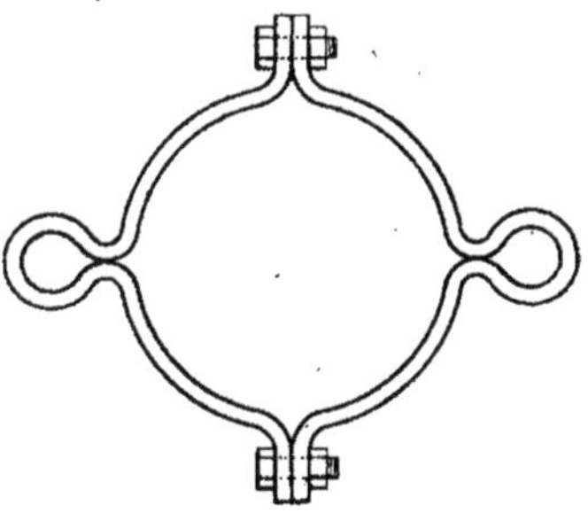

Fig. 966. — Collier à bride avec oreillons porte-câbles.

points d'attaches. Les colliers rapportés aux points convenables des cheminées en reçoivent les extrémités fixées sur des oreillons.

Nous donnons (*fig.* 966) un collier à

brides avec oreillons porte-haubans et (*fig.* 967) un autre collier à bride pour fixation à scellements.

Les haubans et les câbles sont réglés à la tension au moyen de raidisseurs ordi-

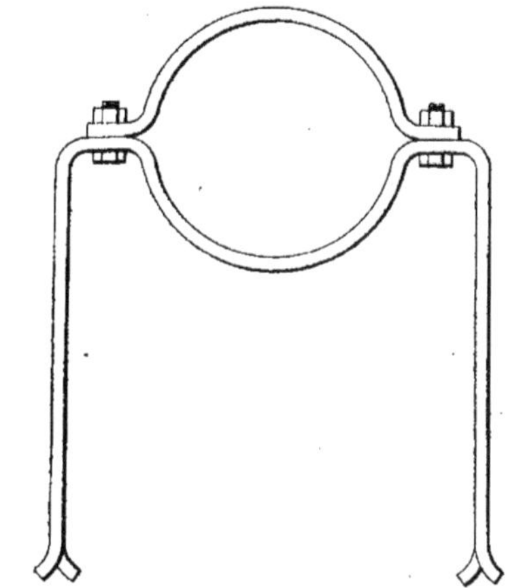

Fig. 967. — Collier à bride de fixation à scellement.

naires ou à lanternes. Les raidisseurs ordinaires en fer galvanisé sont tarifés à la Série de chaudronnerie sous les numéros 1128 à 1133 et les clefs de serrage

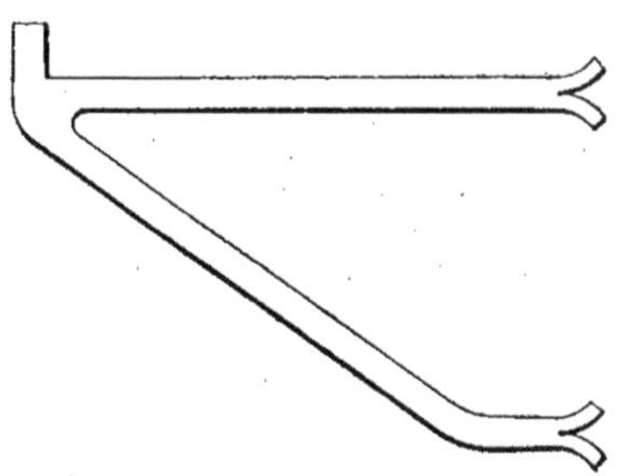

Fig. 968. — Console à scellement pour assise de cheminée murale.

sous les numéros 1134 et 1135. Les raidisseurs à lanternes beaucoup plus puissants montés sur une tige filetée droite et gauche sont payés suivant les tarifs des fabricants augmentés du bénéfice.

Les colliers en fer forgé à scellements, sont payés à la Série de chaudronnerie, sous le numéro 639 à la pièce au-dessous de 1 kilogramme et sous les numéros 640 et 641, au poids, de 1 à 2 kilogrammes et au-dessus.

Les colliers spéciaux à brides avec oreillons porte-haubans sont comptés en raison de la main-d'œuvre eu égard au poids et ne sont pas tarifés à la Série.

La figure 968 représente une console à scellements recevant une plaque d'assise pour cheminée murale. Les consoles en fer forgé sont tarifées à là Série de chaudronnerie sous les numéros 648 à 653.

La peinture des cheminées est tarifée à la chaudronnerie sous les numéros 1010 et 1011 pour l'exécution en atelier. La peinture sur place n'est pas tarifée puisque la main-d'œuvre varie en raison des difficultés selon l'observation faite par la Série sous le numéro 1013.

La peinture sur parties anciennes est augmentée de 15 0/0, s'il s'agit d'application en atelier, conformément à l'évaluation sous le numéro 1012.

397. Nous pensons avoir fourni toutes les explications utiles en présentant les articles de la Série. Nous complétons nos descriptions par l'installation d'une cheminée métallique à section rectangulaire, prise à la partie supérieure, avec lanterne de ventilation crénelée et hausse à caissons, échelle d'accès, passerelle hors comble, escalier et garde-corps (*fig.* 969).

Nous donnons ce travail à titre documentaire, car il résume en quelque sorte les données précédentes de chaudronnerie et serrurerie.

La cheminée intérieure, à section rectangulaire, monte dans une gaine de ventilation en briques surmontée d'une lanterne crénelée sur une hausse à caissons relevés par des appliques en décoration. La partie haute est isolée et l'accès du couronnement est assuré par une échelle verticale montée à embrassures sur la cheminée. Une passerelle et un escalier relient la cheminée à la sortie du comble.

Étant donnée l'importance des travaux d'une construction aussi considérable, l'exemple de métré deviendrait un véritable mémoire. Pour fournir néanmoins la plus grande somme possible de renseignements utiles, tout en restant dans un cadre restreint : nous donnons un canevas métrique indiquant les grandes lignes de la construction.

La maçonnerie est en dehors de ce chapitre spécial à la chaudronnerie : nous en indiquons seulement les données générales pour mémoire, puisqu'au surplus il s'agit de travaux que nous avons déjà vus en détails.

La *fouille pour fondation* ; comme fouille de puits, au-dessus de 1^m,50 jusqu'à 2 mètres de profondeur, et suivant la nature du terrain sous le numéro 37 de la Série de terrasse. Au-dessous de 1^m,50 de profondeur, le prix appliqué est réduit de moitié, comme fouille de trous, sous le numéro 41.

Les *étaiements en charpente*, en cas de fouille en terrains ébouleux, sont payés, au stère, sous le numéro 121 de la Série d'égouts pour étaiement à ciel ouvert, et sous le numéro 122, sous galeries, fosses ou deuxièmes caves.

Les *reprises et transport des terres* à la Série de terrasse dans les données que nous avons indiquées au chapitre des calorifères.

Les *bétons* avec leur composition de mortier sont payés, au mètre cube, à la maçonnerie, sous les numéros 475 et 476 avec les plus-values sous le numéro 477, et, suivant les cas spéciaux de construction, les plus-values sous les numéros 1576 à 1586.

La *maçonnerie de briques* en massif est payée, selon la nature de la brique, aux évaluations au mètre cube sous les numéros 501 à 533. La brique de Bourgogne est plus spécialement employée. Les plus-values de hourdis sont tarifées sous les numéros 545 à 546, et les plus-values de construction sous les mêmes numéros que pour les bétons.

Les *échafaudages* selon les cas et suivant qu'ils sont établis en matériel de maçonnerie ou de charpente.

Les *échafauds de maçonnerie* sont tarifés aux évaluations de légers ouvrages sous les numéros 932 à 941 en conformité des observations inscrites sous les numéros 942 à 950.

Les *échafauds de charpente* sont payés à l'unité métrique des bois, au stère. dans la Série spéciale de charpente, sous le numéro 70, pour échafauds ordinaires jusqu'à 18 mètres de hauteur et sous le numéro 71 au-dessus de 18 mètres.

Les moins-values sous les numéros 75 à 77 sont applicables aux échafauds boulonnés, non assemblés, 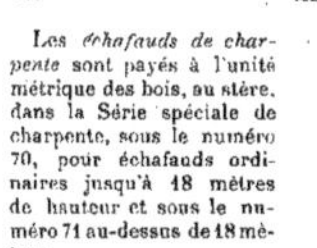 dans les termes réservés par la Série. Les observations sous les numéros 78 et 79 s'appliquent aux vieux bois façonnés.

Les prix d'échafaudages en charpente comportent une durée de location de trois mois. Au-delà de cette durée la valeur de location est comptée suivant les évaluations sous les numéros 80 à 84.

La *cheminée d'appel*, ou élévation, est payée à la Série de fumisterie, suivant la nature de brique employée et son épaisseur, jusqu'à $0^m,22$ au maximum, sous les évaluations au mètre superficiel numéro 621. Les plus-values de hourdis sont à reprendre à la maçonnerie et toutes autres plus-values applicables, qu'elles résultent de difficultés spéciales d'exécution ou pour construction à grande hauteur au-dessus de 10 mètres.

Les *cadres de décharge laissés dans le briquetage* sont à prendre suivant leur façon, assemblés ou non sur les armatures extérieures.

Les *armatures extérieures* en fer cornière à ceintures sont tarifées suivant leur façon à la Série de Fumisterie, sous les numéros 697 et 698. Tous autres ouvrages sont à compter à la Serrurerie, ainsi que les boulons, cales en fer, coins, équerres, etc., etc.

La pose des armatures, les fixations spéciales à boulons ou à vis, les trous et scellements et tous les ouvrages accessoires tels qu'enduits, parements de briques, jointoiements, raccords, etc., sont à reprendre aux évaluations fixées par les Séries auxquelles ils se rapportent. Nos lecteurs trouveront dans nos exemples

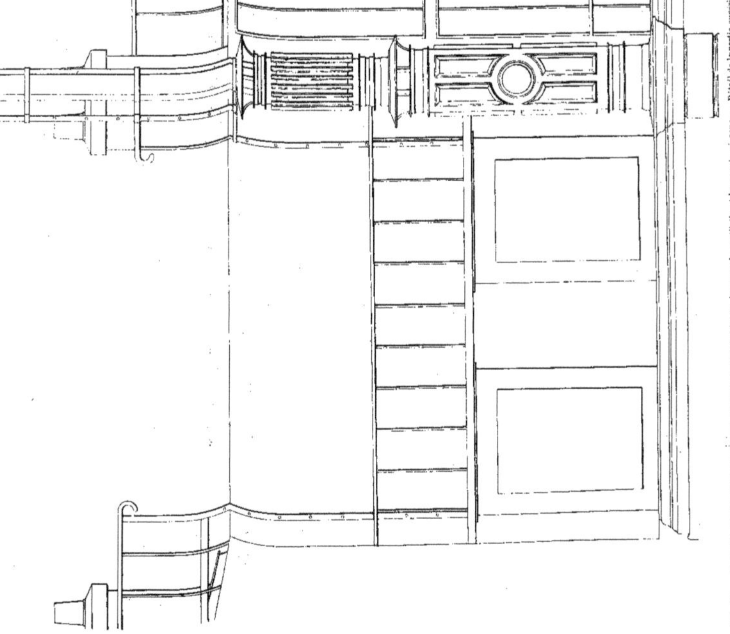

Fig. 969. — Cheminée métallique avec passerelle, garde-corps, échelle d'accès, lanterne de ventilation à hausse, à caissons. — Détail de la partie supérieure.

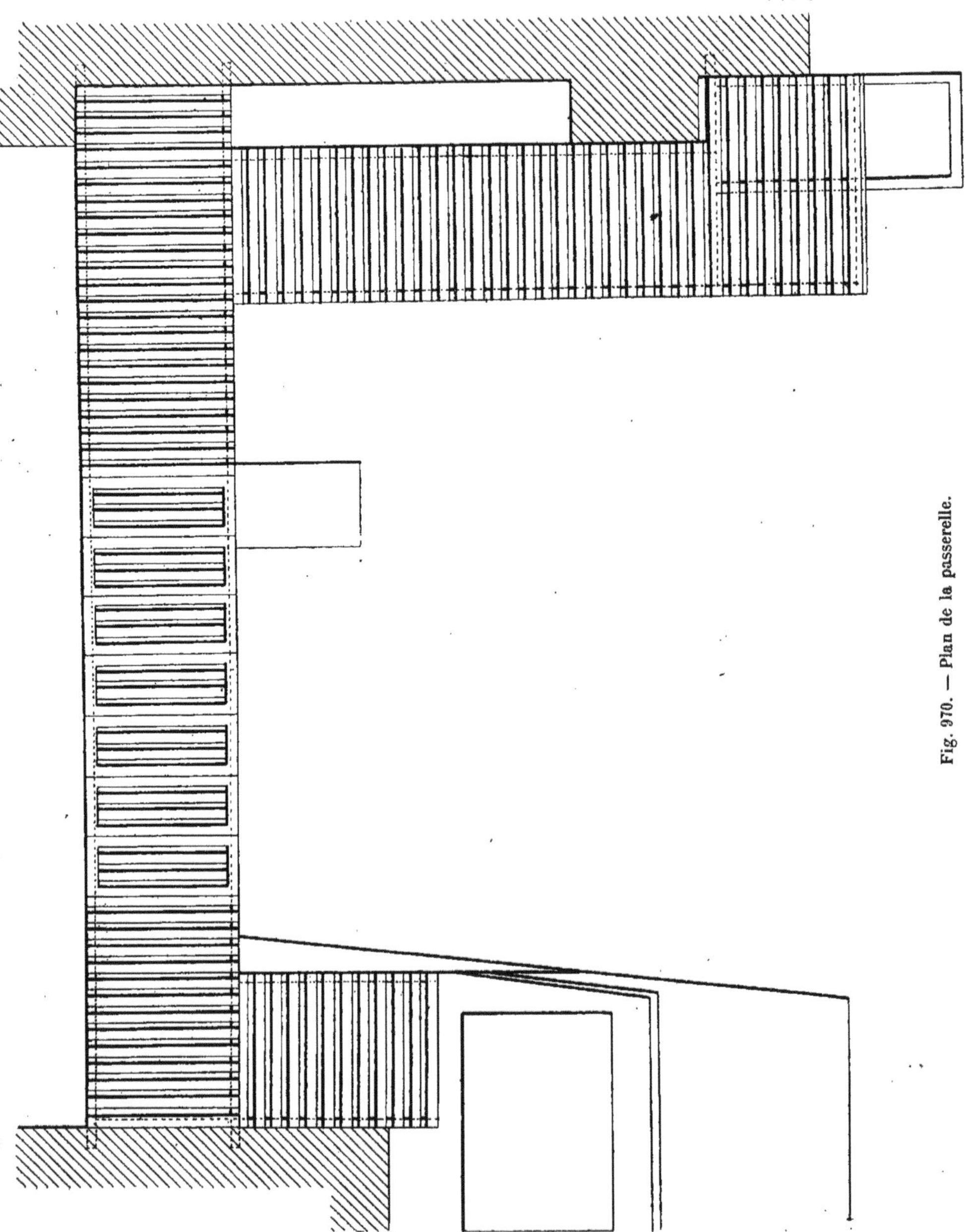

Fig. 970. — Plan de la passerelle.

précédents les renseignements sur ces divers travaux.

Sont à compter les *ouvrages spéciaux de garantie ou d'approche*, échafaudages,

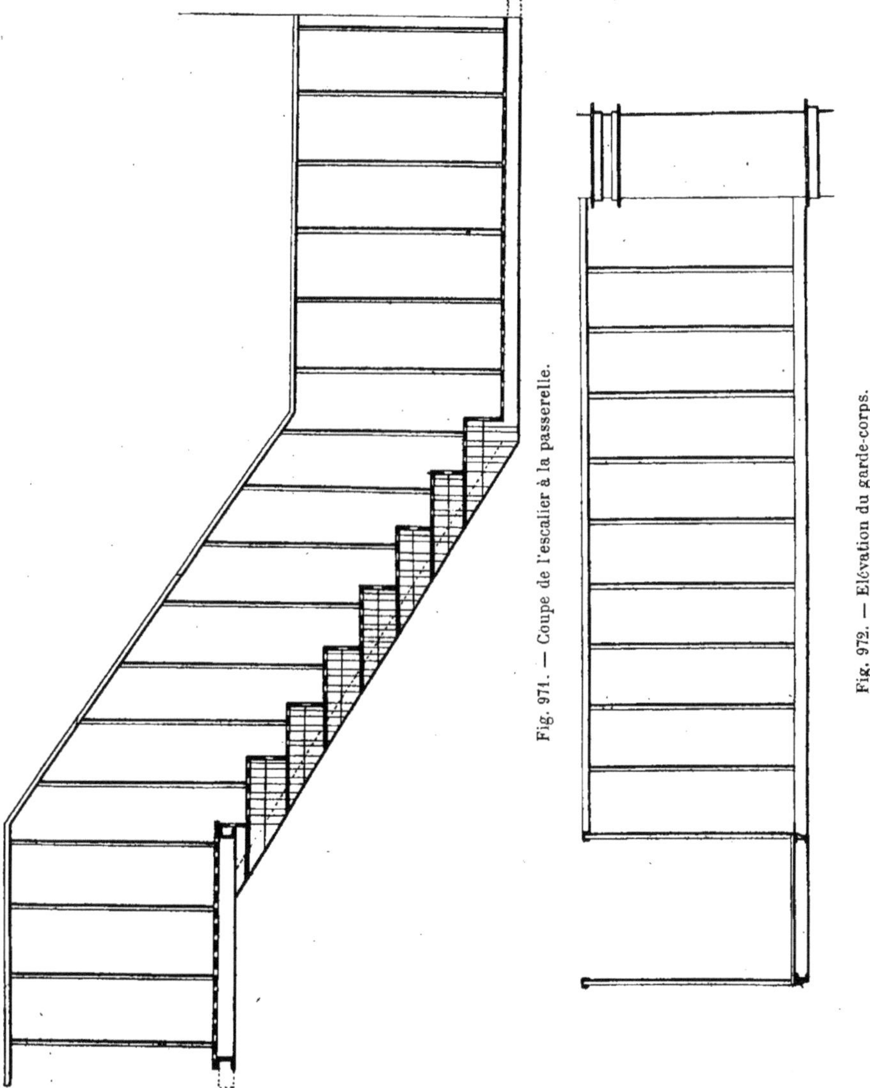

Fig. 971. — Coupe de l'escalier à la passerelle.

Fig. 972. — Elévation du garde-corps.

éventails, bâchages, etc., qui sont payés aux évaluations de la Série de maçonnerie ou suivant les estimations spéciales en cas de difficultés.

Cheminée métallique levée par tronçons à hauteur de pose, montée, assemblée à cornières boulonnées.

Observation.

La pose est payée selon les difficultés d'exécution et les risques. La base d'évaluation n'est point constante.

Façon des joints au céruse sur rondelles en carton d'amiante : à la pièce.

Suivant la section de la cheminée.

Observation.

Les joints peuvent être faits de différentes façons avec des matières différentes.

Observation.

Fourniture des joints en carton d'amiante avec garniture à la céruse : à la pièce.

Suivant l'épaisseur du carton et la section de la cheminée.

Observation.

Fourniture des boulons mécaniques têtes et écrous à pans : à la pièce.

Série syndicale de chaudronnerie, nᵒˢ 276 à 299.

Monté, boulonné, les colliers à brides : à la pièce.

Observation.

Les entailles dans la brique en réduction de taille unité : au mètre superficiel.

Maçonnerie nᵒˢ 1621-1622.

Les scellements aux évaluations de légers ouvrages.

Maçonnerie nᵒ 1132.

Les cales en fer coincées et réglées de niveau recevant les enchevêtrures entre les colliers et posé les enchevêtrures : à la pièce.

Observation.

Les scellements aux évaluations de légers ouvrages.

Maçonnerie nᵒ 1132.

Posé le cadre d'assise de la lanterne de ventilation, arasé scellé de niveau : à la pièce.

Évaluation :

Fixé le cadre par équerres assemblées, boulonnées sur l'armature spéciale.

Observation.

Fixé à scellements dans la brique. Les trous en réduction de taille unité : au mètre superficiel.

Maçonnerie nᵒˢ 1621 et 1622.

Les scellements aux évaluations de légers ouvrages.

Maçonnerie nᵒ 1132.

Lanterne métallique levée à hauteur de pose, montée, assemblée à cornières boulonnées sur caissons par panneaux démontables.

Observation.

Colonne de droite (série)

Levage et montage de cheminée métallique, assemblée à cornières boulonnées.

Observation.

Façon de joint d'assemblage de cheminée métallique à cornières sur carton d'amiante et céruse : à la pièce.

»   »   »

Observation.

Observation.

Fourniture de joint en carton d'amiante et garniture de céruse pour cheminée à cornières : à la pièce.

»   »   »

Observation.

Boulon mécanique à la pièce.

»   »   »

SÉRIE SYNDICALE,
Chaudronnerie nᵒˢ 276 à 299.

Montage et pose de collier à bride boulonné : à la pièce.

»   »   »

Observation.

Taille de brique, au mètre superficiel.

»   »   »

SÉRIE CENTRALE, Maçonnerie nᵒˢ 1621-1622.

Légers ouvrages.

»   »   »

Pose d'enchevêtrures en fer sur calages en décharge, à la pièce.

»   »   »

Observation.

Légers ouvrages.

»   »   »

Pose de cadre d'assise pour lanterne de ventilation, arase et scellement de niveau, à la pièce.

Observation.

Fixation de cadre d'assise par équerres boulonnées sur armature.

Observation.

Taille de brique au mètre superficiel.

»   »   »

SÉRIE CENTRALE, Maçonnerie nᵒˢ 1621-1622.

Légers ouvrages.

»   »   »

Levage et montage de lanterne métallique, assemblée à cornières boulonnées.

Observation.

La pose est traitée en raison des difficultés comme pour la cheminée.

Scellé, calfeutré, la lanterne avec la hausse à caissons sur cheminée en briques.

Observation.

Les appareils de levage avec planchers de madriers, cordages et agrés, pour location, pose, montage, dépose et descente, coltinage et double transport.

Observation.

La valeur en raison de l'importance du matériel et des difficultés de montage.

Haubanné la cheminée :

Recherché les points d'attaches, fixé les crochets porte-câbles dans la maçonnerie ou à tirefonds dans les charpentes, eu égard au travail exécuté.

Observation.

Posé les câbles, pour première pose d'épreuve, règlement des longueurs et des tensions : au mètre linéaire.

Observation.

Façon de bouclages des câbles sur cosses avec épissures : à la pièce.

Observation.

Posé les câbles, pour pose définitive après les bouclages et règlement des tensions sur cheminée métallique : au mètre linéaire.

Observation.

La valeur de la pose est en raison des difficultés d'exécution, d'accès et d'éloignement des points d'attaches, des diamètres du câble et du matériel spécial de pose.

En fournitures :

La cheminée en tôle à section rectangulaire à angles arrondis, montée à cornières : au poids.

Observation.

Les évaluations de la Série syndicale de chaudronnerie s'appliquent aux cheminées cylindriques seulement. — Les plus-values de section rectangulaire et d'angles arrondis sont à ajouter sur le prix de base.

Observation.

La partie haute de la cheminée isolée à reprendre :

Les angles extérieurs rapportés, cornière de fer à congé renforcé : au mètre linéaire.

Observation.

La valeur de la cornière suivant la largeur du fer.

Les coupes droites arasées : à la pièce.

Observation.

Évaluation des ouvrages sur fers à la serrurerie.

Les trous de fixation pour rivures : à la pièce.

Serrurerie nos 1148 à 1153.

Scellement de lanterne spéciale et calfeutrement.

Observation.

Appareils de levage pour location, pose et dépose, coltinage et double transport.

Observation.

Observation.

Pose d'épreuve des câbles, au mètre linéaire.

» » »

Observation.

Façon d'épissures de câbles, à la pièce.

» » »

Observation.

Pose définitive des câbles et règlement des tensions sur cheminée métallique, au mètre linéaire.

» » »

Observation.

Cheminée rectangulaire en tôle à angles arrondis, montée à cornières, au poids.

» » »

Observation.

Observation.

Cornière de fer à congé renforcé, au mètre linéaire.

» » »

Observation.

Coupe droite arasée sur cornière, à la pièce.

» » »

Observation.

Trou percé dans le fer, à la pièce.

» » »

SÉRIE CENTRALE, Serrurerie nos 1148 à 1153.

Les rivures bouterollées : à la pièce.
Observation.
Le pavillon en tôle pour couronnement de cheminée à section rectangulaire à angles arrondis monté à cornières : au poids.
Observation.
Les plus-values de cheminée à section rectangulaire avec angles arrondis sont applicables sur la valeur du pavillon pris sur la base du pavillon cylindrique.
Façon des cintrages sur les cornières d'angles rapportées épousant le gabarit du pavillon à la pièce.
Observation.
Les coupes, ajustements, trous de fixation, rivures bouterollées, à la pièce.
Observation.
La poulie à gorge montée sur chape en fer forgé à empattements, à la pièce.
Observation.
Suivant le diamètre de la poulie et façon de la chape.

Les boulons mécaniques têtes et écrous à pans à la pièce.
Série syndicale de chaudronnerie, nᵒˢ 276 à 299.

La chaîne de ramonage au mètre linéaire.
Observation.
Suivant la force et façon de la maille d'après les tarifs des fabricants, les déboursés augmentés du bénéfice.
Le porte-mousqueton : à la pièce.
Observation.
Même remarque que pour la chaîne.
La hausse à caissons métalliques par panneaux démontables avec appliques rapportées en décoration.
Observation.
Les panneaux en tôle seront comptés pour la valeur de tôle découpée avec toutes façons de dressement de rives, planage aux évaluations de la Série de serrurerie sous les numéros 166 et 167.
Les armatures intérieures en cornière de fer pour l'assemblage, seront comptées au mètre linéaire, suivant la mesure des fers aux évaluations de la Série de serrurerie sous les numéros 1102 à 1112.
Les ajustements des fers suivant leur façon, sous les numéros 1119 et 1120 conformément aux observations sous les numéros 1121 à 1124.
Les armatures extérieures seront traitées de la même manière.
Les fers à moulures seront comptés au mètre linéaire, suivant la mesure des fers, sous les numéros 1126 à 1134.
Les ajustements des fers seront tarifés suivant leur façon sous les numéros 1141 à 1143 conformément aux observations 1144 à 1147.
Les façons spéciales sur tous les fers pour décoration ou autres en dehors des assemblages ci-dessus sont à reprendre en raison de leur exécution.

Rivure bouterollée, à la pièce.
»   »   »
Observation.
Couronnement de cheminée rectangulaire en tôle montée à cornières à pavillon, au poids.
Observation.
Cintrage de cornière de fer sur gabarit, à la pièce.
»   »   »
Observation.
Observation.
Poulie à gorge montée sur chape en fer forgé, à la pièce.
Observation.
Boulon mécanique, à la pièce.
»   »   »
SÉRIE SYNDICALE, Chaudronnerie nᵒˢ 276 à 299.
Chaîne intérieure de ramonage, au mètre linéaire.
»   »   »
Observation.
Porte-mousqueton, à la pièce.
»   »   »
Observation.
Hausse à caissons métalliques par panneaux démontables avec appliques rapportées en décoration.
Observation.

Les trous percés, contre-percés, les rivures et les vis à métaux sont à reprendre conformément aux évaluations de la Série de serrurerie sous les numéros 1148 à 1153 et les observations numéros 1154 à 1156, les évaluations usuelles à défaut de tarification et les prix fixés pour les vis à métaux sous les numéros 1928 à 1938.

Les boulons d'assemblage sont à reprendre et les trous percés dans les fers, toujours dans les mêmes données que nous avons énumérées.

Tous les fers en dehors de ceux que nous avons indiqués peuvent entrer dans la construction : tels que les fers plats et larges-plats pour socles, saillies, etc., sont à reprendre ainsi que tous les ouvrages de façon aux évaluations de la Série de serrurerie sous les numéros 199 à 241.

Le cadre d'assise en cornière, au mètre linéaire et toutes façons d'assemblages avec pattes rapportées et rivées, dans les données précédentes.

La façon du montage en atelier, en comprenant les derniers dégauchissages, termine le détail d'un travail de ce genre.

La lanterne de ventilation à créneaux à section rectangulaire, au poids.

Observation.

Les fers pour assemblage et tous ouvrages de fixation et d'ajustement sont traités comme les fers de la hausse à caissons.

Observation.

Les câbles métalliques au mètre linéaire.

Observation.

Selon la nature des câbles, la composition et le diamètre.

Les cosses, les menottes, les raidisseurs, les crochets porte-câbles à empattements tirefonnés, ou à scellements, les tire-fonds s'il y a lieu, en raison des dimensions, de la nature des objets et du travail de façon, en évaluation et d'après les tarifs augmentés du bénéfice pour les articles spéciaux.

Observation.

L'échelle d'accès montée verticalement au long de la cheminée métallique, partie haute isolée hors comble.

Observation.

L'échelle supposée composée de montants en fer plat avec échelons épaulés et rivés est comptée au poids.

Égouts numéro 160.

Les ouvrages de fixation, assemblages sur fer et tôle, trous de montage, vis et boulons nécessaires, sont à reprendre aux évaluations de la serrurerie.

Observation.

Dans le cas d'échelle avec montants en fer à **U**, les montants sont à prendre, suivant la largeur des fers, aux évaluations des fers à moulure du commerce, au mètre linéaire, à la serrurerie, et tous ouvrages à reprendre dans les données précédemment indiquées.

Observation.

Les pièces spéciales de façon pour fixation de l'échelle sont à reprendre en raison de leur exécution.

Observation.

Lanterne de ventilation à créneaux section rectangulaire, au poids.

»   »   »

Observation.

Observation.

Câble métallique, au mètre linéaire.

»   »   »

Observation.

Observation.

Échelle d'accès de la cheminée, partie haute isolée.

Observation.

Échelle en fer, au poids.

»   »   »

SÉRIE CENTRALE, Égouts n° 160.

Observation.

Observation.

Observation.

Les embrassures en fer plat maintenant l'échelle accouplée à la cheminée, façonnées à la demande, percées de trous et assemblées à boulons, au poids.

Serrurerie numéro 133.

Les trous de fixation sur l'échelle et la fourniture des boulons sont à reprendre, à la pièce.

Observation.

La passerelle.

Observation.

La passerelle sera traitée à la serrurerie; en supposant les limons en fer à **U**, suivant la largeur des fers, sous les numéros 1126 à 1134.

Les arasements droits sous les évaluations numéros 220 à 225. Les encoches, façons des scellements, etc., à la pièce.

Les éclisses en fer suivant leur façon à la pièce.

Les trous percés dans le fer et contre-percés sous les numéros 1148 à 1153.

Les boulons ou les vis à métaux, à la pièce.

Les traverses du plancher en fer plat, coupées de longueur, dressées, percées pour assemblage, au poids, sous le numéro 75.

Les trous de montage contre-percés dans le limon. Les boulons ou vis à métaux, à la pièce, aux évaluations de la Série.

Les fixations à rivures seront comptées à la pièce dans les mêmes données.

Observation.

L'escalier.

Observation.

L'escalier composé, en supposant les limons en fer cornière, suivant la largeur des fers, sous les numéros 1102 à 1112 :

Les arasements droits et biais sous les numéros 220 à 225 et la plus-value sous le numéro 226.

Les éclisses et les équerres en fer suivant leur façon, à la pièce. Les trous de fixation, boulons, vis à métaux ou rivures, à la pièce, aux évaluations de la Série.

Toutes les façons sur fer, à reprendre comme il est dit précédemment pour la passerelle.

Les cornières d'emmarchements, coupées de longueur et dressées suivant la largeur du fer, au mètre linéaire.

Les travaux sur fer, arasements, trous, rivures ou fixation à vis et boulons. Les équerres, etc., à reprendre à la pièce.

Les traverses en fer plat, pour les marches, façonnées comme à la passerelle, sont comptées, au poids, sous le numéro 75.

Les ouvrages de montage et de fixation, à reprendre comme nous les avons indiqués.

L'emploi de tôle striée donne lieu d'appliquer le prix porté sous le numéro 164. Les façons sur tôle, découpage, dressement des rives, à reprendre sous les numéros 166 à 178. Les trous de fixation, les encoches ou assemblages spéciaux, etc., etc., évalués à la pièce.

Les supports en fer forgé pour la passerelle et l'escalier sont comptés au poids sous le numéro 131.

Les trous de fixation contre-percés sur les limons, les boulons ou vis à métaux pour montage, à la pièce.

Les tirefonds en cas de fixation sur charpente, à la pièce.

Observation.

Fer forgé pour embrassures de pièces accouplées, analogie au poids.

» » »

SÉRIE CENTRALE, Serrurerie n° 133.

Observation.

Passerelle en fer suivant détails.

Observation.

Escalier en fer suivant détails.

Observation.

Le garde-corps.	Garde-corps en fer suivant détails.
Observation.	Observation.

Le garde-corps, en supposant la main courante en fer à **U**, suivant la largeur du fer, comme fer à moulure, au mètre linéaire.

Les travaux d'arasements et d'assemblages, éclisses ou équerres, plates-bandes rapportées, ajustements et toutes façons, à reprendre à la pièce.

Les barreaux en fer rond coupés de longueur et dressés suivant le diamètre du fer, au mètre linéaire.

La façon des pattes coudées, droites ou biaises, les trous de fixation et les rivures, à reprendre à la pièce, dans les données que nous avons indiquées.

Tous les boulons pour le montage et l'assemblage des fers de la passerelle, l'escalier et le garde-corps, sont comptés à la pièce.

Les travaux de fixation à la construction, trous, scellements dans la maçonnerie ou assemblages sur charpente, sont à reprendre. Il y a lieu aussi, dans un travail de ce genre, de tenir compte du montage à grande hauteur, hors comble, compris les risques en raison des difficultés du travail.

La peinture de la cheminée est payée, au mètre superficiel, à la Série syndicale de chaudronnerie sous les numéros 1010 et 1011.

Ces prix ne s'appliquent pas à la peinture exécutée sur cheminée en place. Observation numéro 1013.

Peinture au mètre superficiel.
» » »
Observation.
SÉRIE SYNDICALE, Chaudronnerie n° 1013.
Peinture au mètre linéaire.
» » »
Observation.

La peinture des fers est comptée au mètre linéaire, pour travaux courants, selon les indications de la Série de peinture, sous les numéros 290 à 298.

Il y a lieu également de tenir compte des difficultés d'exécution pour la peinture des fers en place.

398. En complément de nos descriptions nous présentons le plan de passerelle (*fig.* 970). La coupe de l'escalier à la passerelle (*fig.* 971), et le garde-corps (*fig.* 972).

La manière dont nous avons présenté ce travail a surtout pour objet d'exclure dans la pensée de nos lecteurs, toute idée d'un mémoire tout fait, invariablement rédigé pour n'importe quel genre de construction similaire.

Nous pensons avoir donné dans la double forme, concise et récapitulative, la facture d'une classification à observer dans le métré des ouvrages, que nos lecteurs appliqueront et compléteront dans la pratique.

CHAUFFAGE DE SERRES

399. Il nous reste à dire quelques mots du chauffage de serre pour clore le chapitre de la chaudronnerie.

Des constructeurs se sont spécialisés dans l'application du chauffage à l'usage des serres, dont les installations très variées et quelquefois très importantes donnent lieu à des travaux considérables.

Les serres répondent à différents usages particuliers, publics et industriels.

Dans le domaine industriel, l'extension du commerce de la décoration florale a créé des spécialistes de l'horticulture forcée, pour lesquels il convient de construire des appareils puissants, dits forceurs.

Les grandes serres de nos jardins publics, les orangeries, les jardins d'hiver, le palmarium de Paris au jardin d'acclimatation, sont surtout des applications compliquées et importantes.

En dehors de ces installations toutes spéciales, les travaux ordinaires des petites serres privées rentrent dans les applications courantes exécutées par tous les constructeurs.

Au point de vue général, le chauffage de serre est classé en trois catégories qui répondent aux services qui leur sont

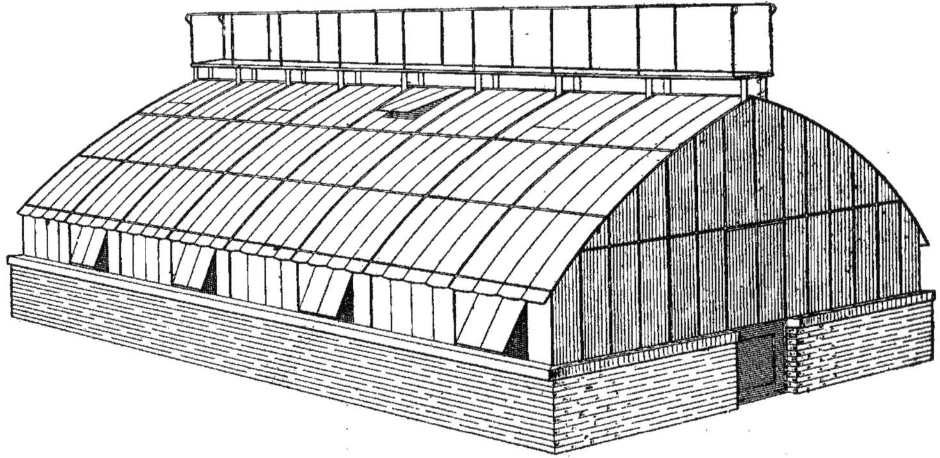

Fig. 973. — Serre hollandaise de la Maison Charpentier.

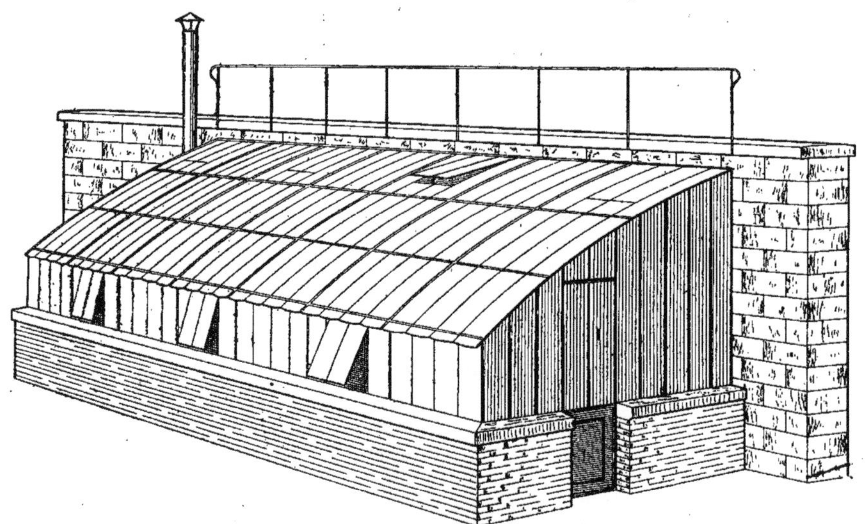

Fig. 974. — Serre en appentis de la Maison Charpentier.

demandés, en raison des températures à obtenir, et que l'on désigne par serre froide, serre tempérée et serre chaude.

Le chauffage doit donc répondre au service qui lui est imposé, non seulement en ce qui concerne la température de travail, mais encore, en raison de la structure de la serre : selon qu'elle est isolée, dite Hollandaise (*fig.* 973), ou adossée à un mur, dite en appentis (*fig.* 974).

Nous ne pouvons évidemment pas entrer dans les détails des installations multiples; au surplus, nous avons déjà donné, au point de vue du métré, toutes explications utiles, dans le chapitre du chauffage à eau.

Il nous semble inutile de revenir sur les travaux de briquetage, de terrassement pour fouilles de chaudières et canalisations, construction des caniveaux, rampes, armatures, cheminées en tôle ou en briques,

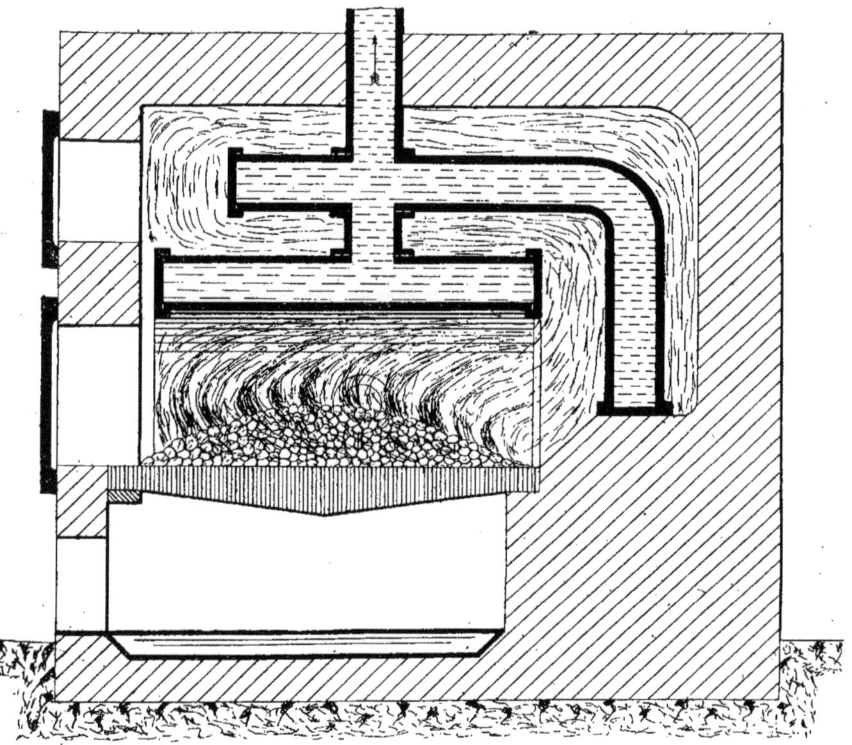

Fig. 975. — Chaudière en fer à cheval à bouilleur (coupe), Maison Bergerot, Schwartz-Meurer.

etc., etc., tous travaux que nous avons vus précédemment et que nous excluons de ce chapitre spécialement consacré aux seules observations concernant les travaux de chaudronnerie proprement dits.

Les chaudières de fabrication commerciale, en cuivre rouge à foyer intérieur, sont tarifées à la Série syndicale de chaudronnerie sous les numéros 365 à 369, selon l'échelle des poids ci-dessous :

De 50 à 60 kilogrammes.
De 61 à 80 »
De 81 à 100 »
De 101 à 200 »
Au-dessus de 200 »

Les mêmes chaudières fabriquées en tôle sont tarifées sous les numéros 370 à 375 dans les poids suivants :

De 80 à 100 kilogrammes.
De 101 à 120 »

De 121 à 150 kilogrammes.
De 151 à 200   »
De 201 à 300   »
Au-dessus de 300   »

Les prix des chaudières ne comprennent pas la pose.

Les chaudières spéciales sont tarifées par les constructeurs.

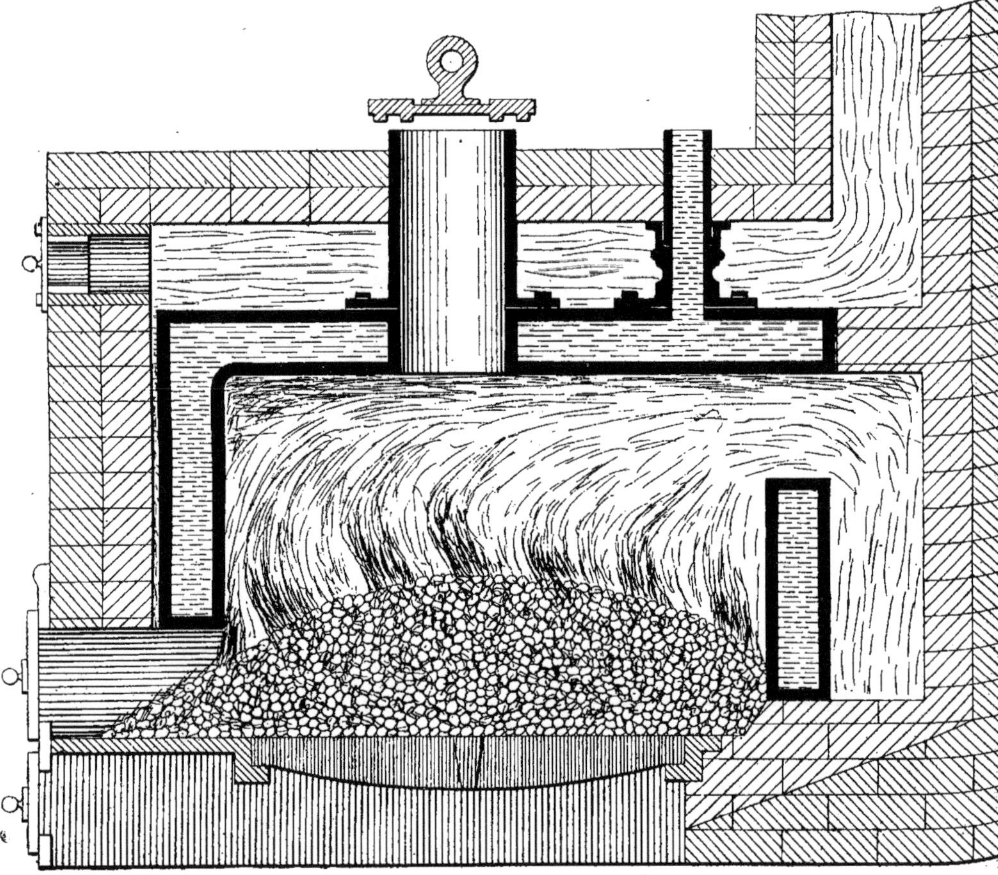

Fig. 976. — Chaudière anglaise « argyle » à trémie centrale Hartley-Sugden.

Les observations relatives aux transports, octrois, etc., que nous avons présentées d'une manière générale au chapitre du chauffage, tant pour les chaudières françaises que pour les chaudières étrangères, sont également applicables, en l'espèce, aux chaudières de serres.

A titre documentaire nous donnons (*fig.* 975), une coupe de chaudière en fer à cheval avec bouilleur et le fourneau briqueté. La figure 976 représente une autre chaudière du type dit « argyle », de fabrication anglaise, à trémie centrale, avec le briquetage du fourneau.

Les circulations de tuyaux en cuivre rouge de 0^m,060 à 0^m,120 de diamètres extérieurs, y compris les pièces de raccords, coudes, joints à brides, etc, sont tarifés à la Série de chaudronnerie, sous les numéros 431 à 449, et les vannes à papillon, des diamètres correspondants, sous les numéros 450 à 452, non compris pose.

Les vannes sont à collet, sans bride ou

Fig. 977. — Vanne sans brides.

avec brides pour se raccorder avec le montage.

Les accessoires sont tarifés sous les numéros 453 à 461. Les tubulures à la pièce sous les numéros 1807 à 1987 et tous ouvrages à façon sur tuyaux en cuivre sont payés sous les numéros 2043 à 2082.

Les circulations de tuyaux en fonte, à brides de 0^m,080 à 0^m,120 de diamètres extérieurs y compris les pièces de raccords, coudes, joints à brides, etc., comme pour

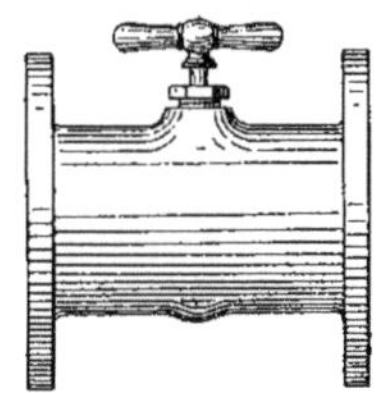

Fig. 978. — Vanne avec brides.

les tuyaux en cuivre, sont tarifés sous les numéros 462 à 483, non compris pose.

Nous avons donné, au chapitre du chauffage, les figures des différentes canalisations; nous présentons ici trois types de vannes pour les chauffages de serre. La vanne sans bride et la vanne avec brides (*fig.* 977 et 978). La figure 979 nous donne une pièce très importante de raccordement en H, sur double canalisation

à collets, avec trois vannes, qui permettent d'intercepter à volonté tel parcours de la canalisation.

Les percements de trous sur bride, chaudière, tuyaux, etc., sont payés à la pièce sous les numéros 1014 à 1029, par rapport à leur diamètre et conformément aux épaisseurs des pièces indiquées par la Série pour travaux d'atelier.

Les percements exécutés sur place sont réservés par l'observation sous le numéro 1030. Les taraudages à diamètres correspondants sont payés sous les numéros 1662 à 1678 avec une réserve sous le numéro 1679 pour taraudages exécutés sur place.

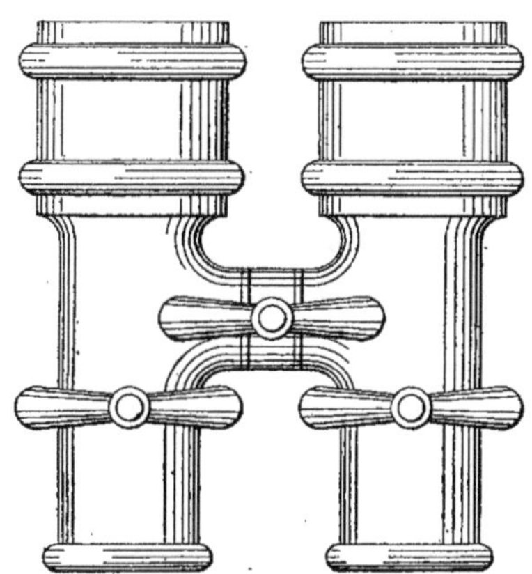

Fig. 979. — Pièce de raccord à 3 vannes, Hartley-Sugden.

Les trous de passage des circulations dans les maçonneries de pierre tendre, moellon, brique tendre, pan de bois, cloison ou plancher sont payés au mètre linéaire, compris raccords, sous les numéros 1031 à 1037, suivant les diamètres des trous exprimés en millimètres à la Série. Ceux percés dans les maçonneries de pierre dure, meulière ou brique dure, sont également payés au mètre linéaire, compris raccords, sous les numéros suivants 1038 à 1042.

Les colliers en fer à charnières ou à boulons, et ceux en cuivre ou en bronze avec tiges en fer, sont tarifés à la pièce, sous les numéros 605 à 627, de 0^m,010 à 0^m,120 de diamètre intérieur.

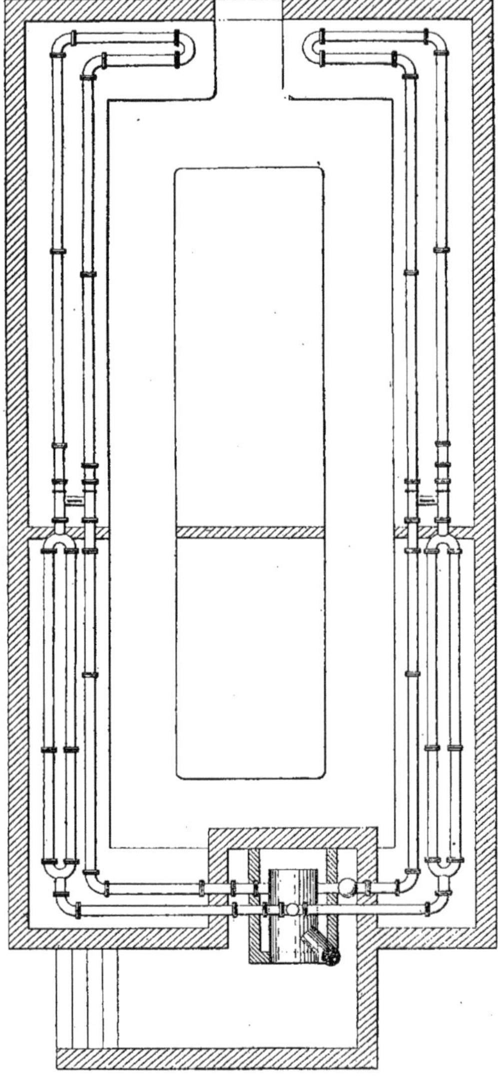

Fig. 980. — Plan d'un chauffage de serre.

Les colliers en fer forgé à scellements ou empattements sont tarifés sous les nu-

méros 639 à 641 dans les données ci-dessous :

Au-dessous de 1 kilogramme : à la pièce, numéro 639.

De 1 à 2 kilogrammes : au poids, numéro 640.

Au-dessus de 2 kilogrammes : au poids, numéro 641.

La pose des colliers, compris serrage des boulons, trou et scellement en pierre tendre, moellon ou brique tendre, est payée à la pièce, sous les numéros 642 et 643, en deux colonnes pour scellement au plâtre ou au ciment.

Les évaluations de pose s'appliquent respectivement aux tuyaux jusqu'à 0^m,060 de diamètre, et au-dessus jusqu'à 0^m,120.

Les mêmes colliers dans les mêmes mesures, s'ils sont scellés en pierre dure, meulière ou brique dure, sont payés sous les numéros 645 et 646 avec valeur des scellements au plâtre ou au ciment.

Sous les numéros 644 et 647, la Série réserve la pose des colliers de diamètres supérieurs et les difficultés d'exécution.

Dans le cas de tuyaux de circulation passant en caniveaux : les grilles mosaïques en fonte des modèles du commerce, dans les largeurs ordinaires de 0^m,30 à 0^m,60, sont payées non compris pose, au mètre linéaire, sous le numéro 934. Les angles et les tés, dans les largeurs correspondantes, sont payés à la pièce, sous les numéros 935 et 936.

Les cornières en fonte de 0^m,025 et 0^m,050 de largeur, sont tarifées au mètre linéaire, sous les numéros 937 et 938.

Dans de certaines installations, on dispose sur le parcours des circulations, des bâches d'humidification destinées à restituer à l'air l'état hygrométrique nécessaire à la conservation des plantes. Ces bâches, en cuivre rouge, non compris les couvercles, sont tarifées à la chaudronnerie sous les numéros 75 à 80, dans les poids ci-dessous.

de   3 à   5 kilogrammes
de   6 à 10   »
de 11 à 15   »
de 16 à 20   »
de 21 à 30   »
au-dessus de 30   »

Les couvercles sont invariablement tarifés, quel que soit leur poids, sous le numéro 81.

Les mêmes bâches, fabriquées en tôle noire, sont tarifées sous les numéros 93 à 98 ;

      de 10 à 20 kilogrammes
        de 21 à 30   »
        de 31 à 40   »
        de 41 à 50   »
        de 51 à 60   »
    au-dessus de 60   »

Les trous et tubulures et tous travaux accessoires à reprendre sur la valeur des objets au kilogramme.

Nous terminons par un plan très simple d'un chauffage de serre (*fig.* 980).

Nous pensons ne pas nous arrêter davantage sur ces points : les travaux de montage, les façons des joints, etc., ont été expliqués déjà dans le chapitre du chauffage.

Les travaux de briquetage pour la construction des fourneaux sont payés à la Série centrale, sous le numéro 734 de la Fumisterie, dans les qualités de briques désignées et à façon. Le métré procède toujours du même principe que nous avons établi pour les ouvrages au cube.

Les travaux accessoires, parements et joints, sont comptés au mètre superficiel, sous les numéros 843 à 845 ou aux évaluations de la maçonnerie, si le travail a été exécuté dans ces conditions.

Les armatures de briquetage des fourneaux sont payées, sous les numéros 697 et 698 de la Fumisterie, selon leur façon. Tous autres ouvrages de ferronnerie sont à prendre aux évaluations de la Serrurerie.

APPLICATIONS DIVERSES

400. La classification adoptée pour la présentation des ouvrages de Fumisterie nous conduit à un chapitre spécial dans lequel nous traitons des divers travaux qui ne sont pas à usage domestique, mais réservés aux besoins de la petite industrie ou des travaux scientifiques, sans pour cela appartenir à la fumisterie industrielle proprement dite.

Nous réservons un chapitre particulier aux applications industrielles spéciales.

L'objet que nous poursuivons est de présenter aux lecteurs quelques spécimens de travaux spéciaux couramment exécutés par l'entreprise de bâtiment, et les accompagner des observations que nous croyons utiles au métré des ouvrages.

401. Nous présentons dans cet ordre d'idées une cheminée sorbonne pour l'ébénisterie (*fig.* 981).

Les sorbonnes sont construites réglementairement sur des planchers incombustibles. L'âtre est pourvu d'un revêtement incombustible et fermé par une porte ou un rideau en tôle. La hotte en maçonnerie raccorde le conduit de fumée à la sorbonne.

La cheminée représentée par notre dessin est maintenue par des armatures assemblées à petits cadres sur les jambages, les contre-cœurs et le manteau de hotte. Un socle en fer court au bas des jambages. Les parements de briques sont apparents sur les têtes des jambages et des contre-cœurs et sur le manteau.

Dans les constructions plus ordinaires, les armatures sont moins soignées et plus réduites. Les ouvrages en briques sans faces parementées sont simplement enduits.

Nous donnons le canevas métrique de la cheminée sorbonne.

Carrelage en plancher en briques neuves de 0^m,06 d'épaisseur, au mètre superficiel.
Selon la qualité de la brique.
    Maçonnerie n°s 593 à 634.

Aire en plâtre, au mètre superficiel.
    Maçonnerie n° 910.

Brique de 0^m,06 d'épaisseur pour carrelage en plancher, au mètre superficiel.		
»	»	»
SÉRIE CENTRALE, Maçonnerie n°s 593 à 634.		
	6me col.	
Légers ouvrages.		
»	»	»

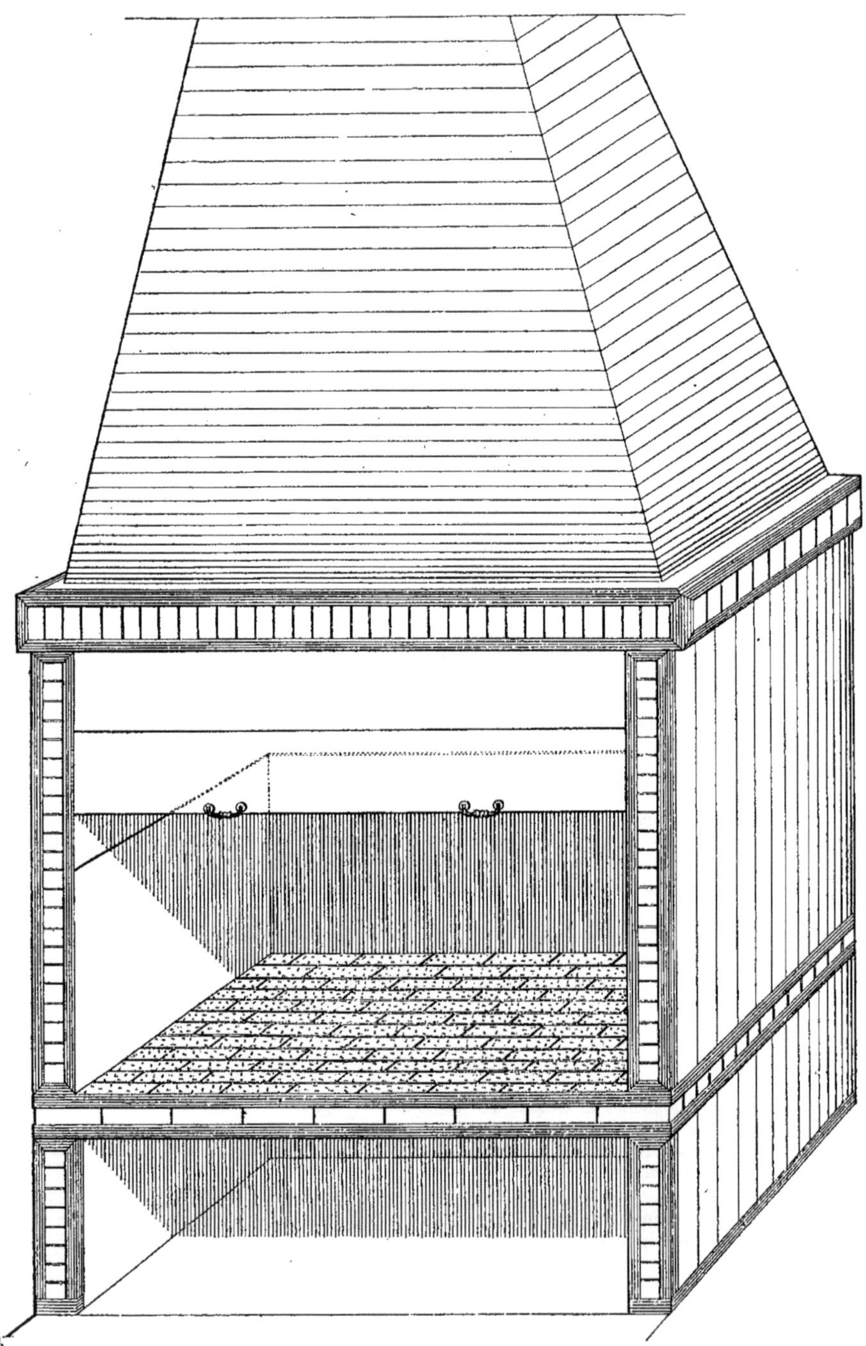

Fig. 981. — Cheminée « sorbonne » pour ébénisterie.

Les jambages et contre-cœurs de cheminée sorbonne en briques neuves, au mètre superficiel.
Selon la qualité et l'épaisseur de la brique.
Fumisterie n° 621.

L'âtre en briques neuves, au mètre superficiel.
Selon la qualité et l'épaisseur de la brique.
Fumisterie n° 621.
Tranchées d'arrachements, scellements et liaisons, au mètre linéaire.
Maçonnerie n° 1037.
Observation n° 1038.

Plancher à reprendre en doubles tuiles, au mètre superficiel.
Surface d'âtre en-dessous.
Fumisterie n° 850.
Posé les fentons.
Trous et scellements en mur, en moellons ou plâtras, à l'unité de légers ouvrages.
Maçonnerie n° 1127.
Posé les ceintures d'âtre.
Trous et scellements.
Maçonnerie n° 1127.
Posé les tirants des ceintures.
Trous et scellements.
Maçonnerie n° 1127.
Monté, assemblé les armatures à petits cadres apparents sur les faces des jambages et contre-cœurs, au mètre linéaire.
Observation.
Pour fixation : Trous de pattes dans la brique à l'unité de profondeur.
Maçonnerie n° 1131.
Taille de brique, au mètre superficiel.
Maçonnerie n°s 1621 et 1622.
Les scellements à 1/2 de légers par centimètre de profondeur.
Maçonnerie n° 1132.

Posé, scellé au bas des jambages les socles en fer, au mètre linéaire.
Observation.
Pour fixation : Trous de pattes dans la brique à l'unité de profondeur.
Maçonnerie n° 1131.
Taille de brique au mètre superficiel.
Maçonnerie n°s 1621 et 1622.
Les scellements à 1/2 de légers par centimètre de profondeur.
Maçonnerie n° 1132.

Manteau saillant en briques neuves, au mètre cube.
Selon la qualité de la brique.
Maçonnerie n°s 501 à 542.

Brique pour contre-cœurs de cheminée sorbonne, au mètre superficiel.

» » »

SÉRIE CENTRALE n° 621.

Brique pour âtre, au mètre superficiel.

» » »

SÉRIE CENTRALE n° 621.

Légers ouvrages.

» » »

Plancher en doubles tuiles, au mètre superficiel.

» » »

SÉRIE CENTRALE n° 850.

Légers ouvrages.

» » »

Légers ouvrages.

» » »

Légers ouvrages.

» » »

Montage de petits cadres assemblés en fer apparent, au mètre linéaire.

Observation.

Taille de brique, au mètre superficiel.

» » »

SÉRIE CENTRALE, Maçonnerie n°s 1621-1622.

Légers ouvrages.

» » ».

Pose et scellement des socles en fer au bas des jambages, au mètre linéaire.

» » »

Observation.

Taille de brique, au mètre superficiel.

» » »

SÉRIE CENTRALE, Maçonnerie n°s 1621-1622.

Légers ouvrages.

» » »

Brique pour manteau de cheminée sorbonne analogie au cube.

» » »

SÉRIE CENTRALE, Maçonnerie n°s 501 à 542

3me col.

Plus-value de construction par petites parties sur ouvrages en briques, au mètre cube.

Maçonnerie n° 1579.

Monté, assemblé le manteau en fer à petits cadres apparents, au mètre linéaire.

Observation.

Trous et scellements d'abouts en mur, en moellons ou plâtras, à l'unité de légers ouvrages.

Maçonnerie n° 1127.

Pour fixation : Trous de pattes dans la brique, à l'unité de profondeur.

Maçonnerie n° 1131.

Taille de brique, au mètre superficiel

Maçonnerie n°s 1621 et 1622.

Les scellements à 1/2 de légers par centimètre de profondeur.

Maçonnerie n° 1132.

Revêtement de contre-cœurs en plaques de fonte, posées et scellées avec pattes, au mètre superficiel.

Chaque plaque jusqu'à 0.50 de surface.

Maçonnerie n° 1014.

Montage à pied d'œuvre et coltinage des plaques de fonte, à reprendre s'il y a lieu, au poids.

Observation.

Les trous de pattes en meulière ou brique, à reprendre par centimètre de profondeur.

Observation.

Monté le rideau en tôle, scellé, calfeutré les coulisseaux.

Observation.

Posé, scellé le contre-soubassement en tôle.

Observation.

La hotte en pigeonnage par languettes ravalées aux deux faces de 0^m,06 d'épaisseur, au mètre superficiel.

Maçonnerie n° 1002.

Excédent de 0^m,02 au-dessus de 0^m,06 à reprendre en surépaisseur, au mètre superficiel.

La plus-value au-dessus de 0^m,06 à prendre en augmentation par analogie à la moins-value au-dessous de 0^m,06 en diminution :

7/100 par centimètre et pour 2 centimètres = 14/100.

Maçonnerie n° 1004.

Tranchées d'arrachements, scellements et liaisons au mètre linéaire.

Maçonnerie n° 1037.

Observation n° 1038.

Lardis de clous à bateaux, fournis, au mètre linéaire.

Maçonnerie n° 1006.

Les languettes intérieures en pigeonnage, ravalées une face de 0^m,06 d'épaisseur, au mètre superficiel.

Maçonnerie n° 1003.

Observation.

Tranchées d'arrachements, scellements et liaisons, au mètre linéaire.

Maçonnerie n° 1037.

Observation n° 1038.

Plus-value de construction en briques par petites parties, au cube.

»   »   »

SÉRIE CENTRALE, Maçonnerie n° 1579.

Montage de petits cadres assemblés en fer apparent, au mètre linéaire.

Observation.

Légers ouvrages.

»   »   »

Taille de brique, au mètre superficiel.

»   »   »

SÉRIE CENTRALE, Maçonnerie n°s 1621-1622.

Légers ouvrages.

»   »   »

Légers ouvrages.

»   »   »

Observation.

Observation.

Pose et scellement de rideau en tôle de cheminée sorbonne, à la pièce.

Observation.

Pose et scellement de contre-soubassement en tôle de cheminée sorbonne, à la pièce.

Observation.

Légers ouvrages.

»   »   »

Légers ouvrages.

»   »   »

Légers ouvrages.

»   »   »

Légers ouvrages.

»   »   »

Légers ouvrages.

»   »   »

Légers ouvrages.

»   »   »

Lardis de clous à bateaux, fournis, au mètre linéaire.
    Maçonnerie n° 1006.
Les arêtes sur pigeonnage (mémoire).
    Observation.
    Maçonnerie n° 1027.

Les gorges intérieures sur un R de 0^m,06, au mètre linéaire.
    Maçonnerie n° 1099.
Les raccords en naissances au mètre linéaire.
Sur murs :
    Maçonnerie n°s 1070 à 1072.

Sur plafond :
    Maçonnerie n° 1074.
Posé le manteau de hotte :
Trous et scellements en mur, en moellons ou plâtras, à l'unité de légers ouvrages.
    Maçonnerie n° 1127.
Posé les tirants :
Trous et scellements en plancher, à l'unité de légers ouvrages.
    Maçonnerie n° 1127.
Les enduits au sas, au mètre superficiel.
Au-dessus de 0^m,35 de largeur.
A prendre : Jambages, faces extérieures.
          Contre-cœurs, faces extérieures.
          Jambages, faces intérieures.
          Contre-cœurs, faces intérieures.
    Maçonnerie n° 955.
L'enduit au sas à reprendre, au mètre superficiel.
Sous l'âtre.
    Maçonnerie n° 957.
Les enduits sur mur au fond au-dessous de l'âtre et au-dessus des plaques de revêtement, à reprendre s'il y a lieu.
    Observation.
    Maçonnerie n° 955.
Plus-value de briquetage formant décoration, au mètre superficiel.
A reprendre :
Les faces de jambages.
Les faces de contre-cœurs.
La ceinture d'âtre à développer.
Le manteau de hotte à développer.
    Observation.

Jointoiement sur brique neuve, au mètre superficiel.
En mortier de chaux, selon la qualité employée.
    Maçonnerie n°s 882 à 886.
La surface du briquetage d'âtre est à ajouter si le même travail de jointoiement est fait.
    Observation.
Plus-value sur jointoiement de brique, au mètre superficiel.
Les joints lissés au fer.
    Maçonnerie n° 896.
La même observation s'applique pour les surfaces de briquetage d'âtre.
Fer égrené et peint une couche au vernis noir, au mètre linéaire.

Colonne marginale :

Légers ouvrages.
»   »   »

Observation.
SÉRIE CENTRALE, Maçonnerie n° 1027.

Légers ouvrages.
»   »   »

Légers ouvrages.
»   »   »

Légers ouvrages.
»   »   »

Légers ouvrages.
»   »   »

Légers ouvrages.
»   »   »

Légers ouvrages.
»   »   »

Légers ouvrages.
»   »   »

Observation.

Plus-value de décoration en briques, au mètre superficiel.
»   »   »

Observation.
Jointoiement sur brique neuve, au mètre superficiel.
»   »   »
SÉRIE CENTRALE, Maçonnerie n°s 882 à 886.

Joints lissés au fer, au mètre superficiel.
»   »   »
SÉRIE CENTRALE, Maçonnerie n° 896.
Egrenage et peinture une couche au vernis sur fer, au mètre linéaire.
Observation.

En fournitures :

Manteau de hotte et tirants en fer forgé à scellements, au poids.

Serrurerie n° 75.

Observation n° 8.

Fentons coupés de longueur, au poids.

Serrurerie n° 72.

Observation n° 8.

Rappointis au poids.

Serrurerie n° 247.

Les plaques unies en fonte au bois de deuxième fusion, au poids.

Fumisterie n° 717.

Les pattes à scellements de façon, en fer forgé à talons, à la pièce.

Observation.

Le châssis à rideau en tôle plancé, fait exprès à crémaillères, au poids.

Fumisterie n° 580.

2 poignées balustres extra renforcées, blanchies, montées sur doubles tiges à écrous et contre-écrous, à la pièce.

Observation.

Le contre-soubassement en tôle bordée.

Observation.

Les armatures apparentes : manteau de hotte et ceintures d'âtre, panneaux à petits cadres, sont traitées aux évaluations de la Serrurerie, au mètre linéaire.

Les cornières coupées de longueur et bien dressées, au mètre linéaire.

Suivant la largeur des fers.

Serrurerie n°s 1102 à 1112.

Les pattes enlevées dans les cornières, à la pièce.

Suivant la largeur des fers.

Serrurerie n°s 1113-1114.

Les arasements droits, à la pièce.

Serrurerie n°s 220 à 225.

La façon des scellements, à la pièce.

Observation.

Les ajustements à angles droits, à la pièce.

Suivant la largeur des fers.

Serrurerie n°s 1119-1120.

Les pattes à scellements de façon, pour fixation, fournies, rapportées et rivées, à la pièce.

Observation.

Les trous percés et contre-percés dans le fer, à l'atelier, à la pièce.

Serrurerie n°s 1148 à 1153.

Les socles en fer plat, au mètre linéaire.

Observation.

La façon de dressage et dégauchissage, au mètre linéaire.

Serrurerie n°s 204 à 213.

La façon des scellements, les pattes à scellements pour fixation, les trous percés et contre-percés, à la pièce dans les données précédentes.

Observation.

Fer pour manteau de hotte, au poids.

SÉRIE CENTRALE, Serrurerie n° 75.

Observation n° 8.

Fer fentons, au poids.

SÉRIE CENTRALE, Serrurerie n° 72.

Observation n° 8.

Rappointis au poids.

SÉRIE CENTRALE, Serrurerie n° 247.

Plaques unies au bois, 2me fusion, au poids.

SÉRIE CENTRALE n° 717.

Patte à scellement en fer forgé, à talon, à la pièce.

Observation.

Châssis à rideau en tôle, à crémaillère, au poids.

SÉRIE CENTRALE n° 580.

Poignée de rideau extra, renforcée, blanchie, à balustres, à la pièce.

2

Observation.

Contre-soubassement en tôle bordée.

Observation.

Cornière de fer coupée de longueur, bien dressée, au mètre linéaire.

SÉRIE CENTRALE, Serrurerie n°s 1102 à 1112.

Patte enlevée dans la cornière, à la pièce.

SÉRIE CENTRALE, Serrurerie n°s 1113-1114.

Arasement droit sur fer dressé, à la pièce.

SÉRIE CENTRALE, Serrurerie n° 220 à 225.

Scellement à façon, à la pièce.

Observation.

Ajustement d'onglet sur fer, à la pièce.

SÉRIE CENTRALE, Serrurerie n°s 1119-1120.

Patte à scellement de façon fournie, rapportée et rivée, à la pièce.

Observation.

Trou percé dans le fer, à l'atelier, à la pièce.

SÉRIE CENTRALE, Serrurerie n°s 1148 à 1153.

Fer plat pour socle apparent, au mètre linéaire.

Observation.

Dressage et dégauchissage sur fer plat au mètre linéaire.

SÉRIE CENTRALE, Serrurerie n°s 204 à 213.

Observation.

402. Nous donnons ensuite (*fig.* 982) une *étuve à vernir par chauffage à serpentins*.

La construction du briquetage, la puissance des appareils et leur montage sont en raison des températures à obtenir.

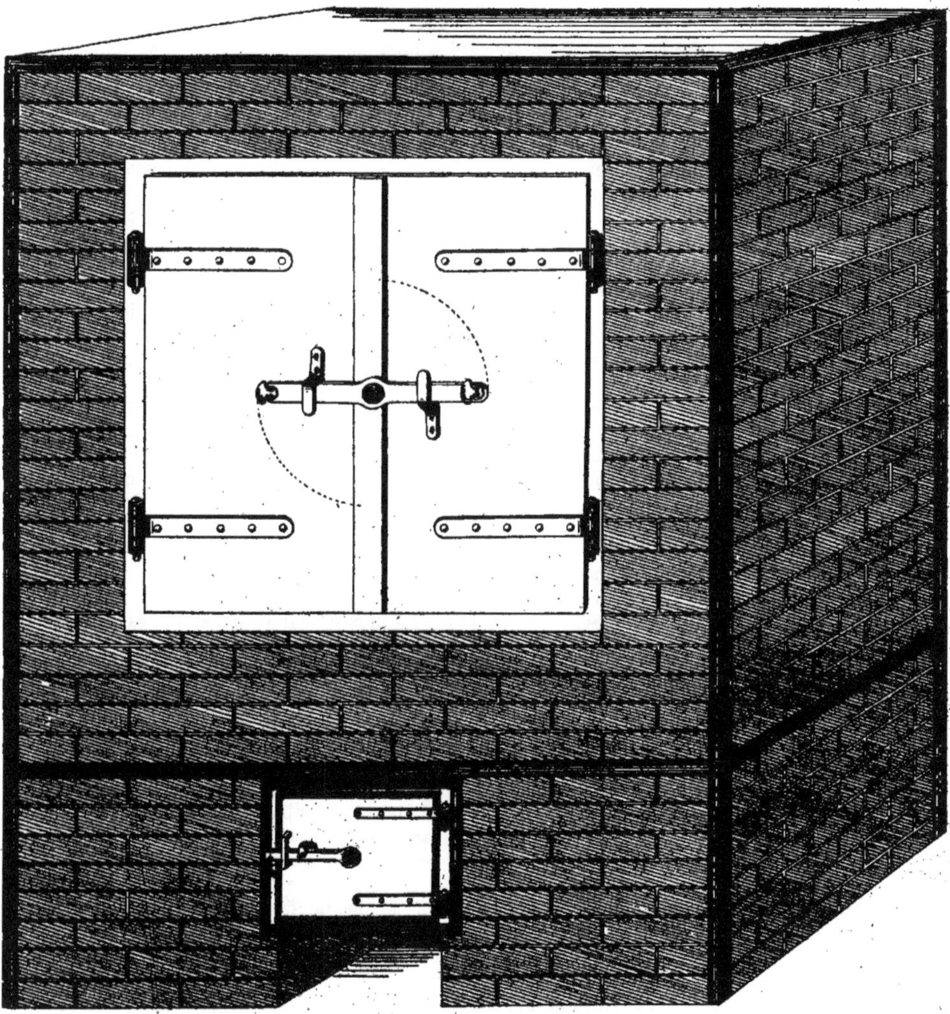

Fig. 982. — Étuve à vernir.

Les serpentins sont disposés derrière des cloisons métalliques ou en briques afin d'éviter le passage des poussières dans la chambre de chaleur. Des tampons soigneusement lutés servent de regard et des contre-tampons assurent le nettoyage des appareils.

Le plancher du fond de l'étuve au-dessus du foyer est quelquefois composé de pièces réfractaires.

Au point de vue du métré, en dehors des travaux préparatoires : la construction d'une étuve de ce genre est payée au mètre cube, sous le numéro 734 de la Série de la Société centrale, Fumisterie, selon la qualité de la brique ou à façon.

Les appareils à serpentins en tôle à égalité de façon, sont payés au poids, sous le numéro 936.

Les armatures extérieures en fer selon leur façon, sont tarifées sous les numéros 697 et 698.

Les linteaux à l'intérieur, les fers à T recevant les étagères, etc., sont payés au poids et au mètre linéaire aux évaluations de la Serrurerie.

Les ouvrages de tôlerie intérieure, en raison de leur variété, ne peuvent être indiqués que pour mémoire.

Les pièces réfractaires sont payées selon leur fabrication en fourniture et la mise en place dans la construction, au cube du briquetage à façon sous le numéro 734.

La pose et la mise en place des appareils en tôle est comptée au poids, sous le numéro 882.

La pose des portes et des ouvrages de tôlerie intérieure est à reprendre comme pose d'appareils au poids, avec en sus la valeur des fixations à scellements, taille de briques, etc.

La porte d'étuve à deux vantaux est payée au poids, sous le numéro 871 de la Série de Fumisterie. Les pentures à raison de leur façon, à paumelles rapportées et ajustées sur fer, et la fermeture à fléau donnent lieu d'appliquer les plus-values à la Serrurerie.

Les pattes de fixation à scellements, rapportées sur le cadre dormant, sont à reprendre à la pièce, les trous et rivures à la Serrurerie.

Le foyer peut être en fonte ou construit en briques réfractaires.

Le foyer en fonte est payé au poids, sous le numéro 704, avec plus-value d'ailettes s'il y a lieu, sous le numéro 705. La pose est comptée au poids sous le numéro 881.

La porte de foyer représentée par notre dessin est une porte spéciale facturée à la pièce.

Les parements de briques, au mètre superficiel, sont tarifés sous les numéros 843 à 845 de la Série de Fumisterie, selon leur façon. Dans le cas de jointoiements en mortier de chaux, les évaluations de la Série de Maçonnerie sont applicables, sous les numéros 882 à 886, et les plus-values de joints lissés ou tirés au crochet, sous les numéros 896 à 898.

403. Nous représentons (*fig.* 983 et 984), un *grand fourneau à marmites, pour la cuisson des conserves alimentaires.*

Dans ce genre de fourneau, les cendriers sont en fondation : c'est-à-dire en contre-bas du sol du laboratoire et avancent au-devant de la façade du fourneau. Chaque cendrier est pourvu d'une grille encastrée dans un cadre dormant en cornière scellé à niveau du sol.

En raison du service forcé, ininterrompu pendant la période de travail, ces fourneaux sont construits avec des matériaux de choix dans des conditions particulières de résistance.

L'enveloppe extérieure, les cendriers, les massifs sont en briques de Bourgogne et tout l'intérieur du fourneau : foyers, carnaux, etc., sont en briques réfractaires de qualité spéciale pour l'usage, hourdées en mortier de coulis réfractaire.

La masse de la construction est maintenue par de fortes armatures.

Les parements extérieurs du briquetage sont jointoyés au ciment afin de résister à la dégradation résultant de l'écoulement constant des eaux d'ébullition et des lavages fréquents des laboratoires.

Le dessus en fonte est composé de plaques assemblées à feuillures, il peut être construit en briques avec cercles pour recevoir les marmites.

Avec ce genre de fourneau, nous sortons un peu des tarifications de la Série des travaux de bâtiments ; c'est pourquoi nous croyons utile de présenter quelques observations sur ces travaux spéciaux, dont les prix composés ne sont pas ceux indiqués pour les ouvrages ordinaires.

Au point de vue métrique, le principe reste le même ; il nous dispense de présenter le détail et nous permet de limiter notre description aux seules observations générales.

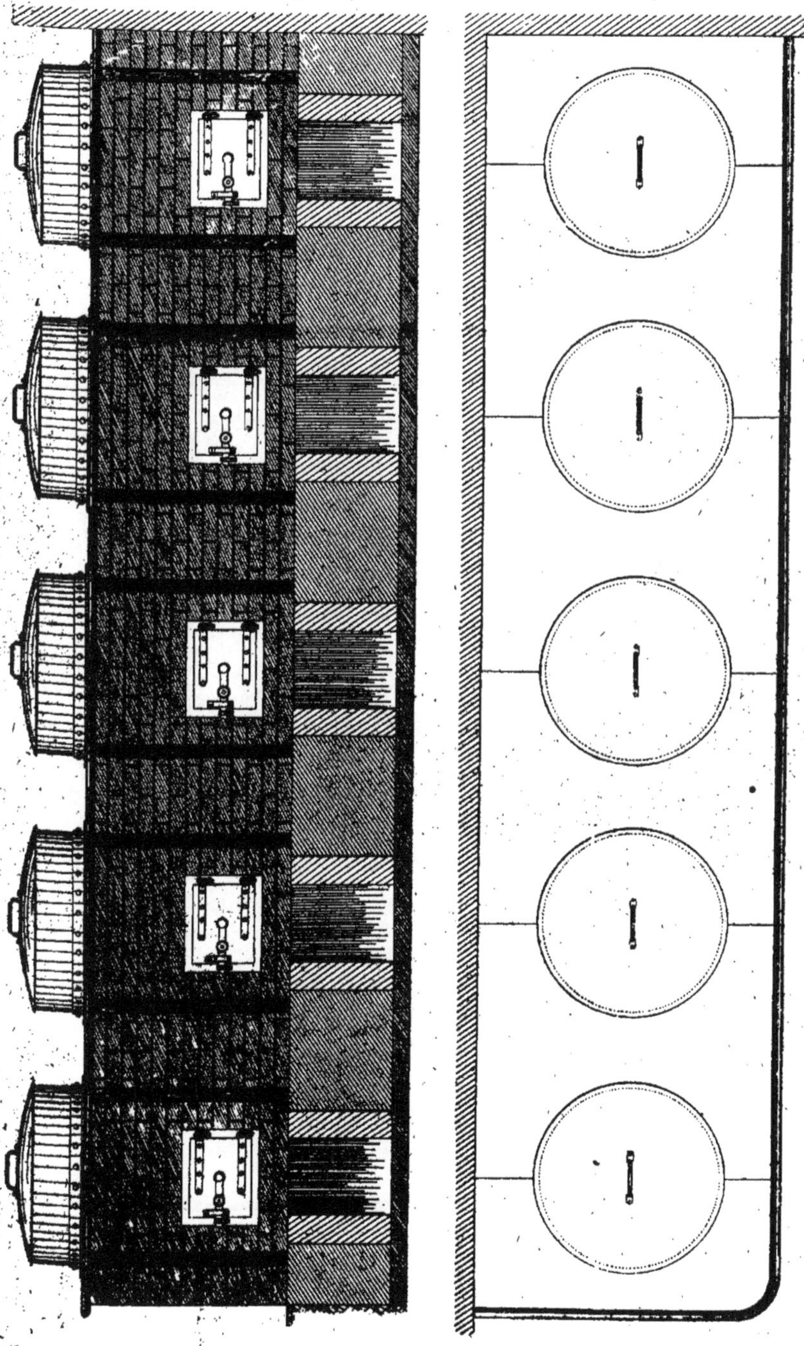

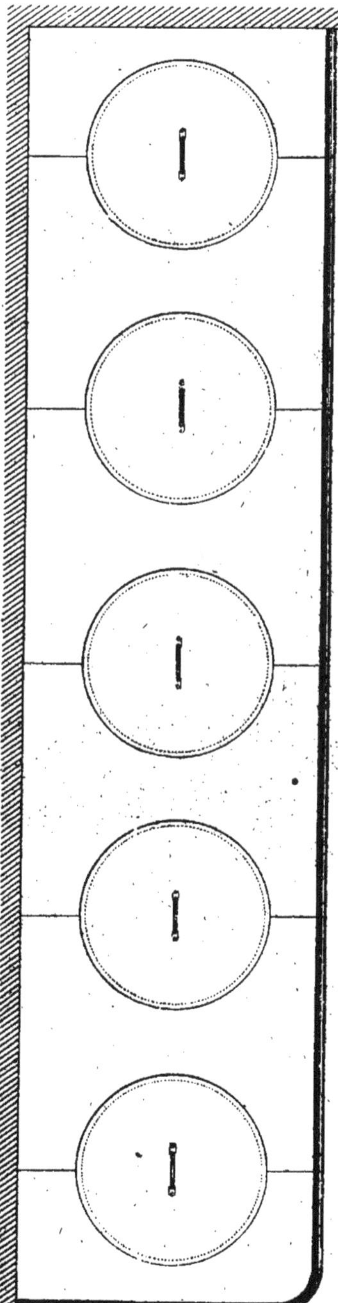

Fig. 983 et 984. — Fourneau à marmites pour la cuisson des conserves alimentaires.

En ce qui concerne la construction du fourneau que nous présentons, il y a lieu, dans le métré, de tenir compte des ouvrages suivant la nature des matériaux employés.

Le cube en œuvre s'obtient toujours de

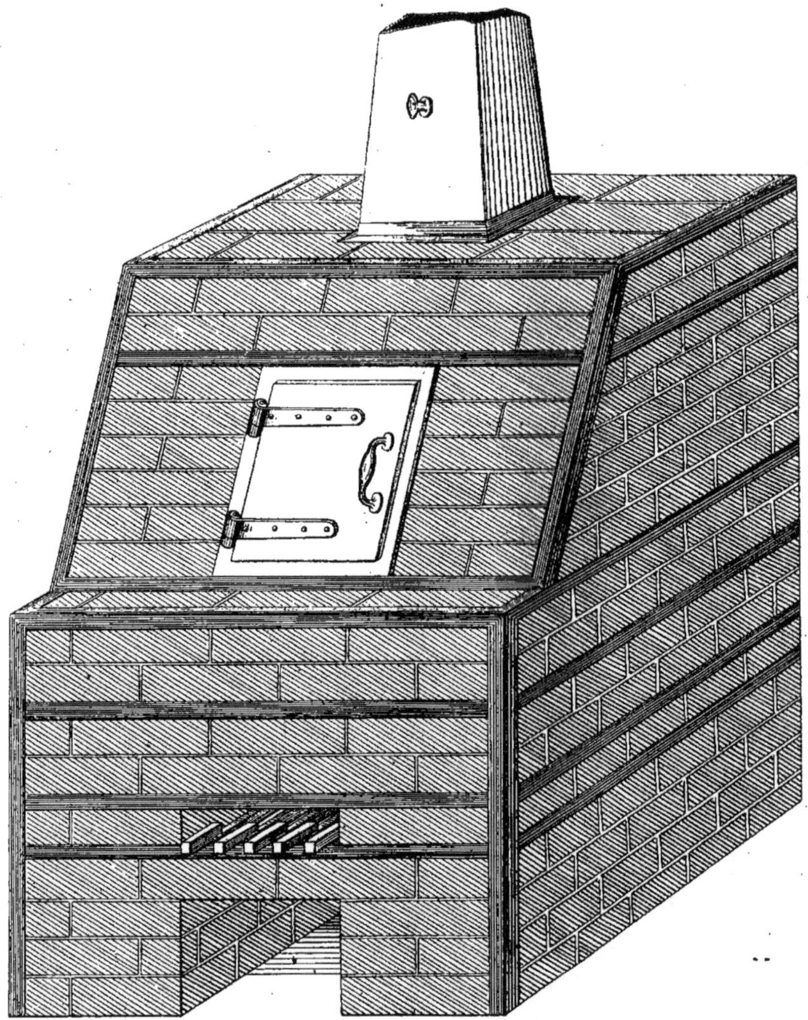

Fig. 985. — Four à recuire pour petite industrie.

la même manière, par déduction des vides sur le cube brut.

Le briquetage en œuvre obtenu par ces premières opérations, il y a lieu de scinder la construction par nature de briques, et de présenter séparément les cubatures des ouvrages en briques de Bourgogne, de ceux en briques réfractaires.

Les foyers sont de forme tronconique à carneaux. La construction intérieure d'un

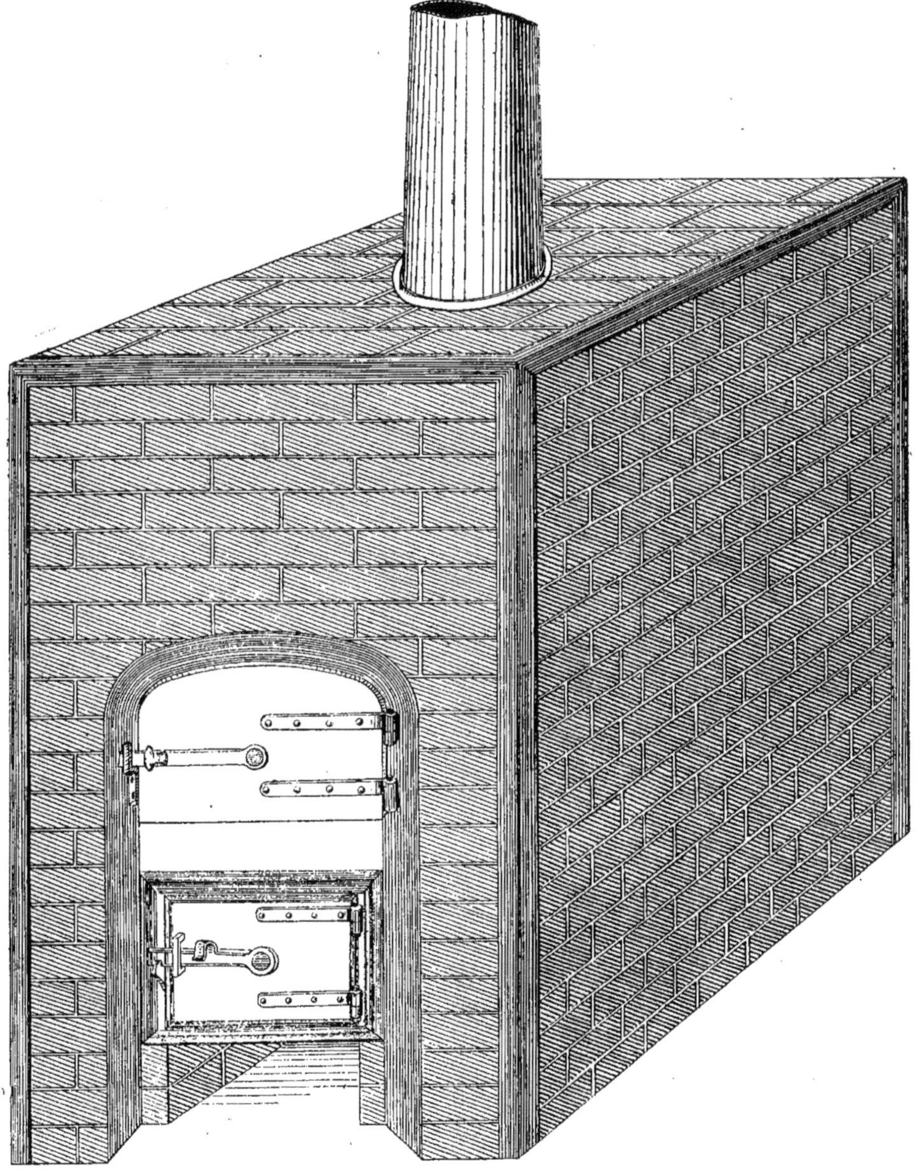

Fig. 986. — Four à moufle pour petite industrie.

fourneau de ce genre, exige non seulement une main-d'œuvre importante de construction proprement dite, mais encore une grande main-d'œuvre préparatoire résultant des tailles de briques.

Le cube net de construction des ouvrages en briques de Bourgogne est payé comme fourneau de buanderie. Le prix du mètre cube des ouvrages intérieurs en briques réfractaires varie en raison de la qualité de la brique employée, des tailles et moulinages par rapport au mètre cube de construction et de la valeur du coulis pour le hourdis du briquetage.

Le prix composé s'obtient donc de tous ces éléments traités en plus-values sur le prix initial du fourneau de buanderie.

Tous autres ouvrages préparatoires ou accessoires sont évalués dans les données des Séries auxquels ils se rapportent. Les fournitures pour sommiers, barreaux, armatures, plaques de dessus en fonte sur modèle, marmites, cadres en cornière et grilles mosaïques en fonte pour cendriers, sont payées aux évaluations respectives des Séries de Fumisterie, Serrurerie et Chambre syndicale de Chaudronnerie.

404. Nous donnons ensuite à titre documentaire (*fig.* 985) *un four à recuire* et (*fig.* 986) *un four à moufle.*

Ces deux fours sont entièrement construits en briques réfractaires avec pièces réfractaires spéciales à l'intérieur, ils sont de petites dimensions et métrés au cube plein sans déduction de vide.

Le prix du mètre cube de construction varie en raison de la qualité des matériaux, il est alloué sur les prix spéciaux de la fumisterie industrielle.

Les travaux accessoires, les fournitures ordinaires, sont payés aux évaluations de la Série de bâtiment.

Les pièces spéciales réfractaires sont tarifées selon leur valeur marchande.

Les dalles pleines du commerce sont payées au poids sur les prix de la fumisterie industrielle.

Nous donnons un autre *fourneau à moufle* dont nous représentons la coupe (*fig.* 987).

Tout l'intérieur est composé de pièces réfractaires spéciales de la maison Janin et Guérineau. La cage est en panneaux assemblés à feuillures avec fonds et dessus. La tubulure d'évaporation et la coupole à carnaux complètent l'intérieur du moufle avec la plaque de dessus de foyer pour le coup de feu.

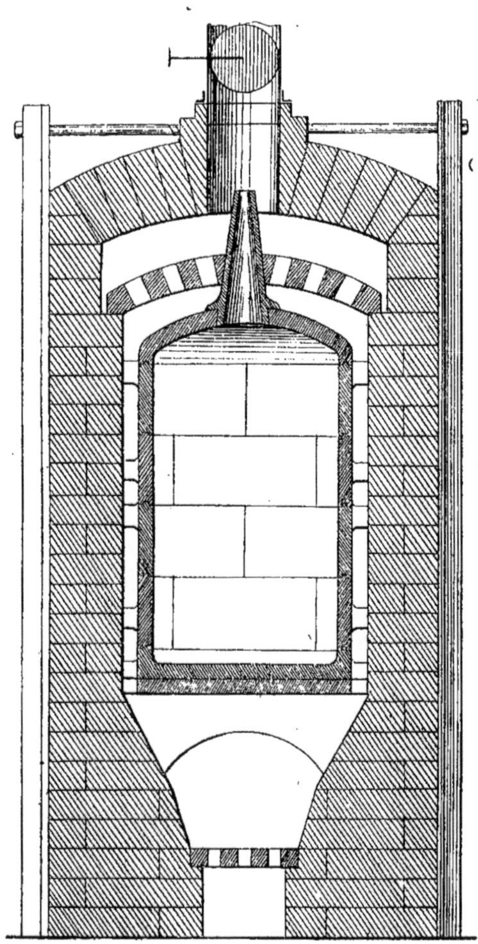

Fig. 987. — Four à moufle de la maison Janin et Guérineau. — Coupe sur élévation.

La disposition particulière des pièces spéciales donne à se genre d'appareil le nom de moufle à panneaux.

La maçonnerie du fourneau est cons-

Fig. 988. — Fourneau à air libre à fondre les métaux précieux.

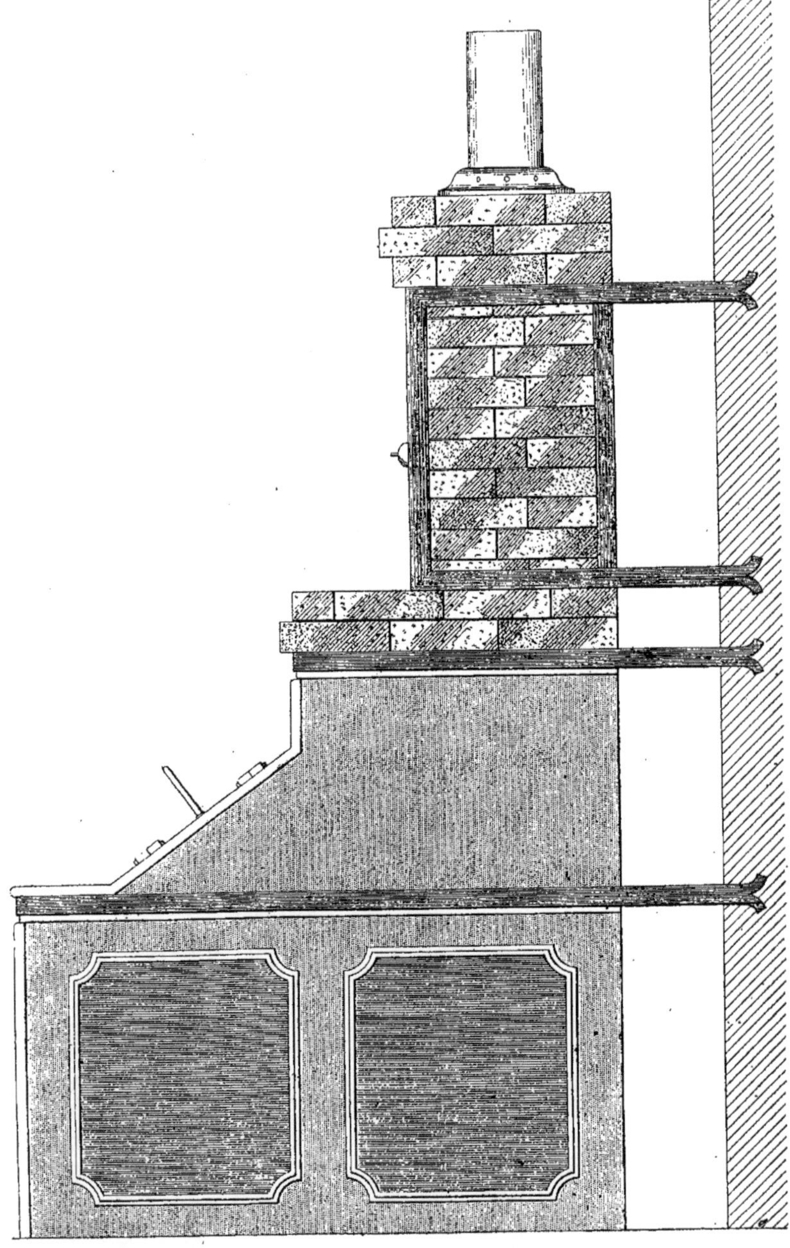

Fig. 989. — Fourneau à air libre à fondre les métaux précieux. — Vue de côté.

truite tout en briques réfractaires maintenue par des armatures assemblées à tirants boulonnés.

Ces différents fours sont en usage dans
la petite industrie pour le recuit des métaux, les émailleurs, décorateurs sur porcelaine, etc., etc.

Au point de vue du métré, tous les fours

Fig. 990. — Fourneau à fondre au gaz pour bijoutiers. — Coupe sur élévation.

de ce genre, de petites dimensions, sont payés au cube plein dans les données précédemment indiquées.

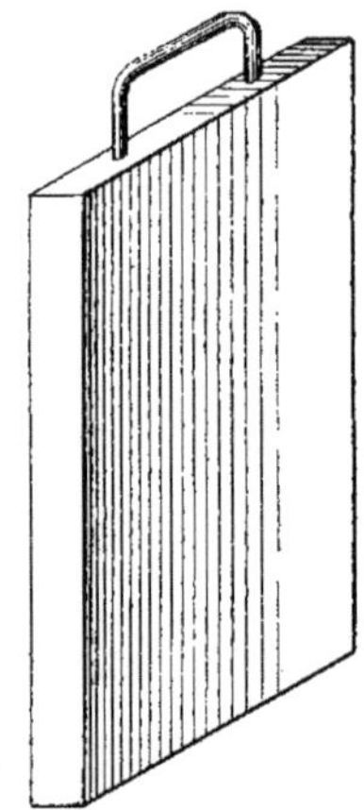

Fig. 991. — Registre plein en produit réfractaire, de la maison Janin et Guérineau.

405. La figure 988 représente un *fourneau à air libre à deux foyers pour fondre les métaux précieux, or et argent.*

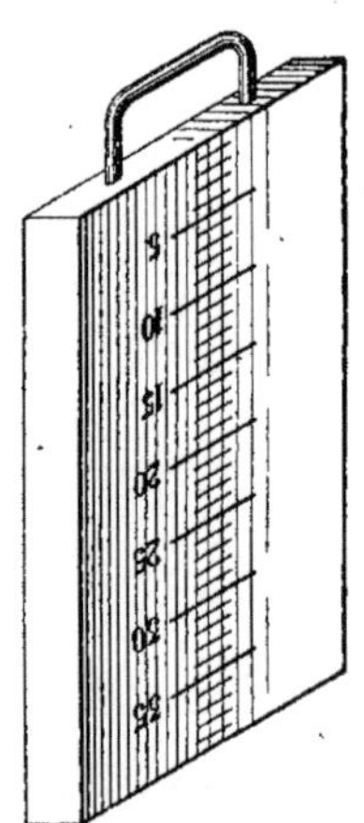

Fig. 992. — Registre gradué.

Les fourneaux sont isolés sur tous sens afin d'éviter de surchauffer les murs

d'adossement, ils sont enfermés dans des revêtements en fonte de forte épaisseur, assemblés par panneaux à feuillures, maintenus par des armatures spéciales boulon-

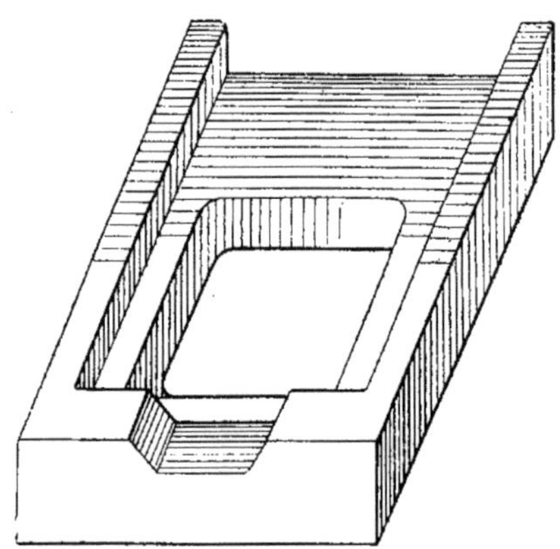

Fig. 993. — Cadre de registre.

nées, scellées de pied dans le massif de maçonnerie qui reçoit toute l'assise de la construction et dans le mur du bâtiment.

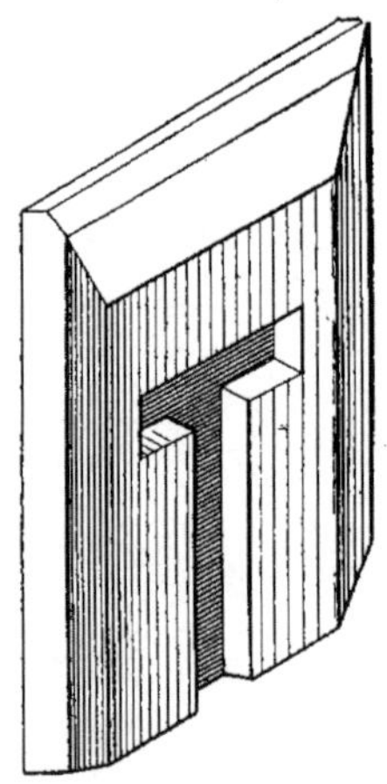

Fig. 994. — Registre à gaz.

L'intérieur du fourneau, entièrement en briques réfractaires spéciales pour foyers à haute température, est construit à tirage direct ou renversé selon les cas. Les foyers sont disposés pour recevoir les creusets qui contiennent le métal.

Le hourdis du briquetage est fait en coulis réfractaire, de qualité afférente à la nature de la construction et à son objet.

Les carnaux au-dessus du fourneau sont construits en briques réfractaires apparentes jointoyées, ils sont pourvus de registres de réglage en produit réfractaire montés sur des cadres spéciaux.

Le hourdis du briquetage est fait également en coulis.

La masse de la construction reçoit un couronnement décoratif.

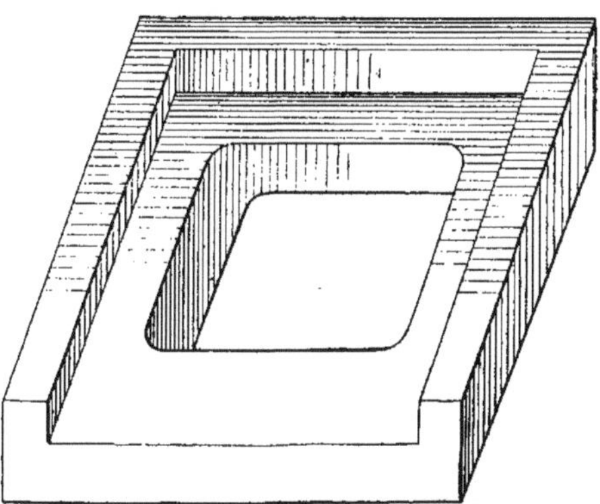

Fig. 995. — Cadre de registre à gaz.

L'ensemble est maintenu au moyen d'armatures assemblées et scellées à distance dans le mur du bâtiment.

Nous donnons une vue de profil (*fig.* 989) pour compléter notre description.

406. Parmi les fourneaux à foudre, nous présentons (*fig.* 990) un type, pour chauffage au gaz, d'un usage courant dans la bijouterie.

L'énergie du brûleur est activée au moyen d'un soufflet à pédale dans le genre des soufflets de forge ou par un ventilateur commandé par une vanne.

La variété des fours et fourneaux de tous genres pour les besoins industriels et scientifiques est considérable. Nous prenons quelques types parmi les plus courants à titre documentaire.

Au point de vue du métré, nous ne pouvons, pour ce genre de travail, que nous arrêter aux observations générales que nous avons présentées. S'il s'agit d'une installation complète, une grande

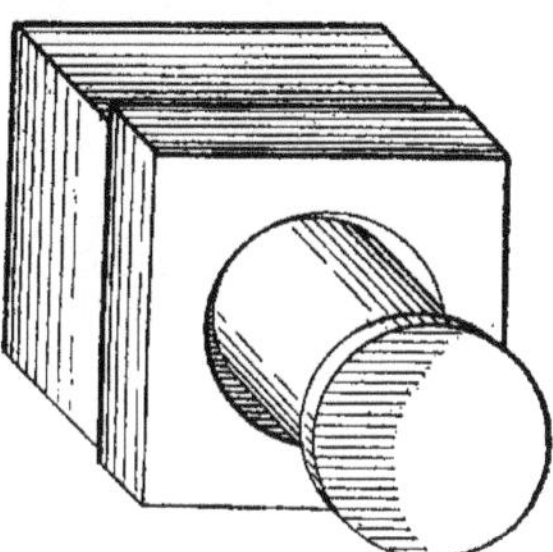

Fig. 996. — Regard pour four.

partie des ouvrages sont rémunérés par les évaluations de la Série de bâtiment.

Les ouvrages spéciaux de la construction seront alors traités dans les données

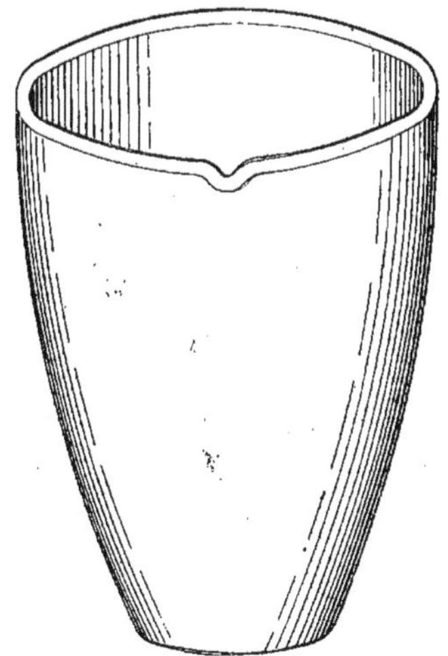

Fig. 997. — Creuset pour métaux précieux.

que nous avons indiquées, avec application des prix industriels ou des tarifs spéciaux des constructeurs.

407. Nous donnons un registre plein en produit réfractaire (*fig.* 991) et un

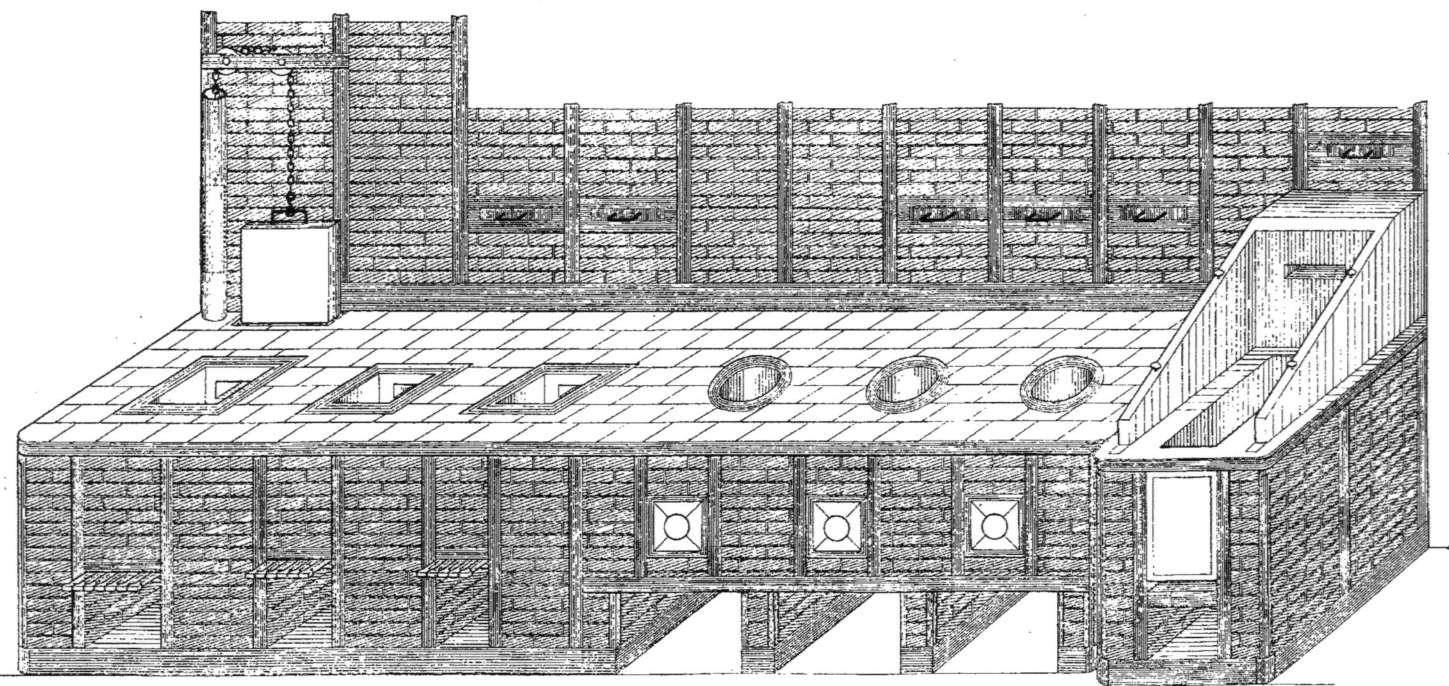

Fig. 998. — Fourneau de laboratoire de chimie, foyers à air libre et à ventilateurs, four horizontal à bain d'huile.

registre gradué (*fig.* 992) avec cadre (*fig.* 993).

La figure 994 représente un registre à gaz avec son cadre spécial (*fig.* 995).

Un regard pour four est représenté (*fig.* 996).

408. La figure 997 nous donne un *creuset pour métaux précieux.*

Toutes ces pièces réfractaires spéciales sont de la frabrication de la maison Janin et Guérineau et complètent les descriptions précédentes.

Nous clôturons le chapitre réservé aux applications spéciales par divers fourneaux et fours de laboratoire pour études et expériences de chimie.

409. Les fourneaux et fours construits pour les usages scientifiques suivent la marche progressive des découvertes en même temps qu'ils répondent à des besoins multiples, qui font que leur variété est grande, leurs transformations nombreuses et quelquefois rapides.

Nous donnons, à titre documentaire, quelques spécimens des ouvrages parmi les plus récentes formules de construction pour l'usage de la chimie industrielle, minérale et organique.

Nous ne pouvons pas évidemment faire passer sous les yeux de nos lecteurs tous les types de construction. Nous pensons, par la sélection que nous avons faite des fours et des fourneaux de laboratoire, répondre suffisamment aux désidérata qui nous ont été exprimés.

La figure 998 représente un fourneau composé de six foyers, carrés et ronds, construits en batteries, pour marche à air libre et par ventilateurs, et d'un four horizontal à bain d'huile, avec hotte d'évacuation des gaz, à capot hermétique.

Chaque foyer est desservi par un carneau sur une cheminée d'appel raccordée à un collecteur, évacuant tous les gaz et les produits de la combustion dans une cheminée unitaire.

Au point de vue du métré des ouvrages, il y a lieu de présenter les travaux préparatoires qui ressortissent aux évaluations de la série de bâtiment, et ensuite les constructions spéciales en élévation, tarifées sur les données industrielles.

La construction de ce groupe de fourneaux est entièrement en briques réfractaires hourdées en mortier de coulis réfractaire, avec parements intérieurs et extérieurs jointoyés.

Les pièces spéciales et les registres avec leurs cadres sont en produits réfractaires.

Le dessus du fourneau est carrelé en carreaux réfractaires.

Les cheminées d'appel sont également en briques réfractaires avec parements extérieurs traités comme ceux du fourneau.

L'ensemble de la construction est maintenu par des armatures *ad hoc.*

Nous donnons un canevas métrique de ce genre de travail, à titre de renseignement général.

Fourneau de chimie à 6 foyers, marche à air libre et par ventilateurs.

Travaux préparatoires.

Terrasse
Fouille en tranchées et jet sur berge : au cube.
    Terrasse n° 27.
Chargé les terres à la hotte ou au seau pour montage et transport s'il y a lieu : au cube.
    Terrasse n° 51.
Monté les terres à la hotte ou au seau s'il y a lieu : au cube.
Le premier mètre de profondeur.
    Terrasse n° 55.
Chaque mètre de profondeur en plus.
    Terrasse n° 58.
Transporté les terres à la hotte ou au seau s'il y a lieu : au cube.
Par relai de 30 mètres.

Fouille en tranchées ou rigoles au cube.
»   »   »
Terrasse, SÉRIE CENTRALE n° 27.
Chargement des terres à la hotte ou au seau : au cube.
Terrasse, SÉRIE CENTRALE n° 51.
Montage des terres à la hotte ou au seau : au cube.
Terrasse, SÉRIE CENTRALE n°ˢ 55-58.

Par relai de 20 mètres. Suivant les observations portées à la Série n° 66. Terrasse nᵒˢ 69-70.	Transport des terres à la hotte ou au seau : au cube. Terrasse, SÉRIE CENTRALE nᵒˢ 69-70.
Chargé les terres au tombereau : au cube. Terrasse n° 50.	Chargement des terres au tombereau, au cube. Terrasse, SÉRIE CENTRALE n° 50.
Transporté les terres au tombereau aux décharges publiques : au cube (suivant la zone). Terrasse nᵒˢ 74-75-76.	Transport des terres au tombereau aux décharges publiques : au cube. Terrasse, SÉRIE CENTRALE nᵒˢ 74-75-76.
Béton de cailloux : au cube. Maçonnerie n° 475.	Béton de cailloux : au cube. Maçonnerie, SÉRIE CENTRALE n° 475.
Plus-values pour mortier n° 2 : au cube. Avec chaux hydraulique B.C.D.E. Maçonnerie n° 477. Avec ciment F.G.H.I.J.K.L. Maçonnerie n° 477.	Plus-value sur bétons pour mortiers B à L : au cube. Maçonnerie, SÉRIE CENTRALE n° 477.
Chape en mortier n° 2 : au mètre superficiel. Avec chaux ou ciment de B à L. 0ᵐ,03 d'épaisseur. Maçonnerie n° 696.	Chape en mortier B à L : au mètre superficiel. Maçonnerie, SÉRIE CENTRALE n° 696.
Chaque centimètre au-dessus ou au-dessous de 0ᵐ,03 : au mètre superficiel. Maçonnerie n° 697.	Chape en mortier B à L par chaque centimètre au-dessus ou au-dessous de 0ᵐ,03 : au mètre superficiel. Maçonnerie, SÉRIE CENTRALE n° 697.
Sur mur : haché et crépi enduit au panier s'il y a lieu : au mètre superficiel. Maçonnerie n° 952.	Légers ouvrages. » » »
Façon des cuvettes des foyers à air libre dans le massif en béton : à la pièce. Observation.	Cuvette dans le béton pour façon, à la pièce. Observation.
Les ciments (suivant la provenance et les marques) pour enduits de 0ᵐ,02 d'épaisseur : au mètre superficiel. Observation. Maçonnerie nᵒˢ 832 à 838.	Enduit ordinaire en ciment : au mètre superficiel. Maçonnerie, SÉRIE CENTRALE n° 832 à 838. Observation.
Descendu, posé, mis en place de niveau les cuvettes en fonte : au poids. Fumisterie n° 881.	Pose de fonte, descente et mise en place, au poids. SÉRIE CENTRALE n° 881.
Scellé les cuvettes sur ciment : à la pièce. Observation.	Observation.
Joint en mortier de ciment : au mètre linéaire. Maçonnerie n° 902.	Joint en mortier de ciment : au mètre linéaire. Maçonnerie, SÉRIE CENTRALE n° 902.
Monté, assemblé les armatures à petits cadres apparents : au mètre linéaire. Observation.	Montage de petits cadres assemblés en fer apparent : au mètre linéaire. Observation.
Posé, scellé au bas du fourneau et des jambages les socles en fer : au mètre linéaire. Observation.	Pose et scellement des socles en fer au bas du fourneau et des jambages : au mètre linéaire. Observation.
Pour fixation : trous et scellements de pattes dans le béton à l'unité de profondeur. 0ᵐ,015 de légers par centimètre. Maçonnerie n° 1128.	Légers ouvrages au mètre superficiel. » » »
Plus-value de scellement au ciment 1/2 en plus. Maçonnerie n° 1125. Observation.	Scellement au ciment. Maçonnerie, SÉRIE CENTRALE n° 1125. Observation.

Pour fixation des armatures : trous et scellements de tirants dans les murs en maçonnerie, à l'unité de profondeur.

Suivant la nature de la maçonnerie.

Observation.

Plus-value de scellement au ciment.

Observation.

Observation.

Observation.

Fourneau de laboratoire de chimie, à 2 batteries de foyers, pour marche à air libre et par ventilateurs, construit entièrement en briques réfractaires à 2 qualités et pièces spéciales en produit réfractaire, hourdées en coulis au cube.

Le fourneau cubant brut

$$4.47 \times 0.77 \times 0.91^{H} = 3^{3}.132$$

Vides à déduire

Foyers   »   »   »

Cendriers   »   »   »   »   »

Cube net de construction   »   »

à reprendre en déduction

Les pièces en produit réfractaire

»   »   »

»   »   »   »   »

Les intérieurs et carneaux en briques réfractaires spéciales.

»   »   »

»   »   »   »   »   »   »   »   »

Reste pour cube de construction de fourneau de laboratoire, en briques réfractaires.   »   »

Brique réfractaire pour fourneau de laboratoire, hourdée en coulis : au cube.

Observation.

Ouvrages industriels.

A reprendre en œuvre :

Les cubatures d'ouvrages en déduction :

Intérieurs et carneaux en briques réfractaires, qualité spéciale pour fours et hourdis de coulis réfractaire de qualité afférente.

Brique réfractaire pour fours, hourdée en coulis de qualité afférente : au cube.

Observation.

Observation.

Ouvrages industriels.

Les pièces en produit réfractaire, pour mise en œuvre, à façon, compris fourniture de coulis réfractaire, qualité afférente pour fours.

Observation.

Pièces spéciales en produit réfractaire pour mise en œuvre, pour four à façon, compris fourniture de coulis de qualité afférente : au cube.

Observation.

Les tailles dans la brique :

Sommiers et contre-sommiers entaillés.

Pattes de fixation des armatures à petits cadres.

Tirants d'armatures encastrés.

Entailles à coulisseaux du registre vertical.

Encastrements des foyers, etc., etc.

Ouvrages industriels.

Tous ces ouvrages sont à reprendre suivant leur façon aux évaluations métriques des tailles dans la pierre et réduites au mètre superficiel de taille :

1° Dans la brique dure; pour les tailles dans la masse du fourneau.

Maçonnerie n° 1621.

Taille de brique dure, au mètre superficiel.

Maçonnerie, SÉRIE CENTRALE n° 1621.

2° Evaluation aux ouvrages de fumisterie industrielle; pour les tailles dans le briquetage en réfractaire spécial et les pièces en produit réfractaire.

Observation.

Taille de brique réfractaire spéciale et pièces en produit réfractaire : au mètre superficiel.

Observation.

Ouvrages industriels.

Monté, ajusté sur façade du fourneau dans les cadres apparents, bouchoirs des foyers à ventilateurs à la pièce.

Observation.

Montage de bouchoir pour foyer à ventilateur, ajusté dans un cadre apparent, à la pièce.

Observation.

Scellé, calfeutré les cadres dormants à la pièce. Observation.	Observation.
Les trous de pattes dans la brique et scellements. Observation.	Observation.
Parements de briquetage apparent en mortier de coulis réfractaire dressé à la règle avec joints en creux : au mètre superficiel.	Parement de briquetage apparent dressé à la règle, joints en creux, au mètre superficiel.

Parements intérieurs   »   » }
  Parements extérieurs   »   » } »   »
   Observation.
	Analogie Maçonnerie.
	SÉRIE CENTRALE n° 677.

Analogie au n° 677 de la maçonnerie, 2me colonne.
Jointoiement intérieur ; au mètre superficiel.
     » »
   Observation.
	Observation.
	
	Jointoiement en mortier de coulis réfractaire sur briquetage apparent, au mètre superficiel.

Jointoiement extérieur au mastic spécial de limaille de fer, les joints lissés : au mètre superficiel.
     » »
   Observation.
	Observation.
	
	Jointoiement au mastic de limaille de fer, les joints lissés, sur briquetage apparent : au mètre superficiel.

Fer égrené et peint une couche au vernis noir : au mètre linéaire. Observation.	Observation. Ouvrages industriels. Egrenage et peinture une couche au vernis sur fer, au mètre linéaire.
En fournitures : Les armatures apparentes avec pattes rapportées, tous ajustements et assemblages, etc., etc. Aux évaluations de la serrurerie. Observation.	Observation. Fournitures diverses de serrurerie et façon sur fers.

Les cuvettes en fonte sur modèle : au poids.
  Fumisterie n° 709.
Les sommiers contre-sommiers.
Les barreaux spéciaux pour foyers.
   Observation.
	Observation.
	Fonte sur modèle, au poids.
	SÉRIE CENTRALE n° 709.
	
	Fournitures spéciales.

Les bouchoirs pour foyers à ventilateurs avec cadres, buse de raccord à nervures : à la pièce. Observation.	Observation. Bouchoir de foyer à ventilateur, monté sur cadre avec buse à nervures, à la pièce.
Pièces spéciales en produit réfractaire pour fourneau de chimie : à la pièce. Observation.	Observation. Pièces spéciales en produit réfractaire, à la pièce.
Carreaux pleins réfractaires pour table de fourneau de chimie : au poids. Observation.	Observation. Carreaux pleins réfractaires, au poids. Observation.

Four horizontal à bain d'huile.

Béton pour assise, cuvette dans ce béton, posé la cuvette en fonte.
Monté, assemblé les armatures apparentes.
Scellé au bas les socles en fer.
Trous de pattes et scellements de fixation.
Trous et scellements dans les murs en maçonnerie, etc., etc.
Toutes évaluations semblables à celles du fourneau à foyers.
   Observation.

Fourneau à bain d'huile construit entièrement en briques réfractaires à 2 qualités, hourdées en coulis : au cube.
Le fourneau au cube plein sans déduction de vide.

    $0.70 \times 0.87 \times 0.94^{\text{H}} =$ $0^3.554$ }
à déduire
Intérieur et carneaux en briques réfractaires spéciales   »   »   »   » } »   »

Reste pour cube de construction de fourneau de laboratoire en briques réfractaires.   »   »
Observation.
A reprendre en œuvre :
La cubature d'ouvrage en déduction :
Intérieur et carnaux en briques réfractaires, qualité spéciale pour fours et hourdis de coulis réfractaire de qualité afférente.
Observation.
Les tailles dans la brique et tous ouvrages accessoires à reprendre dans les données indiquées précédemment.
Observation.
Descendu posé mis en place de niveau.
La cuve à bain d'huile.
Le dessus en fonte et la façade.
La hotte d'évacuation en tôle à capot.
Fumisterie nos 881-882.
Les trous de fixation de la hotte d'évacuation percés dans la fonte : à la pièce.
Observation.
Les trous filetés dans la fonte : à la pièce.
Observation.
Les trous et scellements des pattes de fixation dans la brique.
Observation.
Ajusté sur façade du four dans le cadre apparent, la devanture sur encadrement : à la pièce.
Observation.
Scellé calfeutré le cadre dormant : à la pièce.
Observation.
Les trous de pattes dans la brique et scellements.
Observation.
Les paremconts intérieurs et extérieurs et jointoiements, à reprendre dans les données indiquées au fourneau à foyers.
Observation.

Fer égrené et peint une couche au vernis noir : au mètre linéaire.
Observation.
En fournitures :
Les armatures apparentes de même façon que celles du fourneau à foyers, aux évaluations de la serrurerie.
Observation.
Les fontes sur modèle : au poids.
Cuvette.
Dessus.
Façade.
Angles arrondis pour montants.
Fumisterie n° 709.
Ajusté les fontes, dressé, limé les rives, champs et feuillures sur le poids.
Fumisterie n° 710.
Pièce réfractaire spéciale pour garniture intérieure de devanture.
Observation.
Les sommiers contre-sommiers.
Les barreaux spéciaux pour foyer.
Observation.

Brique réfractaire pour fourneau de laboratoire, hourdée en coulis : au cube.

Observation.

Ouvrages industriels.

Brique réfractaire pour fours, hourdée en coulis de qualité afférente : au cube.

Observation.

Ouvrages industriels.

Observation.

Pose de fonte et tôle, descente et mise en place : au poids.

SÉRIE CENTRALE n° 881.

SÉRIE CENTRALE n° 882.

Trou percé dans la fonte, à la pièce.

Observation.

Trou fileté dans la fonte, à la pièce.

Observation.

Observation.

Montage de devanture pour jour à bain d'huile, à la pièce.

Observation.

Observation.

Observation.

Observation.

Egrenage et peinture une couche au vernis sur fer : au mètre linéaire.

Observation.

Fournitures diverses de serrurerie et façons sur fers.

Observation.

Fonte sur modèle au poids.

SÉRIE CENTRALE n° 709.

Ajustement de fonte sur modèle, au poids.

SÉRIE CENTRALE n° 710.

Pièce spéciale en produit réfractaire, à la pièce.

Observation.

Fournitures spéciales.

Observation.

La cuve à bain d'huile : à la pièce.
Observation.

La hotte d'évacuation des vapeurs d'huile faite à la demande en tôle et fer, avec capot hermétique fixé par 4 oreillons 1/4 de tour : au poids.
Observation.
Galvanisation au poids.
Fumisterie n° 748.

2 poignées forgées, fournies, façonnées, rapportées et rivées sur le capot : à la pièce.
Observation.

Galvanisation pour petit objet : à la pièce.
Observation.

Les vis à métaux pour fixation sur dessus en fonte : à la pièce.
Serrurerie n°s 1928 à 1938.
Les cheminées d'appel de chaque foyer raccordées sur le collecteur.
Monté, assemblé les armatures apparentes.
Scellé au bas le socle en fer au-dessus du fourneau.
Trous de pattes et scellements de fixation.
Trous et scellements dans les murs en maçonnerie, etc., etc.
Toutes évaluations semblables aux précédentes.
Observation.
Construit les cheminées et le conduit collecteur entièrement en briques réfractaires, qualité pour fourneau de laboratoire, hourdées en coulis : au cube.

Les cheminées cubant brut   »   »
Les vides à déduire   »   »   »   »
    à reprendre
Le conduit collecteur   »   »
Le vide à déduire   »   »   »   »   »   »
Reste en œuvre pour cube de construction   »   »
Observation.
Les tailles dans la brique à reprendre dans les données indiquées pour le fourneau de laboratoire.
Observation.

Appareillé, ajusté les registres avec cadres spéciaux en produit réfractaire : à la pièce.
Observation.
Scellé, calfeutré les cadres : à la pièce.
Observation.
Monté un registre vertical avec contrepoids sur chaîne de rappel et jeux de poulies, ajusté la traverse sur l'armature apparente.
Observation.

Posé, scellé les tampons de regards sur les cheminées : à la pièce.
Observation.

Tous travaux accessoires; tels que sciottages, recoupements des pièces réfractaires, etc., etc., pour appareillages ou ajustements, sont à reprendre en évaluation eu égard au travail exécuté.
Observation.
Les parements et jointoiements à reprendre dans les données indiquées précédemment.
Observation.

Cuve à bain d'huile, à la pièce.

Observation.

Hotte spéciale pour évacuation des vapeurs d'huile, faite à la demande en tôle et fer, avec capot hermétique, au poids.

Observation.

Galvanisation, au poids.

SÉRIE CENTRALE n° 748.

Poignée forgée, fournie, rapportée et rivée, à la pièce.

Observation.

Galvanisation d'objet, à la pièce.

Observation.

Vis à métaux en fer, à la pièce.

Serrurerie, SÉRIE CENTRALE n°s 1928 à 1938.

Observation.

Brique réfractaire pour cheminée ou fourneau de laboratoire hourdée en coulis : au cube.

Observation.

Ouvrages industriels.

Observation.

Registre appareillé ajusté avec cadre en réfractaire : à la pièce.

Observation.

Observation.

Registre vertical monté avec contrepoids sur chaîne et jeux de poulies, traverse ajustée sur armature.

Observation.

Pose et scellement de tampon de regard, à la pièce.

Observation.

Observation.

Observation.

Egrenage et peinture des armatures en fer, à reprendre.
    Observation.
En fournitures :
Les armatures apparentes de même façon que les précédentes, à prendre aux évaluations de la serrurerie.
    Observation.

Les registres pleins avec cadres à la demande.
    Observation.

Observation.

Fournitures diverses de serrurerie
et façons sur fers.

Observation.

Registre en produit réfractaire
avec cadre à la pièce.

Observation.

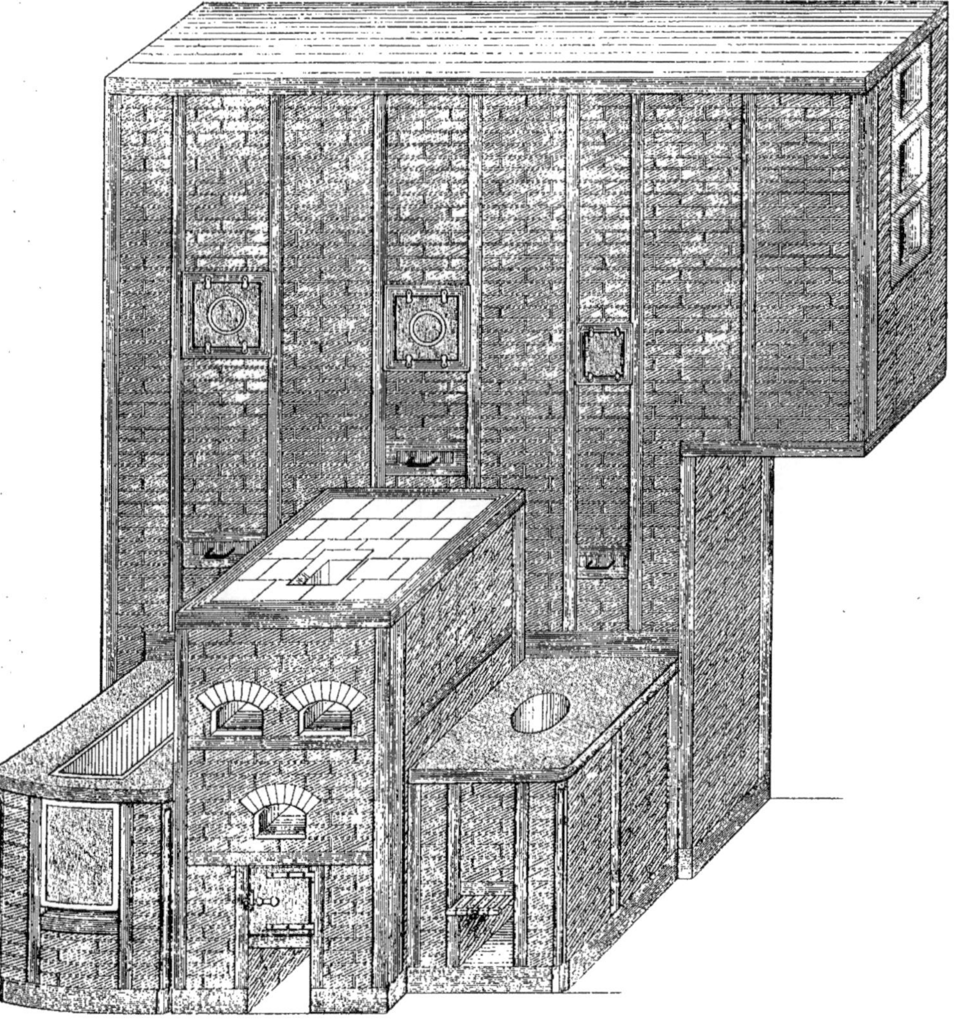

Fig. 999. — Groupe de fours à moufle, bloc et bain d'huile pour laboratoire de chimie

Les tampons de regards à la demande.
        Observation.
Pour montage du registre vertical.
La chaîne soudée en fer : au mètre linéaire.
Les S forgées : à la pièce.
Les poulies à gorge montées sur chapes : à la pièce.
Le contrepoids équilibré par galets pleins : à la pièce.
La tige porte-galets en fer rond avec écrous, contre-écrous :
à la pièce.
La gaine du contrepoids en tôle : à la pièce.
        Observation.

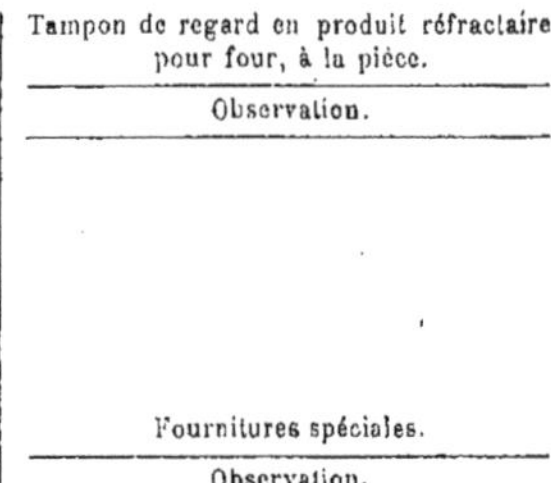

Tampon de regard en produit réfractaire
pour four, à la pièce.

Observation.

_____

Fournitures spéciales.

Observation.

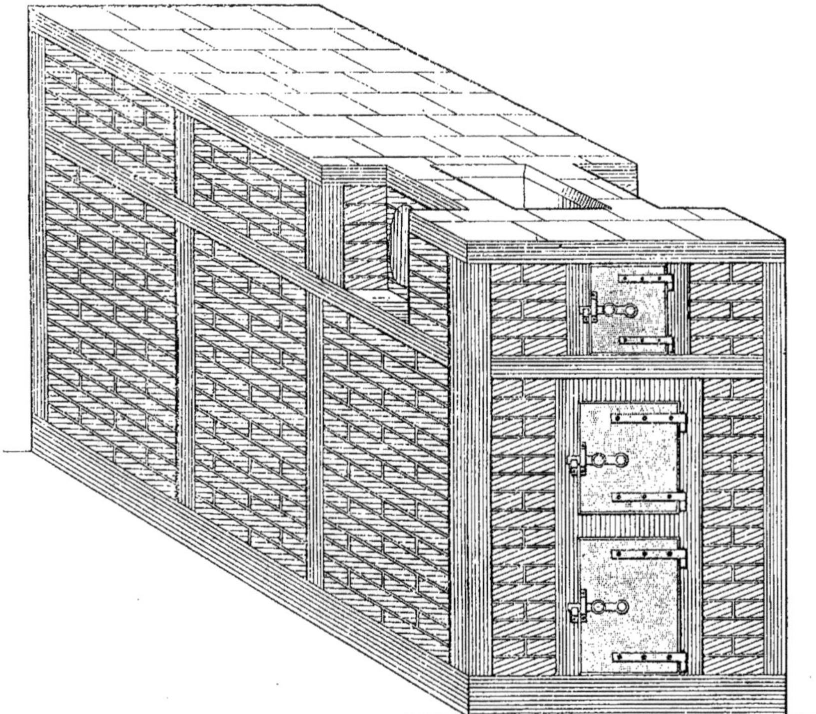

Fig. 1000. — Four mixte à pétrole pour laboratoire de chimie.

Nous avons écourté autant que possible le canevas du métré de ce travail, afin d'éviter les longueurs et les redites que nous aurions invariablement rencontrées, si nous avions donné le métré rigoureusement détaillé. Nous pensons que notre travail de démonstration doit surtout avoir pour but, les grandes lignes et les principes dans chaque genre de construction, plutôt qu'un détail avec tous les travaux secondaires et accessoires, que l'on rencontre dans la pratique.

Dans une construction du genre de celle que nous venons de traiter, il y a évidemment une grande quantité de travaux qui sont contingents en principal, et que nous

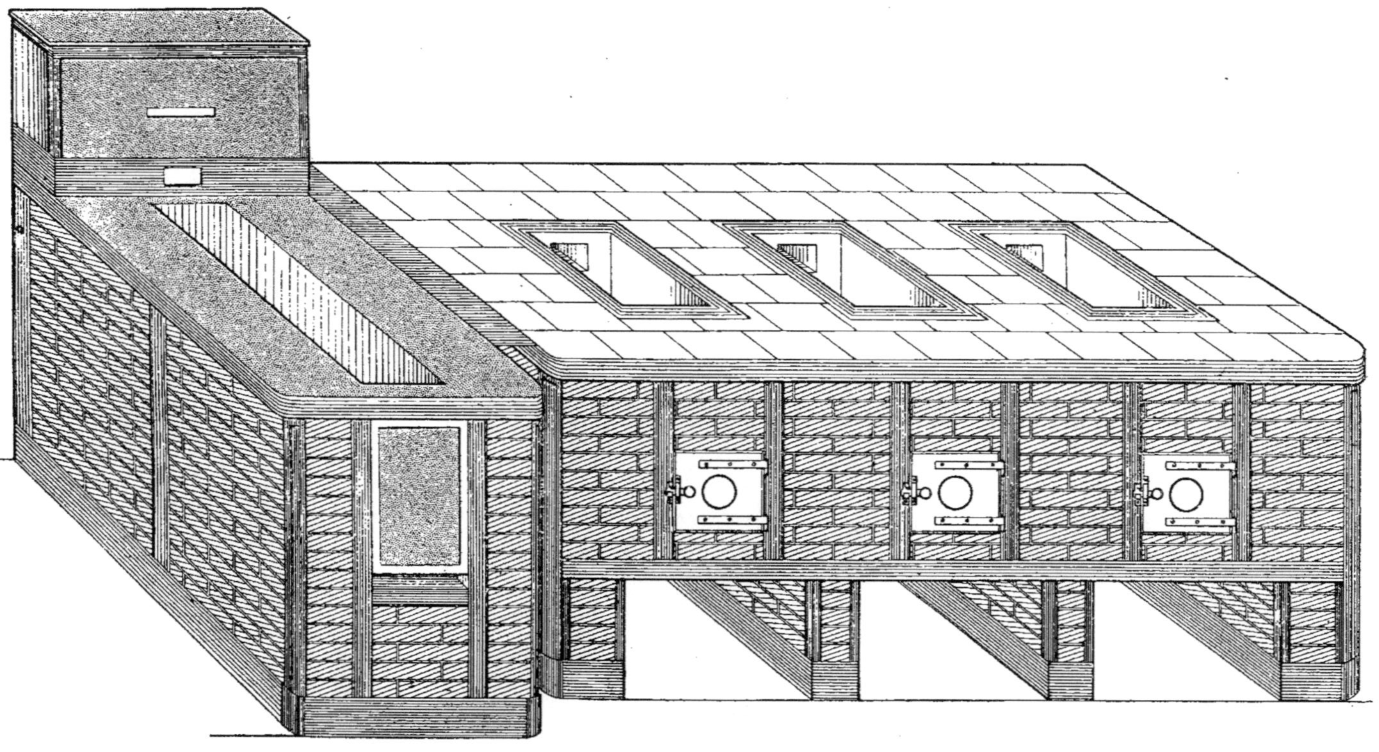

Fig. 1001. — Fourneau de laboratoire à 3 fours à vent et bain d'huile.

avons négligés, pour la double raison qu'ils ne sont pas toujours semblables et qu'ils ne sont pas partie absolue de la démonstration à faire.

410. Nous donnons ensuite, à titre documentaire, un groupe de fours, composé d'un moufle, un four à bloc et un bain d'huile vertical, avec leurs cheminées, les registres et les tampons de regards (*fig.*999).

Nous rappelons simplement que chacun de ces fours distincts est métré séparément, au cube plein, sans déduction de vide. Sous cette réserve, tout ce que nous avons dit précédemment s'applique à ces travaux.

Les pièces réfractaires spéciales sont demandées selon leur valeur marchande.

411. Nous donnons encore, à titre documentaire, un four mixte à pétrole pour expériences de laboratoire (*fig.* 1000).

La construction intérieure de ce four comprend une distribution très particulière de carnaux, pour évacuer les gaz et

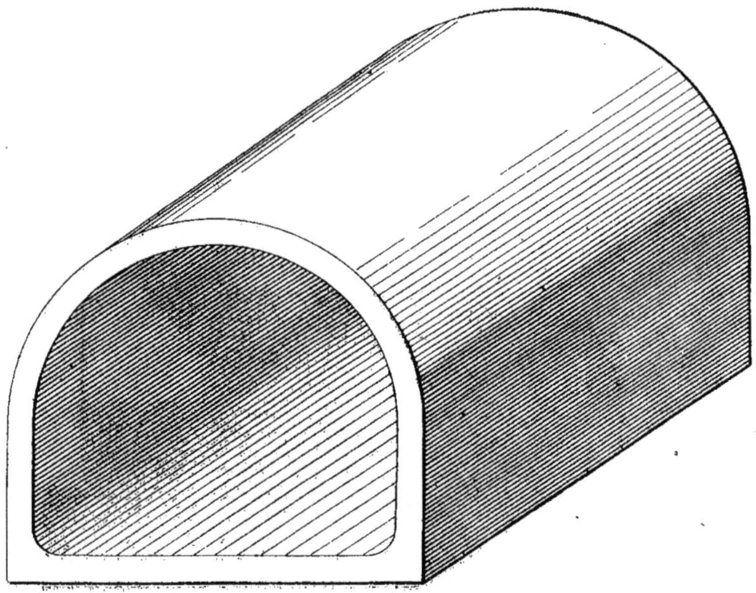

Fig. 1002. — Cornue de four à moufle.

vapeurs, et pour l'usage mixte à pétrole et à charbon.

Les pièces réfractaires sont faites sur modèles.

Le réservoir à pétrole est placé en dehors du four sur des supports *ad hoc*.

Les portes sont en fer à pentures contre-tamponnées par des pièces réfractaires.

Au point de vue métrique, nous restons dans les données précédentes en tenant compte toujours de la valeur des produits.

412. Nous clôturons ce chapitre par un fourneau composé d'une batterie de fours à vent, et à la suite un four à bain d'huile, dans des données un peu différentes des fours que nous avons vus précédemment (*fig.* 1001).

La figure 1002 représente une cornue de four à moufle. La figure 1003 nous donne un creuset cylindrique à couvercle.

Nous complétons nos descriptions par un petit fourneau portatif à réverbère (*fig.* 1004) et un fourneau à air pour fusion (*fig.* 1005).

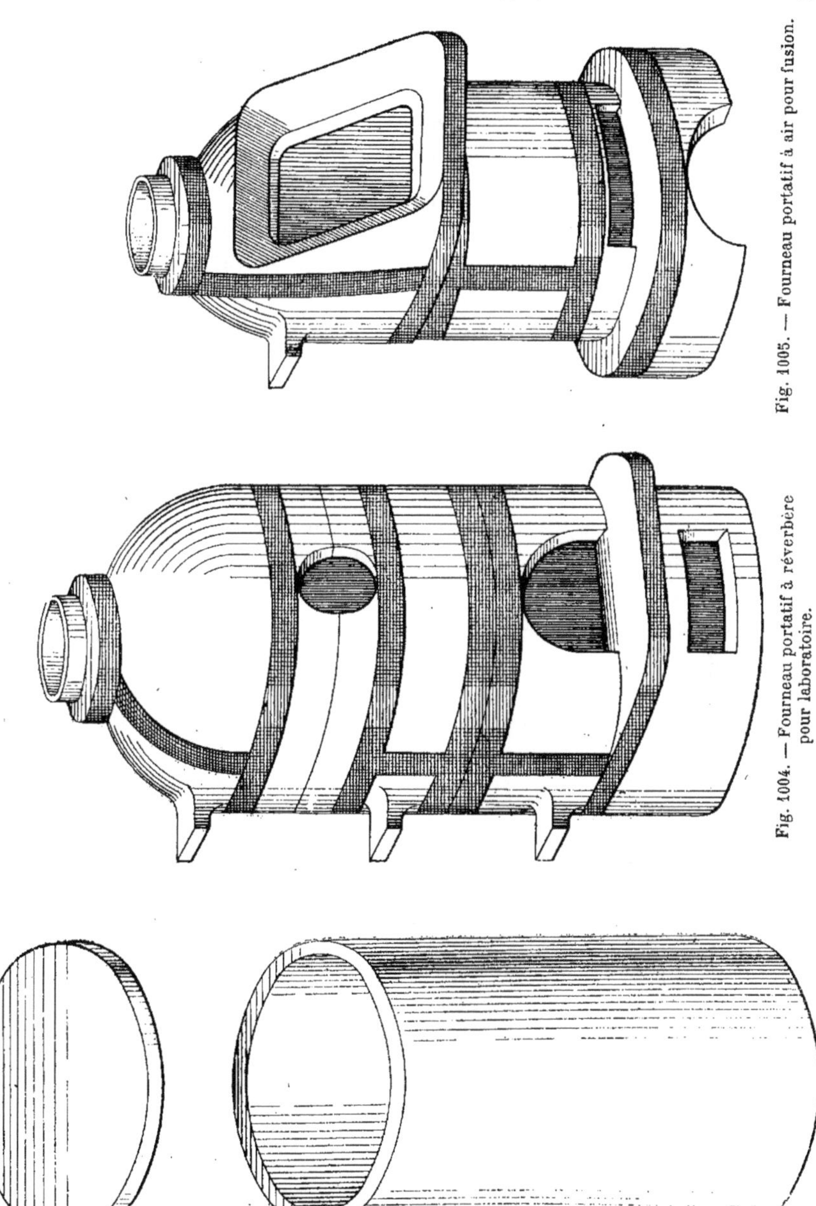

Fig. 1005. — Fourneau portatif à air pour fusion.

Fig. 1004. — Fourneau portatif à réverbère pour laboratoire.

Fig. 1003. — Creuset cylindrique à couvercle.

Ces objets sont essentiellement à usage de laboratoire. Ils sont de la fabrication

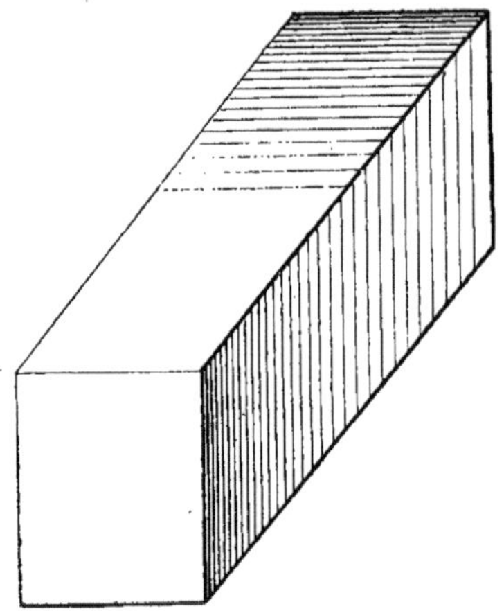

Fig. 1006. — Bloc réfractaire.

Janin et Guerineau. Nous les donnons à titre documentaire.

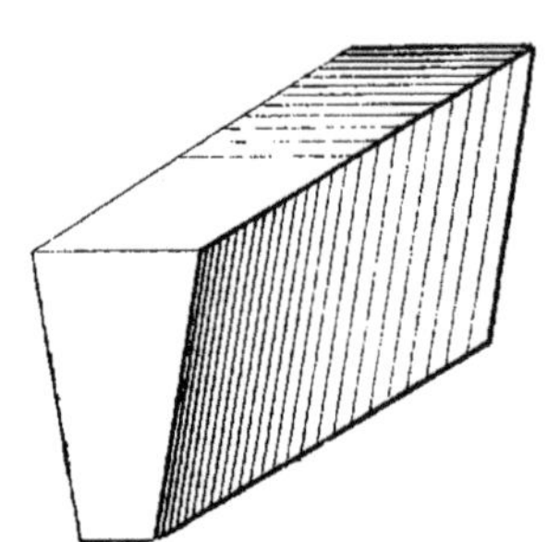

Fig. 1007. — Brique réfractaire à couteau.

Nous donnons également quelques spécimens de pièces réfractaires de fabri-

cation courante; telles que bloc, brique à couteau, à coin et à biseau (*fig.* 1006 à 1009).

Toutes ces pièces sont fabriquées de

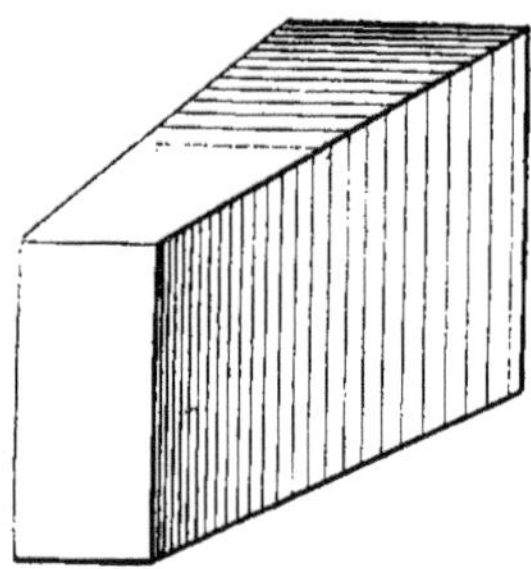

Fig. 1008. — Brique réfractaire à coin.

mesures précises. En dehors des dimensions du commerce, elles sont fabriquées sur commande.

Nous pensons avoir fourni, dans l'exposé

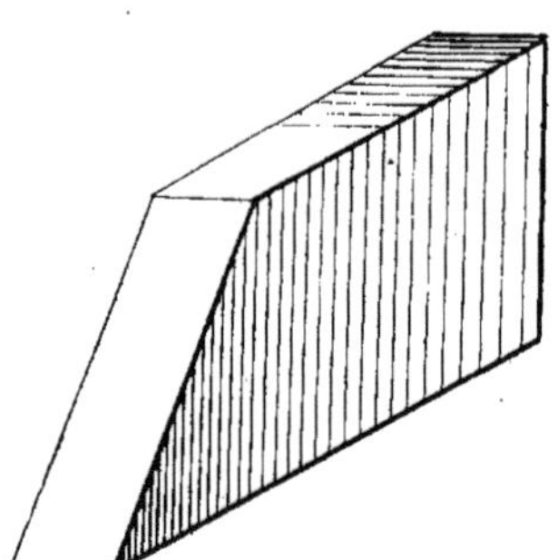

Fig. 1009. — Brique réfractaire à biseau.

de ce chapitre, les données utiles au point de vue du métré des ouvrages similaires, et nous passons aux applications industrielles.

FUMISTERIE ET MAÇONNERIE INDUSTRIELLES

413. Les constructeurs spécialistes en Fumisterie industrielle sont appelés à exécuter, dans l'ensemble de leurs travaux, des ouvrages qui ressortissent de la maçonnerie, si on les considère isolément, mais qui, cependant, ne peuvent être exécutés que par les constructeurs, en raison de leur affinité. C'est ce qui explique la conjonction des deux termes.

Il est bien évident que les fumistes industriels ne sont pas des maçons. Il ne s'agit pas de maçonnerie de bâtiment, mais bien d'ouvrages spéciaux, qui font corps avec les constructions de fumisterie industrielle.

Les travaux industriels sont aussi vastes que le titre l'indique. Ils sont spéciaux dans la conception, la direction et l'exécution.

Pour être, sinon complet, du moins étendu, ce chapitre deviendrait un ouvrage d'un volume considérable; nous nous limitons à quelques exemples de construction intéressants, et nous pensons atteindre le but, dans la forme concise de notre cadre, tout en donnant satisfaction aux demandes qui nous ont été adressées.

L'importance des chantiers nécessite, dans l'exécution, la sous-direction d'un maître compagnon, comme dans la maçonnerie, et l'adjonction d'un employé dessinateur spécial au carnet.

La ferronnerie est également très considérable dans son rôle auxiliaire de la fumisterie industrielle. Les armatures spéciales, les charpentes en fer, les ouvrages de toutes sortes, en fer et tôle, sont extrêmement variés. Des pièces mécaniques sont aussi quelquefois adjointes, pour certains travaux, aux constructions métalliques.

En un mot, la fumisterie industrielle comporte, comme la fumisterie de bâtiment d'ailleurs, mais dans des données tout autres, une partie très importante de fabrication en ateliers.

Tous ces travaux spéciaux qui n'ont rien de commun avec les travaux de bâtiment, sont évalués d'après une tarification des constructeurs qui constitue ce que nous appelons la *Série industrielle*.

Les grandes bases de la tarification sont celles de toute la construction, bien entendu, c'est-à-dire : la surface et le volume.

Les ouvrages sont métrés, au mètre superficiel ou au mètre cube. Il y a très peu d'évaluations au mètre linéaire qui se rapportent aux travaux spéciaux.

La ferronnerie, les fontes, etc., et accessoirement les produits en fournitures, sont payés au poids et à la pièce.

Les matériaux plus spécialement employés, sont les briques réfractaires et autres, de qualités et de provenances diverses et hourdées en mortier de compositions variées. La brique émaillée est quelquefois employée en parement.

Le moellon et la meulière sont aussi mis en œuvre pour des socles et des massifs de machines.

Les applications de ciment sont également très fréquentes.

Nous procédons toujours du même principe, qui consiste à indiquer les grandes lignes, souligner les observations, présenter les explications utiles aux descriptions, avec quelques exemples, et laisser enfin nos lecteurs à leur assimilation.

Les prix des ouvrages au mètre cube sont établis d'après une classification, par rapport à la façon de leur construction et la nature de leurs matériaux, en raison de leur fonction industrielle et l'importance de leur cubature.

414. Nous donnons ci-dessous la nomenclature des tarifications adoptées par les constructeurs, en ce qui concerne les maçonneries de briques ordinaires, en quatre catégories.

1° Cheminées d'usines, fourneaux de chaudières à vapeur, conduits voûtés pour fumée, gaz chauds ou air, dont les voûtes et les piédroits ont une épaisseur supérieure à la plus grande dimension de la brique, fours à briques, à chaux, à ciment. Hauts-fourneaux;

2° Fourneaux de chaudières multitubulaires, fours à incinérer, à gaz et gazogènes, fours divers à produits chimiques, à faïence, verre et porcelaine, à réverbère, à noir animal et tous les fours à réchauffer, à embattre, à tremper, à cémenter cubant plus 4 mètres cubes.

3° Fourneaux de chaudières multitubulaires et tous les fours ci-dessus y compris les fourneaux de buanderies et distilleries cubant jusqu'à 4 mètres cubes.

Dans cette catégorie sont également classés les fours à moufle et à creusets de toutes dimensions ;

4° Séchoirs à air chaud ou à la vapeur, soufroirs, chambres chaudes, étuves et calorifères industriels, fours et fourneaux de laboratoires.

415. La nomenclature suivante s'applique aux parties de construction en briques réfractaires, dans chaque construction désignée sous les neuf catégories ci-dessous :

1° Cheminées d'usines, fourneaux de chaudières à vapeur, conduits voûtés pour fumée, gaz chaud ou air, dont les voûtes et les piédroits ont une épaisseur supérieure à la plus grande dimension de la brique ;

2° Fourneaux de chaudières multitubulaires cubant plus de 4 mètres cubes ;

3° Fourneaux de chaudières multitubulaires cubant jusqu'à 4 mètres cubes et les fourneaux de buanderies et distilleries, les séchoirs à air chaud ou à vapeur, soufroirs, chambres chaudes, étuves et calorifères industriels ;

4° Fours à briques, à chaux et à ciment;

5° Fours divers à embattre, à noir animal à tremper, à cémenter cubant plus de 4^3000 ;

6° Fours divers ci-dessus de la 5° catégorie, cubant jusqu'à 4^3000 et les fours à moufle de toutes dimensions ;

7° Hauts fourneaux ;

8° Fours divers à incinérer, à gaz et gazogènes, à produits chimiques, à faïence, verre et porcelaine, à réverbère et à réchauffer cubant plus de 4^3000 ;

9° Fours divers ci-dessus, de la 8° catégorie, cubant jusqu'à 4^3000 et les fours à creusets, fours et fourneaux de laboratoires de toutes dimensions.

Les vides des tampons de regard, de nettoyage ou autres, ainsi que ceux des gueulards de foyers et les portes ne sont pas déduits du cube en œuvre.

Les prix de construction des ouvrages au mètre cube ne comprennent pas les parements extérieurs de briquetage, ni les scellements, descente, pose et ajustement, des cintres et armatures, des fers, tôles et fontes de toute sorte, ni d'aucune pièce métallique ou mécanique, échafaudages, charpentes, etc.

Les diverses constructions dont nous venons de rappeler les nomenclatures exigent des cintres à simple et à double courbure, qui donnent lieu d'appliquer des plus-values relatives, selon que leur rayon est de 2 mètres ou au-dessous. Ces plus-values sur parties cintrées ne s'appliquent pas aux cheminées en travaux neufs ; elles ne leur sont applicables qu'en réparations.

Des plus-values de reprises avec anciennes constructions sont également allouées pour les fours, fourneaux, carneaux et cheminées d'usines, en réparation.

Au point de vue du métré, nous faisons remarquer à nos lecteurs que les travaux de briquetages doivent être scindés en raison de la nature des matériaux, et dans la classification par catégories que nous avons reproduite.

S'il s'agit, par exemple, d'un fourneau de chaudière à vapeur : la maçonnerie de briques de façon bourgogne, bourgogne ou lisse, selon sa qualité, est tarifée dans la première catégorie. Les ouvrages en briques réfractaires, qualité pour fourneau de chaudière à vapeur, sont également tarifés dans la première catégorie des briquetages réfractaires. Par contre, s'il s'agit d'un four à briques, à chaux, à ciment, la tarification de la maçonnerie de briques qui demeure en première catégorie, passe en quatrième catégorie en ce qui concerne les ouvrages en briques réfractaires; qualité pour four. Le haut-fourneau, qui concerne aussi la première catégorie de maçonnerie de briques, passe en septième catégorie de réfractaires; qualité pour haute température.

Nous avons souligné, par cet exemple, l'importance de la classification des ouvrages en briques.

Il nous faut également appeler l'attention sur les parties de la construction édifiées avec des pièces spéciales réfractaires. Tous les cubes produits par des pièces réfractaires spéciales sont déduits des autres ouvrages en briques et repris à façon, y compris la fourniture des coulis suivant leur composition; au prix de façon des ouvrages de leur catégorie.

La fourniture des dalles et de toutes les pièces réfractaires spéciales est comptée ensuite, au poids ou à la pièce, selon leur nature et leur objet.

416. Les maçonneries de moellon et de meulière pour socles, massifs de machines, etc., sont tarifées suivant leur cubature; jusqu'à 5 mètres et au-dessus.

Les organes extérieurs de machines fixes ou mobiles nécessitent des logements réservés dans les maçonneries à des endroits précis et de dimensions très exactes. En conséquence, les maçonneries qui ne sont pas tarifées par les constructeurs spécialistes, sont augmentées d'une plus-value usuelle de 10 0/0 sur les prix de bâtiment.

Les gabarits de toutes sortes et les moules en zinc, nécessaires pour les logements et encastrements des pièces, ne sont pas compris dans les évaluations des ouvrages en maçonnerie.

Les vides nécessaires à ces divers logements et encastrements, tels que les échappées de bielles, passages des tiges de commandes, des arbres, etc.; niches de poulies ou autres, encastrements de paliers, coussinets, boulons, etc., ne sont pas déduits des ouvrages en maçonnerie, et, d'une manière générale, tous vides produisant moins de 0^3150.

En ce qui concerne les ouvrages au mètre superficiel, les vides de 0^215 et au-dessous ne sont pas déduits.

417. Les ciments sont payés d'une manière usuelle sur les prix de la série spéciale augmentés de 5 0/0.

Les jointoiements sont tarifés par les constructeurs suivant leur façon et la composition des mortiers ou des mastics spéciaux, de grès blanc, chaux, ciment, limaille, etc.

Les prix de jointoiements sont augmentés d'une plus-value de 10 0/0 quand la surface est inférieure à 20^200; qu'ils

soient exécutés sur briques neuves ou vieilles.

Les rejointoiements sur briques vieilles sont payés avec majoration de $25°/_0$ sur les prix de jointoiements appliqués aux briques neuves. Ils ne comprennent pas la valeur des échafaudages.

Les parements de briques sont également tarifés au mètre superficiel, suivant la classification en 3 catégories que nous donnons ci-dessous :

1° Parement de briques une seule nuance;
2° » » deux nuances en décor;
3° » » trois nuances en décor.

Ces tarifications répondent aux travaux courants d'appareillages des ouvrages en briques, des constructions de fumisterie industrielle.

418. Les tailles de briques sont très importantes dans les ouvrages industriels. Elles sont ordinairement métrées et payées sous deux évaluations moyennes, au mètre superficiel, qui résument les différents ouvrages de tailles.

Les trous, niches, feuillures, etc., sont métrés comme pour la pierre, et réduits au mètre, unité de taille, sur l'évaluation portée à la Série industrielle.

Les autres ouvrages en tailles, pour surfaces apparentes ou intérieures, en parements, ou sommiers de voûtes, appuis de maçonneries quelconques en talus, les faces droites, obliques ou courbes, sont évalués au mètre superficiel, au prix moyen indiqué par la Série industrielle.

419. Nous avons dit aussi l'importance des armatures, des constructions métalliques, des fontes, tôles, etc., etc., dans les ouvrages de fumisterie industrielle.

La pose et la mise en place de tous ces accessoires nécessitent des approches, des levages et montages, quelquefois très compliqués et onéreux en raison des hauteurs et des difficultés d'exécution.

La tarification de pose est faite au poids, suivant les catégories d'armatures, etc., non compris les trous et scellements de fixation, qui sont payés comme à la maçonnerie de bâtiment, avec une majoration usuelle de 25 0/0.

Les prix de pose des fontes, tôles, etc., comprennent le montage à 1 mètre du niveau du sol. Au-dessus de 1 mètre, on ap-

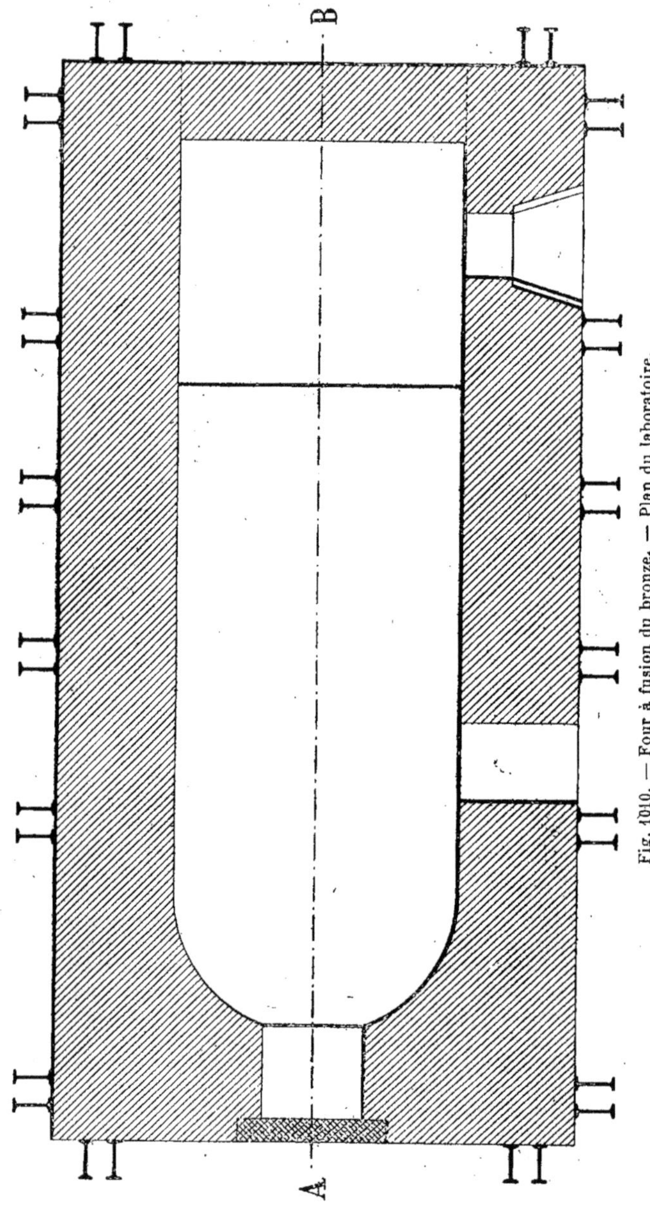

Fig. 1010. — Four à fusion du bronze, — Plan du laboratoire.

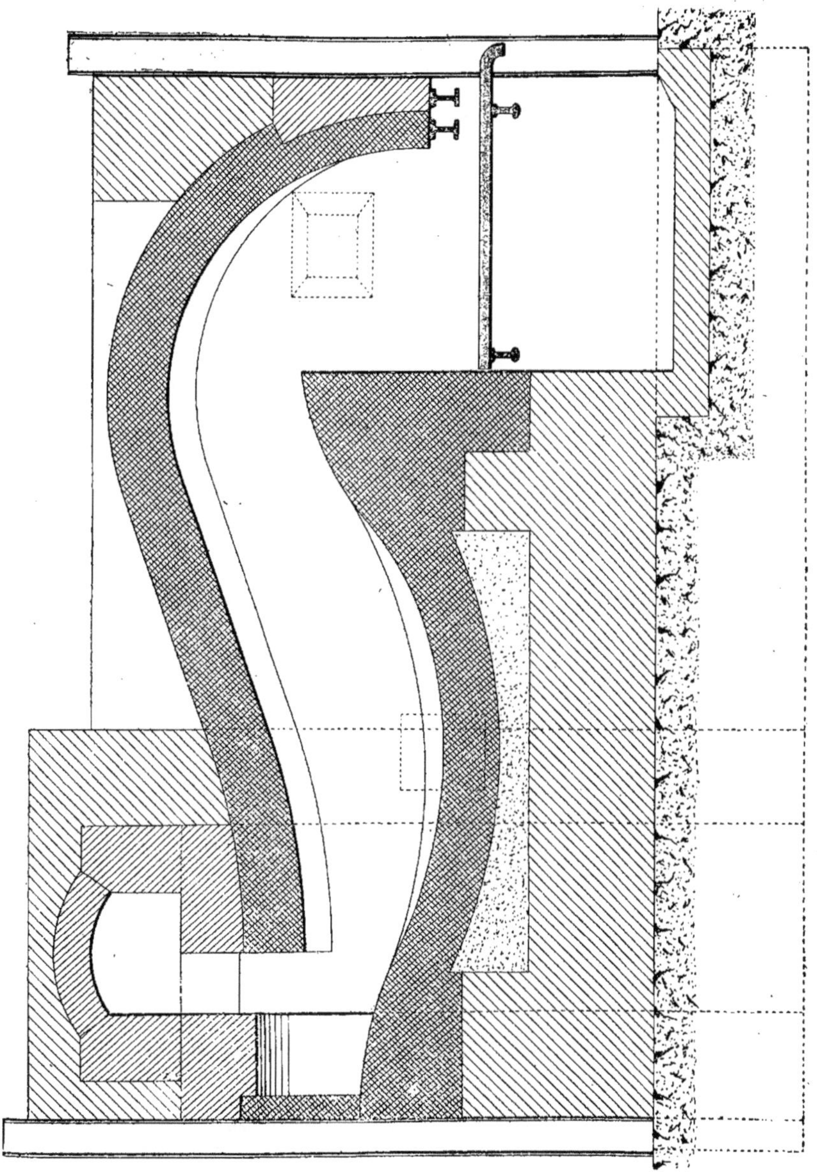

Fig. 1011. — Four à fusion du bronze. — Coupe longitudinale sur AB.

plique une plus-value par mètre et par kilogramme.

Nous pensons qu'il était utile de fournir ces quelques explications très sommaires et très générales sur les grandes lignes du métré et de la tarification des ouvrages spéciaux que nous traitons dans ce chapitre.

Nous n'avons envisagé évidemment que les travaux courants de construction neuve exécutés en condition normale. Nous n'avons pas davantage la prétention de croire avoir tout dit, dans une spécialité aussi compliquée ; mais tout au moins d'avoir souligné les principes généraux

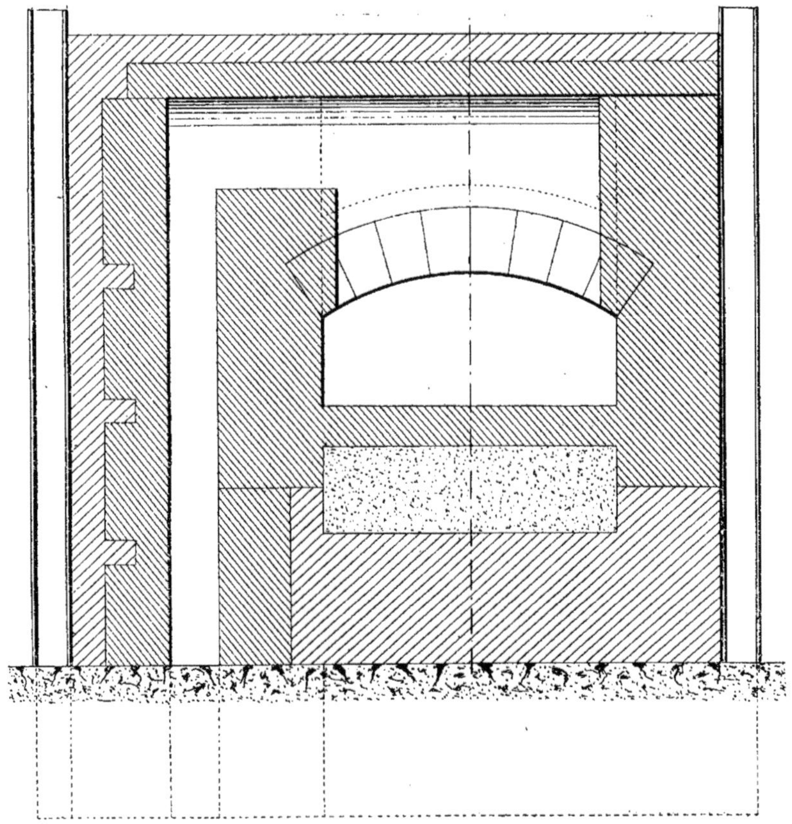

Fig. 1012. — Four à fusion du bronze. — Coupe transversale sur l'autel.

qui pourront être consultés utilement par nos lecteurs.

Fours divers.

420. Les fours sont très variés, non seulement en raison de leurs différentes fonctions industrielles, mais encore dans la même catégorie, en raison des usages spéciaux à chaque industrie.

Les fours à fondre, à recuire les métaux, etc., présentent des types de construction très divers dans la classification générale des fours à réverbère.

Le four que nous présentons à nos lecteurs comme premier type est à l'usage de la fusion du bronze. Il est composé d'un *foyer* et d'une *chambre de fusion* appelée *laboratoire*. Les produits de la combustion s'échappent par des *carnaux* voûtés, selon une disposition spéciale.

La *sole*, de forme concave sur un plan incliné, est construite en pièces réfractaires spéciales sur un lit en sable de Fontainebleau, pour permettre le travail de dilatation et de contraction.

La *voûte* du laboratoire et l'*autel* sont construits en pièces réfractaires spéciales.

La *relevée de feu*, les *carnaux*, les *dosserets de foyer* et du *laboratoire* qui com-

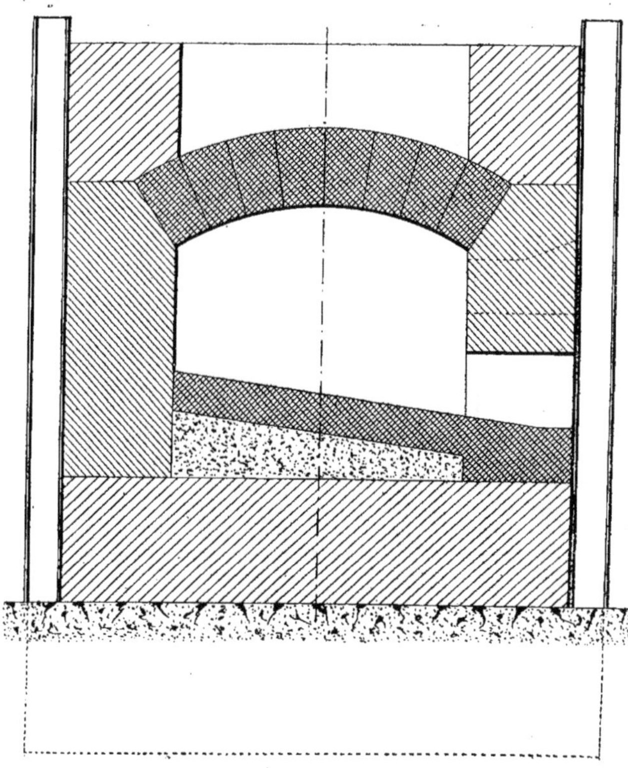

Fig. 1013. — Four à fusion du bronze. — Coupe transversale sur la sole.

plètent les caractéristiques du four, sont construits en briques réfractaires de qualités afférentes. L'ensemble des constructions réfractaires est hourdée en mortier de coulis. La masse de maçonnerie est construite en briques de Bourgogne, maintenue par des armatures assemblées à tirants boulonnés.

Le métal en fusion est recueilli par le *trou de coulée* ménagé dans la construction. Il est muni d'un regard spécial en produit réfractaire soigneusement luté.

Le four affecte la forme d'un F.

Les parements intérieurs et extérieurs des briquetages apparents sont traités dans les données que nous avons indi-

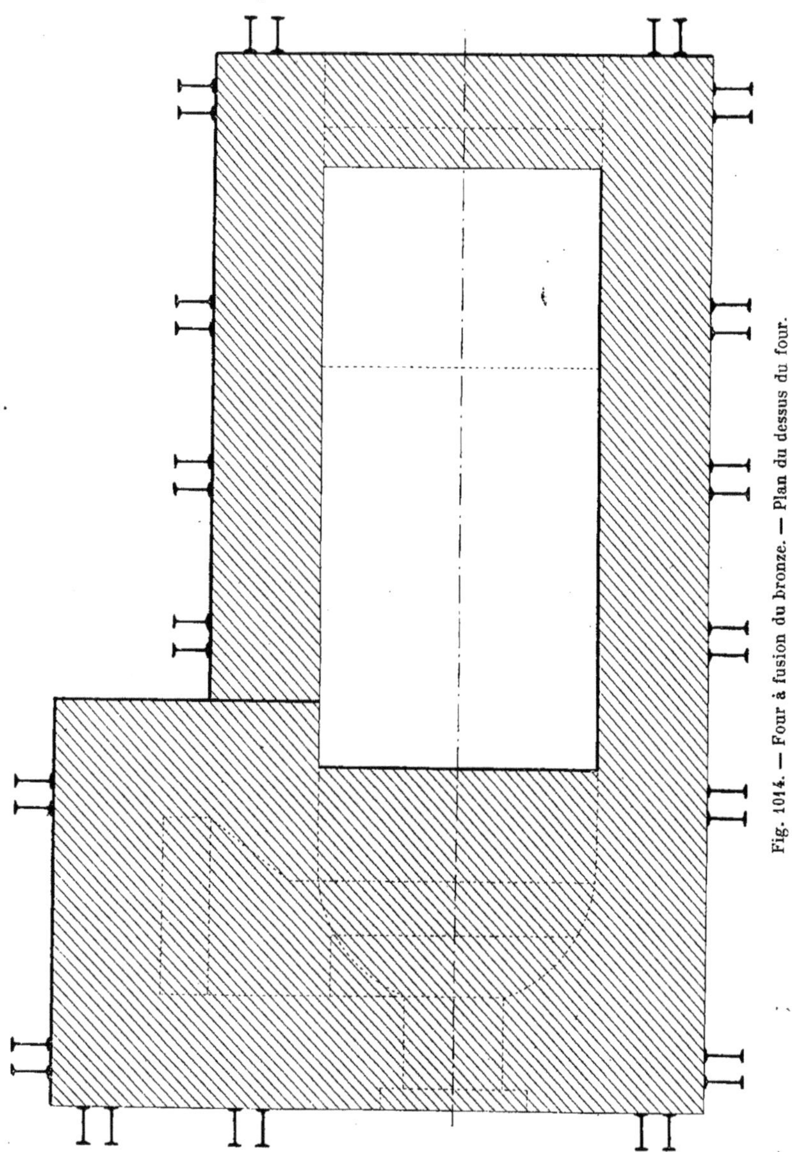

Fig. 1014. — Four à fusion du bronze. — Plan du dessus du four.

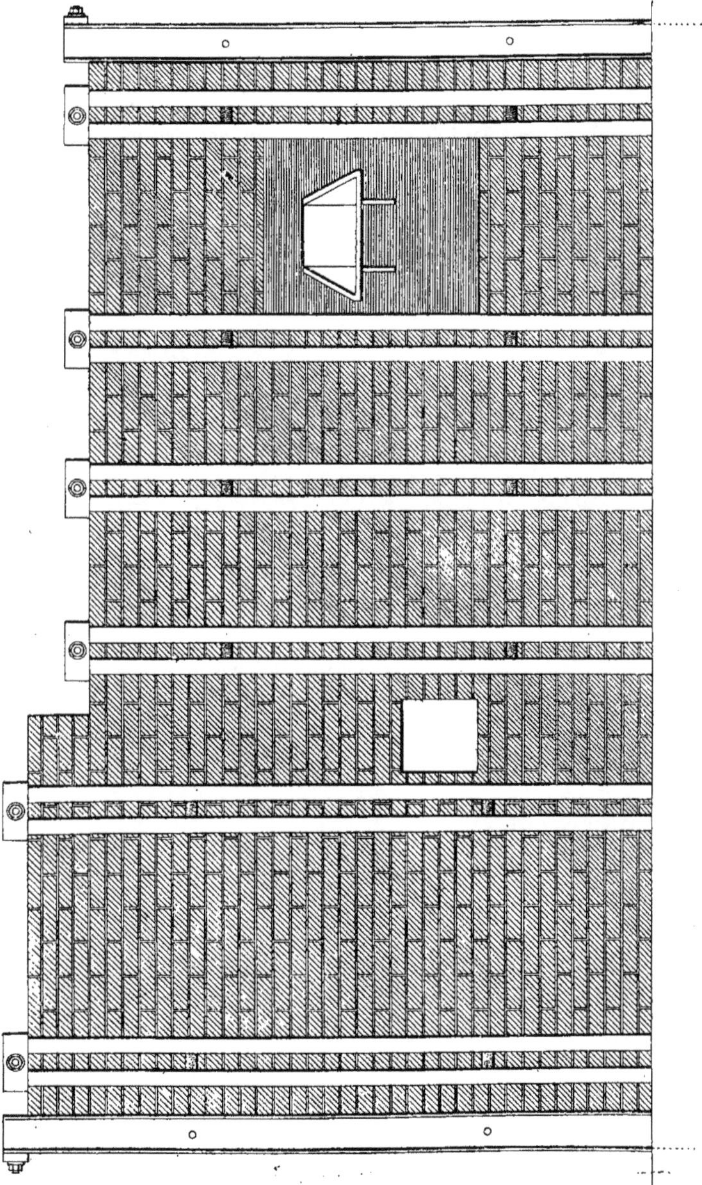

Fig. 1015. — Four à fusion du bronze. — Façade en élévation sur le trou de coulée et le gueulard de chargement.

quées ; les joints creux au fer et à la règle pour tous les parements avec reprise de jointoiement à la limaille sur les parements extérieurs.

Nous donnons (*fig.* 1010) le plan du four sur le laboratoire avec le trou de coulée du métal et le gueulard de chargement du combustible.

La figure 1011 représente la coupe longitudinale AB sur ce plan du laboratoire.

Les figures 1012 et 1013 complètent les données du four par deux coupes transversales sur l'autel et la sole.

Le plan de dessus du four (*fig.* 1014) et la façade en élévation (*fig.* 1015) terminent notre description. Nous donnons au surplus un canevas métrique de ce genre de travail, au point de vue de la construction spéciale.

Four à fusion du bronze.

Travaux préparatoires.

Terrasse.

Fouille, chargement, montage, transport et enlèvement des terres, au cube :

A présenter dans les données indiquées précédemment.

Observation.

Béton de cailloux, au cube :

Plus-values de mortiers de chaux ou ciment, au cube :

A présenter dans les données indiquées précédemment.

Observation.

Les prix de maçonnerie de bâtiment.

Chape en mortier n° 2 avec chaux ou ciment, au mètre superficiel.

A présenter dans les données indiquées précédemment.

Observation.

Les prix de maçonnerie de bâtiment.

Four à fusion du bronze construit en maçonnerie de briques de Bourgogne, intérieur en briques réfractaires et pièces réfractaires spéciales, hourdées en coulis : au cube.

Le four cubant brut.

$$3.41 \times 1.60 \times 1.84_H = 10^3\,039$$

à reprendre :

$$1.30 \times 1.60 \times 0.10 = 0.213$$
$$1.30 \times 0.50 \times 2.04 = 1.326$$
$$1.30 \times 1.60 \times 0.20 = 0.416$$
$$0.85 \times 1.50 \times 0.60 = 0.765 / 12^3\,759$$

Vides à déduire

Foyer	»	» »
Cendrier	»	» »
Laboratoire	»	» »
Carnaux		
(vide de chaque carnau)	»	» »
Dessus de voûte du laboratoire :	»	» » / » » »

Cube de construction » » »

A reprendre en déduction :

Les pièces spéciales en produits réfractaires dans le laboratoire : au cube.

La sole	»	» »
L'autel	»	» »
La voûte	»	» » / » » »

A reprendre en déduction :
Les ouvrages intérieurs en briques réfractaires de qualités afférentes pour four à fusion : au cube.

Briquetage de foyer »   » »
»   de laboratoire   »   » »
»   des carnaux   »   » »
»   de relevée de feu   »   » »
Reste cube de construction   »   × »
A reprendre en déduction de maçonnerie :
Lit de sable sous la sole du laboratoire   »   » »
Reste pour cube net de construction de maçonnerie en briques de Bourgogne pour four à fusion.   »   »   »   »   »   »

Brique de Bourgogne pour four industriel à fusion : au cube.

»   »   »

Série industrielle.

Tarification 2me et 3me catégories.

Observation.

Ouvrages industriels en 2e et 3e catégories selon la cubature de plus de 4³000 ou jusqu'à 4³000
Observation.
A reprendre en œuvre :
Les cubatures d'ouvrage en déduction :
Intérieurs en briques réfractaires, qualité spéciale pour four à réverbère, hourdées en coulis réfractaire de qualité afférente, cube de :
Ouvrages industriels en 8e et 9e catégories selon la cubature de plus de 4³000 ou jusqu'à 4³000.
Observation.
A reprendre à façon.
Les cubatures d'ouvrage en déduction.
Intérieurs en pièces réfractaires spéciales, hourdées en coulis réfractaire de qualité afférente, cube de :
Ouvrages industriels à façon pour four à réverbère en 8e et 9e catégories selon la cubature.
Observation.
A reprendre à façon.
Emplissage du lit de sable recevant la sole : au cube.
Observation.

En fournitures :
Les pièces pleines réfractaires spéciales pour four industriel, au poids :
Série industrielle.

Brique réfractaire pour four à réverbère : au cube.

»   »   »

Série industrielle.

Tarification 8me et 9me catégories.

Observation.

Briquetage à façon pour four à réverbère : au cube.

»   »   »

Série industrielle.

Tarification 8me et 9me catégories.

Observation.

Lit de sable pour façon, étendage et régalage : au cube.

»   »   »

Pièces pleines réfractaires spéciales pour four industriel : au poids.

»   »   »

Série industrielle.

Sable de Fontainebleau tamisé, au cube :
Observation.
Enduit en ciment de l'intérieur de la cuvette du cendrier : au mètre superficiel.
Les ciments sont comptés, selon leur nature, à la série des ciments avec plus-value de 5 0/0.
Observation.

Sable de Fontainebleau tamisé : au cube.

»   »   »

Observation.

Enduit en ciment : au mètre superficiel.

»   »   »

Observation.

Plus-values pour petites parties, façon des gorges et arêtes à reprendre selon la façon.
Observation.

Descendu, posé, mis en place, au poids :
Les fontes   pesant » »

Les fers et armatures pesant » »
Série industrielle.
Dans le cas de montage de fonte à plus de 1ᵐ,00 de hauteur du sol, demander la plus-value par mètre et par kilogramme.
Observation.
Série industrielle.
Les trous et scellements de fixation des armatures dans le massif en béton, dans le briquetage du four, les taillés dans la brique, pour encastrements des tirants, sommiers, etc., etc.
Les évaluations de ces travaux sont demandées dans les données précédemment indiquées suivant leur façon.
Observation.
Parements de briquetage apparent en mortier de coulis réfractaire dressés à la règle avec joints en creux : au mètre superficiel.
Parements intérieurs » » »
Parements extérieurs » » »
Observation.

Jointoiement intérieur, au mètre superficiel :
» » »

Jointoiement extérieur au mastic spécial de limaille de fer, les joints lissés : au mètre superficiel.
» » »
Ouvrages industriels.

Fer égrené et peint une couche au goudron de gaz.
Fonte   »   »   »
au poids.
Série industrielle.
En fournitures :
Les fontes sur modèle 2ᵐᵉ fusion : au poids.
Gueulard de four pesant » »
Blindage de foyer » » »
Sommiers » » »
Contre-pièces de serrage » » » » »
Série industrielle 1ʳᵉ catégorie.
Frais de modèle pour fondre les pièces.
Déboursés » » »
Frais d'études et bénéfice » » »
Observation.

Ajusté les fontes, dressé, limé les rives, champs et feuillures sur le poids de :
Observation
L'évaluation industrielle est la même que celle du bâtiment.

Façons diverses pour ouvrages en ciment.

Observation.

Pose, compris descente, ajustement et mise en place : au poids.

Fonte.

Fer et armatures de fours.

Série industrielle.

Plus-value pour montage de fonte à plus de 1ᵐ,00 de hauteur.

Observation.

Série industrielle.

Ouvrages divers.

Observation.

Parement de briquetage apparent dressé à la règle. Joints en creux : au mètre superficiel.

» » »

Série industrielle.

Jointoiement en mortier de coulis réfractaire sur briquetage apparent : au mètre superficiel.

» » »

Série industrielle.

Jointoiement au mastic de limaille de fer, les joints lissés sur briquetage apparent.

» » »

Série industrielle.

Peinture une couche au goudron de gaz et égrenage fer et fonte : au poids.

» » »

Série industrielle.

Fonte de 2ᵐᵉ fusion sur modèle pour pièces de four industriel : au poids.

» » »

Série industrielle.

Tarification en 1ʳᵉ catégorie.

Déboursés de frais de modèle.

» » »

Observation.

Ajustement de fonte sur modèle : au poids.

» » »

Observation.

Barreaux spéciaux pour foyer, au poids :
Contre sommiers pour foyer, au poids :
Série industrielle.

Armatures spéciales pour maçonnerie de four industriel : composées de poutrelles I P N jumelées et assemblées à entretoises boulonnées, au poids :
Série industrielle.

Tirants en fer rond, abouts filetés à boulons et assemblés sur les armatures de masse, au poids :

Série industrielle.

Barreaux spéciaux pour foyer de four industriel : au poids.
»   »   »
Série industrielle.
Armature spéciale pour maçonnerie de four industriel : au poids.
»   »   »
Série industrielle.
Tirant en fer rond fileté avec boulons : au poids.
»   »   »
Série industrielle.

Nous présentons toujours des canevas métriques qui nous semblent avoir l'avantage d'écourter et de simplifier beaucoup le métré exact, avec toutes ses opérations multiples, tout en donnant la même somme de renseignements utiles.

421. Nous continuons la Série des fours par un four à recuire les métaux.

La technique de la recuisson consiste à soumettre de nouveau à l'action du feu, les métaux, les cristaux, les émaux, etc., etc., selon les besoins industriels.

En raison de la variété des traitements, le recuit se fait de deux manières : directement sur les objets soumis à la recuisson, ou indirectement en vase clos, les pièces soumises ainsi à la recuisson étant soustraites à l'action directe des gaz de la combustion.

Nos lecteurs peuvent immédiatement se rendre compte, par cette classification générale des fours à recuire en deux grandes catégories, des données infinies de constructions.

Le four que nous présentons à titre documentaire (*fig.* 1016, 1017 et 1018), appartient à la première catégorie des fours à recuisson directe pour les métaux. Il est composé d'un foyer placé en contre-bas de la *chambre de recuisson* appelée *laboratoire*. La *sole*, de forme plane sur un plan parfaitement horizontal, est construite en pièces réfractaires spéciales. Elle reçoit les objets à recuire.

La *voûte* du laboratoire, par la disposition géométrale de sa courbe longitudinale infléchie sur les *créneaux de descente des gaz*, rabat les flammes et les répartit de manière à chauffer les pièces soumises à la recuisson, disposées sur la sole.

Les gaz brûlés dans le laboratoire s'échappent par les *créneaux* disposés à l'extrémité et sont évacués par le *carnau collecteur* qui rejoint la *cheminée*.

Le foyer, la relevée de feu, le laboratoire, les créneaux et le carnau collecteur voûté, sont construits en briques réfractaires de qualités afférentes hourdées en mortier de coulis. La masse de maçonnerie est construite en briques de Bourgogne, maintenue par des armatures à tirants boulonnés.

Les parements intérieurs et extérieurs des briquetages apparents sont traités dans les données précédemment indiquées ; les joints creux au fer et à la règle pour tous les parements avec reprise de jointoiement à la limaille sur les parements extérieurs.

Au point de vue du métré, le canevas que nous avons donné du four à fusion du bronze nous dispense de nous répéter pour le four à recuire.

Nous nous contentons de résumer nos observations, en ce qui concerne surtout la classification des ouvrages en briques.

La maçonnerie de masse en briques de Bourgogne, ou façon bourgogne, est tarifée comme pour le four à fusion du bronze, en deuxième ou troisième catégorie, selon la cubature de plus de 4 mètres cubes ou jusqu'à 4 mètres cubes.

Les ouvrages intérieurs en briques réfractaires de qualité spéciale hourdées en coulis réfractaire afférent, sont tarifés en

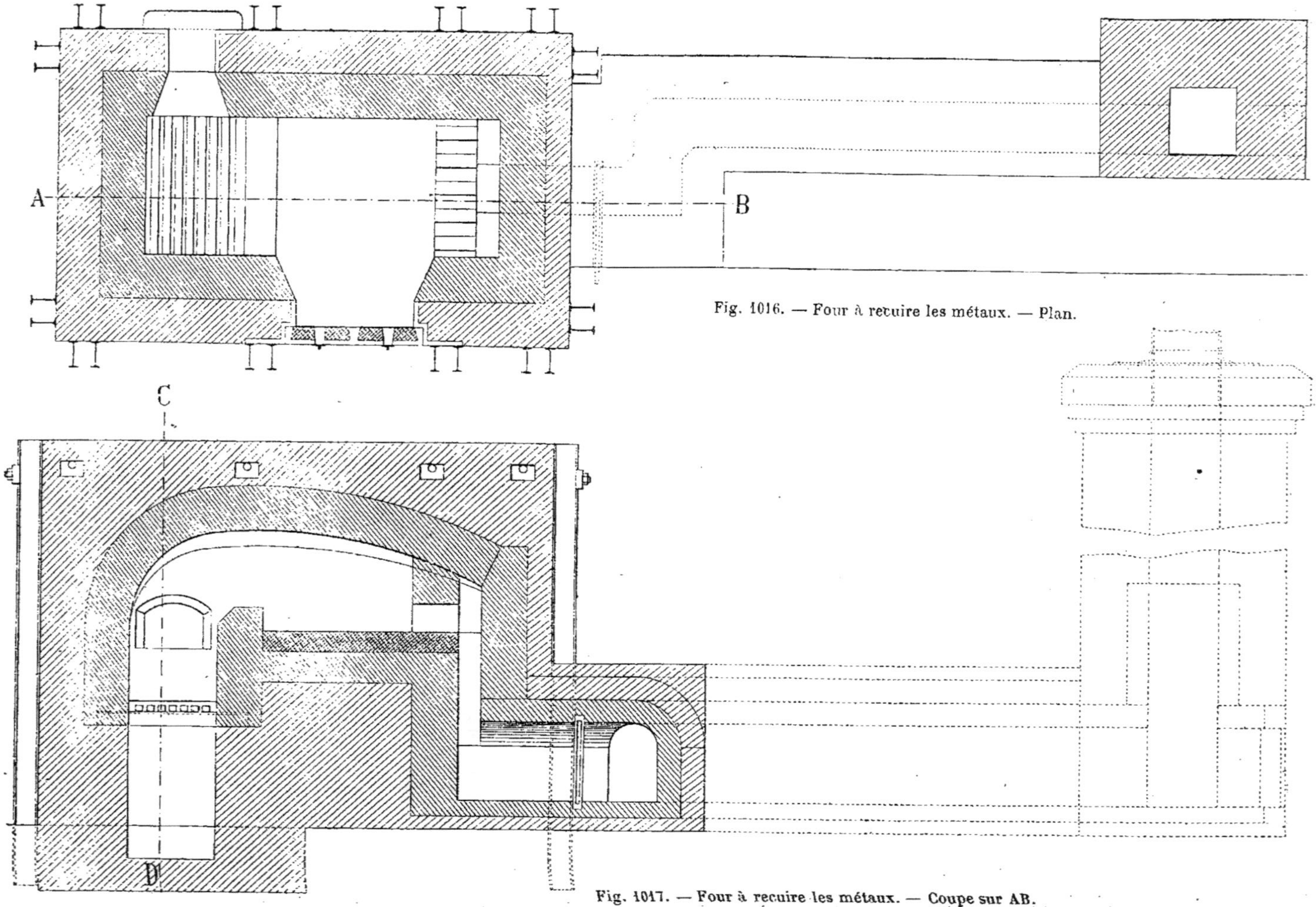

Fig. 1016. — Four à recuire les métaux. — Plan.

Fig. 1017. — Four à recuire les métaux. — Coupe sur AB.

huitième ou neuvième catégorie, selon la cubature du four, de plus de 4 mètres cubes ou jusqu'à 4 mètres cubes.

La construction de la voûte donne lieu d'appliquer les plus-values de cintrages à double courbure suivant les rayons des courbes, ainsi que nous l'avons indiqué dans l'exposé général en tête du chapitre.

La mise en œuvre des pièces réfractaires spéciales est tarifée au cube de construction à façon, y compris la fourniture du coulis réfractaire, selon sa catégorie.

Tous les autres ouvrages en fondation, bétons, chapes, etc., les travaux accessoires, parements, enduits, ciments, fixations d'armatures, etc., etc., sont traités dans les données indiquées.

Nous ne reviendrons pas davantage sur les fournitures des pièces réfractaires pleines comptées au poids, les fontes sur modèles, les armatures spéciales, etc., etc., ainsi que leur montage et mise en place, selon les observations que nous avons faites en principe. Nous rappelons que les frais de modèles sont comptés en déboursés.

Nous avons cependant dans le four à recuire un travail mécanique accessoire que nous n'avons pas dans le four à fusion ; c'est la porte d'enfournement avec son armature spéciale, les chapes, poulies tournées, axes en acier, chaînes de manœuvre et leurs attaches, etc.

Nous avons aussi le registre sur le carnau collecteur.

La porte avec son armature est tarifée au poids à la Série industrielle.

Les accessoires, les pièces mécaniques, les chaînes, etc., sont des fournitures spéciales tarifées par les fabricants spécialistes. Les travaux d'ajustages, de tour, etc., sont demandés à façon, en raison du travail exécuté par les ajusteurs-mécaniciens.

Au point de vue documentaire, nous complétons notre description par le plan du four avec le carnau collecteur et la cheminée (*fig.* 1016).

La figure 1017 représente la coupe longitudinale AB sur le plan du four, et la figure 1018, la coupe transversale sur CD.

Nous donnons encore à titre documentaire un autre four de la même catégorie : à réchauffer les tôles.

422. Les données générales de construction du *laboratoire* sont sensiblement celles que nous avons vues dans le four précédent, puisque c'est l'application du même principe de recuisson directe.

Nous ne reviendrons pas autrement sur

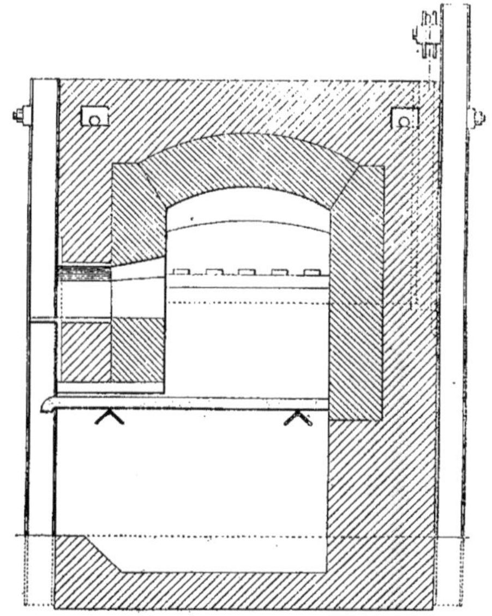

Fig. 1018. — Four à recuire les métaux.
Coupe sur CD.

la description du four, complétée au surplus par les figures qui accompagnent notre très succincte notice, ni sur les bases d'évaluation des ouvrages.

Nous avons tenu à présenter ce second four de la même catégorie des fours à recuire ; au point de vue de l'importance du massif en maçonnerie de meulière et des ouvrages métalliques.

Nous pensons utilement souligner par ces exposés les explications générales données en tête du chapitre de la fumisterie et maçonnerie industrielles.

Le métré est fait sur le même canevas que le précédent, en tenant compte de la cubature totale pour la catégorie d'évalua-tion des ouvrages en briques et des maçonneries de meulière pour massif.

Nous rappelons pour mémoire que les

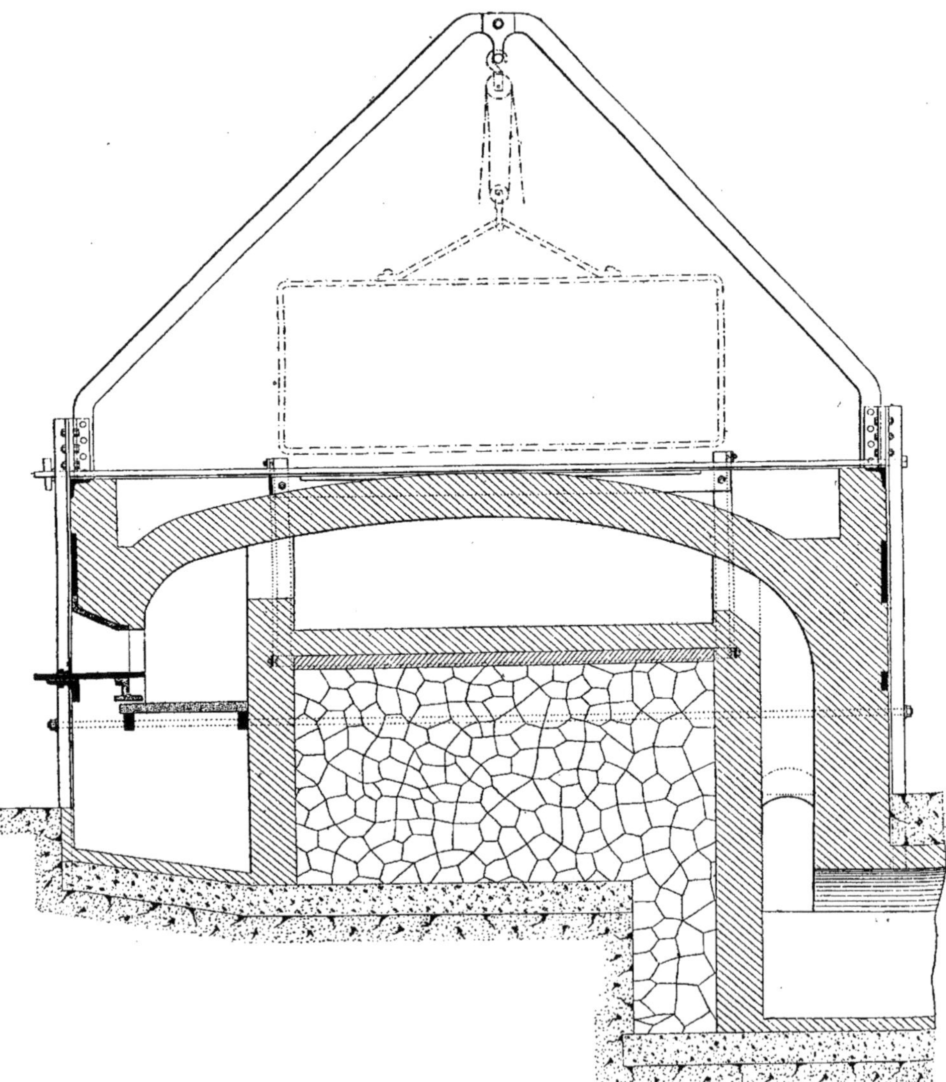

Fig. 1019. — Four à réchauffer les tôles. — Coupe transversale sur le laboratoire.

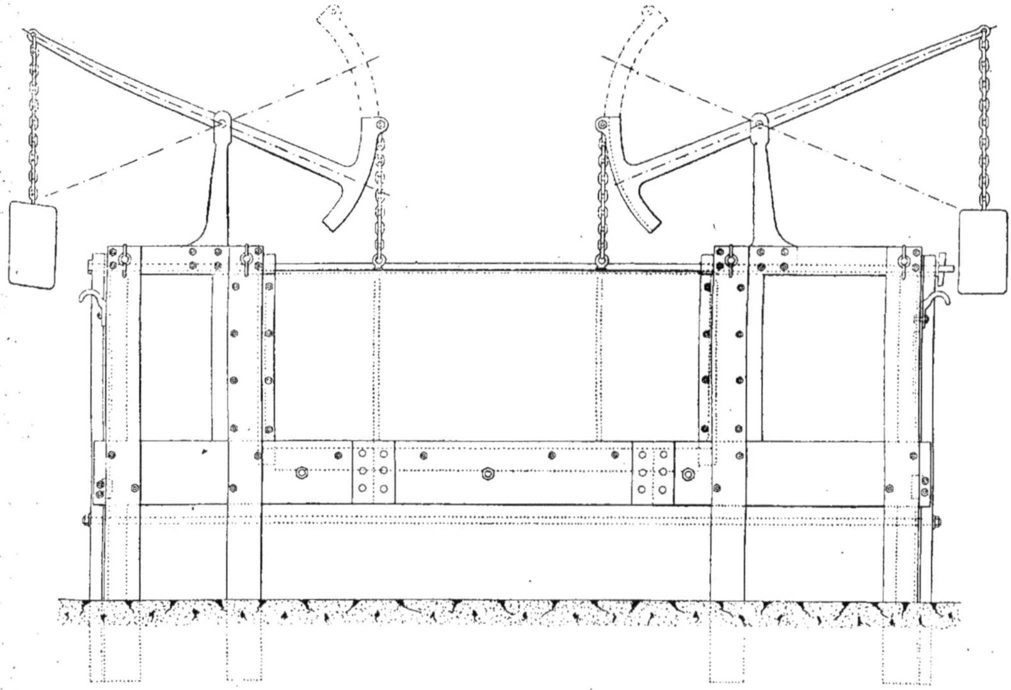

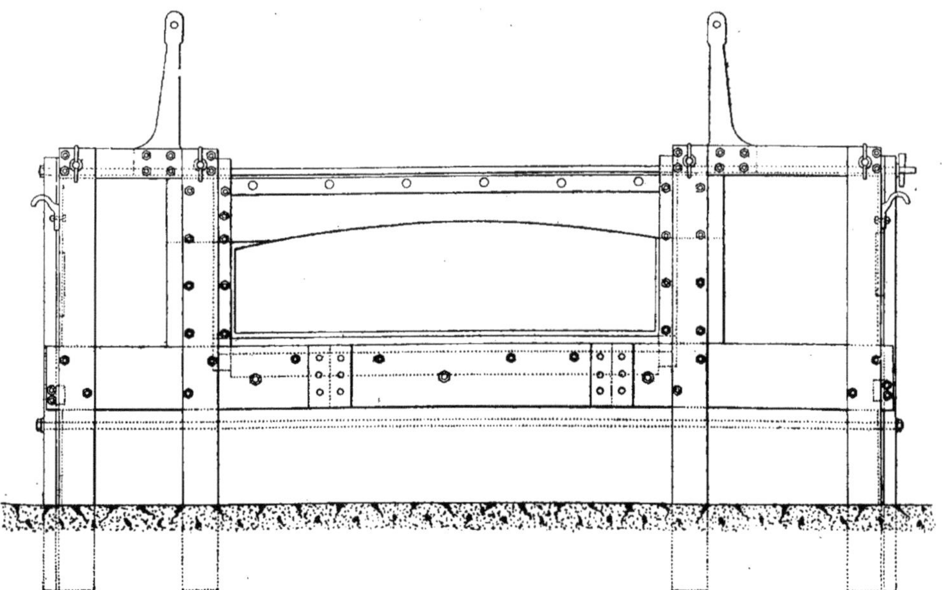

Fig. 1020. — Four à réchauffer les tôles. — Vue par bout, porte fermée.

Fig. 1021. — Four à réchauffer les tôles. — Vue par bout, porte enlevée.

maçonneries de meulière pour massifs,
socles, etc., sont tarifées au mètre cube,
sous deux évaluations correspondantes à
l'importance de leur cubature : jusqu'à
5 mètres et au dessus.

La partie de construction métallique très
importante comporte des organes et des
pièces mécaniques tarifés par les constructeurs.

La figure 1019 représente le four par
une coupe transversale sur le laboratoire,
avec élévation de la charpente en fer supportant la cloison mobile à guillotine. Cette
figure, très importante, met sous les yeux
de nos lecteurs les caractéristiques de la
construction du four; maçonnerie de meu-

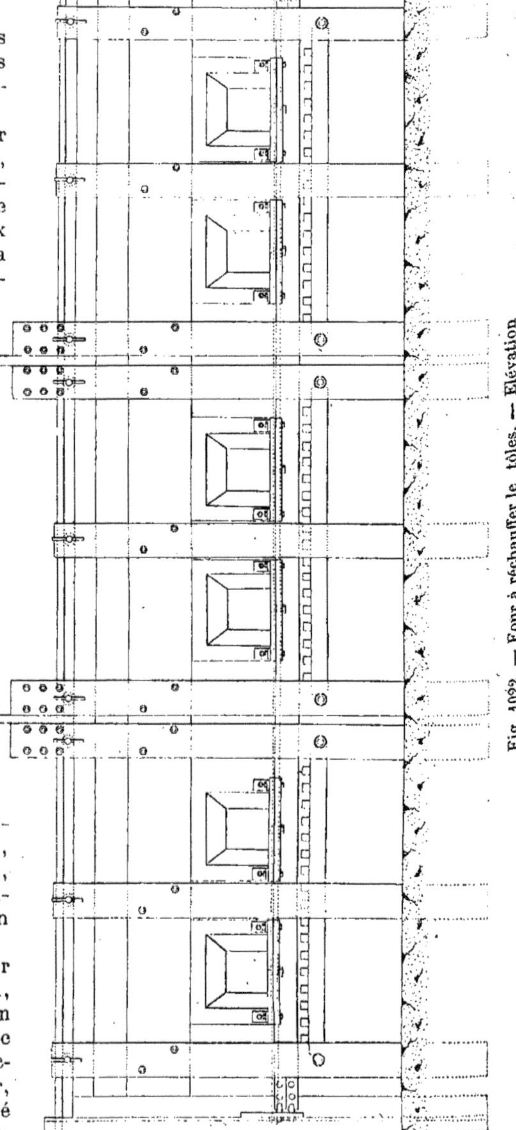

Fig. 1022. — Four à réchauffer le tôles. — Élévation

lière pour massif, assises en béton, ouvrages en briques réfractaires, foyer, autel,
sole, voûte du laboratoire, relevée de feu,
carnaux sur le collecteur, etc., les armatures et la charpente en fer avec la cloison
mobile.

La figure 1020 représente une vue par
bout, la porte fermée, et la figure 1021,
la porte enlevée. Ces deux figures ont un
grand intérêt documentaire au point de
vue spécial de l'importance des constructions métalliques et de la charpente en fer,
que nous avons signalées dans l'exposé
générale des constructions industrielles,
en tête du chapitre.

La figure 1022 complète notre description par une élévation en façade.

Nous passons ensuite à la seconde catégorie des fours à recuire; c'est-à-dire aux fours à moufle.

Fours à moufle.

423. Dans le chapitre des applications diverses, à la suite de la fumisterie domestique, nous avons donné quelques fours à moufle très ordinaires et très simples, à

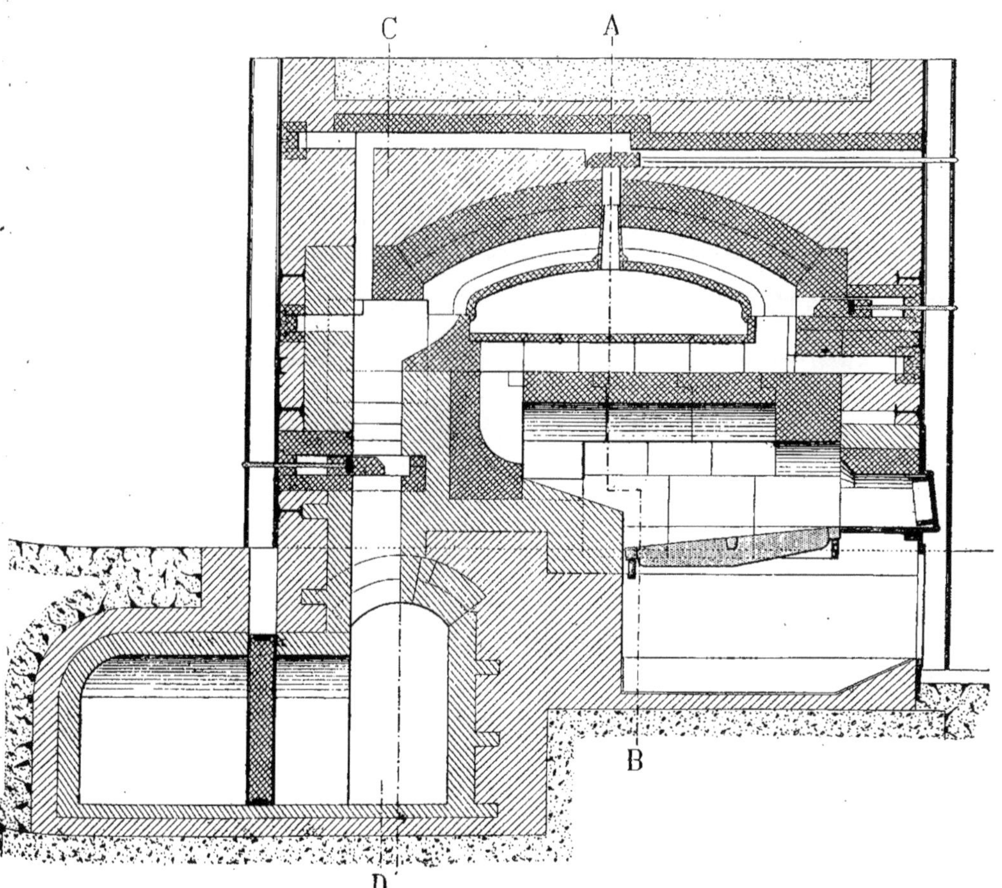

Fig. 1023. — Four à moufle à trois foyers. — Coupe sur KM.

l'usage de la petite industrie et des laboratoires scientifiques. Le four très important que nous présentons ici est construit sur des données spéciales, à trois foyers, pour l'usage de la grande industrie.

Les fours à moufle sont construits pour l'usage de la recuisson indirecte en vase clos. Les pièces ne sont pas exposées sur la sole à l'action directe du feu : elles sont placées à l'intérieur d'un appareil à récupération composé de pièces réfractaires creuses spéciales assemblées.

Les gaz chauds, provenant des foyers disposés en batterie sous la sole du laboratoire, circulent dans les cloisonnements intérieurs des pièces spéciales de récupération, échauffent le moufle par enveloppement et s'échappent ensuite par les créneaux munis de régistres de réglage, dans le carnau de fumée, qui les évacue, dans la cheminée.

Le recuit des objets est assuré en vase clos sans aucun contact immédiat avec le foyer et les produits de la combustion.

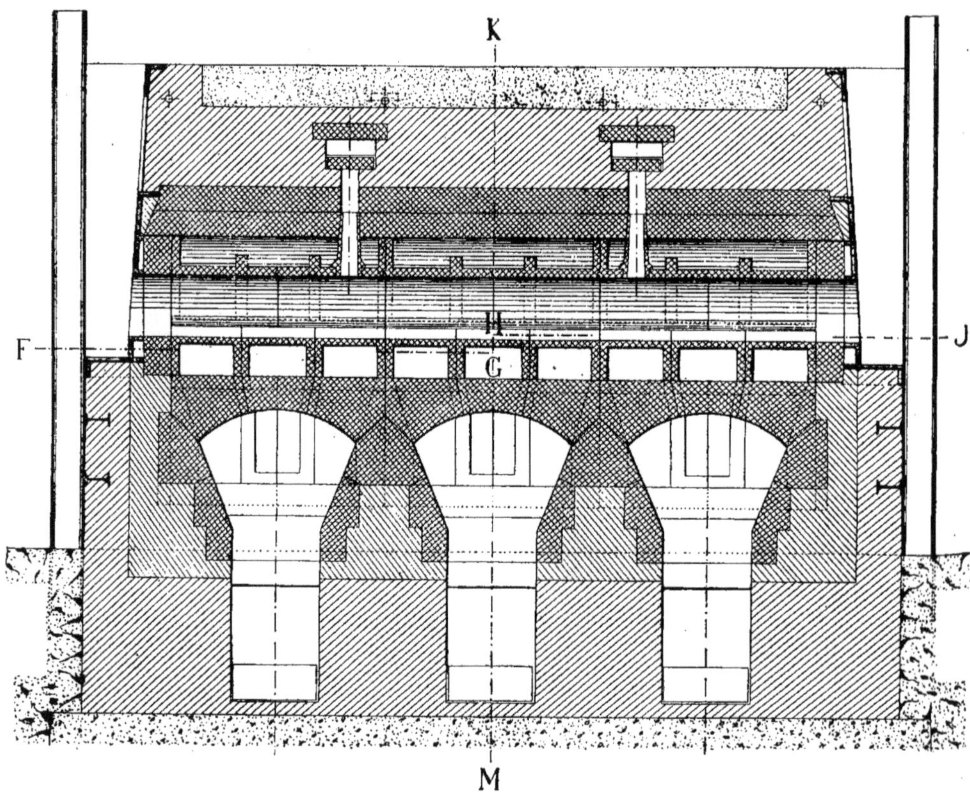

Fig. 1024. — Four à moufle à trois foyers. — Coupe sur AB.

La masse de maçonnerie est maintenue par des armatures spéciales en fer à ⊥, avec entretoises boulonnées sur plaques de serrage. Les portes et le grand registre vertical sont manœuvrés mécaniquement. Les façades des foyers et du laboratoire et les pièces accessoires des foyers sont en fonte sur modèle.

Nous donnons le canevas métrique de la construction du four à moufle à 3 foyers représenté (*fig.* 1023 à 1026 inclus).

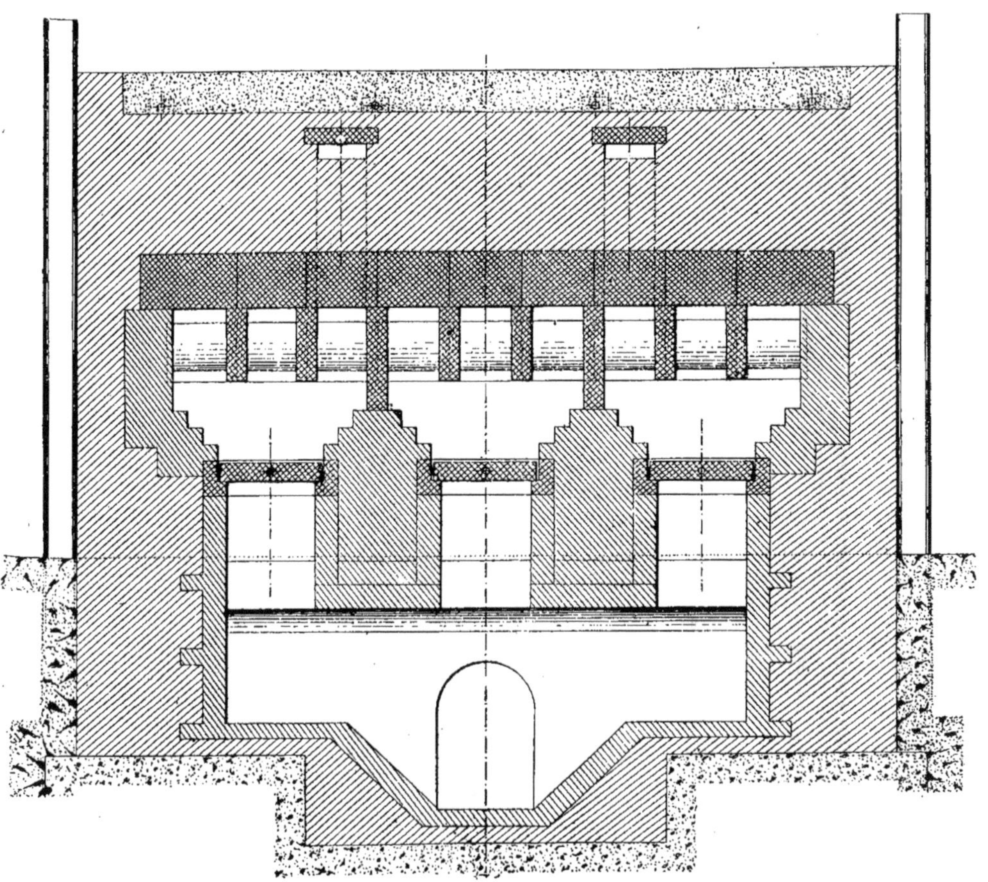

Fig. 1025. — Four à moufle à trois foyers. — Coupe sur CD.

Four à moufle à 3 foyers.

Travaux préparatoires.

Terrasse.
Fouille, chargement, montage, transport et enlèvement des
terres, au cube :
A présenter dans les données indiquées précédemment.
          Observation
Béton de cailloux, au cube :
Plus-values de mortiers de chaux ou ciment, au cube ;
A présenter dans les données indiquées précédemment.
          Observation
Les prix de Maçonnerie de Bâtiment.

Terrasse : au cube.		
))	))	))
Observation.		
Béton de cailloux : au cube.		
))	))	))
Observation.		
Maçonnerie de bâtiment.		

Chape en mortier n° 2 avec chaux ou ciment, au mètre superficiel :

A présenter dans les données indiquées précédemment.

Observation

Les prix de Maçonnerie de Bâtiment.

Four à moufle à 3 foyers construit en maçonnerie de briques de Bourgogne, intérieur en briques réfractaires et pièces réfractaires spéciales pleines et évidées pour appareil à récupération, hourdées en coulis : au cube.

Le four cubant brut

$$3.82 \times 3.00 \times 3.04^{u} = \quad 34^{3}838$$

Vides à déduire :

Pour un foyer :

$$1.36 \times 0.42 \times 0.805^{u} \quad = 0^{3}460$$
$$\frac{0.42 + 0.75}{2} \times 0.68 \times 0.50 = 0.197$$
$$\frac{0.52 + 0.75}{2} \times 0.48 \times 0.35 = 0.105$$
$$\frac{0.42 + 0.60}{2} \times 0.32 \times 0.35 = 0.057$$
$$0.35 \times 0.25 \times 0.35 = 0.030$$

pour un foyer $0^{3}849 \times 3 \quad = \quad 2^{3}547$

Laboratoire :

$176 \times 324 \times 0.584^{u}$ réduit $\quad = \quad 3^{3}329$

Pour une descente de feu :

$$0.90 \times 0.48 \times 0^{2}432$$
$$0.32 \times 0.64 \times 0.204$$
$$0.42 \times 0.60 \times 0.252$$
$$0^{2}888 \times 0.23 = 0^{3}204$$

pour une descente de feu $0.204 \times 3 \quad = 0^{3}612$

Carnaux :

$$0.46 \times 2.42 \times 0.50^{u} \text{ réduit} = 0.557$$
$$0.46 \times 0.42 \times 0.86 \text{ réduit} = 0.163 \quad 0^{3}720$$

Pénétration :

$$0.475 \times 0.45 = 0^{2}21$$
$$\frac{3.1416 \times 0.225^{2}}{2} = 0^{2}08 \quad 0.29 \times 0.35 = 0^{3}101$$

Ensablage du dessus de four

$$2.68 \times 2.50 \times 0.19 = 1^{3}273 \quad 8^{3}582$$

Cube de construction $\quad\quad 26^{3}256$

A reprendre en déduction :

Les pièces spéciales en produits réfractaires au cube :

Les pièces pleines 　　　　 » 　 » 　 »

Les pièces creuses ou évidées 　 » 　 » 　 » 　 » » »

A présenter dans les données de la construction.

A reprendre en déduction :

Les ouvrages intérieurs en briques réfractaires de qualités afférentes pour four à moufle, au cube : 　　　　 » 　 » 　 »

A présenter dans les données de la construction.

Reste pour cube net de construction de maçonnerie de briques de Bourgogne pour four à moufle *ouvrages industriels en 3ᵐᵉ catégorie.* 　 » 　 » »

A reprendre en œuvre :

Les cubatures d'ouvrages en déduction :

Chape en mortier n° 2 : au mètre superficiel.

» 　 » 　 »

Observation.

Maçonnerie de bâtiment.

Brique de Bourgogne pour four industriel à moufle : au cube.

» 　 » 　 »

Série industrielle.

Tarification en 3ᵐᵉ catégorie.

Intérieurs en briques réfractaires, qualité spéciale pour four à moufle hourdées en coulis réfractaire de qualité afférente, cube de :
ouvrages industriels en 6me catégorie.

A reprendre à façon :
Les cubatures d'ouvrages en déduction :
Intérieurs en pièces réfractaires spéciales, hourdées en coulis réfractaire de qualité afférente : au cube.
Cubature des pièces pleines   » » »
Cubature des pièces évidées   » » »} » » »
ouvrages industriels à façon pour four à moufle en 6me catégorie.

A reprendre à façon :
Emplissage du lit de sable au-dessus du four : au cube.
    Observation :
Les cintrages des ouvrages en briques : au cube
ouvrages industriels à façon à simple ou double courbure suivant les rayons jusqu'à 2.00 et au-dessus.
    Observation :

Locations des cintres : au mètre superficiel :
    Série industrielle.
    En fournitures :
Les pièces pleines réfractaires spéciales pour four à moufle, au poids :
Indiquer les pièces suivant leur désignation.
    Série industrielle.

Les pièces évidées réfractaires spéciales pour four à moufle, au poids :
Indiquer les pièces suivant leur désignation.
    Série industrielle.

Sable tamisé pour ciel de four à moufle : au cube.
    Observation
Les tailles de briques à reprendre : au mètre superficiel.

Les ouvrages en tailles sont à reprendre en surface pour toutes parties taillées apparentes ou non. Les trous de fixations des armatures, pièces de mécanique, encastrements des tirants, sommiers, etc., etc.
Les évaluations de ces travaux sont demandées dans les données précédemment indiquées, suivant leur façon.
    Série industrielle.
    Observation

A titre démonstratif nous donnons seulement les tailles spéciales des faces intérieures. Nous négligeons les trous, les tailles d'encadrements d'armatures, tirants, etc., etc., afin d'éviter les redites et les longueurs sans utilité pratique.
    Observation
A prendre :

Notes marginales :

Brique réfractaire pour four à moufle : au cube.

» » »

Série industrielle.

Tarification en 6me catégorie.

Briquetage à façon pour four à moufle : au cube.

» » »

Série industrielle.

Tarification en C^me catégorie.

Lit de sable pour façon étendage et régalage : au cube.

» » »

Cintrage à façon sur briquetage : au cube.

Observation.

Location de cintres : au mètre superficiel.

» » »

Série industrielle.

Pièces pleines réfractaires spéciales pour four à moufle : au poids.

» » »

Série industrielle.

Pièces évidées réfractaires spéciales pour four à moufle : au poids.

» » »

Série industrielle.

Sable tamisé : au cube.

» » »

Observation.

Ouvrages divers en taille de brique : au mètre superficiel.

Série industrielle.

Observation.

Les gueulards :

$$0.07 \times 0.35 = 0^2 02$$
$$2 \text{ fois } 0.35 \times 0.70 \times 0.12 = 0.08$$

Voûte du laboratoire
$$\text{développé } 1.05 \times 3.10 = 3.25$$

Radiers de collecteur
$$2 \text{ fois } 0.60 = 1.20 \times 0.46 = 0.55$$

Voûtes du collecteur et du carnau
$$\text{développé } 1.40 \times 2.00 \text{ réduit} = 2.80$$
$$- \qquad 0.95 \times 0.35 \qquad = 0.33$$

Têtes des cuvettes
$$2 \text{ fois } 0.40 = 0.80 \times 0.42 \qquad = 0.34 \qquad 7^2 37$$

Tous les autres ouvrages en taille sont à reprendre chacun pour leur façon. Nous n'avons indiqué que les faces spéciales, afin de fixer démonstrativement le principe de tarification industrielle, signalé dans l'exposé général en tête du chapitre.

Observation générale

Enduits en ciment des intérieurs de cuvettes des cendriers au mètre superficiel.

Les ciments sont comptés selon leur nature à la série des ciments avec plus-value de 5 0/0.

Observation

Plus-value pour petites parties, façon des gorges et arêtes, à reprendre selon la façon

Observation

Descendu, posé, mis en place : au poids.

Les fontes	pesant	» »
Les fers et armatures	—	» »

Série industrielle.

Le prix comprend le montage à $1^m,00$ de hauteur du sol. Une plus-value est allouée pour montage au-dessus de $1^m,00$ par mètre et par kilogramme

Observation

Série industrielle

Les trous et scellements de fixation des armatures dans le massif en béton.

à demander aux évaluations précédemment indiquées·

Parements de briquetage apparent en mortier de coulis réfractaire, dressés à la règle avec joints en creux, au mètre superficiel

Parements intérieurs	» » »	
Parements extérieurs	» » »	

Observation

Jointoiement intérieur, au mètre superficiel

» » »

Jointoiement extérieur au mastic spécial de limaille de fer, les joints lissés au mètre superficiel

» »

Ouvrages industriels

Fer et fonte égrenés et peints, une couche au goudron de gaz au poids :
  Série industrielle.

En fournitures :
Les fontes sur modèle 2me fusion : au poids.
Devantures de foyers   pesant   »   »
  «   de laboratoire   »   »   »
  Série industrielle, 1re catégorie.

Les fontes sur modèle 2me fusion : au poids.
Sommiers   pesant   »   »
Barreaux de foyers   »   »   »
Plaques avant-foyers   »   »   »
Contrepoids   »   »   »
  Série industrielle, 2me catégorie.
Frais de modèles pour fondre les pièces
Déboursés   »   »   »
Frais d'études et bénéfice   »   »   »
  Observation.
Ajusté les fontes, dressé, limé les rives, champs et feuillures sur le poids de :
  Observation.
L'évaluation industrielle est la même que celle du bâtiment.

Armatures spéciales pour maçonnerie de four industriel ; composées de poutrelles I. P. N. jumelées et assemblées à entretoises boulonnées, au poids.
  Série industrielle.

Tirants en fer rond, abouts filetés à boulons et assemblés sur les armatures de masse, au poids :
  Série industrielle.
Pièces mécaniques de manœuvre des portes du laboratoire et du grand registre vertical.
  Mouvement différentiel des portes du laboratoire
Les paliers à coussinets en bronze.
Les arbres en acier comprimé.
Les poulies de rappel, gorge plate et goujons.
Les grandes poulies de manœuvre.
La chaîne câble.
  Tarifs spéciaux pour pièces mécaniques
  Observation.

Les chaises à paliers rapportées et fixées sur les montants d'armatures, au poids.
  Série industrielle.

Les cadres des portes, complets, pour four industriel, compris assemblages, au poids.
  Série industrielle.
Mouvement du grand registre.
La poulie avec chape, axe en acier tourné.
Les contrepoids à galets pleins interchangeables.
La chaîne câble.
Tarifs spéciaux pour pièces mécaniques.
  Observation.

Peinture une couche au goudron de gaz et égrenage fer et fonte : au poids.
  »   »   »
  Série industrielle.

Fonte de 2me fusion sur modèle pour devanture de four à moufle : au poids.
  »   »   »
  Série industrielle.
  Tarification en 1re catégorie.

Fonte de 2me fusion sur modèle pour pièces de foyers de four industriel : au poids.
  »   »   »
  Série industrielle.
  Tarification en 2me catégorie.
  Déboursés de frais de modèles.
  »   »   »
  Observation.

Ajustement de fonte sur modèle : au poids.
  »   »   »
  Observation.

Armature spéciale pour maçonnerie de four industriel : au poids.
  »   »   »
  Série industrielle.

Tirant en fer rond fileté avec boulons : au poids.
  »   »   »
  Série industrielle.

Pièces mécaniques diverses pour four à moufle.
  Observation.

Chaise à palier pour pièces mécaniques de four à moufle : au poids.
  »   »   »
  Série industrielle.

Cadre de porte complet pour four industriel : au poids.
  »   »   »
  Série industrielle.

Pièces mécaniques diverses pour four à moufle.
  Observation.

Le cadre de registre, complet pour four industriel compris assemblage, au poids.

> Série industrielle.

Les tiges des registres horizontaux, en fer rond avec poignées filetées : au poids.

> Série industrielle.

Posé, monté, assemblé les pièces mécaniques et accessoires, au poids.

> Série industrielle.

Tous travaux accessoires de fixation, percements de trous, boulons, ajustements sur fers en place, trous en taille de briques et scellements, etc., etc., sont à reprendre aux évaluations en rapport avec le travail exécuté.

> Observation.

Le montage des pièces à plus de 1.00 de hauteur du sol donne lieu à l'allocation de la plus-value par mètre et par kilogramme.

> Observation.

Cadre de porte complet pour four industriel : au poids.
»   »   »
Série industrielle.
Tige de registre en fer rond avec poignée filetée : au poids.
Série industrielle.
Pose compris montage et mise en place de pièces mécaniques : au poids.
Série industrielle.
Travaux divers.
Observation.
Plus-value de montage.
Observation.

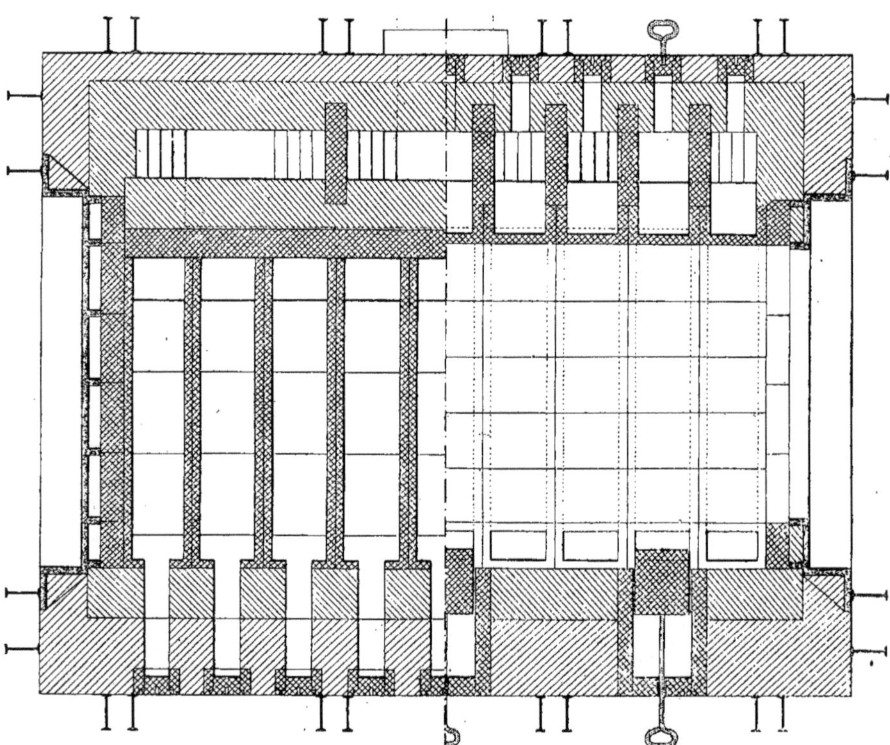

Fig. 1026. — Four à moufle à trois foyers. — Plans-coupes sur FG, HJ.

Nous donnons, pour compléter notre canevas métrique, une série de figures de construction du four à moufle à 3 foyers.

La figure 1023 représente une coupe sur ce foyer et le laboratoire montrant la disposition générale du moufle.

La figure 1024 donne une coupe longitudinale sur AB. Elle représente la disposition de la batterie des foyers sous le laboratoire.

La figure 1025 est une seconde coupe longitudinale sur CD, qui complète la démonstration du four appareillé sur le collecteur.

Les deux plans coupes sur F. G. H. J. fournissent la figure 1026.

Four à cémenter.

424. La cémentation est une opération qui consiste à combiner un métal à d'autres matières, par la cuisson intensive, afin de modifier les propriétés primitives du métal.

Le fer est particulièrement traité pour fournir l'acier cémenté.

Afin de répondre aux besoins industriels de ces opérations, on construit des fours spéciaux qui prennent le nom de la fonction qu'ils remplissent et sont appelés : fours à cémenter.

Le four à cémenter est une variété du four à cuisson indirecte en vase clos. Il est composé *d'un foyer* à grande surface de grille *d'un modèle spécial articulé*, pour le décrassage automatique, et d'une *chambre à cémentation* appelée aussi *laboratoire*.

Les *caisses* contenant les *pièces à cémenter* sont introduites dans la *chambre de cémentation* par la *porte d'enfournement* placée à niveau du sol de l'atelier.

Le *foyer* est disposé en contre-bas de la *sole* du *laboratoire* et le *gueulard de chargement* sur la façade opposée à l'enfournement. Le niveau du sol de chauffage est très en contre-bas de celui de l'enfournement.

Le four est uniformément chauffé par la disposition du foyer sous la sole et la répartition des carnaux qui drainent les gaz de la combustion avant leur évacuation par la cheminée.

La masse de maçonnerie du four est construite en briques de Bourgogne ou façon bourgogne, hourdée en mortier de

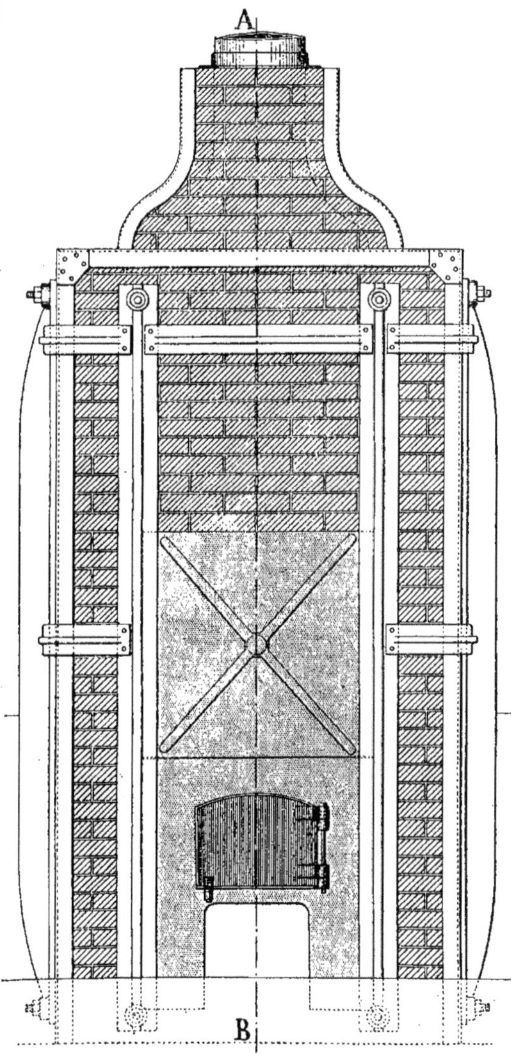

Fig. 1027. — Four à cémenter. — Façade côté du foyer.

chaux hydraulique ou de terre à four. Les ouvrages de fondation en béton, mortier de chaux ou ciment.

Les ouvrages intérieurs sont contruits en briques réfractaires de qualités afférentes hourdées en mortier de coulis, avec pièces réfractaires pleines spéciales, carreaux et dalles.

Les parements intérieurs et extérieurs

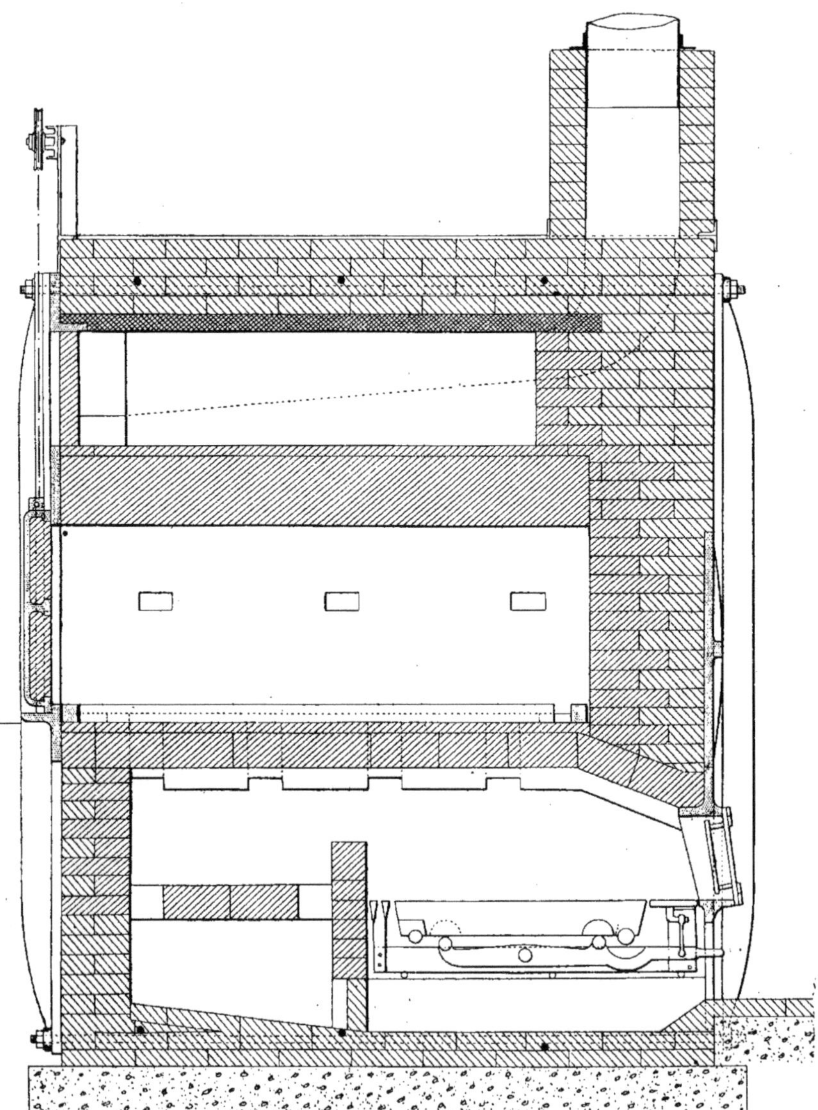

Fig. 1028. — Four à cémenter. — Coupe sur AB.

des briquetages apparents sont traités dans les mêmes données indiquées précédemment avec reprise de jointoiement à la limaille sur les parements extérieurs.

Les tailles de briques, les cintrages, les poses diverses, montages, ajustements, etc., etc., sont dans les données générales.

Les armatures et la charpente en fer sont considérables en raison du grand travail de dilatation et de contraction des maçonneries par suite du chauffage intensif et continu, pendant toute la durée des opérations de cémentation.

La porte d'enfournement est montée mécaniquement à contrepoids.

Les devantures sont en fonte sur modèle, avec portes, gueulard, bâtis, etc.

Le foyer est pourvu de la grille articulée automatique brevetée Wackermie.

Les ajustements de tous les organes

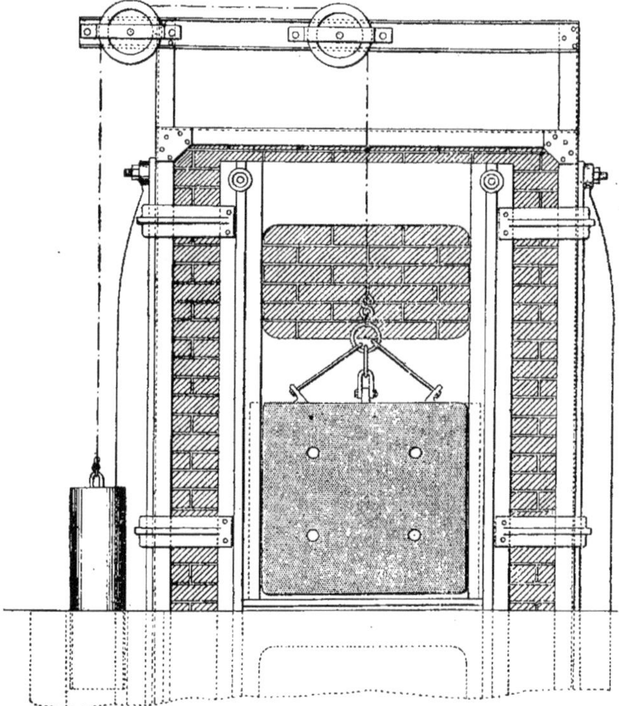

Fig. 1029. — Four à cémenter. — Façade, côté de l'enfournement.

mécaniques sont ajoutés à la valeur des pièces.

Au point de vue métrique de la classification des ouvrages en briques, nous rappelons que le four à cémenter est en deuxième catégorie de maçonnerie de Bourgogne ou façon bourgogne, pour cubature au-dessus de 4 mètres cubes et en troisième catégorie jusqu'à 4 mètres cubes.

Les ouvrages intérieurs en briques réfractaires de qualité spéciale hourdées en coulis réfractaires affèrent, sont tarifés en cinquième ou sixième catégorie, selon la cubature du four, de plus de 4 mètres cubes ou jusqu'à 4 mètres cubes.

La construction dans tous ses détails procède toujours des mêmes données, qui reviennent dans le métré des ouvrages.

Pour compléter notre description du four à cémenter : nous donnons (*fig.* 1027) la façade côté du foyer. Nos lecteurs se rendront très exactement compte de l'importance des armatures et des pièces spéciales de fonte, pour la devanture du four.

La figure 1028 nous fournit une coupe longitudinale prise sur AB, qui nous donne la disposition générale du four avec le foyer et l'articulation de la grille spéciale de

caniquement à contrepoids, avec les accessoires de manœuvre.

Nous passons ensuite à l'étude des gazogènes.

Gazogènes.

425. Les gazogènes sont des appareils de construction très importante, composés

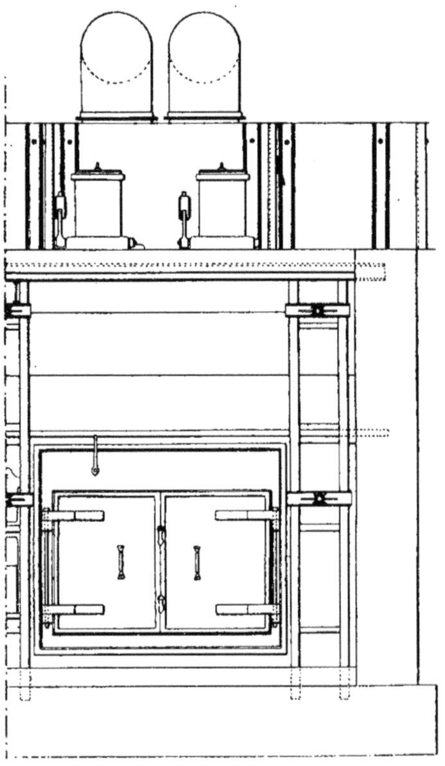

Fig. 1030. — Gazogènes pour chauffage de fours à fondre l'acier au creuset. — Elévation de façade sur le trait d'axe.

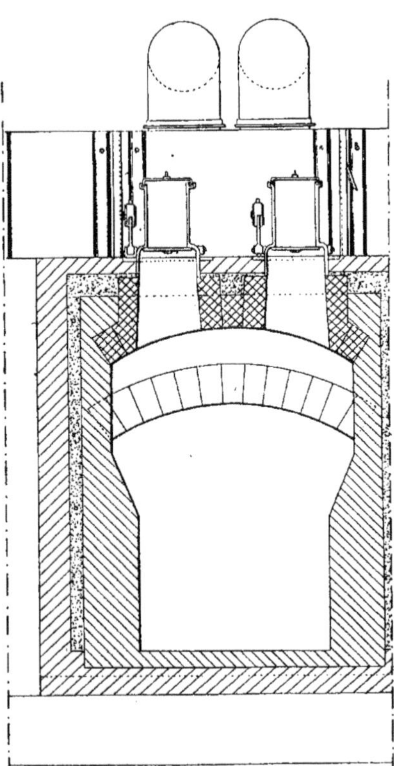

Fig. 1031. — Gazogènes pour chauffage de fours à fondre l'acier au creuset. — Coupe verticale sur les trémies au trait d'axe.

combustion, la relevée de feu, les créneaux, la chambre de cémentation et le départ de la cheminée.

La figure 1029 complète l'ensemble par la façade côté de l'enfournement.

Cette façade donne également le détail des armatures et de la charpente en fer, avec la porte d'enfournement montée mé-

d'une manière générale de deux parties principales : le *générateur* et le *four* proprement dit.

En principe, le *générateur* est disposé de façon à brûler le combustible très lentement afin de récupérer les gaz produits par la combustion pour le chauffage du *four*. Les appareils de *récupération* et les *car-*

naux sont construits suivant les données scientifiques et diffèrent entre eux en tant que dispositions. Le *four* complète l'ensemble de l'appareil.

Dans l'exemple que nous donnons de gazogènes pour le chauffage de fours à fondre l'acier au creuset, le combustible fournit au *générateur* est déversé dans le *foyer* au moyen d'une *trémie* verticale de chargement obturée par un clapet hermétique. Le chargement de combustible est retenu sur une *grille inclinée à gradins*. Le cendrier est hermétiquement fermé par une porte métallique.

La disposition spéciale du foyer et la grille inclinée à gradins ralentissent la combustion, qui n'est activée que par l'introduction d'air extérieur au moyen d'un petit canal amené dans le cendrier et commandé par un registre spécial à glissières.

Dans ces conditions, la combustion très lente est réduite à son minimum d'activité par suite du réglage à volonté de l'introduction d'air. Les gaz *d'oxyde de carbone* et d'*hydrogène carboné* produits par la combustion extrêmement ralentie, s'évacuent à l'arrière du gazogène dans un carneau vertical commandé par un registre et sont récupérés dans la conduite générale allant au four, par les *récupérateurs* spéciaux en forme d'U, dont les extrémités s'amortissent dans des tubulures *ad hoc* à bains de sable.

Les descriptions sommaires que nous donnons de ces appareils compliqués et très variés dans leurs données techniques et leur exécution, sont fournies au titre indication générale.

Au point de vue du métré, nous donnons un canevas très succinct, du groupe de gazogènes représenté figures 1030 à 1033 inclus, plutôt comme classification des ouvrages industriels et pour fixation des principes que nous avons exposés.

Groupe de gazogènes pour chauffage de fours à fondre l'acier au creuset.

Travaux préparatoires.

Terrasse.
Fouille en excavation, chargement, montage, transport et enlèvement des terres, au cube :
A présenter dans les données indiquées précédemment.
Observation.
Les cubatures de terrassement sont données à titre d'indication de l'importance de la construction :
Excavation principale mesurée au fond :
$$6.55 \times 15.50 \times 4.00^H = 406^3100$$
Talus à reprendre en excédent :
$$\begin{array}{l} 2 \text{ fois } 1.00 \\ = 2.00 \times 16.50 \text{ réduit} = 33^200 \\ 2 \text{ fois } 1.00 \\ = 2.00 \times 7.55 \text{ réduit} = 15^210 \end{array} \right\} 48^210 \times \frac{4^400}{2} = 96^3200 \right\} 502^3300$$
Béton de cailloux, au cube :
Plus-values de mortier de chaux ou ciment, au cube :
A présenter dans les données indiquées précédemment.
Observation.
Surface réduite :
$$6.70 \times 15.65 \times 0.58^H = 60^3816$$
à reprendre :
$$\begin{array}{l} 1.44 \times 4.55 \times 2.20^H = 14.414 \\ 1.44 \times 2.00 \times 1.00^H = 2.880 \end{array} \right\} 78^3110$$
Les prix de maçonnerie de bâtiment.
Maçonnerie de meulière hourdée en mortier 1 n° 2 pour massif industriel, au cube :
$$\begin{array}{l} 4 \text{ fois } 3.75 = 15.00 \\ 2 \text{ » } 5.54 = 11.08 \end{array} \right\} 26.08 \times 3.30 \times 0.50 = 43^3032.$$
Série industrielle.

Terrasse : au cube.
502³300
Observation.

Béton de cailloux : au cube.
78³110
Observation.
Maçonnerie de bâtiment.
Maçonnerie de meulière pour massif industriel cubant plus de 5³000 : au cube.
43³032
Série industrielle.

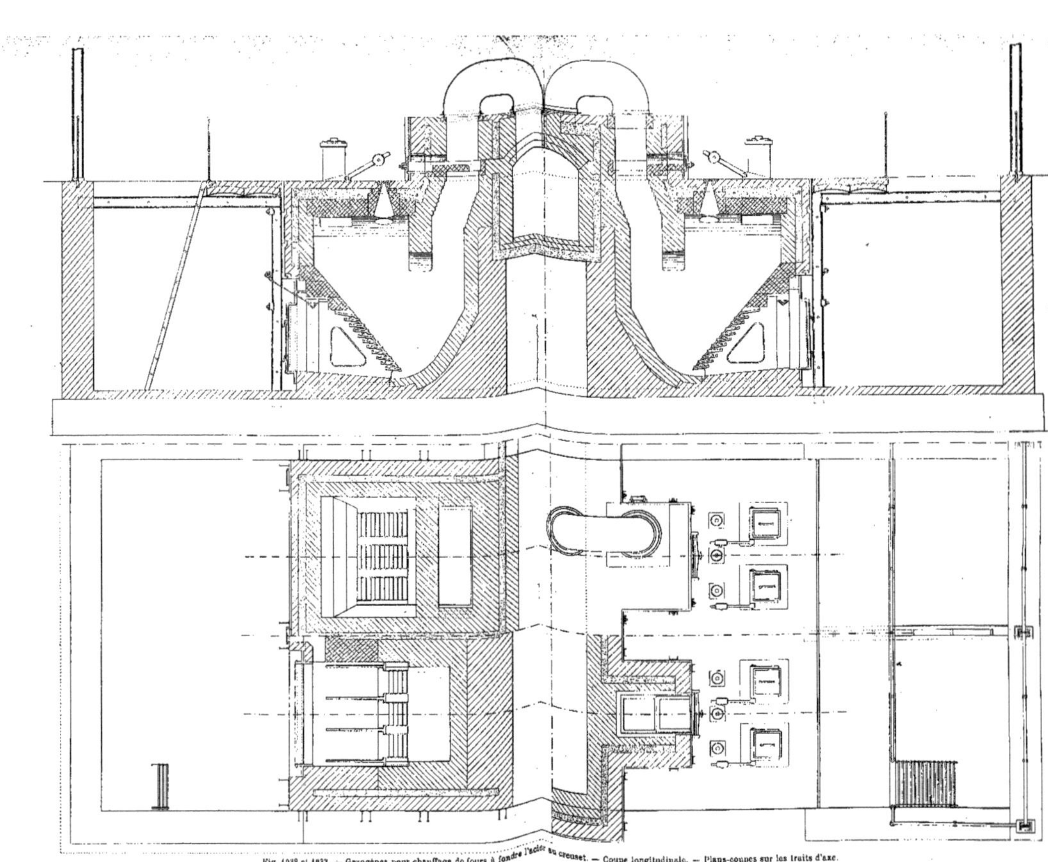

Fig. 1032 et 1833. — Gazogènes pour chauffage de fours à fondre l'acier au creuset. — Coupe longitudinale. — Plans-coupes sur les traits d'axe.

Chape en mortier n° 2 avec chaux ou ciment, au mètre superficiel :

A présenter dans les données indiquées précédemment.
       Observation.
Les prix de maçonnerie de bâtiment.
Carrelage en briques, au mètre superficiel.
Plus-values pour mortier de chaux ou ciment, etc.
A présenter selon les qualités de briques, l'épaisseur et le hourdis, avec tous les ouvrages accessoires : forme, jointoiement, s'il y a lieu, etc.
Les prix de maçonnerie de bâtiment augmentés de 10 0/0.
       Observation.
       Série industrielle.
Maçonnerie de briques pour hourdis de plancher en fer, au mètre superficiel.
Plus-values pour mortier de chaux ou ciment, etc.
Les enduits ou jointoiements, etc., etc.
Les prix de maçonnerie de bâtiment augmentés de 10 0/0.
       Observation.
       Série industrielle.
Les ouvrages accessoires des planchers en fer, les trous et scellements dans les maçonneries, etc., sont à reprendre.
       Observation.
Gazogènes construits en maçonnerie de briques de Bourgogne, intérieurs én briques réfractaires et pièces réfractaires spéciales pleines pour fours à haute température, hourdées en coulis : au cube.

Cubes bruts des maçonneries :

$$5.54 \times 8.50 \times 3.42^{\text{H}} = 161^{\text{c}}048$$
$$0.50 \times 2.36 \times 2.42^{\text{H}} = 2.856$$
$$6.54 \times 2.36 \times 1.00^{\text{H}} = 15.434$$
$$4 \text{ fois } 1.70 = 6.80 \times 1.07 \times 1.00^{\text{H}} = 7.276 \qquad 186^{\text{c}}614$$

Vides à déduire :

Conduite de gaz :

$$1.20 \times 1.15 = 1^{\text{c}}38$$
$$1.20 \times \left(0.25^{\text{Fl}} \times \frac{2}{3}\right) = 0.20 \qquad 1.58 \times (0.72 + 5.82) = 10^{\text{c}}333$$
$$1.20 \times 1.40 \times 1.27 = 2.134$$

Pour un gazogène :

En avant :

$$2.00 \times 0.22 \times 1.75^{\text{H}} = 0^{\text{c}}770$$
$$1.64 \times \left(\frac{0.85 + 1.65}{2}\right) \times 1.20 = 2.460$$

Foyer :

$$1.50 \times \left(\frac{1.75 + 0.15}{2}\right) \times 1.05 = 1.496$$

Réduit :

$$1.70 \times \left(\frac{1.75 + 2.15}{2}\right) \times 0.50 = 1.657$$
$$1.90 \times 1.50 \times \left(0.70 + \frac{2}{3} 0.30^{\text{Fl}}\right) = 2.565$$
$$1.90 \times 0.35 \times \left(0.10 + \frac{2}{3} 0.30^{\text{Fl}}\right) = 0.199$$

<hr>

<table>
<tr><td>Chape en mortier n° 2 : au mètre superficiel.</td></tr>
<tr><td>»   »   »</td></tr>
<tr><td>Observation.</td></tr>
<tr><td>Maçonnerie de bâtiment.</td></tr>
<tr><td>Briquetage au mètre superficiel.</td></tr>
<tr><td>»   »   »</td></tr>
<tr><td>Observation.</td></tr>
<tr><td>Série industrielle.</td></tr>
<tr><td>Briquetage au mètre superficiel.</td></tr>
<tr><td>»   »   »</td></tr>
<tr><td>Observation.</td></tr>
<tr><td>Série industrielle.</td></tr>
<tr><td>Ouvrages divers.</td></tr>
<tr><td>Observation.</td></tr>
</table>

Départ de gaz :
$$1.90\times0.50\times1.00=0.950$$
$$\left(\frac{1.90+0.50}{2}\right)\times0.50\times0.55=0.330$$
$$0.50\times0.50\times1.00=0.250$$

Passage du registre :
$$0.58\times0.58\times0.25=0.064$$

Cheminée dans la voûte de conduite de gaz :
$$0.25^2\times3.1416\times0.175=0.147$$

Arrivée d'air :
$$\left(\frac{0.60+0.30}{2}\right)\times0.20\times0.60=0.108$$

Pour un gazogène :
$$10^3996\times4=43.984$$

A reprendre en déduction, comme vides :
Ensablage entre les maçonneries :
$$2.90\times(0.12+0.06)\times1.75^{11}=0^3914$$
$$3.15\times(0.12+0.06)\times1.25=0.709$$
$$2.36\times0.12\times1.25=0.354$$
$$2.36\times2.00\times0.18=0.849$$
$$2\text{ fois }1.10=2.20\times0.12\times1.00=0.264$$
$$0.96\times0.12\times0.60=0.069$$

Pour un gazogène :
$$3^3159\times4=12^3636$$

Ensablage autour de la conduite de gaz :
$$1.88\times0.12=0^223$$
$$2\text{ fois }0.11=0.22\times1.25=0.28$$
$$2\text{ fois }0.11=0.22\times0.55=0.12$$
$$1.66\times0.18=0.30 \quad 0.93\times4.07=3^3785$$

Massif de maçonnerie de béton au milieu :
$$4.04\times2.20=8.89$$
$$2.00\times1.00=2.00 \quad 10.89\times1.44=15^3682 \quad 88^3554$$

Cube de construction : 98^3060

A reprendre en déduction :
Les pièces spéciales en produits réfractaires : au cube.

Pour un gazogène : Foyer :

Pièces du talus au-dessus de la grille à gradins.
Réduit :
$$0.27\times0.20^{11}=0^205$$
$$0.43\times0.25=0.11$$
$$0.33\times0.25=0.08 \quad 0.24\times1.90=0^3456$$

Arceau de séparation de l'enlevée de gaz :
$$0.35\times2.30\times0.30=0^3242$$

La voûte : $1.70\times2.20\times0.25=0.935$

Le registre : $0.95\times0.72=0.68$

Déduire $0.50\times0.50=0.25 \quad 0.43\times0.07=0.030$

A reprendre par pièces :
$$(0.95+0.58+0.95)\times0.07\times0.15=0.026$$
$$0.56\times0.56\times0.10=0.031$$

Sur la conduite de gaz : $0.70\times0.40\times0.20=0.056$

Pour un gazogène : $\qquad 1^3776\times4=7^3104$

A reprendre en déduction :
Les ouvrages intérieurs en briques réfractaires de qualités afférentes pour gazogènes, au cube :
Conduite générale de gaz :
$$1.66\times0.07=0^212$$
$$2\text{ fois }0.23=0.46\times1.40=0.64$$
$$0.23\times1.60=0.37 \quad 1^213\times6.54=7^3390$$

A reprendre :

$$2 \text{ fois } 0.35 = 0.70 \times 1.66 \times 1.27 = 1^3476$$

Pour un gazogène :

A prendre :

$$2 \text{ f. } 0.43 = 0.86 \times \left(\frac{0.15+1.75}{2}\right) \times 1.05 = 0^3858$$

$$2 \text{ f. } 0.33 = 0.66 \times \left(\frac{1.75+2.15}{2}\right) \times 0.50 = 0.644$$

$$2 \text{ fois } 0.23 = 0.46 \times 1.85 \times 1.25 = 1.064$$

$$1.90 \times 0.35 \times 0.30 = 0.200$$

$$2 \text{ fois } 0.58 = 1.16 \times 0.50 \times 1.55 = 0.899$$

$$1.96 \times 0.12 \times 0.40 = 0.094$$

$$1.96 \times 0.23 \times 1.55 = 0.699$$

$$2.16 \times 0.23 \times 0.50 = 0.248$$

$$2\ 36 \times 0.23 \times \left(\frac{1.00+1.05}{2}\right) = 1.113$$

$$2.36 \times 0.23 \times \left(\frac{0.55+0.75}{2}\right) = 0.706$$

$$4 \text{ fois } 0.73 = 2.92 \times 0.23 \times 1.00 = 0.672$$

$$0.73^2 \times 3.1416 \times 0.23 \times 0.40 = 0.211$$

Pour un gazogène : $7^3408 \times 4 = 29^3632$ 38^3498 45^3602

Reste pour cube net de construction de maçonnerie de briques de Bourgogne pour gazogènes.................. 52^3458

Ouvrages industriels en 2me catégorie.

A reprendre en œuvre :

Les cubatures d'ouvrages en déduction :

Intérieurs en briques réfractaires, qualité spéciale pour fours à gaz et gazogène, hourdées en coulis réfractaire de qualité afférente. Cube de 38^3498.

Ouvrages industriels en 8me catégorie.

A reprendre à façon :

Les cubatures d'ouvrages en déduction :

Intérieurs en pièces réfractaires spéciales, hourdées en coulis réfractaire de qualité afférente : au cube

Cubature des pièces pleines 7^3104.

Ouvrages industriels à façon pour fours à gaz et gazogène en 8me catégorie.

A reprendre à façon :

Ensablage tassé et pilonné entre les maçonneries, cube de 12^3636

Ensablage tassé et pilonné autour de la conduite de gaz, cube de $3\ 785$ $\Big\} 16^3421$

Observation.

Les cintrages des ouvrages en briques, au cube.

Ouvrages industriels à façon suivant les rayons jusqu'à 2^m,00 et au-dessus.

Observation.

Location des cintres au mètre superficiel :

Série industrielle.

En fournitures :

Les pièces pleines réfractaires spéciales pour fours à haute température et gazogènes : au poids.

Le mètre cube 2.000 kilogs.

Cubature en œuvre des pièces pleines :

$$7^3104 \times 2.000^k = 14.208 \text{ kilogrammes.}$$

Brique de Bourgogne pour four à gaz et gazogène au-dessus de 4^3000 : au cube.

52^3458

Série industrielle.

Tarification en 2e catégorie.

Brique réfractaire pour four à gaz et gazogène au-dessus de 4^3000 : au cube.

38^3498

Série industrielle.

Tarification en 8me catégorie.

Briquetage à façon pour four à gaz et gazogène au-dessus de 4^3000 : au cube.

7^3104

Série industrielle.

Tarification en 8me catégorie.

Ensablage pour façon, compris pilonnage après tassement : au cube.

16^3421

Observation.

Cintrage à façon sur briquetage : au cube.

Observation.

Location de cintres : au mètre superficiel.

»   »

Série industrielle.

Pièces pleines réfractaires spéciales pour fours à haute température et gazogènes au poids.

14.208 kil.

Série industrielle.

Sable siliceux tamisé pour fours et gazogènes, au cube : 16³421.

Observation.

Les tailles de briques à reprendre : au mètre superficiel.

Les ouvrages en taille sont à reprendre en surface pour toutes parties taillées apparentes ou non. Les trous de fixation des armatures, pièces de mécanique, encastrements des tirants, sommiers, etc.

Les évaluations de ces travaux sont demandées dans les données précédemment indiquées, suivant leur façon.

Série industrielle.

Observation.

A titre démonstratif nous donnons seulement les tailles spéciales des faces intérieures.

Observation.

à prendre :

Les sommiers de voûte de la conduite générale de gaz.

$$2 \text{ fois } 5.31 = 10.62 \times 0.25 = \quad 2^2 34$$

Pénétrations des récupérateurs :

$$4 \text{ fois } 1.57 = 6.28 \times 0.70 = \quad 4.40$$

Pour un gazogène :

Les sommiers des voûtes :

$$2 \text{ fois } 1.70 = 3.40 \times 0.25 = 0.85$$
$$2 \text{ » } 0.35 = 0.70 \times 0.30 = 0.21$$
$$\text{au fond } 1.50 \times 0.80 = 1.20$$

en parement derrière le revêtement réfractaire de la cuve :

$$1.50 \times 1.35 = 2.02$$

pour un gazogène $4.28 \times 4 = 17.12 \quad 23^2 86$

Tous les autres ouvrages en taille sont à reprendre chacun pour leur façon dans les données précédemment indiquées.

Observation générale.

A reprendre : les parements intérieurs de briquetage, enduits et lissés en terre à four mélangée de coulis, sur les faces de maçonneries recevant les ensablages, au mètre superficiel.

Les faces à prendre suivant les données de la construction.

Observation.

Les pose et mise en place des parties métalliques, des armatures et des pièces mécaniques, les trous et scellements de fixation dans les massifs ou les maçonneries.

Les parements de briques, les jointoiements et tous les travaux accessoires sont à reprendre dans les données indiquées précédemment en conformité des observations de principes que nous avons exposées.

Observation générale.

En fournitures :

Les fontes sur modèle 2ᵉ fusion pour devantures, portes et bâtis, etc.

Les trémies de chargement avec leviers mécaniques.

Les pièces mécaniques pour fermeture des clapets hermétiques.

Les armatures spéciales en I P N et U, entretoises, tirants, boulons, écrous, échelles d'accès garde-corps, etc., etc.

Sable siliceux tamisé : au cube.

16³421

Observation.

Ouvrages divers en taille de brique : au mètre superficiel.

Série industrielle.

Observation.

Observation.

Enduit en terre à four mélangée de coulis pour parement intérieur de briquetage, au mètre superficiel.

Observation.

Observation.

Les grilles à gradins avec barreaux en fer forgé sur gabarits spéciaux.

Les récupérateurs spéciaux en tôle montés sur des tubulures à cornières.

Les ajustements de toutes les pièces, les déboursés de modèles, etc., etc.

Tous ces travaux et fournitures suivant les évaluations de la Série industrielle et les tarifs spéciaux dans les données précédentes.

Observation.

Fournitures diverses, ajustages et façons.

Observation.

Nous mentionnons simplement les ouvrages accessoires et les parties métalliques, sans nous étendre en ce qui les concerne spécialement afin de nous tenir aux seules descriptions des principes du métré des ouvrages industriels.

Notre description du groupe de gazogènes est complétée par les figures 1030 à 1033 inclus.

La figure 1030 représente une élévation de la façade coupée au trait d'axe.

La figure 1031 donne une coupe sur le même plan vertical sur les trémies.

La disposition générale est représentée (*fig.* 1032) par une coupe longitudinale du groupe rapportée au trait d'axe.

La figure 1033 réunit les 4 plans-coupes superposés, rapportés aux traits d'axes.

Les figures que nous donnons complètent la description des ouvrages de construction et les dispositions avec l'ensemble des paliers de service, armatures et garde-corps, mentionnés dans le canevas métrique.

Four continu pour la cuisson de la brique, des poteries, etc.

426. A titre documentaire, nous faisons passer, sous les yeux de nos lecteurs, un four à chauffage continu pour la cuisson de la brique, de la tuile, des poteries de bâtiment, etc., etc. Ce four est extrêmement intéressant, tant par les données techniques que par la grande importance de sa construction.

Ainsi que l'indique son titre, le four continu a pour objet la cuisson des matériaux de construction, tels que : les briques, les tuiles, les poteries de toutes sortes, en un mot, tous les matériaux en terre cuite.

Il est construit pour satisfaire à une cuisson intensive de longue durée qui né-

cessite des maçonneries très importantes, et une disposition des galeries et des organes, suivant une technique scientifique très rigoureuse.

Les caractéristiques sont les suivantes :

Deux longues galeries parallèles, raccordées entre elles à leurs extrémités par un canal *ad hoc*, constituent *une grande galerie sans fin à circulation continue.*

Les murs qui entourent extérieurement les galeries sont percés par des *portes d'enfournement*, destinées, comme leur nom l'indique, à l'enfournement des produits et au défournement après la cuisson.

Entre les deux *galeries d'enfournement* et sur toute la longueur du four, règne une *autre petite galerie* que l'on nomme : *canal central de fumée.*

Le canal central correspond aux galeries d'enfournement par un nombre de *carnaux* égal à celui des portes d'enfournement. Il est en communication libre avec la cheminée.

Les carnaux sont pourvus chacun, à leur partie supérieure débouchant dans le *central*, d'une *vanne hermétique* en fonte complètement obturée dans un *récipient annulaire* en fonte, à bain de sable.

Les *vannes obturatrices* sont manœuvrées suivant les besoins du tirage par des volants de commande montés mécaniquement sur des arbres filetés.

La partie supérieure du four est percée de nombreuses ouvertures, dont les espacements sont calculés suivant les données scientifiques et techniques, et qui sont établis par le rapport de la nature des produits à la cuisson et du combustible à brûler.

Chacune des ouvertures est munie d'un *obturateur* spécial, en fonte, monté avec *tubulure* à bain de sable.

Pendant la période de cuisson, le combustible est introduit par ces ouvertures dans la partie du four en feu. Ce sont en quelque sorte des trémies de chargement.

Nous complétons notre description sommaire du four à cuisson continue par une série de figures nᵒˢ 1034 à 1038 inclus.

Le four que nous représentons a 42 mètres de longueur, 10ᵐ,10 de largeur et 3ᵐ,05 de hauteur au-dessus du sol.

Le cube brut du four proprement dit, non compris les maçonneries en fondation, atteint, en chiffres ronds, la masse de 1.294 mètres cubes.

Nos lecteurs se rendent compte, par les données des cubatures, de l'importance d'une construction d'un four de cette nature.

En raison précisément de l'importance des calculs, dans la présentation métrique détaillée d'un travail semblable, nous pensons qu'il est sans utilité d'y procéder et d'allonger indéfiniment les exemples que nous avons choisis. Au surplus, il s'agit toujours d'une même application de principes ; c'est pourquoi nous nous limitons, dans les canevas métriques, aux opérations les moins compliquées.

Le travail des ouvrages du four, à la dilatation et la contraction, produit des mouvements de masse très considérables, qui exigent des constructions importantes de maçonnerie en talus pour contreforts.

Les maçonneries des murs extérieurs sont en meulière ou moellons, hourdées en mortier de chaux hydraulique numéro 2. Les maçonneries de briques, en Bourgogne ou façon Bourgogne, pressées en terre franche, sont hourdées en mortier de chaux hydraulique nᵒ 3 ou en mortier de terre à four.

Les ouvrages intérieurs en briques réfractaires de qualité spéciale et les pièces spéciales réfractaires sont hourdés en coulis réfractaire afférent.

Au point de vue du métré, nous indiquons la classification générale des tarifications des ouvrages.

Nous rappelons pour mémoire les travaux préparatoires à présenter dans les données précédentes.

Les maçonneries qui ne sont pas tarifées par la Série industrielle sont comptées aux évaluations du bâtiment augmentées d'une plus-value de 10 0/0. Toutes plus-values de hourdis à ajouter.

Les maçonneries industrielles sont tarifées en première catégorie en ce qui concerne les ouvrages en briques de Bourgogne ou façon Bourgogne pressées en terre franche, pour fours à briques. Les ouvrages intérieurs en briques réfractaires spéciales hourdés en coulis, sont tarifés en quatrième catégorie. Les pièces réfractaires spéciales pour mise en œuvre à façon, compris fourniture du hourdis, sans fourniture des pièces à reprendre conformément aux exemples précédents, sont comptées au cube de construction des ouvrages à façon de catégorie correspondante, soit en quatrième catégorie.

Les plus-values de cintrages des voûtes sont à reprendre suivant la tarification par rapport aux rayons et la location des cintres, les poses et déposes.

Les garnissages en terre à four entre les murs et au-dessus des voûtes des galeries, compris montage, pilonnage, étendage, etc., sont à reprendre conformément aux exemples que nous avons donnés précédemment pour les garnissages en sable de fours différents.

Tous les autres ouvrages en tailles, travaux accessoires, parements, jointoiements, etc., etc., sont à reprendre également dans les données précédentes.

Les fontes sur modèle, les pièces mécaniques et autres, compris les montages, les ajustements et tous travaux accessoires à la mise en place et la fixation s'ajoutent en fournitures et façons suivant les tarifications industrielles et les spécialités.

Nous donnons enfin le plan général du four (*fig.* 1034).

La disposition des galeries d'enfournement, du canal central de fumée, des carnaux et des portes d'enfournement ; en un mot, toute la description que nous avons faite se retrouve, dans la lecture du plan, très complet, que nous produisons.

La figure 1035 représente la coupe transversale avec disposition de la vanne sur le central et des ouvertures spéciales à obturateurs dans la voûte.

La figure 1036 donne une coupe longitudinale de galerie prise sur l'axe, avec

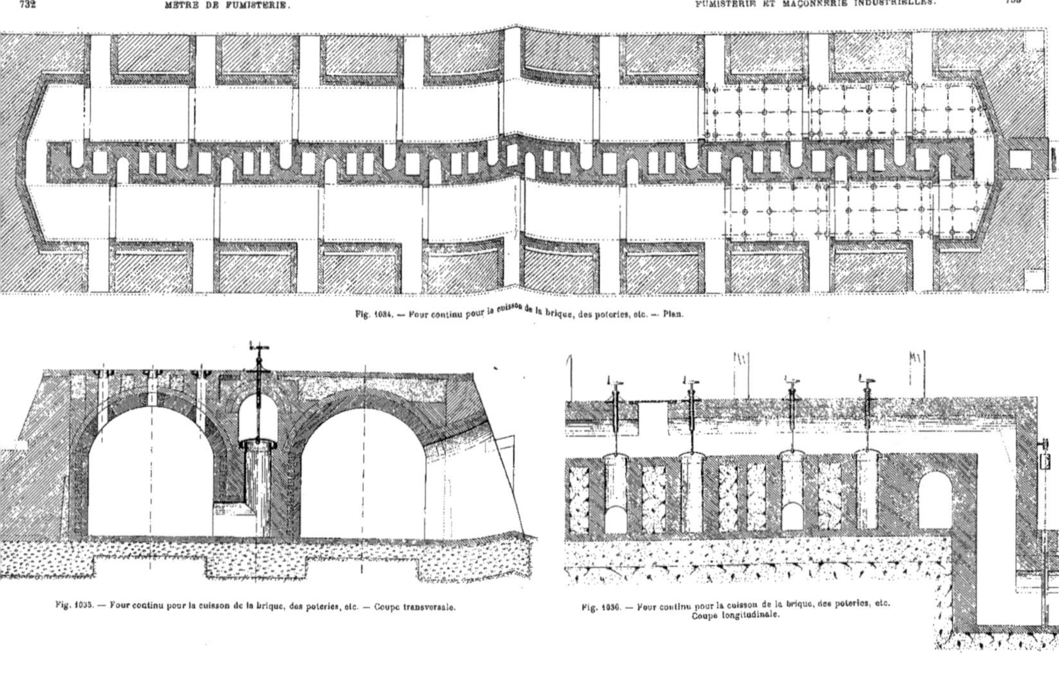

Fig. 1034. — Four continu pour la cuisson de la brique, des poteries, etc. — Plan.

Fig. 1035. — Four continu pour la cuisson de la brique, des poteries, etc. — Coupe transversale.

Fig. 1036. — Four continu pour la cuisson de la brique, des poteries, etc. Coupe longitudinale.

le registre de fumée sur le carnau collecteur à la cheminée.

La figure 1037 représente une coupe prise sur la grande galerie avec le contrefort en maçonnerie par bout.

La figure 1038 complète l'ensemble par l'élévation d'un tronçon de galerie avec baies des portes d'enfournement.

Les différentes maçonneries, les bétons des massifs, les emplissages en terre à four sont indiqués par les hachures diverses et les rocaillages afin de donner

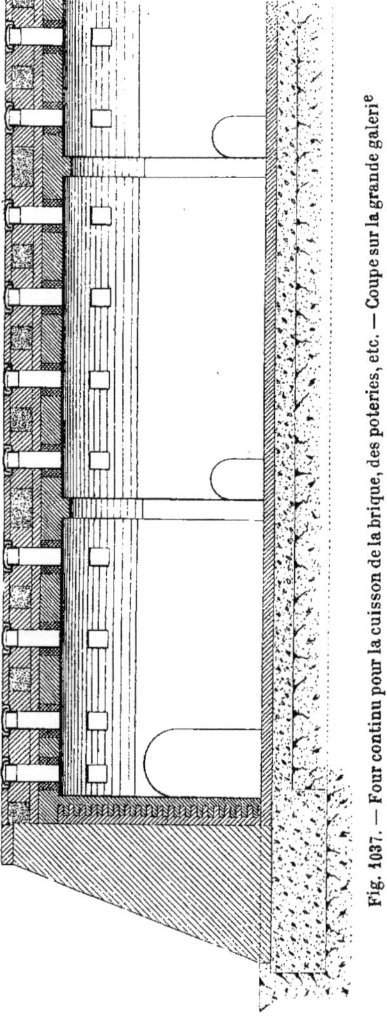

Fig. 1037. — Four continu pour la cuisson de la brique, des poteries, etc. — Coupe sur la grande galerie

Fig. 1038.—Four continu pour la cuisson de la brique, des poteries, etc.—Elévation sur la grande galerie.

aux figures les rapports avec le texte.

Nous poursuivons notre étude des fours par un four au gaz pour la deuxième fusion de la fonte.

Four chauffé au gaz pour la deuxième fusion de la fonte.

427. Le four que nous présentons est particulièrement intéressant au double point de vue de l'application industrielle des plus récentes données scientifiques et de la construction compliquée des organes.

D'une façon générale, ce four est composé de deux parties principales superposées au-dessus et au-dessous du sol. La partie supérieure du four comprend le *laboratoire* et la partie inférieure le *récupérateur*.

L'agent calorifique est le gaz de gazogène.

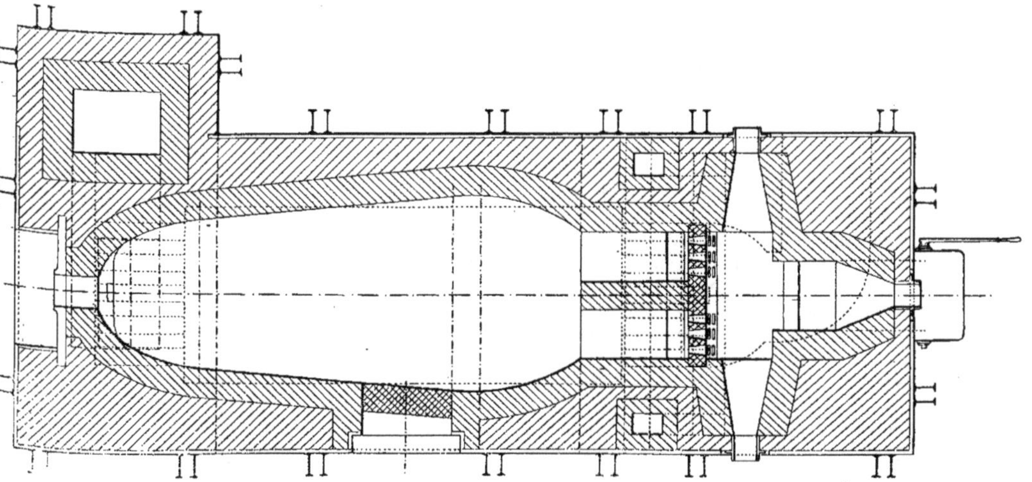

Fig. 1039. — Four au gaz pour la deuxième fusion de la fonte. — Plan du laboratoire au chalumeau sur ABCD.

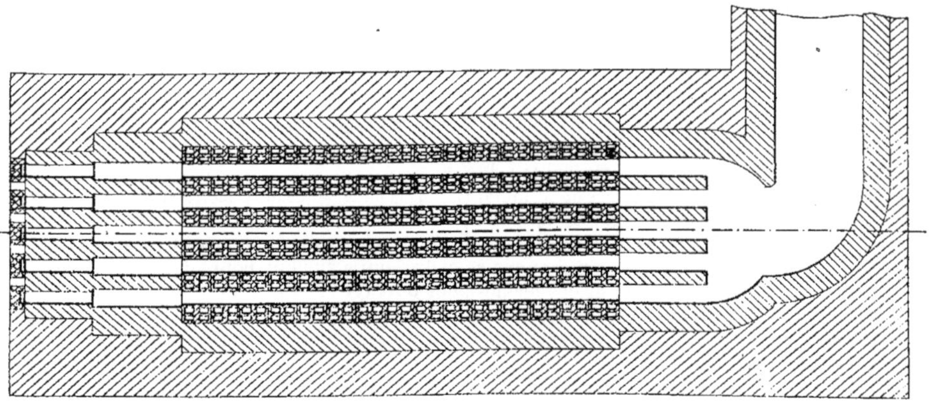

Fig. 1040. — Four au gaz pour la deuxième fusion de la fonte. — Plan du récupérateur sur HJ.

L'arrivée de gaz est faite au moyen d'une canalisation spéciale. Le gaz, amené dans le four par un carnau, est projeté dans l'intérieur du *laboratoire* sous un puissant jet de flamme, par l'action énergique d'un *chalumeau*, conçu et disposé spécialement pour sa fonction.

L'admission d'air extérieur est faite par la face opposée à l'arrivée de gaz.

L'air admis pour la combustion est chauffé dans le *récupérateur*, construit dans la partie inférieure du four sous le laboratoire, au-dessous du niveau du sol.

La construction du four est conçue pour une double circulation de gaz chauds et d'air échauffé par récupération.

Les gaz calorifiques descendent en sortant du laboratoire et parcourent, en serpentant, toute une série de galeries horizontales ménagées dans la partie inférieure du four, entre les pièces réfractaires spéciales de récupération.

Les pièces réfractaires du récupérateur sont percées de trous verticaux et disposées de manière à établir à l'intérieur une circulation d'air renouvelé, qui s'élève en s'échauffant au contact des parois portées à une haute température, par le passage des gaz chauds provenant du laboratoire.

La construction de l'appareil récupérateur entièrement composé de poteries réfractaires spéciales à carnaux est très importante, en raison de la double circulation des gaz et de l'air renouvelé.

Le laboratoire est construit sur un plan incliné par rapport à l'inclinaison du chalumeau. La *sole, en pisé réfractaire* spécial corroyé, est obtenue par superposition des couches battues.

Des emplissages en sable sont réservés entre les briquetages intérieurs.

Toute une série de carnaux voûtés et de galeries complètent la disposition du four. Les registres réfractaires et en métal règlent les admissions du gaz et de l'air.

Les devantures, portes et bâtis en fonte douce sur modèle, les pièces mécaniques pour montage des registres et des fermetures hermétiques sont faites à la demande, montées et ajustées avec leviers de manœuvres, contrepoids, etc.

La masse de construction est maintenue par des armatures en IPN assemblées par entretoises et boulonnées. Des fers en **U** et des tirants en fer rond filetés à boulons et assemblés sur les armatures de masse complètent l'ensemble des ouvrages de grosse ferronnerie.

Nous limitons nos explications aussi brièvement que possible dans une forme

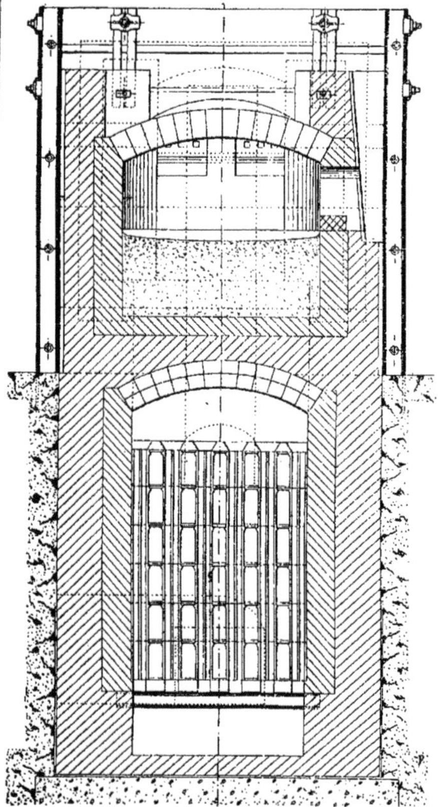

Fig. 1041. — Four au gaz pour la deuxième fusion de la fonte. — Coupe transversale sur FG.

très concise, afin de ne pas sortir de notre cadre, qui a surtout pour objet le métré des ouvrages.

Nous pensons que ces quelques notes sont utiles plutôt comme présentation des figures qui accompagnent le texte, et pour la meilleure et plus complète compréhension des descriptions métriques.

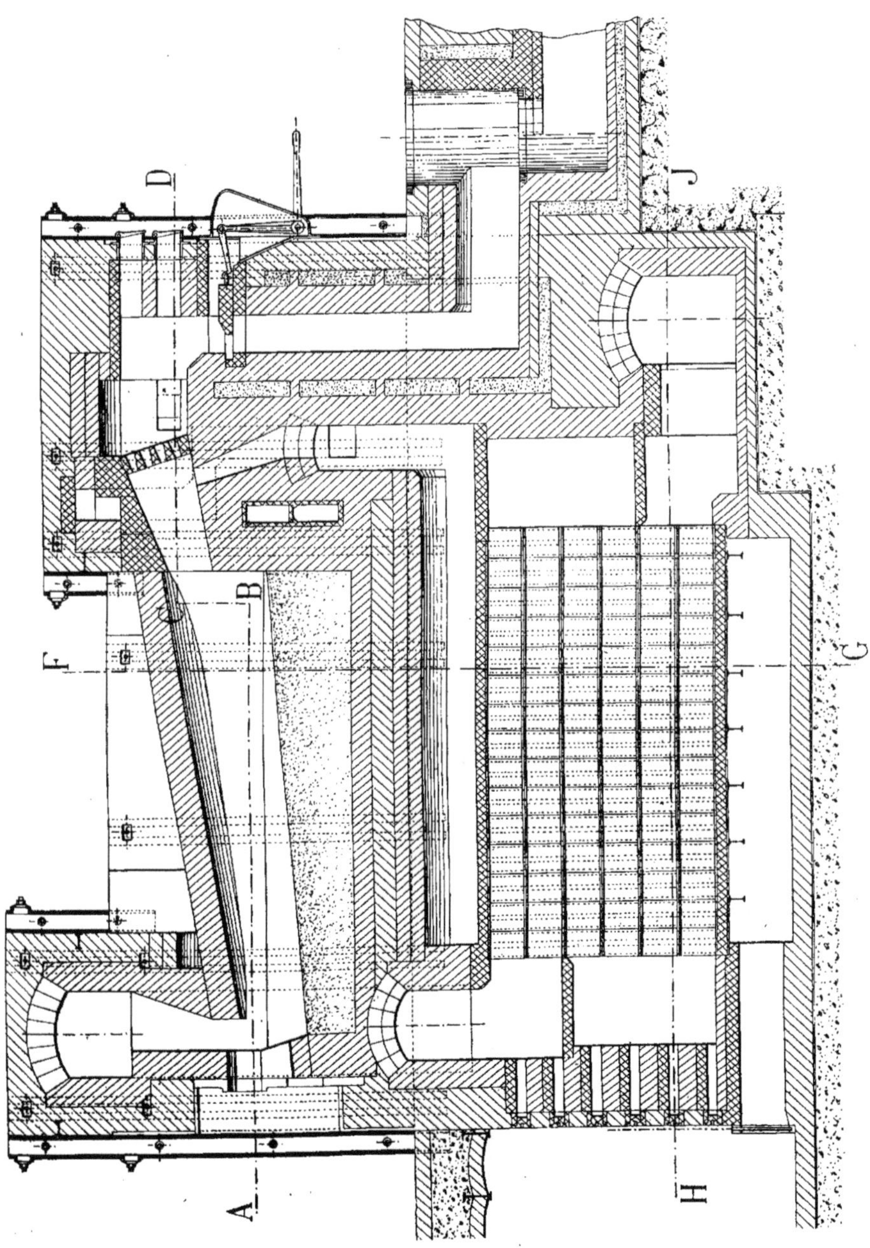

Fig. 1042. — Four au gaz pour la deuxième fusion de la fonte. — Coupe longitudinale.

Nous donnons au surplus le canevas | 1042 inclus qui complètent la notice expli-
métrique du four avec les figures 1039 à | cative.

Four au gaz pour la deuxième fusion de la fonte.

Travaux préparatoires.

Terrasse.
Fouille, chargement, montage, transport et enlèvement des terres, au cube :
A présenter dans les données indiquées précédemment.
Observation.

Béton de cailloux, au cube :

Plus-values de mortiers de chaux ou ciment suivant les natures, au cube :
A présenter dans les données indiquées précédemment.
Observation.
Les prix de Maçonnerie de bâtiment.

Chape en mortier de chaux hydraulique, au mètre superficiel.
A présenter dans les données indiquées précédemment.
Observation.
Les prix de Maçonnerie de bâtiment.
Four au gaz pour la deuxième fusion de la fonte, construit
en maçonnerie de briques façon bourgogne, pressées en
terre franche, hourdées en mortier n° 3 de chaux hydraulique
et sable, intérieur en briques réfractaires et pièces réfractaires
spéciales pleines et évidées pour appareil récupérateur,
hourdées en coulis, au cube :
Le four cubant brut.
A prendre : Les maçonneries au-dessous du sol.

$$2.55 \times 5.05 \times 0.415^{\text{II}} = 5^3 343$$
$$2.55 \times 7.10 \times 2.735 = 49.487$$
$$0.80 \times 1.62 \times 0.70 = 0.907 \quad 55^3 737$$

A reprendre : Les maçonneries au-dessus
du sol.

$$1.59 \times 3.32 \times 2.40^{\text{II}} = 12^3 672$$
$$1.62 \times 3.35 \times 0.82 = 4.450$$
$$5.45 \times 2.49 \times 2.40 = 32.568$$
$$2.62 \times 2.55 \times 0.50 = 3.340 \quad 53^3 030 \quad 108^3 767$$

Vides à déduire.
Chambre d'air sous le récupérateur :
$$3.23 \times 1.35 \times 0.60^{\text{II}} = 2^3 616$$
Encombrement du récupérateur :
$$3.45 \times 1.39 \times 1.80 = 8.622$$
Prises d'air
2 carnaux de :
$$147 = 2.94 \times 0.45 \times 0.35 = 0.463$$
Chambre au-dessus du récupérateur :
A prendre :
$$4.14 \times 1.39 \times 0.43 \text{ réduit} = 2.472$$
$$0.35 \times 1.00 \times 0.80 \text{ réduit} = 0.280$$
Galeries en avant du récupérateur :
$$3 \text{ fois } 0.70 = 2.10 \times 0.14 \times 1.12^{\text{II}} = 0.329$$
$$2 \text{ » } 0.70 = 1.40 \times 0.125 \times 1.12 = 0.196$$
$$3 \text{ » } 0.80 = 2.40 \times 0 14 \times 0.57 = 0.191$$
$$2 \text{ » } 0.80 = 1.60 \times 0.125 \times 0.57 = 0.114$$

A reprendre en arrière du récupérateur :

$$3 \text{ fois } 0.46 = 1.38 \times 0.14 \times 0.20^{\text{II}} = 0.039$$
$$2 \text{ » } 0.46 = 0.92 \times 0.125 \times 0.20 = 0.023$$
$$3 \text{ » } 0.70 = 2.10 \times 0.14 \times 0.52 = 0.160$$
$$2 \text{ » } 0.70 = 1.40 \times 0.125 \times 0.52 = 0.091$$
$$3 \text{ » } 0.70 = 2.10 \times 0.14 \times 1.17 = 0.344$$
$$2 \text{ » } 0.70 = 1.40 \times 0.125 \times 1.17 = 0.205$$

Sortie du récupérateur :

Réduit : $0.90 \times 0.54 \times 0.60 = 0.292$

Carnaux des gaz de combustion :

Départ :

$$0.70 \times 1.65 \times 0.80 \text{ réduit} = 0.924$$

Arrivée au récupérateur :

$$0.56 \times 1.67 \times 0.55 \text{ réduit} = 0.514$$

Descente :

$$0.50 \times 0.70 \times 2.70 = 0.945$$

Au-dessus du four :

$$0.70 \times 0.55 \text{ réduit} \times 2.15 = 0.828$$

Relevée de feu au rampant.

$$\frac{0.48 + 0.25}{2} \times 1.00 \text{ réduit} \times 0.89 = 0.325$$

Laboratoire :

Réduit :

$$1.35 \times 3.80 \times 0.45 \text{ réduit} = 2.308$$

Sole en pisé réfractaire :

Réduit :

$$3.75 \times 1.35 \times 0.65 = 3.289$$

Au-dessus de la voûte du four.

$$1.86 \times 1.85 \times 0.51 \text{ réduit} = 1.759$$
$$0.50 \times 1.13 \times 0.31 = 0.175$$
$$0.50 \times 1.13 \times 0.71 = 0.401$$

Chalumeau :

$$2 \text{ fois } 0.39 = 0.78 \times 1.00 \times 0.48 \text{ réd.} = 0.374$$
$$0.50 \times 1.00 \times 0.60 \text{ réduit} = 0.300$$

Arrivée de gaz :

$$0.50 \times 0.55 \times 0.55 = 0.151$$
$$0.30 \times 0.55 \times 2.60 = 0.429$$
$$0.61 \times 0.55 \times 0.45 \text{ réduit} = 0.151$$

Porte d'enfournement :

Réduit :

$$0.23 \times 0.92 \times 1.35 = 0.286$$
$$0.30 \times 0.70 \times 0.45 = 0.095$$

En avant : à la coulée :

$$0.98 \times 0.45 \times 1.17 = 0.517$$

Autel :

$$0.20 \times 2.49 \times 0.80 = 0.398$$

Conduits d'air chaud :

$$2 \text{ fois } 0.25 = 0.50 \times 0.17 \times 3.85 = 0.327$$
$$2 \text{ » } 0.20 = 0.40 \times 1.00 \times 0.39 = 0.156$$

Ensablages entre les murs intérieurs :

$$1.25 \times 0.92 \times 0.10 = 0.113$$
$$\frac{1.25 + 2 \text{ fois } 0.76}{2} \times 0.12 \times 2.55 = 0.848$$
$$1.25 \times 0.12 \times 1.12 = 0.168 \quad 32^{\text{m3}}218$$

Cube de construction. $76^{\text{m3}}549$

A reprendre en déduction :

Les pièces spéciales en produits réfractaires, au cube.

Les pièces pleines :
Sur les regards du récupérateur :
4 fois 1.40 $=$ 5.60 $\times$ 0.55 $\times$ 0.08   = 0^3246
2   1.40 $=$ 2.80 $\times$ 0.45 $\times$ 0.08   = 0.101
Sous le récupérateur :
5 fois 3.45 $=$ 17.25 $\times$ 0.18 $\times$ 0.08 = 0.248
Au-dessus des retours des gaz de combustion :
2 fois 0.80 $=$ 1.60 $\times$ 1.40 $\times$ 0.08   = 0.179
             0.35 $\times$ 1.40 $\times$ 0.15   = 0.073
             0.92 $\times$ 1.40 $\times$ 0.10   = 0.129
Au-dessus du récupérateur :
5 fois 0.12 réduit $=$ 0.60 $\times$ 3.23 $\times$ 0.080 = 0.155
Au-dessus de l'arrivée de gaz :
         0.98 $\times$ 0.80 $\times$ 0.08   = 0.063
Au-dessus des clapots et du registre :
         0.46 $\times$ 0.70 $\times$ 0.08   = 0.026
2 fois 0.62 $=$ 1.24 $\times$ 0.50 $\times$ 0.08   = 0.050
         0.58 $\times$ 0.75 $\times$ 0.10   = 0.044
Cadre du registre :
0.85 $\times$ 0.95 $=$ 0.81
A déduire
0.55 $\times$ 0.30 $=$ 0.17 | 0.64 $\times$ 0.10   = 0.064
A reprendre :
$$\frac{0.85 + 2 \text{ fois } 0.95}{2} \times 0.15 \times 0.08 = 0.033$$
Au-dessus des conduits d'air chaud.
         0.45 $\times$ 0.12 $\times$ 2.50 = 0.135
Au-dessus du chalumeau :
$$0.25 \times \frac{0.35 + 0.50}{2} \times 1.50 = 0.319$$
         0.65 $\times$ 0.35 $\times$ 1.50   = 0.341 2^3206

Les pièces évidées :
Regards du récupérateur :
30 pièces chacune :
         0.18 $\times$ 0.15 $\times$ 0.11   = 0.089
Le registre :
         0.70 $\times$ 0.50 $\times$ 0.10   = 0.035
Les brûleurs : 2 pièces chacune.
         0.50 $\times$ 0.15 $\times$ 0.55   = 0.082   0.206 2^3412

Reste pour cube net de construction des Maçonneries de briques en façon bourgogne et réfractaires pour four à gaz .... 74^3137

A prendre :
Les maçonneries de briques en façon bourgogne pressées en terre franche pour four à gaz : au cube.
         5.05 $\times$ 2.55 $\times$ 0.15   = 1^3932
2 fois 3.58 $=$ 7.16 $\times$ 0.60 $\times$ 0.60   = 2.578
         1.35 $\times$ 0.35 $\times$ 0.35   = 0.165
         1.47 $\times$ 1.65 $\times$ 0.55   = 1.336
         2.05 $\times$ 2.55 $\times$ 0.08   = 0.418
2 fois 0.62 $=$ 1.24 $\times$ 0.66 $\times$ 2.30   = 1.882
2 fois 0.48 $=$ 0.96 $\times$ 0.70 $\times$ 2.30   = 1.546
2 fois 3.45 $=$ 6.90 $\times$ 0.35 $\times$ 2.30   = 5.555
2 fois 1.00 $=$ 2.00 $\times$ 0.48 $\times$ 2.55   = 2.433
         1.28 $\times$ 0.90 $\times$ 1.10   = 1.267
         0.12 $\times$ 1.00 $\times$ 1.275 = 0.153
         1.40 $\times$ 2.55 $\times$ 0.45   = 1.606

$$1.30 \times 2.55 \times 0.35 = 1.160$$
$$3.80 \times 2.49 \times 0.30 = 2.839$$
$$2.75 \times 0.23 \times 3.50 = 2.214$$
$$1.62 \times 3.32 \times 0.25 = 1.345$$
$$2 \text{ fois } 4.70 = 9.40 \times 0.45 \times 2.40 = 10.152$$
$$2 \text{ fois } 1.20 = 2.40 \times 0.75 \times 3.50 = 6.300$$
$$0.90 \times 0.55 \times 2.55 = 1.262$$
$$1.72 \times 0.25 \times 2.55 = 1.096$$
$$0.23 \times 1.01 \times 1.45 = 0.337 \quad 47^3576 \quad 26^3561$$

Ouvrages industriels en 2me catégorie.

A reprendre en œuvre :
Les ouvrages intérieurs en briques réfractaires, qualité spéciale pour four à gaz, hourdées en coulis réfractaire de qualité afférente, au cube de... 26^3561

Ouvrages industriels en 8me catégorie.

A reprendre en œuvre à façon :
Les cubatures d'ouvrages en déduction :
Intérieurs en pièces réfractaires spéciales, hourdées en coulis réfractaires de qualité afférente : au cube :

Cubature des pièces pleines............ 2^3206
Cubature des pièces évidées :
Le récupérateur :
$$3.45 \times 1.39 \times 1.80 = 8^3622$$
Les regards du récupérateur :
30 pièces chacune
$$0.18 \times 0.15 \times 0.11 = 0.089$$
Le registre :
$$0.70 \times 0.50 \times 0.10 = 0.035$$
Les brûleurs
2 pièces chacune :
$$0.50 \times 0.15 \times 0.55 = 0.082 \quad 8^3828 \quad 11^3034$$

Ouvrages industriels à façon pour four à gaz en 8me catégorie.

A reprendre à façon :
Les ensablages entre les murs intérieurs : au cube :
$$1.25 \times 0.92 \times 0.10 = 0^3113$$
$$\frac{1.25 + 2 \text{ fois } 0.76}{2} \times 0.12 \times 2.55 = 0.848$$
$$1.25 \times 0.12 \times 1.12 = 0.168 \quad 1^3129$$
Observation.

La sole en pisé réfractaire par couches battues, étendues, pilonées ; au cube :
$$3.75 \times 1.35 \times 0.65 = 3^3289$$
Observation.

Les enduits lissés en terre à four sur les parements intérieurs des murs au droit des ensablages, au mètre superficiel :
A prendre suivant les mesures indiquées.
Le prix de Fumisterie de bâtiment.
Les cintrages des ouvrages en briques, au cube :
Ouvrages industriels à façon à simple ou à double courbure suivant les rayons jusqu'à 2^m00 et au-dessus.
Observation.

Locations des cintres : au mètre superficiel.
Série industrielle.

Brique de façon bourgogne pressée en terre franche pour four à gaz au-dessus de 4^3000 : au cube.

47^3576

Série industrielle.

Tarification en 2me catégorie.

Brique réfractaire pour four à gaz au-dessus de 4^3000 : au cube.

26^3561

Série industrielle.

Tarification en 8me catégorie.

Briquetage réfractaire à façon pour four à gaz : au cube.

11^3034

Série industrielle.

Tarification en 8me catégorie.

Emplissage de sable à façon entre maçonnerie et pilonnage : au cube.

1^3129

Observation.

Sole en pisé réfractaire à façon par couches battues, étendues, pilonnées : au cube.

3^3289

Observation.

Enduit intérieur lissé en terre à four : au mètre superficiel.

»   »   »

Fumisterie de bâtiment.

Cintrage à façon sur briquetage : au cube.

Observation.

Location de cintres : au mètre superficiel.

»   »   »

Série industrielle.

En fourniture :

Les pièces pleines réfractaires spéciales pour four à gaz, au poids :

    Série industrielle.

Les pièces évidées réfractaires spéciales pour récupérateur, brûleur, regards de récupérateur, etc. pour four à gaz, au poids :

    Série industrielle.

Sable tamisé pour emplissage entre murs à l'intérieur d'un four à gaz : au cube.

    Observation.

Pisé spécial en terre réfractaire corroyée pour très haute température : au cube.

    Observation.

Les tailles de briques à reprendre : au mètre superficiel.

Nous donnons, à titre démonstratif, les tailles spéciales des faces intérieures. Les tailles d'encastrements d'armatures, trous de scellements, tirants, etc., etc., sont laissés à nos observations précédentes afin d'éviter les redites sans utilité :

    Observation.

A prendre :

Carnau au-dessus du four :

2 sommiers de voûte de :

    $0.23 = 0.46 \times 2.06 = 0^{295}$

Sous la relevée de feu :

    2 fois $0.23 = 0.46 \times 0.30 = 0.14$

Au-dessus de l'arrivée de gaz :

    2 fois $0.23 = 0.46 \times 0.83 = 0.38$

Au-dessus du laboratoire :

    $0.23 = 8.50$ développé $= 1.95$

Au-dessus de l'arrivée d'air chaud :

    2 fois $0.23 = 0.46 \times 2.55 = 1.17$

Au-dessus du récupérateur.

    2 fois $0.23 = 0.46 \times 3.90 = 1.79$

Au-dessus de l'arrivée des gaz de combustion au récupérateur :

    2 fois $0.23 = 0.46 \times 1.56 = 0.72$

Au-dessus de l'arrivée de gaz :

    2 fois $0.23 = 0.46 \times 0.61 = 0.28$

Au-dessus du départ des gaz de combustion :

    2 fois $0.23 = 0.46 \times 1.65 = 0.76$

Piédroits du laboratoire :

Développé : $8.50 \times 1.05 = 8.92$

Rampant : $1.00 \times 0.65 = 0.65$

Chalumeau :

    2 fois 1.10 réduit $= 2.20 \times 0.70 = 1.54$

    2 fois $1.00 = 2.00 \times 0.95 = 1.90$ $21^{2}15$

    Série industrielle.

    Observation.

Tous les autres ouvrages en taille sont à reprendre chacun pour leur façon dans les données précédemment indiquées.

    Série industrielle.

    Observation générale.

Descendu, posé, mis en place : au poids.
Les fontes   pesant   »   »
Les fers et armatures   »   »   »
       Série industrielle.

A plus de 1ᵐ,00 de hauteur du sol, il est alloué une plus-value de montage par mètre et par kilogramme.
       Observation.
       Série industrielle.
Les trous et scellements de fixation des armatures dans le sol et massif en béton.
       A demander aux évaluations précédemment indiquées.
Parements de briquetage apparent en mortier de coulis réfractaire, dressés à la règle avec joints en creux, au mètre superficiel.
Parements intérieurs   »   »   »
Parements extérieurs   »   »   »
       Observation.

Jointoiements intérieurs, au mètre superficiel.
       »   »   »

Jointoiements extérieurs au mastic spécial de limaille de fer, les joints lissés, au mètre superficiel.
       »   »   »
       Ouvrages industriels.

Fer et fonte égrenés et peints, une couche au goudron de gaz, au poids.
       Série industrielle.
En fourniture :
Les fontes sur modèle 2ᵐᵉ fusion.
Les ajustements.
Les frais de modèles et d'études.
Les armatures spéciales.
Les tirants boulonnés.
Les pièces mécaniques.
Les montages, fixations, ajustements.
Les travaux accessoires de fixation, trous en tailles de briques et scellements, etc., etc.
Les fournitures des pièces ci-dessus et les travaux de montage à demander dans les données indiquées précédemment suivant les évaluations industrielles.
       Observations générales.

Pose compris descente, ajustement et mise en place : au poids.

Fonte.

Fer et armatures de fours.

Série industrielle.

Plus-value pour montage de fonte, etc. à plus de 1.00 de hauteur.

Observation.

Série industrielle.

Ouvrages divers.

»   »   »

Parement de briquetage apparent dressé à la règle, joints en creux : au mètre superficiel.

»   »   »

Série industrielle.

Jointoiement en mortier de coulis réfractaire sur briquetage apparent : au mètre superficiel.

»   »   »

Série industrielle.

Jointoiement au mastic de limaille de fer, les joints lissés sur briquetage apparent : au mètre superficiel.

»   »   »

Série industrielle.

Peinture une couche au goudron de gaz et égrenage fer et fonte : au poids.

»   »   »

Série industrielle.

Fournitures et travaux divers pour four industriel.

Série industrielle.

Observation.

Tous les travaux accessoires à la construction industrielle proprement dite sont à reprendre aux évaluations de la Série de bâtiment.

Nous nous bornons à indiquer les généralités industrielles qui nous occupent plus spécialement, et nous donnons, pour compléter notre canevas métrique, une série de figures du four au gaz pour la deuxième fusion de la fonte.

La figure 1039 représente le plan du laboratoire au chalumeau pris sur la coupe longitudinale en A. B. C. D.

La figure 1040 donne le plan de l'ap-

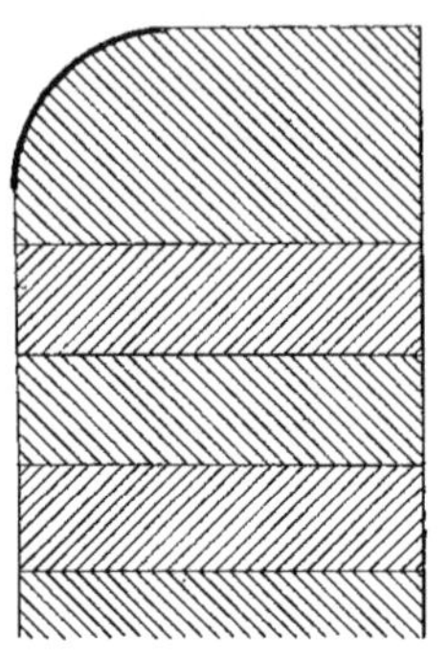

Fig. 1043. — Taille de brique; angle arrondi.

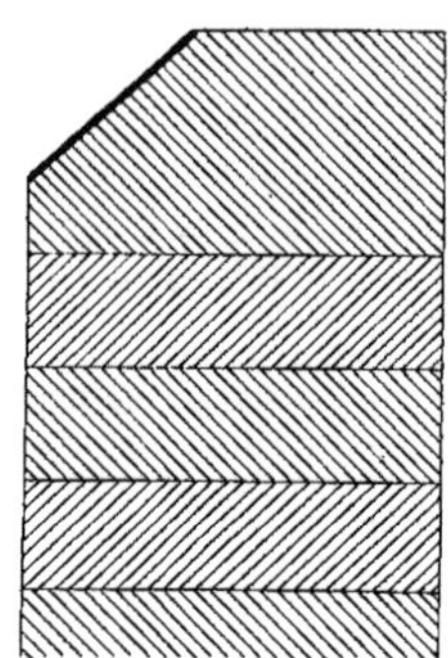

Fig. 1044. — Taille de brique; angle abattu
en chanfrein.

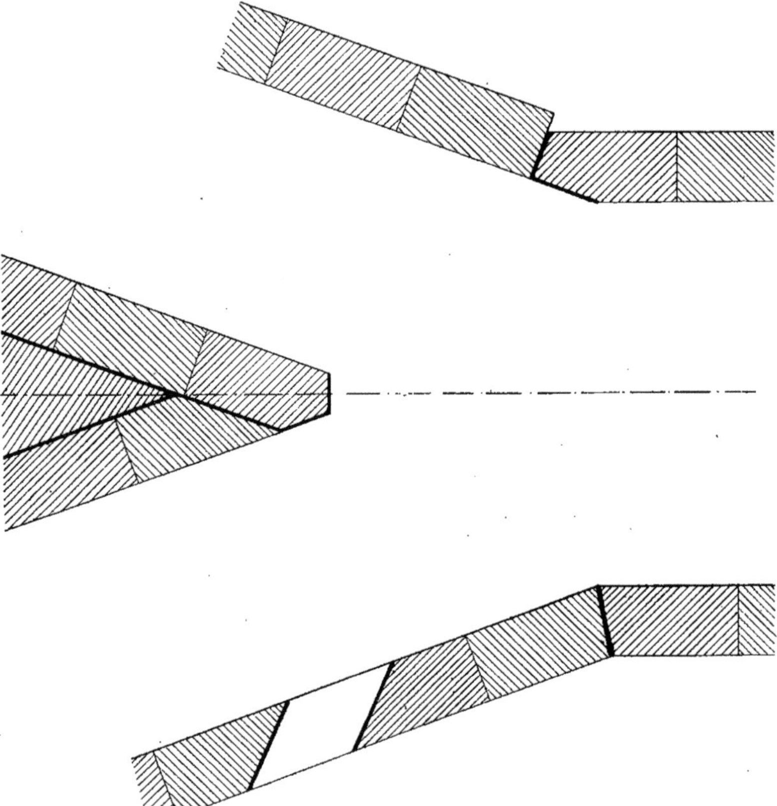

Fig. 1045 à 1047. — Taille de briques obliques diverses; en appui, en pénétration.

pareil récupérateur pris sur la coupe longitudinale en HJ.

La figure 1041 donne la coupe transversale du four au laboratoire et au récupérateur prise en élévation sur FG de la coupe longitudinale.

La figure 1042 complète notre description par une coupe longitudinale du four prise sur l'ensemble de l'élévation de la construction repérée sur les lettres A. B. C. D. F. G. H. J.

Nous terminons avec le four à gaz les descriptions générales des divers fours industriels que nous nous sommes proposés de soumettre à nos lecteurs. Nous nous sommes surtout attachés à prendre des types de construction pour diverses fonctions industrielles, afin de condenser dans un espace aussi restreint que possible la plus grande somme de renseignements utiles, en ramenant nos exemples à une classification très générale en même temps que documentaire.

La construction industrielle doit satisfaire à des fonctions tellement précises et variées, que les découvertes scientifiques modernes modifient encore quelquefois avec une étonnante rapidité, qu'il lui faut suivre pas à pas les modifications, les transformations et les créations imposées par la science.

428. Nous croyons utile de clôturer le chapitre réservé à la construction des fours industriels, en fixant par quelques figures les ouvrages en taille de briques plus spécialement exécutés, et dont nous avons déjà parlé dans la description générale en tête du chapitre.

Les tailles en ce qui concerne les trous, niches, feuillures, etc., c'est-à-dire les ouvrages ordinaires, sont métrées comme à la maçonnerie pour la pierre, et réduits de la même manière à l'unité de taille avec tarification au mètre superficiel, à la Série industrielle.

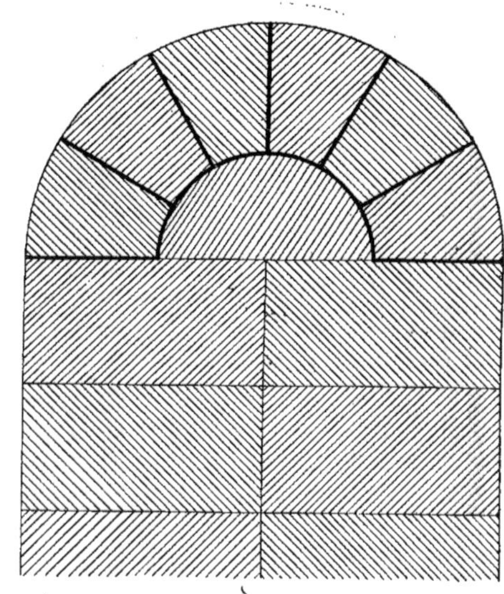

Fig. 1048. — Taille de brique; claveaux et plein-cintre.

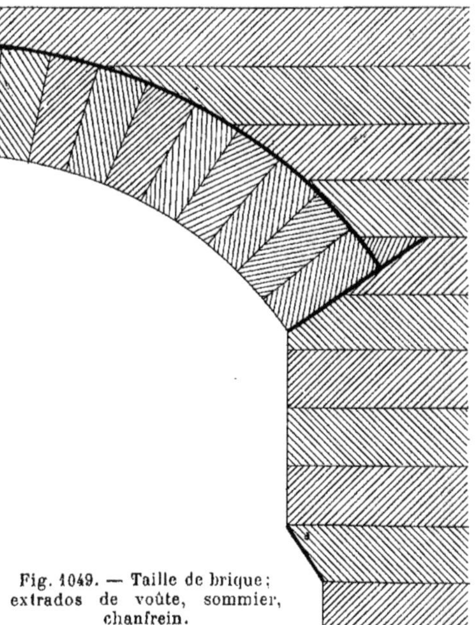

Fig. 1049. — Taille de brique; extrados de voûte, sommier, chanfrein.

Nous n'avons donc sur ce point aucune observation à présenter.

Les autres ouvrages pour surfaces apparentes ou intérieures sont tarifés au mètre superficiel en première catégorie au prix indiqué à la Série industrielle. Ils comprennent toutes les parties taillées, apparentes ou non, formant une surface lisse à arêtes vives pour parements extérieurs ou intérieurs et pour sommiers de voûtes ou appuis de maçonneries quel-

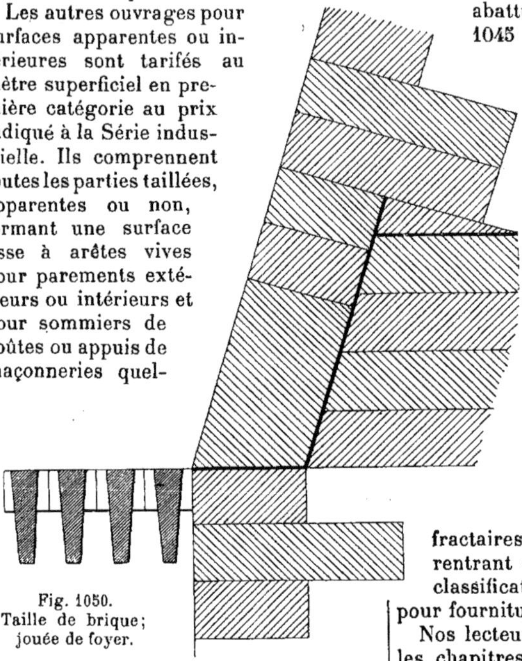

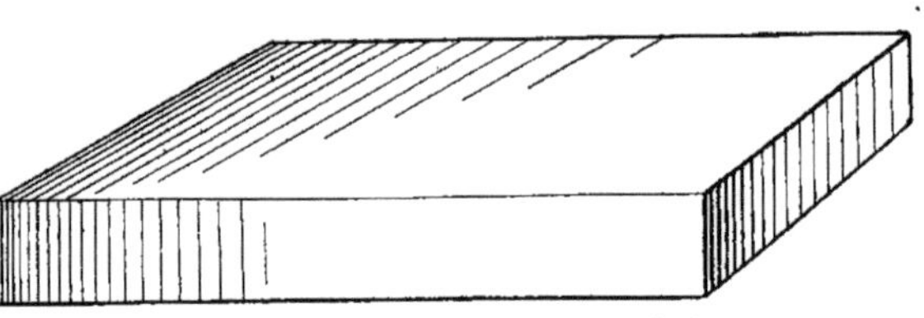

Fig. 1050.
Taille de brique;
jouée de foyer.

conques en pente, les faces droites, obliques ou courbes.

Nous donnons (*fig.* 1043) un angle arrondi et (*fig.* 1044) un angle abattu en chanfrein. Les figures 1045 à 1047 inclus représentent diverses tailles en appui et pénétration.

La figure 1048 donne des tailles de claveaux sur plein-cintre.

La figure 1049 représente une partie de voûte sur sa retombée avec indication des parties taillées pour extrados, sommier, chanfrein.

La figure 1050 indique les tailles intérieures en talus pour jouée de foyer.

Les parties taillées sont indiquées par les traits de force, afin d'en faciliter la lecture.

Nous donnons aussi quelques figures de pièces réfractaires spéciales *pleines et évidées* rentrant dans les deux catégories de classification de la Série industrielle pour fournitures au poids.

Nos lecteurs trouveront en cours dans les chapitres précédents diverses pièces sur lesquelles nous ne revenons pas.

Parmi les pièces pleines, la figure 1051

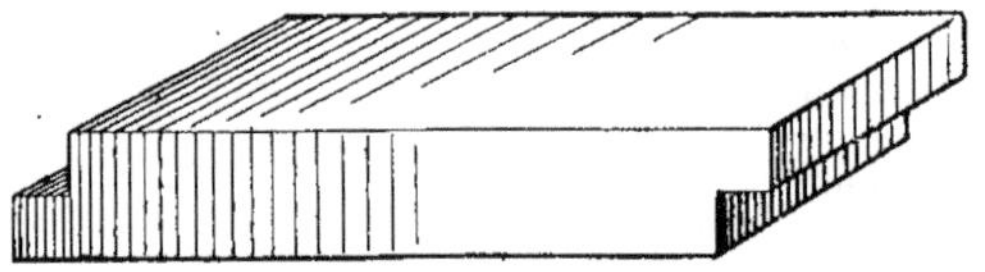

Fig. 1051. — Pièce pleine réfractaire droite.

Fig. 1052. — Pièce pleine réfractaire à feuillure.

représente une pièce droite et la figure 1052 une pièce à feuillures. Une voûte de foyer est représentée figure 1053 et un sommier figure 1054.

Parmi les pièces creuses et évidées, (nous donnons (*fig.* 1055 et 1056) une

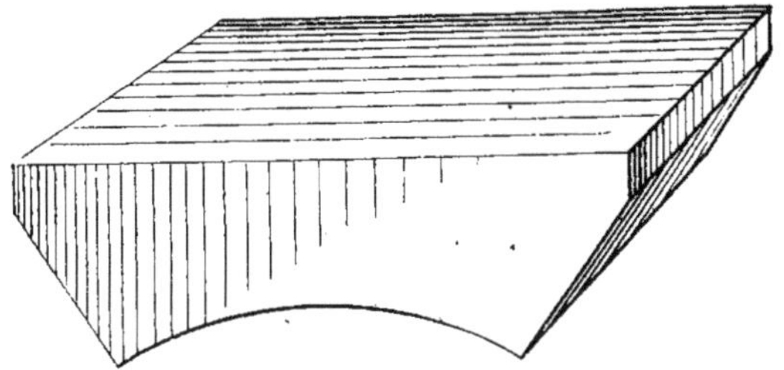

Fig. 1053. — Pièce pleine réfractaire, voûte de foyer.

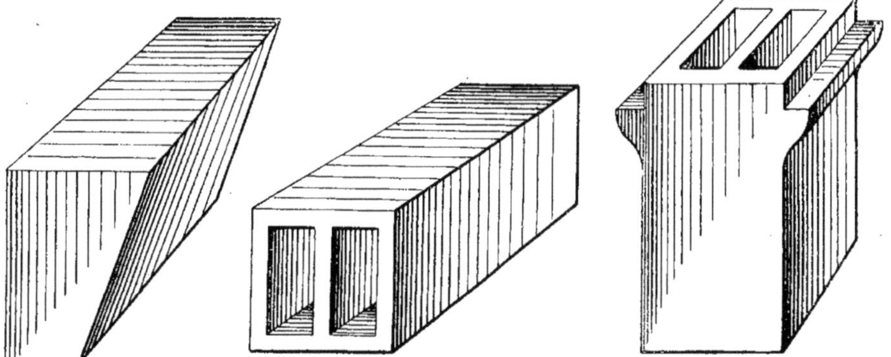

Fig. 1054. — Pièce pleine
réfractaire, sommier.

Fig. 1055. — Pièce creuse réfractaire.

Fig. 1056. — Pièce creuse
réfractaire ; poterie de récupérateur.

pièce creuse et une poterie de récupérateur. La figure 1057 représente un cageot
et la figure 1058 une pièce évidée pour
côté à carnaux.

Les figures 1059 et 1060 nous donnent
deux pièces cintrées, pleine et percée,

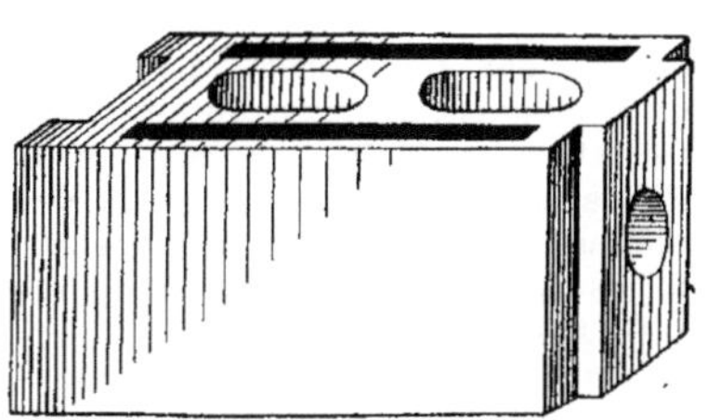

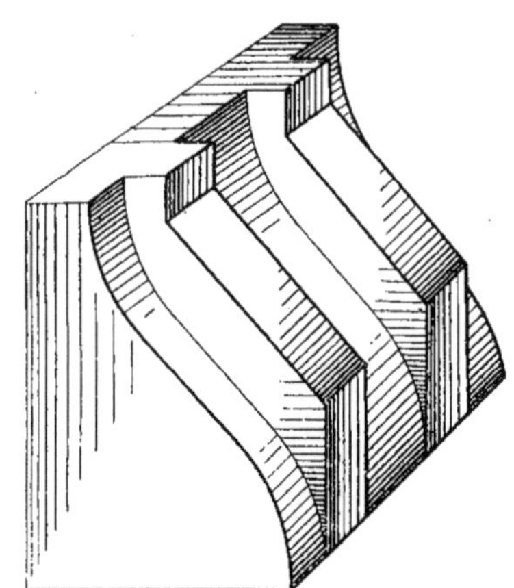

Fig. 1057. — Pièce creuse réfractaire ; cageot.

Fig. 1058. — Pièce réfractaire, côté à carnaux.

pour dessus de moufle et chapiteau diviseur.

Nous avons donné précédemment des modèles de registres et diverses pièces au chapitre des applications diverses.

Les quelques figures représentées ne sont évidemment pas toutes les pièces spéciales employées dans la construction industrielle. Nous avons choisi les plus courantes à titre documentaire et pour souligner l'application de la tarification que nous avons exposée dans nos exemples métriques.

Afin de fournir une partie aussi documentaire que possible de la fumisterie industrielle, nous passons au chapitre spécial des générateurs de vapeur et cheminées d'usines.

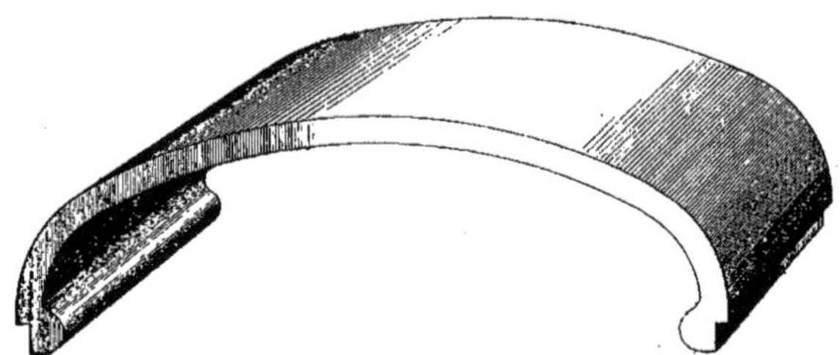

Fig. 1059. — Pièce pleine réfractaire cintrée ; dessus de moufle.

Générateurs et cheminées d'usines.

429. La classification que nous avons adoptée des divers ouvrages par grandes catégories nous conduit à présenter dans un chapitre spécial les travaux de construction des fourneaux de générateurs et cheminées d'usines.

Nous avons commenté, dans le cours de nos observations spéciales au chauffage domestique, les diverses applications mé-

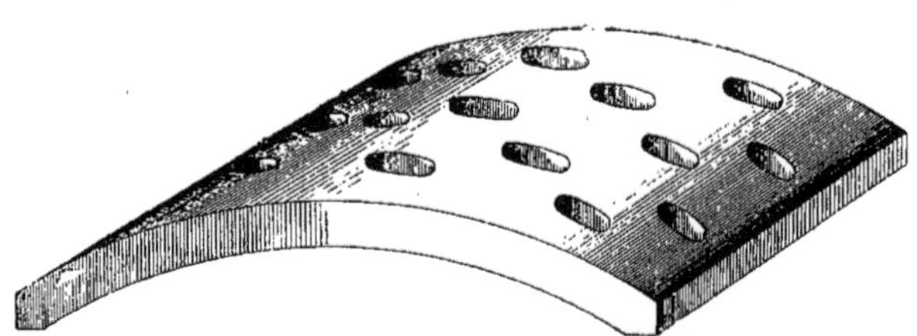

Fig. 1060. — Pièce réfractaire cintrée ; chapiteau diviseur à trous.

triques de la Série de Bâtiment relatives aux ouvrages de construction des briquetages de chaudières à eau et à vapeur employées pour l'usage ordinaire du chauffage.

Au point de vue industriel, la variété des générateurs implique conséquemment la variété des ouvrages de construction des maçonneries.

Nous occupant de la question au point de vue strictement métrique des ouvrages de fumisterie industrielle, nous nous bornons à la classification générale des chaudières en deux grandes catégories : chaudières à bouilleurs et chaudières tubulaires et multitubulaires.

Les chaudières à bouilleurs sont composées de trois corps cylindriques horizontaux dont un constitue le *corps de la chaudière* et les deux autres de diamètres plus petits, *les bouilleurs*.

Les corps cylindriques des bouilleurs sont assemblés sur le corps de chaudière par des tubulures spéciales appelées *cuissarts*.

Les chaudières multitubulaires sont

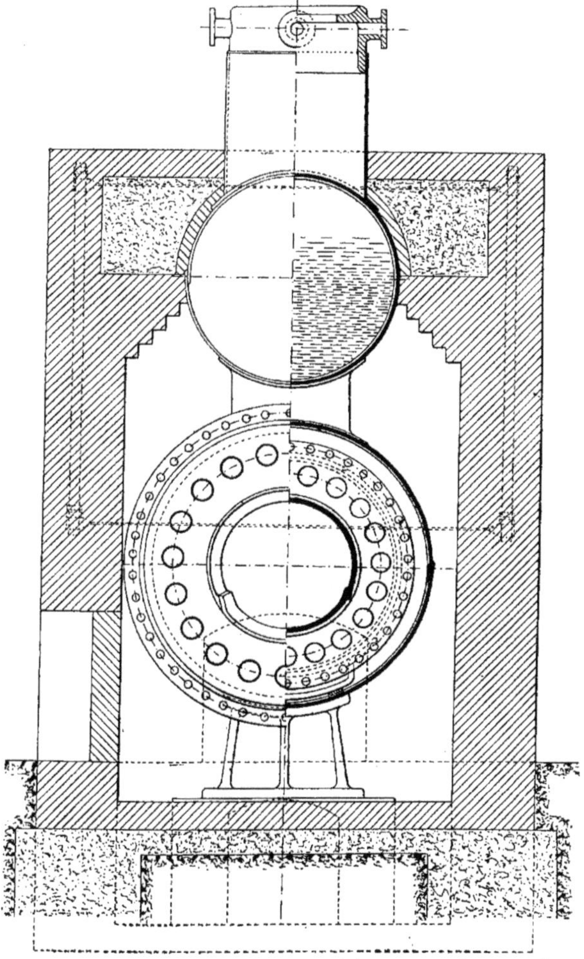

Fig. 1061. — Chaudière à foyer concentrique ; coupe transversale.

composées de *faisceaux* inclinés sur l'arrière, assemblés et mandrinés sur des *collecteurs*, et obturés par des tampons autoclaves.

Le montage des faisceaux, leur disposition et l'inclinaison sont particuliers à chaque constructeur.

Nous n'entrons pas autrement dans le détail descriptif des chaudières, qui nous mènerait beaucoup trop loin en dehors des limites du cadre de notre ouvrage. Nous ne donnons ces notes très succinctes que pour cadrer avec les tarifications des maçonneries de briquetages dont nous avons à entretenir nos lecteurs.

Partant de cette classification générale,

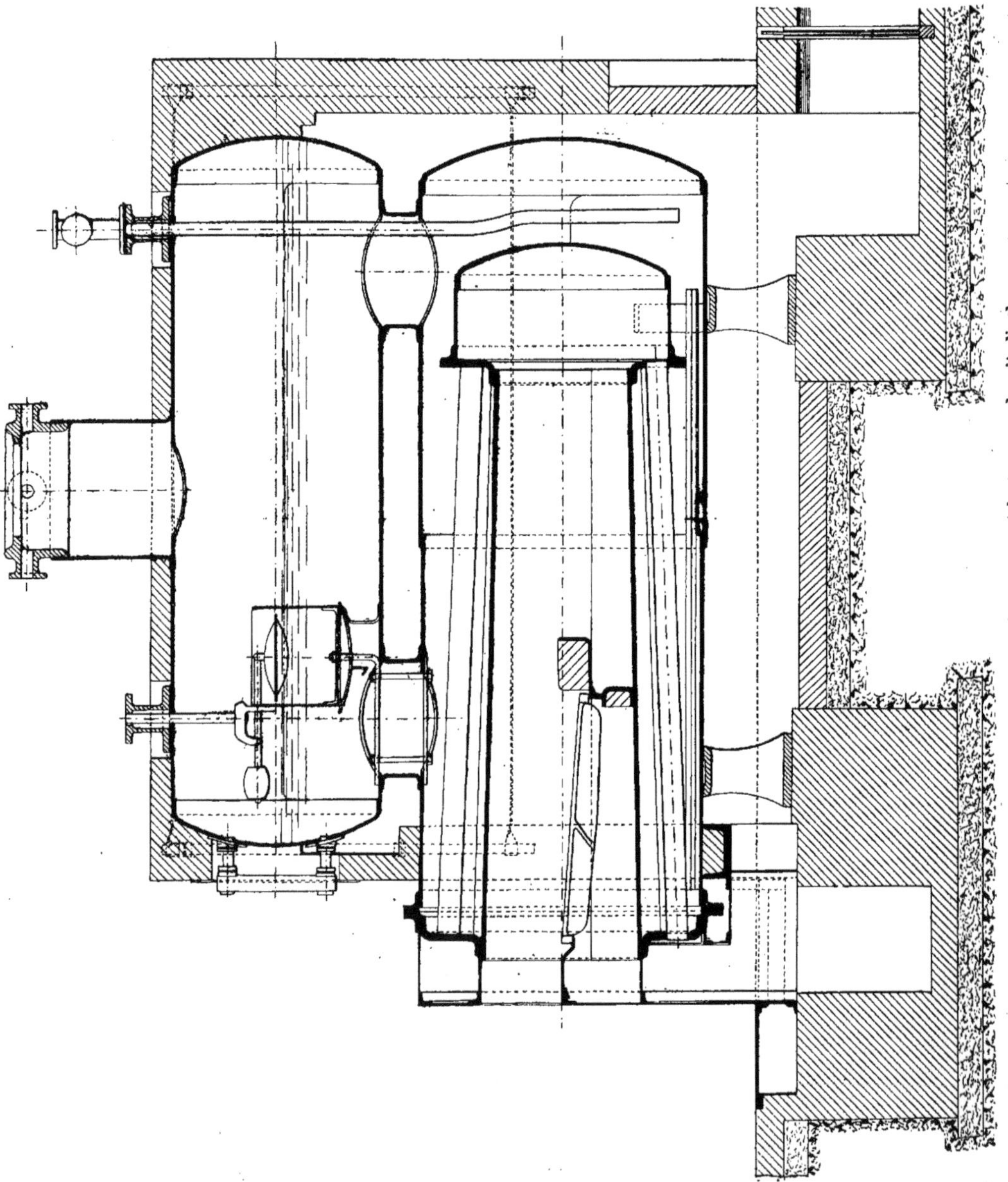

Fig. 1062. — Chaudière à foyer concentrique; coupe longitudinale.

les maçonneries de briques des chaudières à bouilleurs, quelle que soit leur cuba- | ture, sont tarifées en première catégorie avec les cheminées d'usines, ainsi que

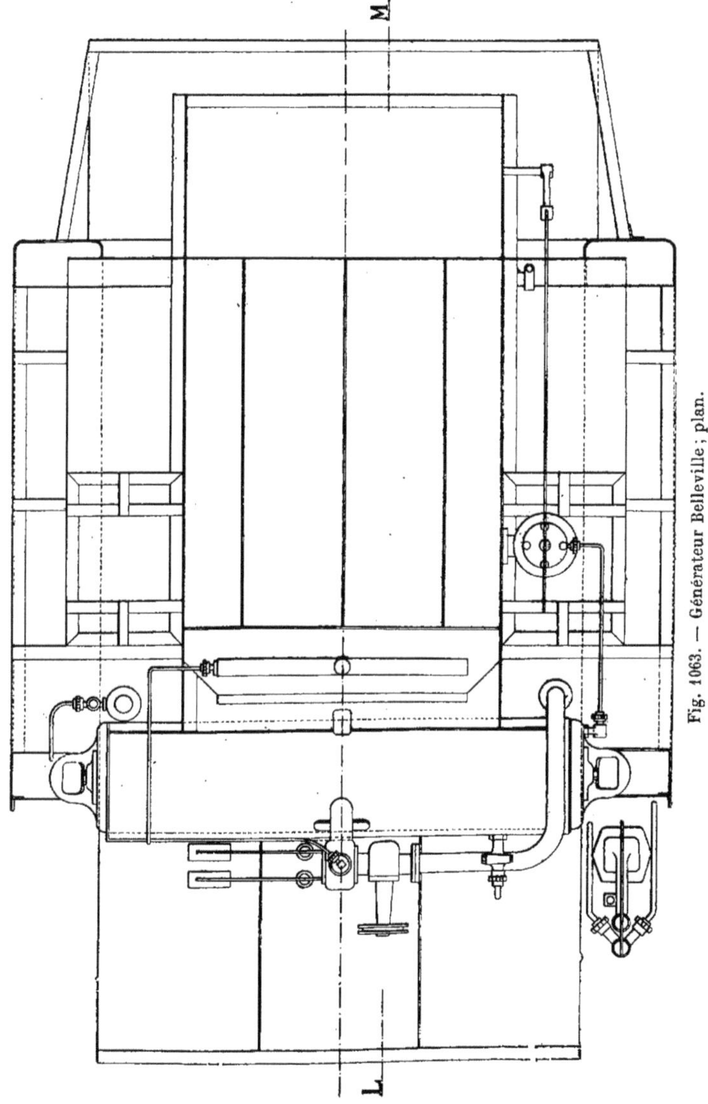

Fig. 1063. — Générateur Belleville; plan.

nous l'avons déjà exposé en tête du chapitre.

Les chaudières multitubulaires sont tarifées en deuxième catégorie pour cubature de plus de 4 mètres cubes, et en troisième catégorie jusqu'à 4 mètres cubes.

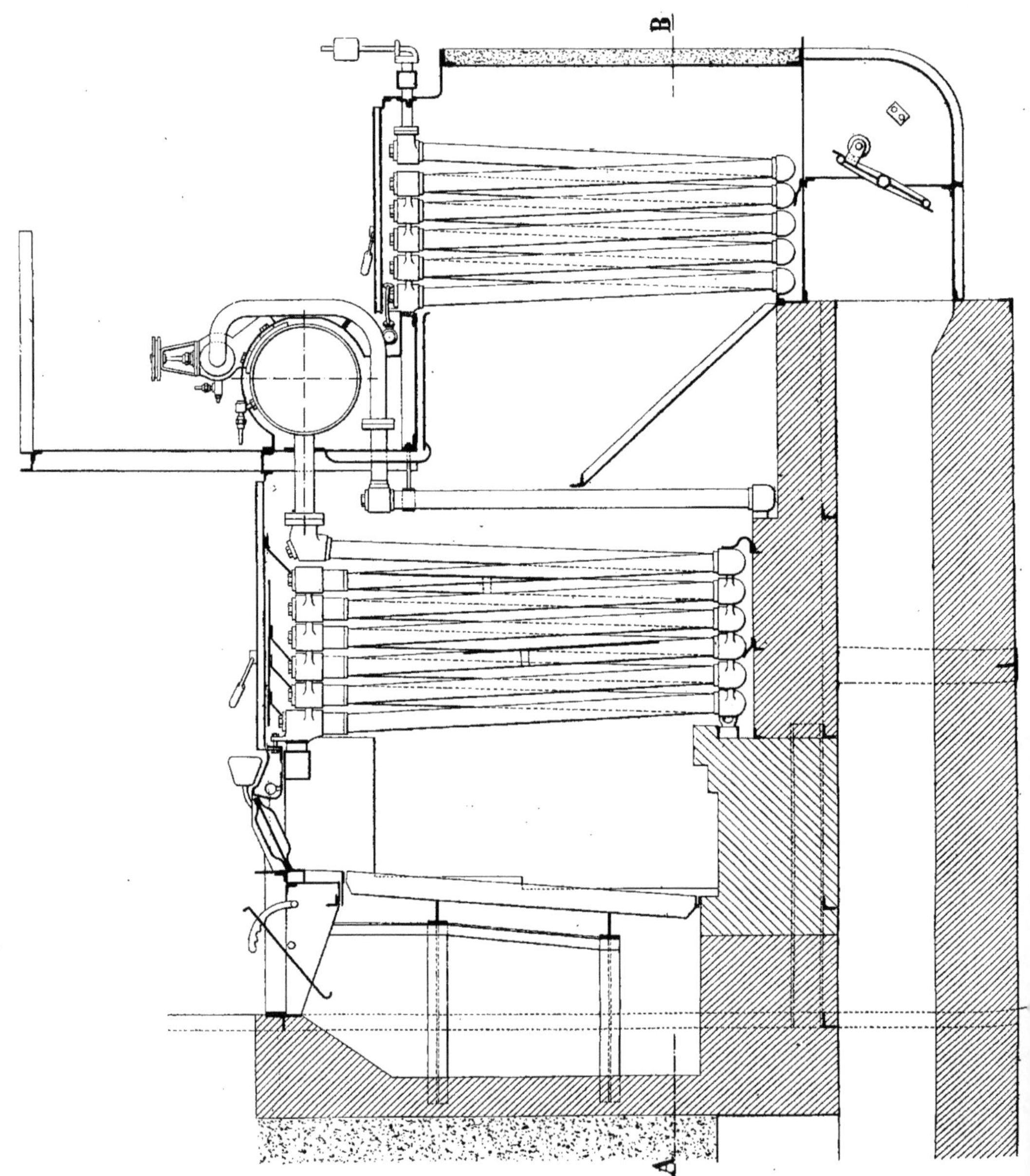
B
A

ll y a lieu de tenir compte de la cubature des briquetages pour les chaudières
multitubulaires.

Les maçonneries ordinaires sont tarifées en briques de façon bourgogne, de
Bourgogne et à façon.

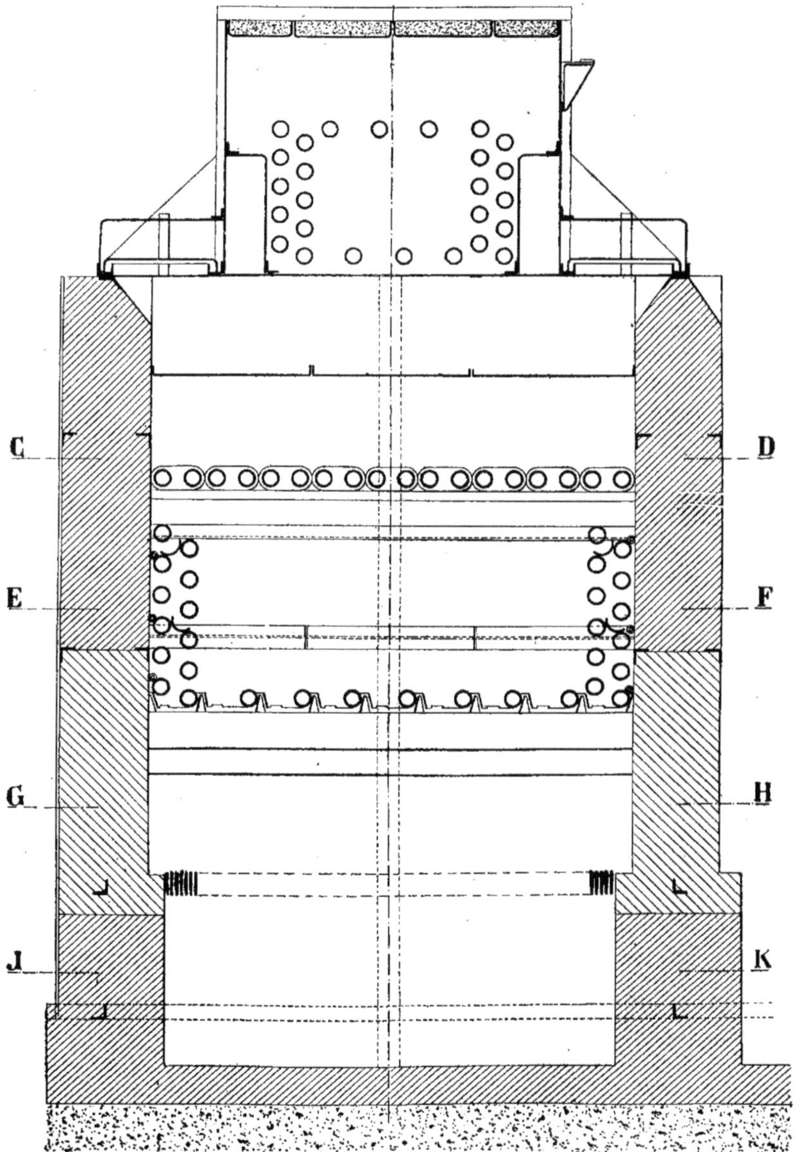

Fig. 1065. — Générateur Belleville ; Coupe transversale sur AB.

Les briquetages réfractaires des fourneaux de chaudières à vapeur suivent la même classification que les ouvrages en maçonnerie de briques ordinaires. La première catégorie s'applique aux fourneaux de chaudières à bouilleurs et aux cheminées d'usines. La seconde catégorie aux chaudières multitubulaires cubant plus de 4 mètres cubes, et la troisième catégorie aux chaudières cubant jusqu'à 4 mètres cubes.

Les tarifications diverses des parties

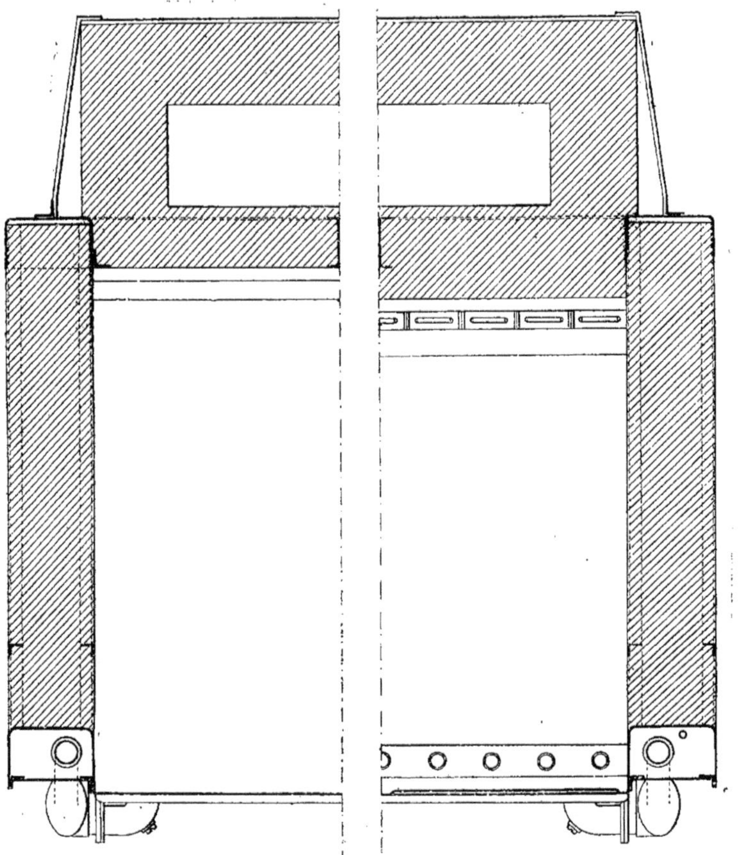

Fig. 1066 et 1067. — Générateur Belleville ; demi-coupes sur CD et EF.

de construction en briques réfractaires comprennent également les prix à façon.

Le métré procède toujours du même principe. On obtient le cube net de construction par déduction des vides, sauf ceux des portes, gueulards de foyers, tampons et regards de nettoyage ou autres.

Les prix de construction des ouvrages en briques au mètre cube, pour fourneaux de chaudières à vapeur de n'importe quel système et quelle que soit leur cubature, ne comprennent pas les plus-values de cintrages à simple ou à double courbure suivant les rayons jusqu'à 2 mètres ou au-dessus de 2 mètres.

Cette plus-value de cintrage ne s'applique pas toutefois aux maçonneries des cheminées d'usines en travaux neufs. Elle est applicable par contre aux travaux en réparation.

Les parements de briques et tous travaux accessoires de mise en place des appareils, armatures, etc., etc., sont à re-

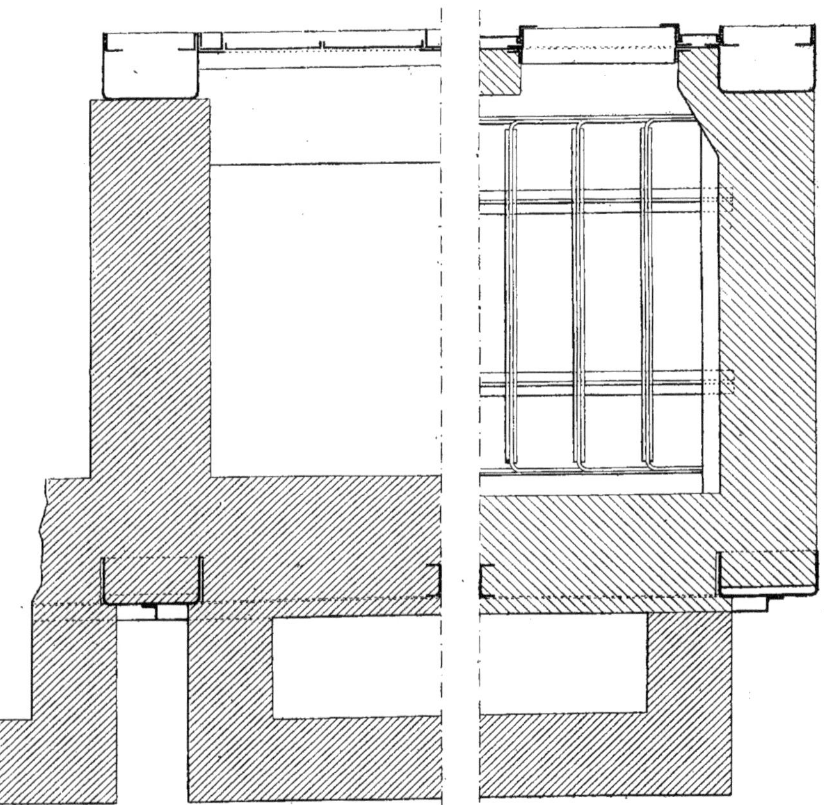

Fig. 1068 et 1069. — Générateur Belleville ; demi-coupes sur GH et JK.

prendre dans les données indiquées précédemment.

Au surplus nous avons exposé ces considérations générales en tête du chapitre de la fumisterie industrielle, nous ne faisons que les souligner pour mémoire.

Pour nous résumer, le métré d'un fourneau de chaudière à vapeur est présenté dans les mêmes données que celui des fours.

Nous donnons à titre documentaire quelques types de générateurs sans fournir pour chacun d'eux un canevas métrique, afin de ne pas allonger, sans profit pour nos lecteurs, les descriptions que nous fournissons dans leur stricte utilité.

Nous présentons (*fig.* 1061 et 1062) un type de chaudière dite à *foyer concen-* trique, dans la tarification en première catégorie pour chaudière à bouilleur.

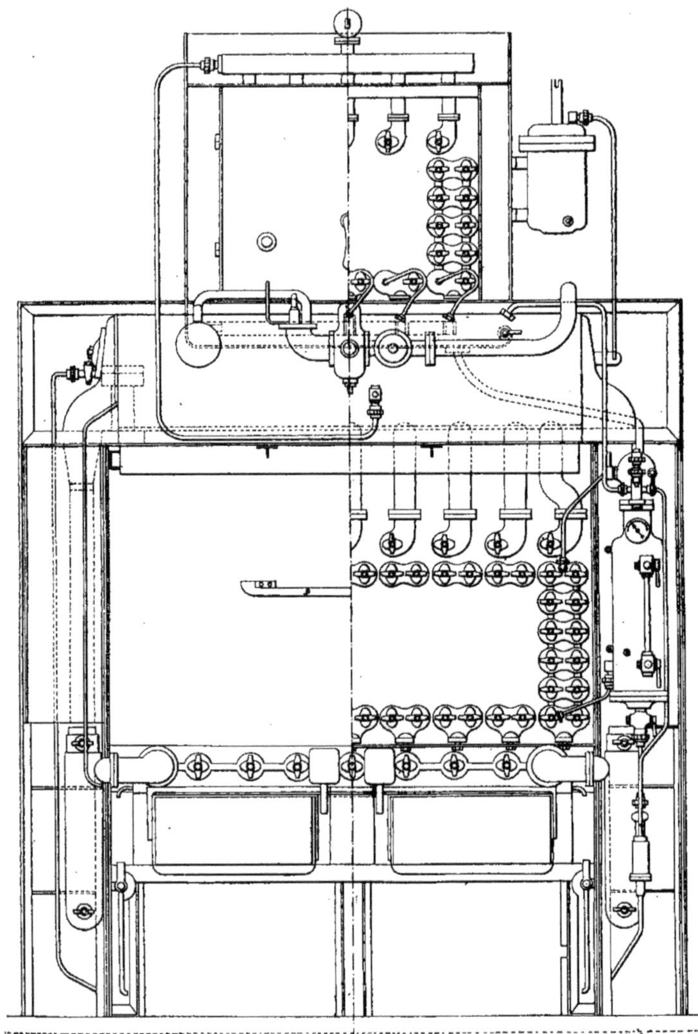

Fig. 1070. — Générateur Belleville; élévation en façade.

La figure 1061 représente la coupe transversale, et la figure 1062 la coupe longitudinale. Ces deux figures permettent à nos lecteurs de se rendre compte du montage de cette chaudière d'un dispositif spécial.

Nous donnons, dans une série de figures 1063 à 1070 inclus, un double générateur multitubulaire Belleville.

Le plan du générateur est représenté (*fig.* 1063).

La figure 1064 donne la coupe longitu-

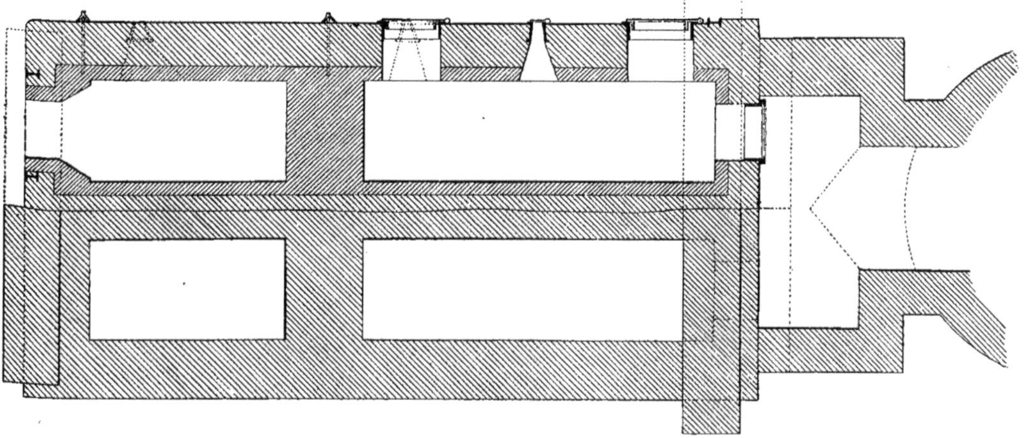

Fig. 1071. — Générateur Babcok et Wilcox ; plan de maçonnerie

dinale sur LM, rapportée au plan, et la figure 1065 la coupe transversale sur AB, rapportée sur la coupe élévation (*fig.* 1064).

Les quatre demi-coupes CD, EF, GH,

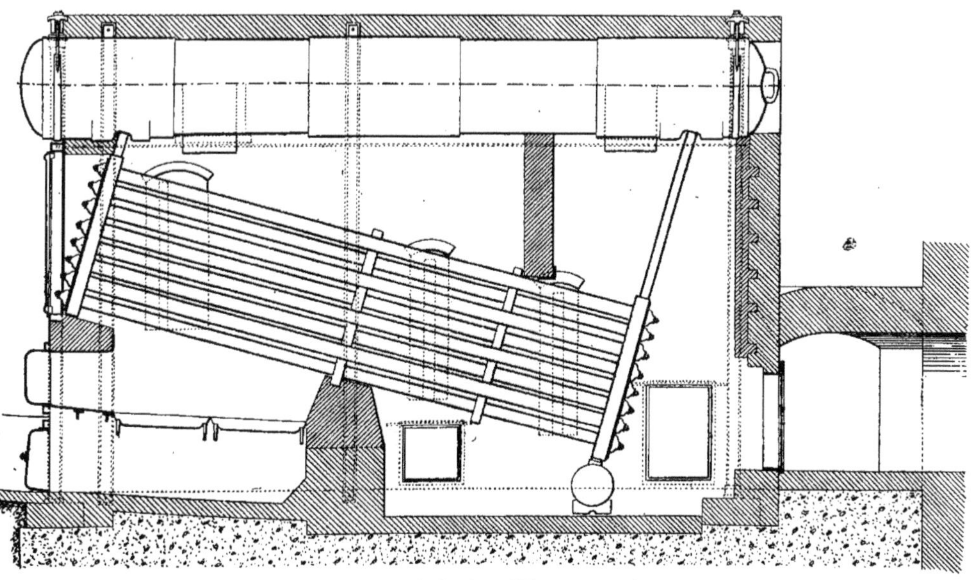

Fig. 1072. — Générateur Babcok et Wilcox ; coupe longitudinale.

JK (*fig*. 1066 à 1069 inclus), complètent les dispositions des maçonneries super- posées par rapport à la coupe transversale (*fig*. 1065).

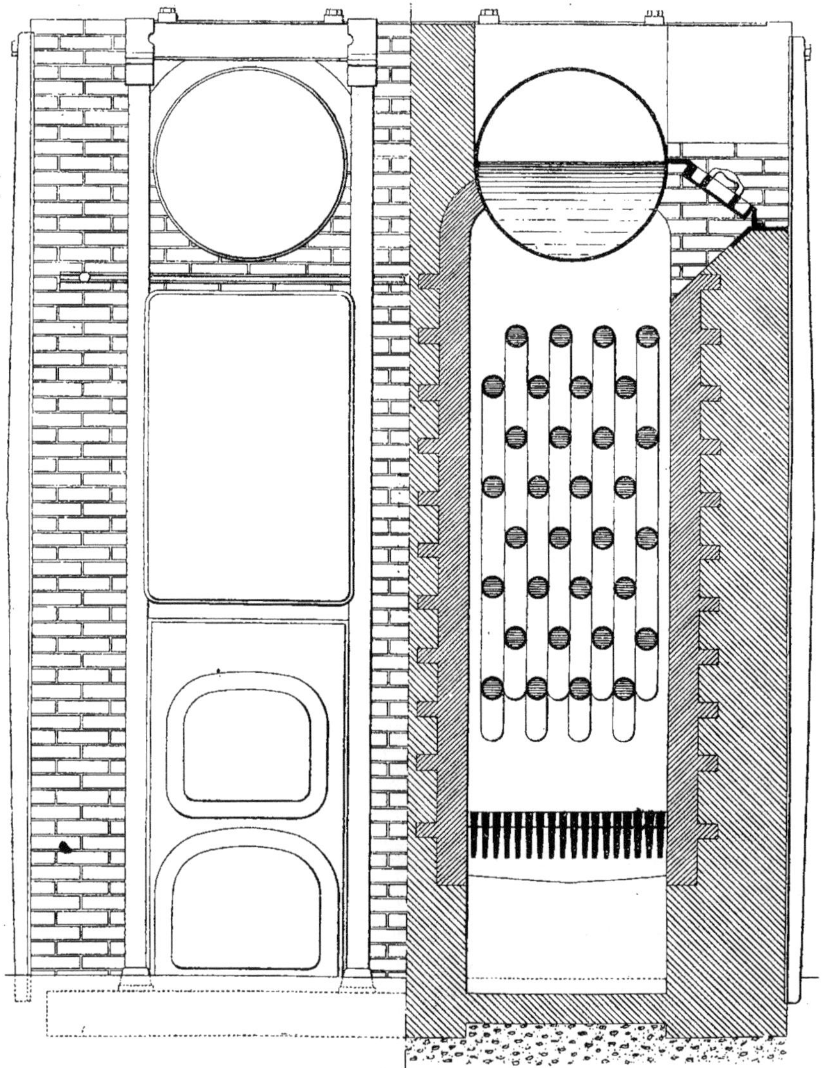

Fig. 1073 et 1074. — Générateur Babcok et Wilcox; élévation et coupe transversale.

L'élévation en façade est représentée (*fig*. 1070).

Dans la série des générateurs multitu- bulaires, nous donnons deux chaudières accouplées, Babcok et Wilcox (*fig*. 1071 à 1074 inclus).

La figure 1071 représente les plans demi-coupes de maçonneries de briques et le carnau collecteur au départ.

La coupe longitudinale de la chaudière sur le faisceau tubulaire et le réchauffeur est représentée (*fig.* 1072).

Les figures 1073 et 1074 accouplées au trait d'axe, donnent respectivement, la coupe transversale d'une chaudière sur le faisceau tubulaire et les maçonneries de briques ordinaires et réfractaires, et une élévation en façade de la seconde chaudière couplée.

Le canevas métrique des deux chaudières accouplées de Babcok et Wilcox (*fig.* 1071 à 1074 inclus), complète notre description.

**Fourneaux de chaudières multitubulaires :
générateurs Babcok et Wilcox.**

Travaux préparatoires.

Les travaux préparatoires : fouille en terrasse, chargement, montage, transport et enlèvement des terres. Les bétons de cailloux avec plus-values de mortiers de chaux ou ciment et les chapes, etc., etc.

A présenter dans les données indiquées précédemment.
Observation

Fourneaux de générateurs pour chaudières à vapeur multitubulaires, construits en maçonnerie de briques de Bourgogne, hourdées en mortier n° 3 de chaux hydraulique et sable, intérieurs en briques réfractaires hourdées en coulis : au cube.

Les fourneaux cubant brut
à prendre : Les maçonneries au-dessous du sol

$2.997 \times 5.791 \times 0.286^\text{H}$ $= 4^3 963$
$2.997 \times 3.148 \times 0.047$ $= 0.443$
$0.20 \times 2.80 \times 0.21$ $= 0.118$
2 fois $0.30 =$
$0.60 \times 0.45 \times 0.21$ $= 0.059$
à reprendre :
Les maçonneries au-dessus
du sol
$2.997 \times 5.791 \times 3.803$ $= 66.001$ $71^3 584$
Vides à déduire :
Au-dessous du trait de niveau du sol
de la chambre de chauffe.
$0.813 \times 2.538 \times 0.203^\text{H}$ $= 0^3 418$
$0.813 \times 1.80 \text{ réd.} \times 0.12 \text{ réd.} = 0.175$
à reprendre :
Au-dessus du trait de niveau.
Chambre du faisceau tubulaire
$0.813 \times 4.933 \times 3.05^\text{H} = 12^3 232$
à déduire dans la chambre
L'autel : mesures réduites
$0.813 \times 0.56 \times 0.85$
$= 0.386$
Au-dessus du faisceau tubulaire, cloison du tour de flammes :
$0.813 \times 0.23 \times 1.25$
$= 0.233$ | 0.619 | 11.613

A *reporter* .... $\overline{12.206}$ $\overline{71^3 584}$

Reports............   12.206 71.584

à reprendre :
Baie de communication au
carnau de fumée :
$0.35 \times 0.45 \times 0.83$ $= 0.130$
Tête du corps cylindrique :
$0.40^2 \times 3.1416 \times 0.508$ $= 0.255$
Arrière du corps cylindrique :
$0.40^2 \times 3.1416 \times 0.35$ $= 0.176$
Partie du corps de chaudière
et le vide au-dessus :
$0.80 \times 4.933 \times 0.753$ $= 2.971$
                                         ____
pour une chaudière :   15.738
                             $\times 2 = 31.476$ 40^3108

Cube de construction à reprendre en
déduction :
Les ouvrages intérieurs en briques réfractaires de qualités afférentes pour foyers et
fourneaux de chaudières à vapeur multitubu-

Parements intérieurs de la chambre du
faisceau tubulaire.
2 fois 5.32 =
$10.64 \times 0.12 \times 2.50^m = 3^3192$
1 fois 0.813 =
$0.813 \times 0.12 \times 2.50 = 0.243$
à reprendre :
Les arrachements en
liaisons.
18 fois 5.32 =
$95.76 \times 0.08 \times 0.11 = 0.842$
6 fois 0.813 =
$4.87 \times 0.08 \times 0.11 = 0.042$ 4^3319
à déduire :
Baie de pénétration du carnau dans les ouvrages en parements réfractaires.
        $0.65 \times 0.45 \times 0.12 = 0.035$ 4.284
à reprendre :
L'autel : mesures réduites.
$0.813 \times 0.56 \times 0.85$ $= 0.386$
Au-dessus du faisceau tubulaire
Cloison du tour de flammes :
$0.813 \times 0.23 \times 1.25$ $= 0.233$
Au droit du gueulard :
$0.74 \times 0.70 \times 0.508$ $= 0^3263$
à déduire :
$0.55 \times 0.45 \times 0.508$ $= 0.127$ 0.136
à l'arrière du corps de chaudière :
$0.92 \times 3.1416 \times 0.12 \times 0.35$ $= 0.121$
                                           ______
pour une chaudière :   5.160
                          $\times 2 = 10^3320$ 29^3788

Reste pour cube net de construction de maçonnerie
de briques de Bourgogne pour fourneaux de générateurs de vapeur à chaudières multitubulaires cubant
plus de 4^3000 .... 29^3788

Ouvrages industriels en 2ᵐᵉ catégorie.

Briques de Bourgogne pour fourneau
de chaudière multitubulaire au-dessus de
4^3000: au cube.

29^3788
Série industrielle.
Tarification en 2ᵐᵉ catégorie.

A reprendre en œuvre :

Les ouvrages intérieurs en briques réfractaires qualité spéciale pour foyers et fourneaux de chaudières multitubulaires hourdées en coulis réfractaire de qualité afférente, cube de 10^3320 :

Brique réfractaire pour foyer et fourneau de chaudière multitubulaire au-dessus de 4^3000 : au cube.

$$10^3320$$

Série industrielle.

Tarification en 2me catégorie.

Ouvrages industriels en 2me catégorie.

Les plus-values de hourdis de maçonnerie en mortier de ciment s'il y a lieu, pour les ouvrages en fondation, et les enduits en ciment des cuvettes de cendriers ou tous autres, etc., sont demandés suivant les qualités des ciments employés dans les données que nous avons précédemment indiquées, en tenant compte des plus-values spéciales aux ouvrages industriels.

Observation

Ouvrages divers en ciment.

Observation.

Les tailles spéciales dans les ouvrages en briques, au mètre superficiel.

L'autel $(0.40 + 0.35 + 0.45) \times 0.813 = 0^298$

Evasement des portes de foyer et cendrier

$\qquad 4$ fois $0.12 = 0.48 \times 1.12 = 0.54$

Au fond du cendrier $\qquad 0.813 \times 0.30 = 0.24$

Sous la tête du faisceau tubulaire

$\qquad 0.813 \times 0.508 = 0.41$

Aux portes de soufflage

$\qquad 6$ fois $0.12 = 0.72 \times 1.25 = 0.90$

$\qquad 4$ fois $0.12 = 0.48 \times 1.18 = 0.57$

$\qquad 4$ fois $0.12 = 0.48 \times 1.20 = 0.58$

Pourtour du corps cylindrique

$\dfrac{3.1416 \times 1.04}{2} \times (0.508 + 0.23 + 0.35) = 1.77$

Aux trappes d'expansion

$\qquad 2$ fois $0.40 = 0.80 \times 0.42 = 0.34 \qquad 6^233$

Pour une chaudière $\qquad 6^233 \times 2 = 12^266$

Série industrielle

Observation

Taille spéciale de briques, au mètre superficiel.

$$12^266$$

Série industrielle.

Observation.

Tous les autres ouvrages en tailles, tels que trous de scellements ou fixations d'armatures, tirants, pièces de mécaniques, etc., etc., sont à reprendre dans les données et selon les évaluations précédemment indiquées.

Observation générale

Ouvrages divers en taille de brique au mètre superficiel.

Série industrielle.

Observation.

La pose et la mise en place des parties métalliques des armatures, grilles, sommiers, portes, etc., ainsi que le montage de la chaudière sont à reprendre en tenant compte des observations relatives aux difficultés d'accès et des hauteurs de levage.

Observation générale

Les parements de briques, les jointoiements et tous travaux accessoires sont également à reprendre dans les données indiquées précédemment.

Observation.

Observation générale

Les fournitures pour mémoire.

Observation.

Observation.

Observation.

Nous passons à dessein sur tous les travaux accessoires et complémentaires du canevas très succinct que nous soumettons à nos lecteurs ; en raison des répétitions que nous trouverions avec les explications générales que nous avons données, et les exemples assez nombreux que nous avons exposés dans l'étude des constructions précédentes.

Il nous a paru suffisant de prendre, au

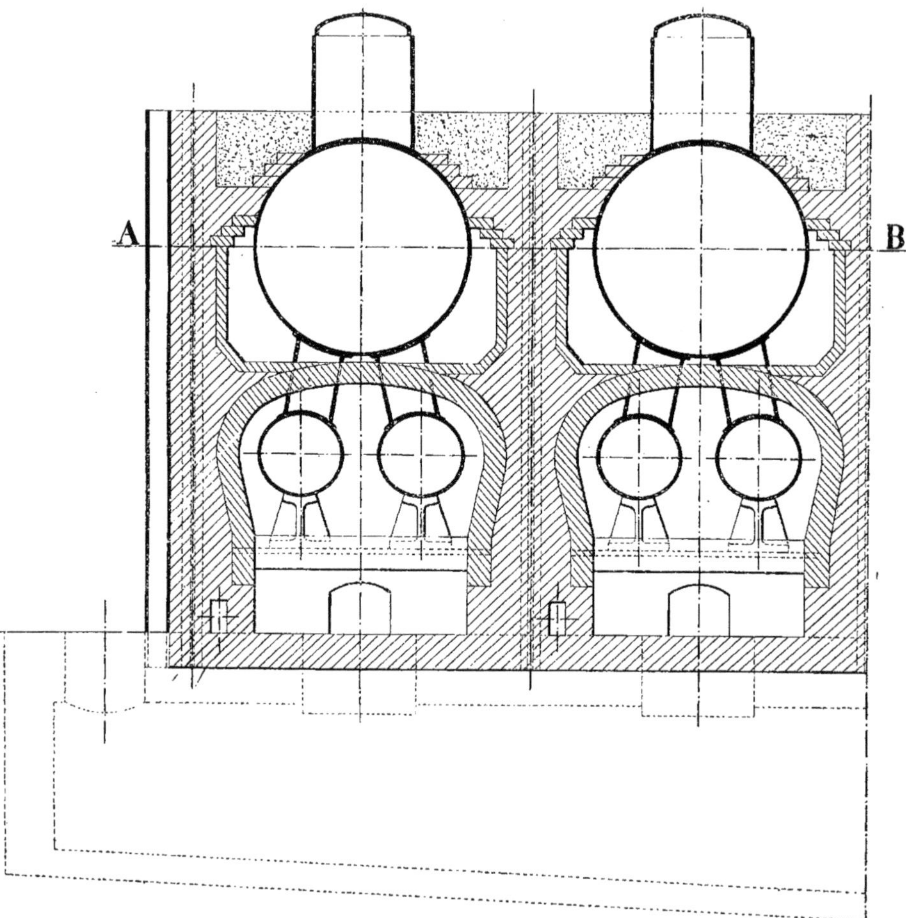

Fig. 1075. — Générateurs à bouilleurs. — Chaudières accouplées. — Coupe transversale sur AB.

point de vue métrique, seulement la masse de briquetage, afin de nous en tenir à la partie essentielle : le principe du métré.

Il importe surtout, dans un travail de ce genre, de tenir compte des classifications.

Notre travail a pour but de souligner leur importance et leur variété dans les grandes lignes de la construction industrielle examinée au point de vue général.

111. Pour compléter l'étude métrique

des générateurs, avant de passer aux cheminées d'usines, qui sont la finale des exemples de fumisterie et maçonnerie industrielles que nous nous proposons de soumettre à nos lecteurs, nous donnons un travail d'ensemble très intéressant d'un groupe de six fourneaux de chaudières à bouilleurs et une cheminée, construits dans une usine génératrice du chemin de fer métropolitain de Paris.

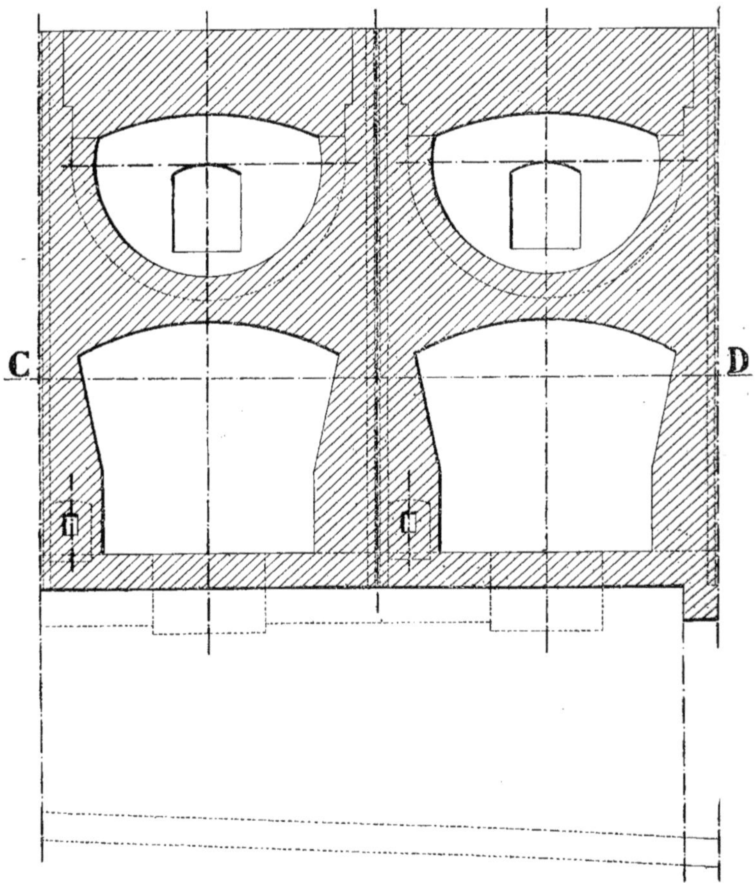

Fig. 1076. — Générateurs à bouilleurs. — Chaudières accouplées. — Coupe transversale sur CD.

Les chaudières sont accouplées et chaque batterie de chauffe est constituée par un groupe de six générateurs.

Nous donnons une série de figures des ouvrages de maçonnerie.

La figure 1075 représente une coupe transversale en AB sur l'élévation des bouilleurs et du corps de chaudière.

La figure 1076 nous donne une coupe sur les maçonneries en CD et la figure 1077 une coupe sur EF.

Les plans des maçonneries rapportés

aux coupes (*fig.* 1075 à 1077) sont indiqués par les figures 1078 à 1080 inclus sur GH, IJ et KL.

Afin de faciliter la lecture des figures que nous donnons à titre documentaire pour la construction des ouvrages en briques, nous présentons sur une seule planche (*fig.* 1081) les trois coupes trans-

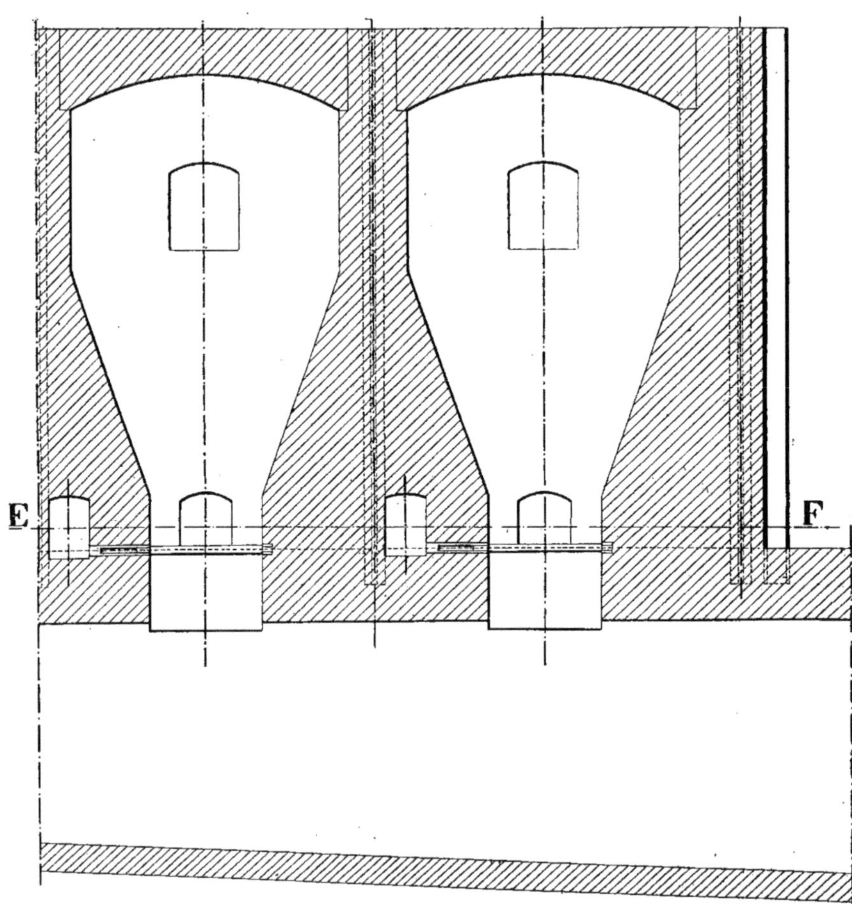

Fig. 1077. — Générateurs à bouilleurs. — Chaudières accouplées. — Coupe transversale sur EF.

versales AB, CD, EF, sur les plans GH, IJ, KL, avec le carnau collecteur, le registre et la base de la cheminée.

La figure 1082 représente les trois plans GH, IJ, KL, également présentés sur une seule planche et rapportés sur les coupes AB, CD, EF, avec le plan du carnau collecteur, le registre et la base de la cheminée.

Nous donnons (*fig.* 1083) une coupe MN

sur l'axe du registre de réglage des générateurs sur le carnau collecteur avec le caniveau.

La figure 1084 représente la coupe longitudinale d'un générateur.

La cheminée en briques est représentée

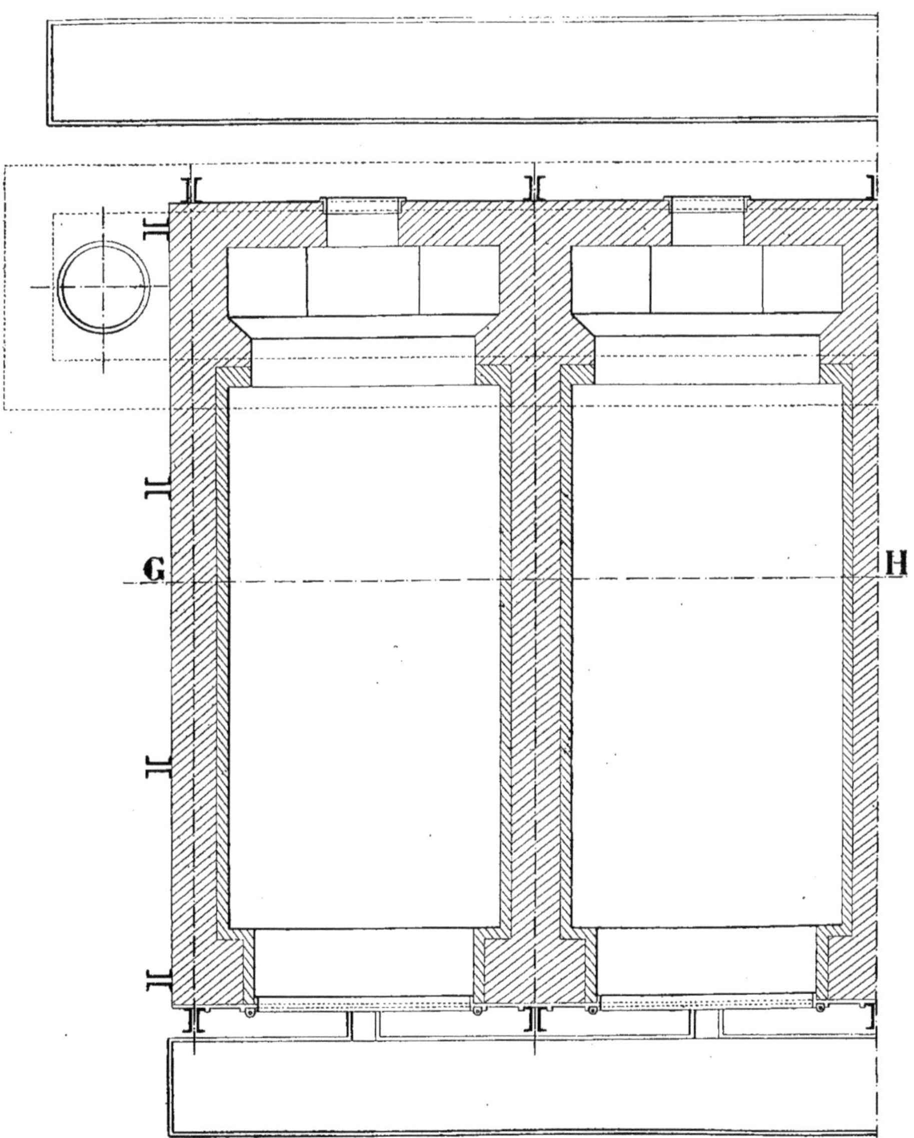

Fig. 1078. — Générateurs à bouilleurs. — Chaudières accouplées. — Plan sur GH.

par une coupe sur l'élévation totale du fût la base et ses fondations, avec le détail des cerclages des maçonneries (*fig.* 1085).

Les figures 1086 et 1087 nous donnent les plans en AB au-dessus du sol et en CD au couronnement.

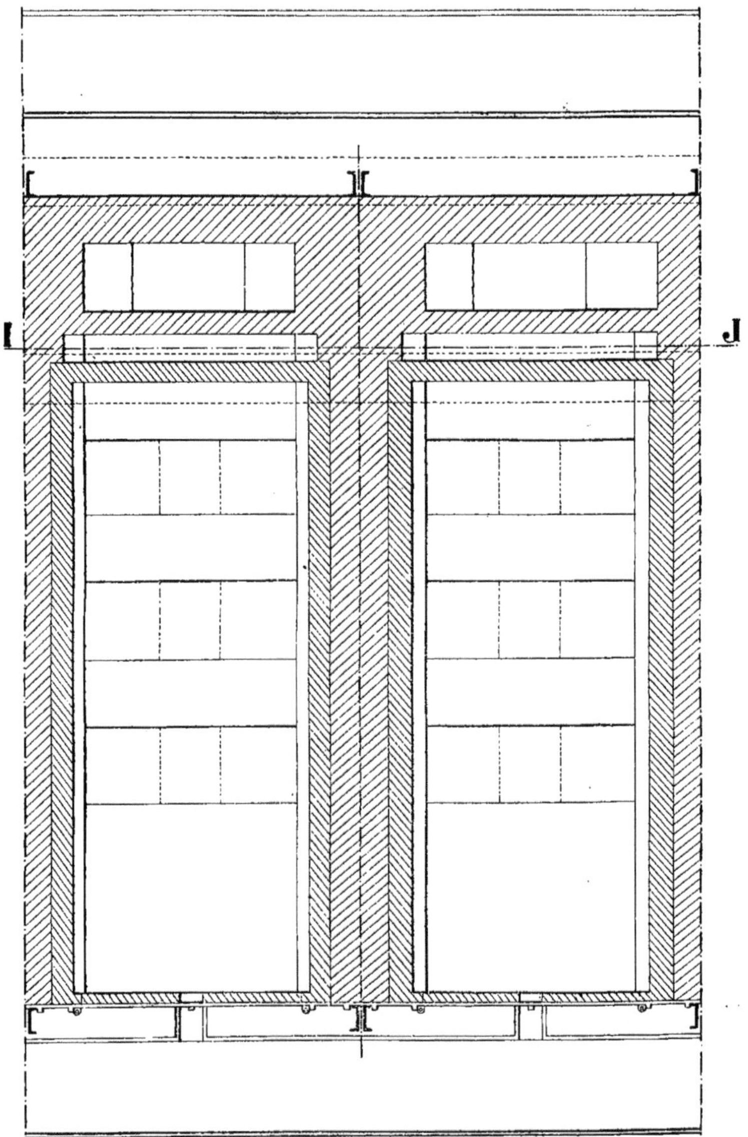

Fig. 1079. — Générateurs à bouilleurs. — Chaudières accouplées. — Plan sur LJ.

Fourneau de chaudières à bouilleurs par batterie de chauffe de six générateurs accouplés, avec cheminée en brique.

Travaux préparatoires.

112. Les travaux préparatoires de terrasse et maçonnerie sont traités dans les données indiquées précédemment.

Travaux préparatoires divers.

Observation.

Observation générale.

A prendre : Les ouvrages en fondation.

Carnau collecteur de la batterie des générateurs, construit en maçonnerie de briques façon bourgogne pressées en terre franche, hourdées en mortier n° 3 de chaux hydraulique et sable, pour conduit voûté à plein cintre : Les maçonneries de voûte et piédroits ayant plus de $0^m,23$ d'épaisseur : au cube.

Cube brut des maçonneries.

1re section du carnau :
2.50 × 22.90 × 2.70" réduite $\qquad = 154^3575$
2° section :
2.50 × 2.00 × 3.20" réduite $\qquad = 16.000$ } 170^3575
Vides à déduire :
1re section :

$$R = \frac{0.75^2 \times 3.1416}{2} = 0^2 88$$

1.50 × 1.25" réduite $= 1.87$ } $2^2 75 \times 22.40 = 61^3600$
2° section :

$$R = \frac{0.75^2 \times 3.1416}{2} = 0^2 88$$

1.50 × 1.75" réduite $= 2.62$ } $3^2 50 \times 2.00 = 7.000$
sur la longueur totale du collecteur :
6 pénétrations des descentes de fumée,
chacune : 1.10 × 0.70 × 0.54" $= 0^3 416$
$\qquad \times 6 = 2.496$ } $71^3 096$

Reste pour cube net de construction de maçonnerie de briques façon bourgogne pressées en terre franche pour conduit de fumée, au cube : $\qquad 99^3 479$

Briques de façon bourgogne pressées en terre franche pour conduit de fumée, voûté à plein cintre : la voûte et piédroits ayant plus de 0.23 d'épaisseur : au cube.

99^3479

Série industrielle.

Tarification en 1re catégorie.

Ouvrages industriels en 1re catégorie.

Les cintres en bois mesurés à l'intrados de voûte, pour pose, location et dépose, au mètre superficiel.

$$D = \frac{1.50 \times 3.1416}{2} = 2.35$$

Linéaire de la 1° section du carnau 22.40
» de la 2° » » 2.00 } $24.40 \times 2.35 = 57^230$
Série industrielle.

Jointoiements intérieurs sur briques neuves, les joints dégradés et garnis en mortier de chaux hydraulique, au mètre superficiel.

Cintres en bois pour pose, location e dépose : au mètre superficiel.

57^230

Série industrielle.

Jointoiement en mortier de chaux hydraulique sur briquetage apparent au mètre superficiel.

» » »

Série industrielle.

A présenter dans les données de la construction.

Série industrielle.

Fourneaux de générateurs pour chaudières à bouilleurs, construits en maçonnerie de briques façon bourgogne pressées en terre franche, hourdées en mortier n° 3 de chaux

hydraulique et sable, intérieurs en briques réfractaires
hourdées en coulis : au cube.

Cube brut des maçonneries.

A prendre : Les basses maçonneries repérées de l'assise
à hauteur de paillasse, à $0^m,84$ au-dessus du niveau du sol
de la chaufferie.

Décomposition de la hauteur au trait de niveau de la
paillasse : $0.16 + 0.84 = 1^m,00^u$

Le groupe de chauffe; batterie de six générateurs :

$$20.86 \times 8.10 \times 1.00^u = 168^3966$$

Vides à déduire :

Pour un générateur :
Cendrier :
$2.10 \times 1.60 \text{ réduit} \times 0.16^u = 0^3537$
Foyer :
$$2.10 \times 2.00 \times 0.84 = 3.528$$
Les fosses à cendres :
2 fois $0.70 = 1.40$
1 fois $0.68 = 0.68$
$$2.08 \times 2.10 \times 0.84 = 4.939$$
Entre la relevée et des-
cente de fumée :
$$2.10 \times 0.23 \times 0.84 = 0.406$$
La descente de fumée :
$$1.10 \times 0.70 \times 0.66 = 0.508$$
A reprendre : La réduction.
$$\frac{1.10 \times 133}{2} =$$
$$1.215 \times 0.70 \times 0.34 = 0.289$$
Petites fosses latérales de
réception des cendres :
1 fois $0.75 = 0.75$
2 fois $0.70 = 1.40$
$$2.15 \times 0.60 \times 0.46 \text{ réduit} = 0.593$$
Logement de la tige de
manœuvre du registre :
$$0.15 \times 7.03 \times 0.25 = 0.264$$
$$0.45 \times 1.07 \times 0.46 = 0.221$$
Pour un générateur : $11^3285 \times 6 = 67.710$ | 101^3256
A reprendre :
Les maçonneries de piètements
d'armatures :
4 piètements de chacun :
$$0.50 \times 0.50 \times 0^u.40 = 0^3400$$
14 piètements de chacun :
$$0.50 \times 0.35 \times 0.40 = 0.980$$ | 1^3380 | 102^3636
Reste pour cube net de construction des basses
maçonneries . . . . 102^3636

Ouvrages industriels en 1re catégorie.

A reprendre :
Les maçonneries en élévation au-dessus de la paillasse ;
trait de niveau à 0.84 au-dessus du sol de la chaufferie :
Cube brut des maçonneries.

Briques de façon Bourgogne pressées
en terre franche pour fourneaux de
chaudières à bouilleurs : au cube.

102^3636

Série industrielle.

Tarification en 1re catégorie.

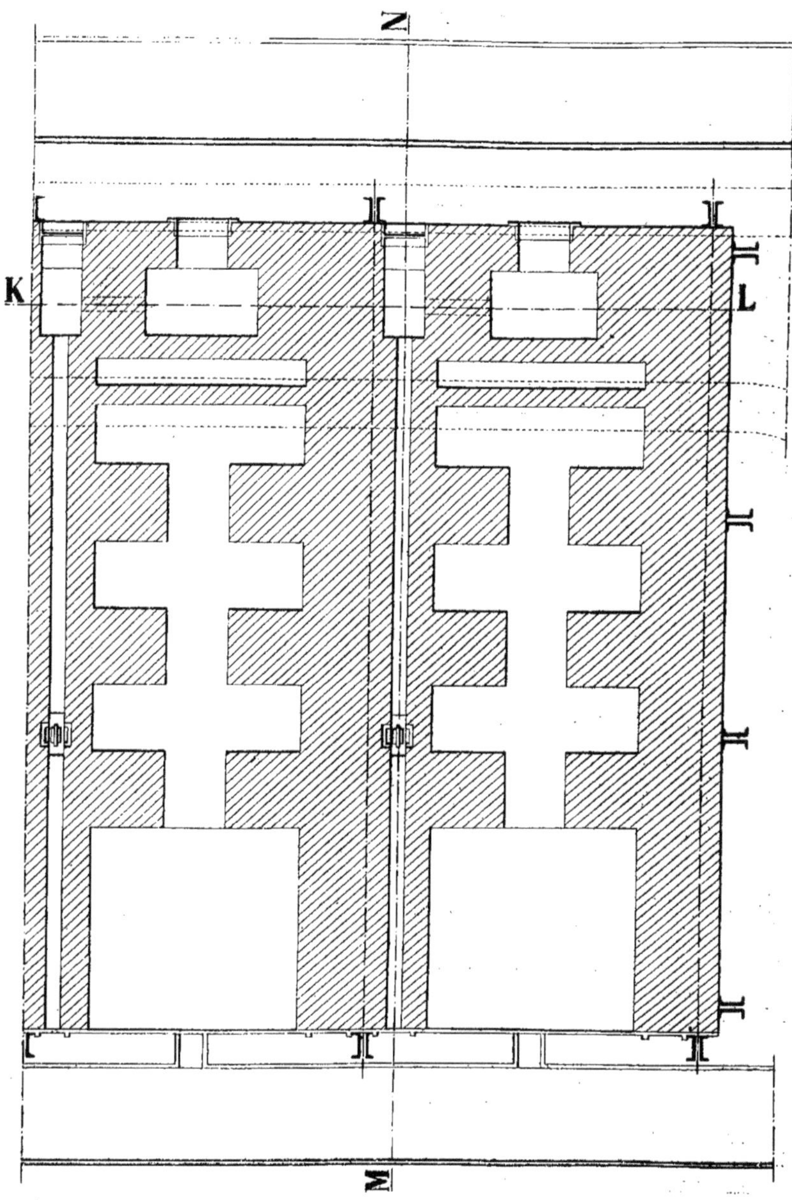

Fig. 1080. — Générateurs à bouilleurs. — Chaudières accouplées. — Plan sur KL.

$$20.86 \times 8.10 \times 4.41^{\text{H}} = 745^3 140$$

Vide à déduire :

Pour un générateur :

Partie haute du foyer :

$$2.10 \times 1.88 \times 0.22^{\text{H}} = 0^3 869$$

Partie haute des fosses à cendres :

2 fois 0.70 = 1.40
1 fois 0.68 = 0.68

$$2.08 \times 2.10 \times 0.12 = 0.524$$

Chambre des bouilleurs :

1° Jusqu'à l'axe de la façade à l'arrière de l'autel :

$$\frac{2.10 + 2.40}{2} \times 2.63 \times 0.74 = 4.373$$

2° De l'arrière de l'autel à la cloison séparative de la relevée de feu et la descente de fumée :

$$\frac{2.10 + 2.40}{2} \times 3.48 \times 0.84 = 6.577$$

Le cintre :

$$\frac{2 \text{ fois } 0.60^2 \times 3.1416 \times 75°}{360°} = 0.23$$

à reprendre :

$$\frac{2.85^2 \times 3.1416 \times 30°}{360°} = 2.13$$

à déduire :

Le triangle :

$$\frac{1.20 \times 2.17}{2} = 1.30 \Big/ 0.83$$

$$1^2 06 \times 6.11 = 6.477$$

Relevée de feu :

$$\frac{2.40 + 2.70}{2} \times 0.55 \times 0.91 = 1.276$$

Chambre du corps tubulaire jusqu'à l'axe :

$$2.70 \times 5.45 \times 1.19 = 17.511$$

$$\frac{2.70 + 2.15}{2} \times 0.43 \times 1.19 = 1.238$$

Au-dessus de l'axe du corps tubulaire :

$$\frac{2.70 + 2.20}{2} \times 5.45 \times 0.20 = 2.670$$

$$\frac{2.70 + 2.15}{2} \times 0.43 \times 0.20 = 0.208$$

Arrière du corps tubulaire et sortie de fumée :

$$\frac{1.12^2 \times 3.1416}{2} \times 0.47 = 0.921$$

$$\frac{1.23^2 \times 3.1416}{2} \times 0.23 = 0.545$$

Partie du corps tubulaire dans la hauteur du blocage :

$$\frac{2.20 + 1.95}{2} \times 5.43 \times 0.35 = 3.943$$

A reporter...................... 745³140

Report............ 745^3140

Parties ɩ corps cylindrique
bloquées en avant et en arrière :
$$\frac{1.12^2 \times 3.1416}{2} \times 2 \text{ fois } 0.11 = 0.443$$
Partie de la sortie de fumée :
$$2.24 \times 0.50 \times 0.23^{\text{FL}} \times 2/3 = 0.172$$
Vide entre les cloisons sépara-
tives de la relevée de feu et la
descente de fumée :
$$\frac{2.10 + 2.60}{2} \times 1.15^{\text{H}} = 2.70$$
$$2.60 \times 0.33^{\text{FL}} \times 2/3 = 0.57$$
$$3^227 \times 0.23 = 0.752$$
Descente de fumée :
$$2.70 \times 1.60 = 4^232$$
$$2.70 \times 0.33^{\text{PL}} \times 2/3 = 0.59$$
$$\frac{2.70 + 1.33}{2} \times 2.01 = 4.05$$
$$8^296 \times 0.70 = 6.272$$
Au-dessus du blocage :
$$2.93 \times 5.43 \times 0.80 = 12.728$$
Pour un générateur : $67^3499 \times 6 = 404^3994$ 340^3146

A reprendre :
Pour un générateur :
Les piles de protection des
premiers supports :
$$2 \text{ fois } 0.68 \times 0.22 \times 0.35^{\text{H}} = 0^3102$$
Les arcs de décharge sous la
grande voûte en anse de panier :
$$6 \text{ fois } 0.90 \text{ réd.} \times 0.33 \text{ réd.} \times 0.22 = 0.391$$
Revêtements sur les côtés du
corps cylindrique retenant l'em-
plissage en gravillon :
$$2 \text{ fois } 5.43 \times 0.11 \times 0.45 = \underline{0.537}$$
$$1.030$$
Pour un générateur $1.030 \times 6 = 6.180$ 6.180
A suivre, en reprise :
Surépaisseurs de maçonnerie aux extrémités du groupe en arasement du nu des
devantures en fonte :
$$2 \text{ fois } 0.28 = 0.56 \times 4.42 = 2^247$$
Derrière les montants d'arma-
ture :
$$5 \text{ fois } 0.11 = 0.55 \times 4.42 = 2.43$$
Au-dessus des devantures en
fonte :
$$20.86 \times 0.83 = 17.31$$
$$22^221 \times 0.035 = 0.777$$ 0.777
Cube de construction........................ 347^3103

A reprendre en déduction :
Les ouvrages intérieurs en briques réfractaires
de qualité afférente pour fourneaux de chaudières
à bouilleurs au cube :

A reporter............... 347^3103

Report.................. 347^3103

Pour un générateur :

Autel $0.23 \times 0.25^{\text{h}} = 0.06$
$\quad 0.75 \times 0.22 \ = 0.17$
$\quad 0.12 \times 0.06 \ = 0.01$ ⎱ $0.24 \times 2.10 = 0^3504$

Sur les deux piles derrière la pile d'autel :
$\quad 0.12 \times 0.13 \ = 0.02$
$\quad 0.70 \times 0.07 \ = 0.05$
$\quad 0.12 \times 0.06 \ = 0.01$
$\qquad\qquad 0.08 \times 2 \text{ fois } 2.10 = 0.336$

Les piles de protection des premiers supports :
$\qquad 2 \text{ fois } 0.66 \times 0.22 \times 0.35^{\text{h}} = 0.102$

Revêtement de la façade jusqu'à l'axe des
bouilleurs :
$$2.10 \times 0.24^{\text{h}} = 0.44$$
$$\frac{2.10 + 2.40}{2} \times 0.84 = 1.89$$

Le cintre :
$$2 \text{ fois } \frac{0.60^2 \times 3.1416 \times 75^0}{360^0} = 0.23$$

A reprendre :
$$\frac{2.85^2 \times 3.1416 \times 30^0}{360^0} = 2.13$$

A déduire :
Le triangle :
$$\frac{1.20 \times 2.17}{2} = 1.30 \quad 0.83 \quad 3^239$$

A déduire :
Les têtes des bouilleurs :
$\qquad 2 \text{ fois } 0.45^2 \times 3.1416 = 1^226$
$\qquad \text{Reste } 2.13 \times 0.12 \text{ épaisseur} = 0.255$

A reprendre :
Entre les gueulards du foyer :
$\qquad\qquad 0.53 \times 0.11 \times 0.35 = 0.020$

Enveloppe de la chambre des bouilleurs :
$\qquad \text{Développé } 6.05 \times 5.68 \times 0.23 = 7.903$

Coté de la relevée de feu :
$\qquad 2 \text{ fois } 0.55 \times 0.23 \times 2.10 = 0.531$

Liaisons de l'enveloppe de la chambre
des bouilleurs et les côtés de la relevée
de feu :
1 fois 0.22
1 fois 0.13 ⎱ $0.35 \times 0.12 \times 2 \text{ fois } 6.23 = 0.523$

Les arcs de décharge sous la grande
voûte en anse de panier :
$6 \text{ fois } 0.90 \text{ réduit} \times 0.33 \text{ réduit} \times 0.22 = 0.391$

Mur du fond de la relevée de feu :
$$2.56 \times 0.46 = 1.18$$
$$\frac{2.56 + 3.16}{2} \times 1.64 = 4.69$$
$$3.16 \times 1.30 = 4.11 \quad 9^298$$

A déduire :
L'arrière de la chaudière :
$$\frac{1.12^2 \times 3.1416}{2} = 1.96$$

A reporter........... $10^3565 \quad 347^3103$

Reports.............. 10^3565 347^3103

Reste : $8.02 \times 0.23 = 1^3845$

A reprendre :

Radier de la chambre de chaudière :

2 fois 0.80 réduit $\times$ 5.33 $\times$ 0.13 $= 1.108$

Côtés de la chambre de la
chaudière :

2 fois 5.48 $\times$ 1.09 $\times$ 0.12 $= 1.433$

Liaisons :

4 fois 5.48 $\times$ 0.06 $\times$ 0.11 $= 0.145$

Côtés en avant du corps tubulaire au-dessus de l'axe :

2 fois 0.50 $\times$ 0.12 $\times$ 0.20 $= 0.024$

Blocage du corps tubulaire :

2 fois 5.45 $\times$ 0.23 $\times$ 0.31 $= 0.777$

L'entourage de la porte d'avant :

$2.44 \times 1.29 = 3^215$

La porte à déduire :

$2.15 \times 1.06 = 2.28$

Reste : $0^287 \times 0.35 = 0.302$

Le dessus du retour de flamme
d'avant et de la porte d'avant :

$$\frac{2.70 + 2.15}{2} \times 0.43 = 2.08$$

$2.15 \times 0.35 = 0.75$

$2^283 \times 0.12 = 0.340$

Partie du mur du fond de la
relevée de feu :

$2.94 \times 0.31 = 0.91$

A déduire : la partie
bloquée du corps tubulaire :

$$\frac{2.24 + 2.16}{2} \times 0.31 = 0.68$$

Reste : $0^223 \times 0.23 = 0.053$

Pour un générateur : $16^3592 \times 6 = 99^3552$

Reste pour cube net de construction des maçonneries de briques de façon Bourgogne pour fourneaux
de chaudières à bouilleurs en élévation au-dessus
de la paillasse .... 247^3551

Ouvrages industriels en 1ʳᵉ catégorie.

A reprendre en œuvre :

Les ouvrages intérieurs en briques réfractaires, qualité spéciale pour foyers et fourneaux de chaudières à bouilleurs, hourdées en coulis réfractaire de qualité afférente.

Cube de................................... 99^3552

Ouvrages industriels en 1ʳᵉ catégorie.

Les plus-values de hourdis de maçonnerie en mortier de
ciment s'il y a lieu, pour les ouvrages en fondations, sont demandées aux prix de la série de bâtiment.

Les enduits en ciment des cuvettes de cendriers ou tous
autres, etc., sont demandés suivant la qualité des ciments
employés, aux évaluations de la série spéciale augmentées
de 5 0/0, avec plus-values pour petites parties, façon des
gorges, arêtes, etc., etc.

Observation.

Briques de façon bourgogne pressées
en terre franche pour fourneaux de chaudières à bouilleurs : au cube.

247^3551

Série industrielle.

Tarification en 1ʳᵉ catégorie.

Brique réfractaire pour foyers et
fourneaux de chaudières à bouilleurs : au
cube.

99^3552

Série industrielle.

Tarification en 1ʳᵉ catégorie

Ouvrages divers en ciment.

Observations.

Les cintres en bois pour pose, location et dépose, au mètre superficiel.

A prendre : cintres jusqu'à 0^m,80 de diamètre à l'intrados :

$$D = \frac{0.80 \times 3.1416}{2} = 1.25.$$

Dans les basses maçonneries jusqu'au trait de niveau de la paillasse :

Linéaire : 2 fois 0.47 = 0.94 ⎫
      2 » 0.70 = 1.40 ⎬
      1 » 0.75 = 0.75 ⎭ 3.09

Pour un générateur :

    3.09 × 6 = 18.54 × 1.25 = 23^{2}17

    A reprendre :

Dans les maçonneries en élévation au-dessus de la paillasse :

Cintres jusqu'à 0^m,80 de diamètre à l'intrados :

Linéaire : 6 fois 0.22 = 1.32 ⎫
      2 » 5.68 = 11.36 ⎬
      1 » 0.47 = 0.47 ⎭ 13.15

Pour un générateur :

    13.15 × 6 = 78.90 × 1.25 = 98.62

Cintres jusqu'à 2 mètres de diamètre à l'intrados :

$$D = \frac{2.00 \times 3.1416}{2} = 3.14.$$

Linéaire pour un générateur :

    5.68 × 6 = 34.08 × 3.14 = 107.01

Cintres jusqu'à 3 mètres de diamètre à l'intrados :

$$D = \frac{300 \times 3.1416}{2} = 4.71$$

Linéaire : 1 fois 0.70 ⎫
      1 fois 0.23 ⎭ 0.93

Pour un générateur :

    0.93 × 6 = 5.58 × 4.71 = 26.28   255^{c}08

Série industrielle.

Les tailles spéciales dans les ouvrages en briques, au mètre superficiel :

L'autel :

    0.20 × 2.10 = 0^{2}42

Sommiers des petites voûtes :

2 fois 0.75 = 1.50 ⎫
4 » 0.70 = 2.80 ⎭ 4.30 × 0.12 = 0^{2}52

Contours des supports :

dével. 2.00 × 6 = 12.00 × 0.15 = 1.80

Contours des communications :

dével. 1.60 × 6 = 9.60 × 0.23 = 2.21

Derrière les jouées inclinées :

    2 fois 6.00 = 12.00 × 0.80 = 9.60

Au bas de la chambre de chaudière :

    2 fois 6.33 = 12.66 × 0.24 = 3.04

Au-dessus de la grande voûte :

2 fois 5.50 = 11.10 × 1.30 dévelop. = 14.40

Cintres en bois pour pose, location et dépose : au mètre superficiel.

255^{2}08

Série industrielle.

Sommiers des voûtes d'arrière :
2 fois :
0.12 × (0.23 + 0.48 + 0.70 + 0.47) = 0.45
Chanfreins au départ des gaz du
corps tubulaire :
    développé 4.40 × 0.30 = 1.32) $33^2 76$
Pour un générateur : $33^2 76$ × 6 = $202^2 56$

    Série industrielle.

    Observation.

Les autres ouvrages en tailles, tels que trous de scellements
ou fixations d'armatures, tirants, pattes quelconques; pièces
de mécaniques ou autres, etc., etc., sont à reprendre dans
les données et selon les évaluations précédemment indiquées.

    Série industrielle.

    Observation générale.

Emplissage du lit en gravillon au-dessus de la chaudière :
    Au cube :
        2.93 × 5.43 × 0.80^{u} = $12^3 728$
    A déduire :
La partie bloquée du corps de chaudière :
    1.95 × 0.57^{FL} × 2/3 × 5.43 = $4^3 024$)
Le dôme :
    0.40^2 × 3.1416 × 0.25^{u} réduite = 0.126) 4.150) $8^3 578$
        Pour un générateur : $8^3 578$ × 6 = $51^3 468$

    Observation.

Tous les travaux accessoires de prise en chargement, transports par relais, montage au treuil, etc., etc., sont demandés
en terrassement dans les données indiquées précédemment.

    Observation générale.

En fourniture :
Gravillon dit mignonnette, au cube :
        $51^3 468$
    Le prix de pavage.

La pose et mise en place des armatures, grilles, portes de
devantures ou autres, tampons de regard ou de nettoyage,
parties métalliques quelconques, ainsi que le montage des
bouilleurs, chaudières et tous accessoires et appareils de sûreté ou de réglage, etc., etc., sont à reprendre en tenant
compte des difficultés d'accès et des hauteurs de levage, conformément aux observations que nous avons présentées.

    Observation générale.

Les parements extérieurs de briquetage apparent dressés
à la règle suivant le plan vertical ou le fruit demandé, sans
décor d'une seule nuance de brique, au mètre superficiel.
A prendre : jusqu'au trait de niveau de la paillasse :
2 fois 20.86 = 41.72)
2 fois 8.10 = 16.20) 57.92 × 0.84^{u} = $48^2 65$
    A déduire :
L'emplacement des cendriers :
6 fois 2.10 = 12.60 × 0.84^{u} = 10.58)
    Les portes à l'arrière :
6 fois 0.45 = 2.70 × 0.46^{u} réd. = 1.24)
6 fois 0.50 = 3.00 × 0.46^{u} réd. = 1.38) 13.20) $35^2 45$)

    A reporter...................... $35^2 45$

Marginalia :

Taille spéciale de briques, au mètre
superficiel.

$202^2 56$

Série industrielle.

Observation.

Ouvrages divers en taille de briques,
au mètre superficiel.

Série industrielle.

Observation.

Lit de gravillon pour façon étendage
et régalage : au cube.

$51^3 468$

Observation.

Travaux divers en terrassement : au cube.

$51^3 468$

Observation.

Gravillon dit mignonnette pour fourniture :
au cube.

$51^3 468$

Pavage.

Travaux divers de montage.

Observation.

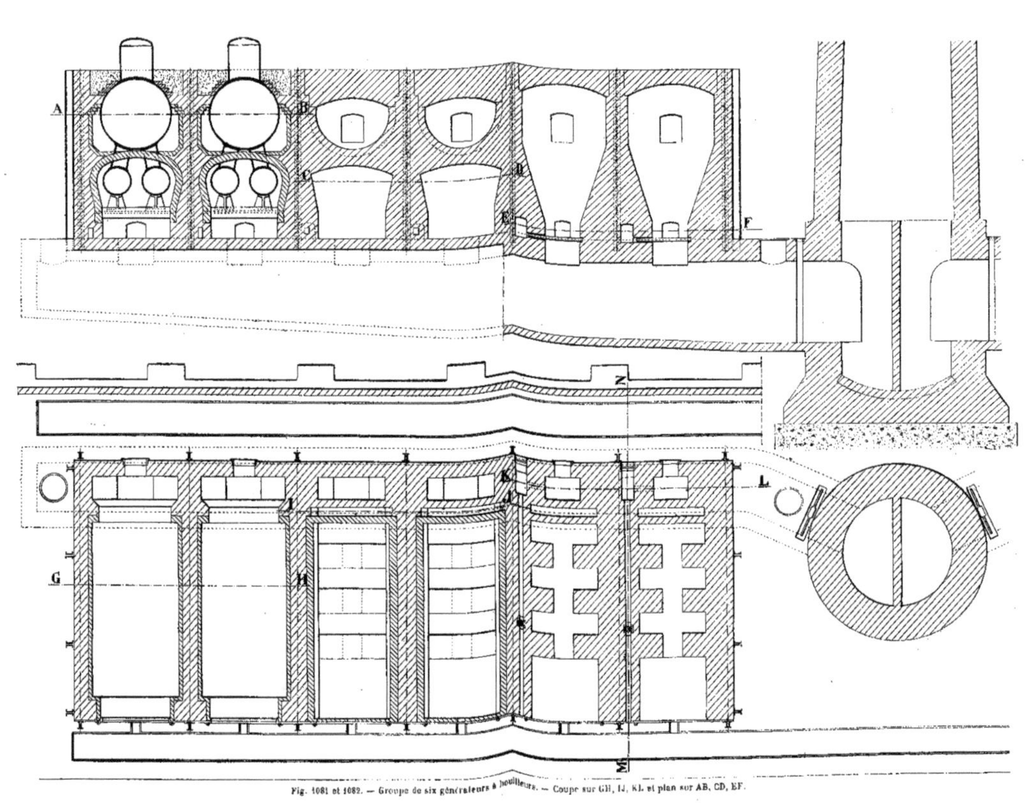

Fig. 1081 et 1082. — Groupe de six générateurs à bouilleurs. — Coupe sur GH, IJ, KL, et plan sur AB, CD, EF.

Report........................ 35^{45}

A reprendre : au-dessus du
trait de niveau de la paillasse :
En avant :
2 fois 0.12 = 0.24 × 3.58ᴴ = $0^2 86$
        20.86 × 0.83 = 17.31
Les côtés :
2 fois 8.135 = 16.27 × 4.41 = 71.75
Façade arrière :
        20.86 × 4.41 = 91.99)181.91
A déduire :
Les portes de visite à l'arrière :
6 fois 0.70 = 4.20 × 0.86ᴴ réduite = 3.61)178.30
A reprendre : le dessus du groupe :
        20.86 × 8.135 = 169.70
A déduire :
Les emplissages en mignonnette
au-dessus des chaudières :
    6 fois 2.93 = 17.58 × 5.43 = 95.45) 74.25 $288^2 00$
        Série industrielle.

Les jointoiements extérieurs au mastic spécial de limaille
de fer, les joints lissés, au mètre superficiel :
A prendre :
La façade d'avant :
    2 fois 0.12 = 0.24 × 4.42ᴴ = $1^2 06$
        20.86 × 0.83 = 17.31
Les côtés :
    2 fois 8.135 = 16.27 × 5.25 = 85.41
A reprendre :
Façade arrière :
        20.86 × 5.25ᴴ = $109^2 51$
A déduire :
Les fontes :
0.45 × 0.46ᴴ réduite = $0^2 21$
0.50 × 0.46   »   = 0.23
0.70 × 0.86   »   = 0.60
Pour un générateur : 1.04 × 6 = 6.24) 103.27
A reprendre :
Le dessus du groupe ; 20·86 × 8.135 = 169.70
A déduire :
Les emplissages en mignonnette
au-dessus des chaudières :
    6 fois 2.93 = 17.58 × 5.43 = 95.45) 74.25 $281^2 30$
        Série industrielle.
Tous autres parements et jointoiements s'il y a lieu et
tous travaux accessoires sont également à reprendre dans
les données indiquées précédemment.
        Observation générale.

Les fournitures pour mémoire.
        Observation.

Cheminée en briques pour le groupe de générateurs.
(*Fig.* 1085 à 1087 inclus)
Travaux préparatoires.

Les travaux préparatoires de terrassement et de maçonnerie
en fondation ; bétons avec plus-values de mortier de chaux ou
ciment, etc., etc., sont demandés dans les données indiquées
précédemment, en tenant compte des plus-values d'ouvrages

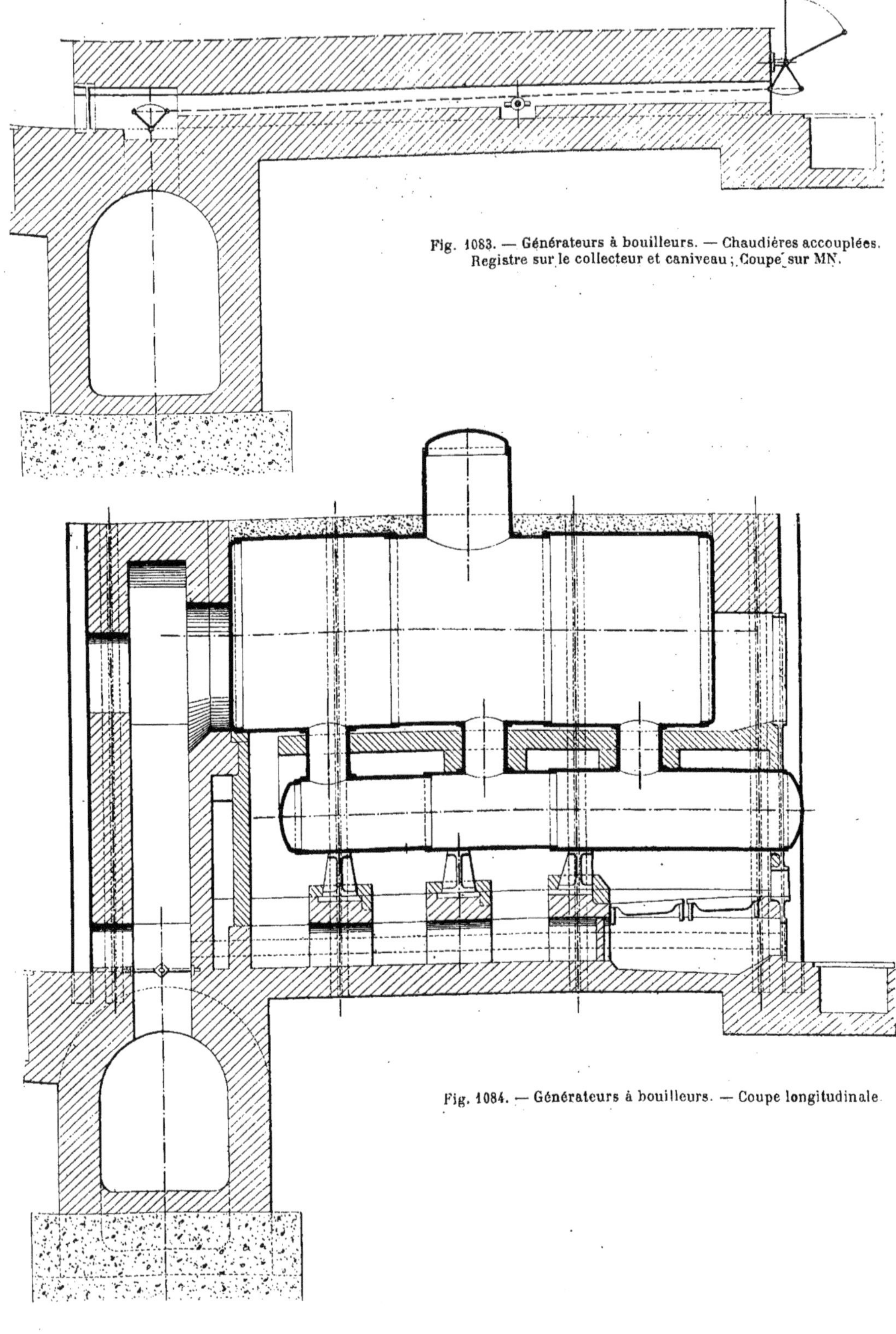

Fig. 1083. — Générateurs à bouilleurs. — Chaudières accouplées.
Registre sur le collecteur et caniveau ; Coupe sur MN.

Fig. 1084. — Générateurs à bouilleurs. — Coupe longitudinale.

industriels, telles que nous les avons exposées, dans l'énumération générale en tête du chapitre.

Observation générale.

Cheminée d'usine pour *générateurs de vapeur*, construite
en maçonnerie de briques de façon Bourgogne, pressées en
terre franche, [hourdées en mortier n° 3 de chaux hydraulique et sable : au cube :

A prendre : Les basses maçonneries au-dessous du niveau
du sol, assises sur le massif en fondation :

Cube brut des maçonneries : Le socle :

Base de socle :

    R : $3.50^2 \times 3.1416 = 38^2 48$

       A reprendre :

Angle saillant de contre-
mur :

A gauche : $\dfrac{0.59 \times 0.81}{2} = 0.24$

        $38.72 \times 0.53^u = 20^3 552$

Socle au-dessus de la
base :

   3/4 de $2.85^2 \times 3.1416 = 19^2 14$

   1/4 de $3.09^2 \times 3.1416 = 7.50$

Angle saillant de contre-
mur : à gauche

$\dfrac{1.64 + 0.24}{2} \times 2.45 = 2^2 30$

    A déduire :

Le segment : Corde
$2.82 \times 0.37^{FL} \times 2/3 = 0.69$) 1.61

  A reprendre : à droite

$\dfrac{0.67 + 0.24}{2} \times 1.50 = 0.68$

    A déduire :

Le segment : Corde
$1.56 \times 0.11^{FL} \times 2/3 = 0.11$) 0.57

      $28.82 \times 5.72^u = 164.850$

    A reprendre :

Parties en retraite à la base du
socle au long du contre-mur :

$\dfrac{0.41 \times 0.55}{2} = 0.11 \times 6.75$ lin. dév. $= 0.742$

Côté opposé :

$\dfrac{0.65 \times 0.90}{2} = 0.29 \times 10.65$ lin. dév. $= 3.088$

Amorce du carnau de fumée :

Section : $2.60 \times 175^u = 4.55$)

     $1.30^2 \times 3.1416 = 2.65$ (

      $7.20 \times \dfrac{0.23 + 0.45}{2} = 2.448$) $191^3 650$

    Vides à déduire :

R : $1.70^2 \times 3.1416 \times 6.25^u = 56^3 745$)

Pénétration du carnau de fumée :

$1.50 \times 1.75 = 2.62$ (

$0.75^2 \times 3.1416 = 0.88$ ($3.50 \times 1.30 = 4.550$) $61^3 295$) $130^3 355$

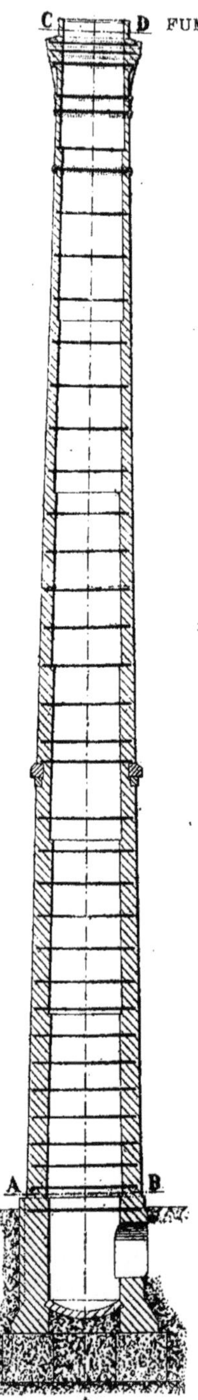

Fig. 1085.

Cheminée d'usine en briques avec détail des cerclages. Coupe en élévation

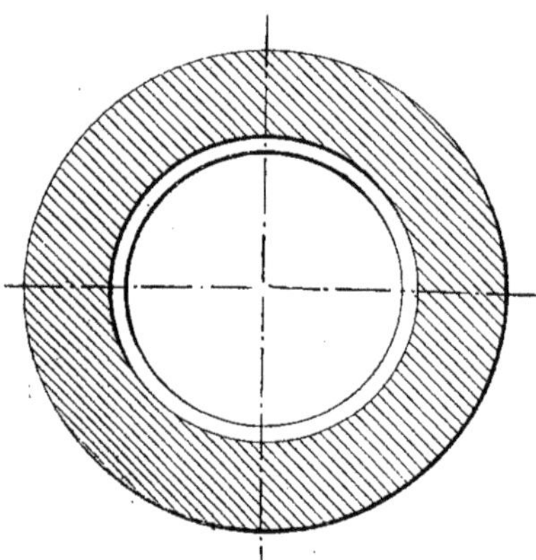

Fig. 1086. — Cheminée d'usine en briques.
Plan-Coupe sur AB.

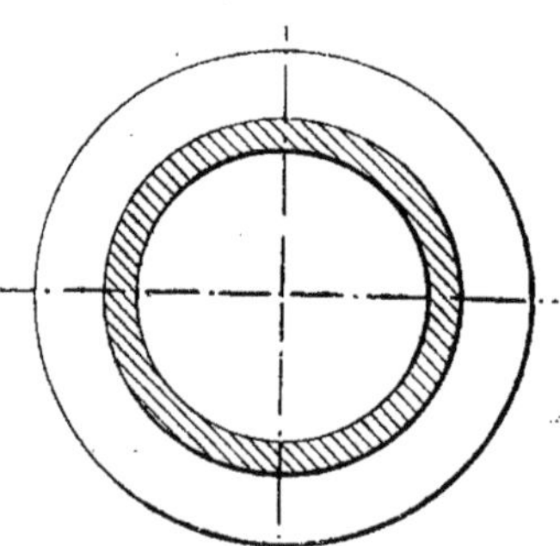

Fig. 1087. — Cheminée d'usine en briques.
Plan-Coupe sur CD.

Report...................... $130^3 355$

A reprendre en œuvre :
Radier de la cheminée : calotte sphérique :
$2 \times 3.1416 \times 3.15R \times 0.50^\text{H} = 9.90 \times 0.35 = 3.465$
Cube net de construction des basses maçonneries
pour socle de cheminée d'usine.................. $133^3 820$
Ouvrages industriels en 1re catégorie.

Plus-value pour maçonnerie de briques du radier de la cheminée, en forme de calotte sphérique : au cube :
Cube ci $3^3 465$.
Série industrielle.
Les cintres en location compris pose et dépose, au mètre superficiel :
Surface ci $9^2 90$.
Série industrielle.
Chape en mortier de chaux hydraulique de Beffes et sable de rivière, en 0.03 d'épaisseur, épousant la forme de la calotte sphérique, au mètre superficiel :
Surface ci 9.90.
Les prix de maçonnerie de bâtiment avec les plus-values de façon.
Le cintre en location pour la pénétration du carnau, compris pose et dépose, au mètre superficiel.

D. $\dfrac{1.50 \times 3.1416}{2} = 2.35 \times 1.40 = 3^2 29$

Série industrielle.

A reprendre : Les maçonneries en élévation au-dessus du niveau du sol.
Cube brut des maçonneries : Le fût :
Tronc de cône :
$1/3 \times 3.1416 \times 54{,}50^\text{H} \times$
$\qquad (2.72^2 + 1.63^2 + 2.72 \times 1.63) = 830^3 517$
Vides à déduire :
Par levées tronconiques partant de la base du fût :
1re Levée :
$1/3 \times 3.1416 \times 8.50^\text{H} \times$
$(1.79^2 + 1.62^2 + 1.79 \times 1.62) = 77^3 692$
2e Levée :
$1/3 \times 3.1416 \times 8.00^\text{H} \times$
$(1.74^2 + 1.58^2 + 1.74 \times 1.58) = 69.309$
3e Levée :
$1/3 \times 3.1416 \times 8.00^\text{H} \times$
$(1.69^2 + 1.53^2 + 1.69 \times 1.53) = 65.200$
4° Levée :
$1/3 \times 3.1416 \times 8.00^\text{H} \times$
$(1.65^2 + 1.49^2 + 1.65 \times 1.49) = 62.003$
5e Levée :
$1/3 \times 3.1416 \times 8.00^\text{H} \times$
$(1.61^2 + 1.45^2 + 1.61 \times 1.45) = 60.981$
6e Levée :
$1/3 \times 3.1416 \times 8.00^\text{H} \times$
$(1.56^2 + 1.40^2 + 1.56 \times 1.40) = 55.082$
7° Levée :
$1/3 \times 3.1416 \times 6.00^\text{H} \times$
$(1.52^2 + 1.40^2 + 1.52 \times 1.40) = 40.202$ $430^3 469$ $400^3 048$
A reprendre :
Astragale :
$\qquad 3.1416 \times 3.63 \times 0.35^\text{H} \times 0.08 = 0^3 319$
A reporter.................. $400^3 367$

Briques façon bourgogne pressées en terre franche pour cheminée d'usine : au cube.	
$133^3 820$	
Série industrielle.	
Tarification en 1re catégorie.	
Plus-value de maçonnerie de briques en forme de calotte sphérique : au cube.	
$3^3 465$	
Série industrielle.	
Location de cintres, au mètre superficiel.	
$9^2 90$	
Série industrielle.	
Chape en mortier de chaux hydraulique au mètre superficiel :	
$9^2 90$	
Observation.	
Maçonnerie de bâtiment.	
Location de cintres, au mètre superficiel.	
$3^2 29$	
Série industrielle.	

Report...................... 400^3367

Saillie de couronnement :
$1/3 \times 3.1416 \times 3.20 \times$
$\qquad (1.75^2 + 2.22^2 + 1.75 \times 2.22) = 39.793$

Bandeau :
$\qquad 3.1416 \times 2.22^2 \times 0.45" = 6.066$

Haut de fût :
$1/3 \times 3.1416 \times 0.85 \times$
$\qquad (1.65^2 + 1.63^2 + 1.65 \times 1.63) = 7.184$ | 453^3410

Cube net de construction des maçonneries en élévation pour fût de cheminée d'usine.......... 453^3410

Ouvrages industriels en 1re catégorie.

Monté, posé en répartition dans la masse de maçonnerie de briques, dans toute la hauteur du fût, les cercles de décharge en fer plat assemblés à boulons :

Pour mémoire en travaux neufs.
Série industrielle.

Imprimé les cercles deux couches au minium aux deux faces, au mètre linéaire.

A prendre chaque cercle en partant de la base et les développer.
Les prix de peinture en bâtiment.

Posé les échelons intérieurs scellés dans la maçonnerie de briques dans toute la hauteur du fût :
Les trous en taille de briques ;
Les scellements aux évaluations de légers ouvrages.

Observation.

Imprimé les échelons deux couches au minium, au mètre linéaire :
A prendre chaque échelon et les développer.
Les prix de peinture en bâtiment.

Monté, posé le chapeau de cheminée en fonte assemblé à boulons, au-dessus du couronnement en briques au sommet du fût.

Pour mémoire en travaux neufs.

Série industrielle.

Ajusté : scellé les entre-deux ou tôle des consoles du couronnement, à la pièce.

Observation.

Plus-values à reprendre sur les ouvrages en briques :
1° Pour emploi de briques blanches en décoration dans le couronnement de la cheminée, au cube :

Différence de valeur marchande.
Observation.

Pour décoration en briques bien appareillées à façon.
2° Par unité de rang de briques formant saillie ou cours de moulures : au mètre linéaire :

Astragale :
$\qquad 3.1416 \times 3.62 = 11.37$
$\qquad 3.1416 \times 3.71 = 11.66$
$\qquad 3.1416 \times 3.63 = 11.40$ | 34.43

Couronnement :

A reporter..................... 34.43

Briques façon Bourgogne pressées en terre franche pour cheminée d'usine, au cube :

453^3410

Série industrielle.

Tarification en 1re catégorie.

Pose, montage et mise en place de cercles en fer, en décharge de maçonnerie de briques, pour cheminée d'usine en travaux neufs.

Mémoire.

Série industrielle.

Impression deux couches, au minium sur fer ; au mètre linéaire.

»   »   »

Peinture en bâtiments.

Trous en taille de briques : au mètre superficiel.

Série industrielle.

Légers ouvrages, au mètre superficiel.

Maçonnerie de bâtiments.

Impression deux couches au minium sur fer : au mètre linéaire.

»   »   »

Peinture en bâtiment.

Pose, montage et mise en place de chapeau en fonte assemblé à boulons pour cheminée d'usine, en briques, en travaux neufs.

Mémoire.

Série industrielle.

Entre-deux en tôle, de couronnement de cheminée d'usine, pour pose et scellement à la pièce.

Observation.

Plus-value de briques blanches en décoration pour couronnement de cheminée d'usine, au cube :

»   »   »

Observation.

Report...................... 34.43

Saillies des cordons et bandeaux :

$$2 \text{ fois } 3.1416 \times 3.58 = 22.50$$
$$2 \text{ » } 3.1416 \times 3.62 = 22.74$$
$$1 \text{ » } 3.1416 \times 4.05 = 12.72$$
$$1 \text{ » } 3.1416 \times 4.11 = 12.91$$
$$1 \text{ » } 3.1416 \times 4.26 = 13.38$$
$$1 \text{ » } 3.1416 \times 4.38 = 13.76$$
$$1 \text{ » } 3.1416 \times 4.44 = 13.95 \big) \ 111.96$$

Saillies des consoles :

$$24 \text{ fois } 0.23 \times 13 = 71.76$$

Saillies entre consoles :

$$24 \text{ fois } 0.06 = 1.44$$
$$24 \text{ » } 0.15 = 3.60$$
$$24 \text{ » } 0.23 = 5.52 \big) \ 10.56$$

Saillies des denticules :

$$54 \text{ fois } 0.11 = 5.94 \big) \ 88.26 \big) \ 234.65$$

Série industrielle.

3° Par unité de pilastres ou décors par analogie ayant au plus $0^m,22$ centimètres de largeur, avec deux saillies régulières sur les côtés : au mètre linéaire :

24 consoles :

Détail d'une : 1 fois 0.15

$$1 \text{ » } 0.45$$
$$1 \text{ » } 1.35 \big) \ 1.95 \times 24 = 46.80$$

54 denticules : chacune $0.22 \times 54 = 11.88 \big) \ 58.68$

Série industrielle.

Parement de briquetage apparent dressé à la règle, les joints de niveau, les faces extérieures de la construction en suivant le fruit demandé, sur cheminée d'usine, au mètre superficiel :

A prendre :

Base de la cheminée :

Linéaire développé $21.99 \times 0.53^H = 11^2 65$

Parties en retraite :

Linéaire développé moyen :

$$6.75 \times 0.55 = 3.71$$

Linéaire développé moyen :

$$10.65 \times 0.90 = 9.58$$

A reprendre : au-dessus :

A gauche : sur l'angle saillant du contre-mur :

$$\frac{0.81 + 2.45}{2} \times 0.55 = 0.90$$
$$2.45 \times 5.17 = 12.67 \big) \ 13.57$$

Parement du contre-mur à la suite :

$$1/4 \times 3.1416 \times 6.18 \times 5.17^H = 25.09$$

A droite en avant, sur l'angle saillant du contre-mur :

$$1.50 \times \frac{(5.17 + 5.72)}{2} = 8.17$$

L'excédent du parement à la suite :

A reprendre :

Linéaire développé :

$$10.00 \times 4.82 = 48.20$$

A déduire :

Section du carnau de fumée :

$$2.60 \times 1.75^H = 4.55$$
$$1.30^2 \times 3.1416 = 2.65 \big) \ 7.20 \big) 41.00$$

A reporter.................. $112^2 77$

Plus-value d'ouvrages en briques en décoration, au mètre linéaire :

234.65

Série industrielle.

Plus-value d'ouvrages en briques en décoration pour pilastre ou analogue jusqu'à 0.22 de largeur, au mètre linéaire.

58.68

Série industrielle.

Report.................... $112^{2}77$

A reprendre :

Pour la pénétration du carnau :

Les piédroits :

   2 fois : $1.38 \times 1.75^{n} = 4.83$

La voûte :

$$\frac{3.1416 \times 1.50}{2} = 2.35 \times 1.30 = 3.05 \Big)\quad 7.88$$

Fût de la cheminée :

$3.1416 \times (277 + 178) \times 50.50 = 721.65)\ 842^{2}30$

A déduire :

Parties de parements à deux nuances de briques en décor :

Dentelures au-dessous de l'astragale :

   $3.1416 \times 3.45 \times 0.60^{n} = 6^{2}50)$

Dentelures au-dessus de l'astragale, millésime et initiales, ensemble :

   $3.1416 \times 3.60 \times 2.30 = 26.01)\ 32.51\ |\ 809^{2}79$

Reste pour parement à une seule nuance de briques : $809^{2}79$

Série industrielle.

A reprendre :

Parement de briquetage apparent dressé à la règle, les joints de niveau, les faces extérieures de la construction en suivant le fruit demandé, à deux nuances de briques en décor, sur cheminée d'usine, au mètre superficiel :

Les surfaces en déduction, ci $32^{2}51)$

A reprendre :

Couronnement de fût :

   $3.1416 \times (179 + 164) \times 4.75 = 51^{2}15)$

Haut du fût :

   $3.1416 \times (164 + 163) \times 1.20 = 12.32)\ 63.47)\ 95^{2}98$

Soit pour parement à deux nuances de briques.... $95^{2}98$

Série industrielle.

Jointoiement extérieur en joints creux lissés au fer sur briques neuves de cheminée d'usine en montant la construction : au mètre superficiel :

Surface de parement d'une seule nuance de briques...................... $809^{2}79)$

Surface de parement à deux nuances de briques en décor............. $95.98)\ 905^{2}77$

Série industrielle.

En fournitures :

Fer plat sur gabarits, pour cercles de décharge de maçonnerie de cheminée d'usine ; forgés, cintrés sur plat, assemblés avec boulons, posés et arasés dans la maçonnerie, en travaux neufs au poids :

Les cercles pesant   »   »   »

Les boulons d'assemblage d° »   »   »

Série industrielle.

Échelons en fer rond, coudés façonnés à scellements, pour cheminée d'usine, au poids :

Série industrielle.

Chapeau de couronnement de cheminée d'usine, en fonte sur modèle, posé, arasé sur la maçonnerie de briques, en travaux neufs, au poids :

Série industrielle.

Parement de briquetage apparent dressé à la règle, joints de niveau, les faces extérieures selon le fruit demandé sur cheminée d'usine : au mètre superficiel.

$809^{2}79$

Série industrielle.

Parement de briquetage apparent dressé à la règle, joints de niveau, les faces extérieures selon le fruit demandé à deux nuances de briques en décor sur cheminée d'usine, au mètre superficiel :

$95^{2}98$

Série industrielle.

Jointoiement sur briquetage apparent joints creux lissés au fer sur cheminée d'usine en montant la construction : au mètre superficiel :

$905^{2}77$

Série industrielle.

Fer forgé, cintré sur plat pour cercles de cheminée d'usines, assemblés à boulons, au poids.

»   »   »

Série industrielle.

Fer rond forgé façonné à scellements pour échelons de cheminée d'usine, au poids.

»   »   »

Série industrielle.

Fonte sur modèle pour chapeau de couronnement de cheminée d'usine, assemblé à boulons au poids.

Série industrielle.

Ajusté les fontes, dressé, limé les rives, champs et feuillures d'emboîtage, sur le poids de :

Observation :

L'évaluation industrielle est la même que celle du bâtiment.

Percé les trous de boulons (d'après l'épaisseur) à la pièce :
Les boulons d'assemblage en fourniture à la pièce :
Les prix de serrurerie de bâtiment.

Frais de modèles pour fondre les pièces.
Déboursés   »   »
Frais d'études et bénéfice   »   »
                    .Observation.
          Série industrielle.

Entre-deux des consoles du couronnement, en tôle, coupés de dimensions, au poids :
Les prix de fumisterie de bâtiment.

A reprendre à façon, découpage des contours suivant les gabarits sur entre-deux en tôle, au mètre linéaire :
A prendre chaque entre-deux et les développer.
Travail à la machine ou à la main suivant les cas.
Les prix de serrurerie de bâtiment.

Les caractéristiques de la cheminée que nous venons de présenter (*fig.* 1085 à 1087) sont les suivantes :

Diamètre (HO) à la base du socle :   7ᵐ00
     »   (HO) à la base du fût :   5.44
     »   (HO) en haut du fût :   3.26
Hauteur du fût au-dessus du socle :   54.50
Fruit du fût, par mètre :   0.04
Hauteur du socle :   6.25
Hauteur du massif en fondation :   2.25
Hauteur du béton :   1.00
Hauteur totale du fond de fouille :   64.00

Nous donnons ensuite (*fig.* 1088 à 1092 inclus) une autre cheminée de générateurs, construite pour l'administration de l'Assistance Publique, dont les caractéristiques sont les suivantes :

Diamètre (HO) du bas socle en fondation :   4ᵐ92
     »   (HO) du pied de socle au-dessus sol :   4.70
     »   (HO) du corps de socle en élévation :   4.00
     »   (HO) à la base du fût :   3.60
     »   (HO) en haut du fût :   2.00
Hauteur du fût au-dessus du socle :   32.00
Fruit du fût par mètre :   0.05
Hauteur du socle au-dessus du sol :   8.00
Hauteur du bas socle en fondation :   4.30
Hauteur de maçonnerie d'empattement :   0.50
Hauteur du béton :   3.00
Hauteur totale du fond de fouille :   47.80

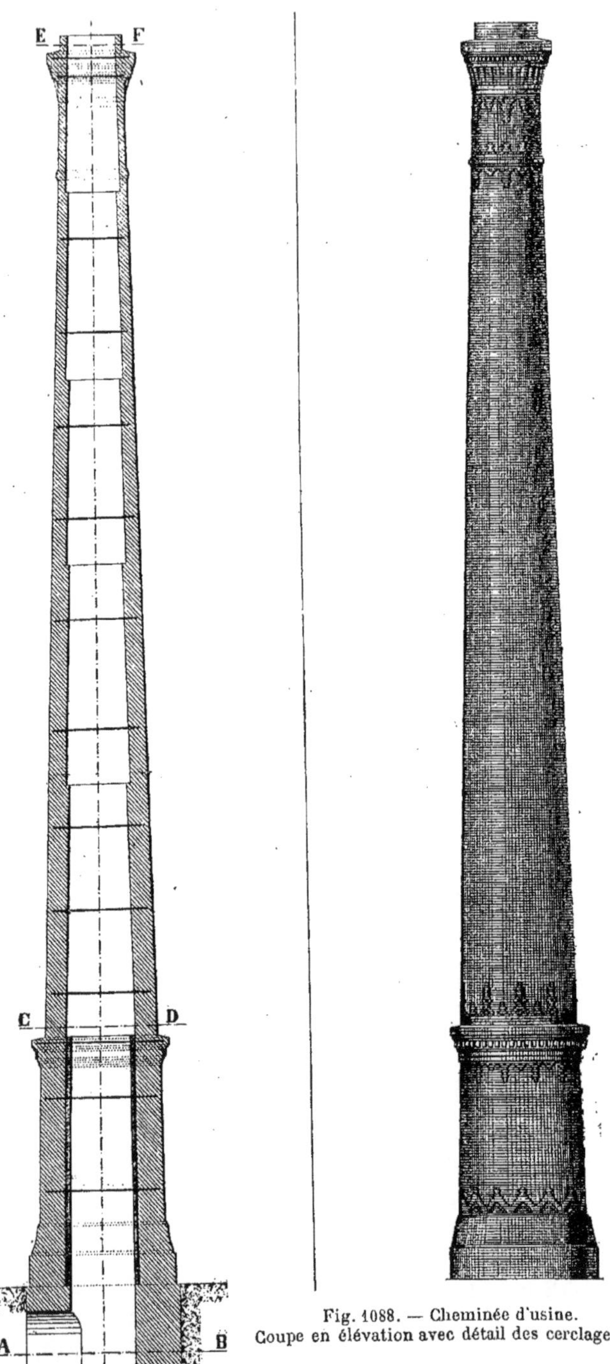

Fig. 1088. — Cheminée d'usine.
Coupe en élévation avec détail des cerclages.

Fig. 1089. — Cheminée d'usine.
Élévation avec appareillage en décors.

Ces données sont fournies à titre documentaire de construction pour accompagner nos figures. Nous donnons une coupe de la cheminée sur l'élévation totale du fût, la base et ses fondations, avec le détail des cerclages des maçonneries

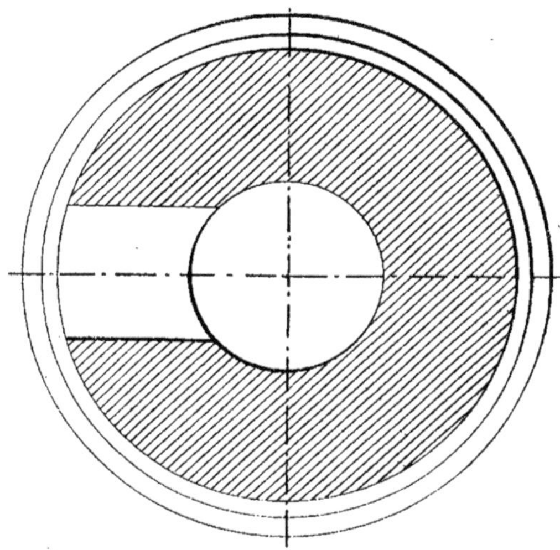

Fig. 1090. — Cheminée d'usine. — Plan-coupe sur AB.

(*fig.* 1088) et l'élévation de la cheminée au-dessus du niveau du sol; socle à piédestal avec fût et couronnement de fût, détail des moulures, astragale, consoles, etc., etc., et les appareillages de briques en décors (*fig.* 1089).

La figure 1089 complète les données métriques que nous avons exposées précédemment, relatives aux parements de briquetages appareillés en décors, à plusieurs nuances de briques.

Les figures 1090 à 1092 inclus nous

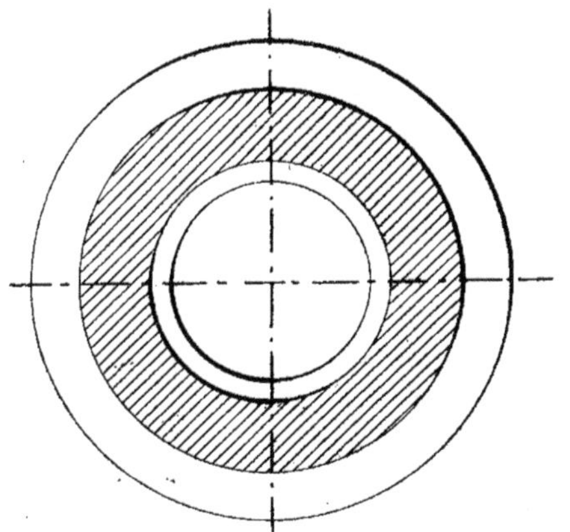

Fig. 1091.—Cheminée d'usine.—Plan-coupe sur CD.

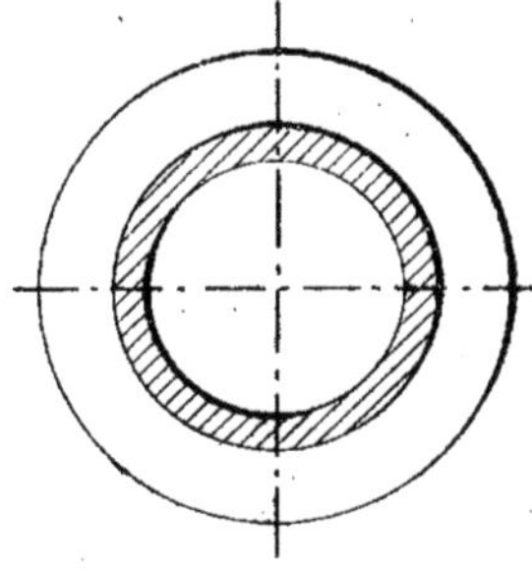

Fig. 1092.—Cheminée d'usine.—Plan-coupe sur EF.

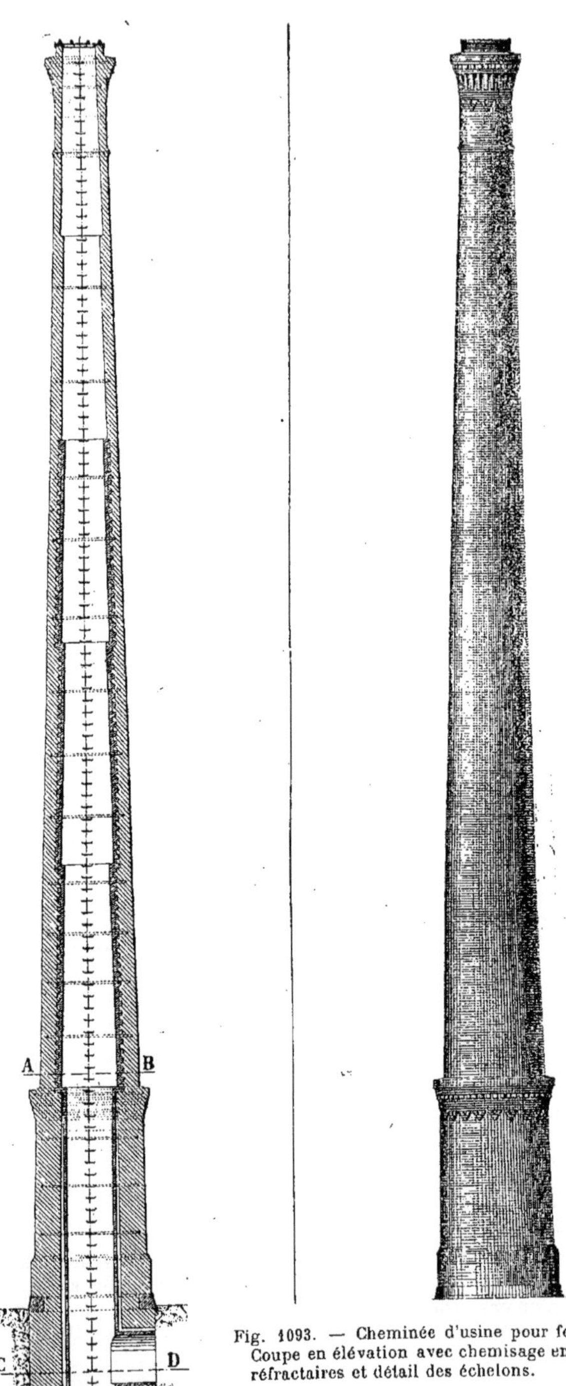

Fig. 1093. — Cheminée d'usine pour forges. —
Coupe en élévation avec chemisage en briques
réfractaires et détail des échelons.

Fig. 1094. — Cheminée d'usine pour forges.
Élévation avec appareillage en décors.

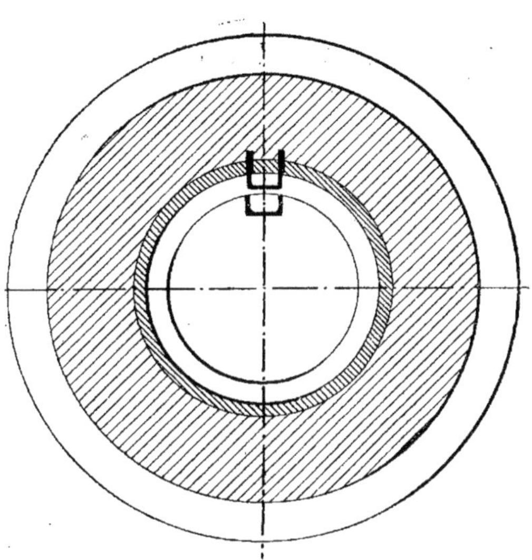

Fig. 1095. — Cheminée d'usine pour forges.
Plan-coupe sur AB.

donnent les plans-coupes de construction ; sur AB, au bas socle en fondation au-dessous de la pénétration du carnau ; sur CD à la base du fût au-dessus de l'entablement du corps de socle en élévation ; sur EF, en haut du fût au-dessus du couronnement.

113. En poursuivant l'étude des cheminées d'usines, nous donnons (*fig.* 1093 à 1099 inclus), une très intéressante cheminée construite à l'usage des Forges pour grand établissement métallurgique ; avec un chemisage intérieur en briques réfractaires dans la hauteur du socle, depuis le radier des basses maçonneries, et les trois premières levées dans la hauteur du fût.

Cette cheminée est encore intéressante par ses caractéristiques mathématiques, qui ont permis de lui donner des proportions légères très fuselées, toujours recherchées des constructeurs, mais souventes fois impossibles à obtenir en raison de la fonction.

Nous donnons le canevas métrique de cette cheminée.

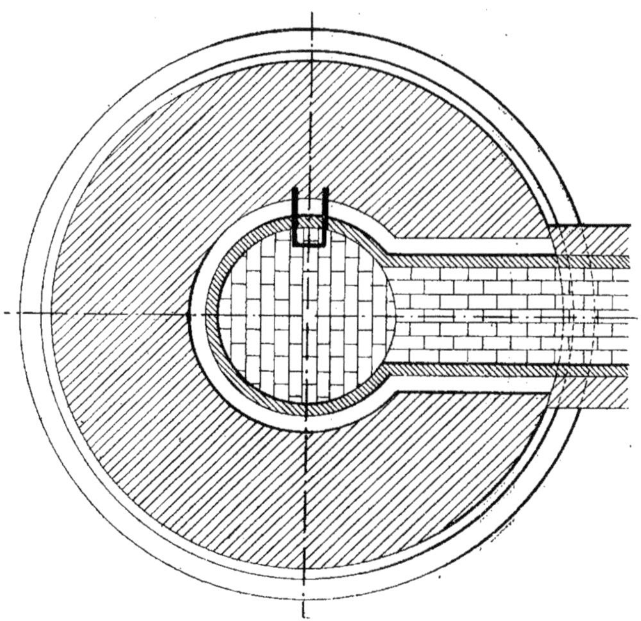

Fig. 1096. — Cheminée d'usine pour forges. — Plan-coupe sur CD.

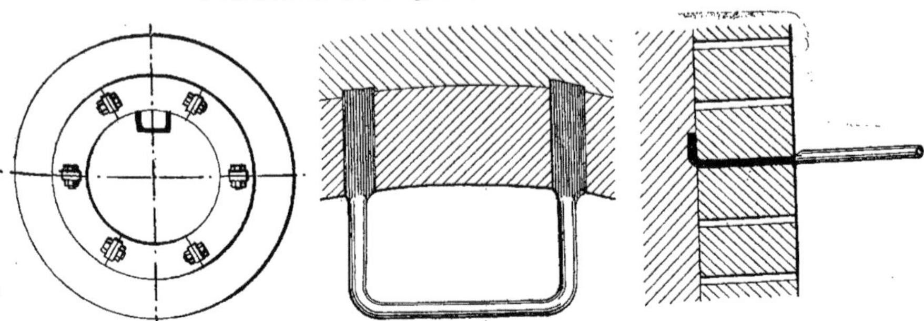

Fig. 1097. — Cheminée d'usine pour forges.
Plan du couronnement.

Fig. 1098 et 1099. — Détails d'un échelon.

Cheminée d'usine pour Forges.
Établissements métallurgiques (*fig.* 1093 à 1099 *inclus*).

Travaux préparatoires.

Les travaux préparatoires de terrassement et maçonnerie
en fondation : béton avec plus-values de mortier de chaux
ou ciment, etc., etc., sont demandés dans les données indiquées précédemment en tenant compte des plus-values
d'ouvrages industriels, telles que nous les avons exposées
dans l'énumération générale en tête du chapitre.

Observation générale.

Cheminée d'usine pour forges, établissements métallur-
giques, etc., construite en maçonnerie de briques de façon
bourgogne, pressées en terre franche, hourdées en mortier
n° 3 de chaux hydraulique et sable. Revêtement et chemisage intérieurs dans la hauteur du socle et les trois
premières levées du fût, en briques réfractaires marquées,
qualité spéciale, hourdées en coulis réfractaire de qualité
afférente : au cube.

A prendre : Les basses maçonneries au-dessous du niveau du sol, assises sur le massif en fondation.

Cube brut des maçonneries : Bas socle en fondation :

Base de socle :

R : $2.115^2 \times 3.1416 \times 0.25^H =$ 3³513

Socle au-dessus de la base :

R : $2.005^2 \times 3.1416 \times 2.91^H =$ 36.558 } 40³071

Vides à déduire :

Cuvette en contre-bas du carnau :

R : $0.895^2 \times 3.1416 \times 0.50^H =$ 1³256

Au-dessus de la cuvette : socle :

R : $0.965^2 \times 3.1416 \times 2.41 =$ 7.049

Pénétration du carnau de fumée :

$1.17 \times 1.22 = 1.42$

$\dfrac{0.61^2 \times 3.1416}{2} = 0.58$

$2.00 \times 1.04 = 2.080$ 10.385 } 29³686

Cube net de construction des basses maçonneries pour
socle de cheminée d'usine en fondation 29³686

Ouvrages industriels en 1re catégorie.

Les cintres en location, pour la pénétration du carnau,
compris pose et dépose, au mètre superficiel.

Série industrielle.

Travaux préparatoires divers.	
Observation.	

Briques façon bourgogne pressées en
terre franche pour cheminée d'usine :
au cube :

29³686

Série industrielle.

Tarification en 1re catégorie.

Location de cintres, au mètre superficiel.

»   »   »

Série industrielle.

A reprendre : Les maçonneries en élévation au-dessus du niveau du sol.

Cube brut des maçonneries. Le piédestal :

Base de socle :

R : $1.895^2 \times 3.1416 \times 1.50^H =$ $16^3\,922$

Corps de socle en élévation :

Tronc de cône :

$1/3\ 3.1416 \times 5.50^H \times (1.775^2$
$+1.685^2 + 1.775 \times 1.685) =$ 51.701

Corniche du piédestal :

$3.62 \times 3.1416 \times 0.75 \times 0.25 =$ 2.130 $70^3\,753$

Vides à déduire :

R : $0.965^2 \times 3.1416 \times 1.50^H =$ $4^3\,370$

Tronc de cône en élévation :

$1/3\ 3.1416 \times 5.50^H \times (0.965^2$
$+0.875^2 + 0.965 \times 0.875) =$ 14.627 $18^3\,997$ $51^3\,756$

A reprendre en construction :

Cube brut des maçonneries : Le fût :

Tronc de cône :

$1/3\ 3.1416 \times 33.00^H \times (1.575^2$
$+0.75^2 + 1.575 \times 0.75) =$ $145^3\,981$

Couronnement de fût :

A reprendre :

$1.75 \times 3.1416 \times 1.25 \times 0.25 =$ 1.714 $147^3\,695$

Vides à déduire :

Par levées tronconiques partant de la base du fût :

1re levée :

$1/3\ 3.1416 \times 7.00^H \times (0.875^2$
$+0.70^2 + 0.875 \times 0.70) =$ $13^3\,685$

2me levée :

$1/3\ 3.1416 \times 7.00^H \times (0.82^2$
$+0.645^2 + 0.82 \times 0.645) =$ 11.843

3me levée :

$1/3\ 3.1416 \times 6.50^H \times (0.765^2$
$+0.602^2 + 0.765 \times 0.602) =$ 9.575

4me levée :

$1/3\ 3.1416 \times 6.50^H \times (0.712^2$
$+0.55^2 + 0.712 \times 0.55) =$ 8.158

5me levée :

$1/3\ 3.1416 \times 6.00^H \times (0.68^2$
$+0.53^2 + 0.68 \times 0.53) =$ 6.930 $50^3\,491$ $97^3\,504$ $149^3\,260$

A reprendre en déduction :

Les revêtements intérieurs en briques réfractaires de qualité afférente pour cheminée de forges dans la hauteur des trois premières levées du fût : au cube :

Développement.

$$\frac{1.75 + 1.40 + 1.64 + 1.29 + 1.53 + 1.205}{6}$$

$+ 0.17$ épaisseur $= 1.471$

Soit $3.1416 \times 1.471 \times 20.50 \times 0.17 = 16^3\,104$ ci $16^3\,104$

Reste pour cube net de construction de maçonnerie de briques façon bourgogne pressées en terre franche ; en élévation pour fût de cheminée d'usine. $133^3\,156$

Ouvrages industriels en 1re catégorie.

A reprendre en œuvre :

Les cubatures d'ouvrages en déduction :

Revêtements intérieurs en briques réfractaires qualité

Briques façon bourgogne pressées en terre franche pour cheminée d'usine : au cube :

$133^3\,156$

Série industrielle.

Tarification en 1re catégorie.

spéciale, hourdées en coulis réfractaire de qualité afférente pour cheminée de forges : cube de 16^3104

A reprendre : Dans la hauteur de socle :

Chemisage intérieur en briques réfractaires hourdées en coulis dᵒ :

$3.1416 \times 1.54 \times 9.91^H = 47.94$

A déduire :

Le carnau :

$1.10 \times 0.80 = 0.88$

$\dfrac{3.1416 \times 0.40^2}{2} = 0.25$ 1.13 $46.81 \times 0.11 = 5.149$

A reprendre :

Radier : $3.1416 \times 0.715^2 \times 0.11 = 0.176$

Carnau :

$0.80 + 1.17 + 1.17 + \left(\dfrac{3.1416 \times 0.91}{2}\right)$

$\times 0.11 \times 1.18 = 0.593$ 0.769 22^3022

Ouvrages industriels en 1ʳᵉ catégorie.

Enduit intérieur de la dernière levée du fût en ciment de Portland de Boulogne-sur-Mer : pour enduit circulaire à simple courbure :

Les prix de la Série spéciale des ciments avec une plus-value de 5 0/0.

Observation générale.

Monté, posé en répartition dans la masse de maçonnerie de briques, dans toute la hauteur de la cheminée, les cercles de décharge en fer plat assemblés à boulons.

Pour mémoire en travaux neufs.

Série industrielle.

Imprimé les cercles deux couches au minium aux deux faces, au mètre linéaire.

A prendre chaque cercle en partant de la base et les développer.

Les prix de peinture en bâtiment.

Posé les échelons intérieurs scellés dans la maçonnerie de briques dans toute la hauteur de la cheminée.

Les trous en taille de briques.

Les scellements aux évaluations de légers ouvrages.

Observation.

Imprimé les échelons deux couches au minium, au mètre linéaire.

A prendre chaque échelon et les développer.

Les prix de peinture en bâtiment.

Monté, posé le chapeau de cheminée en fonte assemblé à boulons, au-dessus du couronnement en briques au sommet du fût.

Pour mémoire en travaux neufs.

Série industrielle.

Plus-values à reprendre sur les ouvrages en briques :

Pour décoration en briques bien appareillées à façon :

1º Par unité de rang de briques formant saillie ou cours de moulures, au mètre linéaire :

A prendre : décoration de la corniche du piédestal :

24 pendentifs.

Colonne de droite (tarification) :

Briques réfractaires pour cheminé d'usine, au cube :

22^3022

Série industrielle.

Tarification en 1ʳᵉ catégorie.

Enduit en ciment, au mètre superficiel.

Observation.

Pose, montage et mise en place de cercles en fer en décharge de maçonnerie de briques, pour cheminée d'usine, en travaux neufs.

Mémoire

Série industrielle.

Impression deux couches au minium sur fer : au mètre linéaire.

»   »   »

Peinture en bâtiment.

Trous en taille de briques, au mètre superficiel.

Série industrielle

Légers ouvrages, au mètre superficiel.

Maçonnerie de bâtiment.

Impression deux couches au minium sur fer : au mètre linéaire.

»   »   »

Peinture en bâtiment.

Pose, montage et mise en place de chapeau en fonte assemblé à boulons, pour cheminée d'usine, en briques, en travaux neufs.

Mémoire.

Série industrielle.

Détail pour un motif en pendentif :

     1 fois 0.11 = 0.11
     6 » 0.04 = 0.24   0.35 × 24 = 8²40

Entre deux des motifs ci-dessus :

     24 fois 0.12 = 2.88
     24 fois 0.10 = 2.40   13.68

Saillies de moulures au-dessus :

     1 cours D = 3.45
     1 » D = 3.50
     1 » D = 3.55
     1 » D = 3.60   14^m,10 × 3.1416 =   44.30
     50 modillons chacun 0.11 =   5.50

Saillies de moulures au-dessus :

     1 cours D = 3.75
     1 » D = 3.80
     1 » D = 3.85   11^m,40 × 3.1416 =   35.81

Saillie du bandeau :

     D = 3.95 × 3.1416 =   12.41

Astragale :

     D = 1.75
     D = 1.80   3^m,55 × 3.1416 =   11.15

Couronnement de fût :

     11 pendentifs :

Détail pour un motif en pendentif :

     1 fois 0.11 = 0.11
     10 » 0.035 = 0.35   0.46 × 11 = 5.06

Entre-deux des motifs ci-dessus :

     11 fois 0.07 = 0.77
     11 » 0.03 = 0.33   6.16

Saillies de moulures au-dessus :

     1 cours D = 1.65
     1 » D = 1.70
     1 » D = 1.75   5.10 × 3.1416 =   16.02

     25 consoles :

Détail pour une console :

     7 fois 0.11 = 0.77 × 25 =   19.25

Saillies de moulures au-dessus :

     1 cours D = 2.00
     1 » D = 2.05   4.05 × 3.1416 =   12.72
     30 modillons chacun 0.11 =   3.30

Saillie de moulure au-dessus :

     D 2.20 × 3.1416 =   6.91

Saillie du bandeau :

     D 2.30 × 3.1416 =   7.22

                         194.43

Plus-value d'ouvrages en briques en décoration, au mètre linéaire.

194.43

Série industrielle.

Série industrielle :

2° Par unité de pilastres ou décors par analogie, ayant au plus 0^m,22 de largeur, avec deux saillies régulières sur les côtés : au mètre linéaire :

A prendre :

Décoration de la corniche du piédestal :

     50 modillons chacun 0.22ᵉ = 11.00
     24 pendentifs » 0.30 = 7.20   18.20

A suivre :

Décoration du couronnement de fût :

     11 pendentifs chacun 0.38ᵉ = 4.18
     25 consoles chacune 0.53 = 13.25
     30 modillons chacun 0.15 = 4.50   21.93   40.13

Série industrielle :

Plus-value d'ouvrages en briques en décoration pour pilastre ou analogue jusqu'à 0.22 de largeur, au mètre linéaire.

40.13

Série industrielle.

Parement de briquetage apparent dressé à la règle, les joints de niveau, les faces extérieures de la construction en suivant le fruit demandé, d'une seule nuance de briques sur cheminée d'usine, au mètre superficiel.

A prendre :

Base de socle :

$$\text{D. } 3.79 \times 3.1416 \times 1.50^{\text{H}} = 17^2 86$$

A suivre :

Corps de socle en élévation :

$$\text{D. réduits } \left(\frac{355 + 337}{2}\right) \times 3.1416 \times 5.50 = 59.78$$

Le fût :

$$\text{D. réduits } \left(\frac{315 + 150}{2}\right) \times 3.1416 \times 33.00 = 241.02 \quad 318^2 66$$

Série industrielle :

Jointoiement extérieur en joints creux lissés au fer sur briques neuves de cheminée d'usine en montant la construction : au mètre superficiel :

Surface de parement, ci : $318^2 66$.

Série industrielle :

En fournitures :

Les fournitures à prendre dans les données indiquées précédemment pour cercles de décharge, échelons, chapeau de couronnement, frais de modèle, etc., etc.

Observation générale.

Série industrielle.

Les caractéristiques de la cheminée que nous venons de présenter (*fig.* 1093 à 1099 inclus) sont les suivantes :

Diamètre (HO) à la base du socle en fondation	4^m23
Diamètre (HO) du bas socle en fondation.	4.01
» (HO) de la base de socle au-dessus du sol	3.79
Diamètre (HO) du corps de socle en élévation	3.55
Diamètre (HO) du corps de socle réduit au tronc de cône	3.37
Diamètre (HO) à la base du fût	3.15
» (HO) en haut du fût	1.50
Hauteur du fût au-dessus du socle	33.00
Fruit du fût : par mètre	0.05
Hauteur du socle au-dessus du sol	7.00
» du bas du socle en fondation	2.91
» de maçonnerie d'empattement	0.25
» du béton	1.47
» totale du fond de fouille	44.63

Nous présentons une série de figures en complément du canevas métrique et des caractéristiques de la cheminée, pour la facilité de compréhension.

La figure 1093 représente la coupe de la cheminée sur l'élévation totale depuis les basses fondations avec le chemisage intérieur en briques réfractaires et les échelons. La figure 1094 nous donne l'élévation de la cheminée au-dessus du niveau du sol avec les détails du piédestal, sa base et la corniche ; le fût et son couronnement, moulures, astragale, consoles, modillons, pendentifs, etc., et les appareillages de briques en décors.

Les figures 1095 et 1096 nous soumettent les plans coupes de construction sur AB et CD, au bas socle en fondation et à la base du fût au-dessus de la corniche du piédestal. La figure 1097 représente le plan du couronnement de fût, et les figures 1098 et 1099, les détails d'un échelon.

114. Les cheminées présentées dans les exemples précédents sont fondées sur des massifs de maçonnerie et de béton sur bon sol; il n'en n'est pas toujours ainsi.

Quand on trouve des terrains *noyés*, des sables *mobiles*, qui ne permettent pas les assises de la construction, il faut les traverser pour atteindre le bon sol et recourir au système de fondation *sur pilotis* par *coffrages* ou *palplanches*.

Les *pilotis* sont battus au *refus* de sécurité nécessaire pour la répartition de la charge et noyés dans un plateau en béton. Le refus absolu est atteint quand le sabot du pilot rencontre le bon sol.

Les travaux de fondation ainsi établis rencontrent pour leur exécution des difficultés multiples, et la main-d'œuvre en est particulièrement onéreuse.

En raison précisément des difficultés de toutes sortes résultant de la nature des couches successives de composition du sol, de l'importance de la construction, du matériel et de la machinerie nécessaires à l'exécution et de la main d'œuvre; il est absolument impossible de prévoir et tarifer d'avance la plupart des opérations, qui doivent être demandées par des applications de *prix spéciaux*, et par échelles de plus-values sur celles qui ont des prix de base d'exécution normale.

Dans cet ordre de choses, nous donnons à titre documentaire (*fig.* 1100 et 1101), les fouilles et travaux de fondation d'une cheminée en briques fondée sur pilotis, avec coffrage en palplanches.

Nous signalons la particularité des *fouilles* exécutées *en talus*. Cette disposition est prise afin d'éviter les éboulements et les travaux d'étaiements qui seraient indispensables pour maintenir les terres et gêneraient la construction tout en la rendant encore plus onéreuse.

Cependant elle n'est pas toujours possible et il faut avoir recours en certains cas aux travaux de protection et d'étaiements nécessaires et aux fouilles de *puits*.

Nous donnons le canevas métrique des travaux de fondation d'une cheminée d'usine construite *sur pilotis avec coffrage en palplanches*.

Fondations sur pilotis et coffrage en palplanches pour cheminée d'usine construite sur sable aquifère (*fig.* 1100 et 1101).

Terrasse :
Fouille en excavation : au cube.
1° Jusqu'à la cote de profondeur de 1ᵐ,50 : terrain de remblai.
Mesures réduites de longueur et largeur.

$$13.00 \times 13.00 \times 1.50^H = 253^3500.$$

Terrasse n° 26, 1ʳᵉ colonne.

2° Au-dessous dans la hauteur de 0ᵐ,75 : terre végétale
Mesures réduites de longueur et largeur.

$$12.10 \times 12.10 \times 0.75^H = 109^3807.$$

Terrasse n° 26, 1ʳᵉ colonne.

Plus-value de fouille en terre végétale exécutée dans l'embarras des racines : au cube.
Cube de fouille, ci : 109³807.

Terrasse n° 31, 1ʳᵉ colonne.

Fouille en excavation : au cube.
En terrain de remblai.
253³500
Terrasse, SÉRIE CENTRALE n° 26.
1ʳᵉ colonne.
En terre végétale.
109³807
Terrasse, SÉRIE CENTRALE n° 26.
1ʳᵉ colonne.
Plus-value de fouille exécutée en terre végétale dans l'embarras des racines au cube.
109³807
Terrasse, SÉRIE CENTRALE, n° 31.
1ʳᵉ colonne.

3° A reprendre : fouille en excavation,
au-dessous de la couche végétale :
Dans la hauteur de $1^m,25$: tuf.
Mesures réduites de longueur et largeur.
$$11.30 \times 11.30 \times 1.25^H = 159^3612.$$

Terrasse n° 26, 2° colonne.

4° Au-dessous, dans la hauteur de $1^m,70$: terrain de glaise
(mesures réduites de longueur et largeur).
$$10.40 \times 10.40 \times 1.00^H = 108^3160/$$
$$8.80 \times 8.80 \times 0.70^H = 54.208(162^3368$$

Terrasse n° 26, 3° colonne.

**Plus-value de fouille en terrain glaiseux ou glaise, exécutée
dans l'embarras des étais et étrésillons : au cube :**
Partie inférieure de fouille :
$$8.80 \times 8.80 \times 0.70^H = 54^3208.$$

Terrasse n° 28, 1re colonne.

5° A reprendre : fouille en excavation
au-dessous de la couche en terrain de glaise.
Dans la hauteur de $1^m,30$: sable aquifère.
Mesures réduites de longueur et largeur.
$$8.80 \times 8.80 \times 1.30^H = 100^3672.$$

Terrasse n° 26, 3° colonne.

**Plus-value de fouille en terrain aquifère exécutée dans
l'embarras des étais et étrésillons : au cube.**
Cube de fouille, ci 100^3672.

Terrasse n° 33, 1re colonne.

Cotes des hauteurs des couches des terrains excavés du niveau du sol au fond de fouille.

Terrain de remblai	$1^m,50$	
Terre végétale	0 75	
Tuf	1 25	
Terrain de glaise	1 70	
Sable aquifère	1 30	$6^m,50$ hauteur totale.

Jet sur berge : au cube.
Les terres fouillées jusqu'à $1^m,80$ de profondeur.
1^m50 dans le terrain de remblai :
Cube de fouille, ci............ 253^3500
$0^m,30$ dans la terre végétale :
A prendre : $12.10 \times 12.10 \times 0.30^H = 43.923)297^3423$

Terrasse n° 46, 1re colonne.

Jet sur banquette et jet sur berge : au cube.
Les terres fouillées à $1^m,80$ en contre-bas.
$0,45$ dans la terre végétale :
A prendre : $12.10 \times 12.10 \times 0.45^H = 65^3884.$

Terrasse n°s 46 et 47, 1re colonne.

Fouille en excavation : au cube.

En tuf.

159^3612

Terrasse, série centrale, n° 26.

2me colonne.

En terrain glaiseux ou glaise.

162^3368

Terrasse, série centrale, n° 26.

3me colonne.

Plus-value de fouille exécutée en terrain glaiseux ou glaise dans l'embarras des étais : au cube.

54^3208

Terrasse, série centrale, n° 28.

1re colonne.

Fouille en excavation : au cube.

En sable aquifère.

100^3672

Terrasse, série centrale, n° 26.

3me colonne.

Plus-value de fouille exécutée en terrain aquifère dans l'embarras des étais : au cube.

100^3672

Terrasse, série centrale, n° 33.

1re colonne.

Jet sur berge de terre ordinaire : au cube.

297^3423

Terrasse, série centrale, n° 46.

1re colonne.

Jet sur banquette et jet sur berge : au cube.

Terre ordinaire.

65^3884

Terrasse, série centrale, n°s 46-47.

1re colonne.

1^m,25 dans le tuf :
    Cube de fouille ci 159^{c}612.

    Terrasse n°s 46 et 47, 2° colonne.

Tuf.		
159^{c}612		
Terrasse, série centrale, n°s 46 et 47.		
2me colonne.		

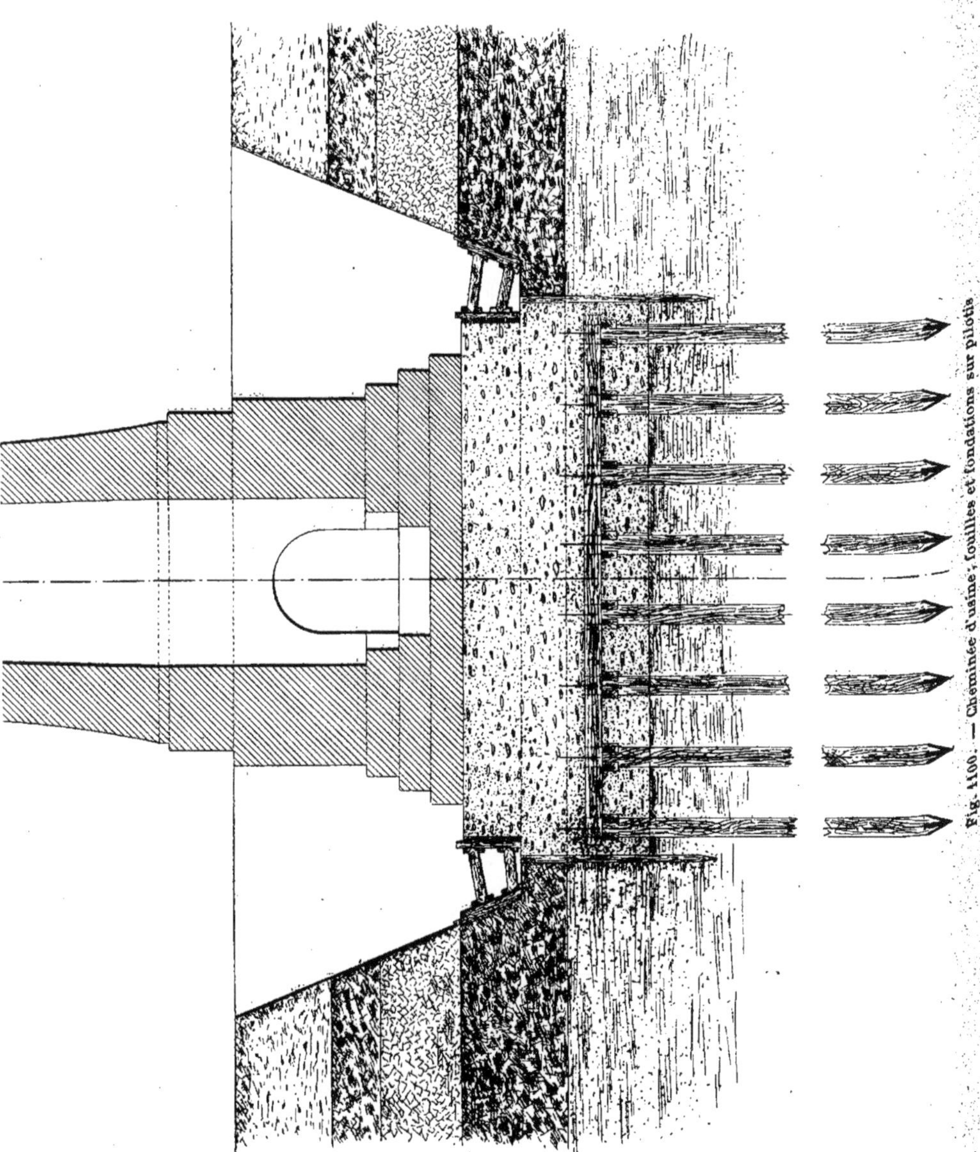

Fig. 1100. — Cheminée d'usine; fouilles et fondations sur pilotis.

0^m,10 dans le terrain glaiseux.
A prendre : 10.40 $\times$ 10.40 $\times$ 0.10^H = 10^{3}816

Terrasse n°s 46 et 47, 3e colonne.

2 jets sur banquettes et jet sur berge : au cube.
Les terres fouillées a 1^m,80 *en contre-bas de la première banquette.*
1^m,60 dans le terrain glaiseux :
$$10.40 \times 10.40 \times 0.90^H = 97^3344$$
$$8.80 \times 8.80 \times 0.70 = 54.208$$
0^m,20 dans le sable aquifère :
A prendre :
$$8.80 \times 8.80 \times 0.20 = 15.488 \quad 167^3040$$

Terrasse n°s 46 et 47, 3e colonne.

Terrain glaiseux.
10^{3}816

Terrasse, SÉRIE CENTRALE, n°s 46 et 47.

3me colonne.

2 jets sur banquettes et jet sur berge de terre glaise ou analogue : au cube.
167^{3}040

Terrasse, SÉRIE CENTRALE, n°s 46 et 47.

3me colonne.

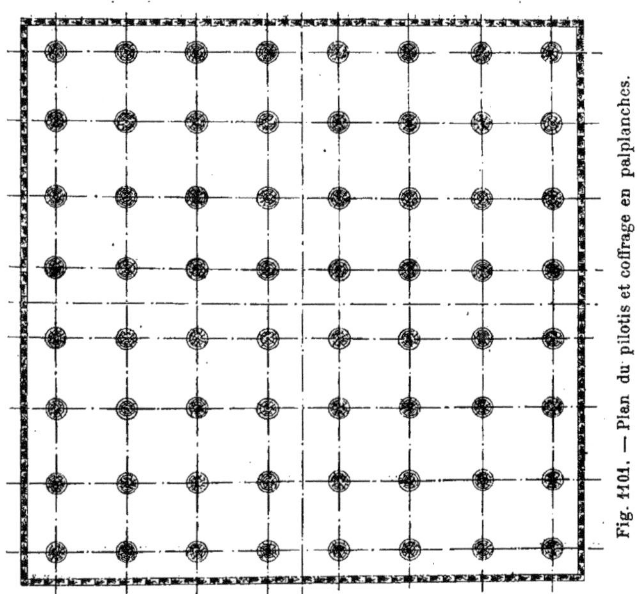

Fig. 1101. — Plan du pilotis et coffrage en palplanches.

3 jets sur banquettes et jet sur berge : au cube.
Le fond de fouille à 1^m,10 *en contre-bas de la deuxième banquette :*
1^m,10 dans le sable aquifère :
A prendre : 8.80 $\times$ 8.80 $\times$ 1.10^H = 85^{3}184
Terrasse n°s 46 et 47, 3e colonne.
Plus-values à reprendre sur la cubature des sables aquifères pour jets sur banquettes et sur berge de déblais aqueux : au cube.
2 jets sur banquettes et jet sur berge :
0^m,20 dans le sable aquifère : cube, ci 15^{3}488.
Observation.

3 jets sur banquettes et jet sur berge de terre glaise ou analogue : au cube.
85^{3}184

Terrasse, SÉRIE CENTRALE, n°s 46 et 47.

3me colonne.

Plus-values pour jets de déblais aqueux au cube.

2 jets sur banquettes et jet sur berge.

15^{3}488

Observation.

3 jets sur banquettes et jet sur berge :
1^m,10 dans le sable aquifère : cube, ci 85³184.

Observation.

Le jet horizontal à reprendre en haut du talus, chargement en brouette et transport par relais de 30 mètres sur chemin horizontal ou de 20 mètres sur chemin montant de plus de 1/10, comme il est dit aux articles de terrasse n°s 48, 49, 66 et 67 et conformément aux observations que nous avons précédemment indiquées, *en tenant compte de la nature des déblais.*

Observation générale.

Nous ne reprenons pas les jets à niveau et en chargement, ni les transports par relais, essentiellement variables selon le parcours et qui ont été expliqués suffisamment au chapitre des calorifères, dans les observations commentées des travaux de terrasse.

Les plus-values pour jets, chargement et transports de déblais aqueux, sont à reprendre et appliquer sur toutes les opérations et les prix de Série Centrale, des numéros précités.

Observation générale.

Épuisement d'eau des terrains aquifères par une pompe brevetée actionnée par une machine locomobile à vapeur et fourniture d'un cuvelage de puisard abandonné dans la fouille.

L'établissement du puisard pour la crépine de la pompe et son entretien, sont comptés en régie avec débit des fournitures fermes et des fournitures en location s'il y a lieu pour travaux en régie.

Observation.

Fourni le cuvelage en tôle à la demande du puisard avec ou sans cerclage selon le cas : au poids.

Le prix varie eu égard à la façon de construction.

Observation.

La mise en place du cuvelage en tôle abandonné dans la fouille pendant les fondations en béton.

Travail exécuté en régie.

Observation.

Dans le cas de construction d'une goulotte en maçonnerie recevant les eaux d'épuisement et d'un caniveau de drainage les amenant au point de perte ; ce travail sera compté selon la construction ou, par convention, en régie et fournitures.

La démolition après coup, s'il y a lieu, sera comptée dans les mêmes conditions.

Observation.

L'installation de la pompe système breveté et de la machine locomobile avec planchers plate-forme et tous travaux accessoires ; tuyaux d'évacuation, etc., etc., sont comptés en régie.

La location est comptée à la journée.

L'entretien et la conduite en régie.

Le combustible, s'il y a lieu, en déboursés et bénéfice.

Les modifications en cours de service et la dépose après travail, ainsi que le double transport du matériel sont comptés en régie.

Observation.

---

3 jets sur banquettes et jet sur berge.

85³184

Observation.

Travaux divers de terrasse.

Observation.

Plus-values pour jets, chargement et transports de déblais aqueux : au cube.

Observation.

Travaux en régie et fournitures diverses.

Observation.

Cuvelage en tôle : au poids.

»   »

Observation.

Travaux en régie.

Observation.

Travaux divers accessoires de l'épuisemen

Observation.

Épuisement, machine, pompe et accessoires. — Travaux en régie. — Valeurs en location et déboursés.

Observation.

D'une manière générale, la main-d'œuvre nécessitée pour l'épuisement de l'eau est comptée en régie avec toutes fournitures en location, de matériel, outillage, bottes de puisatiers, etc.

Observation.

Coffrage en palplanches :

Bois de sapin équarri, fourni pour palplanches : au stère. 160 palplanches.

Chacune : $3.50 \times 0.10 \times 0.22 = 12^3 320$.

Bois neuf de charpente. Série centrale n° 104.

Façon sur bois :

Façon et bardage de palplanches en sapin, les joints dressés, les abouts appointis pour recevoir les sabots, les têtes préparées avec les frettes en fer forgé, posées et louées :

Cube en œuvre : $12^3 320$.

Observation.

Fourni 160 sabots en fer forgé, façonnés à la demande, avec clous mariniers pour fixation, à la pièce.

Observation.

Battage de panneaux de palplanches, compris bardage et mise en fiche des palplanches, frais d'outillage :

Au mètre superficiel.

Longueur de fiche : $2^m,30$.

A prendre pour le premier mètre de fiches.

4 fois 8.70 réduit $= 34.80 \times 1.00^H = 34^2 80$.

Observation.

A reprendre : le surplus, soit $1^m,30$.

4 fois 8.70 réduit $= 34.80 \times 1.30^H = 45^2 24$.

Observation.

Recépage de palplanches hors de l'eau, compris bardage et rangement des déchets de bois : au mètre linéaire.

4 fois 8.70 réduit : $34^m,80$.

Observation.

Étaiement de la fouille avant battage des pilotis.

Bois de sapin en location pour étais, étrésillons, chaises, couches, etc., compris pose et dépose : les étrésillons disposés pour permettre le passage de la sonnette à battre les pilots : au stère.

Au long des palplanches.

3 cours de traverses sur chaque face :

12 fois $8.70 = 104.40 \times 0.22 \times 0.08 = 1^3 837$

A reprendre : en travers sur chaque sens :

Batteries d'étais comprenant chacune :

2 étrésillons :

Chacun :

$8.25 = 16.50 \times 0.22 \times 0.22 = 0^3 798$

2 semelles :

Chacune :

$2.00 = 4.00 \times 0.22 \times 0.08 = 0.070$

4 contre-semelles :

Chacune :

$0.60 = 2.40 \times 0.22 \times 0.08 = 0.042$

8 traverses diagonales en croix de Saint-André :

Chacune :

$2.50 = 20.00 \times 0.22 \times 0.05 = 0.220$

Soit...................... $1^3 130$

Et pour 8 semblables................... $9^3 040$ | $10^3 877$

Bois de charpente pour étais en sapin en location.

Série Centrale n° 109.

Observation.	
Bois de sapin pour palplanches en bois neuf : au stère.	
$12^3 320$	
Charpente, SÉRIE CENTRALE, n° 104.	
Façon sur bois pour coffrage en palplanches : cube en œuvre.	
$12^3 320$	
Observation.	
Sabot de palplanche en fer forgé avec clous mariniers : à la pièce.	
160	
Observation.	
Battage de panneaux de palplanches, bardage, mise en fiche et frais d'outillage : au mètre superficiel.	
Pour le premier mètre.	
$34^2 80$	
Observation.	
Excédent du premier mètre.	
$45^2 24$	
Observation.	
Recépage de palplanches hors de l'eau : au mètre linéaire.	
$34^m,80$	
Observation.	
Bois de sapin pour étais, étrésillons, etc., en location : au stère.	
$10^3 877$	
Charpente, SÉRIE CENTRALE n° 109.	

Coupes biaises faites sur le tas à l'égoïne aux abouts des étrésillons, à la pièce.
Pour chaque étrésillon 4 coupes.
Et pour 16 semblables 4 × 16 = 64 coupes.
     Charpente, Série Centrale nᵒˢ 220, 222.

64 échantignolles en calage aux abouts des étrésillons.
     Charpente, Série Centrale nᵒ 241.
Batterie de pilotis.
Bois de chêne fourni de petit arrimage équarri de 0 30 × 0.30
Pour pilotis, au stère.
Longueur du pilot avant recépage, 7ᵐ,50 *réduit :*
Soit 7.50 × 0.30 × 0.30 = 0³675.
Et pour 64 semblables 0.675 × 64 = 43³200.
     Bois neuf de charpente, Série Centrale nᵒ 61.
Façon sur bois :
Façon et bardage de pilots en chêne, d'un équarrissage supérieur à 0ᵐ,20, les abouts appointis pour recevoir les sabots, les têtes préparées avec les frettes en fer forgé, posées et louées : à la pièce.
8 rangs de pilotis chacun 8 pilots = 64 pilots.
     Observation.

Fourni 64 sabots en fer forgé, façonnés à la demande, avec clous mariniers pour fixation, à la pièce.
     Observation.
Battage au refus dans l'eau, de pilots de 0ᵐ,20 à 0ᵐ,40 centimètres d'équarrissage, compris bardage et mise en fiche, fourniture et emploi de faux pieux, frais d'outillage, au mètre linéaire.
Longueur du pilot après recépage, 7ᵐ,00 *réduit :*
A prendre pour le premier mètre.
     64 fois 1.00 = 64ᵐ,00.
     Observation.

A reprendre : le surplus, soit 6ᵐ,00 *réduit.*
     64 fois 6.00 réduit = 384ᵐ,00.
     Observation.
Recépage de pilots en chêne de 0ᵐ,20 à 0ᵐ,40 d'équarrissage, hors de l'eau et jusqu'à 0.30 centimètres au-dessous du niveau d'eau, compris bardage et rangement des déchets de bois : à la pièce.
64 pilots en chêne.
     Observation.
Bois de chêne refait à 4 faces pour moisement des têtes de pilotis, les faces parallèles, les arêtes vives sans aubier : au stère.
2 moises par chaque rang de pilots et dans chaque sens : soit 32 moises :
Chacune : 8.50 × 32 = 272.00 × 0.25 × 0.12 = 8³160.
     Charpente en bois. Série centrale nᵒ 89.
Façon sur bois :
Entailles faites sur le tas à chaque tête de pilot pour moises : à la pièce.
Par chaque pilot 4 entailles :
Et pour 64 semblables : 4 × 64 = 256.
     Charpente. Série centrale nᵒ 244.

Coupement sur le tas à l'égoïne : à la pièce.

64

Charpente, SÉRIE CENTRALE nᵒˢ 220-222.

Echantignolle à la pièce.

64

Charpente, SÉRIE CENTRALE nᵒ 241.

Bois de chêne pour pilots en bois neuf : au stère.

43³200

Charpente, SÉRIE CENTRALE nᵒ 61.

Façon sur bois de chêne pour pilots : à la pièce.

64

Observation.

Sabot de pilot en fer forgé avec clous mariniers : à la pièce.

64

Observation.

Battage au refus dans l'eau, de pilots en chêne de 0,20 à 0,40 d'équarrissage, bardage, mise en fiche et faux-pieux, frais d'outillage : au mètre linéaire.

Pour le premier mètre.

64ᵐ,00

Observation.

Excédent du premier mètre.

384ᵐ,00

Observation.

Recépage de pilots en chêne de 0ᵐ,20 à 0ᵐ,40 d'équarrissage jusqu'à 0ᵐ,30 au-dessous du niveau d'eau : à la pièce.

64

Observation.

Bois de chêne refait à 4 faces de sciage : au stère.

8³160

Charpente, SÉRIE CENTRALE, nᵒ 89.

Entaille sur le tas pour moise : à la pièce.

256

Charpente, SÉRIE CENTRALE nᵒ 244.

Percements de trous de boulons pour bois assemblé, compris pose des boulons :

Dans les moises et têtes de pilots, chaque trou de 0^m,44 de profondeur : détail :

A prendre : pour les premiers, 0^m,10 de longueur ; les trous à la pièce :

Par chaque pilot 2 trous :

Et pour 64 semblables : $2 \times 64 = 128$ trous.

Charpente. Série centrale n° 282.

A reprendre : le surplus de 0.10 à 0.44 = 0^m,34 ;

Soit pour 3 décimètres de longueur en suivant : par chaque pilot :

Et pour 128 semblables : $3 \times 128 = 384$ décimètres.

Charpente. Série centrale n° 284.

A reprendre : le surplus de 0^m,40 à 0^m,44 = 0^m,04,

Soit pour les 0^m,04 derniers centimètres de longueur :

Par chaque pilot 0^m,04 :

Et pour 128 semblables : $0.04 \times 128 = 5^m,12$.

Charpente. Série centrale n° 283.

Encastrement de tête de boulon : à la pièce :

128 encastrements.

Charpente. Série centrale n° 285.

Encastrement d'écrou : à la pièce :

128 encastrements.

Charpente. Série centrale n° 286.

En fournitures :

Boulons en fer de 1 à 3 kilogrammes avec rondelles et écrous : au poids.

Serrurerie. Série centrale n° 140.

Bardage, descente et mise en place des moises dans l'embarras des étais et étrésillons, vu toutes mains-d'œuvre nécessaires, matériel et outillage.

Cube en œuvre de moisement, ci 8³160.

Observation.

Reprise en déblai des sables aquifères refoulés inégalement après battage des pilotis pour dresser le fond de fouille, avec tous jets successifs sur banquettes, et sur berge, travail exécuté dans l'eau eu égard aux difficultés, compté en régie avec toutes fournitures en location de matériel, outillage, bottes de puisatiers, etc.

Observation.

Les jets à niveau et en chargement, transports par relais, s'il y a lieu, des déblais aqueux sont à reprendre comme nous avons dit précédemment avec application des plus-values pour les diverses opérations, étant donnée la nature des déblais.

Observation.

Coffrage en madriers au-dessus de la banquette :

Bois de sapin en location pour étais, étrésillons, chaises, couches, etc., compris pose et dépose : au stère.

Colonne de droite (marges) :

Trou de boulon jusqu'à 0.10 centimètres de profondeur compris pose du boulon : à la pièce.

128

Charpente, SÉRIE CENTRALE n° 282.

Trou de boulon 0^m,10 au-dessus, par décimètre de profondeur compris pose du boulon : à la pièce.

384

Charpente, SÉRIE CENTRALE n° 284.

Trou de boulon au-dessus de 0^m,10 par centimètre de profoudeur compris pose du boulon : au centimètre.

5^m,12

Charpente, SÉRIE CENTRALE n° 283.

Encastrement de tête de boulon : à la pièce.

128

Charpente, SÉRIE CENTRALE n° 285.

Encastrement d'écrou : à la pièce.

128

Charpente, SÉRIE CENTRALE n° 286.

Boulons en fer de 1 à 3 kilogrammes avec rondelles et écrous : au poids.

» » »

Serrurerie, SÉRIE CENTRALE n° 140.

Bardage, descente et mise en place de bois de chêne pour moisement difficultueux compris matériel et outillage : au cube.

8³160

Observation.

Travaux en régie. Location de matériel et outillage.

Observation.

Jets, chargement et transports avec plus-values pour déblais aqueux : au cube.

Observation.

Détail pour une face de coffrage :
4 cours de madriers :
Chacun : 8.10 = 32.40 × 0.22 × 0.08 = 0³570
4 poteaux :
Chacun : 1.00 = 4.00 × 0.22 × 0.10 = 0.088
4 écharpes réduites :
Chacune : 1.25 = 5.00 × 0.15 × 0.15 = 0.112
4 écharpes réduites :
Chacune : 1.00 = 4.00 × 0.15 × 0.15 = 0.090
8 semelles réduites :
Chacune : 1.00 = 8.00 × 0.22 × 0.08 = 0.141   1³001
et pour 4 faces semblables = 4³004.

Bois de charpente pour étais en sapin, en location.
    Série centrale n° 109.

Coupes biaises faites sur le tas à l'égoïne aux abouts d'écharpes : à la pièce.
Pour chaque écharpe 2 coupes :
Et pour 32 semblables : 2 × 32 = 64 coupes.
    Charpente. Série centrale n⁰ˢ 220-222.

64 taquets en location pour étais.
    Charpente. Série centrale n° 281.

L'installation de la sonnette à vapeur pour le battage des pilotis avec planchers, plate-forme, chemins d'accès en charpente et tous travaux accessoires, sont comptés en régie.
La location est comptée à la journée.
L'entretien et la conduite en régie.
Le combustible, s'il y a lieu, en déboursés et bénéfice.
Les modifications en cours de service et la dépose après travail, ainsi que le double transport du matériel sont comptés en régie.
    Observation.

Maçonnerie de fondations sur pilotis : au cube.
Béton de cailloux composé comme il est dit à la maçonnerie, hourdé en mortier de sable et ciment Portland
(*suivant la nature du ciment employé*) : au cube.
Puisard de la crépine de la pompe :
Comblé :   1.20 × 1.20 × 1.50ᴴ =   2³160
A reprendre : au-dessus.
Jusqu'au niveau de la banquette ménagée
pour les déplacements de la sonnette :
Cube de :   8.60 × 8.60 × 2.00ᴴ = 147.920
Au-dessus de la banquette :
Cube de :   8 00 × 8.00 × 0.90ᴴ = 57.600   207³680
    Maçonnerie. Série centrale n⁰ˢ 475-477.
Cube de maçonnerie de béton sans déduction des pilotis et moises en compensation de l'excédent de main-d'œuvre pour le bourrage autour des bois.
    Observation.
Plus-value de main-d'œuvre pour béton exécuté entre coffrage en palplanches abandonnées, ou coffrage en madriers déposés après travail.

Bois de sapin pour étais, étrésillons, etc. en location : au stère.

4³004

Charpente, SÉRIE CENTRALE n° 109.

Coupement sur le tas à l'égoïne : à la pièce.

64

Charpente SÉRIE CENTRALE n⁰ˢ 220 et 222

Taquet en location pour étais : à la pièce.

64

Charpente, SÉRIE CENTRALE n° 281.

Sonnette à vapeur pour battage de pilotis. Machine, matériel et accessoires. — Travaux en régie. — Valeurs en location et déboursés.

Observation.

Béton de cailloux hourdé en mortier de sable et ciment Portland : au cube.

207³680

Maçonnerie, SÉRIE CENTRALE n⁰ˢ 475 et 477.

Observation.

En suivant la surface des coffrages : au mètre superficiel.
4 faces réduites :
Chacune :
$$8.60 = 34.40 \times 2.00^H = 68^2 80$$
4 faces à reprendre :
Chacune :
$$8.00 = 32.00 \times 0.90 = 28.80 \quad 97^2 60$$
Observation.
Plus-value sur maçonnerie de béton coulé dans l'eau, y compris fourniture et emploi de mortier de ciment Portland excédent, en compensation du mortier de composition délavé par l'immersion : au cube.
Cube de béton jusqu'au niveau d'eau :
$$8.60 \times 8.60 \times 1.30^H = 96^3 148.$$
Observation.
Plus-value sur maçonnerie de béton exécuté dans l'embarras des étais et étrésillons, au cube.
Puisard comblé : $1.20 \times 1.20 \times 1.50^H = 2^3 160$
Plate-forme : $8.60 \times 8.60 \times 2.00^H = 147.920 \quad 150^3 080$
Maçonnerie, Série Centrale n° 1576.

En fourniture : ciment en poudre pour étancher les infiltrations d'eau pendant la confection du béton : au poids.
(*Suivant la nature du ciment employé.*)
Les prix de maçonnerie :
Mortier de ciment Portland n° 4 pour fichage et coulage des têtes de pilots et des moises : au mètre superficiel.
Faces verticales :
$$64 \text{ fois } 8.50 = 544.00$$
A déduire :
$$64 \times 4 = 256 \text{fois} 0.30 = 76.80 \quad 467.20 \times 0.25^H = 116^2 80$$
A reprendre :
$$256 \text{ fois } 0.20 = 51.20 \times 0.25 = 12.80$$
Le dessous des moises :
$$32 \text{ fois } 8.50 = 272.00 \times 0.12 = 32.64 \quad 162^2 24$$
Observation.
Remblai après exécution des travaux de fondation :
Reprise, chargement et transports à la fouille, jet de remblai, compris étendage, arrosage et pilonnage par couches de 0.20 centimètres.
Travaux de terrassement, au cube.
Terrasse, Série Centrale n°s 49, 66, 67, 65, 64, 63 ,62.
Les plus-values pour jets, chargement et transports de déblais aqueux, sont appliquées comme il est dit à la terrasse de la fouille.
Observation.
Nous abandonnons le métré de ces diverses opérations en raison des analogies avec les travaux présentés dans la fouille et qui, au surplus, s'expliquent suffisamment d'eux-mêmes.
Observation.
A reprendre : chargement en tombereaux et enlèvement aux décharges publiques de l'excédent des déblais, au cube.
Terrasse, Série centrale n°s 50, 77 à 79.
Les prix sont applicables selon la nature des déblais.
Observation.
Les plus-values sur déblais aqueux sont appliquées comme il est dit à la terrasse de fouille.
Observation.

Notes marginales (colonne de droite) :

Plus-value de béton exécuté entre coffrage — en suivant la surface des coffrages — au mètre superficiel.

$97^3 60$

Observation.

Plus-value sur maçonnerie de béton coulé dans l'eau y compris mortier de ciment Portland en compensation de mortier délavé par immersion : au cube.

$96^3 148$

Observation.

Plus-value sur maçonnerie de béton exécuté dans l'embarras des étais : au cube.

$150^3 080$

Maçonnerie, SÉRIE CENTRALE n° 1576.

Ciment en poudre pour fourniture : au poids.

»   »   »

Maçonnerie.

Fichage de bois en mortier de ciment Portland n° 4 : au mètre superficiel.

$162^2 24$

Observation.

Travaux divers de terrasse : au cube.

Observation.

Plus-values sur travaux divers de terrasse pour déblais aqueux : au cube.

Observation.

Observation.

Chargement en tombereaux et transport aux décharges publiques : au cube.

Terrasse, SÉRIE CENTRALE n°s 50, 77 à 79.

Observation.

Observation.

L'enlèvement de la glaise ne comporte pas de boni selon l'observation de la série de terrasse sous le n° 80.

Nous devons sur ce point présenter une observation de principe. La série entend désigner la glaise utilisable dans l'industrie pour la fabrication des produits en terre cuite : briques, poteries, etc., dont le boni est certain. Il en est autrement s'il s'agit de glaise inutilisable dont on ne peut tirer parti, et il est d'usage d'appliquer pour cette glaise sur transport et enlèvement une plus-value de *un cinquième* sur les prix de terre ou gravois.

Observation.

Observation.

Notre canevas métrique est complété par la figure 1100, qui représente la coupe des fondations sur pilotis avec les basses maçonneries de la cheminée en briques, les étaiements et les palplanches du coffrage, la fouille en talus avec coupe des terrains selon les couches superposées jusqu'au plan d'eau et les sables aquifères traversés par les pilotis.

Le plan de la batterie de pilotis et coffrage est donné figure 1101.

Les travaux de fondation sont très complexes en raison de la composition des couches de terrains. Il arrive aussi de rencontrer des bancs de pierre ou des masses rocheuses qu'il faut attaquer à la mine. Il y a lieu de compter les percements de trous à la barre à mine, l'extraction à la mine, le débitage des blocs disloqués, le montage et rangement, etc., etc., et tous travaux accessoires nécessités par ce genre d'excavation avec le matériel et l'outillage spéciaux.

Nous ne donnons cette observation que pour mémoire afin de ne pas entrer dans les exemples de détails, qui nous conduiraient au delà des limites que nous nous sommes tracées, pour répondre aux desiderata de nos lecteurs.

Par les exemples soumis à nos lecteurs, nous pensons avoir présenté dans la forme la plus concise, avec une sélection choisie, une somme importante de renseignements concernant les travaux de Fumisterie et Maçonnerie industrielles.

115. Nous allons clore le chapitre spécial des générateurs et cheminées d'usines par l'exposé et la description de la cheminée monumentale de l'usine de l'avenue La Bourdonnais, à l'Exposition universelle de Paris, en 1900.

Deux mots d'abord pour en rappeler l'historique.

L'Administration se trouvait en présence d'un gros problème à résoudre : assurer la production de la force motrice pour la marche des machines et de l'énergie électrique pour l'éclairage des jardins, des palais et de tous les services subsidiaires. C'était une consommation de vapeur très considérable, qui nécessitait pour son alimentation des groupements importants de chaudières puissantes : partant, une multiplicité de cheminées d'usines de volumes et de hauteurs variables, en raison des groupements desservis.

Non seulement l'esthétique eut été compromise par ces dispositions, mais encore les fumées, qui n'eussent pas été évacuées à une hauteur suffisante, se fussent répandues dans les jardins et sur les palais.

Pour obvier à ces graves inconvénients, l'Administration décida de centraliser toutes les chaudières dans deux usines et de desservir les batteries de générateurs de chaque usine par une disposition spéciale de carnaux collecteurs, venant aboutir à une cheminée unique très haute et qui pourrait être exécutée dans une conception artistique harmonisée à l'ensemble des constructions.

Cette idée de centralisation admise sur le principe acquis de deux usines, l'Administration ouvrit un concours entre les spécialistes Français, pour la construction de deux cheminées monumentales devant desservir les usines productrices d'énergie motrice et d'éclairage des sections Françaises et Étrangères.

L'usine de la section Française était située du côté de l'avenue La Bourdonnais, celle de la section étrangère du côté de l'avenue Suffren.

Le programme du concours définissait les généralités techniques pour le service d'une usine de 20 000 chevaux de force, pouvant produire en marche normale une moyenne de 100 000 kilogrammes de vapeur à l'heure, sans compter les générateurs de réserve. Il indiquait en outre les points spéciaux à étudier pour la décoration extérieure, l'installation du paratonnerre, les moyens d'ascension et éventuellement un système d'illuminations.

Toute latitude était laissée aux constructeurs pour la décoration. Mais la construction devait être entièrement exécutée en briques. Les caractéristiques générales de la cheminée étaient 70 à 80 mètres de hauteur, 12 mètres de diamètre au niveau du sol et 4^m,50 de diamètre intérieur au sommet.

En raison de la nature du terrain, sur lequel on possédait des renseignements par le voisinage de la galerie des machines, les fondations devaient être faites sur pilotis.

Le concours était attrayant par la double raison de l'importance de la construction et de la décoration qui en faisait une œuvre architecturale d'un caractère nouveau ; car, pour la première fois, on demandait à une cheminée d'usine le rendu d'une œuvre d'art.

Les constructeurs répondirent à l'appel de l'Administration, et dix d'entre eux furent admis à concourir qui présentèrent un ensemble de dix-huit projets.

Après examen préliminaire par le Jury, les planches furent exposées au public dans une salle du quai d'Orsay, et l'examen définitif eut lieu pour le rapport.

Etant donné le caractère particulier de ce concours au point de vue de la décoration, plusieurs projets s'étaient écartés de l'objet principal, qui restait quand même une cheminée d'usine ; pour donner des pylones, des copies de styles gothique, égyptien, etc., etc.

Le seul projet retenu par le Jury dans le rapport élogieux très détaillé qu'il en fit à l'Administration, tout en constatant l'intérêt des œuvres concurrentes présentées à son examen, fut celui de la maison Demarigny qui donnait toutes satisfactions en réunissant la valeur artistique recherchée, à la technique rigoureuse, appuyée sur des tableaux de calculs de résistance et de stabilité étudiés avec la plus grande précision mathématique.

L'Administration rendit un double hommage à cette honorable Maison en lui confiant l'exécution de la cheminée de l'usine La Bourdonnais sur les plans et le projet intégrals qu'elle avait présentés, et en les faisant siens pour l'exécution de la seconde cheminée.

Nous ajoutons que le grand public fut unanime à ratifier le choix du Jury. L'exécution avait répondu à la conception, et ce remarquable travail fut admiré sans réserves pendant toute la durée de l'Exposition. Enfin le Jury des récompenses souligna le tout en accordant à la maison Demarigny la plus haute distinction : le grand prix.

Nous venons d'indiquer sommairement les conditions imposées au concours, nous donnons ensuite la description de la cheminée Demarigny dont les caractéristiques à l'exécution sont les suivantes :

Diamètre (HO) du plateau de béton . . . . 18^m,00

Diamètre (HO) du bas socle en fondation . . . . 16^m,50

Diamètre (HO) *idem* à niveau du sol. . . . : . . . . 12^m,90

Diamètre (HO) Base de socle du piédestal. . . . . 12^m,00

Diamètre (HO) à la base du fût 8^m,74

    »   (HO) en haut du fût 4^m,96

Hauteur du fût au-dessus du socle . . . . 63^m,00

Fruit du fût par mètre. . . . . 0^m,03

Hauteur du socle au-dessus du sol . . . . 17^m,00

Hauteur du bas socle en fondation. . . . . 6^m,50

Hauteur du plateau de béton. . 1^m,50

    »   au-dessus du sol. . . 80^m,00

Hauteur totale compris plateau de béton. . . . . 88^m,00

D'une manière générale la cheminée est composée au-dessus du sol de trois parties : le piédestal, le fût et le chapiteau.

Le piédestal dont l'intérieur, parfaitement cylindré, est inscrit dans un cercle de 6^m,20 de diamètre, a 17 mètres de hauteur. Son architecture très importante est conçue par une base de socle ou soubassement robuste sur lequel saillissent des contreforts supportant des modillons, d'où s'élancent des pilastres légèrement saillants terminés par de petits chapiteaux à cabochons recevant les retombées des arcs à plein cintres. Au-dessus des arcs, une série de consoles bien proportionnées supportent l'entablement mouluré.

La décoration est complétée par des voussures intercalées entre les contreforts du soubassement pour en allégir les proportions, la mouluration, les jeux de briques en parements et une heureuse disposition de rosaces en saillie légère du nu du parement, dans le centre de chacune des arcades.

Du piédestal, le fût s'élance magnifiquement et jaillit d'une corolle composée de douze feuilles d'acanthe de 2mètres de hauteur. Des jeux de briques en parements atteignent à 10mètres de hauteur en partant de la base du fût, la ceinture décorative, composée de motifs en céramique de 5 mètres de hauteur encadrés dans un double cordon torse.

Les quatre cartouches en écussons répartis sur le fût représentent l'Industrie, la Science, l'Agriculture et les Arts.

Au-dessus de la ceinture décorative, des jeux de briques en ogives et des palmes complètent l'ensemble, et le fût se continue en parement jusqu'à la frise composée d'une astragale avec cabochons, surmontée de marguerites sur leurs tiges feuillées.

Le chapiteau est composé de 14 consoles à cabochons, supportant les retombées des arcs en ogives au-dessous d'une frise de couronnement à palmettes, enfermant un lanterneau crénelé à redans d'où s'élance le paratonnerre.

La nuance dominante du fond est le blanc nankin. Les teintes d'oppositions sont obtenues par des briques de couleurs sanguine ou noire et les ornements brillants par des briques émaillées de nuances diverses appropriées.

L'ornementation que nous venons de décrire très sommairement a été exécutée avec des motifs en « Céramique Nouvelle »

des procédés Siéver, qui a fourni des émaux de très jolis coloris, brillants et solides.

Tout le complément de la décoration en parements a été obtenue par la disposition des jeux de briques et la combinaison des coloris.

Nous donnons une série de planches pour compléter notre description.

La figure 1102, hors texte, représente l'élévation de la cheminée Demarigny avec les appareillages en décors et les ornements en « Céramique Nouvelle ».

Nos lecteurs suivront sur cette figure la description générale que nous avons donnée ci-dessus.

La figure 1103, à plus grande échelle, donne le détail d'une travée de soubassement avec piédestal, les décors en parements et l'appareillage en briques.

Nous présentons le profil du soubassement et piédestal (*fig.* 1104).

La figure 1105, détail d'une feuille d'acanthe avec entre-deux floral à la base du fût.

La figure 1106 nous donne le profil de l'ornement de feuille d'acanthe à la base du fût.

La figure 1107, détail du cartouche de l'industrie dans la ceinture décorative en « Céramique Nouvelle », écusson et double cordon torse. Les jeux de briques en parements et la palme de lauriers en céramique.

La figure 1108, le profil du cartouche et son écusson sur le nu du fût.

La figure 1109, détails de décoration de haut du fût et partie de chapiteau.

La figure 1110, le profil de la décoration de haut du fût sur l'astragale et les marguerites avec le chapiteau.

Nous donnons (*fig.* 1111), hors texte, la coupe en élévation de la cheminée avec ses fondations sur plateau en béton et pilotis, et les profils des détails des moulures à plus grande échelle.

Les figures 1112 à 1115 inclus, nous donnent quatre plans-coupes; sur AB au chapiteau; sur CD, au corps du fût audessus de la décoration en feuilles d'acanthe; sur EF, au corps du piédestal, et sur GH, au soubassement.

Ces plans-coupes sont particulièrement intéressants étant donnée la construction

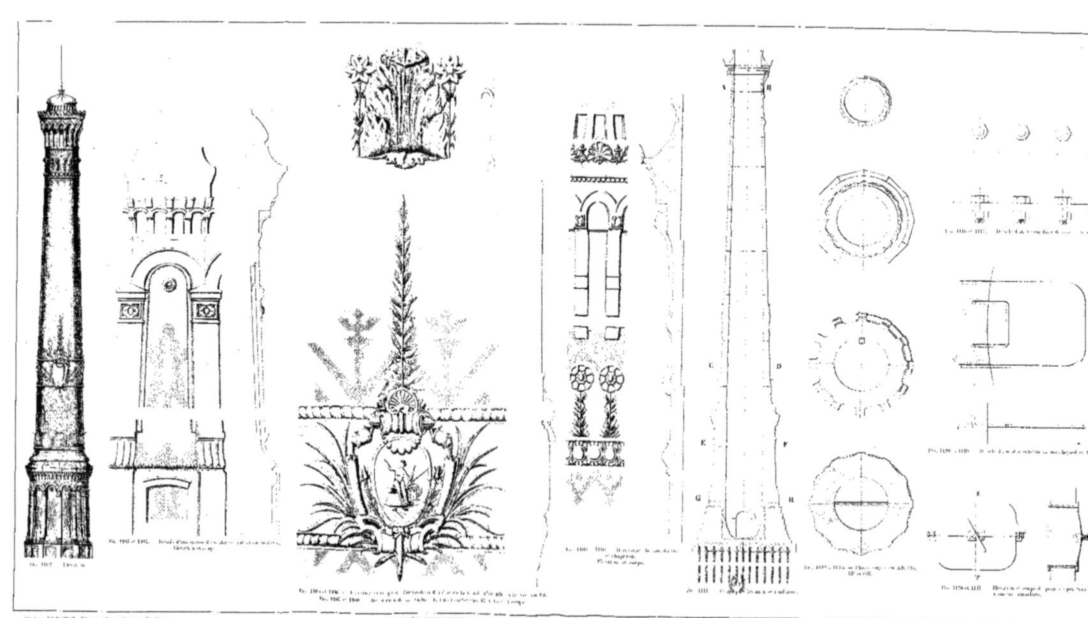

CHEMINÉE MONUMENTALE DEMARIGNY (Usine La Bourdonnais, Exposition Universelle de Paris, 1900).

très spéciale, par suite des modifications de profils.

Dans la coupe en élévation (*fig.* 1111), nos lecteurs ont vu la disposition des cercles en fer dans la maçonnerie, qui ont dû être montés à assemblages boulonnés, en raison de l'importance des diamètres. Nous donnons (*fig.* 1116 et 1117) les détails d'un assemblage de cercle en fer.

Les échelons d'ascension à l'intérieur de la cheminée ont également donné lieu à une disposition spéciale, simple et ingénieuse à la fois, afin de permettre les repos nécessaires dans la montée et la descente et garantir la sécurité des ouvriers.

Le constructeur a adopté un système de double échelon dont l'un, en forme de berceau, donne toute satisfaction pour la sécurité des travailleurs, cependant que l'échelon intérieur ordinaire remplit son office de marchepied.

Nous donnons (*fig.* 1118 et 1119), les détails du double échelon de marchepied et de l'échelon de sécurité pour les repos.

L'accès par l'extérieur avait également été prévu, et des crampons spéciaux solidement ancrés dans la maçonnerie de briques étaient répartis convenablement pour amarrer, le cas échéant, des échafaudages légers. Peints dans les nuances du briquetage, ils étaient invisibles.

La visite de l'intérieur de la cheminée est assurée par une porte de pénétration avec fermeture autoclave, disposée dans le soubassement.

La porte autoclave est représentée figure 1120, et la coupe figure 1121.

La construction a été faite au moyen d'échafaudages extérieurs pour le socle et le piédestal seulement et pour la mise en place des grands ornements en céramique. Toute l'édification de la cheminée s'est poursuivie au moyen d'une plateforme intérieure, qui montait au fur et à mesure de la construction, et les matériaux amenés à hauteur de pose par un treuil aménagé dans l'intérieur de la cheminée commandé par l'extérieur et actionné par la vapeur.

Le téléphone installé spécialement mettait en communication immédiate les équipes de briqueteurs, au fur et à mesure de la construction, avec les équipes d'approvisionnement et de service à terre.

Nous donnons en complément de notre description (*fig.* 1022), le plan des pilotis de fondation dans le plateau de béton et (*fig.* 1123) la coupe des basses maçonneries en fondation sur plateau de béton et batterie de pilotis.

La figure 1124 représente un about de pilot appointi, avec le détail de la ferrure appelée *sabot*.

Les travaux de fondation ont été particulièrement difficultueux. La hauteur des carnaux de fumée nécessitait de descendre les basses maçonneries à 8 mètres au-dessous du niveau du sol où se rencontre une couche d'argile qu'il a fallu traverser par une batterie de pilotis pour atteindre à environ 16 mètres au-dessous du sol le sable quartzeux. Les pilotis ont été enfoncés au refus de sécurité maximum, afin de supporter l'effort des charges sous la plus forte somme de poussée.

La disposition de la fouille en talus que nous avons précédemment indiquée (*fig.* 1100) a été adoptée pour les raisons que nous avons déjà données. L'inclinaison des talus a été calculée pour soutenir les terres et éviter l'étaiement sans redouter d'éboulements.

Les basses maçonneries au-dessus du plateau de béton ont été exécutées en meulière et briques hourdées en mortier de ciment.

Les carnaux de fumée amorcés latéralement à la cheminée dans les basses maçonneries en fondation ont demandé de ménager de chaque côté une ouverture de raccordement à plein cintre, de $2^m,60$ de largeur intérieure et $4^m,70$ de hauteur intérieure, du radier à la clef de voûte.

Afin de partager en deux courants gazeux les produits de la combustion à leur arrivée dans la cheminée, on a disposé une cloison transversale montée à 1 mètre de hauteur au-dessus du sol.

Pour terminer ce court exposé, nous empruntons au *Génie civil* les chiffres

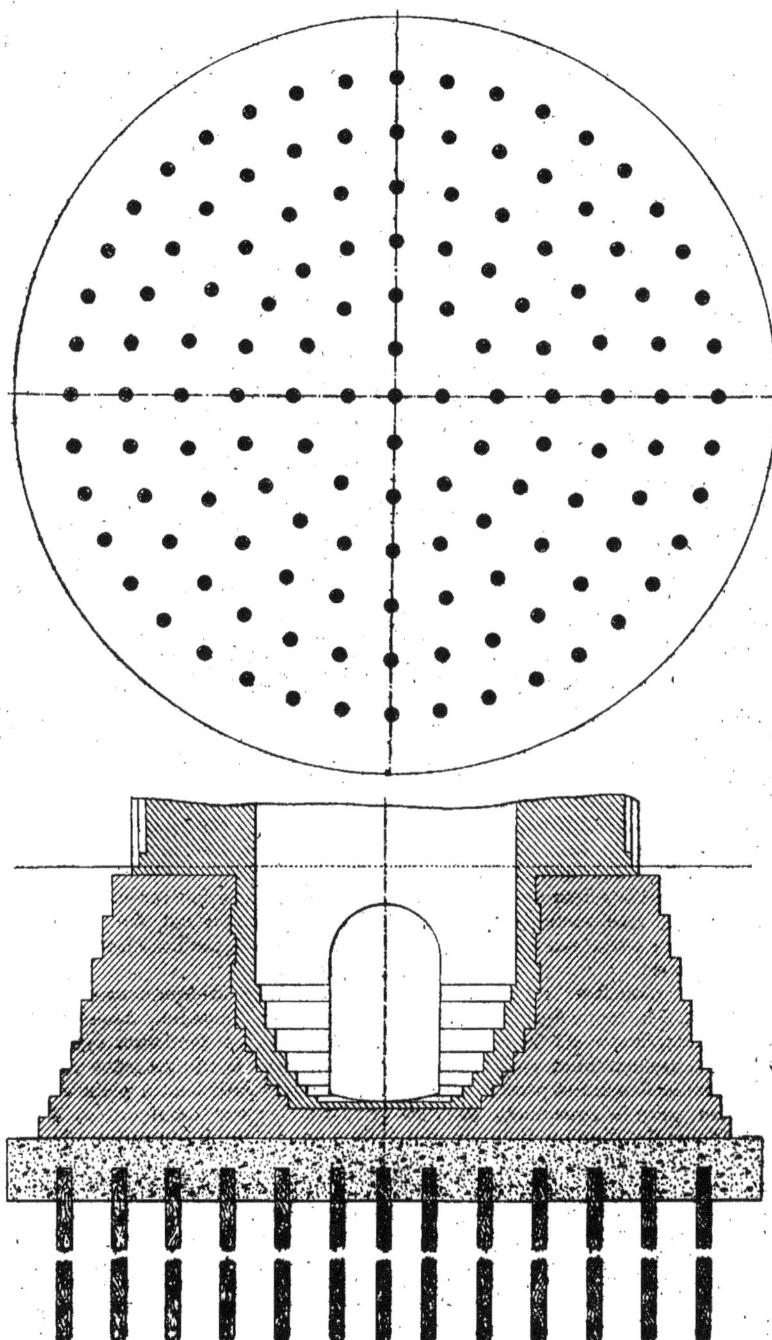

Fig. 1122 et 1123. — Cheminée monumentale Demarigny. — Plan et coupe de la batterie de pilotis de la fondation.

suivants relatifs aux calculs de fondation.

Poids total de la cheminée en kilogrammes 5 733 275
Charge par centimètre carré
de surface, à la base de la
cheminée (abstraction faite des
pieux). 2 253
Réaction par pieu. 20 000
Réaction totale :
20 000 × 133 = ... 2 660 000
Charge nette par centimètre
carré, sur le sol. 1 207

Le nombre de pieux à l'exécution a été
légèrement supérieur au chiffre prévu :
138 au lieu de 133.

Il nous a paru intéressant de résumer
par une description spéciale ce travail,
qui résume lui-même un ensemble de difficultés heureusement aplanies par le
constructeur. Nous complétons ces renseignements par le canevas métrique.

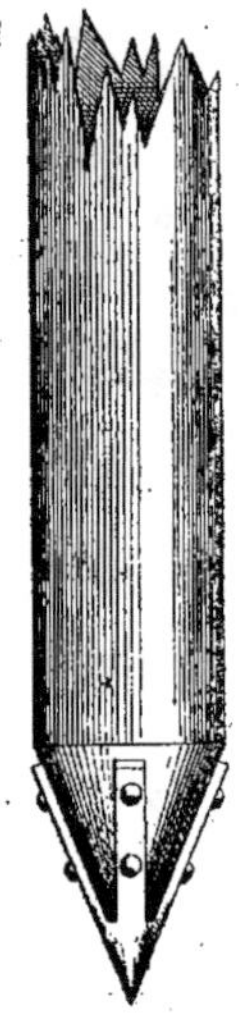

Fig. 1124. — Détail d'un about de pilot
avec sabot en fer.

Cheminée monumentale de l'usine La Bourdonnais

Exposition universelle de Paris en 1900

(fig. 1102 à 1124 inclus)

Demarigny, constructeur

Terrasse :
Fouille en excavation : au cube.
La fouille exécutée en talus :
Au niveau du sol : D = 24^m,00
Au fond de fouille : D = 18^m,00
Profondeur de fouille :   8^m,00
A prendre : sur la hauteur de 7^m,20
D réduit 21^m,00
R : 10.50^2 × 3.1416 × 7.20^H =   2823^{3}670
A reprendre : sur la hauteur de 0^m,80 :
R : 9.00^2 × 3.1416 × 0.80^H =   203 575)   3027^{3}245
     Terrasse n° 26, 1re colonne.
Toutes les opérations de fouille en terrains divers par
superpositions de couches, jets sur banquettes successives
par hauteurs de 1^m,80, jets sur berge, jets horizontaux,
chargement et transports par relais sur chemin horizontal
ou en montant de plus de 1/10, sont à reprendre dans les
données indiquées précédemment dans le métré de fouille
pour fondation sur pilotis (*fig.* 1100 et 1101).
     Observation générale.
*Nous ne reprenons pas ces différentes opérations sans
utilité pratique, étant données qu'elles ont été précédemment indiquées.*
     Observation générale.

Fouille en excavation : au cube.
3027^{3}245
Terrasse, SÉRIE CENTRALE, n° 26.
1re colonne.
Travaux divers de terrasse.
Observation.
Observation.

Batterie de pilotis.

Bois de chêne fourni de gros arrimage : au stère.

Façon sur bois :

Façon et bardage de pilots en chêne : à la pièce.

Fourni les sabots en fer forgé, façonnés à la demande avec clous mariniers pour fixation, à la pièce ou au poids.

Battage au refus, de pilots : au mètre linéaire.

A prendre pour le premier mètre.

A reprendre pour le surplus.

Recépage de pilots en chêne, à la pièce.

Nous indiquons simplement ces différentes opérations pour mémoire, puisque nous les avons métrées précédemment.

A titre de renseignement, nous donnons les indications de la batterie de pilotis.

Nombre des pilots 138

Diamètre moyen $0^m,40$

Longueur moyenne $9^m,10$

Observation générale.

L'installation de la sonnette à vapeur pour le battage des pilotis avec planchers, plate-forme, chemin d'accès en charpente et tous travaux accessoires.

A prendre dans les données indiquées précédemment.

Observation.

Maçonnerie de fondations sur pilotis : au cube.

Béton de cailloux composé comme il est dit à la maçonnerie, hourdé en mortier de sable et ciment Portland (*suivant la nature du ciment employé*) : au cube.

Hauteur du plateau de béton : $1^m,50$.

A prendre :

R : $9.145^2 \times 3.1416 \times 0.70^u = 183^3 909$

A reprendre :

R : $9.00^2 \times 3.1416 \times 0.80^u = 203.576$) $387^3 485$

Maçonnerie Série Centrale n°s 475-477.

Chape en mortier n° 2 avec ciment Portland, au mètre superficiel.

(*Suivant la nature du ciment employé.*)

R : $9.29^2 \times 3.1416 = 271^2 12$.

Maçonnerie Série Centrale n° 696.

Au-dessus de $0^m,03$ centimètres d'épaisseur : au mètre superficiel.

Plus-value par chaque centimètre.

Maçonnerie Série Centrale n° 697.

Observation.

Maçonnerie de meulière pour massif en fondation, hourdée en mortier de sable et ciment Portland (*Suivant la nature du ciment employé*) : au cube.

Cube brut des maçonneries.

R : $8.25^2 \times 3.1416 \times 0.50^u = 106^6 909$
R : $8.00^2 \times 3.1416 \times 0.50 = 100.531$
R : $7.75^2 \times 3.1416 \times 0.63 = 122.648$
R : $7.45^2 \times 3.1416 \times 0.65 = 113.349$
R : $7.20^2 \times 3.1416 \times 1.00 = 162.860$
R : $6.95^2 \times 3.1416 \times 1.00 = 151.739$
R $6.70^2 \times 3.1416 \times 1.00 = 141.026$
$\quad\ 6.45^2 \times 3.1416 \times 1.00 = 130.690$ $1029^3 752$

Report................. 1029^3752

A déduire :

Les vides intérieurs et les ou-vrages en briques :

A prendre :

Vide central et son enveloppe en briques : cube plein.

R : $2.18^2 \times 3.1416 \times 0.30^{\text{H}} = 4^3480$
R : $2.43^2 \times 3.1416 \times 0.25 = 4.637$
R : $2.68^2 \times 3.1416 \times 0.35 = 7.898$
R : $2.93^2 \times 3.1416 \times 0.45 = 12.126$
R : $3.18^2 \times 3.1416 \times 0.55 = 17.467$
R : $3.43^2 \times 3.1416 \times 0.90 = 33.269$
R : $3.56^2 \times 3.1416 \times 0.70 = 27.866$
R : $3.45^2 \times 3.1416 \times 0.70 = 26.176$
R : $3.56^2 \times 3.1416 \times 0.70 = 27.866$
R : $3.45^2 \times 3.1416 \times 0.70 = 26.176$ 187^3961 841^3791

A reprendre : en déduction.

Vides des carnaux de fumée et leurs enveloppes en briques :

Cube plein.

Section transversale en face les pieds-droits :

2 fois $3.76 = 7.52$
2 fois $3.52 = 7.04$ $14.56 \times 3.80^{\text{L}} \times 0.88^{\text{H}} = 48^3688$

Section transversale en face du cintre :

$$\frac{3.1416 \times 2.11^2}{2} = 6.99$$

$\times\, 3.00$ L. réduite $= 20.970$
$\overline{69.658}$

et pour 2 semblables :

     $69^3658 \times 2 = $ 139^3316 702^3475

Cube net de construction de maçonnerie de meulière de plus de 5^3000 pour massif en fondation, 702^3475.

Ouvrages industriels.

L'évaluation de la série industrielle comprend la valeur du hourdis n° 2 en mortier de ciment I.

Observation.

Cheminée d'usine pour générateurs de vapeur, construite en maçonnerie de briques de façon bourgogne, pressées en terre franche, hourdées en mortier bâtard au dosage de 200 kilogrammes de ciment Portland de Boulogne-sur-Mer et 150 kilogrammes de chaux hydraulique de Beffes par mètre cube de sable tamisé : au cube.

Les basses maçonneries au-dessous du niveau du sol, le piédestal et la partie galbée de la colonne de la cheminée.

A prendre : *Les basses maçonneries au-dessous du niveau du sol :*

Cube brut des maçonneries : Bas socle en fondation.

Vide central et son enveloppe en briques. Cube plein, ci 187^3961

Vide des carnaux de fumée et leurs enveloppes en briques. Cube plein, ci 139.316 327^3277

    A reporter .... 327^3277

Meulière pour massif en fondation de plus de 5^3000 : au cube.
702^3475
Série industrielle.
Observation.

Report .... $327^3 277$
Les vides à déduire :
Vide central :
R:$1.60^2 \times 3.1416 \times 0.15^{\mathrm{H}} = 1^3 206$
R:$1.85^2 \times 3.1416 \times 0.25 = 1.612$
R:$2.10^2 \times 3.1416 \times 0.35 = 4.849$
R:$2.35^2 \times 3.1416 \times 0.45 = 7.807$
R:$2.60^2 \times 3.1416 \times 0.55 = 11.680$
R:$2.85^2 \times 3.1416 \times 0.65 = 16.493$
R:$2.975^2 \times 3.1416 \times 0.40 = 11.134$
R:$3.10^2 \times 3.1416 \times 2.65 = 80.016$ $134^3 797$
Vides des carnaux de fumée :
pour un.
En face les pieds-droits :
$2.60 \times 0.20^{\mathrm{FL}} \times 2/3 = 0^2 35$
$2.60 \times 3.20^{\mathrm{H}} \qquad = 8.32$ $8.67 \times$
$4.50^{\mathrm{L}} = 39.015$
En face du cintre :
$$\frac{3.1416 \times 1.30^2}{2} = 2.65$$
$\times 3.50$ L. réduite $= 9.275$
Le second carnau semblable ci$= 48.290$ $231^3 377$ $95^3 900$
A reprendre :
Plate-forme d'implantation du piédestal :
Cube brut :
R:$6.00^2 \times 3.1416 \times 0.20^{\mathrm{H}}$ $= 22^3 619$
A déduire :
Vide central :
R:$3.10^2 \times 3.1416 \times 0.20$ $= 6.039$ 16.580 $112^3 480$
Cube net de construction des basses maçonneries de cheminée d'usine en fondation:................. $112^3 480$

Ouvrages industriels en 1re catégorie.

Les cintres en location compris pose et dépose : au mètre superficiel.

Série industrielle.

A reprendre : *Les maçonneries en élévation au-dessus du niveau du sol : 1re partie.*
Le socle :
$3.1416 \times (5.70^2 - 3.10^2)$
$\times 3.00^{\mathrm{H}} = 215^3 639$
A reprendre :
12 contreforts en saillie :
Chacun :
$1.15 \times 0.23 \times 3.00^{\mathrm{H}}$
$= 0^3 793 \times 12 = 9.522$ $225^3 161$
A déduire :
12 panneaux en retraite :
Chacun:$1.10 \times 0.12 \times 1.00^{\mathrm{H}}$ réd.
$= 0^3 132 \times 12 = 1.584$ $223^3 577$
Le piédestal :
Tronc de cône en élévation :
$1/3 \ 3.1416 \times 14.00^{\mathrm{H}} \times$
$(5.20^2 + 4.65^2 + 5.20 \times 4.65) = 1067^3 929$
Vide à déduire :
R : $3.10^2 \times 3.1416 \times 14.00^{\mathrm{H}} = 422.671$ 645.258
A reporter .... $868^3 835$

Briques façon Bourgogne pressées en terre franche pour cheminée d'usine : au cube :

$112^3 480$
Série industrielle.
Tarification en 1re catégorie.
Location de cintres : au mètre superficiel.
»   »   »
Série industrielle.

Report .... 868^3835

A reprendre :
12 pilastres en saillie :
Chacun :
$0.90 \times 0.23 \times 9.50^{\text{H}}$
$= 1^3966 \times 12 = 23^3592$
A déduire :
12 panneaux en retraite :
Chacun :
$1.40^{\text{réd.}} \times 0.12 \times 9.50$
$= 1.596 \times 12 = 19.152$ 4.440
A reprendre :
Corniche du piédestal :
Mesures réduites 10.25
Sailie   0.95
$3.1416 \times 10.25^{\text{réd.}} = 32.20 \times 2.65^{\text{H}}$
$\times 0.95 \times 3/4 = 60.776$

A reprendre :
Les parties galbées à la base de la colonne
tronconique :
$3.1416 \times 9.35^{\text{moy}} \times 0.61 \qquad \times 0.14^{\text{H}} = 2^3508$
$3.1416 \times 9.50^{\text{réd}} \times 0.70^{\text{réd}} \qquad \times 0.99 = 20.672$
$3.1416 \times 8.94^{\text{réd}} \times 0.27 \qquad \times 0.14 = 1.062$
$3.1416 \times 8.75^{\text{réd}} \times 0.30^{\text{réd}} \qquad \times 0.85 = 7.006$
$3.1416 \times 8.65^{\text{moy}} \times 0.05 \qquad \times 0.14 = 0.188$
$3.1416 \times 8.75^{\text{réd}} \times 0.25^{\text{réd}} \qquad \times 0.35 = 2.406$
$3.1416 \times 8.70^{\text{réd}} \times 0.16 \quad \times 2/3 \times 2.10 = 6.126$ 39.968
Tronc de cône de la 1re levée du fût :
$1/3\ 3.1416 \times 8.00^{\text{H}} \times$
$(4.37^2 + 4.13^2 + 4.37 \times 4.13) -$
Vide de :
$1/3\ 3.1416 \times 8.00^{\text{H}} \times$
$(3.22^2 + 2.98^2 + 3.22 \times 2.98) - 212.435 / 1186^3454$
Cube net de construction de la 1re partie des maçonneries
en élévation pour socle, piédestal et 1re levée de
fût de cheminée d'usine .... 1186^3454
Ouvrages industriels en 1re catégorie.
*L'évaluation de la Série industrielle comprend la
valeur du hourdis n° 3 en mortier de chaux hydrau-
lique en sable ou mortier de terre à four.*
Observation.

Plus-value à reprendre suivant la nature du mortier de
hourdis de ciment et sa composition en mortier bâtard selon
le dosage indiqué au mémoire, au cube :
Cube des maçonneries de briques, ci-dessus :
Basses maçonneries en fondation. ci $= 112^3480$
Maçonneries en élévation.   ci $= 1186.454 (1298^3934$
Observation.
Les cintres en location compris pose et dépose : au mètre
linéaire, eu égard aux petites surfaces.
Observation.

A développer selon les cintrages des ouvrages indiqués
(fig. 1102), élévation de la cheminée.
A reprendre : *Les maçonneries en suivant le fût en
élévation, 2me partie.*
Cheminée d'usine pour générateurs de vapeur construite
en maçonnerie de briques de façon bourgogne, pressées en

Briques façon Bourgogne pressées en
terre franche pour cheminée d'usine : au
cube.

1186^3454

Série industrielle.

Tarification en 1re catégorie.

Observation.

Plus-value pour hourdis de briques
pour cheminée d'usine, en mortier bâtard
au dosage de 200 kilogrammes de ciment
Portland de Boulogne-sur-Mer et 150 kilogrammes de chaux hydraulique de Beffes
par mètre cube de sable tamisé au cube
de construction.

1298^3934

Observation.

Location de cintres : au mètre linéaire.

Observation.

terre franche, hourdées en mortier n° 3 de chaux hydraulique et sable : au cube.

Le fût :

Par levées tronconiques partant de la base à la 2ᵐᵉ levée
du fût :

2ᵐᵉ levée :

$1/3\ 3.1416 \times 8.00^{H}$
$\times (4.13^2 + 3.89^2 + 4.13 \times 3.89)$
Vide de :
$1/3\ 3.1416 \times 8.00^{H}$
$\times (3.09^2 + 2.85^2 + 3.09 \times 2.85)$ $\Big\} = 182^3444$

3ᵐᵉ Levée :

$1/3\ 3.1416 \times 8.00^{H}$
$\times (3.89^2 + 3.65^2 + 3.89 \times 3.65)$
Vide de :
$1/3\ 3.1416 \times 8.00^{H}$
$\times (2.96^2 + 2.72^2 + 2.96 \times 2.72)$ $\Big\} = 154.499$

4ᵐᵉ Levée :

$1/3\ 3.1416 \times 7.50^{H}$
$\times (3.65^2 + 3.425^2 + 3.65 \times 3.425)$
Vide de :
$1/3\ 3.1416 \times 7.50^{H}$
$\times (2.84^2 + 2.615^2 + 2.84 \times 2.615)$ $\Big\} = 119.569$

5ᵐᵉ Levée :

$1/3\ 3.1416 \times 7.50^{H}$
$\times (3.425^2 + 3.20^2 + 3.425 \times 3.20)$
Vide de :
$1/3\ 3.1416 \times 7.50^{H}$
$\times (2.725^2 + 2.50^2 + 2.725 \times 2.50)$ $\Big\} = 97.723$

6ᵐᵉ Levée :

$1/3\ 3.1416 \times 7.00^{H}$
$\times (3.20^2 + 2.99^2 + 3.20 \times 2.99)$
Vide de :
$1/3\ 3.1416 \times 7.00^{H}$
$\times (2.62^2 + 2.41^2 + 2.62 \times 2.41)$ $\Big\} = 71.555$

7ᵐᵉ Levée :

$1/3\ 3.1416 \times 7.00^{H}$
$\times (2.99^2 + 2.78^2 + 2.99 \times 2.78)$
Vide de :
$1/3\ 3.1416 \times 7.00^{H}$
$\times (2.53^2 + 2.32^2 + 2.53 \times 2.32)$ $\Big\} = 53.716 \Big/ 679^3506$

Cube net de construction de la 2ᵐᵉ partie des maçonneries
en élévation pour fût de cheminée d'usine........ 679³ 506

Ouvrages industriels en 1ʳᵉ catégorie.

A reprendre : *Les maçonneries en suivant le fût en
élévation et couronnement : 3ᵐᵉ partie.*

Cheminée d'usine pour générateurs de vapeur construite
en maçonnerie de briques de façon bourgogne, pressées en
terre franche, hourdées en mortier n° 3 de ciment Portland
de Boulogne-sur-Mer et sable tamisé : au cube.

Le fût :

Les 2 dernières levées tronconiques :

8ᵐᵉ Levée :

$1/3\ 3.1416 \times 5.00^{H}$
$\times (2.78^2 + 2.63^2 + 2.78 \times 2.63) -$
Vide de :
$1/3\ 3.1416 \times 5.00^{H}$
$\times (2.43^2 + 2.28^2 + 2.43 \times 2.28)$ $\Big\} = 27^3819$

Briques façon Bourgogne pressées en
terre franche pour cheminée d'usine : au
cube.

679³506

Série industrielle.

Tarification en 1ʳᵉ catégorie.

Report................... 273^{819}

9ᵐᵉ Levée :

1/3 $3.1416 \times 5.00^{11} \times$

$(2.63^2 + 2.48^2 + 2.63 \times 2.48)$ —

Vide de :

1/3 $3.1416 \times 5.00^{11} \times$

$(2.40^2 + 2.25^2 + 2.40 \times 2.25)$ $= 17.630$

Le couronnement de fût :

$3.1416 \times 6.20 \times 7.50 \times 1.22 \times 2/3 = 118.815$ / 164^3264

Cube net de construction de la 3ᵐᵉ partie des maçonneries en élévation pour fût de cheminée d'usine....... 164^3264

Ouvrages industriels en 1ʳᵉ catégorie.

L'évaluation de la série industrielle comprend la valeur du hourdis en mortier n° 3 de chaux hydraulique et sable ou mortier de terre à four.

Observation.

Plus-value à reprendre pour hourdis en mortier de ciment Portland suivant sa nature : au cube.

Maçonnerie en élévation, ci 164^3264.

Observation.

Enduit intérieur des deux dernières levées du fût en ciment de Boulogne-sur-Mer : pour enduit circulaire à simple courbure :

Les prix de la série spéciale des ciments avec une plus-value de 5 0/0.

Observation générale.

Plus-value à reprendre pour emploi de briques de Bourgogne, moule d'acier en parements extérieurs : au cube.

Différence avec la brique façon Bourgogne comptée au mémoire.

Ouvrages industriels en 1ʳᵉ catégorie.

Nous mentionnons simplement la plus-value pour ne pas allonger la description sans utilité par la reprise des calculs de cubatures.

Observation.

Les fers pour cercles de décharge dans la masse de maçonnerie, les boulons d'assemblages, les échelons et doubles échelons de sécurité, chapeau de cheminée, etc., etc.

A reprendre dans les données indiquées précédemment.

Observation.

Echafaudage de fond à double rang d'échasses pour le piédestal : au mètre superficiel.

Maçonnerie de bâtiment.

Observation.

Taille de briques pour ouvrages industriels, les parties taillées apparentes ou non, formant une surface lisse à arêtes vives pour parements extérieurs ou intérieurs et pour sommiers de voûtes ou appuis de maçonnerie quelconques en pente, les faces droites, obliques ou courbes : au mètre superficiel.

A prendre, les ouvrages en taille dans la brique de Bourgogne, moule d'acier, pour parties galbées du socle, de la base de fût et des couronnements, suivant profils demandés ; par développement des rangs de briques.

Briques façon Bourgogne pressées en terre franche pour cheminée d'usine : au cube.

164^3264

Série industrielle.

Tarification en 1ʳᵉ catégorie.

Observation.

Plus-value pour hourdis en mortier de ciment : au cube.

164^3264

Observation.

Enduit en ciment, au mètre superficiel.

Observation.

Plus-value pour emploi de briques de Bourgogne moule d'acier, en excédent sur la brique façon Bourgogne pour cheminée d'usine : au cube.

»   »   »

Observation.

Ouvrages divers.

Observation.

Echafaudage : au mètre superficiel.

»   »   »

Maçonnerie de bâtiment.

Socle :
12 têtes des contreforts :
Détail d'une :
23 rangs de briques de 0m90
$$= 20.70 \times 12 = 248.40$$
12 panneaux intercalaires galbés :
Détail d'un :
23 rangs de briques de 1m85 en moyenne
$$= 42.55 \times 12 = 510.60$$
Piédestal :
12 têtes des pilastres :
Détail d'une :
5 rangs de briques de 0m60 en moyenne
$$= 3.00 \times 12 = 36.00$$
Au droit des consoles du couronnement de piédestal :
9 rangs de briques taillées pour consoles et entre-deux de 30m00 chacun en moyenne de développement
$$= 30.00 \times 9 = 270.00$$
Gorge au-dessus du couronnement :
10 rangs de briques taillées, *idem*, de 34m00 chacun en moyenne de développement
$$= 34.00 \times 10 = 340.00$$
Fût :
Parties galbées à la base :
60 rangs de briques taillées, *idem*, suivant les gabarits demandés pour les profils, de 29m50 chacun en moyenne de développement
$$= 29.50 \times 60 = 1770.00$$
16 consoles de couronnement de fût :
Détail d'une :
20 rangs de briques de 0m45
$$= 9.00 \times 16 = 144.00 \qquad 3319^m\ 00$$
Linéaire 3319m $\times$ 0.075 de largeur moyenne par chaque rang de briques...................... 248² 92
Soit pour surface de taille 248² 92
Série industrielle.
Observation.

A reprendre :
Frottis de briques en parement apparent après la taille pour travail très soigné, au mètre superficiel.
Surface de taille, ci 248² 92.
Observation.
Plus-value à reprendre pour la taille sur parties à double courbure en suivant les gabarits demandés pour les profils : au mètre superficiel :
Parties galbées à la base du fût :
60 rangs de briques de 29m,50 chacun en moyenne de développement = 29.50 $\times$ 60 = 1770m,00 $\times$ 0.075 de largeur moyenne par chaque rang de briques = 132² 75.
Soit pour surface de taille à double courbure 132² 75
Observation.
Plus-values à reprendre sur les ouvrages en briques :
1° Pour emploi de briques décoratives polychromes ; rouges, blanches, noires, grises, nankin, etc. : au mètre superficiel.

Taille de brique pour faces droites, obliques ou courbes avec arêtes vives en parement extérieur pour cheminée d'usine : au mètre superficiel.

248²92

Série industrielle.

Observation.

Parement de brique frotté après la taille pour travail très soigné : au mètre superficiel.

248³92

Observation.

Plus-value de taille de briques sur parties à double courbure : au mètre superficiel.

132²75

Observation.

Le socle :
12 fois
   1.85=22.20
12 fois
   1.15=13.80
24 fois
   0.23=5.52 41.52×3.00^H dév.=124.56
A reprendre :
12 fois 4.20 = 50.40 × 0.12 = 6.04) 130^{c}60
Le piédestal :
12 fois
   0.90=10.80
12 fois
   1.68=20.16
24 fois
   0.23=5.52 36.48×9.50   =346.56
A reprendre :
12 fois 20.00 = 240.00 × 0.12 = 28.80
12 fois 2.40 = 28.80 × 1.85 = 53.80
La corniche :
12 fois 2.70réd. = 32.40 × 2.65^H = 85.86) 514.50
Le fût :
Parties galbées à la base :
3.1416 × 9.96   × 0.14^H =   4.37
3.1416 × 10.20réd. × 0.99 = 31.73
3.1416 × 9.21   × 0.14   =   4.05
3.1416 × 9.75réd. × 0.85   = 26.05
3.1416 × 8.70   × 0.14   =   3.80
3.1416 × 9.00réd. × 0.35   =   9.80
3.1416 × 8.56   × 0.14   =   3.75
3.1416 × 8.65réd. × 2.10   = 57.05) 140.60
Partie tronconique :
Développement réduit :
3.1416 × 7.00réd. = 22.00 × 48.50^H = 1066.57
Couronnement :
Développement réduit :
3.1416 × 6.70réd. = 21.04 × 7.50   = 157.80
Haut du fût :
Développement réduit :
3.1416 × 5.50réd. = 17.27 × 2.15   =   37.15 2047^{2}22
    Observation.
2° *Pour emploi de briques décoratives émaillées, poly-*
chromes de huit nuances en décoration, au 0/00.
   Les plus-values à présenter selon la palette des émaux.
    Observation.
3° *Par unité de rang de briques bien appareillées*
pour décoration, formant saillie de corniche ou cours
de moulures : au mètre linéaire :
Socle :
12 têtes des contreforts :
Détail d'une :
3 fois 0.90 de longueur = 2.70×12=   32.40
Piédestal :
12 têtes des pilastres :
Détail d'une :
5 fois 0.60 de longueur = 3.00×12=   36.00
Couronnement du piédestal :

    A reporter................. 68.0

Plus-values de briques décoratives
polychromes : au mètre superficiel.

2047^{2}22

Plus-value de briques émaillées
polychromes : au mille.

»   »   »

Observation.

Report..................... 68.40

Au droit des consoles :
9 rangs de 30.00 chacun en moyenne
de développement   = 30.00 × 9= 270.00

Corniche du piédestal :
20 rangs de 30.00 chacun en moyenne
de développement   = 30.00 × 20 = 600.00

Fût :
Couronnement de fût :
100 rangs de 20.00 chacun en moyenne
de développement   = 20.00×100 = 2000.00 | 2.938ᵐ,40

Série industrielle.

4° *Par unité de pilastres ou décors par analogie,*
tels que consoles, plates-bandes et arcs, ayant au plus 0ᵐ,22
de largeur, avec deux saillies régulières sur les côtés : au
mètre linéaire :

Piles du socle :   24 fois 3.00 = 72.00
Arceaux :   12 fois 1.20 = 14.40
Piles du piédestal :   36 fois 9.50 =342.00
Arceaux :   12 fois 2.00 = 24.00
Consoles :   12 fois 5.00 = 60.00
Arceaux :   30.00
Consoles du couronnement : 16 fois 5.00 = 80.00
Arceaux :   25.00 | 647ᵐ,40

Série industrielle.

Parement de briquetage apparent dressé à la règle, les
joints de niveau, les faces extérieures de la construction en
suivant le fruit demandé, à trois nuances de briques en
décor, sur cheminée d'usine : au mètre superficiel.

Le socle :
Les surfaces suivant détails précé-
dents, ci   130²60

Le piédestal :
Les surfaces suivant détails précé-
dents, ci   514.50

Le fût :
1° Les parties galbées suivant détails
précédents, ci   140.60

A reprendre :
2° Jusqu'aux grandes palmes :
        3.1416 × 7.80ʳᵉᵈ· ×20.00ᴴ=490.09
3° Dessous le couronnement :
        3.1416 × 6.00ʳᵉᵈ· × 6.00ᴴ=113.09
Le couronnement :
        3.1416 × 6.70ʳᵉᵈ· × 7.50 =157.80
Haut du fût :
        3.1416 × 5.50ʳᵉᵈ· × 2.15 = 37.15 | 1583ᵐ,83

Série industrielle ;

Plus-value à reprendre pour parement de briques émaillées
à plusieurs nuances en décor, sur cheminée d'usine : au
mètre superficiel.

A présenter par le détail des surfaces émaillées.
Observation.

*Nous nous abstenons de donner les détails un peu
longs de ce travail qui nous paraissent sans grande
utilité pratique. Nous nous bornons à indiquer la
plus-value.*
Observation.

Jointoiement extérieur en joints creux lissés au fer sur briques neuves de cheminée d'usine en montant la construction : au mètre superficiel.

Surface de parement, ci :		1583^2 83
A déduire :		
Jointoiement à l'anglaise :		
Socle :	130^2 60	
Piédestal :	514.50	
Fût :		
Parties galbées :	140.60	785.70 $798^2$13

Série industrielle.

Jointoiement extérieur à reprendre, en joints saillants à l'anglaise ou en creux coupés à la règle, équarris, mortier de 2 couleurs : au mètre superficiel.

Surfaces déduites ci-dessus, ci : $785^2$70.

Maçonnerie de bâtiment.

Observation.

Plus-value à reprendre pour jointoiement sur briques émaillées et sur parties moulurées à double courbure, etc., etc.

Chaque plus-value à présenter séparément pour sa surface.

Observation.

Décoration en « Céramique Nouvelle » de Siéver.

Montage, présentation et appareillage des motifs de décoration, frises, palmes, cartouches, etc., trous et scellements dans la brique, des pattes de fixation : agrafes et goujons en cuivre pour l'assemblage des pièces de céramique, trous de mèches ; tous scellements, jointoiements au mastic spécial et enduits à l'émail, pour les parties décoratives, faïence et « Céramique Nouvelle », à reprendre.

Nous nous bornons à une indication récapitulative et succincte de ces diverses opérations dont le détail nous paraît superflu en raison de la rareté du cas d'application et pour ne pas allonger ce travail.

Observation.

Les fournitures diverses et les travaux accessoires sont également à reprendre dans les données précédemment indiquées, en ce qu'ils ont de semblable.

Observation générale.

Jointoiement sur briquetage apparent joints creux lissés au fer sur cheminée d'usine en montant la construction : au mètre superficiel :

$798^2$13

Série industrielle.

Jointoiement sur briquetage apparent, dit à l'anglaise, joints saillants ou en creux coupés à la règle, équarris, mortier de 2 couleurs : au mètre superficiel.

$785^2$70

Observation.

Plus-values diverses pour jointoiements sur briquetage émaillé et parties moulurées à double courbure.

Observation.

Décoration en " Céramique Nouvelle " de Siéver.

Observation.

Fournitures et travaux divers.

Observation.

Nous avons donné, dans ce canevas métrique, qui n'est pas un mémoire, tout ce qui nous a paru intéressant pour compléter la description de la cheminée et rester en même temps sur les choses d'application courantes ; c'est pourquoi nous avons exclu des détails qui eussent été sans objet, et nous nous sommes contenté de mentionner sans nous y arrêter, différentes opérations très spéciales, que nous ne rencontrons pas dans l'exécution normale.

Les évaluations de la Série Centrale sont celles de l'édition de 1905 ; nous n'avons pas changé de Série, puisqu'il s'agit d'un travail de démonstration et non d'un mémoire en fait : nos lecteurs se l'expliqueront très certainement, car ce serait un non-sens, n'était cette raison : d'appliquer les prix de la Série de 1905 pour un travail exécuté en 1900.

Nous avons terminé par la cheminée Demarigny l'exposé des travaux de fumisterie industrielle que nous nous sommes proposés de soumettre à nos lecteurs. La division que nous avons adoptée par classification nous a paru la meilleure pour fournir d'une manière générale un bon ensemble de renseignements.

Le dernier chapitre est réservé à quelques exemples de travaux en réparation.

Travaux industriels divers en réparation.

116. Pour répondre aux desiderata exprimés par nos correspondants, nous présentons dans un chapitre spécial quelques exemples de travaux en réparation.

Les ouvrages en tailles, vu leur importance en travaux de réparation, quant aux

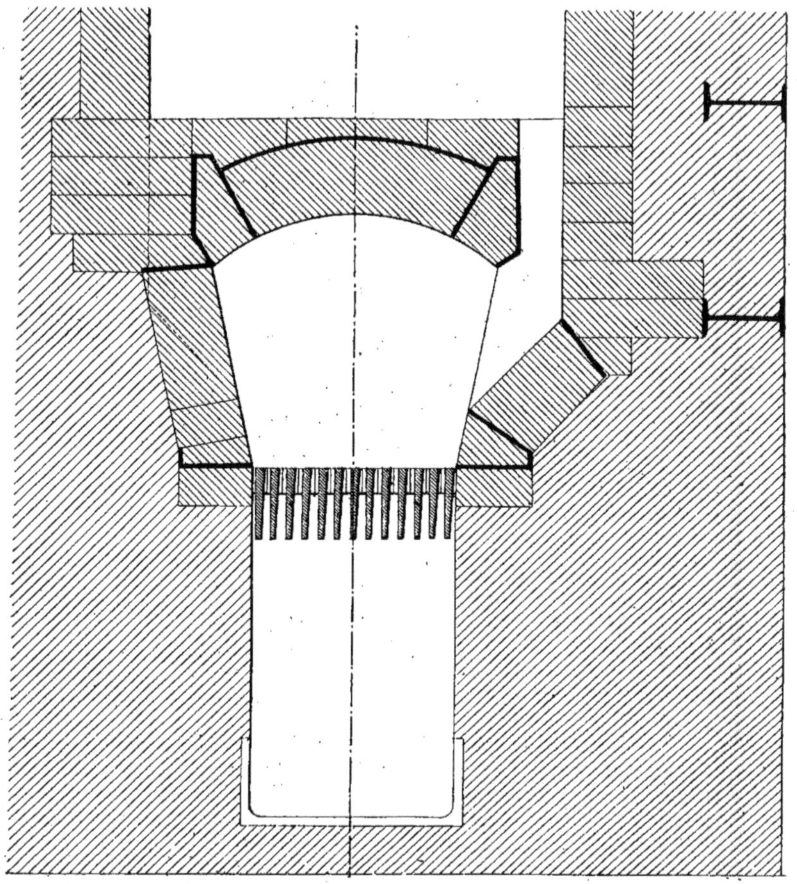

Fig. 1125. — Foyer de four à cémenter en réparation. — Coupe transversale.

faibles cubes des maçonneries en œuvre, sont soulignés dans nos dessins par un trait fort.

Les travaux de réparation les plus fréquents sont les réfections de foyers dont nous avons choisi deux types pour démonstration.

Nous donnons (*fig.* 1125 et 1126) un foyer de four à cémenter.

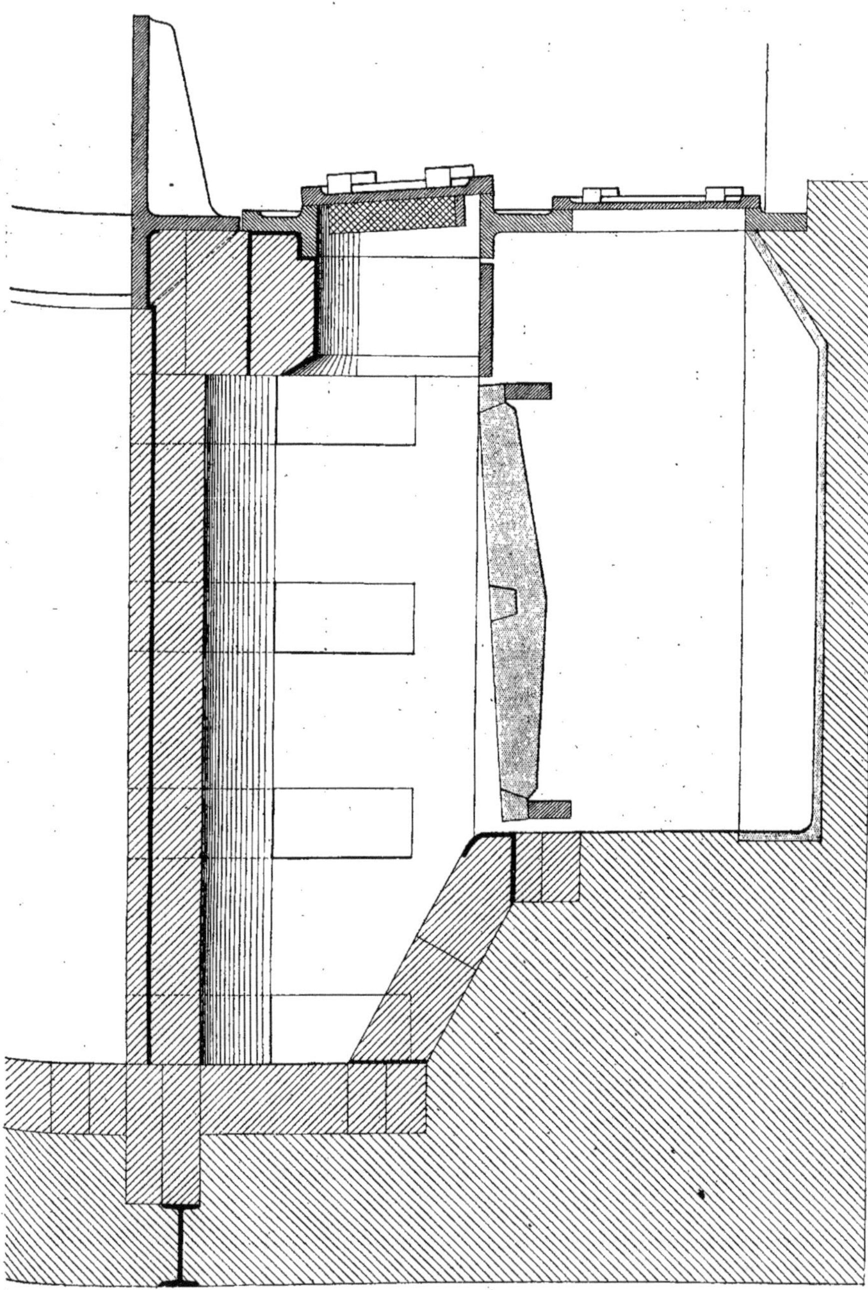

Fig. 1126. — Foyer de four à cémenter en réparation. — Coupe longitudinale.

Foyer de four à cémenter en réparation

Déposé, rangé les fontes, au poids :
Barreaux de grilles pesant   » »⎫
Supports de grille »   » »⎪
Plaque de gueulard »   » »⎬
Devanture du foyer »   » »⎭
    Série industrielle.
Les descellements dans les maçonneries conservées, à reprendre s'il y a lieu.
    Observation.
Démoli pour reprise en réparation, par petites parties, le foyer en briques hourdées en coulis réfractaire : au cube.
Travail exécuté à chaud dans un four à moins de 48 heures d'extinction.
Les cubatures à détailler par parties :
A prendre :
2 jouées chacune :
$$1.15 \times 0.12 \times 0.40^{\mathrm{H}} = 0^3 055 \times 2 = 0^3 110$$
6 intermédiaires entre les créneaux :
 Chacun : $0.22 \times 0.08 \times 0.40^{\mathrm{H}} = 0^3 007 \times 6 = 0.042$
La voûte et la sole : $0.50 \times 1.15 \times 0.18 = 0.103$
Autel : réduit : $0.35 \times 0.12 \times 0.50 = 0.021$
Gueulard :
2 côtés chacun :
$$0.23 \times 0.22 \times 0.26 = 0^3 013 \times 2 = 0.026$$
La voûte : $0.45 \times 0.23 \times 0.30 = 0.031 \quad 0^3 333$
Ouvrages industriels en 1ʳᵉ catégorie de démolition exécutée à chaud.
    Série industrielle.
Déblai des gravois, chargement au seau, à la hotte ou en brouette, montage, transport et enlèvement, à reprendre selon les données indiquées précédemment.
Cube des ouvrages en démolition, ci : $0^3 333$⎫
Foisonnement de 1/2, ci : 0.167⎬$0^3 500$
Cube des gravois, ci : $0^3 500$
    Observation.
Reprise en réparation, de foyer, de four à cémenter, en briques réfractaires, qualité spéciale pour foyers, hourdées en coulis réfractaire de qualité afférente :
Cube de démolition en reprise, ci : $0^3 333$
La tarification des ouvrages en reprise, en briques réfractaires, est en 5ᵐᵉ ou 6ᵐᵉ catégorie selon que le four cube plus de 4³000 ou jusqu'à 4³000.
Au-dessus de 4³000 = 5ᵐᵉ catégorie.

Jusqu'à 4³000 = 6ᵐᵉ catégorie.
    Série industrielle.
    Observation.

Plus-value de maçonnerie de briques pour reprise d'ancienne construction en réparation de fours : au cube, ci $0^3 333$
    Série industrielle.
Les cintres en bois, pour pose, location et dépose, au mètre superficiel.
$$\left.\begin{array}{l}1.15\\0.23\end{array}\right\} 1.38 \times 1.00 = 1^2 38$$
    Série industrielle.

Notes de marge :

Dépose et rangement de fonte : au poids

» » »

Série industrielle.

Observation.

Démolition d'ouvrages en briques exécutée à chaud, pour reprise en réparation : au cube.

$0^3 333$

Série industrielle.

Tarification en 1ʳᵉ catégorie.

Travaux divers : au cube.

$0^3 500$

Brique réfractaire pour foyer de four à cémenter, en reprise en réparation : au cube.

$0^3 333$

Série industrielle.

Four au-dessus de 4³000.

Tarification en 5ᵐᵉ catégorie.

Four jusqu'à 4³000.

Tarification en 6ᵐᵉ catégorie.

Plus-value de maçonnerie de briques en reprise en réparation de fours : au cube.

$0^3 333$

Série industrielle.

Cintres en bois pour pose, location et dépose : au mètre superficiel.

$1^2 38$

Série industrielle

Les tailles spéciales dans les ouvrages en briques, au mètre superficiel :

Jouées de foyer :

$$4 \text{ fois } 1.10 \times 0.12 = 0^2 53$$

Créneaux :

$$16 \text{ fois } 0.11 \times 0.15 = 0.26$$

Sommiers de voûte :

$$6 \text{ fois } 0.22 \times 0.15 = 0.20$$
$$8 \text{ fois } 0.11 \times 0.12 = 0.11$$

Dessus de voûte sous la sole :

$$\text{développé } 0.65 \times 3 \text{ fois } 0.22 = 0.43$$
$$- \qquad 0.50 \times 4 \text{ fois } 0.11 = 0.22$$

Chanfreins du gueulard :

$$\text{développé } 0.85 \times 0.06 = 0.05$$

Dessus de voûte du gueulard :

$$\text{développé } 0.45 \times 0.20 = 0.09$$

Encastrement de devanture :

$$\text{développé } 0.80 \times 0.10 = 0.08$$

Au fond du foyer :

$$0.40 \times 0.15 = 0.06$$

Autel :

$$\left.\begin{array}{l}\text{Champ} \quad 0.11 \\ \text{Arrondi} \quad 0.12\end{array}\right\} 0.23 \times 0.35 = 0.08$$

Sous la devanture d'enfournement :

$$0.65 \times 0.25 = 0.16 \quad | \quad 2^2 27$$

Série industrielle.

Parements de briquetage apparent : les faces extérieures de la construction dressées à la règle suivant le plan vertical ou le fruit demandé : au mètre superficiel.

Jouées de foyer :

$$\text{réduit } 2 \text{ fois } 1.00 \times 0.40 = 0^2 80$$

Autel :

$$0.60 \times 0.35 = 0.21$$

Dessous de voûte :

$$\text{développé } 0.50 \times 1.10 = 0.55$$

Dessus de sole :

$$0.65 \times 1.20 = 0.78$$

Gueulard :

$$2 \text{ fois } 0.20 \times 0.26 = 0.10$$
$$\text{développé } 0.40 \times 0.22 = 0.09 \quad | \quad 2^2 53$$

Série industrielle :

Jointoiement en creux, les joints lissés au fer, au mètre superficiel.

Même surface que parements, ci 2.53.

Série industrielle:

Reposé et mis en place les fontes, au poids :

Barreaux de grille	pesant	» »
Supports de grille	»	» »
Plaque de gueulard	»	» »
Devanture du foyer	»	» »

Série industrielle.

Tous rescellements avec ou sans percement de trous, pour fixation quelconque, en taille ordinaire de briques, tous calfeutrements, etc., etc. A reprendre dans les données précédemment indiquées.

Observation.

Plus-value de 5 0/0, pour travaux exécutés à la lumière.

Série industrielle :

En déboursés :

Eclairage :

Série industrielle :

Observation.

Sciences générales.

Taille spéciale de briques : au mètre superficiel.

$2^2 27$

Série industrielle.

Observation.

Parement de briquetage uni apparent, les faces extérieures dressées à la règle : au mètre superficiel.

$2^2 53$

Série industrielle.

Jointoiement en creux, les joints lissés au fer sur briquetage apparent : au mètre superficiel.

$2^2 53$

Série industrielle.

Repose de fonte et mise en place : au poids.

» » »

Série industrielle.

Ouvrages divers.

Observation.

Plus-value de travaux exécutés à la lumière.

» » »

Série industrielle.

Déboursés d'éclairage.

Série industrielle.

Nous donnons en complément du canevas métrique une coupe transversale du foyer (*fig.* 1125) et une coupe longitudinale (*fig.* 1126).

117. Pour compléter notre démonstration des foyers en réparation, nous donnons un type pour chaudière à bouilleurs (*fig.* 1127 à 1130 inclus).

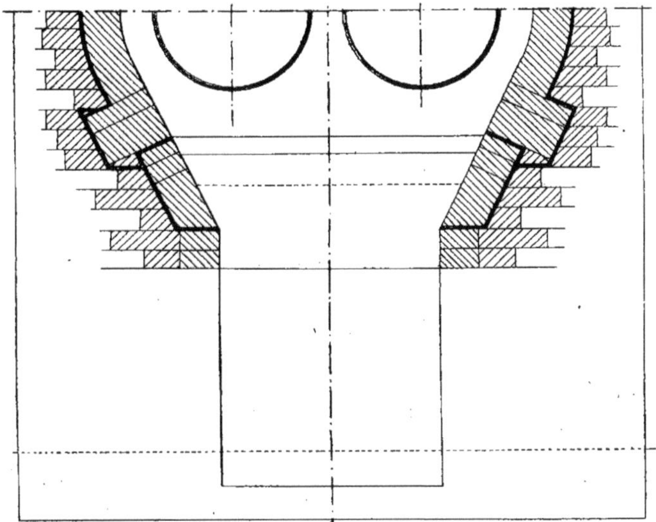

Fig. 1127. — Foyer de chaudière à bouilleurs en réparation. — Coupe transversale.

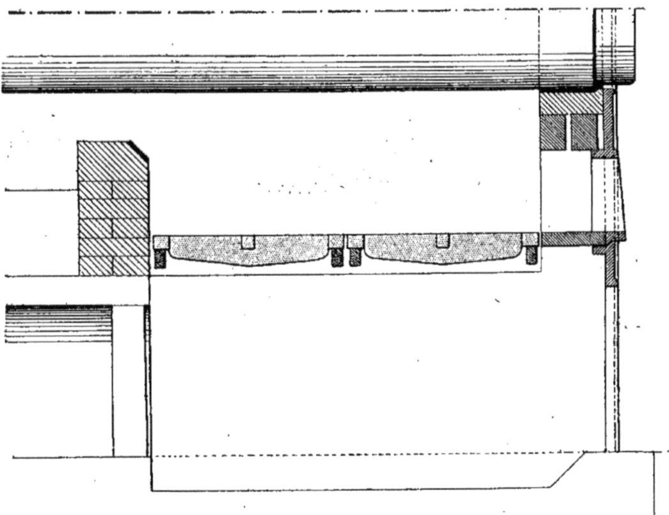

Fig. 1128. — Foyer de chaudière à bouilleurs en réparation. — Coupe longitudinale.

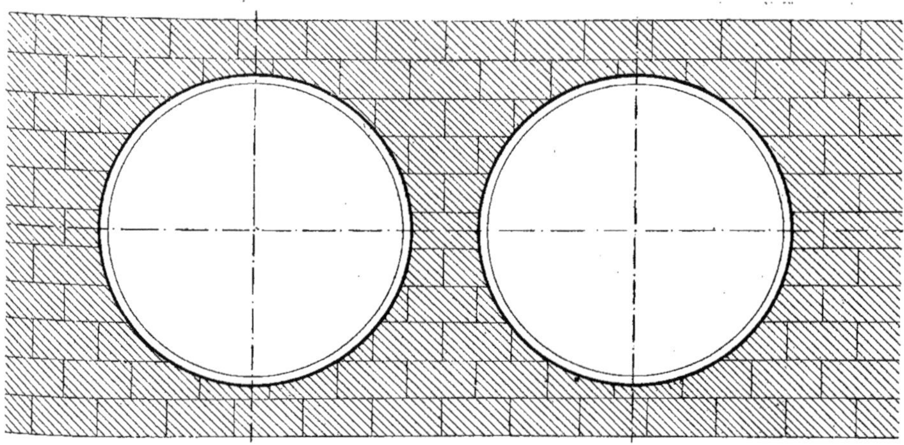

Fig. 1129. — Chaudière à bouilleurs en réparation. — Briquetage aux têtes de bouilleurs

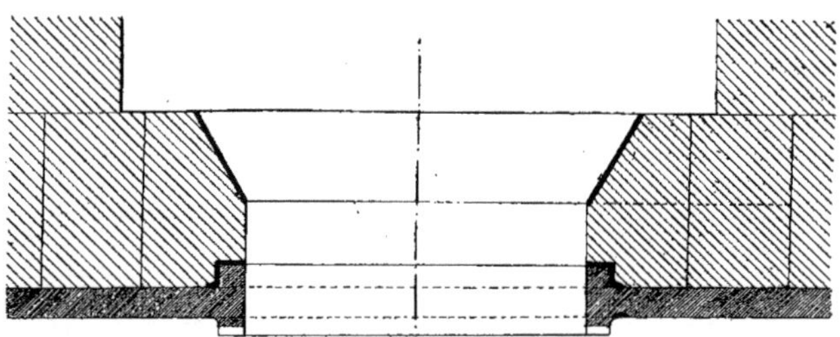

Fig. 1130. — Chaudière à bouilleurs en réparation. — Gueulard de foyer.

Foyer de chaudière à bouilleurs en réparation.

Dépose. Rangé les fontes, au poids :

Barreaux de grilles	pesant	»	»
Supports de grille	»	»	»
Plaque de gueulard	»	»	»

Série industrielle :

Démoli pour reprise en réparation, par petites parties, le foyer en briques hourdées en coulis réfractaire et les liaisons en maçonnerie de briques de façon Bourgogne derrière les jouées, hourdées en mortier de chaux hydraulique, au cube:

Travail exécuté à chaud dans un fourneau de chaudière à vapeur à moins de 48 heures d'extinction.

Les cubatures à détailler par parties :

A prendre :

Dépose et rangement de fonte : au poids
» » »
Série industrielle.

2 jouées chacune :

$$1.45 \times 0.12 \times 0.47^{\text{H}} = 0^3 0817 \times 2 = 0^3 163$$

Liaisons derrière les jouées, chacune :

$$1.45 \times 0.15^{\text{réd.}} \times 0.38 = 0.825 \times 2 = 0.165$$

Au-dessus : 2 côtés chacun :

$$1.45 \times 0.23 \times 0.50 = 0.1667 \times 2 = 0.333$$

Autel : réduit :

$$0.90 \times 0.23 \times 0.42 = 0.887$$

Gueulard, 2 côtés chacun :

$$0.23 \times 0.22 \times 0.25 = 0.0126 \times 2 = 0.025 \quad 0^3 773$$

Ouvrages industriels en 1re catégorie de démolition exécutée à chaud.

Série industrielle :

Déblai des gravois, chargement au seau, à la hotte ou en brouette, montage, transport et enlèvement, à reprendre selon les données indiquées précédemment.

Cube des ouvrages en démolition, ci $0^3 773$

Foisonnement de 1/2, ci $0.386 \quad 1.159$

Cube des gravois, ci $1^3 159$.

Observation.

Reprise en réparation, de foyer de fourneau de chaudière à bouilleurs, en briques réfractaires, qualité spéciale pour foyers, bourdées en coulis réfractaire de qualité afférente : au cube :

Les cubatures d'ouvrages en briques réfractaires, à détailler par parties :

A prendre :

2 jouées chacune :

$$1.45 \times 0.12 \times 0.47^{\text{H}} = 0^3 0817 \times 2 = 0^3 163$$

Les boutisses en soutien chacune :

$$1.45 \times 0.23 \times 0.18 = 0.060 \times 2 = 0.120$$

Au-dessus : 2 côtés chacun :

$$1.45 \times 0.12 \times 0.32 = 0.0556 \times 2 = 0.111$$

Autel : réduit

$$0.90 \times 0.23 \times 0.42 = 0.087$$

Gueulard : 2 côtés chacun :

$$0.23 \times 0.22 \times 0.25 = 0.0126 \times 2 = 0.025 \quad 0^3 506$$

Ouvrages industriels en briques réfractaires en 1re catégorie.

Série industrielle.

A reprendre en briques de façon Bourgogne hourdées en mortier de chaux hydraulique n° 3, les maçonneries en liaisons des ouvrages réfractaires, au cube :

Cube en œuvre des maçonneries, comme démolition : ci $0^3 773$

A déduire :

Cube des ouvrages en briques réfractaires : ci $0^3 506 \quad 0^3 267$

Reste pour cube de maçonnerie de briques de façon Bourgogne pour fourneau de chaudière à bouilleurs en reprise $0^2 267$.

Ouvrages industriels en briques de façon Bourgogne en 1re catégorie.

Série industrielle :

Plus-value de maçonnerie de briques pour reprise d'ancienne construction en réparation de fourneau de chaudière à vapeur, au cube, ci : $0^3 773$.

Série industrielle :

Notes marginales :

Démolition d'ouvrages en briques exécutée à chaud, pour reprise en réparation: au cube.

$0^3 773$

Série industrielle.

Tarification en 1re catégorie.

Travaux divers : au cube.

$1^3 159$

Observation.

Brique réfractaire pour foyer de fourneau de chaudière à bouilleurs, en reprise en réparation : au cube.

$0^3 506$

Série industrielle.

Tarification en 1re catégorie.

Brique de façon Bourgogne pour fourneau de chaudière à bouilleurs, en reprise en réparation : au cube.

$0^3 267$

Série industrielle.

Tarification en 1re catégorie.

Plus-value de maçonnerie de briques en reprise en réparation de fourneau de chaudière à vapeur : au cube.

$0^3 773$

Série industrielle.

Les étaiements des maçonneries conservées au-dessus des reprises, avec tous calages et fournitures nécessaires, etc., etc. A reprendre selon les cas aux évaluations de charpente.
        Observation.
Les tailles spéciales dans les ouvrages en briques, au mètre superficiel.
    Jouées de foyer : assises des rangs debout :
                2 fois 1.45 × 0.13 = $0^2 38$
    Jouées de foyer : sous les boutisses de soutien :
                2 fois 1.45 × 0.12 = 0.35
    Autel : Chanfrein :   1.10 × 0.07 = 0.08
    Gueulard :
Sur côtés obliques et pour encastrement du cadre en fonte de la porte de foyer :
    Aux rangs de boutisses :
            4 fois 0.20 développé × 0.06 = 0.05
    Aux rangs de panneresses :
        4 fois 0.24 = $0^2 96$
        4 fois 0.06 = 0.24{1.20 × 0.06 = 0.07
    Sur les reprises des maçonneries en façon Bourgogne :
A prendre : 0.22}
         0.13}
         0.20}
         0.32}0.87 × 1.45 = 1.26 × 2 = 2.52 $3^2 45$
        Série industrielle :
Parements de briquetage apparent : les faces extérieures de la construction dressées à la règle suivant le plan vertical ou le fruit demandé, au mètre superficiel.
    Jouées et côtés de foyer :
                2 fois 1.45 × 0.97^H = $2^2 81$
    Autel : réduit   0.90 × 0.32 = 0.29
                            1.10 × 0.22 = 0.24
    Gueulard : 2 côtés :
            2 fois 0.20 × 0.25 = 0.10
            2 fois 0.10 × 0.25 = 0.05} $3^2 49$
        Série industrielle :

Jointoiement en creux, les joints lissés au fer : au mètre superficiel.
Même surface que parements, ci : $3^2 49$.
        Série industrielle :
Reposé et mis en place les fontes, au poids :
Barreaux de grille, pesant   »   »
Supports de grille   ».   »   »
Plaque de gueulard   »   »   »
        Série industrielle :
Tous rescellements avec ou sans percement de trous, pour fixations quelconques, en taille ordinaire de brique, tous calfeutrements, etc., etc. A reprendre dans les données précédemment indiquées.
        Observation.
Plus-value de 5 0/0 pour travaux exécutés à la lumière.
        Série industrielle :
En déboursés :
Eclairage :
        Observation :
        Série industrielle.

Etaiements divers.

Observation.

Taille spéciale de briques : au mètre superficiel.

$3^2 45$

Série industrielle.

Observation.

Parement de briquetage uni apparent, les faces extérieures dressées à la règle : au mètre superficiel.

$3^2 49$

Série industrielle.

Jointoiement en creux, les joints lissés au fer sur briquetage apparent : au mètre superficiel.

$3^2 49$

Série industrielle.

Repose de fonte et mise en place : au poids.

»   »   »

Série industrielle.

Ouvrages divers.

Observation.

Plus-value de travaux exécutés à la lumière.

»   »   »

Série industrielle.

Déboursés d'éclairage.

Observation.

Série industrielle.

Notre démonstration est complétée par une coupe transversale du foyer (*fig.* 1127) et une coupe longitudinale (*fig.* 1128).

Nous ajoutons (*fig.* 1129 et 1130) une partie de briquetage de la façade au droit des têtes de bouilleurs et du gueulard afin d'appeler l'attention sur les tailles. Nous ne donnons cette figure qu'à titre documentaire. En cas de reprise de maçonne-rie, tout le travail est compté dans les mêmes données que nous venons d'indiquer ; les tailles à reprendre au mètre superficiel d'après le linéaire développé sur l'épaisseur de brique.

118. Dans la pratique, l'exécution des travaux de réparations n'est pas strictement limitée, comme nous la supposons dans les exemples donnés. Il y a évidem-

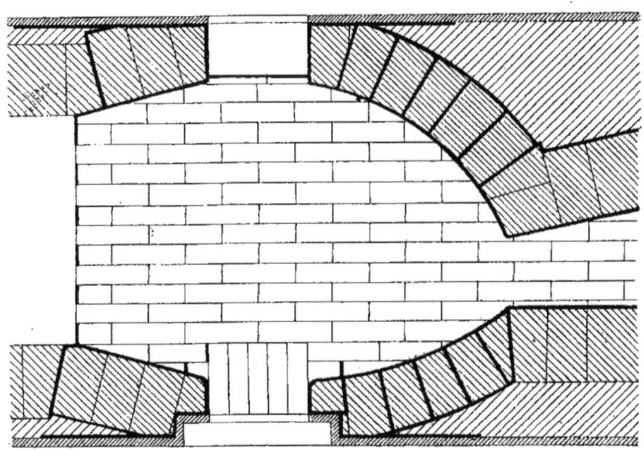

Fig. 1131. — Foyer de four à réchauffer en réparation. — Plan sur la sole.

ment des reprises, des travaux complémentaires à côté, des accessoires essentiellement variables que nous ne pouvons pas supposer à l'infini et que nous laissons à nos lecteurs.

En nous plaçant au seul point de vue d'indications générales, les deux exemples de foyers que nous venons de présenter sont suffisants comme démonstration.

Sans répéter le canevas métrique des maçonneries, nous donnons (*fig.* 1131) un plan partiel pour réparation d'un four à réchauffer, avec les seules indications métriques des tailles de briques.

Four à réchauffer (*fig.* 1131).

Tailles spéciales dans les ouvrages en briques : au mètre superficiel :

Aux piédroits :
Pour 3 rangs de briques = 0^m18 de hauteur.
A prendre :
Au fond, près l'autel :   0.10 {0.30}
                                 0.20
Au long du blindage :   0.10 {0.22}
                                 0.12
Côtés de la porte du fond :
                    2 fois 0.17 = 0.34

Report................ 0.86

A suivre : 0.13
0.03
12 fois 0.22 = 2.64
0.03
0.12 |2.97

A reprendre :
En avant, près l'autel : 0.23
0.04 |0.27

Contre le blindage en fonte : 0.05
2 fois 0.07 = 0.14
2 fois 0.10 = 0.20
0.16 |0.55

Côtés de la porte de travail
2 fois 0.15 dév. : = 0.30
A suivre : 0.12
8 fois 0.22 = 1.76
2 fois 0.23 = 0.46 |2.64 7.29×0.18^H=1³31

Tailles spéciales à reprendre :
Sole en briques de champ :
Près l'autel : 6 fois 0.06 = 0.36
A suivre :
Au long des piédroits : 0.44
0.30
0.82
0.42
0.70

Droite et gauche de la porte
de travail : 0.04
0.06 |3.14×0.11 = 0²35

Tailles spéciales à reprendre dans les ouvrages en briques en arrière des revêtements en briquetage réfractaire :
Au fond :
contre le blindage en fonte : 0.28
0.24 |0.52

Contre le revêtement
réfractaire : 0.30
0.67 |0.97

En avant :
contre le briquetage en fonte :
2 fois 0.31 = 0.62

Contre le revêtement
réfractaire : 0.32
0.45 |0.77 2.88×0.18^H=0²52

Taille spéciale de briques : au mètre superficiel.
1²31
Série industrielle.

Taille spéciale de briques : au mètre superficiel.
0²35
Série industrielle.

Taille spéciale de briques : au mètre superficiel.
0²52
Série industrielle.

Afin de souligner l'importance particulière des tailles dans les ouvrages en réparation, nous donnons encore un plan partiel de carnaux de fumée (*fig.* 1132) dont nous présentons également les indications métriques.

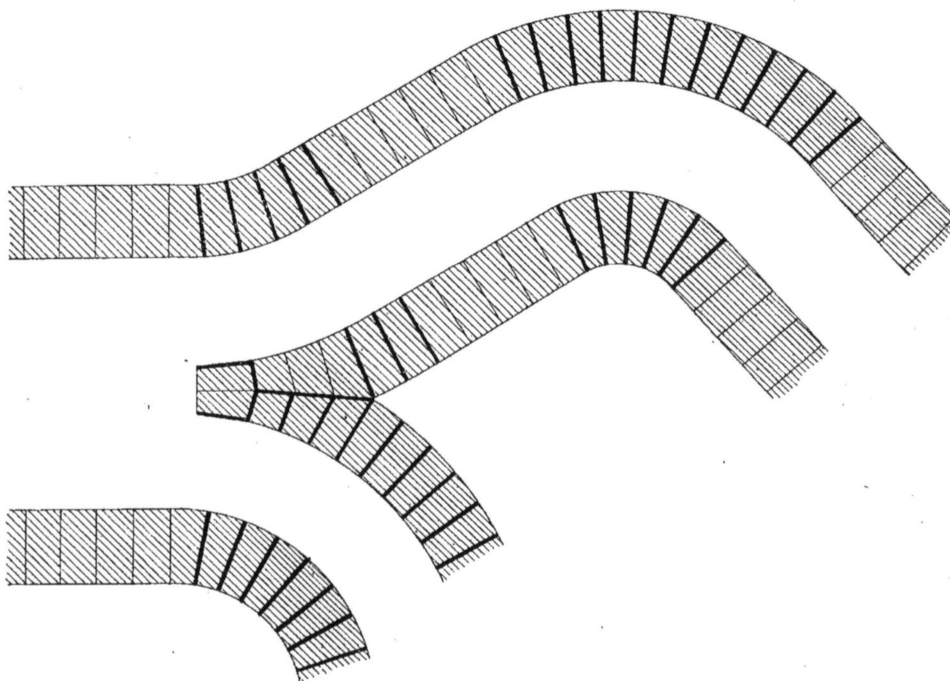

Fig. 1132. — Carnaux de fumée en réparation. — Détail des courbes.

Carnaux de fumée (*fig.* 1132).

Tailles spéciales dans les ouvrages en briques : au mètre
superficiel :
   A prendre : *la taille par chaque rang de briques.*
   La pointe : 2 fois 0.08=0.16
                2 »   0.19=0.38
                6 »   0.12=0.72
                2 »   0.13=0.26
                2 »   0.18=0.36 $1.88 \times 0.06 = 0^2 11$

A suivre :
Jonction au tournant du
grand carnau :
          10 fois 0.23=2.30
           6 »   0.23=1.38
Près la jonction au
tournant du petit carnau :
          12 fois 0.23=2.76
          14 »   0.23=3.22
Au tournant du grand
carnau :
          24 fois 0.23=5.52
          12 »   0.23=2.76 $17.94 \times 0.06 = 1.08$ $1^2 19$
          Série industrielle.

Taille spéciale de briques :
au mètre superficiel.

$1^2 19$

Série industrielle.

Le détail que nous venons de donner s'applique à un rang de briques. C'est un exemple purement démonstratif. Dans la pratique, la surface réelle est obtenue en multipliant la surface partielle par le nombre de rangs de briques.

119. Nous clôturons le chapitre des réparations par l'exemple de réfection de la dernière levée d'une cheminée d'usine. (*fig.* 1133).

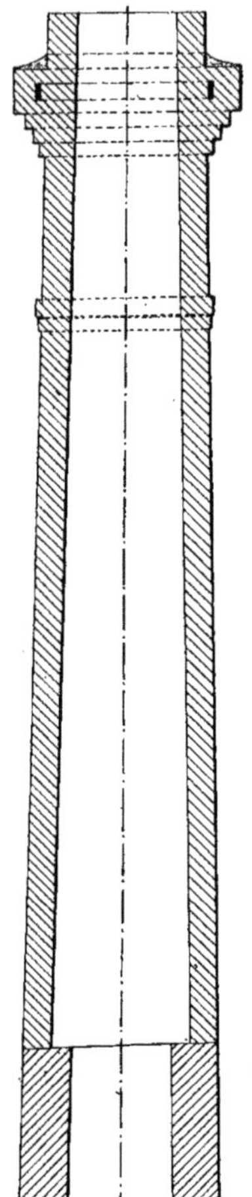

Fig. 1133. — Cheminée d'usine en réparation. — Partie haute.

Cheminée d'usine; partie haute en réparation (*fig.* 1133).

Echafaudage de fond à double rang d'échasses, au mètre superficiel.

4 faces de 4.00 = 16.00 × 27.00^H = 432^{3}00}

Augmentation de surface de 1/3 = 144.00} 576^{2}00

Légers ouvrages 0.085 le mètre superficiel.

Maçonnerie n°s 938, 946, 904.

Evantails de garantie des bâtiments à la base de la cheminée, au mètre superficiel.

4 faces de 6.00 réd. = 24.00 × 4.00 = 96^{2}00.

Légers ouvrages, 0.17 le mètre superficiel.

Maçonnerie n°s 941, 904.

Légers ouvrages : au mètre superficiel.		
»	»	»
Maçonnerie, série centrale, n° 904.		
Légers ouvrages : au mètre superficiel.		
»	»	»

Démoli pour reprise en réparation, par petites parties, le couronnement et la dernière levée de fût, d'une cheminée d'usine de $25^m,00$ de hauteur, en briques hourdées en mortier de chaux hydraulique et sable : au cube.

Levée tronconique supérieure du fût de $5^m,00$ de hauteur :

$1/3\ 3.1416 \times 5.00^H$
$\times (0.49^2 + 0.37^2 + 0.49 \times 0.37) = 2^3923$

Vides à déduire :

$1/3\ 3.1416 \times 5.00$
$\times (0.37^2 + 0.25^2 + 0.37 \times 0.25) = 1.528\ \}\ 1^3395$

A reprendre :

Le couronnement de fût :

$3.1416 \times 0.90 \times 0.50 \times 0.16 \times 2/3 = 0.151\ )\ 1^3546$

Ouvrages industriels en 2me catégorie de démolition de cheminée d'usine démolie à la partie supérieure seulement.

　　　　Série industrielle.

L'évaluation de la Série industrielle comprend la descente des gravois et vieux matériaux sans remploi.

　　　　Observation.

Dépose du chapeau de couronnement à remployer et tous accessoires à conserver s'il y a lieu sont à reprendre dans les données précédemment indiquées.

　　　　Observation.

Reprise en chargement, transport et enlèvement des gravois aux décharges publiques, à reprendre selon les données indiquées précédemment.

Cube des ouvrages en démolition, ci :　　　$1^3546\ /$
Foisonnement de $1/2$　　　　　　　　　　$0.773\ \{\ 2^3319$
Cube des gravois ci : 2^3319.

　　　　Observation.

Reprise en réparation de la dernière levée de fût, d'une cheminée d'usine de $25^m,00$ de hauteur, en briques de façon Bourgogne, pressées en terre franche, hourdées en mortier n° 3 de ciment Portland de Boulogne-sur-Mer et sable tamisé : au cube :

Levée tronconique supérieure du fût de $5^m,00$ de hauteur :

A prendre : Cube brut, ci :　　　　　　$2^3923\ )$

Vide à déduire :

La brique comptée sur l'épaisseur de $0^m,22$ centimètres pour $0^m,12$ en œuvre :

$1/3\ 3.1416 \times 5.00^H$
$\times (0.27^2 + 0.15^2 + 0.27 \times 0.15) = 0.712\ 2^3211\ )$

A reprendre :

Le couronnement de fût : au cube, ci :　　$0.151\ )\ 2^3362$

Cube net de construction de maçonnerie pour fût de cheminée d'usine en réparation...................... 2^3362

Ouvrages industriels en 1re catégorie.

La dernière levée de fût montée en $0^m,12$ centimètres d'épaisseur est comptée au cube pour $0^m,22$ centimètres en compensation des déchets de taille en recoupement à $0^m,12$ centimètres et des plus grandes difficultés d'exécution.

　　　　Observation.

L'évaluation de la série industrielle comprend la valeur du hourdis en mortier n° 3 de chaux hydraulique et sable ou mortier de terre à four.

　　　　Observation.

Notes marginales :

Démolition d'ouvrages en briques, exécutée à la partie supérieure de cheminé d'usine, pour reprise en réparation : au cube.

1^3546

Série industrielle.

Tarification en 2me catégorie.

Observation.

Travaux divers.

Observation.

Travaux divers : au cube.

2^3319

Briques façon Bourgogne pressée en terre franche pour cheminée d'usine, en reprise en réparation : au cube.

2^3362

Série industrielle.

Tarification en 1re catégorie.

Observation.

Observation.

Plus-values à reprendre sur les ouvrages en briques :

1° Pour hourdis en mortier de ciment Portland suivant sa nature : au cube.

Maçonnerie reprise en élévation, ci : 2ᶜ362.

Observation.

2° Pour reprise de maçonnerie à simple courbure en réparation de cheminée d'usine en briques, au cube, ci : 2ᶜ362.

Série industrielle.

3° Pour reprise de maçonnerie en réparation de cheminée d'usine en briques, à grande hauteur, au cube, ci : 2ᶜ362.

Série industrielle.

Enduit intérieur de la levée de fût, en ciment Portland de Boulogne-sur-Mer : pour enduit circulaire à simple courbure : au mètre superficiel.

Diamètre réduit 0ᵐ,62.

$$3.1416 \times 0.62 = 1.95 \times 5.00^{\mathrm{H}} = 9^{\mathrm{m}}75$$

Les prix de la série spéciale des ciments avec une plus-value de 5 0/0.

Observation générale.

Enduit à reprendre sur la corniche du couronnement en 0ᵐ,04 centimètres d'épaisseur : pour enduit à double courbure et plus-value de surépaisseur : au mètre superficiel.

Diamètre réduit 0ᵐ,90.

$$3.1416 \times 0.90 = 2.83 \times 0.20 = 0^{\mathrm{m}}57$$

Les prix de la Série spéciale des ciments avec une plus-value de 5 0/0.

Observation générale.

Toutes les plus-values de la Série spéciale sont à appliquer en raison du travail exécuté.

Observation.

Monté posé en répartition dans la masse de maçonnerie de briques, dans la hauteur de reprise du fût de cheminée, les cercles de décharge en fer plat assemblés à boulons en réparation, au poids.

Série industrielle.

Imprimé les cercles deux couches au minium aux deux faces, au mètre linéaire.

A prendre chaque cercle et les développer.

Les prix de peinture en bâtiment.

Posé les échelons intérieurs scellés dans la maçonnerie de briques dans la hauteur de reprise du fût de cheminée.

Les trous en taille de briques.

Les scellements aux évaluations de légers ouvrages.

Observation.

Imprimé les échelons deux couches au minium, au mètre linéaire :

A prendre chaque échelon et les développer.

Les prix de peinture en bâtiment.

Monté, posé le chapeau de cheminée en fonte assemblé à boulons, au-dessus du couronnement en briques au sommet du fût en réparation, au poids :

Série industrielle.

Colonne marginale :

Plus-value pour hourdis en mortier de ciment : au cube.

2ᶜ362

Observation.

Plus-value de maçonnerie de briques à simple courbure, en reprise de cheminée d'usine, en réparation : au cube.

2ᶜ362

Série industrielle.

Plus-value de maçonnerie de briques en reprise de cheminée d'usine à grande hauteur, en réparation : au cube.

2ᶜ362

Série industrielle.

Enduit en ciment : au mètre superficiel.

9ᵐ75

Observation.

Enduit en ciment : au mètre superficiel.

0ᵐ57

Observation.

Plus-values diverses.

Observation.

Pose, montage et mise en place de cercles en fer en décharge de maçonnerie de briques, pour cheminée d'usine en réparation.

Série industrielle.

Impression deux couches au minium sur fer : au mètre linéaire.

» » »

Peinture en bâtiment.

Trous en taille de briques : au mètre superficiel.

Série industrielle.

Légers ouvrages : au mètre superficiel.

Maçonnerie de bâtiment.

Impression deux couches au minium sur fer : au mètre linéaire.

» » »

Peinture en bâtiment.

Pose, montage et mise en place de chapeau en fonte assemblé à boulons pour cheminée d'usine, en briques, en réparation.

Série industrielle.

Parement de briquetage apparent dressé à la règle, les joints de niveau, les faces extérieures de la construction en suivant le fruit demandé, sur cheminée d'usine en réparation, au mètre superficiel :

A prendre :

Levée tronconique du fût, partie supérieure :

Diamètre réduit 0m,86.

$$3.1416 \times 0.86 = 2.70 \times 4.50^H = 12.15$$

Couronnement :

Diamètre réduit 1m,06 :

$$3.1416 \times 1.06 = 3.33 \times 0.50 = 1.66 \quad 13.81$$

Série industrielle.

Jointoiement extérieur en joints creux lissés au fer sur briques neuves de cheminée d'usine en montant la construction, en réparation, au mètre superficiel :

Surface de parement, ci : 13²81.

Série industrielle.

Plus-value de 10 0/0 pour surface de moins de 20²00.

Observation.

Série industrielle.

En fournitures :

Fournitures à prendre dans les données indiquées précédemment pour cercles de décharge, échelons, etc., etc.

Observation générale.

Série industrielle.

Parement de briquetage apparent dressé à la règle, joints de niveau, les faces extérieures selon le fruit demandé sur cheminée d'usine en réparation : au mètre superficiel.
13²81
Série industrielle.
Jointoiement sur briquetage apparent, joints creux lissés au fer sur cheminée d'usine en montant la construction, en réparation : au mètre superficiel.
13²81
Série industrielle.
Plus-value pour surface au-dessous de 20²00.
Série industrielle.
Observation.
Fournitures diverses.
Observation.
Série industrielle.

Ce travail est le dernier de notre ouvrage, il clôt notre *Traité de Métré*. Nous n'avons pas la prétention de n'avoir rien laissé à dire dans cette partie de la construction, tant de la Fumisterie domestique que de la Fumisterie industrielle, mais il nous aurait fallu étendre les détails. Nous nous sommes tenu aux généralités, aux principes, et cela nous a paru répondre à ce que doit attendre le lecteur d'un exposé démonstratif.

OUTILLAGE

Nous donnons dans ce dernier chapitre l'énumération rapide de l'outillage, que l'on peut diviser en deux grandes catégories : l'outillage à main et l'outillage mécanique.

Les outils de la première catégorie, sauf en ce qui concerne l'outillage d'atelier, appartiennent à l'ouvrier : ceux de la seconde catégorie et les outils à main, d'atelier, appartiennent à l'entrepreneur.

Il y a enfin le matériel, qui n'est autre chose que de l'outillage dans bien des cas, qui est également la propriété du patron.

L'outillage à main appartenant à l'ouvrier fumiste se compose : du *mètre* dont nous pouvons nous dispenser de fournir le dessin ; le *marteau* (*fig.* 1134), de trois

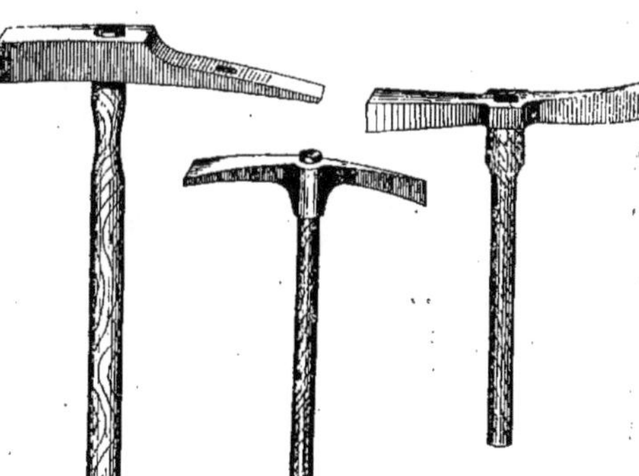

Fig. 1134 à 1136. — Marteau décintoir et hachette de fumiste.

forces : petit, moyen et grand ; le *décin-* | *masse* (*fig.* 1137) ; le *poinçon* (*fig.* 1138).
toir (*fig.* 1135) ; la *hachette* (*fig.* 1136) ; la | Tous ces outils sont par série de plusieurs

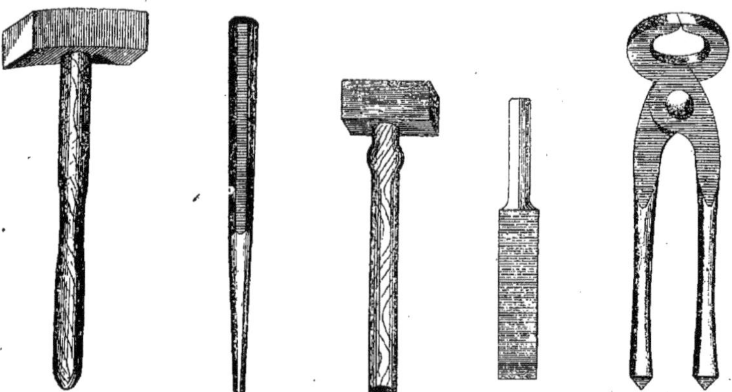

Fig. 1137 à 1141. — Masse, poinçon, massette, ciseau à faïence et tenailles.

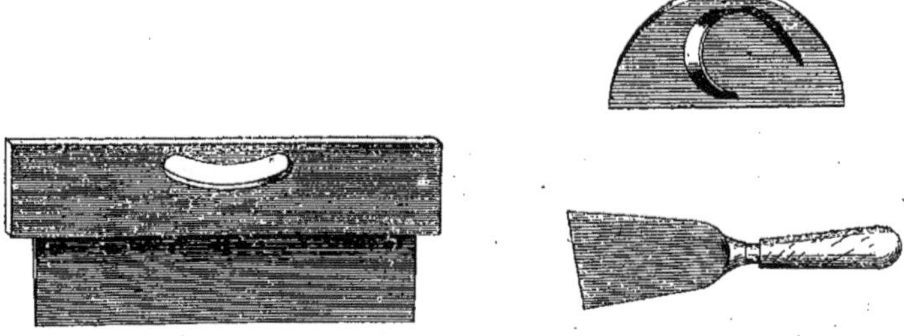

Fig. 1142. — Sciotte.   Fig. 1143 et 1144. — Raclette en cuivre et riflard en acier.

Fig. 1145 à 1148. — Truelles.

forces. La *massette* et le *ciseau* à faïence | sont par jeu de dimensions différentes.
(*fig.* 1139 et 1140) ; les ciseaux à faïence | Les *tenailles* à dégrossir la faïence,

(*fig.* 1141) ; la *sciotte* (*fig.* 1142) ; la *raclette* en cuivre (*fig.* 1143) ; le *riflard* (*fig.* 1144). La *truelle* dite *de fumiste* (*fig.* 1145) ; la *truelle carrée* (*fig.* 1146) ; la *truelle à* (*fig.* 1152) ; les *chevillettes* pour maintenir les règles (*fig.* 1153 et 1154).

Le *fil à plomb* (*fig.* 1155) ; le *niveau à plomb* (*fig.* 1156) ; les *niveaux à bulle*

Fig. 1149. — Truelle à joints.

Fig. 1150. — Truelle Berthelet.

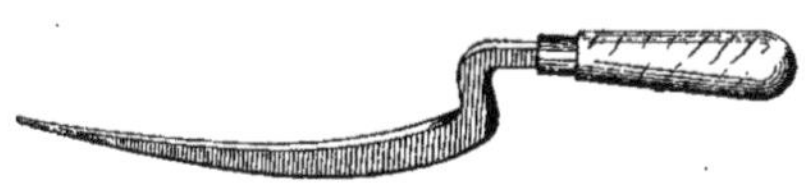

Fig 1151 et 1152. — Spatule en acier et fer à lisser les joints.

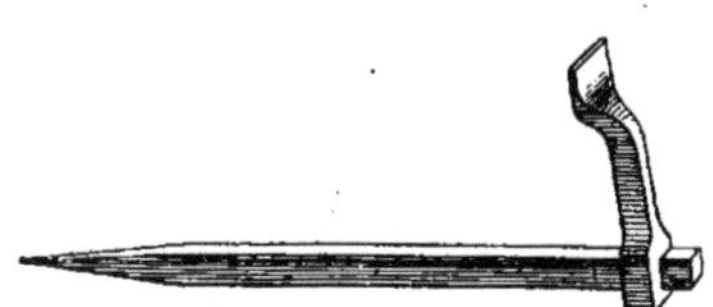

Fig. 1153 et 1154. — Chevillettes à règles.

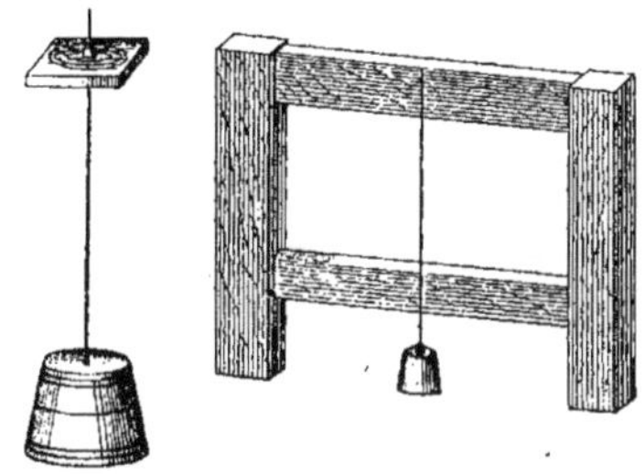

Fig. 1155 et 1156. — Fil à plomb et niveau.

Fig. 1157 à 1159. — Niveaux à bulle d'air et niveau de poseur.

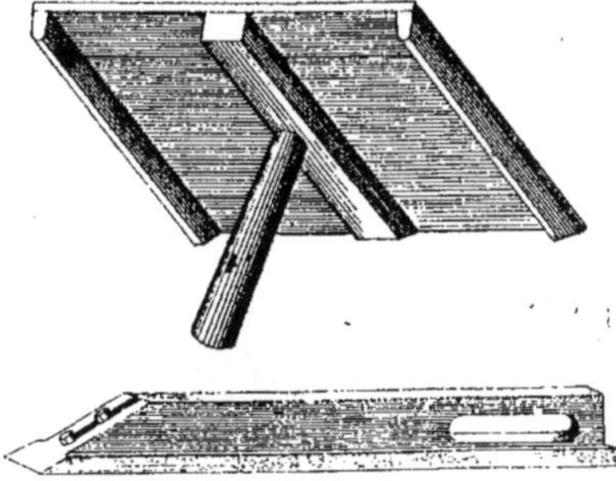

Fig. 1160 et 1161. — Taloche et guillaume à platine.

briques, ronde et pointue (*fig.* 1147 et 1148) ; la truelle à joints (*fig.* 1149) ; la *Berthelet* (*fig.* 1150). La *spatule* en acier (*fig.* 1151) ; le *fer à lisser* les joints, modèle bombé *d'air* (*fig.* 1157 et 1158) et le *niveau dit de poseur*, à monture en chêne (*fig.* 1159).

La *taloche* (*fig.* 1160) ; le *guillaume à platine* (*fig.* 1161) ; les *guillaumes ronds à profiler*, *à dégager à deux coupes*, qui sont plus spécialement de l'outillage du

vis (fig. 1163); la *pointe carrée (fig. 1164)*; le *tamponnoir (fig. 1165)*; le *compas*

Fig. 1162 et 1163. — Clef en S et tournevis.

Fig. 1164. — Pointe carrée.

Fig. 1165. — Tamponnoir.

Fig. 1166 et 1167. — Compas et burin.

Fig. 1168 et 1169. — Hotte de fumiste et seau en fer galvanisé.

Fig. 1170. — Petite auge en fer galvanisé.

maçon, mais la plupart des fumistes en possèdent plusieurs.

La *clef en S (fig. 1162.)*; le *tourne-*

(fig. 1166) et le *burin (fig. 1167)*, com-

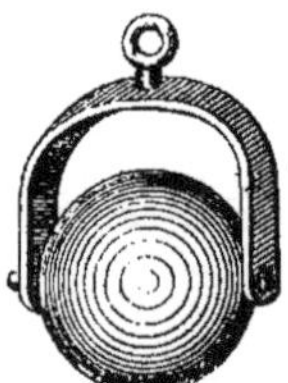
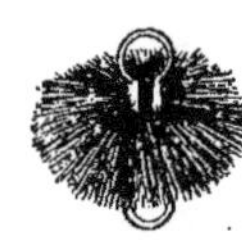

Fig. 1171 à 1174. — Boulet et hérissons à ramoner.

plètent à peu près les outils personnels nécessaires à l'ouvrier fumiste et sont

enfermés dans une caisse spéciale lui appartenant également.

L'outillage de chantier, fourni par le patron, est divisé en deux catégories : la première est appelée *équipement;* elle est remise individuellement à l'*équipe* du com-

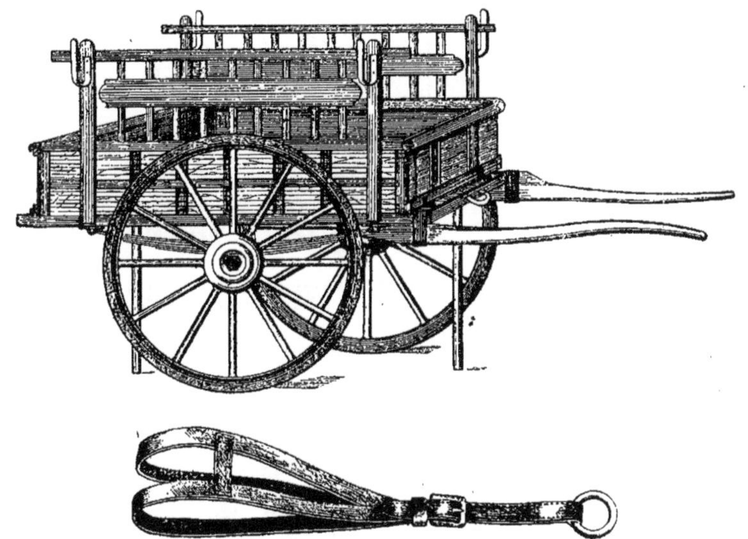

Fig. 1175 et 1176. — Camion à ressorts et bricole.

pagnon et son *garçon* qui s'en servent journellement et n'en sont dessaisis qu'au départ de la maison ; la seconde est au service des besoins du travail.

Dans la première catégorie, nous avons la *hotte* munie d'une paire de bretelles (*fig.* 1168); les *seaux* en fer galvanisé (*fig.* 1169); la *petite auge* à gâcher en fer galvanisé (*fig.* 1170); le *jeu de cordes à ramoner* avec *boulet* (*fig.* 1171) et la garniture de *hérissons* de grosseurs et de formes différentes (*fig.* 1172 à 1174 inclus).

Le *camion monté à ressorts* (*fig.* 1175),

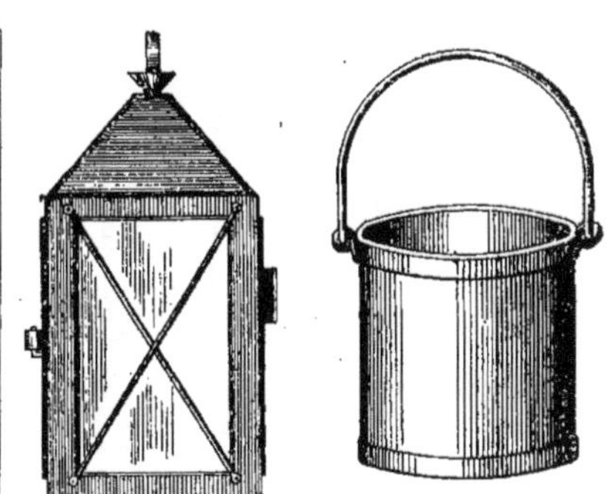

Fig. 1177 et 1178. — Lanterne et camion à peinture.

Fig. 1179 et 1180. — Règle en bois et grande auge à gâcher.

généralement numéroté, fait partie de l'équipement. La désignation usuelle est

Fig. 1181. — Benne à gravois.

plutôt *voiture à bras* pour désigner précisément la voiture suspendue, du véritable

camion non suspendu employé par les maçons. La bricole (*fig.* 1176) ; la lanterne (*fig.* 1177) et le camion à peinture

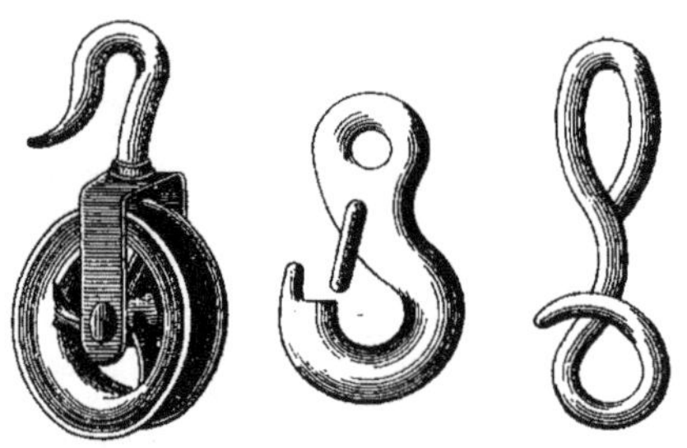

Fig. 1182 à 1184. — Poulie à crochet, mousqueton de sûreté et crochet « queue de cochon ».

(*fig.* 1178) avec le pinceau, complètent l'équipage.

La seconde catégorie de l'outillage et

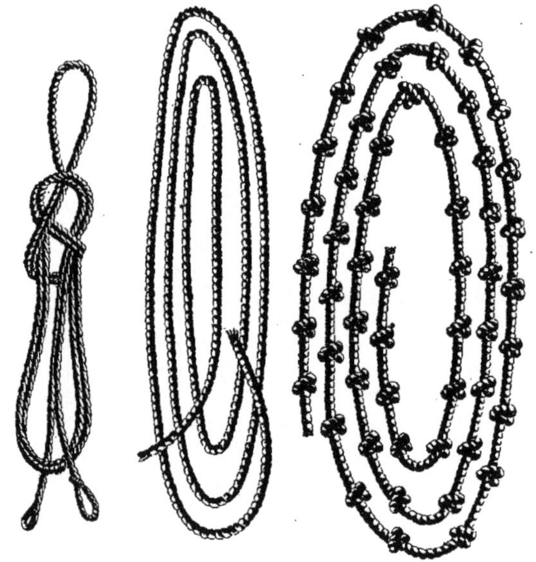

Fig. 1185 à 1187. — Chablot d'échafaudage, corde à poulie et corde à nœuds.

du matériel comprend, d'une façon générale : les *échafaudages, boulins, planches, madriers, échelles* de toutes longueurs

dont nous pouvons nous dispenser de donner les figures. Les *règles* (*fig.* 1179); les *grandes auges* à gâcher en bois,

Sciences générales.

(*fig.* 1180); la *benne* en vannerie (*fig.* 1181); la *poulie* (*fig.* 1182); le *mousqueton* de sûreté pour la benne (*fig.* 1183) ou le *crochet* en forme d'une demi-spire, appelé du nom délicat de *queue de cochon* (*fig.* 1184).

Les cordages en général : *amarres*, *défenses* de toutes longueurs et de grosseurs différentes ; les *chablots* pour échafaudages (*fig.* 1185). La *corde à poulie* (*fig.* 1186); la *corde à nœuds* (*fig.* 1187) et ses accessoires, *sellette* et *jambière* (*fig.* 1188 et 1189).

La *brouette* (*fig.* 1190); les *tréteaux* (*fig.* 1191); les *tamis*, de toiles différentes pour passer la terre à four et le plâtre (*fig.* 1192); la *pelle* (*fig.* 1193); la *pioche* (*fig.* 1194) ; la scie égoïne (*fig.* 1195).

Les *échafaudages volants*, composés de

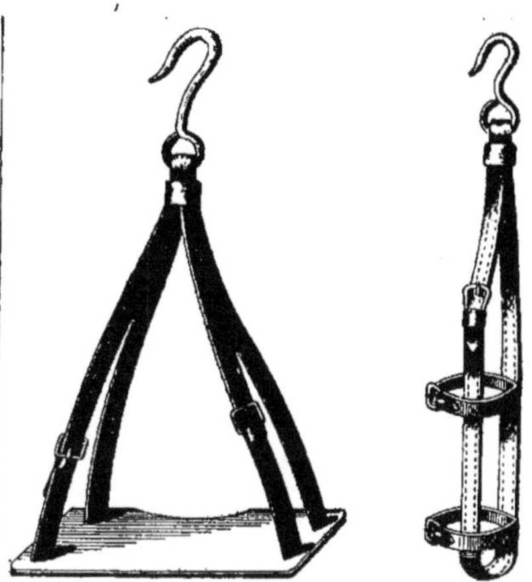

Fig. 1188 et 1189. — Sellette et jambière.

Fig. 1190. — Brouette.

plateaux (*fig.* 1196) avec *étriers* (*fig.* 1197), *moufles* en *bois* à galets fonte, avec et sans

Les bâches d'intérieur, et en tissu imperméable pour l'extérieur, de dimen-

Fig. 1191. — Tréteau.

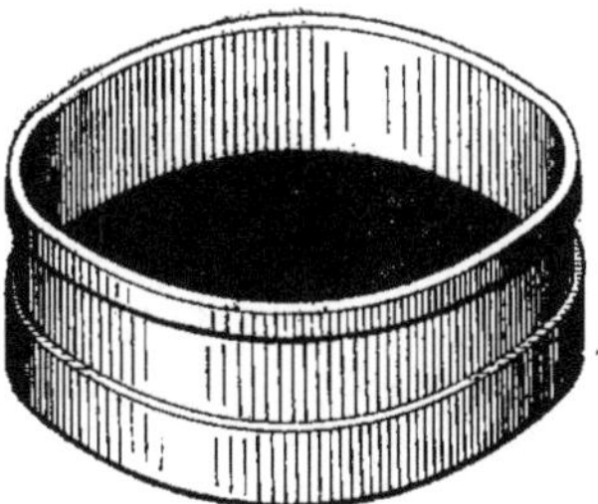

Fig. 1192. — Tamis.

émerillon (*fig.* 1198 et 1199), les *chèvres* (*fig.* 1200) et les *amarres*.

sions variées, pour répondre aux besoins ; la lampe d'éclairage (*fig.* 1201).

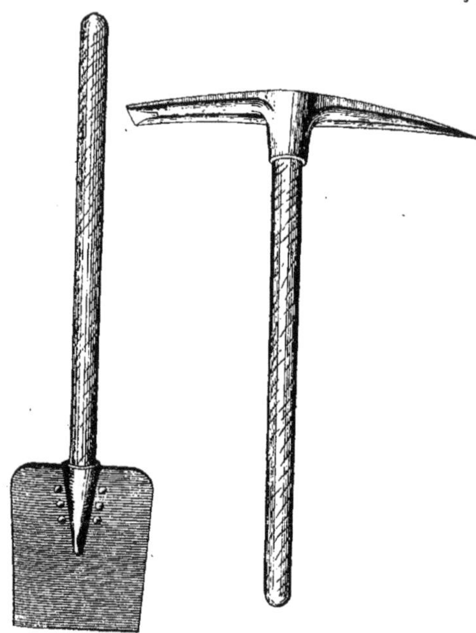

Fig. 1193 et 1194. — Pelle dite « St-Etienne »
et pioche dite « Parisienne ».

Fig. 1195. — Scie égoïne.

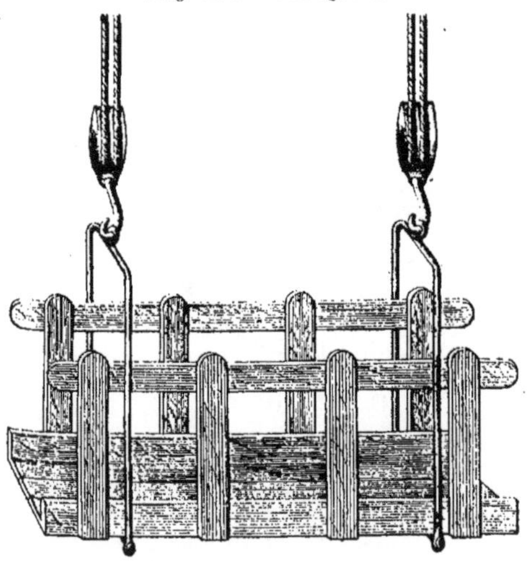

Fig. 1196. — Plateau d'échafaudage volant.

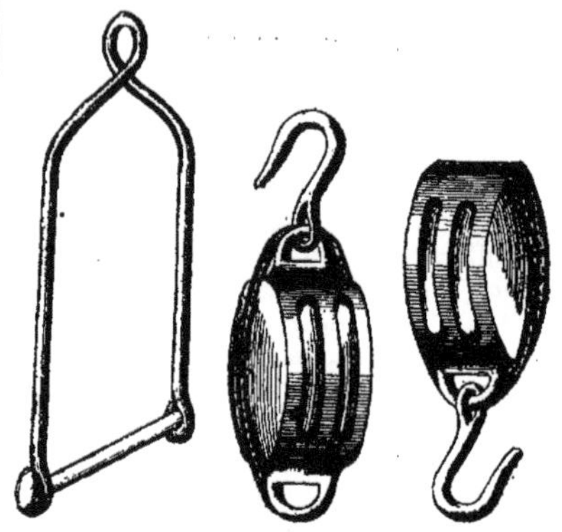

Fig. 1197. — Etrier   Fig. 1198 et 1199. — Moufles
d'échafaudage volant.   d'échafaudage volant.

Fig. 1200. — Chèvre d'échafaudage volant.

Fig. 1201. — Lampe à essence.

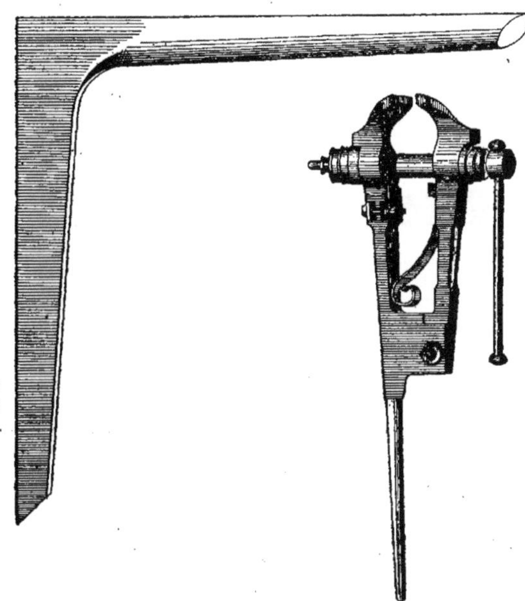

Fig. 1202 et 1203. — Bigorne et étau d'établi.

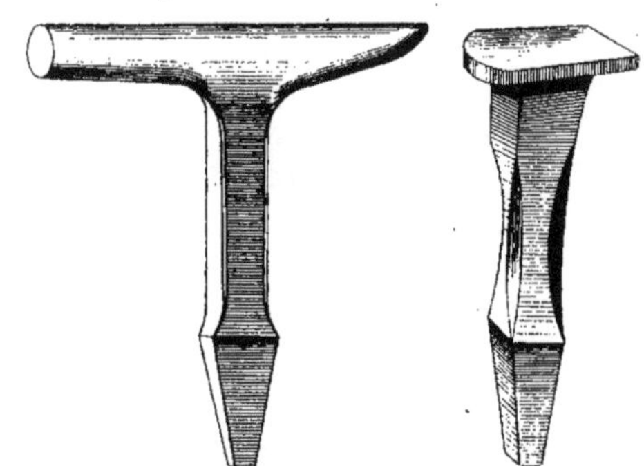

Fig. 1204 et 1205. — Bigorneau et tas.

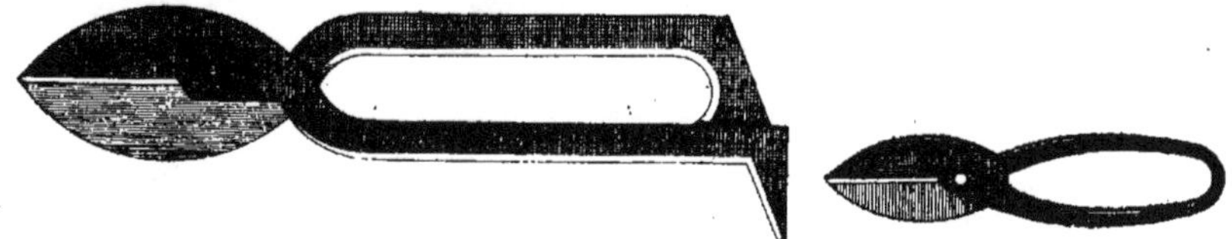

Fig. 1206 et 1207. — Cisaille d'établi et cisaille à main.

Après l'*outillage* et le *matériel de chan-* | ment et sommairement, nous passons à
tiers que nous venons d'exposer rapide- | l'*outillage* d'*atelier*, pour la fabrication de

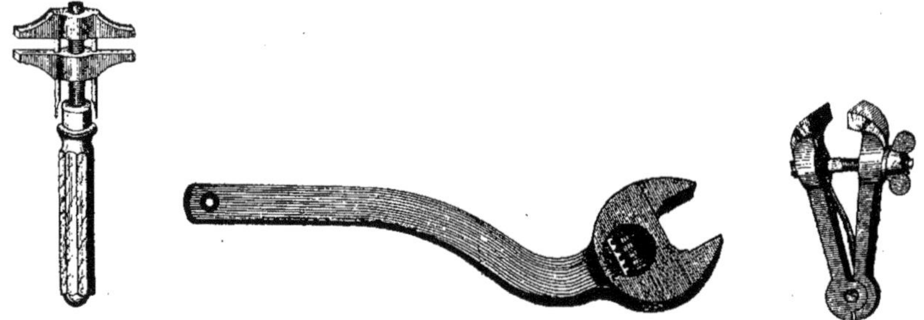

Fig. 1208 à 1210. — Clef anglaise, clef à molette et étau à main.

la *tôlerie*, et la partie de *ferronnerie* et | Nous mentionnons l'*établi* pour mémoire
chaudronnerie de l'entreprise. | et le *tabouret* en *fer* pour l'ouvrier tôlier.

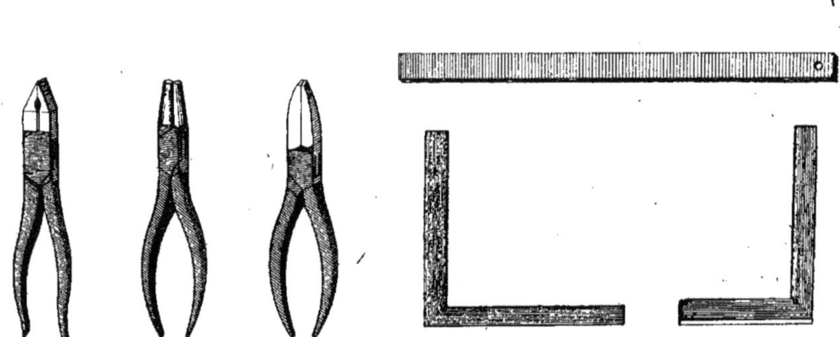

Fig. 1211 à 1213. — Pinces.

Fig. 1214 à 1217. — Pointe à tracer, règle en fer,
équerre plate et équerre à chapeau.

La *bigorne* (*fig.* 1202); l'*étau* (*fig.* 1203); | la *cisaille d'établi* (*fig.* 1206); la *cisaille à*
le *bigorneau* (*fig.* 1204); le *tas* (*fig.* 1205); | *main* (*fig.* 1207).

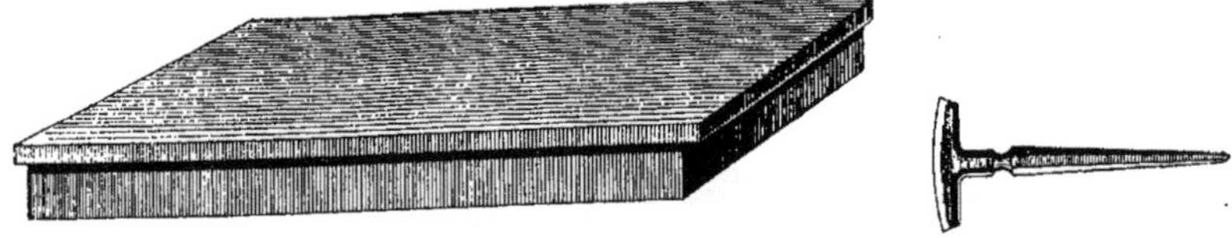

Fig. 1218. — Table en fonte dite « marbre ».

Fig. 1219. — Equarrissoir.

La *clef anglaise* (*fig.* 1208); la *clef à* | les *pinces plates et rondes* (*fig.* 1211 à
molette (*fig.* 1209); l'*étau à main* (*fig.* 1210); | 1213 inclus); le *compas* (voir *fig.* 1166); la

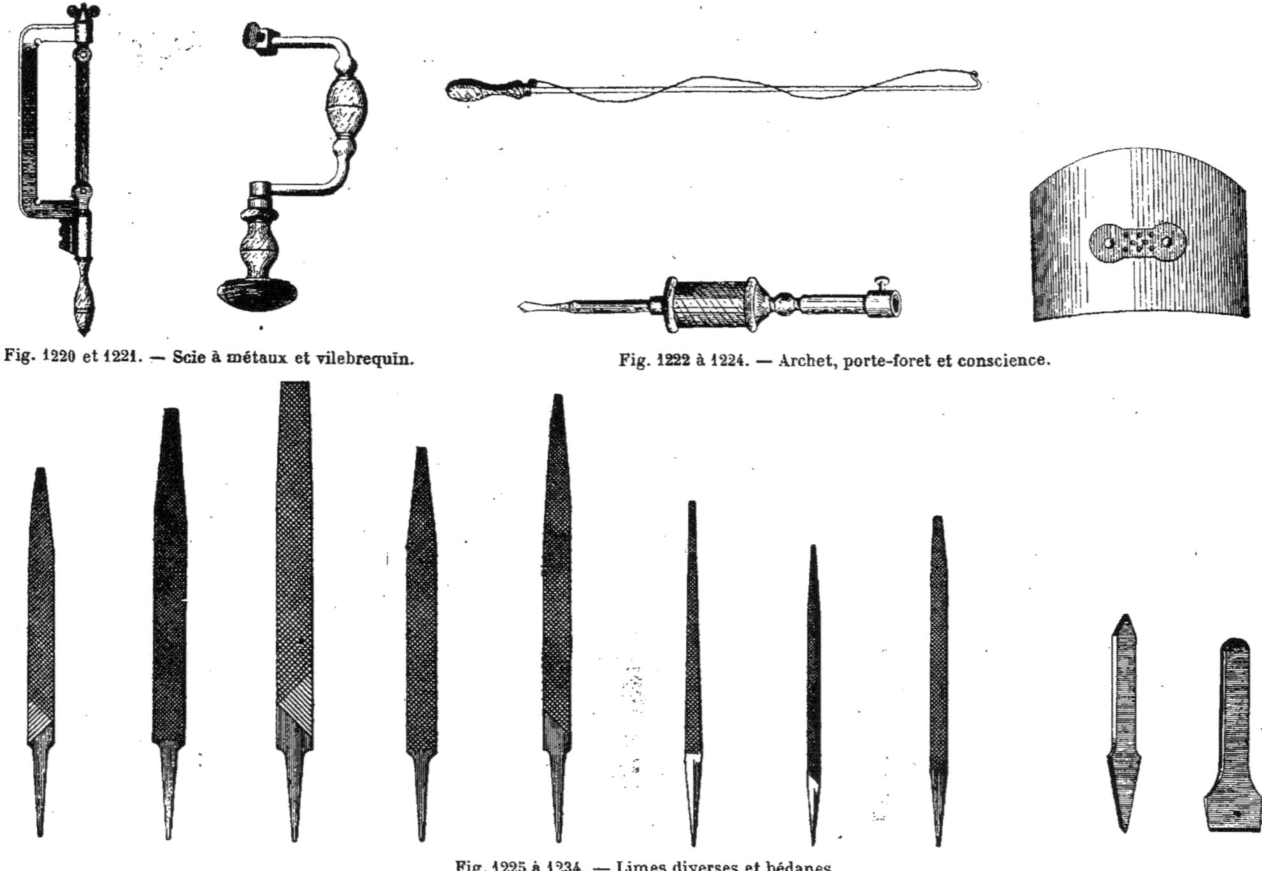

Fig. 1220 et 1221. — Scie à métaux et vilebrequin.

Fig. 1222 à 1224. — Archet, porte-foret et conscience.

Fig. 1225 à 1234. — Limes diverses et bédanes.

pointe à tracer (*fig.* 1214) ; la *règle de fer* (*fig.* 1215) ; les *équerres en fer, plate* et à *chapeau* (*fig.* 1216 et 1217) ; la *table* en *fonte* dite *marbre* (*fig.* 1218).

L'*équarissoir* (*fig.* 1219) ; la *pointe carrée* (voir *fig.* 1164) ; le *tournevis* (voir *fig.* 1163) ; la *scie à métaux* (*fig.* 1220) ; le *vilebrequin* (*fig.* 1221) ; l'*archet* avec le

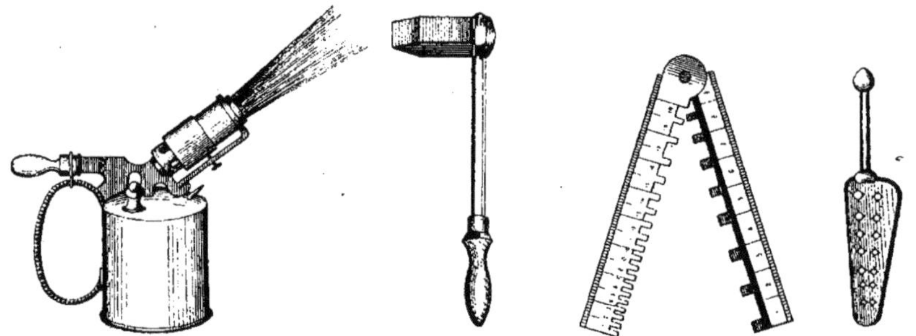

Fig. 1235 et 1236. — Lampe et fer à souder.   Fig. 1237 et 1238. — Jauge pliante et filière à truelle.

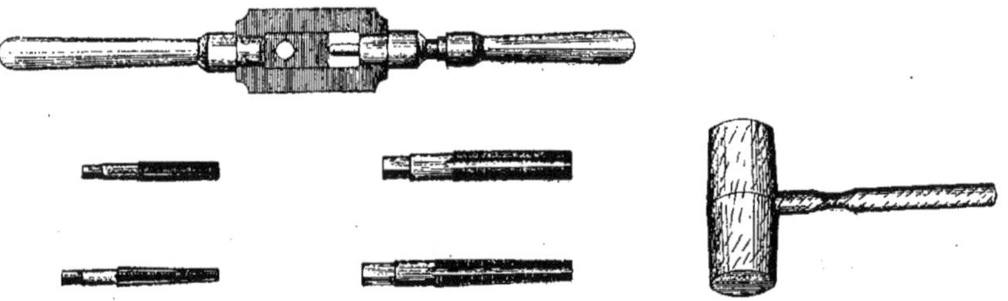

Fig. 1239 à 1244. — Filière à cage, tarauds et maillet.

Fig. 1245 à 1247. — Marteaux à garnir, à planer, à repasser dit « postillon ».

porte-foret et la *conscience* (*fig.* 1222 à 1224 inclus).

Les *limes* diverses, dites *plates* à *main* et *plates pointues, rondes, demi-rondes,*

carrées, etc., etc. (*fig.* 1225 à 1232 inclus).
Les *burins* (voir *fig.* 1167) et *bédanes* (*fig.* 1233 à 1234 inclus).

La *lampe* et le *fer* à *souder* (*fig.* 1235 et 1236).
La *jauge pliante* (*fig.* 1237).

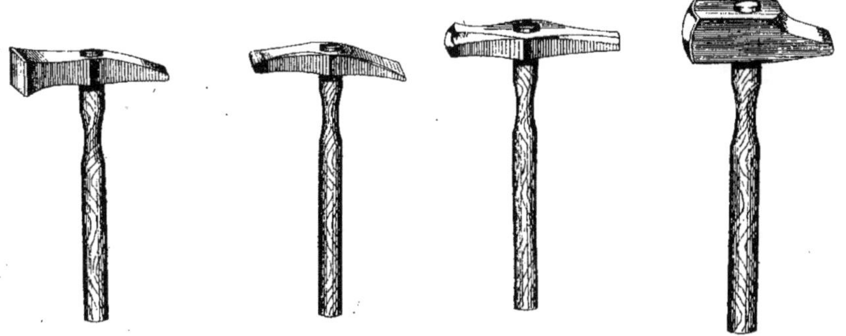

Fig. 1248 à 1251. — Marteau à pince tête carrée, à rentrer, chasse-rivets dit « chassepot », rivoir.

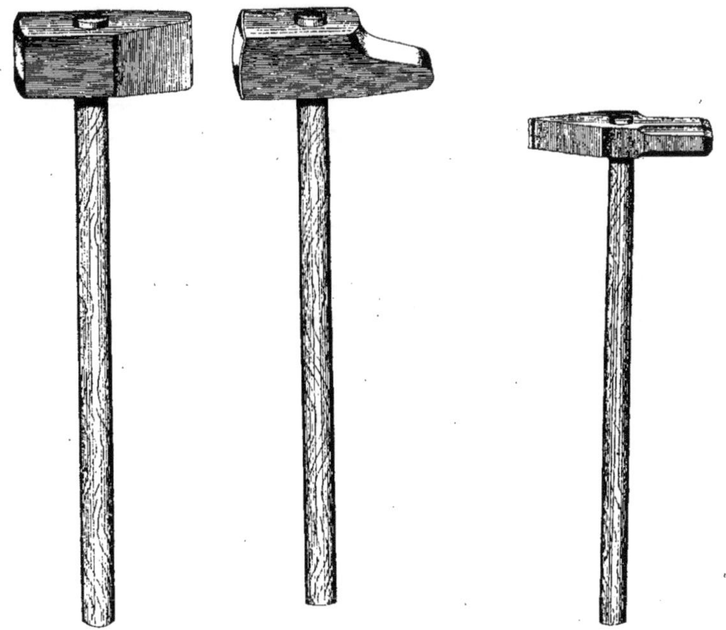

Fig. 1252 à 1254. — Marteau à frapper devant et tranches.

La *filière à truelle* (*fig.* 1238); la *filière à cage* (*fig.* 1236); les *tarauds* (*fig.* 1240 à 1243 inclus).
Le *maillet* (*fig.* 1244);

Le *marteau* à main dit à *garnir* (*fig.* 1245); à *planer* (*fig.* 1246); à *repasser* dit *postillon* têtes ronde et carrée (*fig.* 1247); à *pince tête carrée* (*fig.* 1248); à *rentrer*

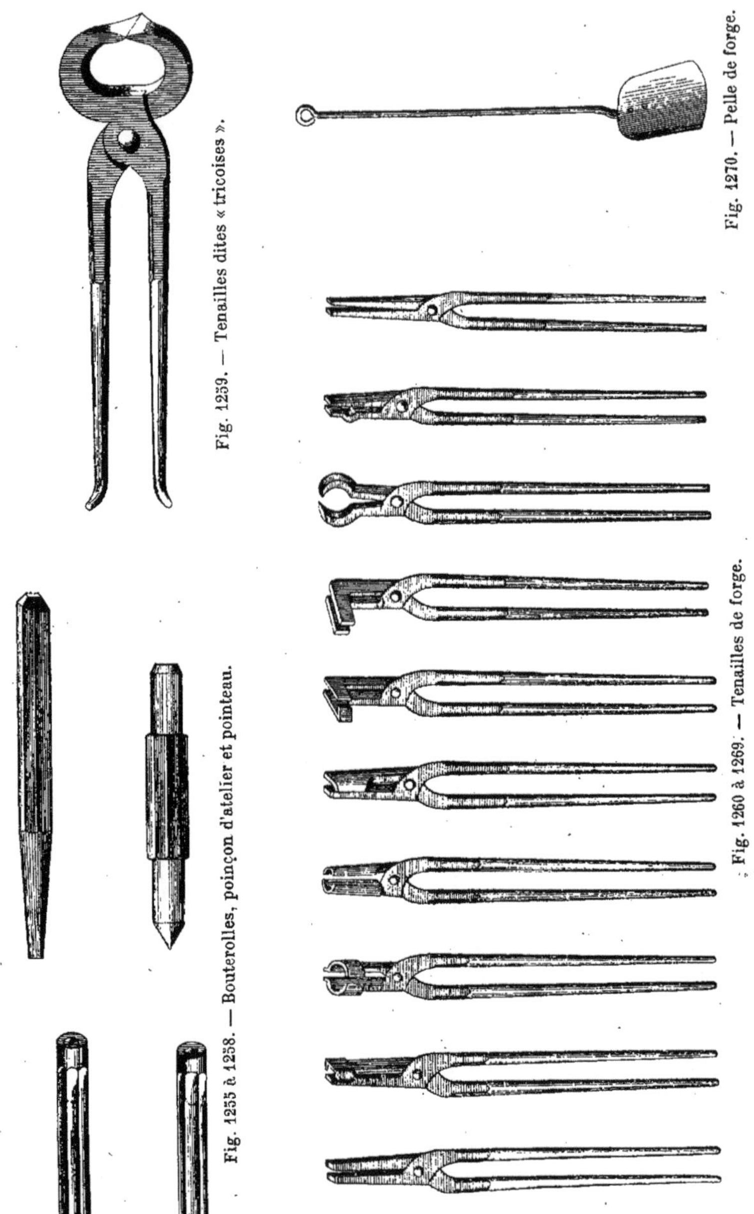

Fig. 1259. — Tenailles dites « tricoises ».

Fig. 1270. — Pelle de forge.

Fig. 1255 à 1258. — Bouterolles, poinçon d'atelier et pointeau.

Fig. 1260 à 1269. — Tenailles de forge.

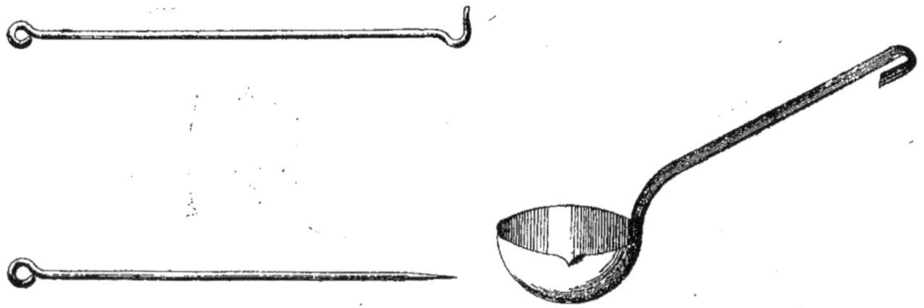

Fig. 1271 et 1272. — Tisonniers de forge.   Fig. 1273. — Cuiller à fondre.

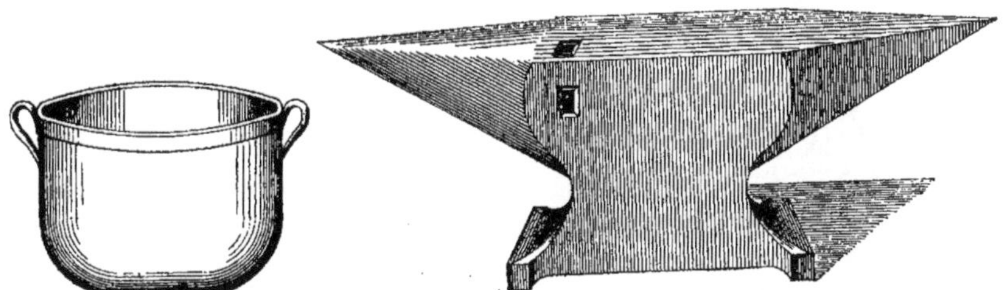

Fig. 1274. — Marmite à fondre.   Fig. 1275. — Enclume.

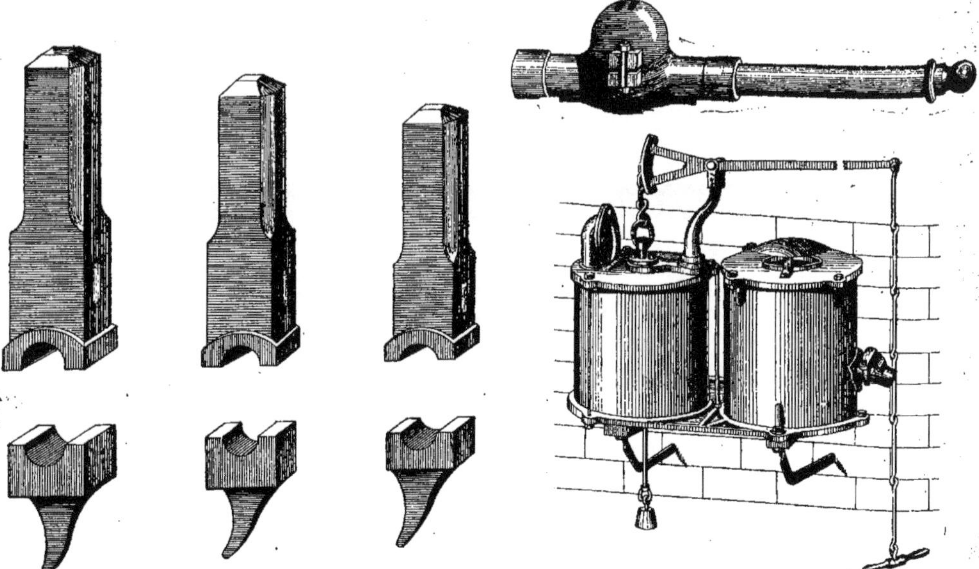

Fig. 1276 à 1281. — Etampes dessus et dessous.   Fig. 1282 et 1283. — Tuyère et soufflets à double vent.

(*fig.* 1249) ; à *chasse-rivets* dit *chasse-pot* (*fig.* 1250) ; *rivoir* (*fig.* 1251) ; à *frapper*

Fig. 1284. — Meule.

devant (*fig.* 1252 et 1253) ; *tranche* (*fig.* 1254).

Les *bouterolles* (*fig.* 1259 et 1260).

Le *poinçon* (*fig.* 1257) ; le *pointeau* (*fig.* 1258).

Les *tenailles* dites *tricoises* (*fig.* 1259) ; les *tenailles* de *forge* (*fig.* 1260 à 1269 inclus) ; la *pelle* de *forge* (*fig.* 1270) ; les

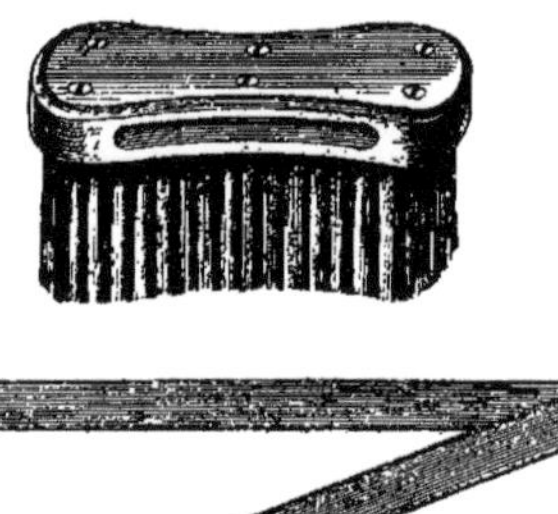

Fig. 1285 et 1286. — Brosse en acier et fausse équerre.

tisonniers (*fig.* 1271 et 1272) ; la *cuiller* à *fondre* (*fig.* 1273) et la *marmite* à *fondre* *fig.* 1274).

L'*enclume* (*fig.* 1275).

Les *étampes dessus* (*fig.* 1276 à 1278 inclus) et les *étampes dessous* (*fig.* 1279 à 1281 inclus).

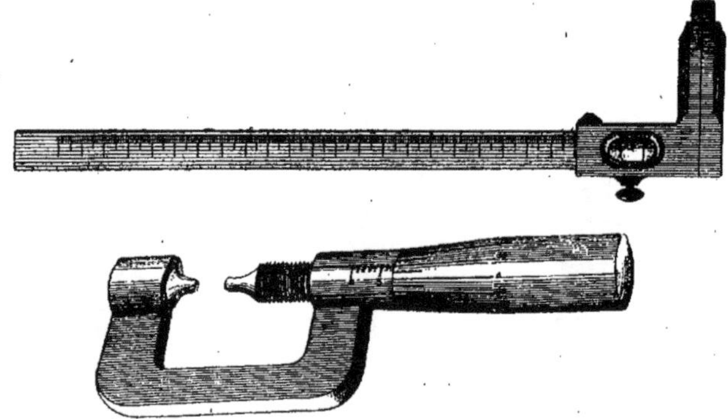

Fig. 1287 et 1288. — Pied à coulisse et Palmer.

La forge a un ou plusieurs feux selon l'importance de l'atelier. Nous donnons la *tuyère* (*fig.* 1282) et les *soufflets* à *double vent* (*fig.* 1282).

Les forges d'ateliers sont généralement de construction en maçonnerie de briques adossées, dites « murales ». Dans les ateliers de grande importance, elles sont « isolées », à plusieurs feux.

Nous mentionnons encore la *meule* au pied sur auge en bois ou en fonte (*fig.* 1284) et quelques pièces de petit

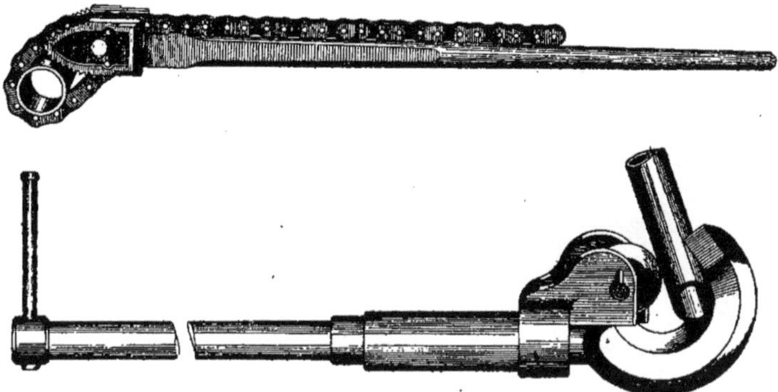

Fig. 1289 et 1290. — Serre-tubes à chaîne et coupe-tubes à molette.

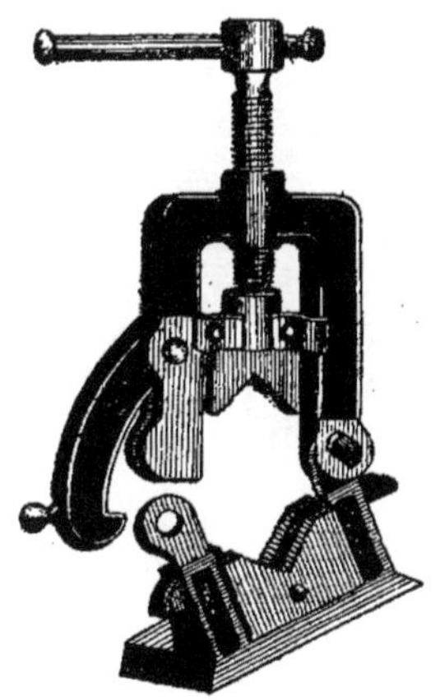

Fig. 1291. — Étau à tubes à charnières.

outillage telles que : *brosse* en *acier* (*fig.* 1285), *fausse équerre* (*fig.* 1286), *pied à coulisse* (*fig.* 1287) et *Palmer* (*fig.* 1288).

Pour la chaudronnerie de *montage*, nous avons le *serre-tubes à chaîne* (*fig.* 1289); le *coupe-tubes à molettes* (*fig.* 1290); l'*étau à tubes* modèle à *charnière* (*fig.* 1291); l'appareil à *mandriner* les tubes, dit *Dudgeon* (*fig.* 1292-1293); la *filière* dite *Duplex* (*fig.* 1294); les *tarauds* (*fig.* 1295 et 1296); le *sertisseur* pour tubes à recouvrement (*fig.* 1297); la *machine à couteaux* pour tarauder les tubes (*fig.* 1298); la *forge portative* (*fig.* 1299); l'*établi*, la *pompe d'épreuve* (*fig.* 1300).

Enfin l'outillage mécanique composé des machines suivantes :

La *machine portative* à *percer*, forme C (*fig.* 1301); le *vilebrequin* pour le C (*fig.* 1302), et la *mèche* (*fig.* 1303).

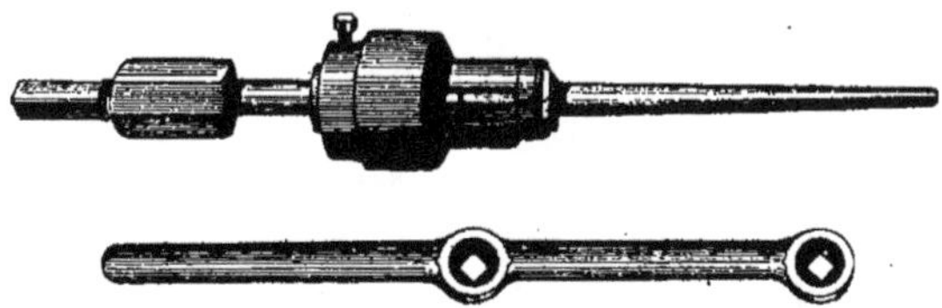

Fig. 1292 et 1293. — « Dudgeon » à mandriner les tubes.

Le *cliquet simple* (*fig.* 1304);
Le *vilebrequin* à *engrenage*, porte-forets, à *conscience* (*fig.* 1305).

La *machine à percer* d'atelier à *volant* double vitesse et pression automatique (*fig.* 1306).

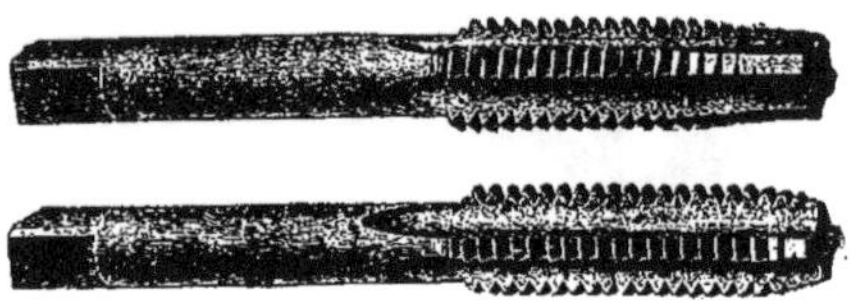

Fig. 1295 et 1296. — Tarauds.

Fig. 1294. — Filière « Duplex ».

Fig. 1297. — Sertisseur pour tubes à recouvrement.

Fig. 1298. — Machine à tarauder.

Fig. 1299. — Forge portative.

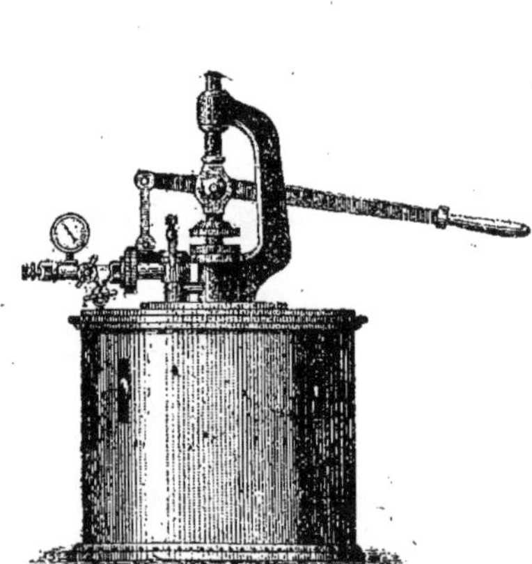

Fig. 1300. — Pompe d'épreuve.

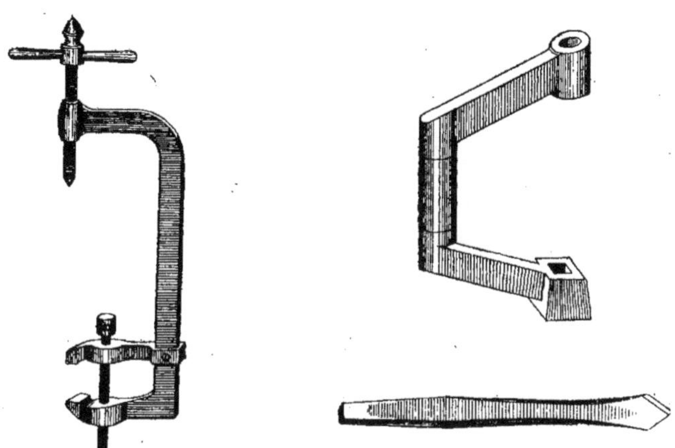

Fig. 1301 à 1303. — Machine à percer forme C, vilebrequin et mèche.

Fig. 1304. — Cliquet simple.

La *poinçonneuse portative* « Duplex » (*fig.* 1307); la *poinçonneuse cisailles à levier*

La *machine à rouler* les tôles (*fig.* 1312); la *machine à couder* les tôles (*fig.* 1313);

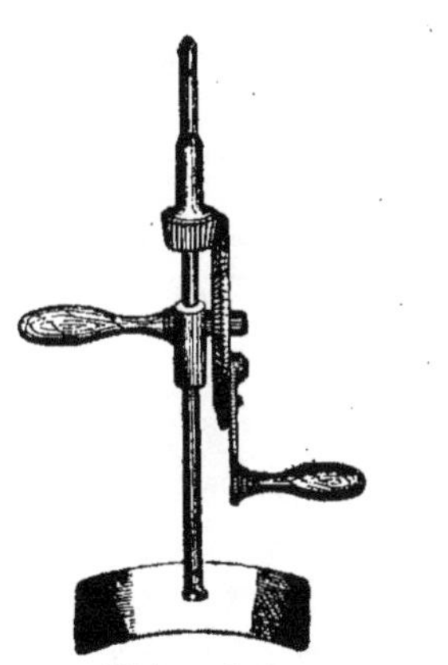

Fig. 1305. — Vilebrequin à engrenage porte-forets à conscience.

(*fig.* 1308 et 1309); la *poinçonneuse-cisaille à volant* (*fig.* 1310); la *cisaille à levier* dite à *chariot* (*fig.* 1311).

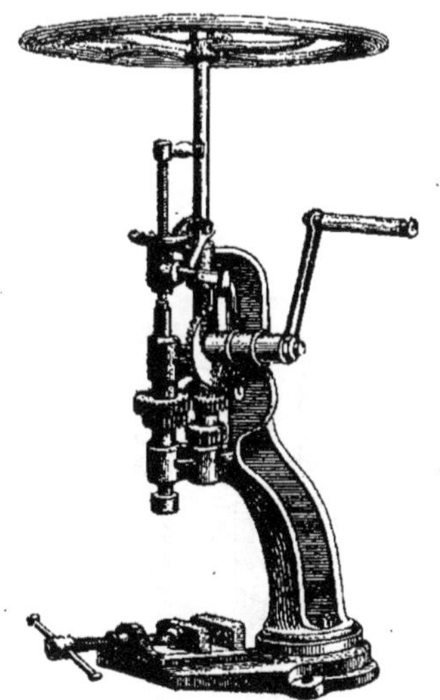

Fig. 1306. — Machine à percer d'atelier.

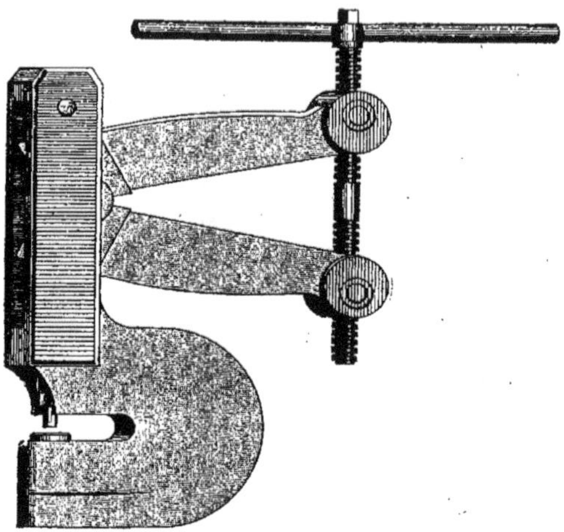

Fig. 1307. — Poinçonneuse portative « Duplex ».

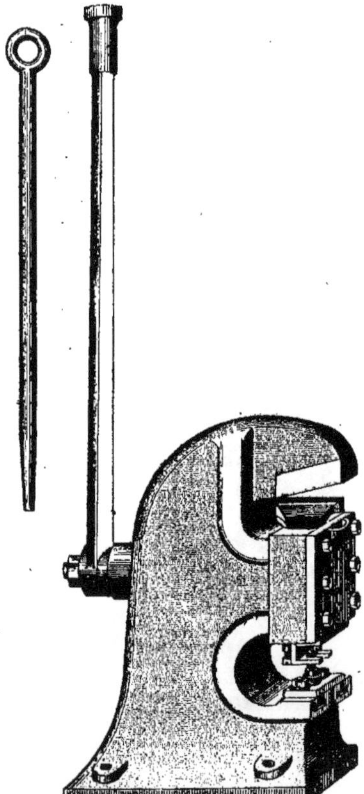

Fig. 1308 et 1309. — Poinçonneuse-cisaille à levier.   Fig. 1310. — Poinçonneuse-cisaille à volant.

Fig. 1311. — Cisaille à levier à chariot.

Fig. 1312. — Machines à rouler les tôles.

lè *palan* à *poulies différentielles* (*fig.* 1314) ;
le *chariot* (*fig.* 1319) et enfin l'instrument
de pesage indispensable : la *bascule romaine* (*fig.* 1316) avec la série de poids en
fonte.

L'exposé que nous donnons de l'outillage
usuel commun ne comprend évidemment
pas tous les outils et les machines sans
exception, nécessaires à l'exécution de
tous les travaux et de la fabrication générale de tous les appareils de l'entreprise,

Fig. 1313. — Machine à couder les tôles.

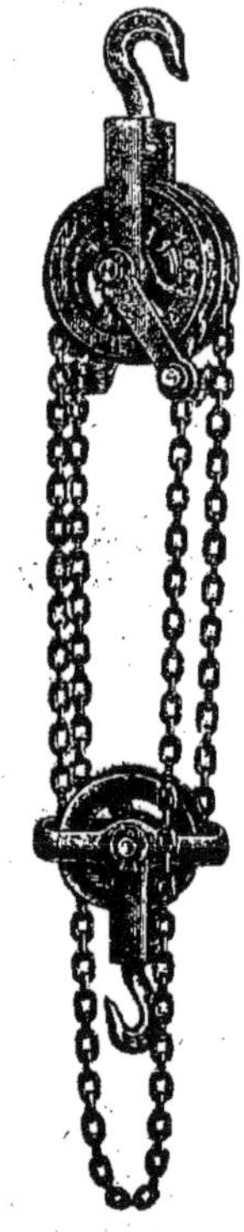

Fig. 1314. — Palan à poulies différentielles.

Fig. 1315. — Chariot.

Fig. 1316. — Bascule romaine.

de fumisterie, tôlerie, chaudronnerie,
chauffage et leurs dérivés ; c'est une nomenclature succincte.

Nous n'avons pas davantage la prétention d'avoir fourni une description de l'outillage qui nous eût entraîné à des détails,
quant au rôle de l'outil, ses dimensions diverses, la composition des organes, etc., etc.

Mais il nous a paru, par contre, indispensable, de compléter notre travail par l'énumération très simple de l'outillage courant; car il importe que le métreur sache quels outils ont servi à l'ouvrier pour exécuter le travail qu'il est chargé de métrer.

TABLE DES FIGURES

TABLE DES MÉTRÉS

Tours. — Imprimerie Deslis Frères, rue Gambetta.

www.ingramcontent.com/pod-product-compliance
Ingram Content Group UK Ltd.
Pitfield, Milton Keynes, MK11 3LW, UK
UKHW021844070726
13613UKWH00001B/6